Dr.-Ing. H. Winter

Fertigungstechnik von Luft- und Raumfahrzeugen

Fertigungstechnik von Luft- und Raumfahrzeugen

Aufsätze aus verschiedenen Aufgabengebieten der Fertigung und eine Bibliographie der Veröffentlichungen

von

Dr.-Ing. H. Winter

ord. Professor (em.) der Technischen Hochschule Braunschweig

Im Buchhandel durch den

Springer-Verlag, Berlin — Heidelberg — New York

1967

ISBN-13:978-3-642-92957-1 e-ISBN-13:978-3-642-92956-4
DOI: 10.1007/978-3-642-92956-4

Softcover reprint of the hardcover 1st edition 1967

Library of Congress Catalog Card Number: 67–29 866.
Titel Nr. 1457.
Gesamtherstellung: ACO DRUCK GMBH, Braunschweig.

Widmung

In tiefer Dankbarkeit und Verehrung meinen Lehrern der Luftfahrttechnik der Technischen Hochschule Berlin-Charlottenburg in den Jahren 1920 bis 1923

Professor Dr.-Ing. e. h., Dr. phil. e. h. August von Parseval †	1861—1942
Professor Dr.-Ing. Wilhelm Hoff †	1883—1945
Professor Dr. phil. habil. Emil Everling	1890

Beiträge von:	Dienststelle oder Firma
Ing. W. Althof	DFL
Ing. G. Böttcher	VFW
Ing. W. Emshoff	VFW
Ing. D. Gasthuber	HFB
Ing. H. Glissmann	VFW
Dr.-Ing. W. Hansen	MAN Turbo
Dipl.-Ing. G. F. Kelm	DLH
Professor Dr. phil. W. Kern	TH Br.
Ing. H. Körner	VFW
Ing. R. Lahr	VFW
Direktor Dipl.-Ing. G. Loew	VFW
Ing. H. Meckelburg	VFW
Ing. E. Mensing	VFW
Dipl.-Phys. H. Nußbaum	VFW
Dipl.-Ing. Pagoda	HFB
Oberstabsing. a. D. O. Pflaumer	Aeroclub T. A.
Ing. E. Rademacher	VFW
Ing. H. F. Rößner	VFW
Ing. F. Schiersner	BMA
Dipl.-Ing. K. G. Voigt	VFW
Dipl.-Ing. E. Wabersich	VFW
Professor Dr.-Ing. H. Winter	TH Br. u. DFL

Abkürzungen:

Aeroclub T. A. (Technischer Ausschuß)
BMA: Braunschweigische Maschinen Bauanstalt
DFL: Deutsche Forschungsanstalt für Luft- und Raumfahrt, Braunschweig
DLH: Deutsche Lufthansa
HFB: Hamburger Flugzeugbau GmbH, Hamburg
MAN Turbo: MAN Turbo, München-Allach
VFW: Vereinigte Flugtechnische Werke Bremen
TH Br.: Technische Hochschule Braunschweig

Vorwort

Nach Kriegsende 1945 hat die Deutsche Luftfahrtindustrie eine Arbeitspause einlegen müssen von mehr als 10 Jahren. Erst 1955 wurde erneut ein sehr langsames Anlaufen ermöglicht. Der gewaltige Aufschwung, den die Luftfahrttechnik während des zweiten Weltkrieges nahm, brachte auch nach Kriegsende ständig weitere Erfolge. Neuerdings ist die Raumfahrt dazugestoßen. Der Wettbewerb um den technischen Vorsprung in der Luftfahrttechnik geht unentwegt weiter. Auch die Bundesrepublik schickt sich an, verlorenes Terrain wiederzugewinnen.

Ein Mittel hierzu ist, den Stand der Technik im Ausland so weitgehend wie möglich zu erfassen, damit die Erkenntnisse hieraus auch zum Allgemeingut bei uns werden. Gegenstand dieser Arbeit ist ausschließlich die Fertigungstechnik von Luftfahrzeugen und Flugkörpern, wobei zur Aufgabenstellung und -abgrenzung weiteres aus B II 1 zu entnehmen ist. Wenn auch manches in dieser Fertigungstechnik in anderen Industriezweigen ähnlich anzutreffen ist, so erhält doch die Luftfahrzeugfertigung durch ihre Eigenart und Vielfalt ein besonderes Gepräge, das eine Sonderbehandlung rechtfertigt. Eine Aufgabe dieser Arbeit ist es, das vorhandene neuere Schrifttum über diese Fertigungstechnik zu erfassen und zusammenzustellen.

Wer sich als Ingenieur mit der Fertigungstechnik der Luftfahrt in Deutschland beschäftigt, erkennt bald, daß hier einiges fehlt und gegenüber dem Ausland aufgeholt werden muß. Beispielsweise gibt es kein Lehrbuch über dieses technische Gebiet in deutscher Sprache.

Aus diesen Überlegungen schien es ratsam, der Bibliographie einen Teil A mit Beiträgen über verschiedene Aufgabengebiete der Luftfahrtfertigung voranzustellen. Manches Wissenswerte aus der Luftfahrtfertigung kann so dem interessierten Leser geschlossen übermittelt werden. Die Aufsätze entstanden durch freiwillige Mitarbeit aus der Feder von Herren, die ihre Erfahrungen selbstlos zur Verfügung stellten. Diesen Umstand möchte ich gebührend herausstellen und den beteiligten Herren meinen ganz besonderen Dank zum Ausdruck bringen. Im Teil B folgt anschließend die Bibliographie.

Die Diskussionen um das Zustandekommen dieser Arbeit fielen bei führenden Herren der Deutschen Luftfahrtindustrie auf fruchtbaren Boden. So bin ich vor allem den leitenden Herren vom „Weser"-Flugzeugbau Herrn Dr. phil. Dr.-Ing. E. h. Burkard †, Herrn Direktor Dipl.-Ing. Loew und Herrn Direktor Dipl.-Ing. Pasche für ihr Interesse und ihre Hilfsbereitschaft dankbar. Der gleiche Dank gilt den leitenden Herren der Siebelwerke-ATG, Donauwörth, Herrn Direktor Dipl.-Ing. Drechsler, Herrn Dr. Weinhardt und Herrn Dr.-Ing. H. Fahlbusch. Für sein lebhaftes Interesse und seine Unterstützung bedanke ich mich bei Herrn Direktor Schubert vom Hamburger Flugzeugbau. Dank des Interesses von Herrn Prof. Dipl.-Ing. Höltge der Deutschen Lufthansa AG konnten wertvolle Erfahrungen der Lufthansa über Instandhaltung von Flugzeugen aufgenommen werden. Auch die Deutsche Forschungsanstalt für Luft- und Raumfahrt gab mir ihre Unterstützung. Durch Überlassung von Quellenmaterial, Aufsätzen und Ratschlägen von zahlreichen Persönlichkeiten des In- und Auslandes wurde mir wertvolle Hilfe zuteil. Es ist nicht möglich, allen hier den Dank einzeln abzustatten. Ein ganz besonderer Dank gilt meinem Mitarbeiter, Herrn Ingenieur Schlünz; er war unermüdlich mit großer Umsicht und Sorgfalt tätig, um das Quellenmaterial erschöpfend zu erfassen.

Ganz besonderen Dank möchte ich den Herren des Bundesverteidigungsministeriums abstatten, die ihr Interesse an der Arbeit bekundeten und zum Gelingen der Arbeit wertvolle Unterstützung zuteil werden ließen.
Der Druck des Werkes wurde in vorbildlicher Weise von der Firma ACO DRUCK GMBH, Braunschweig, ausgeführt. Bei dem Geschäftsführer dieser Firma, Herrn Schütte, habe ich mich für manchen guten Rat zu bedanken. Er scheute keine Mühe, um der Arbeit auch rein äußerlich ein ansprechendes Gewand zu geben. Wie bereits bei den beiden im Springer-Verlag erschienenen Bibliographien: H. Winter: „Bibliographie der Veröffentlichungen über den Leichtbau und seine Randgebiete im deutschen und ausländischen Schrifttum", Band 1 (1940 bis 1954), Band 2 (1955 bis 1960), zeigte auch hier der Verlag sein großes Interesse und übernahm die Verlagsbetreuung in bekannter Sorgfalt. Es ist mir ein besonderes Anliegen, dem Springer-Verlag meinen aufrichtigen Dank abzustatten.
Möge nun das vorliegende Werk allen daran interessierten Stellen ihren Nutzen bringen. Dabei ist es Wunsch und Hoffnung, daß die Arbeit nicht nur den in der Luftfahrtfertigung tätigen Ingenieuren oder auch Ingenieuren von anderen Zweigen der Technik, die der Luftfahrt verwandt sind, förderlich ist, sondern daß sie ferner den Studierenden und der Forschung nützliche Hinweise und Anregung geben möge.

Braunschweig, den 2. Oktober 1967

H. Winter

Inhaltsverzeichnis

A. Aufsätze aus verschiedenen Aufgabengebieten der Fertigung

A. Aufsätze aus verschiedenen Aufgabengebieten der Fertigung

Der Fertigungsingenieur in der Luft- und Raumfahrtindustrie

Ein Geleitwort

von Direktor Dipl.-Ing. G. Loew (VFW)

Für alle Gebiete der Flugtechnik und Raumfahrt gibt es aus Forschung und Entwicklung Fachzeitschriften und Fachbücher. Dagegen ist alle Literatur, die spezielle Probleme der Fertigung behandelt, nur sehr verstreut in den verschiedensten Zeitschriften und Büchern zu finden, die jeweils ihrem besonderen Fachgebiet dienen und sich nur gelegentlich unmittelbar mit einem besonderen Fertigungsproblem aus dem Gebiet der Luft- und Raumfahrt befassen. Auch wird an den Hochschulen über die speziell für die Luft- und Raumfahrt entwickelten, neueren Fertigungsverfahren nicht im breiteren Umfang gelesen. Trotzdem setzt man als gegeben voraus, daß die Fertigungstechnik mit den immer größer werdenden Forderungen an Triebwerk und Zelle sowie ihre hydraulische und elektronische Ausrüstung Schritt hält. Neue, richtungweisende Entwicklungen auf technischem Gebiet gehen aber Hand in Hand mit dem Finden neuer Fertigungsverfahren und Weiterentwickeln bekannter Verfahren. Erfahrungen werden heute durch den raschen Fortschritt sehr schnell entwertet, so daß man der Ausbildung des Fertigungsingenieurs wesentlich mehr Bedeutung beimessen muß, als es bisher geschah.

Formtreue, Oberflächengüte, äußerste Ausnützung neu entwickelter Werkstoffe, Berücksichtigung aller Erfahrungen über Schwingungsfestigkeit, Lebensdauer und Korrosionsschutz in Flugzeugzelle und Flugkörper werden gefordert.

Die Erfüllung dieser Forderungen verlangt eine große Vielfalt technischen Spezialwissens. Es beginnt mit dem Wissen um die Technologie des Werkstoffs; es folgen die Probleme der Verarbeitung, das Zusammenfügen der Großbauteile, die heute meist in internationaler Zusammenarbeit räumlich weit entfernt voneinander fabriziert, aber mit hoher Präzision beim Fügen zusammenpassen müssen. Ein umfassendes Wissen über die verwendeten Werkstoffe und grundlegende theoretische Kenntnisse über Verarbeitungsmöglichkeiten sind Voraussetzung für ein schöpferisches „Mitdenken" des Fertigungsingenieurs. Das gleiche gilt für die aerodynamisch bedingten Anforderungen an die Oberfläche. Auch hier sollte der Fertigungsingenieur wirkliche Einsichten gewonnen haben, warum und unter welchen Umständen äußerste Formtreue einzuhalten ist.

Besondere Techniken verlangt die Ausrüstung, d. h. der Einbau der Steuerungsorgane, der hydraulischen und elektrischen Systeme und aller elektronischen Geräte, die zur Führung des Flugzeuges gehören, vom einfachen Funksprechgerät bis zu einem integrierten Blindlande- oder Navigationssystem.

Daß eine gute Verlegung insbesondere elektronischer Anlagen ohne Ingenieure mit eingehendem, weit ins Theoretische gehendem Fachwissen nicht mehr möglich ist, ist Erfahrungstatsache. Beim Bau von Prototypen ist ein genaues und verständnisvolles Zusammenspiel des Projektingenieurs, Konstrukteurs und Fertigungsingenieurs schon deshalb sehr wesentlich, weil es viel zu aufwendig wäre, alle Details, die es bei der Installation im Flugzeug oder in einem Flugkörper gibt, zeichnerisch oder in Bauanweisungen festzuhalten. Dies gilt ebenfalls beim nachträglichen Einbau von Zusatzgeräten.

Aus diesen Beispielen läßt sich als Grundsatz ableiten: je höher die Forderung nach völliger Ausnutzung des Werkstoffes, nach Verwirklichung theoretisch denkbarer

Lösungen durch Konstruktion und Fertigung, um so mehr müssen Projektingenieur, Konstrukteur und Fertigungsingenieur frühzeitig eine Arbeitsgemeinschaft bilden. Eine derartige Gemeinschaftsarbeit kann aber nur dann zu einer optimalen Lösung führen, wenn die Beteiligten auch die fachlichen Notwendigkeiten und Möglichkeiten des anderen Bereiches kennen. Das heißt, das technische Niveau darf im Prinzip nicht zu sehr auseinanderklaffen. Jeder muß die Schwierigkeiten des anderen kennen und bemüht sein, schöpferisch Lösungen zu suchen, auch wenn sie unkonventionell sind. Auf der Fertigungsseite können das nur Ingenieure leisten, die gelernt haben und gewohnt sind, selbständig zu denken und auch vor ungewöhnlichen Lösungen nicht zurückschrecken. Ihnen muß ein großes vielseitiges Wissen zu Gebote stehen, aus dem sie schöpfen können, wenn bisher angewandte Methoden zu keiner möglichen Lösung führen.

Sicher haben sich schon immer Ingenieure gefunden, die mit Begeisterung ihr eigenes Wissen erstaunlich erweitert haben und tief in die Probleme, vor denen sie standen, eingedrungen sind. Die Mitarbeiter an diesem Buche beweisen dies am eindruckvollsten.

Wir brauchen heute jedoch eine viel breitere Basis an hervorragend geschulten Ingenieuren in der Fertigung, ebenso wie an Ingenieuren für die Arbeitsvorbereitung und Kontrolle. Hier liegt für die Fach- und Hochschulen ein weites Feld der Ausbildung.

Aber auch die Unternehmen können nicht tatenlos bleiben, wenn die Fertigung mit der Entwicklung und mit neuen konstruktiven Konzeptionen Schritt halten oder diese befruchten soll. Eine Gruppe von Ingenieuren, die der Fertigung nahe stehen, müssen Entwicklungsarbeit auf fertigungstechnischem Gebiet leisten. Diese Gruppe ist in Zusammenarbeit mit den wissenschaftlichen Abteilungen berufen, z. B. zu untersuchen, inwieweit neue Erfindungen fertigungstechnisch neue Möglichkeiten erschließen und welche bekannten Verfahren unter welchen Voraussetzungen auch auf neue Materialien anwendbar sind. Plasmaschweißen, Lasertechnik, verschiedene Methoden der Hochenergieumformung gehören hierher. Sicher sind auch die Klebtechnik, das Elektronenstrahlschweißen und ähnliche Verfahren noch weiter entwickelbar.

Natürlich sollten hier auch Probleme untersucht und für den praktischen Einsatz vorbereitet werden, die sich aus der numerischen Steuerungstechnik für die verschiedensten Arbeitsmaschinen und Arbeitsprozesse ergeben. Alle durchgeführten Entwicklungen müssen auf die Gegebenheiten in den Werkstätten abgestellt sein und durch genaue Arbeitsanweisungen festgelegt werden. In einer solchen Abteilung könnten talentierte Ingenieure für führende Aufgaben im weiten Bereich der Fertigung vorbereitet werden.

Bei diesen Betrachtungen soll noch auf ein anderes Problem der Fertigung hingewiesen werden, das zwar weniger wissenschaftlich, aber um so ökonomischer ist.

Immer mehr Fertigungsingenieure lernen in Automation und Großserien denken. Für die Verhältnisse im deutschen und wohl auch im europäischen Flugzeugbau gilt ein anderes Gesetz: nämlich für in der Stückzahl — und erst recht im monatlichen Ausstoß — beschränkte Programme das wirtschaftlich optimale Fertigungsverfahren zu finden. Die geplanten Investitionen an Spezialmaschinen und Aufwendungen für Lehren und Vorrichtungen müssen sehr sorgfältig auf die Faktoren Gesamtstückzahl und monatlicher Ausstoß abgestimmt werden. Auch hier kann das Denken in ausgefahrenen Gleisen zu Fehlentwicklungen führen. Andererseits muß davor gewarnt werden, unter dem Motto Musterbau die erforderlichen Vorrichtungen zu einfach auszuführen, und zwar aus folgenden Gründen:

1. Soweit auch für Musterflugzeuge die Großbauteile in verschiedenen Unternehmen gebaut werden, müssen die Anschlußstellen unbedingt lehrenhaltig sein, da sonst die Endmontage vor nahezu unlösbare Schwierigkeiten gestellt würde.
2. Häufig muß der Übergang: V Muster — 0 Serie — Hauptserie so zügig ineinander übergehen, daß die Zeit für ein Serienreifmachen der Vorrichtungen nicht ausreicht. Insbesondere beim Bau von Flugzeugen für den zivilen Markt muß der Zeitraum zwischen dem ersten Musterflugzeug und dem Beginn der Serienfertigung so kurz wie möglich gehalten werden.

Die Generalplanung ist Generalstabsarbeit. Vom Beginn der Entwicklung über den Musterbau bis zur Serie müssen alle Phasen genau definiert und terminlich festgelegt werden, um ein exaktes, zeitliches Ineinandergreifen der zu verrichtenden Tätigkeiten (Konstruktion, Materialvorerfassung, Vorrichtungskonstruktion und -bau, Materialdisposition, Teile- und Zusammenbau, Ausrüstung, Funktionserprobung und Erstflug) zu gewährleisten.

Vom modernen Planungsingenieur werden deshalb heute Einsichten in moderne Planungsmethoden wie die Pertplanung oder ähnliche Verfahren und deren Handhabung verlangt.

Eine weitere Neuerung, die sicher in allen größeren Betrieben mit Datenverarbeitungsanlagen in naher Zukunft als Hilfsmittel der Arbeitsvorbereitungen angewandt wird und grundlegende Kenntnisse fordert, ist die elektronische Datenverarbeitung, die einmal von der Stücklistenauflösung über die Materialdisposition bis zur Terminüberwachung und Erstellung von Arbeitsbelegen reichen wird.

Im heutigen Flugzeugbau kann es vorkommen, daß verschiedene Umstände es erfordern, ohne Nullserie in den Serienbau zu gehen, oder aber die Mitarbeit an einem internationalen Flugzeugprojekt plötzlich akut wird. Das ist nur möglich, wenn ein Werk an allen Plätzen: Entwurf, Konstruktion, Fertigung und Versuch eingearbeitete Ingenieurmannschaften besitzt. Gerade solche Aufgaben verlangen aber dem Fertigungsingenieur nochmals besondere Leistungen ab.

Ohne vollständig sein zu wollen, sollte im Vorstehenden aufgezeigt werden, was im modernen Flugzeugbau vom Fertigungsingenieur schlechthin gefordert werden muß, und welch umfassende Ausbildung er erhalten soll.

Möge das vorliegende Werk, dessen Entstehen ich mit regem Interesse verfolgt habe, unseren Fertigungsingenieuren Anregungen geben bei ihren Arbeiten und zum Fortschritt in der Luftfahrtfertigungstechnik bei uns einen nützlichen Beitrag leisten. Ich wünsche dem Werk eine freundliche Aufnahme.

Fertigungstechnik der Zelle

Die Zelle des Luftfahrzeuges und ihre Fertigungstechnik

von Professor Dr.-Ing. H. Winter

Gliederung

Nachdem im ersten Weltkrieg das Luftfahrzeug erstmalig in Serien gefertigt wurde, hat in einer Zeitspanne von 50 Jahren in der Luftfahrt eine bedeutsame Entwicklung stattgefunden. In den drei Hauptgruppen des Luftfahrzeuges: Triebwerk, Zelle, Ausrüstung und Geräte hat sich jeweils eine Fertigungstechnik aufgebaut, die wohl kaum Parallelen hat. Aufgabe dieser Arbeit soll es sein, die Fertigungstechnik der Zelle gesondert zu betrachten, ihre Entwicklung von Anfang bis heute zu verfolgen und einige Überlegungen für die Zukunft anzustellen. Da die Fertigung der Zelle vom jeweiligen Stand des Zellenaufbaues ausgehen muß, erschien es nützlich, dem Werdegang derselben eine gesonderte Betrachtung zu widmen.

1. Ein Überblick über die Entwicklung der Zelle des Luftfahrzeuges

Alle vorgenannten drei Hauptgruppen des Luftfahrzeuges können zunächst unabhängig voneinander in der Entwicklung mit dem Anheben des Standes der Technik fortschreiten, wobei sich mit neuen Umweltbedingungen neue Einflüsse ergeben können. Darüber hinaus beeinflußt die Entwicklung der einen Hauptgruppe auch die der anderen. So hängt die Entwicklung des Zellenaufbaues von folgenden Faktoren ab:

A. von solchen Faktoren, die sich in jeder Hauptgruppe (Triebwerk, Zelle, Geräte) durch einen höheren Stand der Technik ändern,

B. von solchen Faktoren, die in jeder Hauptgruppe neuen Umweltbedingungen entspringen,

C. von solchen Faktoren, die aus der Entwicklung und dem Fortschritt einer Hauptgruppe auch Rückwirkungen auf die andere Hauptgruppe ergeben.

Unterziehen wir die Gruppen A, B und C einer weiteren Betrachtung über ihren Einfluß auf die Zelle und fragen unter A innerhalb der Entwicklung der Zelle nach

allen bestimmenden Faktoren, so sind dies in der Hauptsache: Baustoffe, Bauweisen, Größe der Zelle, Vertikalstart, Verwendungszweck und Herstellungsverfahren.
Unter Ziffer B folgen die Faktoren, die neuen Umweltbedingungen entspringen. Sie spielen bis zum Erreichen der Schallgeschwindigkeit eine noch geringere Rolle. Mit Überschreiten derselben werden an die Oberflächengüte des Flugzeuges im Hinblick auf den Widerstand höhere Anforderungen gestellt. Wird die Schallgeschwindigkeit stark überschritten, so ergeben sich aus der Wärmebelastung gewisse Forderungen hinsichtlich der anzuwendenden Baustoffe, bei Raumfahrzeugen noch besonders erschwert beim Wiedereintritt in die Atmosphäre.
Zu Ziffer C gehören solche Faktoren, die aus der Entwicklung einer Gruppe Rückwirkungen auf die andere ergeben. So beeinflussen Triebwerke und Geräte die Zelle dadurch, daß sie die Anwendung und die Auslegung derselben maßgeblich mitbestimmen.
Am besten wird sich bei unserem Thema ein erster Überblick dadurch gewinnen lassen, daß wir die Entwicklung der Flugzeugzelle chronologisch verfolgen und dabei die einwirkenden Faktoren behandeln.
In Tafel 1 ist eine Übersicht über die wichtigsten Einflußfaktoren auf die Zelle getrennt nach Gruppen A, B und C zusammengestellt, sie wird im folgenden näher erläutert.

Einflußfaktoren auf den Zellenbau nach A von Tafel 1.

Baustoffe

Die Baustoffe der Flugzeugzelle haben im Laufe der Entwicklung durch wachsende Anforderungen in ständiger Bearbeitung und Erforschung gelegen. Aus zahlreichen und verschiedenartigen Stoffgebieten entnimmt der Zellenbau seine Werkstoffe. Im Zuge der Werkstoff-Forschung und Entwicklung ist u. a. beim Holz für den Flugzeugbau

Tafel 1 **Übersicht über die wichtigsten Einflußfaktoren auf den Zellenaufbau für Luftfahrzeuge schwerer als Luft**

Einflußfaktorengruppe A (innerhalb der Zelle durch Anheben des Standes der Technik)	Einflußfaktorengruppe B (innerhalb der Zelle durch besondere Umweltbedingungen)	Einflußfaktorengruppe C (auf die Zelle durch die Hauptgruppe Triebwerk und Hauptgruppe Geräte)
1. Baustoffe 2. Bauweisen 3. Größenabmessungen des Flugzeuges bzw. der Zelle 4. Vertikalstart 5. Verwendungszweck 6. Herstellungsverfahren	1. Flug in großen Höhen (Druckkabinen erforderlich) 2. Flug mit Überschallgeschwindigkeit (strömungsgünstige Oberflächen, Wärmebelastung der Zelle) 3. Besondere klimatische Umweltbedingungen (feuchtes Tropenklima, Salzwasser o. a.) 4. Umweltbedingungen in erdferner Umgebung (Strahlung, Meteoritenbefall, magnetisches Feld)	1. Hauptgruppe Triebwerk: (Leistung, Schuberzeugung, Brennstoff, Art der Energieumwandlung u. a. m.) 2. Hauptgruppe Geräte: (Einsatzerweiterung durch Geräte, Erhöhung der Flugsicherheit, Unterstützung des Menschen in Führung und Navigation)

eine fruchttragende Arbeit geleistet worden. Anfangs schon beim Luftschiff angewendet setzten sich die Leichtmetalle für den Zellenbau durch. Eine hervorragende Rolle spielen dabei die Aluminiumlegierungen und im geringeren Maße die Magnesiumlegierungen. Beide Werkstoffe lösen Forschungen aus, die sich über Jahrzehnte dahinstrecken. Aber an den Stellen, wo aus Gründen der thermischen Beanspruchung vorhandene Werkstoffe versagen, müssen neue wärmebeständigere Werkstoffe, wie Titan, Stähle und andere warmfeste Legierungen, angewendet werden.

Bauweisen

In den Anfängen der Luftfahrt war die „Fachwerk"-Bauweise eine Art *Standard*bauweise. Für Flügel und Rumpf wurde die Fachwerkbauweise in vielen Variationen angewandt, mit Stahl und Holz als Baustoff auch als Gemischtbauweise bekannt. Mit dem Anwachsen der Geschwindigkeiten mußten die äußeren Widerstände entfallen, der freitragende Flügel kam auf. Schon 1918 schuf Hugo Junkers den ersten freitragenden Metallflügel. Ferner entstand etwa um 1930 die *Schalenbauweise* in Leichtmetall mit Gewichtseinsparungen am Zellengewicht und besseren Oberflächen. Die Weiterentwicklung dieser Bauweisen führt auf die *Sandwichbauweisen.*

Die Sandwichbauweisen werden ergänzt durch die *Integralbauweise.* Sollen beide Bauweisen geringes Gewicht und glatte Außenhaut liefern, so erwartet man von der Integralbauweise eine Senkung der Fertigungskosten und höhere Dauerfestigkeit. Integralbauteile werden entweder aus großen Preßteilen hergestellt oder durch geeignete Bearbeitungsverfahren aus dicken großen Platten herausgearbeitet. Den Gemischtbau aus Holz und Stahl gibt man auch bei kleineren Flugzeugen im Sport- und Schulflugzeug immer mehr zugunsten der Leichtmetallbauweise auf. Glasfaserverstärkte Bauteile und Baugruppen finden als neue Bauweisen bereits mancherlei Anwendung.

Größenabmessungen

Die Größe des Luftfahrzeuges wurde heraufgesetzt durch stärkere und bessere Triebwerke. So stieg das Fluggewicht der Verkehrsflugzeuge 1930 von etwa 9200 kp bis 1965 auf mehr als 150 000 kp. Hierbei kommt u. a. dem Strahltriebwerk besondere Bedeutung zu. Neuzeitliche Bauweisen und Werkstoffe lieferten die Grundlagen für das Entstehen der Langstreckenverkehrsflugzeuge mit großer Nutzlast, Geschwindigkeit und Reichweite. Erregte schon auf dem Aerosalon Paris 1965 das russische Großflugzeug Antonow An-22 besondere Beachtung im Hinblick auf die Größe, so stehen neuerdings Entwicklungen, wie die französisch-englische Concorde, das Überschallflugzeug der Russen Tu 114 und die amerikanischen SST-Projekte, im Vordergrund des Interesses. Einen Überblick über einige Daten dieser Flugzeuge gibt Tafel 2. Planmäßige Studien haben gezeigt, daß diese Großflugzeuge mit Überschallgeschwindigkeiten sehr wirtschaftliche Betriebsdaten ergeben. Ähnlich günstige Ergebnisse erhofft man sich von den sogenannten Airbussen bei großen Fluggastzahlen im Kontinentalverkehr. Man beachte besonders das Anwachsen der Fluggewichte und damit der Größenabmessungen, Aspekte rein wirtschaftlicher Überlegungen.

Vertikalstart

Unter diesen Namen soll neben dem üblichen Motor-Luftschrauben- und Strahl-Flugzeug die Entwicklung angesprochen werden, welche Kurzstartflugzeuge und senkrecht startende und landende Flugzeuge zum Gegenstand hat. Hubschrauber, VTOL-, STOL-Flugzeuge, Wandelflugzeuge und andere sind dieser Gattung zuzurechnen. In neuerer Zeit hat sich die Entwicklung auf diesem Gebiet in der Bundesrepublik sehr belebt.

Die Entwicklungsabteilung von V. F. W. in Bremen arbeitet an den Problemen des

Senkrechtstarters durch Schub aus Düsentriebwerken, in München am Projekt V. C. 400, einem Hubschrauber mit schwenkbaren Rotoren. Der Großhubschrauber von Sikorski und V. F. W. WF „S 64" ist in der Entwicklung abgeschlossen und hat außerordentlich interessante Aufgaben auf zivilen und militärischen Arbeitsgebieten erfolgreich beendet. Aus der Bedeutung des Hubschraubers bei jeder Art militärischen Einsatzes wird verständlich, daß die Bundesrepublik 400 Hubschrauber in Auftrag gegeben hat. Wie man sieht, ist hier mit einer starken Ausweitung der Technik zu rechnen, wobei neben dem militärischen Interesse auch das zivile anwächst. Entsprechend den viel-

Tafel 2 **Großverkehrsdüsenflugzeuge.**

Vorhandene Flugzeuge und Projekte mit Reichweiten über 6000 km nach Lee R. Howard und Dr. James J. Williams

Flugzeug-gattung	Flugzeug-type	Flugzeug-hersteller	ungefähre Reise-geschwindig-keit in km/h (Machzahl)	Abflug-gewicht max. kp	Anzahl der Passa-giere max.	Jahr des wirklichen oder möglichen Einsatzes
Überschall-Verkehrs-flugzeug	U. S. SST (L 2000 oder Boeing 733)	Lockheed oder Boeing	3335 (Mach 2,7)	227 000	250	1974
	Concorde	BAC / SUD (Großbritannien und Frankreich)	2687 (Mach 2,2)	148 000	140	1971
	TU-144	Tupolev (UdSSR)	2872 (Mach 2,3)	129 850	121	1971
derzeitige Langstrecken-Düsen-Verkehrs-flugzeuge	Boeing-707-Serie	Boeing (USA)	982—1056	148 450	189	1958
	DC-8-Serie	Douglas (USA)	1000—1075	143 000	189	1959
	VC-10 und Super VC-10-Serie	BAC (Großbritannien)	1020—1075	152 100	180	1964
	IL-62	Ilyushin (UdSSR)	982—1038	148 000	186	1966
	TU-114	Tupolev (UdSSR)	852— 926	165 250	220	1961
vergrößertes Unterschall-Verkehrs-flugzeug	DC-8-Serie 61 und 63	Douglas (USA)	1000—1075	152 100	250	1967
	Super Super VC-10	BAC (Großbritannien)		168 000	285	1968
Großraum-transporter	C-5 A	Lockheed (USA)		317 800	750	
	AN-22	Antonov (UdSSR)		249 700	720	

fältigen Möglichkeiten der Auftriebs- und Schuberzeugung erscheint der Aufbau dieser Zellen sehr variabel.

Verwendungszweck

Die jeweiligen Verkehrs- und Arbeitsaufgaben eines Flugzeuges ergeben Baulösungen, bei denen ökonomische Betrachtungen und andere Bedingungen vorrangig sind. Dies schafft beim Luftverkehr für Personen und Fracht, beim Flugzeug der Landesverteidigung und bei Flugzeugen mit Spezialaufgaben eine Mannigfaltigkeit von Baulösungen. Der Verwendungszweck hat so einen erheblichen Einfluß auf die jeweilige Gestaltung.

Herstellungsverfahren

Die Entwicklung neuer Herstellungsverfahren geht stets auf vorliegende Forderungen zurück. Für die Herstellung von Einzelteilen wurden im Laufe der Zeit neue und verbesserte Herstellungsverfahren entwickelt. Sie beziehen sich auf spangebende und abtragende Formung sowie auch auf spanlose Verformung. Ebenso sind Zusammenbauverfahren verbessert oder, wie zum Beispiel das Metallkleben, neu entwickelt worden; auch wurden vorhandene Schweißverfahren verbessert oder gänzlich neu entwickelt. Für die Ausbringung großer Serien und den Nachschub wurde der Austauschbau entwickelt und gepflegt. Die Integralbauweise konnte sich erst nach Entwicklung der zugehörigen Herstellungsverfahren vollenden.

Einflußfaktoren innerhalb der Zelle durch neue Umweltbedingungen nach B von Tafel 1

Aus neuen Umweltbedingungen ergeben sich innerhalb der Zelle folgende Einflußfaktoren:
Bei *Flügen in großen Höhen* wird eine klimatisierte Druckkabine erforderlich. *Das Erreichen und Überschreiten der Schallgeschwindigkeit* verlangt Sondermaßnahmen in der aerodynamischen Profiltreue und Oberflächengüte im Hinblick auf Widerstand. *Die Wärmebeanspruchung der Zelle im Überschallflug erfordert* für die Struktur entsprechende Werkstoffwahl und Dimensionierung. *Besondere klimatische Umweltbedingungen,* z. B. feuchtes Tropenklima, kann zur Folge haben, daß gewisse Werkstoffe ganz ausfallen, wie z. B. Holz. Bei *Seewasserluft* tritt eine besondere Gefährdung bei Magnesium-Legierungen ein.
Sind die Einflußfaktoren der vorstehenden Umweltbedingungen überschaubar und letztlich kontrollierbar, so sieht es *in erdferner Umgebung* anders aus. Hier sind z. B. die kosmische Strahlung, das magnetische Feld, die Schwerelosigkeit, der Meteoritenbefall und anderes mehr von Bedeutung. Ihre Einwirkungen auf die Zelle sind noch nicht ausreichend erforscht.

Einflußfaktoren auf die Zelle durch Einwirkungen aus den Hauptgruppen Triebwerk und Geräte nach C von Tafel 1

Stärkere und bessere Triebwerke schaffen dem Flugzeug und der Zelle neue Möglichkeiten. Die frühere These von der Einheit Triebwerk—Flugwerk kommt beim Flugkörper und dem Raumfahrzeug erneut zum Durchbruch. So sind sicher dem Triebwerk noch große Möglichkeiten vorbehalten. Für die Beurteilung von Triebwerken wird man stets auf bewährte Bewertungszahlen wie den bezogenen Brennstoffverbrauch und auch das Verhältnis von Gewicht zu Schub je nach der Art des Triebwerkes zurückgreifen.
Der Fortschritt im Gerätebau kommt letztlich dem Flugzeug dadurch zugute, daß es seinen Einsatzbereich erheblich verbessert. Nachtflug und Schlechtwetterflug, Vereisung u. a. sind immer wieder Gebiete, denen besondere Beachtung gebührt. Die Erhöhung der Sicherheit des Fliegens ist ein dauerndes Anliegen dieser Hauptgruppen.

Der derzeitige Entwicklungsstand der Zelle des Luftfahrzeuges wird am besten anhand der Verwendungszwecke der Flugzeuge festzustellen sein.

1. Flugzeuge des zivilen Bedarfs

Segelflugzeuge

Von 1920 an wird das motorlose Flugzeug bis auf den heutigen Tag in Serien mit kleinen Stückzahlen gebaut. Die Entwicklung dieser Flugzeuge — ein- und zweisitzig — ist weit voran getrieben. Für den Aufbau der Zelle wird noch reine Holzbauweise und Gemischtbauweise angewendet. Motorlose Flugzeuge in Ganzmetallbauweise sind durchentwickelt und im Serienbau. Neuerdings baut man auch die gesamte Zelle aus glasfaserverstärkten Kunststoffen auf.

Schul- und Sportflugzeuge kleiner Größe

Wenn auch noch die Gemischtbauweise in Stahl und Holz anzutreffen ist, so geht doch die neuere Konstruktion zunehmend auf Ganzmetall in Duralumin über. Vom Schulflugzeug abgesehen, das wirtschaftlich genutzt werden kann, krankt das Sportflugzeug häufig daran, daß die materielle Grundlage für die Anwendung fehlt. Nur in Ländern mit hohem Lebensstandard und großen Entfernungen hat dieses Flugzeug einen ausreichenden Markt. In manchen Ländern wird der Sportflugzeugbau soweit gefördert, daß er im Lande in begrenztem Maße lebensfähig wird. Wenn auch diese Flugzeuggattung einen gewissen Stand erreicht hat, so ist doch zu erwarten, daß die weiteren Möglichkeiten noch nicht ausgeschöpft sind, z. B. auch hinsichtlich der Triebwerke. Ob in dieser Verwendungsgruppe das Segelflugzeug mit Hilfsmotor eine Chance haben wird, läßt sich noch nicht übersehen. Nebenbei bemerkt ist die Sportfliegerei in Ländern mit dichtem Luftverkehrsnetz durch scharfe Verkehrsbestimmungen Behinderungen ausgesetzt, die sich auf dessen Entfaltung nachteilig auswirken.

Geschäftsflugzeuge und Reiseflugzeuge gehobener Ansprüche

Für große Firmen mit Auslandsverbindungen wird das Geschäftsflugzeug immer mehr ein Instrument des geschäftlichen Verkehrs. Verschiedene Versionen dieses Flugzeugtyps sind entstanden; bei beschränkter Insassenzahl (~ 12) und einem kontinentalen Arbeitsbereich kann es im Unterschallbereich bleiben. Für Flugzeuge im Leichtmetall-Zellenaufbau liegen die Baugrundlagen fest; auch sind passende Triebwerke vorhanden. Der Entwicklung solcher Flugzeuge stehen daher auch keine nennenswerten Schwierigkeiten entgegen außer dem Absatzrisiko.

Im gleichen Zuge mit den Geschäftsflugzeugen kann man auch die Reiseflugzeuge gehobener Ansprüche nennen. Aus Sicherheitsgründen sollen sie zweimotorig sein und bei Motorausfall über ausreichende Leistung zum Einmotorenflug verfügen. Für den Aufbau der Zellen liegen die Verhältnisse sinngemäß wie beim Geschäftsflugzeug.

Verkehrsflugzeuge

Im Hinblick auf die letzte Entwicklung kann man die Verkehrsflugzeuge in folgende Kategorien einteilen, die sich nach den Arbeitsbereichen klassifizieren, nämlich:

Nahverkehrsflugzeuge für kurze Strecken (~ 1000 km),
Mittelstreckenverkehrsflugzeuge für den kontinentalen Verkehr,
Langstreckenverkehrsflugzeuge für den interkontinentalen Verkehr.

In der Entwicklung befinden sich: Überschallverkehrsflugzeuge und sogenannte Airbusse, das sind Flugzeuge mit wesentlich höheren Fluggastplätzen als zur Zeit. Die Überschallflugzeuge sind für den Langstreckenverkehr zwischen den Kontinenten gedacht und dann sinnvoll. Der Airbus soll das zu erwartende Verkehrsbedürfnis im Kurz- und bestenfalls Mittelstreckenverkehr bewältigen.

Für die Zelle der Verkehrsflugzeuge hat sich — vom Überschallflugzeug abgesehen — als Baustoff in der Hauptsache Leichtmetall durchgesetzt. Die angewandten Bauweisen sind Schalenkonstruktionen, teilweise in Sandwichkonstruktionen erprobt, und führen bei Großflugzeugen zu Integralbauteilen. Druckkabinen und Integraltanks sind ausgereifte Konstruktionen. Das Überschallflugzeug bringt neue Probleme und verlangt in der Entwicklung neue Wege, vor allem wegen der in der Zellenoberfläche entstehenden Luftreibung und Wärmebelastung.

Arbeitsflugzeuge

Arbeitsflugzeuge sind eine Flugzeuggattung, die im allgemeinen nicht als Sonderentwicklung angesprochen werden kann. Sie können — von Ausnahmen abgesehen — den bislang behandelten Gruppen entlehnt werden und erfahren gewöhnlich verwendungsbedingte Umbauten. Arbeitsflugzeuge finden Einsatz als: Transportflugzeuge, Spezialtransporter, land- und forstwirtschaftliche Arbeitsflugzeuge, Rettungsflugzeuge, Flugzeuge für Verkehrsüberwachung, Landesaufnahme u. a. m. Als Arbeitsflugzeug kommt neben dem Starrflügelflugzeug auch dem Hubschrauber (Großhubschrauber) besondere Bedeutung zu.

2. Flugzeuge für die Landesverteidigung

Mit Schul- und Ausbildungsflugzeugen, Verbindungsflugzeugen, Kampfflugzeugen, Aufklärungsflugzeugen und Transportflugzeugen sind die wichtigsten Verwendungszwecke aufgeführt. Solange die Völker in gegenseitiger Furcht voreinander leben, hält die Angst die technische Entwicklung auf diesem Gebiet ständig in Atem. Wird bei einem Gerät der Stand der Technik verbessert, ist das vorhandene Gerät von der Überalterung bedroht und läßt neues entstehen, wobei das vorhandene in den Schrott wandert. Das ist ein vorhandener wenn auch kein sinnvoller Zustand.
Über den Stand der Zellenentwicklung für Militärflugzeuge getrennte Überlegungen anzustellen, erübrigt sich. Was auf dem zivilen Sektor an Brauchbarem zur Verfügung steht, kann auch der Entwicklung in der Militärluftfahrt zugute kommen; zukunftswichtige Einzelentwicklungen sorgen dafür, daß Vorfragen für Zukunftsaufgaben rechtzeitig aufgegriffen werden, siehe z. B. „Concorde".

3. Raketen, Satelliten und Raumfahrzeuge

Diese Gattung der Luft- und Raumfahrzeuge ist junges Neuland. Aber über die Neuentwicklungen auf diesem Gebiet wird die Öffentlichkeit durch die öffentlichen Nachrichtendienste zum Teil laufend unterrichtet. Raketen aller Art dienen Angriff und Abwehr. Satelliten, von Raketen in den Raum getragen, dienen der Daten-, Nachrichten- und Bildübermittlung. Für das weitere Vordringen in den Weltraum ist das Raumfahrzeug notwendig. Gegenüber dem Luftfahrzeug wachsen die Gruppen Triebwerk, Zelle, Gerät immer mehr zu einer Einheit zusammen. Die besonderen Bedingungen verlangen besondere Baustoffe, die den vorhandenen Umweltbedingungen gerecht werden. Die Gestaltung der „Strukturen", das sind die Tragkörper, verlangt einen extremen Leichtbau. Dieser Ultraleichtbau fordert auch der Fertigung neue Leistungen ab. Über die Anstrengungen der Fertigungstechnik im Neuland der Raketen, Satelliten und Raumfahrzeuge unterrichtet der Aufsatz von Dipl.-Ing. Pagoda dieses Buches.

2. Entwicklung und Stand der Fertigungstechnik im Luftfahrzeugzellenbau

2.1 Ein zeitlicher Überblick über die Fertigung im Luftfahrzeugzellenbau

Dieser Abschnitt soll zeitlich geordnet den Werdegang verfolgen.

Vorkriegsperiode bis 1. August 1914

Man erkannte die Bedeutung der Luftfahrt für die Aufklärung im Kriege und studierte diese Frage in Manövern durch Entwicklung entsprechender Luftfahrzeuge. Hierzu benutzte man Flugzeuge, Luftschiffe und Ballone. Zu Kriegsbeginn legte man Mindestforderungen fest. Eine industrielle Erzeugung von Luftfahrtgeräten lag zu diesem Zeitpunkt noch nicht vor.

Die Kriegsperiode vom 1. August 1914 bis 1. November 1918

Einen ersten starken Impuls erhielt die Fertigung durch zahlreiche Entwicklungen neuer Muster für Flugzeuge und Triebwerke. Im Anschluß kam die Fertigung großer Stückzahlen [1]). Flugzeugzellen in Gemischtbauweise mit Kolbentriebwerken sind in dieser Zeitperiode das Kennzeichen dieses Zeitabschnittes. Für die Ersatzlieferung wird bei den Baugruppen schon der Austauschbau entwickelt.

Die Periode friedlicher Entwicklung vom 1. September 1918 bis 1. August 1939

Allgemein ist diese Periode als eine stetige Entwicklung und Forschung auf allen Gebieten der Luftfahrttechnik anzusprechen. Durch Bauverbote und Beschränkungen der Luftfahrt blieb Deutschland zunächst im Hintertreffen, erschloß von 1919 an aber den Segelflug und brachte ihn zu hoher Blüte. Dann aber wurde der Rückstand bis 1939 wieder aufgeholt. Bei den Zivil- und Militärluftfahrzeugen ging die Entwicklung zu größeren Triebwerken und größeren und schnelleren Flugzeugen. Ein stärkerer Übergang zu freitragenden Flügeln und zum Leichtmetall beim Zellenbau kennzeichnete diese Entwicklung als charakteristisch. Dabei finden aber die Fertigungsbelange des Serienbaues wachsende Beachtung. Die Ozeanüberquerungen und andere Langstreckenflüge zeigen die Zukunftsaufgaben an. Am Anfang dieser Periode nahm der Luftverkehr behelfsmäßig seinen Anfang und entwickelte sich dann schnell zu erhöhter Leistungsfähigkeit.

Die Kriegsperiode vom 1. August 1939 bis 1. Mai 1945

Für Entwicklung und Fertigung kann dieser Zeitabschnitt als hektisch bezeichnet werden. Auf beiden Seiten der kriegsführenden Parteien gab es gewaltige Anstrengungen für Neuentwicklungen und größere Fertigungsstückzahlen [2]). Bei den Triebwerken traten zum ersten Male die Gasturbinen in Erscheinung. Sie machten die Luftschraube überflüssig und wiesen ganz neue Wege der Triebwerksentwicklung. Auf allen Gebieten der Fertigungstechnik der Luftfahrzeuge wurden große Fortschritte gemacht. Für die kommende Entwicklung des Luftverkehrs leistete die Entwicklung während des Krieges erhebliche Vorarbeit.

Die Entwicklungsperiode nach dem zweiten Weltkrieg vom 1. Mai 1945 bis heute

Nach dem Kriege ging man daran, den gewonnenen Stand der Technik zu überdenken und für weitere Entwicklungen nutzbar zu machen, während der Luftfahrzeugbau in der Bundesrepublik bis 1955 noch verboten blieb. Die Nachkriegsentwicklung lieferte für die Zivilluftfahrt die größten Erfolge. Dabei wurde die Verwirklichung des interkontinentalen Luftverkehrs ein Meilenstein des Fortschritts. Von diesem Fortschritt profitierte auch die Militärluftfahrt. Mit dem Angriff auf die Raumfahrt durch die Raketen, Satelliten und Raumfahrzeuge brach ein neues Zeitalter an. Aus allen diesen Forschungen und Entwicklungen ergaben sich nochmals bedeutende Fortschritte für die Fertigungstechnik.

---

[1]) Im ersten Weltkrieg wurden in Deutschland insgesamt ca. 45 000 Flugzeuge gebaut.

[2]) So wurden in Deutschland während des zweiten Weltkrieges insgesamt ca. 110 000 Flugzeuge gebaut.

2.2 Im Luftfahrzeugzellenbau angewandte, verbesserte und entwickelte Fertigungsverfahren

Entsprechend den vielfältigen Fertigungsaufgaben bedient sich der Zellenbau einer großen Anzahl verschiedenartiger Fertigungsverfahren. Davon sind zahlreiche anderen Zweigen der Technik entliehen und in gleicher Art angewendet worden. Viele mußten aber den veränderten Bedingungen des Zellenbaues angepaßt werden und wurden dementsprechend weiterentwickelt. Solche Verfahren können wir im allgemeinen als bekannt voraussetzen. Darüber hinaus sind aber im Zellenbau selbst eine Reihe von Fertigungsverfahren entwickelt worden, weil sie einem vorhandenen Bedürfnis abhalfen. Wieder andere Verfahren wurden deswegen in der Luftfahrt gefördert, weil sie günstige Anwendungschancen ergaben. Die durch die obigen Ausführungen betroffenen Fertigungsverfahren sollen in Aufstellungen erfaßt und geordnet werden.
Für eine übersichtliche Behandlung der Fertigungsverfahren nehmen wir eine zeitliche Ordnung vor und bedienen uns dabei der Einteilung von Abschnitt 2.1 wie folgt:

2.2.1 Älteste Verfahren (bis zum Ende des ersten Weltkrieges),
2.2.2 Ältere Verfahren (bis Beginn des zweiten Weltkrieges),
2.2.3 Neuere und neuste Verfahren (aus dem zweiten Weltkrieg bis heute),
2.2.4 In Entwicklung befindliche Verfahren.

2.2.1 Älteste Verfahren (bis Ende des ersten Weltkrieges)

Bei den 1915 in Serie gehenden Flugzeugen hatten sich für die Zelle Standardbauweisen durchgesetzt als reine Holzbauweisen, Gemischtbauweisen und als Fachwerkbauweisen, bei denen die Oberfläche vorwiegend mit bespanntem und imprägniertem Stoff versehen, aber teils auch mit Sperrholzhaut anzutreffen war. Im Gesamtaufbau wurde dem Doppeldecker mit Zugschraube der Vorzug gegeben. Flügel, Leitwerkflächen und Rumpf waren meist mit Stoff bespannt. Die Flügelholme waren I-Träger oder Kastenholme aus Holz, die Zwischenstiele mit den Drahtseilauskreuzungen zwischen Ober- und Unterflügel waren Profilstreben aus Holz oder Profilrohre aus Stahl. Die Rümpfe hatten teils eine Holzbauweise, teils einen Fachwerkaufbau mit Drahtauskreuzung und Druckstäbe aus Holz oder Stahlrohre. Bei den am ersten Weltkrieg beteiligten Staaten lagen etwa gleichartige Verhältnisse vor. Man kann nun mit Hilfe der vorstehenden kurzen Angaben feststellen, welche Fertigungsverfahren zur Durchführung erforderlich sind.
Die in Tafel 3 als älteste Fertigungsverfahren des Luftfahrzeugzellenbaues gekennzeichneten Verfahren sind fast alle dem Maschinenbau zugehörig. Die Flugzeugfertigung hat diese Verfahren übernommen und eine Verbesserung dort vorgenommen, wo es die Verhältnisse erforderten. Das waren unter anderen bei 4.3 Umformen von Blechen und Halbzeugen: Das Treiben, das Abkanten, das Biegen von Blechen, das Drücken auf der Drückbank, bei 4.31 Tiefziehen: Das Profilformen aus Blech, das Biegen von Rohren und Profilen und die spanlose Formung von Holzwerkstoffen. Alle diese Verfahren paßte man den im Zellenbau vorliegenden Verhältnissen an und verfeinerte sie damit. Durch die umfassende Anwendung des Holzes als Werkstoff entwickelte man besonders die Holzformung mit Hilfe der Lamellierung. Dem Oberflächenschutz durch Anstrich widmete man gebührende Beachtung. Ein typisches Fertigungsverfahren der Luftfahrt war die Stoffbehäutung von umströmten Oberflächen mit der dazugehörigen Aufbringung und Imprägnierung. Wesentliche Säulen der Fertigungstechnik wurden im Verbinden das Schweißen von Stahl, das Löten von Stahl und die Verleimung von Holz.

Tafel 3 **Älteste Fertigungsverfahren des Luftfahrzeugzellenbaus**
(bis Ende des ersten Weltkrieges)

Lfd. Nr.	Gliederungsziffer Verfahrensgruppe	Gliederungsziffer Teilverfahren	Verfahrensgruppe und Teilverfahren	Bemerkungen
1	4.12		Schmieden (Umformen)	
		4.12.1	Schmieden, Freiformschmieden	F. d. M. B.
		4.12.2	Gesenkschmieden, Pressen	
		4.12.4	Schmieden von Stahl	
2	4.2		Schneiden und Stanzen	
		4.20	Mechanisches Schneiden	F. d. M. B.
		4.25	Stanzen	
3	4.3		Umformen von Blechen und Halbzeugen	F. d. M. B.
		4.30.1	Glätten und Treiben	+ von Luftfahrt.
		4.30.2	Rundwalzen, Konischwalzen	Fert. Techn.
		4.30.3	Abkanten	verbessert
		4.30.4	+ Biegen von Blechen	
		4.30.6	+ Drücken auf der Drückbank	
	4.31.0		(Blech)umformung mit Pressen	F. d. M. B.
		4.31.02	Tiefziehen von Stahl	+ von Luftfahrt.
		4.31.4	Das Profilformen aus Blech	Fert. Techn.
		4.31.5	Das Biegen von Rohren	verbessert
		4.31.6	Das Biegen von Profilen	
		4.31.9	+ Spanlose Formung von Holzwerkstoffen	
4	4.41		Spangebende Bearbeitung von Flugzeugwerkstoffen	F. d. M. B. + von Luftfahrt.
		4.41.21	Bearbeitung von Stählen	Fert. Techn.
		4.41.25	+ Bearbeitung von Hölzern	verbessert
5	4.5		Warmbehandlung der Metalle	
		4.51	Härten von Stahl	F. d. M. B.
6	4.82.2		Nichtmetallische Oberflächenschutzverfahren	F. d. M. B. + von Luftfahrt.
		4.82.26	+ Anstrichverfahren	Fert. Techn.
		4.82.31	Polieren, Bürsten	verbessert
7	5.3		Schweißen, Löten	
		5.31.22	Autogenes Schweißen	F. d. M. B.
		5.31.31	Schweißen von Stahl	
		5.32.31	Löten von Stahl	
8	5.5		Fertigungstechnik des Verleimens von Holzwerkstoffen und Holzkonstruktionen	F. d. L.
9	6.2		Das Aufbringen von Stoffbehäutungen auf Baugruppen	F. d. L.
	6.3		Oberflächenbehandlungen von Stoffbehäutungen	F. d. L.

F. d. M. B. = Fertigungstechnik des Maschinenbaus;
F. d. L. = Fertigungstechnik des Luftfahrzeugbaus

Tafel 4 **Ältere Fertigungsverfahren des Luftfahrzeugzellenbaus**
(bis zum Beginn des zweiten Weltkrieges)

Lfd. Nr.	Gliederungsziffer Verfahrensgruppe	Teilverfahren	Verfahrensgruppe und Teilverfahren	Erfaßter Dokumentationszeitraum
1	4.11		Gießen und besondere Gußverfahren (Urformen)	
		4.11.21	Gießen von Stahl	29 bis 59
		4.11.22	Gießen von Aluminium-Legierungen	28 bis 59
		4.11.23	Gießen von Magnesium-Legierungen	38 bis 59
2	4.12		Bildsames Formen der Metalle (Umformen)	
		4.12.2	Gesenkschmieden, Pressen	30 bis 59
		4.12.5	Schmieden von Leichtmetallen	38 bis 59
3	4.2		Schneiden und Stanzen	
		4.25	Stanzen	36 bis 59
4	4.3		Umformen von Blechen und Halbzeugen	
		4.30.5	Spanlose Formung mit Hand- und Kraftformern	26 bis 59
		4.30.7	Formgebung mittels Gummistempel	44 bis 59
		4.30.8	Streckziehverfahren	38 bis 59
		4.30.9	Blechumformung mit dem Fallhammer	
5	4.31		Tiefziehen	
		4.31.02	Tiefziehen von Stahl	34 bis 59
		4.31.03	Tiefziehen von Aluminium-Legierungen	34 bis 59
		4.31.5/6	Biegen von Rohren und Profilen	41 bis 59
6	4.41		Spangebende Bearbeitung von Flugzeugwerkstoffen	
		4.41.21	Bearbeitung von Stählen	47 bis 59
		4.41.22	Bearbeitung von sonst. Schwermetallen	49 bis 59
		4.41.24	Bearbeitung von Leichtmetallen	41 bis 59
		4.41.25	Bearbeitung von Hölzern	51 bis 59
7	4.5		Warmbehandlung der Metalle	
		4.51	Härten von Stahl	29 bis 59
		4.52	Warmbehandlung der Metalle	37 bis 59
8	4.82		Verschiedene Verfahren der Oberflächenbehandlung und des Oberflächenschutzes	
		4.82.11	Plattieren	40 bis 59
		4.82.12	Galvanisieren	40 bis 59
		4.82.13	Diffundieren	41 bis 59
		4.82.14	Metallspritzen, Metallauftragen	48 bis 59
		4.82.21	Phosphatieren	
		4.82.22	Nitrieren von Stählen	40 bis 59
		4.82.23	Oxydationsverfahren	34 bis 59
		4.82.24	Stromlose Verfahren bei Leichtmetall	38 bis 59
		4.82.26	Anstrichverfahren	35 bis 59
		4.82.31	Polieren, Bürsten	41 bis 59
		4.82.32	Sandstrahlen, Kugelstrahlen	41 bis 59

Tafel 4 (Fortsetzung)

Lfd. Nr.	Gliederungsziffer Verfahrensgruppe	Gliederungsziffer Teilverfahren	Verfahrensgruppe und Teilverfahren	Erfaßter Dokumentationszeitraum
9	5.2		Nieten	30 bis 59
10	5.3		Schweißen und Löten	
		5.31.25	Widerstandsschweißen	36 bis 59
		5.31.31	Schweißen von Stahl	27 bis 59
		5.31.32	Schweißen von Leichtmetallen	35 bis 59
		5.32	Löten	36 bis 59
11	5.5		Fertigungstechnik des Verleimens von Holz und Holzkonstruktionen	28 bis 59

Im ersten Weltkrieg war der Luftfahrzeugbau so stark forciert worden, daß die Zeit für die Entwicklung von besonderen Fertigungsverfahren fehlte. So ist nach dem Kriegsende 1918 die Fertigungstechnik mit dem Wissen des Maschinenbaues ausgestattet und löst damit alle anfallenden Fertigungsaufgaben. Für die Verbindungen im Holzbau ist man noch nicht über den Kaseïnleim hinausgekommen und muß seine Witterungsempfindlichkeit durch Sondermaßnahmen im Oberflächenschutz ausgleichen. Weiterhin läßt die Kurzlebigkeit der Kriegsflugzeuge zunächst über manches hinwegsehen. Den Erfordernissen des Austauschbaues hatte man in erheblichem Maß Rechnung getragen. Die in Tafel 3 erfolgte Zusammenstellung fußt nicht auf vorhandene Spezialliteratur, sondern ist aus dem Einblick in die Erfordernisse der Zellenfertigung entstanden. Tafel 3 ist so als ein ungefährer Überblick über den damaligen Fertigungsstand anzusprechen. Das Schrifttum, welches diesem Abschnitt mit zugrunde gelegt wurde, ist dem Abschnitt 5, Ziffer [1] und [8] zu entnehmen. Die geleisteten Vorarbeiten für eine Normung von häufig vorkommenden Flugzeugzellenteilen seien am Rande vermerkt.

2.2.2 Ältere Verfahren (bis Beginn des zweiten Weltkrieges)

In der Zeitspanne von 1918 bis 1939 hat sich die Fertigungstechnik in der Luftfahrt nachhaltig entwickelt, stärker in der zweiten Hälfte der zwanziger Jahre und besonders stark in Deutschland in der Zeit des Wiederaufbaues von 1933 bis 1939. Aus Mangel an Büchern über die Luftfahrtfertigungstechnik mußte die Zeitschriftenliteratur durchgesehen werden. Darüber hinaus wurden die im Schrifttum Abschnitt 5, Ziffer [2], [9], [10] und [11] aufgeführten Bücher benutzt. Beide Bibliographien [9] und [10] enthalten jeweils zwei Abschnitte über Fertigung, die auch die wichtigste Luftfahrtfertigung aus den Jahren von 1930 bis 1939 bringen. Aus der Stoffgliederung der „Bibliographie der Veröffentlichungen über die Fertigungstechnik von Luftfahrzeugen und Flugkörpern" sind Herstellungs-, Bearbeitungs- und Behandlungsverfahren von Einzelteilen einerseits und von Verbindungs- und Zusammenbauverfahren andererseits nach Ziffern geordnet zusammengetragen und ihr Vorkommen in den beiden Bibliographien und auch sonstige Quellen festgestellt. Das Ergebnis ist in Tafel 4 zusammengetragen. Sie enthält in der zweiten Spalte die Gliederungsziffer der Bibliographie sowohl für die Verfahrensgruppe als auch für die Teilverfahren. Die Spalte 3 enthält den Text

für die Verfahrensgruppe wie für das Teilverfahren. Die letzte Spalte enthält in zwei Jahreszahlen den erfaßten Dokumentationszeitraum. Auch wenn wir diese Verfahren mit dem Jahr 1939 als abgeschlossen betrachten, so zeigt doch der Dokumentationsbereich, daß die Weiterentwicklung nicht aufhört.
Bei allen diesen aufgeführten Verfahren ist aus dem Schrifttum festzustellen, daß für die Entwicklung der Verfahren einerseits und für die Verbesserung andererseits starke Impulse von der Luftfahrtfertigungstechnik ausgegangen sind und dabei Fertigungsverfahren an Luftfahrtwerkstoffen im Vordergrund standen. Im übrigen soll die Zusammenstellung der Tafel 4 nicht als eine lückenlose Erfassung aller älteren Fertigungsverfahren angesehen werden, sondern zeigen, mit welchen Fertigungsverfahren man in der Luftfahrt seit längerer Zeit vertraut ist. Aus diesen Überlegungen heraus scheint es angebracht, zu den Verfahren der Tafel 4 noch einige weitere Ausführungen zu machen.
Die großen Linien, die in diesem Zeitraum der Entwicklung der Fertigungstechnik den Stempel aufdrückten, waren:

1. die Einführung der Leichtmetalle und hochfesten Stähle in den Zellenbau,
2. die Einführung der freitragenden Flügel,
3. die Einführung der Schalenbauweise,
4. die Vergrößerung der Flugzeuge und ihrer Leistungen mit den Folgerungen für die Fertigung.

Mit der Einführung neuer Werkstoffe zeigten sich die Vorteile der Verwendung von Gußteilen aus hochfestem Stahl, Aluminium- und Magnesiumlegierungen. In manchen Fällen ist es ratsam, anstelle von Gußteilen Gesenk- und Preßteile zu verwenden. Der Entwicklung von Guß- und Preßteilen wird allergrößte Beachtung geschenkt. Schneiden und Stanzen sind im Metallflugzeugbau viel angewendete Arbeitsverfahren für die Herstellung von Blechabschnitten, die ständig nach neuen Möglichkeiten suchen. Alle unter der Ziffer 4.3 hier aufgeführten Teilverfahren sind ebenfalls seit langem in der Zellenfertigung angewendet, viele davon sind ganz im Flugzeugbau entwickelt worden. Zu den im Flugzeugbau entwickelten Verfahren gehören: Formgebung mittels Gummistempel, Streckziehverfahren, Blechumformung mit dem Fallhammer, das Tiefziehen von Aluminiumlegierungen, das Profilformen aus Blech und das Biegen von Rohren und Profilen.
Von Anfang an hat man der spangebenden Bearbeitung von Flugzeugwerkstoffen eine ihrer Wichtigkeit angemessene Beachtung geschenkt (Ziffer 4.41), sie gehört so zu den ältesten Fertigungsverfahren. Bei der Warmbehandlung der Metalle ist die Fertigungstechnik des Härtens der Stähle und das Vergüten der Leichtmetalle eine besondere Domäne der Luftfahrtfertigung. Die Entwicklung der in 4.82 aufgeführten Verfahren gab der Flugzeugfertigung laufend Anlaß zur Untersuchung, spielt doch die durch Korrosion gefährdete Querschnittsabmessung der scharf ausdimensionierten Flugzeugbauteile eine bedeutsame Rolle. Alle aufgeführten Teilverfahren haben aus der Luftfahrt beachtliche Entwicklungsimpulse erhalten. Alle unter Verfahrensgruppe 5 aufgeführten Verbindungsverfahren wurden im Flugzeugbau nachhaltig weiterentwickelt wie auch das Löten vor allem der Leichtmetalle. Dabei gingen auch Verfahren ganz aus der Luftfahrt hervor wie die Leichtmetallnietung und einige Spezialschweißverfahren. Das Verleimen von Holzwerkstoffen ist besonders pfleglich in der Luftfahrtfertigung behandelt. Hier sind ferner zu nennen: die Kunstharzverleimung der Hölzer kalt und warm, die Montageverleimung mittels Widerstandsheizung und Hochfrequenzheizung.

2.2.3 Neuere und neueste Verfahren (aus dem zweiten Weltkrieg bis heute)

Den neueren und neusten Verfahren wurde der Zeitraum von 1939 bis 1966 zugeteilt. Auf die Möglichkeit, diesen Abschnitt nochmals zu unterteilen in Kriegs- und Nachkriegszeit, wurde aus arbeitstechnischen Gründen verzichtet. Für diesen Abschnitt kann noch der nachfolgende 2.2.4 „In Entwicklung befindliche Verfahren" als eine zweckdienende Fortführung angesprochen werden. Als Quellenschöpfung können für Eingliederung und Behandlung der Verfahren in gleicher Weise die beiden Leichtbaubibliographien und diese Fertigungsbibliographie herangezogen werden. Da ja von der Erstveröffentlichung bis zur industriereifen Anwendung eines Verfahrens eine gewisse Zeitspanne abläuft, ist ein solches Vorgehen nützlich. Erwartungsgemäß sollte sich das Hauptschrifttum der neueren und neusten Verfahren in der Fertigungsbibliographie wiederfinden. Einen Überblick über die Verfahren gibt die Zahlentafel 5, diese erfaßt die Dokumentationszeiträume beider Bibliographien und zahlenmäßig aus der Fertigungsbibliographie die Literaturstellen der einzelnen Verfahren. Alle diese Fertigungsverfahren finden in der Produktion Anwendung. Bei der Behandlung der neueren und neusten Verfahren ist zu bedenken, daß auch die älteren Verfahren durchweg noch Verbesserungen erfahren, hierauf kann jedoch nicht wieder eingegangen werden, von Ausnahmen abgesehen. Zu den aufgeführten Verfahren der Tafel 5 ist zu vermerken: Schmiedeteile bringen gegenüber Guß stets den Vorteil, Werkstoffe mit höheren Festigkeiten einzusetzen und dadurch Gewicht und Zerspanungsarbeit einzusparen. Das gilt für Stahl und besonders für die Leichtmetalle. Die Herstellung von Großbauteilen aus einem Stück, wie Holme, Beplankungsteile u. a., an Großflugzeugen führte zu der Integralbauweise mit verringerten Kosten, verringertem Gewicht und verbesserter Dauerfestigkeit. So entstanden hier als neue Fertigungsverfahren das Schmieden (4.12.5), das Formen von Beplankungsteilen in Integralbauweise (4.31.2) und (4.42.8) das Bearbeiten von Integralbauteilen. Dazu mußten Pressen und Fräsmaschinen bisher ungekannter Größe entwickelt werden und das Verformen und Entspannen der bearbeiteten Integralflügelteile auf Vorrichtungen nach besonderem Verfahren bewerkstelligt werden. Auch das Schmieden von Titan 4.12.6 hat mit dessen zunehmenden Einsatz als Werkstoff für höhere thermische Beanspruchung im Überschall- und Raumfahrtbereich verstärktes Interesse gefunden. Die Weiterentwicklung des Brennschneidens 4.22 kommt am Stahl mehr dem Vorrichtungsbau zugute.

Das Durchsenken der Leichtmetallbleche unter Wärme 4.31.1 entstand bei der Verbindung dickerer Bleche im Metallschalenbau und wird auf Spezialmaschinen durchgeführt.

Das Tiefätzen 4.42.73 ist in seinen Grundlagen längst bekannt. Die Fertigungstechnik in der Luftfahrt kann für sich in Anspruch nehmen, dieses Verfahren produktionsreif so weiterentwickelt zu haben, daß seine Anwendung anstelle des mechanischen Fräsens einen fertigungstechnischen Fortschritt bedeutet. Darüber hinaus kann es Aufgaben lösen, die mit dem mechanischen Fräsen nicht möglich sind. Im übrigen ist das Tiefätzen im Abschnitt A dieser Bibliographie Gegenstand eines besonderen Aufsatzes. Das Heißabspanen 4.42.77 kann mit Erfolg bei schwer bearbeitbaren Werkstoffen angewendet werden.

Die Metallreinigung und das Entfetten 4.82.29 ist sowohl für Verbindungsverfahren wie z. B. Kleben und die Oberflächenbehandlung zum Oberflächenschutz von besonderer Bedeutung. Die unter den laufenden Nummern 11 bis 15 aufgeführten Verbindungsverfahren verdienen besondere Beachtung. Für eine Rationalisierung der Verbindungsarbeiten ist das Schweißen und Löten sehr bedeutungsvoll, besonders im Hinblick auf das teurere Nieten.

Tafel 5 **Neuere und neueste Fertigungsverfahren des Luftfahrzeugzellenbaus**
(aus dem zweiten Weltkrieg bis heute)

Lfd. Nr.	Gliederungsziffer der Bibliographie	Verfahren	Bemerkungen: Dokumentationszeitraum in der Leichtbaubibliographie	Bemerkungen: Dokumentationszeitraum in der Luftf.-Fertig.-Bibliographie	Bemerkungen: Literaturstellen *) in der Luftfahrt-Fertigungsbibliographie
1	4.12.5	Schmieden von Leichtmetallen	39—59	35—64	46
2	4.12.6	Schmieden von Titan	49—59	53—64	16
3	4.22	Brennschneiden	47—49	58—66	30
4	4.31.1	Durchsenken von Leichtmetallblechen unter Wärme		52—65	5
5	4.31.2	Formung von Beplankungsteilen in Integralbauweise		52—65	11
6	4.42.73	Bearbeitung mit Ätzen	52—59	54—66	92
7	4.42.77	Heißabspanen		60—64	7
8	4.42.8	Bearbeitung von Integralbauteilen	55—59	53—63	24
9	4.82.29	Metallreinigung und Entfettung: Beizen, Entzundern, Pickling, Descaling u. a.	58—59	50—65	15
10	5.31.23	Schutzgasschweißen	46—59	57—66	65
11	5.31.25	Widerstandsschweißen	36—59	54—65	70
12	5.31.26	Lichtbogenschweißen	39—59	56—66	37
13	5.31.27	Preßschweißen	50—59	53—65	27
14	5.32	Löten	36—59		232
15	5.41	Metallkleben	42—59	50—66	162
16	5.42	Kleben sonstiger Werkstoffe	28—59	41—66	56
17	5.6	Fertigung von Sandwichkonstruktionen	42—59	50—65	94
18	5.7	Fertigung von verstärkten Kunststoffbauteilen	43—59	54—66	108

*) Nicht alle Stellen wegen der laufenden Bearbeitung erfaßt.

Das Metallkleben 5.41 ist in der Luftfahrtfertigung zu einem neuen Verbindungsverfahren ausgearbeitet worden und ist heute in der laufenden Fertigung vertreten. Im Hinblick auf seine Bedeutung ist auch im Teil A dieser Bibliographie eine zusammenfassende Arbeit erschienen. Auch das Kleben anderer Werkstoffe als Metall ist in der Luftfahrtfertigung interessant (siehe Ziffer 5.42). Die Fertigung von Sandwichkonstruktionen 5.6 hat in der Kriegs- und Nachkriegszeit eine überaus starke Entwicklung angenommen mit vielfältigen Konstruktionen und Fertigungsverfahren, siehe auch Abschnitt A. Als völlig neues Gebiet kam die Fertigung glasfaserverstärkter Kunststoffbauteile und Kunststoffbauweisen hinzu, siehe 5.7. Diese Bauweisen und ihre Fertigungsverfahren haben Eigenschaften und Fertigungsmerkmale, die für den Flugzeugbau aus verschiedenen Überlegungen heraus sehr interessant sind. Für die Herstellung gewisser Bauteile erfolgreich eingesetzt, wurde der Versuch unternommen, auch ganze Flugzeuge als Zielflugzeuge, Segelflugzeuge u. a. in zweckdienlichen Bauweisen in Glasfaserkunststoffen zu fertigen. Auch hier wird auf Abschnitt A dieser Bibliographie verwiesen.

2.2.4 In Entwicklung befindliche Verfahren

In der Entwicklung befindliche und versuchsweise angewendete Fertigungsverfahren sind in Tafel 6 zusammengestellt. Das Schrifttum dieser Verfahren wurde in der Fertigungsbibliographie erfaßt und die in den Jahren 1958 bis 1965 jahrweis anfallenden Aufsätze in Tafel 6 eingetragen zusammen mit der Gesamtzahl von Aufsätzen für die einzelnen Verfahren. Damit wird über den zeitlichen Werdegang der Verfahren dem interessierten Leser ein ziemlich vollständiges Bild vermittelt. Wie aus der zweiten Spalte hervorgeht, handelt es sich bei den aufgeführten Verfahren um zwei Schneidverfahren, vier Umformverfahren, fünf Stoffabtragsverfahren, zwei Stoffauftragsverfahren, fünf Schweißverfahren und ein Aufbauverfahren. Einige der vorstehenden Verfahren sind bereits versuchsweise in Einsatz, nämlich u. a. die Explosionsumformung, das Elektronenstrahlschweißen und die Fertigung von verstärkten Kunststoffbauteilen. Diese drei Verfahren sind im Teil A dieser Bibliographie mit je einem Aufsatz vertreten und werden dort eingehender behandelt. Wenn hier generell von Fertigungsverfahren für den Zellenbau gesprochen wird, so muß dazu bemerkt werden, daß wohl alle Verfahren für eine Anwendung ins Auge gefaßt werden, damit steht aber die Bewährung aus. Erst nach einer vollendeten Entwicklung eines Verfahrens kann die praktische Anwendung entscheiden, ob das Verfahren Eingang finden kann. Im allgemeinen wird ein neues Verfahren ein bewährtes erst dann ablösen, wenn es für die Luftfahrt einen Fortschritt darstellt. Schon jetzt können zu den Verfahren einige weitere Hinweise gegeben werden.

Die beiden Schneidverfahren Plasmaschneiden und Schneiden mit Elektronenstrahlen sind als Warmschneidverfahren für die wärmeempfindlichen Werkstoffe des Zellenbaus nur von begrenztem Interesse. Auch an den noch spärlichen Literaturstellen zeigt sich ein geringes Interesse. Im Vorrichtungs- und Werkzeugbau können diese Verfahren Bedeutung gewinnen.

Von den folgenden vier Umformverfahren sind alle für die Luftfahrt interessant, die Weiterentwicklung wird in der Literatur mit Interesse verfolgt. Es ist am stärksten bei der Explosionsumformung. Trotz der schon vorhandenen Anwendung gibt es hier noch offene Fragen und Probleme.

Von den folgenden fünf Abtragverfahren sind die Bearbeitung mit Elektroerosion und mit Elektrolyse am weitesten vorgeschritten. Sie sind praxisreif entwickelt und unter anderem auch im Triebwerksteilebau in der Anwendung.

Bei den Auftragsverfahren ist neuerdings das Wirbelsintern ein viel beachtetes Verfahren, die Anwendung ist in der Praxis schon angelaufen.

Von den fünf Schweißverfahren hat das Elektronenstrahlschweißverfahren die größte Beachtung gefunden. Wegen seiner großen verschiedenartigen Einsatzmöglichkeiten und der hohen Schweißgüte öffnen sich der Anwendung des Verfahrens in der Fertigungstechnik der Luft- und Raumfahrt neue Plätze. Die übrigen vier Verfahren, von Ultraschallschweißen abgesehen, sind neueren Datums und in fortschreitender Entwicklung.

Tafel 6 **In Entwicklung befindliche und versuchsweise angewendete Fertigungsverfahren für den Luftfahrzeugzellenbau**

Lfd. Nr.	Verfahrens-gattung	Gliederungs-ziffer	Verfahren	Schrifttumsstellen in der Luftfahrtfertigung Bibliographie in den Jahren 1958—1966										Gesamt-zahl *)
					1958	1959	1960	1961	1962	1963	1964	1965	1966	
1	Schneid-verfahren	4.23	Plasmaschneiden						1	5	5	3	1	15
2		4.24	Schneiden mit Elektronen-strahlen				1	1			1			3
3	Umform-verfahren	4.31.31	Explosionsumformung		1	15	33	31	32	33	29	13	3	190
4		4.31.32	Mechanisch-pneumatische Formung (Dynapakverfahren)			2	5	5	11	7	5			35
5		4.31.33	Lichtbogenumformung			2	5	5	9	8	12	6		47
6		4.31.34	Formung durch Magnetismus				2	8	17	19	10	8	3	67
7	Abtrag-verfahren	4.42.71	Bearbeitung mit Elektro-erosion		2		6	11	12	13	14	11		69
8		4.42.72	Bearbeitung mit Ultraschall	1		2	3	6	1	3	5	3		24
9		4.42.74	Bearbeitung mit Elektrolyse			2	5	5	6	10	16	9		53
10		4.42.75	Bearbeitung mit Elektronen-strahlen		2			4	1	1				8
11		4.42.76	Bearbeitung mit Lasertechnik						1	3	7	3		14
12	Auftrag-verfahren	4.82.27	Beschichten mit Kunststoffen, Wirbelsintern		1	1	2	10	3	14	16	10	3	60
13		4.82.28	Flammspritzen nichtmetall-lischer Schutzschichten							1	6	4	1	12
14	Schweiß-verfahren	5.31.51	Elektronenstrahlschweißen			3	1	7	6	13	20	21	1	72
15		5.31.52	Ultraschallschweißen	9	3	5	10	14	5	3	6	6	2	63
16		5.31.53	Plasmaschweißen					1	6	4	5	5		21
17		5.31.54	Explosionsschweißen					3	3	3	3	5	1	18
18		5.31.55	Schweißen mit Lasertechnik							6	11	8	1	26
19	Aufbau-verfahren	5.7	Fertigung von verstärkten Kunststoffbauteilen	5	1	1	9	11	13	17	20	30	1	108

*) Nicht alle Stellen wegen der laufenden Bearbeitung erfaßt.

Die Fertigung von verstärkten Kunststoffbauteilen ist wohl ein längst bekanntes Verfahren, das Interesse für seine Anwendung in der Luftfahrt wird aus mehreren Gründen heraus aber erst von 1959 an stärker geweckt. Nicht nur einzelne Bauteile, sondern auch Baugruppen und ganze Flugzeuge aus verstärkten Kunststoffen sind in der Erprobung und gehen der serienreifen Anwendung entgegen.

3. Betrachtungen zur Förderung der Fertigungstechnik im Luftfahrzeugzellenbau

Als ein wesentliches Arbeitsergebnis dieser Bibliographie mußte festgestellt werden, daß die Deutsche Luftfahrtfertigung durch Kriegsfolgen an theoretischer und materieller Substanz schwere Einbuße erlitt. Man ist dabei, die noch klaffende Lücke weiter einzuengen, aber erst erhebliche weitere Anstrengungen können sie ganz schließen. Was kann getan werden, um hier abzuhelfen? Aufgabe dieser Betrachtung soll es sein, die Fragen anzusprechen, welche bei der Förderung der Fertigungstechnik wissenschaftlich und praktisch von Bedeutung sind.

Ziel solcher Förderungsmaßnahmen sollte es sein, Deutschland wieder in der Luftfahrt einen ihm gebührenden Platz im Verhältnis zu anderen Nationen erarbeiten zu helfen. Anzustreben wäre es, daß wir in die Lage kommen, alle Aufgaben ohne Unterschied auf dem Gebiet der Luftfahrtfertigung selbständig oder zumindest in europäischer Gemeinschaftsarbeit zu lösen. Das ist absolut notwendig, wollen wir nicht zweitrangig werden.

Was man naheliegend ohne allzu großen Aufwand für die Fertigung tun kann, läßt sich in die kurzen Worte zusammenfassen: Lehre, Forschung und Dokumentation. Was in der Lehre von Nöten ist, weiß man in der Industrie zur Genüge, gleich ob es den Facharbeiter, Meister, Ingenieur oder die Ingenieure in leitenden Stellungen betrifft. Es wird hier auch einiges getan. Für eine Reihe von Arbeitsgebieten in der Luftfahrt gab es früher nützliche kleine Lehr- und Unterrichtsbücher. Es wäre die verdienstvolle Arbeit eines Verlegers und eine große Ausbildungshilfe für die Luftfahrtindustrie, eine solche Buchreihe in neuem Gewand mit dem neusten Stand der Technik wieder herauszubringen.

Daß bald für gehobene Anforderungen auch in Deutschland ein Lehrbuch für die Luftfahrtfertigung verfügbar sein sollte, ist wohl eine Selbstverständlichkeit. Wir haben bei uns Fachleute, die dies hervorragend bewerkstelligen könnten. Ein weiterer Schritt wäre es, ein Handbuch für die Luftfahrtfertigungstechnik als Nachschlagewerk auszuarbeiten. Ein solches Werk kann aber nur das Ergebnis einer Gemeinschaftsarbeit passend ausgewählter Luftfahrtingenieure sein. Für die Ausgestaltung dieser Vorschläge sollte man der Luftfahrtindustrie ein angemessenes Mitspracherecht einräumen; denn sie soll den Nutzen daraus ziehen und muß sagen, was sie für notwendig hält.

Die Lehre über Luftfahrtfertigung sollte an einer Technischen Hochschule zumindest nachhaltig vertreten sein, Lehraufträge könnten, falls erforderlich, weiteres leisten. Auf jeden Fall gehört die Luftfahrtfertigung auch in den Arbeitsbereich der Ingenieurschulen, wobei einige auszuwählen wären.

Die Fertigungsforschung in der Luftfahrt ist ein weiteres Problem. Man sollte dafür ein Institut als Pflegestätte schaffen, dem zugleich die Federführung zukommt. Es könnte einerseits mit anderen Instituten zusammenarbeiten, und andererseits mit allen Werken der Luftfahrt gleichfalls eine direkte Zusammenarbeit auf dem Gebiet der langfristigen Fertigungsforschung pflegen. Man könnte kurz einmal die Aufgaben skizzieren, die ein solches Forschungsinstitut zu bearbeiten bzw. mit zubetreuen hätte:

1. Laufende Dokumentation über die Fertigungstechnik für die Gebiete Zellenaufbau, Triebwerk, Geräte.
2. Grundlagenforschung in der Fertigungstechnik.
3. Federführende Bearbeitung eines Handbuches der Luftfahrtfertigungstechnik.
4. Zusammenarbeit mit der Industrie auf dem Sektor Zweckforschung in der Fertigungstechnik.
5. Lehrtätigkeit an einer Hochschule.

Mit einem derartigen Programm in dieser Richtung hätte man dann für die Fertigung die notwendige Heimstätte geschaffen. Solche Fragen, die Standardfragen der Fertigung sind, werden teilweise auch die Fertigungsforschung beschäftigen, als da sind:

Die Werkstoffentwicklung

Sie ist ein sehr komplexes Problem und enthält in der Fertigung eine wichtige Teilaufgabe. Ein neuer Werkstoff nützt nur dann, wenn man ihn verarbeiten und verbinden kann. Für einen neuen Werkstoff müssen diese Ergebnisse erarbeitet und in der Anwendung auf ihre Richtigkeit überprüft werden. So gesehen ist die Werkstoffentwicklung von Anfang an bis auf den heutigen Tag eine stets wiederkehrende Tagesfrage. Sie bedarf einer engen Zusammenarbeit von Werkstoffachmann, Konstrukteur und Fertigung. Werkstoffentwicklung und Fertigung sind also untrennbar miteinander verbunden. Zu einem neuen Werkstoff gehören neben allen eindeutigen Eigenschaftsangaben auch alle Daten seiner fertigungstechnischen Verarbeitung. Durch die Raumfahrt wird die Werkstoffentwicklung zahlreiche neue Impulse erhalten.

Die Bauweisenentwicklung

Sie kann mannigfache Aspekte haben. In gewissem Sinne ist sie werkstoffabhängig, d. h. der Werkstoff empfiehlt schon gewisse Bauweisen. Beim Holz sind es die bekannten Holzbauweisen der Zelle. Im Gemischtbau herrscht Stahlfachwerk und die Balkenbauweise vor. Bei den Leichtmetallwerkstoffen ist die Schalenbauweise dominierend. Alle diese Bauweisen lassen sich weiter vervollkommnen, sei es durch Sandwichbauweisen, durch Integralteile u. a. m. Besondere Umstände können bei Flugzeugen neue Bauweisen auf den Plan rufen, wie z. B. Radarhauben aus Glasfaserkunststoffen. Auch bei den Klebkonstruktionen kann man von einer neuen Bauweise sprechen, weil sie den besonderen Bedingungen des Klebens angepaßt werden muß. Man wird auch in Zukunft, und vor allem auch in der Raumfahrt, immer wieder mit den Fragen der Bauweisenentwicklung zu rechnen haben und hier Konstruktion und Fertigung zusammenführen. Im Hinblick auf die bei der Raumfahrt zu lösenden Aufgaben, vor allem im Hinblick auf den Ultraleichtbau, wird man in der Bauweisenentwicklung einige weitere Anstrengungen machen müssen.

Herstellungs- und Zusammenbauverfahren mit ihrer genauen Kenntnis bilden das Rückgrat der Fertigung. Es gilt nicht nur, vorhandene Verfahren auf ihre Verbesserungsmöglichkeit zu untersuchen, sondern auch alle neuen Verfahren auf ihre wirtschaftliche Anwendungsmöglichkeit auszuwerten. Unter dem Verlangen nach Leichtbau und Ultraleichtbau werden der Fertigungstechnik die schwierigsten Aufgaben gestellt. Bei kleinen Serien ist die wirtschaftliche Fertigung ohnehin erschwert und neigt dann zuweilen zur Improvisation. Alles dieses verlangt von dem Fertigungsingenieur ein Höchstmaß an Fachkenntnissen.

Zuweilen gibt es Fälle, in denen durch *geeignete Verfahrensauswahl* die wirtschaftliche Fertigung verbessert werden kann, auch das gehört in den Aufgabenkreis der Fertigung. Im Serienbau gibt es häufig die Möglichkeit, eine Fertigungsoperation mit verschiedenen

Verfahren zu lösen. Dann muß die weitergehende Nachforschung ergeben, welcher Verfahrensoperation der Vorzug zu geben ist. So kann die Frage zu beantworten sein, welches Schnittverfahren wirtschaftlich zu bevorzugen ist. Auch die Wahl des Verbindungsverfahrens: Nieten, Schweißen, Kleben kann als Fragenkomplex auftreten.
Bei jedem neuen Muster muß der *Austauschbau* durchdacht werden. Das geht die Planung, die Konstruktion und die Fertigung an. Hier gibt es nicht nur eine Reihe präziser spezieller Fragen zu beantworten, sondern den Austauschbau in jedem Fall richtig zu handhaben. Es darf nicht zu wenig, aber auch nicht zu viel getan werden.

Die Normung

Für die wirtschaftliche Fertigung spielt die Normung eine bedeutsame Rolle. Bei der Vielfältigkeit der konstruktiven Arbeiten sollte man diesem Umstand genügend Beachtung schenken und einer sinnvollen Normung die Wege ebnen. Sinnvolle Normung fördert die wirtschaftliche Fertigung. Auch hier müssen Konstruktion und Fertigung wieder eng zusammenarbeiten.

Die Fertigungsplanung

Ein weiteres Fragenfeld ist die Fertigungsplanung. Für die An- und Ablaufplanung im Bau von Flugzeugen müssen gute Unterlagen vorhanden sein, deren Basis immer mehr wissenschaftlich fundiert sein sollte. Nur wenn man alles bedenkt und auf festem Grund baut, wird man zuverlässig und richtig planen können. Mit der Anwendung der Datenverarbeitung wird man in der Fertigungsvorbereitung und Terminbearbeitung nützliche Hilfestellung finden. Nun zuletzt soll noch kurz die Dokumentation angesprochen werden.

Die Dokumentation

Wenn auch anerkannt werden muß, daß die Fertigungstechnik in der Luftfahrt gegenüber dem Ausland in kurzer Zeit viel aufgeholt hat, so ist doch die Beschränkung der Mittel in Deutschland ein Hemmschuh für ein Gleichziehen. Will man den Fortschritt im Ausland erfassen — und das ist dringend notwendig — so geht das nur über eine Dokumentation. Das wurde in diesem Werk ausreichend betont. Die Fertigungstechnik in der Luftfahrt ist heute ein weit verzweigtes Arbeitsgebiet und kann nicht mehr nebenbei behandelt werden. Sie kommt in ihren Auswirkungen auch anderen Industriezweigen zugute. Für eine Dokumentation sind hier erste Vorschläge unterbreitet. Man muß sich eine solche Dokumentation etwas kosten lassen; denn sie spart Kosten ein. In einem anderen Abschnitt der Bibliographie wird die Dokumentation noch eine eingehende Behandlung erfahren.

4. Die Auswirkungen der Fertigungstechnik im Luftfahrzeugzellenbau auf andere Zweige der Technik

Ganz allgemein haben wir die Fertigungstechnik des Luftfahrzeuges aufgeteilt in die Fertigungen der Zelle, des Triebwerkes und der Geräte. Alle drei Fertigungsarten zeigen von sich aus wesentlich voneinander verschiedene Merkmale.
Die Luftfahrttriebwerke und Luftfahrtgeräte haben ihre Gemeinsamkeiten mit den verwandten Motorenindustrien und den verwandten Geräteindustrien. Die Luftfahrttriebwerke als Kolbentriebwerke, Gasturbinen sind in verwandten Ausführungen im Fahrzeugbau, Schiffbau, Energiewandlerindustrie, Arbeitsgeräteindustrie u. a. vertreten und befruchten daher diese Gebiete. Das gleiche gilt auch für die Luftfahrtgeräte, wo Überwachungs- und Nachrichtengeräte ein weites Anwendungsfeld aufweisen und ihre Befruchtungen ausüben.

Mit anderen Zweigen der Technik hat die Zellenfertigungstechnik in der Luftfahrt gemeinsam, daß nach Plänen des Konstrukteurs aus Elementarteilen, Bauteilen, Gruppen usw. die Zelle gefügt und zur fertigen Flugzeugzelle gestaltet wird, wie man auch andere Maschinen in verwandter Art herstellt. Strukturen, Werkstoffe und Verbindungsverfahren werden vom Konstrukteur vorgeschrieben. Die wirtschaftliche Fertigung ist Aufgabe des Fertigungsingenieurs.

Wirtschaftliche Überlegungen zwingen die Luftfahrttechnik zur Anwendung eines Leichtbaues klassischer Art oder gar zum Übergang auf den Ultraleichtbau. Von den dabei anfallenden Problemen werden in gleicher Weise Konstrukteur und Fertigungsingenieur angesprochen.

Charakteristisch am Luftfahrzeug ist, daß es im Gegensatz zu anderen Zweigen der Technik

1. sehr verschiedenen Einsatzbedingungen unterworfen ist,
2. sehr verschiedenartige Strukturen anwendet,
3. sehr unterschiedliche Werkstoffe anwendet,
4. sehr verschiedenartige Fertigungsverfahren anwenden muß,
5. die vorkommenden Fertigungsstückzahlen gering oder klein sind im Verhältnis zu anderen Industrien,
6. durch die technische Entwicklung eine schnelle Veralterung eintritt.

Diese Umstände haben zur Folge, daß in der Luftfahrtfertigung eine sehr große Variante möglicher Gegebenheiten anzutreffen ist. Was in der Luftfahrtfertigung vorliegt, läßt sich im ganzen nicht auf andere Zweige der Technik übertragen.

Nur wo in Sonderfällen in der Luftfahrt verwandte Beziehungen zu anderen Zweigen der Technik vorliegen, vermag bei näherer Betrachtung größere Parallelität festgestellt werden können.

Die Zweige der Technik, die neben der Luftfahrt noch den Leichtbau anwenden, sind: der Schienen- und Straßenfahrzeugbau, der Seilbahnbau, der Landmaschinenbau, der Hebezeugbau, der Brückenbau, der Schiffbau u. a. mehr. Wir wollen unsere Betrachtungen auf die vorgenannten Gebiete beschränken. Als ein Maß für den Fertigungsaufwand kann man den Kilogrammpreis ansehen, mit dem ein Erzeugnis am Markt angeboten wird.

Bei den oben aufgeführten Industrien mit Leichtbauerzeugnissen hat der Leichtbau seine jeweilige Note. Für die Personenkraftwagen liegt der Kilopondpreis als Quotient von Verkaufspreis in DM zu Leergewicht in Kilopond in den Grenzen von ca. 6,— bis 21,— DM / je Kilopond. Das ist bei den sehr großen Serien ein sehr günstiges Ergebnis. Bei den anderen Industriezweigen wird man mit einem höheren Kilopreis zu rechnen haben. Es wäre nützlich, das hierüber schon vorhandene Material nach einheitlichen Gesichtspunkten zu ordnen, um daraus weitere Schlüsse zu ziehen. Fragt man noch, wie liegen diese Werte bei unseren Flugzeugen, so ergibt sich als Resultat je nach Art des Flugzeuges ein weiter Streubereich. Bildet man wieder wie vorhin den Quotienten aus Verkaufspreis in DM zu Leergewicht in Kilopond, so erhält man bei Segelflugzeugen schon Werte zwischen 52,— bis 87,— DM / Kilopond. Für anspruchsvollere Flugzeuge erhöhen sich diese Werte, um bei Verkehrsflugzeugen auf über 700,— DM / Kilopond anzuwachsen. Das hängt mit den vielfältigen Anforderungen an Flugzeuge zusammen.

Noch viel höher muß man den Fertigungsaufwand veranschlagen, wenn man Flugkörper und Raumfahrzeuge herstellt. Im Fertigungsaufwand liegt die Luftfahrt und noch mehr die Raumfahrt an erster Stelle. Sie hat das Äußerste auf diesem Gebiet zu leisten und wird so zum Wegweiser für die anderen Zweige der Technik.

Werfen wir noch die Frage auf, welche vorwiegend aus der Luftfahrttechnik kommenden Fertigungsverfahren werden in anderen Zweigen der Technik nutzbringend angewendet. Dieser Prozeß zeigt sich, solange es den Flugzeugbau gibt. An Hand der in den Tafeln 3 bis 6 aufgeführten Fertigungsverfahren wollen wir solche Betrachtungen anstellen und die Ergebnisse in einer Tafel 7 zusammenstellen. Auf dieser Tafel ist durch einen Kreis vermerkt, welche Fertigungsverfahren der Luftfahrttechnik — hier sind insgesamt zwölf Verfahren aufgeführt — in anderen Industriezweigen (hier zehn) angewendet werden. Wie man aus dem Titel der Fertigungsverfahren erkennt, liegt der Tafel 7 die Aufgabe zugrunde, nur einen allgemeinen Überblick zu geben. Sie bringt also keine

Tafel 7 **Zur Anwendung von Fertigungsverfahren der Luftfahrttechnik in anderen Industriezweigen**

Lfd. Nr.	Fertigungsverfahren der Luftfahrttechnik	Schienen-fahrzeugbau	Straßen-fahrzeugbau	Seilbahnbau	Aufzugbau	Land-maschinenbau	Hebezeugbau	Brückenbau	Schiffbau	Allgemeiner Maschinenbau	Halbzeug-herstellung
1	Urformen (Gießen)		○								
2	Umformen (Schmieden, Pressen)					○					
3	Umformen von Blechen und Halbzeugen		○			○					
4	Spangebende Bearbeitung										
5	Abtragsverfahren										
6	Oberflächenschutz-verfahren					○					
7	Nieten von Leichtmetallen	○	○	○	○		○	○	○	○	
8	Schweißen	○	○			○	○	○		○	
9	Metallkleben	○	○					○		○	
10	Verleimen Spezialverleimung	○	○			○					○
11	Fertigung von Sandwich-konstruktionen	○	○								
12	Fertigung von verstärkten Kunststoffen	○	○			○					

Einzelheiten, sie zeigt aber, wie vielfältig die Luftfahrtfertigungstechnik Ausstrahlungen auf andere Industriezweige gegeben hat und dadurch dem Fortschritt diente. Mit dieser Bemerkung sollen die eigenen Leistungen der anderen Industriezweige keineswegs herabgemindert werden, aber in der Forschung mußte die Luftfahrt um ihrer selbst willen voranschreiten, die Probleme erkennen und anfassen.

5. Hinweise zum Schrifttum

Bei dem weitgestreckten Rahmen dieser Arbeit ist die eindeutige Zusammenstellung des Schrifttums ein schwieriges Unterfangen. Das Schrifttum kann weder eindeutig noch vollständig sein, es gibt kein zusammengefaßtes Schrifttum über die Fertigungstechnik in der Luftfahrt und auch nicht im Luftfahrzeugzellenbau. Man muß alles mühselig zusammensuchen, eine Folge davon, daß Deutschland zweimal aus der Luftfahrt für mehrere Jahre ausgeschaltet wurde. So wurde der Abschnitt 5 anstelle von Schrifttum mit „Hinweise zum Schrifttum" benannt und im folgenden die Hinweise in der Reihenfolge der Abschnitte des Aufsatzes aufgeführt.

Hinweise zu Abschnitt 1

[1] *Neumann, G. P.:* Die deutschen Luftstreitkräfte im Weltkriege. Berlin: Verl. Mittler u. Sohn, 1920, 600 S.

[2] *Hollbach, O.:* Deutscher Flugzeugbau, Handbuch der Luftfahrttechnik, 2. Aufl., Frankfurt am Main: Verl. Knapp, 1942, 400 S.

[3] *Kens, K.:* Flugzeugtypen. Typenbuch der internationalen Luftfahrt, 4. Ausg., Duisburg: Verl. C. Lange, 1963, 531 S.

[4] *Just, W.:* Hubschrauber und Vertikalstartflugzeuge. Stuttgart: Verlag Flugtechnik, 1963, 407 S.

[5] *Brock, R.:* Taschenbuch der Flugkörper, Raketen, Satelliten. München: Verl. J. F. Lehmann, 1963, 412 S.

[6] — Geschäfts- und Privatflugzeuge. Der Flieger, Sonderheft. München: Verl. W. Zuerl, 1964, 104 S.

[7] *Osgood, C. C.:* Spacecraft Structures. Englewood Cliffs, N. J. Prentice-Hall, Inc., 1966, 249 S.

Hinweise zu Abschnitt 2

[8] — Royal Aeronautical Society 1860—1966. J. Roy. Aeron. Soc. **70** (1966) 661 mit den Aufsätzen:
1. *Howard, H. B.:* Aircraft structures, pp. 54—56.
2. *Murphy, A. J.:* Materials in aircraft structures, pp. 114—119.
3. *Connally, J. V.:* Aircraft production, pp. 214—220.

[9] *Winter, H.:* Bibliographie der Veröffentlichungen über den Leichtbau und seine Randgebiete im deutschen und ausländischen Schrifttum aus den Jahren 1940—1954. Berlin—Göttingen—Heidelberg: Springer, 1955, 1003 S.

[10] *Winter, H.:* Bibliographie der Veröffentlichungen über den Leichtbau und seine Randgebiete im deutschen und ausländischen Schrifttum aus den Jahren 1955—1959. Berlin—Göttingen—Heidelberg: Springer, 1960, 692 S.

[11] Siehe die Literatur der vorliegenden Bibliographie.

Über die Werkstoffe des Luft- und Raumfahrzeugbaues

von Dipl.-Phys. H. Nussbaum

Gliederung

1. Die Werkstoffe auf dem Wege der Fertigungstechnik
2. Über das Wesen der Werkstoffe in der Luft- und Raumfahrttechnik
3. Die Werkstoffentwicklung im Zuge der Luft- und Raumfahrtentwicklung, ausgewähltes Schrifttum
4. Ein Werkstoffbeispiel zu einem Fertigungshandbuch aus der deutschen Luftfahrtindustrie

1. Die Werkstoffe auf dem Wege der Fertigungstechnik

Der Konstrukteur des Leichtbaues ist genötigt, die große Vielfalt des Werkstoffangebotes und der modernen Verfahrenstechnik auszunutzen, wenn er sein Objekt leistungsfähig gestalten will. Die Werkstoffe und ihr Verhalten auf dem Wege der Verarbeitung müssen ihm wie auch seinem Hersteller vertraut sein; denn nur dann ist die Gewähr gegeben, daß mit Hilfe der Fertigungsverfahrenstechnik die gewünschten Eigenschaften des Objektes erfüllt werden können. Die Fertigungsqualität garantieren heißt Sicherheit bieten, und die Sicherheit eines Objektes leitet sich zu einem erheblichen Anteil aus seinen Werkstoffeigenschaften ab.
Wenn man betrachtet, was mit dem Begriff Werkstoffeigenschaften üblicherweise gemeint wird, so kann man drei Gesichtspunkte unterscheiden: Am Anfang seines Weges in der Fertigungstechnik ist der Werkstoff das Entwicklungsergebnis eines Labors und eines großtechnischen Herstellungsverfahrens, woraus sich zumeist ein Halbzeug ergibt, das teilweise die später gewünschten Eigenschaften schon enthält. Bei einigen, wie bei manchen Kunststoffarten, ist der Anlieferungszustand nur eine Masse ohne Gestalt.
Was man sich vom Werkstoff im fertigen Objekt erhofft, betrifft den zweiten Gesichtspunkt. Mit ihm erfassen wir die Wirkung der Fertigungsverfahrenstechnik insgesamt. Sie wandelt den Werkstoff in vielen Schritten zum Fertigteil um, wobei der Schatz der Erfahrungen, die die Fertigungsstätte auf dem Wege eines Fertigungsstudiums erlangt hat, die Qualität des Endproduktes bestimmt.
Der dritte Gesichtspunkt ergibt sich aus dem Blickwinkel der Prüftechnik und Kontrolle. Die Flugtechnik beschäftigt einen umfangreichen Stab von Prüftechnikern, die jeden Fertigungsgang unabhängig von den betrieblichen Belangen ins Auge fassen. Sie schalten Schritt für Schritt Prüfverfahren ein und ermitteln nach jedem Fertigungsgang den erwarteten Zustand des Werkstückes. Es klingt eigentümlich, entspricht aber im wesentlichen den Erfahrungen, daß ein Werkstoff in der Flugtechnik dasjenige Ansehen genießt, das der Prüftechniker ihm gibt. Woraus resultiert, daß der Konstrukteur (und seine Idee der Gestaltung eines Bauteiles) auf denjenigen Möglichkeiten des Werkstoffes fußen muß, die durch die Prüfverfahrenstechnik sichergestellt sind. Werkstoff ist, was Fertigungsverfahren an ihm verwandeln und was Prüfverfahren an ihm ermitteln.
Jeder Interessent am Werkstoff hat heute eine Fülle von Möglichkeiten, sich eingehend zu informieren. Recht häufig kommt es vor, daß die Literatur des In- und Auslandes

genügende Informationen zur Fertigung eines Struktur- oder Funktionsteiles aus Versuchsreihen darbietet, die an anderer Stelle schon durchgeführt wurden, so daß man sich beim rechten Verständnis einen Teil des eigenen Versuchsaufwandes ersparen kann.
Der Konstrukteur wird diese Bibliographie in die Hand nehmen, um aus der Fülle der jährlichen Veröffentlichungen einen Überblick zu erhalten, was er dem Fertigungstechniker an Werkstoffauswahl zumuten darf. Eine gelesene Information ist aber noch längst keine völlig verstandene. Zur präzisen Handhabung wird der Werkstoffsachverständige den Vermittlerdienst leisten. Der Konstrukteur wird den Werkstoffsachverständigen also zu Rate ziehen, um von ihm zu erfahren, welche Folgen der Fertigungsgang verursacht. Die Frage heißt: welche Gestaltung und welche Kombination von Fertigungsgängen können für ein Strukturteil vorgeschlagen werden, wenn sein Festigkeits- und Funktionsverhalten erfüllt und das geringst notwendige Gewicht erzielt werden soll.
Dem Fertigungstechniker dagegen liegt in besonderem Maße am Herzen, seinen Werkstoff so zu beherrschen, daß er wirtschaftlichen Erfolg erzielt. Der Werkstoffsachverständige stellt ihm die Prüftechnik und Deutung der Prüfergebnisse zur Verfügung und berät ihn bei der Anpassung der Verfahrenstechnik an die Werkstoffeigenschaften. Die Bibliographie wird helfen können, das Zusammenwirken beider zu unterstützen und eine Verständigung über ein Prüfurteil zu vermitteln.

2. Über das Wesen der Werkstoffe in der Luft- und Raumfahrttechnik

Zu Beginn der Luftfahrtentwicklung, als man nur den Gleitflug kannte, konnte der Leichtbau nur auf die Erfahrungen der Schreiner, Weber und Lackierer zurückgreifen. Immerhin reichten das Holz und andere natürliche Stoffe aus, manches Wesentliche von der Physik des Fliegens kennenzulernen.
Inzwischen ist aber aus dem anfänglichen Flugapparat eine Leichtbau-Maschine geworden, an der man das zur Zeit denkbar größte Verhältnis aus Leistung und Gewicht verwirklicht hat. Die Grenzen des Werkstoffgebietes haben sich immer weiter ausgedehnt, so daß heute zu jedem Entwicklungsbereich ein größeres Arbeitsteam von Werkstoffsachverständigen gehört, die die Probleme der Entwicklung und Fertigung meistern helfen.
Wenn man die Werkstoffe der Luft- und Raumfahrttechnik charakterisieren und katalogisieren möchte, könnte man dies nach vielerlei Gesichtspunkten vornehmen: Metalle oder Nichtmetalle, Leiter oder Nichtleiter, zähfließende oder spröde Werkstoffe, kristalline oder amorphe Werkstoffe, natürlich gewonnene oder künstlich erzeugte Werkstoffe, hitzebeständige oder solche mit niedrigem Schmelzpunkt, solche mit hohem oder niedrigem Dampfdruck. Von allen diesen noch unvollständig aufgezählten Eigenschaften spielt jede eine eigene, große Rolle in der Verwendung der Luft- und Raumfahrttechnik. Es sind diejenigen Unterscheidungsmerkmale, nach denen der entwickelnde Konstrukteur auswählt und damit dem Fertigungstechniker die zugeordneten Probleme stellt. Diese Bibliographie berücksichtigt alle diese Gesichtspunkte; denn man könnte heute von den aufgezählten keinen weniger wichtig bezeichnen als die anderen.
Lange Zeit hat man die Aufgabengebiete des Werkstoffsachverständigen nach Zelle, Triebwerk und Geräten unterschieden. Heute ist dies nur noch sehr oberflächlich möglich. Man betrachte das leicht überschaubare Beispiel des mechanisch wirkenden Schalters aus der Elektrotechnik. An seine Struktur werden statische und dynamische Festigkeitsforderungen gestellt, was eine Beurteilung aus der Festigkeitslehre erfordert.

Seine Wirkungsweise dagegen ist in verschiedener Hinsicht ein Problem aus der Maschinenbautechnik und bedingt eine funktionelle Prüfung, so etwa eine Prüfung auf reibenden Verschleiß. Die wichtigsten Qualitätsfragen des Schalters betreffen aber seine elektrotechnischen Eigenschaften wie Isolationswert, die Wirkung des Abreißfunkens, die Oxidationsempfindlichkeit der Kontakte und andere. Wenn man also die Werkstoffe aus produktionstechnischen Gesichtspunkten gliedern will, dürfte eine Teilung nach vorwiegend strukturellen, vorwiegend funktionellen und vorwiegend elektrotechnisch-elektronischen Aufgaben richtig sein. Dann hat man auch gleichzeitig nach den Gesichtspunkten der Prüfverfahrenstechnik unterschieden; denn das Urteil aus einer Prüfung ist ganz wesentlich an diese Gliederung gebunden.

Ein interessantes Thema zur Diskussion von Werkstoffeigenschaften ist der Umstand, daß gerade die Metalle für strukturelle und funktionelle Aufgaben einen Vorzug genießen. Der übliche Zugversuch gibt nicht allgemein gültige Festigkeitseigenschaften wieder, sondern stark spezifizierte, die der Charakterisierung des Werkstoffes und als Rechengrundlage dienen können. Der Konstrukteur erwartet im Struktur- oder Funktionsteil einen mangelhaft wägbaren Anteil von Beanspruchungen, für den sich nur eine obere Grenze schätzen läßt. Weiterhin müssen von seiten der Fertigung Fehler einkalkuliert werden, die nach statistischen Gesetzen unvermeidbar auftreten und zu einer Überbeanspruchung führen können. Beiden Möglichkeiten begegnet man mit dem „Sicherheitszuschlag".

Der Sicherheitszuschlag steht aber im Widerspruch zu dem Begriff Leichtbau und bedarf daher einer Anpassung an das jeweilige Problem. Hierzu hilft einerseits die Prüftechnik nach statistischen Methoden. Aus Großzahlversuchen werden die Eigenschaften eines Werkstoffes in Abhängigkeit von seinem Verwendungszweck ermittelt, das heißt, man legt Meßwerte fest, die während der Verwendung eines Werkstoffes im Bauteil keine Veränderung erfahren dürfen. Man bezeichnet sie als Mindest- oder Höchstwerte. Andererseits hilft aber auch der metallische Werkstoff selbst noch mit, den Sicherheitszuschlag klein zu halten, nämlich durch sein Fließvermögen und Fließverfestigen. Die obenerwähnten Überbeanspruchungen konzentrieren sich unglücklicherweise meist in einem sehr eng begrenzten Bereich, zum Beispiel an einem Bohrloch, an einer Einspannung oder Lagerung, an der Unregelmäßigkeit einer Schweißnaht, im Zusammenwirken mit Restspannungen usw. Wenn jedoch der benutzte Werkstoff eine genügende Zähigkeit aufweist, darf man an diesen Konzentrationspunkten mit einem Ausfließen und Abbau der Spannungen rechnen. Die Spannungsspitzen verflachen oder wandern in andere Bereiche des Teiles. Darüber hinaus gestattet die Fließverfestigung bei vielen Metallen sogar eine Höherbeanspruchung. Soweit wir die Produktion überblicken, ist zu bemerken, daß sich der gesamte Metallbau auf diese Eigenschaften der Metalle eingestellt hat. Für eine Reihe verschiedener Anwendungsfälle sind mehrere „Sicherheitsfaktoren" festgelegt worden, zum Beispiel der Faktor 1,5 auf die minimal festgelegten Werte für Bruchgrenzen oder Dehngrenzen. Die zulässigen Grenzwerte sind in Normen enthalten.

Der aufschlußreichste Großzahlversuch ist die Massenproduktion, also die Erfahrung aus der Fertigung über lange Zeit. Wenn man die Leistungsfähigkeit einer Produktion sicherstellen und steigern will, kommt es sehr darauf an, mit Hilfe der Prüftechnik den Erfahrungsschatz über die statistische Qualität ständig zu bereichern. Daher muß der Werkstoffsachverständige über die Prüftechnik in direkter Verbindung mit jedem Fertigungsgang stehen. Seine vornehmste Aufgabe ist es, Qualitätsaussagen zu katalogisieren und in Folgerungen für die Zukunft auszudeuten. Die Prüftechnik ist für ihn das Handwerkszeug, das er minutiös beherrschen muß. Der Werkstoffsachverständige soll jederzeit in der Lage sein, die Prüftechnik dem Fertigungsproblem anzupassen, eventuell weiterzuentwickeln, soweit physikalisch Möglichkeiten gegeben sind. Der Großzahlversuch zur Ermittlung der Qualität in der Fertigung, bei dem die laufenden Fertigungsprüfungen zur Aussage herangezogen werden, ist nur eine Möglichkeit, über eine Reihe von Eigenschaften des Bauteiles Auskunft zu geben. Darüber hinaus ist es üblich, seine Lebensdauer unter den vorgesehenen Beanspruchungsbedingungen zu ermitteln. Für ein Urteil hat man den Begriff Ausfallwahrscheinlichkeit geprägt. Hierfür ist der Werkstoffsachverständige nur noch zum Teil maßgebend; denn die Beanspruchungsbedingungen legt er nicht fest. Aus vielen möglichen Beispielen seien nur die beiden folgenden erwähnt, um den Begriff Ausfallwahrscheinlichkeit darzulegen.

Eine spezielle Glassorte, die etwa in einem elektronischen Gerät ihren Einsatz findet, steht an Wichtigkeit anderen Werkstoffen nichts nach. Glas verwenden können heißt — Glas prüfen können; oder man verläßt sich auf die Zusicherung von Lieferanten, daß die Lebensdauer über die gewünschte Zeit erprobt ist. In diesem Falle kann die Flugzeugindustrie sich glücklich schätzen, daß die großen Elektro-Lieferanten seit langer Zeit gut funktionierende Prüflaboratorien unterhalten. Nur dadurch werden ihre Garantien glaubwürdig.

In einem anderen Falle, erwähnt sei eine spezielle Technik der Steuerventile, ist der störungsfreie Lauf während der vorgesehenen Lebensdauer noch ein ernstes Problem. Hierbei gilt es unter anderem, die Werkstoffe auf die Einwirkung eines flüssigen Mediums abzustimmen, während gleichzeitig hohe Verschleißforderungen, verursacht durch Reibung und Stöße, erfüllt werden müssen.

Beide Beispiele zeigen einen charakteristischen Unterschied zum Problem Lebensdauer, wenn man die Ausfallwahrscheinlichkeit in der berühmten Glockenkurve aus der Lehre der Statistik betrachtet. Darin sind die Gläser noch mit einer angenehm steilen Glockenform vertreten, so daß man eine Lebenszeit für eine vorgesehene Sicherheitsgrenze ablesen kann. Der dafür erforderliche Großzahlversuch ist noch mit überschaubarer Versuchszeit durchzuführen. Demgegenüber ergibt das Großzahlexperiment in der Technik der Steuerventile in manchen Fällen leider noch eine sehr flache Ausfall-Glockenkurve. Das bedeutet, daß man eine ungeheuer große Zahl von Ausfallexperimenten durchführen müßte, um zu einer Aussage über die erforderliche Sicherheitsgrenze zu kommen. Praktisch sind solche Versuchsaufwendungen nicht tragbar.

3. Die Werkstoffentwicklung im Zuge der Luft- und Raumfahrtentwicklung, ausgewähltes Schrifttum

In den vergangenen 80 Jahren Flugentwicklung hat man seit der anfänglichen Verwendung des Holzes ein großes Entwicklungspensum auf dem Werkstoffsektor durchschritten. Heute genießen die Metalle hinsichtlich Verwendungsmenge den Vorzug vor allen übrigen Werkstoffen. Im Zuge einer sehr großen Zahl ausgedehnter Bauprogramme nutzte der Konstrukteur die Chance, das Verhalten der Metalle in der Formgebungs- und Verbindungstechnik zu studieren und dadurch auch das fertigungsgerechte Konstruieren zu erlernen. Nun hat man sich für die Metalle an gewisse Grundsätze der Konstruktionslehre gewöhnt und die Fertigungstechnik darauf eingerichtet. In der Verwendung der Nichtmetalle aber, etwa der Kunststoffe (auf organisch chemischer Basis), der Verbundwerkstoffe und Keramiken, befindet sich das Verhältnis von Entwicklung zur Fertigung wiederum auf dem Stand von vor 50 Jahren, als es darauf ankam, von den natürlichen Werkstoffen auf die günstigen Möglichkeiten der Metalle umzudenken. Wir müssen auf eine weitere, größere Zahl von Bauprogrammen hoffen, damit der Konstrukteur auch für diese noch ungewohnten Werkstoffe die Chance hat,

Festigkeits- und Funktionsverhalten mit den Möglichkeiten der Fertigungstechnik so abzustimmen, daß ein Optimum an Gebrauchswert und Qualität erreicht wird.
Diese Bibliographie wird die alten Meinungen und die neuen Probleme auch auf dem Werkstoffsektor gegenüberstellen und dadurch dem Werkstofftechniker zu einem Erlebnisbuch werden. Wenn wir einmal den Schwerpunkt der Materialverwendung der Vergangenheit beleuchten wollen, denken wir zum Beispiel an den seit langem gebräuchlichen Kompromiß der Metallverwendung in Strukturbauteilen für geringe Temperaturforderungen: einerseits Duralumin (Legierung auf Aluminiumbasis mit Magnesium, Kupfer und Silicium) und andererseits Kohlenstoffstahl (Legierung auf Eisenbasis mit ca. 0,25 % Kohlenstoff und geringen Prozenten von Nickel, Chrom, Molybdän). Die Legierungselemente substituieren zum Teil an Plätze des Basisgitters oder werden darin gelöst; teils reichern sie sich an den Korngrenzen an oder bilden intermetallische Verbindung. Man erzielt damit eine sehr willkommene Festigkeitssteigerung. Zudem werden aber auch die geforderten Sicherheitsbestimmungen erfüllt, also die Forderungen an Zähigkeit, Spannungsrißkorrosion, gleichmäßiger Durchvergütung und an Lebensdauer (aus dynamischer und statischer Dauerbelastung). Bei beiden genannten Werkstoffarten ergeben sich folgende Reißlängen $l_r = \sigma_{zB/\gamma}$ mit den Werten für Duralumin $\sigma_{zB} = 46$ kp/mm², $\gamma = 2{,}7$ p/cm³ und Stahl $\sigma_{zB} = 110$ kp/mm² und $\gamma = 7{,}8$ p/cm³: $l_r = 17$ km für Duralumin und $l_r = 14$ km für Stahl, wodurch in Strukturen, an denen sich durch geringste Materialdicken die Festigkeit σ_{zB} ausnutzen läßt, ein Vorteil von 20 % Gewichtsersparnis bei der Verwendung von Duralumin angeboten wird. Der Vorteil von Duralumin wird bedeutend größer, wenn es um hohe Biegesteifigkeit geht, wenn also von seiten der Statik die Forderung nach größeren Wanddicken geht. Darüber hinaus bietet Duralumin eine besonders günstige Verarbeitbarkeit und hohen Korrosionswiderstand an. Aber trotz mancher Nachteile behauptet sich der Stahl für viele Verwendungszwecke, und zwar durch sein ausgezeichnetes Verhalten gegenüber dynamischer Beanspruchung. Deshalb wird er gern an Knotenpunkten von Strukturen eingesetzt, wo Spannungen sich konzentrieren, also etwa für besondere Beschläge, Schrauben, Verschlüsse, Zurrpunkte usw. Sein hoher E-Modul prädestiniert ihn für Druckplatten, Haken, Ösen, Lager und viele Funktionsteile. Auf dieser Basis der Werkstoffentwicklung haben Dural und Stahl mehrere Jahrzehnte den Flugzeugbau beherrscht. Nebenher liefen starke Bestrebungen, die Festigkeiten zu erhöhen; denn aufgrund der Erfahrungen bildeten sich neue Meinungen über die wirklich notwendigen Zähigkeiten. Wenn man von den althergebrachten Forderungen abging, konnte man sich eine wesentliche Festigkeitssteigerung erlauben und, wie sich dann herausstellte, auch Titanlegierungen als dritte Möglichkeit für die Verwendung in Strukturbauteilen aufnehmen. Bei den Werkstoffen auf Al-Basis ging man auf eine Legierung mit Zink über und erzielte eine Erhöhung der Bruchfestigkeit im Zugversuch um 20 %. Leider wurden die Eigenschaften für eine dynamische Beanspruchung nicht verbessert.
Bei Stahl steigerte man den Kohlenstoffgehalt auf 0,40 %, setzte die Bruchfestigkeit auf über 180 kp/mm² herauf und konnte im gleichen Zuge auch die Eigenschaften gegenüber dynamischer Beanspruchung verbessern. Betrachten wir nun unseren Festigkeitsvergleich von neuem und nehmen die Titanlegierungen mit einem vorläufigen Festigkeitsbereich von 90 bis 115 kp/mm² und $\gamma = 4{,}5$ p/cm³ dazu, so ergibt sich für die drei Werkstoffbasen folgendes Bild für die Gewichtsersparnis mit Hilfe der Reißlängen: 20 km Reißlänge für die AlZn-Legierung, 23 km für die Stahl-Legierung und 26 km für die Titan-Legierung.
Auf diese Weise für eine Verwendung bei normaler Temperatur gegenübergestellt, erscheint die Titanlegierung am günstigsten. Was hier aber sachlich nicht weiter aus-

geführt und begründet werden kann, muß hingegen zu einer zweckmäßigen Auswahl unter diesen Werkstoffen streng beachtet werden: Durch ihre Höherentwicklung sind diese drei Werkstofftypen in einer Reihe von Eigenschaften weit auseinander gerückt, wodurch ein spezifisch genau überlegter Einsatz erforderlich ist.
Mit den eben genannten Festigkeiten ist vorläufig eine praktische, keineswegs aber die experimentelle Grenze erreicht. Ziehen wir die faserverstärkten Kunststoffe heran, so sind für spezielle Verwendungen 85 kp/mm^2 Bruchfestigkeit zu erreichen. Auch bei den Stählen kommt man in der Festigkeit noch erheblich höher, wenn man sie nach dem seit einem Jahrzehnt bekannten „Ausforming"-Verfahren behandelt. Man muß dazu unterhalb der Austenitisierungstemperatur eine möglichst hohe Verformung aufbringen, dann nach der weiteren Abkühlung ein Anlassen vornehmen, das in der Regel etwa 100° C unter dem sonst üblichen Anlassen des Stahles liegt. Bei den für dieses Verfahren geeigneten Stählen sind sehr hohe Verformungskräfte erforderlich, da die Austenitisierungstemperaturen niedrig liegen. Mit einem 5-%-Cr-Stahl (0,40 % C) hat man 300 kp/mm^2 Bruchfestigkeit bei 8 % Bruchdehnung erreicht.
Ebenfalls in einem fortgeschrittenem Stadium des Experiments befindet sich die Anwendung von Fasern mit sehr hohen Festigkeiten. Zum Beispiel liefern Fasern aus Gläsern 200 kp/mm^2 und Fasern aus B_4C 500 bis 1000 kp/mm^2. Eingebettet in eine Matrix aus Epoxidharz kann man bei Glasfasern etwa 85 kp/mm^2 und bei B_4C-Fasern etwa 180 kp/mm^2 erreichen. Diese experimentellen Erfolge ergeben also eine Zahlenreihe für die Gewichtsersparnis, die dem Praktiker noch phantastisch anmuten:
Reißlänge für Stahl 38 km, für Glasfaserverstärkung 47 km, für B_4C-Faserverstärkung 100 km.
Können wir also in nächster Zukunft bereits siebenmal leichter bauen als heute? Natürlich nicht, wie auch das modernste und größte Raumfahrzeug, die Saturn 5, beweist. Dort ist man dabei, die zweitgenannte Reihe der Reißlängen geringfügig zu überschreiten. Hat die Forschung einen neuen Werkstoff an die Schwelle der Verwendung gebracht, so kann der praktische Einsatz nur gelingen, wenn die Fertigungstechnik die Chance hat, ihn häufig genug zu verarbeiten.
Literaturhinweise befinden sich im Anhang dieses Kapitels. Für die weitgehend eingebürgerten Werkstoffe sind die in verschiedenen Ländern geführten Handbücher der Normenstellen heranzuziehen, wobei vornehmlich das Werkstoffhandbuch der deutschen Luftfahrt und das Military Handbook der USA zu nennen sind. Besonders im letzteren findet man umfangreiches Untersuchungsmaterial über die mechanischen und physikalischen Kennwerte dargestellt, so daß man auch für Grenzfälle der Anforderungen manchen authentischen Hinweis erhält. Um die modernsten Probleme der Materialverwendung übersehen zu können, sei unter anderem ein Buch von Parker, „Materials for Missiles and Spacecraft" empfohlen. Das Buch ist eine authentische Wiedergabe von Meinungen erster Fachkräfte der USA und ist umfassend genug, bei uns die ersten selbständigen Schritte auf dem exponierten Gebiet der Raketentechnik und Raumfahrt zu unterstützen [1].
Sind nun bis hier eine Reihe grundsätzlicher Gesichtspunkte über die Anwendung von Werkstoffen angeführt worden, so sollen auch noch einige, heute moderne und wichtige Werkstoffbeispiele angesprochen werden.

Holz: Der Baustoff Holz darf nicht außer acht bleiben, weil er noch auf vielen Gebieten angewandt wird. Er ist gut zu verarbeiten und seine Schutzbedürftigkeit läßt sich beherrschen. Oft werden seine Eigenschaften durch Heißpressen, Lamellieren mit Klebern und Tränken mit Kunststoffen verbessert, vor allem um seine Formbeständigkeit (Maßhaltigkeit) zu garantieren. In kleinen Flugzeugen ist Holz noch häufiger in Gebrauch und hat hier sogar an Bedeutung gewonnen, weil es sich im Zusammenwirken mit den modernen Kunststoffen und Lacken bestens und billig verwenden läßt. Überhaupt ist Holz in mancher Hinsicht mit den Kunststoffen verwandt, besonders in der ihm eigenen Verbindungstechnik, dem Kleben. In großen Mengen verwendet man die Hölzer zu Hilfsmitteln in der Fertigungstechnik, zu Modellen, Werkzeugen für die spanlose Kaltformung und zu Vorrichtungen [2]. Als exklusive Beispiele für die Verwendung von Holz sei hier die Sandwichbauweise genannt; denn Holz kann dort als Kernmaterial gute Druck- und Scherfestigkeit liefern. Und außerdem sei die Anwendung als Ablationswerkstoff in der Raketenversuchstechnik erwähnt, weil es beim Abrauchen ein leichtes und standhaftes Kohlenstoffgerüst aufbaut.

Leichtmetalle: Von den Aluminium- und Magnesiumlegierungen werden die genormten Werkstoffe gut beherrscht. Bezüglich dynamischer Belastung und Spannungsrißkorrosion bedürfen einige Aluminiumlegierungen besonderer Beobachtung im Verlauf der Verarbeitung. Die Prüfvorschriften der Normen sind diesen Problemen noch nicht ausreichend angepaßt worden. Aus der neueren Entwicklung sind folgende Legierungen anzuführen: Ein kupferlegiertes und ein zinklegiertes Aluminium, die sich durch gute Schweißbarkeit auszeichnen. Besonders günstig ist ihr Zähigkeitsverhalten bei sehr tiefen Temperaturen, weshalb man sie im Raketenbau für die ersten Stufen einsetzt. Eine weitere Aluminiumlegierung, mit Kupfer und Nickel legiert, wurde für die Warmverwendung bis etwa 200° C entwickelt. Sie ist eine ausgezeichnet zu verarbeitende Knetlegierung.
Auf Magnesiumbasis ist neben den genormten eine sehr große Zahl von Legierungen in Gebrauch gekommen. Im besonderen Umfang finden wir Neuentwicklungen im Raumfahrzeugbau. Sie haben den Vorteil, gut für die Warmverwendung bis etwa 300° C brauchbar zu sein. In Strukturbauteilen leiden die Magnesiumlegierungen etwas unter der Meinung über ihre erhebliche Korrosionsanfälligkeit. Sie bieten aber zur Anwendung bei großen Wanddicken und wenig ausgenutzter Festigkeit den unübertrefflichen Vorteil des extrem günstigen Gewichtsvorteils (γ = 1,4 bis 1,8).
Die Titanlegierungen müssen insgesamt noch als Neuerungen angesehen werden, weil die Erfahrungen zu wünschen übrig lassen. Man wird auf vielen Wegen versuchen, sie ohne Gefahr für das Objekt in die Anwendung aufzunehmen. Wichtig ist es, nicht bei den Entwicklungsvorschlägen eines einzigen Landes (z. B. den USA, von denen sehr viel Vorteilhaftes kommt) stehen zu bleiben, sondern eigene Schritte zu unternehmen. Zwar kann man ohne Gefahr für statistisch seltene Ausfälle heute schon mehrere Titanlegierungen amerikanischer und englischer Entwicklung bis 110 kp/mm^2 anwenden. Man beachte aber, daß die Qualitätsforderungen in den Normen für ein sicheres Arbeiten noch bei weitem nicht ausreichen. Auch scheinbar fertige ausländische Spezifikationen können nicht kritiklos und ohne umfangreiche Erprobungsprogramme übernommen werden. Von den Titanlegierungen seien zwei Beispiele angeführt, um auf diesen Mangel hinzudeuten. Die Legierung Ti7Al4Mo ist als Schmiedelegierung stark vom Verschmiedungsgrad abhängig, ohne daß dies bis heute in den Normen auch nur erwähnt würde. Im anderen Falle hat man für die Legierung Ti8Al1Mo1V sehr spät eine Spannungsrißkorrosionsanfälligkeit vornehmlich bei Temperaturen über 250° C festgestellt, so daß auch darüber in den Normen keine Warnung zu finden ist.
Als Neuerungen seien die beiden folgenden Anwendungen hervorgehoben: Im Raketenbau ist man dabei, mit der Verwendung dünnsten Titanbleches 0,15 mm (Ti13V11Cr3Al) ein großen Schritt vorwärts zu gehen. Der Fertigungstechnik kostet das große Anstrengungen, aber sie wird mit dieser Aufgabe auf den modernsten Stand der Verarbeitungstechnik aufrücken. Des weiteren hat man sich in den USA mit Erfolg der

Mühe unterzogen, die Legierungen Ti6Al4V und Ti5Al2,5Sn von besonderer Reinheit herzustellen. Sie werden dadurch bei sehr niedrigen Temperaturen verwendbar, weil sie ganz ähnlich dem Aluminium eine hohe Zähigkeit behalten. Es resultiert daraus ein erheblicher Gewichtsvorteil bei Tanks für flüssigen Wasserstoff und Sauerstoff.
Bei den Titanlegierungen ist besonders ihr Korrosionswiderstand hervorzuheben. Man kann ihre Beständigkeit mit nichtrostendem Stahl vergleichen. Sie benötigen also keinen Schutz, selbst nicht in Meeresatmosphäre. Im Kontakt mit einer Struktur aus Aluminium ist in der Regel ebenfalls kein Schutz nötig. Dies dürfte für eine Bauweise, die besonderen Wert auf Wartungsfreiheit legt, von erheblicher wirtschaftlicher und sicherheitstechnischer Bedeutung sein.
Trotz der nicht beliebten Verwendung wegen der Verarbeitungsschwierigkeiten und der sehr hohen Kosten dürfen die Berylliumlegierungen nicht unerwähnt bleiben. Beim Satellitenbau haben sie sich schon als besonders vorteilhaft erwiesen, Magnesiumlegierungen zu ersetzen. Die Berylliumlegierungen mit mehr als 33 % Aluminium haben genügend Zähigkeit, um mit den notwendigen Verformungsprozessen beherrscht zu werden. Im Verhältnis zur Magnesiumverwendung, wenn es also um Steifigkeit geht, kann man 25 bis 40 % an Gewicht sparen, da Beryllium mit 33 % Aluminium noch den fünffachen Elastizitätsmodul wie Magnesium hat (etwa 4000 zu 20 000 kp/mm^2), [3], [4], [5].

Stähle: Bei den Stählen ist man durch die Entwicklung auf eine Festigkeit von ca. 180 kp/mm^2 einen großen Sprung nach vorn gekommen und dabei in Konkurrenz zu den erst gerade eingeführten Titanlegierungen getreten. Man geht vier Wege, um höhere Festigkeit zu erreichen. Bei den Kohlenstoffstählen mit geringen Gehalten an Ni, Cr und Mo erhöht man den Kohlenstoffgehalt auf ca. 0,40 %, und man erschmilzt im Vakuum, um den Gasgehalt nebst Schwefel und Phosphor zu verringern. Über die Martensitaushärtung und durch Anlassen bei 200° C erhält man bis zu 210 kp/mm^2 Bruchfestigkeit bei guter Bruchdehnung in allen drei Verformungsrichtungen. Allerdings sind solche Stähle bezüglich einer Wasserstoffversprödung empfindlich. Einer davon wurde jüngst ins Werkstoffhandbuch der Luftfahrt aufgenommen (1.6944). Bei einer zweiten Gruppe von Stählen ist nicht nur der hohe Kohlenstoffgehalt für die Festigkeit maßgebend, sondern auch noch höhere Legierungsanteile an Cr, Ni und Co (0,40 C; 5 Cr und 0,25/0,40 C; 9 Ni; 4 Co). Diese Stähle sind weniger empfindlich gegen Wasserstoffversprödung und Spannungs-Korrosion. Auch hier ist die Vakuumerschmelzung üblich.
Eine dritte Stahlsorte, auch Mar-Aging-Stahl genannt, die auch im Gußteil verwandt werden kann, enthält im Gegensatz zu allen übrigen keinen Kohlenstoff (max. 0,03 %) und erspart dadurch den Aufwand zur Verhinderung der Entkohlung. Sie kommt auf die hohe Festigkeit über eine Ni-Martensit-Umwandlung mit nachfolgender Anlaßalterung bei ca. 450° C (NiCoMo 18/7/5/0,5 Ti). Bei diesem Stahl hat man Mühe, eine hohe Bruchdehnung zu erzielen. Es bedarf dazu sehr guter Durchknetung, beim gegossenen Material dazu noch einer Legierungsänderung und einer hohen Diffusionsglühung nach dem Abguß (18/10/4/0,2 Ti — 1150° C). Der Vorteil einer Vakuumerschmelzung ist heute noch umstritten.
Beim NiCoMo bemerken wir als besonderen Vorteil, daß Spannungskorrosionsempfindlichkeit und Wasserstoffversprödung stark gemindert sind. Außerdem verhält sich sein Rosten sehr träge, so daß unter allgemeinen atmosphärischen Bedingungen keine Gefahr für das Strukturteil selbst besteht.
Ein vierter Stahl für Strukturbauteile bietet sich besonders als Blech- und Drahtform an, ist nicht rostend und gut schweißbar. Mit 0,15 % Kohlenstoff (bei 17 Cr und 7 Ni)

erreicht er durch eine Ausscheidungshärtung nach einer Umwandlung des Martensits bei -70° C eine Bruchfestigkeit von etwa 150 kp/mm^2. In der Raketentechnik verwendet man ihn für Wabenkerne in Sandwichbauweisen. Mit der Beplankung aus Stahl oder Titan wird er durch Hartlötung verbunden. So gut er aber als Blech verwendbar ist, wird er im Schmiede- und Preßteil kaum verlangt, denn durch die Ausscheidungshärtung leidet die Kerb-Wechselfestigkeit sehr, [6], [7].

Werkstoffe für hohe Temperaturen: Einen erwartungsvollen Ausblick in die Zukunft zeigt auch die Entwicklung von Werkstoffen für die Warmverwendung. Hier treffen sich die strukturbedingten Forderungen mit den funktionsbedingten in besonderem Maße. Die Entwicklung zielt seit je auf die Erhöhung der Gefügestabilität, Dauerstand-Kriechfestigkeit, Wechselfestigkeit und Schockbeständigkeit. Hohe Anforderungen werden aber zugleich an die Widerstandsfähigkeit gegen Korrosion und Erosion gestellt. Für diese Anforderungen sind Legierungen auf Nickel-, Kobalt- und Titanbasis weitgehend erforscht und haben dazu beigetragen, besonders das Leistungsgewicht von Triebwerken zu verbessern.

Die Nickellegierungen sind inzwischen so stark fortentwickelt worden, daß mit ihnen das Gebiet von 550 bis 950° C überdeckt werden kann. Die Folge ist ein Nachlassen des Interesses für die warmfesten Stähle und Kobaltlegierungen. Die interessanten Temperaturbereiche können etwa folgendermaßen ausgefüllt werden:

Aluminium und Magnesium 100 bis 200° C, Titan 200 bis 400° C, Stahl oder Titan 400 bis 550° C und Nickel 550 bis 950°. Auch für diese Werkstoffe ist die Vakuumerschmelzung von großer Bedeutung. Bei den Nickellegierungen läßt sich durch Oberflächenanreicherung von Silizium, Aluminium und Chrom eine Oberflächenvergütung gegen Korrosions- und Erosionseinwirkung heißer Gase erzielen. Ebenfalls wird die Resistenz gegen Thermoschock deutlich verbessert.

Die Bestrebungen für die Zukunft zielen auf die Verwendung von Molybdän und Niob hin, weil sie schon von der Basis her für weit höhere Temperaturbeanspruchungen geeignet erscheinen. Jedoch bauen diese Metalle keinen natürlichen Oxydfilm auf, der sie bei den vorgesehenen Temperaturen ausreichend schützt. Große Anstrengungen sind von mehreren Seiten bekannt geworden, Schutzfilme künstlich aufzubringen. Aber noch ist nicht der Erfolg da, daß alle Sicherheitsforderungen für einen langzeitigen Betrieb erfüllt werden können. Wolfram und Tantal sind diejenigen Werkstoffe, ohne die man nicht auskommt, wenn es besonders hohe Temperaturforderungen zu meistern gilt und außerdem die spezifisch metallische Eigenschaft Zähigkeit verlangt wird. Bleche und größere Sinterkörper werden als Halbzeug gut beherrscht.

Für die Verwendung bei extrem hohen Temperaturen bieten sich eine große Zahl keramischer Werkstoffe nebst einigen Graphitsorten an. Sie widerstehen extrem hohen Temperaturen und sind im Gegensatz zu den Metallen weitgehend beständig gegen chemische Einwirkungen. Andererseits besitzen sie so gut wie keine Zähigkeit und zeigen sich wenig beständig gegen Wärmeschock und dynamische Belastungen. Dieser Mißstand führte zur Entwicklung der Cermets. Bei ihnen werden die Sinterkörper unter Beimischung von Metallpulver hergestellt, so daß man sich unter dem Nachteil geringerer Wärmebeständigkeit eine gewisse Zähigkeit in der Korngrenzenbindung versprechen darf. Man erreicht eine beträchtliche Erhöhung der durchschnittlichen Lebensdauer, jedoch ist der Anteil an frühen Ausfällen immer noch viel zu hoch, um mit den Metallen verglichen werden zu können. Man kann Keramiken und Cermets also nur da einsetzen, wo die Ausfallwahrscheinlichkeit für den speziellen Fall bekannt und die rechtzeitige Austauschbarkeit vorgesehen ist. Die Graphite sind dafür noch als besonders günstig anzusehen, [8], [9], [10], [11], [12].

Die Werkstoffe in Elektronikkomponenten: Leiter, Halbleiter, Isolatoren, Keramiken, Kunststoffe, Gläser und Lote; mit allen müssen in der Regel sowohl Strukturforderungen wie die Forderungen der Elektronikfunktionen erfüllen werden. Es sei als Beispiel ein neuer Kupferwerkstoff Cu 1 bis 2 % Zr erwähnt, der besonders auf eine Verwendung bei höheren Temperaturen (bis 500° C) gezüchtet ist, ohne seine elektrische Leitfähigkeit und mechanischen Eigenschaften einzubüßen. Auch seine Verarbeitungsmöglichkeiten bleiben bis 500° C unverändert.
Das wesentliche Problem der Elektronikkomponenten ist die Zuverlässigkeit, die noch als so mangelhaft angesehen wird, daß Holohan und Kovit eine Veröffentlichung herausgegeben haben mit dem anklagenden Titel: „Die Elektronikkomponenten bleiben hinter den Systemforderungen zurück." Die Elektronik-Industrie der USA startete ein besonderes Forschungsprogramm mit der Forderung nach einer Ultrahigh-Quality für Raumfahrtverwendung. Der Werkstoffsektor unter Berücksichtigung der Weltraumbedingungen wie Beschuß durch Mikrometeoriten und ionisierte Teilchen, Korpuskularstrahlung und elektromagnetische Strahlung, tiefe und hohe Temperatur bei Weltraumvakuum, dynamische und Thermoschockbeanspruchung unter Weltraumvakuum, Aufheizung unter Höhenatmosphäre usw. spielt dabei eine bedeutende Rolle. Ein Hilfsmittel für dieses Zuverlässigkeitsprogramm, an dem auch in Deutschland an verschiedenen Stellen gearbeitet wird, sei hier erwähnt: Die Weltraumsimulationskammer, [13].

Die Kunststoffe, die Composites und das Kleben: Gegenüber den Metallen wächst in der Verwendung der Kunststoffe im Flugzeugbau ein starker Konkurrent heran. Leider muß man aber feststellen, daß heute noch wesentlich mehr Einsatzmöglichkeiten angeboten als ausgenutzt werden. Die Zukunft liegt je nach dem Verwendungszweck in vielen Richtungen. Die Frage ist, wird man dem Kunststoff bald die Qualitätsstufe „lebenswichtiges Bauteil" in weitem Ausmaß zugestehen? Genormte Qualitätsbedingungen gibt es schon lange. Für den Konstrukteur bestehen genügend Freiheiten, ihn einzusetzen. Mit wenigen Ausnahmen sieht man den Kunststoff heute aber nur da, wo man seiner Qualitäten wegen keine andere Wahl hatte, etwa als Isolierstoff, zur Dämpfung, als Verkleidung untergeordneter Bedeutung usw., außerdem in vielen Nebenrollen des Betriebsbedarfes wie etwa als Werkzeugstoff und für Modelle.
Zwei von den Fällen, bei denen man im Flugzeugbau schon recht häufig die Sicherheit des Objektes vom Kunststoff mittragen läßt, seien hier erwähnt: Die Anwendung vorgetränkter Glasfasergewebe und das Kleben.
Die Kunststoffe auf organisch-chemischer Basis sind besonders in den sogenannten Verbundwerkstoffen (Composites) interessant, also in Verbindung mit (meist) faserigen Beimischungen, die ihnen den gefürchteten, glasigen Charakter nehmen. Dadurch wird es möglich, daß man einen Mindest-Festigkeitswert angeben kann, der in der Praxis mit genügend hoher Wahrscheinlichkeit nicht unterschritten wird. Als hervorragende Neuentwicklung sind die vorgetränkten Gewebe (Prepregs) zu nennen, bei denen Kunststoffe verwandt werden, welche man auch als Kleber benutzt (Epoxidharz, Silikone, Polyimide, Polybenzimidazole). In den USA haben sich die vorgetränkten Gewebe zur Beplankung von Wabenkernen komplizierter Formen bereits durchgesetzt, und man behauptet, bei großen Stückzahlen billiger zu produzieren als in genieteten Bauweisen.
Die Klebetechnik schaut nunmehr auf eine Erfahrung von 20 Jahren zurück. Man stützte sich die ganze Zeit im wesentlichen auf eine Basis aus Phenolharz und hatte so Gelegenheit, die Frage der Alterung unter atmosphärischen Bedingungen zu studieren. Die Phenolharzkleber haben nicht enttäuscht, jedoch empfindet man ihre Sprödigkeit als

einen Mangel, weil sie die Schälfestigkeit ungünstig beeinflußt. Zwar kann man dies durch besonders exakte Laborarbeit verhindern (hoher Druck, genaue Temperaturführung, peinlich saubere Oberflächenvorbereitung); die Fertigungstechnik der Serie großer Bauteile hat aber Schwierigkeiten, diese hohen Anforderungen sicherzustellen. In letzter Zeit geht man daher allmählich zu Neuentwicklungen auf Epoxidbasis über. Es wird eine gute Zähigkeit gewährleistet und die Verarbeitung beträchtlich erleichtert. Als Aushärtungstemperatur werden noch 170° C benötigt, was unter anderem auch für die Alterungsbeständigkeit vorteilhaft ist. In den USA strebt man mit hohem Forschungsaufwand nach einem solchen Kleber von 120° C Aushärtungstemperatur. Der Vorteil für die Fertigungstechnik und für den Kostenaufwand liegt auf der Hand. Die erwähnten Kleber sind für den Gebrauch unter normalen Bedingungen in einem Temperaturbereich von − 40 bis + 80° C vorgesehen, wobei man auf Phenolharzbasis auch bis + 120° C langfristig belasten kann. Spätere Entwicklungen auf Phenolharzbasis gestatten sogar eine Verwendung bis 180° C. Die neueste Entwicklung auf der Basis von Polyimid und Polybenzimidazol erreicht 300° C für eine Dauerbelastung, kurzzeitig 500° C. Diese Kleber sind erst in wenigen Spezialfällen verwandt worden, denn sie verlangen eine komplizierte Anwendungstechnik (zwei Härtestufen, davon eine in Stickstoffatmosphäre).

Zur Verwendung bei niedrigen Temperaturen schlägt man eine Basis von Epoxid plus Nylon vor, um auch bis + 80° C die übliche Klebefestigkeit zu haben. Im Temperaturbereich von flüssigem Wasserstoff büßen diese Kleber aber erheblich an Schälfestigkeit ein. Günstiger verhalten sich bei tiefen Temperaturen Kleber auf der Basis von Polyurethan. Diese besitzen aber bei + 80° C nur noch wenig Festigkeit.

Für Flugzeug- und Raketenbau gleichermaßen interessant sind die Verbundwerkstoffe. Das Wesen dieser inhomogenen, zusammengesetzten Werkstoffe ist, wenn man sie aus Festigkeitsgründen verwenden will, eine Verstärkung durch Fasern von hohem Elastizitätsmodul (E_V) und hoher Festigkeit (σ_{BV}) in eine Matrix von niedrigem Modul (E_M) und niedriger Festigkeit ($\sigma_{0,01\,M}$ = 0,01-%-Dehngrenze). Es ergibt sich die Forderung:

$$\sigma_{0,01\,M} : \sigma_{BV} \leqq E_M : E_V.$$

Natürlich ist der zusammengesetzte Werkstoff solcher Art ein Kompromiß. Man will höchstfeste Fasern ausnutzen, um sehr leichte Baustoffe zu erhalten. Die niedrige Festigkeit der Matrix ist leider eine Naturgegebenheit, wenn man niedriges Gewicht erzielen will, also muß auch E_M entsprechend klein sein, sonst wird die Matrix geschädigt, bevor die Festigkeitsgrenze der Faserverstärkung erschöpft ist. Jedoch kann man E_M nicht beliebig klein wählen, da solche Stoffe wie etwa Elastomere keine geeignete Bindung zur Faser herstellen. Als Matrix-Materialen stehen die Kunststoffe zur Verfügung, wie besonders Epoxidharz mit seinen ausgezeichneten Adhäsionseigenschaften zu den meisten Faseroberflächen. Die Kunststoffe genießen auch deshalb den Vorzug, weil sie die Fasern an ihrer Oberfläche nicht schädigen oder anrißempfindlich machen. Andere Matrix-Materialen sind leicht gießbare Metalle wie besonders Aluminiumlegierungen. Als Fasermaterialen kommen Gläser oder Whiskers und auch höchstfeste Metalle in Frage. Die Faserfestigkeiten liegen von 300 bis etwa 1000 kp/mm². Für hohe Steifigkeit ist Borkarbid beliebt, weil sein Elastizitätsmodul über 40 000 kp/mm² liegt.

Ohne diese besonders hohen Forderungen an die Festigkeit sind noch zwei wichtige Anwendungsgebiete der Verbundwerkstoffe zu nennen: Die Ablationswerkstoffe und die verstärkten Werkstoffe für höchste Temperaturen. Erstere enthalten die Faserverstärkung (zum Beispiel Gläser), um der abrauchenden Matrix möglichst lange Halt zu geben und um dann selbst mit hohem Energieverzehr wegzuschmelzen. Bei höchsten Temperaturforderungen möchte man mit Faserverstärkung eine höhere Thermoschockbeständigkeit erzielen. Man verwendet z. B. Fäden von Borkarbid in Graphit, [14], [15], [16], [17], [18], [19], [20], [21], [22], [23].

Ausgewähltes Schrifttum

[1] *Parker, E. R.:* Materials for Missiles and Spacecraft. New York — San Francisco — Toronto — London: Mc Graw-Hill Book Company, 1963, XI, 442 pp.

[2] *Winter, H.:* Unterlagen und Richtlinien für den Holzflugzeugbau. Institut für Flugzeugbau der Deutschen Forschungsanstalt für Luft- und Raumfahrt (DFL) 1953—1956 (20 Teilberichte).

[3] *Munroe, R. A.:* Magnesium-Lithium Alloy. Metal Progress **89** (1966) 7.

[4] *Fenn, R. W., Crooks, D. D.* and *Underwood, E. E.:* Beryllium-Aluminium Alloys — Promising New Structural Metals. Materials in Design Engineering **60** (1964) 3 103—105.

[5] *Jackson, J. H.:* Aluminium in der Luft- und Raumfahrt. Aluminium **41** (1965) 12 765 bis 778.

[6] *Hannen, H. D.:* Neue Werkstoffe für die Luftfahrt. Flugwelt **17** (1965) 11 914—917.

[7] *Warke, W. R.* and *Elsea, A. R.:* Methods of Strengthening. Battelle Memorial Inst., Columbus, Ohio. DMIC Memorandum 149, April 1962.

[8] *Syre, R.:* Basic Research on the Refractory Metals Molybdenum, Niobium, Tantalum and Tungsten. AGARD Report 482 1964 37 pp.

[9] *Ramke, W. G.* and *Latva, J. D.:* Refractory Ceramics and Intermetallic Compounds. Aerospace Engineering **22** (1963) 1 76—84.

[10] *Cooper, T. D.* and *Srp, O. O.:* Refractory Metal and their Protection. Aerospace Engineering **22** (1963) 1 46—55.

[11] *McKelvy, R. W.:* Three Ways to Protect Graphite. Materials in Design Engineering **63** (1966) 6.

[12] *Promisel, N. E.:* The Science and Technology of Tungsten, Tantalum, Molybdenum, Niobium and their Alloys. Oxford—London—Edinburgh—New York—Paris—Frankfurt: Pergamon Press 1964 602 pp.

[13] Special Report: Aerospace Electronic Components. Space Aeronautics **34** (1960) 12 (u. a.: *J. Holahan, B. Kovit:* Electronic Components Lag behind System Demands).

[14] Encyclopaedia 1966. Modern Plastics **43** (1965) 9.

[15] *Dixmier, G.* and *Gerard, G.:* Composite Materials. AGARD 483 July 1965 55 pp.

[16] *Gruntfest, I.* and *Shenker, L.:* Ablation. International Science and Technology (1963) 7.

[17] *Kausen, R. C.:* Adhesives for High and Low Temperatures. Materials in Design Engineering **60** (1964) 8 94—98, 9 108—112.

[18] *Glaser, P. E.:* Aerodynamically Heated Structures. Englewood Cliffs: Prentice-Hall 1962.

[19] *Kelly, A.* and *Davies, G. J.:* The Principles of the Fibre Reinforcement of Metals. Metallurg. Rev. **10** (1965) 37 1—77.
Cratschley, D.: Experimental Aspects of Fibre Reinforced Metals. Metallurg. Rev. **10** (1965) 37 79—144.

[20] *Hartsock, sr., J. A.:* How to Select Materials for Composite Panels. Materials in Design Engineering **63** (1966) 3 72—73.

[21] *Tod, N. W.* and *Wolff, R. A.:* Polyimide Plastics. Materials in Design Engineering **60** (1964) 8.

[22] *Dukes, W. H.* and *Anthony, F. M.:* Thermal Protection of Lifting Re Entry Vehicles. Aerospace Engieering **22** (1963) 1 108—124.

[23] *Horvath, G. E.:* TFE Fluorocarbons. Machine Design **36** (1964) 9.

4. Ein Werkstoffbeispiel zu einem Fertigungshandbuch aus der deutschen Luftfahrtindustrie

Wir kennen heute bereits eine Reihe von Fertigungshandbüchern, die verschiedene Firmen des In- und Auslandes sowohl für ihren internen Gebrauch, als auch für den Arbeitskontakt mit Lieferanten und Lizenznehmern aufgestellt haben. In ihnen sind durchweg die Normen des betreffenden Landes berücksichtigt. In Deutschland stützt man sich außerdem weitgehend auf das maßgebliche Ausland.
Ein Fertigungshandbuch soll in gemeinverständlicher Sprache den Konstrukteur mit dem Fertigungstechniker verbinden. Es faßt alle Erkenntnisse aus der Fertigung in Vorschriften und Richtlinien zusammen, so daß von der Entwicklung bis zum Fertigprodukt ein genau festgelegter Weg beschritten werden muß. Das Fertigungshandbuch berücksichtigt den technischen Stand einer Firma. Es enthält oft Fertigungsfähigkeiten, die nicht Allgemeingut sind. Auch schlagen sich darin Ansichten nieder, die ganz auf eigener Erfahrung beruhen. Dementsprechend ist ein Fertigungshandbuch eingehender in seinen Forderungen, als Normen das sein können. Sein Vorzug ist es, dem ständigen Wandel unterworfen zu sein, so wie die Erfahrung des Fertigungstechnikers zunimmt. Es wird schnell veraltet sein, wenn nicht ein fest installiertes Arbeitsteam für seine fortlaufende Überarbeitung sorgt. Für den mitarbeitenden Werkstoffsachverständigen heißt das, besonders intensiv den Erfahrungskontakt mit den Werkstätten zu pflegen und sowohl aus der Praxis als auch aus der Literatur den neuesten Stand der Technik einzuarbeiten. Im folgenden wird eine solche Fertigungsvorschrift, einen Werkstoff betreffend, gezeigt. Sie entstammt einem Flugzeugwerk, das über Erfahrung mit diesem Stahl für Strukturobjekte verfügt. Es lohnt sich, sie zu studieren, wenn man sich über die Fülle von Beachtungen, die ein moderner Werkstoff erfordert, informieren will.

1. *Anwendungsbereich*

Der NiCrMoV-Stahl ist ein im Vakuum erschmolzener oder umgeschmolzener hochfester Vergütungsstahl, der im Flugzeug- und Flugkörperbau Anwendung findet. Alle im folgenden für diesen Stahl beschriebenen Behandlungen und Verfahren sind für die Fertigung verbindlich. Maßgebend für die Fertigung von Bauteilen sind die Zeichnung und das Prüfblatt.

1.1 *Diese Vorschrift deckt folgende Spezifikationen ab:*

MIL-S-5000
SAE 4340

1.2 *Liefernormen*

Für die Abnahme und Prüfung der Halbzeuge bzw. der fertigen Bauteile sind folgende Vorschriften zu beachten:

1.6944		Werkstoffhandbuch der deutschen Luftfahrt
VTL-A-060		Stahlhalbzeuge in der Luftfahrt
TL		Bleche
TL	Vorbereitung zur Zeit in	Stabstahl
TL		Rohre
TL		Schmiedestücke
TL		Schweißdraht
LN 9451		Bleche
LN 668		Stangen
LN 9448		Stangen geschmiedet
DIN 7527		Stäbe geschmiedet
LN 176		Stangen sechskant
LN 9051		Kennzeichnung

LN 9003	Biegeradien, Bleche und Bänder
LN 9004	Biegeradien, Rohre
ASTM E-112-63	Bewertung und Ermittlung des Gefügekornes
DIN 50049/3B	Werksabnahmezeugnis

1.3 *Bearbeitungsvorschriften*

Für die Bearbeitung dieses Werkstoffes gelten die speziellen Bearbeitungsvorschriften des Fertigungshandbuches, in denen die verbindlichen Bedingungen für die Bearbeitungsverfahren vorgeschrieben sind.

1.4 *Herausgabe und Änderung dieser Vorschrift*

Anträge auf Änderung dieser Vorschrift sind an die im Fuße der Vorschrift genannten Sachbearbeiter zu richten.

2. *Allgemeines*

Die hohen Festigkeitseigenschaften des Stahles im vergüteten Zustand sind nur durch reinste Erschmelzung im Lichtbogen eines Vakuumofens möglich. Hierdurch werden die oxydischen Einschlüsse und Gasgehalte wesentlich vermindert, so daß das Zähigkeitsverhalten in Längs- und Querrichtung fast gleich ist und die Schweißbarkeit des hoch gekohlten Stahles ermöglicht wird. Der Stahl ist für Temperaturen von + 175 bis − 80° C verwendbar.

3. *Auftragsvergabe*

Die Bestellung der Halbzeuge kann nur bei einem zugelassenen Hersteller nach den in dieser Vorschrift gegebenen Anweisungen sowie den zugehörigen Technischen Lieferbedingungen erfolgen. Die Lieferung darf nur nach Erfüllung aller Prüfbedingungen sowie unter Beifügung des vollkommenen, bestätigten Werksabnahmezeugnisses nach DIN 50049/3B, aus dem die Übereinstimmung mit den im Werkstoffleistungsblatt sowie den Technischen Lieferbedingungen gestellten Forderungen hervorgeht, erfolgen. Alle Lieferungen müssen vom Hersteller nach VTL-A-060 gekennzeichnet zum Versand gebracht werden.
Die Vergabe von Aufträgen für Gesenk- und Freiformschmiedestücke kann nur in Verbindung mit der Zeichnung und dem zugehörigen Prüfblatt sowie unter Hinweis auf die Technische Lieferbedingung für diese Halbzeuge vorgenommen werden.
Grundlage der Lieferqualität ist die Ausfallmusterprüfung.
Bei einem Wechsel des Lieferanten von Preßteilen bzw. bei Werkzeugwechsel muß die Ausfallmusterprüfung erneuert werden.

4. *Voraussetzungen*

4.1 *Lieferformen*

Halbzeug	Abmessungen (mm)	LN	TL	Zustand der Anlieferung
Blech	d = 0,5 bis 6	9451	in Vorbereitg.	. 3
Platten	d = 6,0 bis 12	9451	in Vorbereitg.	. 3
Stangen, rund	d = 8,0 bis 200 ∅	668	in Vorbereitg.	. 2
	d = 125,0 bis 250 ∅	9448	in Vorbereitg.	. 2
Stangen, sechskant	SW 8 bis 60	176 *)	in Vorbereitg.	. 2
Stäbe, geschmiedet		DIN 7527	in Vorbereitg.	. 2
Schmiedestücke		n. Zeichng.	in Vorbereitg.	
Rohre	Wanddicke 2,5 Da 50 ∅	n. Vereinbarung	in Vorbereitg.	. 2

*) Vorläufig sinngemäß, da der Werkstoff dort noch nicht eingearbeitet wurde.

4.2 *Lieferbedingungen*
Es sind die Forderungen der Liefernormen für die entsprechenden Halbzeuge einzuhalten, soweit sie nicht durch diese Vorschrift eingeschränkt werden. Die Lieferqualität erfordert im besonderen die Beachtung folgender Punkte:

4.2.1 Das Gefüge ist entsprechend der Bewertung nach ASTM-E-112-63 in der Korngröße 5 oder feiner anzuliefern. Vereinzelte Körner in Größe 3 sind zugelassen.

4.2.2 Die Oberflächengüte von Blechen ist, wenn nicht ausdrücklich anders erlaubt, geschliffen mit Korn 240 anzuliefern.

4.2.3 Erlaubte Abkohlungstiefe siehe Abschnitt 6.4.1. Eine Aufkohlung bedarf der Genehmigung des Bestellers.

4.2.4 Bleche müssen zu 30 % der Gesamtverformung quergewalzt sein.

4.2.5 Wenn besonders verlangt, müssen Bleche mit einer Glühbehandlung, die höchste Verformbarkeit garantieren, geliefert werden. Dies erfordert den Nachweis über den Gehalt an kugelig geformtem Zementit (mindestens 75 % der Karbide).

4.2.6 Wesentliche Grundlage für die Lieferung von Schmiedestücken und Schweißteilen je nach Beanspruchungsklasse ist die Zeichnung mit Prüfblatt. Die Zeichnung muß die Prüfgruppe (Beanspruchungsklasse) und den Hinweis auf das Prüfblatt enthalten. Das Prüfblatt ist zu erstellen durch den Konstrukteur und den Werkstoffsachverständigen. Der im Prüfblatt aufgestellte Prüfumfang ist vom Lieferanten nachzuweisen, soweit er dessen Lieferaufgabe betrifft.
Der Besteller behält sich vor, am Ausfallmuster die Einhaltung der Lieferbedingungen nachzuprüfen und erst bei positivem Entscheid über die Prüfergebnisse der Lieferung zuzustimmen.

4.2.7 Der Schweißdraht muß blank und vollkommen frei von Rostanflug, Verunreinigungen u. ä. sein. Lagerung des Drahtes im Kunststoffbeutel und trockenen, temperierten Raum.

4.2.8 Kenndaten siehe 1.6944 — Werkstoffhandbuch der Luftfahrt.

5. *Bearbeitung*

5.1 *Spanlose Formgebung*
Formungsarbeiten (Ziehen, Rollen, Drücken u. ä.) müssen bei Blechen und Platten im Zustand .3 und bei Stangen und Rohren im Zustand .2 oder .3 vorgenommen werden. Infolge starker Neigung zur Kaltverfestigung und damit Rückfederung sind bei höheren Verformungsgraden Zwischenglühungen einzuschalten. Wiederholung ist nur zweimal erlaubt.

5.1.1 *Abkanten*
Biegeradien siehe LN 9003.

5.1.2 *Rohrbiegen*
Biegeradien siehe LN 9004.

5.1.3 *Richten*
Im hochfesten Vergütungszustand .6 sind nur geringfügige Richtarbeiten zulässig, sofern der Werkstoff dabei keine schädigende Verformung erleidet. Jedem Richten im Zustand .6 muß ein Entspannen bei 180 ± 5° C mit anschließender Rißprüfung folgen.

5.2 *Spanende Formgebung*
Die spanende Formgebung ist möglichst im Zustand .2 oder .3 durchzuführen. Eine starke örtliche Erwärmung ist zu vermeiden. Chemisch Fräsen ist wegen Wasserstoffaufnahme nicht erlaubt. Soll eine spanende Formgebung im Zustand .6 durchgeführt werden, so ist Feinstdrehen oder -fräsen dem Schleifen vorzuziehen. Schleifen ist

nur unter ausreichender Kühlung, die jede örtliche Erwärmung verhindert, erlaubt. Dem Schleifen muß ein Entspannen bei 180 ± 5° C mit anschließendem Kugelstrahlen folgen. Nach dem Kugelstrahlen ist Schleifen nicht erlaubt. Ausnahmen genehmigt der Werkstoffsachverständige. Siehe auch 5.7 (Fertigbearbeitung).

5.3 *Fügen*

5.3.1 *Schmelzschweißen*

Der Stahl 1.6944 wird nur im WIG-Verfahren (Argonarc-Verfahren) und im weichen Zustand geschweißt 1.6944.2 und 1.6944.3). Geschweißt wird mit Schweißzusatzdraht 1.6944.2 — Ausnahmen genehmigt der Werkstoffsachverständige.

5.3.1.1 Vorbereitung der Schweißnähte

Das Schweißen des hochfesten Stahles 1.6944 muß von besonders geübten Schweißern sowie unter Aufsicht des Lehrschweißers oder einer geschulten Fachkraft ausgeführt werden. Die Schweißnahtvorbereitung ist äußerst sorgfältig durchzuführen (siehe DIN 8551 und VFN 651 05), damit die zu schweißenden Teile gut zueinander passen. Waren Richtarbeiten für diese Forderung nötig, muß spannungsfrei geglüht werden. Bei Schweißdicken $\leqq$ 0,8 mm kann ohne Zusatzdraht geschweißt werden. Die Schweißkante ist dann anzubördeln. Bei Blechdicken $\leqq$ 2 mm kann mit geraden Kanten geschweißt werden. Von 2 bis 5 mm muß eine V-Naht vorgesehen werden, wobei die Blechkanten um 30° abzuschrägen sind. Bei über 5 mm Wandstärke muß beiderseitig geschweißt werden, wobei dann beiderseitig die Schweißkanten um 30° abzuschrägen sind (zugehörige Steghöhe siehe DIN 8551 und VFN 651 05).

Die Werkstücke müssen vor dem Schweißen metallisch sauber sein; anzuwenden ist Sandstrahlen oder Naßstrahlen. Jedes Beizen ist verboten. Heftschweißungen sind verboten. Anpassungen sind durch Betriebsmittel zu sichern.

5.3.1.2 Schweißbedingungen

Geschweißt wird mit Gleich- oder Wechselstrom. Der Reinheitsgrad des Argon muß 99,9 % betragen. Die Schweißunterlage — eine Kupferplatte — muß eine Nut enthalten, damit das Argon die Unterseite der Schweißnaht umspülen kann.

Vorwärmen der Schweißstücke auf 350° C ist unbedingt erforderlich. Die Vorwärmezeit ist entsprechend der Blechdicke so zu wählen, daß die Schweißteile über ihren gesamten Querschnitt auf Vorwärmetemperatur durchgewärmt werden. Während des Schweißens muß durch geeignete Maßnahmen (Temperatur-Prüfgerät) dafür gesorgt werden, daß die Temperatur nicht unter 300° C absinkt. Nach dem Schweißvorgang darf das Schweißstück nicht an der Luft erkalten, sondern ist aus der Schweißwärme im Luftofen auf 565 ± 10° C zu bringen und während 60 min zu entspannen. Im Ofen erfolgt dann die Abkühlung auf 260° C; anschließend Luftabkühlung.

5.3.1.3 Nachbehandlung der Schweißteile

Alle Schweißstücke müssen vor dem Vergüten normalgeglüht werden. Der durch das Schweißen entstandene Zunder und die Anlauffarben sind durch Sand- bzw. Naßstrahlen zu entfernen. Stahlkies und Säurebehandlung sind nicht zulässig.

5.4 *Trennen*

5.4.1 *Spanendes Trennen*

Das Trennen des Werkstoffes im Zustand .6 muß mit Kühlmitteln erfolgen.

5.4.2 *Thermisches Trennen*

Thermisches Trennen ist möglichst zu vermeiden. Sofern die Anwendung dieses Verfahrens unumgänglich ist, müssen die Teile nach dem Trennen weichgeglüht werden. Die entkohlte Zone ist zu entfernen.

5.5 *Oberflächenbehandlung*

Der Konstrukteur gibt Verfahren und Schichtdicken in der Zeichnung an. Dabei sind die Bezeichnungen aus der LN 9368 zu verwenden.

5.5.1 *Kugelstrahlen*

Alle Bauteile in 1.6944.6 müssen allseits kugelgestrahlt werden. Ausgenommen sind Bauteile, an denen durch Festigkeitsversuch Bereiche minderer Beanspruchung genau abgegrenzt werden.
In diesen Oberflächengebieten darf das Kugelstrahlen unterbleiben. Ausgenommen vom Kugelstrahlen sind außerdem alle Gewinde. Unsachgemäßes Kugelstrahlen kann erheblichen Verzug verursachen (siehe auch 5.7 — Fertigbearbeitung).

5.5.2 *Metallspritzen — Zink, Anstrichsystem, Fetten, Paste*

Die Verwendung dieses Stahles bedingt einen Oberflächenschutz aus Metallspritzen — Zink und einem Anstrichsystem. Paßflächen sind zu fetten oder mit Einsetzpaste zu versehen.

5.6 *Wärmebehandlung*

5.6.1 *Wärmebehandlungsdaten*

5.6.1.1 Wärmebehandlung für Formungs- und Verbindungsarbeiten

Verfahren	für	Temperatur °C	Zeit	Abkühlung	Bemerkungen
Weichglühen	auf beste Verformbarkeit 1.6944.3	675 ± 10	2 h	an Luft	75 % kugeliger Zementit
Spannungsfreiglühen	gerichtete, geformte bzw. geschweißte Bauteile bei niedriger Festigkeit 1.6944.2 bzw. .3	565 ± 10	1 h	i. Ofen auf 260 °C, dann an Luft	
Entspannen	nach dem Richten bzw. Schleifen 1.6944.6	180 ± 5	4 h	an Luft	
Normalglühen	vor dem Vergüten 1.6944.2 bzw. .3 im Luftumwälzofen	885 ± 10	siehe 5.6.1.3	an Luft	bei komplizierten Teilen vorwärmen auf 650° C

5.6.1.2 Wärmebehandlung zur Erhöhung der Festigkeit (max. Vergütungsdicke 40 mm).

Anlieferung: Im Zustand 1.6944.2./3.

Vorbehandlung: Vorwärmen komplizierter Teile auf 650° C.

Härtetemperatur: 850 ± 10° C.

Härtezeit: Siehe Tabelle 5.6.1.3

Abkühlung nach dem Härten: Warmbad 170 ± 10° C — 10 min

Anlassen (innerhalb einer Stunde nach dem Härten):
Zweimal 190 ± 5° C mit Zwischenabkühlung,
Haltezeit je 2 Stunden (+ 1 Stunde je 20 mm Dicke).

Wiederholung des Anlassens wenn HRC zu hoch:
1. bei 205 ± 5° C, Haltezeit 2 Stunden
2. bei 220 ± 5° C, Haltezeit 2 Stunden

Härte des Fertigteiles: HRC = 50 bis 55

5.6.1.3 Haltezeiten für das Härten, gerechnet ab Erreichen der Stücktemperatur

Vergütungsdicke	mindest Haltezeit in Minuten für das Salzbad
= 2	5
2 bis 6	15
6 bis 12	20
12 bis 25	30
25 bis 40	40

Bei größeren Querschnitten gilt: je mm eine Minute länger auf Stücktemperatur halten. Die größte Materialdicke ist maßgebend.

5.6.2 *Vorbereitung zur Wärmebehandlung*

Metallisch saubere und fettfreie Oberflächen durch chemische Reinigung (keine Säure!) sind wichtige Voraussetzung für die einwandfreie Vergütung. Beizen ist wegen Wasserstoffaufnahme verboten. Für die Salzbadhärtung müssen die Werkstücke trocken sein, da Feuchtigkeit zu einer Explosion im Salzbad führen kann. Entfernen aller Fehler, Entgraten, Entfernen scharfkantiger Übergänge (Brechen von Kanten), Ausglätten von Bearbeitungsriefen, müssen vor dem Vergüten erfolgen.

5.6.3 *Wärmebehandlungsverfahren und -einrichtungen*

Die Wärmebehandlung bei Temperaturen über 650° C hat wegen der besseren Temperaturführung, des Wärmeüberganges und zur Vermeidung von Auf- und Abkohlung nur in neutralen Salzbädern zu erfolgen, die auf Verhütung der Auf- und Abkohlung eingestellt sind. Die benutzten Öfen und Bäder müssen mit einer Schreibeinrichtung ausgerüstet sein, die es gestattet, gefahrene Temperaturen und Zeiten zu registrieren. Werkstücke werden allgemein in die für das Verfahren vorgeschriebene Temperatur eingebracht. Bei Teilen mit starken Querschnittsunterschieden und scharfen Übergängen ist es für das Normalglühen und Härten zweckmäßig, daß eine Vorwärmung auf 650° C erfolgt; diese Zeit wird auf die erforderliche Haltezeit (Abschnitt 5.6.1.3) nicht angerechnet.

5.6.3.1 Normalglühen

Temperatur und Zeit siehe Abschnitt 5.6.1.1. Alle Werkstücke, die einer Vergütung unterzogen werden sollen, müssen nach der Formung normalisiert werden. Bearbeitungszugaben für Entfernung der Auf- und Abkohlung sind eventuell erforderlich.

5.6.3.2 Spannungsfreiglühen

Temperatur und Zeit siehe Abschnitt 5.6.1.1. Diese Verfahrens-Temperaturstufe wird als Zwischen- und Endglühung bei spanender oder spanloser Formung eingesetzt, um ein möglichst verzugsfreies Bearbeiten zu erreichen.
Es erfolgt nur vor dem Vergüten.

5.6.3.3 Entspannen

Temperatur und Zeit siehe Abschnitt 5.6.1.1. Nach einem Richt- oder Schleifvorgang im vergüteten Zustand müssen die Teile stets entspannt werden.

5.6.3.4 Härten

Temperatur und Zeit siehe Abschnitt 5.6.1.2.

5.6.3.5 Anlassen

Temperatur und Zeit siehe Abschnitt 5.6.1.2.

5.6.4 *Reinigen der vergüteten Teile*

Die Entfernung des Salzes aus dem Warmbad erfolgt an dem abgekühlten Teil mit einer Wasserbrause. Für die Zwischenlagerung sind die Teile anschließend mit einem Rostschutzmittel nach LN 9368 Kenn-Nr. 5702 zu behandeln.

5.6.5 *Härterisse beseitigen*

Tauchen nach dem Vergüten in der Oberfläche Haarrisse auf, so können diese in Gegenwart eines Kontrolleurs unter größter Vorsicht ausgeschliffen werden (siehe Abschnitt 5.2). Die Rißprüfung ist anschließend zu wiederholen. Darauf muß ein Entspannen — 4 Stunden bei 180° C — nach Abschnitt 5.6.3.3 erfolgen, auch wenn ein weniger beanspruchter Bereich vorliegt.

5.7 *Fertigbearbeitung*

Zur Glättung und Endmaßfertigung in Teilbereichen der Oberfläche ist nach dem Kugelstrahlen manchmal eine Feinbearbeitung nötig. Hierzu ist unter äußersten Vorsichtsmaßnahmen gegen örtliche Erwärmung ein Feinschleifen und Läppen (Honen) erlaubt bis zu einer Oberflächenabtragung von 0,03 mm, wenn eine Druckvorspannung von 0,18 mm Tiefe durch das Kugelstrahlen erreicht wurde. Maßgebend für eine entsprechende Aussage ist der Almentest.

6. *Prüfverfahren*

Nachfolgende Prüfverfahren werden bei der Eingangskontrolle und in der Betriebsüberwachung angewendet, sofern diese nicht durch ein Prüfblatt eingeengt oder erweitert werden. Der Prüfumfang bezieht sich auf die Losgröße und die zuständige Norm.

6.1 *Festigkeitsprüfungen*

6.1.1 *Zugversuch*

Die Durchführung des Zugversuches richtet sich nach der Norm, wobei für die Lage der Prüfstäbe die Vorschrift für das betreffende Ausfallmuster-Schmiedeteil bzw. für die angepreßten Prüfstäbe zur Anwendung kommt.

6.1.2 *Härteprüfung*

Die Härteprüfung wird durchgeführt an mehreren Schnitten und an Fertigteilen an der unbeschichteten Oberfläche der wichtigsten Bereiche des Bauteiles.

6.2 *Prüfverfahren zur Untersuchung der Oberflächen*

6.2.1 Die laut Bauunterlage bzw. Technischer Lieferbedingungen vorgeschriebene Rauheit der Oberflächen ist entsprechend dem Fertigungshandbuch zu prüfen.

6.2.2 Prüfung des Kugelstrahleffektes durch mitlaufenden Almentest und durch Sichtkontrolle der wichtigen Bereiche des Bauteiles entsprechend dem Fertigungshandbuch.

6.2.3 Prüfung des durchgeführten Oberflächenschutzes entsprechend dem Fertigungshandbuch.

6.3 *Physikalische Prüfverfahren*

6.3.1 *Rißprüfung*

Die Rißprüfung ist vor dem Sand- und Kugelstrahlen während des Fertigungsablaufes durchzuführen. Bevorzugt anzuwenden sind Eindringverfahren entsprechend dem Fertigungshandbuch.

6.3.2 *Ultraschallprüfung*

Die Ultraschallprüfung wird üblicherweise an allen wichtigen Bereichen der Bauteile und über die gesamte Fläche der Halbzeuge entsprechend dem Fertigungshandbuch durchgeführt.

6.3.3 *Röntgenprüfung*

Die Röntgenprüfung entsprechend dem Fertigungshandbuch — durchgeführt mit Filmaufnahme oder Leuchtschirm — richtet sich bei Schweißteilen nach Maßgabe des Schweißprüfblattes.

6.4 *Metallographische Prüfverfahren*

6.4.1 *Prüfung auf Entkohlung und Abkohlung für die Halbzeuganlieferung*

Die Beurteilung einer entkohlenden Wirkung von Warmbearbeitungen und Wärmebehandlungen auf das Bauteil erfolgt an beigegebenen Blechprüfstücken bzw. an angepreßten Zugstäben oder am Bauteil selbst. Die zulässigen Abkohlungstiefen sind auf der nachfolgenden Tabelle zu ersehen. Maßgebend für die Beurteilung der Abkohlungstiefe ist der Punkt des beginnenden Härteabfalls im Härteablauf.

Halbzeug	Zustand	Prüfverfahren	zulässige Abweichung		
Blech	.6	Rockwell A	Nicht mehr als 2 HRA-Einheiten Unterschied		
		Mikrohärte-versuch	Bei Platten 6,0 mm dick maximal 3 HRA-Einheiten		
			Blechdicke	Abkohlungstiefe für jede Blechseite	
			1,7	0,025	
			1,7 bis 2,3	0,05	
			2,3 bis 3,2	0,075	
			3,2 bis 6,3	0,13	
			6,3 bis 9,5	0,25	
			9,5 bis 12,7	0,39	
Stangen		entfällt			
Schmiede-stücke	.6	Mikrohärte-versuch	laut Prüfblatt		
Rohre	.6	Mikrohärte-versuch (Rockwell 30 M)	Wanddicke mm	maximale Abkohlungstiefe in mm-Zone mit Härteabfall	
				innen	außen
			2,50 bis 3,81	0,43	0,56
			3,81 bis 5,00	0,51	0,66
			> 5,0	vereinb.	vereinb.

Die maximale Abkohlungstiefe am fertigen Bauteil ist 0,025 mm.
Zu einer Aufkohlung ist eine Ausnahmegenehmigung von der zuständigen Kontrollleitung bzw. dem Werkstoffsachverständigen einzuholen.

6.4.2 *Prüfung des Reinheitsgrades und der Korngröße*

Die Prüfung des Reinheitsgrades und der Korngröße erfolgt aus dem Schliffbild am angepreßten Zugstab bzw. am Ausfallmuster der jeweiligen Charge.
Bei der Korngröße ist außerdem die Wärmebehandlungscharge zu berücksichtigen. Die Korngröße muß 5 oder feiner nach ASTM E 112-63 sein. Vereinzelte Körner in Größe 3 sind zugelassen.

6.4.3 *Prüfung auf die Zementitform*

Für Kaltverformungsaufgaben kann die Zementitform an Platten und Blechen im Schliffbild untersucht werden, wenn der Zustand .3 als Halbzeugform zur Prüfung vorliegt. Der Anteil an kugeligem Zementit soll etwa 75 % der Karbide betragen.

6.5 *Analyse des Werkstoffes*

Die chemische Prüfung wird am Halbzeug bzw. bei Schmiedeteilen stichprobenweise durchgeführt. Der Prüfumfang ist chargenabhängig und richtet sich bei Schmiedeteilen nach der Losgröße und beim Vormaterial nach der angelieferten Menge. Er kann umfassen die Bestimmung des Gehaltes an:

H, C, Si, P, S, V, Cr, Mn, Ni, Mo.

7. *Arbeitsfolge (Beispiel Schweißteile)*

Nachstehende Arbeitsfolgen haben keinen Anspruch auf das Vorkommen aller Arbeitsgänge bei den Bauteilen. Die aufgeführte Reihenfolge, selbst mit Wiederholungen einiger Arbeitsgänge, wird jedoch bei den meisten Bauteilen auftreten und muß eingehalten werden. Nebenarbeiten, wie z. B. Entgraten usw. sind nicht mit aufgenommen.

Anlieferungszustand: 1.6944.2/.3

Die zur Schweißung anzuliefernden Teile haben folgenden Fertigungsgang durchlaufen: Spanen, Formen, Weichglühen oder Spannungsfreiglühen, Spanen (Anpassen)

		Temperatur °C	siehe unter Abschnitt
7.1	Vorwärmen	350	5.3.1.2
7.2	WIG-Schweißen, Temperatur im Schweißbereich nicht unter	300	5.3.1.2
7.3	Spannungsfreiglühen direkt aus der Schweißhitze	565 ± 10	5.6.1.1
7.4	Richten		5.1
7.5	Spannungsfreiglühen, wenn stark gerichtet	565 ± 10	5.6.1.1
7.6	Erste Bearbeitung spanend		5.2
7.7	Spannungsfreiglühen	565 ± 10	5.6.1.1
7.8	Zweite Bearbeitung spanend, geringes Aufmaß		5.2
7.9	Normalglühen	885 ± 10	5.6.1.1
7.10	Härten	850 ± 10	5.6.1.2
7.11	Zweimaliges Anlassen (erstmals innerhalb 1 Stunde nach dem Härten)	190 ± 5	5.6.1.2
7.12	Härteprüfung (HRC 50-55) und Rißprüfung		6.1.2 u. 6.3.1
7.13	Anlassen wiederholen, wenn nötig		
	1. Wiederholung	205 ± 5	6.3
	2. Wiederholung	220 ± 5	5.6.1.2
7.14	Nachrichten, wenn nötig (Das Nachrichten ist in kleinen Schritten auszuführen mit immer wieder folgenden Entspannen im Warmbad)		5.1.2
7.15	Entspannen, wenn nachgerichtet wurde	180 ± 5	5.6.1.1
7.16	Rißprüfung		6.3.1
7.17	Anrißentfernung, wenn nötig		5.6.5
7.18	Fertigbearbeitung spanend im Zusammenhang mit 7.17		5.7
7.19	Kugelstrahlen		5.5.1
7.20	Feinbearbeitung		5.7
7.21	Oberflächenschutz		5.5

Explosionsumformung

von Ing. W. Emshoff und Dipl.-Ing. K. G. Voigt

Gliederung

1. Einführung

Die explosive Metallbearbeitung ist ein Verfahren, das in neuester Zeit bei der Herstellung von Blechteilen angewendet wird. Die ernsthafte Beschäftigung mit diesem Verfahren ist durch Probleme bedingt, die durch die Einführung neuer hochfester Legierungen, besonders im Flugzeug- und Raketenbau, und neuer Konstruktionsforderungen aufgeworfen werden. Zur Metallbearbeitung mit Hilfe von Sprengstoffen als Energiequelle gehören das eigentliche Formen, wie das Tiefziehen, das Prägen, das Ausbauchen, das Kalibrieren und das Bördeln, ferner das Gravieren, die Pulververdichtung, das Oberflächenverfestigen bzw. -härten, das kontrollierte Schneiden sowie das Schweißen und Plattieren, siehe Tafel 1.
Im folgenden wird das eigentliche Umformen von Blechen und vorgefertigten Blechteilen behandelt, wobei auch andere in diesem Zusammenhang durchgeführte Arbeiten herangezogen und eigene Erfahrungen bei der Verformung hochfester Werkstoffe für den Flugzeug- und Raketenbau aufgezeigt werden. Ferner sollen anhand von Fertigungsbeispielen die Anwendungsmöglichkeiten und damit die technischen und wirtschaftlichen Vor- und Nachteile der Explosionsumformung erörtert werden.

Tafel 1 **Einteilung der Bearbeitungsverfahren mittels Explosivstoffen**

Abstandmethode		Kontaktmethode	
Prägen Ausbauchen Bördeln	Kalibrieren Tiefziehen	Gravieren Pulververdichten Schweißen	Plattieren Schneiden Härten

mehrere 1000 at → zunehmender Druck → zunehmende Umformarbeit → mehrere 100 000 at

Werkstoffverhalten ist ähnlich dem bei herkömmlichen Verfahren	Werkstoffverhalten ist abhängig von den Beanspruchungsbedingungen und dem Werkstoff selbst	Werkstoffe zeigen in ihrem Verhalten ungewöhnliche Eigenschaften

2. Grundlagen der Explosionsumformung (Literaturbericht)

2.1 Die Grundarten des Verfahrens

Der Prozeß der explosiven Metallbearbeitung beruht auf der Ausnutzung der im Explosivstoff enthaltenen Energie mit Hilfe einer kontrollierten Explosion. Der größte Teil der Methoden zur Bearbeitung von Metallen mit Hilfe von Sprengstoffen kann je nach der Lage, die der Sprengladung in bezug auf das zu bearbeitende Werkstück gegeben wird, in zwei Hauptgruppen unterteilt werden:

Kontaktmethode

Bei diesem Verfahren wird die Sprengstoffladung direkt auf das Werkstück aufgelegt, siehe Bild 1. Es können sich bei der Detonation eines hochexplosiven Sprengstoffes, der sich in enger Berührung mit einem metallischen Körper befindet, Drücke in der Größenordnung von 70 bis 280 Mp/cm² und mehr entwickeln [2]. Die Größe dieser Drücke hängt von der Art und der Menge des verwendeten Sprengstoffes und der Art des Metalles sowie von der Form des Werkstückes ab. Das bedeutet, daß eine grundsätzliche Beschränkung der Größe der Kraft, die entwickelt werden kann, von der Größe der Fläche des Metalls abhängt, die sich in direkter Berührung mit dem Sprengstoff befindet.

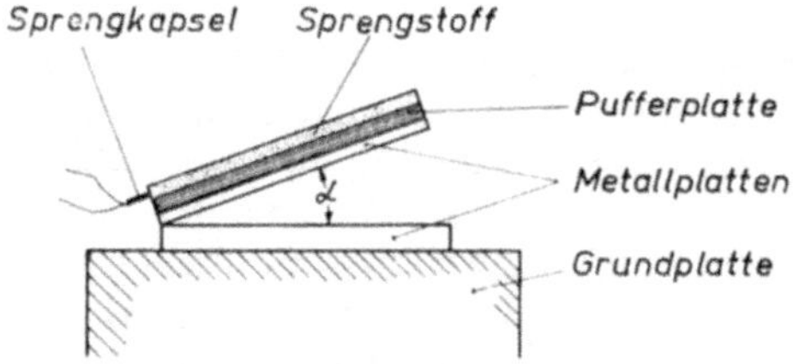

Bild 1 Plattieren von Metallen mit Hilfe von Sprengstoffen durch Kontaktmethode

Beim größten Teil der üblicherweise zur Anwendung kommenden Metallbearbeitungsverfahren mit Hilfe von Sprengstoffen sind Drücke von mehreren Mp/cm² bereits so hoch, daß sie gar nicht mehr genutzt werden können. Infolge der auftretenden sehr hohen Drücke kam es bei der Kontaktmethode oft zur Zerstörung von Bauteilen und infolge der hohen Aufprallgeschwindigkeit zu Verschweißungen mit dem Gesenkwerkzeug. Man hat diese Erscheinungen bei der Entwicklung neuer Verfahren berücksichtigt

und damit neue Fertigungsmöglichkeiten geschaffen wie beim Pulververdichten, Härten, Schneiden, Lochen und vor allem beim Schweißen und Plattieren.
Niedrigere Drücke erzielt man durch die Anwendung der Abstandmethode. Diesem Verfahren kommt für die Blechumformung die größere Bedeutung zu. Auf die Kontaktmethode soll daher nicht näher eingegangen werden.

Abstandmethode

Die Abstandmethode wird vornehmlich beim Umformen von Blechen und vorgefertigten Teilen angewandt. Bei diesem Verfahren ist zwischen Werkstück und Energie lieferndem Explosivstoff ein Druckübertragungsmedium vorhanden. Zur Druckübertragung wurden bereits Luft, Wasser, Öl, Glyzerin, puderförmige und gelatinöse Stoffe, Sand u. a. verwendet. Jedoch hat sich Wasser als Übertragungsmittel weitgehend durchgesetzt. Versuche mit verschiedenen Übertragungsmitteln wurden von Douglass durchgeführt [3].

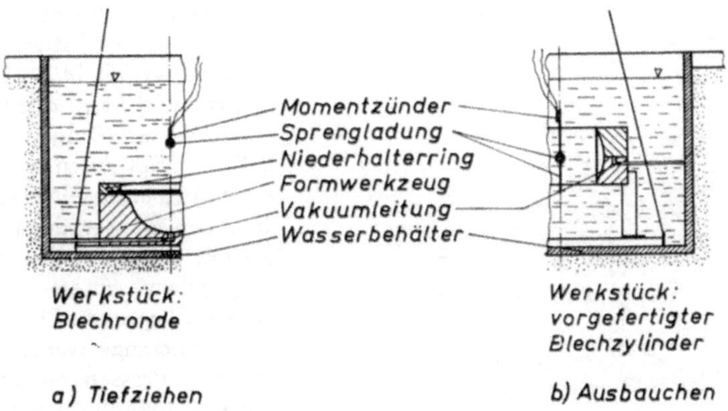

Bild 2 Abstandmethode – offene Werkzeugform im Wasserbecken

Die Bilder 2a und 2b zeigen die gebräuchlichste Verfahrensanordnung bei der Explosionsumformung. Zum Zwecke der Umformung wird das Werkstück in die entsprechende Form eingelegt und so abgedichtet, daß der Hohlraum zwischen Werkstück und Werkzeug evakuiert werden kann. Die Luft würde bei dem schnellen Umformvorgang ein Ausformen verhindern und Blechbeschädigungen hervorrufen. Es empfiehlt sich besonders bei dünnen Blechen bis auf 0,5 Torr zu evakuieren. Beim Umformen einer Blechronde wird diese mit einem Haltering auf das Werkzeug gespannt, um eine einwandfreie Abdichtung zu erreichen und die beim Ziehen mögliche Faltenbildung am Werkstück zu vermeiden. Auch bei der Umformung nicht runder Bleche und Ausbauchteile kann ein Faltenhalter oft sehr nützlich sein.
Im festzulegenden Abstand zum Werkstück wird eine Sprengladung bestimmter Größe, Form und Anordnung angebracht. Die mit Werkstück und scharfgemachter Ladung bestückte Form wird ins Wasserbecken abgesenkt und die Ladung zur Detonation gebracht. Die durch die detonierende Ladung freiwerdende Energie wirkt über das Druckübertragungsmittel Wasser auf das Werkstück.
Dieses Verfahren eignet sich auch für Werkstücke größter Abmessungen. Im Gegensatz zur eben erwähnten Formgebung in einem Wasserbecken kann auch das umzuformende Werkstück selbst als Wasserbehälter dienen, wie Bild 3 a zeigt. Hier wird als Beispiel ein vorgefertigter Konus mit angeschweißter Kugelkalotte, die vorher

geformt wurde, zu einer Halbkugel ausgebaucht. Oft wird auch mit einem Aufsatzbehälter gearbeitet, der mit Wasser gefüllt wird, wenn die Ladung über dem Werkstück angebracht ist, siehe Bild 3b. Dieses Verfahren ist natürlich nur beim Umformen kleiner Teile möglich. Es wird ebenfalls bei der Freiformgebung angewandt mit einem Ring als Werkzeug.

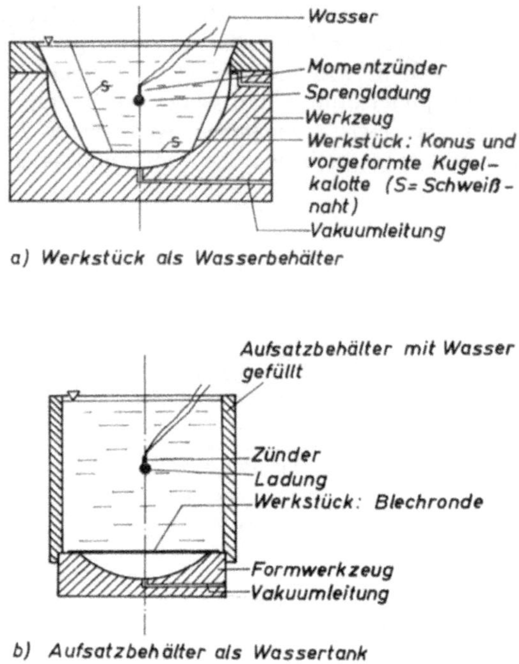

Bild 3. Abstandsmethode.

Neben dem Explosionsumformungsverfahren mit detonierenden Explosivstoffen werden auch abbrennende Treibmittel (Schießpulver – vgl. 2.2) verwendet. Die Umformung erfolgt hier meist in geschlossenen Vorrichtungssystemen, wo der abgeschlossene Raum zur Verlängerung der Druckdauer beiträgt und somit eine Verstärkung des auf das Werkstück wirkenden Impulses erzielt [45]. Die Druckübertragung kann durch Luft und durch Wasser erfolgen, siehe Bild 4 [34]. Bedingt durch den konstruktiven Aufbau der Werkzeuge sind die Abmessungen der Werkstücke, die mit dem geschlossenen Werkzeugsystem umgeformt werden können, begrenzt. Diese zweiteiligen Werkzeuge werden oft in die üblichen Pressen eingebaut. Umformzeit und Umformdruck lassen sich mit Hilfe dieser Anordnung ziemlich genau abstimmen (1 bis 15 m/s; bis 300 at), [45]. Die Umformarbeiten nach diesem Verfahren haben den Vorteil, daß sie in Gebäuden durchgeführt werden können, während bei der Verformung in offenen Werkzeugen und mit detonierenden Explosivstoffen grundsätzlich im Freien gearbeitet werden muß.

Das vielseitig anwendbare Explosivumformungsverfahren nach der Abstandmethode hat sich wegen seiner niedrigeren Drücke und niedrigeren Formgebungsgeschwindigkeiten gegenüber der Kontaktmethode durchgesetzt; außerdem läßt sich die Abstandmethode weit mehr variieren.

Die wichtigen Faktoren, die festgelegt werden müssen, um die Größe der auf das Werkstück wirkenden Drücke abschätzen zu können, sind:

1. die Art des Sprengstoffes,
2. die Sprengstoffmenge,
3. die Form der Sprengladung,
4. der Abstand der Ladung vom Werkstück,
5. Aufbau des Formwerkzeuges und
6. die möglichen Nebenwirkungen der Druckentwicklung im geschlossenen Raum.

Durch Änderung dieser Faktoren kann die Sprengladung an die jeweilige Fertigungsaufgabe angepaßt werden [2].
In den meisten Fällen wird die richtige Dosierung heute durch Versuche ermittelt. Es gibt zwar in der Literatur einige Ansätze für theoretische Berechnungen, aber diese Näherungslösungen sagen nur etwas aus über den bei bestimmter Ladungsmenge, Sprengstoffart und bestimmtem Ladungsabstand erreichbaren Spitzendruck p_{max}, über die Energiedichte E und über den auf die Flächeneinheit bezogenen Impuls I bei Verwendung einer Kugelladung:

$$p_{max} = k \left(\frac{W^{1/3}}{R}\right)^{\alpha} \quad (\text{lb/in}^2);$$

$$E = m W^{1/3} \left(\frac{W^{1/3}}{R}\right)^{\gamma} \quad (\text{in-lb/in}^2) \quad \text{und}$$

$$I = l W^{1/3} \left(\frac{W^{1/3}}{R}\right)^{\beta} \quad (\text{lb-sec/in}^2) \quad [1], [55].$$

Hierin sind:

W = Ladungsgewicht (lbs), R = Ladungsabstand vom Werkstück (ft),
sowie α, β, γ, k, l und m = empirische Konstanten, abhängig vom Explosivstoff.

Obige Formeln sagen jedoch nichts über einige wichtige Punkte für die Explosionsumformung nach der Abstandmethode aus. Entsprechend dem zu fertigenden Teil ist eine bestimmte Ladungsform von großer Bedeutung. Man arbeitet mit Kugelladungen, Stabladungen, Ringladungen, Flächen- und Scheibenladungen. Weiterhin ist die Blechhalterung wichtig. Ebenfalls muß auf den Blechzuschnitt und die Ausbildung der Werkzeuge geachtet werden sowie auf die verschiedenen Variationsmöglichkeiten, je nachdem welches Material bei welcher Blechstärke verformt werden und wie das geformte Teil aussehen soll.

Man wird also auch weiterhin bei den vielen verschiedenen Fertigungsproblemen nicht um eine Anzahl von Vorversuchen herumkommen, da sich die Vielzahl der Einflußgrößen noch nicht in ein Rechenschema einfügen läßt. Durch Modellgesetze einerseits und durch Erfahrungen aufgestellte Gesetzmäßigkeit andererseits läßt sich jedoch die Anzahl der Vorversuche auf ein Minimum beschränken.

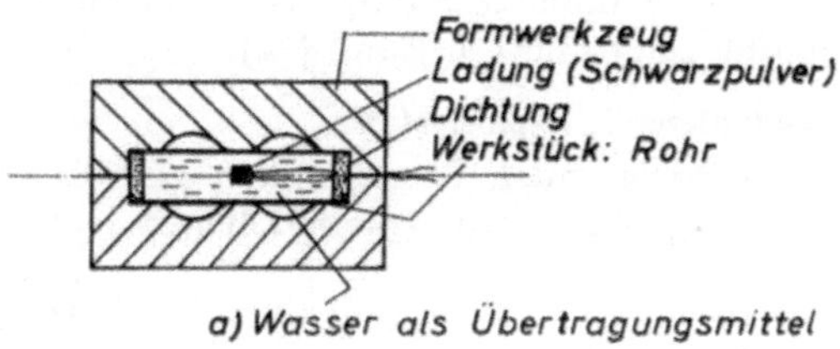

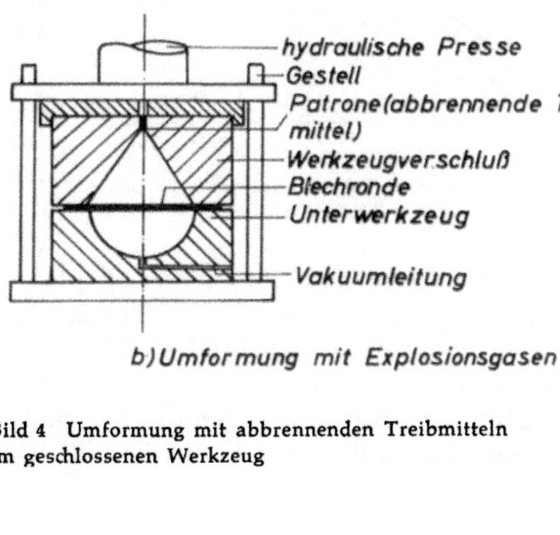

Bild 4 Umformung mit abbrennenden Treibmitteln im geschlossenen Werkzeug

2.2 Sprengstofftechnische Grundlagen

Bei der explosiven Metallbearbeitung werden zahlreiche Sprengstoffarten verwendet. Die Sprengstoffe lassen sich in zwei Hauptgruppen einteilen:

1. die abbrennenden Treibmittel und
2. die detonierenden Explosivstoffe.

Die Hauptunterschiede liegen in der Zerfallsdauer, in der Abbrenn- bzw. Detonationsgeschwindigkeit und den dabei entstehenden Drücken.

2.2.1 Abbrennende Treibmittel

Die abbrennenden Treibmittel haben eine schiebende Wirkung; ihre Abbrenngeschwindigkeiten betragen 10 bis 35 mm/s. Obwohl die einzelnen Bestandteile außerordentliche fein gemahlen und sehr intensiv miteinander gemischt werden, ist die Umsetzungsgeschwindigkeit wesentlich geringer als bei den eigentlichen Explosivstoffen, bei denen Sauerstoff, Kohlenstoff und Wasserstoff im gleichen Molekül vereinigt sind. Man kann daher, selbst bei festem Einschluß, nicht von einer Detonation, sondern nur von einer Explosion sprechen, deren Fortpflanzungsgeschwindigkeit bei 100 bis 500 m/s liegt. Infolgedessen ist die Sprengwirkung wesentlich milder als bei detonierenden Sprengstoffen. Es entstehen dabei Drücke bis zu 3500 at [2]. Die Zerfallsdauer wird in Millisekunden oder größeren Zeiteinheiten gemessen [2]. Als übliche Beispiele für diese Treibmittel können Schießpulver und Schwarzpulver angeführt werden. Sie werden meist in Patronenform verwendet.

Beim Abbrennen wirken nur die expandierenden Gase. Der Gasdruck ist die Energiequelle für die Explosionsumformung [56]. Damit es zu der gewünschten Druckbildung kommt, ist ein geschlossenes Werkzeug erforderlich. Diese Pulversprengstoffe reagieren auf einfache Flammenzündung. Die typische Verfahrensanordnung für abbrennende Treibmittel zeigt Bild 4 [1] und [34].

2.2.2 Detonierende Explosivstoffe

Bei den detonierenden Sprengstoffen zerfällt die chemische Verbindung schlagartig. Die Detonationsgeschwindigkeiten liegen je nach Sprengstoffart zwischen 1800 und 8500 m/s [2], wobei Drücke zwischen 70000 und 280000 at und darüber auftreten können [2]. Die Zerfallsdauer der detonierenden Explosivstoffe beträgt nur Mikrosekunden [2]. Die Detonation dieser Sprengstoffe muß durch eine Initialzündung mittels Momentzünder eingeleitet werden. Der Spitzendruck wird hierbei in kürzerer Zeit erreicht als bei den abbrennenden Treibmitteln, siehe Bild 5. Da auch die Spitzendrücke wesentlich höher liegen als bei den abbrennenden Treibmitteln, werden vorwiegend offene Werkzeuge eingesetzt.

Bild 5 Druck-Zeitverlauf bei detonierendem Explosivstoff und abbrennendem Treibmittel

Zu den gebräuchlichsten detonierenden Explosivstoffen gehören: TNT (Trinitrotoluol), PETN (Nitropenta, EL-506), RDX (Hexogen). Eine Zusammenstellung einiger detonierender Sprengstoffe zeigt Tafel 2 [57].

Bei den detonierenden Explosivstoffen unterscheidet man pulverförmige, gelatinöse, plastische und gepreßte Sprengstoffe. Sie sind als Patronen im Kunststoffbeutel und als Patronen in paraffiniertem Papier im Handel. Auch als Schnur im Kunststoffschlauch

Tafel 2 **Gebräuchlichste detonierende Explosivstoffe für die Metallbearbeitung**

Bezeichnung des Sprengstoffes	Detonations-temperatur °C	Detonations-geschwindigkeit m/sec	Detonations-druck kp/cm²
RDX (Hexogen)	5450	8400	263 500
PETN (Nitropenta, Primacord, EL 506)	5400	8300	232 000
Tetryl	4400	7800	204 000
Pertit	3900	7300	186 000
TNT	3900	6900	158 000
Dynamit	3900	6000—7000	—
Ammon-Gelit 3	—	5500	—
Pentolite (50 % PETN und 50 % TNT)	—	7400	210 000
Comp. B (64 % RDX und 36 % TNT)	—	8018	292 000
Cyclotol (77 % RDX und 23 % TNT)	—	8252	313 000

und als Preßkörper in verschiedenen Formen sind Sprengstoffe erhältlich. Außerdem werden Sprengstoffe in Folien verschiedener Stärke hergestellt. Zum Bezug aller Sprengstoffe ist ein Sprengstofferlaubnisschein erforderlich.

2.3 Umformvorgang

Zum besseren Verständnis von Art und Größe der Blechbelastung soll zunächst auf die Vorgänge im Übertragungsmedium eingegangen werden, wobei wir die für die Explosionsumformung im offenen Werkzeug verwendeten detonierenden Sprengstoffe betrachten wollen. Unter einer Detonation versteht man eine rasche Umsetzung eines Explosivstoffes [6]. Diese Umsetzung erfolgt unmittelbar hinter einer Stoßfront, die sich mit hoher Geschwindigkeit (Detonationsgeschwindigkeit bis zu 9000 m/s) vom Zündpunkt aus im Sprengstoff ausbreitet. Die Stoßfront pflanzt sich als räumlich gekrümmte Druckwelle in dem den Sprengstoff umgebenden Medium mit Überschallgeschwindigkeit fort, und die bei der Umsetzung entstandenen gasförmigen Reaktionsprodukte dehnen sich schnell aus aufgrund der hohen Temperatur und des großen Druckes dieser Gase. Anfangs ist die Ausdehnung dieser Gase infolge der hohen Geschwindigkeit nahezu adiabatisch [5].

Bei der erheblich geringeren Kompressibilität eignet sich Wasser besser als Luft zum Übertragungsmedium. Die mit der Ausbreitung der Stoßwelle verbundenen Energieverluste sind im Wasser kleiner als in Luft [5]. Die folgenden Ausführungen sollen sich wegen der größeren Bedeutung für die Explosionsumformung auf die Vorgänge bei einer Unterwasserdetonation beschränken. Cole [7] und Snay [25] sowie Haid und Schmidt [59] brachten eine ausführliche Beschreibung dieser Vorgänge. Wie die Aufnahmen von Unterwasserdetonationen verschiedener Sprengladungen (Kugel-, Zylinder- und Scheibenladung) nach Douglass [8] zeigen, ist die Gestalt der Stoßwelle und der Gasblase sehr stark abhängig von der Ladungsform und dem Ort der Zündeinleitung. Bei einer Unterwasserdetonation führt die Stoßwelle bis zu 50 % der durch die Sprengstoffumsetzung freiwerdenden Energie mit sich. Den Rest enthalten die gasförmigen Reaktionsprodukte [5]. Zur Verformung kann nur ein Teil der freiwerdenden Energie verwendet werden, da bei der Ausbreitung der Stoßwelle im Wasser Energieverluste auftreten und außerdem bei sinnvoller Ladungsanordnung nur ein Teil der Stoßwelle zur Umformung ausgenutzt wird.

Nach anderen Auffassungen wird die Umformarbeit ausschließlich durch die Stoßwelle (Schockwelle) geleistet [58]. Betrachtet man als einfachstes Beispiel eine kugelförmige Ladung, die in ihrem Mittelpunkt gezündet wird, so breitet sich die Umsetzung des Sprengstoffes mit Detonationsgeschwindigkeit nach allen Seiten aus. Trifft die Detonationswelle auf die Grenzfläche Sprengstoff-Wasser, wird eine räumliche radialsymmetrische Stoßwelle in das umgebende Wasser übertragen. An den Grenzflächen herrscht ein Spitzendruck p_m je nach Art des Sprengstoffes. Der Impuls der Stoßwelle hingegen wird durch die Sprengstoffmenge bestimmt. Jeder Sprengstoffladung ist also in Abhängigkeit von der Sprengstoffmenge, der Ladungsform und dem Ort der Zündeinleitung eine bestimmte Stoßwelle zugeordnet. Spitzendruck und Impuls nehmen mit der Ausbreitung der Stoßwelle ab. Für das Übertragungsmedium Wasser läßt sich der Druck-Zeitverlauf einer Stoßwelle durch $p\,(t) = p_m\, e^{-t/\Theta}$, $0 \leqq t/\Theta < 1$ ausdrücken; der durch die Stoßwelle bewirkte Impuls ist: $I_s = \int_0^\infty p\,(t)\,dt$ (vgl. Bild 6) [5].

Eine für den Umformvorgang günstige Belastung des Werkstückes kann durch Ladungsform, günstige Wahl des Zündpunktes, durch entsprechende Anordnung der Ladung und durch Benutzung von Reflektoren erreicht werden. Bei der Detonation von Ladungen verschiedener Form entstehen räumliche Stoßwellen unterschiedlicher Krümmung, die in jedem Punkt durch verschieden große Parameter zu beschreiben sind. Bei den verschiedenen Ladungsformen läßt sich die Änderung der Stoßwellenparameter mit dem zurückgelegten Weg der Stoßwelle nicht systematisch darstellen. Für die Mehrzahl der praktischen Umformvorgänge ist eine quantitative Erfassung der Belastung nicht möglich. Sind zur Lösung eines Problemes gute Abschätzungen der Stoßwellenparameter erforderlich, so kann man diese nur experimentell gewinnen. Direkte Messungen des Druck-Zeit-Profils sind mit piezoelektrischen Meßwertgebern von verschiedenen Forschern durchgeführt worden [7], [9], [10], [11], [12], [13]. Diese Messungen sind aber nur in relativ großen Abständen von der Ladung möglich, da das Meßelement sonst zerstört wird. Für die Praxis der Explosionsumformung sind aber kleinere Ladungsabstände interessant. Aus diesem Grund hat man am Institut für Metallbearbeitung (TNO) in Delft Druckmessungen mit Gebern des Hopkinsonbar-Typs durchgeführt [33].

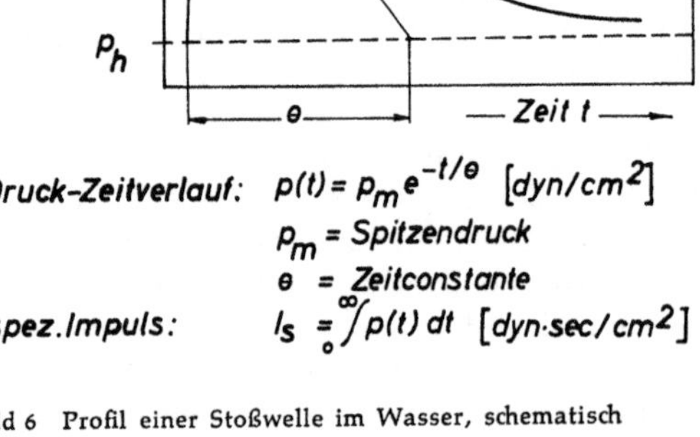

Druck-Zeitverlauf: $p(t) = p_m e^{-t/\theta}$ [dyn/cm²]

p_m = Spitzendruck

θ = Zeitconstante

spez. Impuls: $I_s = \int_0^\infty p(t)\,dt$ [dyn·sec/cm²]

Bild 6 Profil einer Stoßwelle im Wasser, schematisch

Der Hopkinsonbar ist ein mit Dehnungsmeßstreifen versehener Druckstab. Die Dehnungsmeßstreifen registrieren die im Stab angeregte Belastungswelle.

Ob die Verformung eines Werkstückes im wesentlichen durch die Stoßwelle oder durch die Gasblasenenergie erfolgt, ist noch nicht geklärt. Es herrschen hierüber noch sehr unterschiedliche Meinungen. In einigen Arbeiten ist festgestellt worden, daß bei der Verwendung von Wasser als Übertragungsmedium die Gasblase, die durch die gasförmigen Reaktionsprodukte gebildet wird, neben der Stoßwelle zur Verformung des Bleches beitragen kann [7], [14], [15], [16], [17], [18].

Während der Umformung zeichnen sich am Blech mehrere Druckstöße ab. Diese werden vermutlich durch Kavitationsherde verursacht [5], [7], [25], [26], [27], [28].

Infolge der unübersichtlichen Verhältnisse ist eine Analyse der Vorgänge, die zum Zusammenbrechen der Kavitationsherde führen, äußerst schwierig und noch nicht zufriedenstellend gelungen. Man hat experimentell herausgefunden, daß der Zusammenbruch der Kavitationsherde rasch erfolgt und die Ronde schlagartig belastet. Diese Druckstöße können erheblich zur plastischen Verformung des Werkstückes beitragen. Man kann annehmen, daß über den Kavitationsvorgang ein Teil der kinetischen Energie der Gasblase zur Verformung der Ronde ausgenutzt wird [5], [18], [20], [21], [22], [23], [24], [25].

Der Verformungsablauf eingespannter dünner Blechronden, die beim Explosivumformen durch eine gleichmäßig verteilte stoßartige Belastung beaufschlagt werden, wurde zuerst von Hudson [15], [29] untersucht. Nach seinen Vorstellungen wird zunächst dem gesamten Blech durch die auftreffende Stoßwelle eine bestimmte kinetische Energie erteilt. Durch die Einspannung der Blechronde am Matrizenrand wird die Bewegung behindert. Sobald sich der innere Teil des Bleches in die Matrizenöffnung bewegt, entsteht in der Blechebene ein Feld radialer und tangentialer Spannungen, welche zur Ausbeulung des Bleches führen.

Im Gegensatz zu einer langsamen, hydraulischen Verformung der Ronde, bei der eine kugelsymmetrische Ausbeulung erzeugt wird, ergibt sich bei der hier vorliegenden stoßartigen Belastung eine parabolische Form.

Zum Bewegungsbeginn greifen unmittelbar an der Einspannung große radiale Kräfte an, die zum Abreißen des inneren Teiles führen können, wenn ein von den Abmessungen und Werkstoffeigenschaften abhängiger kritischer Wert überschritten wird. Ist die Belastung nur so groß, daß die Zerreißspannung nicht erreicht wird, so beginnt die plastische Verformung an dieser Stelle und breitet sich von hier zum Zentrum aus. Der innere, noch nicht von der plastischen Verformung erreichte Teil des Bleches bewegt sich nahezu eben in Richtung des auftreffenden Impulses. Hat sich die plastische Verformung bis zum Rondenmittelpunkt ausgebreitet, so ist der Ausbeulvorgang bis auf eine geringe Ausrundung und die elastische Rückfederung beendet, wenn keine weiteren Belastungsstöße erfolgen. Diesen von Hudson beschriebenen Vorgang konnte Kremer [5] durch eigene Versuche bestätigen. Durch Messung mit Kontaktstiften verfolgte er die Bewegung der Bleche während des Umformvorganges. Andere Messungen der Ausbeulgeschwindigkeit explosivverformter eingespannter Blechronden wurden von mehreren Forschern vorgenommen [15], [30], [31], [32].

Auch am Institut für Metallbearbeitung (TNO) in Delft wurden bereits wertvolle Untersuchungen über die Vorgänge im Übertragungsmedium, den Verformungsablauf und die Ausbeulvorgänge durchgeführt. Hier wurden auch eine ganze Anzahl von Unterwasseraufnahmen mit der Hochfrequenzkamera gemacht [33].

2.4 Umformbare Werkstoffe und deren Verhalten

Fast alle in der Fertigung verwendeten und konventionell umformbaren Werkstoffe sind bereits erfolgreich explosiv umgeformt worden. Besonders bei den in der Luft-

und Raumfahrt vorkommenden Metallen hoher Zugfestigkeit bzw. Warmfestigkeit, wie Titan, Tantal, Wolfram, Molybdän und ihre Legierungen, die teilweise ein hohes Streckgrenzenverhältnis bei kleinem Elastizitätsmodul und damit große Rückfederung (Titanlegierungen) haben, konnte die Explosivumformung erfolgreich eingesetzt werden, siehe Bild 7 und Tafel 3.

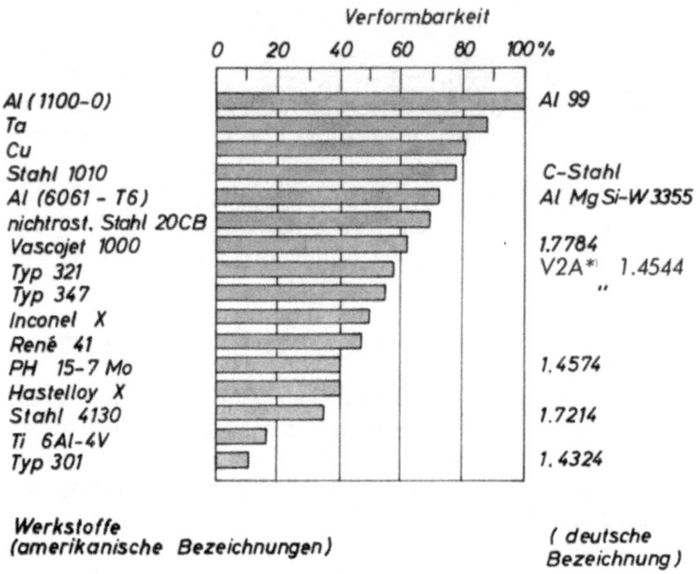

Bild 7. Verformbarkeit verschiedener Werkstoffe bei der Explosionsumformung nach Monteil. [50]

Jeder Werkstoff besitzt aufgrund der chemischen Zusammensetzung, der Gitterstruktur, des Gefügeaufbaus und des Behandlungszustandes bestimmte Eigenschaften. Zum Erkennen der Möglichkeiten und Grenzen der Explosionsumformung ist das Verformungsverhalten der verschiedenen Werkstoffe während der Umformung wichtig, und für die spätere Verwendung des geformten Teiles sind die Eigenschaftsänderungen der Werkstoffe durch die Umformung von Bedeutung.

Lange Zeit gab es unter den Wissenschaftlern grundlegende Meinungsverschiedenheiten in der Frage, inwieweit die angestiegene Duktilität des Werkstoffes durch den Explosionsvorgang selbst als Folge der hohen Drücke, die durch die Sprengstoffe verursacht wurden, entstanden ist.

Diese unterschiedlichen Ansichten wurden durch Untersuchungen bei Ling-Temco-Vought im Rahmen eines Forschungsprogrammes der US-Luftwaffe endgültig geklärt. Einige typische Ergebnisse dieser Untersuchung zeigt Bild 8. Bei niedrigeren Geschwindigkeiten ist die auftretende Dehnung die gleiche wie beim statischen Zugversuch. Oberhalb einer kritischen Grenze, die vom Werkstoff abhängt, gibt es einen starken Abfall des maximalen Dehnungswertes, der bei diesem Material erreicht werden kann. In einem schmalen, unmittelbar unter der kritischen Grenze liegenden Geschwindigkeitsbereich beobachtet man meist eine erheblich höhere Dehnung als bei den vergleichbaren

*) Eingetragenes Warenzeichen.

Tafel 3 **Zusammenstellung explosivverformter Werkstoffe**

Werkstoffe	Zugfestigkeit kp/mm² (Temperatur in °C)
Aluminium	
1100-0	9,13
2014-0	18,4
2024-0	18,4
3003-0	11,2
5052-0	18,6
5086-0	26,3
6061-0	12,0
7075-0	25,2
Magnesium	
HK 31 A	26,0
AZ 31 B	26,0
Titan	
6 Al 4 V	95,0
8 Mn	96,0
13 V 11 Cr 3 Al	98,0
5 Al 2,5 Sn	88,0
Kartuschenmessing	53,2
Berylliumkupfer	126,5
Siliziumbronze A	56,4
Admiraltymetal	43,0
Hastelloy C	43,5 (650)
Hastelloy X	58,0 (650)
Inconel	40,0 (700)
Inconel X	110,0 (540)
Multimet N 155	34,6 (816)
	13,5 (982)

Werkstoffe	Zugfestigkeit kp/mm² (Temperatur in °C)
René 41	84,0 (816)
Haynes 25	39,2 (927)
Uniloy	33,5 (871)
19-9 DL	13,0 (870)
Zircaloy-2	35,2
Stahl	
SAE 4130	
SAE 4340	111,3
Rostfreier Stahl	
301	gegl. 77,3
302	gegl. 63,3
304	gegl. 60,0
310	gegl. 66,7
316	gegl. 59,7
321	gegl. 60,0
347	gegl. 64,8
422	gegl. 80,0
AM 355	gegl. 112,4
15-7 PH (Armco)	91,4
PH 17-7 Mo (Armco)	91,4
30 CB	
Monel	55,0
Uran	39,4
Tantal	35,1
Columbium	27,0
Wolfram	302,3
Molybdän	70,3

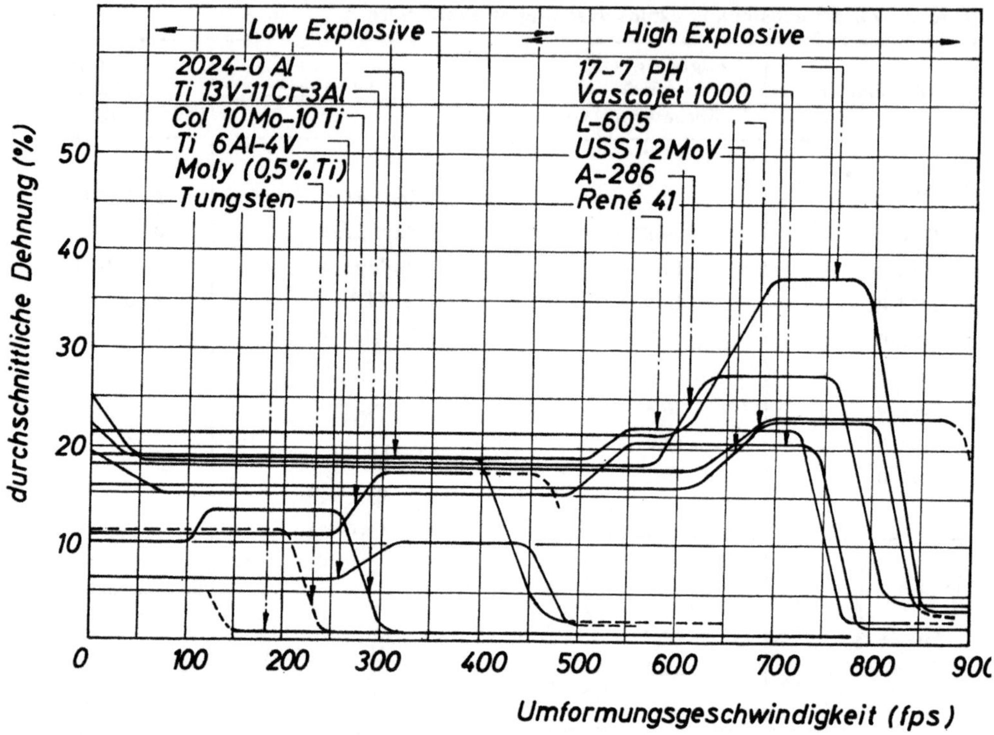

Bild 8 Einfluß der Umformgeschwindigkeit auf die Duktilität verschiedener Werkstoffe

statischen Werten. Diese Ergebnisse zeigen, wie wichtig es ist, eine dem umzuformenden Werkstoff entsprechende Sprengladung zu wählen; hochbrisante Sprengstoffe können die Verformungsgeschwindigkeit über den kritischen Wert ansteigen lassen [33].

Bei der explosiven Formung, die einen dynamischen Spannungs-Dehnungszustand hervorruft, ändert sich bei manchen Werkstoffen entsprechend ihrem Zustand und ihrer Gitterstruktur die Streckgrenze. Bei einigen Werkstoffen kann die Streckgrenze auf das 2- bis 2,5fache ihres Normalwertes steigen [60], [61].

Die durch die Explosionsumformung erzielten Eigenschaftsänderungen der Werkstoffe unterscheiden sich nach vorliegenden Untersuchungen nicht wesentlich von denen, die im konventionellen Umformverfahren vergleichbarer Beanspruchungsbedingungen erreicht werden. So konnten keine wesentlichen Unterschiede im Zusammenhang zwischen Dehnung und Verfestigung im Vergleich zu den herkömmlichen Verfahren festgestellt werden [5].

Bei Raumtemperatur und langsamer Umformung tritt eher Gleitung als Zwillingsbildung auf. Der durch die Explosionsumformung auftretende Spannungszustand und die erhöhte Beanspruchungsgeschwindigkeit behindern bei verschiedenen Werkstoffen die Gleitung stärker als die Zwillingsbildung, so daß nach Überschreiten eines kritischen Verformungszustandes neben Gleitung auch Zwillingsbildung zur Verformung beiträgt. Interessant ist noch, daß verschiedene Untersuchungen eine erhöhte Anfälligkeit bei einigen Werkstoffen (metastabiler Werkstoffzustand) gegenüber Spannungsrißkorrosion nach der Explosionsumformung ergaben [39], [40], [41], [42]. Verbraak [39] führt diese Anfälligkeit auf Zwillingsbildung zurück. Untersuchungen nach Eftestol [40] und Hollingum [41] zeigten, daß das beobachtete Gefüge keine Verformungszwillinge enthielt. Sie erklären die Anfälligkeit gegenüber Spannungsrißkorrosion durch feinverteilte Martensitbildung.

3. Anwendung der Explosionsumformung in der Fertigung

3.1 Aufbau der Explosionsumformungsanlage

Zu einer Explosionsumformungsanlage gehören:

a) das Wasserbecken bei Anwendung der Abstandmethode und Wasser als Übertragungsmittel,
b) die Krananlage zum Heben und Senken der bestückten Formen im Wasserbecken,
c) die Vakuumanlage zum Evakuieren der Luft zwischen Werkzeug und Werkstück,
d) das Vorbereitungsgebäude,
e) der Sprengstoffvorbereitungsraum zum Herstellen der Ladungen,
f) das Sprengstofflager mit Blitzschutzanlage,
g) der Schutzwall aus steinfreier Erde,
h) die Transportmittel (Palettenwagen) für die Werkzeugbewegung,
i) die Preßluftanlage; elektrische Anschlüsse.

3.1.1 Gestaltung des Sprengbeckens

Bei der Explosionsumformung mit Hilfe der Abstandmethode unter Anwendung von Wasser als Druckübertragungsmedium ist die Gestaltung des Wasserbeckens besonders sorgfältig zu überlegen. Schon eine ganze Reihe von Anlagen mußten zum Ausbessern für kurze Zeit stillgelegt oder ganz erneuert werden. Neben der Größe der zu formenden Teile ist auch die maximal nötige Sprengstoffmenge für die Auslegung des Sprengbeckens von Bedeutung.

In Amerika wurden Versuchstanks von 600 bis 1000 mm Durchmesser für kleine Teile gebaut, während für mittlere und große Teile Sprengbecken bis zu 30 m Durchmesser errichtet wurden. Die Tiefen dieser Wassertanks liegen zwischen 1 und 5 m. Die Tanks wurden größtenteils aus 6 bis 25 mm dicken Stahlplatten zusammengeschweißt; bei Wassertanks zwischen 3 und 6 m Durchmesser betrug die Stahlplattendicke etwa 12 mm. Einige größere Tanks wurden außen noch zusätzlich durch aufgezogene Ringe verstärkt [43].

Eine andere Konstruktion zeigt Bild 9. Der hier dargestellte Behälter hat 4 m Durchmesser und eine Tiefe von ebenfalls 4 m. Die Tankwandung besteht aus gerundeten und zusammengeschweißten Stahlplatten von 12 mm Dicke. Der Tank wurde auf ein Betonfundament montiert und die Tankwandung gegen den Boden durch eine Thiokol-Dichtung abgedichtet. Auf diese Weise hat der Tankmantel keine feste Verbindung zum Boden und genügend Freiheit, sich während der Explosionsumformung leicht aufzuweiten. Die Thiokol-Dichtung ist so elastisch, daß sie die Tankmantelbewegung ausgleichen kann [31].

Die in diesem Tank zu sehende Luftschleieranlage wird auch bei fast allen anderen Explosionsumformungsbecken angewandt. Sie besteht meist aus einer am Beckenboden installierten Ringleitung mit kleinen Bohrungen. Die Ringleitung wird mit Preßluft beschickt. Die an der Innenseite des Tanks aufsteigenden Luftblasen verhindern eine

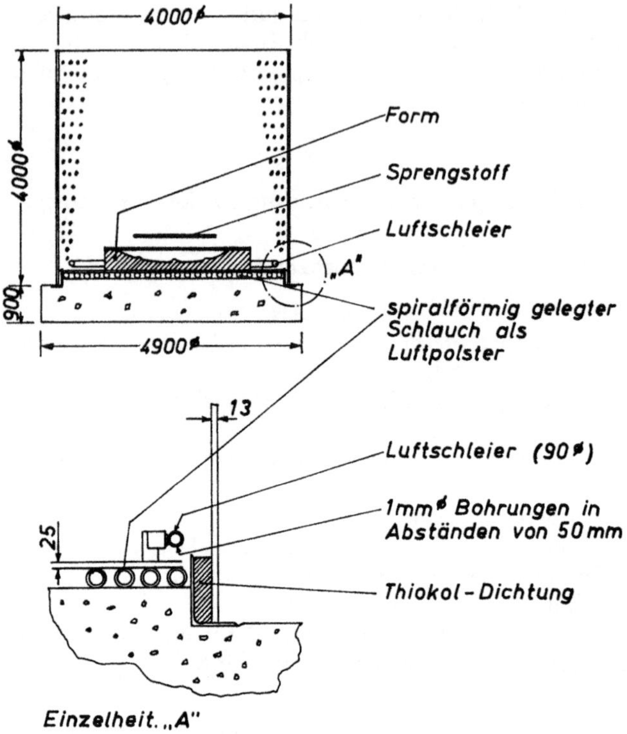

Bild 9 Explosionsumformungstank nach Pipher u. a.

Überbeanspruchung der Beckenwandung. Durch die Luftbläschen wird die Stoßwelle und damit der Druck abgebaut.

Die LOCKHEED Aircraft Corporation hat mit Tanks verschiedener Ausführung Versuche gemacht [31]. Bild 10a zeigt einen Tank in einfacher Stahlausführung mit Luftschleieranlage als Schutz, Bild 10b einen Stahltank mit 6,5 mm Wanddicke. An der Innenseite dieses Tanks wird ein aufgeblasener Gummischlauch eingelegt. In Bild 10c ist dem Stahlbehälter als Außenhaut ein innenliegender Aluminiumbehälter beigegeben. Der 50 mm breite Zwischenraum ist mit Bimsstein ausgefüllt.

Außerdem wurden an der Luftschleieranlage Versuche mit verschiedenen Luftdurchsatzmengen gefahren. Die Versuche mit gleichen Sprengstoffmengen und Ladungsabständen vom Beckenboden ergaben bei den verschiedenen Behälterausführungen und Luftdurchsatzmengen eine entscheidende Reduzierung der Stahlbehälterbeanspruchung.

Bei dem Bau eines in den Boden eingelassenen Wasserbeckens ist zu beachten, daß im Laufe der Zeit der Tank mit jedem Schuß tiefer sinkt, so daß es sinnvoll erscheint, erst nach einer gewissen Bodenverdichtung mit dem Bau der Arbeitsebene um das Becken zu beginnen. Auch der Untergrund für die Arbeitsebene muß gut verdichtet werden. Eine weitere Möglichkeit, den Wassertank für die Explosionsumformung stabil auszuführen, ist die Verwendung von Spundwänden. Auch Sprengbecken aus eisenbewehrtem Beton können verwendet werden.

Die Anlage bei VFW in Bremen besteht aus einem Betonbecken mit einem sehr engen Korb aus vorgerecktem Torstahl, der die auftretenden Zugkräfte aufnimmt. Zum Schutze der Beckenwandung ist auch hier eine Luftschleieranlage eingebaut. Das Becken

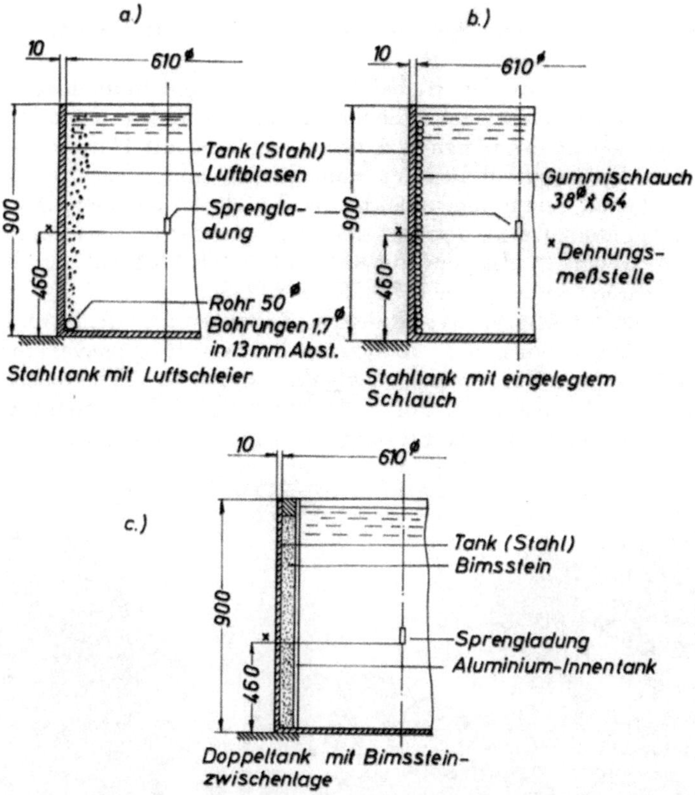

Bild 10a bis 10c Wassertanks verschiedenartigen Aufbaues für Explosionsumformung

ist unten 4 m im Durchmesser, oben 5 m und hat eine Tiefe von 3,2 m. Die Beckenwandung ist ca. 35 cm dick, siehe Bild 11.

Während bei den Amerikanern bereits Anlagen in Hallen gebaut werden, sind diese Arbeiten in Deutschland nur im Freien erlaubt, also sehr stark wetterabhängig. Es empfiehlt sich daher in der Nähe des Sprengbeckens ein Vorbereitungsgebäude zu errichten [1].

3.1.2 Vakuumanlage

Bei der Umformung von Blechen oder vorgefertigten Teilen mittels Sprengstoff ist das Absaugen der Luft aus dem Hohlraum zwischen Werkstück und Werkzeug von entscheidender Bedeutung. Je dünner die zu verformenden Bleche sind, desto wichtiger ist ein ausreichendes Vakuum. Erfahrungsgemäß reicht ein Vakuum von 0,5 bis 1 Torr zur Verformung dünnster Bleche aus.

Zum Evakuieren der Luft kommen die üblichen Vakuumpumpen zum Einsatz. Die Saugleistung der eingesetzten Pumpen richtet sich nach der Größe der Formen. Bei kleinen Versuchsformen genügen Laborpumpen, die eine Saugleistung von etwa 6 m^3/h haben, während bei größeren Werkzeugen auch die Pumpen entsprechend größer ausgelegt werden sollten. Die Explosionsumformungsanlage bei VFW in Lemwerder enthält zwei Vakuumpumpen mit einer Saugleistung von je 200 m^3/h (einstufige Sperrschieberpumpe S 200 der Firma Leybold). Die Pumpen können mit Gasballast gefahren werden, so daß bei dem rauhen Betrieb im Freien auch vorkommende Luftfeuchtigkeit aus den

Formen abgesaugt wird. Die Pumpen werden zweckmäßig im Vorbereitungsgebäude installiert.
Pumpe und Werkzeug werden durch flexible Leitungen verbunden, wobei Schnellverschlüsse einfacher Bauart sehr dienlich sind. Bei vielen Explosionsumformungsanlagen werden die Formen erst evakuiert und dann mit Hilfe eines Ventils abgeschlossen, um den empfindlichen Vakuumschlauch abnehmen zu können. Bei der VFW-Anlage dienen Paragummischläuche als flexible Vakuumleitung zwischen Werkzeug und Vakuumhauptleitung, so daß ein Absaugen der Luft bis kurz vor dem Schuß erfolgen kann. Durch ein elektropneumatisches Schnellschlußventil am Becken wird die Vakuumhauptleitung kurz vor dem Schuß geschlossen.
Durch Verwendung von Schnellverschlüssen, Krümmern, Verteilerstücken, einfach zu handhabenden Kugelhähnen u. a. können im Baukastenprinzip verschiedene Absaugsysteme erstellt werden. Zur Kontrolle des Vakuums dienen Vakuummeter. Es ist zweckmäßig, grundsätzlich eine Form mit zwei voneinander unabhängigen Absaugungen zu versehen, damit eine einfache Prüfung des Vakuums möglich ist.

Bild 11 Explosionsumformungsanlage bei VFW im Werk Lemwerder

3.1.3 Hebe- und Senkeinrichtung — Transportmittel

Zum Absenken der mit Werkstück und Ladung bestückten Werkzeuge und zum Heben derselben nach dem Schuß ist ein fahrbarer Kran über dem Wasserbecken die günstigste Lösung, wenn das Becken im Durchmesser nicht größer als 8 m ist. Die Erfahrung hat gezeigt, daß ein Ausschäkeln der Seile und Wegfahren des Kranhakens beim Schießen nicht nötig ist. Die Seile sollten so lang sein, daß beim Aufsetzen der Form auf den Beckenboden der Kranhaken mindestens 1 m Abstand vom Wasserspiegel hat. Bei der VFW-Anlage ist ein aus Rohren gebauter Bockkran über dem Becken verfahrbar zum Heben und Senken der Formen eingesetzt. Die Werkzeuge werden außerhalb des Kranbereiches auf Palettenwagen transportiert. Die Anlage ist robust und hat sich sehr gut bewährt.
Bei einigen amerikanischen Anlagen läuft ein Gleis auf einer schrägen Betonbahn bis zum Beckenboden. Auf diesem Gleis wird ein stabiler Wagen mit der vorbereiteten

Form ins Wasserbecken gefahren. Auf dem Beckenboden muß der Wagen vor dem Schuß abgestützt werden, damit sich die hohen Stoßkräfte nicht auf die Räder und auf die Lager auswirken. Diese Lösung des Werkzeugtransportes wird bei großen Sprengbecken angewandt, weil hierbei eine entsprechende Krananlage sehr teuer wird.

3.1.4 Sicherheitsbestimmungen [44]

Die Errichtung, Einrichtung und der Betrieb eines Sprengstofflagers ist durch die Sprengstofflagerverordnung gesetzlich geregelt.

Beim Umgang mit Sprengstoffen sind die in den einzelnen Ländern gültigen Sprengstoffgesetze maßgebend. In der Bundesrepublik Deutschland gilt das Sprengstoffgesetz vom 9. Juni 1884 mit Erweiterungen in der neusten Fassung. Danach kann nur der Sprengstoffe in Besitz nehmen, d. h. vertreiben, transportieren, lagern, verwenden, beschaffen und unter Umständen aus dem Ausland beziehen, der einen Sprengstofferlaubnisschein besitzt. Weitere Einzelheiten enthalten die Sprengstofferlaubnisscheinverordnung, die Sprengstofflagerverordnung, die Sprengstofftransportverordnung mit einer Reihe von Strafbestimmungen gegen die mißbräuchliche Verwendung von Sprengstoffen. Das Sprengstoffgesetz wird durch einige Arbeitsschutzvorschriften ergänzt.

Versuche und Fertigung mit Hilfe von detonierenden Sprengstoffen müssen im Freien durchgeführt werden. Die Explosionsumformungsanlage darf nicht für jedermann zugängig sein, es ist also eine entsprechende Absperrung vorzusehen. Vor und nach den Schüssen müssen vorgeschriebene Signale gegeben werden.

Für eine Versuchs- und Fertigungsabteilung, die sich mit der Explosionsumformung befaßt, ist ein sorgfältiges Auswählen von geschultem Personal unbedingt erforderlich.

3.2 Aufbau der Werkzeuge

3.2.1 offene Werkzeugform

Die offenen Werkzeuge werden vorwiegend bei der Umformung mit brisanten Explosivstoffen angewandt. Meist wird dabei mit einem einteiligen Gesenk gearbeitet; die Werkzeuge für Ausbauchteile müssen geteilt ausgeführt werden, wobei man die Trennfuge zwischen beiden Teilen zweckmäßig als Absaugkanal benutzt. Jedes Werkzeug sollte mindestens zwei voneinander getrennte Absauganschlüsse besitzen, damit eine einwandfreie Vakuumprüfung möglich ist. Weitere Konstruktionsdetails ändern sich mit der jeweiligen Art des Arbeitsvorganges. So werden Niederhalter bei den meisten Ziehvorgängen verwendet, um Faltenbildung am Werkstück zu vermeiden. Die offenen Werkzeuge können je nach der Fertigungsaufgabe als Negativ- oder Positivform ausgeführt werden; außerdem gehören auch die Ausbauchformen zu der Gruppe der offenen Werkzeuge. Eine Begrenzung in den Abmessungen der umzuformenden Werkstücke besteht bei dieser Arbeitsmethode nicht; es wurden bereits Blechteile bis zu 1 Mp und mehreren Metern im Durchmesser umgeformt.

Die bei den verschiedenen Verfahrensarten verwendeten Gesenke können aus den verschiedensten Werkstoffen hergestellt werden. Maßgebend sind dafür die Art und die Abmessungen des Werkstückes und sein Werkstoff, ferner die Form, die zulässigen Toleranzen sowie die Anzahl der herzustellenden Werkstücke. Gesenke aus Kirksite (Zinklegierung 3,5 bis 5 % Al, 4 % Cu, 1 % Mg) und Kunststoff sowie mit Kunststoff überzogene Betonwerkzeuge werden für leichte und mittelschwere Umformvorgänge bei geringen Stückzahlen verwendet. Die DOUGLAS Aircraft Company hat eine 47 Mp schwere Form aus Kirksite gegossen zur Explosionsumformung von Schottensegmenten der Saturn-Stufe S-4B.

Werkzeugstähle und Gußwerkstoffe kommen als Gesenkwerkstoffe für mittelschwere Umformarbeiten in Betracht, während man hochfeste Stähle (z. B. vergüteter Stahlguß

25 Cr Ni Mo 4) bei Umformarbeiten mit großen Beanspruchungen als Werkzeugstoffe verwendet. Gesenkformen mit großen Abmessungen werden vorwiegend in Mischbauweise aus Beton und Kunststoffschichten hergestellt, wenn es die Umformkräfte zulassen, siehe Bild 12 a und 12 b, [45].

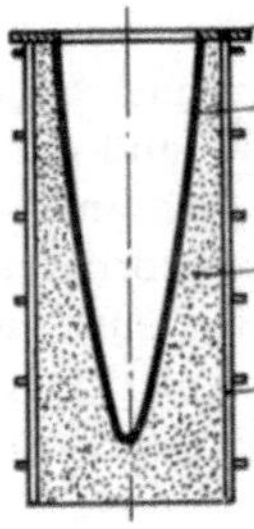

a.) Kunststoffausbauchform nach Boes

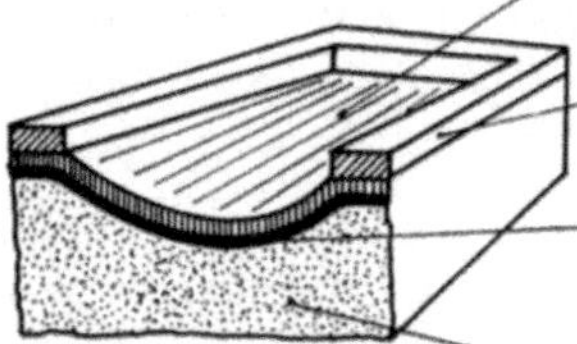

b.) Gesenkwerkzeug in Mischbauweise nach ROCKETDYNE

Bild 12 Werkzeuge in Mischbauweise

Kunststofformen mit Glasfaserverstärkung werden immer häufiger verwendet, da sie sich leichter und billiger herstellen lassen als Werkzeuge aus Stahl; für viele Umformvorgänge haben sie eine genügend hohe Oberflächenfestigkeit.

3.2.2 geschlossene Werkzeugform

Zur Verformung von Blechteilen in geschlossenen Werkzeugen werden vorwiegend abbrennende Treibmittel eingesetzt. Bei dieser Werkzeugform kommt ein zweiteiliges Gesenk zum Einsatz, wobei die beiden Gesenkteile durch die Anlageflächen einer hydraulischen Presse oder durch federnde Führungen in der geschlossenen Stellung gehalten werden. Die Gesenke zur Verwendung in geschlossenen Systemen müssen gasdicht sein, wenn abbrennende Treibmittel eingesetzt werden. Der Werkzeugwerkstoff ist bei geschlossenen Gesenken überwiegend Stahl. Bedingt durch den konstruktiven Aufbau der Werkzeuge sind die Abmessungen der Werkstücke begrenzt. In Bild 4 wurden bereits zwei geschlossene Werkzeuge dargestellt.
Sowohl bei den geschlossenen als auch bei den offenen Werkzeugen muß der Hohlraum zwischen Werkzeug und Werkstück evakuiert werden. Zu diesem Zweck wird

das Werkstück durch Gummiringe, durch Fette oder plastische Dichtmassen vakuumdicht in das Werkzeug eingelegt.

3.3 Maßgenauigkeit verformter Teile

Mit der heutigen Kenntnis über die Umformung mit hohen Geschwindigkeiten kann die Rückfederung in engeren Toleranzen gehalten werden, aber nicht völlig verschwinden. Wie Versuche nach Boes gezeigt haben, ist immer eine gewisse Rückfederung zu erwarten, auch wenn größere Ladungen eingesetzt werden [47]. Dieses Ergebnis deckt sich mit den bei VFW gemachten Erfahrungen. Gerade die hochfesten Werkstoffe des Flugzeug- und Raketenbaues zeigen sehr starke Rückfederung; andere Werkstoffe dagegen wie V2A*) (1.4544.9), NIMONIC 80a*) oder Stahl haben nur unwesentliche Rückfederung.

Die Amerikaner kalibrieren vorgezogene Teile im Explosionsumformungsverfahren, um engere Toleranzen zu erreichen. Douglass [3] und Williams [48] kalibrierten eine vorgezogene Halbkugel aus Stahl (AMS 6434) von 1370 mm ⌀ mit Hilfe einer Ringladung; dabei traten folgende Abweichungen auf: Durchmesserabweichung ± 2,5/10 mm, Konturabweichung ± 7,6/10 mm und Blechdickenabweichung ± 7,6/100 mm.

Schalldämpferrohre für die Boeing 707 konnten mit genügender Genauigkeit mit Hilfe der Explosionsumformung gefertigt werden, die Maßabweichungen zeigt Bild 13. Es wurde bei der Istmaß- und der Maximalmaß-Prüfung ein Durchschnitt von 25 Formteilen genommen [49].

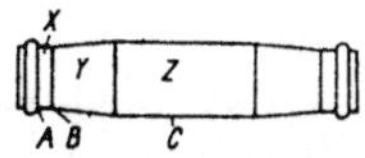

Ausgangsform: Rohr von 88 mm Dmr., 0,65 mm Blechstärke, 505 mm lang, aus Blech gerollt, geschweißt und gerichtet.

Maßbezugspunkte

Maß	Sollmaß	Istmaß*)	max. Maß*)
A	90,2 ± 0,25	90,25	90,4 mm
B	86,6 ± 0,25	86,8	86,9 mm
C	101,6 ± 0,75	101,2	101,35 mm

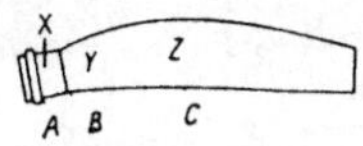

Ausgangsform: Rohr von 113 mm Dmr., 0,76 mm Blechstärke, 785 mm lang, aus Blech gerollt, geschweißt und gerichtet.

Maßbezugspunkte

Maß	Sollmaß	Istmaß*)	max. Maß*)
A	142,7 ± 0,25	142,55	142,8 mm
B	137,4 ± 0,25	137,5	137,7 mm
C	158,75 ± 0,75	158,2	159,0 mm

Bild 13 Explosivverformte Schalldämpferrohre – Fertigungstoleranzen (1)

3.4 Fertigungsbeispiele

Im folgenden werden einige Fertigungsbeispiele aus der Explosionsumformung nach der Abstandmethode gezeigt.

Im offenen Werkzeug wurde die in Bild 14 gezeigte Modellschale für einen Druckversuchskörper aus 1 mm dickem Blech gefertigt; zu diesem Zweck wurde ein Stahlblechzylinder mittels detonierenden Explosivstoff zu einer Kugelzone ausgebaucht (VFW Bremen – Werk Lemwerder).

Das bei VFW hergestellte Teil in Bild 15 ist der Zwischenbodensumpf für den Treibstoffbehälter der Europa-Rakete. Dieses Bauteil aus einer hochfesten Titanlegierung (13 % V, 11 % Cr, 3 % Al) wurde aus einer 1,27 mm dicken Ronde geschossen. Der Werkstoff hat bei der explosiven Umformung ein Streckgrenzenverhältnis von $\sigma_s/\sigma_B = 1$ und ist daher schwer umformbar. Die Kaltumformung ist Bedingung, da der fertige Behälter zur Erhöhung der Festigkeit noch warm ausgelagert werden muß; vorher warmverformte Komponenten haben nach der Warmauslagerung nicht die erforderliche Dehnung. Alle bisher angewandten konventionellen Verfahren haben

*) Eingetragenes Warenzeichen.

bei der Herstellung versagt. Das Teil hat einen Flanschdurchmesser von 645 mm bei einer Tiefe von 190 mm. Die Ausgangsronde hatte einen Durchmesser von 745 mm. Das Teil wurde im Sandwichverfahren mit Hilfe einer Scheibenladung geformt. Der Flansch des Sumpfes mußte völlig faltenfrei bleiben, weil das Bauteil mittels Elektronenstrahl in den Zwischenboden eingeschweißt wird. Die maximale Ausstreckung im Sumpfmittelteil liegt unter 10 %. Bild 16 zeigt den Absaugesumpf für den Treibstoffbehälter der Europa-Rakete. Dieses Teil wurde im Sandwichverfahren in freier Auflage ohne Anwendung eines Faltenhalters geformt, so daß die maximale Ausstreckung im Mittelteil des Sumpfes 10 % nicht überschreitet. Als Werkstoff wurde Ti 13 V, 11 Cr, 3 Al verwendet. Die Blechdicke betrug 0,5 und 1,5 mm. Das Werkstück hat einen Flanschdurchmesser von 264 mm und eine Tiefe von 61 mm. Die Ausgangsronde war 286 mm. Auch hier mußte der Flansch völlig faltenfrei bleiben, um das Bauteil in den Kugelbehälter mittels Elektronenstrahl einschweißen zu können. Schon geringste Welligkeit im Flansch von 0,1 mm Höhe würde das Einschweißen des Sumpfes in den Behälter wegen des Höhenversatzes unmöglich machen. Ein weiteres schönes Beispiel ist im Aufsatz Wabersich, Bild 16, enthalten, es zeigt die explosiv verformte Düse für ein Raketentriebwerk.

Bild 14 Ausgebauchte Kugelzone und Vorform (VFW Bremen Werk Lemwerder)

3.5 Eigene Erfahrungen

In der Flugtechnik werden immer mehr hochfeste Metalle und Legierungen verwendet; das Kaltumformen von Blechen mittels herkömmlicher Verfahren bereitet Schwierigkeiten. Durch Aufträge für die Raumfahrt veranlaßt ist 1963 eine kleine Explosionsumformungsanlage (Bild 11) erstellt worden; es sollten 0,8 bis 1,5 mm starke Bleche, vornehmlich aus der Titanlegierung Ti 13/11/3 (Streckgrenzenverhältnis = 1) explosiv kalt umgeformt werden. Bei diesem Werkstoff liegt die Streckgrenze $\sigma_{0,2}$ quer zur Walzrichtung um etwa 2 kp/mm² höher als die Zerreißfestigkeit σ_B in Walzrichtung! Außerdem erfahren die Festigkeitswerte, wie bekannt, bei Stoßbelastung, also bei hohen Belastungs- und Dehngeschwindigkeiten eine Anhebung, und zwar σ_S mehr als σ_B! Eine Hochgeschwindigkeitsumformung mit Hilfe von Explosivstoffen erschien für diesen Werkstoff wegen des Zusammenfallens von Streckgrenze und Zerreißfestigkeit, also Umformen bei Bruchspannung, recht problematisch. Die Darstellungen in vielen Veröffentlichungen konnten aber erwarten lassen, daß eine Explosivumformung derartiger Werkstoffe möglich sein würde; diese Veröffentlichungen enthalten jedoch für praktische Zwecke und Anwendungen nur wenig, vereinzelt sogar sehr gewagte Angaben und auch Fehler. Für diese Werkstoffe gibt es keinerlei Hinweise, worauf die Praxis sich stützen könnte. Es war eben bisher noch nicht gelungen, diese Werkstoffe explosiv kalt umzuformen.

Bild 15 Faltenfrei kaltverformter Zwischenbodensumpf für die Europa-Rakete aus Ti 13 V 11 Cr 3 Al (VFW Bremen Werk Lemwerder)

Die ersten Fertigungsvorversuche von Ti-13/11/3-Blechen mit Sprengstoffen hoher Brisanz als Kugelladung zeigten, daß Belastungsgeschwindigkeit und Spitzendruck zu hoch waren. Sie haben trotz geringstmöglicher Abstufung der Sprengstoffmengen sowie verschiedener Ladungsabstände zu Fehlschlägen geführt, weil schon geringste lokale Spannungserhöhungen den Werkstoff überbeanspruchen und ohne wesentliche plastische Verformung zum Zerreißen führen; bestimmte Geschwindigkeiten müssen eingehalten werden. Eine weitere Ursache des Versagens war das mangelhafte Kräftegleichgewicht zwischen der für die Umformung der leichten, hochfesten Bleche erforderlichen und der übertragbaren Energie.

Die Verwendung eines weniger energiereichen Sprengstoffes in Folienform als Scheibenladung zur Herabsetzung des Spitzendruckes und der Geschwindigkeiten sowie die Verwendung von Dämpfungsmitteln und Energiespeichermassen in Form von Deckblechen ermöglichte es, die gestellte Aufgabe zu lösen. Die Vorgänge bei der Detonation eines festen Sprengstoffes sind experimentell und theoretisch recht gut bekannt; über exakt gemessene Druckprofile liegen jedoch keine Veröffentlichungen vor. Die Messungen von Druck und Impuls an der gesamten Oberfläche des Bleches während des Umformvorganges sind mit Schwierigkeiten behaftet; sie wären aber für praktische Anwendungen in Verbindung mit einer verwertbaren Theorie sehr wünschenswert. Die in der Literatur angegebenen empirischen Formeln für die Berechnung der Ladungsmenge (z. B. für eine bestimmte Ausbeulung der Ronde) stimmen mit eigenen Versuchsergebnissen nicht überein; das mag daran liegen, daß die Formeln für Anordnungen mit sehr viel größeren Abmessungen (Sprengstoffmengen und Ladungsabstände für Minen) aufgestellt wurden.

Bei der Vorabschätzung von Umformungsvorgängen durch Explosivstoffe kann man in erster Näherung von der Vorstellung ausgehen, daß es sich um einen Tiefziehvorgang mit sehr hoher Umformgeschwindigkeit handelt. Bei der Umformung ließen sich jedoch quer zur Einlaufrichtung durch einfache Anzeigemaßnahmen zwei bis sieben starke

Markierungen am Blech erkennen, die von heftigen Druckstößen während des Einlaufens des Bleches in die Form herrühren. Diese Druckstöße beruhen vermutlich auf Hohlraumblasenbildung und Flüssigkeitsschlägen mit großer Energiedichte unter Mitwirkung der unter hohem Druck stehenden Verbrennungsprodukte des Sprengstoffes. Die Wechselwirkung zwischen der auftreffenden Stoßwelle und dem umzuformenden Blech sowie zwischen den Verbrennungsprodukten der Explosion und dem Umgebungsmedium ist ein sehr verwickelter thermodynamischer und hydrodynamischer Prozeß, der auch näherungsweise nicht analysierbar ist. Es ist nicht überzeugend und anzuzweifeln, daß die Umformarbeit ausschließlich durch die Stoßwelle geleistet wird, insbesondere bei den bei der Explosionsumformung angewandten kleinen Ladungsabständen [vgl. 58].

Wegen dieses eigentümlichen, unstetigen Umformungsablaufes in mehreren Stößen mußte außerdem eine besondere Laborierung sowie eine zweckmäßige Ausbildung und Anordnung der Blechniederhalterung zur Vermeidung von Randwelligkeit und Schrägzug beachtet werden, um die Vorteile der besseren Plastizität bei der Hochgeschwindigkeitsumformung zur Kaltumformung dieses Werkstoffes ausnützen zu können. Hierbei konnte auf vor drei Jahrzehnten gesammelte Erfahrungen mit der Hochgeschwindigkeitsumformung zurückgegriffen werden.

Bei sorgfältiger Beobachtung der Verfahrensbedingungen und Einhaltung optimaler Verformungsgeschwindigkeiten und möglichst homogener Beanspruchung ist eine Kaltumformung auch schwieriger Werkstoffe wie z. B. Ti 13/11/3 mit einem Streckgrenzenverhältnis = 1 durchaus möglich, siehe Bild 15 und 16.

Bild 16 Treibstoffbehälter-Absaugesumpf für Eldo-A-Rakete (ohne Faltenhalter faltenfrei explosiv kaltverformt) aus Ti 13 V 11 Cr 3 Al (VFW Bremen Werk Lemwerder)

4. Die technischen und wirtschaftlichen Vor- und Nachteile der Explosionsumformung gegenüber konventionellen Verfahren

Die folgenden wirtschaftlichen Erwägungen stützen sich zum größten Teil auf die Erfahrungen der amerikanischen Industrie und auf eigene Ergebnisse. Bei der Entscheidung, ob man das Explosionsumformungsverfahren anwenden soll oder nicht, sind zwei Punkte entscheidend:

1. Die Explosionsumformung stellt die einzige Möglichkeit dar, die Fertigungsaufgabe zu lösen.
2. Das Explosionsumformungsverfahren ist für ein vorgegebenes Bauteil wirtschaftlicher als jedes konventionelle Verfahren.

In der heutigen Fertigung, besonders im Flugzeug- und Raketenbau, gibt es zahlreiche Probleme, die sich aus verschiedenen Gründen, wie zu verformender Werkstoff, Verformungsgrad, Abmessungen des Bauteils, Werkstückform, Nachbehandlung usw., mit den herkömmlichen Verfahren (Pressen, Ziehen, Streckziehen, Streckdüsen usw.) nicht lösen lassen. Hier ist ein Kostenvergleich zwischen dem Explosionsumformungsverfahren und den üblichen Verfahren nicht aufzustellen. Das technisch mögliche Verfahren ist auch das wirtschaftliche Verfahren, wenn das zu fertigende Teil unbedingt gebraucht wird und die Herstellungskosten gerechtfertigt sind.

Im zweiten Fall kann das Explosionsumformungsverfahren eine sehr sinnvolle Ergänzung zu den konventionellen Umformverfahren sein und somit die Bearbeitungsmöglichkeiten erweitern. Ein Kostenvergleich zeigt dann sehr schnell das wirtschaftlichere Verfahren. Im folgenden sind die technischen und wirtschaftlichen Vor- und Nachteile des Verfahrens im Vergleich zu den herkömmlichen Verfahren zusammengestellt; die Vorteile der Explosionsumformung sind:

1. niedrige Anlagekosten im Gegensatz zu den hohen Investitionen für Umformungsmaschinen usw.,
2. geringe Werkzeug- und Vorrichtungskosten, da meist Verwendung einteiliger Gesenke sowie Verwendung von Beton/Kunststofformen oder Kirksiteformen,
3. Einsparen von Verformungsstufen und damit weniger Zwischenglühungen,
4. durch die Sprengstoffmenge, die Form und Anordnung der Sprengladung sowie den Ort der Zündeinleitung kann die Belastung auf einfache Weise in weiten Grenzen verändert und dem Umformvorgang angepaßt werden. Die zur Erzielung einer gewünschten Formänderung notwendigen Kräfte können in günstiger Weise aufgebracht und dadurch der Verformungsablauf in Grenzen gesteuert werden,
5. gleichmäßigere Werkstoffbeanspruchung beim Umformen, gleichmäßigere Beschaffenheit des Fertigteils, geringere Ausstreckung,
6. Verformbarkeit hochfester metallischer Werkstoffe durch gute Anpassungsmöglichkeiten von Sprengstoffmenge, Form, Anordnung usw.,
7. Möglichkeiten bei der Fertigung kompliziert gestalteter Körper, wo konventionelle Verfahren versagen oder nur unter großen Schwierigkeiten anwendbar sind (z. B. Ausbauchen asymmetrischer Hohlkörper),
8. gute Form- und Maßgenauigkeit, geringe Rückfederung durch günstige Verteilung der Dehnung bei einigen Fertigungsbeispielen mit duktilem Material, dadurch geeignet zum Kalibrieren vorgefertigter Teile bis zu größten Abmessungen,
9. Möglichkeit zur Verformung von Werkstücken größter Abmessungen, deren Fertigung auf herkömmlichen Umformmaschinen nicht durchführbar ist. Gleichzeitig ergeben sich Einsparungen für Fügearbeiten (Schweißen, Löten, Nieten usw.) und damit herabgesetzte Gesamtfertigungszeiten,
10. Wirtschaftlichkeit bei Herstellung von Einzelteilen und kleinen Baureihen bis zu bestimmten Stückzahlen, darüber hinaus werden dann die konventionellen Verfahren wirtschaftlicher.

Dagegen lassen sich folgende Nachteile anführen:

1. Rechnerische Ermittlungen für den Umformvorgang sind schwierig. Die für die Umformung zu einem bestimmten Teil günstigste Anordnung von Werkzeug, Werkstück und Ladung ergibt sich aus empirischen Ermittlungen, Erfahrungen und einer Anzahl von Versuchen.
2. Geschultes und verantwortungsbewußtes Fachpersonal für den Umgang mit Sprengstoffen ist nötig.
3. Notwendigkeit eines geeigneten Geländes für die Anlage in entsprechendem Abstand von Wohn- und Fabrikgebäuden, öffentlichen Straßen usw. Den Vorschriften entsprechende Sprengstofflagerräume sind nötig sowie die Einhaltung der bestehenden strengen Schutzvorschriften und Sicherheitsmaßnahmen beim Umgang mit Sprengstoffen.
4. Die Explosionsumformung kann nur im Freien durchgeführt werden, so daß das Verfahren stark wetterabhängig ist.
5. Für größere Stückzahlen (Serienfertigung) ungeeignet, da für jeden Schuß die Rüstzeiten hoch sind.
6. Aufwendige Versuchskosten, besonders bei schwierig zu formenden Teilen, bevor die Fertigung aufgenommen werden kann.

5. Zusammenfassung

Die vorliegenden Ausführungen befassen sich mit den Verfahrensmöglichkeiten, wie Abstand- und Kontaktmethode, wobei das Hauptgewicht auf die für die Explosionsumformung wichtigere Abstandmethode gelegt wird. Die Fertigungsanordnung im offenen und geschlossenen Werkzeug sowie die Verwendung von abbrennenden Treibmitteln und detonierenden Explosivstoffen sollen die Variationsmöglichkeiten des Verfahrens zeigen.
Über die Verformungsvorgänge herrscht noch keine völlige Klarheit. Infolge des Zusammenwirkens der verschiedenen zahlreichen Einflußgrößen, die zum Teil nur ungenügend zu erfassen sind, ist die Vorausbestimmung des Umformvorganges, insbesondere bei hochfesten Werkstoffen mit hohem Streckgrenzenverhältnis, äußerst schwierig. Um aus dem Stadium empirischer Ermittlungen herauszukommen und die Zahl der erforderlichen Vorversuche so klein wie möglich zu halten, ist es nötig, die begonnenen Ermittlungen von Gesetzmäßigkeiten für die Fertigung ähnlicher Bauteile unterschiedlicher Abmessung durch wissenschaftliche Untersuchungen über die Vorgänge im Übertragungsmedium und im Werkstoff sowie durch Untersuchungen über die Umformvorgänge selbst in verstärktem Maße fortzuführen [vgl. 60].

Aufgrund der genannten Vor- und Nachteile der Explosionsumformung gegenüber den herkömmlichen Verfahren läßt sich der Anwendungsbereich dieses Verfahrens abgrenzen. Vorteilhaft ist die Explosionsumformung bei großen Werkstücken, niedrigen Stückzahlen, hochfesten Werkstoffen, Werkstoffen mit hohem Streckgrenzenverhältnis und ungünstig gestalteten Teilen, die mit herkömmlichen Verfahren nur in mehreren Fertigungsgängen oder gar nicht zu fertigen sind. Außerdem eignet sich das Verfahren gut zum Kalibrieren vorgefertigter Bauteile aus duktilem Material. Daraus ist ersichtlich, warum die Explosionsumformung als Fertigungsverfahren vornehmlich im Flugzeug- und Raketenbau angewendet wird. Wir können abschließend sagen, daß die Explosionsumformung eine sinnvolle Ergänzung für besondere Fertigungsaufgaben zu den herkömmlichen Umformverfahren darstellt. Es wäre falsch, dieses zweifellos bemerkenswerte Verfahren zu überschätzen; es kann niemals die konventionellen Umformverfahren ablösen.

6. Schrifttum

[1] *Rinehart, J. S.* and *Pearson, J.*: Explosive working of metals. Pergamon Press, London 1963.

[2] *Pearson, J.*: Formgebung von Metallen mit Hilfe von Sprengstoffen. Acier-Stahl-Steel **27** (1962) 9, S. 363—376.

[3] *Douglass, J. J.*: Forming practice with explosives. New England Regional Conference, American Institute of Mining, Metallurgical and Petroleum Engineers, Boston (25.5.1960).

[4] Underwater explosion research. Kompendium britischer und amerikanischer Berichte. Bd. I, II und III. Department of the Navy Office of Naval Research, Washington 1950.

[5] *Kremer, K.-J.*: Modellversuche zur Explosivumformung dünner Bleche. Dissertation TH Aachen 1964.

[6] *Evans, M. W.* and *Ablow, C. M.*: Theories of detonation. Chem. Rev. **61** (1961), S. 129 bis 178.

[7] *Cole, R. H.*: Underwater explosions. Princetown Univ. Press 1948.

[8] *Douglass, J. J.*: Forming practices with high explosives. Techn. Inform. E. I. du Pont de Nemours Co., Wilmington, Delaware (1960).

[9] *Arons, A. B.* and *Cole, R. H.*: Design and use of piezoelectric gauges for measurements of large transient pressure. Rev. Sci. Instr. **21** (1950), S. 31—38.

[10] *Greenfield, M. A.* and *Shapiro, M. M.*: Instrumentation for the measurement of underwater explosions pressure. In [4] Bd. I, S. 569—622.

[11] *Bebb, H.*: Underwater explosion measurements from small charges at short ranges. Phil. Trans. Roy. Soc., London A **244** (1951), S. 153—175.

[12] *Bebb, A. H.*, *Wallace, D. R. J.* and *Taylor, D. W.*: Piezoelectric gauges-development of the miniature type. In [4] Bd. I, S. 799—830.

[13] *Bradley, J. N.*: Shock waves in chemistry and physics. New York, London 1962.

[14] *Kennard, E. H.*: The effect of a pressure wave on a plate of diaphragm. In [4] Bd. III, S. 10—105.

[15] *Hudson, G. E.* and *Johnson, C. T.*: Time-displacement studies of diaphragms deformed by explosive loading. In [4] Bd. III, S. 444—459.

[16] *Fye, P. M.* and *Eldridge, J. E.*: Diaphragm gauge studies of underwater explosions. In [4] Bd. III, S. 516—594.

[17] *Schauer, H. M.*: The afterflow theory of the reloading of airbacked plates at underwater explosions. Proc. First Nat. Congr. Appl. Mech., Chicago 1951, S. 887—892.

[18] *Kormi, K.*, *Johnson, W.* and *Travis, F. W.*: The explosive drawing of square and flat bottomed circular cups and bubble pulsation phenomana. In [19]

[19] NATO Advanced Study Institute on „High energy rate working of metals". Sandefjord/Lillehammer, Norwegen (14. bis 25. 9. 1964).

[20] Siehe in [4] Bd. II

[21] *Arons, A. B.*, *Slifko, J. P.* and *Carter, A.*: Secondary pressure pulse due to gas globe oszillation in underwater explosions. I. Experimental data. J. Acoust. Soc. Am. **20** (1948), S. 271—276.

[22] *Arons, A. B.*: Secondary pressure pulses due to gas globe oszillation in underwater explosions. II. Selection of adiabatic parameters in the theory of oszillation. J. Acoust. Soc. Am. **20** (1948), S. 277—282.

[23] *Bryant, A. B.*: Photographic measurements of the size, shape and movement of the bubble produced by 1-oz charges of polar ammon gelignite detonated underwater at a depth of 3 feet. In [4] Bd. II, S. 505—523.

[24] *Bryant, A. B.*: Photographic measurements of the attraction of an underwater explosion bubble to a box model target. In [4] Bd. II, S. 539—551.

[25] *Snay, H. G.*: Unterwasserexplosionen: Hydromechanische Vorgänge und Wirkungen. Jb. Schiffbautechn. Ges. **51** (1957), S. 223—235.

[26] *Kennard, E. H.*: Explosive load on underwater structures as modified by bulk cavitation. In [4] Bd. III, S. 254—277.

[27] *Temperley, H. N. V.*: Theoretical investigation of cavitation phenomena occuring when an underwater pressure pulse is incident on a yielding surface. In [4] Bd. III, S. 255—283.

[28] *Solbeck, K.*: Untersuchungen von Vorgängen bei der Umformung metallischer Werkstoffe mittels Explosivstoffen. Dipl.-Arbeit Inst. f. Eisenhüttenwesen, TH Aachen 1963.

[29] *Hudson, G. E.*: A theory of the dynamic plastic deformation of built-in circular plates under impulsive load. J. Mech. Phys. Solids **3** (1954), S.22—37.

[30] *Corbett, S. E.* and *Bicker, A. W.*: Some small scale experiments in explosive forming. Sheet Met. Ind. **39** (1962) 424, S. 555—562.

[31] *Pipher, F. C.*, *Rardin, G. N.* and *Richter, W. L.*: High energy rate metal forming. Final Techn. Engng. Rep. Lockheed Aircraft Corp. Okt. 1960.

[32] *Fukui, S.*, *Kawata, K.* and *Seino, J.*: Fundamental studies on explosive metal forming. Düsseldorf, Mai 1962, Tagung über: „Sheet Metal Forming" Stahl und Eisen **83** (1963), S. 1132—1134.

[33] Verschiedene Autoren: Technische Probleme der Explosivforschung. Bericht über die Vortragsveranstaltung des Arbeitskreises „Dynamisches Materialverhalten bei extremer Beanspruchung" am 12./13. Oktober 1965 in Kiel (MAK) und am 14. Oktober 1965 in Meppen.

[34] *Monteil, V. H.*: How to design for explosive forming. Metal Progr. **80** (1961) 2, S. 66—70.

[35] *Gentzsch*: Hochleistungsumformung. Literaturbericht und Bibliographie, VDI-Verlag, Düsseldorf 1962.

[36] *Pearson, J.*: Navy expert outlines ABC's of explosive metalworking. Steel **146** (1960) 12, S. 140—143.

[37] *Schmidtmann, E.*: Verhalten von metallischen Werkstoffen unter großen Belastungsgeschwindigkeiten. Industrie-Anzeiger **85** (1963) 50, S. 1060—1061.

[38] *Clark, D. S.* and *Wood, D. S.*: The tensile impact properties of some metals and alloys. Trans. ASME **42** (1950), S. 45—75.

[39] *Verbraak, C. A.*: How can high-rate forming applied without deteriorating metal properties. Mitt. Metaalinstituut TNO, Delft Juni 1962.

[40] *Eftestol, B.*: Effects of explosive forming on properties of austenitic stainless steel. In [19].

[41] *Hollingum, S. W.*: Some aspects of high energy rate forming research at R. A. R. D. E. In [19].

[42] *Williams, W.*: Some metallurgical aspects of explosive forming. Sheet Met. Ind. **39** (1962), S. 487—494.

[43] *Rinehart, J. S.* and *Pearson, J.*: Explosive working of metals. Pergamon Press, London 1963.

[44] *Weichelt, F.*: Handbuch der Sprengtechnik. VEB-Verlag, Leipzig 1961.

[45] *Zürn, H.*: Die technologischen Verfahren der Explosiv-Umformung von Metallen mittels detonierender Sprengstoffe. Industrie-Anzeiger **85** (1963) 58, S. 1405—1413.

[46] *Pearson, J.*: Metal working with explosives. J. Metals **12** (1960), S. 673—681.

[47] *Boes, P. J. M.*: Blechumformung mit Explosivstoffen. Bänder, Bleche, Rohre **4** (1963) 1, S. 5—12.

[48] *Williams, C. P.*: Evaluating explosive metal forming J. Metals **12** (1960) 1, S. 33—36.

[49] *Anon.*: Super speed metal forming. Publication for the Olin Mathieson Chemical Corp.

[50] *Monteil, V. H.*: Explosive metal forming techniques. Paper No. 61-PET-9 ASME, Kansas City 1961.

[51] *Monteil, V. H.*: An introduction to explosive forming. A Rocketdyne Publication.

[52] *Kursetz, E.*: Die Hochdruckenergieformung in der Luftfahrtindustrie unter besonderer Berücksichtigung der Explosionsformung. Luftfahrttechnik **7** (1961) 5, S. 132—139.

[53] *Orr, J. P.* and *Cox, F.*: Technical discussion of research techniques and production applications of explosive forming. 28th Semi-annual Conference ASME, Los Angeles 1960.

[54] *Anon.*: Explosion forms Saturn manifolds. Missiles and Rockets (29. 8. 1960), S. 31.

[55] *Boes, P. J. M.*: Forming with high explosives. Bericht auf der C.I.R.P.-Tagung 2. bis 9. September 1961 in der Tschechoslowakei.

[56] *Rickert, A.*: Die Anwendung von Sprengstoffen in der Umformtechnik. Neue Hütte **8** (1963) 8, S. 480—485.

[57] *Zürn, H.*: Die Umformung von Metallen mit Explosionsenergie. Industrie-Anzeiger **85** (1963) 41, S. 827—835.

[58] *Burkhardt, A.*: Schockwellentechnik. Mitteilungen Forschungsgesellschaft Blechverarbeitung (1964) 1/2, S. 2—17.

[59] *Haid, A.* und *Schmidt, A.*: Über „Unterwasserexplosionen" und ihre Wirkung. Zeitschrift für das gesamte Schieß- und Sprengstoffwesen **30** (1935) 8, S. 229—233.

[60] *Otto, H. G.*: Möglichkeiten der Metallverformung bei höchsten Geschwindigkeiten. Chemie-Ingenieur-Technik **34** (1962) 6, S. 401—460.

[61] *Hollis, W. S.*: Explosive forming. Aircraft Production **22** (1960) 12. S. 446—451.

Das Tiefätzen

von Ing. H. Glissmann

Gliederung

Die in der Luft- und Raumfahrt stetig zunehmende Forderung nach extremem Leichtbau stellt an Konstruktion und Fertigung ständig wachsende Aufgaben. Eine Erschwernis bei der Lösung von Fertigungsproblemen liegt häufig in der zu erwartenden geringen Stückzahl der zu fertigenden Objekte, so daß sich eine Investition von teuren Spezialwerkzeugmaschinen oder Werkzeugen als unwirtschaftlich erweist. Jedes neue Arbeitsverfahren wird daher schnell einer kritischen Betrachtung unterworfen und in gewissem Umfang auf seine Anwendungsaussichten erprobt.
Das Tiefätzen kann in der Flugzeugindustrie als praktisch anwendbares Fertigungsverfahren angesehen werden. Die Weiterentwicklung dieses Verfahrens hat einen bedeutenden Fortschritt auf dem Gebiet der Bearbeitungsverfahren gebracht.

1. Die Grundlagen für das Tiefätzen

In seiner Ursprungsform ist das Tiefätzen dem Herstellen von Druckplatten in graphischen Betrieben ähnlich und unterscheidet sich nur durch die Anwendung stärker wirkender Ätzmittel und durch die Verwendung einer Abdeckfolie aus elastischem Kunststoff. Als Fertigungsverfahren ist das Tiefätzen nicht allgemein bekannt geworden und wird daher in der Literatur sowie im allgemeinen Sprachgebrauch noch unterschiedlich bezeichnet. In den USA, wo dieses Verfahren am weitesten verbreitet ist, findet man vorwiegend die Bezeichnung „Chemical milling". Das Verfahren ist dort von der North American Aviation Inc. in Zusammenarbeit mit der Firma Turco Products Inc., Los Angeles, Californien, entwickelt worden und wird unter der Benennung „Chem-mil" geführt. In England ist das Verfahren mit dem Ausdruck „Contour etching" belegt, während man in Frankreich den Ausdruck „Fraisage Chimique" benutzt. Im deutschen Sprachgebrauch sind zur Zeit die Ausdrücke Tiefätzen, Formätzen oder chemische Metallabtragung üblich.
Das Verfahren beruht auf der chemischen Abtragung von Metall. Wird ein metallischer Werkstoff (Stahl, Leichtmetall o. a.) dem Angriff von Säuren oder Laugen ausgesetzt, so geht dieser unter Gasbildung (Wasserstoff) in Lösung. Je nach Wahl des Ätzmediums

sowie dessen Konzentration und Temperatur wird der Vorgang des Auflösens des Metalles mit entsprechender Geschwindigkeit erfolgen. Dieses Naturgesetz findet bei dem Fertigungsverfahren Tiefätzen praktische Anwendung. Für die Praxis werden an das anzuwendende Ätzmittel folgende Forderungen gestellt:

1. Das Ätzmittel muß wasserlöslich sein, einfach und ohne Gefahr im Ansatz.
2. Die Konzentration muß so gewählt werden, daß die Werkstoffeigenschaften erhalten bleiben und keine schädigenden Nachwirkungen entstehen.
3. Die Ätzlösung darf die Oberflächenrauhigkeit des Werkstoffes nicht über 50 μm erhöhen.
4. Im Hinblick auf Wirtschaftlichkeit müssen Ätzlösungen so gewählt werden, daß Angriffsgeschwindigkeit, Gleichmäßigkeit der Abtragung und Standzeit des Bades in einem optimalen Verhältnis stehen.
5. Das Ätzmittel darf bei seiner Anwendung keine gesundheitsschädigenden Gase entwickeln, sonst müssen diese auf eine sichere Art so absaugbar sein, daß den Forderungen der Unfallverhütungsvorschriften entsprochen wird.

Die größten Erfahrungen mit Ätzlösungen für das Tiefätzen liegen bei den Leichtmetall-Legierungen auf der Basis AlCuMg 2, AlZnMgCu 1,5 und AlMgSi 1 vor. Untersuchungsergebnisse mit Ätznatron-Lösungen unterschiedlicher Konzentration zeigt das Bild 1. Bei Aluminium-Legierungen ergibt sich bei der Verwendung von Natronlauge als Ätzmittel folgende Reaktion:

$$2\,Al + 2\,NaOH + 6\,H_2O = 2\,NaAl(OH)_4 + 3\,H_2.$$

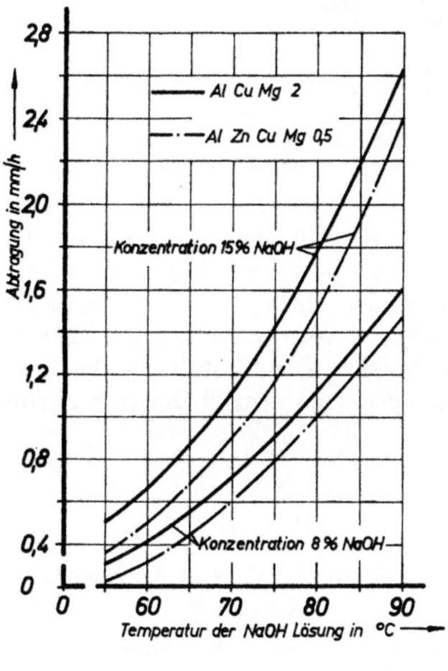

Bild 1 Abtragungsgeschwindigkeit bei zwei Al-Legierungen mit unterschiedlichen Konzentrationen der Ätzlösung

In dem Vorgang werden das Aluminium und die Legierungsbestandteile gelöst bzw. abgeschieden. Das Kupfer und das Magnesium der Legierung werden als Kupferoxyd CuO bzw. das Magnesium als Magnesiumhydroxyd $Mg(OH)_2$ abgeschieden, während das Aluminium und das Zink als Aluminat bzw. Zinkat in Lösung gehen. Verbunden ist der Vorgang mit starker Wärmeentwicklung und Bildung von Wasserstoff H_2. Beim Lösen von 1 kg Aluminium in Natronlauge werden etwa 1250 Liter Wasserstoff frei.

Die Auflösung des Werkstoffes beginnt unter starker Gasentwicklung mit dem Eintauchen in das Ätzmittel an allen benetzten Stellen gleichmäßig. Um dieses auf bestimmten Gebieten der Oberfläche zu unterbinden, ist ein Abdeckmittel — Maske — erforderlich, das säuren- und laugenbeständig ist. Die Entwicklung dieses Maskierungsmaterials ist der Wegbereiter für das Tiefätzverfahren; denn dadurch ist erst eine gewisse Vielseitigkeit in der Anwendung gewährleistet. Man unterscheidet in der Verfahrenstechnik des Tiefätzens zwei Methoden, und zwar:

a) die vollständige Metallabtragung — ohne Maske — und
b) die teilweise Metallabtragung — mit Maske —.

Der Vorgang nach diesen beiden Methoden ist schematisch in Bild 2 dargestellt.

1.1 Das Tiefätzen ohne Maske

Die vollständige Metallabtragung, Bild 2a, tritt bei dem nicht maskierten Werkstück auf allen Flächen in gleicher Abtragtiefe „t" ein. Ein meßbarer Unterschied ist nur vorhanden, wenn die Teile sehr lang sind und senkrecht in das Ätzmittel eingebracht werden. Die Abtragung ist dann an der am tiefsten eingetauchten Stelle infolge des ungestörten Angriffes des Ätzmittels stärker.

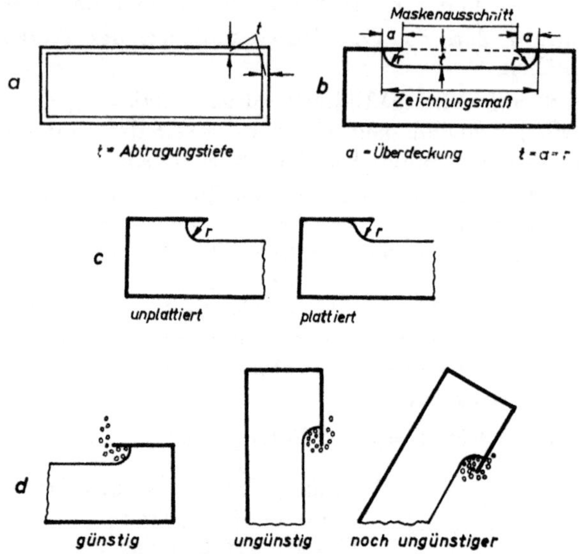

Bild 2 Tiefätzen, Verfahren und Besonderheiten

1.2 Das Tiefätzen mit Maske

Das Bild 2b zeigt ein maskiertes Teil, an dem die Maske teilweise entfernt ist. Die Metallabtragung findet hier nicht nur in gerader Richtung statt, sondern es erfolgt mindestens eine seitliche Unterwanderung der Maske in der Abtragtiefe „t". Gleichzeitig entsteht durch die seitliche Unterwanderung ein Radius r, der etwa gleich der Abtragtiefe „t" ist, gerechnet von der Schnittkante der Maske. Die Gestaltung der beim Tiefätzen entstehenden Radien muß als gegeben angesehen werden. Die entstehende Form der Radien ist abhängig

a) vom Werkstoff,
b) von der Maskierung,
c) von der Lage des Werkstückes im Ätzbad.

In der Praxis ist das Maß „a" etwa 1 bis 1,6 x t zu nehmen. — Das Bild 2c zeigt die Ausbildung von Radien an unplattiertem bzw. plattiertem Leichtmetall.
Der Einbringung des Werkstückes in das Ätzbad muß besondere Beachtung gegeben werden; denn eine waagerechte Lage, die ein günstiges Entweichen der Gase ermöglicht, ist in den seltensten Fällen möglich. Selbst eine Badbewegung bringt nicht volle Zufriedenheit. Die Auswirkung der Lage der Teile im Bad zeigt Bild 2d.

1.3 Der Maskierungswerkstoff

Ein besonderes Anliegen für das Tiefätzen ist es, für den Ätzvorgang eines bestimmten Werkstoffes einen geeigneten Maskierungswerkstoff zu finden. Er muß sich in einfacher Weise auf das zu ätzende Werkstück örtlich auftragen lassen. Nach dem Tiefätzvorgang ist ein einfaches Entfernen der Abdeckung wichtig. Die Aufbringung einer derartigen Schutzschicht kann nach chemischen, galvanischen oder anstrichtechnischen Methoden erfolgen. Bedingung ist nur, daß die aufgebrachte Schutzschicht während des Tiefätzvorganges keinen Schaden erleidet und eine Anätzung des Werkstückes an den abgedeckten Gebieten sicher verhindert. Weiter darf die Schutzschicht keine schädigende Wirkung auf den zu ätzenden Werkstoff ausüben.

Bei der Entwicklung der Abdeckfolie hat man eine abziehbare Kunststoffolie als bestes Mittel gefunden. Zwei Produkte auf lufttrocknender bzw. ofentrocknender Basis zeigten sich als wirkungsvoll. Beide Abdeckfolien sind in der Auswirkung für das Tiefätzen gleich, nur erfordert die lufttrocknende Ausführung in einer Serienfertigung mehr Zeit und damit Platz zur Trocknung (12 bis 24 Stunden), während bei der ofentrocknenden Folie ein Einbrennofen (100 bis 150° C) vorhanden sein muß, der die Trocknung (Vulkanisierung) der Folie in etwa $^1/_{10}$ der Zeit ($^1/_2$ bis 1 Stunde) vollzieht. Das Aufbringen derartiger Folien erfolgt im Tauch- oder Überflutungsverfahren.

Der Maskierungswerkstoff — im weiteren Text als Abdecklack bezeichnet — wird auf der Basis synthetischer Kunststoffe hergestellt und besteht in den Hauptkomponenten aus Chloroprenpolymer, Phenolformaldehydharz, Chlorkautschuk, Füllmaterial sowie Oxydationsmitteln bzw. Beschleunigern. Verdünner wie Toluol oder ähnliche dienen zur Einstellung der Verarbeitungskonsistenz.

Für den Einsatz des Tiefätzverfahrens ist die Auswahl des günstigsten auf dem Markt befindlichen Abdecklackes von besonderer Bedeutung, da dieser mitbestimmend ist für die Ausbildung der Kantenform sowie der Radien an den zu ätzenden Flächen.

An den Abdecklack müssen folgende Forderungen gestellt werden:

1. einfache Handhabung und Verarbeitung im Tauch- und Gießverfahren,
2. Beständigkeit gegen das eingesetzte Ätzmittel und gegen die auftretende Temperatur,
3. gute Haftfähigkeit, kein An- oder Ablösen während des Ätzvorganges,
4. ausreichende bleibende Elastizität unter Temperaturbedingungen für günstige Kantengestaltung,
5. nicht zu große Zähigkeit für das Ausschneiden der Konturen,
6. leichtes und vollkommenes Abziehen nach der Beanspruchung im Ätz- und Nachbehandlungsbad,
7. ofentrocknende Typen müssen in der erforderlichen Temperatur und Zeit so eingestellt sein, daß z. B. bei Leichtmetall keine Festigkeitsveränderungen (Weichglüh- oder Warmauslagerungs-Effekte) eintreten können,
8. Wirtschaftlichkeit.

2. Das Fertigungsverfahren Tiefätzen

Das Verfahren gestattet es, an den vielen in der Luft- und Raumfahrt eingesetzten großflächigen und sphärisch geformten Bauelementen nach der Umformung die festigkeitsmäßig weniger beanspruchten Gebiete der Teile auf das zulässige Minimum im Querschnitt abzutragen. Diese Art der Metallentfernung ist an geringen Blechdicken mit konventionellen Bearbeitungsmaschinen kaum möglich oder führt zu untragbaren Kosten. Mit Hilfe des Tiefätzens kann die Fertigung der Forderung der Konstrukteure nach größtmöglichem Leichtbau weiter entgegenkommen. Das Verfahren erfordert ein

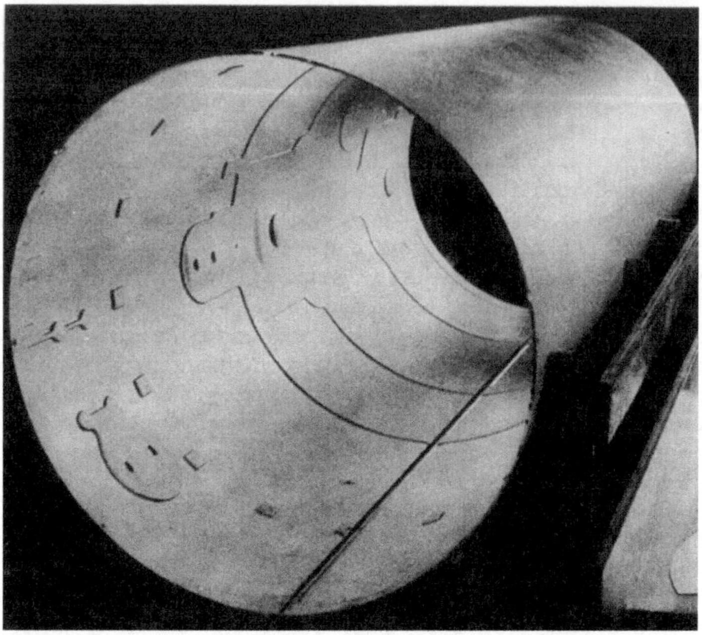

Bild 3 Integralteil mit Verstärkungen

Umdenken auf seine Eigenheit; denn durch konstruktives Zusammenlegen von Einzelteilen können Nietarbeiten, Schweißungen und andere Metallverbindungsmethoden erspart bzw. reduziert werden, siehe Bild 3 und 4.

Das Tiefätzen ist nicht nur für den Entwicklungsbau interessant, sondern auch für die Fertigung von kleinen oder größeren Stückzahlen in der Serie, sofern es sich nicht um Teile mit großer Maßgenauigkeit handelt. Als Hauptvorteil kann die erweiterte Gewichtseinsparung an Blechformteilen in Nietkonstruktionen angesehen werden, da diese aus Fertigungsgründen oft überdimensioniert werden müssen. Das Verfahren beschränkt sich in seiner Anwendungsmöglichkeit natürlich nicht nur auf das gleich-

Bild 4 Versteifter Abdichtdeckel nach dem Runden tiefgeätzt

mäßige Abtragen von Oberflächen, sondern es gestattet auch durch Benutzung von Hilfseinrichtungen ein stufenweises oder ein konisches Abtragen an Halbzeugen von beliebigem Querschnitt. Sowohl bei der örtlichen Abtragung an Blechen als auch bei der Teilabtragung an massiven Querschnitten muß mit geeigneten Abdeckmitteln gearbeitet werden.

Die Anwendung des Tiefätzens bedarf bei der vollkommenen Metallabtragung keiner besonderen Einrichtungen. Eine teilweise Metallabtragung setzt das Vorhandensein einer Tauch- bzw. Überflutungsanlage für den Abdecklack voraus und erfordert Schablonen zum Anzeichnen des teilweise zu entfernenden Abdecklackes. Eine weitere Steigerung in der Vielseitigkeit der Anwendung des Verfahrens bringt das stufenweise Tiefätzen.

Stufenweises Tiefätzen

Es findet bei unterschiedlichen Abtragungstiefen Anwendung. Die abzutragende Fläche braucht dabei nicht nur auf einer Seite des Werkstückes zu liegen. In dem Bild 5 ist eine schematische Darstellung von dem stufenweisen Tiefätzen gegeben. Das Gebiet der tiefsten Abtragung bildet hier die erste Ätzstufe. Bei dem ersten Ausschneiden des Abdecklackes ist daher die Überdeckung „a" für jede weitere Stufe zu berücksichtigen und entsprechend zu entfernen. Das stufenweise Tiefätzen setzt ein genaues Abstimmen der einzelnen Stufen voraus. Besonders wichtig ist hier die Zuschnittschablone für die Maske mit den Abstecklöchern, die bei den Schablonen für die einzelnen Stufen die Gewähr für die Einhaltung der Maße bieten, siehe Bild 6. Das Bild zeigt ein typisches Bauteil mit Stufenätzung in vier Stufen. Der Zeitaufwand für die Herstellung eines solchen Teiles ist natürlich hoch, aber durch diese Konstruktion erspart man ein aus Einzelteilen genietetes oder geschweißtes Bauelement.

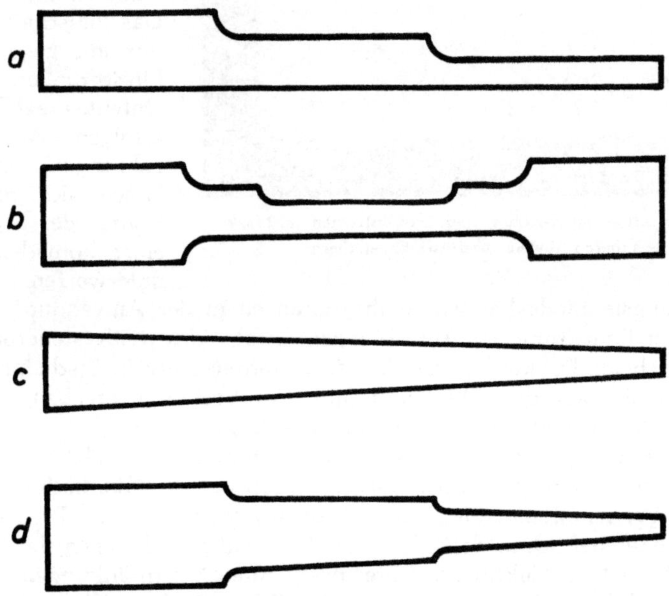

Bild 5 Stufenweises und konisches Tiefätzen

a) Schematische Darstellung des stufenweisen Tiefätzens
b) Typisches Bauteil mit Stufenätzung
c) Konisches Tiefätzen ohne Abdeckung
d) Konisches Tiefätzen mit Abdeckung

Konisches Tiefätzen

Das konische Tiefätzen kann nach der vollkommenen und maskierten Abtragungsmethode erfolgen. Am einfachsten läßt sich ein gleichmäßig verlaufender Konus herstellen. Formen, wie in Bild 5c dargestellt, werden mit gleichbleibender Geschwindigkeit in das Ätzbad eingetaucht. Die Tauchgeschwindigkeit richtet sich nach bestehender Konzentration des Bades, dem Werkstoff und dem zu erstellenden Konus. Die unterschiedliche Angriffsdauer des Ätzmediums läßt eine Abtragungsdicke von 10 bis 15 mm je Seite zu, setzt allerdings bei hoher Anforderung an die Oberflächengüte ein gleichmäßig feines Korn im Material voraus.

Das Tiefätzen eines Doppelkonus mit stufenförmiger Ausbildung, wie im Bild 5d dargestellt, ist ebenfalls möglich. Die Arbeitsweise gleicht der bei dem stufenweisen Tiefätzen angewendeten Methode. Als erste Ätzstufe wird das Gebiet mit der größten Abtragtiefe behandelt. Der Konus der ersten Stufe wird mit entsprechender Absenkgeschwindigkeit zur Erstellung der Form gefahren. Beim Erreichen der Stufe wird der Absenkvorgang unterbrochen, da die Form erreicht ist, und nun ist der Tiefätzvorgang bis zur Erzielung der Abmessung fortzusetzen. Die Ätzzeit für die noch folgenden Konen muß bei den vorhergehenden Stufen berücksichtigt werden. Die Anzahl der Stufungen sollte begrenzt bleiben, wenn große Form- und Maßgenauigkeit von dem Teil verlangt wird, da die Einhaltung der Maße schwierig wird und zu Ausschuß führen kann.

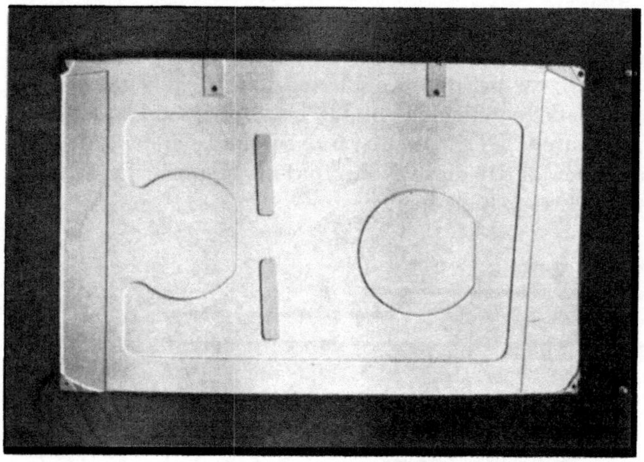

Bild 6 Stegblech mit 4-Stufen-Ätzung nach dem Entfernen der Maske mit erkennbaren Absteck- und Aufhängelöchern

Das konische Tiefätzen kann nur mit genau gesteuerten Einrichtungen z. B. einem stufenlos regelbaren Antrieb erfolgen. Wenn diese Einrichtungen vorhanden sind, lassen sich natürlich auch Rohre oder gewalzte Profile einer konischen Tiefätzung unterwerfen.

Jede Bearbeitungsmethode hat jedoch ihre Grenzen in der Anwendung sowie in der Genauigkeit der Einhaltung der Abmessungen. Infolge des wenig steuerbaren Arbeitsablaufes treten beide Punkte bei dem Tiefätzverfahren stark in Erscheinung. Folgende Eigenarten, die sich aus dem Werkstoff und dem Verfahren ergeben, müssen daher bei der Wahl der Anwendung desselben berücksichtigt werden.

Das Tiefätzverfahren ist bei metallischen Werkstoffen in gewalzter, gezogener und gepreßter Halbzeugform anwendbar. Einen Einfluß auf die Oberflächengüte üben die verschiedenen Werkstoffzustände, Korngrößen des Metalles sowie Preßvorgänge oder Lage der Gratnaht bei Schmiedestücken aus. Gußstücke sind wegen der Porosität und Inhomogenität der Gußstruktur nur unter bestimmten Einschränkungen zu behandeln. Eine Ausnahme bilden Magnesium-Gußstücke. Schweißnähte sollten ebenfalls wegen der Ungleichmäßigkeit im Gefüge der Schweißraupe sowie in der Oberfläche nicht einer Abtragung unterzogen werden. Während des Tiefätzens sollten die Nähte beiderseits bei entsprechendem Überstand mit einem Abdeckmittel überzogen werden.

Unebenheiten auf den Oberflächen wie Riefen, Kratzer oder mechanische Einfräsungen werden bei Al-Legierungen in der Tiefe mitwachsen und in der Breite abflachen. Bei Magnesium-Legierungen neigen derartige Fehler zum Verschwinden. Die Stegbreite zwischen zwei geätzten Feldern ist auf nicht weniger als 2 bis 3 mm und die Ätztiefe auf 10 bis 12 mm zu begrenzen. Alle entstehenden Radien sind nicht zu beeinflussen. Das Stufenfräsen sollte nicht über 4 bis 5 Stufen hinausgehen, da die geforderten Toleranzen bei den letzten Stufen schwer einzuhalten sind. — Alle Formungsarbeiten müssen vor dem Tiefätzen ausgeführt sein.

Verfahrensanlage für das Tiefätzen

Die Einrichtung einer Tiefätzanlage richtet sich nach den zu behandelnden Werkstoffen und setzt sich aus einer Badreihe zusammen, die für den Arbeitsablauf notwendig ist. Eine Badreihe wird immer — es ist gleich, um welchen Werkstoff es sich handelt — Behälter für die Reinigung, Ätzung, Nachbehandlung und Spülung für jeden Arbeitsgang enthalten. Zwischengeschaltet werden muß der Maskierungsraum. Wenn es sich um korrosionsanfällige Werkstoffe handelt, ist noch eine Passivierungsanlage notwendig. Eine Anlage wird einfach anzulegen sein, solange z. B. nur Leichtmetalle auf Aluminium-Basis chemisch abgetragen werden sollen. Ist eine Abtragung von z. B. Titan oder nichtrostendem Stahl zusätzlich notwendig, so muß bei der Auskleidung der Behälter auf die anzusetzenden Chemikalien Rücksicht genommen werden. Pumpen und Rohrleitungen sind ebenfalls entsprechend der chemischen Beanspruchung auszuwählen. — Die Anlagen müssen mit Heiz- und Kühlschlangen für die Konstanthaltung der Temperatur ausgerüstet sein. Es ist weiter bei der Erstellung einer Anlage zu beachten, daß weder der Inhalt der chemischen Bäder noch das Spülwasser nach dem heutigen Wasserschutzgesetz in den Abwasserkanal gelassen werden können, sondern diese müssen neutralisiert werden. —

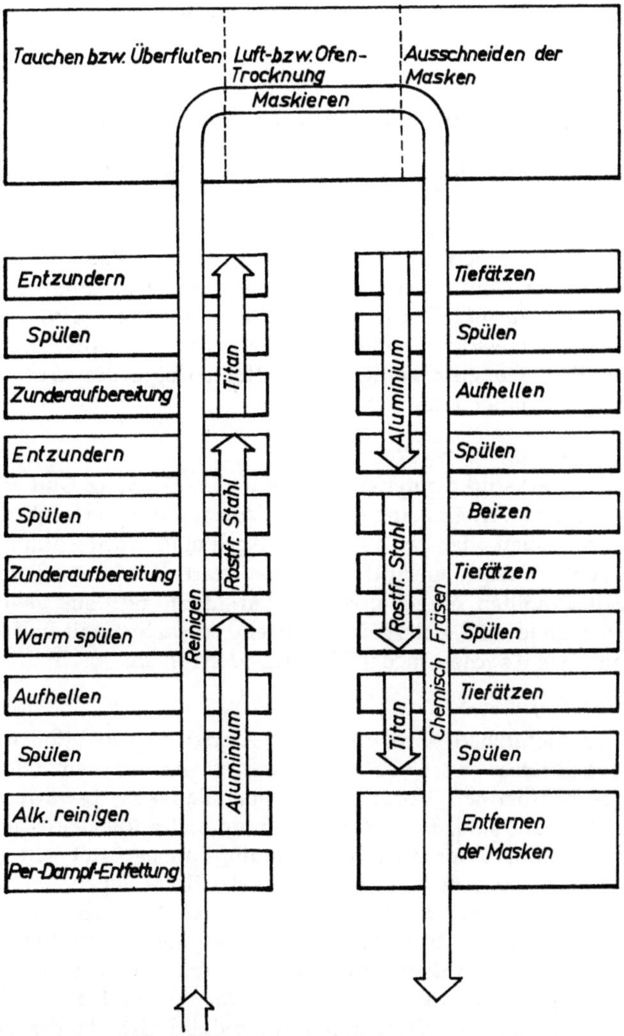

Bild 7 Schema einer Tiefätzanlage für Aluminium, nichtrostenden Stahl und Titan

Bild 7 gibt das Schema der Badreihe einer Tiefätzanlage für Aluminium, Titan und nichtrostenden Stahl wieder.

3. Die Anwendungstechnik des Tiefätzens bei Al und Al-Legierungen

Im Flugzeugbau hat das Tiefätzen allgemein Anwendung gefunden, während die übrige Industrie sich mit der neuen Fertigungsmethode noch wenig vertraut gemacht hat. Wenn das Verfahren zunächst auch einfach erscheint, so müssen doch viele Punkte beachtet werden, um am Ende einwandfreie Bauteile zu erhalten. Die bislang mit dem Tiefätzen von Leichtmetall-Legierungen gemachten Erfahrungen dürften im Prinzip auf andere metallische Werkstoffe anwendbar sein, vor allem soweit es sich auf die Vor- und Nachbehandlung bezieht. In der Tafel 1 ist die notwendige Badreihe aufgeführt, die gleichzeitig in der Reihenfolge den Arbeitsablauf wiedergibt und nachfolgend näher erläutert wird.

Die Reinigungsbäder

Die Werkstücke müssen frei sein von Schmutz und vor allem von Fett aus vorhergehenden Arbeitsgängen. Eine Vorreinigung erfolgt daher in einem Per-Dampfentfettungsbad oder Per-Tauchbad. Nach einer Spritzspülung findet eine weitere Reinigung in einem neutralen Entfettungsbad statt. Die in der Tafel 1 aufgeführten Behandlungszeiten sollten eingehalten werden; denn nur ein gleichmäßig entfettetes Werkstück wird gleichmäßig tiefgeätzt. Für ein Werkstück mit vollständiger Metallabtragung kann nun das Tauchen in das Tiefätzbad erfolgen.

Das Tiefätzbad

Das Tiefätzbad wird mit 150 g Ätznatron pro Liter Wasser angesetzt und mit einer Temperatur von 85 ± 3° C gefahren. Bei starkem Durchsatz von Teilen tritt infolge des exothermen Vorganges in dem Bad eine Erwärmung ein, so daß Kühlschlangen notwendig sind. Die Wärmeführung sollte über eine automatische Steuerung erfolgen. Das Bad muß mit einer Umwälzpumpe ausgerüstet sein. Der Badspiegel muß mindestens 200 mm unter der Oberkante des Behälters liegen.

Das Einbringen der Werkstücke in das Tiefätzbad erfolgt in Gestellen oder Vorrichtungen aus nichtrostendem Stahl. Infolge der starken Gasentwicklung und der damit verbundenen Aufwallung des Bades sind die einzelnen Teile mit nichtrostendem Draht fest in dem Gestell anzubinden. Der Abstand der Teile voneinander soll so gewählt werden, daß ein Berühren nicht möglich ist, da die eventuell entstandene Fehlstelle sich vergrößert und zu Ausschuß führen kann. Die Werkstücke müssen wegen des unruhigen Badspiegels mindestens 150 bis 200 mm unter der Badoberfläche hängen.

Für die Bestimmung der Tiefätzzeit hat sich folgende Methode als zweckmäßig erwiesen. An einem Blechstreifen aus der zu ätzenden Legierung wird die Ätzgeschwindigkeit des Bades im augenblicklichen Zustand bestimmt. Mit dem Vidigage-Dickenmeßgerät bestimmt man die geringste örtliche Blechdicke, bei Streckziehteilen oder ungleichmäßig verformten Teilen zweckmäßigerweise mit einer Schablone, siehe Bild 8, und bestimmt, bezogen auf die am Versuchsstreifen ermittelten Werte, die notwendige Ätzzeit. Stärkere Werkstücke mit groben Toleranzen werden mit der Schublehre zur Ermittlung der Ätzzeit gemessen. Wenn nach der errechneten Zeit die Sollmaße noch nicht erreicht sind, kann der Tiefätzvorgang ohne Aufhellung fortgesetzt werden.

Die günstigste Ätzgeschwindigkeit bei entsprechender Oberflächenrauhigkeit ist bei einem Aluminiumgehalt des Bades von 5 bis 30 g Al/l zu erreichen. Ein Gehalt unter 5 g Al/l bringt rauhe Oberflächen, bei über 30 g Al/l wird ein wirtschaftliches Arbeiten

1 Tiefätzanlage kombiniert mit einer Chromatierungsanlage für Leichtmetall

Reihenfolge der Bäder oll- ndig	Reihenfolge der Bäder maskiert	Bad-Nr.	Bad-bezeichnung	Badinhalt	Temp. °C	Behandlungs-zeit min	Wannen-material	Ent-gift.
1	1	1	Per-Dampf-entfettung	destilliertes Perchloräthylen	130	2—5 je nach Blechdicke	Flußstahl	ohne
2	2	2	Spritzspülung	Wasser	20		Flußstahl	ohne
3	3	3	Entfettungsbad, neutral	silikatfreies Entfettungsmittel	70—80	10	Flußstahl	ohne
4	4	4	Spritzspülung	Wasser	20		Flußstahl	ohne
	5	5	Beizbad, sauer	Spezial-produkt [1])	20	3—6	Flußstahl + PVC-Auskleidung	ja
	6	6	Spritzspülung	Wasser	20		Flußstahl	ja
	7	7	Chromatierungs-bad	Spezial-produkt [2])	20—30	20 Sekunden bis 2 Minuten	Flußstahl + PVC-Auskleidung	ja
	8	8	Spritzspülung	Wasser	20		Flußstahl	ja
	9	9	Warm-trocknungsbad	—	40—60		Flußstahl	ohne
5	14	10	Tiefätzbad	15 % NaOH	80	je nach Abtragtiefe	Flußstahl	ja
6	15	11	Tauchspritz-spülung	Wasser	20		Flußstahl	ja
7	16	12	Aufhellbad	HNO_3 1 : 1	20	5—10	Flußstahl + PVC-Auskleidung	ja
8	17	13	Spritzspülung	Wasser	20		Flußstahl	ja

Reihenfolge maskiert	Bad-Nr.	Maskierungsanlage Bezeichnung	Maskierungsanlage Wannen-inhalt	Viskosität 8 mm DIN-Becher	Abdecklack ofentrocknend Tempe-ratur °C	Abdecklack ofentrocknend Trocken-zeit in Std.	Abdecklack lufttrocknend Temp. ratur °C	Abdecklack lufttrocknend Trocken-zeit in Std.
10	14	Tauchbad	Tiefätzlack	50—100	RT	1—2	RT	> 16
11	15	Überflutungs-anlage	Tiefätzlack	25—100	RT	1—2	RT	> 16
12	16	Warm-trockenraum			100—120	½—1	—	—
13	17	Beschneideraum			RT	—	—	—
18	18	Demaskierung			RT	—	—	—

[1]) Schwefel- oder salpetersaures Bad mit Chromaten und Fluoriden.

[2]) Schwefelsaures Bad mit Chromaten, pH-Wert 1,8 bis 2,1.

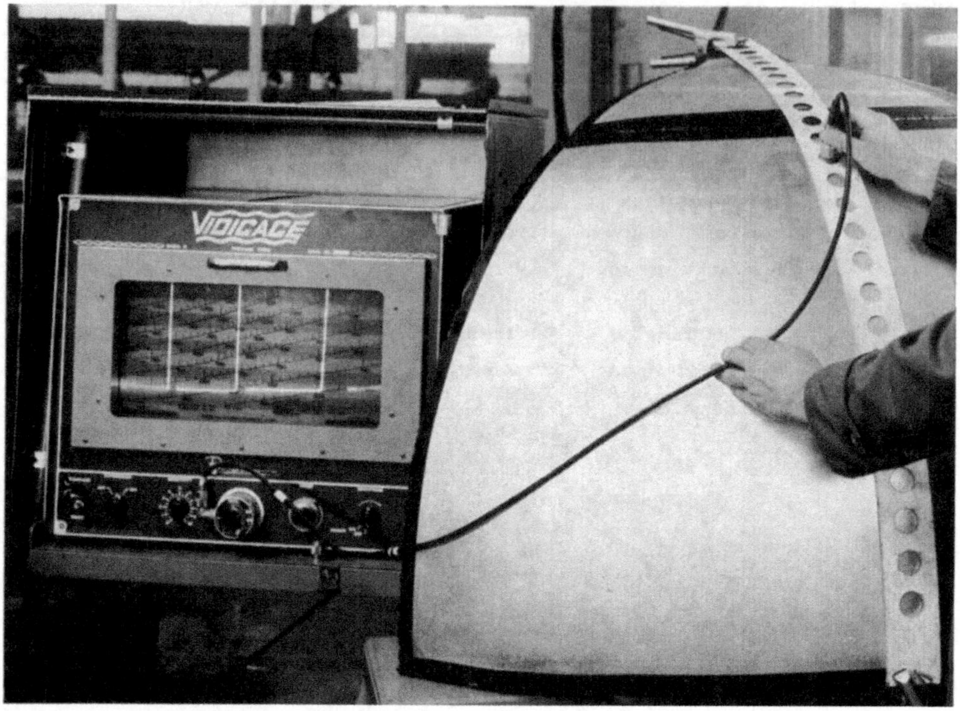

Bild 8 Ermittlung der Blechdicke mit Vidigage-Meßgerät (Ultraschallgerät)

in Frage gestellt. Diese Angaben gelten für Materialstärken ab 0,8 mm; bei dünneren Blechen muß mit geringeren Badkonzentrationen gearbeitet werden, siehe auch Bild 1. Bei einem Neuansatz des Ätzbades muß verbrauchte Natronlauge zur Erreichung des Aluminiumgehaltes von 5 g Al/l zugesetzt werden. Die Abtragungsgeschwindigkeit bei den Leichtmetallen ist unterschiedlich und abhängig von der Legierung und dem Werkstoffzustand, siehe Tafel 2

Tafel 2 **Abtragungsgeschwindigkeiten bei verschiedenen Leichtmetall-Legierungen in Abhängigkeit vom Werkstoffzustand**

Legierungsart		Abtragungsgeschwindigkeit in μm/min		
	Werkstoffzustand:	.1	.4	.7
AlMgSi 1 AlCuMg 2 AlZnMgCu 1,5		5 bis 15	15 bis 25	20 bis 30

Hier bedeuten: .1 = weichgeglüht
.4 = lösungsgeglüht und abgeschreckt
.7 = lösungsgeglüht, abgeschreckt und warmausgelagert

Das Beizbad — sauer

Die teilweise bzw. maskierte Tiefätzung erfordert eine Beizung der Teile. Ein leichtes Aufrauhen der glatten Oberfläche von plattierten Leichtmetallblechen hat sich zur Erzielung einer sicheren Haftung des Abdecklackes als günstig erwiesen. Nach dem Beizen dürfen die Teile nur mit sauberen Handschuhen bis zur Überflutung oder dem Tauchen im Abdecklack angefaßt werden.
Für das maskierte Tiefätzen wird nun zunächst das Aufbringen des Abdecklackes beschrieben, da die Arbeitsfolgen zwischen dem vollkommenen bzw. teilweisen Tiefätzen sich bereits vor dem Tiefätzen trennen.

Das Aufbringen des Abdecklackes

Das Aufbringen des Abdecklackes wird im Tauch- oder Überflutungsverfahren ausgeführt und richtet sich nach Größe und Gestaltung der zu behandelnden Werkstücke. Kleine und ebene Teile lassen sich einfacher von Hand oder mit automatischer Vorrichtung tauchen, während große und räumlich stark geformte Teile, siehe Bild 9, günstiger überflutet werden. Wichtig ist für beide Methoden das blasenfreie Aufbringen des Abdecklackes. Dieses setzt ein langsames Eingießen des Abdecklackes in den Vorratsbehälter sowie ein vorsichtiges Rühren bei der Einstellung auf die Verarbeitungskonsistenz, siehe Tafel 1, voraus. Die im Tauchverfahren hergestellten Abdeckfolien lassen Blasen auf den Oberflächen leicht erkennen und können vor dem zweiten Tauchen unter Umständen schon beseitigt werden.
Im Überflutungsverfahren wird mit einer langsam laufenden Umwälzpumpe gearbeitet. Die Rohrleitungen müssen wegen der erforderlichen Säuberung kurz gehalten werden, ebenso sollten große Krümmer und nicht zu kleine Winkelstücke bei Umleitungen eingesetzt werden. Das Überfluten selbst muß im Handbetrieb und über einen Gummischlauch von ausreichender Länge zur sicheren Erfassung der entfernt liegenden Flächen erfolgen. Bei Beginn des Überflutungsvorganges muß der Abdecklack solange in die

Bild 9 Überflutungsverfahren

Überlaufwanne fließen, bis ein blasenfreies Ausfließen zu erkennen ist. Erst dann kann das Übergießen der senkrecht hängenden Werkstücke von oben nach unten erfolgen.
Das Tauchen sowie das Überfluten muß zwei- bis dreimal wiederholt werden, wobei nach jeder erstellten Schicht eine Drehung des Werkstückes um 180° vorgenommen werden muß. Mindestens muß jedoch bei der letzten Schicht durch das gegenläufige Ablaufen des Abdecklackes ein gleichmäßig dichter Film erreicht werden. Die Schichtdicke des Abdecklackes muß je nach Tiefätzdauer gewählt werden und sollte nicht unter 250 μm liegen. Eine Messung der Schichtdicke wird nach der vollkommenen Durchtrocknung des Abdeckfilmes mit einer Mikrometerschraube bei einfachen Teilen durchgeführt. Kompliziert geformte und teure Teile werden mit Meßgeräten, die nach dem Wirbelstromverfahren arbeiten, z. B. dem Isometer von der Firma Förster, auf 5 μm genau gemessen. Werden bei der Überprüfung der Schichtdicke irgendwelche Fehlerstellen gefunden, so kann eine Ausbesserung mit einer klebefähigen Bleifolie erfolgen, die einer Temperatur von 120° C standhält und auch durch das Ätzmittel nicht angegriffen wird.
Die Trockenzeiten für lufttrocknende Abdecklacke liegen zwischen 12 und 24 Stunden bei einer Raumtemperatur von mindestens 20° C. Zwischen den einzelnen Tauch- und Überflutungsvorgängen ist eine Trockenzeit von 1 bis 2 Stunden angebracht, um die Schicht nicht zu stark anzulösen und damit unter Umständen teilweise wieder abzutragen.
Die Trockenzeiten für ofentrocknende Abdecklack-Typen sind auf 1/2 bis 1 Stunde bei 100 bis 120° C bemessen. Vor der Einbringung der Werkstücke in den Einbrennofen muß eine Trocknung zum Verdunsten der leichtflüchtigen Lösungsmittel von 1/2 bis 1 Stunde eingelegt werden. Hier sind die Vorschriften der Abdecklack-Hersteller genau zu beachten. Als Einbrennöfen für den Einbrennlack können die in der lackverarbeitenden Industrie benutzten Öfen mit exgeschützten Motoren benutzt werden. Die Öfen müssen den Unfallverhütungsvorschriften genügen.

Das Ausschneiden des Abdecklackes

Das Ausschneiden der Maske für die zu ätzenden Flächen erfolgt mit dem Skalpell oder einem entsprechend scharfen Messer; ein stumpfes Messer schiebt und löst damit den Abdecklack. Versuche, den Abdecklack chemisch abzulösen oder die Trennung mit einem temperierten spitzen Lötkolben auszuführen, haben keinen Erfolg gebracht. Das Schneiden des Abdecklackes erfordert eine gewisse Geschicklichkeit und sollte nur an etwa 2 mm starken Blechschablonen erfolgen. Die Messerführung muß — es ist gleich welche Stärke für die Schablone genommen wird — senkrecht erfolgen.
Das Rohteilmaß des zu fertigenden Bauteiles muß je Seite mindestens um 10 bis 20 mm größer sein als das Fertigteil. Dieses ist bedingt durch die Absteckköcher für die Blechschablone sowie die Löcher für die Aufhängung. Bei der Herstellung der Zuschnittschablone ist wegen der Unterwanderung beim Tiefätzen darauf zu achten, daß um den erforderlichen Überstand „a", der allgemein gleich der Ätztiefe „t" ist, der Ausschnitt kleiner sein muß als das vorgeschriebene Zeichnungsmaß. Da die Unterwanderung bei den einzelnen Legierungen unterschiedlich ist, muß bei vorgeschriebenen kleinen Maßtoleranzen ein Vorversuch zur genauen Bestimmung des Ausschnittes gemacht werden. Die Absteckköcher für die Schablonen werden nach der Beendigung des Ausschneidens mit einer klebfähigen ätzmittelfesten Bleifolie abgedeckt, damit die Maßhaltigkeit des Bauteiles bei geringer Maßzugabe nicht gefährdet wird. Die Absteckköcher haben besondere Bedeutung bei der früher beschriebenen stufenweisen Tiefätzung, da diese den Bezugspunkt der Zuschnittschablonen für die Maske für alle Stufen bilden, siehe Bild 10.

Bild 10 Ausschneiden der Maske an einer in Absteckl'öchern fixierten Zuschnittschablone

Das Aufhellbad

Aus dem Tiefätzbad müssen die Teile schnellstens in das Spritzspülbad gebracht werden, da sich der Ätzvorgang bis zur restlosen Entfernung der Natronlauge fortsetzt. Zur Entfernung der Oxide und zur Neutralisation werden die Teile anschließend im salpetersauren Aufhellbad weiter behandelt. Im Aufhellbad können mit den höher legierten Leichtmetallen Schwierigkeiten mit der Entfernung der Oxidschicht entstehen. Es hat sich hier eine Sperrschicht gebildet, die nur schwer abzulösen ist. Diese Erscheinung tritt besonders bei starken Abtragstiefen auf. Die volle Aufhellung ist oft nur durch mehrfaches Wiederholen des Tiefätz-, Spül- und Aufhellvorganges zu erzielen. Nach dem Tauchspritzspülen folgt für die vollkommen tiefgeätzten Teile das Trocknen. Je nach der Weiterverwendung der Teile muß eine Korrosionsschutzbehandlung erfolgen entweder durch eine Chromatierung im Bad — mit anschließender Tauchspritzspülung — oder durch ein Übersprühen mit einem Korrosionsschutzöl.
Das Demaskieren teilweise tiefgeätzter Teile erfolgt durch Abziehen des Abdecklackes von Hand. Hilfsgeräte sind wegen der Beschädigung der Metalloberfläche unzweckmäßig. Geringe Reste des Abdecklackes können durch Tauchen im sauren Beizbad entfernt werden.

Maß-Genauigkeiten

Die erzielbare Maßgenauigkeit in der Dicke beträgt im Normalfall ± 0,05 mm; bei Mehrstufenätzungen erhöht sich die Toleranz um den gleichen Wert. Geringe Toleranzen sind bei niederer Bandkonzentration und einer Badtemperatur von etwa 60° C zu erzielen. Je nach Badzustand und dem tiefgeätzten Werkstoff lassen sich die in Tafel 3 verzeichneten Oberflächenrauhtiefen erzielen. Die angegebenen Werte beziehen sich auf gewalzte Bleche bis zu einer Dicke von 6 mm.

Bei allen Herstellungsverfahren lassen sich gewisse Fertigungsfehler, die aus der Bedienung der Maschinen und Geräte entstehen oder sich bei der Durchführung eines Verfahrens einstellen, nicht ganz vermeiden. Beim Tiefätzen treten diese Fehler durch ungenügendes Reinigen oder Beizen der Oberfläche auf und zeigen dadurch ein ungleichmäßiges Anätzen oder schlechtes Haften des Abdecklackes. Der Abdecklack kann durch unsachgemäßes Überfluten zur Bildung von Luftblasen führen. Mit dem Skalpell werden infolge ungünstiger Führung an der Schnittschablone im Abdeckblech Ablösungen

Tafel 3 **Oberflächenrauhtiefe bei verschiedenen Leichtmetall-Legierungen**

Werkstoff-zustand	Legierungsart	Oberflächenrauhtiefe R_t in μm
lösungsgeglüht und abgeschreckt	AlMgSi 1	30 bis 50
	AlCuMg 2	20 bis 40
	AlZnMgCu 1,5	20 bis 40

erzeugt, die dann ungerade Fräskanten entstehen lassen. Die auf diese Weise entstehenden Fehler sind oft nur Schönheitsfehler. Bei der Beurteilung eines Bauteiles durch die Qualitätskontrolle muß man zwischen Schönheitsfehlern und kritischen Fehlern unterscheiden. Um unnötigen Ausschuß zu vermeiden, sollten Gesichtspunkte für die Fehlerbewertung nach Tafel 4 berücksichtigt werden.

Tafel 4 **Richtwerte für die Beurteilung tiefgeätzter Bleche mit einer Ätztiefe von max. 5 mm**

	Beanspruchungsklasse der Teile		
	keine	normal	hoch
Oberflächenrauhtiefe	60 μm	40 μm	25 μm
Kantenausbildung Abweichung:	bis 2 mm	bis 1 mm	bis 0,5 mm
Oberflächenfehler (angeätzt)	10 mm^2	5 mm^2	–
Maßtoleranzen: Ätztiefe/Stufe	$\pm$ 0,1 mm	$\pm$ 0,05 mm	$\pm$ 0,03 mm

Bad-Überwachung

Die Überwachung der in Tafel 1 aufgeführten Bäder muß je nach Durchsatz erfolgen und sollte mindestens einmal wöchentlich vorgenommen werden.

4. Die Anwendung des Tiefätzens bei sonstigen Metallen

Das Tiefätzen hat in seiner praktischen Anwendung seit 1953 bis 1955 – aus dieser Zeit liegen die ersten Veröffentlichungen vor – große Erweiterungen erfahren. Zunächst lagen die Interessen bei den im Flugzeugbau vorwiegend eingesetzten Aluminium- und Magnesium-Legierungen. Inzwischen sind die Vorteile des Tiefätzens erkannt, und man hat in den USA die bekannten und technisch eingesetzten Legierungen aus Stahl, Nickel und Titan in der Fertigung, zumindest jedoch im Labor, einer Erprobung für die Anwendungsmöglichkeit des Verfahrens unterzogen, siehe Tafel 5. In der Aufstellung sind neben den Werkstoffen auch die Halbzeugformen aufgeführt, an denen Tiefätzungen ausgeführt wurden. Wenn das Verfahren für Titan und Titan-Legierungen sowie für nichtrostende Stähle und den hochfesten Stahl Vascojet 1000 keine Schwierigkeiten bedeutet, so können damit einige Fertigungsprobleme für die in der Luft- und Raumfahrt neben den Leichtmetallen vorkommenden hochfesten und temperaturbeständigen Werkstoffe gelöst werden.

5. Kostenvergleich zu anderen Fertigungsverfahren, Zukunftsaussichten für das Tiefätzen

Die Wirtschaftlichkeit des Verfahrens ist stark von der Form, dem Umfang und der geforderten Genauigkeit abhängig. Das reine Tiefätzen wird wesentlich billiger als z. B. das mechanische Fräsen, aber die Kosten für die Vor- und Nachbehandlung müssen natürlich in die Rechnung mit aufgenommen werden. Die Betriebsmittelkosten in Form der Chemikalien mit einer großen Standzeit der Bäder sind wesentlich geringer als die Werkzeugkosten, und das laufend für alle Bauteile nutzbare Tauchgestell ist preiswerter als die für jedes Einzelteil notwendige Aufspannvorrichtung. Der Kostenanteil durch das Herstellen der Zuschnittschablonen sowie das Maskieren wird durch die Einsatzmöglichkeit von angelerntem Personal sowie das Ätzen mehrerer Bauteile in einer Badcharge, die nicht gleiche Formen aufweisen müssen, verringert. Die Kosten für die vollständige Tiefätzung im Verhältnis zu einer einseitig bzw. beidseitig teilweisen Ätzung verhalten sich etwa wie 1 : 2 : 4. Bei einer rationell betriebenen Anlage lassen sich durch Zusammenlegung mehrerer Teile auf ein größeres Blech Einsparungen erzielen. Man braucht nur eine Schablone für das Ausschneiden gleicher Teile auf der maskierten Tafel und hat nach dem Tiefätzen und Zuschneiden die Anzahl gleicher Fertigteile. Einige Arbeiten wie z. B. das Abtragen von sphärisch geformten Blechen sind nur nach dem Tiefätzverfahren durchführbar, so daß ein echter Kostenvergleich überhaupt nicht möglich ist.

Gegenüber spanabhebender Fertigung sind Kostensenkungen durch das Tiefätzverfahren auf 30 bis 70 % des Ausgangspreises bekannt. Wenn nun hinzukommt, daß die Ausschußquote bei der Behandlung von Leichtmetall unter 2 % liegt, so kann das Tiefätzen als wirtschaftliches Arbeitsverfahren angesehen werden. Eine volle Auslastung einer Tiefätzanlage erhöht die Wirtschaftlichkeit natürlich besonders, da das Ätzbad für den Einsatz auf 80° C gehalten werden muß.

Das Haupteinsatzgebiet des Tiefätzens wird in der teilweisen Abtragung zur Gewichtseinsparung an geformten Blechen liegen, wo dieses Verfahren die einzig mögliche und wirtschaftliche Bearbeitungsmethode darstellt. Eine Kombination von mechanischer und chemischer Abtragung kann oft Vorteile bringen. Nicht uninteressant für den Flugzeugbau ist das bessere Dauerfestigkeitsverhalten von tiefgeätzten gegenüber mechanisch bearbeiteten Teilen, wobei eine geringe Oberflächenrauhigkeit allerdings Voraussetzung ist.

Das Tiefätzen stellt als Fertigungsverfahren für die Luft- und Raumfahrt eine Erweiterung in den Bearbeitungsmöglichkeiten dar und hat sich einen festen Platz erworben. Da der Einsatz des Verfahrens nicht nur an dünnwandigen Teilen möglich ist, dürften andere Industriezweige auf Sicht gesehen ebenfalls an einer Einführung interessiert sein.

6. Hinweise zum Schrifttum

[1] *Herrmann, E.:* Chemische Metallabtragung. Aluminium **36** (1960) Heft 8, S. 462—466.

[2] *Wogeck:* Chemisches Abtragen, Einsatzmöglichkeiten und Nutzen. Deutsche Flugtechnik **4** (1960) Heft 7, S. 193—197.

[3] Chem-Mill Design Manual, Juli 1966.

[4] *Kursetz, E.:* Das Tiefätzen von Metallen. Blech **7** (1960) Nr. 11, S. 771—778.

[5] *Hauber, O.:* Chemisches Abtragen von Aluminium-Knetlegierungen. Aluminium **40** (1964) Heft 7, S. 416—420.

Tafel 5 **Anwendung des Tiefätzverfahrens bei verschiedenen Werkstoffen** *)

Werkstoff-bezeichnung USA	Wärme-behandlungs-zustand	Halbzeugform: Bleche Platten	Stangen	Preß-prof.	Rohre	Schmiede-stück	Guß-stück	Werkstoff-bezeichnung **) Deutschland: Werkstoff	Zustand
Al-Legierungen									
1100			x						
2014	T 4, T 6		x	x		x		3.1254	.4, .7
2024	T 3, T 4	x	x	x		x		3.1354	.5, .4
2024 Alclad	T 3, T 4, T 81, T 86	x						3.1364	.5, .4, .9
6061	0, T 4, T 6, T 62	x	x	x		x		3.3214	.1, .4, .7
7075	0, T 4, T 6	x	x	x		x		3.4364	.1, .4, .7
7075 Alclad	0, T 6	x						3.4374	.1, .7
7079	0, T 6	x				x		W 3425	.1, .7
Mg-Legierungen									
AZ 31	0, H 24	x	x	x				3.5312	
AZ 91	T 4, T 6						x	3.5912.65	
HK 31	H 24, T 4, T 6	x							
Stahl									
1020		x			x			1.0308	
4130		x						1.7214	
4340					x	x		1.6604	
301	geglüht, TH, RH	x						1.4304	
302	geglüht, TH, RH	x						1.4524	
321	geglüht, TH, RH	x			x			1.4544	
PH 15-7 Mo	geglüht, RH 950, 100	x	x			x		1.4574	
17.7 PH	geglüht, TH 0, T, 180—200 KSI	x	x					1.4564	
Vascojet 1000	geglüht, 280—300 KSI	x	x					1.7784	
Ni- und Co-Legierungen									
Inconel	verschieden	x							
Inconel 718	geglüht	x							
Hastelloy X		x							
AM 355	geglüht	x							
Ti-Legierungen									
4 Al — 4 Mn		x	x						
5 Al — 2,5 Sn	gegb. gealtert	x	x						
6 Al 4 V	Any Condition	x	x			x		3.7164	
7 Al — 4 Mo			x						

*) Auszug aus: Chem-Mill, Design Manual — Turco Chemie

**) Werkstoff-Handbuch der Deutschen Luftfahr

Elektronenstrahlschweißen im Flugkörperbau

von Dipl.-Ing. E. Wabersich

Gliederung

Elektronenstrahlschweißen im Flugkörperbau

Die Wärmewirkung eines Elektronenstrahles auf einen festen Stoff war schon Anfang dieses Jahrhunderts bekannt. Die systematische Entwicklung von Elektronenstrahl-Bearbeitungseinrichtungen wurde in den letzten 20 Jahren aufgegriffen und vorangetrieben. Nach den ersten Untersuchungen wurde es möglich, einen Elektronenstrahl zur Herstellung von Bohrungen, Schlitzen in Werkstoffen und später auch zum Aufschmelzen bzw. Schweißen zu verwenden.
Die Vorteile des Elektronenstrahl-Schweißens gegenüber herkömmlichen Schweißverfahren liegen in der hohen Leistungsdichte der Energiequelle begründet.
Im Flugzeug- und Raketenbau, wo es häufig auf Formgenauigkeit und hohe Festigkeit ankommt, kann dieses Verfahren wirkungsvoll eingesetzt werden, siehe Bild 1.
Dieser Beitrag soll einerseits die grundsätzlichen Probleme des Verfahrens beleuchten, seine Eigenheiten aufzeigen und andererseits einen Einblick in die Fertigung geben.

1. Arbeitsweise des Elektronenstrahl-Schweißverfahrens

Der Elektronenstrahl liefert die zum Aufschmelzen des Werkstückes notwendige Energie. Die kinetische Energie der hochbeschleunigten Elektronen wird im Werkstück in Wärme umgewandelt.

Bild 1 Einrichten eines Treibstoffbehälters für die Europa-Rakete vor dem Elektronenstrahlschweißen

1.1 Strahlerzeugung

Der Elektronenstrahl wird in einem Elektronenstrahl-Generator, auch „Kanone" genannt, erzeugt. Die von einer aufgeheizten Wolframkathode – man verwendet auch Lanthanborid LaBo – emittierten Elektronen werden durch ein Hochspannungsfeld beschleunigt und von einer elektrostatischen Linse gebündelt, so daß der Brennpunkt in der Werkstückebene liegt. Die Strahlerzeugung sowie das Schweißen erfolgen in einem Vakuum von 10^{-3} bis 10^{-4} Torr. Durch die Beschleunigung im Hochspannungsfeld erhalten die Elektronen bzw. erhält der Elektronenstrahl die Energie:

$$n\, e\, U_B = n\, \frac{m_e}{2}\, v^2 = J_0\, U_B, \tag{1}$$

wobei die Austrittsarbeit A_0 vernachlässigt wurde. (A_0 ist die Arbeit, die zum Herauslösen eines freien Elektrons aus einer Metalloberfläche erforderlich ist.)

Hierin bedeuten:

n = Anzahl der Elektronen
e = Ladung eines Elektrons; 1 eV = $1{,}6 \cdot 10^{-19}$ (Ws)
U_B = Beschleunigungsspannung (V)
m_e = Masse des Elektrons (Ruhemasse = $9{,}12 \cdot 10^{-28}$ g)
v = Geschwindigkeit der Elektronen
J_0 = Strahlstrom (1 A = $6{,}3 \cdot 10^{18}$ Elektr./sec)
A_0 = Austrittsarbeit; für Wolfram ist $A_0 = 7{,}2$ bis 5,4 eV

Von der Beschleunigungsspannung hängt die Geschwindigkeit und von dieser die Masse der Elektronen ab, siehe Bild 2.

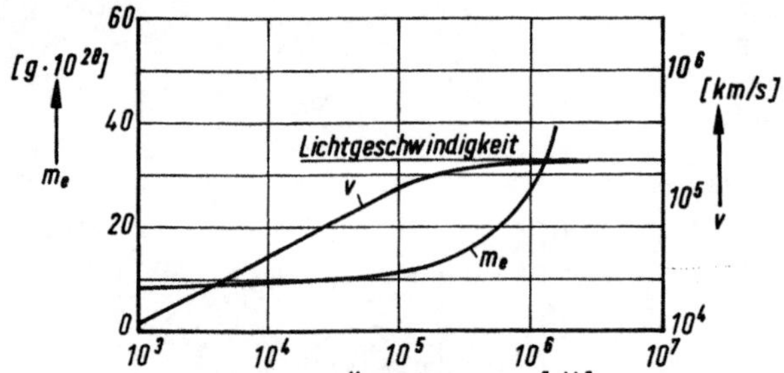

Bild 2 Geschwindigkeit v und Masse m_e der Elektronen in Abhängigkeit von der Beschleunigungsspannung U_B

Aufgrund der in Bild 2 dargestellten Zusammenhänge werden ES-Generatoren bis maximal 175 kV Beschleunigungsspannung ausgelegt, weil darüber hinaus die Isolationsprobleme und der Geräteaufwand zu groß werden.

Der Elektronenstrahl hat im Mittel eine Leistungsdichte von 10^7 bis 10^8 W/cm², d. h. einen Brennfleckendurchmesser von ca. 0,1 bis 0,2 mm. Die erzielbare Leistungsdichte im Brennfleck j_F kann durch die Beziehung

$$j_F = K\, j_e\, U_B \tag{2}$$

dargestellt werden.

j_e ist die Emissionsstromdichte, und K ergibt sich aus Kathodentemperatur und der Dimension der elektrostatischen Fokussierungslinse. Es wird angenommen, daß die Energie im Elektronenstrahl einer Gauß'schen Verteilung entspricht [8].

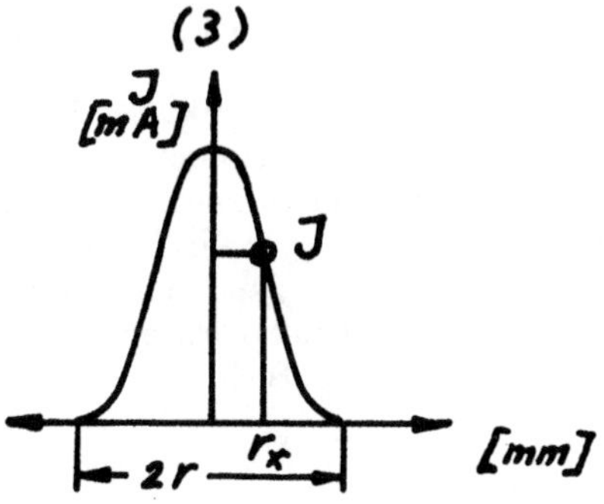

$$J = \frac{J_0}{1{,}44\,\pi\,r^2} \exp\left(-\frac{r_x^2}{1{,}44\,r^2}\right). \tag{3}$$

Bild 2′ Gaußsche Glockenkurve (Erläuterung zu Gleichung (3))

J ist der Strom bei dem Strahlradius r_x, und r ist der Radius des Elektronenstrahles. In letzter Zeit werden Kathoden entwickelt, die eine andere Energieverteilung haben. Um die genannte Leistungsdichte von 10^7 W/cm² zu erreichen, ist es notwendig, den Elektronenstrahlüberkreuzungspunkt durch eine elektrostatische Linse verkleinert auf dem Werkstück abzubilden. (Der Richtungsstrahler — Kathodenkopf — hat eine Apertur von $\alpha = 10^{-3}$ bis 10^{-1}; α = Sinus des halben Öffnungswinkels des Elektronenstrahles.) Bei der Abbildung des Brennfleckes auf dem Werkstück machen sich genau wie in der Lichtoptik u. a. der Öffnungs- und Farbfehler bemerkbar.
In [10] sind diese Zusammenhänge ausführlicher beschrieben. Wesentlich ist, daß diese Fehler bei Schweißmaschinen keinen nennenswerten Einfluß haben. Eine Stabilisierung der Beschleunigungsspannung von 1 % genügt, um eine gleichmäßig breite Schweißnaht zu erzielen. Mehr über Einrichtung und Maschinen ist aus den Abschnitten 2 und 3 zu entnehmen.

1.2 Die Wirkung des Elektronenstrahles im Werkstoff

Zunächst sei ein Elektronenstrahl geringer Energie betrachtet, der den Werkstoff noch nicht aufschmilzt. Beim Auftreffen eines Elektronenstrahles auf eine metallische Oberfläche wird ein Teil der Elektronen elastisch reflektiert. Der überwiegende Teil dringt jedoch geradlinig bis zu einer bestimmten Schicht ein, um von da aus nach allen Richtungen in den Werkstoff vorzustoßen [8]. Es kann dabei durchaus vorkommen, daß einige Elektronen wieder an die Oberfläche zurückdiffundieren und das Werkstück verlassen. Die gesamte Weglänge x_0 eines Elektrons ergibt sich aus der Beziehung

$$x_0 = \frac{A}{b\,\varrho\,Z}\,U_B. \tag{4}$$

Hierin bedeuten:

b = $7{,}75 \cdot 10^{11}$ (eV)² cm²/g;
Z = Ordnungszahl;
A = Atomgewicht;
ϱ = Dichte g/cm³

Den entscheidenden Einfluß auf x_0 haben die Beschleunigungsspannung und die Werkstoffdichte. Durch die Strahlelektronen (Primärelektronen) werden die Werkstoffatome nicht nur angeregt, sondern sie können auch ein- oder zweifach ionisiert werden.
Wie Versuche und Messungen bestätigen [7], können Elektronen aus dem Atomverband gelöst werden (Sekundärelektronen) und wiederum weitere Atome anregen oder ionisieren oder ihre Energie auf freie Elektronen übertragen.

Je nach Werkstoff können die Sekundärelektronen die Primärelektronen zahlenmäßig um ein mehrfaches überwiegen.
Steigert man die Strahlenergie, so steigt die Temperatur am Auftreffpunkt des Werkstückes so weit an, daß der Werkstoff schmilzt und verdampft. Es entsteht zunächst eine Kaverne, die schließlich zu einem Kanal ausgebildet wird. Nach Messungen von Hashimoto und Matsuda beträgt die Kraft, mit der dieser Kanal „gebohrt" bzw. aufrecht erhalten wird, bei Kohlenstoffstahl, einer Beschleunigungsspannung U_B = 30 kV und einem Strahlstrom J_0 = 150 mA ca. 1 g [14]. Diese Kraft wird im wesentlichen durch die Rückstoßkraft des verdampfenden Werkstoffes aufgebracht.
Nach [14] ist:

$$P = 5 \cdot 10^{-4} \frac{v_d}{(F_1 + F_2)^2} \cdot \frac{T}{p\,A}\, a\, b \quad [\text{mg}] \tag{5}$$

Hierin bedeuten:

P = Rückstoßkraft des verdampfenden Werkstoffes (mg)
v_d = Verdampfungsgeschwindigkeit (g/sec)
F_1 = Oberfläche des aufgeschmolzenen Werkstoffes an der Oberfläche des Werkstückes (cm^2)
F_2 = Oberfläche des Kanals (cm^2)
T = Temperatur des geschmolzenen Metalls (°K)
p = Druck in der Umgebung des geschmolzenen Metalls (Torr)
A = Atomgewicht
a = größte Länge des an der Oberfläche aufgeschmolzenen Metalls
b = Schweißnahtbreite (größte Breite des an der Oberfläche aufgeschmolzenen Metalls).

Der mit hoher Geschwindigkeit aus dem Kanal ausströmende ionisierte Metalldampf (Plasma) bewirkt, daß der Elektronenstrahl schon kurz vor Erreichen der Werkstückoberfläche bis zum Kanalgrund zerstreut wird. Somit bewirkt das Plasma eine Energieübertragung an die Kanalwand [1], [4], [13], [14].
Für die Größe und Form des Kanals ist in erster Linie die Strahlleistung und die Leistungsdichte maßgebend. In zweiter Linie aber von gleicher Wichtigkeit, zumindest für die Schweißbarkeit eines Werkstoffes, sind es die Werkstoffeigenschaften, wie Dichte [5], [6], [7], Dampfdruck [14], Verdampfungsgeschwindigkeit, Schmelztemperatur, Verdampfungs- und Schmelzwärme, Wärmeleitung, Oberflächenspannung des geschmolzenen Werkstoffes u. a. So wird beispielsweise durch den Druck des Metalldampfes in dem Kanal und die Oberflächenspannung des flüssigen Metalles die Form des Kanals bei gegebenem Elektronenstrahl bestimmt. Es sei noch daran erinnert, daß im Vakuum alle Zustandsgrößen des in dampfförmigem Zustand befindlichen Werkstoffes gegenüber dem Normalzustand verändert sind.

1.3 Vor- und Nachteile des ES-Verfahrens

Wie schon erwähnt resultieren alle Vorteile des ES-Schweißverfahrens aus der hohen Leistungsdichte des Elektronenstrahles, aber auch durch das Schweißen im Vakuum ergeben sich für den Werkstoff günstige Bedingungen.
Durch den geringen Wärmeeintrag werden die Schweißspannung und der Verzug sehr klein gehalten. Deshalb wird es auch möglich, sehr unterschiedliche Querschnitte zu verbinden. Aufgrund des „Keyhole"-Effektes (Kanalbildung) können dicke Querschnitte durch relativ schmale Nähte verbunden werden. So beträgt das Eindringtiefenverhältnis (Schweißnahttiefe zu Schweißnahtbreite) in guter Annäherung

$$\frac{\sqrt{t_s}}{b_m} = 10 \text{ oder } \frac{t_s}{b_m} = 10\sqrt{t_s}. \qquad (6)$$

Hierin bedeuten:

t_s = Schweißnahttiefe (cm),
b_m = mittlere Schweißnahtbreite (cm).

Weiterhin besteht die Möglichkeit, mehrere Bleche, die untereinander angeordnet sind, gleichzeitig zu schweißen.
Der geringe Wärmeeintrag hat eine sehr rasche Abkühlung zur Folge, so daß ein sehr feinkörniges Schweißnahtgefüge entsteht. Bei martensitisch härtbaren Kohlenstoffstählen bedingt das allerdings auch eine starke Aufhärtung im Übergangsbereich.
Für die mechanischen Eigenschaften der Schweißnaht, insbesondere für die Dehnung, ist das Schweißen im Vakuum vorteilhaft, weil eine gute Entgasung des aufgeschmolzenen Werkstückes erfolgt.
Die genannten Vorteile müssen jedoch mit einigen Nachteilen erkauft werden. Der augenfälligste Nachteil ist der hohe Anschaffungspreis. Außerdem verteuert sich das Verfahren noch durch die notwendige präzise Nahtvorbereitung und einen erheblichen Vorrichtungsaufwand. Die Schweißvorrichtungen und -einrichtungen müssen eine Laufgenauigkeit von mindestens ± 0,1 bis ± 0,15 mm gewährleisten.
Die Rüstzeiten sind im Verhältnis zu den reinen Arbeitszeiten auch sehr hoch, allein durch die Zeit, die zum Pumpen des Vakuums erforderlich ist. Hier kann allerdings bei einer Serienproduktion durch ein Schleusensystem ein annähernd kontinuierlicher Arbeitsablauf erreicht und dadurch Zeit gespart werden.
Andererseits darf man nicht vergessen, daß ein teueres Schweißverfahren immer noch billiger sein kann als irgend eine andere Fertigungsweise.

2. Elektronenstrahl-Schweißmaschinen

Die Entwicklung von ES-Schweißmaschinen (ES-Elektronenstrahl) wurde von Firmen für Vakuum-Geräte vorangetrieben — von Arbeitsgruppen, die bestimmte schweißtechnische Aufgaben zu erfüllen hatten —, und 1949 begann Steigerwald bei den Optischen Werken Carl Zeiss mit Versuchen, den Elektronenstrahl als Wärmequelle auszunutzen. Zunächst mit dem Ziel zu bohren und zu fräsen. Im Zusammenhang mit der Entwicklung von ES-Schweißgeräten sind noch die Namen Opitz, Burton, Matchett, Rider, Obsanskij, Eaton, Thom, Stohr, Bos und Chremonik sowie Biolar und Wyman zu nennen. Die Geräte lassen sich nach ihrer Beschleunigungsspannung und Anordnung der Beschleunigungsstrecke in drei Gruppen einteilen: Niederspannungsgeräte ohne und mit eingebauter Anode und Hochspannungsgeräte.

2.1 Niederspannungsgeräte mit dem Werkstück als Anode

Dieser Typ von ES-Schweißmaschinen wurde speziell zum Schweißen von Brennelementen aus Zirkon entwickelt. Das Arbeitsprinzip von Stohr und Wyman ist verhältnismäßig einfach, siehe Bild 3. Als Strahlquelle dient eine direkt geheizte Wolframwendel. Von einer Wehnelt-Elektrode wird der Elektronenstrahl fokussiert und durch die Hochspannung zwischen Kathode (Wolframwendel) und Anode (Werkstück) beschleunigt. Die Arbeitsspannung wurde bei diesem Arbeitsprinzip auf 30 kV beschränkt.
Nachteilig bei dieser Anordnung ist die Anfälligkeit auf Hochspannungsüberschläge und die dadurch bedingte geringe Lebensdauer der Kathode. Vorteilhaft ist die Einfach-

heit der Anlage, und die auftretende Röntgenstrahlung ist wegen der geringen Arbeitsspannung ungefährlich und leicht abzufangen.

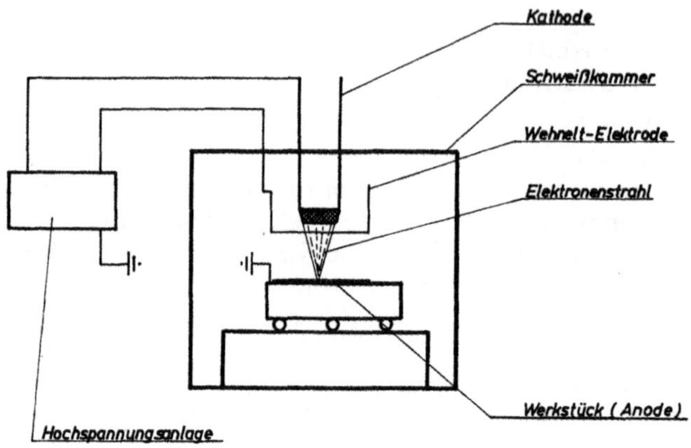

Bild 3 Niederspannungsgerät mit Werkstück als Anode (Schema) [12]

2.2 Niederspannungsgeräte mit eingebauter Anode

Durch den Einbau einer gesonderten Anode werden einige Nachteile des unter 2.1 beschriebenen Typs vermieden, siehe Bild 4. So wird durch den größeren Abstand der Kathode vom Werkstück die Gefahr von Spannungsüberschlägen vermindert und die Haltbarkeit der Kathode erhöht. Weiterhin besteht die Möglichkeit, den Raum des ES-Generators zusätzlich mit Sauganschlüssen zu versehen, so daß hier ein konstantes Vakuum gehalten werden kann, selbst wenn im Rezipienten durch Verdampfen von Werkstoff der Druck etwas ansteigt.
Bei diesem Maschinentyp werden vielfach indirekt beheizte Bolzenkathoden verwendet. Mit diesen Kathoden können relativ hohe Ströme erzeugt werden, so daß trotz der geringen Arbeitsspannung (max. 30 kV) hohe Leistungen (max. 7,5 kW) möglich sind. Durch die verhältnismäßig geringe Bauhöhe des ES-Generators kann er auch beweglich im Rezipienten angeordnet werden. Es geht dann zwar etwas Raum für die Bauteile verloren, dafür werden die Bewegungseinrichtungen für die Werkstücke einfacher.

2.3 Hochspannungsgeräte

ES-Schweißmaschinen, die mit Arbeitsspannungen bis 175 kV arbeiten, verwenden das von Steigerwald entwickelte „Fernfokus-System", siehe Bild 5. Die besondere Form des Wehnelt-Zylinders im Zusammenwirken mit einem Magnetlinsensystem ergibt einen schlanken ES-Strahl mit hoher Energiedichte und Tiefenschärfe.
Der besondere Vorteil dieses Prinzips ist die erreichbare hohe Eindringtiefe. Andererseits sind bei diesen hohen Arbeitsspannungen besondere Schutzmaßnahmen gegen Röntgenstrahlen zu treffen. Der ES-Generator ist normalerweise fest am Rezipienten angebracht, deshalb muß das Werkstück die zum Schweißen erforderlichen Bewegungen durchführen. Der Geräteaufwand ist bei diesen Maschinen verhältnismäßig hoch.

2.4 ES-Generatoren mit Ionentrennung

Insbesondere bei Maschinen mit hoher Leistung besteht die Gefahr, daß ionisierter Werkstoffdampf in den Bereich der Kathode vordringt und Spannungsüberschläge und eine starke Abnutzung der Kathode verursacht. Aber auch bei getrennt evakuierten Bereichen, ES-Generator-Rezipient, können positive Ionen von den Restgasmolekülen im Generator zur Kathode wandern. Deshalb wird vorzugsweise bei diesen Maschinen ein ES-Generator mit Ionentrennung verwendet, siehe Bild 6.

Die Kathode steht in einem Winkel zur Anode, so daß die positiven Ionen oder ionisierter Metalldampf seitlich auf die Kathodenblende treffen, wo kein ernsthafter Schaden entstehen kann.

2.5 Maschinen zum Schweißen an der Atmosphäre oder unter Schutzgas

Obwohl das ES-Schweißen im Vakuum für die Duktilität des Werkstoffes vorteilhaft ist, wurden schon früh ES-Generatoren zum Schweißen an der Atmosphäre entwickelt, weil durch das Evakuieren des Rezipienten viel Zeit verloren geht, siehe Bild 7 [18].

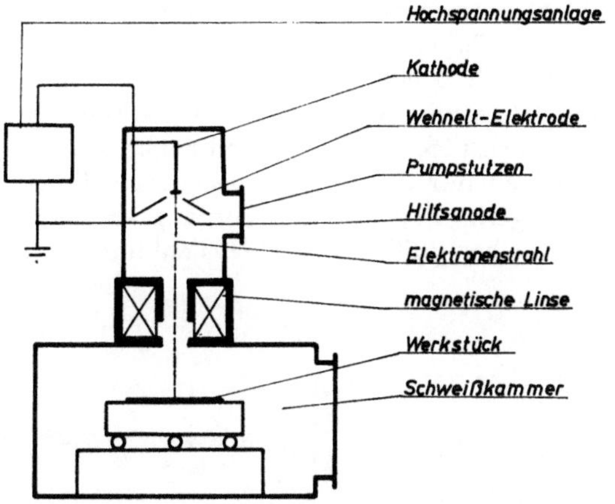

Bild 4 Niederspannungsgerät mit eingebauter Anode (Schema) [12]

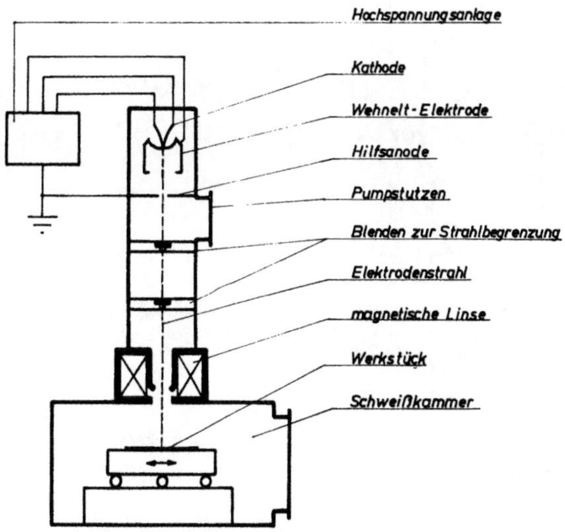

Bild 5 Hochspannungsgerät mit Fernfokus-System (Schema) [12]

Nicht allein die einzusparende Pumpzeit spricht für diese Methode, sondern auch die Möglichkeit, große und lange Werkstücke und große Stückzahlen im Taktverfahren zu schweißen. Nachteilig ist es, daß der Abstand zwischen Kanone und Werkstück — je nach verwendeter Atmosphäre — nur 5 bis 25 mm betragen darf, um überhaupt noch ein günstiges Eindringtiefenverhältnis erreichen zu können. Aber selbst bei Einhaltung dieser Arbeitsabstände ist die Eindringtiefe wesentlich geringer als beim Schweißen im Vakuum, siehe Bild 8. Die Eindringtiefe kann zwar durch Verwendung von Helium statt Argon als Schutzgas verbessert werden, sie erreicht jedoch nie die Werte der im Vakuum geschweißten Nähte. Daraus ergibt sich, daß die Schweißspannungen bzw. der Verzug höher liegen und das Gefüge grobkörniger ist bzw. spröder sein kann. Erschwerend kommt hinzu, daß die Röntgenstrahlung an der Schweißstelle abgeschirmt werden muß. Aufgrund der genannten Nachteile hat sich auch das ES-Schweißen an freier Atmosphäre (bzw. Schutzgas) im Flugkörperbau noch nicht durchsetzen können. Es ist jedoch nicht ausgeschlossen, daß schweißtechnische Probleme auftauchen, die sich auf diese Weise zufriedenstellend lösen lassen.

3. Andere ES-Verfahren

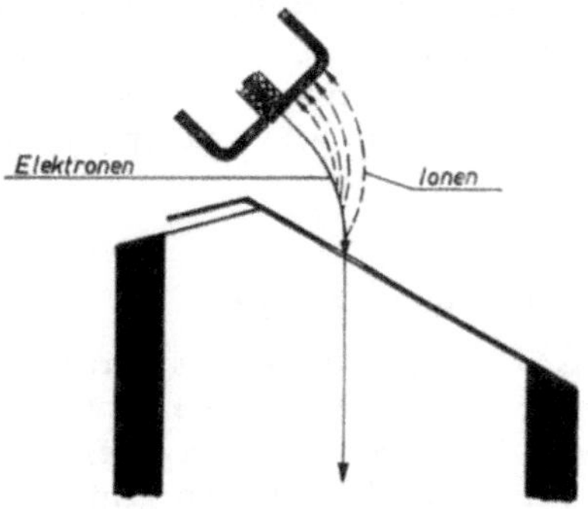

Bild 6 Prinzip der Ionentrennung bei ES-Generatoren mit hoher Leistung [2]

Erhöht man elektronenoptisch die Energiedichte des Elektronenstrahles auf 10^8 bis 10^9 W/cm², bei einem Strahldurchmesser von 5 bis 20 μm, so ist das Temperaturgefälle beim Auftreffen des Strahles auf einen Werkstoff so steil, daß der Werkstoff verdampft, ohne daß die schmalen Schmelzzonen zusammenfließen können [19]. Auf diese Weise können Materialabtragungen durch Verdampfen des Werkstoffes vorgenommen werden, die sehr dem Fräsen ähneln, deshalb spricht man auch vom „Elektronenstrahl-Fräsen". Da der Elektronenstrahl trägheitslos gesteuert werden kann, lassen sich beliebige Formen über eine Lichtpunktsteuerung direkt von einer Zeichnung auf das Werkstück übertragen und herstellen.
Mit diesem Verfahren wird man im allgemeinen nur kleine Teile bearbeiten. Erstens ist die Abdampfrate der meisten Werkstoffe gering, so daß der Vorgang verhältnismäßig lange dauert, und zweitens erhält man bei größerer Strahlauslenkung immer schrägere Kanten.

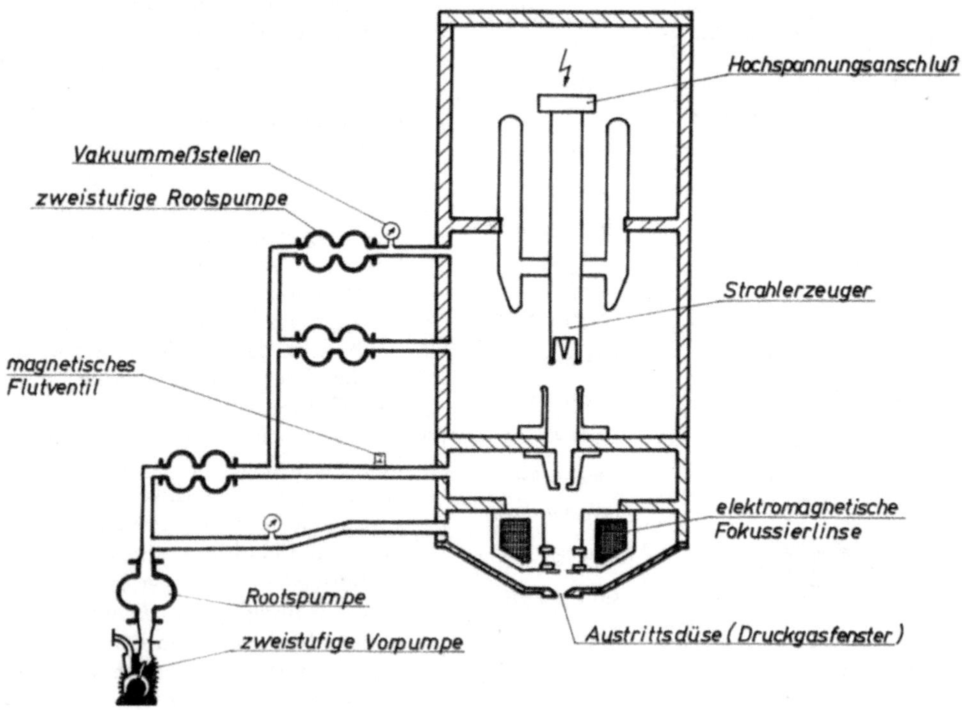

Bild 7 Schema eines ES-Generators zum Schweißen unter atmosphärischem Druck [18]

Ein Kompromiß wird bei dem sogenannten Elektronenstrahl-Trennen gemacht. Bei Anwendung eines pulsierenden Strahles (Tastverhältnis: Impulslänge zu Pause 2 : 1) schmilzt der Werkstoff und wird in Form kleiner Kügelchen aus der Trennfuge geschleudert. Die Schnittflächen sind etwas rauher als beim Fräsen, dafür ist die Schnittgeschwindigkeit wesentlich höher.

Ein ganz anderes Anwendungsgebiet der Elektronenstrahlen ist das Schmelzen. Besonders bei der Herstellung von hochschmelzenden Metallen höchster Reinheit hat es sich durchsetzen können, inzwischen aber auch bei hochfesten Stählen und Sonderlegierungen. Für den Flugkörperbau interessiert es nur soweit, als durch das Schmelzen im Hochvakuum die Werkstoffeigenschaften, insbesondere die Duktilität, erheblich verbessert werden können. Näheres über ES-Schmelzen, Glühen und Sintern ist aus den Aufsätzen [20], [21] zu entnehmen.

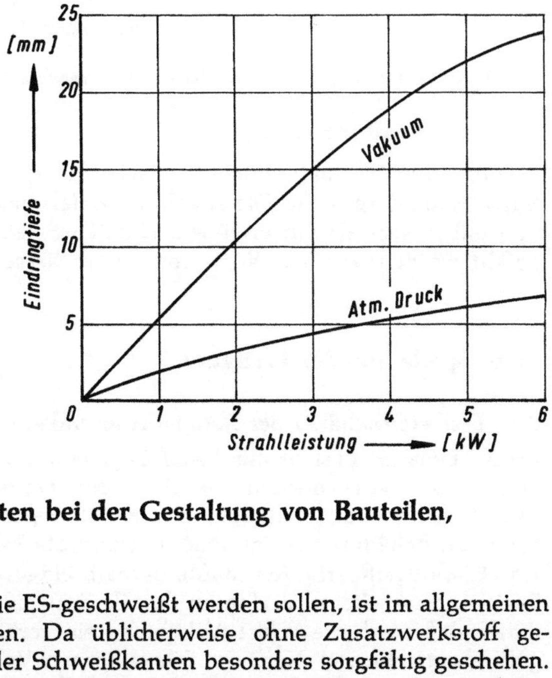

Bild 8 Eindringtiefe abhängig von der Strahlleistung. Vakuumschweißung verglichen mit dem Schweißen an der Atmosphäre. Werkstoff V2A; Schweißgeschwindigkeit 900 mm/s; Arbeitsabstand 6,5 mm

4. Möglichkeiten und Besonderheiten bei der Gestaltung von Bauteilen, die ES-geschweißt werden

Bei der Konstruktion von Bauteilen, die ES-geschweißt werden sollen, ist im allgemeinen der J-Stoß oder T-Stoß anzuwenden. Da üblicherweise ohne Zusatzwerkstoff gearbeitet wird, muß die Vorbereitung der Schweißkanten besonders sorgfältig geschehen. Aufgrund der hohen Leistungsdichte (Kanalbildung) sind einige besondere konstruktive Möglichkeiten der Schweißstoß-Gestaltung gegeben. Unter 4.2 sind einige Beispiele zusammengestellt, die auszugsweise der Werksnorm der VFW entnommen sind.

4.1 Mechanische Vorbereitung

Die Nahtflanken der zu schweißenden Teile sind durch ein mechanisches Verfahren, wie Fräsen, Hobeln, Drehen usw., zu bearbeiten. Die Mittenrauhwerte sollten nicht größer als ca. 6 μm sein. Der Bereich der zulässigen Spaltbreite beim J-Stoß ist dem Bild 9 zu entnehmen.

Alle Teile sind kurz vor dem ES-Schweißen zu reinigen, d. h. sie sind zu entfetten und von Oxydschichten zu befreien, abgesehen von der Oxydhautbildung unedler Metalle, die nach dem Entfernen gleich wieder einsetzt. Für einige Werkstoffe ist eine Beizbehandlung zu empfehlen.

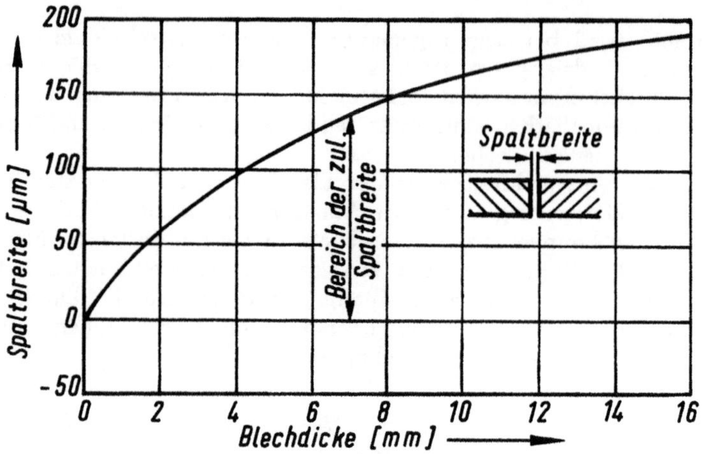

Bild 9 Zulässige Spaltbreite von Schweißstoß-Fugen für das ES-Schweißen abhängig von der Blechdicke

4.2 Schweißnahtgestaltung

In dem Bild 10 sind einige Beispiele für die Gestaltung von Stößen bei der ES-Schweißung dargestellt. Die angeführten Beispiele sind in der Praxis ausgeführt worden und haben sich als gut erwiesen. Damit ist kein Urteil über die Güte der Gestaltung gefällt worden; ein J-Stoß ist immer noch besser als ein T-Stoß.

5. Beispiele aus der Fertigung

5.1 Treibstoffbehälter der Europa-Trägerrakete, siehe Bild 11

Dieser Behälter besteht aus zwölf Segmenten, zwei Polkappen mit Anschlußflanschen und einem Zwischenboden, der die beiden Treibstoffkomponenten voneinander trennt. Der Zwischenboden hat ebenfalls zwölf Segmente. Der Durchmesser dieses kugelförmigen Behälters beträgt 1720 mm und die Wanddicke 1,5 mm.
Das ES-Schweißverfahren mußte deshalb eingesetzt werden, weil bei der verwendeten Legierung nur dieses Verfahren duktile Schweißnähte ergibt. Die Ursache hierfür liegt daran, daß durch die rasche Abkühlung ein verhältnismäßig feinkörniges Schweißnahtgefüge entsteht und durch das Schweißen im Vakuum ein hoher Reinheitsgrad erreicht wird, der ebenfalls eine gute Duktilität gewährleistet. Hinzu kommt, daß die geringe Breite der Schmelzzone auch geringe Schweißspannungen bzw. Verwerfungen zur Folge hat, so daß eine nahezu homogene Kraftverteilung erreicht wird. Besondere Probleme bei der Fertigung ergeben sich bei der Vorbereitung der einzelnen Blechsegmente, die sehr genau sein müssen, und beim Schweißen des Zwischenbodens, weil dessen Kontur von der Kreisform abweicht [22].

5.2 Einspritzkopf für Steuertriebwerk, siehe Bild 12 a und 12 b

Das ES-Schweißverfahren gestattet die Aufteilung des Einspritzkopfes in sechs Einzelteile. Daraus ergibt sich eine einfache Fertigung und eine erhebliche Gewichtseinsparung. Die Einzelteile dürfen sich beim Einschweißen nicht verziehen, weil die in Bild 12 a sichtbaren Bohrungen ihre Lage genau beibehalten müssen. Der zähe Chrom-Nickel-Stahl kann die entstehenden Schweißspannungen ohne weiteres aufnehmen.

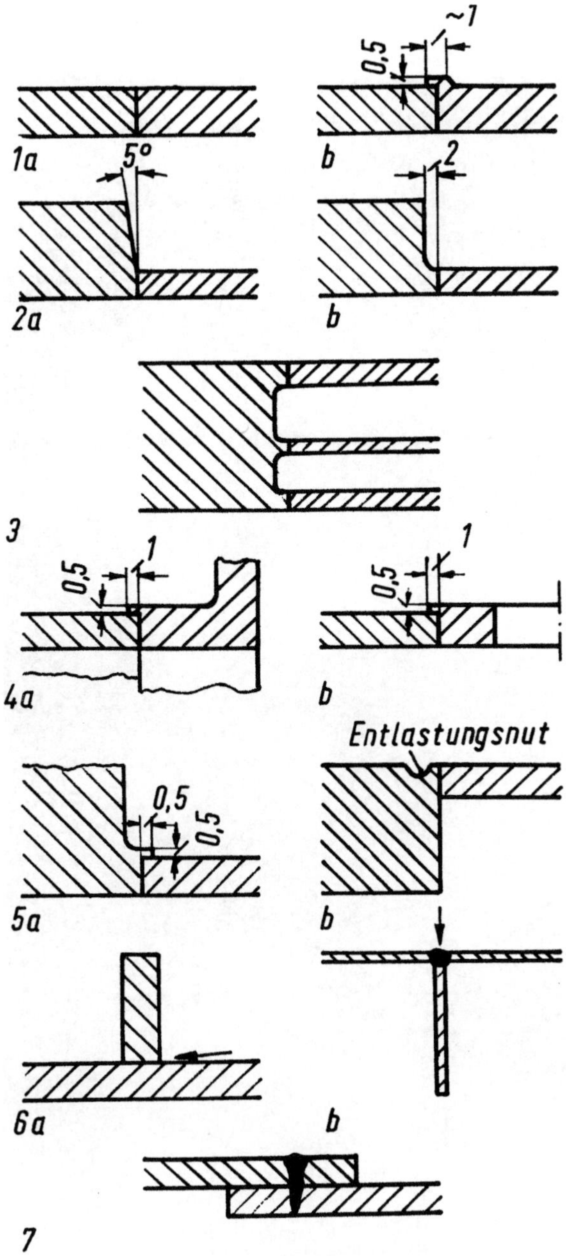

1 a) Normaler J-Stoß für alle schweißbaren Dicken anwendbar. 1 b) J-Stoß mit Überlappung bei ungleichmäßigem Spalt bzw. als Zentrierung.

2 a) und 2 b) Bei unterschiedlichen Blechdicken ist das dickere Blech frei zu arbeiten. 2 b) für dyn. Beanspruchung.

3) Das Schweißen mehrerer Verbindungen gleichzeitig ist möglich.

4 a) und 4 b) Diese Stoßform ist besonders geeignet bei Rohrverbindungen oder beim Ein- oder Anschweißen von Flanschen. Die Überlappung dient als Zentrierung.

5 a) und 5 b) Bei starrer Einspannung bzw. Rißgefahr kann ein Ansatz oder ein Entlastungsnut zweckmäßig sein.

6 a) Normaler T-Stoß von der Seite (Pfeil) zu verschweißen.

6 b) Bis zu Blechdicken (Steg und Gurt) von 1 mm kann durch das Gurtblech der Steg verschweißt werden (Pfeil).

7) Mögliche aber ungünstige Verbindung.

Bild 10 Beispiele zur Schweißstoßgestaltung von ES-Schweißverbindungen

5.3 Einspritzkopf für Raketentriebwerk, siehe Bild 13

Dieser Einspritzkopf besteht aus zwei Scheiben und 204 Distanzbuchsen, die gleichzeitig Düsen sind. Diese Buchsen wurden mit 408 Schweißungen eingesetzt. Da auch hier kein Verzug auftreten durfte, wurden die in Bild 10, 5 b empfohlenen Entlastungsnuten angebracht.

Es wurde eine Vorrichtung gebaut, die es erlaubte, eine ganze Seite mit 204 Schweißungen ohne Unterbrechung (Belüften — Pumpen) zu schweißen.

Bild 11 Treibstoffbehälter der Europa-Rakete

5.4 Innenmantel, siehe Bild 14

Der innere Teil des Innenmantels sollte mit Zirkonoxyd beschichtet werden, deshalb wurde er zerschnitten, weil eine andere Möglichkeit nicht bestand, und nach dem Beschichten wieder ES-geschweißt.

Bild 12a Einspritzkopf für Steuertriebwerk-Brennkammerseite

Bild 12b Einspritzkopf für Steuertriebwerk-Rückseite

Bild 13 Einspritzkopf für Raketentriebwerk mit 408 Rundschweißungen

Bild 14 Innenmantel – Innenseite Zirkon – beschichtet

5.5 **Brennkammer mit Expansionsdüse und Kühlmantel,** siehe Bild 15

Die Brennkammer wird mit der Expansionsdüse durch den darüberliegenden Kühlmantel verschweißt. Der Vorteil liegt in einer Vereinfachung der Einzelteilfertigung.

Bild 15 Brennkammer mit Expansionsdüse und Kühlmantel

5.6 **Düse für Raketentriebwerk,** siehe Bild 16

Der Düsenmantel aus NIMONIC 80 A *) wurde aus zwei Kegelstumpf-Mantelhälften ES-verschweißt und anschließend explosiv aufgebaucht. Der Anschlußflansch wurde ebenfalls ES-geschweißt.

*) Eingetragenes Warenzeichen.

5.7 Anschweißen der Flügel von der XB-70

Ein besonders eindrucksvolles Beispiel, welches die Möglichkeiten des ES-Schweißverfahrens aufzeigt, ist von der North American Aviation gegeben worden. Hier wurden die Tragflächen des Düsenbombers XB-70 an den Rumpf geschweißt. Die Tragflächen bestehen aus dem Werkstoff PH 15-7 Mo (eine Honigwaben-Konstruktion). Die Unterseite der Flächen wurde unter Schutzgas und die Oberseite ES-geschweißt. Die besonderen Schwierigkeiten bei der Durchführung dieser Arbeiten liegen bei der Evakuierung des Schweißbereiches, bei der genauen Führung des ES-Generators und bei der Steuerung der Schweißparameter während des Schweißvorganges, weil die Blechdicke zwischen 0,76 und 5,6 mm schwankt.

Bild 16 Düse für Raketentriebwerk aus NIMONIC 80 A

5.8 Es wären noch eine ganze Reihe von Beispielen zu nennen, die nicht im Bereich des Flugkörperbaues liegen, deshalb wird hier nicht näher darauf eingegangen. So wird z. B. im chemischen Apparate- und Behälterbau das ES-Verfahren angewendet, um verschiedenartige Werkstoffe miteinander zu verbinden. Auch im Reaktorbau werden die Vorteile des Verfahrens ausgenutzt. Beim Schweißen von Brennelementen aus Zirkon kommt es auf größte Reinheit der Schweißung an, die ja beim Schweißen im Vakuum von 10^{-4} Torr gegeben ist. Ein breiteres Anwendungsfeld hat das ES-Schweißverfahren auch in der Elektronik gefunden.

6. Hinweise zum Schrifttum

Das nachfolgende Schrifttum stellt nur einen ausgewählten Teil aus dem vorhandenen Schrifttum dar.

[1] *Seeler, H.*: Versuche zum Eindringverhalten des Elektronenstrahles beim Elektronenstrahlschweißen.
Schweißen u. Schneiden — Jahrgang 13 (1961) H. 12, S. 581—585.

[2] *Schuster, P.*: Elektronenstrahlschweißen im Hochvakuum.
Schweißen u. Schneiden — Jahrgang 12 (1960) H. 4, S. 157—159.

[3] *Dorn, L.* und *Zürn, H.:* Die Anwendung des Elektronenstrahlschweißens in der Industrie Schweißen u. Schneiden — Jahrgang 17 (1965) H. 2, S. 41—57.

[4] *Panzer, S:* Der Elektronenstrahl als Wärmequelle zum Schweißen und Abtragen von Werkstoffen.
Elektronische Rundschau — 15. Jahrgang (1961) H. 12, S. 567—574.

[5] *Scheffels, W.:* Materialbearbeitung mit Elektronenstrahlen hoher Intensität.
Draht — 12. Jahrgang (1961) H. 8, S. 352—356.

[6] *Schluge, H.:* Materialbearbeitung mit Elektronenstrahlen.
Elektrowärme — Band 19 (1961) Nr. 6, S. 217—226.

[7] *Kollath, R.:* Sekundärelektronen fester Körper.
Physik. Zeitschrift-XXXVIII, 1937 (Hirzel-Verlag, Leipzig).

[8] *Vine, J.* and *Einstein, P. A.:* Heating effect of an electron beam impinging on a solid surface, allowing for penetration.
PROC. Instn. Electr. Engrs. Vol. 111 No. 5, May 1964, pp. 921—930.

[9] *Hofmann, W., Koch, H.* und *Seeler, H.:* Studium zum Elektronenstrahlschweißen — Verfahren und Werkstoffe.
Schweißen u. Schneiden — 15. Jahrgang (1963) H. 5, S. 211—221.

[10] *Panzer, S.* und *Steigerwald, K. H.:* Der Elektronenstrahl als Werkzeug.
Elektronische Zeitschrift — Ausgabe A 81. Jahrgang (1961) H. 26, S. 925—932.

[11] *Rykalin, N. N.:* Berechnung der Wärmevorgänge beim Schweißen.
VEB-Verlag Technik Berlin (1957).

[12] *Göbel, R., Heinze, E., Rexer, E.* und *Schlaubitz, K.:* Über das Elektronenstrahlschweißen.
Kernenergie — 5. Jahrgang (1962) H. 2, S. 104—111.

[13] *Cremosnik, G.:* Materialbearbeitung mit Ladungsträger- und Laserstrahlen.
Techn. Rundschau (Bern) — 57. Jahrgang (1965) Nr. 2, S. 17—19.

[14] *Hashimoto, T.* und *Matsuda, F.:* Penetration Mechanism of Weld Bead in Electron-Beam Welding.
Transactions of National Research Institute for Metals — Vol. 7, No. 5 (1965), S. 12—20.

[15] *Mishler, H. W.* and *Monroe, R. E.:* Electron-Beam Processes.
Battelle Memorial Inst., Columbus Ohio. Defense Metal Inform. Center DMIC Report 174, Sept. 1962, 44 S.

[16] *Opitz,* Dr. *W.:* Der Elektronenstrahl als neuartiges Werkzeug.
Werkstattstechnik — 51. Jahrgang (1961) H. 9, S. 448—454.

[17] *Steigerwald, K. H.:* Grundlagen der Materialbearbeitung durch Elektronenstrahlen.
1. Lehrgang f. Raumfahrttechnik (München, Juni 1962) Bd. IV, Vortrag 39, 26 S.

[18] *Kluger, H.* und *Dietrich, W.:* Elektronenstrahlschweißen an freier Atmosphäre.
Schweißen u. Schneiden — Jahrgang 16 (1964) H. 10, S. 477—478.

[19] *Panzer, S.:* Fortschritte bei dem Schweißen, Trennen und Abtragen mit dem Elektronenstrahl.
Schiff u. Hafen — Jahrgang 13 (1961) H. 8, 8 S.

[20] *Dietrich, W., Stephan, H.* und *Gerstner, H.:* Elektronenstrahlen als technische Wärmequelle.
Elektrotechnische Zeitschrift Ausgabe B — 15. Jahrgang (1963) H. 20, S. 560—564.

[21] *Gruber, H.:* Das Schweißen von Metallen mit Elektronenstrahlen.
Zeitschrift Metallkunde 52 (1961) H. 5, S. 291—309.

[22] *Wabersich, E.:* Das Elektronenstrahlschweißen eines Treibstoffbehälters aus einer hochfesten Titanlegierung für die dritte Stufe der Europa-Rakete.
Luftfahrttechnik-Raumfahrttechnik — 12. Jahrgang (1966) H. 2, S. 48—53.

[23] — The incredible weld: Electron beam makes it.
Welding Design and Fabrication. Vol. 37 (1964) No. 9, S. 41—43.

Das Metallkleben

von Prof. Dr.-Ing. H. Winter und Ing. W. Althof

Gliederung

1. Grundlagen

1.1 Allgemeines über Klebverbindungen

Das Metallkleben ist ein wärmearmes Fügeverfahren und ergänzt bei sinnvoller Anwendung die unlösbaren Verbindungen, wie Nieten, Löten und Schweißen. Beim Kleben werden die metallischen Fügeteile durch eine nichtmetallische Zwischenschicht (Klebstoff) fest miteinander verbunden. Adhäsionskräfte zwischen Klebschicht und Fügeteilen und Kohäsionskräfte in der Klebschicht bestimmen die Tragfähigkeit einer Klebverbindung. Wenn ein geeigneter Klebstoff und eine dem Werkstoff angepaßte

Oberflächenvorbehandlung gewählt werden, können alle Metalle miteinander und untereinander durch Kleben verbunden werden.
Der Wegbereiter des Metallklebens war der Flugzeugbau. Man hatte erkannt, daß durch Kleben eine Verminderung der Baugewichte, glattere Oberflächen, eine erhöhte statische und dynamische Festigkeit und vielfach geringere Fertigungskosten und -zeiten erreicht werden können. Das Metallkleben ist deshalb im Flugzeugbau am weitesten entwickelt. Zur Förderung des Metallklebens haben nicht nur systematische Versuche in großem Umfange allein, sondern auch theoretische Arbeiten ihren nützlichen Beitrag geleistet. Klebgerechtes Gestalten der Verbindungen, die Kenntnis des Festigkeitsverhaltens der Klebungen mit den verschiedensten Klebstoffen und eine dem Klebstoff angepaßte Fertigungstechnik ermöglichen das Herstellen von hochbeanspruchten, geklebten Bauteilen und Baugruppen des Flugzeuges.

1.2 Gestaltung von Klebverbindungen

Das Metallkleben erfordert ein klebgerechtes Gestalten der Verbindungsformen. Klebgerechte Verbindungen liegen dann vor, wenn bei der Konstruktion das Festigkeitsverhalten der Metallklebverbindungen und die klebstoffgebundenen Fertigungsmethoden berücksichtigt worden sind.
Die Stoffestigkeit der abgebundenen Klebstoffe ist um eine Größenordnung kleiner als diejenige der metallischen Fügeteile. Infolgedessen sind Verbindungen unvorteilhaft, bei denen die Klebschicht durch senkrecht zur Verbindungsebene angreifende Zugkräfte beansprucht wird. Die günstigste Ausnutzung einer Klebverbindung erfolgt durch Scherkräfte in Richtung der Verbindungsebene. Schubbeanspruchte Verbindungen haben meist die Form von Schäftungen, Überlappungen und Nutverbindungen sowohl

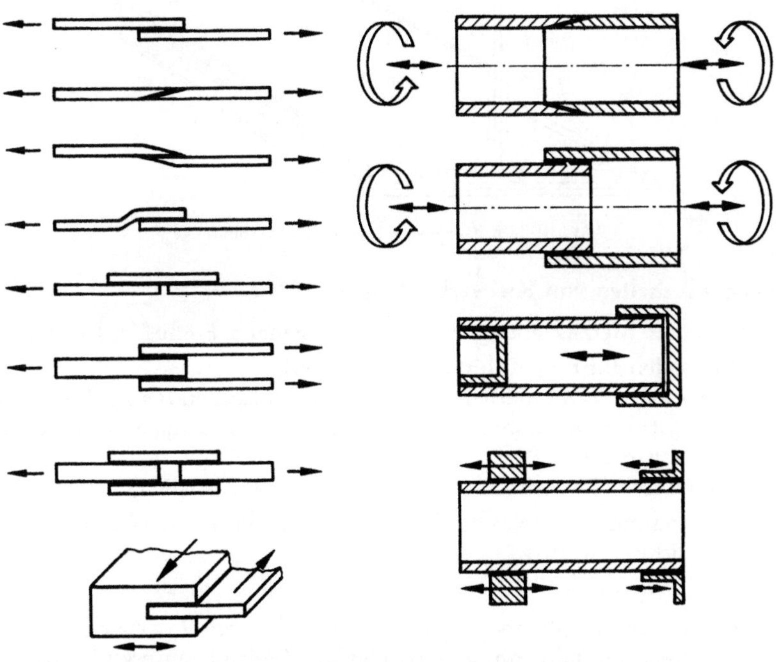

Bild 1 Beispiele günstiger Formen von Metallklebverbindungen

beim Kleben von Blechen als auch beim Kleben von Rohren, Bolzen, Profilen, Gußteilen u. a., Bild 1. Durch Vergrößern der Klebfläche kann die Tragfähigkeit der Klebung erhöht und vielfach die Eigenfestigkeit des Fügeteiles erreicht werden.
Eine Klebverbindung ist gegenüber einem sogenannten Abschälen der Klebfläche durch Kräfte senkrecht zur Klebfläche besonders empfindlich. Ein solcher Kraftangriff ist zu vermeiden oder durch eine geeignete Konstruktion abzufangen. Nieten oder Schrauben am Ende der Verbindung können das Aufreißen der Klebung verhindern.
Das Kleben kann mit anderen Verbindungsverfahren, wie Bördeln, Abkanten, Schrauben, Nieten oder Punktschweißen, kombiniert werden. Solche Verfahren ersparen bei drucklos abbindenden Klebstoffen die Fixiervorrichtungen beim Abbindevorgang. Die Tragfähigkeit einer kombinierten Verbindung wird um so größer, je mehr sich die Verformungsfähigkeit der metallischen Verbindungselemente der Verformung der Klebschicht annähert. Hohlniete sind günstiger als Vollniete, dicke Hohlniete sind ungünstiger als dünne Hohlniete.
Die Schichtbauweise durch Kleben bietet für die Krafteinleitung in dünnwandige Bauteile vorteilhafte Möglichkeiten. Die Anzahl und die Form der Lamellen können dabei dem Kraftverlauf und der Beanspruchungsrichtung angepaßt werden, Bild 2.
Strangpreßprofile eignen sich bei entsprechender Profilgestaltung sehr gut zum Verkleben.

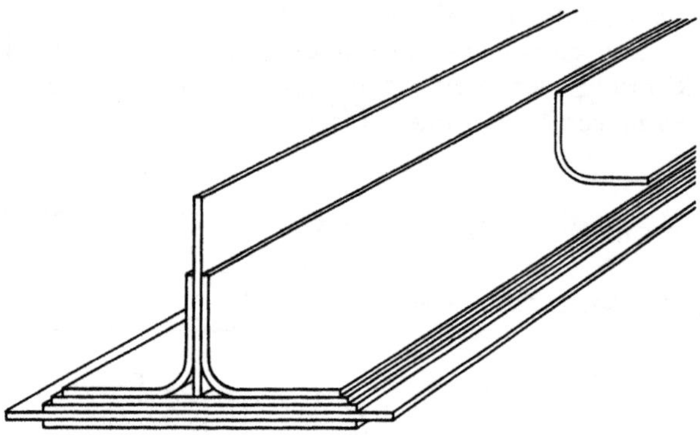

Bild 2 Schichtbauweise von Metallklebverbindungen

1.3 Festigkeitsverhalten von Klebverbindungen

Die Festigkeit einer Metallklebung hängt von folgenden Einflußfaktoren ab:

Klebstoff (Klebstofftyp, Abbindebedingungen),
Fügeteilwerkstoff (Oberflächenvorbehandlung, Elastizitätsmodul, Festigkeit),
Verbindungsform, Beanspruchungszeit (Kurzzeit-, Langzeitbeanspruchung, Ermüdungsbeanspruchung),
Umwelteinflüsse (Temperatur, Feuchtigkeit, flüssige Medien).

Für jeden Anwendungsfall müssen deshalb die möglichen Einflußfaktoren bekannt sein und berücksichtigt werden.

1.3.1 Einflüsse vom Klebstoff

Die Klebstoffe für das Metallkleben unterscheiden sich durch ihre chemische Zusammensetzung und haben deshalb im abgebundenen Zustand unterschiedliche elastisch-plastische Eigenschaften, welche die Festigkeit der Klebung beeinflussen, Bild 3 a. Klebverbindungen mit Klebstoffen, die einen hohen Elastizitätsmodul und ein geringes plastisches Verformungsvermögen besitzen (z. B. Epoxyd-Harze), haben eine hohe Zug- und Schubfestigkeit; sie sind jedoch empfindlich gegenüber abschälenden Kräften. Klebstoffe mit einem niedrigen Elastizitätsmodul und mit großem plastischen Verformungsvermögen (z. B. Phenol-Polyvinyl-Harze) haben eine geringere Zug- und Schubfestigkeit; sie setzen abschälenden Kräften jedoch größeren Widerstand entgegen. Warmabbindende Klebstoffe haben meist eine größere Festigkeit als kaltabbindende Klebstoffe, Bild 3b. Für jeden Klebstofftyp müssen die vorgeschriebenen Abbindebedingungen eingehalten werden, damit das Abbinden in der klebstoffeigenen Art und Weise erfolgt und optimale Festigkeitseigenschaften erzielt werden können.

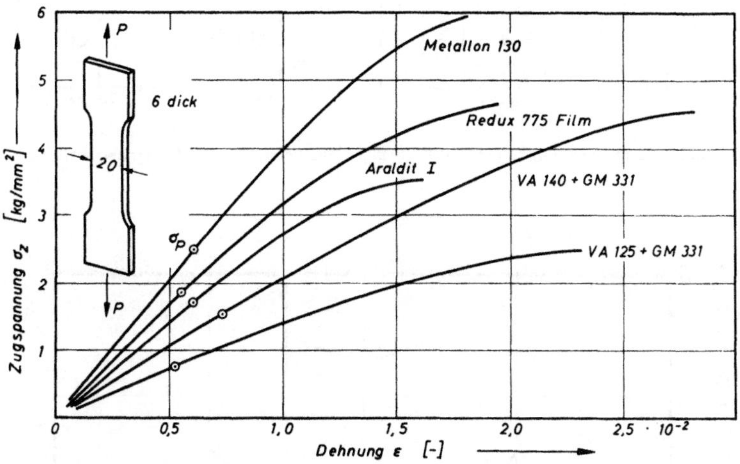

a) Zugspannungs-Dehnungs-Diagramme von abgebundenen Klebstoffsubstanzen

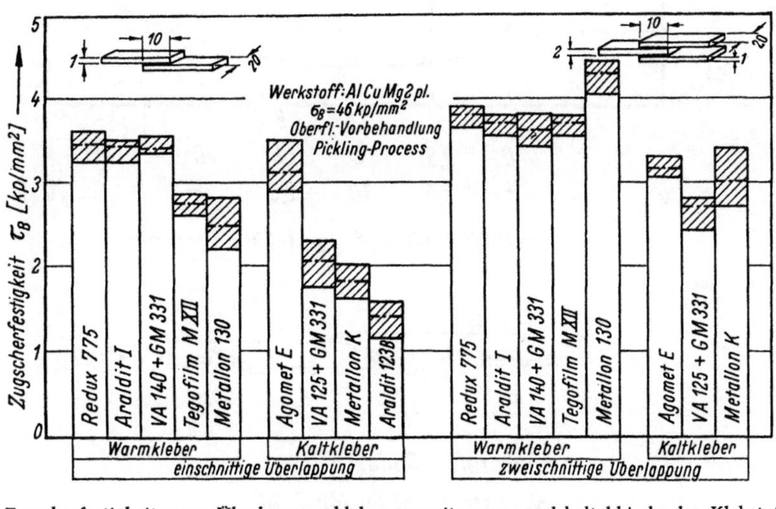

b) Zugscherfestigkeiten von Überlappungsklebungen mit warm- und kaltabbindenden Klebstoffen

Bild 3 Dehnungsverhalten von Klebstoffen und Festigkeit von Klebverbindungen

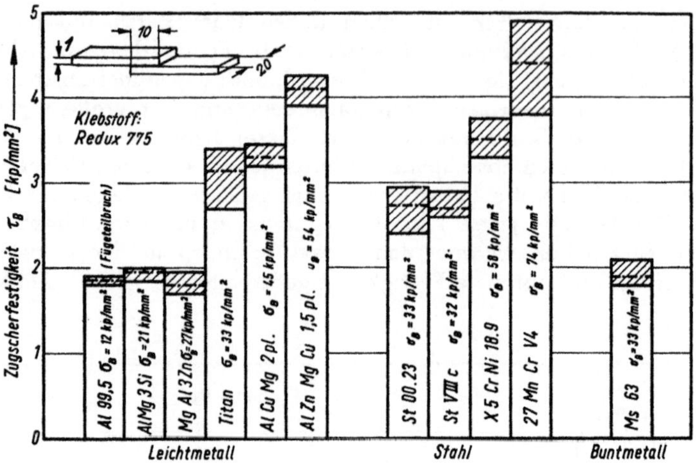

Bild 4 Zugscherfestigkeiten von Klebungen aus verschiedenen Fügeteilwerkstoffen

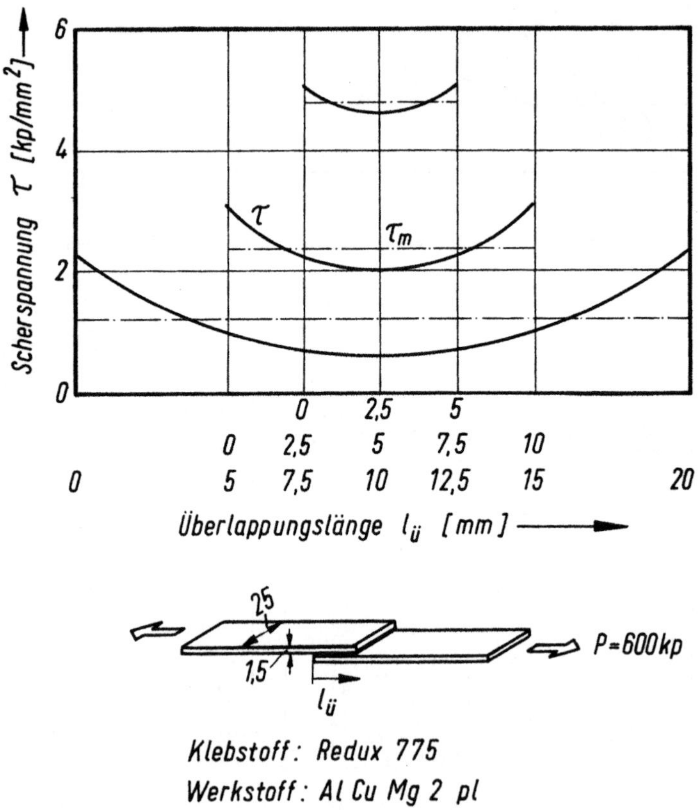

Bild 5 Scherspannungsverteilung in einer Überlappungsverbindung

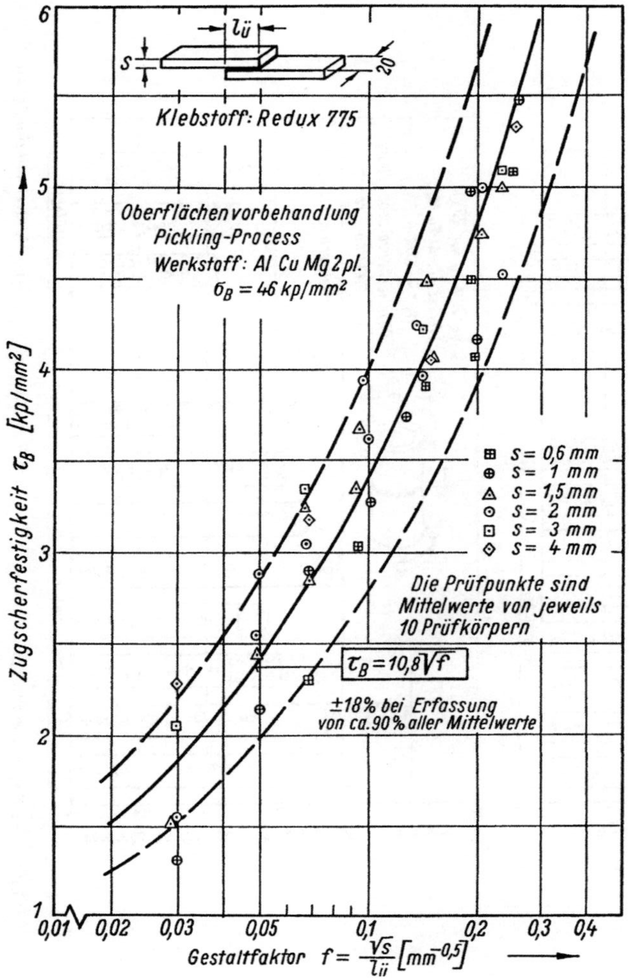

◀ b)

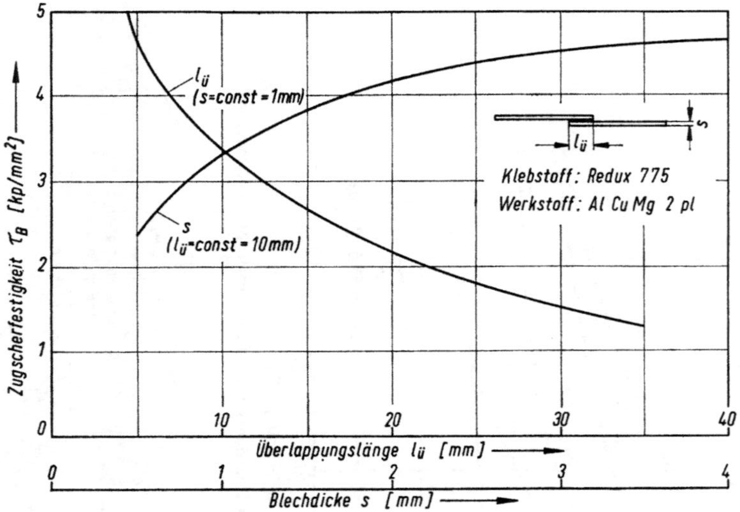

a) ▲

Bild 6 Einflußfaktoren auf die Zugscherfestigkeit von Überlappungsklebungen

a) Einfluß der Überlappungslänge und der Fügeteildicke
b) Einfluß des Gestaltfaktors

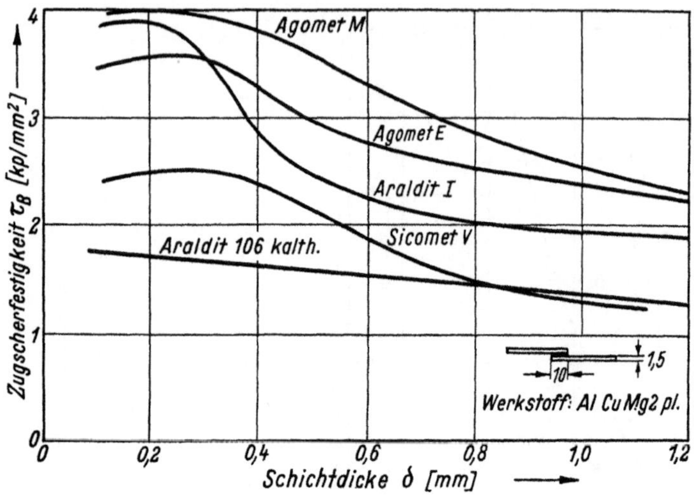

Bild 7 Einfluß der Klebschichtdicke auf die Zugscherfestigkeit von Überlappungsklebungen

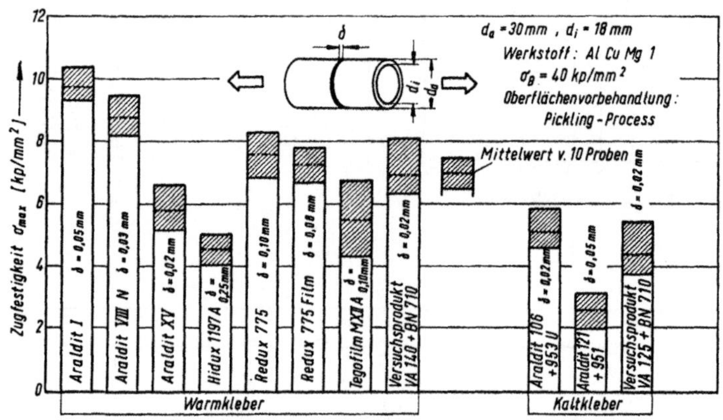

a)

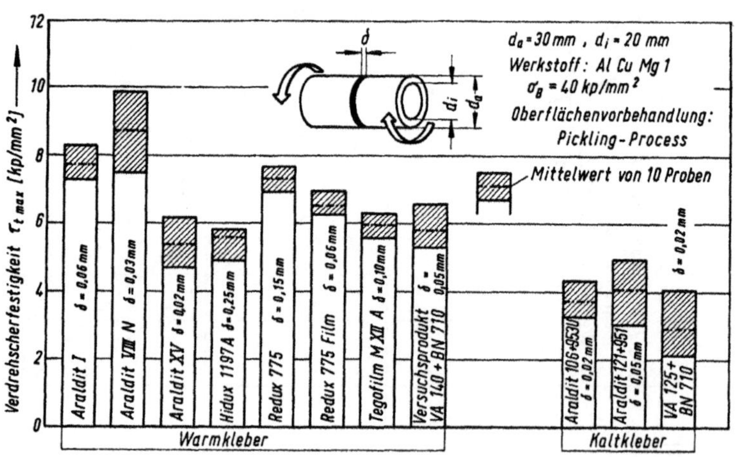

b)

Bild 8 Festigkeit von Stumpfklebungen a) Zugfestigkeit b) Verdrehscherfestigkeit

1.3.2 Einfluß vom Fügeteilwerkstoff

Die Festigkeit einer Metallklebverbindung hängt maßgeblich vom Haftungsvermögen des Klebstoffes an der Fügeteiloberfläche ab. Die Haftung (Adhäsion) soll größer sein als die Stoffestigkeit des abgebundenen Klebstoffes (Kohäsion), damit der Klebstoff die Kraftübertragung in der Verbindung übernehmen kann.
Eine optimale Haftung wird erreicht, wenn die Oberfläche der Fügeteile durch geeignete Verfahren vorbehandelt wird. Die Oberflächenvorbehandlungen sind für jeden Fügeteilwerkstoff unterschiedlich (siehe Abschnitt 3.1.2).
Der Elastizitätsmodul und die Streckgrenze der metallischen Fügeteile sind von großem Einfluß auf die Festigkeit einer Klebung, weil die Verformung der Klebschicht durch die elastischen und plastischen Dehnungen der beanspruchten Fügeteile verursacht wird. Je kleiner die elastischen Verformungen eines Fügeteils sind und je später die Streckgrenze erreicht wird, um so größer ist die Festigkeit einer Klebverbindung, Bild 4.

1.3.3 Einfluß der Verbindungsform

Klebverbindungen sollen möglichst die Form von zugbeanspruchten Überlappungen haben. Die Spannungsverteilung in der Klebschicht ist jedoch in Überlappungsklebungen ungleichmäßig, Bild 5. Am Überlappungsende treten neben Schubspannungen auch Zugspannungen senkrecht zur Klebschicht auf. Je länger die Überlappungsklebung ist, um so größer sind die Zugspannungen am Überlappungsende, der Bruch der Klebung wird am Überlappungsende eingeleitet.
Die mittlere Zugscherfestigkeit einer Überlappungsklebung nimmt mit zunehmender Überlappungslänge ab, Bild 6a. Die Bruchlast einer Klebung steigt nicht proportional mit der Überlappungslänge an, sondern hat bei der „optimalen Überlappungslänge" ein Maximum.
Bei gleicher Überlappungslänge wird die Zugscherfestigkeit mit größer werdender Fügeteildicke größer, Bild 6a. Die Einflüsse von Überlappungslänge $l_ü$ und Fügeteildicke s lassen sich durch den Begriff des Gestaltfaktors $f = \sqrt{s/l_ü}$ zusammenfassen. Klebungen mit gleichem Klebstoff, gleichem Fügeteilwerkstoff, gleicher Klebschichtdicke und gleichem Gestaltfaktor haben annähernd bei Gestaltfaktoren $f = 0{,}2$ bis 0,03 und im Bereich von Fügeteildicken $s = 0{,}5$ bis 3,0 mm eine klare Abhängigkeit der Zugscherfestigkeit τ_B vom Gestaltfaktor f, Bild 6b. Die gleichen Gesetzmäßigkeiten gelten auch für zugbeanspruchte überlappte Rohrverbindungen.
Die Dicke der Klebschicht ist von weiterem Einfluß auf die Festigkeit einer Klebung. Bei zug- und schubbeanspruchten Klebungen wird mit ansteigender Klebschichtdicke ein Festigkeitsabfall beobachtet, Bild 7. Die Ursachen für die höhere Festigkeit von dünnen Klebschichten sind neben einer Verminderung der Biegebeanspruchung in der Klebschicht eine Querkontraktions-Behinderung, die verringerte Möglichkeit von Fehlstellen in der Klebschicht und ein Minimum von Eigenspannungen infolge Schrumpfung oder Wärmedehnung beim Abbinden. Die Festigkeit geklebter Stumpfstöße, die auf Zug oder Torsion beansprucht werden, ist nur von der Eigenfestigkeit des verwendeten Klebstoffes abhängig, Bild 8.
An Verbindungsformen, bei denen die Klebschicht auf Abschälen beansprucht wird, hängt der Schälwiderstand der Verbindung von den geometrischen Abmessungen und vom Elastizitätsmodul der Fügeteile ab. Mit zunehmendem Elastizitätsmodul, größer werdender Blechdicke und kleiner werdendem Abkantradius nimmt der Schälwiderstand zu. Festigkeit und Streckgrenze der Fügeteile beeinflussen ebenfalls den Schälwiderstand. Der Einfluß kann jedoch günstig oder ungünstig sein, je nachdem ob die Kerbzugfestigkeit des Klebstoffes klein oder groß ist.

1.3.4 Einfluß der Beanspruchungszeit

Die Klebstoffe zum Verbinden von Metallen sind hochpolymere organische Substanzen und neigen zum Kriechen, wenn sie anhaltend belastet werden. Die Festigkeit von Metallklebungen ist daher bei statischer und dynamischer Belastung zeitabhängig.

Bei statischer Langzeitbeanspruchung nimmt die Lebensdauer mit zunehmender Belastung ab, Bild 9. Kriechverlauf und Kriechgeschwindigkeit sind vom Klebstoff, von der Temperatur und vom Fügeteilwerkstoff abhängig.

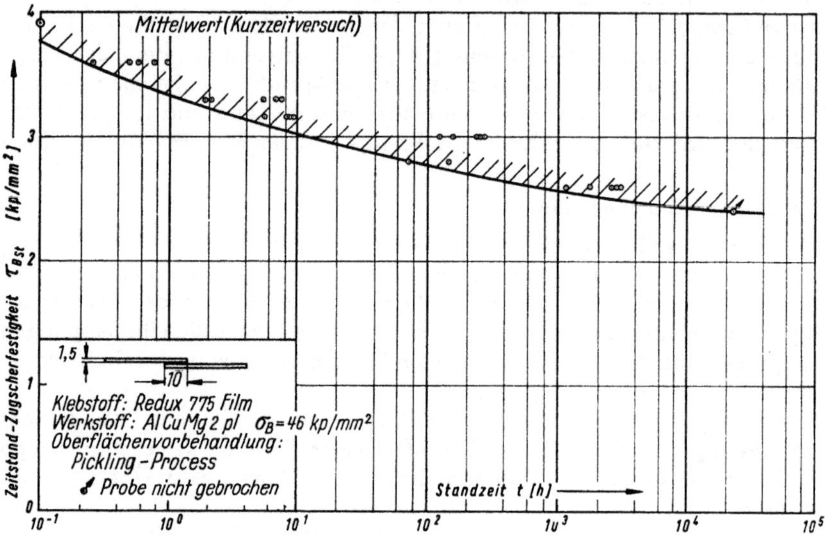

Bild 9 Zeitstandfestigkeit von Überlappungsklebungen

Bei dynamischer (schwingender) Beanspruchung hängt die Dauerfestigkeit vom Klebstoff und von den geometrischen Abmessungen der Verbindung ab, Bild 10a, 10b. Wie bei statischer Kurzzeitbelastung haben bei dynamischer Belastung Klebverbindungen von Fügeteilen mit hohem Elastizitätsmodul größere dynamische Festigkeit als Klebverbindungen von Fügeteilen mit niedrigem Elastizitätsmodul, Bild 10c. Von wesentlichem Einfluß auf die Lebensdauer ist außerdem die Größe des Spannungsausschlages im Verhältnis zur Mittelspannung. Mit zunehmender Mittelspannung muß der Spannungsausschlag kleiner gewählt werden, wenn gleiche Lastspielzahlen erreicht werden sollen, Bild 11.

1.3.5 Umwelteinflüsse

Der Einfluß der Temperatur auf die Festigkeit einer Klebung ist je nach Klebstoff und Einwirkungszeit verschieden. Bei kurzzeitiger Wärmeeinwirkung ist der Festigkeitsabfall von nichtwärmebeständigen Klebstoffen größer als von wärmebeständigen Klebstoffen; kurzzeitige Kälteeinwirkung führt je nach Klebstofftyp zum Festigkeitsanstieg oder -abfall, Bild 12. Langanhaltende Kälteeinwirkung auf Klebverbindungen hat keinen Einfluß auf die Festigkeit der Klebung.

Langzeitwärmeeinwirkung ohne Belastung bewirkt eine Veränderung der Molekularstruktur des Klebstoffes. Je nach Klebstofftyp und Fügeteilwerkstoff wird die Festigkeit verbessert oder verschlechtert. Die Festigkeit wird größer, wenn die lange Wärmeeinwirkung die Vernetzung des Klebstoffes erhöht (tempern), Bild 13a; sie wird kleiner, wenn der Vernetzungsgrad abnimmt (oxydativer Abbau) oder wenn das Haftungs-

a) Abhängigkeit vom Klebstoff

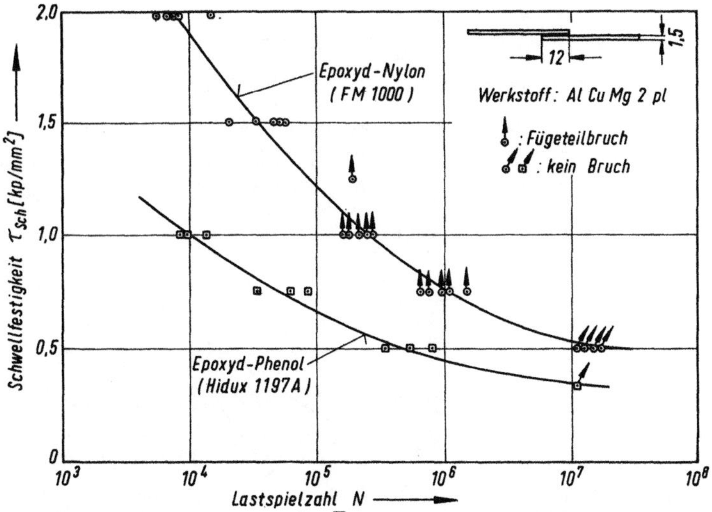

b) Abhängigkeit von der Überlappungslänge

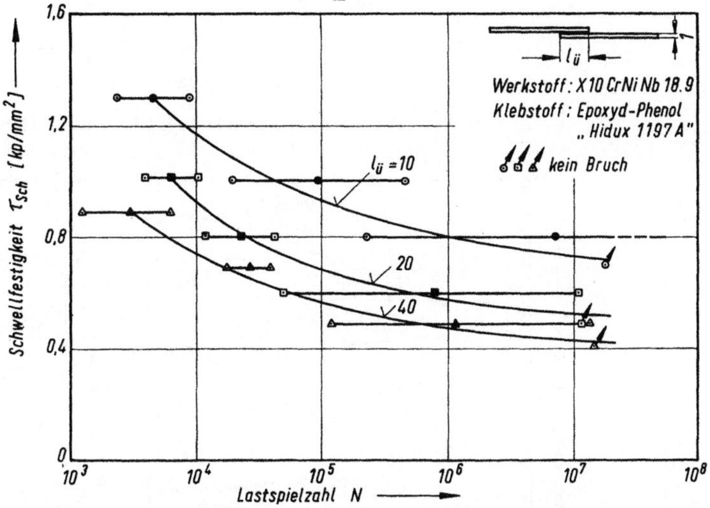

c) Abhängigkeit vom Fügeteilwerkstoff

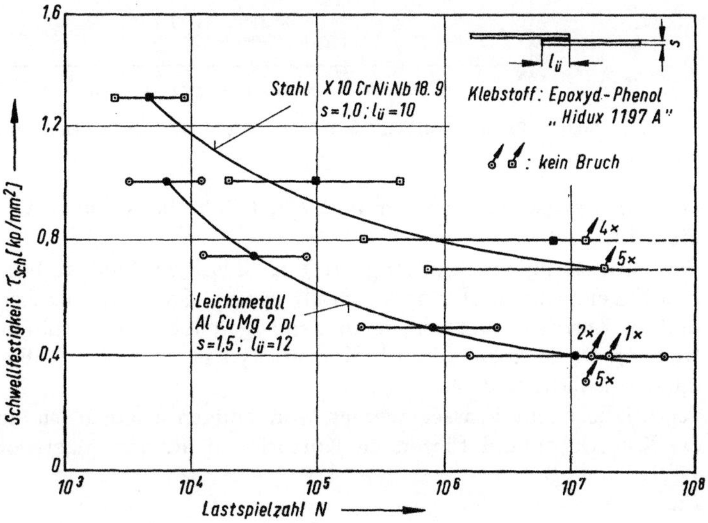

Bild 10 Schwellfestigkeit von Überlappungsklebungen

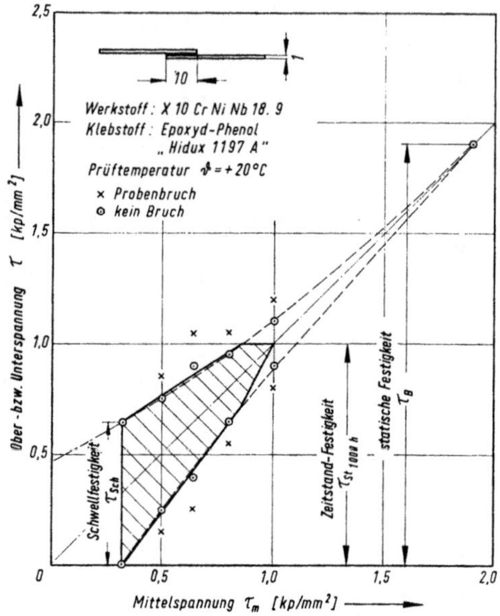

Bild 11 Dauerfestigkeitsschaubild für Überlappungsklebungen

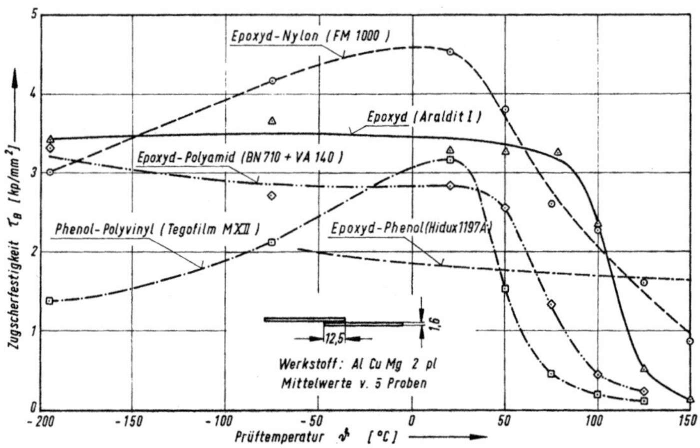

Bild 12 Zugscherfestigkeit verschiedener Metallkleber bei unterschiedlicher Prüftemperatur

vermögen zwischen Klebstoff und Fügeteiloberfläche durch Oxydationsvorgänge nachläßt, Bild 13b.

Bei Einwirkung von Feuchtigkeit und flüssigen Medien besteht zwischen Klebstoff und Fügeteilwerkstoff eine Wechselwirkung. Sie kann zur Zersetzung des Klebstoffes und zu Korrosionsvorgängen an der Fügeteiloberfläche führen und die Festigkeit der Klebung vermindern. Je nach Klebstofftyp ist z. B. der Einfluß einer Wasserlagerung unterschiedlich, Bild 14.

Feuchtigkeit und Wasser werden von einigen Klebstoffen aufgenommen, erweichen die Klebschicht und führen zu Korrosionen an der Fügeteiloberfläche in der Grenzschicht zwischen Klebstoff und Fügeteil. Kohlenwasserstoffe zersetzen die Klebstoffe; gegenüber Säuren und Laugen sind sie jedoch meistens beständig.

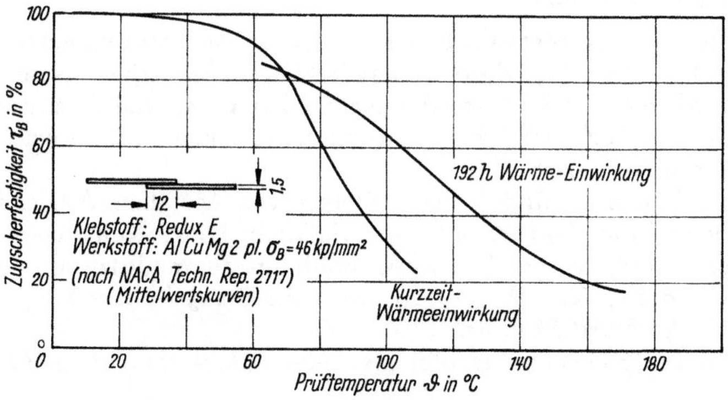

a) Phenol-Polyvinyl-Klebstoff (Lagerungstemperatur = Prüftemperatur)

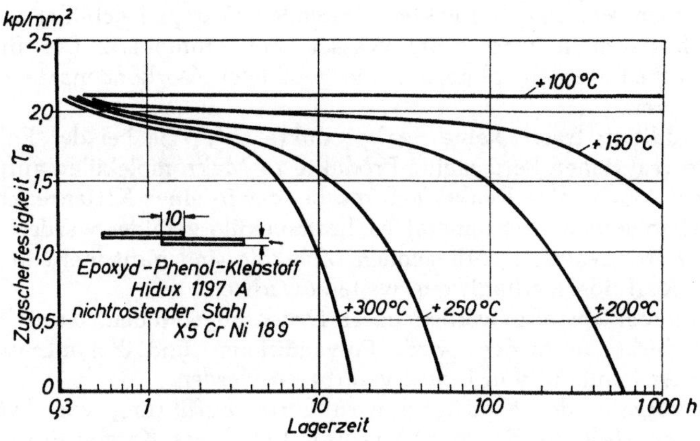

b) Epoxyd-Phenol-Klebstoff (Raumtemperaturfestigkeit nach der Wärmelagerung)

Bild 13 Zugscherfestigkeit von Überlappungsklebungen nach langer Wärmelagerung

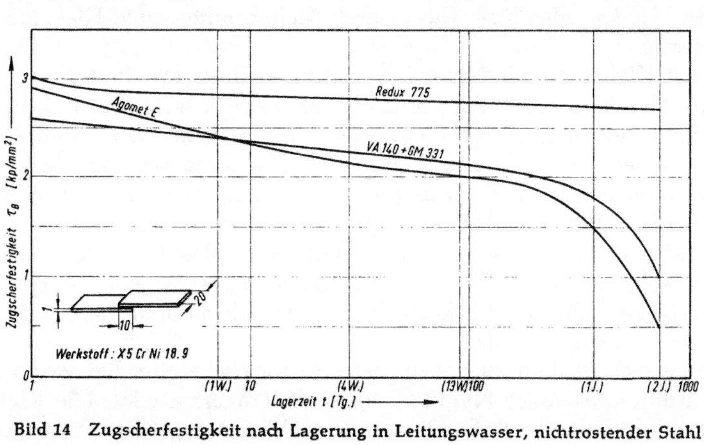

Bild 14 Zugscherfestigkeit nach Lagerung in Leitungswasser, nichtrostender Stahl

2. Klebstoffe für das Metallkleben

2.1 Einteilung der Klebstoffe

Die Klebstoffe für das Metallkleben sind organische makromolekulare Substanzen, die sich je nach Klebstoffart durch unterschiedliche chemische Zusammensetzung und durch verschiedenen Reaktionsmechanismus beim Abbinden unterscheiden. Eine Einteilung der Klebstoffe erfolgt deshalb im allgemeinen nach Kunstharzart und nach Abbindungs-(Reaktions-)art.

Folgende Kunstharzarten finden beim Kleben von Metallen Anwendung: *Epoxyde, Phenole, Polyurethane, Polyaromate* und *Silikone.* Diese Kunstharze werden jedoch meist für den jeweils vorgesehenen Anwendungsfall modifiziert oder sind Kombinationen von mehreren Kunstharztypen, wie z. B.: *Epoxyd-Phenole, Epoxyd-Polyamide, Phenol-Polyvinyle, Nitril-Phenole.*

Das Abbinden der Klebstoffe erfolgt als *Polykondensation, Polyaddition* und *Polymerisation.*

Die Polykondensation ist eine Reaktion, bei der Makromoleküle unter Abspaltung von Bestandteilen aus den in Reaktion tretenden Gruppen gebildet werden. Die abgespaltenen Bestandteile sind meist Wasser und Ammoniak. Die Bildungsreaktion kann unterbrochen werden, ohne daß die gebildeten Vorkondensate ihre Reaktionsfähigkeit verlieren.

Bei der Polyaddition treten keine Spaltprodukte auf. Wie bei der Polykondensation können in Vorreaktionen hergestellte Produkte zu Makromolekülen aufgebaut werden.

Die Polymerisation ist eine Reaktionsform, bei der in einer Kettenreaktion aus gleichartigen Einzelmolekülen (Monomere) Makromoleküle gebildet werden. Die nach dem Abbruch der Kettenreaktion vorliegenden Moleküle sind nicht mehr in der Lage, nach dem gleichen Reaktionsmechanismus weiterzuwachsen.

Polykondensationsklebstoffe werden unter Druck abgebunden, damit Schaumbildung in der Klebschicht vermieden wird. Polyadditions- und Polymerisationsklebstoffe können ohne Anwendung von Druck verarbeitet werden.

Der Abbindevorgang der Klebstoffe wird durch Zuführung von Wärme in Gang gebracht, oder er erfolgt bei Raumtemperatur mit Hilfe von Katalysatoren in exothermer Reaktion. Man unterscheidet deshalb *warmabbindende* und *kaltabbindende* Klebstoffe.

2.2 Lieferform der Klebstoffe

Die Klebstoffe werden als *Ein-, Zwei-* und *Mehrkomponenten*-Klebstoffe oder als Klebfilme geliefert.

Einkomponenten-Klebstoffe sind meist Vorreaktionsprodukte in Lösungsmitteln als flüssige und pastöse Klebstoffe, oder Schmelzklebstoffe in fester Form. Zum Abbinden ist Wärme erforderlich. Unter Zwei- und Mehrkomponenten-Klebstoffen versteht man Klebstoffe, bei denen zwei oder mehr Komponenten kurz vor der Verarbeitung gemischt werden, oder bei denen die Komponenten einzeln auf das zu klebende Fügeteil aufgetragen werden. Die einzelnen Komponenten sind entweder Harz und Härter, Harz-Beschleuniger-Gemische und Härter, Harz und plastifizierende Komponenten. Das Abbinden solcher Klebstoffe kann bei Raumtemperatur oder durch Zuführung von Wärme erfolgen. Bei vielen kaltabbindenden Klebstoffen kann das Abbinden durch Wärme beschleunigt werden.

Als Klebfilme bezeichnet man zu Folien ausgewalzte Klebstoffe. Bei vielen Klebfilmen dienen Glasmatten, Glas- oder Nylon-Gewebe als Trägermaterial. Die Klebfilme sind Vorreaktionsprodukte, die durch Zuführung von Wärme abgebunden werden.

Viele Klebstoffe sind bei gleichem Klebstofftyp in unterschiedlicher Lieferform erhältlich. Damit besteht die Möglichkeit, bei jedem Anwendungsfall die für die Verarbeitung günstigste Form auszuwählen.

2.3 Prüfverfahren zum Beurteilen von Klebstoffen

Zum Anwenden des Metallklebens in der Fertigung muß für den jeweiligen Anwendungsfall der vorteilhafteste Klebstoff ausgewählt werden. Der gewählte Klebstoff soll optimale Eigenschaften in bezug auf Festigkeit, Beständigkeit und Verarbeitung besitzen. Die Festigkeits- und Beständigkeitseigenschaften der Klebstoffe werden durch technologische Prüfungen ermittelt, die ein vergleichendes Beurteilen der Klebstoffe ermöglichen. Die Prüfverfahren für Metallklebstoffe und Metallklebungen sind genormt. In der Tafel 1 sind die wichtigsten Verfahren zusammengestellt, die in den USA, in England und in Deutschland vorgeschrieben sind.

Der Zugscherversuch mit einfach überlappten Klebungen ist die am meisten angewendete Prüfung, Bild 15 a. Der einfache Probekörper erlaubt wirtschaftlich das Herstellen großer Probenzahlen, eine Voraussetzung für zuverlässige Versuchsergebnisse. Mit dem Zugscherversuch können statische und dynamische Festigkeitswerte ermittelt werden. Außerdem kann die Festigkeit einer Klebung in Abhängigkeit von der Temperatur, nach Einwirkung von Feuchtigkeit und Flüssigkeiten, nach Alterung, nach langer Einwirkung von Kälte und Wärme sowie nach Kombinationen dieser Einwirkungen mit diesem Versuch bestimmt werden. Die Festigkeitswerte bei Normalbeanspruchung werden mit starren Probekörpern durch den Zugversuch senkrecht zur Klebfläche, Bild 15 b, und die Scherfestigkeit durch den Torsionsversuch, Bild 15 c, bestimmt.

a) Zugscherversuch

b) Zugversuch

c) Verdrehscherversuch

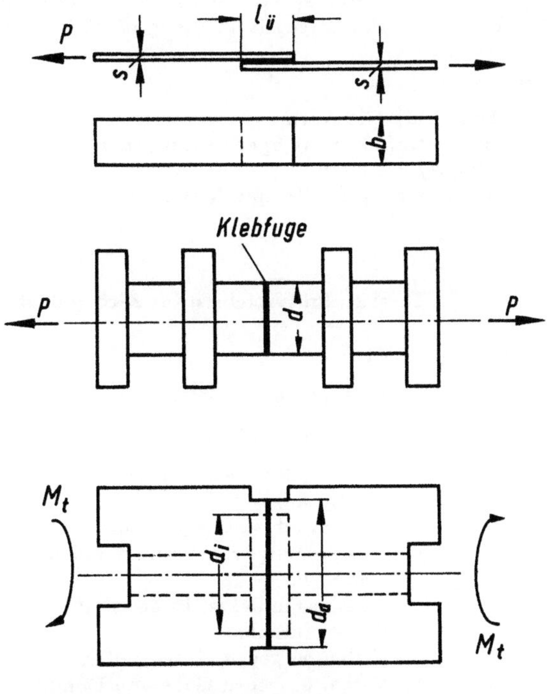

Bild 15 Prüfung von Metallklebverbindungen

Tafel 1 **Prüfnormen für Metallklebverbindungen**

Normbezeichnung	Titel
DIN 53281 Bl. 1	Prüfung von Metallklebstoffen und Metallklebungen: Probekörper, Vorbehandlung der Klebflächen
DIN 53281 Bl. 2	——: Herstellung von Probekörpern
DIN 53281 Bl. 3	——: Kenndaten des Klebvorganges
DIN 53282	——: Winkelschälversuch
DIN 53283	——: Bestimmung der Bindefestigkeit von einschnittig überlappten Klebungen im Zugversuch
DIN 53284	——: Zeitstandversuch an einschnittig überlappten Klebungen
DIN 53285	——: Dauerschwingversuch an einschnittig überlappten Klebungen
DIN 53286	——: Bedingungen für die Prüfung bei verschiedenen Temperaturen
DIN 53287	——: Lagerung in Flüssigkeiten
DIN 53288	——: Bestimmung der Zugfestigkeit senkrecht zur Klebfläche
DTD 775 B	Aircraft material specification, adhesive suitable for joining metals
DTD 915 A	Aircraft material specification, process for cleaning aluminium and aluminium alloy plating
MIL-A-5090 D	Adhesives, heat resistant, airframe structural, metal to metal
MIL-A-9067 C	Adhesive bonding, process and inspection requirements
ASTM-D-897	Tensile strength in butt joints under slowly applied loads
ASTM-D-903	Peel strength (pull-back method)
ASTM-D-905	Strength properties of adhesives in shear by compressive loading
ASTM-D-950	Impact strength of adhesives
ASTM-D-1002	Strength properties of adhesives in shear by tension loading
ASTM-D-1344	Cross-lap specimens for tensile properties of adhesives
ASTM-D-1781-T	Peel strength (climbing-drum method)

Abkürzungen:

DIN = Deutsche Industrie Norm
DTD = British Aircraft Process Specification (Director of Technical Development)
MIL = US-Military Standard
ASTM = American Society for Testing Materials

Tafel 2 **Prüfverfahren für Klebstoffsubstanzen**

Normbezeichnung	Titel
	Prüfung von Kunststoffen:
DIN 53455, DIN 53371	Eigenschaften beim Zugversuch
DIN 53452	Eigenschaften beim Biegeversuch
DIN 53453	Schlagzähigkeit
DIN 53445	Torsionsschwingungsversuch (Bestimmung von Schubmodul und logarithmischem Dämpfungsdekrement)
DIN 53461	Formbeständigkeit in der Wärme
DIN 53475	Wasseraufnahme
DIN 53476	Verhalten gegen Flüssigkeiten
DIN 53428	Verhalten gegen Gase und Dämpfe
DIN 53446	Bestimmung von Zeit-Temperatur-Grenzen nach Wärmelagerung

Tafel 3 **Klebstoffe für Bauteil-Klebungen im Flugzeugbau (Auswahl)**

Handelsname	Lieferform	Kunstharz-Typ	Träger-Werkstoff bei Film	Hersteller	Bemerkungen
Araldit I	fest	Epoxyd			
Araldit VIII	Paste	Epoxyd			
Araldit XV	flüssig	Epoxyd		CIBA-Basel (Schweiz)	
Araldit 123 B + 953 U	Paste	Epoxyd-Polyamid			
Redux 775	flüssig + Pulver	Phenol-Polyvinyl			
Redux 775 R	Film	Phenol-Polyvinyl	Glas- bzw. Nylon-Gewebe		
Hidux 1197	Film	Epoxyd-Phenol	Glasgewebe	CIBA-Duxford (England)	mit Al-Pulver gefüllt
Hidux 1233	flüssig	Epoxyd-Phenol			
FM 61	Film	Vorderseite Epoxyd Rückseite Nitril-Elastomer	Nylon-Gewebe	Bloomingdale	
FM 96	Film	Modifiz. Epoxyd	Nylon-Gewebe	Rubber Comp.,	
FM 1000	Film	Epoxyd-Nylon		Aberdeen,	
HT 424	Film	Epoxyd-Phenol	Glasfaser-Gewebe	Maryland (USA)	mit Al-Pulver gefüllt
FM 47	Film	Phenol-Polyvinyl	Glasfaser-Gewebe		
Scotchweld AF 40	Film	Epoxyd-Nylon			
Scotchweld AF 30	Film	Nitril-Phenol			
Scotchweld AF 31	Film	Nitril-Phenol		Minnesota Mining &	
EC 1469	flüssig	Epoxyd		Manufacturing Comp.,	
EC 1956	flüssig	Epoxyd		St. Paul, Minnesota (USA)	
EC 1471	flüssig	Polyvinyl			
Metlbond 324	Film	Epoxyd			
Metlbond 406	Film	Epoxyd			
Metlbond 408	Film	Epoxyd-Nylon		Narmco Materials Div.,	
Metlbond 306	Film	Epoxyd-Phenol	Glasfaser-Gewebe	Costa Mesa,	
Metlbond 402	Film	Nitril-Phenol		California (USA)	
Imidite 850	Film	Polyimid	Glasfaser-Gewebe		
Bondmaster M 611	Film	Epoxyd		Rubber & Asbestos Corp.,	
Plymaster ACG 1031	Film	Epoxyd-Phenol	Glasfaser-Gewebe	Bloomfield, N. J. (USA)	
Epon 934	flüssig	Epoxyd		Shell Chemical Comp.,	
Epon 901-B 3	flüssig	Epoxyd		Pittsburg,	
Epon 422	Film	Epoxyd-Phenol		California (USA)	
Aerobond 430	Film	Epoxyd-Phenol		Adhesive Engineering,	
Aerobond 422	Film	Epoxyd-Phenol		San Carlos, California (USA)	

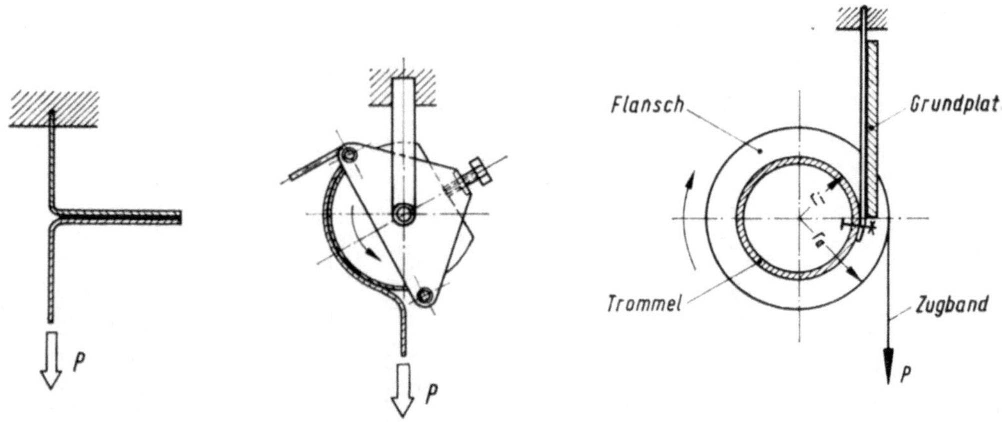

a) Winkel-Schälversuch b) Rollen-Schälversuch c) Klettertrommel-Schälversuch

Bild 16 Abschälprüfverfahren von Metallklebverbindungen

Der Widerstand einer Klebverbindung gegen abschälende Kräfte ist ein Klebstoffkennwert, der durch Schälversuche ermittelt wird. Mehrere Schälversuche sind möglich, Bild 16. Der Winkelschälversuch ist ein einfaches Verfahren und erlaubt eine gute Beurteilung des Schälwiderstandes eines Klebstoffes oder einer Klebverbindung. Die Prüfverfahren zum Bestimmen der Eigenschaftswerte der abgebundenen Klebstoffsubstanzen sind nicht genormt. Sie können zum Beurteilen von Klebstoffen für die praktische Anwendung in Einzelfällen notwendig sein. In der Tafel 2 sind Prüfverfahren angegeben, die für die Prüfung von Klebstoffsubstanzen angewendet werden können.

2.4 Klebstoffe für den Flugzeugbau

Der Flugzeugbau stellt hohe Anforderungen an die Qualitäten der Klebverbindungen. Deshalb eignet sich nicht jeder Klebstoff für eine Anwendung im Flugzeugbau. Viele Klebstoffe sind bereits im europäischen und amerikanischen Flugzeugbau zugelassen und haben sich bewährt. Die Tafel 3 gibt einen Überblick über einige im Flugzeugbau verwendete Klebstofftypen; sie kann nicht vollständig sein, weil ständig neue Klebstoffe entwickelt, erprobt und zugelassen werden.

3. Fertigungstechnik des Metallklebens

3.1 Fertigungsmittel

Eine gleichmäßige Qualität von Metallklebverbindungen kann nur erreicht werden, wenn eine Fertigungstechnik angewendet wird, die die Besonderheiten dieses Fügeverfahrens berücksichtigt. Dazu gehören eine einwandfreie Oberflächenvorbehandlung der Fügeteile, eine Klebstoffverarbeitung nach den von den Klebstoff-Herstellern erlassenen Verarbeitungsbedingungen und ein dem verwendeten Klebstoff angepaßter Fertigungsablauf. Die Größe der Bauteile, ihre Bauweise, die Stückzahl und die Art der verwendeten Klebstoffe bestimmen die erforderlichen Fertigungsmittel.

3.1.1 Allgemeine Werkstatteinrichtungen

Alle Räume, in denen Metallklebverbindungen hergestellt werden, müssen sauber, staubfrei, trocken und gut belüftbar sein.

Sauberkeit wird durch abriebfeste Fußböden gewährleistet, die oft gereinigt werden müssen. Weiße Arbeitskleidung für die Beschäftigten ist zu empfehlen, weil dadurch die Sauberkeit gefördert wird und kontrolliert werden kann. Weiße Baumwollhandschuhe für das Hantieren mit den Fügeteilen sind in ausreichender Menge bereitzuhalten. In der Nähe der Arbeitsplätze sind Waschgelegenheiten für das Arbeitspersonal anzulegen.

Das Belüften der Arbeitsräume soll durch Belüftungsanlagen erfolgen, in denen die Luft gereinigt, getrocknet und möglichst temperiert werden kann. Mehrmaliger Luftwechsel pro Stunde ist anzustreben. Die Temperatur in den Werkstätten soll ca. + 20° C bei einer relativen Luftfeuchte von ca. 55 % betragen.

Das Zubereiten der Klebstoffe, die Oberflächenvorbehandlung der Fügeteile und das Kleben sollen räumlich voneinander getrennt erfolgen.

Im Klebstoffzubereitungsraum wird der Klebstoff nach den Vorschriften der Hersteller gelagert und je nach Klebstofftyp gemischt. Wiege- und Mischeinrichtungen müssen vorhanden sein. Als Mischgefäße eignen sich handliche und flexible Kunststoffgefäße. Mechanische Rührwerke gewährleisten ein einwandfreies Mischen der Klebstoffkomponenten.

Die Oberflächenvorbehandlung der Fügeteile erfolgt meist in Entfettungsanlagen und in chemischen Beizbädern. Das verwendete Wasser muß salzfrei und enthärtet sein. Dies wird durch Wasseraufbereitungsanlagen gewährleistet.

Die Beizbäder sind laufend auf ihre Zusammensetzung und Temperatur zu kontrollieren. Die Aufbereitung der verbrauchten Beizbäder hat in Neutralisationsanlagen zu erfolgen, die den gesetzlichen Vorschriften für Abwässer entsprechen.

Das Auftragen des Klebstoffes, das Zusammenlegen und Fixieren der Fügeteile erfolgt in Klebvorrichtungen oder auf Arbeitstischen, deren Größe den Bauteilen angepaßt sein muß. Schwere Klebvorrichtungen sollen fahrbar sein. Krananlagen zum Transport von Klebvorrichtungen und Fügeteilen sind vorteilhaft und bei der Oberflächenvorbehandlung Voraussetzung für einen Wechsel der Fügeteile zwischen den einzelnen Vorbehandlungsphasen.

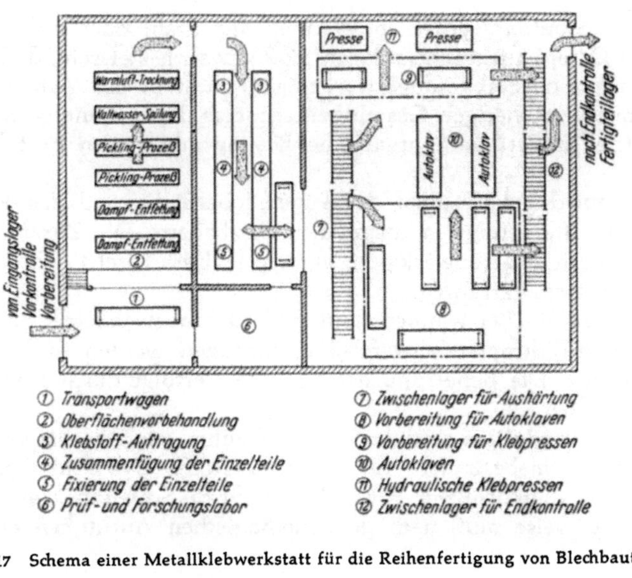

Bild 17 Schema einer Metallklebwerkstatt für die Reihenfertigung von Blechbauteilen

Das Kleben der Bauteile erfolgt in Klebeinrichtungen (siehe Abschnitt 3.1.4).
Die Klebeinrichtungen sind räumlich so anzuordnen, daß ein kontinuierlicher Fertigungsablauf möglich ist. Bild 17 zeigt als Beispiel das Schema einer Klebwerkstatt für eine Serienfertigung von großflächigen Bauteilen.

3.1.2 Oberflächenvorbehandlung der Fügeteile

Die Oberflächenvorbehandlung der Fügeteile soll die Haftfähigkeit des Klebstoffes auf der Metalloberfläche verbessern und optimale Festigkeiten der Klebverbindung ermöglichen. Dazu müssen die Fügeteile gereinigt und durch geeignete Verfahren vorbehandelt werden. Dadurch wird die wirksame Fügefläche durch submikroskopische Aufrauhung vergrößert, und die Grenzflächenkräfte an der Fügeteiloberfläche werden erhöht.
Unter Reinigen versteht man das Säubern der Fügeteile von groben Verunreinigungen, von Schmutz, Farbresten, Zunder u. ä. und einem anschließenden Entfetten. Die Fügeteil-Werkstoffe werden für die Luftfahrt in den meisten Fällen in sauberem Zustand angeliefert, so daß ein Vorreinigen häufig entfallen kann. Das Entfetten erfolgt in einem Entfettungsbad.
Folgende Entfettungsmittel und Verfahren haben sich bewährt:

1. Tauchen in gepufferten alkalischen Lösungen z. B.
   „Grisal K" (Farbwerke Hoechst),
   „P 3 T 651" (Henkel, Düsseldorf),
2. Dampfentfetten mit organischen Lösungsmitteln z. B.
   Perchloräthylen,
   Trichloräthylen,
   Methylenchlorid.

Die Werkstoffe, die für die Entfettungsbäder verwendet werden, sind nach dem jeweiligen Entfettungsmittel auszuwählen.
Für alkalische Lösungen eignen sich Stahlwannen, die mit Kunststoff ausgekleidet sind. Die Beheizung der Badflüssigkeit erfolgt durch Heizschlangen, durch die Heißwasser oder Heißdampf geleitet wird. Die Temperaturregelung muß durch Thermostate erfolgen.
Organische Lösungsmittel werden in Wannen aus Stahl oder nichtrostendem Stahl aufbewahrt. Bei Dampfentfettungsanlagen muß gewährleistet sein, daß Lösungsmitteldämpfe kondensiert oder abgesaugt werden und nicht in den Arbeitsraum gelangen können. Wegen des schwierigen Gesundheitsschutzes des Bedienungspersonals werden in einer industriellen Fertigung organische Lösungsmittel zum Entfetten kaum verwendet.
Das submikroskopische Aufrauhen der Fügeteiloberfläche und das Wirksammachen der Grenzflächenkräfte erfolgt in chemischen Beizbädern. Die Zusammensetzung der Beizbäder ist je nach Fügeteilwerkstoff unterschiedlich. Tafel 4 gibt einen Überblick über die angewendeten Verfahren.
Die Werkstoffe für die Beizwannen sind nach den verwendeten Beizlösungen auszuwählen, Natrium-Bichromat-Schwefelsäure-Lösungen werden in bleiausgekleideten Gefäßen aufbewahrt. Die Beheizung der Beizbäder erfolgt durch Heizschlangen oder elektrische Tauchsieder.
In einzelnen Fällen genügt ein mechanisches Aufrauhen zur Oberflächenvorbehandlung nach dem Entfetten, insbesondere für Stahlwerkstoffe. Das Aufrauhen ist möglich durch Strahlen mit feinkörnigem Korund und durch Schleifen von Hand oder mit Schleifbändern. Teilweise muß nach dem mechanischen Aufrauhen eine zweite Entfettung erfolgen.

Tafel 4 **Vorbehandlung der Klebflächen**
(auszugsweise Wiedergabe mit Genehmigung des Deutschen Normenausschusses)

Übersicht über die chemischen Vorbehandlungs-Verfahren

Werkstoffe	Verfahren	Kurzzeichen
Aluminium	Schwefelsäure-Natriumdichromat-Verfahren	A
	Alkali-Verfahren	F
Magnesium	Salpetersäure-Kaliumdichromat-Verfahren	B
Schwermetalle, außer Stahl	Schwefelsäure-Natriumdichromat-Verfahren	A
Stahl, Nichtrostender Stahl	Schwefelsäure-Oxalsäure-Verfahren	C
Allgemeiner Baustahl	Schwefelsäure-Verfahren	D
Nichtrostender Stahl	Salzsäure-Verfahren	E

Behandlungsbedingungen und Zusammensetzung der Beizlösungen

Kurzzeichen	Verfahren Benennung	Beizlösung	Beiztemperatur °C	Beizdauer min	Behandlung nach dem Beizen
A	Schwefelsäure-Natrium-dichromat-Verfahren (Pickling-Verfahren) [2]	27,5 Gew.-% konzentrierte Schwefelsäure H_2SO_4 (Dichte 1,82 g/ml) 7,5 Gew.-% Natrium-dichromat ($Na_2Cr_2O_7 \cdot 2\,H_2O$) 65 Gew.-% Wasser	für Aluminium 60 bis 65 für Schwermetalle außer Stahl Raumtemperatur	 30 5	Spülen mit Wasser und Nachspülen mit entsalztem Wasser
B	Salpetersäure-Kaliumdichromat-Verfahren	20 Gew.-% Salpetersäure HNO_3 15 Gew.-% Kalium-dichromat ($K_2Cr_2O_7 \cdot 2\,H_2O$) 65 Gew.-% Wasser	Raumtemperatur	1	
C	Schwefelsäure-Oxalsäure-Verfahren	10 Gew.-% konzentrierte Schwefelsäure H_2SO_4 (Dichte 1,82 g/ml) 10 Gew.-% Oxalsäure $(COOH)_2$ 80 Gew.-% Wasser	60 ± 3	30	Nachspülen mit kaltem Wasser und Entfernen der Oxidschicht mit Dampfstrahl
D	Schwefelsäure-Verfahren	17 Gew.-% konzentrierte Schwefelsäure H_2SO_4 (Dichte 1,82 g/ml) 83 Gew.-% Wasser	80 ± 3	10	Neutralisieren mit Sodalösung und Nachspülen mit Methanol
E	Salzsäure-Verfahren	30 Gew.-% konzentrierte Salzsäure HCl (Dichte 1,18 g/ml) 70 Gew.-% Wasser	Raumtemperatur	15	Spülen mit Wasser und Nachspülen mit entsalztem Wasser
F	Alkali-Verfahren	Gepufferte Natronlauge [3]	siehe Firmenvorschriften		

[2]) Siehe Aircraft Process Specification D.T.D. 915 B (Britische Arbeitsvorschrift)

[3]) Z. B. Verfahren mit Grisal K extra der Farbwerke Hoechst, Frankfurt/Main-Hoechst, oder P 3 T 651 der Firma Henkel & Cie., Düsseldorf

3.1.3 Klebvorrichtungen

In Klebvorrichtungen werden die zu verklebenden Fügeteile zusammengelegt, fixiert und in die Klebeinrichtungen eingebracht.
Die Klebvorrichtungen müssen mit ihren Aufnahmeflächen und mit ihrer Herstellungsgenauigkeit der geforderten Kontur des fertigen Bauteiles entsprechen. Die Vorrichtungen müssen stabil sein und aus einem Werkstoff bestehen, der sich in der Wärme beim Abbindevorgang des Klebstoffes nicht unzulässig mehr als das Bauteil ausdehnt. Die Klebvorrichtungen sind deshalb sorgfältig nach diesen Gesichtspunkten zu konstruieren.
Klebvorrichtungen für Autoklavenklebung und Pressenklebung sind unterschiedlich in ihrem Aufbau.

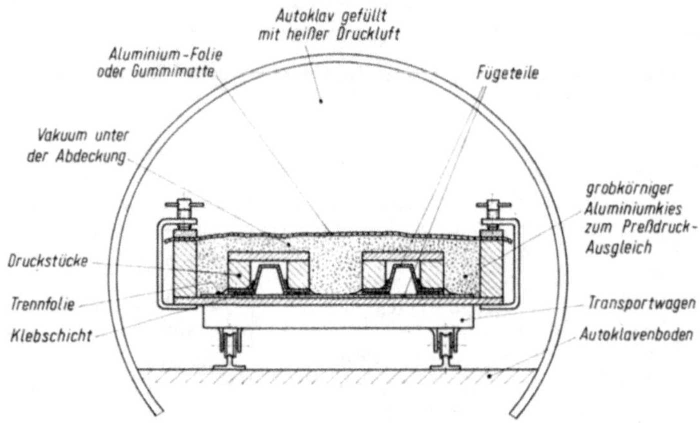

Bild 18 Beispiel einer Autoklaven-Klebung

Bild 18 zeigt schematisch den Aufbau einer Autoklavenklebvorrichtung. Die Aufnahmefläche für das Fügeteil entspricht der geforderten Kontur des fertigen Bauteiles. Der Druck auf die Klebfläche wird über Formteile, Druckstücke oder Profilleisten aufgebracht, die unter einer luftundurchlässigen Aluminium- oder Kunststoffolie liegen. Die Luft unter der Aluminiumfolie wird evakuiert, und der Überdruck im Autoklavenkessel erzeugt den Preßdruck auf die Klebfläche. Durch geschickte Gestaltung der Druckstücke ist es möglich, diese für die verschiedensten Bauteile zu verwenden. Dadurch vereinfacht sich die Fertigung im Autoklaven. Bild 19 zeigt eine Autoklaven-Klebvorrichtung aus Metall für eine Großflächenklebung.
Klebvorrichtungen für das Kleben in hydraulischen Pressen bestehen aus einer unteren und einer oberen Druckplatte. Die Abmessungen der Druckplatten sind so aufeinander abzustimmen, daß unter Berücksichtigung der Dicken-Toleranzen der Fügeteile und der Wärmeausdehnungen von Klebvorrichtung und Fügeteil stets eine gleichmäßige Klebstoffdicke erreicht wird. Diese fertigungstechnische Forderung bereitet mitunter Schwierigkeiten und ist oft nicht ohne Nacharbeit der Fügeteile möglich.
Klebvorrichtungen können vielfach aus Kunststoff hergestellt werden. Hierfür eignen sich wärmebeständige Epoxyd-Harze. Die unterschiedliche Wärmeausdehnung zwischen Kunststoff und metallischem Fügeteil wird durch metallische Füllstoffe im Kunstharz ausgeglichen. Eine sinnvolle Anordnung von Kanälen in der Vorrichtung ermöglicht eine gute Wärmeführung und Kühlung. Die gegen das Bauteil gerichtete Oberfläche

der Vorrichtung muß glatt und dicht sein und darf deshalb keinen grobkörnigen Füllstoff enthalten.
Klebvorrichtungen, in denen Fügeteile mit kaltabbindenden Klebstoffen verbunden werden, werden ebenfalls meist aus Kunstharzen angefertigt. Der bei Kaltklebern aufzubringende niedrige Druck dient lediglich dazu, dünne und gleichmäßige Klebschichten zu erreichen. Dazu genügt die Verwendung von einfachen Spannvorrichtungen oder das Beschweren mit Gewichten.

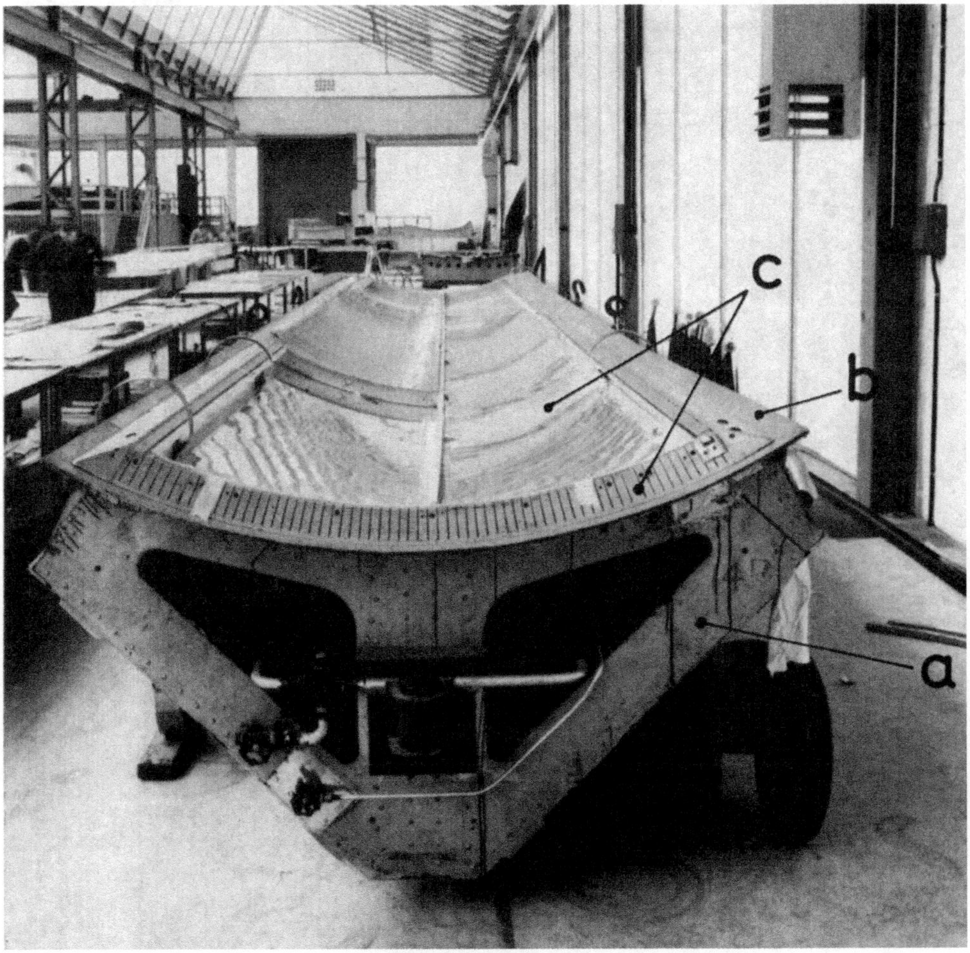

Bild 19 Autoklav-Klebvorrichtung aus Metall (Werkfoto Siebel ATG)

a) Untergestell aus Formprofilen b) Konturschablone aus Leichtmetall c) Bauteil (etwa 2 m breit, etwa 6 m lang)

3.1.4 Klebeinrichtungen

In den Klebeinrichtungen werden die in Klebvorrichtungen fixierten und mit Klebstoff versehenen Fügeteile durch Zuführung von Wärme und Druck verbunden. Die erforderlichen Einrichtungen werden bestimmt durch die Größe der Bauteile und deren Bauweise (Blechklebung, Schichtenbauweise, Wabenkernbauweise), durch die chemische

Bild 20 Autoklav für das Metallkleben (Werkfoto Siebel ATG)

a) Autoklav-Kessel (Durchmesser etwa 2 m, Länge etwa 10 m)
b) Klebvorrichtung mit aufgespanntem Bauteil
c) fahrbare Arbeitsbühne
d) Autoklav-Tür
e) Steuerschrank für Wärme und Druck

Basis der verwendeten Klebstoffe und durch ihre chemisch bedingten Abbindevorgänge. Großflächige und sphärischgekrümmte Bauteile werden am vorteilhaftesten im Autoklaven geklebt, Bild 20. Autoklaven werden meist elektrisch mittels Luftumwälzung beheizt, damit eine gleichmäßige Erwärmung der Bauteile gewährleistet ist. Der Unterschied zwischen einem im Kessel erzeugten Überdruck und dem Unterdruck innerhalb der mit Folien abgedeckten Klebvorrichtung bewirkt den Preßdruck auf die Klebflächen. Universell ausgelegte Autoklaven lassen einen Innendruck bis zu 16 atü bei Temperaturen bis zu + 200° C zu.

Die Temperaturen an den Fügeteilen werden mit Thermoelementen kontrolliert. Die Anzahl der Thermoelemente richtet sich nach der Größe der Bauteile; sie sind an Stellen mit kleinstem und größtem Bauteilquerschnitt anzubringen. Temperatur und Druck im Autoklaven werden automatisch geregelt und gesteuert, damit für jede Klebung gleiche Abbindebedingungen eingehalten werden können.

Hydraulische Klebpressen werden vorwiegend zum Kleben von ebenen oder einseitig gekrümmten Bauteilen verwendet, Bild 21. Das Beheizen der Plattenpressen kann elektrisch, mit Heißdampf oder durch Öl erfolgen. Temperatur und Druck sind automatisch zu regeln und zu steuern.

Das Kleben von Fügeteilen mit Klebstoffen, die warm abbinden, jedoch keinen Druck erfordern, kann in Warmluftöfen erfolgen. Nach Fixieren der Fügeteile in Klebvorrichtungen werden diese in den Ofen eingebracht. Für Beheizung, Temperaturkontrolle und Temperaturregelung gelten die gleichen Gesichtspunkte wie für Autoklaven.

Kleinere, einfach geformte Bauteile, die beim Kleben nur wenig Druck erfordern, können auch auf Tischen verbunden werden. Die zu verklebenden Teile werden mit Folien abgedeckt, und die Luft unterhalb der Folie wird abgesaugt, Bild 22. Der auf dem Werkstück lastende Atmosphärendruck liefert den Anpreßdruck. Für warmabbindende Klebstoffe muß der Arbeitstisch beheizbar sein.

Für viele Bauteile besteht noch eine Fülle von Methoden, die mechanisch über Federn, Klammern oder pneumatisch den Preßdruck auf die Klebung aufbringen. Hierbei muß jedoch beachtet werden, daß der Preßdruck auch aufrechterhalten bleibt, wenn der Klebstoff fließt oder Schwund auftritt.

3.2 Fertigungsablauf

Beim industriell angewendeten Metallkleben soll der Fertigungsablauf nach einem genauen Arbeitsplan erfolgen. In diesem Arbeitsplan müssen die Arbeitsgänge in ihrer Reihenfolge und mit den Verarbeitungsbedingungen festgelegt sein. In den Arbeitsplänen sollen außerdem die wirklich angewendeten Verarbeitungsdaten und die entsprechenden Kontrollvermerke eingetragen werden. Der Arbeitsplan ist daher eine wesentliche Voraussetzung für eine gleichmäßige Güte der hergestellten Klebungen.

3.2.1 Vorbereitung der Fügeteile zum Kleben

Die Fügeteile werden entsprechend ihrer mechanischen Formgebung in den verschiedenen Bearbeitungsstellen des Betriebes gefertigt und der Klebwerkstatt angeliefert. Dort werden die Baugruppen zusammengestellt und durchlaufen baugruppenweise die Arbeitsgänge beim Kleben

Der erste Arbeitsgang ist die Oberflächenvorbehandlung, die vorzugsweise in chemischen Entfettungs- und Beizanlagen erfolgt. Alle Einzelteile, die während eines Klebvorganges verbunden werden, durchlaufen gemeinsam die jeweiligen Entfettungs-, Beiz- und Spülbäder. Nach der Oberflächenvorbehandlung dürfen die Fügeteile an den Klebstellen nicht mehr mit der bloßen Hand berührt werden; deshalb soll das Arbeitspersonal weiße Baumwollhandschuhe tragen.

Bild 21 Fünf-Etagen-Presse (Werkfoto Siebel ATG)

a) heizbare Preßtische
b) Klebvorrichtung
c) Anschlußklemmen für Thermoelemente

In vielen Fällen wird unmittelbar nach der Oberflächenvorbehandlung auf die Fügeteile ein Primer aufgetragen. Der Primer bewahrt die Klebstelle vor Verunreinigungen und verhindert ein Nachlassen der Adhäsionseigenschaften infolge Oxydation. Mit dem Primerüberzug können die Fügeteile längere Zeit gelagert werden, ehe der Klebstoff aufgetragen wird.

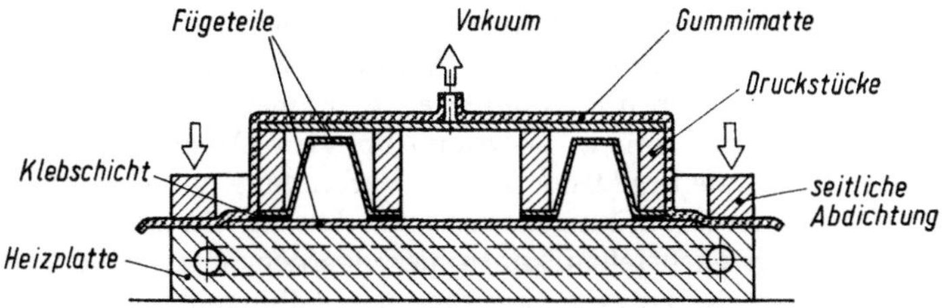

Bild 22 Beispiel einer Niederdruck-Klebeinrichtung

3.2.2 Klebstoffauftrag

Der Klebstoff soll möglichst kurz nach der Oberflächenvorbehandlung der Fügeteile auf die Klebflächen aufgetragen werden. Die Auftragsart und die dazu verwendeten Werkzeuge richten sich nach der Lieferform des Klebstoffes.
Filmförmige Klebstoffe sind einfach in der Verarbeitung. Von den Klebfilmen, die nach Schablonen vorher auf entsprechende Flächenform geschnitten wurden, werden die Schutzschichten entfernt. Der Klebfilm braucht nur auf die gegebenenfalls mit Primer bestrichenen Klebflächen aufgelegt zu werden. In den meisten Fällen haftet der Klebfilm am Primer und ein Verschieben während des weiteren Handhabens der Fügeteile wird vermieden.
Flüssige Klebstoffe können mit Pinsel oder Spritzpistole aufgetragen werden. Spritzfähige Klebstoffe enthalten Lösungsmittel, die bis zum Zusammenlegen der Fügeteile verdampft sein müssen. Für Einkomponentenklebstoffe eignen sich normale Farbspritzanlagen. Zweikomponentenklebstoffe erfordern spezielle Spritzanlagen, in denen die Komponenten durch Dosier- und Mischanlagen gemischt werden, oder in welchen das Mischen im Düsenstrahl erfolgt.
Flüssige Klebstoffe können auch durch Tauchen aufgetragen werden. Das Anwenden geeigneter Vorrichtungen zum Abstreifen des überschüssigen Klebstoffes ist empfehlenswert.
Das Auftragen mit einem Pinsel erfordert eine gewisse Geschicklichkeit. Die Pinselhärte soll auf die Viskosität des Klebstoffes abgestimmt sein.
Die Dicke der aufgetragenen Klebstoffschichten kann durch Filmdickenprüfgeräte kontrolliert werden.
Die pastösen Klebstoffe sind meistens Zweikomponenten-Klebstoffe. Sie müssen vor dem Auftragen in der vom Klebstoffhersteller vorgeschriebenen Weise gemischt werden. Das Mischen soll im Klebstofflagerraum erfolgen. Die Klebstoffmengen sind so zu wählen, daß bis zum Zusammenlegen der Fügeteile nach dem Klebstoffauftrag die Topfzeit nicht überschritten wird. Die Topfzeit ist diejenige Zeit, innerhalb der die Konsistenz der Klebstoffmischung durch Beginn der Polymerisation nicht verändert wird.
Pastöse Klebstoffe werden mit Spachtel oder Spachtelkamm aufgetragen. Für streifenförmige Klebungen eignen sich tubenartige Auftragsgeräte, bei denen die Tubenaustrittsöffnung der Klebschichtbreite angepaßt werden kann.

Feste Klebstoffe in Form von Stangen oder Pulver werden auf die erwärmten Fügeflächen aufgeschmolzen. Pulverförmige Klebstoffe können auch im Flammspritzverfahren aufgetragen werden.

3.2.3 Klebstoffabbinden

Das Abbinden der Klebstoffe erfolgt nach den vom Klebstoffhersteller vorgeschriebenen Richtlinien.
Die mit Klebstoff versehenen Fügeteile werden in die Klebvorrichtungen eingelegt, fixiert und gegebenenfalls unter Anpreßdruck gesetzt. Bei kaltabbindenden Klebstoffen wird von diesem Zeitpunkt an die Abbindezeit gerechnet.
Bei warmabbindenden Klebstoffen, die zum Abbinden Druck und Wärme erfordern, wird zuerst der erforderliche Preßdruck auf die Verbindung aufgebracht, danach werden die Fügeteile in den Klebeinrichtungen erwärmt. Die Abbindetemperatur muß durch Thermoelemente an den Klebstellen kontrolliert werden. Die Abbindezeit rechnet bei wärmeabbindenden Klebstoffen nach Erreichen der Abbindetemperatur.
Nach dem Abkühlen auf eine vom Klebstoffhersteller vorgeschriebene Temperatur können die Fügeteile den Klebvorrichtungen entnommen werden. Der Fügevorgang ist damit abgeschlossen.

3.2.4 Überwachung des Klebvorgangs und Qualitätskontrolle

Die laufende Überwachung aller zum Kleben notwendigen Arbeitsräume, Hilfsmittel, Vorrichtungen, Einrichtungen und Arbeitsgänge ist Voraussetzung für gleichbleibende Güte einer Klebverbindung. Die Überwachung soll von Kontrolleuren ausgeführt werden, die mit dem Metallkleben vertraut sind, und die die Einflußfaktoren kennen, von denen die Festigkeit einer Klebung abhängt.
Die laufende Überwachung beginnt mit der Eingangskontrolle der Klebstoffe. Die Klebstoffe sind auf richtige Kennzeichnung und auf ihre Verfallzeiten zu prüfen. Die Brauchbarkeit der Klebstoffe wird durch Probeklebungen festgestellt, bei denen bestimmte Festigkeitswerte erreicht werden müssen. Die Temperatur und die Luftfeuchte in den Lagerräumen für Klebstoffe sind ständig zu überprüfen.
Eine Kontrolle muß auch in den Betriebsräumen durchgeführt werden, in denen der Klebstoffauftrag erfolgt. Bestimmte Klebstoffe verlangen konstante atmosphärische Bedingungen bei der Verarbeitung. Der Zustand der Betriebsmittel, wie Arbeitstische, Klebstoffauftragsgeräte, Entfettungsbäder, Beizbäder, Trocknungsanlagen, Klebpressen, Autoklaven usw., ist laufend zu überwachen.
Die Beizbäder bedürfen einer besonderen Überwachung. Die Zusammensetzung der Beizflüssigkeiten wird in gleichmäßigem Abstand durch Titrieren bestimmt. Die Temperatur der Bäder ist mit schreibenden Geräten festzuhalten.
Beim Klebvorgang ist eine besonders sorgfältige Kontrolle der Arbeitsvorgänge notwendig. Hilfsvorrichtungen, Druckstücke, Abdeckfolien und dergleichen können durch falsche Lage und falsches Anbringen die Qualität einer Klebverbindung wesentlich beeinflussen. Das Kleben bei Wärme und unter Druck erfordert die Kontrolle der Temperatur an den verschiedenen Stellen des Fügeteils mittels Thermoelementen und schreibenden Meßgeräten. Die genaue Einhaltung des Preßdruckes muß überwacht werden, die Größe des Preßdruckes soll möglichst schriftlich festgehalten werden.
Die Festigkeitseigenschaften eines Klebstoffes ergeben sich erst während der Herstellung einer Klebverbindung und können demnach auch nur an einer Klebverbindung geprüft werden. Diese Eigenschaften hängen in erster Linie von den Adhäsionseigenschaften der Fügeteile ab. Die Größe der Adhäsionswirkung einer Oberfläche ist zur Zeit noch nicht direkt meßbar, sondern es muß indirekt aus einer Festigkeitsprüfung auf den Zustand der Fügeteiloberfläche geschlossen werden.

Der Oberflächenzustand ist von der Oberflächenvorbehandlung abhängig. Die Wirksamkeit dieser Vorbehandlung muß deshalb durch Probeklebungen kontrolliert werden. Hierfür eignen sich insbesondere Abschälprüfungen. Die Prüfstreifen werden an solchen Stellen innerhalb des Beizbades behandelt, wo auf Grund der Erfahrung oder einer Messung die schlechteste Beizwirkung zu erwarten ist. Die Prüfstreifen werden vor der weiteren Bearbeitung der Fügeteile unter stets konstanten Bedingungen geklebt. Der erreichte Festigkeitswert dieser Prüfstreifen entscheidet darüber, ob die mitgebeizten Fügeteile weiterverarbeitet werden können.
Bei der Klebung von Bauteilen sind Unterschiede in der Qualität der Klebverbindungen unvermeidbar. Sie werden hervorgerufen durch Temperaturunterschiede an den Klebstellen oder durch ungleichmäßigen Anpreßdruck während des Klebvorganges. Durch Einlegen von Prüfkörpern an den Stellen, wo Ungleichförmigkeiten zu erwarten sind, muß ihre Auswirkung auf die Klebfestigkeit kontrolliert werden.
Die Endkontrolle eines geklebten Bauteiles entscheidet über seine Verwendbarkeit. Aus der Gesamtheit der Kontrollmaßnahmen während der Fertigung, deren einzelne Kontrolldaten in einer Laufkarte festzuhalten sind, ergibt sich das Bild der zu erwartenden Qualität einer Klebung. Es muß ergänzt werden mittels einer Inaugenscheinnahme des Klebgutes durch einen erfahrenen Prüfer, der auf Grund der Farbe der Klebfugen eine weitere Beurteilung treffen kann. Wo besondere Anforderungen an die Qualität von Klebverbindungen gestellt werden, gehört zur Endkontrolle eine zerstörende Prüfung von Stichproben und die zerstörungsfreie Prüfung aller Klebverbindungen.

3.2.5 Zerstörungsfreie Prüfungen

Mit zerstörungsfreien Prüfungen sind poröse und dicke Klebschichten und Stellen fehlender Bindung zwischen den Fügeteilen feststellbar. Diese Fehlstellen können durch ungenügenden Preßdruck bei der Klebung, durch fehlenden Klebstoffauftrag, durch Trennmittel oder von Zwischenlagen verursacht werden.
Für die zerstörungsfreie Prüfung von Metallklebverbindungen eignen sich Ultraschallprüfverfahren, akustische und mechanische Prüfverfahren.
Die Ultraschallprüfverfahren unterscheiden sich durch ihre unterschiedliche Meßgröße, es sind zwei verschiedene Verfahren möglich.
Beim ersten Prüfverfahren wird der Einfluß der mechanischen Eigenschaften einer Klebverbindung auf die Schwingungseigenschaften des Schwingsystems Ultraschallschwinger-Klebverbindung festgestellt. Die Änderung der Schwingungseigenschaften des Schwingungssystems wird durch ein Verändern eines Wellenzuges auf dem Bildschirm oder auf der Skala eines Zeigerinstrumentes angezeigt. Durch vergleichende Versuche können bei Beachtung bestimmter Voraussetzungen Korrelationsdiagramme von Festigkeit und Geräteanzeige aufgestellt werden. Bild 23 zeigt ein Korrelationsdiagramm für das Prüfgerät „Fokker-Bond-Tester", das in der Flugzeugindustrie weit verbreitet ist.
Das zweite Ultraschallprüfverfahren verwendet als Meßgröße die durch eine Klebverbindung verursachte Schwächung einer sich im Prüfling ausbreitenden Schallwelle. Unterschiedlich dicke Klebschichten oder der unterschiedliche Polymerisationsgrad der Klebschicht verursachen eine Schwächung der Schallintensität. Schallsichtgeräte können diese Schwächung sichtbar machen. Sie werden vorwiegend für großflächige Teile angewendet. Auf den aufgezeichneten Bildern können Stellen, an denen keine Bindung der Fügeteile stattfand, einwandfrei erkannt werden.
Ultraschallimpuls-Echo-Geräte messen gleichzeitig die durch eine Klebschicht durchgeleitete oder reflektierte Schallintensität und die Laufzeit einer Schallwelle durch den Prüfling. Aus der Echofolge oder der Echohöhe kann auf das Vorhandensein von

Bindungsfehlern geschlossen werden. Für die Messung mit Impuls-Echo-Geräten eignen sich besonders Schallköpfe, in denen Sender- und Empfangskristall in einem Schallkopf zusammengefaßt sind. Auf dem Schirmbild des Gerätes erhält man einen Wellenzug, der je nach Klebqualität verschieden ist.

Zu den akustischen Prüfverfahren zählt auch das Abklopfen einer Klebverbindung und eine Beurteilung nach der Tonhöhe. Es sind Geräte gebräuchlich, die die Klebstelle mit einem mechanischen Klopfer abtasten und die Tonhöhe des erzeugten Schalles mittels Zeigerinstrument, Summer oder Mikrophon messen. Großflächige Fehler und grobe Bindungsfehler lassen sich hiermit auffinden.

Bei allen Geräten zur zerstörungsfreien Prüfung von Metallklebverbindungen muß der Zusammenhang zwischen der Geräteanzeige und der Festigkeit der Klebung stets durch Versuche festgestellt werden. Die Klebfugen-Variationen müssen an Versuchsklebungen simuliert werden, und die abweichenden Geräteanzeigen sind dem Prüfer zur Verfügung zu stellen. Erst dann kann ein geübter Prüfer die Qualität einer Klebverbindung beurteilen.

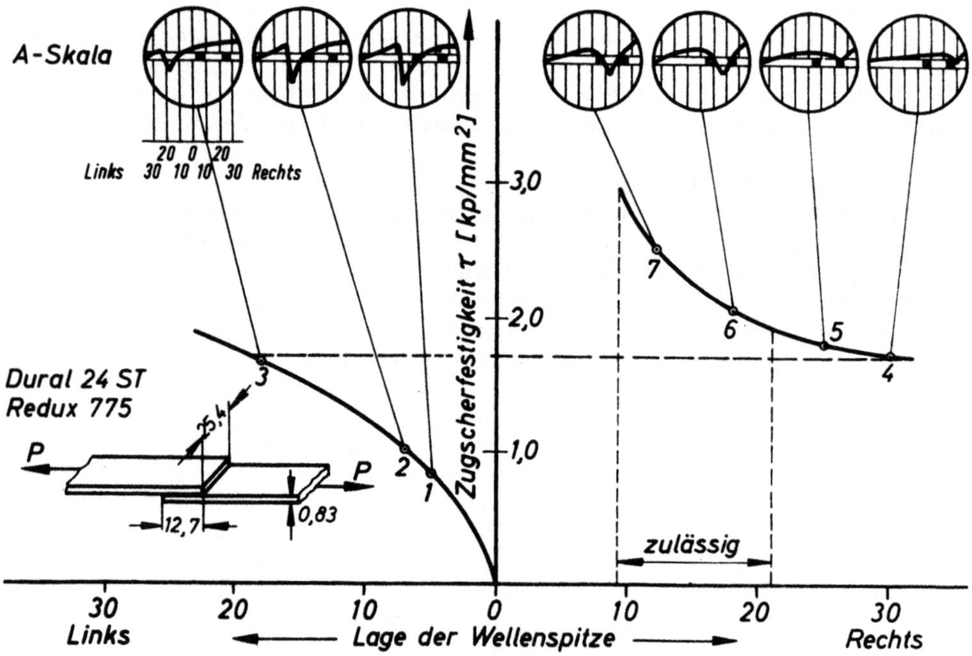

Bild 23 Fokker-Bond-Tester-Anzeige bei unterschiedlicher Qualität der Klebverbindung

4. Sonderfragen der Klebtechnik

4.1 Kleben von großflächigen Bauteilen

Die Festigkeit einer großflächigen Klebung hängt im wesentlichen von der Homogenität der Klebschicht in der gesamten Klebfläche ab. Eine Klebschicht hat dann an jeder Stelle der Klebung gleiche Festigkeit, wenn die Abbindebedingungen an jeder Stelle der Klebung gleich gewesen sind. Bei kleinen Klebflächen, wie Überlappungsklebungen mit relativ kurzen Überlappungslängen, bereitet das Einhalten der Abbindebedingungen im allgemeinen keine Schwierigkeiten. Bei großen Klebflächen, wie Mehrschichtenklebungen dünner Bleche, werden jedoch Einflüsse wirksam, die im folgenden beschrieben werden.

Jeder Klebstoff enthält flüchtige Bestandteile. Diese flüchtigen Bestandteile sind entweder Lösungsmittel des Klebstoffes, Polykondensationsprodukte, die sich während des Abbindens bilden, aufgenommene Luftfeuchtigkeit während des Klebstoffauftrags oder dünnste Feuchtigkeitsschichten auf der Oberfläche der Klebfilme. Beim Abbindevorgang unter Wärmeeinwirkung werden diese flüchtigen Teile frei und erzeugen Blasen in der Klebschicht, wenn sie nicht nach außen entweichen können.

Bei Polykondensationsklebstoffen wendet man einen Preßdruck an, der größer ist als der Dampfdruck der Spaltprodukte. Bei kleinen Klebflächen kann der Preßdruck über die Klebfläche gleichmäßig verteilt werden, und es ist zu erwarten, daß die Blasenbildung verhindert wird bzw. Spaltprodukte entweichen können. Bei großen Klebflächen entweichen die Spaltprodukte zuerst am äußeren Klebflächenrand; die Klebschicht wird dort zusammengepreßt und verhindert ein Entweichen der flüchtigen Bestandteile vom Inneren der Klebfläche. Große Klebflächen zeigen deshalb vom Rand zur Mitte zunehmende Porosität. Die Festigkeit der Verbindung wird daher zur Mitte hin schlechter.

Bei Polyadditions- und Polymerisationsklebstoffen treten ähnliche Erscheinungen auf, wenn Lösungsmittel nicht vollständig verdampft sind, oder wenn der Klebstoff Feuchtigkeit aus der Luft aufgenommen hat. Blasen treten im allgemeinen nicht auf, es wurde jedoch beobachtet, daß feinste Kanäle die Klebschicht durchziehen, in denen die flüchtigen Bestandteile einen Weg nach außen gesucht haben. Die Klebschicht wird dadurch inhomogen.

Die beschriebenen Inhomogenitäten können vermieden oder eingeschränkt werden, wenn der Abbindeprozeß auf die Besonderheiten bei der Großflächenklebung abgestimmt wird. Dazu gehören das Auftragen des Klebstoffes in trockenen Räumen, das Vortrocknen von Klebfilmen, die Feuchtigkeit aufnehmen können (z. B. Epoxyd-Nylon-Klebfilme) und das Abbinden in mehreren Stufen.

Beim stufenweisen Abbinden wird das in die Klebvorrichtung eingelegte Fügeteil zuerst mit relativ niedrigem Anpreßdruck auf eine Temperatur erwärmt, die höher als die Dampftemperatur der flüchtigen Bestandteile, aber niedriger als die Abbindetemperatur des Klebstoffes ist. Bei diesem Arbeitsgang werden die flüchtigen Bestandteile frei und haben eine bessere Möglichkeit zum Entweichen. Danach wird der Preßdruck erhöht und anschließend die Temperatur bis auf die Abbindetemperatur gesteigert. Dadurch werden verbleibende Gasblasen zusammengedrückt.

Die zeitliche Reihenfolge der Abbindevorgänge ist für jeden Klebstoff verschieden. Sie ist von der Größe der Klebfläche abhängig und muß empirisch durch Versuchsklebungen bestimmt werden.

4.2 Reparatur von Klebverbindungen

Für die Reparatur von Metallklebverbindungen, die durch äußere Kräfte zerstört oder beschädigt sind, lassen sich keine allgemein gültigen Grundsätze aufstellen, weil die Form der Beschädigung sehr vielfältig sein kann. Die Entscheidung, ob repariert werden kann, muß nach sorgfältiger Prüfung der Beschädigung von erfahrenen Kontrolleuren getroffen werden. Dabei ist zu berücksichtigen, welchen Beanspruchungen die Klebverbindung ausgesetzt wird, welcher Klebstoff verwendet wurde, welche Abbindebedingungen bei der Reparatur möglich sind und welcher Klebstoff zur Reparatur angewendet werden kann. In Zweifelsfällen ist eine Reparatur zu unterlassen.

Hochbeanspruchte Bauteile sollten möglichst nicht repariert werden, sondern durch neue Teile ersetzt werden.

5. Anwendungsbeispiele des Flugzeugbaues

Das Metallkleben wurde bereits 1943 vereinzelt an Bauteilen an der De Havilland „Hornet" angewendet. Eine durch systematische Forschung gestützte Entwicklung hat das Metallkleben in der Luftfahrt bis heute zu einem vollendeten Fügeverfahren ausreifen lassen. Beim Bau neuer Luft- und Raumfahrzeuge wird es daher viel angewendet, nämlich im Zellenbau der Flugzeuge, im Hubschrauberbau und im Raketen- und Satellitenbau. Die Einzelanwendungen sind in zahlreichen Aufsätzen der Luftfahrtliteratur eingehend beschrieben. Diese Anwendungsbeispiele sollen deshalb hier nur in einer Gesamtschau behandelt werden.
Verschiedene Überlegungen im Hinblick auf turbulenzarme Oberflächen, Strömung, günstige Festigkeit, Fertigung und Fertigungskosten machten das Metallkleben im Flugzeugzellenbau besonders interessant. So ging man in England nach eingehenden Untersuchungen der „Comet"-Unfälle von den genieteten Kabinenfensterrahmen auf geklebte Rahmen über und beseitigte dadurch die Ermüdungsbrüche. An anderen Flugzeugen setzte man planmäßig in größerem Ausmaß das Metallkleben ein, so bei der Fokker „F 27 Friendship", danach an der Fokker „F 28". Eine ähnliche Entwicklung ist bei den schwedischen Saab-Flugzeugen zu erkennen. Aber auch das britische Flugzeug der Armstrong Withworth Aircraft Ltd. „Argosy" und der französische Bomber „Vauteur" sind weitere Beispiele für die verstärkte Anwendung von Metallklebkonstruktionen.
Aber nicht nur einzelne Bauteile, sondern ganze Untergruppen und Baugruppen der Flugzeugzelle werden geklebt. Heute kommen fast an jedem neuen Muster Klebkonstruktionen vor.
Im Hubschrauberbau widmete man der Klebkonstruktion besondere Beachtung bei Rotorblättern und Steuerflächen. Mit Hilfe des Klebens wurde es möglich, die Lebensdauer hochbeanspruchter Rotorblätter erheblich zu steigern. Dabei leisteten die neuen Bauweisen der „Sandwichbauweise" und der „Schichtbauweise" wertvolle Dienste beim Aufbau neuer Rotorblattkonstruktionen.
Die Anwendung des Metallklebens beim Raketen- und Satellitenbau ergibt sich durch die Vorteile der größeren Formtreue, der Gewichtsersparnis und der wirtschaftlichen Fertigung. Da kleinere Raketen mit sehr dünnen Flügel- und Rumpfteilen nur unter größeren Schwierigkeiten genietet werden konnten, empfahl sich das Kleben für diese Aggregate. Im Hinblick auf Gewichtseinsparungen wird die Metallklebtechnik auch beim Bau von Raumflugkapseln an geeigneten Stellen eingesetzt.

6. Hinweise zum Schrifttum

Der Inhalt des vorliegenden Aufsatzes „Das Metallkleben" geht auf eine in der Zusammenstellung befindliche Arbeit zurück:
H. Winter: „Monographie über das Metallkleben unter besonderer Berücksichtigung der Fertigungstechnik", mit deren Fertigstellung 1967 zu rechnen ist. Im Hinblick auf diese in Bälde zu erwartende umfassende Arbeit wird eine zweckdienliche Schrifttumszusammenstellung zu diesem Aufsatz als entbehrlich angesehen. Hier soll nachstehend nur auf die Ziffern der Gliederung dieser Bibliographie (siehe B VI und B VIII dieses

Buches) hingewiesen werden, in denen Literatur über das Metallkleben in Form von Lehrbüchern, Bibliographien, Berichten und Zeitschriftenaufsätzen zusammengestellt ist. Diese Ziffern sind:

3.29.2	Metallkleber (Bücher)
5.41	Metallkleben, Lehrbücher
5.41.0	Metall kleben, Titelbibliographien, zusammenfassende Arbeiten
5.41.1	Metallkleber (Aufsätze)
5.41.2	Verkleben verschiedener Metalle
5.41.3	Oberflächenbehandlung der Fügeteile
5.41.4	Technik des Verklebens
5.41.5	Prüfung von Klebverbindungen
5.41.6	Hygiene beim Verkleben
5.41.7	Sonstige Aufsätze über Metallkleben

Zur Fertigungstechnik von Sandwichbauteilen

von Ing. V. Körner

Gliederung

Bei der Vervollkommnung des Leichtbaues führte die Methode, dünne Bleche durch Aufbringen von Profilen zum Tragen heranzuziehen, zu guten Erfolgen. Ungleiche Steifigkeits- und Spannungsverteilung sowie Gewichts- und Kostengründe verlangten aber nach noch besseren Konstruktionen. Schon vor 1930 wurden die Schichtstoffe entwickelt, heute Sandwichbauteile genannt, die zu dem Problem der günstigen Kombination von Festigkeit, Gewicht und Preis einen hervorragenden Beitrag leisten. Zunächst wurden verschiedene Holz-, Kork- und Papierschichtstoffe hergestellt. Besonders bekannt wurde das englische Flugzeug „Mosquito" von de Havilland, das in Sandwichbauweise mit Sperrholz als Decklagen und Balsaholzstützkern hergestellt wurde. Mit dem Voranschreiten der Kunststofftechnik wurden Kunststoffklebstoffe entwickelt, die für das Verkleben von Metallen geeignet waren. Damit war man in der Lage, für die Deckschichten der Sandwichbauweise bessere, festere und härtere Materialien wie z. B. Aluminium zu benutzen. Besonders der Flugzeugbau als stark interessierter Vertreter des Leichtbaues förderte und entwickelte solche Leichtbauelemente.
In der Sandwichbauweise führten die noch unzureichenden Eigenschaften der verschiedensten Naturstützkerne etwa 1945 zur Entwicklung von Metallstützkernen. Entsprechend der Vielfalt der Anwendung und Beanspruchung werden heute Sandwichteile aus Stahl, Metallen, Holz, Kunststoffen, Keramik u. a. hergestellt.

1. Aufbau und Anwendung von Sandwichbauteilen

Die Sandwichkonstruktion wird für ebene und gekrümmte Flächen angewandt. Sie wird im allgemeinen aus drei Schichten gebildet und besteht aus zwei gleichen Decklagen als Außenlagen, welche größere Spannungen in der Deckenebene und auch äußere Belastungen senkrecht zur Deckenebene aufnehmen und aus einer leichten Kernschicht als Mittellage. Die Kernschicht überträgt Schubspannungen; sie hat ferner die Aufgabe, die Deckplatten auf Abstand zu halten und ein Ausbeulen der Deckplatten zu verhindern.

Sandwichplatten haben gegenüber der Platte oder der mit Profilen versteiften Platte eine Gewichtsersparnis bei gleicher Steifigkeit oder größere Steifigkeit bei gleichem Gewicht. Sie ist schneller und billiger herstellbar und hat weniger verschiedene Einzelteile als die versteifte Platte, sie besitzt eine einwandfreie Oberfläche und kann als Verbundkonstruktion annähernd homogen angesehen werden. Im Flugzeugbau rechnet man mit 25 bis 35 % Gewichtsersparnis bei normalbelasteten Teilen, etwa 10 % bei höchst belasteten Teilen gegenüber der konventionellen Bauweise.

Sandwichplatten geben bei geeignetem Aufbau Schutz gegen Wärme, Kälte und Schall, sie können zur Schalldämmung und zur Energieabsorption eingesetzt werden. Die hervorragende Steifigkeit bei kleinstem Gewicht erschließt diesem Bauelement besonders viele Anwendungsmöglichkeiten.

Neben ganzen Flügel-, Rumpf- und Leitwerksschalen für kleine und größte Flugzeuge werden Satelliten und Raketengehäuse, Hubschrauberrotorblätter, Brems-, Ruder- und Fahrwerksklappen aus Sandwichkonstruktionen hergestellt. Ferner wurden auch Verkleidungen und Türen, Transportbehälter für Luftfracht und Vorrichtungen in der Luftfahrtindustrie in Sandwichkonstruktionen gefertigt. Aber auch andere Industrie-

Bild 1 Geklebte Baugruppen eines Höhenforschungsflugzeuges in Sandwichbauweise
a) Tragflügel b) Rumpfend-Schale
c) Leitwerk u. a. m. (Länge der größten Bauteile 10 m)

Bild 2 Schnitte durch Hubschrauber-Rotorblätter in verschiedenartigem Sandwichaufbau

Bild 3 Luftfrachtbehälter 2 x 3 x 2 m in Leichtmetall-Sandwichbauweise, Befestigungsmöglichkeit von Ladung mit Hammerkopfschrauben

zweige erzeugen Fahrstuhlkörbe, Wohnwagen, Boote, Möbel u. a. mehr mit Hilfe dieser Konstruktionen.
Durch Einsparung vieler Einzelteile und Vorrichtungen, wie Umschlag-, Kopier-, Streckziehvorrichtungen u. a., durch Fortfall vieler Montagevorrichtungen und Montagezeit (Nietarbeit) wird eine hohe Wirtschaftlichkeit erzielt. Bei Verwendung von Glasgewebematten, die mit Harz getränkt sind, kann man ohne weitere Bindemittel sehr einfach sphärisch verformte formstabile Sandwichschalen herstellen.
Mit den Bildern 1, 2 und 3 wird ein kleiner Ausschnitt aus der vielfältigen Anwendung von Sandwichkonstruktionen im Flugzeugbau gezeigt.

2. Werkstoffe für Sandwichbauteile

2.1 Deckschichtenwerkstoffe

Die Steifigkeit, Stabilität und Festigkeit, die Beständigkeit gegenüber den äußeren thermischen, chemischen oder mechanischen Einflüssen wird vorwiegend durch die Eigenschaften der Deckschichten der Sandwichkonstruktion bestimmt. Diese Eigenschaften der Decklagen-Werkstoffe müssen mit denen des Kernwerkstoffes und des Klebemittels abgestimmt sein. Die Deckschichten können ihre Funktion als flächig versteifte dünne Platten nur übernehmen, wenn sie einwandfrei mit dem Kern verbunden sind.
Als Decklagen können zahlreiche technisch benutzte Werkstoffe eingesetzt werden, vorwiegend Aluminium in jeder Legierung (im Flugzeugbau meist 3.1364.5 und

3.43.74.7), Titan, glasfaserverstärkte Kunststoffe (vorgehärtet oder während der Verklebung härtende imprägnierte Glasfasergewebe oder Matten), Stahl, Kunststoffe, Holz, meist Sperrholz.
Im allgemeinen werden Sandwichelemente mit Behäutung gleichen Materials evtl. unterschiedlicher Dicke hergestellt. Werkstofflich verschiedene Behäutungen am gleichen Sandwichteil bringen wegen des unterschiedlichen Wärmedehnungskoeffizienten bereits bei der Warmklebung Schwierigkeiten mit sich. Aufgrund der homogenen Eigenschaften können die Behäutungen rechnerisch meist sehr dünn gewählt werden. Vielfach muß man aber wegen der dann mechanischen Empfindlichkeit der Behäutung (bei z. B. $^1/_{10}$ bis $^3/_{10}$ mm Aluminium) oder wegen der Krafteinleitungsschwierigkeiten einen Kompromiß zwischen Gewicht und Gebrauchsfähigkeit schließen und die Behäutung dicker wählen.

2.2 Kernwerkstoffe und Kernaufbau

Am Anfang der Entwicklung wurden als Kerne für Sandwichbauteile Profile aus Blech, dann Balsaholz und Kork, später Schaumstoffe verschiedenster Dichte, Art und Materialien benutzt. Die nur schwer zu kontrollierenden und konstant zu haltenden Eigenschaften der natürlichen Kerne, die nicht ausreichende Festigkeit, Alterungsbeständigkeit und Temperaturbeständigkeit der verschiedenen Schaumstoffkerne (z. B. Styropor) für Flugzeugbauteile gaben den Anlaß für die Entwicklung metallischer Sandwichkerne. Die optimale Lösung wurde durch Nachahmung von Bienenwabenzellen gefunden. Diese bienenwabenförmigen Kerne machten das Sandwichelement technisch voll einsatzfähig. Die Gesamteigenschaften lassen sich genau berechnen und bestimmen. Heute werden wabenförmige Sandwichkerne nicht nur aus Metall hergestellt; fast alle technischen Werkstoffe können benutzt werden. Waben haben je nach Material, Zellquerschnitt, Zellform und Wanddicke verschiedene Eigenschaften.
Die Werkstoffe für den Kernaufbau sind: Stahl in verschiedenen Qualitäten, Aluminiumlegierungen mit der Zusammensetzung AlMn, AlMg 3, AlMg 5, Titan in verschiedenen Legierungen (für Triebwerke, Raketen, Flugkörper und Satelliten), glasfaserverstärkte Kunststoffe, phenolharzgetränkte Papiere, phenolharzimprägnierte Baumwollgewebe, Harzschäume u. a. m.

Die Zellform der Waben

Die verschiedensten Zellformen kommen heute für Waben zur Anwendung, siehe Bild 4. Am häufigsten werden Sechskantzellwaben eingesetzt. Sie haben ein sehr gutes Verhältnis von Festigkeit zu Gewicht. Sechskantwaben lassen sich jedoch wegen der sattelrückförmigen Gegenwölbung beim Biegen nur begrenzt formen. Rechteckwaben oder gewellte Waben lassen sich besser verformen, haben aber andere Festigkeitseigenschaften. Waben aus Titan sind fast nur in Sinuswellform herstellbar. Das Überexpandieren von Hexagonalwaben ergibt Rechteckwaben, die sich gut quer zur Expansionsrichtung verformen lassen.
Sind die Wabenwände der verschiedensten Zellformen in sich noch zusätzlich gewellt, kann man die Waben leicht sphärisch bis zur Kugel verformen. Als kennzeichnende Zellgröße der Sechskantgewebe nimmt man den Innenkreisdurchmesser der Zelle. Handelsüblich sind zur Zeit Größen von $^1/_8''$ bis $^3/_8''$.
Im Knotenpunkt geschweißte Stahlwaben haben meist Quadrat-Zellformen.

Die Zellwanddicke der Waben

Die Wanddicke der Waben bestimmt zusammen mit der Zellgeometrie die Druckfestigkeit der Zellkerne. Eine weite Variation in der Kerndichte und damit in der

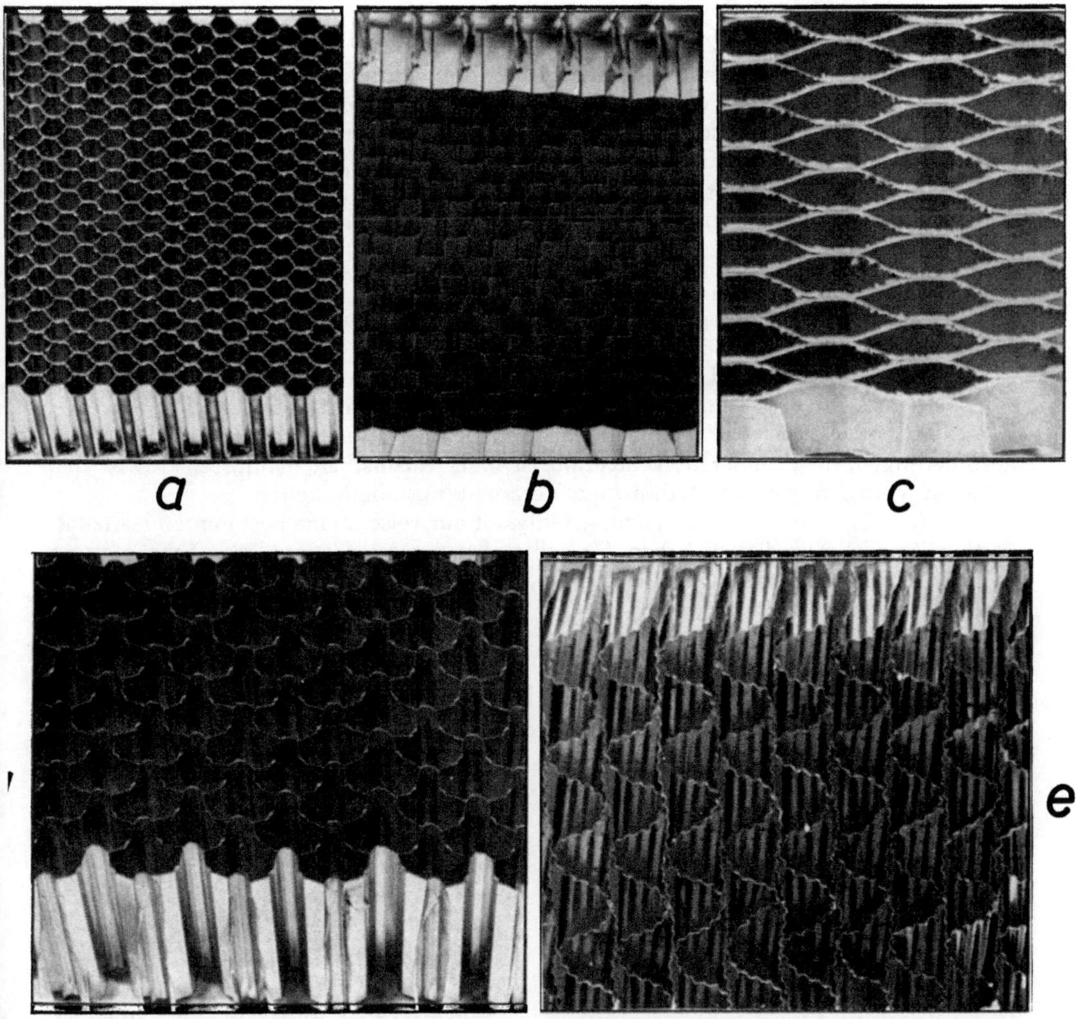

Bild 4 Sandwichwaben verschiedener Querschnitte

a) Sechskantwabe
b) Rechteckwabe
c) Sinuswellenwabe
d) Flexcore-Wabe, sphärisch formbar
e) Vielwellenwabe, in einer Richtung verformbar

Festigkeit der Waben wird durch die Verwendung verschieden dicker Folien erreicht. Aluminiumfolien von 0,01 bis 0,1 mm sind handelsüblich.

Der Zellwandklebstoff

Die einzelnen Zellen sind durch Klebstoff aneinandergefügt. Je nach Eigenschaft dieser Verklebung sollen die Waben unterschieden werden. Der Hauptunterschied liegt in der Temperaturbeständigkeit dieser Verklebung. Besonders wärmebeständige Waben werden heute statt durch Kleben durch Zusammenlöten oder Punktschweißen hergestellt, vor allem Titan- oder Stahlwaben.

Perforation der Zellwände

Bei einer Perforation der Zellwände werden kleine Löcher in den Wabenwänden angebracht. Sie sollen verhindern, daß sich ein Innendruck während der Verklebung mit lösungsmittelhaltigen und gasenden Klebstoffen oder später bei Gebrauch der Bauteile in der Sandwichkonstruktion aufbaut. Wegen der möglichen unkontrollierbaren, inneren Korrosion werden heute überwiegend nichtgasende Klebstoffe zum Sandwichverkleben benutzt, so daß keine Perforation notwendig ist. Ein schädlicher Innendruck kann durch geeignete Maßnahmen beim Verkleben verhindert werden.

2.3 Klebstoffe und Primer *)

Die weitere wichtige Komponente bei der Herstellung von Sandwichplatten ist neben dem Kern und den Decklagen die Klebeverbindung vom Kern zur Decklage. Die Eigenschaften der Klebstoffe sind für das Verhalten der Sandwichverklebung mitbestimmend und werden durch die chemische Basis und Zusammensetzung festgelegt. Die Auswahl der Klebstoffe richtet sich nach den zu verklebenden Werkstoffen, den Festigkeitsanforderungen, den äußeren Temperaturen und chemischen Einflüssen sowie den örtlichen Verhältnissen und technischen Verarbeitungsmöglichkeiten.

Klebstoffe müssen eine gute Benetzungsfähigkeit aufweisen, eine bestimmte Elastizität, Festigkeit und Beständigkeit haben. Sie sollten bei der Aushärtung keine Schrumpfung und Bildung von Spaltprodukten aufweisen, da dies zu inneren Spannungen und einem Festigkeitsverlust führt.

3. Die Herstellung von Waben für den Kern

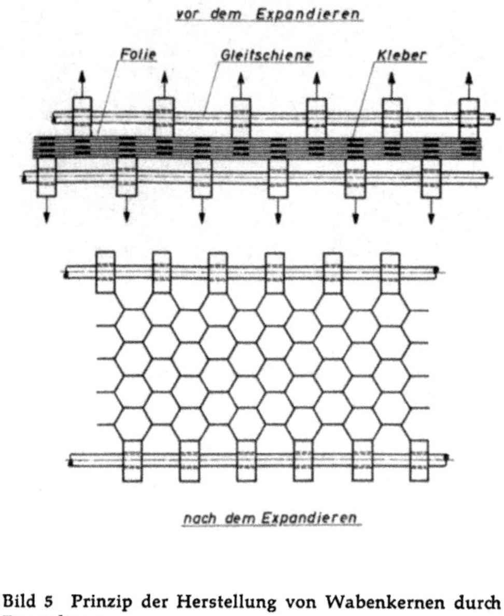

Bild 5 Prinzip der Herstellung von Wabenkernen durch Expandieren

Für die Fabrikation der Waben werden hauptsächlich zwei Verfahren angewandt.

Bei dem ersten formt man Waben in einem „Zahnrad“ zu einem Wellband, dessen Wellungen z. B. Halbsechskantform haben. Dieses Wellband wird dann in geeigneter Weise zu einem Block zusammengeklebt. Aus diesem Block schneidet man Scheiben entsprechender Höhe. Solche Waben nennt man „gewellt“ oder im angelsächsischen Ausdruck „corrugated“.

Weit häufiger ist das zweite Verfahren. Die Folie, aus der die Wabe besteht, wird streifenweise mit Klebemittel bedruckt und übereinander geschichtet. Die Klebestreifen sind von Folie zu Folie versetzt. Der aus so bedruckten Folien hergestellte Stapel wird in einer heizbaren Presse zusammengeklebt. Dieser Block kann nun in einer geeigneten Expandier-

*) Zur Unterscheidung und Auswahl von Klebstoffen für Sandwichkonstruktionen siehe Aufsatz Winter/Althof dieses Werkes.

vorrichtung zu einer Wabe auseinandergezogen werden. Eine schematische Darstellung der Wabenherstellung mit Hilfe dieses Expandierverfahrens ist Bild 5 zu entnehmen. Zur Zeit noch selten und sehr teuer sind diffusionsgeschweißte Waben, dabei werden die Waben durch Druck und Temperatur ohne weiteren Zusatzwerkstoff oder Kleber verbunden.
Titanwaben, häufig Sinuswellwaben, sind meist punktgeschweißt.

Bild 6 Scheibenfräser für die Wabenbearbeitung

4. Bearbeitung von Kernen

Zur Bearbeitung von Waben sind verschiedene Verfahren bekannt: Am einfachsten kann man Waben im komprimierten (d. h. nicht expandierten) Zustand durch normale, spanabhebende Werkzeuge und Maschinen bearbeiten. Zu beachten ist allerdings die große Querkontraktion beim Expandieren.
Expandierte Waben können ohne wesentliche Verformung der Zellwände mit einer Bandsäge (Bandgeschwindigkeit etwa 5000 m/min, 6 Zähne je cm) geschnitten werden. Ausfräsungen in der Wabe für Profile, Behäutungsverstärkungen und anderes können mit feingezahnten oder ungezahnten Tellerfräsern mit höherer Umfangsgeschwindigkeit bearbeitet werden. Bild 6 zeigt einen Scheibenfräser für die Wabenbearbeitung. Eine maximale Klebeverbindung der Wabe mit dem Blech ist nur bei einer gratfreien Wabe gewährleistet. Aus diesem Grunde werden mitunter die Wabenzellen zur Bearbeitung durch Ausfüllen zu einem Block stabilisiert. Zum Füllen eignen sich Polyäthylenglycol, Cerrobend (ein Metall, das bei 70° C schmilzt), Eis und Wachs. Solche stabilisierten Waben können dann teilweise mit normalen spanabhebenden Werkzeugen bearbeitet werden. Die Füllung wird nach der Bearbeitung wieder ausgeschmolzen. Auch wird zur leichteren Bearbeitung von Waben diese mitunter zur Versteifung auf eines der Behäutungsbleche aufgeklebt. Das Teil ist dann vakuumspannbar. Die zweite Behäutung wird in einem weiteren Klebegang aufgebracht.
Gebräuchlich ist auch das Verformen durch Zusammenpressen der Waben. Da die angeknickte Wabe nur die halbe Druckfestigkeit aufweist, werden die Knickfalten

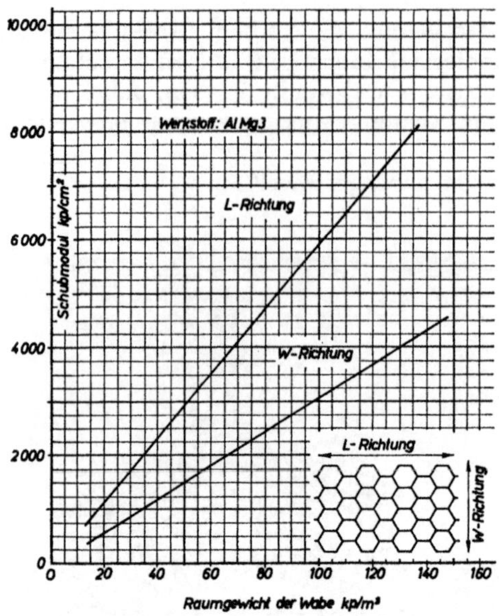

Bild 7 Hilfsdiagramm für Wabenspleißung

mit Kunststoff getränkt und so stabilisiert. Der Kunststoff härtet bei der Verklebung und gibt so die volle Druckfestigkeit.
Für die optimale Auslegung eines Sandwichelements ist es meist notwendig, Waben verschiedener Festigkeit zu kombinieren bzw. die Wabe entsprechend ihrer L- und W-Richtung zu orientieren.
Bild 7 zeigt ein für eine solche Wabenabstimmung nützliches Schaubild. Die Spleißung der Wabe erfolgt durch geeignete Klebstoffe.

5. Kleben von Sandwichteilen

Wie bei der Verklebung flächiger Klebeverbindungen sind auch für das Verkleben von Sandwichteilen gewisse Grundvoraussetzungen zu erfüllen. Die Einrichtung der Werkstätten, die Vorbehandlung der Bauteile, die Vorrichtungen und der Härteprozeß entspricht der im Aufsatz der Fußnote auf Seite 154 über das Metallkleben beschriebenen Art und Weise.
Abweichend von der Flächenverklebung ist, daß Waben nicht zur Vorbehandlung gebeizt werden. Bei einer Beizung würden sich die in den Klebeverbindungen verbliebenen Säurereste ungünstig auswirken. Die Wabe wurde ja bereits bei der Herstellung vorbehandelt, deshalb wird sie nur entfettet. Eine Klebefuge, wie bei der Flächenverklebung, tritt bei der Wabendeckblechbindung nicht auf. Die Zellwände berühren die Decklagen. Bei kombinierter Blech-Blech-Wabenklebung ist dies zur Bestimmung der Toleranz wichtig. Da die verklebten Teile außerordentlich steif sind, sind sie bereits in der gewünschten Kontur zu verkleben, ein nachträgliches Verformen wie bei der Blech-Blech-Klebung ist nicht möglich. Die Genauigkeit des Sandwichteiles wird also durch die Genauigkeit der Klebeform bestimmt. Für gekrümmte Sandwichelemente stellt man meist konkav gekrümmte Vorrichtungen her, da fast immer die größere Glattheit der Fertigteile auf der konvexen Seite gefordert wird, z. B. bei Flugzeugteilen. Die Höhe des Druckes bei der Verklebung richtet sich nach der Druckfestigkeit des Kernes bei der Verklebetemperatur.
Bild 8 zeigt ein Sandwichteil vorbereitet zum Kleben im Autoklaven.

6. Sandwichbauteile aus glasfaserverstärkten Kunststoffen

In den Leichtkern-Verbundbauweisen mit zwei dünnen Deckschichten und einem leichten, steifen Kern kommen Kunststoffe zur Anwendung, so z. B. Kunststoffwaben

oder Hartschäume als Leichtkern und Deckschichten aus Kunststoffen unterschiedlichster Art. Flüssige Kunstharze oder Klebefilme dienen zur Verklebung von Kern und Deckschicht.
Kunststoffwaben finden beim Bau von Raketen, Satelliten, schnellen Kampfflugzeugen und auch bei neueren Verkehrsmaschinen große Anwendungsgebiete. Sie werden dort bevorzugt eingesetzt, wo hochfrequente Schwingungen auftreten und eine hohe Wärmebeständigkeit gefordert wird. Die Waben werden meist aus phenolharzgetränktem Glas- oder Nylongewebe hergestellt. Sie lassen sich wie Metallwaben bearbeiten, können jedoch oft nur im erwärmten Zustand gebogen und geformt werden.
Kunststoffgetränkte Papierwaben sind wesentlich billiger als Aluminiumwaben, warmfeste Kunststoffwaben jedoch fünf- bis zehnmal teurer.
Im Gegensatz zu Metallwaben setzen Kunststoffwaben den Wärmedurchgang in Sandwichpanels stark herab.
Hartschäume werden als Stützkern bevorzugt, wenn vom Sandwichbauteil gleichzeitig eine Wärmeisolierung gefordert wird. Schaumkern-Konstruktionen sind in der Festigkeit den Wabenkern-Konstruktionen unterlegen.
Neben metallischen Deckschichten kommen thermoplastische oder glasfaserverstärkte duroplastische Kunststoff-Folien zur Anwendung. Die glasfaserverstärkten Polyester- oder Expoxydharzschichten bestehen oft nur aus wenigen Lagen dünner Glasseidengewebe. Sie werden mit dem Kern verklebt. Durch Vakuumtränk-Verfahren lassen sich leicht gekrümmte Schaumkern-Bauteile herstellen, indem das unter einer Plastikfolie bereits mit dem Schaum zusammengelegte Glasgewebe durch eingesaugtes Harz getränkt wird und dort aushärtet. Auch lassen sich Schaumkerne mit vorgetränkten Glasmatten oder Geweben verpressen. Für untergeordnete Zwecke kann der Schaumkern auch nach dem Faser/Harz-Spritzverfahren beidseitig beschichtet werden.
Vor der Verklebung, die je nach Klebstoff und Beanspruchung des Bauteiles kalt oder

Bild 8 Aufbau eines Sandwichteiles zum Verkleben im Autoklaven

warm erfolgt, müssen die Klebeflächen sorgfältig behandelt werden. Eine Warmverklebung von Deckschichten unterschiedlicher Eigenschaften ist möglichst zu vermeiden, da sich die Bauteile stark verziehen können.

7. Sandwichbauteile mit Löt- bzw. Schweißverbindungen

Die ständig steigenden Festigkeitsanforderungen der Luft- und Raumfahrt bei Temperaturen bis 500° C führte zur Entwicklung von Titan- und Stahlsandwichelementen mit Titan- und Stahlwaben. Da auch heute noch die Klebstoffe für Sandwichbauteile bei einer Dauertemperaturbeanspruchung über 300° C nicht genügend widerstandsfähig sind, werden solche Panels nicht geklebt, sondern zusammengelötet.
In den Überschallflugzeugen wie Convair B 58, North-American XB 70 und in Weltraumvehikeln haben sich gelötete Sandwichteile gut bewährt. Der sehr hohen Kosten wegen wird dieses Verfahren jedoch auf wenige Anwendungen beschränkt bleiben.
1957 kostete 1 m² gelötete Sandwichplatte aus nichtrostendem Stahl 17-7 PH etwa 12 000 DM. Die inzwischen wesentlich gesenkten Kosten ergeben sich durch den hohen Stunden- und Investitionsaufwand, den notwendigen engen Toleranzen der Bauelemente der Sandwichkonstruktion, den hohen Kontrollaufwand und Ausschußzahlen sowie den zu kleinen Serien.
Die Wabenzellen für gelötete Panels werden durch Punktschweißen, Diffussionsschweißen oder Löten miteinander verbunden, da hier die Klebeverbindung bei hoher Temperaturbeanspruchung nicht ausreichend wäre. Die Waben müssen zur Vermeidung von Fehlstellen und des inneren Druckaufbaues bei der Verlötung des Sandwich perforiert sein. Als Lötmittel wurden Ag-Mn- und Ag-Cu-Legierungen in sehr dünnen Folien erfolgreich eingesetzt. Aufgrund der kleinen Lötfugen müssen die Waben, Profile und Einsätze mit ± 0,075 mm Toleranz zusammengepreßt werden. Das Löten geschieht unter Schutzgasatmosphäre, meist Argongas.
Zur Vorbehandlung müssen die Behäutungen, die Waben und Profile sowie die Lötfolie entfettet und gebeizt werden. Extreme chemische Sauberkeit ist Grundbedingung für

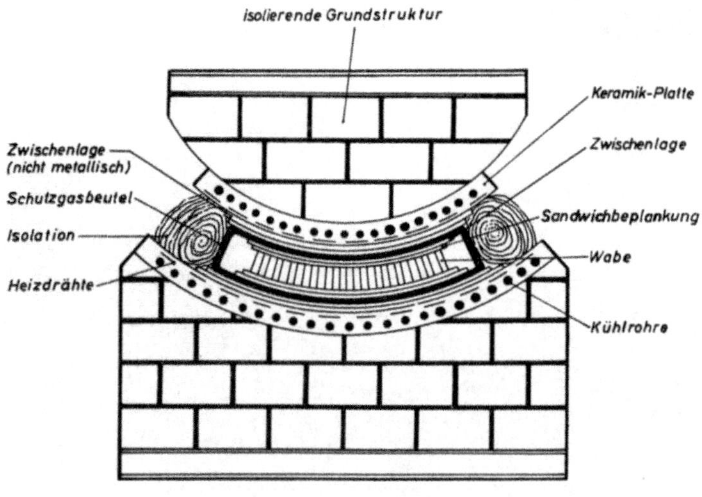

Bild 9 Aufbau zum Löten von Sandwich

den Lötprozeß. In sogenannten Cleanrooms, Räumen mit besserer Reinheit und Sauberkeit als Operationsräume, werden die Sandwicheinzelkomponenten zusammengeheftet und in Stahlumschläge (Stahlbeutel) eingeschweißt. Die Luft wird aus dem Stahlbeutel herausgesaugt und durch Argongas ersetzt. Unter dieser Schutzgasatmosphäre wird das Teil mit großem Anpreßdruck erwärmt. Der Stahl des Stahlbeutels darf bei den hohen Löttemperaturen keinen Einfluß (aufkohlen) auf das Bauteil ausüben. Ein typischer Lötzyklus ist: Aufheizen auf 1000° C, 15 Minuten Haltezeit bei dieser Temperatur, abkühlen und 1,5 Stunden bei 750° C verbleiben, dann auf Raumtemperatur und weiter bis auf — 40° C herunterkühlen (siehe Bild 9). Nach diesem Zyklus kann das Panel aus dem Schutzgasumschlag herausgenommen und röntgenologisch untersucht werden. Bei ca. 560° C erfolgt nach positivem Kontrollbefund die Nachvergütung des Bauteiles.
Erhöhte Schwierigkeiten ergeben sich bei der Herstellung gewölbter Panels, wie sie für Flugzeuge, Raketen und Weltraumvehikel benötigt werden, dadurch, daß das Lötmaterial zum tiefsten Punkt des Teils fließen will. Durch solch ein Abfließen des Lötgutes ergeben sich Fehlstellen und schlechte Verbindungen durch zu kleine Hohlkehlenbildung. Auch die konturtreue Herstellung der Waben und Profile erfordert bei den sehr kleinen Toleranzen großen Aufwand.
Für geschweißte Sandwichpanels wurden waffelförmige Kerne benutzt. Die Behäutungen wurden einzeln in zwei Arbeitsgängen durch Punktschweißen aufgebracht. Die geringere Widerstandsfähigkeit gegenüber Schall und das ungünstigere Verhältnis Festigkeit zu Gewicht beschränkten das Verfahren bisher auf Sonderanwendungen.

8. Qualitätskontrolle

Die Überwachung des Fertigungsablaufes und der Qualitätskontrolle für Sandwichkonstruktionen entspricht der im Aufsatz der Fußnote auf Seite 154 über das Metallkleben in der Bibliographie beschriebenen Art und Weise für das Flächenkleben. Die zur Zeit noch sicherste Methode ist eine Kontrolle durch Zerstören von mit dem Bauteil mitverklebten, genormten Wabenschäl- und Wabenzugproben.
Da es sich bei Sandwichelementen um beulfreie, ebene oder gekrümmte Teile handelt, lassen sich großflächige und grobe Bindefehler schon äußerlich erkennen.
Etwas genauer kann man das Teil durch Abklopfen mit einem Metallstift kontrollieren. Eindwandfreie Verklebungen ergeben einen hellen harten Ton, Fehlstellen einen dumpfen Ton.
Von den zerstörungsfreien Prüfungen ist die Kontrolle mit Ultraschall am sichersten. Ultraschall-Geräte wie der Fokker-Bondtester, STUB-Meter, Coinda-Scope, NNA-Sonic Resonator, Echo-Skop zeigen auch kleinere Fehler an.
Röntgenuntersuchungen können die Kontrolle ergänzen. Die Röntgenbilder zeigen die Lage des verklebten Kernes, des Kernspleißes oder die von Profilen in Sandwichelementen an. Wie gut und fest der Kern mit der Behäutung verbunden ist, läßt sich an Hand der Bilder nicht feststellen.
Die für die Luft- und Raumfahrt erforderlichen deutschen Normen sind zur Zeit noch in Arbeit, es werden deshalb die entsprechenden amerikanischen Normen

Mil-A-25 463, Mil-C-7 438, FAA-Quality-Control-Digest Nr. 5,
Mil-Std-401

als Spezifikation herangezogen. In diesen Normen sind die Prüfverfahren und Prüfkörper, die statischen und dynamischen Festigkeitsanforderungen sowie die Temperatur und Alterungsbeständigkeit angegeben.

9. Hinweise zum Schrifttum

Das nachfolgend aufgeführte Schrifttum, welches in der Bibliographie erfaßt wurde, ist geeignet, dem interessierten Leser weitere Hinweise über die Fertigungstechnik von Sandwichkonstruktionen zu vermitteln. Dabei werden Abschnitt und Ziffer angegeben, in denen das angezogene Schrifttum zu finden ist:

Abschnitt VI, Ziffer 1.1 Lehrbücher über das Gesamtgebiet der Fertigungstechnik von Luftfahrzeugen und Flugkörpern die Bücher: *Guibert, M. P.*, S. 493–513 und *Wilson, F. W.* and *Prange, W. J.*, S. 113 ff.

Für Aufsätze siehe ferner Abschnitt VIII dieser Bibliographie Ziffer 5.6 „Fertigung von Sandwichkonstruktionen" mit den zugehörigen Untergliederungen.
Ältere Aufsätze können ferner gefunden werden in den beiden Bibliographien, die in Abschnitt VI, Ziffer 1.3 aufgeführt sind:

Winter, H.: Bibliographie der Veröffentlichungen über den Leichtbau und seine Randgebiete im deutschen und ausländischen Schrifttum aus den Jahren 1940 bis 1954 und 1955 bis 1959, darin in Abschnitt VII unter Ziffer 2.6 und 6.15.

Tafel 1 **Beispiele von Kenndaten einiger Wabenkerne von Sandwichkonstruktionen** (Werkstoff: Al-Mn-Legierung)

Wabenweite		Foliendicke		Raumgewicht		Druckfestigkeit Sandwichplatte		Schermodul i. L. Richt.
mm	inch	mm	inch	kp/m³	lbs/ft³	in der Wabe kp/cm²	im Sandwich kp/cm²	kp/cm²
3,2	1/8	0,020	0,0007	49,7	3,1	14,77	16,88	11,25
3,2	1/8	0,045	0,0015	97,7	6,1	45,01	53,44	32,70
4,8	3/16	0,020	0,0007	32,0	2,0	6,19	7,2	5,91
4,8	3/16	0,060	0,002	91,3	5,7	40,43	47,80	29,19
6,4	1/4	0,030	0,001	36,8	2,3	8,08	9,50	7,03
6,4	1/4	0,060	0,002	68,9	4,3	26,02	30,60	18,64
6,4	1/4	0,085	0,003	96,1	6,0	43,60	52,40	31,64
9,5	3/8	0,020	0,0007	16,0	1,0	1,76	2,0	2,18
9,5	3/8	0,045	0,0015	36,85	2,3	8,08	9,1	7,03

Die Fertigungstechnik von Bauteilen aus verstärkten Kunststoffen im Luft- und Raumfahrzeugbau

von Ing. H. Meckelburg und Ing. H. P. Rößner

Gliederung

Kunststoffe haben neuerdings auch in der Luftfahrt immer mehr an Bedeutung gewonnen. Durch Einbringen von Fasermaterial höherer Festigkeit in Kunststoffe können die mechanischen Eigenschaften wesentlich verbessert werden. Bei richtiger Auswahl der beiden Hauptkomponenten Harz und Verstärkungsmaterial und fachgerechter Verarbeitung können die Eigenschaften des verstärkten Kunststoffes in weiten Grenzen nach Wunsch bestimmt werden. Dieser Aufsatz soll den derzeitigen Stand der Fertigungstechnik in einer kurzen Übersicht auch im Hinblick auf die Anwendung in der Luft- und Raumfahrt behandeln.

1. Ausgangsstoffe

1.1 Kunstharze

Die zur Fertigung von verstärkten Kunststoffen benötigten Kunstharz-Rohstoffe sind im Anlieferungszustand meist flüssig. Die wichtigsten Harze sind Polyester, Epoxyde, Phenole, Silikone, Melamine und Furane. Neben den Duroplasten werden auch Thermoplaste durch Fasern verstärkt.

Polyesterharze kommen bei der Herstellung verstärkter Kunststoffe als ungesättigte Harze zur Anwendung. Sie sind meist in Styrol gelöst. Durch Styrol wird einmal die gewünschte Viskosität eingestellt, und andererseits werden die Styrolmoleküle beim Härtungsvorgang mit in den Verband eingebaut.

Die wichtigsten Härter für die Warmaushärtung sind:

	Härtetemperatur
Methylisobutylketonperoxyd	+ 80° C,
Benzoylperoxyd	100° C,
tert.-Butylperoctoat	100° C,
tert.-Butylperbenzoat	130° C,
2,2 Bis-(tert.-butylperoxyd-)butan	130° C,
Dicumylperoxyd	150° C.

Um eine Aushärtung in einer wirtschaftlichen Zeit und bei niedrigen Temperaturen durchführen zu können, bedient man sich Beschleuniger. Organische Metallsalze wie tert. Amine und Cobalt-Verbindungen ergeben eine schnelle Polymerisation bereits bei Raumtemperatur. Die wichtigsten Kalthärtungssysteme sind:

Beschleuniger	*Katalysator*
tert. Amine	Benzoylperoxyd
org. Cobaltsalze	Methyläthylketonperoxyd
Naphthenate oder Octoate	Cyclohexanonperoxyd
Vanadium-Verbindungen	Ketonperoxyd Hydroperoxyd Perketalen

Die Polyesterharz-Mischung setzt sich zusammen aus einem oder mehreren Harztypen, dem Katalysator und dem Beschleuniger, wobei der Beschleuniger stets zuerst eingerührt wird. Die Zeit, in der nach dem Mischen der Ansatz zu verarbeiten ist, wird Gelierzeit oder Topfzeit genannt. Sie ist durch Variation der Härter/Beschleuniger-Konzentration in weiten Grenzen einstellbar. Die folgende Aushärtezeit kann je nach Erfordernissen wenige Minuten bis zu mehreren Tagen betragen.
Im letzten Bereich des Polymerisationsvorganges kommt es je nach Bauteildicke und Wärmeableitung auf Grund der exothermen Reaktion zu einer starken Erwärmung. Unmittelbar danach kann das Teil entformt werden. Zweckmäßigerweise sollten kaltgehärtete Bauteile für einige Stunden bei über + 80° C getempert werden, um eine gründliche Aushärtung und eine bessere Festigkeit und Beständigkeit zu erzielen.
Polyesterharze können durch Zugabe von Chlorparaffin, Antimontrioxyd oder Aluminiumtrihydrat flammwidrig eingestellt werden. Die Oberfläche kann geschützt werden durch flammwidrige Elastomerliner, Isocyanatlacke oder Dynel-Faservliese. Die Polyesterharze können vor dem Verarbeiten mit dem Verstärkungsmaterial mit Farb- und Füllstoffen versehen werden. Füllstoffe können die Festigkeitseigenschaften des Harzes steigern, die Bauteil-Oberflächen verbessern, den Schwund verringern und zur Verbilligung beitragen.

Epoxydharze kommen dort zur Anwendung, wo die Eigenschaften und Beständigkeiten von Polyesterharzen nicht ausreichen. Sie sind ähnlich wie Polyester in ihrer Verarbeitung und werden im Handel flüssig, fest und pulverförmig geführt. Sie härten meist nach Zugabe von Härtern aus; man unterscheidet dabei Kalt-, Warm- und Heißhärtung. Zur Gruppe der Kalthärter gehören u. a. die aliphatischen Polyamine und die Polyamidoamine (Versamide). Zur Warmhärtung bei + 70 bis + 100° C dienen aromatische Polyamide und Carbonsäurehydride mit Beschleunigern. Carbonsäurehydride sind ohne Beschleuniger für die Heißhärtung bis + 200° C geeignet. Die Aushärtung erfolgt exotherm ohne Abspaltung von Nebenprodukten. Eine schnelle

Aushärtung und bessere mechanische Eigenschaften werden neuerdings durch Anwendung der Ionenpolymerisation, z. B. mit Bortrifluorid-Komplexen, erreicht.
Epoxydharze zeichnen sich gegenüber den Polyestern durch bessere elektrische Eigenschaften, geringe Wasseraufnahme und höhere Chemikalienbeständigkeit aus. Wegen der sehr geringen Schrumpfung finden sie Anwendung im Werkzeug- und Vorrichtungsbau und dienen wegen ihrer ausgezeichneten Adhäsionseigenschaften als Klebstoffe für Kunststoffe und Metalle. Die Einfärbbarkeit wird bei einigen Harztypen durch eine intensive Eigenfarbe erschwert.

Phenolharze gehören zu den ältesten technischen Kunststoffen. Sie zeichnen sich vor allem durch gute Festigkeit und höhere Wärmebeständigkeit aus. Auf Grund dieser Eigenschaften haben verstärkte Phenolharze in den letzten Jahren in der Raumfahrttechnik große Bedeutung erlangt. Bei der Polykondensation werden Reaktionsprodukte wie Wasser abgespalten. Je nach Harztyp und Wandstärke härten Phenole bei 140 bis 180° C innerhalb 10 Minuten bis zu mehreren Stunden. Die Preßdrücke schwanken zwischen 1 und 25 kp/cm². Es sind teure Werkzeuge erforderlich.
Im Gegensatz zu Polyesterharzen werden Phenolharze fast ausschließlich in Form von Preßmassen oder vorgetränkten Geweben verarbeitet. Sie haben einen bestimmten Harzgehalt und sind begrenzt lagerfähig. Auf Grund ihrer gelbbraunen bis dunkelgelben Farbe lassen sich die Phenolharze nur dunkel einfärben.

Silikonharze haben faserverstärkt Bedeutung in der Elektroindustrie in Fällen wo eine hohe Wärmebeständigkeit bis + 250° C gefordert wird. Die Härtungsreaktion erfolgt als Polykondensation und Oxydation. Silikonharze werden in aromatischen Lösungsmitteln gelöst und kommen als vorgetränkte Gewebe oder Preßmassen in den Handel. Der Aushärtungsvorgang beginnt drucklos bei einer Temperatur von etwa + 175° C. Die Temperatur wird dann stufenweise bis + 250° C erhöht und der hohe Druck von 30 bis 80 kp/cm² aufgebracht. Wegen der beheizbaren Stahlwerkzeuge ist die Fertigung kostspielig.

Melaminharze haben gegenüber den anderen Harzen Vorteile, die sich besonders in der Kriechstromfestigkeit, Lichtbogenfestigkeit, Glutfestigkeit sowie in der Schwerentflammbarkeit äußern. Nicht nur in der Abspaltung von Reaktionsprodukten, auch in der Verarbeitung ähneln sie dem Phenolharz. Sie sind lediglich empfindlicher gegenüber zu langem oder zu heißem Pressen. Eine Überhärtung führt zur Versprödung. Die Verarbeitung beschränkt sich fast ausschließlich auf Preßmassen und vorgetränkte Gewebe. Sie werden bei Preßdrücken zwischen 20 und 70 kp/cm² und Temperaturen zwischen + 150 und 160° C gehärtet.

Furanharze zeichnen sich durch eine geringe Schrumpfung bei guter Wasserfestigkeit und Chemikalienbeständigkeit aus. Bauteile aus verstärktem Furanharz haben eine sehr hohe Hitzebeständigkeit. Die Oberfläche ist kratzfest und hart. Ein Einsatzgebiet ist in den USA vor allem der chemische Apparatebau.
In den letzten Jahren wurden von der Luft- und Raumfahrtindustrie immer mehr die Forderungen nach möglichst hitzebeständigen Kunststoffen gestellt. Daraufhin wurden zahlreiche Produkte in den USA entwickelt, von denen die Polyimide bisher die meisten Anwendungsgebiete gefunden haben. Diese Harze werden u. a. mit Glasgewebe als vorgetränktes Gewebe geliefert und können so zu sehr wärmebeständigen Bauteilen gepreßt werden.
Einige weitere dieser organischen Kunstharztypen für große Hitzebeständigkeiten sind Polycarbonate, Polysulfone, Polybenzimidazole und Polyperfluorotriazine.

1.2 Verstärkungen

Glasfasern:

Als tragende Verstärkungsfaser wird vorwiegend die textile Glasfaser aus anorganischen Silikaten verwendet. Die Elementarfaser mit einem Durchmesser von 5 bis 15 μm wird aus speziellen Glasarten, die sich im Alkaligehalt unterscheiden, hergestellt. Das im Flugzeugbau zur Anwendung kommende E-Glas ist ein Silikatglas, welches annähernd alkalifrei verschmolzen wird. Der Glasfaden hat eine hohe Zugfestigkeit, welche selbst die hochwertiger Spezialstähle übertrifft.
Durch eine Fadenbehandlung mit Silan-Schlichten, die als Haftmittel Vinylsilan-Verbindungen enthalten, wird vor allem bei der Verarbeitung mit Polyesterharz eine gute Haftung zwischen Harz und Glas erreicht. Chrom-Schlichten enthalten ein Chrommethacrylat-Komplexsalz, welches eine gute Haftung der Glasseide zum Polyester-, Epoxyd- und Phenolharz bewirkt. Als sogenannte Endausrüstung von hochwertigen Glasseidengeweben werden Schlichte oder Schmälze entfernt und durch ein Finish ersetzt. Unter Finish wird in diesem Zusammenhang ein Haftmittel verstanden, welches die Bindung zwischen Glasfaser und Harz verbessert. Die Finishs eignen sich für ganz bestimmte Harzgruppen, so z. B. Silan-Finish A 172 für Polyester und Volan-A-Finish und A 1100 für Epoxydharz. Finish I 550 ist ein neues Produkt, welches sich sowohl für Polyester als auch für Epoxydharz eignet.
Vor der Weiterverarbeitung zu Rovings, Matten, Geweben oder Vliesen werden ca. 50, 100, 200, 400 oder 800 Elementarfäden zu Spinnfäden zusammengefaßt. Es wird unterschieden zwischen Glasseide aus endlosen gefaßten Einzelfasern und Glasstapelfasern mit Fasern unterschiedlicher Länge, die zu einem Faserbund zusammengefaßt sind.

Rovings sind Fadenstränge, die aus bis zu 120 parallel laufenden Spinnfäden bestehen. Es werden zahlreiche Ausführungen unterschieden.

Glasseiden-Matten bestehen aus regellos geschichteten etwa 50 mm langen Spinnfäden. Sie werden in mehreren Flächengewichten hergestellt und sind chemisch oder mechanisch gebunden. Bei der chemisch gebundenen Matte werden die Glasseidenschnitzel durch pulverförmige oder gelöste Binder verklebt. Es werden Binder unterschieden, die sich bei der Verarbeitung mit Kunstharz leicht oder schwer lösen. Bei den mechanisch gebundenen Matten sind die Glasseidenschnitzel auf einem Trägermaterial aufgesteppt.

Glasseidengewebe werden auf Webmaschinen aus gefachten oder gezwirnten Glasseidengarnen hergestellt. Die Gewebe werden in einer Vielzahl von Bindungsarten und Flächengewichten angeboten. Die gebräuchlichsten Arten sind Leinen-, Köper- und Atlasbindungen. Webart und Flächengewicht beeinflussen bei gleicher Glasart und gleichem Finish die technologischen Eigenschaften der GFK-Fertigteile entscheidend.

Glasvliese sind leichte Oberflächenmatten aus einzeln liegenden Glasstapelfasern. Sie dienen zur Verfeinerung der Oberflächen von Kunststoffbauteilen.

Neuere Glasarten sind neben dem High-Modulus-Glass oder S-Glas das X-Glas. Sie übertreffen die Zugfestigkeit und den E-Modul der E-Glasseide beachtlich. So liegt der Elastizitätsmodul von S-Glas um 20 % und von X-Glas um 70 % höher. Gute Eigenschaften hat auch die neue Boronfaser, die seit 1961 in den USA erprobt wird. Eine hohle Glasfaser wird seit einigen Jahren für Raketenbauteile produziert. Sie soll vor allem das Gewicht von Laminaten bei gleicher Steifigkeit herabsetzen.
Für Raumfahrzeug-Bauteile, die sehr hohen Temperaturen ausgesetzt sind wie Nasenkegel, Düsenauskleidungen, Triebwerke und Wiedereintrittskörper wurde die TX-Faser

hergestellt. Es ist eine Magnesiumfaser, die 28 % chemisch gebundenes Wasser enthält und auf Grund ihrer guten Isolierwirkung zu sehr hitzebeständigen Laminaten mit geringem Abbrand verpreßt werden kann.
Für sehr hochwertige Bauteile wurden auch Saphirfasern gezogen. Die Zugfestigkeit dieser Fadeneinkristalle (Whiskers) liegt mehr als zehnmal höher als die der E-Glasseide. Sie wurde bisher zur Verstärkung von Epoxyd- und Phenolharzen verwendet. In den nächsten Jahren ist mit der Erforschung von Fasern noch höherer Festigkeit zu rechnen.

Andere Verstärkungen:

Weitere Fasern für eine Kunststoff-Verstärkung bieten die pflanzlichen und mineralischen Produkte. Die Asbestfaser aus Chrysolit hat die größte technische Bedeutung. Sie ist im Handel als Filz, Gewebe und Stapelfaser erhältlich. Die Eigenschaften der Asbestverstärkung kommt der aus Glas sehr nahe. Vorteile sind u. a. die bessere Wärmebeständigkeit und der geringere Preis. Für sehr wärmebeständige Bauteile hat die Quarzfaser (Refrasil) mit Phenolharz die besten Ergebnisse gezeigt.
Auch organische Textilfasern wie Flachs, Hanf, Baumwolle, Jute und synthetische Fasern wie Nylon, Orlon und Dacron werden in speziellen Anwendungsfällen für die Verstärkung von Kunstharzen herangezogen.

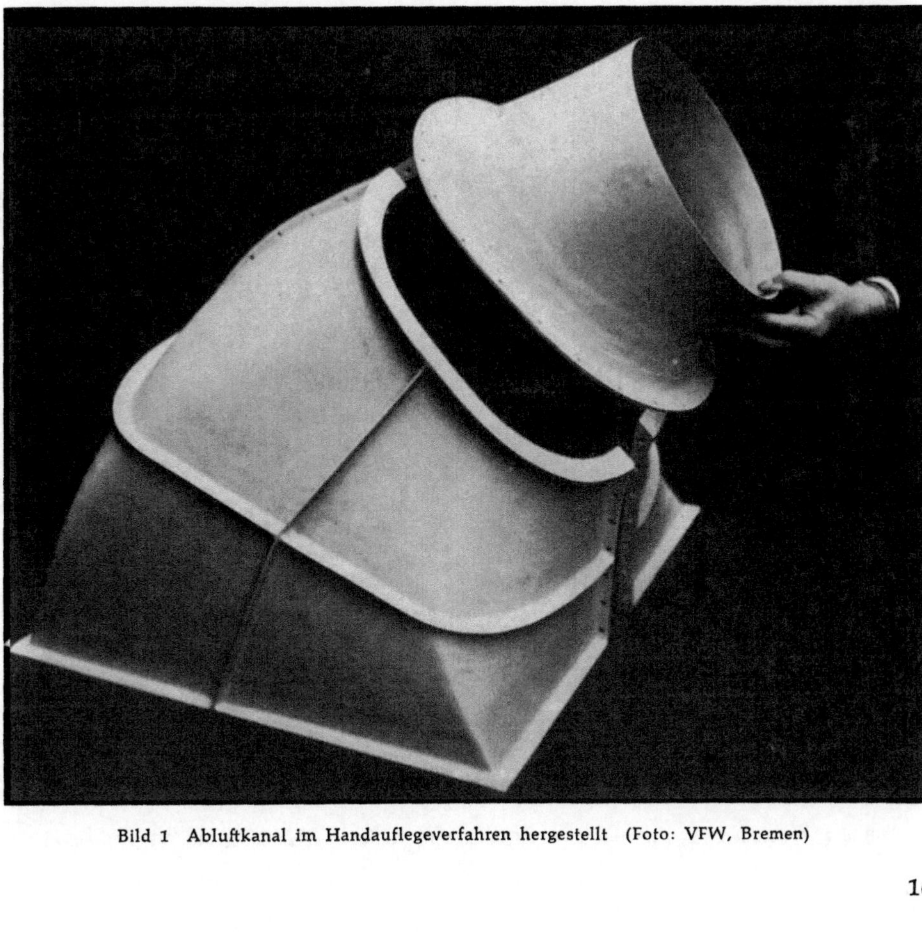

Bild 1 Abluftkanal im Handauflegeverfahren hergestellt (Foto: VFW, Bremen)

2. Fertigungsverfahren zur Herstellung von Bauteilen

Zur Herstellung verstärkter Kunststoff-Bauteile stehen zahlreiche Fertigungsverfahren zur Verfügung. Die Auswahl des geeignetsten Verfahrens (Tafel 1, Seite 176) hängt von den folgenden Faktoren ab:

Formgebung und Abmaße,
geforderte Eigenschaften und Festigkeiten,
Stückzahl und Produktionsgeschwindigkeit,
Oberflächenqualität und Toleranzen.

Zu diesen Punkten gehören noch Überlegungen bezüglich der Wirtschaftlichkeit. Aus allen gegebenen Forderungen ergibt sich ein Fertigungsverfahren, welches bestimmte Werkstatteinrichtungen und die Fachkenntnis des Personals voraussetzt.

2.1 Handauflegeverfahren

Das Handauflegeverfahren gestattet die Anfertigung von Teilen praktisch jeder Form und Größe. Die nach diesem Verfahren hergestellten Teile sind auf der einen Seite glatt, während auf der Außenseite die Struktur der Matte oder des Gewebes zu sehen ist.

Bild 2 Herstellen von Kraftstofftank-Halbschalen im Kaltpreßverfahren (Foto: VFW, Bremen)

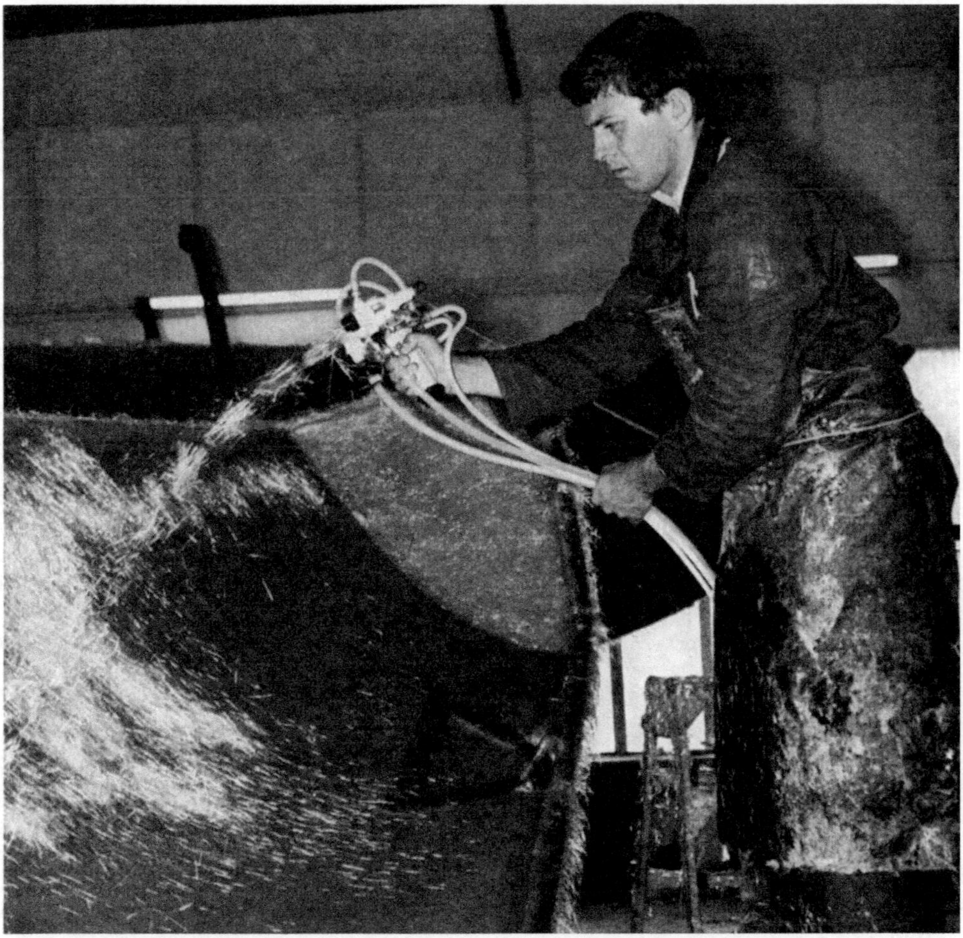

Bild 3 Herstellen von GFK-Bauteilen im Faserspritzverfahren (Foto: Coudenhove, Wien)

Es werden einteilige Formen benutzt, die aus Holz, Gips, Blech oder Kunststoff bestehen. Die Oberflächen der Form, die möglichst glatt sein sollen, werden mit einem Trennmittel behandelt. Als Trennmittel kommen gewöhnlich Wachs oder Lack (Polyvinylalkohol) zur Anwendung.
Beginnend mit dem Auftragen einer Harzschicht wird abwechselnd eine Lage Verstärkungsmaterial und Harz aufgebracht. Das Tränken erfolgt mit einer Lammfellrolle und einer speziellen Entlüftungsrolle. Bei kleineren Teilen genügt das Tupfen mit einem Pinsel.
Werden an die Innenflächen besondere Anforderungen bezüglich Schutz des Laminates, Aussehen, Kratzfestigkeit oder Elastizität gestellt, so wird vor dem Laminieren eine Feinschicht meist aus einer speziellen Harzmischung aufgetragen. Die Feinschicht wird am zweckmäßigsten mit einer Spritzpistole aufgetragen und nach dem Anhärten zunächst ein Vlies aufgebracht. Jede Lage Verstärkung sollte anhärten, bevor die nächste Schicht aufgebracht wird. Das Handauflegeverfahren eignet sich besonders für Klein-

serien und für die Herstellung von Modellen und Prototypen. Es ist jedoch keineswegs ein minderwertiges Verfahren, sondern es können danach auch stark beanspruchbare Bauteile hergestellt werden, siehe Bild 1.

2.2 Preßverfahren

Beim Pressen verstärkter Kunststoffe wird das Ausgangsmaterial in zweiteiligen Werkzeugen in die vorgegebene Form gepreßt. Dabei wird unterschieden zwischen dem Kaltpressen und dem Heißpressen.
Zum Pressen kalthärtender Kunstharze können die Werkzeuge aus Kunststoff hergestellt werden. Sie bestehen meist aus einem speziellen gefüllten Epoxydharz oder Polyesterharz. Das Kaltpreßverfahren ist besonders geeignet für Stückzahlen bis etwa 5000 Stück. Da die Drücke mit 4 bis 10 kp/cm^2 nicht sehr hoch sind, können die Pressen leicht gebaut sein. Sie müssen jedoch sehr langsam schließen. Glasseidenmatten müssen bei komplizierten Formen durch Einreißen und Gewebe durch Schneiden angepaßt werden. Nach diesem Verfahren lassen sich sehr gute Kunststoffteile gleichmäßiger Qualität herstellen, siehe Bild 2. Durch die Möglichkeit, Kunststoff-Werkzeuge zu verwenden, ergibt sich eine verhältnismäßig kurze Vorbereitungszeit.
Zum Heißpressen werden dagegen Metallwerkzeuge aus speziellen Legierungen eingesetzt. Das Pressen mit beheizbaren Werkzeugen aus Metall wird bei einem hohen Ausstoß erforderlich. Die Werkzeuge oder Heizplatten werden elektrisch, mit Dampf, Druckwasser oder Öl beheizt und die Temperatur genau geregelt. Die Pressen müssen schnell schließen und einen hohen Druck bis 70 kp/cm^2 aufbringen. Es werden Harzmatten, Preßmassen oder vorgetränkte Gewebe zu hochwertigen Kunststoff-Bauteilen verarbeitet.

2.3 Faser-Spritzverfahren

Beim Harz-Faser-Spritzverfahren werden in einem Arbeitsgang Kunstharz und Glasroving-Schnitzel auf die Form gesprüht, siehe Bild 3. Während des Sprühvorganges mischen sich die Glasschnitzel und die beiden Kunstharz-Komponenten. Dies ist einmal vorbeschleunigtes Harz und zum anderen Harz mit Katalysator. Die Faserschnitzel werden durch einen Schlauch mittels Preßluft zugeführt oder am Spritzkopf aus Rovingsträngen geschnitten. Die Harzfaserschicht wird mit Walzen von Hand angerollt und entlüftet.
Während die Spritzanlage aus zwei Druckbehältern und dem speziellen Spritzkopf besteht, können die Formen genau so einfach ausgeführt werden wie beim Handauflegeverfahren.

2.4 Wickelverfahren

Das Wickeln dient vorwiegend zur Herstellung rotationssymmetrischer Teile mit glatter Innenfläche. Rovingstränge oder Gewebebänder werden nach dem Durchlaufen eines Tränkbades unter Vorspannung auf einem zerlegbaren oder löslichen Kern aufgespult, siehe Bild 4.
Je nach Anforderungen an das Rohr oder den Behälter werden die Verstärkungsfasern orientiert gewickelt. Dies erfolgt durch Spezialvorrichtungen oder durch elektrische Programmsteuerung. Hochwertige Wickelteile werden heute in der Raumfahrttechnik benötigt.
Die Behälterböden werden in diesen Fällen meist mit angewickelt. Um die Dichtigkeit besonders bei hohen Innendrücken zu gewährleisten, kann auf porenfreie Innenschichten (liner) gewickelt werden.

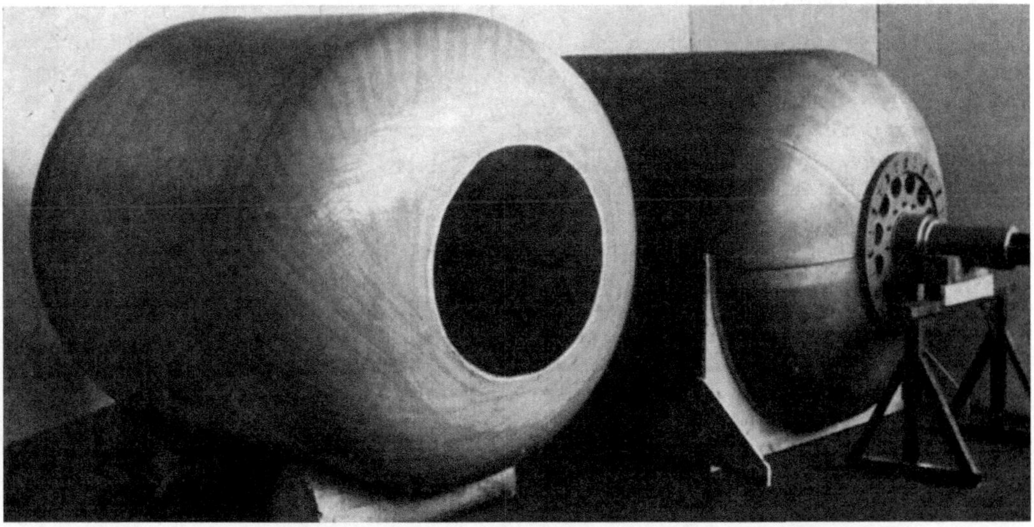

Bild 4 GFK-Bauteil im Wickelverfahren hergestellt (Foto: Baer, Weingarten)

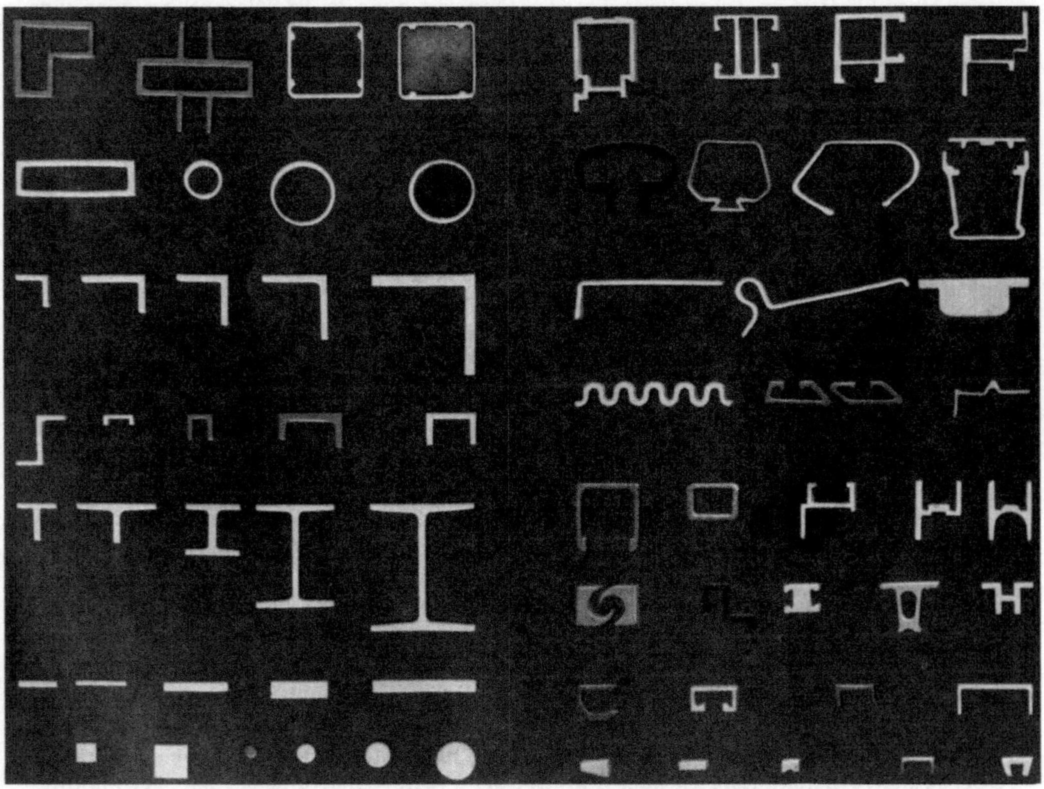

Bild 5 GFK-Profile im kontinuierlichen Verfahren hergestellt (Foto: Grillo, Hünxe)

2.5 Weitere Verfahren

Die zuvor genannten Verfahren für die Herstellung von verstärkten Kunststoffen stellen die wichtigsten Grundverfahren dar. Sie werden in zahlreichen Kombinationen miteinander und mit weiteren Fertigungsmöglichkeiten angewendet.

Nach dem Schleuderverfahren können rotationssymmetrische Hohlkörper mit gleichem Innendurchmesser über die ganze Länge gefertigt werden. Durch die höhere Dichte von Glas wird das Verstärkungsmaterial nach außen gedrückt, so daß innen eine harzreiche Schicht entsteht.

Als Verbesserung des Handauflegeverfahrens gibt es das Vakuumformverfahren, das Drucksackverfahren und das Autoklavverfahren. Im Prinzip wird bei diesen Verfahren das in der Form getränkte Verstärkungsmaterial mit einer Gummi- oder Plastikfolie abgedeckt und die Luft darunter abgesaugt, so daß der atmosphärische Druck auf den Formenraum mit Vakuumanschluß wirkt. Eingeschlossene Luftblasen und überschüssiges Harz werden auf diese Weise aus dem Laminat herausgedrückt. Beim Drucksackverfahren wird zusätzlich ein Luftdruck bis zu 4 kp/cm² auf die Form gegeben. Die Werkzeuge für dieses Verfahren sind wesentlich fester auszuführen als beim Handauflegeverfahren. Eine Variante des Druckverfahrens stellt das Autoklavverfahren dar. Die Formen können hier steif, aber leichter ausgeführt sein, da der Druck von allen Seiten wirkt. Die Drücke können bis etwa 20 kp/cm² erhöht werden, so daß hochwertige Laminate produziert werden können. Ein Autoklav bedarf umfangreicher Nebenanlagen und verteuert somit das Verfahren.

Beim Harz-Einsaugverfahren wird die Kunstharzmischung in ein Werkzeug eingesaugt oder eingespritzt, in welches das Verstärkungsmaterial zuvor eingelegt wurde. Die Tränkgeschwindigkeit ist u. a. sehr stark abhängig von der Art und Menge der Verstärkung und von der Viskosität des Harzes.

Langgestreckte Profile, z. T. mit sehr komplizierten Querschnitten, können in einem kontinuierlichen Verfahren gezogen werden. Als Material werden fast ausschließlich Spezial-Rovings genommen, die eine hohe Festigkeit in der Ziehrichtung bewirken, jedoch in der Querrichtung geringere Festigkeiten aufweisen, siehe Bild 5.

Sehr große Anwendungsgebiete finden ebene und gewellte Platten aus verstärkten Kunststoffen. Sie werden auf besonderen Anlagen kontinuierlich zwischen Folien gefertigt. Die Wellenform bei Wellplatten wird durch Einlegen von Rohren erreicht.

2.6 Kleben von glasfaserverstärkten Kunststoffen

Das Kleben bietet als Fügeverfahren für verstärkte Kunststoffe zahlreiche Vorteile, auch können Kunststoff-Bauteile mit Bauteilen aus anderen Werkstoffen verklebt werden.

Die Festigkeit einer Klebverbindung wird beeinflußt durch die Werkstoffeigenschaften der Fügeteile wie Elastizität und Festigkeit und durch die physikalischen Eigenschaften des ausgehärteten Klebstoffes. Zum Verkleben dienen die üblichen kalt- und warmhärtenden Kunstharz-Klebstoffe. Die Epoxydharze zeichnen sich hierbei durch ihr gutes Haftvermögen besonders aus. Sie lassen sich in einfacher Weise verarbeiten und härten bei Raumtemperatur oder erhöhter Temperatur ohne Anpreßdruck aus.

Die Auswahl des geeignetsten Klebstoffes erfolgt nach konstruktiven und fertigungstechnischen Gesichtspunkten. Für eine einwandfreie Verklebung ist eine Klebflächenvorbehandlung erforderlich. Das Schmirgeln oder Sandstrahlen hat sich bei der Kaltverklebung von Glasfaser/Kunststoff am zweckmäßigsten erwiesen. Eine sorgfältige Oberflächenvorbehandlung ist aber auch bei der Warmaushärtung der Klebverbindung mit großen Beständigkeitsanforderungen unerläßlich, obwohl dort bereits entfettete

Klebflächen gute Festigkeitsergebnisse bringen. Die Verklebungsfestigkeit ist ferner abhängig von der Verstärkungsart (Matten- oder Gewebeverstärkung), vom Fügeteil-Glasgehalt und von der Materialdicke.
Bei einer Klebkonstruktion ist der Verbindungsart große Beachtung zu schenken; denn sie kann als volltragendes Verbindungselement eingesetzt werden. Neben dem Grundsätzlichen, daß die Klebflächen möglichst groß sein sollen und Spannungsspitzen zu vermeiden sind, muß die Beanspruchungsart der Klebnaht berücksichtigt werden. So sind z. B. Schälbeanspruchungen ungünstig. Neben der Schäftung, die als beste Verbindungsart anzusehen ist, sind in der Praxis Überlappungen und Laschungen zur Schubübertragung üblich.
Der aus der Metallklebtechnik bekannte Mehrschichtenaufbau großflächiger Bauteile ist mit GFK möglich. Der Einbau von Verstärkungen oder Versteifungen erfolgt auch zweckmäßigerweise durch Kleben. In allen Fällen ergeben sich günstige Spannungsverteilungen infolge flächenförmiger Krafteinleitung.
Für die Kaltverklebung von GFK genügen im einfachsten Falle Fixiervorrichtungen, die mechanisch, pneumatisch oder hydraulisch arbeiten. Für eine Warmaushärtung sind in die Druckvorrichtungen Heizelemente eingebaut, oder die Wärme wird durch eine getrennte Heizeinrichtung aufgebracht.

3. Qualitätskontrollen in der Fertigung

Eine Fertigung für verstärkte Kunststoffe, in der nur einwandfreie Rohstoffe den Vorschriften entsprechend verarbeitet werden sollen und das Fertigprodukt eine gleichmäßig hohe Qualität besitzt, setzt ein entsprechendes Kontrollwesen voraus.
Werkstoffe, die einer genauen Prüfung unterzogen werden, gehen als Rohstoffe ein, und ihre Prüfung umfaßt die stichprobenartige Kontrolle der physikalischen Eigenschaften der Einzelkomponenten. Die mechanischen Eigenschaften damit gepreßter Probeplatten können ebenfalls bestimmt werden. Das in Form von Matte oder Gewebe verwendete Verstärkungsmaterial wird auf sein Flächengewicht, auf Gleichmäßigkeit, Beschädigung und Verschmutzung geprüft. Bei den Kunstharz- und Klebstoffkomponenten werden Dichte und Viskosität sowie das Aushärtungsverhalten bei einer bestimmten, stets gleichen Kombination überprüft. Zweckmäßigerweise werden mit den Klebstoffen auch Probeverklebungen durchgeführt.
Durch erfahrene Aufsichtspersonen ist während der Fertigung eine Werkstoff-Verarbeitungs-Kontrolle durchzuführen. Zur Überwachung gehört z. B. die Einhaltung von vorgeschriebenen Mischungsverhältnissen der Kunstharze und die Art und Menge der verarbeiteten Verstärkungen.
Da es noch keine zufriedenstellenden Verfahren einer zerstörungsfreien Prüfung von verstärkten Kunststoffen und deren Verklebung gibt, ist es erforderlich, z. B. aus konstruktiv bedingten Durchbrüchen Probekörper herauszuschneiden und sie einer Festigkeitsprüfung zu unterziehen. Das Bauteil wird erst zur Weiterverarbeitung freigegeben, wenn die Festigkeitswerte innerhalb der festgelegten Toleranzen liegen. Von den Kunststoffteilen, die derartige Durchbrüche nicht haben, müssen in bestimmten Abständen Preßteile aus der Fertigung entnommen werden und zu Proben zersägt werden.
Alle Kunststoff-Bauteile, welche aus der Fertigung kommen, werden einer visuellen Gütekontrolle und einer Maßkontrolle unterzogen und erst dann für eine Verklebung mit anderen Bauteilen freigegeben.

4. Werkstoffeigenschaften verstärkter Kunststoffbauteile

Mechanische Eigenschaften

Die mechanischen Eigenschaften von verstärkten Kunststoffen werden hauptsächlich durch Art und Gehalt des Ausgangsmaterials bestimmt. Durch die Möglichkeit, die Materialien in weiten Grenzen zu variieren, lassen sich Bauteile für die verschiedensten Funktionen herstellen.

Stark vereinfacht kann gesagt werden, daß die Festigkeit von GFK-Laminaten vom Glasanteil in der entsprechenden Beanspruchungsrichtung abhängig ist. Der Glasgehalt wird nach DIN 52330 geprüft und zweckmäßigerweise in Volumenprozenten angegeben, um die unterschiedlichen Dichten der Kunstharze auszuschalten. Der erreichbare Fasergehalt ist abhängig vom Fertigungsverfahren, siehe Bild 6, und von den drei Verstärkungsarten: Matte, Gewebe, Rovings.

Matten-Laminate haben durch die regellose Lage der Schnitzel annähernd gleiche Festigkeiten in allen Richtungen. Die maximal erreichbaren Glasanteile liegen beim Preßverfahren bei 40 Vol.-%. Es ergeben sich bei der Prüfung Werte mit kleinem Streubereich.

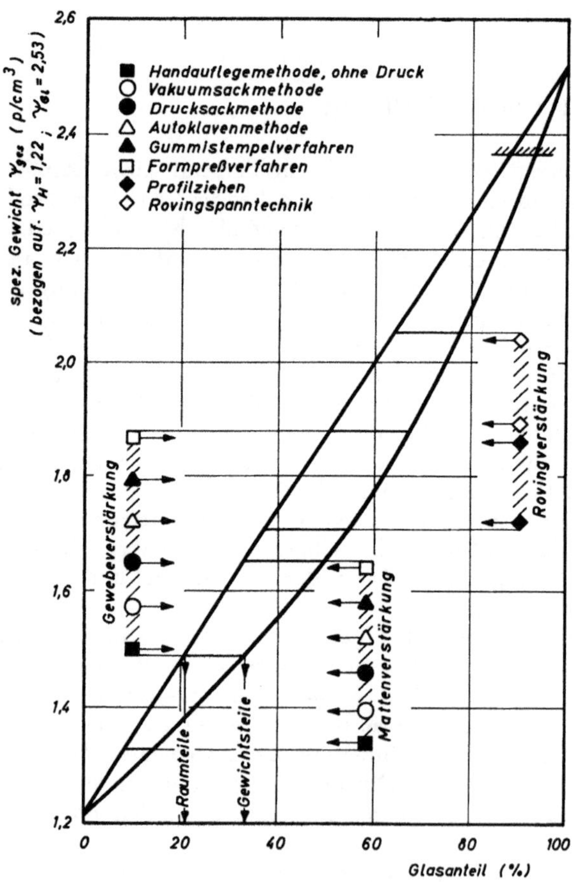

Bild 6 Zusammenhang zwischen spez. Laminatgewicht und dem Glasanteil verschiedener Herstellungsverfahren

Glasgewebe-Laminate haben ihre maximalen Festigkeiten in den beiden Webrichtungen der Gewebe. Die Eigenschaften hängen ab von der Anzahl der Glasfäden in Kett- und Schußrichtung und von der Webart. Je nach Feinheit der Gewebeart lassen sich Volumenanteile bis zu 55 % Glas durch Pressen erzielen. Mit *Rovings* werden Glasgehalte bis 95 % erreicht. Diese Glasstränge lassen sich sehr dicht zusammenpressen und ergeben in Faserrichtung die höchsten Festigkeitseigenschaften, siehe Bild 7.

Von großem Einfluß ist bei den Verbund-Werkstoffen das Dehnungsverhalten der Einzelkomponenten und das Haftvermögen des Kunstharzes am Glas. Der Faden hat ein lineares Spannungs-Dehnungsverhalten bis zum Bruch bei ca. 2 % Dehnung. Das Dehnungsverhalten der Kunstharze ist zunächst auch linear. Der Bruch erfolgt bei 2 bis 5 % Dehnung. Auf Grund unterschiedlicher Ausdehnungskoeffizienten der Komponenten bei der Aushärtung und durch Zerstörung von einzelnen Fasern bei Verfahren zur Herstellung höherer Glasgehalte ergibt sich je nach Verfahren ein optimaler Glasgehalt für maximale Festigkeitseigenschaften. Glasfaser-Kunststoffe haben im Vergleich zu Stahl und Aluminium einen niedrigen Elastizitätsmodul, jedoch eine sehr hohe Elastizität. Besonders bei Biegebeanspruchung ist daher eine hohe Arbeitsaufnahme zu verzeichnen. Dies bedeutet auch gleichzeitig ein gutes Schlagzähigkeitsverhalten. Bedingt durch den geringen E-Modul ist die Knickbeanspruchung jedoch gering.

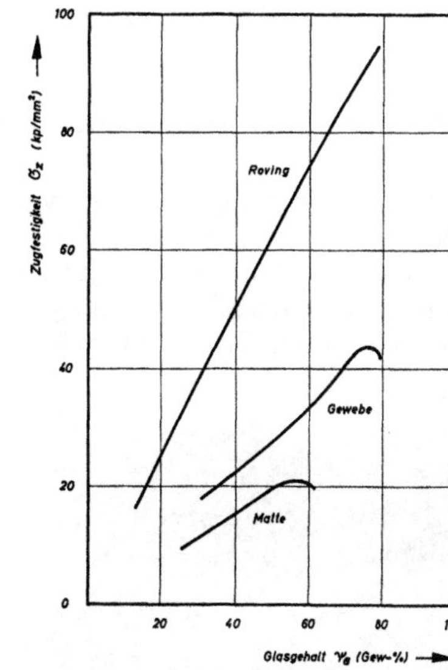

Bild 7 Zugfestigkeit von GFK in Abhängigkeit von Glasgehalt

Zur Erzielung vergleichbarer Eigenschaftswerte muß eine sorgfältige Verarbeitung in der Fertigung und bei der Probenherstellung sowie eine richtige Auswahl der Probekörper vorausgesetzt werden. Die mechanischen Eigenschaften lassen sich nach bisher veröffentlichten Unterlagen weitgehend bestimmen und berechnen.

Über Dauerbeanspruchungen von glasfaserverstärkten Kunststoffen liegen umfangreiche Arbeiten vor. Untersuchungen über die statische Langzeitfestigkeit und die dynamische Dauerfestigkeit ergaben bei Gewebelaminaten mit Polyester eine Dauerfestigkeit von etwa 25 % der statischen Kurzzeitfestigkeit. Rovingverstärkte Probekörper zeigten dagegen nur geringfügige Änderungen bei Dauerbeanspruchung. Die Einwirkung dynamischer Beanspruchungen wird in Wöhlerkurven festgehalten.

Beständigkeiten

Die Beständigkeit von verstärkten Kunststoffen ist im wesentlichen abhängig von der Art des Kunstharzes und der Verstärkung. Das Verhalten gegenüber Feuer, Wärme, Chemikalien und Witterung wird hauptsächlich durch das Harz beeinflußt. Durch spezielle Kunstharze mit Zusätzen und Füllstoffen können gute Wärme- und Flammbeständigkeiten erzielt werden. Besitzen Kunststoffbauteile eine geschlossene, gut ausgehärtete Harzschicht an der Oberfläche, so ist eine gute Chemikalienbeständigkeit zu erwarten. Bei beschädigter Oberfläche werden die Glasfasern besonders stark geschädigt. Die Chemikalienbeständigkeit wurde in ihren Abhängigkeiten von der Harzart, der Zusammensetzung und der Aushärtung von den Harzherstellern gründlich untersucht. Die Wasseraufnahme von GFK ist zwar gering, nicht zuletzt weisen daher

verstärkte Kunststoffe sehr gute dielektrische Werte auf, sie beeinflußt jedoch die mechanischen Eigenschaften sehr stark.
Bei Bewitterung von GFK sind oftmals nach einiger Zeit Verfärbungen und bei Lichtplatten eine Veränderung der Lichtdurchlässigkeit festzustellen. Glasfaserverstärkte Kunststoffe haben nur dann eine gute Witterungsbeständigkeit, wenn das Laminat durch eine Feinschicht oder ein Vlies an der Oberfläche geschützt wird. Verfärbungen können durch die Auswahl geeigneter Pigmente und Härtungssysteme größtenteils vermieden werden.

5. Anwendungen im Luft- und Raumfahrzeugbau

Nach anfänglichem Einsatz von verstärkten Kunststoffen für wenig belastete Verkleidungen werden jetzt auch hochbeanspruchte Flugzeugbauteile hergestellt. Dazu waren zunächst Erfahrungen in der Fertigungstechnik und in der Berechnung dieses Stoffes erforderlich. Forschungs- und Entwicklungsarbeiten führten zu neuen Fertigungsverfahren und Bauweisen sowie zu Dimensionierungsgrundlagen für den Konstrukteur.

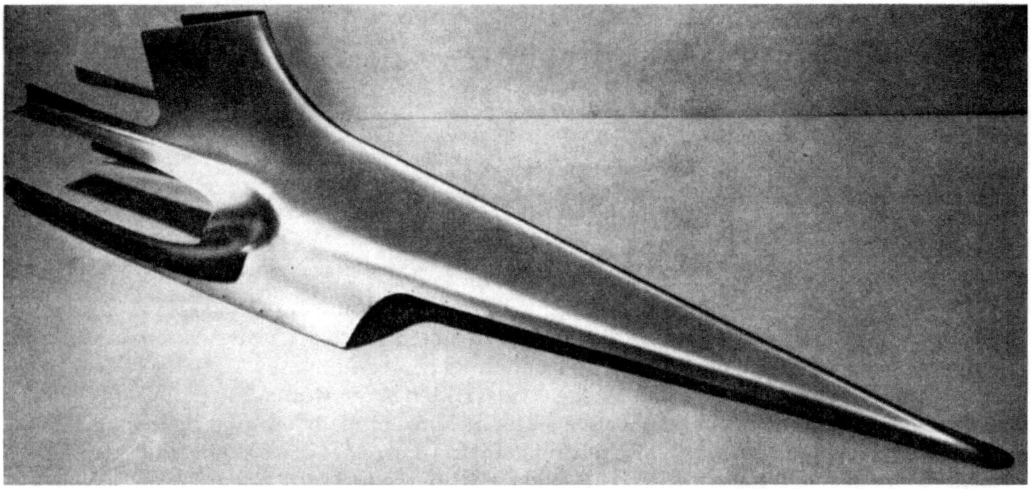

Bild 8 Übergangsverkleidung Leitwerk/Rumpf (Foto: VFW, Bremen)

Gehäusekästen für die Unterbringung von elektronischen Geräten haben sich ebenso bewährt wie Belüftungskanäle in den verschiedensten Formen für Flugzeugkabinen und Bodengeräte. Außen am Flugzeug sind häufig die Übergangsverkleidungen Rumpf/Tragflügel sowie Rumpf/Leitwerk, siehe Bild 8, Endkappen und Antennen- und Radarhauben aus verstärktem Kunststoff hergestellt. In den modernen Verkehrs-Flugzeugen befinden sich neben Verkleidungsteilen aller Art und Sitzschalen auch gesamte Küchen- und Toiletteneinrichtungen aus GFK. Als vorteilhaft hat sich auch der Einsatz von verstärkten Kunststoffen für die Herstellung abwerfbarer Kraftstoff-Zusatzbehälter (Bild 9) erwiesen.
Neben den bekannten Vorteilen des GFK, wie geringes Gewicht, Korrosionsbeständigkeit und Oberflächengüte, ist der wesentlichste Vorteil meist in der Wirtschaftlichkeit der Fertigung dieser Teile zu finden.

Bild 9 Kraftstoff-Zusatzbehälter aus GFK (Foto: VFW, Bremen)

Rotorblätter für Hubschrauber und Luftschraubenblätter aus GFK für Sportflugzeuge sind sehr großen Beanspruchungen ausgesetzt. Schwierigkeiten macht jedoch die Erosionseinwirkung. Hubschrauber-Rotorblätter werden erfolgreich in einer Verbundbauweise mit Schaumstoff hergestellt. Das Fahrwerk für ein Sportflugzeug wurde aus GFK hergestellt. GFK-Verbundkonstruktionen haben große Anwendungsgebiete im militärischen und zivilen Großflugzeugbau sowie bei Klein- und Segelflugzeugen. Segelflugzeuge werden bereits ganz aus Glasfaser/Kunststoff gefertigt. Sie erreichen dank der sehr glatten Außenhaut die höchsten Fluggleitzahlen. Der GFK-Wabenkern hat sich in Radarhauben und in Teilen des Rumpfes, der Tragflügel und des Leitwerkes besonders bewährt.
Erwähnt sei das große Anwendungsgebiet von GFK im Raketen- und Satellitenbau. Große Treibstofftanks und Druckbehälter werden ebenso wie Brennkammern und Düsen in vielen Fällen im Faser-Wickel-Verfahren hergestellt. Auf Grund der geringen Wärmeleitung werden GFK-Konstruktionen auch für Isolationszwecke verwendet. GFK-Waben aus hitzebeständigem Phenolharz haben sich bei Hitzeschilden für Wiedereintrittskörper ebenso bewährt wie für Tankzwischenböden.

6. Hinweise zum Schrifttum

Es gibt über die Fertigungstechnik glasfaserverstärkter Kunststoff-Teile in der Luft- und Raumfahrt ein sehr umfangreiches Schrifttum, das, im einzelnen zu zitieren, hier zu weit führen würde. Es sei daher, was sowohl Bücher wie auch Zeitschriftenaufsätze betrifft, auf die Abschnitte:

3.26.2 Verstärkte Kunststoffe,
5.42 Kleben sonstiger Werkstoffe und Werkstoffkombinationen,
5.7 Fertigung von verstärkten Kunststoffteilen

der Bibliographie verwiesen, die, ohne Anspruch auf unbedingte Vollständigkeit zu erheben, einen guten Querschnittsüberblick ermöglicht.

Tafel 1 **Vergleichende Übersicht der Fertigungsverfahren für GFK**

					Warmpreßverfahren						
	Handverfahren	Faserspritzverfahren	Vakuumverfahren	Kaltpreßverfahren	Naßpreßverfahren	Pressen von fließfähigen Prepregs	Pressen von nicht fließfähigen Prepregs	Wickelverfahren	Schleuderverfahren	Profilziehverfahren	Kontinuierliches Laminierverfahren
Formen	offen, ein- oder mehrteilig	offen, ein- oder mehrteilig	offen, ein- oder mehrteilig	geschlossen, zweiteilig	geschlossen, zweiteilig	geschlossen, zwei- oder mehrteilig	geschlossen, zwei- oder mehrteilig	ein- oder mehrteiliger Kern	ein- oder mehrteilige Außenform	ein- oder mehrteilige Ziehdüse, Kern möglich	Großanlage
Formenmaterial	Holz, Gips, Kunststoffe, Metall	Holz, Gips, Kunststoffe, Metall	Holz, Gips, Kunststoffe, Metall	gefüllte, verstärkte Kunststoffe (Metall)	Stahl (verstärkte Kunststoffe)	Stahl	Stahl	Stahl, niedrig schmelzbare und lösliche Substanzen, Holz, Kunststoffe	Metall (Kunststoffe)	Metall	
Harzarten	Polyesterharze Epoxydharze Methacrylatharze Butadienharze Silikonharze	Polyesterharze	Polyesterharze Epoxydharze	Polyesterharze Epoxydharze	Polyesterharze Epoxydharze Butadienharze Silikonharze	Polyesterharze	Polyesterharze Epoxydharze Butadienharze Phenolharze Melaminharze Harnstoffharze Silikonharze	Polyesterharze Epoxydharze Methacrylatharze Butadienharze	Polyesterharze Epoxydharze	Polyesterharze Epoxydharze	Polyesterharze Epoxydharze Methacrylatharze
Verstärkungsart und Glasgehalte (Gew.-%)	Matten/20–30 Gewebe/35–50 Roving/40–50	Roving/20–30	Matten/30–35 Gewebe/40–50	Matten/30–40 Gewebe/40–50 Vorformlinge/30–50 (aus Roving)	Matten/35–50 Gewebe/55–65	Matten/25–35	Matten/25–35 Gewebe/50–65	Roving Matten/50–80 Gewebe(bänder)	Matten/25–35 Gewebe/30–40 Roving/25–35	Roving Spinnroving Garne/45–80 Gewebe	Roving/15–30 Matten/15–30 Gewebe/25–55
Verarbeitungstemperatur (°C)	RT	RT	RT	bis 60	80–130 (1) 150–200	120–160	120–160	RT, nachhärten b. erhöhter T.	RT, nachhärten b. erhöhter T.	bis 150	bis 120
Arbeitsdruck (kp/cm²) (1)	–	–	bis 1	bis 10	10–30	50–150	80–250	Wickelspannung	Zentrifugalkraft	–	–
glatte Oberfläche möglich	einseitig	einseitig	einseitig oder allseitig	beidseitig	beidseitig	beidseitig	beidseitig	einseitig	einseitig	allseitig	allseitig
Gelcoat möglich	ja	ja	ja	bedingt	bedingt	nein	nein	ja	ja	nein	ja
Wanddickenunterschiede möglich	ja	ja	ja	begrenzt	nein	ja	begrenzt	ja	nein	–	nein
Verstärkungsrippen möglich	ja	ja	bedingt	ja	ja	ja	ja	nicht üblich	nicht üblich	–	ja
empfohlene Mindestinnenradien (mm)	5	5	5	3	3	0,5	3	–	–	1	5
empfohlene (2) Seitenneigung	1 : 25 bis 1 : 50	1 : 25 bis 1 : 50	1 : 25 bis 1 : 50	1 : 50 bis 1 : 100	1 : 50 bis 1 : 100	1 : 50 bis 1 : 100	1 : 50 bis 1 : 100	–	–	–	–
Taktzeiten (Richtwerte)	30 min bis zu mehreren Tagen	30 min bis zu mehreren Tagen	30 min bis zu 4 Stunden	5–30 min	2–10 min	2–5 min	2–5 min	–	10 min bis zu mehreren Std.	–	–
nachträgliches Bearbeiten erforderlich	ja	ja	ja	ja	wenig	wenig	wenig	ja	wenig	nein	wenig
Anwendbar bei	Einzelstücken, kleinen Serien, großflächigen Teilen	kleinen Serien, großflächigen Teilen Auskleidungen	kleinen Serien	Stückzahlen von ca. 500–5000	Großserien	Großserien	Großserien	Rohre, Behälter	Rohre, Behälter	Großproduktion	Großproduktion

Zum Vorrichtungs- und Werkzeugbau im Luftfahrzeugzellenbau

von Ing. F. Schiersner

Gliederung

In diesem Aufsatz soll ein Gesamtüberblick über den Vorrichtungs- und Werkzeugbau im Luftfahrzeugzellenbau gegeben werden, wobei das mustergebundene Gerät in den Vordergrund gestellt wird. Ein bedeutender Wendepunkt in der Entwicklung des Vorrichtungsbaues war die endgültige Festlegung auf die Ganzmetall-Bauweise im Flugzeugbau. Dieser Umstand und das Auflegen größerer Serien verstärkten weiterhin den Aufgabenbereich. Die Tatsache, daß eine gute Zellenfertigung nur mit guten Vorrichtungen und Werkzeugen möglich ist, ließ ein Spezialarbeitsgebiet entstehen. Einen weiteren bedeutenden Fortschritt im Vorrichtungsbau brachte die Forderung der Austauschbarkeit von Bau-, Unter- und Hilfsgruppen bis herunter zu den Einzelteilen. Diese Forderung nach Austauschbarkeit stellte an die Fertigungsmittel im Flugzeugbau neue zusätzliche Anforderungen und verlangte bei der Fertigungsmittel-Gestaltung erhöhte Anstrengungen von seiten der Zellen- wie auch der Vorrichtungs-Konstruktion. Ein gut funktionierender Vorrichtungs- und Werkzeugbau mit geschultem Personal ist heute die selbstverständliche Voraussetzung für einen wirtschaftlichen Flugzeugbau. Der jeweilige Aufwand an Fertigungsmitteln richtet sich vornehmlich nach der geplanten Stückzahl der zu fertigenden Flugzeuge. Je geringer diese Stückzahl ist, desto ausgeklügelter müssen die Fertigungsmittel gestaltet werden. Dabei muß der Vorrichtungsbau das Gebiet der Fertigungs-Improvisation bestens beherrschen.

Im Jahre 1957 begann nach zwölfjähriger Pause in Deutschland zum drittenmal der Flugzeugbau mit Lizenzaufträgen, bei denen die Bauunterlagen und Fertigungsmittel vom ausländischen Lizenzgeber zur Verfügung gestellt wurden. In den vorangegangenen zwölf Jahren war im Ausland viel Neues entwickelt worden, an das bei uns der Anschluß zu gewinnen war.

1. Die Aufgaben des Vorrichtungs- und Werkzeugbaues

Vor jeder Serienfertigung sind zahlreiche Vorbereitungsarbeiten erforderlich, die am besten von einem werkseigenen Vorrichtungsbau durchgeführt werden.
Eine erste Aufgabe der Vorrichtungskonstruktion ist die *Beratung der Zellenkonstruktion* bei den Fragen des Austauschbaues. Sobald die Zelle eines Baumusters in Form eines Strak-Uraufrisses festgelegt ist, beginnt die praktische Arbeit des Vorrichtungsbaues mit der Erstellung eines Ur-Schablonensatzes. Alle Abmessungen dieses Uraufrisses sind rechnerisch ermittelt. Rechen- und Bearbeitungs-Ungenauigkeiten bei der Erstellung der Ur-Schablonen werden anschließend durch Ausstraken des gesamten Schablonensatzes korrigiert. Erst dann gilt dieser Ur-Schablonensatz für alle Nachfolgearbeiten als verbindlich, und nun erfolgt mit diesem die *Herstellung der Urformen*. Diese Urformen sind für alle Ansprüche des Vorrichtungsbaues in bezug auf maßliche Unterlagen zur Herstellung von Werkzeugen, die an die Außenform der Zelle gebunden sind, eine große und wertvolle Hilfe. Die Urform ist sozusagen eine dreidimensionale Zeichnung; denn auf den Körpern dieser Urformen wird alles aufgerissen, was an Profilen, Blechen und Verbindungsteilen direkt unter der Haut liegt, ferner alle System-Linien und Spante bzw. Rippen. Mit den Urformen werden einwandfreie Unterlagen für die Produktion geschaffen und die Möglichkeit einer gewissen Vorausarbeit besonders für die Erstellung aller Beplankungswerkzeuge gesichert.
Eine weitere Aufgabe ist eine *speziell für den Vorrichtungsbau* ausgelegte *Arbeitsvorbereitung.*
Die Fertigungsmittel-Planung ermittelt der Seriengröße entsprechend in groben Umrissen die anzuwendenden Fertigungs-Verfahren und erarbeitet dabei die Fertigungsmittel-Listen, jeweils auf das Baumuster bezogen. Des weiteren erstellt sie in Zusammenarbeit mit den zuständigen Stellen einen Fertigungsmittel-Durchlaufplan zur allgemeinen Information aller an einem Fertigungsablauf beteiligten Arbeitsgruppen und Fertigungsstellen.
Eine besondere Arbeitsgruppe der Fertigungsmittel-Planung befaßt sich mit der endgültigen Festlegung aller Vorrichtungen und Werkzeuge unter Beachtung des Fertigungsablaufes aller Einzelteile. Sie erstellt verbindliche Fertigungsablaufpläne für den Betrieb und detaillierte Werkzeuganforderungen für den Vorrichtungsbau.
Ein sehr wichtiges Hilfsmittel der Fertigungsmittel-Planung ist die *Fertigungsmittel-Terminstelle.* Zu diesem Zweck überprüft die Planung, wann die verschiedenen Baugruppen zeitmäßig in die Fertigung gehen müssen und welche Vorbereitungszeiten dafür zur Verfügung stehen. Diese Liste ist der Leitfaden aller terminlichen Belange der vorbereitenden Abteilungen, und die Fertigungsmittel-Terminstelle trägt die Verantwortung für die richtige Bereitstellung aller Fertigungsmittel zur rechten Zeit. Ihre Aufgabe beginnt bei der Konstruktion und endet im Fertigungsmittel-Bereitstellungslager. Wenn es unmöglich ist, alle Fertigungsmittel für ein Baumuster im eigenen Hause zu fertigen, muß eine besondere Stelle Pläne erstellen, mit welchen durch Auswärtsbeschaffung Fertigungsmittel von geeigneten Unterlieferanten herangeholt werden.

Fertigungsmittel-Konstruktion

Der Fertigungsmittel-Konstruktion obliegt es, die in der Fertigungsmittel-Liste vorgegebenen Vorrichtungen, Lehren, Werkzeuge und sonstigen Fertigungshilfsmittel zweckdienlich, wirtschaftlich und den Forderungen der Fertigungsplanung entsprechend zu konstruieren. Alle diese Aufgaben verlangen vom Fertigungsmittel-Konstrukteur Erfahrung, selbständiges und wendiges Denken, eine vorangegangene Ausbildung als Werkzeugmacher ist ihm hierfür besonders von Vorteil.

Jede Fertigungsmittel-Konstruktion unterhält einen Änderungsdienst. Eine Änderung der Zellenkonstruktion muß von der Vorrichtungskonstruktion sorgfältig bearbeitet werden, da für jedes Bauteil meist mehrere Fertigungsmittel vorhanden sind. Der Vorrichtungskonstrukteur prüft anhand einer Änderungsmeldung der Zellenkonstruktion, ob und welche Fertigungsmittel von der Änderung betroffen werden. Parallel dazu führt er die erforderlichen Vorrichtungsänderungen in den Vorrichtungszeichnungen durch und erstellt eine diesbezügliche Änderungsmitteilung an den Vorrichtungsbau mit Durchschlag für die Planung. Die Planung kann nun von einer gewissen Losnummer ab das betroffene Fertigungsmittel sperren und dem Vorrichtungsbau zur Durchführung der Änderung freigeben.
Vom Funktionieren dieses Änderungsdienstes in Zusammenarbeit mit der Planung hängt es ab, ob die Bauteiländerung rechtzeitig in die Serie eingeschleust werden kann, oder ob falsche Teile noch weiter als Schrott anfallen.

Vorrichtungs- und Werkzeugfertigung

Die Fertigung von Vorrichtungen und Werkzeugen geschieht überwiegend nach Methoden, wie sie im Maschinenbau üblich sind. Um auch hier einen gesteuerten Fertigungsablauf zu erreichen, ist es notwendig, daß eine weitere Untergruppe der Arbeitsvorbereitung die hierfür erforderlichen Arbeitsunterlagen erstellt und diese an die betriebliche Fertigungssteuerung des Vorrichtungsbaues rechtzeitig mit Angabe über Termin und Arbeitsaufwand anliefert. Es ist heute im Vorrichtungsbau nicht mehr möglich, alle Arbeiten dem zufällig anfallenden Zeitaufwand zu überlassen. So ist man überall dazu übergegangen, alle Vorrichtungen und Werkzeuge vorzukalkulieren, was einer gesunden Anlauf-Planung sehr zugute kommt. Dadurch wurde es auch möglich, daß die Leitung eines Vorrichtungsbaues mit ähnlichen Hilfsmitteln der Organisation arbeiten kann wie ein normaler Fertigungsbetrieb.

Fertigungsmittel-Bereitstellung

Von Vorteil ist, wenn alle Vorrichtungen und Werkzeuge unter Verwaltung und ständiger Betreuung des Vorrichtungsbaues bleiben. Die bei der Fertigung anfallenden Reparaturarbeiten an Fertigungsmitteln werden als normale Aufträge in den Vorrichtungsbau eingeschleust und nach den Terminen der Fertigungsplanung erledigt. Durch die Angliederung der Fertigungsmittel-Bereitstellungslager an den Vorrichtungsbau hat dieser die Möglichkeit, über eine eigene Instandsetzungsgruppe die Vorrichtungen und Werkzeuge stets einsatzbereit zu halten.
Alle Fertigungsmittel für ein Baumuster werden karteimäßig erfaßt und in einem Zentrallager oder auch in einzelnen örtlichen Lagern der jeweiligen Fertigungsstellen nach Baugruppen getrennt eingelagert. Die Planungsstelle hat darüber hinaus eine *Fertigungsmittel-Stammkartei* mit Lebenslauf-Charakter, außerdem liefert sie den örtlichen Lagern Duplikatkarten für jedes eingelagerte Fertigungsmittel. Die Karteikarten für die stationären Vorrichtungen sind nur in der Stammkartei enthalten. Bei größeren Betrieben ist dem Werkzeuglager eine ebenfalls dem Vorrichtungsbau unterstehende Scharfschleiferei vorgegliedert, die ohne besondere Anweisung alle Schneid- und Schnittwerkzeuge nach jedem Einsatz überprüft und schleift.

Fertigungsmittel-Vor- und Nachkalkulation

Eine einigermaßen richtige Vorkalkulation der Fertigungsmittel ist erst möglich, wenn erstens von der Fertigungsplanung die Fertigungsmittel-Listen und zweitens die Fertigungsmittel-Zeichnungen erstellt sind. Noch wichtiger als die Vorkalkulation ist eine genaue Nachkulation eines solchen Fertigungsmittel-Satzes. Ferner schafft die Nachkalkulation wertvolle Unterlagen für zukünftige Bauprogramme, und außerdem ist sie eine gute Möglichkeit zur Kontrolle der eigenen Vorkalkulation.

2. Werkstoffe für den Vorrichtungs- und Werkzeugbau

Im Vorrichtungs- und Werkzeugbau unterscheiden wir hinsichtlich Werkstoffverwendung drei Gebiete mit jeweils eigenen Werkstoffansprüchen, nämlich: Sondermaschinen- und Sondereinrichtungsbau, Vorrichtungsbau und Werkzeugbau.
Für den Bau von Sondermaschinen und speziellen Fertigungseinrichtungen verwendet man die gleichen Werkstoffe wie im allgemeinen Maschinenbau.
Im Vorrichtungsbau werden durchweg einfache Baustähle in Form von Profilen, Rohren, Flachmaterial und Blechen verwendet. Für Beschlagteile an Bauvorrichtungen und Vorrichtungsgeräten wird bei beweglichen Teilen mit maßbestimmenden Bauteilanschlägen oder Aufnahmen Einsatzstahl verwendet. Bei solchen Teilen genügt eine harte Anlage- oder Gleitfläche als Verschleißschutz bei der ständigen Berührung mit dem Bauteil.
Für die Fertigung von Schnitt- und Schneidwerkzeugen verwendet man Werkzeugstähle in den verschiedensten Legierungen je nach dem zu schneidenden Werkstoff und den entsprechenden Produktionsziffern.
Bei allen Verformungs-Werkzeugen wie Form-, Biege- und Rollstanzen werden qualifizierte Vergütungsstähle verwendet, bei denen lediglich die sogenannten Arbeitsflächen oder Kanten durch Oberflächenhärtung verschleißfest gestaltet werden. Die Weiterentwicklung der Kunststoffe schuf ihnen neue Möglichkeiten im Werkzeugbau. Hier ist es gelungen, Kunststoffe mit feinstkörnigen Füllstoffen zu verbinden, so daß Gleit- und Ziehkanten möglich wurden, die kaum Abrieb aufweisen und so hochfest sind, daß sie die sehr hohen Gleitdrücke, die beim Ziehen (besonders dickerer Bleche) entstehen, auch für große Stückzahlen aushalten. Bei dieser Art von Werkzeugen konnten die Fertigungszeiten für die Erstellung derselben bis zu 20 % der früheren Fertigungszeit für Ganzstahl-Werkzeuge gesenkt werden. Ferner gewann man noch erhebliche Verbesserungen in der Genauigkeit der Konturen und Flächen der verformten Bauteile.
Für Handverformungs-Werkzeuge wie Schablonen, Umschlag- und Bördelwerkzeuge gibt es keine einheitliche Norm bei der Festlegung der Werkstoffe, dies hängt allein von der Stückzahl der geforderten Bauteile und den Verformungseigenschaften der Werkstoffe ab.
Für den Versuchsbau ist man längst dazu übergegangen, all diese Umschlag- und Bördelwerkzeuge aus Festholz zu fertigen, ebenso auch die Werkzeuge für das Verformen von Blechteilen unter dem Gummikissen, soweit es die Verformbarkeit und die Materialfestigkeit des zu bearbeitenden Bauteilwerkstoffes zulassen.
Hochfeste Werkstoffe müssen allerdings auch in kleinster Stückzahl mit Hilfe von Stahlwerkzeugen verformt werden, da hier doch schon beachtliche Kräfte während des Verformungsvorganges auftreten, denen Festholz-Werkzeuge nicht gewachsen sind.
In den letzten Jahrzehnten wurden in allen Ländern mit bedeutenden Flugzeug-Industrien auf Kunststoff basierende fertigungsvorbereitende Verfahren entwickelt, die die Anlaufzeit für einen neuen Flugzeugtyp wesentlich verringern. Schon bei der Erstellung werkstattreifer Bauteilzeichnungen erspart sich der Konstrukteur schwierige und zeitraubende Vermaßungen in den Baugruppenzeichnungen, da alle Maße, die irgendwo im Raume liegen, von einer aus Kunststoff gefertigten Urform mühelos abgenommen werden können. Ein weiterer großer Vorteil ist ferner die Temperatur- und Luftfeuchtigkeits-Unempfindlichkeit von Vorrichtungen und Schablonen aus Kunstharz. Weitere Vorteile sind geringes Gewicht, glatte Oberfläche, einfache Herstellung, einfache Anwendungsmöglichkeiten. Mit Glasfaserverstärkungen kann man die Festigkeit und Widerstandsfähigkeit hinreichend erhöhen. Über die vielfältigen Anwendungs-

möglichkeiten der Kunststoffe im Vorrichtungs- und Werkzeugbau zeigt die Arbeit von Ing. D. Gasthuber im Teil A dieses Werkes zahlreiche Beispiele.
So wie die Kunststoffe haben sich auch Kunstharzkleber einen Platz im Vorrichtungs- und Werkzeugbau gesichert. Dort, wo sich im Serienbau durch das Schweißen Herstellungsschwierigkeiten ergeben wegen Schweißspannungen, lassen sich diese durch Klebkonstruktionen beseitigen. Praktisch lassen sich alle Werkstoffe untereinander mit hinreichenden Klebfestigkeiten verbinden. Eine zusammenfassende Übersicht von Werkstoffen, wie sie im Flugzeug-Vorrichtungsbau und Werkzeugbau hauptsächlich verwendet werden, finden wir in Tafel 1.

Tafel 1 **Werkstoffe für den Flugzeugvorrichtungs- und Werkzeugbau mit Verwendungsangaben**

---

1. Stähle

Alle im Vorrichtungs- und Werkzeugbau benötigten Baustähle entsprechen DIN-Normen, die Werkzeugstähle den Stahl-Eisen-Werkstoffblättern. Bekanntlich sind die Werkzeugstähle noch immer nicht in DIN-Normen festgelegt, obgleich deren Bezeichnungen genormt sind.
Für „Stähle für Fertigungsmittel in der Luftfahrt" wurde eine Auswahl aus DIN und SEW geschaffen, siehe Luftfahrtnorm LN 65 120 Blatt 1 und 2.

a) *Normale Baustähle:*
Verwendung für:
Vorrichtungskörper für Bau-, Schweiß- und Nietvorrichtungen, Bohr-, Dreh- und Fräsvorrichtungen sowie alle Arten von Prüf- und Arbeitsschablonen.

b) *Vergütungs-Stähle:*
Verwendung für:
Handverformungs-Werkzeuge, Ziehwerkzeuge, Formstanzen, Kopierdreh- und Kopierfrässchablonen, Feil-, Knabber- und Sägeschablonen, Nachschlage- und Abkantwerkzeuge, Profilwalzen, Rohrbiegewerkzeuge und ähnlich beanspruchte Fertigungsmittel.

c) *Einsatz-Stähle:*
Verwendung für:
Größere Bohr- und Reibebuchsen, Stecker, Werkstückaufnahmen, Bolzen und Wellen mit harter und geschliffener Oberfläche, Schleißleisten, Gleitschienen, Werkstück-Anlageflächen bei Zerspanungs-Vorrichtungen und ähnlich beanspruchte Fertigungsmittel.

d) *Legierte Werkzeugstähle:*
Verwendung für:
Schnitt-Matrizen und Stempel, Ziehmatrizen, Bohr- und Reibebuchsen, sämtliche Schneidwerkzeuge für Drehen, Hobeln, Fräsen, Bohren und Stoßen, Gewindewalzen, Spannzangen, Spannbuchsen, Meßwerkzeuge und ähnlich beanspruchte Fertigungsmittel.

(Darin nicht enthalten sind Schnellarbeitsstähle SS und HSS, da die mechanischen Werkstätten bestimmte Handelsqualitäten [Markenbezeichnungen der Stahlfirmen] erfahrungsgemäß bevorzugen und sich nicht durch eine Industriezweignorm beschränken wollen.)

---

2. Leichtmetallegierungen nach Norm. Verwendung für Klebvorrichtungen

Die benötigten Aluminiumhalbzeuge (Bleche, Profile, Rohre) werden nach DIN-Normen bestellt. In der Regel werden die Klebbauvorrichtungen aus derselben Leichtmetalllegierung hergestellt, die für das darin zu klebende Bauteil vorgeschrieben ist.

---

3. Nichtmetallische Werkstoffe

Verwendung für:
Kunstharz-Festholz (Obo-Holz) für Auf- und Anlagen in Bauvorrichtungen sowie für Umschlag- und Gummiverformungs-Werkzeuge.
Kunstharz-Papierplatten (Trolitax) Verwendung wie oben.
Kunstharz-Gewebeplatten (Ferrozell) finden nur noch geringe Anwendung im Flugzeug-Vorrichtungsbau.
Schichtholz verschiedener Art für einfache Hilfsvorrichtungen im Versuchsbau und für Auf- und Ablageböcke.
Hartholz natur für Versuchsbau-Werkzeuge größeren Ausmaßes.
Filz für Kantenschutz an Ablageböcken und Transportgerüsten.

4. Kunststoffe

Verwendung für:
Gießharze für Bauvorrichtungen, Streck- und Tiefziehwerkzeuge, Urschablonen, Urformen, Kopiermodelle, Fallhammerwerkzeuge.
Laminierharze für Bohrschablonen, Beschneideschablonen, Negative von Urformen, Formschablonen und Konturenlehren.
Modellharze für Urmodelle, Schaumustermodelle und Meisterteile.
Kunststoffkleber für hochfeste Klebverbindungen für alle Metalle, Holz und Kunststoffe, Klebverbindungen für gemischte Werkstoffe.
Siehe auch:

1. VDI 2007 (Richtlinie) Epoxyd-Gießharze im Fertigungsmittelbau.
2. LN 29821 Blatt 1. Epoxyd-Gießharze für Fertigungsmittel in der Luftfahrt. Allgemeine Richtlinien.
3. LN 29821 Blatt 2.
4. SIN 50307 (Werksnorm d. Siebel ATG.) Kunstharze für Fertigungsmittel. Bezeichnung. Anwendung.
5. LN 9409. Gewebe aus Glasseide und Glasstapelfaser für Kunstharz-Fertigungsmittel.
6. VDI 2003 (Richtlinie) Spanende Bearbeitung von Kunststoffen.

3. Der Vorrichtungsbau

3.1 Die verschiedenen Arten von Vorrichtungen und ihr Aufbau

Tafel 2 soll zunächst einen Gesamtüberblick geben, welche Arten von Vorrichtungen, Lehren usw. anfallen. Eine weitere Behandlung geschieht dann in den nachfolgenden Unterabschnitten. Durch Ausführungsbeispiele sollen der Aufbau und die Wirkungsweise dieser Vorrichtungen erläutert werden.

Tafel 2 **Mustergebundene Schablonen, Vorrichtungen und Lehren. Übersicht**

Schablonen für	Bauvorrichtungen für	Sondervorrichtungen für	Großbauvorrichtungen für	Lehren
Teilefertigung Zellenfertigung	Einzelteile Hilfsgruppen Untergruppen Baugruppen Konstruktionsgruppen	Bohren Nieten Schweißen Löten Glühen Kleben Leimen	Zusammenbauvorrichtungen für Großgruppen Endzusammenbauvorrichtungen	Urlehre Kontrollehre Abnahmelehre Baulehre Abstimmlehre

3.1.1 Schablonen zur Arbeitsvereinfachung für die Teile- und Zellenfertigung

Bei der Fertigung von Zellenteilen stellen die Herstellung von Blechumrißkonturen, der Zuschnitt von Blechen, Profilen, Rohren u. a. und das Bohren für das Verbinden einen beträchtlichen Arbeitsumfang dar. Die nachstehend behandelten Schablonen sind Arbeitsschablonen, sie haben die Arbeiten für die Herstellung von Bauteilen zu vereinfachen und zu rationalisieren. Eine Übersicht über die Schablonen zur Arbeitsvereinfachung ist in der Tafel 3 zusammengestellt. Die hier genannten Schablonen, insgesamt 17, sind einzeln mit ihren Bezeichnungen aufgeführt und in vier Gruppen unterteilt: Schablonen für Konturbearbeitung, Bohr- und kombinierte Bohrschablonen, Kopierschablonen und Sonderschablonen. Eine weitere Spalte der Tafel 3 gibt Aufschluß über die Verwendung der Schablonen. Diese Übersicht gibt einen guten Überblick, erhebt jedoch keinen Anspruch auf die Vollständigkeit dieser arbeitsvereinfachenden Fertigungsmittel.

3.1.2 Bauteilbauvorrichtungen, Sondervorrichtungen, Hilfsgruppenbauvorrichtungen

Sobald ein Bauteil aus mehreren Elementarteilen zusammengesetzt wird, bedarf es häufig einer Vorrichtung. Schon beim Zusammenbau von zwei Teilen in bestimmter Lage werden beide Teile genau nach Zeichnung aufgenommen, fixiert und gespannt. Ein Teil davon ist z. B. vorgebohrt, und das zweite wird nun von diesem vorgebohrten Teil abgebohrt, beide Teile werden mit dem endgültigen Bohrungsdurchmesser versehen und entgratet. Danach werden die Teile wieder in die Vorrichtung eingelegt und mit Nieten oder Schrauben verbunden. Diese Art von Bauvorrichtungen lassen sich beliebig ausdehnen, und nur wirtschaftliche Überlegungen verlangen gewisse Grenzen und damit Unterteilungen in vernünftige Arbeitstakte. Im Gegensatz zum Maschinenbau, wo man den Zusammenbau mit Hilfe von Passungen ohne Hilfsvorrichtungen vornimmt, können die leichten, nachgiebigen Blechteile im Flugzeugzellenbau erst in einer sinnvoll konstruierten Bauvorrichtung in ihre endgültige Lage gebracht und Teil für Teil zusammengefügt werden. Alle Teile, die nicht spannungsfrei in eine Bauvorrichtung einzulegen sind, müssen nachgearbeitet werden, nur dann gibt es am Ende auch maßhaltige Bauteile und Baugruppen.

Die in den Bauteilzusammenbauvorrichtungen abzuleistenden Verbindungsarbeiten sind: Nieten, Schrauben, Schweißen, Löten, Kleben, Verleimen u. a. Im Versuchsbau oder bei Serien kleiner Stückzahlen wird das Prinzip des Abbohrens angewandt. Ein Teil wird als Einzelteil vorgebohrt, und in der Bauvorrichtung wird dann nach diesen Teilen das Gegenstück abgebohrt. Bei diesem System spart man Fertigungsmittel. Dieses Vorgehen ist daher die einfachste Art des Zusammenbaus. Hier werden auch alle Rippen bei Tragwerken und Leitwerken sowie Spanten von Rümpfen als Einzelteile gebohrt. Von diesen Bohrungen wird dann sozusagen von innen nach außen durch die Beplankung gebohrt.

Bei größeren Stückzahlen lohnt sich schon der Mehraufwand von zusätzlichen Bohrplatten (aus Kunststoff) als Teile von Bauvorrichtungen, die das gesamte Bohrbild einer Beplankung aufweisen. Durch diese Bohrplatten wird nun einfach und bequem von außen gebohrt. Auf diese Weise erübrigt es sich, die Rippen und Spante vorher als Einzelteile zu bohren, wodurch eine große Anzahl von Bohrschablonen eingespart wird. Dieses System hat nur den Nachteil, daß nach dem Bohren alle Teile nochmals aus der Vorrichtung genommen, entgratet und wieder eingesetzt werden müssen. Jedoch überwiegen die Vorteile dieses Prinzips bei weitem die Nachteile des zweimaligen Einlegens, und so greift diese Methode immer mehr um sich. Der Hauptgrund für diese Bauart war die einfache und rationelle Herstellung der Bohrplatten aus Kunststoff.

Tafel 3 **Schablonen zur Arbeitsvereinfachung für die Teile- und Zellenfertigung**

	Nr.	Bezeichnung der Schablone	Verwendung
Schablonen für Konturbearbeitung	1	Anreiß-Schablone	Zum Anreißen von Außenkonturen, Ausschnitten, Löchern aus Rohzuschnittschablonen (Anzeichnen mit Graphitstift).
	2	Zuschnitt-Schablone	Zum Zuschneiden von mehreren Blechen gleichzeitig mittels Zusammenspannen von Schablone und Blech.
	3	Beschneide-Schablone	Bleche werden nach dem Verformen mit Beschneideschablone zum Nachschneiden angerissen.
	4	Feil-Schablone	Vorgearbeitete Außenkonturen von Blechteilen werden nach der Außenkontur der Feilschablone befeilt.
	5	Oberfräs-Schablone	Dünne Platten aus Leichtmetallen werden auf der Oberfräse im Paket gefräst. Zwei Arten: Frässchablone mit Ober- bzw. Unterführung.
	6	Knabber-Schablone	Zur Ausarbeitung von Umrißkonturen an dünnen Stahlblechen mit der Knabbermaschine.
	7	Säge-Schablone	Zum Herstellen von Innenkonturen von Blechen durch Sägen.
	8	Kopierbrenn-Schablone	Für Kopierbrennmaschinen halb- oder vollautomatisch.
	9	Loch-Schablone	Führungsschablone zum Lochstanzen mit Hohlschneidmeißel in weichen Werkstoffen.
Bohr- und kombinierte Bohrschablonen	10	Bohrschablone	Zum Bohren von Lochgruppen an ebenen und verformten Blechen.
	11	Anreiß- und Bohrschablone	Zum Anreißen und Bohren von Profilen, Rippen, Spanten u. ä.
	12	Beschneide- und Bohrschablone	Kombinierte Schablone für Beschneiden und Bohren.
Kopier-schablonen	13	Kopierfräs-Schablone	Abgreifschablone für Kopierfräsen.
	14	Kopier-Schablone	Abgreifschablone für Kopierdrehen.
Sonder-schablonen	15	Anstrich- und Spritz-Schablone	Zur Aufbringung von Beschriftungen, Hoheitszeichen u. ä.
	16	Gravier-Schablone	Zum Eingravieren von Schriften, Zeichen u. a.
	17	Anpaß-Schablone	Für den Zusammenbau.

Bei einer dritten Art des Zusammenbauens werden alle Teile als Einzelteile gebohrt. Hierbei werden die gebohrten Teile nur in der Bauvorrichtung aufgenommen und fixiert. Nachdem sämtliche Bohrschablonen und Bohrvorrichtungen mittels eines besonderen Lehrensatzes gegenseitig abgestimmt sind, braucht man in der Bauvorrichtung nur die Nieten und Schrauben zu setzen wie bei einem Baukasten mit gelochten Blechen und Profilen. Dieses Zusammenbauverfahren, auch als Baukasten- oder Lochbauweise bekannt, stellt wohl den größten Fertigungsmittel-Aufwand dar und ist nur im Großserienbau vertretbar.

Bauvorrichtungen

Bauvorrichtungen für Hilfsgruppen und Untergruppen fallen zahlreich in allen Baugruppen der Zelle an für Rippen, Spante, Schotte, Holme, Wände, Böden und dergleichen mehr, siehe Bild 1 Bauvorrichtung für Holm Bf 109, auch heute noch ein gutes Beispiel für Massenfertigung.

Schweißvorrichtungen, Glüh- und Vergütungsvorrichtungen, Richtvorrichtungen

Bei den Schweißvorrichtungen unterscheidet man zwischen Schweiß- und Heftschweißvorrichtungen. In sehr vielen Fällen ist es nicht möglich, ein Schweißteil in der Vorrichtung fertigzuschweißen. Dann werden die Einzelteile in der Heftschweißvorrichtung nur mit einer ausreichenden Anzahl von Schweißpunkten geheftet und außerhalb der Vorrichtung fertiggeschweißt. Allerdings müssen diese Schweißteile immer nach-

Bild 1 Bauvorrichtung für Holm BF 109

gerichtet werden, damit sie die maßgerechte Form erhalten. Die Heftschweißvorrichtung für den geschweißten Stahlrohrrumpf ist ein Beispiel dafür. Glühvorrichtungen benötigt man immer zum Spannungsfrei-Glühen von Schweißkörpern. Diese Glühvorrichtungen müssen so steif gestaltet sein, daß sie der erforderlichen Glühtemperatur ausgesetzt werden können, ohne dadurch ihre genaue Form zu verlieren.
Dasselbe gilt auch für Vergütungsvorrichtungen, in denen Schweißkörper aufgenommen und gespannt werden, damit sie im Ofen und danach z. B. beim Abschrecken ihre maßgenaue Form behalten. Diese Vorrichtungen verhindern das Deformieren von Schweißteilen bei der nachfolgenden Warmbehandlung und ersparen somit langwierige und teilweise recht schwierige Richtarbeiten.

Klebvorrichtungen

Sie sind im Aufsatz Winter/Althof dieses Buches bereits behandelt worden.

3.1.3 Zusammenbauvorrichtungen für Baugruppen

Die ersten Gerüste von Stahl-Bauvorrichtungen waren durchweg aus Winkel- oder U-Profilen zusammengeschweißt. Doch bald entdeckte man die viel günstigere Rohr-Konstruktion in geschweißter Ausführung, die mit der Einführung von Vierkant-Rohren einen vorläufigen Höhepunkt erreichte. Diese Bauweise hat sich bis heute bewährt, und ihr wurde nur zwischenzeitlich das Feld von der Schellenbauweise streitig gemacht. Die Schellenbauweise wurde kurz vor dem zweiten Weltkrieg von der deutschen Flugzeugindustrie aus Gründen der Sparsamkeit geschaffen und hat sich aufgrund ihrer vielen Vorteile zu einem allgemein anerkannten Bausystem entwickelt, siehe Bild 2 Bauvorrichtung für Rumpfabschnitt, zur Aufnahme des Quer- und Längsverbandes und zum Bohren, Entgraten und Ausnieten des Rumpfskeletts.

Bild 2 Bauvorrichtung für Rumpfabschnitt nach Oeckl-Henschel

Zum Erliegen der Schellenbauweise trug der Umstand bei, daß bei unserem ersten Nachkriegs-Lizenzauftrag, mit dem die deutsche Flugzeugindustrie wieder zu arbeiten begann, sämtliche Normteile dieser Art zum Lieferumfang des Lizenzgebers gehörten. Dies war das endgültige Ende der Schellenbauweise und auch der einzig wahre Grund,

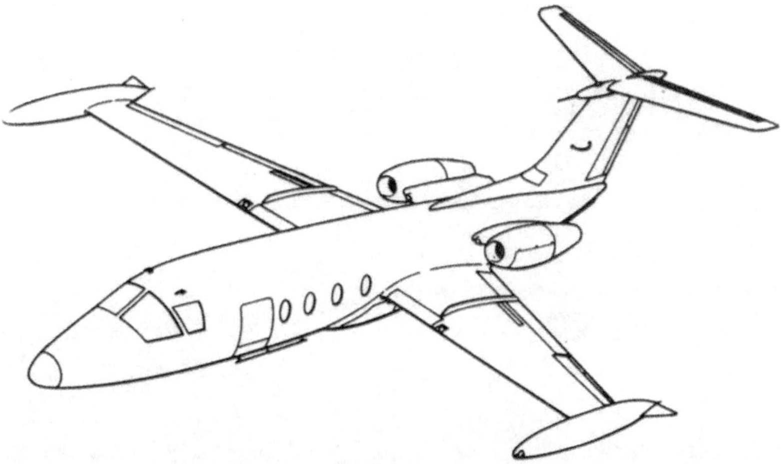

Bild 3 HFB 320 Geschäftsflugzeug des Hamburger Flugzeugbaus

Bild 4 Zusammenbauvorrichtung für den Rumpf HFB 320

Bild 5 Zusammenbauvorrichtung für das Rumpfheck HFB 320

dieses System mit seinen vielen Vorteilen sterben zu lassen. Die häufig vorgebrachte Begründung der geringen Standfestigkeit gilt nur bei wenigen Ausnahmen und kann in Ausdehnung auf das Prinzip dieser Konstruktionen nicht ernst genommen werden. Der nächste große Lizenzauftrag (F-104) kam von den USA, dem Lande, in dem die Schellenbauweise noch nie angewandt wurde. Auch diesmal wurden die Bauvorrichtungen für die Fertigung in Deutschland ausschließlich nach amerikanischen Bauunterlagen erstellt. So kam es, daß die Schweißkonstruktion endgültig und restlos wieder im deutschen Flugzeugbau eingeführt wurde. Bauvorrichtungen für den Zusammenbau werden für alle Baugruppen des Flugzeuges benötigt.
An dem deutschen Geschäftsflugzeug HFB 320 des Hamburger Flugzeugbaus sollen nachstehend eine Reihe von Vorrichtungen für den Zusammenbau gezeigt werden, siehe dazu eine Bildskizze der HFB 320 Bild 3. Gezeigt und erläutert werden folgende Zusammenbauvorrichtungen:

Bild 4: *Zusammenbauvorrichtung für den Rumpf*

Diese Ausführung wurde für den Prototypenbau gewählt. Der Rumpf entsteht aus Spanten und Einzelteilen. Für eine Serienfertigung mit einer hohen Ausstoßrate ist die Vorrichtung aufgrund der langen Belegungszeit nicht geeignet. Der Bau von Vortakten ist dann zweckmäßig.

Bild 5: *Zusammenbauvorrichtung für das Rumpfheck*

Aufnahme der Seitenflossenstruktur mit eingebauten Ruderlagern und der Heckstruktur in lehrenmäßig abgestimmten Anschlußpunkten, Setzen der Stringer und vorgebohrten Hautfelder, gemeinsames Aufbohren, Entgraten und Ausnieten.

Bild 6: *Bauvorrichtung für die Flügeloberdecke*

Konturgebundene Aufnahme der Haut, die zweckmäßigerweise zugeschnitten und vorgebohrt ist, Einlegen der Längsprofile und Spante.

Bild 7: *Bauvorrichtung für die Flügelunterdecke*

Analoger Aufbau wie Bild 6. Das Grundgerüst trägt konturgebundene Rippenprofilauflagen mit herausklappbaren Anschlägen und Spannern. Einlegen der Haut, Setzen der Randprofile, Stringer und Rippen. Abbohren, Entgraten und Ausnieten der Untergruppe.

Bild 6 Bauvorrichtung für die Flügeloberdecke HFB 320

Bild 7 Bauvorrichtung für die Flügelunterdecke HFB 320

Bild 8 Bauvorrichtung für Flügelendkasten HFB 320

Bild 9 Bauvorrichtung für Landeklappe HFB 320

Bild 8: *Bauvorrichtung für Flügelendkasten*

In dieser Vorrichtung erfolgt der Zusammenbau des Flügelendkastens aus Untergruppen und Einzelteilen. Die Lehrenhaltigkeit der Bauvorrichtung ermöglicht den späteren Anbau an den Flügelmittelkasten, welcher vorher bereits als Brennstofftank abgedichtet und abgedrückt ist.

Bild 9: *Bauvorrichtung für Landeklappe HFB 320*

Bild 10: *Bauvorrichtung für Höhenflosse HFB 320*

Halterung der lehrenmäßig abgestimmten Anschlußpunkte (Ruderlager usw.) während des Ausnietens.

Bild 11: *Bauvorrichtung für Höhenruder links und rechts*

Linke Seite mit herausgeklappten Rippenanschlägen. Bauteilfixierung der Gegenlager und Anschlußpunkte. Die rechte Ruderbauvorrichtung zeigt die arretierten Rippenanschläge vor Baubeginn.

Bild 10 Bauvorrichtung für Höhenflosse HFB 320

Bild 11 Bauvorrichtung für Höhenruder HFB 320

Bild 12 Bau- und Bohrvorrichtung Höhenflosse Fouga „Magister" CM 170 R

Bild 12: *Bau und Bohrvorrichtung für die Höhenflosse Fouga „Magister" CM 170 R* (Ausführung in alter Schellenbauweise).

Eine besondere Art von Bauvorrichtungen sind die Ausnietvorrichtungen. Während in der Bauvorrichtung alle Einzelteile fixiert und gehaltert werden, wird die geheftete Baugruppe in der Ausnietvorrichtung nur an einigen wichtigen Punkten aufgenommen und gehalten. Dadurch sind auch alle Stellen, an denen Niete gesetzt werden müssen, gut zugänglich, was in der gewöhnlichen Bauvorrichtung nicht möglich ist. Außerdem entlastet eine verhältnismäßig einfache Ausnietvorrichtung die Bauvorrichtung; denn die immer zu lange Taktzeit einer solchen verringert sich ganz wesentlich.
Die Ausnietvorrichtungen sind im Prinzip ähnlich aufgebaut wie Bauvorrichtungen nur, was Halterungen betrifft, viel einfacher, jedoch immer robust. Unter den auftretenden Nietspannungen dürfen sie sich in ihren Maßen nicht verändern.

3.1.4 Großbauvorrichtungen

Diese Kategorie umfaßt Bauvorrichtungen für die kompletten Baugruppen wie Rumpf, Flügel und Leitwerk, außerdem Vorrichtungen, in denen diese Baugruppen zu einer kompletten Flugzeugzelle zusammengebaut werden. Diese Vorrichtungen heißen Großbauvorrichtungen, und ihre Aufgabe ist die gleiche wie bei allen Bauvorrichtungen.

Als letzter Bauvorgang kommt dann das Zusammenfügen aller Baugruppen zur Zelle, und naturgemäß sind diese Vorrichtungen auch die größten Vorrichtungen überhaupt. Allerdings sind sie auch wesentlich einfacher; denn die Baugruppen haben alle feste Anschlüsse, die als Trennstellen gelten, und an denen die einzelnen Baugruppen miteinander verbunden werden. Die anders liegenden Fixierungen müssen so exakt sein, daß sich die Verbindungselemente leicht und ohne Spannung anbringen lassen.
Die Großvorrichtungen haben eine bedeutende Entwicklung hinter sich; denn auch hier begann man einstmals mit geschraubten Profilgerüsten, wechselte dann auf die Rohrschellenbauweise über, um endlich ebenfalls bei den derzeitigen geschweißten Rohrgerüsten vorläufig zu verbleiben, siehe Bild 13.
Bei dieser Art von Bauvorrichtungen müssen auch alle Fixierungen und Aufnahmen im Rahmen der zulässigen Toleranzen einstellbar sein; denn jede einzelne Baugruppe

Bild 13 Zusammenbauvorrichtung für Rumpfabschnitt „F 28"

Bild 14a Vorrichtung für die Oberschale (Rumpfmittelteil) der Transall C 160. Vorrichtung nackt

hat an ihren Anschlußstellen gewisse Abweichungen, die sich niemals vermeiden lassen und die auch zulässig sind.
Eine Möglichkeit, diese Abweichungen an Trennstellen zu vermeiden, die allerdings nur bei Hochleistungs-Flugzeugen angewandt wird, ist, daß diese Trennstellenbohrungen erst nach vollständiger Fertigstellung der Baugruppen auf genaues Maß gearbeitet werden.
Dieses Verfahren findet immer mehr Anwendung, besonders bei größeren Stückzahlen; denn es ist die einzige Möglichkeit, daß Paßschrauben im Sinne ihrer Aufgabe zur Auswirkung kommen. Außerdem ist es die einzige Art, Baugruppen wirklich spannungsfrei zusammenfügen zu können.
Als großen Nachteil hat das Schweißen bei Großbauvorrichtungen die unangenehmen Schweißspannungen. Alle bisher bekannten Mittel, diese Spannungen zu beseitigen, sind unzulänglich, soweit es sich nicht um Glühen handelt. Diese Tatsache wird einfach umgangen, weil es keine Abhilfe gibt. Man ist schon seit längerer Zeit bemüht, eine andere Verbindung von Rohren als Schweißen zu finden. Auch dieses Problem dürfte in Kürze von den Kunststoffen gelöst werden. Man hat ausgedehnte Klebversuche bei Rohrverbindungen durchgeführt und ist nahe daran, die ideale, weil kalte Verbindung brauchbar zu gestalten.

Bild 14b Vorrichtung für die Oberschale (Rumpfmittelteil) der Transall C 160. Spanten und Stringer eingelegt

Bild 14c Vorrichtung für die Oberschale (Rumpfmittelteil) der Transall C 160
Hautbleche des Oberschalenvorderteils ausgenietet

Um die Vorstellung des Lesers über solche Großvorrichtungen zu verbessern, wie sie bei großen Flugzeugen anfallen, werden in den Bildern 14 und 15 Vorrichtungen der Transall C 160 vorgestellt. Sie vermitteln einen tieferen Einblick in die Aufgabenstellungen im Vorrichtungsbau.

3.1.5 Vorrichtungs-Abstimmung

Die Vorrichtungs-Abstimmung beginnt schon bei den Fertigungsmitteln für Einzelteile. Alle Teile, die zu einer Hilfsgruppe, Unter- oder Baugruppe zusammengebaut werden sollen, haben irgendwelche Anschlußpunkte oder Stellen, die genau zueinander passen müssen. Dazu ist es notwendig, daß die Fertigungsmittel für all diese Einzelteile gegenseitig abgestimmt werden, damit sie an den Verbindungsstellen eine absolute Gleichheit aufweisen.

Für dieses Abstimmen gibt es zwei Möglichkeiten. Einmal werden die Fertigungsmittel voneinander abgebohrt oder gemeinsam bearbeitet, oder — wenn dies aus fertigungstechnischen Gründen Schwierigkeiten macht — verwendet man als Vermittler größtmöglicher Gleichheit sogenannte Werkzeug- und Vorrichtungslehren.

Eine solche Vorrichtungs-Abstimmung sieht sich recht umständlich und zeitraubend an. Es ist aber die einzige Möglichkeit für eine ordentliche Fertigung ohne unliebsame Nacharbeiten. Da die Vorrichtungs-Abstimmung an einem Beispiel auch im Aufsatz Mensing dieses Buches behandelt wurde, soll auf weitere Ausführungen verzichtet werden.

Bild 15a Vorrichtung der linken und rechten Seitenschale (Rumpfmittelteil) der Transall C 160. Bildmitte: Vorrichtungsaufsatz zum Bohren und Reiben der Flügelanschlußbeschläge. Im Hintergrund des Bildes: Vorrichtung für Unterschale des Rumpfmittelteils

Bild 15b Vorrichtungsaufsatz aus Bild 15a in der Seitenansicht

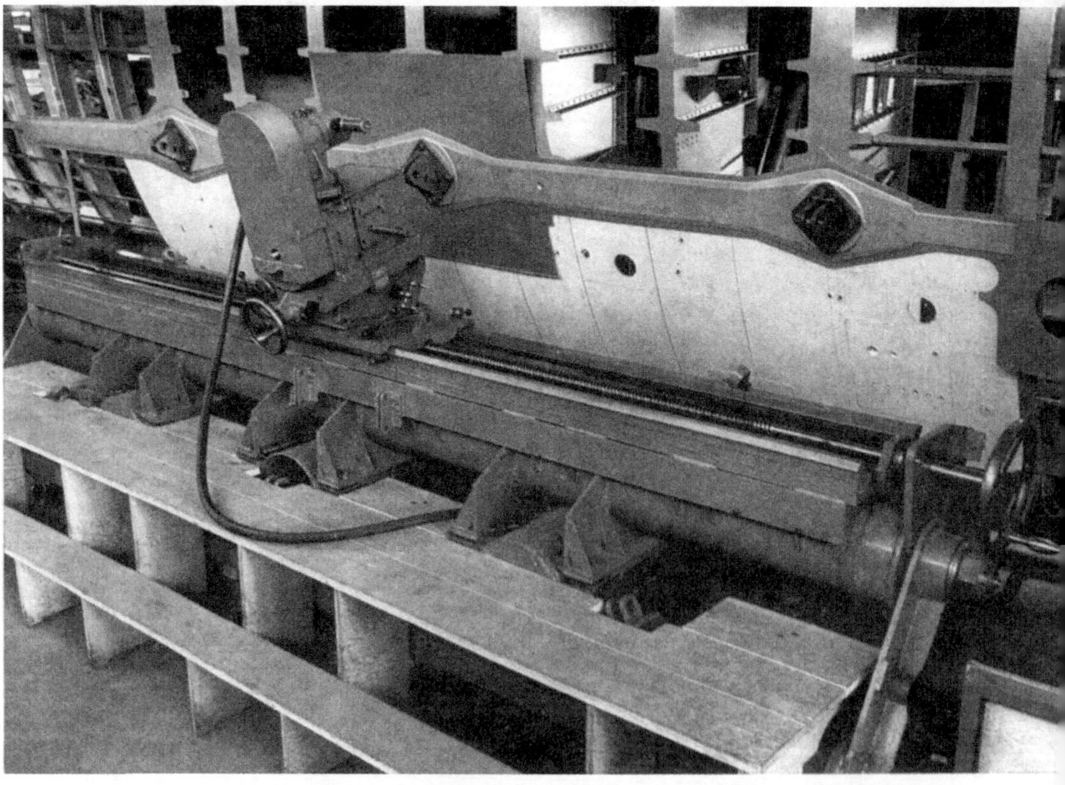

Bild 15c Bohr- und Dreheinheit zum Bearbeiten der Fahrwerksanschlußpunkte an der Seitenschale

3.2 Allgemeine Richtlinien für die Konstruktion im Vorrichtungsbau und Werkzeugbau

Hierunter sollen diejenigen Gesichtspunkte zusammengestellt werden, welche vom Konstrukteur neuer gerätegebundener Vorrichtungen und Werkzeuge zweckmäßig zu beachten sind. Die Zusammenstellung solcher Unterlagen als „Konstruktionsanleitung" ist empfehlenswert. Sie sollten u. a. enthalten:

a) Begriffsbestimmungen über die verschiedenen Arten von Betriebsmitteln wie Vorrichtungen, Lehren, Gußmodelle, Stahlformen, Werkzeuge u. a. m.

b) Einteilung der gerätegebundenen Sonderbetriebsmittel. Bezeichnung.

c) Klasseneinteilung der Vorrichtungen und Werkzeuge (z. B. Niet-V., Bohr-V., Schweiß-V., Zusammenbau-V. usf.). Sie erfolgt nach der Funktion der Vorrichtung.

d) Hinweise zur Anfertigung von Zeichnungen und Stücklisten.

e) Werkstoffe für den Vorrichtungs- und Werkzeugbau.

f) Zweckbestimmung der Vorrichtungen und Lehren.

g) Anforderungen an die Vorrichtung: Zeitsparendes Arbeiten, maßhaltige Herstellung gewährleisten, narrensicher wegen angelernter Kräfte, wirtschaftlich, wenig Bodenfläche einnehmen, schnelle und einfache Einspannmöglichkeit des Herstellungsgegenstandes, leicht und steif.
Feststellung ob ortsfest, beweglich, drehbar.

h) Entwurfsgrundlagen
Fertigungsarten, Arbeitsfolge, Wirtschaftlichkeitsprüfung: Kostengewinn, Herstellungspreis. Festlegung der Lagerpunkte der Halter, Spanner. Überlegung, wo bei Bearbeitung besser Werkzeug oder Werkstück zu bewegen ist. Justierpunkte einplanen.

i) Konstruktive Einzelheiten
Nach Aufriß des Werkstückes von einer bearbeiteten Fläche ausgehen, auf welche alle Maße bezogen sind. Möglichst viel Arbeitsgänge in dieser Aufspannung, bei Schwenkvorrichtungen Gesamtschwerpunkt in Drehachse, Dreipunktlagerung des Werkstückes, weitere Punkte nachstellbar. Aufnahme des Werkstückes durch Zentrierleisten, Nuten, Bohrungen, Dorne u. ä. Bei Schweiß- und Nietvorrichtungen Rücksicht auf Ausdehnungsmöglichkeit des Werkstückes. Halter dürfen nicht federn, daher nahe Auflager anbringen.
Spannteile schnellspannend: mehrgängige Schrauben, Klappschrauben. Bajonettverschlüsse, Exzenter. Sicherung erforderlich.
Anordnung von Abdruckfedern. Schnittdruck darf Spannelement nicht belasten. Bohrbuchsen nach DIN-Normen, Bohrklappen vermeiden, Aufnahmebuchsen härten.

Bei der Ausarbeitung der Konstruktionszeichnungen ist u. a. zu achten auf: Fortschrittliche Konstruktion, vorhandene Werkstoffe verwenden, Ausnutzung verwendbarer Normteile, zweckdienliche Maßtolerierungen, richtige Abgrenzung der Bearbeitungsgüte, richtige Kennzeichnung der Vorrichtungen.

3.3 Justierung der Zusammenbauvorrichtungen

Das räumliche Koordinatenkreuz wird durch drei charakteristische Ebenen festgelegt, nämlich durch die senkrechte Mittelebene des Flugzeuges, durch die horizontale Wasser-

linienebene und durch eine dritte Ebene senkrecht zu den beiden z. B. durch den Flugzeugschwerpunkt gehend.
Eine Großvorrichtung wird nur selten an Ort und Stelle gebaut, sondern meistens in einem Vorrichtungsbau. Nach Fertigstellung wird die Vorrichtung an ihren endgültigen Platz in der Fertigung transportiert, aufgestellt, nach ihren Bezugslinien justiert und verankert. Großbauvorrichtungen müssen regelmäßig während ihres Einsatzes von der Kontrolle durchgeprüft werden, damit sich keine Bauabweichungen einschleichen.
Zu diesem Zwecke wurde ein ebenso einfaches wie schnelles Verfahren entwickelt, das es der Kontrolle ermöglicht, während der Arbeit und ohne Unterbrechung derselben die Vorrichtung zu überprüfen, ob alle Punkte noch „im System liegen". An einem Ende der Vorrichtung werden Aufnahmen für ein oder zwei Fluchtfernrohre gesetzt und in gewissen Abständen dazu, allerdings in einer genauen Fluchtlinie, werden Zielmarken befestigt.
Nun sind die Zielmarken in den Halterungen anzubringen und das Fluchtfernrohr in der Aufnahme zu befestigen, siehe Bild 16, und jetzt ist durch das Anvisieren der hintereinanderliegenden Fadenkreuze festzustellen, ob sich die Vorrichtung geändert hat.
Großvorrichtungen leiden oft unter nachgiebigen Bodenverhältnissen, weshalb sie immer auf verstellbare Füße gesetzt werden. Bei der geringsten Bodenveränderung ändert sich die Fluchtlinie, und mittels dieser Verstellfüße kann sie dann schnell korrigiert werden.

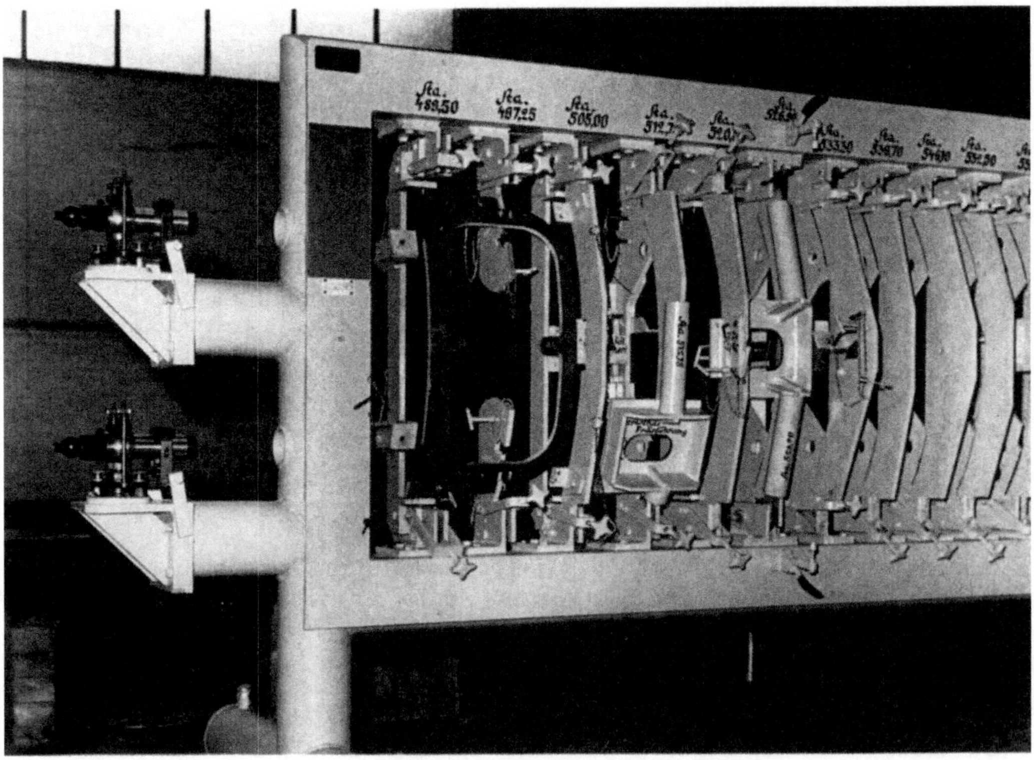

Bild 16 Zusammenbauvorrichtung für Rumpfseitenschale F 104 mit angesetzten Fluchtfernrohren

In von der Kontrolle festgelegten Zeitabständen wird eine Großbauvorrichtung eingehend überprüft mittels vorhandener Vorrichtungslehren. Hierbei werden alle Aufnahmen zum System überprüft und bei Überschreitung der zulässigen Maßabweichung neu eingestellt. Sobald die Vorrichtung aus den Einzelteilen zusammenmontiert ist, kommt es darauf an, Stellen mit Austauschmaßen exakt einander zuzuordnen. Dies nennt man die Justierung der Zusammenbauvorrichtung. Sie kann auf verschiedene Arten durchgeführt werden, nämlich:

a) Die Justierung auf der Marmorplatte.
Sie erfolgt mit Hilfe üblicher Meßwerkzeuge. Das Verfahren arbeitet einfach und schnell, ist geeignet zur Vermessung von Vorrichtungen, die etwa im ebenen Rahmen angeordnet werden. Die Marmorplatte ist temperaturunempfindlich.

b) Die Justierung mit Hilfe örtlich festgelegter Bezugspunkte.
Die Bezugspunkte legen die Bezugsebene fest. In der Ebene wird von Meßpunkten ausgegangen, die durch Lehrenbohrwerke oder Lehren festgelegt sind. Das Verfahren eignet sich für ebene Vorrichtungen begrenzter Abmessung ca. 2 x 5 m.

c) Die Justierung durch Lehren.
Man baut ein Lehrenmodell, an dem alle Anschlüsse wie bei der Ausführung vorhanden sind. Mit Hilfe dieses „Mustermannequins" (Urlehre) wird die Herstellungslehre angefertigt. Hiervon lassen sich Herstellungslehren für beliebig viele Lizenzabnehmer abnehmen. Dieses Verfahren ist zu empfehlen, wenn mehrere Abnahmelehren hergestellt werden, wenn mehrere Folgelehren mit gleichen Anschlüssen benötigt werden.

d) Die Justierung im Dock.
Sie erfolgt in einem räumlichen Rahmenwerk, das drei Koordinaten enthält und in drei Ebenen Feineinstellung gewährleistet. Die Docks finden vornehmlich in Amerika Anwendung.

e) Die optische Justierung, bei der vom Fernrohr ausgehend mit geringem Aufwand bis zur Fernsehapparatur mit großem Aufwand mehrere unterschiedliche Verfahren in Anwendung sind. Die optischen Justierungen sind vor allem bei Flugzeugen mit großen Abmessungen nützlich.

Nach der Justierung der Zusammenbauvorrichtungen erfolgt ihre Befestigung mit niedrig schmelzender Speziallegierung an den vorgesehenen Anschlußpunkten fest im Fundament oder am Transportwagen.

4. Der Werkzeugbau

Der Werkzeugbau befaßt sich mit der Entwicklung, Konstruktion und Herstellung mustergebundener Werkzeuge zur Herstellung von Flugzeugbauteilen. Wir können dabei in Werkzeuge für spangebende Formung und Werkzeuge für spanlose Formung unterteilen, dabei liefern die letzten bei weitem den Hauptanteil. Die Werkzeuge der spangebenden Form sind Zerspanungswerkzeuge und können hier übergangen werden. Die Werkzeuge der spanlosen Formung sind in Tafel 4 nach drei Werkzeuggattungen gegliedert, nämlich in Schnittwerkzeuge, Stanzwerkzeuge und Ziehwerkzeuge, und diese sind jeweils wieder nach Einzelwerkzeugen unterteilt.

Tafel 4 **Werkzeuge für die mustergebundene Fertigung**

Schnittwerkzeuge	Stanzwerkzeuge	Ziehwerkzeuge und sonstige Werkzeuge
Locherwerkzeug	Biegestanzwerkzeug	Tiefziehwerkzeuge
Schnittwerkzeug mit Vorlocher	Flachstanzwerkzeug	Streckziehwerkzeuge
Folgeschnittwerkzeug	Formstanzwerkzeug	Werkzeuge für Explosionsumformung
Trennschnittwerkzeug	Nietstanzwerkzeug	Drückwerkzeuge
Ausklinkschnittwerkzeug	Nietwerkzeug	
Beschneideschnittwerkzeug	Prägestanzwerkzeug	
Abgrater	Rollstanzwerkzeug	
Gesamtschnittwerkzeug	Warzwerkzeug	
Messerschnittwerkzeug	Einpreßwerkzeug	
Gummischneidplatte	Nachschlagwerkzeug	
Mehrfachschnittwerkzeug	Absetzwerkzeug	
	Rohreinziehwerkzeug	
	Durchziehwerkzeug	
	Stauchstanzwerkzeug	
	Fließpreß-Werkzeug	
	Fallhammer-Werkzeug	

4.1 Schnittwerkzeuge

Nach Tafel 4 sind elf verschiedene Schnittwerkzeuge unterschieden. Diese Schnittwerkzeuge können in je drei Ausführungen, nämlich als Freischnitte, als Plattenführungsschnitte und auch als Säulenführungsschnitte erstellt werden, je nachdem die Anforderungen an Stückzahl und Qualität der Schnitteile gestellt werden.

Der *Locher* ist das älteste und einfachste Werkzeug des spanlosen Schneidens.

Soll ein Blechteil mit einem oder mehreren Löchern in einem Werkzeug geschnitten werden, so verwendet man in der Regel ein Schnittwerkzeug mit Vorlocher. Bei diesem Werkzeug werden die Löcher beim ersten Niedergehen des Oberteils geschnitten und beim zweiten Niedergehen die Außenform.

Diese häufig angewandten Werkzeuge werden je nach Stückzahl und Qualität entweder als Plattenführungsschnitt oder mit Säulenführung ausgeführt.

Ein *Folgeschnittwerkzeug* ist die Erweiterung eines Schnittes mit Vorlocher, und zwar in der Anzahl der Folgen wie auch in der Möglichkeit, Stanzvorgänge mit einzuschalten. Es handelt sich um ein kombiniertes Werkzeug, in dem sowohl geschnitten wie auch gestanzt wird. Es wird dort verwendet, wo es um größte Stückzahlen geht.

Beim *Trennschnittwerkzeug* hat der Materialstreifen schon die richtige Breite. Der Trennstempel hat in diesem Falle die genaue Form der Werkstückenden und schneidet zugleich beide Seiten.

Einkerbungen oder Einschnitte an Blechen werden mit dem *Einklinkwerkzeug* hergestellt. Das Teil wird in das Werkzeug eingelegt und fixiert. Ein am Oberteil federnder Niederhalter hält das Bauteil während des Schneidens fest.

Mit dem *Beschneideschnittwerkzeug* werden Streckziehteile nach dem Verformen an ihrer Außenkante beschnitten. Die meist größeren Werkzeuge sind aus Grauguß und an den Schnittkanten mit Werkzeugstahl armiert.

An Gesenkschmiede- oder Prägeteilen wird der gratige Materialüberschuß mit einem *Abgrater* abgestanzt.

Teile, die nach dem Ausschneiden absolut gratfrei eben sein müssen, stellt man in einem Arbeitsgang mit einem *Gesamtschnittwerkzeug* her. Das ausgeschnittene Teil sowie der Streifen bleiben auf dem Werkzeugunterteil liegen, das Teil wird beim Hochgehen des Oberteiles wieder in den Streifen eingedrückt und mit diesem weitertransportiert.

Messerschnittwerkzeuge werden zum Schneiden von Leder, Gummi, Plastikfolien, Dichtungspapier u. ä. benutzt. Der Stempel ist wie ein Messer geschliffen und das Unterteil lediglich eine Unterlage aus einem weichen Metall oder dergleichen. Diese Stempel gibt es für Innenschneiden und für Außenschneiden, sie unterscheiden sich dadurch, daß beim Innenschneiden der Schnittwinkel nach innen verläuft und beim Außenschneiden nach außen.

Die *Gummischneidplatte* ist ein provisorisches Schnittwerkzeug für kleinere Stückzahlen, da der Materialabfall sehr groß ist. Es handelt sich hier um eine kantengehärtete Stahlplatte von ca. 6 mm Dicke mit der genauen Außenform des gewünschten Bauteils. Diese Platte liegt auf einem Universalunterteil, und das zu beschneidende Blech wird darüber gelegt, und zwar so, daß es ringsum gleichmäßig über die Schneidplatte hinausragt. Ein niedergehendes Gummikissen drückt auf das Unterteil, wobei das Blech an der Schnittkante abgeschert wird.

Mehrfachschnittwerkzeuge haben mindestens zwei Reihen Schnitteile auf ihrem Streifen, es fallen bei jedem Hub mindestens zwei Teile heraus. Dieses Werkzeug wird bei größten Stückzahlen von Kleinteilen angewendet.

4.2 Stanzwerkzeuge

Unter Stanzwerkzeugen werden hier vorwiegend Verformungswerkzeuge für die spanlose Formung von Blechen verstanden. In Tafel 4 sind 16 verschiedene Werkzeugarten einzeln aufgeführt. Sie werden nachstehend erläutert und erheben wiederum keinen Anspruch auf Vollständigkeit.

Mit dem *Biegestanzwerkzeug* werden Blechzuschnitte umgeformt, ohne die Blechdicke zu verändern. Winkel, U-Stücke oder sonstige Profilformen werden mit diesen Werkzeugen hergestellt, sobald ein Abkanten auf der Abkantmaschine wirtschaftlich nicht mehr möglich ist.

Mit dem *Flachstanzwerkzeug* werden kleinere Blechteile plangerichtet, wenn die Planheit an dem Schnittwerkzeug nicht genügt. Je nach der zulässigen Werkstückoberfläche sind Werkzeugober- und -unterteil glatt oder gerauht.

Mit Hilfe von *Formstanzwerkzeugen* werden Umformungen von Blechen erzeugt ohne Blechhalterung, also nur für beschränkt hohe Ränder oder Bördel, z. B. bei Flügelrippen. Selbstverständlich können innerhalb der Bauteilumgrenzung weitere Verformungen, Absetzungen vorgesehen werden.

Im *Nietstanzwerkzeug* werden Teile, die miteinander vernietet werden sollen, aufgenommen und fixiert. Den Nietvorgang besorgt ein Döpper, der im Oberteil der Maschine eingespannt ist.

Nietwerkzeuge sind angewendet in speziellen Nietmaschinen, deren meißelförmiger Döpper im Oberteil der Maschine durch Schlagbewegung den Nietvorgang erzeugt.

Das *Prägestanzwerkzeug* besteht in der Regel aus einem gravierten Ober- und Unterteil und wird überwiegend zum Prägen verwendet.

Mit einem *Rollstanzwerkzeug* werden Blechenden maschinell eingerollt, sei es für ein Scharnier, für eine Randverstärkung oder für einen unfallsicheren Randabschluß bei Blechteilen.

Beim *Warzwerkzeug* werden Blechteile eingelegt, fixiert und durch ein entsprechendes Werkzeugoberteil mit Warzen versehen.

Einpreßwerkzeuge sind einfache Hilfswerkzeuge zum maschinellen Einpressen von Büchsen oder Kugellagern in Hebel und Lager. Hier wird im Unterteil das Lager aufgenommen und genau fixiert. Im Oberteil wird die einzupressende Buchse aufgefädelt. Dieser Arbeitsvorgang wird auch Formfertigstanzen genannt. Biegeteile erreichen durch das Formstanzen in einer Biegestanze oftmals nicht die gewünschte saubere Form, sei es in der Grundfläche oder in den Biegeradien. Durch das *Nachschlagwerkzeug* werden die Biegeradien verkleinert und die Grundfläche plangeformt.
Mit dem *Absetzwerkzeug* werden in Profile oder verformte Blechteile stufenförmige Absetzungen angestanzt. Dieser Arbeitsgang findet überwiegend bei gezogenen und Strangpreßprofilen Anwendung.
Das *Rohreinziehwerkzeug* besteht lediglich aus einem Dorn mit dem gewünschten Innendurchmesser des einzuziehenden Rohres und aus der Einziehmatrize. Der Arbeitsvorgang selbst wird auf hydraulisch angetriebenen Maschinen getätigt und geschieht am besten im Ölbad.
Aussparungen an Flügelrippen z. B. erhalten mit dem *Durchziehwerkzeug* immer einen Bördelrand zur Versteifung oder auch zum Entschärfen der Schnittkanten.
Mit dem *Stauchstanzwerkzeug* kann durch Stauchen Material angehäuft werden. Dazu wird das Teil in einem Hohlraum gestaucht, der der gewünschten Form entspricht.
Das *Fließpreßwerkzeug* stellt hülsenartige Hohlkörper mit Böden her. Das Ausgangsmaterial ist eine Scheibe oder ein spezieller Vorformling.
Beim *Fallhammerwerkzeug* werden Unter- und Oberteil aus einer leicht zu bearbeitenden Aluminium-Zink-Legierung in der Sandform gegossen und die Arbeitsflächen geglättet. Das Werkzeug dient zum Verformen komplizierter Blechteile im Fallhammer.

4.3 Ziehwerkzeuge

Es gibt sehr viele Werkstücke, die sich durch Formstanzen nicht mehr verformen lassen, obwohl die Streckgrenze des Werkstoffes noch längst nicht erreicht ist. Bei allen Verformungen tieferer Art ist das Problem der Faltenbildung dominierend. Es kommt oft vor, daß sich das Material in einem Arbeitsgang gleichzeitig streckt und staucht, und ein Reißen des Bleches ist immer die Folge, wenn man beim Formstanzen zuviel wagt.
Für diese Art von Verformung mit fast unbeschränktem Tiefenverhältnis verwendet man sogenannte Tiefziehwerkzeuge und Streckziehwerkzeuge. Das Elementare an all diesen Werkzeugen ist die Tatsache, daß der zu verformende Werkstoff allseits gleichmäßig gereckt wird. Dies wird mit Blechhaltern, sogenannten Niederhaltern, erreicht, deren Größe, Form und deren Anpreßdruck für das Funktionieren dieser Werkzeuge von ausschlaggebender Bedeutung sind.
Eine Erweiterung des Tiefziehens finden wir in dem Streckziehen. Diese Werkzeuge arbeiten nur mit Blechhalterung und Ziehstempel allein, wobei die Blechhalterung das Formteil unverrückbar festspannt. Durch eine geschickte Konstruktion der Streckziehpresse wird das Blech oder das Profil während des ganzen Biegevorganges gereckt. Durch dieses gleichzeitige Recken ist es möglich, Profile mit hohem Querschnitt faltenlos zu biegen. Zu diesem Ziehverfahren ist in neuerer Zeit die Hochenergieumformung hinzugetreten, die bei der Blechumformung als eine Art Ziehverfahren anzusprechen ist. Für die hier kurz angedeuteten Ziehverfahren fallen gleichfalls in großer Zahl Ziehwerkzeuge an. Für annähernd gleiche Formungsaufgaben lassen sich Werkzeuge ähnlichen Aufbaus herausschälen.
Im Hinblick auf andere Aufsätze dieses Werkes unterbleibt ein weiteres Eingehen darauf.

5. Hinweise zum Schrifttum

Im Rahmen der vorliegenden Bibliographie wird auf das darin aufgeführte Schrifttum hingewiesen, das zum weiteren Studium über den Vorrichtungsbau und Werkzeugbau herangezogen werden kann. Die Literatur besteht aus Büchern und Aufsätzen, die den nachfolgenden Abschnitten VI bzw. VII dieses Buches mit den folgenden Gliederungsziffern zu entnehmen sind:

VI	1.1	Buch: *Guibert, M. P.* und Buch: *Wilson, F. W.*
	1.3	Bibliographien *Winter* 1940/55 und 1955/60 enthalten mehrere Titel dieses Gebietes
	8.1	Betriebsmittel
	8.2	Werkzeuge
	8.3	Spannzeuge
	8.4	Vorrichtungen und Vorrichtungsbau

Eine für einen Buchdruck vorbereitete Arbeit:

Oeckl, O.: „Die Vorrichtungen im Metallflugzeugbau",

bei der es jedoch nicht mehr zum Druck kam, wurde in dankenswerter Weise vom Verfasser dem Institut für Flugzeugbau der TH Braunschweig zur Verfügung gestellt. Sie kann als Manuskript entliehen werden.

Kunststoffe im Werkzeug- und Vorrichtungsbau der Luft- und Raumfahrzeugfertigung

von Ing. D. Gasthuber

Gliederung

1. Einleitung

Vergleicht man eine beliebige Vorrichtung eines neuzeitlichen Flugzeugtyps mit einer gleichartigen aus dem zweiten Weltkrieg, so fallen einige grundlegende Änderungen der Bauarten und Bauweisen auf. Es gibt keine Schellenverbindungen mehr, anstelle von Vierkantrohren verwendet man vorzugsweise runde Rohre für die Gerüste, die Vorrichtungen sind weitgehend eigenstabil und keineswegs noch im Fußboden einbetoniert.
Sehr deutlich zeigte sich dieser Wandel zum Beispiel in den Flugzeugwerken der deutschen Nord-Gruppe. Im Jahre 1957 begann dort die Lizenzfertigung der Noratlas N 2501, eine Entwicklung der ersten Nachkriegsjahre. Auch die Vorrichtungen wurden nach den Unterlagen des Lizenzgebers erstellt, ganz in herkömmlichen Bauweisen. Das nächste Serienprogramm war die Fertigung des Überschallflugzeugs F 104 G mit dem dazugehörigen Vorrichtungspark.
Ein merklicher Unterschied des Vorrichtungsbaues der F 104 G zu dem der Noratlas war schon eine vielseitige Anwendung von Kunststoffen. Sogar die gesamte Rumpfurform bestand aus Kunststoff. Die lizenznehmenden Firmen waren nun gezwungen, die erforderlichen Einrichtungen zur Kunststoffverarbeitung zu inventarisieren und Personal für diese Aufgaben zu schulen. Darauf aufbauend entstanden immer neue Einsatzmöglichkeiten der Kunststoffe im Vorrichtungsbau. Zweck dieser Ausarbeitung soll es sein, in groben Zügen den derzeitigen Stand der Fertigungstechnik im Hamburger Flugzeugbau auf diesem speziellen Gebiet zu schildern. Einige grundsätzliche Bemerkungen über die verwendeten Kunststoffe sind zur besseren Einführung vorauszuschicken. Es handelt sich fast ausschließlich um *Epoxydharze*, welche durch Reaktion von Bisphenol A + Epichlorhydrin gewonnen werden. Diese Harze werden dann durch Zumischung eines Härters räumlich vernetzt in den festen Zustand übergeführt. Die Härter, meist Polyamine, werden den verschiedenen Verwendungszwecken angepaßt und können träge bis hochreaktiv wirksam sein. Die nachstehend aufgeführten Eigenschaften der Harze sind die Voraussetzung zur Verarbeitung im Vorrichtungs- und Werkzeugbau:

a) Die Verarbeitung erfolgt im flüssigen oder pastenförmigen Zustand, wodurch der Formgebung kaum Grenzen gesetzt sind.

b) Die Aushärtung geschieht bei Raumtemperatur ohne Anwendung von Druck und ohne Abspaltung irgendwelcher Kondensationsstoffe. Dadurch härten die Harze auch in völlig geschlossenen und undurchlässigen Zwischenräumen aus.

c) Die bei der Aushärtung auftretende Schrumpfung liegt zwischen 0,1 und 1,5 mm/m, je nach Füllstoffgehalt und exothermer Reaktion. Die entstehenden Maßabweichungen sind kaum von Bedeutung.

d) Die physikalischen Eigenschaften lassen sich durch Variation der Füllstoffe einerseits und Beimischung von Flexibilisatoren andererseits beeinflussen. Druckfestigkeiten im harten Bereich von 1200 kp/cm^2 bis gummielastisch können somit erreicht werden.

Gegenüber einer wesentlichen Kosteneinsparung bei der Herstellung von Kunststoffwerkzeugen machen sich aber auch Nachteile bemerkbar, so zum Beispiel die hohen Materialkosten von DM 10,— bis DM 20,— pro kp Harz, die recht starke Verschmutzung des Arbeitsplatzes und der Kleidung sowie die Gefahr von Hauterkrankungen bei allergischer Veranlagung. Die Entwicklung von neuen Kunststoffmixturen, neuer Formungstechniken und noch größerer Anwendungsbereiche ist noch nicht abgeschlossen. Der Rationalisierung durch Verwendung von Kunststoffen bei der Herstellung von Vorrichtungen sind also noch keine Grenzen gesetzt.

2. Verbindung von Halterungen am Vorrichtungsgerüst

Im Vorrichtungsbau liegt häufig folgende Aufgabe vor: An ein geschweißtes Vorrichtungsgerüst, welches keinerlei Maßhaltigkeit aufweist und aus Gründen der räumlichen Ausdehnung nicht spanabhebend mit Aufbauflächen versehen werden kann, soll eine Bauteilhalterung nach Meßkanten oder mittels Lehren angesetzt werden. Ohne die Gießtechnik besteht nur die Möglichkeit, in x-, y- und z-Richtung verschiebbare Anschläge anzubringen, die nach dem Einrichten der Halterung verbohrt und verstiftet werden. Abgesehen von dem Aufwand bedeutet dieses Verfahren zusätzliche Elastizitäten der Vorrichtung und schlechte Zugänglichkeit zu dem Bauteil. Die einfachste Anwendung, dieses Problem mit der Gießtechnik zu lösen, ist aus Bild 1 zu ersehen. Zwischen der am Gerüst angeschweißten, unbearbeiteten Platte und dem Flansch der Halterung ist ein Spalt von ca. 5 bis 10 mm vorhanden. Die Verbindungsflächen werden mit einem transportablen Handgerät gesandstrahlt, danach wird der Spalt mit Klebestreifen oder pastenförmigem Epoxydharz abgedeckt und ausgegossen. Um das Schwundmaß des Kunstharzes zu eliminieren, wird statt dessen auch eine niedrigschmelzende Metallegierung verwendet. Dem höheren Aufwand steht aber kein merklicher Gewinn gegenüber. Muß die Vorrichtungshalterung nach Meßpunkten ausgerichtet werden, so verteilt man über die Verbindungsflächen Zug- und Druckschrauben. Damit ist ein feines Einrichten vor dem Vergießen möglich. Auf Bild 2 ist diese Anordnung zu sehen. Ebenso ist die Möglichkeit einer lösbaren Flanschverbindung gegeben.

Weitere, hier nicht näher erläuterte Anwendungen sind: das Eingießen von Buchsen, nachträgliches Aussteifen von Vorrichtungen bei Änderungen, Angießen von Konturen an ebene Vorrichtungsteile, Eingießen von Stempel und Matrize eines Schnittwerkzeuges und vieles andere.

Bild 1 Vergießen einer lösbaren Halterung am Vorrichtungsgerät

Bild 2 Einstellen einer zu vergießenden Vorrichtungs-Halterung

3. Werkzeuge aus Kunststoff für die spanlose Umformung

Ohne auf die jeweiligen Arten der im Flugzeugbau üblichen Umformverfahren näher einzugehen, müssen hier doch vier Gebiete unterschieden werden: Streckziehen, Gummiumformung mit einer Hydronellpresse, Fallhammerumformung und Tiefziehen. In derselben Reihenfolge sollen nun die Merkmale dieser Werkzeuge erläutert werden:

3.1 Werkzeuge für das Streckziehen

Verformt werden mit diesem Verfahren Bleche, Bänder und Profile. Der Werkzeugkonstrukteur muß sich als erstes entscheiden, ob die Form sphärisch sein muß oder mit geraden Mantellinien gebaut werden kann. Diese Frage entsteht zum Beispiel bei einer Spantlasche im räumlich geformten Bereich des Flugzeuges:
Von einer gewissen Breite der Lasche ab muß das Werkzeug eine Balligkeit aufweisen, darunter genügt eine Form als schiefer Kegel. Im letzteren Fall werden die Werkzeuge wohl auch weiterhin aus Festholz hergestellt, zumal der Reibungswiderstand des Metalles auf den verwendeten Festholzsorten für das Streckziehen recht günstig ist. Als grobe Annäherung erreichte man folgende Reibungskoeffizienten: Duralumin auf Holz mit 0,16 bis 0,2 und Duralumin auf Kunststoff 0,21 bis 0,3. Für den anderen Fall, also sphärische Formgebung des Werkzeuges, muß der aus Buche oder Erlenholz verleimte, massive Holzklotz mit Hilfe erstklassiger Fachkräfte ausgearbeitet werden. Man fertigt dann einen Negativ-Schablonenkorb an, und danach hobelt, schabt und poliert der Handwerker das Werkzeug entsprechend seinem Geschick mehr oder weniger lange. Durchschnittlich beträgt der Aufwand pro Quadratmeter Ziehfläche ca. 100 Arbeitsstunden und DM 300,– Material. Die extrem hohen Kosten entstehen bei diesen Werkzeugen dann bei der Serienfertigung. Schon

bei relativ kurzen Lagerzeiten entstehen in der Holzform Risse und Maßabweichungen, welche eine völlige Überarbeitung vor jeder Verwendung erforderlich machen.
Diesem großen Mangel wird durch eine Ziehfläche aus Epoxydharz abgeholfen. Voraussetzung für die Anfertigung eines Kunststoff-Streckziehwerkzeuges ist das Vorhandensein eines Modelles. Da auch für andere Zwecke im Flugzeugbau eine Urform des gesamten Rumpfes benötigt wird, sind hier die Voraussetzungen vorhanden. Die Urform, welche früher sehr aufwendig in der Herstellung war, wird heute ebenfallls aus Epoxydharz angefertigt, aus Gründen der Materialkosten allerdings auch oft aus Gips. Die ersten Urmodelle, welche in etwa die Funktion einer Lehre übernehmen, wurden in Silumin oder Elektron gegossen und anschließend mit Negativschablonen nachgearbeitet, ein sehr aufwendiges Verfahren. Die heutige Kunststoffurform dagegen ist auf einem stabilen Grundrahmen und darauf befestigter positiver Blechschablonen aufgebaut. Nach dem Ausstraken der Schablonen wird auf ein Drahtgitter, welches zwischen den Schablonen gespannt ist, eine etwa 40 mm dicke Betonschicht bis etwa 5 mm unter die äußere Kontur aufgetragen. Die Deckschicht kann nun aus Epoxydharz in der Form als „Mastermodell"-Paste bestehen. Diese ist mit einem Spachtel aufzutragen und hat gegenüber Gips den Vorteil, daß die Anreißkanten nicht ausbrechen, sie ist außerdem noch mit Holzwerkzeugen bearbeitet, und dünne Schichten lassen sich leichter aufbringen. Eine vollständige Rumpfurform, um 180° gedreht, ist auf Bild 3 gezeigt. Ein Abguß aus GFK-Laminat, verstärkt mit einem aufgegossenen Holzkasten, dient dann zur Herstellung der Streckziehwerkzeuge. Der grundsätzliche Aufbau der heute verwendeten Kunststoff-Streckziehwerkzeuge ist aus Bild 4 zu ersehen.
Der Kern des Streckziehklotzes hat eine längere Entwicklung durchgemacht. Die amerikanischen Vorbilder bestanden aus einer niedrigschmelzenden Metallegierung

Bild 3 Urform eines gesamten Rumpfes, 180° gedreht

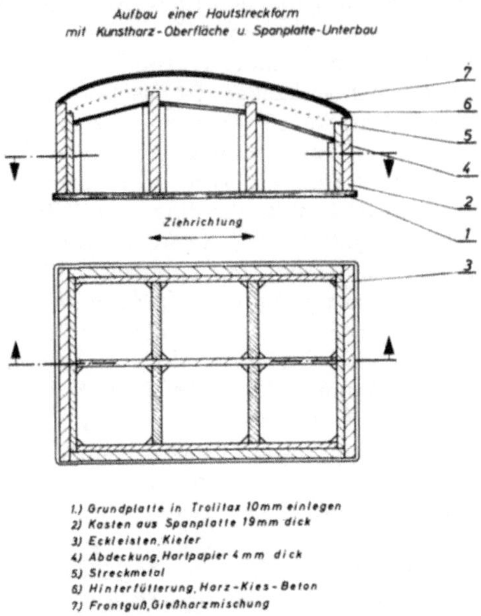

Bild 4 Aufbau einer Hautstreckform mit Kunstharz-Oberfläche und Spanplatte-Unterbau

(Kirksite), welche wohl unter Umständen wieder verwendbar, aber doch unverhältnismäßig teuer sind. Über Versuche mit Zementbeton und Kunststoffbeton entstanden dann Kerne aus Grauguß. Der Aufwand zur Herstellung war trotzdem noch sehr hoch. Der Quadratmeter Ziehfläche erfordert ca. 140 Arbeitsstunden und DM 1000,– Materialkosten. Ein wesentlicher Nachteil dieser Bauweise war noch die Witterungsempfindlichkeit. Durch den extremen Unterschied in den Wärmedehnungen und Elastizitäten der beiden Werkstoffe Grauguß zu Kunststoff rissen die im Freien lagernden Werkzeuge. Teilweise löst sich auch die ganze Kunststoffschicht von dem Gußkern. Durch den Aufbau mit versiegeltem Holzkern, wie in Bild 4 gezeigt, konnten außer der besseren Beständigkeit noch ein geringeres Gewicht und vor allem niedrigere Herstellkosten erzielt werden. Der Quadratmeter Ziehfläche erfordert nur noch 80 Arbeitsstunden und DM 500,– Material.

Hier soll noch ein weiteres Entwicklungsproblem erwähnt werden. Beim Ziehen von plattierten Duraluminblechen auf Kunststoffwerkzeugen traten sehr viele Schrammen und Kratzer auf. Diese Beschädigungen hatten keine Ähnlichkeit mit Ziehriefen. Um dem zu begegnen, mußte die Zusammensetzung des Oberflächenharzes geändert werden. Die Ziehfläche besteht nun aus handelsüblichem Oberflächenharz erweitert um 40 Gewichtsteile Graphitpulver, 20 Teile Füller DT 078 und 20 Teile Härter Hy 956. Als weitere Maßnahme wird nach dem Aushärten die gesamte Ziehfläche mit feinstem Schleifpapier bearbeitet.

3.2 Werkzeuge für die Gummiumformung

Infolge des allseitig wirkenden Druckes der Gummiblase auf das Werkzeug muß dieses massiv gefertigt sein. Der Arbeitsdruck kann bis zu 350 atü betragen. Um diesen Drücken standzuhalten, reicht nicht einmal Hartholz aus, sondern nur Preßsperrholz und Metalle.

Es hat sich gezeigt, daß praktisch jedes Gummi-Ziehwerkzeug aus Festholz durch ein solches aus Kunststoff ersetzt werden kann. Entscheidend ist immer die jeweilige Aufwands-Kalkulation. Grundsätzlich kann wohl gesagt werden, daß eine Form mit geraden Flächen auch noch weiterhin aus Festholz gefertigt wird, eine völlig sphärische Ziehform dagegen in Kunstharz. Zur Herstellung der Kunststofform benötigt man entweder ein Modell oder ein von Hand gefertigtes Musterteil. Der Aufbau und die Herstellung eines Werkzeuges ist auf Bild 5 zu sehen.

Bild 6 zeigt das Werkzeug mit einem Ausfallmuster. Dies ist das Beispiel eines verhältnismäßig einfachen Werkzeuges. Größere Schwierigkeiten bereiten jene Werkzeuge, welche mehr in den Bereich des Tiefziehens oder Biegestanzens geraten. Dort treten Falten und unausgeformte Radien auf, an diesen Stellen wird demnach eine örtlich

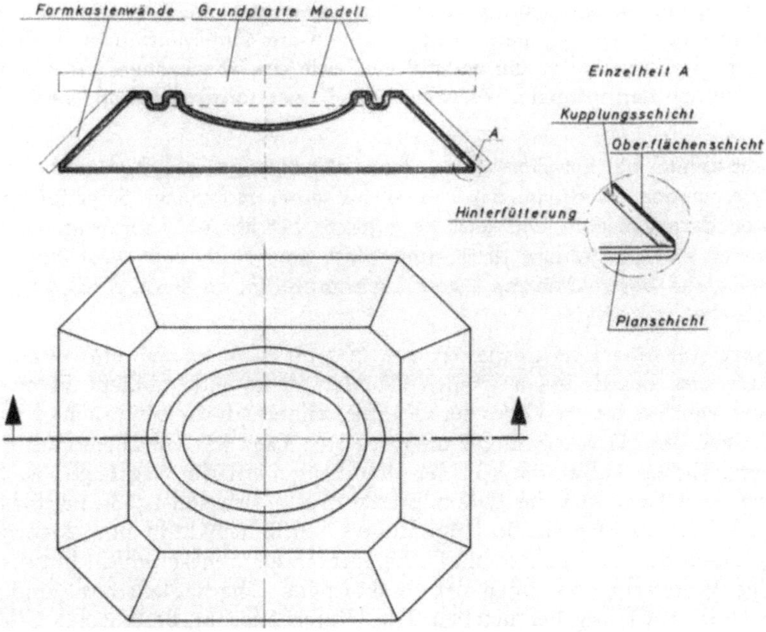

Bild 5 Werkzeug für Gummizug

Bild 6 Werkzeug für Gummizug mit Ausfallmuster

höhere Verformungskraft benötigt. Oft hilft dann nur eine Versuchsreihe, um durch Kombination von Arbeitsgängen, Druckstempeln aus Kunstharz oder durch aufgelegte Stahlplatten als Faltenhalter, die endgültige Form des Werkzeuges zu erhalten. Allein das Herausfinden der optimalen Weichheit des Kunststoffdruckstempels erfordert einige Versuche.

Der Arbeitsablauf bei der Herstellung eines Werkzeuges soll hier noch im einzelnen beschrieben werden: Nachdem das Modell auf einer Holzplatte befestigt ist, wird der Formkasten daraufgesetzt. Die seitliche Schräge beträgt 45°, erfahrungsgemäß reicht das für einen stetigen Ablauf der Gummiblase aus. Nach dem Ausfüllen der Radien mit Plastelin und Bestreichen mit einem Trennmittel ist die Form fertig zum Auftragen der Oberflächenharzschicht.

Dieses Harz soll eine Druckfestigkeit von 800 bis 1200 kp/cm^2 aufweisen. Schwierig ist das Auftragen des Harzes an steilen Wänden, da es leicht abfließt. Es muß so lange aufgetragen werden, bis die Dicke der Oberflächenharzschicht mindestens 2 mm beträgt. Das Auftragen des Harzes in dieser umgestülpten Lage hat vor allem auch den Zweck, die unvermeidlichen Luftblasen von der Werkzeugoberfläche wegsteigen zu lassen. Bei den hohen Arbeitsdrücken der Gummipresse drückt sich sonst jede Luftblase ein und führt zu Fehlern im Ziehteil. So lange diese Oberflächenschicht noch klebrig ist, wird eine Kupplungsschicht von ca. 5 mm Dicke aufgetragen. Diese Schicht hat die Aufgabe, eine innige Verbindung zwischen der feinkörnigen Oberflächenschicht und der grobkörnigen Hinterfütterung herzustellen. Die Hinterfütterung besteht aus Gießharz und der achtfachen Gewichtsmenge Kies. Damit wird die Form bis zur vorgesehenen Höhe vollgestampft. Auch dabei ist noch auf Lufteinschlüsse zu achten. An engen Stellen gießt man besser noch dünnes Harz mit ein. Nach der Aushärtung und Entformung muß die Unterseite des Werkzeuges noch mit einer ebenen Auflagefläche versehen werden. Man bestreicht eine geschliffene Stahlplatte mit Trennmittel und gießt darauf einen Brei aus einer Kunstharz-Füllstoffmischung. In diesen Brei drückt man das Werkzeug mit seiner unebenen Auflagefläche. Nach dem Aushärten wird das Werkzeug gelöst und seitlich geglättet.

Als letztes kann das fertige Werkzeug zum Abformen eventuell erforderlicher Druckstempel dienen. Das Ziehteil wird dann durch eingelegte Wachsfolie mit entsprechender Dicke dargestellt.

3.3 Fallhammerwerkzeuge

Ein Fallhammerwerkzeug im eigentlichen Sinne kann nur aus entsprechenden Metalllegierungen gebaut werden. Im Flugzeugbau macht man dabei schon Kompromisse, da die geringen Stückzahlen der Ziehteile nur verhältnismäßig billige Werkzeuge erlauben.

Kurz zusammengefaßt hat sich folgendermaßen eine Art von Fallhammerwerkzeug aus Kunststoff entwickelt: Es gibt Gummizüge, welche ein häufiges Nachschlagen von Hand zwischen einzelnen Ziehstufen erfordern. Ein typisches Beispiel ist die Fertigung einer Rohrkrümmerhälfte. Im Innenradius bilden sich Falten, welche nach jedem Ziehvorgang von Hand eingestaucht werden müssen. Dieses Gummiwerkzeug wird nun, um diesen Aufwand zu reduzieren, als Fallhammerwerkzeug verwendet. Zur Armierung wird es in einen geschweißten Stahlkasten eingegossen. Den Druckstempel gießt man auf eine gehobelte Stahlplatte, bei größeren Stempeln ist auf diese Stahlplatte noch

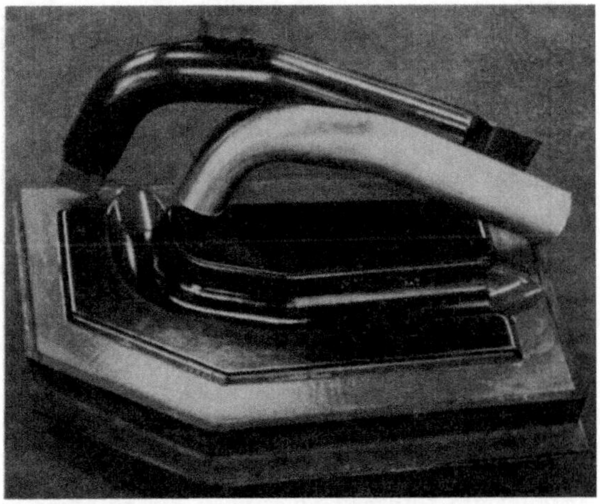

Bild 7 Fallhammerwerkzeug entstanden aus Gummizug

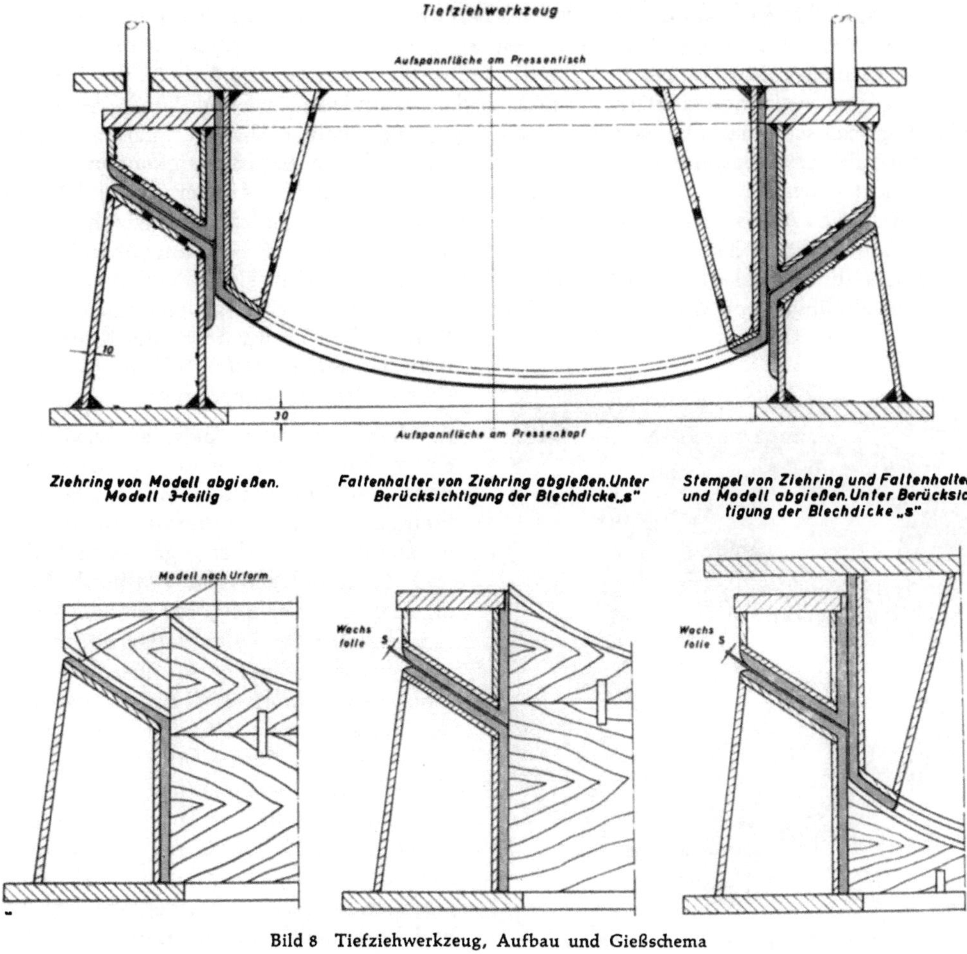

Bild 8 Tiefziehwerkzeug, Aufbau und Gießschema

ein tragender Kern geschweißt. Um das Werkzeug nicht zu beschädigen, muß der Stempel elastisch sein. Durch Beimischung eines Flexibilisators kann das erreicht werden. Dieses Werkzeug, ausgehend von einem Gummizug, ist auf Bild 7 mit einem fertig beschnittenen Ziehteil gezeigt. Eine wesentliche Einschränkung muß aber bei dem ganzen Verfahren gemacht werden: Die Schlagenergie des Fallhammers muß gegenüber Metallwerkzeugen wesentlich reduziert werden. Der Arbeitsablauf ist eher ein Formstanzen mit nachfolgenden Schlägen, um die entstandenen Falten etwas einzustauchen. Zwischendurch ist immer noch an kurzen Falten eine Handarbeit auf dem Treibstock erforderlich. Ein Bauteil mit scharfen Kanten und Blechstärken über 1,5 mm wird normalerweise auch weiterhin mit einem Metallwerkzeug verformt, sei es als Formstanze oder Fallhammergesenk.

3.4 Tiefziehwerkzeuge

Bisher wurden Kunststoffwerkzeuge zum Tiefziehen von kalt aushärtbaren Aluminium-Magnesium-Kupfer-Legierungen bis zu einer Blechstärke von etwa 2 mm gebaut. Der Kern besteht aus einem geschweißten Stahlkörper. Dieser muß nach dem Schweißen geglüht und die Aufspannflächen des Werkzeuges spanabhebend bearbeitet werden. Um dem Kern die nötige Druckfestigkeit zu geben, kann er entweder mit Zement ausgegossen oder durch eingeschweißte Rippen versteift werden. Die Rippen verschweißt man an den horizontalen Flächen durch Löcher, nachdem der Kern durch die letzte Platte geschlossen ist. Die mit Kunstharz zu vergießenden Flächen müssen vorher gesandstrahlt sein. Besonders ist zu beachten, daß die Dicke der aufzugießenden Kunstharzschicht gewisse Maße nicht über- oder unterschreitet. Bei zu dünner Schicht besteht die Gefahr des Ablösens vom Kern, und bei zu dicker Schicht ist die Aufheizung durch exotherme Reaktion des aushärtenden Kunststoffes so groß, daß Formungenauigkeiten, besonders durch auslaufende Wachsfolie, entstehen. Natürlich sind die Dickenabweichungen abhängig von der Größe der Ziehform und von der Herstellgenauigkeit des Kernes. Ein Schnitt durch die Konstruktionszeichnung ist auf Bild 8 zu sehen, ebenso der Abgießvorgang.

In dem gewählten Beispiel wird von einem Holzmodell zuerst der Ziehring, dann der Faltenhalter und zuletzt der Stempel abgegossen, immer unter Zuhilfenahme des vorher gegossenen Teiles und Zwischenlegen von Wachsschichten als Ziehteildarstellung. Bei ebenem Ziehrand besteht der Faltenhalter und Ziehring zweckmäßigerweise aus fein bearbeiteten Stahlplatten. Beim Angießen der Form an den Ziehring muß durch entsprechende Formgebung eine gute Verankerung des Kunstharzes am Stahlring sichergestellt sein. Bild 9 zeigt das fertige Werkzeug. Das für solche Tiefziehwerkzeuge verwendete Oberflächengießharz muß die höchstmögliche Druck- und Verschleißfestigkeit besitzen.

Bild 9 Tiefziehwerkzeug eines Klappenrahmens

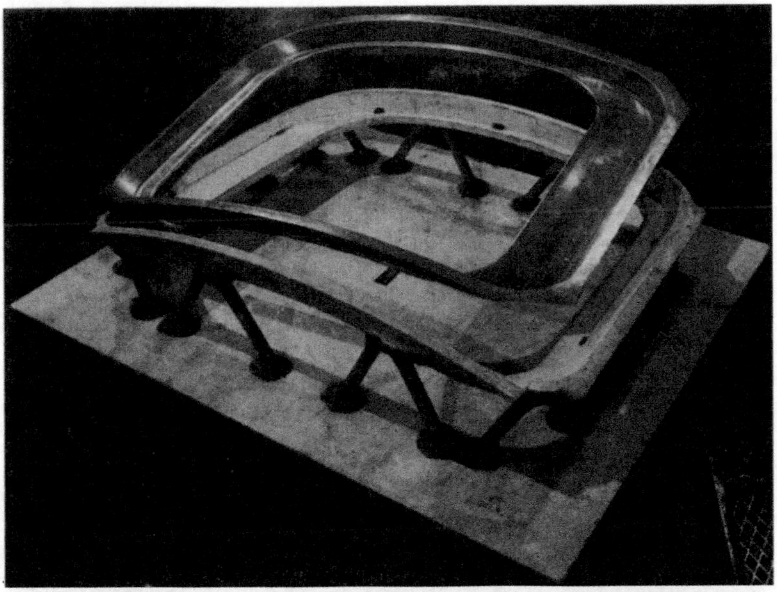

Bild 10 Anpaß- und Beschneideschablone für einen Klappenrahmen

Bild 11 Werkzeuge zur Herstellung einer Triebwerkseinlaufnase

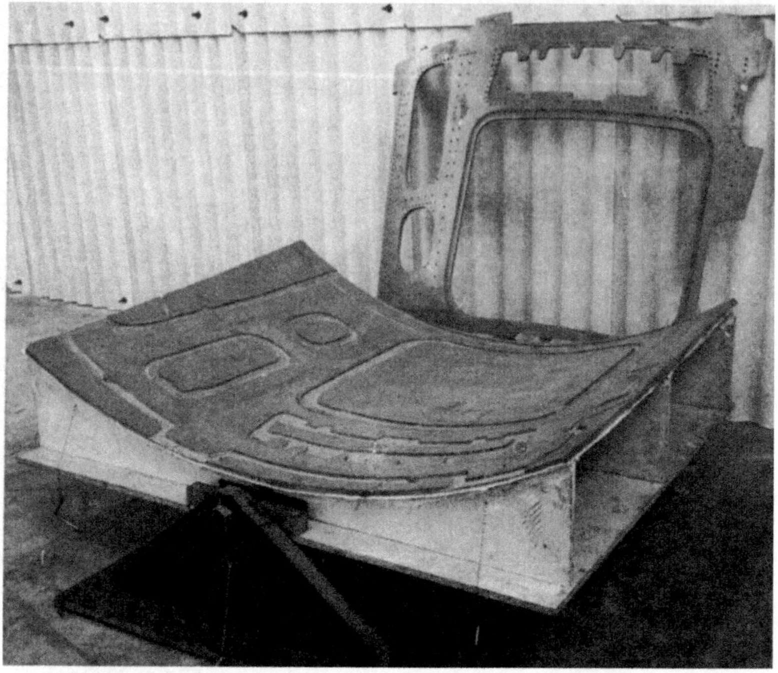

Bild 12 Kopierfräsvorrichtung für Hautdopplung

4. Schablonen aus Kunststofflaminaten

Durch die Vielzahl verschiedener Einzelteile bei Stückzahlen, welche in anderen Fertigungszweigen als Nullserie bezeichnet werden, entsteht die besondere Art der Teilefertigung im Flugzeugbau.
Die optimale Kombination von Maschinenarbeit und Handarbeit ist schon bei den Vorformungswerkzeugen zu erkennen. Eine stetige Verschiebung zugunsten der Maschinenarbeit wird nicht zuletzt durch die rückläufige Zahl von Facharbeitern in der Teilefertigung hervorgerufen. Überträgt man diese Tendenz nun auch auf die Arbeitsgänge Beschneiden, Bohren und Richten, so erkennt man die Schwierigkeiten der wirtschaftlichen Werkzeuggestaltung:
Das Beschneiden nach Zeichnung kann auch bei kleinsten Stückzahlen von dem angelernten Arbeiter nicht erwartet werden. Ein Schnittwerkzeug wiederum wäre viel zu aufwendig, statt dessen finden Bohr-, Beschneide- und Anpaßschablonen Anwendung. Dabei ist das Ausschneiden und Bohren ebener Teile natürlich ausgenommen, diese werden bekanntlich auf Oberfräsen kopiert. Die erwähnten Schablonen gibt es aus Holz und Metall in Form von Käfigen und Gittern, welche anhand eines Modelles gebogen, verschweißt, zugefeilt und zugepaßt werden müssen. Der Aufwand ist entsprechend groß. Hier finden GFK-Schalen eine wirtschaftliche Anwendung. Ein Musterteil oder Modell wird im Handauflegeverfahren mit einer etwa 10 mm dicken Schicht abgeformt. Zur Aussteifung werden Kunststoffrohre mit einlaminiert oder nachträglich Rohrverbände angegossen. Verwendet wird für die GFK-Schale ein handelsübliches Laminierharz und einfaches, rauhes Glasgewebe. Als unterste Schicht beim Abformen

wird Oberflächenharz verwendet. Um der Schablone eine einigermaßen glatte Rückseite zu verleihen, wird mit Glasseide abgeschlossen. Die Schablonenkanten können nach der Aushärtung mit Holzwerkzeugen bearbeitet und Bohrführungen eingeklebt werden. Bild 10 zeigt eine Anpaß- und Beschneideschablone eines Klappenrahmens. Mit pastenförmigem Kunstharz sind die Stützrohre auf einem Brett befestigt. Das Laminat entstand hier durch Abformen desselben Modelles, welches zuvor zum Gießen des Tiefziehwerkzeuges diente.
Im Vordergrund des Bildes 11 ist eine Laminatschale als Beschneide- und Anpaßschablone für eine Triebwerkseinlaufnase zu erkennen. Die rechteckigen und runden Ausschnitte dienen zum Überprüfen, ob das Ziehteil genau der Form entspricht.
In jüngerer Zeit versucht man, auch verformte Teile unter der Oberfräse zu kopieren. Das Hauptproblem hierbei ist, durch Schwenken der Vorrichtung mit der gegebenen Fräserlänge innerhalb der Krümmungsradien auszukommen. Bild 12 zeigt eine entsprechende Vorrichtung. Als Aufspannfläche dient ein Laminat, welches auf der Innenseite mit „Mastermodell"-Paste ausgekleidet ist. Dadurch wird der Fräser geschont, das Glasgewebe im Laminat könnte er vermutlich nicht bewältigen. Die Schablone besteht aus gewalztem Aluminium, etwa 4 mm dick, ebenfalls mit angegossenem Kunstharz, um die räumliche Form des Bauteiles zu erfassen und ein gleichmäßiges Spannen zu erzielen.

Fertigungsprobleme beim Zellenbau der III. Stufe der Europarakete ELDO-A

von Dipl.-Ing. D. Pogoda

Gliederung

1. Einleitung

Während bei der Erst- und Zweitstufe der Trägerrakete mit einem mehr oder weniger konventionellen Zellenbau die Gewichtsforderungen zu erfüllen sind, wirkt sich bei der Drittstufe eine Gewichtseinsparung maßgeblich auf die Endleistung der gesamten Trägerrakete aus. Um das Leergewicht dieser Stufe so niedrig wie möglich zu halten, strebte man hier einen extremen Leichtbau an, der schließlich auch zum Erfolg führte. Die in der Arbeitsgemeinschaft Satellitenträger (ASAT) zusammengeschlossenen Firmen Bölkow-Entwicklung KG, Vereinigte Flugtechnische Werke und Hamburger Flugzeugbau standen vor der Aufgabe, in kürzester Zeit neue Fertigungsverfahren, Bauweisen und Technologien zu entwickeln, die bisher im Flugzeugbau nicht verlangt waren und daher fast ausnahmslos auf technisches Neuland führten.

Die in Bild 1 gezeigte 3. Stufe besteht in ihrem Mantel im Oberteil aus Titan (Ti V 13 / Cr 11 / Al 3), das Mittelteil und Unterteil aus austenitischem Chrom-Nickel-Stahl (AISI 301 — $\frac{1}{2}$ hart). Die Herstellung der dünnen Stahlblechstruktur bereitete mehr Schwierigkeiten als anfangs angenommen war. Während beim Verformen von sehr dünnem Titanblech durch eine Glühbehandlung — des unter Spannung stehenden Werkstückes im Werkzeug — einer Rückfederung begegnet werden kann, muß sie beim Stahlblech durch Überbiegen bzw. Überziehen kompensiert werden. Die austenitische Chrom-Nickel-Stahlstruktur bildet das Mittelteil und Unterteil der Raketenzelle, dessen Entwicklung und Herstellung vom Hamburger Flugzeugbau übernommen wurde. Die Schale ist Verkleidung und Traggerüst, die das Gewicht der 3. Stufe und des Satelliten einschließlich der Beschleunigungskräfte (80 000 kp) aufnehmen muß. Das entspricht einer Belastung der Schale von 120 kp/cm (limit loads) in Raketenlängsrichtung. Diese tragende zylindrische Raketenschale besteht im Prinzip, wie Bild 2 zeigt, in ihrem Aufbau — von außen nach innen — aus einem Wellblech zur Aufnahme der Knicklast, dem darunterliegenden Glattblech, das die Schubspannungen aufnimmt und den im Abstand von 100 mm angeordneten Ringspanten, die zur Versteifung dienen. Die bei der Entwicklung und Herstellung der Struktur gewonnenen Ergebnisse sollen an einigen typischen Teilen näher erläutert werden.

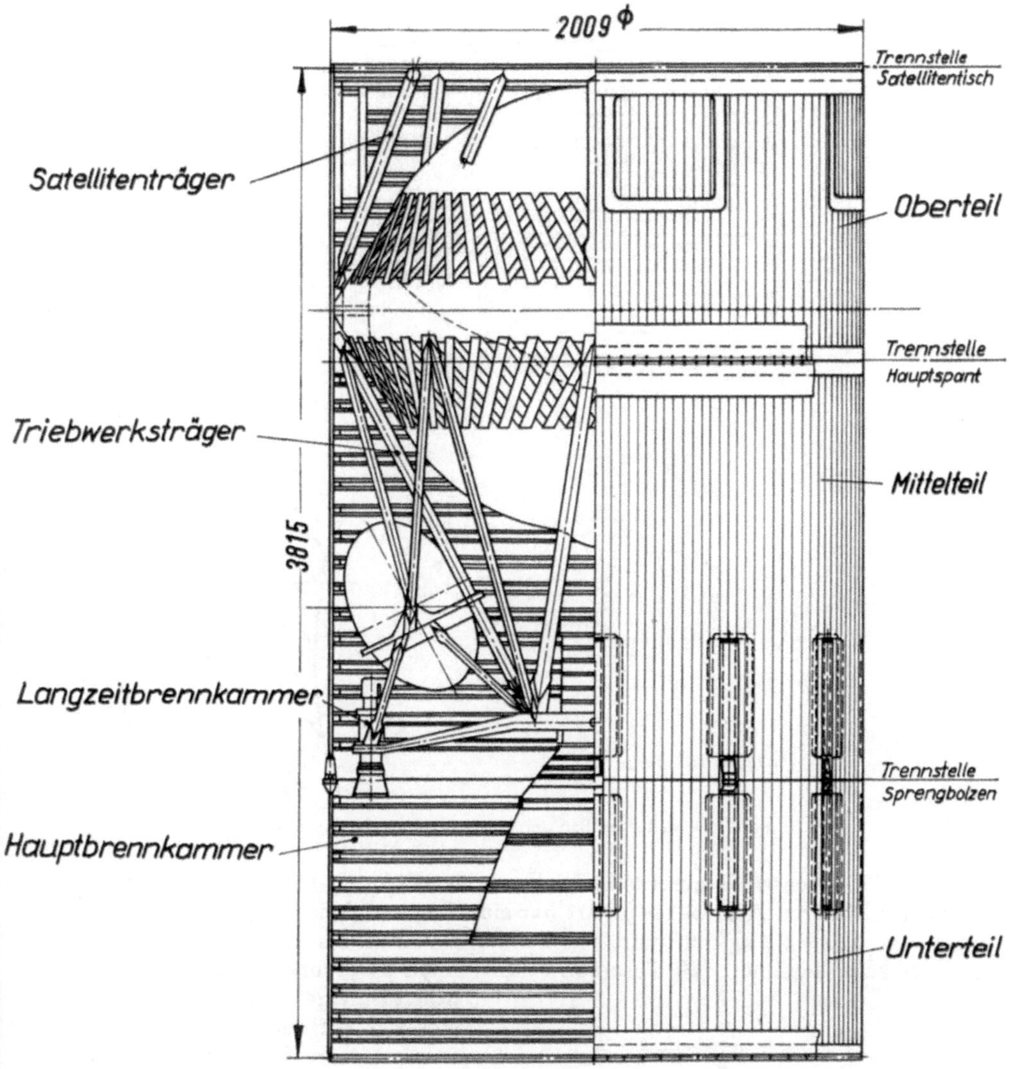

Bild 1 III. Stufe der Europarakete ELDO-A

2. Die Herstellung genau definierter Wellblechbahnen

Das auf das Glattblech geschweißte Wellblech muß aus geometrisch genauen Halbkreisen bestehen, die im Wendepunkt kein grades Stück aufweisen, um die eingeleiteten Kräfte aufnehmen zu können. Ein solches Wellblech aus fehlerlos aneinandergereihten Halbrohren gibt es nicht auf dem Markt. Die handelsüblichen Bleche bestehen aus flachen Wellen, die mit der verlangten geometrischen Form nur bei flüchtiger Betrachtung identisch sind.

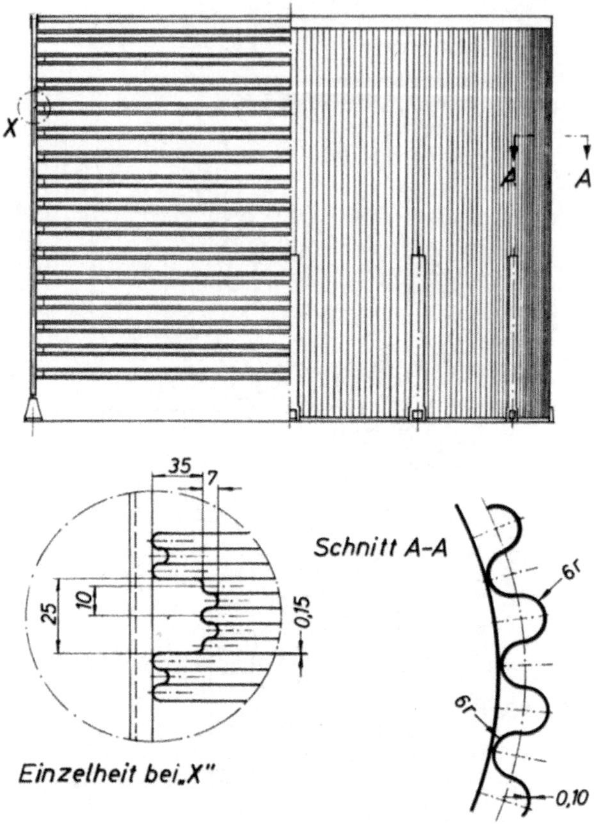

Bild 2 Prinzipieller Aufbau der Schalenstruktur der III. Stufe

Der für die Raketenschale geforderte Wellenradius ist $r = 6$ mm, die Blechdicke $h = 0{,}1$ mm, das Material AISI 301 — $\frac{1}{2}$ hart hat eine Zugfestigkeit $\sigma_B = 110\ \text{kg/mm}^2$, eine Streckgrenze $\sigma_{0,2} = 78\ \text{kg/mm}^2$ und eine Dehnung von 12 bis 15 %.

Die Vorversuche ergaben, daß diese Form durch einen Biegevorgang nicht zu verwirklichen ist. Das hochfeste, dünne Blechmaterial mit der hohen Streckgrenze tendiert zum Federstahl und federt fast vollkommen zurück, biegt man es über einen Dorn oder Rundstab. Beim Biegen gelangt die Zone ober- und unterhalb der neutralen Faser nicht in den Bereich der plastischen Verformung, da hier die Streckgrenze nicht überschritten wird. Dieser nur elastisch verformte Bereich hat, wie in Bild 3 zu ersehen ist, eine Dicke von:

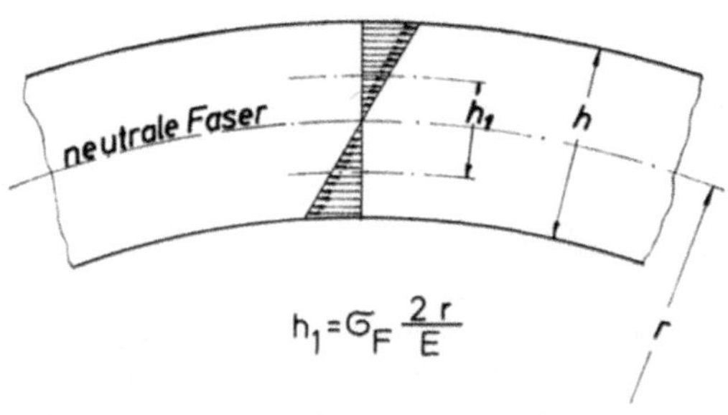

Bild 3 Spannungen beim Biegen eines Stabes

$$h_1 = \sigma_F \frac{2r}{E} .$$

Je größer h_1 ist, um so größer wird die Rückfederung. Bei hochfesten dünnen Blechen mit einem großen Biegeradius r kann h_1 gleich der Blechdicke werden, und das Material federt vollkommen zurück. Demnach ist der kleinste Biegeradius, bei dem keine bleibende Formänderung auftritt

$$r_F = \frac{E\,h}{2\,\sigma_F}\,.$$

Um eine plastische Verformung zu erzielen, muß r immer kleiner als r_F gewählt werden. Das um den Radius r gebogene Blech federt nach der Entlastung auf den größeren Radius

$$r_1 = \left(1 + \frac{2}{3}\,\frac{h_1^3}{h}\,\frac{1}{h^2 - h_1^2}\right) r$$

zurück.

Aus diesen grundsätzlichen Überlegungen und den hier angegebenen Formeln kann der Biegeradius festgelegt werden, den das Werkzeug haben muß, damit das Werkstück im aufgefederten Zustand die geforderten Abmessungen erhält. Bild 4 zeigt das Werkzeug im Prinzip. Zwischen zwei beweglichen Platten ist das zu verformende Blech so über die Rundstäbe gelegt, daß eine starke Überbiegung stattfindet. Der Verformungsdruck ist seitlich aufgebracht. Die Stäbe haben den errechneten Radius r. Der Versuch zeigt aber, daß das vorgegebene Wellblech nur dann zu erreichen ist, wenn die Überbiegung wie im Bild 4b durchgeführt werden kann, um den richtigen Biegeradius r einzuhalten, und dabei noch das Maß einer Wellenlänge ($2\,r_1\,\pi$) nach der Rückfederung gegeben ist.

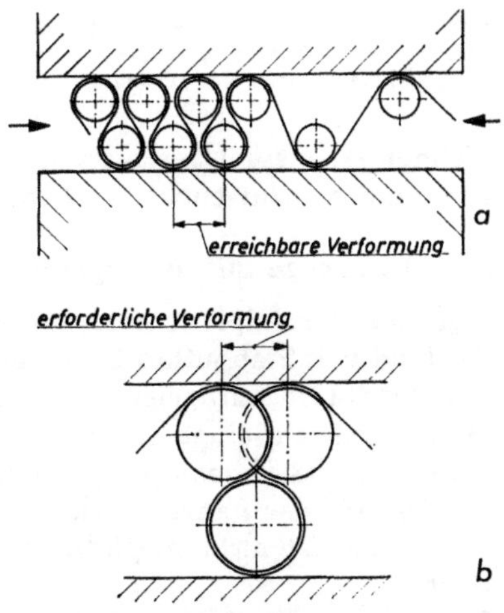

Bild 4a/b Prinzip eines Werkzeuges zur Herstellung von Wellblech durch Überbiegen

Bei Betrachtung der geometrischen Verhältnisse in Verbindung mit den Verformungsgesetzen zeigt sich also, daß die Kompensierung der Auffederung durch Hinterbiegen praktisch nur bis zu einer gewissen Grenze durchführbar ist und damit der Bereich, in dem ein genau definiertes Wellblech durch Biegen herzustellen ist, klar abgegrenzt wird.

Der vorhandenen starken Auffederung des durch Biegen hergestellten Wellbleches wollte man dadurch begegnen, daß beim Verschweißen der Raketenschale – Wellblech mit Glattblech – die genaue Wellenform in einer Vorrichtung gehalten wird. Beim Schweißen hat die Struktur die verlangte geometrische Form, das Aufspringen der Wellen sollte die Schweißnaht verhindern. Bei Entnahme der Bauteile aus der Vorrichtung verliert die Welle aber ihre aufgezwungene Form durch die im Blech vorhandenen inneren Spannungen. Eine solche Raketenstruktur kann die eingeleiteten Kräfte nicht aufnehmen.

Alle Versuche führten zu dem Ergebnis, daß die Schale nur ihre geforderte Festigkeit bei dem geringen Gewicht erreicht, wenn die genaue Wellblechform herstellbar ist. Das ist möglich, wenn die erwähnte elastische Zone h_1 im Blech auch eine plastische Verformung erfährt und somit die starke Rückfederung, die diese Zone bewirkt, unterdrückt werden kann. Beim Streckziehen von Blechen über Formklötze mit sehr großen Radien wird die Rückfederung durch die Überlagerung einer Zugspannung (Normalspannung) kompensiert. Die Größe dieser Vorspannung ist abhängig von der Dicke

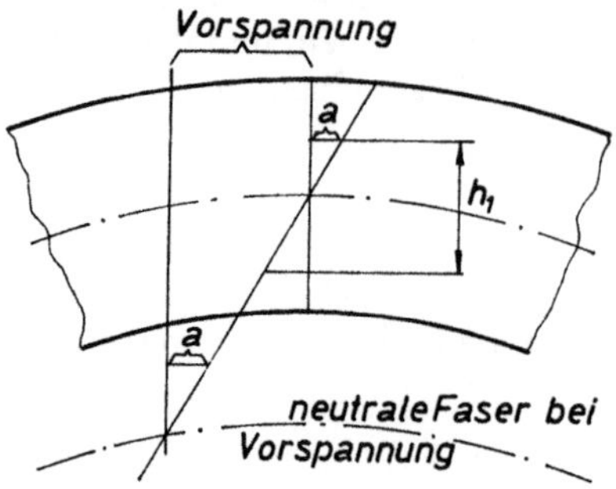

Bild 5 Notwendige Vorspannung in einem gebogenen Stab zur Erzielung einer plastischen Verformung auf dem ganzen Querschnitt. h_1 ist die nicht verformte Zone beim Biegen. a entspricht der Streckgrenze bzw. einer Dehnung von 0,2 %.

des Materials und vom Biegeradius, wie aus Bild 5 zu erkennen ist. Sie bewirkt eine Verlagerung der neutralen Faser in Richtung des Krümmungsmittelpunktes. Mit ihr wandert die elastisch verformte Zone h_1 aus dem Materialquerschnitt heraus, und das Werkstück erfährt eine vollkommen plastische Verformung, wenn das Formänderungsvermögen des Materials genügend groß ist, um eine Vorspannung wählen zu können, die die Strecke a (entspricht $\sigma_{0,2}$) an die Außenkante des Werkstückes wandern läßt. In diesem Fall ist keine elastisch verformte Zone im Materialquerschnitt. Die Form federt nicht auf, die inelastische Rückfederung ist sehr gering und kann vollkommen vernachlässigt werden.

Gelingt es, diese Überlagerung von Biege- und Normalspannung bei der Wellblechherstellung anzuwenden, so kann jede beliebige Form hergestellt werden.

2.1 Werkzeuge mit überlagerter Biege- und Normalspannung

Auf einer Grundplatte sind gezogene Rundstäbe in Ausfräsungen aufgeschraubt. Der Abstand von Stabmitte zu Stabmitte beträgt 23,4 mm. Darüber ist das zu verformende Stahlblech (0,1 mm) gelegt. Zwischen je zwei aufgeschraubten Stäben wird abermals ein loser Rundstahl eingedrückt, der dem Blech die Wellenform vorgibt. Eine Arretierung verhindert das Herausspringen des Stabes. In dieser Weise muß Stab für Stab eingelegt werden, bis das ganze Werkzeug gefüllt ist, siehe Bild 6. Das Eindrücken aller Stäbe auf einmal ist nicht möglich, da infolge der hierbei auftretenden Reibung das Blech reißt.

Die eingedrückten losen Stäbe liegen nicht auf der Grundplatte auf. Der Abstand zu ihr ist durch Versuche und Berechnungen auf 0,8 mm festgelegt, der für den Ziehprozeß notwendig ist. Eine Halbwelle $r\pi = 18{,}8$ mm erhält dann eine Streckung von 0,8 mm; das entspricht einer überlagerten Zugspannung, die eine Dehnung von 4,3 % zur Folge hat. Die Gummipresse drückt die losen Stäbe nach unten und löst so den Streckziehprozeß aus. Nach diesem Verformungsvorgang (Überlagerung von Biege- und Normalspannung) hat das Blech seine bleibende Wellenform.

Eine geringfügige, ungleichmäßige Formänderung tritt noch dadurch auf, daß die Reibung „Blech – Werkzeug" zu den Scheitelpunkten hin zunimmt, die an den oberen Scheitel-

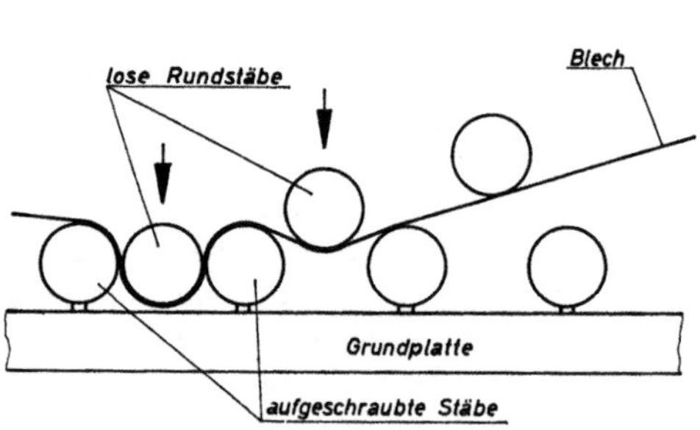

Bild 6 Werkzeug zum Aufbringen einer überlagerten Biege- und Normalspannung – schematisch

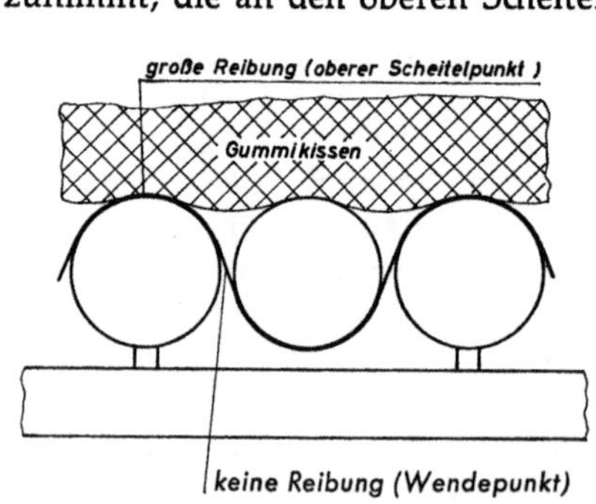

Bild 7 Auftretende Reibungen beim Streckziehen von Wellblechbahnen unter der Gummipresse

Bild 8 Versuchswerkzeug zur Herstellung von Wellblechbahnen auf der Gummipresse

punkten durch das Gummikissen der Presse noch erhöht wird, siehe Bild 7. Der Blechabschnitt im Wendepunkt — also an der Stelle, wo es von einem Stab zum anderen überwechselt und nicht anliegt — erfährt keine Reibung und kann ungehindert fließen. Die auf diese Weise hergestellten Wellblechbahnen erfüllen die gestellten Anforderungen. Bild 8 zeigt die ersten brauchbaren Wellbleche und das entsprechende Versuchswerkzeug auf der Gummipresse.

Das endgültige Werkzeug für die Serie zeigt Bild 9, das in der Einlegevorrichtung beschickt wird. Die losen Rundstäbe, die hier mit darüberliegenden Druckleisten verbunden sind, werden von einem Membranendruckteil in die Einlegevorrichtung gedrückt und verriegelt, bevor der eigentliche Verformungsprozeß auf der Gummipresse ausgeführt wird. Eine Reibung zwischen Gummikissen und Blech am oberen Scheitelpunkt tritt bei diesem Werkzeug nicht mehr auf, da die über den Rundstäben aufgebrachten Druckleisten den Druck indirekt übertragen, mehr Druck ausüben können und eine Durchbiegung der losen Stäbe verhindern.

Bild 9 Serienwerkzeug zur Herstellung von Wellblechbahnen und pneumatische Einlegevorrichtung, die die Bleche in das Werkzeug drückt

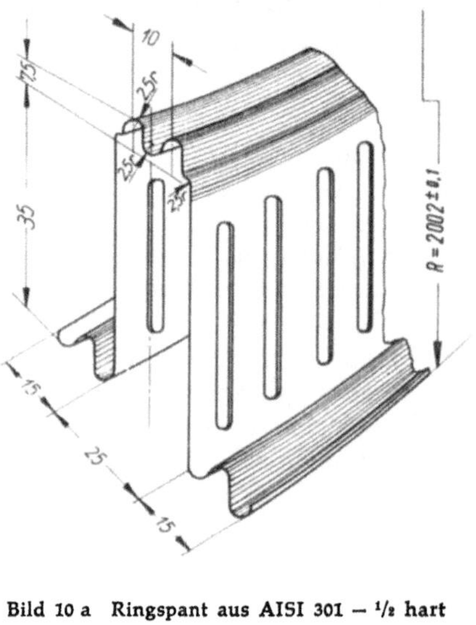

Bild 10 a Ringspant aus AISI 301 – ½ hart

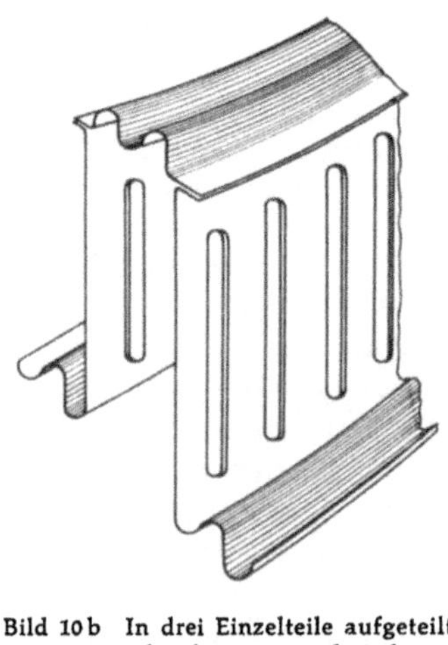

Bild 10 b In drei Einzelteile aufgeteilter Ringspant, der fertigungstechnisch günstiger ist

3. Herstellung der Ringspanten

Verformungstechnisch schwierige Teile sind auch die in Bild 2 und Bild 10 a gezeigten Ringspante aus AISI 301 — ½ hart. Da diese Form anfangs nicht zu erreichen war, wurde das Profil in drei Einzelteile aufgelöst, siehe Bild 10 b. Die beiden Stegteile können dann aus einem Kreissegment auf der Gummipresse gefertigt werden. Der obere Flansch mit den Versteifungssicken ist leicht auf der Sickenrollmaschine oder auf der Streckziehpresse zu formen. Danach werden die Einzelteile auf der Rollnahtschweißmaschine verbunden.
Diese Bauweise bringt den Vorteil einer vereinfachten, verformungstechnischen Herstellung. Ihre Nachteile liegen bei einem höheren Gewicht des Bauteils und einer geringeren Festigkeit, die durch die Schweißnaht gegeben ist. Außerdem ist der Materialverschnitt bei der Herstellung der Profilteile aus einem Kreissegment sehr groß. Die Blechbreite der lieferbaren Stahlbänder ist auf 600 mm begrenzt und ergibt somit nur kurze Kreissegmente, was wiederum zur Folge hat, daß ein Ringspant aus 8 bis 10 Segmenten gefertigt werden müßte. Die Verbindungsstellen dieser Kreissegmente ergeben außerdem ein zusätzliches Gewicht.
Parallel zu dieser Bauform wurde weiter daran gearbeitet, das Ringspantprofil aus einem Stück zu formen, was schließlich auch zum Erfolg führte.
Die abgewickelte Profilstreifenbreite ist 146,5 mm. Auf Grund der Querkontraktion beim Streckziehen ergaben die Versuche eine Ausgangsbreite von 149,0 mm. Zuerst werden die oberen Versteifungssicken auf der Gummipresse geprägt. Das Blech kann im Werkzeug nachrutschen, siehe Bild 11 a. Die seitliche Auffederung ist zuvor ermittelt worden und im Werkstück mit 15° berücksichtigt. Im nächsten Arbeitsgang legt das Gummikissen die freien Schenkel um, siehe Bild 11 b. Die Versteifungssicken in den Flanschen werden durch seitliche Druckstücke eingepreßt, die an den äußeren Kanten unter 45° abgeschrägt sind und so den Druck der Gummipresse in horizontaler Richtung auf das Werkstück übertragen siehe Bild 11 c. Die hierbei gewonnene Sickenform kommt den geforderten Abmessungen sehr nahe; jedoch kann man sie erst beim Streckziehvorgang ganz erreichen.
Bild 11 d und Bild 12 zeigen die Abkantstanze, mit der auf einer Abkantpresse das Werkstück zu einem Hutprofil gekantet wird. Der Druckbalken überwindet die Federkraft der Formleiste, senkt sie ab und biegt dabei die Stege an den Wangen um. Die nach diesem Arbeitsgang verbleibende Rückfederung ist bewußt nicht berücksichtigt worden, um eine zusätzliche Verfestigung des Materials zu vermeiden. Das Profil erhält seine genaue Form erst beim Streckziehvorgang, der auch die Rückfederung kompensiert, siehe Bild 13. Beim Streckziehprozeß wird das Profil 5 % vorgereckt, die Kette eingelegt, der Radius gezogen und soweit nachgereckt, bis daß durch ein sattes Anliegen des Werkstückes am Werkzeug alle geforderten Maße erreicht sind.
Die zum Einspannen verwendeten gegossenen Spannbacken haben gegenüber der Profilblech-

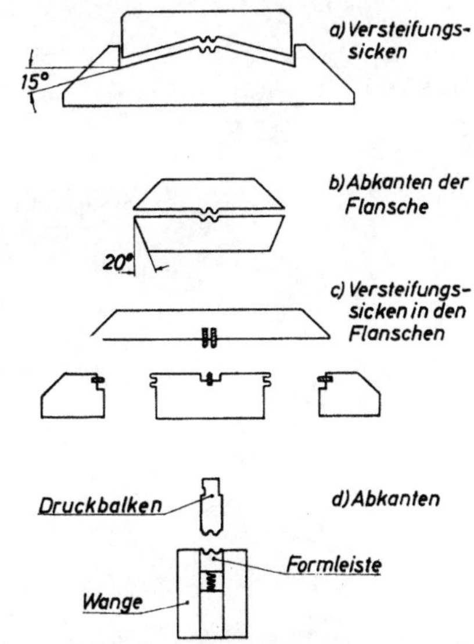

Bild 11 Werkzeuge und Arbeitsgänge zur Ringspantherstellung — schematisch

Bild 12 Abkantstanze mit gekantetem Profil

dicke eine zu große Toleranz und spannen oft ungleichmäßig, so daß das Profil beim Ziehen in der Einspannung einseitig oder auf dem ganzen Querschnitt rutschen kann. Das dadurch unterschiedlich gezogene Profil verwindet oder entwickelt sich schraubenförmig. Durch Einlegen von Druckstücken und genaueste Nacharbeit der Spannflächen kann das Rutschen weitgehend beseitigt werden.

Der Einsatz von Spannbacken aus einem sehr elastischen Kunststoff, der mit Stahlkugeln gefüllt ist, brachte gute Ergebnisse. Die Kugeln übertragen die Einspannkraft gleichmäßig auf das eingespannte Profil und gleichen jede Unebenheit der Spannflächen aus. In diesen Backen ist nicht das geringste Rutschen des Werkstückes festzustellen, die Profile erhalten eine einwandfreie Form. Ein Nachteil ist die geringe Standzeit der Kunststoffbacken.

In Bild 14 ist das Einpressen der Radial-Versteifungssicken zu sehen. Sie werden in einem Arbeitsgang gleichzeitig in beide Profilstege geprägt. Das Werkzeuge mit den eingefrästen Sicken ist in das Profil geschoben. Ein elastischer Kunststoffstreifen ober- und unterhalb des Werkzeuges überträgt den allseitig wirkenden Druck der Gummiblase auf das schwimmend gelagerte Werkzeug und formt die Sicken aus.

Vier Segmente werden zu einem Ringspant zusammengeschweißt mit einem Außendurchmesser von 2002 ± 0,1 mm. In der Praxis ist die Einhaltung dieser geforderten

Bild 13 Streckziehen der Ringspante

Bild 14 Versuchswerkzeug zum Einprägen der radialen Versteifungssicken

Bild 15 Vier Spantsegmente werden zu einem Ringspant verschweißt. Die starre Bauvorrichtung gewährleistet die Einhaltung der engen Toleranzen

Toleranz fast unmöglich, abgesehen von den meßtechnischen Schwierigkeiten, die ein solch dünner Spant mit dem großen Radius liefert. Zur Hilfe kam hier die Zusammenbauvorrichtung, die entsprechend genau gedreht ist. In ihr werden die Spantsegmente mit Spannelementen fest gegen den Außenradius der Vorrichtung gedrückt und miteinander verschweißt, siehe Bild 15. Der Ringspant erhält so seinen verlangten Durchmesser. Die in der Vorrichtung unzugänglichen Stellen werden nachträglich gepunktet, siehe Bild 16.

Bild 16 Die Versteifungssicken in den Flanschen der Ringspante werden gepunktet

4. Das Punkt- und Rollnahtschweißen dünner austenitischer Chrom-Nickel-Stahlbleche

Gegenüber den Al-Legierungen sind austenitische Chrom-Nickel-Stähle gut schweißbar und werden, wenn sie stabilisiert sind, als unbeschränkt schweißbar bezeichnet. AISI 301 ist bei 0,12 % Kohlenstoff ein unstabilisierter Stahl, der zur Karbidausscheidung neigt. Daher war zu Beginn der Schalenfertigung eine Reihe von Versuchen nötig, um die günstigste Schweißeinstellung zu ermitteln, damit im kritischen Temperaturbereich von 500 bis 900° C eine eventuelle Karbidausscheidung unterdrückt wird. Entsprechende Erfahrungen aus anderen Industriezweigen waren nicht greifbar.

Die benötigte Wärmemenge für einen Schweißpunkt ist:

$$Q = 0{,}24\, R\, J^2\, t \text{ (Cal)},$$

wobei J der Schweißstrom, R der gesamte Schweißwiderstand, t die Schweißzeit sind und der Wert 0,24 den Wirkungsgrad berücksichtigt. J und t können an der Maschine eingestellt werden, R ist abhängig vom Elektrodendruck, dem Material und der Materialoberfläche. Es läßt sich also R durch Elektrodendruck und Oberflächenbehandlung beeinflussen. Der Druck ist an der Maschine einstellbar. Ein konstanter Übergangswiderstand wird aber nur durch saubere entfettete Bleche erreicht. Bei

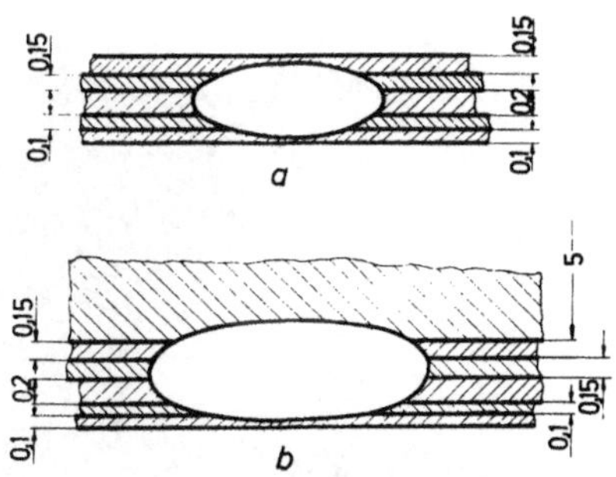

Bild 17 Wegen der großen Blechdickenunterschiede werden erst die Dünnbleche verschweißt (17 a). Beim Verbinden mit dem Dickblech schmilzt die Schweißlinse wieder auf und ergibt einen neuen Schweißpunkt (17 b)

Bild 18 Schweiß- und Bauvorrichtung aus Leichtmetall und antimagnetischem Stahl zum Einschweißen der Beschläge

Bild 19 Vorrichtung und Spezialschweißmaschine für den Bau von Raketenschalen

starken Schwankungen von *R* sind die Schweißpunkte ungleichmäßig und ergeben Schwankungen in der Schweißpunktfestigkeit.
Das Dickenverhältnis beim Schweißen zweier Bleche darf nicht zu groß sein, da dann das dünnere zum Verbrennen neigt, während das dicke Blech gerade erst Schweißtemperatur erreicht hat. Das Verbinden stark unterschiedlicher Dicken ist für Schalendurchbrüche und Krafteinleitungsstellen erforderlich. An den Sprengbeschlägen der Raketenstruktur war eine Blechdickenkombination von 5,00 auf 0,15 auf 0,15 auf 0,20 auf 0,10 und 0,10 mm durchzuführen. Diese Verbindung konnte nur ausgeführt werden, indem erst alle dünnen Bleche zu einem Paket verschweißt wurden, siehe Bild 17 a. Der Schweißwiderstand (*R*) an der Schweißlinse des Dünnblechpaketes entspricht dem eines dicken Materials. In der zweiten Phase (Bild 17 b) wird die geschweißte Stelle mit dem Sprengbeschlag (5,00 mm) verpunktet, die Dickenverhältnisse sind günstiger.

Beim Einschweißen der Krafteinleitungsbeschläge, Druckstücke und Anschlußringe ist eine Schweißvorrichtung mit hoher Eigensteifigkeit erforderlich, um die Austauschbarkeit der Großbauteile zu gewährleisten. Die Mantelstruktur ist auf die geschlitzte Trommel aufgespannt, siehe Bild 18. Durch den Eingriff der Schweißarme bilden sich in der massiven Vorrichtung Magnetfelder aus, deren Induktionsstrom den Schweißstrom (*J*) und die elektronische Steuerung der Maschine beeinflussen. Daher muß diese Vorrichtung aus antimagnetischem Stahl und Leichtmetall ausgeführt sein.

5. Montage

Aus der Vielzahl der Einzelteile der Raketenschale ist nur die Fertigung einiger typischer Teile erläutert worden. In dem hier vorliegenden Rahmen soll auch nur auf die Montage dieser Bauelemente eingegangen werden.

Auf einer senkrechtstehenden drehbaren Trommel, die mit Elektrodenkupfer belegt ist, wird das Glattblech zu einer Ringbahn verschweißt (Rollnaht). Die Trommel ist geschlitzt und spannt über Druckzylinder die Ringbahn fest. Bild 19 zeigt die Spezial-Zusammenbau- und Schweißvorrichtung. Danach kommt die Wellblechbahn auf die Glattblechhaut und wird mit gezogenen Rundstäben, die unter und über dem Wellblech liegen, auf der Mantellinie fixiert. Die Stäbe sind in ringförmigen Halterungen aufgenommen. Der mit zwei Elektrodenrollen bestückte Schweißarm ist auf einer geschliffenen Säule in vertikaler Richtung fahrbar. Dabei greifen die Elektrodenrollen in zwei Wellentäler des Mantelbleches und verschweißen es mit dem Glattblechmantel.

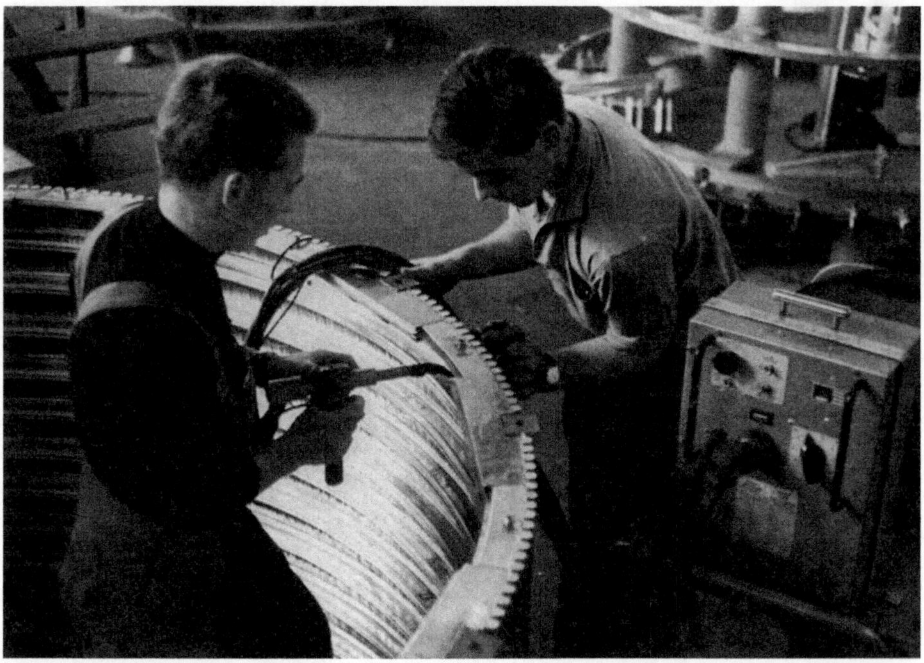

Bild 20 Prinzip der Heftschweißung Ringspant – Mantelschale mit einer geteilten Punktschweißzange

In diesen Wellentälern sind die Rundstäbe zuvor entfernt worden. Diese aufwendige Bauvorrichtung gewährleistet, die Maß- und Formfehler der Schale auf ein Minimum zu reduzieren. Das nachträgliche Einschweißen der Krafteinleitungsbeschläge, Druckstücke und Anschlußringe ist im Bild 18 bereits gezeigt worden.

Beim Verbinden der Ringspante mit der Mantelstruktur sind sämtliche Spante in einer Vorrichtung aufgenommen, über die die Struktur gezogen wird. Die Vorrichtung zur Aufnahme der Ringspante muß mit größter Maßgenauigkeit gearbeitet sein, damit in axialer Richtung die Spante genau zentrisch zur Mittellinie liegen. Um ein sattes Anliegen des Mantels auf den Ringspanten zu gewährleisten, wurden die Aufnahmeflächen nach Fertigstellung der Vorrichtung auf einer Großdrehbank auf Sollmaß gedreht. Eine geteilte Punktschweißzange heftet die Ringspante mit der Mantelstruktur zusammen. Bild 20 zeigt das Prinzip der Heftschweißung. Das eine Zangenteil greift in den Flanschradius, das Gegenstück hat die Wellenform der Mantelstruktur. Die Elektroden sind wassergekühlt. Durch den unterschiedlichen Handdruck ist die Güte der Punktschweißung bestimmt, die mit der Maschinenschweißung nicht zu vergleichen ist und daher auch nur als Heftschweißung Verwendung findet. Die endgültige Verbindung wird auf einer Siemens-Punktschweißmaschine vorgenommen, deren Strom-Druck-Programm elektronisch gesteuert ist.

Vor der Endmontage der Raketenzelle überprüft ein schwenkbarer Arm, der mit Meßuhren bestückt ist, die in einer Meßvorrichtung aufgenommenen Baugruppen auf Austauschbarkeit und Maßgenauigkeit. Die Planparallelität in der Sprengebene (Trennebene zwischen Mittel- und Unterteil) ist mit 0,05 mm sehr eng toleriert. Sie gewährt das einwandfreie Fluchten der Baugruppen in Raketenlängsrichtung und ein sattes Aufliegen zwischen Mittel- und Unterteil am Umfang, um die eingeleiteten Spannungen ungestört zu übertragen.

Der Austauschbau im Zellenbau

von Ing. Erich Mensing

Gliederung

1. Einleitende Bemerkungen zum Austauschbau

Das Flugzeug ist ein Gerät, das auch in der Integralbauweise beim Langstreckentyp aus relativ vielen Einzelteilen sehr unterschiedlicher Art zusammengefügt ist. Es ist zudem ein Verkehrsmittel, das den sicheren Allwetterflug unter erschwerten Bedingungen gewährleisten soll. Deshalb müssen manche Teile aus Gründen der Sicherheit und unter Annahme einer geringeren Lebensdauer ausgetauscht werden.
Die rationelle Fertigung dieser vielen Teile setzt einen relativ maßgenauen Bau der Einzelteile und eine ebensolche Paßgenauigkeit größerer, bereits aus Einzelteilen zusammengefügter Baugruppen voraus. Der Zusammenbau solcher Baugruppen ergibt manche Probleme an den Verbindungsstellen, wenn man konstruktiv vom Ganzen her durch Festlegen von Trennebenen eine Unterteilung in Hauptgruppen, Baugruppen, Untergruppen und Einzelteile vornimmt.
Hierbei wird die genaue Festlegung des Aussehens der sogenannten Trennstelle zwingend notwendig, damit der Zusammenbau fertigungstechnisch richtig vonstatten gehen kann. Dieser Teil eines Austauschbaues dient der rationellen Fertigung, insbesondere auch der Lizenzfertigung mit Baustellen, die parallel arbeiten und eventuell an verschiedenen Orten eingerichtet sind. Der andere Teil des Austauschbaues dient dem Ersatzteilwesen. Teile, Geräte und Aggregate, die nur einen Bruchteil der Lebensdauer des Ganzen haben, werden oft nach genau festgesetzten Gebrauchsstunden (Flugstunden) ausgewechselt. Es versteht sich von selbst, daß dieses Tauschen ohne Schwierigkeiten und sicher durchführbar sein muß. Diese Teile der „Austauschliste" beeinflussen mehr und mehr den Austauschbau und Vorrichtungsbau.
Wie in jeder neuzeitlichen Fertigung muß durch besondere Vorkehrungen sowohl konstruktiver als auch fertigungstechnischer Art gewährleistet werden, daß viele Teile zu einem Ganzen ohne besondere Schwierigkeiten in einem bestimmten Arbeits-

rhythmus zusammengebaut werden können. Das kann im allgemeinen nur erreicht werden, wenn solche Teile zueinander passen und aufeinander abgestimmt sind.
Die Paß- und Austauschbarkeit sind die wichtigsten fertigungstechnischen Bedingungen, um überhaupt eine neuzeitliche Taktfertigung aufziehen zu können. Unter anderem ist die Paßbarkeit insbesondere an den Füge- und Verbindungsstellen notwendig. Solche Stellen besonders an größeren Baugruppen werden Trennstellen genannt. Die Aufteilung des ganzen Flugzeuges durch Trennstellen bedarf einer besonders sorgfältigen Überlegung. Die „Festlegung von Trennstellen“ wird deshalb sowohl von der Konstruktion als auch von der Fertigung beim Beginn der konstruktiven Entwicklung erarbeitet. Dabei sollte das Konzept für Konstruktion, Fertigung und Absatz dieses neuen Flugzeuges bereits vorliegen. Die Trennstellen beeinflussen die gesamte Fertigungsaufteilung grundsätzlich erheblich, wobei diese Fertigungsaufteilung, dargestellt in Fertigungsstraßen und Fertigungsabläufen, wiederum die Grundlage für den rationellen Produktionsablauf bis in die Kostenerfassung hinein bildet.
Solche Trennstellen sind für den Austauschbau Paßflächen oder Anschlußflächen (Ebenen). Die technischen Mittel, um solche Anschlußflächen zu halten, werden meistens Lehren genannt. Eine Grundforderung des laufenden Flugbetriebes ist die zuverlässige Wartung und der rechtzeitige Ersatz lebenswichtiger Teile. Immer werden diese „Austauschteile“ sorgfältig benannt und in einer *Austauschliste*, die zum Auftrag sowie zur Lebenslaufakte gehört, aufgeführt. Laufend werden im späteren Betrieb des Flugzeuges für den rechtzeitigen Austausch die entsprechenden urkundlichen Nachweise geführt.
Diese Austauschbarkeit ist somit auch in der Produktion von Flugzeugen ein immer umfassenderes Erfordernis. Die Austauschbarkeit zu gewährleisten, wirft aber oft vielschichtige Probleme auf, die im allgemeinen vom Vorrichtungs- und Lehrenbau zu lösen sind, aber in besonderen Fällen ohne aktive Mitwirkung aller Beteiligten aus Konstruktion, Fertigung und Kontrolle nicht gelöst werden können.
Sind in zwei Serien A und B entsprechende Baugruppen hergestellt, so ist die Bedingung des Austauschbaues, daß jede beliebige Baugruppe der einen Serie gegen die entsprechende andere der zweiten Serie ohne Nacharbeit austauschbar ist. Ferner wird unterschieden:

a) einfache Austauschbarkeit der Baugruppen,
b) Austauschbarkeit unter Einschluß von Ersatz, nämlich
   1. Möglichkeit der Montage ohne Nacharbeit,
   2. Übereinstimmung der Formen und Profile,
   3. Gleichheit der Funktionen (hydraulisch, elektrisch, mechanisch, aerodynamisch u. a. m.).

Die Verwirklichung der Austauschbarkeit erfordert die Festlegung

der Lage der Austauschstelle,
des Montagespieles,
der Herstellungstoleranzen.

Die Austauschbarkeit ist verwirklicht, wenn die drei Instanzen: Konstruktion, Fertigung und Kontrolle ihre Zustimmung zu den Austauschfestlegungen aufgrund der vorhandenen Erfahrungen geben.

2. Die Fertigungsaufteilung des Flugzeuges

Für die Herstellung eines Flugzeuges ist eine Fertigungsaufteilung erforderlich. Sie ist notwendig:

1. zur Gewichtsermittlung,
2. zur Beschleunigung der Fertigung,
3. zur Verbilligung der Fertigung,
4. zur Verbesserung der Fertigung,
5. zur Verwirklichung des Austauschbaues.

Für die Fertigungsaufteilung gibt es noch keine Vorschriften. Zur Gewichtsbestimmung an Flugzeugen sind DIN-Normblätter aufgestellt worden, die mit als Unterlage für die Fertigungsaufteilung dienen können, siehe DIN LN 9020 mit Beiblättern.

Es hat sich eingebürgert, die Fertigungsaufteilung des Flugzeuges derart zu schematisieren, daß sich die Gewichtsaufteilung nach Baugruppen der Fertigung anpaßt. Für die Fertigungsaufteilung legt man eine Gruppeneinteilung fest, wie sie auch auf den Zeichnungsaufbau des Flugzeuges anwendbar ist. In der Fertigung werden hier Hauptgruppen, Konstruktionsgruppen, Baugruppen, Zwischengruppen, Untergruppen, Hilfsgruppen und Einzelteile unterschieden. Man kann, wenn es die Verhältnisse erfordern, noch andere Gruppen dazwischenschalten, z. B. zwischen Konstruktionsgruppe und Baugruppe noch „Großgruppe" einschalten. Die Verbindung der Gruppen kann durch lose und feste Trennstellen vorgenommen werden. Die Fertigungsaufteilung ergibt sich für kleinere Flugzeuge unter Beachtung der Gewichtsaufteilung fast zwangsläufig. Für Großflugzeuge ist die Fertigungsaufteilung von besonderer Bedeutung, weil die für Bahnverladung oder sonst notwendigen Maße berücksichtigt werden müssen.

Die Ausbildung der Trennstellen, ob lose oder fest, und die Art des konstruktiven Aufbaues wird neben der Festigkeit auch durch fertigungstechnische Gesichtspunkte bestimmt. Trennstellen sollen immer so gelegt werden, daß eine klare Trennung nach Baugruppen eine gute konstruktive Lösung der Trennstelle bildet, ferner auch fertigungstechnisch eine günstige Ausbildung gewährleistet wird.

Wenn es sich nun nicht nur um die Entwicklung von einigen Versuchsmustern, sondern um die Entwicklung von Prototypen mit sofort nachfolgendem Serienbau handelt, beginnt die Konstruktion sehr bald mit der Serienreifmachung, die produktionstechnische Fragen sehr stark mit einbezieht. Hierzu gehört vordringlich die Festlegung der Trennstellen.

Eine sogenannte Trennstellen-Zeichnung wird hergestellt, die allen Beteiligten aus Konstruktion, Fertigungsplanung, Vorrichtungskonstruktion und -bau, Betrieb u. a. einen guten Überblick über die geplante Fertigungsaufteilung gibt, siehe Bild 1.

Nun haben Vorrichtungsbau und Lehrenbau im wesentlichen die Hilfsmittel, die zur Gewährleistung der Austauschbarkeit notwendig werden, zu erkennen, zu planen, konstruktiv zu entwickeln, zu bauen und sorgfältig aufeinander abzustimmen. Dabei gehört das richtige Messen in Zusammenarbeit mit der Kontrolle unbedingt dazu.

Frühzeitig genug müssen mit der Konstruktion die benötigten Maße samt System und Aufnahme und das allgemeine Toleranzfeld festgelegt werden. Je nach Art des Flugzeuges, ob Großflugzeug, Flugzeug mittlerer Größe oder Kleinflugzeug, ob langsam (Hubschrauber z. B.) oder schnell fliegende Maschine (z. B. Mach-1 und darüber) ergeben sich wesentliche unterschiedliche Genauigkeitsforderungen.

Auch hier wäre eine Festlegung in gemeinsamen Überlegungen zweckmäßig. Der Austauschbauer sollte darauf achten, daß Toleranzangaben nicht aus Handbüchern gewählt werden, sondern daß die für den jeweiligen Fall zunächst von der Konstruktion geforderte Toleranz zugrunde gelegt wird. Dabei ist die von den Werkstätten her mögliche Toleranz mit in Rechnung zu stellen. Wird diese gemeinsame Überlegung nicht rechtzeitig und sachgemäß durchgeführt, können durch mangelhafte oder fehlende Betriebseinrichtungen Störungen am geplanten Fertigungsablauf eintreten. Hierunter fallen oft auch Meßmittel und Spezialwerkzeuge oder sogar Prüfgeräte.

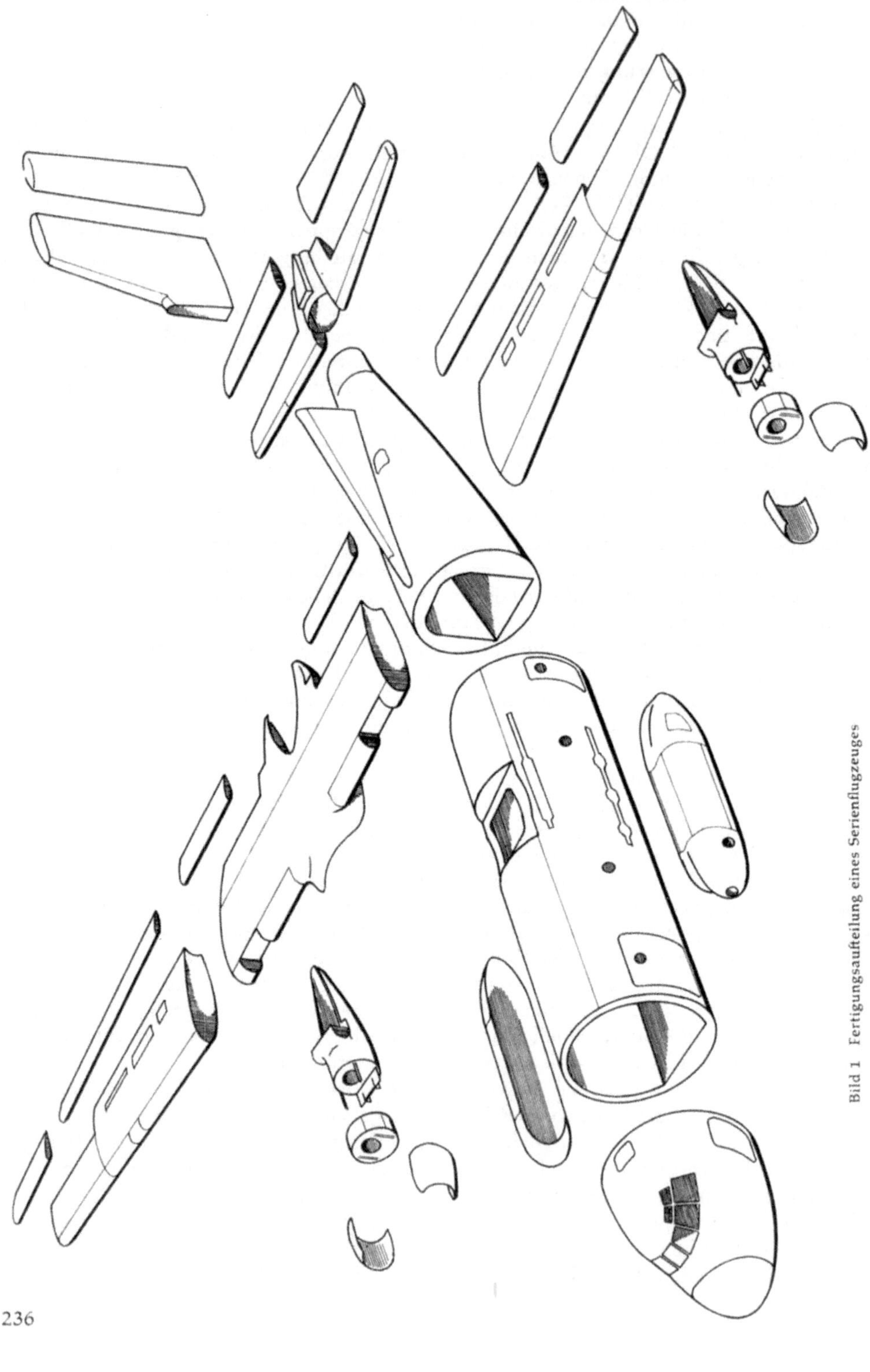

Bild 1 Fertigungsaufteilung eines Serienflugzeuges

Der Wettbewerb im Flugzeugbau verlangt heute kürzeste Übergangszeiten zum Serienbau. Konstruktion und Fertigung müssen demzufolge möglichst parallel laufen. Personell sind dazu koordinierende Stellen zu bilden und einzuschalten. Auch von dieser Gegebenheit her kann natürlich die Fertigungsaufteilung eines Flugzeuges stark beeinflußt werden. Dies kann sich dann für den Austauschbau so auswirken, daß Großbauteile wie Rumpf, Flügel u. ä. nicht nur in einem Werk, sondern parallel, z. B. in drei Werken, d. h. an drei Stellen gebaut werden.
Das heißt aber meistens für den Vorrichtungs- und Lehrenbau, daß jede dieser lehrenhaltigen Anschlußflächen untereinander lehrenhaltig wird. Waren es bisher nur austauschbare Bauteile, die aus einer Vorrichtung kommend passend gebaut werden mußten, so müssen jetzt praktisch Vorrichtungen unter sich austauschbar sein einschließlich des für die Feststellung dieser Paßgenauigkeit angewendeten Meßsystems sowie der allgemeinen oder der speziell dafür entwickelten Meßmittel (Lehren).

3. Maßsysteme und Normen in der Auswirkung auf den Austauschbau

Der Austauschbau hat sich hierzu im allgemeinen nach den vorliegenden Gegebenheiten einzustellen, vor allem, wenn es sich bei einem Flugzeug um einen Lizenzbau handelt. Diese Gegebenheiten können so sein, daß mehrere Maßsysteme, z. B. das Zoll- und auch das metrische System, angewendet werden. Natürlich müssen dann auch die hierfür gültigen Passungen und Toleranzen sowie die entsprechenden Meßmittel und Meßblätter (Normen) mit beschafft und eingesetzt werden. Die Erfahrung hat gezeigt, daß es abwegig ist, diese Dinge etwa auf das deutsche System umzustellen. Sogar englische und USA-Toleranzangaben sowie französische und deutsche Gewindeflanken sind unterschiedlich. Bei dem Bemühen für den einen oder anderen Fall die richtigen Festlegungen nach Maß, Toleranz sowie Passungen zu treffen, kann es notwendig werden, z. B. Werkzeugmaschinen mit den erforderlichen Meßwerkzeugen nach dem Zollsystem zu beschaffen.
Überlegungen in bezug auf das anzugebende Maßsystem in der Auswirkung auf das Ersatzteilwesen sind dann von besonderer Bedeutung, wenn die Wartungsdienste in aller Welt mit entsprechenden Prüfmitteln zu beliefern sind. Wichtige Teile dieser Art wie Triebwerke, Geräte und sonstige Ausrüstung sind zur Zeit häufig ausländischer Herkunft. Die Anschlußelemente an den Trennstellen werden meistens ohne Umstellung übernommen, d. h. aber, daß das Anschlußteil im allgemeinen nach deutschem Maßsystem vermaßt, die Anschlußbohrung aber mit englischem Kaliber hergestellt und gemessen wird. Auf diese Dinge ist der gesamte Vorrichtungs- und Lehrenbau einzuschulen und mit den notwendigen Meßmitteln auszurüsten. Dabei ist es nicht notwendig, komplette Ausrüstungen in diesem oder jenem System vorliegen zu haben, weil ein Teil dieser Meßmittel *nicht* universelle, sondern vorwiegend *Spezialmeßwerkzeuge* sind, die gesondert entwickelt und beschafft werden müssen.
Die Festlegung der Trennstellen im Trennstellenplan wird die Grundlage für die weitere Angabe für sogenannte *lösbare und feste* Trennstellen, das sind genauer die angegebenen Anschlußpunkte an diesen Anschlußflächen.
Für das Messen bis zum Lösen (Losschrauben) sind vom Austauschbau diese Spezialmeßmittel vorzusehen, eventuell bis zum Spezialschraubenzieher herunter. Diese wichtigen Werkzeuge werden in einer Spezialwerkzeugliste angeführt und können für den Bodendienst oder Wartung äußerst wichtig sein. Andererseits müssen solche Art Spezialwerkzeuge von den Zulieferern von Ausrüstungsteilen mitgeliefert werden.

4. Lösbare und feste Trennstellen

Bei der Fertigungsaufteilung spielt die angewendete Bauweise im allgemeinen und die für die Trennung jeweils gefundene und entwickelte Konstruktion im besonderen mit der Lösung der Details an den Trennflächen eine große Rolle. Grundsätzlich ist für Trennstellen ein Mehraufwand an Überlegung, Konstruktion, Entwicklung und Bau nötig. Ferner sind für die dafür notwendigen Betriebsmittel wie Werkzeuge, Vorrichtungen und Lehren erforderlich. Dieser Mehraufwand kann relativ groß werden und auch zeitraubend sein. Es ist somit falsch, einen solchen Gruppenbau zu überzüchten und diesen grundsätzlichen Nachteil einer zu umfassenden und nicht notwendigen Fertigungsaufteilung zu übersehen.
Man sollte jeweils die Fertigungsvorteile einer Trennstelle mit eben diesem Mehraufwand abwägen und gleichzeitig die notwendige Zeit für solche Mehraufwandaufgaben nicht unterschätzen. Diese Überlegungen werden besonders wichtig, wenn man neuartige Fertigungsmethoden wählt, bei denen relativ große oder lange Teile zu fertigen sind, z. B. integral-gefräste, geklebte oder geschweißte (gepunktete) Teile. Die Trennstelle und ihre Ausbildung wird also nachhaltig von der Bauweise beeinflußt. Man unterscheidet von jeher im Flugzeugbau sogenannte lösbare und feste Trennstellen. Das Fahrwerk z. B. wurde immer schon mit einigen Bolzen an Rumpf oder Tragfläche angeschlossen. Das Schloß, die Lager oder Anschlüsse sind demnach lösbare Trennstellen. Eine typische *lösbare* Trennstelle ist auch das Triebwerk mit Triebwerksgerüst eventuell sogar mit der Verkleidung wie beim Austausch- oder Wechseltriebwerk. Solche Trennstellen sind meistens auch sämtliche Ruderlagerungen sowie Klappenanschlüsse, sämtliche Hand- und Mannlochdeckel, Türen, Notausstiege und Ladeluckenöffnungen bis zu abnehmbaren Verkleidungen.
Auch Enteisungsnasen und sogar der gesamte Nasenteil der Tragfläche sowie die Fowlerklappen sind lösbare Trennstellen, wobei die Bewältigung der Austauschbarkeit, gerade dieser Teile, einen erheblichen Aufwand in allen Sparten nach sich zieht.
Diese Teile sind auch typische Ersatzteile. Sie werden vom Auftraggeber meistens „voll"-austauschbar verlangt, so daß sie auf jedem Platz ersetzt werden können.
Wenn in vorhergehenden Absätzen vom Ersatzteilwesen gesprochen wurde, dann soll hier gezeigt werden, wie weit der Austauschbau mit solchen Aufgaben belastet werden kann. Wie weit durch geeignete Maßnahmen des Austauschbaues der jetzige Aufwand der großen Fluggesellschaften im Ersatzteilwesen noch gesenkt werden kann, läßt sich nur durch sehr eingehende Untersuchungen feststellen. Wahrscheinlich sind hier noch Möglichkeiten. Gute Austauschkonstruktionen findet man auch bei militärischen Ein- oder Zweisitzern, d. h. bei Düsenmaschinen mit integriertem(en) Triebwerk(en), wobei das gesamte Rumpfhinterteil nach hinten abgezogen wird, wenn am Triebwerk auf Feldflugplätzen gearbeitet werden soll. Mit den Beispielen: das Rumpfvorderteil abzuklappen oder die Unterseite des Rumpfhecks herunterklappbar als Laderampe zu machen, sind hier brauchbare Lösungen gefunden durch rechtzeitigen Einsatz gemeinschaftlicher Anstrengung von mehreren Stellen. Nicht nur vom Standpunkt einer fertigungsgerechten Aufteilung ist die lösbare oder überhaupt die Trennstelle zu betrachten, sondern sehr oft ist eine *Funktionserprobung* Maßstab der Dinge. Das Wechseltriebwerk ist wohl das älteste Beispiel von besonderer Bedeutung. Ein anderes Beispiel ist der Aufbau und die Funktionserprobung auf Dauer (d. h. mit Festlegung der Lebens- oder Einsatzzeit des kompletten Steuerwerkes eines Großflugzeuges mit vielen lösbaren und festen Trennstellen). Hierbei besteht ein vordergründiger Zusammenhang unmittelbar zwischen Ersatzteilzeit und Austauschbarkeit, wobei die Fertigung der Details eine nachgeordnete Sache ist.

Lösbare wie auch feste Trennstellen können aber auch maßgebend von den Ergebnissen der Erprobung auf dynamische Festigkeit (Schwingungsversuche), die z. B. mutmaßliche Schallermüdung, angeregt durch die Triebwerke, abhängig werden. Meistens aber bleibt die Priorität der Austauschbarkeit bestehen und dem Austauschbau überlassen, die oft recht schwierigen Lösungen zu finden. Häufig handelt es sich um kurzlebige Ersatzteile, die aber wegen der angestrebten einfachen „Wartung" entsprechend leicht und sicher ein- und ausgebaut werden sollen.
Eine optimale Fertigungsaufteilung, wie sie im Abschnitt 2 dargelegt wurde, kann Trennstellen vorsehen, die man kurz gesagt „feste Trennstellen" nennt.
Es ist üblich, z. B. Rumpf oder die Tragflächen in Gruppen verschiedener Größe aufzuteilen, um diese Teile dann später zu einem Ganzen zu verbinden. Die Verbindungsstellen werden meistens feste Trennstellen. Oft wird noch eine weitere Aufteilung mittels durchweg waagerechter fester Trennstellen solcher Großteile zweckmäßig, um z. B. einen fertigungstechnisch günstigen Rumpfschalenbau zu erzielen. Die Verbindungen können z. B. durch Nietung entstehen. Auch hier sind Überlegungen angebracht, ob eine solche Trennstelle genügend fertigungstechnische Vorteile bietet, oder ob zumindest, um den Anlauf einer Serie zu beschleunigen, diese Trennung zurückzustellen ist. Grundsätzlich entsteht ein erheblicher Mehraufwand an zusätzlichen Vorrichtungen und eventuell auch an Lehren. Oft wird hierbei auch die zur *Abstimmung* der Vorrichtungen mit den Lehren benötigte Zeit unterschätzt. Natürlich kann durch eine geschickte Gestaltung und Aufbau, mit einer entsprechend weiten Tolerierung der Passungen von Trennstellen, manches zur Minderung dieser Probleme getan werden unter Beachtung der Erfordernisse der Dauerfestigkeit.

5. Aufbau und Tolerierung von Trennstellen

Anstelle von Trennen und Trennstellen spricht man im Austauschbau auch von Anschließen und sinngemäß Anschlußstellen. Vom Austauschbau her sind diese Teile Paßteile mit entsprechend genauem Rand oder, einschränkend, nur paßgenauen Stellen mit Lager- oder Anschlußpunkten sowie genauen Paß- oder Anschlußflächen.
Von der Systemvermaßung (also von der Hoch-, Quer- oder Längsachse) her sind diese Paßteile genau zu setzen, wobei mit dem Anschluß untereinander meistens auch die Strak- oder Formkontur maßgenau zu halten ist. Solches „maßgenaue" oder „paßgenaue" Setzen erfolgt durchweg in Bauvorrichtungen und hier maßgebend mittels sogenannter lehrenhaltiger Vorrichtungsteile, die dem Anschluß des Flugzeugteils im Prinzip entsprechen.
Diese besonderen, durch ihre massive Konstruktion und oft maschinelle Fertigung leicht erkennbaren Vorrichtungsteile müssen gewährleisten, daß das Bauteil zumindest an diesen Anschlußstellen paßgenau herauskommt, und zwar so, daß es mit dem anderen, anschließenden Flugzeugteil beim Zusammenbau zusammenpaßt.
Der Begriff Paßfläche kommt aus dem Maschinenbau. Hier kann man harte, steife Teile voraussetzen, die noch dazu auf genau arbeitenden Werkzeugmaschinen paßgenau bearbeitet werden können.
Im Flugzeugbau kann man vielleicht gefräste Integralspante oder Flügelteile dieser Bauweise damit vergleichen, wobei lange Tragflächenplatten bereits kein gutes Beispiel mehr sind, weil sie auch nach dem Fräsen noch „springen" und demzufolge nachgepaßt werden müssen. Aufbau und Tolerierung eines *lehrenhaltigen Vorrichtungsteils* ist einer Lehre gleichwertig, was im wesentlichen bedeutet, daß solch ein Teil wie ein Maschinenbauteil hart und steif sein soll, möglichst maschinell (z. B. Bohrungen am

Lehrenbohrwerk) zu bearbeiten ist und daß dieses Vorrichtungsteil möglichst über die ganze Benutzungsdauer „stehen“ bleiben muß.
Im allgemeinen ist jedoch zu beachten, daß Passungen und Toleranzen sich grundsätzlich nach den entsprechenden Flugzeugteilen und ihrer Beanspruchung richten. Sie werden in den Konstruktionsunterlagen in Richtlinien festgelegt. Darin sind alle grundlegenden Aufbauelemente sowie Maßforderungen aufgezeigt. Hierzu gehört auch das „Meßblatt des Flugzeuges“.
Die Forderung der Konstruktion mit allen zu kontrollierenden Maßen sind im Meßblatt des Flugzeuges enthalten und bei allen Kontrollen einzuhalten und damit Fertigungsmittel zu überwachen.

6. Austauschlehren und ihre Tolerierung (Urlehre, Vorrichtungslehre, Arbeitslehre; Abnahmelehre, Einstellehre)

Die in der Technik ganz gleich nach welchem Maßsystem verwendeten Passungssysteme fußen auf Nennmaß und Toleranz. Grundsätzlich ist und bleibt das Hauptproblem einer solchen Fertigung, die in eine Vielzahl von Paßteilen aufgeteilt ist, die Bewältigung der Toleranzen. Abweichungen von dem gewollten Maß (Nennmaß) sind mehr oder weniger groß und sind nicht vermeidbar, weil diese Teile durchweg in Bauvorrichtungen gebaut werden. Auch diese Bauvorrichtungen haben *Abweichungen* von den gewollten Maßen u. s. f., wobei solche Abweichungen (Toleranzen) nicht mit Unstimmigkeiten oder sogar Fehlern zu verwechseln sind.
Die Vielzahl der Teile ergibt eine Großzahl von solchen Nennmaßen mit ihren Abweichungen (Toleranzen). Diese Voraussetzungen sind eine Besonderheit des Flugzeugs- und Raketenbaues. Es wäre zu untersuchen, welche Folgerungen aus dieser Großzahl von Passungen entstehen. Einzuschließen in diese Grundsatzbetrachtung ist das Wissen um die Tatsache, daß es oftmals zu einer Addition solcher an sich zugelassenen (tolerierten) Abweichungen kommt. Die Addition von Toleranzen ergibt nun Größen, die zweifellos die Bezeichnung „Ungenau“ oder „Unstimmigkeit“ erhalten.
Hier liegt letzthin die Ursache für alle Schwierigkeiten, die zweifellos stets wieder beim Serienanlauf auftreten, und die man „Serienreifmachung“ und (im Austauschbau) „Abstimmung“ der Vorrichtungen und Lehren nennt.
Weil eine solche Abstimmung sich praktisch auf alle Vorrichtungen erstreckt, die Anzahl der Vorrichtungen aber im Durchschnitt drei Stück pro Bauteil ist, wird es ersichtlich, daß der Umfang an Abstimmungsarbeiten und die notwendige Zeit dafür erheblich sein wird.
Zum Erkennen dieser Unstimmigkeiten gehört zweifellos das „geschulte Messen“, d. h. die Art und Weise, wie mit universellen Meßmethoden, universellen und besonders auch Spezialmeßmitteln planvoll durchgemessen wird.
Der Begriff „Abstimmung“ ist im gesamten Vorrichtungs- und Lehrenbau bekannt. Er umfaßt alle Arbeiten, um Bauteile serienreif zu machen (insbesondere durch Justieren der Bauvorrichtungen). Positionen der Austausch- oder Ersatzteilliste werden meistens einer offiziellen Austauschbarkeitsprüfung unterzogen.
Wichtige Spezialmeßmittel sind die Lehren, wobei deren Herstellung die eine Aufgabe des Austauschbaues ist und die andere: die Anwendung in bezug auf das richtige Messen. Damit soll hervorgehoben sein, daß solche Lehren auch maßgerecht angewendet werden müssen, was nicht immer ganz einfach ist.
Je nach Zweck der Anwendung unterscheidet man z. B.: Urlehren, Vorrichtungslehren, Arbeitslehren, Abnahmelehren, Einstellehren u. a. Es versteht sich, daß solche Meßmittel

ganz allgemein höhere Genauigkeitsgrade haben als die Vorrichtungen, wobei diese wiederum genauer sind als die darin gebauten Flugzeugteile (siehe Abschnitt 8, Tafel 1). *Vorrichtungen des Austauschbaues* sind rückführbar auf drei verschiedene Typen:

1. Urlehre,
2. Kontrollehre für den Zusammenbau,
3. Abnahmelehre (Austauschlehre).

Urlehre: Sie entspricht dem Bauteil. Sie dient dazu, die anderen Arten der Vorrichtungen (Kontrollehre für den Zusammenbau und die Austauschlehre) daraus abzuleiten. Die Urlehre ist nötig bei: Serie, Verteilung der Fabrikation, engen Toleranzen und speziellen Schwierigkeiten der Herstellung. Die Urlehre soll robust und steif sein und sollte stationär aufgebaut verwendet werden.

Kontrollehre: Sie stellt wie die Urlehre das herzustellende Teil dar, dient zur Kontrolle der Baulehren. Sie ist überall dort anzuwenden, wo Austauschbau gefordert wird, dabei ist sie robust und leicht auszuführen.

Abnahmelehre: Sie soll den Austauschbau gewährleisten. Durch innere Spannungen bei Zusammenbau in der Baulehre wird die Abnahmelehre notwendig.

Urformlehren in Plastikwerkstoffen: Sie werden als Plastiklehren zur Verwirklichung formtreuer Oberflächen angewendet, die bei schnellen Flugzeugen immer dringlicher werden. Dazu wird eine Formurlehre hergestellt und von dieser die Plastikabnahmelehren abgeformt.
Rumpf- und Flügelpartien können so auf Formtreue überwacht werden. Die Ausnutzung der Plastiklehren erfolgt auch für: Öffnungslehren an der Oberfläche, Streckmodellformen, Bohrschablonen, Nietschablonen u. dgl. mehr.
Bemerkenswert wäre noch, daß beim Schnellverkehrsflugzeug größerer Geschwindigkeit (z. B. Mach 0,9) von der Konstruktion her bereits größere Genauigkeitsgrade hinsichtlich der Profiltreue verlangt werden als z. B. bei einem Frachtflugzeug mit der Geschwindigkeit von Mach 0,45.

7. Anforderungen an die Fertigungsmittel für den Austauschbau

Um die oft recht verschiedenen und dazu insgesamt umfangreichen Anforderungen übersehen zu können, ist zunächst eine gewisse Kenntnis der Besonderheit der Flugzeugfertigung notwendig.
Zweifellos müßten Kenntnisse über die Belange und Erfordernisse sowie des relativ großen Umfangs der Wartung, Überholung und des Ersatzteilwesens hinzukommen. Forderungen und Notwendigkeiten aus diesen Diensten haben immer mehr eine gewisse Rückwirkung auf die Fertigung bis weit nach vorn in die Konstruktionsentwicklung. Die daraus entstehenden Probleme konnten im Vorhergesagten eigentlich nur andeutungsweise hervorgehoben werden. Es ist nicht zu verkennen, daß die Anforderungen an Fertigungsmittel wie Vorrichtungen und Lehren allgemein gestiegen sind, besonders auch deren Umfang und der dadurch bedingte Arbeitsaufwand.
Damit und in Wechselwirkung mit entsprechenden *Änderungen* der Konstruktion werden die Flugzeugteile *serienreif* oder in unserem Sinne paßgenau. Besondere Anschlußstellen, z. B. der wichtige Anschluß von Tragfläche und Rumpf, aber auch die vielen Anschlüsse der sogenannten Austauschteile werden durchweg mit Lehren (oder lehrenartigen Vorrichtungsteilen) maßgenau gehalten. Es ergibt sich durchweg eine erhebliche Anzahl solcher Lehren. Die Anforderungen, besonders in bezug auf

Paßgenauigkeit, sind vergleichbar denen, die man an die Teile einer Werkzeugmaschine stellt. Diese Erkenntnis sollte mehr und mehr dazu führen, solche Art Lehren auch maschinell herzustellen beispielsweise auf einem Lehrenbohrwerk zu bohren.

Bemerkenswert ist, daß mit dem Großflugzeug auch die Lehren länger, breiter, aber auch schwerer, d. h. unhandlicher, wurden. Zu erkennen sind die hierdurch entstehenden Probleme. Lehren in Leichtbauplatten mit harten Lehrenpunkten sind entwickelt worden. Um die Toleranzen aus der Länge zu halten, muß die Wärmeausdehnung zweckmäßig gleich der des Bauteiles sein. Es entstanden Leichtmetallteile in Vorrichtungen und Lehren.

Die Durchbiegung vom Gewicht der Lehre her muß Beachtung finden, die Toleranz soll gewahrt werden. Werden die Flugzeuge und damit die Baugruppen noch größer und schwerer, werden entsprechende neue Maßnahmen im Austauschbau notwendig werden. Man versucht bereits, große Lehren zu vermeiden und mit Entwicklung neuer Meßmethoden Abhilfe zu schaffen, wobei das optische Messen mehr und mehr Verwendung finden kann.

In Zukunft ist hier für den Austauschbau Wesentliches zu tun. Das gleiche gilt eigentlich in noch viel größerem Umfange für die Lehren der immer noch zunehmenden Zahl der Teile der Austauschliste. Bei Verkehrsflugzeugen mit hochentwickeltem Wartungs- und Überholungsdienst kann die gesamte Ersatzteilliste einige zehntausend Positionen enthalten. Wenn diese Positionen nur zum Teil in Vorrichtungen gebaute Flugzeugteile, also konventionell konstruierte Teile sind, kann man erkennen, daß das gesamte System — Bau nach Vorrichtungen und Lehren — überfordert werden muß.

Eine Alternative ist die maschinelle Fertigung auf genau arbeitenden Werkzeugmaschinen, die so eingestellt sind, daß sie paßgenaue Teile bereits auswerfen. Die andere Methode verwendet wohl Bauvorrichtungen mit entsprechendem Aufbau, der erlaubt, Lehren zumindest einzusparen. Der Trend ist, die Anwendung von Lehren einzuschränken. Man verwendet andere Methoden, die zweifellos noch ausgebaut werden können. Der Austauschbau sollte diese Wandlung der Dinge beachten, und zwar auch aus folgenden Gründen: Die Anwendung einer großen Zahl Lehren kann sehr nachteilig werden. Die positive Wirkung ist dann nicht mehr gegeben, wenn sie infolge ihrer Größe und Schwere nicht mehr gehandhabt werden können, wenn sie wegen der Vielzahl nicht mehr rechtzeitig geändert werden können (mehr als bisher muß man aber mit Änderungen, z. B. sogar spät von der Erprobung her, rechnen).

Es kann so kommen, daß aus der Abstimmung von Vorrichtungen für irgend ein Austauschteil zunächst eine Abstimmung der verschiedenen Lehren wird. Die Vielzahl solcher Arbeiten ist heutzutage erfahrungsgemäß kaum zu bewältigen. Der Austauschbau sollte sein Teil dazu beitragen, diese Sachlage zu vereinfachen.

8. Konstruktiver Aufbau von Lehren unter besonderer Berücksichtigung des Meßaufbaues

Man unterscheidet je nach Verwendungszweck verschiedene Lehrenarten mit entsprechend unterschiedlichen Genauigkeitsstufungen. In jedem Fall eines Austauschbaues ist die Ausgangsbasis eine *Urlehre*, mit welcher alle weiteren, noch benötigten Lehren abgestimmt werden müssen. In einem „Lehrensystem" haben die im einzelnen voneinander abgeleiteten Lehren verschiedene Genauigkeitsgrade. Als Faustregel hierfür kann Tafel 1 gelten.

Tafel 1 **Toleranzlage von Bauteil und Lehren**

Bauteil	1.0 Bauteiltoleranz (von der Konstruktion festgelegt)
Vorrichtung	1/2 Bauteiltoleranz
Vorrichtungslehre	1/4 Bauteiltoleranz
Abnahmelehre	1/8 Bauteiltoleranz

Für die Konstruktion einer Lehre ist es notwendig festzustellen, welche Verwendungsmöglichkeiten gegeben sind. Eine Lehre muß unbedingt starr und eigensteif sein, um die Toleranzmaße zu garantieren. Sie muß zweckmäßig konstruiert sein, um die Abstimmzeit gering zu halten. Es ist darauf zu achten, wie oft sie zum Einsatz kommt und wie sie transportiert werden kann.
In der Praxis haben sich aber fünf Bauarten herausgeschält.

1. *Massivbauweise*
   Merkmal: Schwere Grundkörper (Gußkörper), mechanisch bearbeitet. Lehrenbohrwerk gebohrt. Große Lehre aus verschiedenen Gußkörpern zusammengesetzt (für Urlehre) (siehe Bild 2).

2. *Gerüstbauweise*
   Merkmal: Leichtes Gerüst. Rohr oder Vierkantrohrbauweise. Meßpunkte durch Vergießen eingerichtet. Verwendung für Vorrichtungslehren (siehe Bild 3).

3. *Leichtbauweise*
   Merkmal: Extrem leichte, aber starre Grundkörper. Honigwaben- oder Schaumstoffkörper. Beschläge aufgeklebt oder vergossen. Für große Vorrichtungslehren (siehe Bild 4).

4. *Kunststoffbauweise*
   Merkmal: Positiv- und Negativkörper in allen Größen als Lehren für Konturen und Flächen (siehe Bild 5).

5. *Gemischtbauweise*
   Merkmal: Meist stationäre Lehre mit starrem Grundgerüst. Konturaufbau in Kunststoff und Honigwabe. Verwendung meist als Abnahmelehre (siehe Bild 6).

Für die Verwendung von Lehren sind aus Gewichts- und Abmessungsgründen Grenzen gesetzt. Es wird sich daraus ein erhöhter Lehrenbedarf ergeben.
Wichtig ist, daß innerhalb eines Lehrenparks ein einheitliches Meßsystem angewendet wird. Aus wirtschaftlichen Gründen verwendet man dazu heute das optische Messen mittels Fluchtfernrohr, Theodolit und Zielmarken, besonders für große Fertigungsteile. Ebenfalls werden Meßbänke verwendet, um die Einmeßzeiten herabzusetzen. Im Prinzip sind das zwei im rechten Winkel liegende Meßbetten, in denen optische Meßgeräte (z. B. Theodoliten) laufen. So kann jeder Punkt des Arbeitsraumes optisch angemessen werden.

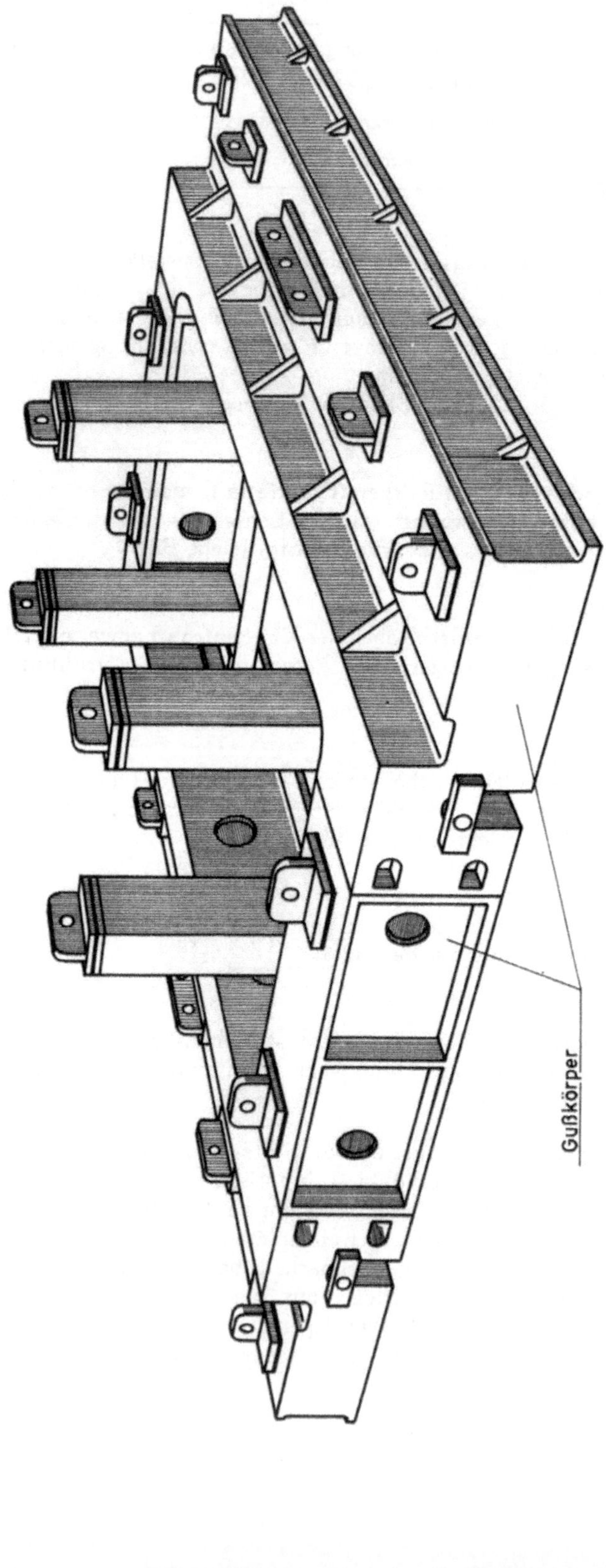

Bild 2 Abnahmelehre in Massivbauweise

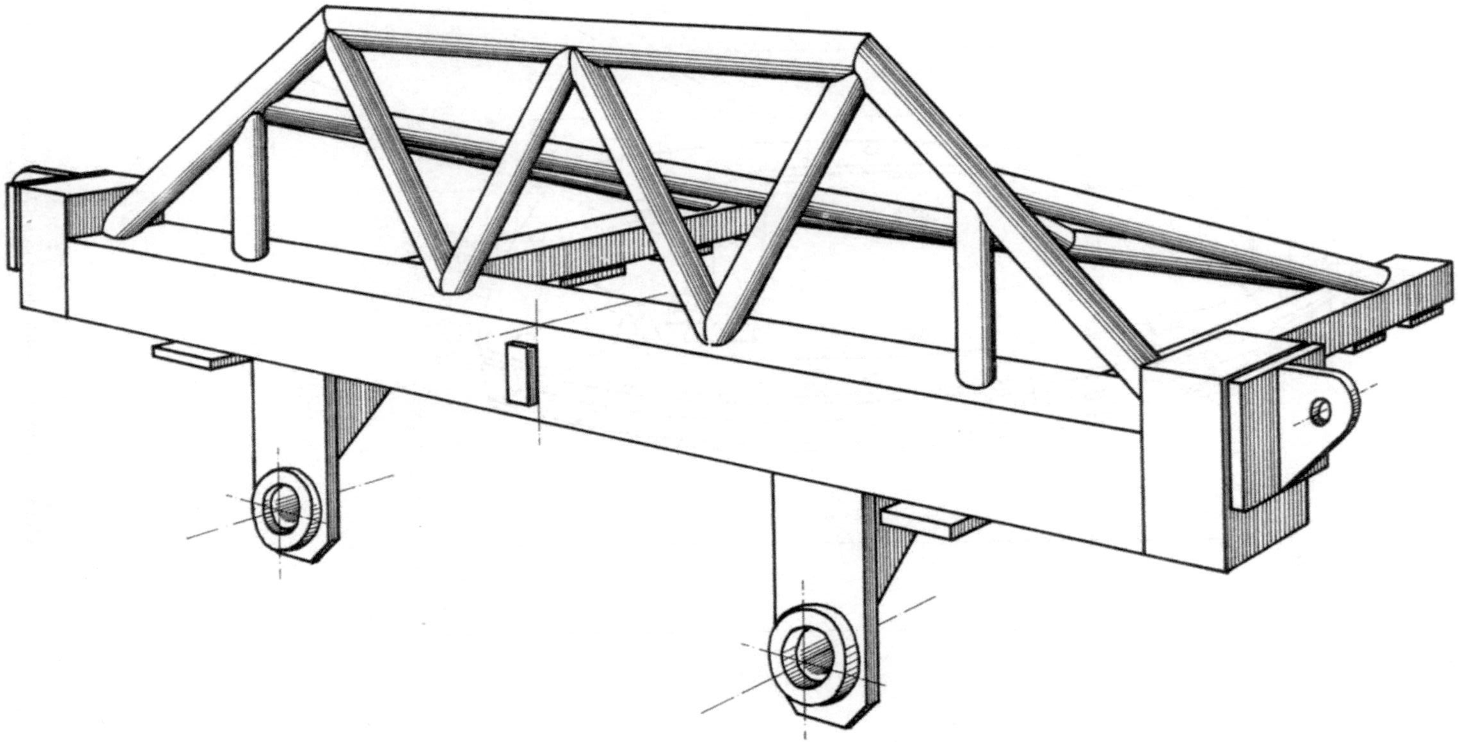

Bild 3 Abnahmelehre in Gerüstbauweise

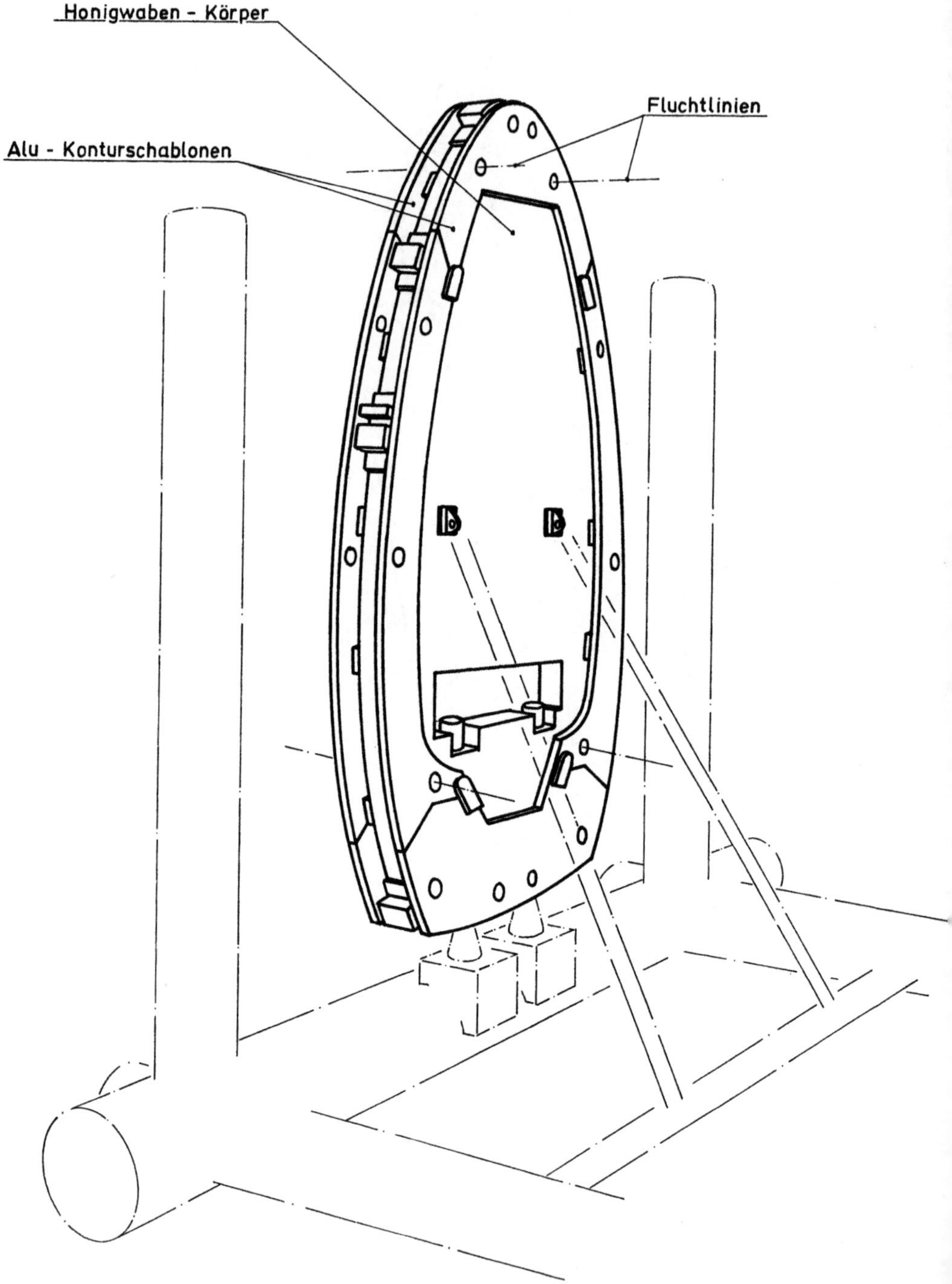

Bild 4 Arbeits- und Kontrollehre in Leichtbauweise

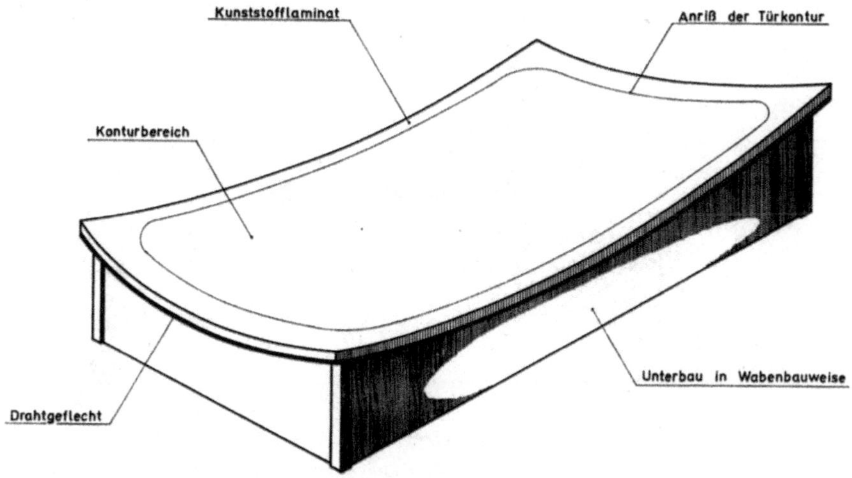

Bild 5 Urform Türbereich in Kunststoffbauweise

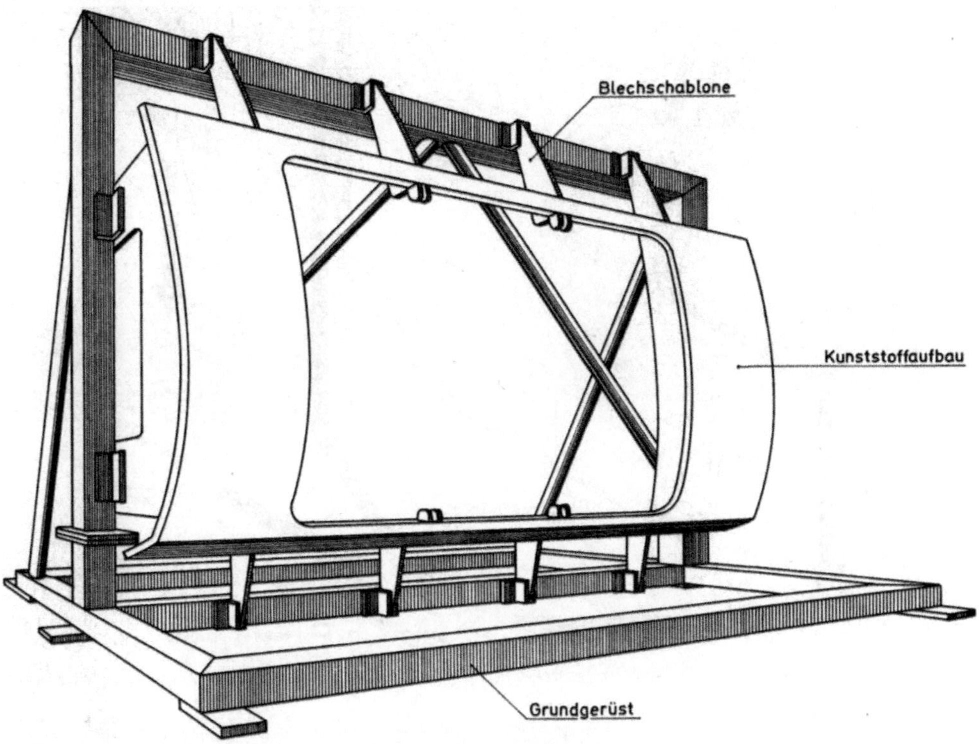

Bild 6 Abnahmelehre für Ladetor

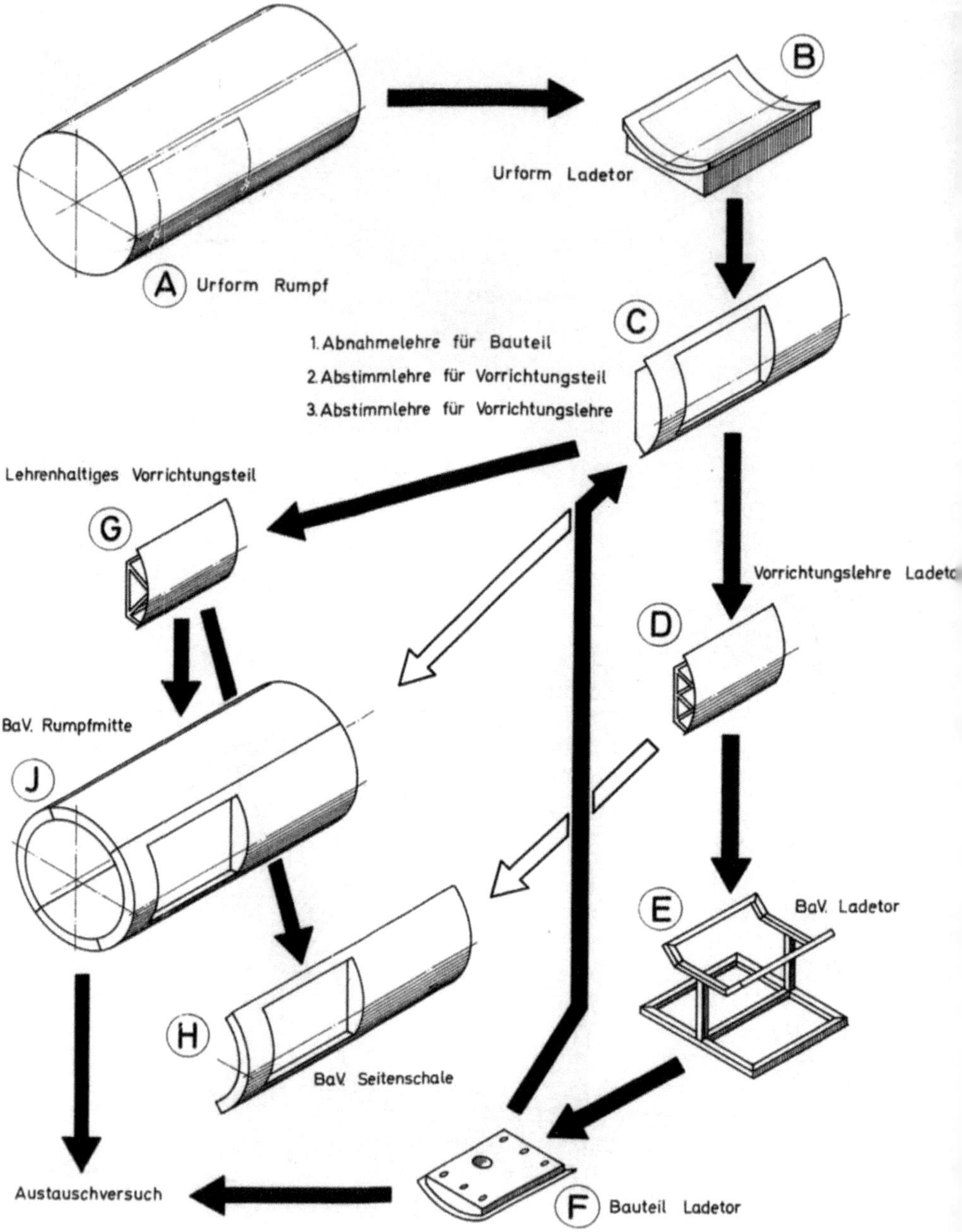

Bild 7 Übersicht über Abstimmvorgang Ladetor

9. Der Abstimmverlauf, seine Handhabung und Auswertung bis zum Austauschversuch

Die Abstimmung von Vorrichtungen an Lehren ist für den Austauschbau ein wichtiger Arbeitsgang. An einem Beispiel soll das Vorgehen dabei dargelegt werden. Dafür wird ein austauschbares Ladetor ausgewählt, siehe Bild 7.
Die Ausgangsbasis für die Kontur des hier gewählten Ladetores ist die Urform Ladetor (B), die als negativ von der Urform Rumpf (A) abgeformt wurde.
Die Urformen haben den Status der „unbedingten" Genauigkeit. Die so fixierten Maße sind bindend. Erst in der Lehre C erscheinen die übrigen, am Ladetor benötigten lehrenhaltigen Punkte. Lehre C hat, wie aus der Übersicht erkennbar, drei Funktionen, u. a. dient sie (C 3) zum Abstimmen der Vorrichtungslehre D, nach der wieder die Bauvorrichtung (E) abgestimmt wird. Das fertige Bauteil geht wieder in seine Abnahmelehre (C 1) zurück. Mit der gleichen Lehre (C 2) wird auch das lehrenhaltige Vorrichtungsteil (G) abgestimmt, das in den Rumpfmitten- und Seitenschalen-BaV eingesetzt wird. Das so hergestellte Ladetor besitzt jetzt eine vollständige Austauschbarkeit.
Einen nicht so zweckmäßigen Weg, wie er im Anfangsstadium beschritten wurde, geben die weißen Pfeile in der Übersicht an. Es wurde *ohne* lehrenhaltiges Vorrichtungsteil gearbeitet. Lehre C diente außerdem noch als Vorrichtungslehre für die Seitenschalen-BaV und Lehre D als Abnahmelehre für die Seitenschalen-BaV.
Da die Austauschbarkeit von Bauteilen meistens erst für die Serie infrage kommt, ist für diese Aktion ein erheblicher Zeitaufwand erforderlich. Um in diesem Zeitraum den Bau der Lehren und ihre Abstimmung mit den entsprechenden Urlehren zu gewährleisten, muß eine intensive Vorausplanung und eine Dringlichkeitsabstufung erfolgen. Beim Bau von Großflugzeugen wird es wegen der Größe des gesamten Bauumfanges nötig sein, einen Terminplan mit Abstimmablauf zu erstellen.
Trotz dieser Vorrichtungsabstimmung ist ein Austauschversuch die letzte Bestätigung, daß in der laufenden Serienproduktion die Austauschbarkeit erreicht wird. Ein solcher Versuch ist in jedem Fall erforderlich, um so mehr noch, wenn Fertigungen bei anderen Firmen an anderen Orten laufen.

10. Der Austauschbau bei Ersatz- und Verschleißteilen

Dem Austausch von Ersatz- und Verschleißteilen kommt bei den heutigen Hochleistungsflugzeugen eine erhöhte Bedeutung zu.
Im Rahmen der Wirtschaftlichkeit und Sicherheit aller Fluggeräte muß ein solcher Austausch besonders günstig durchführbar sein. Das bedeutet, daß diese Arbeiten nicht unmittelbar an eine Flugzeugwerft gebunden sein sollten.
Dazu ist es unbedingt notwendig, eine Liste mit den auszutauschenden Ersatz- und Verschleißteilen rechtzeitig zu erstellen, damit dieser Umbau bei der Zellenkonstruktion berücksichtigt werden kann und somit ein einwandfreies Ein- und Ausbauen gewährleistet wird.
Zu beachten ist, daß diese Ersatz- und Verschleißteilliste je nach Verwendungszweck des Flugzeuges unterschiedlich aussehen kann.
Ebenfalls notwendig ist es, eine Betriebsanleitung zum gängigen Austausch der verschiedenen Aggregate wie Triebwerke, Fahrwerke und sonstige Geräte in Form eines Wartungshandbuches herauszugeben.

11. Hinweise zum Schrifttum

Das Schrifttum über den Austauschbau besonders im Flugzeugbau ist sehr spärlich; es gibt auch kein Lehrbuch darüber. Auf die wenigen, vorhandenen Quellen wird nachstehend hingewiesen:

1. Siehe im Abschnitt B. VI Ziffer 11 dieses Buches die Lehrbücher von E. Morgenroth und H. Tschochner; sie behandeln den Austauschbau, ohne auf den Flugzeugbau einzugehen.
2. Siehe im Abschnitt B. VI Ziffer 1.1 dieses Buches das Lehrbuch von M. P. Guibert, Seite 684 bis 727.
3. *Oeckl, O.:* Vorrichtungen, Lehren und Normung im Vorrichtungsbau der Flugzeugzelle. Unveröffentlichtes Manuskript, vorbereitet für den Druck. (Umfang 114 Seiten im DIN-A-5-Format.) Leihweise erhältlich vom Institut für Flugzeugbau der TH Braunschweig. Das Buch behandelt die Entwicklung bis Ende 1945 in Deutschland.
4. Siehe im Abschnitt VIII Ziffer 11 dieses Buches die dort zitierten beiden Aufsätze: *Mallett, F. McL:* Design of structural components for interchangeability. Product Engng. **19** (1948) 8 137–139.

   Shenstone, B. S. and *Lofthouse, T. S.:* Interchangeability. Aircr. Production **17** (1955) 1 2–4.

Das Prüf- und Kontrollwesen im Luftfahrzeugbau

von Ing. Georg Böttcher

Gliederung

1. Aufgaben, Organisation sowie Verfahren und Hilfsmittel des Prüf- und Kontrollwesens

1.1 Allgemeine und besondere Aufgaben der Fertigungskontrolle

Der Sinn der Kontrolle ist, durch eine möglichst lückenlose Überwachung der Produktion und Prüfung der verwendeten Materialien die Sicherheit des herzustellenden Gerätes zu garantieren. Die Kontrolle soll gewährleisten, daß eine völlige Übereinstimmung zwischen Zeichnung und Bauausführung besteht, nur einwandfreie und geprüfte Materialien verwendet und alle Geräte des Flugzeuges auf Funktionssicherheit überprüft werden.

Aufgrund der Lieferbedingungen sind die Flugzeugwerke verpflichtet, dafür Sorge zu tragen, daß sämtliche Teile eines Flugzeuges werkseitig auf Erfüllung der amtlichen Vorschriften und Abnahmebedingungen geprüft und abgenommen werden, bevor das Bauteil bzw. Flugzeug dem amtlichen Abnahmebeauftragten vorgelegt wird.
Allgemein fallen bei der Kontrolle nachfolgende Arbeiten an: Sicherstellung einer einwandfreien Fertigung, Mitarbeit in der Entwicklungsabteilung bei Fertigungsfragen von Neukonstruktionen, Mitarbeit bei der Herstellung, Vermittlung zwischen Lieferer und Abnehmer. Die Ausübung der Kontrolle verlangt Persönlichkeitseigenschaften allgemeiner und besonderer Art: Fachkenntnis, guter Wille, Beobachtungsgabe, schnelles Auffassungsvermögen, Unparteilichkeit, Disziplin und Festigkeit. Das Einschreiten der Kontrolle soll schnell, klar, umfassend, genau und wirkungsvoll erfolgen.
Aus diesem Grunde ist es unumgänglich notwendig, eine alles erfassende, gut funktionierende Kontrolle aufzubauen. Die Kontrolle hat in groben Zügen die mit den Punkten 2 bis 6 dieser Gliederung zusammenhängenden Aufgaben zu erledigen.

1.2 Organisation der Kontrolle im Luftfahrzeugbau

Über die Material- und Fertigungskontrolle kann die Gesamtleitung einer Flugzeugfirma alle nützlichen Aufschlüsse erhalten, und sie kann hiermit ihrem Einfluß auf die Qualität der Arbeit in den einzelnen Werkstätten und Werken Geltung verschaffen. Für das einwandfreie und unbeeinflußte Arbeiten der Kontrolleitung und ihrer Kontrolleure ist es Voraussetzung, daß die Kontrolleitung unmittelbar der Gesamtleitung des Unternehmens unterstellt ist und nicht dem Leiter eines einzelnen Betriebes, da dieser durch terminliche und sonstige fertigungstechnische Belange die Entscheidung der Kontrolle infrage stellen könnte. Desgleichen darf der Leiter eines einzelnen Betriebes niemals über die Anzahl und Qualität der einzusetzenden Kontrolleure entscheiden. Hierfür ist allein die Kontrolleitung zuständig und der Gesamtleitung des Flugzeugwerkes verantwortlich. Im übrigen ist es eine Forderung der staatlichen Bauaufsicht bzw. des Luftfahrt-Bundesamtes, daß die Kontrolle eine autonome, selbständige Abteilung ist.
Trotzdem hängt von der guten Zusammenarbeit zwischen der Kontrolle und dem Betrieb sowie mit den anderen Abteilungen die wirtschaftliche Fertigung und qualitativ gute Arbeit des Betriebes ab.
Es ist nicht Aufgabe der Kontrolle, dem Handwerker Anweisung über die Art der Ausführung seiner Arbeit zu geben. Jedoch soll sie die Produktion während der Fertigung laufend beobachten und soll, soweit sie erkennt, daß eine Arbeit nicht richtig ausgeführt und damit fehlerhaft oder Ausschuß wird, den zuständigen Vorarbeiter oder Meister hierauf hinweisen, damit dieser den Fehler verhindert.
Jeder Kontrolleur muß bestrebt sein, alle eventuell vorhandenen Fehler restlos festzustellen. Übersieht er trotzdem einen Fehler und wird dieser bei der Abnahme eines späteren Arbeitsganges festgestellt, so ist er mitverantwortlich dafür, daß nunmehr erhöhte Kosten zur Behebung des Fehlers entstehen.
Trotzdem ist die Kontrolle nicht als Unkostenträger für derartige Mehraufwendungen einzusetzen. Würde die Kontrollabteilung mit den Unkosten belastet, wäre die objektiv freie Entscheidung des Kontrolleurs infrage gestellt. Ferner bestände die Möglichkeit, daß die Werkstatt in Versuchung kommt, von ihr verursachte Fehler durch Flickarbeit oder dergleichen zu vertuschen, um bei einer späteren Feststellung des Mangels die Kosten mit auf die Kontrolle verteilen zu lassen. Bei jeder Arbeitsausführung werden immer Fehler möglich sein; damit besteht auch immer die Möglichkeit, daß in einem Kontrollgang Fehler übersehen werden. Da jedoch die durch den Arbeitsgang bedingten hintereinander geschalteten Kontrollen die einzelnen Bauteile bzw. Baugruppen laufend

wieder mitüberprüfen, ist die Möglichkeit des Vorhandenseins eines Fehlers am Endprodukt sehr gering. Das Ziel jeder Kontrolle ist es, die Kontrollgänge so hintereinander zu schalten, daß die höchstmögliche Güte und Flugsicherheit gewährleistet wird. Bei auftretenden Fehlern oder Beanstandungen ist der Kontrolleur auch einer nachfolgenden Kontrollgruppe in jedem Fall verpflichtet, den Kontrolleur sowie Meister oder Betriebsingenieur der Abteilung, die den Fehler verursacht hat, schnellstens zu unterrichten, um weitere gleichartige Fehler der laufenden Produktion zu verhindern.
Die Kontrolle ist eine kritisierende Abteilung. Die Kritik darf jedoch niemals übertrieben werden. Es hängt von der sachlichen Einstellung sowie vom richtigen Ton des Kontrolleurs gegenüber seinen betrieblichen Arbeitskollegen ab, ob eine der Firma dienende gute Zusammenarbeit entsteht und ein einwandfreies Produkt erzeugt wird. Aber auch der Betrieb darf die Arbeit der Kontrolle mit ihren für ihn oft unbequemen Entscheidungen und Maßnahmen nicht als kleinliche Rüge auffassen. Nur die richtige Abstimmung und Zusammenarbeit zwischen Betrieb und Kontrolle entscheidet über den *gemeinsamen Erfolg*.
Je nach der Verschiedenheit der Fertigung in einem Flugzeugwerk hinsichtlich Verwendungszweck des Flugzeuges, Muster-, Serien-, Großserienbau usw. sind die Kontrollaufgaben von Fall zu Fall verschieden. Der Aufbau der Kontrolle hat sich diesen Umständen anzupassen. Den ständig sich ändernden Aufgaben gegenüber muß sich die Kontrolle als beweglich erweisen.
Die im Laufe der Zeit immer komplizierter und schwieriger werdende Fertigung im Flugzeugbau, bedingt z. B. durch Einführung neuer Fertigungsmethoden, Verwendung neuer Werkstoffe, steigende Leistung und Beanspruchung der Flugzeuge, stellt auch an die Kontrolleure ständig größere Anforderungen.
Dadurch ist man häufiger gezwungen, bestimmte Kontrollaufgaben Ingenieuren zu übertragen. Ganz allgemein sollten sonst aber nur beste Facharbeiter als Kontrolleure eingesetzt werden.
Wie aus dem Vorstehenden zu ersehen ist, haben die Kontrollarbeiten einen hohen Anteil an den Gestehungskosten eines Flugzeuges und sind kaum vergleichbar mit den Kontrollen anderer Industrien. Man rechnet heute im Schnitt mit einem Verhältnis von einem Kontrolleur zu zehn produktiven Facharbeitern, wobei es Werksabteilungen mit einem Verhältnis von 1 : 20 (z. B. spanabhebende Fertigung), aber auch Abteilungen mit einem Verhältnis von 1 : 4 (z. B. Endmontage und Einflug) gibt. Dabei sind noch nicht einmal solche Kontrolleure eingerechnet, denen man keine produktiven Arbeitskräfte gegenüberstellen kann, wie z. B. in der Wareneingangskontrolle, Werkstoffprüfung, im Meßraum und der Urkundenstelle.

1.3 Verfahren und Hilfsmittel der Kontrolle

1.3.1 Vorbemerkungen über verschiedene Kontrollverfahren

Man kann die Kontrollverfahren in folgende Gruppen aufgliedern:

Gesamtkontrolle

Hierunter ist eine vollständige Prüfung des Bauteiles oder Gerätes auf die Erfüllung der gestellten Forderungen zu verstehen.

Vorabkontrolle (Zwischenkontrolle)

In vielen Fällen ist es zweckmäßig, Zwischenkontrollen während der einzelnen Arbeitsgänge durchzuführen, um bei eventuellem Ausschuß nicht noch zusätzliche Arbeit für ein Ausschußteil aufzuwenden.

Statistische Qualitätskontrolle

Die statistische Qualitätskontrolle ist im Flugzeugbau nur sehr begrenzt anwendbar, da die Fertigungslose für die Teilefertigung meistens nur sehr klein sind. Jedoch bei Normteilen wie Schrauben, Bolzen, Halbzeugen wie Bleche, Profile sowie anderen Massenteilen erfolgt je nach den Forderungen, die an das Teil gestellt werden, z. B. Beanspruchungsklasse, die Kontrolle nach Prüfplänen für die Stichprobenprüfung des Bundesamtes für Wehrtechnik und Beschaffung [1]).

Augenscheinkontrolle (Sichtkontrolle)

In bestimmten Fällen erfolgt nur eine Sichtkontrolle (z. B. bei der Versandkontrolle) auf äußere Schäden und Übereinstimmung mit den Bauunterlagen.

Die Werkstoffprüfung unterscheidet zwei Prüfgruppen:

Zerstörungsfreie Prüfung

Zerstörungsfreie Prüfverfahren sind, soweit möglich, für die Überprüfung der Beschaffenheit der Werkstoffe und fertigen Teile einzusetzen.

Zerstörende Prüfung

Zur Feststellung der Eigenschaften sowie der inneren Beschaffenheit der einzusetzenden Werkstoffe und Teile, wie Guß-, Preß- und Schmiedeteile, ferner bei Schweißnahtuntersuchungen, vergüteten Teilen, ist eine zerstörende Prüfung notwendig, soweit die zerstörungsfreie Prüfung nicht die geforderten Auskünfte gibt.

Maßkontrolle

Um eine Übereinstimmung der Einzelteile und Großbauteile mit den Bauunterlagen bestätigen zu können, ist die Maßkontrolle eine der Hauptaufgaben der Kontrolle. Hierzu gehört auch die Vermessung der Werkzeuge, Vorrichtungen, Lehren und der Meßwerkzeuge selbst.

Vergleichskontrolle

Eine weitere Möglichkeit der Prüfung von Geräten, Meßwerkzeugen und Teilen besteht in der Vergleichskontrolle, z. B. mit Eichnormalen und Lehren.

Verfahrenskontrolle

Sie sichert ab, daß in der Fertigung angewandte Verfahren stets unter gleichen Arbeitsbedingungen ablaufen (z. B. beim Metallkleben, Tiefätzen, Oberflächenbehandlung u. a.).

1.3.2 Hilfsmittel bei den verschiedenen Kontrollaufgaben, und zwar

bei Kontrolle der Werkstoffqualität

Zur Feststellung der Übereinstimmung der Werkstoffe mit den Werkstoffleistungsblättern bedient sich die Kontrolle der chemischen Analyse, der zerstörenden Prüfung mittels Zerreißproben, Scherproben, Kerbschlagproben und zerstörungsfrei der Härteprüfung und z. B. dem Sigma-Test und Magna-Test Q.

---

[1]) Diese Prüfpläne sind vom Bundesamt für Wehrtechnik und Beschaffung als Normblätter, und zwar VG 95082, Statistische Qualitätskontrolle, Attributprüfung, Begriffe und VG 95083, Statistische Qualitätskontrolle, Attributprüfung, Prüfpläne für Stichprobenprüfung, herausgegeben.

bei Kontrolle der Zulieferungen

Die Maßkontrolle erfolgt mit den üblichen Meßwerkzeugen wie Längenmaß, Schublehre, Mikrometer und elektronischen Meßgeräten sowie Bauteilabnahmelehren; bei Passungen mittels Rachenlehren, Kaliberdornen sowie pneumatischen Meßgeräten.
Die Riß- und Lunkerprüfung bei Gußteilen wird hauptsächlich mittels Röntgenschirmprüfung und Röntgenaufnahmen, mit dem Eindringverfahren (Rotfärb- oder Fluoreszensverfahren) und der magnetischen Rißprüfung durchgeführt. Bei Preß- und Schmiedeteilen kommt die Prüfung mittels Eindringverfahren, Magnafluxverfahren, Ultraschall sowie die Prüfung des Faserverlaufes zur Anwendung. Bei allen Guß- und Preßteillieferungen sowie bei Lieferungen von sonstigen Halbzeugen sind stichprobenweise außerdem Festigkeitsuntersuchungen durch Härteprüfung oder zerstörende Prüfung durchzuführen.

bei Fertigungskontrolle von Einzelteilen

Die maßliche Überprüfung erfolgt hier ebenfalls mit Meßmitteln wie vorher angegeben. Eventuell durchgeführte Warmbehandlungen bzw. die Prüfung auf Verwechselung von Werkstoffen werden vornehmlich durch Härteprüfung oder den Sigma-Test überwacht. Ferner werden Schweißteile, Drehteile und vergütete Teile einer Rißprüfung und je nach Beanspruchungsklasse des Bauteiles stichprobenweise einer zerstörenden Werkstoffprüfung unterworfen.

bei Zusammenbaukontrolle

Die Zusammenbaukontrolle bedient sich im wesentlichen der bereits aufgeführten üblichen Meßwerkzeuge sowie der Bauteilabnahme- bzw. Austauschbarkeitslehren.

bei Kontrolle der Betriebsmittel

Hierzu benutzt man neben üblichen Meßwerkzeugen auch Kontrollehren, die sich in Urlehren, Vorrichtungslehren und Bauteilabnahmelehren aufgliedern. Die Urlehre entspricht im wesentlichen der Vorrichtungslehre, wobei die Toleranzen für die Urlehre halb so groß sein sollen wie die der Vorrichtungslehre.
Die Abnahmelehre ist die Gegenlehre zur Vorrichtungslehre. Die Vermessung der Lehren geschieht vielfach mit Endmaßen. Ferner werden zur Vermessung der Betriebsmittel häufig optische Meßverfahren mit Nivelliergeräten, Theodoliten und Fluchtfernrohren eingesetzt.

bei Funktionsprüfungen

Die Funktionsprüfungen werden teilweise im fertigen Flugzeug, teilweise in speziellen Prüfräumen durchgeführt. Man unterscheidet verschiedene Prüfräume, und zwar:

Prüfräume für elektrische Ausrüstung zur Prüfung elektrischer Anzeigegeräte, Warngeräte, Signalgeräte, elektrische Antriebe,
Prüfraum für elektronische Ausrüstung wie Radar und Bordfunkanlagen,
Prüfraum für barometrische Bordinstrumente,
Prüfraum für Geräte der Kraftstoff- und Schmierstoff-Anlage mit Einrichtungen für Dichtigkeits- und Druckprüfungen,
Prüfraum für hydraulische Geräte mit Anlagen für die Druck- und Dichtigkeitsprüfung und Prüfständen für Ein- und Ausfahren aller hydraulischen Antriebe,
Prüfraum für Geräte der Klima-Anlage.

Die Ausrüstung dieser Prüfräume ist sehr vielseitig und besteht zum Teil aus allgemein verwendbaren Prüfgeräten oder speziell aus Geräten bzw. Prüfständen, die für Sonderprüfungen entwickelt wurden.

Im Serienbau ist normal für jedes Gerät ein genaues Prüfprogramm festgelegt. Die Prüfung aller Geräte hat nach dieser Prüfvorschrift zu erfolgen.
Die Funktionsprüfungen im fertigen Flugzeug erfolgen teilweise mit bordeigenen Mitteln. Vielfach sind auch nicht ortsgebundene Prüfstände und Geräte zur Prüfung des elektrischen Systems und der hydraulischen Anlage notwendig. Zur Kompensierung der Kompaßanlage ist eine Kompensiereinrichtung erforderlich. Für die Wägung und Schwerpunktsbestimmung erfolgt der Einsatz von Kranwaagen, Dezimalwaagen und neuerdings auch von elektronischen Waagen. Die Vermessung des Flugzeuges wird teils mit optischen Meßgeräten, teils mit Hilfsgeräten z. B. für Ruderausschlagmessungen durchgeführt.

2. Wareneingangs- und Versandkontrolle

Wareneingangskontrolle:

Aufgabe der Wareneingangskontrolle ist es, sämtliche für die Produktion benötigten Materialien, wie Halbzeuge, Guß-, Schmiede- und Preßteile, auswärts hergestellte Einzelteile und Normteile auf Übereinstimmung mit den vorgeschriebenen Zertifikationen, wie Technische Lieferbedingungen, Normenunterlagen, Zeichnungen, Werkstoffleistungsblätter usw., zu überprüfen. Die Wareneingangskontrolle führt die maßliche Kontrolle und Oberflächenkontrolle durch, entnimmt die Proben, die für die zerstörende Prüfung laut Prüfplan zu untersuchen sind, führt Riß- und Härteprüfungen durch und leitet die für die zerstörende Prüfung bestimmten Proben an die Werkstoffprüfung. Ferner werden, soweit eine Röntgenprüfung vorgeschrieben ist, die zu prüfenden Teile wie z. B. Gußteile der Röntgenabteilung der Werkstoffprüfung zugeleitet. Von der Wareneingangskontrolle sind, wie vorgeschrieben, die von den Lieferanten mitzuliefernden Werkstoff-Prüfatteste durchzusehen, mit den eigenen Prüfergebnissen zu vergleichen und so abzulegen, daß ein Nachweis über die einwandfreie Beschaffenheit auch zu einem späteren Zeitpunkt möglich ist. Erst nach Vorliegen der Prüfungsergebnisse und Freigabe durch die Werkstoffprüfung darf die Wareneingangskontrolle die Materialien zur Einlagerung und Verarbeitung freigeben.
Bei Eingängen von Flugzeug-Geräten bzw. Armaturen leitet die Wareneingangskontrolle diese Geräte bzw. Armaturen an die zuständigen Prüfräume, um dort die vorgeschriebenen Funktionsprüfungen, Druckprüfung, elektrische Messung u. a. durchführen zu lassen. Erst nach Vorlage des Prüfbefundes der zuständigen Kontrolle darf die Freigabe durch die Wareneingangskontrolle erfolgen. Desgleichen hat die Wareneingangskontrolle bei Eingang von Meßwerkzeugen, Lehren, Werkzeugen, Vorrichtungen, entweder die Kontrolle im Meßraum oder die Vorrichtungskontrolle mit einzuschalten.
Bei fehlerhaften Lieferungen führt die Wareneingangskontrolle die beanstandeten Materialien einem Sperrlager zu, das der Kontrolle untersteht. Erst nach Klärung der Beanstandung gemeinsam mit der bedarfsanmeldenden Abteilung und den eigenen kaufmännischen Stellen mit dem Lieferanten wird die Rücksendung der Ware an den Lieferanten veranlaßt.
Bei Vergabe von Unteraufträgen an neue Fremdfirmen ist die Kontrolle mit einzuschalten, um zu überprüfen, ob die technischen Voraussetzungen für die korrekte Ausführung der Aufträge bei der vorgesehenen Fremdfirma gegeben sind.

Versandkontrolle:

Die Versandkontrolle ist bei den meisten Flugzeugwerken der Wareneingangskontrolle angegliedert, da die Aufgaben beider Kontrollstellen vielfach gleich sind. Diese Kontrolle hat sich zu überzeugen, daß das auszuliefernde Material bzw. Gerät oder Bauteil keine äußerlich erkennbaren Schäden aufweist, mit den vorgeschriebenen Bauunterlagen wie Zeichnung, Normblatt, Werkstoffleistungsblatt übereinstimmt, also keine Verwechslung vorliegt, daß das Bauteil durch die Fertigungskontrolle abgenommen worden ist und die vorgeschriebenen Kontrollstempel aufweist. Ferner muß beachtet werden, daß eventuell lose mitzuliefernde Teile vollständig beigefügt sind und der Lieferumfang den Versandpapieren entspricht. Außerdem ist zu prüfen, ob, soweit vorgeschrieben, die amtlichen Abnahmen durchgeführt und erforderlichenfalls bescheinigt sind. Die Verpackung der Teile, bzw. bei sperrigem Gut die Verladung, ist von der Versandkontrolle zu überwachen, um möglichst Transportschäden auszuschließen.

3. Werkstoffprüfung und Verfahrenskontrolle

3.1 Werkstoffprüfung

Die Aufgabe der Werkstoffprüfung beschränkt sich nicht nur darauf, eingehende Materialien zu untersuchen. Sie hat auch in vieler Hinsicht die Produktion und die dort angewendeten Verfahren zu prüfen bzw. zu überwachen. Deshalb muß eine Werkstoffprüfung, die ihren Aufgaben gerecht werden will, mit ausreichenden und möglichst den modernsten Geräten und Einrichtungen ausgerüstet und mit den neuesten Prüfverfahren vertraut sein.

Bei den durch die Werkstoffprüfung angewendeten Verfahren unterscheidet man grundsätzlich zwischen zerstörenden und zerstörungsfreien Prüfverfahren. Zu den zerstörenden Prüfverfahren gehören:

- Feststellung der Festigkeitswerte an Zerreißstäben,
- Dauerfestigkeitsuntersuchungen, z. B. an hochfesten Bolzen,
- Gefügeuntersuchungen von metallischen Werkstoffen,
- Prüfung des Faserverlaufes, z. B. bei Leichtmetallpreßteilen oder bei gerolltem Gewinde,
- Scher-, Zug- und Schälfestigkeitsprüfungen von Metallklebungen.

Untersuchungen der chemischen Zusammensetzung der Werkstoffe erfolgen im zugehörigen chemischen Labor, wobei neben der Spektralanalyse vorzugsweise die Naßanalyse anzuwenden ist, da gemäß den Technischen Lieferbedingungen nur diese im Zweifelsfall anerkannt wird.

Zu den zerstörungsfreien Prüfverfahren gehören:

- Die Rißprüfung mittels Eindringverfahren bei nicht magnetischen Werkstoffen, und zwar mit dem Farbeindringverfahren oder mit fluoreszierenden Eindringmitteln sowie bei magnetischen Werkstoffen mit dem Magnaflux-Verfahren.
- Die Röntgenprüfung, wobei je nach dem zu untersuchenden Teil die Aufnahme auf Röntgenfilm, die Durchleuchtung auf Bildschirm oder über Röntgenbildverstärker angewendet wird.
- Die Härteprüfung nach Brinell, Vickers oder Rockwell.
- Die Untersuchung von Werkstoffen auf Risse oder Lunker mittels Ultraschall.
- Prüfung von magnetisierbaren Stählen auf Festigkeit und Werkstoff mit dem Magna-Test Q.
- Dickenmessungen von Farbschichten oder Metallauflagen mit auf Wirbelstrom-Basis bzw. magnetischer Basis arbeitenden Meßgeräten.

Es ist Aufgabe der Werkstoffprüfung, alle eingehenden Materialien nach festliegendem Stichprobenplan zu prüfen, ob diese den gegebenen Spezifikationen entsprechen.

3.2 Verfahrenskontrolle

Weiter ist die Werkstoffprüfung für Verfahrenskontrollen zuständig. Das betrifft insbesondere die Überwachung der vielfältigen Reinigungs- und Beizbäder, der galvanischen Anlagen und der Bäder des Oberflächenschutzes, z. B. der Chromatierungsbäder. Alle diese Bäder sind nach einem festliegenden Plan laufend durch das chemische Labor der Werkstoffprüfung zu untersuchen. Der Nitratgehalt der Salzbäder für die Warmbehandlung von Al-Legierungen ist ebenfalls vom chemischen Labor zu überwachen. Die Werkstoffprüfung hat gleichzeitig durch tägliche Temperaturmessungen alle Warmbehandlungsanlagen zu kontrollieren und hierzu gesonderte, geeichte Kontrollmeßgeräte zu verwenden. Sämtliche Untersuchungsergebnisse sind auf Prüfberichten protokollarisch festzuhalten.

Im Zuge der Verfahrenskontrolle ist es eine weitere Aufgabe der Werkstoffprüfung, die Produktion in werkstoffmäßiger Hinsicht zu überwachen und notfalls zu beraten.

So sind insbesondere geschweißte Teile zu prüfen. Für diese sind je nach Beanspruchungsklasse auf dem für jedes Schweißteil bestehenden Schweißblatt die durchzuführenden Prüfungen festgelegt. So sind Rißprüfungen bzw. Röntgenprüfungen durchzuführen. Bei hoch beanspruchten Schweißteilen ist z. B. aus einem Los von 20 Stück ein Teil von der Kontrolle der Schweißerei zu entnehmen und der Werkstoffprüfung zur zerstörenden Prüfung anzuliefern. Hierbei ist die Festigkeit der Schweißnaht, ihr Härteverlauf und das Gefüge der Schweißnaht zu untersuchen. Zeigt sich bei diesem Los ein Fehler, so sind zwei weitere Teile zu untersuchen. Diese dürfen keine Fehler aufweisen; andernfalls ist das ganze Los zu verwerfen. Die Kontrolle der Härterei hat bei hoch beanspruchten Teilen, insbesondere bei hochfesten Stählen, gemäß Prüfplan Teile zur zerstörenden Prüfung zu entnehmen und diese der Werkstoffprüfung zur Untersuchung zuzuleiten.

Neben diesen planmäßig festliegenden Aufgaben von Verfahrenskontrollen ergibt sich immer wieder, daß bei der Bearbeitung des einen oder anderen Werkstoffes Schwierigkeiten auftreten, z. B. bei der spanlosen Verformung, wobei die Ursache der Schwierigkeiten nicht ohne weiteres erkennbar ist. Auch hier ist es Aufgabe der Werkstoffprüfung, die entsprechenden Untersuchungen in werkstoffmäßiger Hinsicht bzw. Versuche durchzuführen, um der Fertigung zu helfen.

4. Kontrolle der Fertigungsmittel

4.1 Kontrolle der Lehren und Vorrichtungen

Die einwandfreie Beschaffenheit und Maßhaltigkeit der Vorrichtungen und Lehren ist eine wesentliche Voraussetzung der Fertigung. Nur einwandfreie Vorrichtungen lassen ein einwandfreies Bauteil erwarten. Hier ist es Aufgabe der Kontrolle, die Vorrichtungen genauestens zu prüfen und zu vermessen, um späteren Ausschuß oder Bauunstimmigkeiten zu vermeiden. Bei einem Vorrichtungskontrolleur muß man voraussetzen, daß er die spätere Arbeitsweise mit dem Werkzeug oder der Vorrichtung genau kennt, um beurteilen zu können, welchen Grad der Genauigkeit er hierfür voraussetzen muß und welche Punkte speziell geprüft werden sollen. Weiter muß man von ihm verlangen, daß er die modernsten heute üblichen Vermessungsmethoden wie das optische Vermessen mit Nivelliergeräten, Theodoliten und Fluchtfernrohren beherrscht. In vielen Fällen erfordert die Anwendung dieser Meßmethoden vorher gefertigte Vorrichtungslehren, die genauestens vermessen (notfalls mit Endmaßen) und untereinander abgestimmt sein müssen. Der Vorrichtungskontrolleur muß praktisch beim Aufbau von Lehren und Vorrichtungen immer zugegen sein, um mit dem Betrieb (Vorrichtungsbau) gemeinsam die Vermessungsarbeiten durchzuführen. Weiter ist die Vermessung der Bauteilabnahmelehren und ihre Abstimmung mit den Vorrichtungslehren eine verantwortungsvolle Aufgabe der Vorrichtungskontrolle. Diese Abnahmelehren dienen später zur Prüfung der Bauteile auf Austauschbarkeit.

Da nun jedes Werkzeug oder jede Vorrichtung während der Produktion einer gewissen Abnutzung unterliegt, ist die Vorrichtungskontrolle verpflichtet, periodisch die Vorrichtungen bzw. Werkzeuge zu prüfen. Großvorrichtungen werden in ganz festen Abständen nach Fertigung einer bestimmten Anzahl Bauteile neu vermessen und die Meßwerte in den dazugehörigen Vorrichtungsmeßblättern festgehalten. Bei Abweichungen veranlaßt die Kontrolle die Nacharbeit der Vorrichtung. Erst nach Freigabe der Vorrichtung durch die Kontrolle darf der Betrieb sie wieder benutzen.

Eine wesentliche Schwierigkeit für den Vorrichtungsbau und die Vorrichtungskontrolle besteht darin, daß die Werkzeuge bzw. Vorrichtungen nur zum Teil nach Vorrichtungszeichnungen, zum anderen Teil nach Bauteilzeichnungen zu fertigen sind, da die Vorrichtungszeichnungen vielfach nicht alle zur Vermessung notwendigen Bauteilmaße enthalten. Das bedeutet, daß die Bauteilzeichnungen gleichfalls zu Rate gezogen werden müssen, was bei Großvorrichtungen oft sehr umständlich und zeitraubend ist, da in vielen Fällen Zwischenmaße vom Kontrolleur erst errechnet werden müssen. Bei strakgebundenen Maßen verhält es sich ähnlich. Diese Aufgabe läßt sich nur über Strak-Aufrisse oder Schablonen und Urkörper lösen.

4.2 Kontrolle der Austauschbarkeit

Die Austauschbarkeit einzelner Baugruppen wie Flügel, Querruder, Landeklappen, Leitwerksteile, Klappen, Türen, Triebwerke mit ihrer Verkleidung usw. ist eine wesentliche Forderung im Serienbau. Der jeweilige Halter des Flugzeuges erwartet, daß er auf Anforderung im Bedarfsfall ein passendes Ersatzteil bekommt.

Man unterscheidet hier voll austauschbare und bedingt austauschbare Bauteile. Das voll austauschbare Bauteil muß ohne jede Nacharbeit montierbar sein. Das bedingt austauschbare Bauteil erfordert meistens passende Anschlußbohrungen, läßt aber z. B. Beschneidekanten als Anpaßarbeit zu. Der geforderte Ablieferungszustand dieser Bauteile ist im einzelnen in den Liefervorschriften festgelegt. Um diese Forderungen zu erfüllen, sind von der Kontrolle in bestimmten Perioden Austauschversuche von Bauteilen durchzuführen. Die Kontrolle hat die Austauschversuche protokollarisch festzuhalten.

Für eine ganze Reihe dieser Bauteile bestehen Abnahmelehren, in denen jedes Bauteil von der Kontrolle nach der Fertigstellung zu prüfen ist. In anderen Fällen wird durch die entsprechend abgestimmte Vorrichtung sichergestellt, daß bei dem Bauteil die Forderung der Austauschbarkeit erfüllt wird.

4.3 Überwachung der Meßwerkzeuge

Alle in der Fertigung und Kontrolle im Gebrauch befindlichen Meßwerkzeuge unterliegen einer laufenden Überwachung und werden in festgelegten zeitlichen Abständen im kontrolleignen Meßraum geprüft. Zur Überwachung werden alle Meßwerkzeuge mit einer Kenn-Nummer versehen und für jedes eine Karteikarte angelegt. Die Meßwerkzeuge wie Rachenlehren, Kaliberdorne, Gewindegrenzlehrdorne, Gewinderollenrachenlehren, Mikrometer, Drehmomentenschlüssel usw. sind in festgelegten Abständen dem Meßraum zur Prüfung anzuliefern. Die Kontrolle vermißt dann das Meßwerkzeug und hält alle Meßwerte in einer Kartei fest. Bei nicht rechtzeitiger Anlieferung fordert die Meßraumkontrolle anhand ihrer Kartei die fehlenden Meßwerkzeuge zur Überprüfung an. Der Betrieb soll immer die genaueren Meßwerkzeuge erhalten und die Kontrolle die Meßwerkzeuge mit den größeren Toleranzen (sie müssen natürlich noch innerhalb der zulässigen Abnutzungstoleranzen liegen), damit im Grenzfall nicht von der Kontrolle Bauteile beanstandet werden können, die nach Meßwerkzeugen des Betriebes in Ordnung sind. Genauso ist es wichtig, daß auch Unterlieferanten (Fremdfirmen) ihre Meßwerkzeuge überprüfen lassen und das möglichst im Meßraum des Flugzeugwerkes, um sich vor Ausschuß zu schützen. Neben der Überprüfung der Meßwerkzeuge hat die Kontrolle des Meßraumes auch bestimmte Bearbeitungswerkzeuge zu prüfen wie z. B. Reibahlen. Nur einwandfreies Werkzeug läßt auch gute Arbeit erwarten. Ferner sind von der Meßraumkontrolle auch die optischen Meßgeräte wie Nivelliergeräte, Theodolite und Fluchtfernrohre, Kollimatoren usw. laufend zu prüfen und notfalls zu justieren.

5. Fertigungskontrolle im Luftfahrzeugbau

5.1 Kontrollunterlagen und Kontrollvorschriften

Mit der notwendigen Einführung neuester Fertigungsmethoden, um den ständig steigenden technischen Forderungen des modernen Flugzeugbaues und seiner wirtschaftlichen Fertigung gerecht zu werden, steigen die Forderungen an die fachlichen Kenntnisse des ausführenden Betriebes, der Fertigungsvorbereitung und der Kontrolle.

Hieraus ergibt sich, daß Fertigungs- und Kontroll-Vorschriften erstellt werden, die dem Planer der Arbeitsvorbereitung, der Werkstatt und der Kontrolle genau vorschreiben, wie die Arbeit auszuführen ist, was speziell hierbei beachtet werden muß, was am Ende der Arbeit zu prüfen und wie diese Prüfung vorzunehmen ist. Man kann diese Aufgabe auf zwei Arten lösen. Entweder erstellt man getrennte Fertigungs- und Kontroll-Vorschriften, die aber aufeinander abgestimmt sein müssen und erforderlichenfalls aufeinander Bezug nehmen, oder, das dürfte der bessere Weg sein, man faßt die Fertigungs- und Kontroll-Vorschriften in einer gemeinsamen Vorschrift zusammen. Damit erkennt jede an der Arbeit beteiligte Stelle den Ablauf der gesamten Arbeit und weiß auch, was von anderen Abteilungen noch auszuführen bzw. zu prüfen ist.

Eine Reihe von Vorschriften wird erforderlich sein, wo keine speziellen Kontroll-Vorschriften notwendig sind. Gleichfalls wird es eine große Reihe von Kontroll-Vorschriften geben, die keine besonderen Fertigungs-Vorschriften voraussetzen. Ferner wird der größere Teil dieser Vorschriften für alle zu bauenden Flugzeugbaumuster Gültigkeit haben, ein Teil wird jedoch speziell nur für ein Baumuster aufgestellt werden müssen. Trotzdem kann man alle diese Vorschriften in einem „Technischen Handbuch" zusammenfassen.

Die Aufstellung solcher Vorschriften ist nur möglich als Gemeinschaftsarbeit zwischen Spezialisten der Versuchsabteilung, der Arbeitsvorbereitung, des Betriebes und der Kontrolle bzw. Werkstoffprüfung. Damit muß sich die Kontrolle auch eine Gruppe schaffen, die fähig ist, diese Vorschriften auszuarbeiten.

Im Ausland haben Flugzeugfirmen teilweise für die Erstellung solcher Vorschriften spezielle Abteilungen aufgebaut. Diese Vorschriften müssen immer auf dem neuesten Stand der Technik gehalten werden und dem Änderungsdienst unterliegen.

5.2 Kontrolle der Teilefertigung

Von dem einwandfreien Arbeiten der Kontrollen der Teilwerkstätten wie spanlose Verformung, spanabhebende Formung, Schlosserei, Schweißerei, Rohrbiegerei hängt neben der einwandfreien Beschaffenheit und damit der Sicherheit des herzustellenden Teiles auch der reibungslose Ablauf der weiteren Fertigung ab. Stellt sich z. B. zu einem späteren Zeitpunkt heraus, daß ein Teil fehlerhaft oder unbrauchbar ist, so bedeutet das für den Betrieb neben dem Terminverzug meistens einen erhöhten Kostenaufwand, um diesen Fehler wieder zu beheben. So ist es die Aufgabe dieser Kontrolleure, die laufende Produktion zu überwachen, um so weit als möglich Fehler schon im Entstehen abzufangen oder zu verhindern. Zwischenkontrollen sind bei komplizierten Teilen (z. B. bei schwierigen, mechanisch zu bearbeitenden Teilen) durchzuführen, denn es hätte keinen Sinn, ein im ersten Arbeitsgang Ausschuß gewordenes Teil fertig zu bearbeiten. Die Endkontrolle des Teiles umfaßt die maßliche Überprüfung gemäß Zeichnung oder Normblatt, die Rißprüfung, die Härteprüfung bei warmbehandelten Teilen als Prüfung der einwandfreien Wärmebehandlung und auch als Sicherheit, daß keine Materialverwechslung vorliegt, und Druckprüfungen bei Rohrleitungen und im Behälterbau. Bei festgestellten Abweichungen hat die Kontrolle mit der nachfolgenden bzw. Montagekontrolle und der Werkstatt, soweit erforderlich auch unter Hinzuziehung des Konstruktionsbüros und statischen Büros zu klären, ob das Teil noch verwendbar ist bzw. welche Reparatur möglich ist.

Grundsätzlich ist jeder Arbeitsgang durch die Kontrolle zu prüfen und durch Kontrollstempel auf den zugehörigen Arbeitspapieren zu bescheinigen. Das fertige Teil selbst ist ebenfalls nach Abnahme mit Schlag- oder Gummistempel je nach Teil und Vorschrift, zu stempeln.

Zur Teilefertigung gehört auch die Herstellung der Kabelsätze der elektrischen Anlage des Flugzeuges. Hier ist durch die Kontrolle der richtige Zusammenbau der Kabelpakete zu prüfen und durch elektrische Messung festzustellen, daß kein Masseschluß oder Schaltfehler vorhanden ist.

Da diese Kontrolle zeitlich sehr aufwendig ist, lohnt es sich, im Serienbau für jedes Kabelpaket eine spezielle Kabelaufbauplatte zu erstellen, in der die Anschlüsse, z. B. Anschlußstecker, in ihrem Abstand von einander festgelegt sind. Diese Kabelaufbauplatte ist unter Mitwirkung der Kontrolle so aufzubauen, daß die elektrischen Durchgangsmessungen mittels kleiner Kontrollampen schnell durchführbar sind.

5.3 Kontrolle des Metallklebens

Hier handelt es sich um ein verhältnismäßig schwieriges Gebiet, da nur die genaueste Einhaltung aller Verfahrensvorschriften ein einwandfreies Klebeteil garantiert. Die Kontrolle beginnt hier bei dem Zusammenpassen der zu verklebenden Teile. Nur einwandfrei zusammengepaßte Teile lassen ein gutes Klebteil erwarten. Ferner ist es von ausschlaggebender Bedeutung, daß die Reinigungs- und Beizvorgänge peinlich genau durchgeführt werden. Der zuständige Kontrolleur hat die Badbehandlung jeder Behandlungscharge zu überwachen, die Tauchzeiten und Badtemperaturen im zur Charge gehörenden Klebeprotokoll festzuhalten und die mit jeder Badbehandlung laufenden Teststreifen der Klebereikontrolle auszuhändigen.

Nach Aufbringen des Klebers werden die Teststreifen in einer Klebepresse verklebt und durch Schältest überprüft, ob die Vorbehandlung einwandfrei durchgeführt wurde. In der Zwischenzeit laufen die Klebeteile zur Aufbringung des Klebeprimers, Klebefilms oder flüssigen Klebers zum Zusammenfügen der Klebeteile und, soweit die Teile im Autoclav zu verkleben sind, zur Verpackung unter einer vakuumdichten Abdeckung.

Alle diese Vorgänge sind in jedem Arbeitsgang von der Kontrolle zu überwachen und zu überprüfen. Nach Vorliegen des Schältestes der Vorbehandlung wird die Charge zum Verkleben durch die Kontrolle freigegeben. Die Kontrolle sorgt dafür, daß bei jeder Charge mittels am Klebeteil angeklemmter Thermoelemente der Temperaturverlauf des Klebeprozesses auf einem Temperaturschreiber festgehalten wird. Gleichzeitig läßt die Kontrolle bei allen Klebechargen (außer bei untergeordneten Bauteilen) Testkörper für die Prüfung der Scherfestigkeit, Schälfestigkeit bei „Blech auf Blech" sowie Testkörper für Wabenzug und Wabenschälfestigkeit bei Wabenverklebungen mitkleben, um anhand dieser Testkörper, die die gleiche Vorbehandlung wie das Teil mitgemacht haben, festzustellen, ob die Verklebung im Autoclav einwandfrei erfolgt ist. Neben der Temperatur ist der Druck durch den Kontrolleur zu überwachen. Anschließend erfolgt die Überprüfung des Klebeteils mittels Spezial-Ultraschallgerät.
Bei Wabenverklebungen ist das Klebeteil mittels Röntgenaufnahme oder Röntgendurchleuchtung auf einwandfreien seitlichen Anschluß der Waben an Profile oder bei Wabenstößen auf einwandfreies Zusammenfügen der Waben zu prüfen. Bei Verwendung von gasenden Metallklebern ist ebenfalls durch Röntgenprüfung festzustellen, daß keine Wabentrennungen während des Klebeprozesses eingetreten sind. Sämtliche Kontrollvorgänge sind von der Kontrolle im Klebeprotokoll festzuhalten, das mit dem Teil mitläuft.

5.4 Kontrolle des Teil- und Endzusammenbaues und der elektrischen Ausrüstung

Die Aufgaben der Kontrolle der Teil- und Endzusammenbau-Werkstätten sind sehr vielseitig. Die hier tätigen Kontrolleure sollten, bevor sie hier eingesetzt werden, in den Kontrollgruppen der Teilwerkstätten tätig gewesen sein. Ein Kontrolleur, der die Fertigung und die Kontrolle der Teilherstellung beherrscht, wird leichter mögliche Fehler im Zusammenbau feststellen. Für den Betrieb ist es von großem Vorteil, wenn jeder Arbeitsgang sofort nach der Ausführung von der Kontrolle geprüft und abgenommen werden kann. Sofort festgestellte Mängel lassen sich immer leichter beheben als nach beendetem Zusammenbau, da mit fortschreitendem Zusammenbau die Zugänglichkeit zu den möglichen „Fehlern" immer schwieriger wird und unter Umständen andere Teile zu Behebung des Fehlers wieder ausgebaut werden müssen, wenn er zu spät erkannt wird. Es ist nicht nur Aufgabe des Kontrolleurs, die fertig gemeldeten Arbeitsgänge zu prüfen und abzunehmen. Eine wesentliche Aufgabe der Kontrolle im Zusammenbau besteht darin, die Ausführung der Arbeiten ständig zu beobachten, um so möglichst Fehler vermeiden zu helfen, da die Meister und Vorarbeiter des Betriebes neben ihren anderen Aufgaben allein nicht in der Lage sind, jeden möglichen Fehler rechtzeitig zu erkennen. Das setzt natürlich voraus, daß der Kontrolleur selber ein sehr guter Facharbeiter ist, der die auszuführenden Arbeitsgänge beherrscht, um damit frühzeitig genug zu erkennen, wann ein Fehler entsteht.
Bei Bauabweichungen hat die Kontrolle die Klärung der Bauabweichung zu betreiben und mit Konstruktion und Statik zu klären, ob die festgestellte Abweichung belassen werden kann oder was zur Behebung des Mangels zu geschehen hat. Die Bauabweichung wird mit Skizze auf einem Formular festgehalten und ist nach Unterzeichnung durch die zuständigen Stellen zu den Akten des Flugzeuges zu geben.
Nach Abschluß des Teil- oder Endzusammenbaues hat der Kontrolleur eine Endkontrolle durchzuführen. Wenn auch, bedingt durch die während des Zusammenbaues erfolgte laufende Abnahme der einzelnen Arbeitsgänge, keine Mängel vorhanden sein dürften, so muß doch überprüft werden, ob nicht durch die fortschreitende Arbeit an Teilen

Fehler oder Beschädigungen entstanden sind und nicht schon vorher Fehler übersehen wurden.
Die Kontrolle des Zusammenbaues hat neben der Prüfung des Zusammenbaues bzw. Einbaues von Geräten und Anlagen die erforderlichen Funktionsprüfungen der einzelnen Anlagen entsprechend der hierfür gegebenen Prüfvorschriften durchzuführen. So sind z. B. die Kraftstoff- und Schmierstoffanlage, die Hydraulikanlage, auf Dichtigkeit und Funktion zu prüfen. In vielen Fällen, insbesondere bei ausgerüsteten Großbauteilen, wird es erforderlich sein, daß die Kontrolle Spezialprüfstände baut, die auch möglicherweise fehlende Geräte oder Armaturen, die zur Funktionsprüfung erforderlich sind, ersetzen. Die Steuerung ist auf Funktion zu kontrollieren und die Steuerungskräfte sowie die Ruderausschläge zu messen. Alle Ergebnisse sind von der Kontrolle in den zugehörigen Meßblättern festzuhalten und zur Flugzeugakte zu geben.
Des weiteren ist die gesamte elektrische Ausrüstung zu kontrollieren und durch Funktionsprüfung festzustellen, ob die einzelnen Anlagen einwandfrei arbeiten. Auch hier wird es, insbesondere bei Großbauteilen, notwendig und zweckmäßig sein, daß sich die Kontrolle Spezialprüfstände beschafft. Der Einbau der Instrumentierung, wie Bordüberwachungsgeräte und Navigationsgeräte, ist zu kontrollieren. Am fertigen Flugzeug oder auch am Großbauteil ist zu prüfen, ob die An- und Einbauteile sämtlich einwandfreien Masseanschluß haben. Außerdem ist von der Kontrolle die Schwerpunktswägung durchzuführen, bevor das Flugzeug dem Einflug übergeben wird. Letztere wird oft auch erst von der Einflugkontrolle durchgeführt.

5.5 Kontrolle an Triebwerken

Aufgabe einer Triebwerkskontrolle ist es, alle an Triebwerken und Luftschrauben durchgeführten Arbeiten zu überwachen. Dazu gehören:

a) Aufrüstung von neu angelieferten Triebwerken.
b) Abrüstung von Triebwerken, die zur Grundüberholung oder größerer Reparatur weggeschickt werden mit eventueller Befundaufnahme.
c) Durchführung von periodischen Inspektionen und Änderungen.
d) Montage und Demontage von Luftschrauben; hierbei wird überprüft, wieweit von der Herstellerfirma eine Auswuchtung bereits vorgenommen wurde. Falls dieses nicht geschehen ist, veranlaßt die Kontrolle ein Auswuchten vor dem Einbau.

Während die Leistung von Kolbentriebwerken in der Flugzeugzelle überprüft werden kann, ist für die Überprüfung von Düsentriebwerken im Normalfall ein Triebwerksprüfstand erforderlich, auf dem Drehzahl, Schub, Einsaug- und Abgastemperatur sowie Vibration gemessen werden kann. Alle beim Prüfstandslauf ermittelten Werte werden von der Kontrolle in entsprechenden Protokollen festgehalten.

5.6 Gerätekontrolle

Den einschlägigen Vorschriften entsprechend sind alle Flugzeuggeräte vor dem Einbau bzw. vor Wiederverwendung zu überprüfen. Zu diesen Geräten gehören:

Flugüberwachungs-, Triebwerksüberwachungs-, Funk- und Navigations- sowie Rettungs- und Sicherheitsgeräte.

Ebenfalls fallen darunter:

Mechanisch, elektrisch bzw. hydraulisch angetriebene Geräte wie z. B. Pumpen, Ventile, Generatoren und Anlasser.

Entsprechend den verschiedenen Geräten teilt sich der Geräteprüfraum in verschiedene Untergruppen auf, die im einzelnen im Abschnitt 1.3.2 aufgeführt sind.
Man unterscheidet zwei Arten von Prüfungen:

a) Die sogenannte Schwarz-Weiß-Prüfung.
Diese wird hauptsächlich als Eingangsprüfung und bei neuen aus dem Lager bezogenen Geräten angewandt, die bereits im Herstellerwerk geprüft und amtlich abgenommen wurden. Hierbei wird lediglich die Funktion des Gerätes überprüft, ohne irgendwelche Werte festzuhalten. Gleichzeitig wird dabei festgestellt, ob die für Gummiteile (O-Ringe, Dichtungen, Membranen usw.) festgelegte Lagerzeit nicht überschritten ist. Bei Überschreitungen veranlaßt die Kontrolle die Überholung dieser Geräte.

b) Die vollständige Überprüfung (Bench Test).
Sie kommt immer dann zur Anwendung, wenn im Rahmen von Stundenkontrollen bzw. Überholungen an Flugzeugzellen die Laufzeiten der eingebauten Geräte für eine weitere Periode verlängert werden sollen. Bei dieser Prüfung wird unter Zugrundelegung der zutreffenden technischen Vorschriften auf den Prüfständen ein festumrissenes Programm durchgefahren und die dabei ermittelten Werte in Prüfprotokollen festgehalten.

Eine besondere Aufgabe kommt dem Geräteprüfraum zu durch die periodische Nachprüfung (Kalibration) aller im Betrieb eingesetzten Meß- und Prüfgeräte, z. B. Manometer, Temperatur-Meßgeräte und elektrische Prüfgeräte. Dabei werden diese Geräte, die in Karteikarten aufgenommen sind, nach einem von der Kontrolle festgehaltenen Plan mit den im Geräteprüfraum vorhandenen Eichnormalen verglichen und eventuell nachjustiert. Die Eichnormalen wiederum werden in einem bestimmten Zyklus bei der Physikalisch-Technischen Bundesanstalt (PTB) bzw. anderen autorisierten amtlichen Stellen überprüft.

5.7 Kontrolle der Oberflächenbehandlung

Der Oberflächenschutz zur Erhaltung des zu schaffenden Gerätes verdient besondere Beachtung. Hierzu gehören heute die verschiedensten Verfahren und Behandlungsmethoden, die im wesentlichen in der LN 9368 zusammengefaßt sind. Gerade die Vielfältigkeit der Behandlungsverfahren wie Farbenanstrich, galvanische Behandlungsmethoden, z. B. GS-Eloxieren, Chrom-Säure-Eloxieren, Vercadmen, Verchromen usw. setzen umfangreiche Anlagen mit Vorbehandlungs- und Behandlungsbädern, Trockenöfen, Wärmeschränken zum Wasserstoffentzug galvanisch behandelter, hochfester Stahlteile und dergleichen voraus, die an die dort eingesetzte Kontrolle hohe Anforderungen stellen. Es ist Aufgabe der Kontrolle, neben Überprüfung des durchgeführten Oberflächenschutzes auf Haftfähigkeit, Aussehen und Schichtdicke die genaue Durchführung des Arbeitsprozesses zu überwachen und die laufende Kontrolle der vielfältigen Bäder durch das chemische Labor der Werkstoffprüfung zu veranlassen. Das chemische Fräsen ist aufgrund der benötigten Behandlungsbäder in die Gruppe des Oberflächenschutzes mit einzubeziehen. Die Kontrolle des chemischen Fräsens hat neben der Überprüfung der erreichten Oberflächengüte ebenfalls die Durchführung des Arbeitsprozesses zu überwachen und die laufende Kontrolle der hierfür erforderlichen Bäder durch das chemische Labor der Werkstoffprüfung in die Wege zu leiten. Gleichzeitig ist es Aufgabe der Kontrolle, die maßliche Überprüfung auf erreichte Materialstärke und Umrißkonturen durchzuführen.

5.8 Einflugkontrolle und Endabnahme

Die Einflugkontrolle hat nach ausführlichen Prüfvorschriften das gesamte Flugzeug nochmals restlos zu überprüfen. Der Triebwerksprobelauf ist abzunehmen, und die Motorenlaufdaten sind in einem Protokoll aufzunehmen. Dann ist das Flugzeug zu kompensieren. Vor dem Schließen der Kontrollklappen bzw. vor dem Einflug ist eine Kontrolle auf Fremdkörper durchzuführen. Erst nachdem sich die Kontrolle davon überzeugt hat, daß das Flugzeug in allen Punkten einwandfrei ist, darf sie es zum Einflug freigeben. Auch während des Einfluges sind eine Reihe von Kontrollen erforderlich. So sind die Daten der Triebwerksüberwachungsgeräte festzuhalten, die Kurssteuerung ist zu justieren, die Ft-Anlage im Flug zu überprüfen usw. Während sich das Flugzeug im Einflugbetrieb befindet, hat die Kontrolle die erforderliche Wartung des Flugzeuges zu überwachen. Vor jedem neuen Flug hat sie nach festliegenden Plänen das Flugzeug wieder durchzusehen. Sind alle aus dem Einflug festgestellten Beanstandungen behoben und der Abnahmeflug durch den amtlichen Nachflieger erledigt, so erfolgt eine nochmalige Endkontrolle. Es ist weiterhin Aufgabe der Kontrolle, das Flugzeug dem Flugzeughalter bzw. dessen Bauaufsicht zu übergeben.

5.9 Kontrolle bei Teil- und Grundüberholungen und Reparaturen von Flugzeugen

Bei Eingang von Flugzeugen bzw. Bauteilen zur Überholung oder Reparatur werden sie von der Kontrolle übernommen, welche prüft, ob die Ausrüstung vollständig ist und ob eventuell fehlende Teile der festen bzw. losen Ausrüstung beanstandet werden müssen. Dann hat sich die Kontrolle vorerst anhand der Lebenslaufakte und der Berichte der Flugzeugführer über den Bauzustand des Flugzeuges und eventuelle Beanstandungen des letzten Flugzeughalters zu unterrichten. Das Flugzeug bzw. Bauteil ist von der Kontrolle zu prüfen, ein Befundbericht ist aufzustellen und mit dem Vertreter des Halters die erforderlichen Überholungsarbeiten aufgrund dieses Befundberichtes festzulegen. Erst jetzt kann von der Planung das erforderliche Material beschafft bzw. bereitgestellt, die Aufträge zur Überholung ausgestellt und die Instandsetzung in die Wege geleitet werden. Anschließend ergibt sich ein ähnlicher Arbeitsablauf wie bereits früher beschrieben.

6. Kontrollurkunden

Die Kontrolle eines jeden Flugzeugwerkes muß ihre einwandfreie Abnahme und damit die fehlerfreie Beschaffenheit der ausgelieferten Bauteile nachweisen können. Daher muß sie sich eine Urkundenstelle aufbauen, deren Aufgabe es ist, alle zum Nachweis der einwandfreien Abnahme erforderlichen Papiere und Meßblätter sowie genehmigte Bauabweichungen zu registrieren. Die Ablieferungspapiere der Bauteile bzw. Lebenslaufakten der Flugzeuge sind von der Urkundenstelle zu erstellen. Die Bauteil-Nummern der einzelnen Bauteile und die Werk-Nummern der eingebauten Geräte sind festzuhalten. Für einen Teil der Geräte sind auch die Gerätelaufzeiten in die Lebenslaufakten einzutragen. Die Gerätelaufkarten mit Abnahmebescheinigung und Laufzeiten sind, soweit vorgeschrieben, der Lebenslaufakte beizufügen. Der Bauzustand und damit die durchgeführten Änderungen müssen aus den Abnahmepapieren feststellbar sein. Ferner sind Flugzeiten und Triebwerkslaufzeiten einzutragen. Eine Aufstellung der lose mitgelieferten Teile und eventueller Fehlteile ist der Akte beizufügen. Die Abnahmepapiere sind je nach Empfänger des Bauteiles neben der deutschen Fassung teilweise in englischer, teilweise auch in französischer Sprache abzufassen, was zusätzlich zu den technischen Kenntnissen auch fremdsprachliche Kenntnisse der Sachbearbeiter der Urkundenstelle voraussetzt.

7. Zusammenfassung und Abschlußbemerkung

In vorstehendem Aufsatz über das Prüf- und Kontrollwesen soll ein lebendiges Bild von den Aufgaben und Arbeiten dieser Stelle vermittelt werden. Die Vielfalt und der Umfang des Tätigkeitsfeldes entspringt den Besonderheiten des Flugzeugbaues und hat wohl keine Parallele mit anderen Industrien. Die Sicherheit des Luftfahrtgerätes rechtfertigt auch wohl eine solche Einrichtung. Entsprechend den unterschiedlichen Fertigungsaufgaben der Flugzeugwerke wird das Prüf- und Kontrollwesen von Werk zu Werk sein jeweiliges „Gesicht" haben. Aber auch in einem Werk würde es bei einem Wechsel der Fertigungsaufgaben stets notwendig sein, das Prüf- und Kontrollwesen neu zu überdenken. Die Kontrolle ist ein wesentliches Organ für die Sicherheit im Flugzeugbau. Es darf ferner nicht übersehen werden. daß die Kontrolle in gewissem Umfange das Aufsichtspersonal des Betriebes wie Betriebsingenieure, Meister und Vorarbeiter entlastet aufgrund der von ihr durchgeführten Überwachungs- und Kontrollarbeiten und durch Klärung von Unstimmigkeiten. Hierdurch spart man Aufsichtspersonal des Betriebes ein, und damit wird die Kontrolle zu einem produktiven Glied des Betriebes.

8. Hinweis auf das Schrifttum

Über das Prüf- und Kontrollwesen im Luftfahrzeugbau gibt es kein allgemeines Standardwerk etwa als Lehrbuch. Zahlreiche nützliche Literatur findet sich in Lehrbüchern und auch in Aufsätzen. Literatur dieser Art ist der Sachgliederung — Abschnitt VI dieser Bibliographie — zu entnehmen, und zwar vorwiegend unter den folgenden Ziffern:

1.1 Lehrbücher über das Gesamtgebiet der Fertigungstechnik von Luftfahrzeugen und Fluglenkkörpern — Buch: *Guibert, M. P.,* S. 728–737.

5.41.5 Prüfung von Klebverbindungen,

5.5 Fertigungstechnik des Verleimens von Holzwerkstoffen und Holzkonstruktionen

5.65 Kontrolle von Sandwichbauteilen.

12 Messen und Prüfen in der Fertigung, technische Kontrolle.

Eine Auswertung des angezogenen Schrifttums ist in diesem Aufsatz nicht erfolgt. Der vorliegende Aufsatz fußt auf Erkenntnissen im Deutschen Flugzeugbau und stellt hier die Erfahrungen der Vereinigten Flugtechnischen Werke GmbH (früher „Weser" Flugzeugbau, Focke Wulf, Heinkel-Flugzeugbau) zur Verfügung.

Die Instandhaltung von Verkehrsflugzeugen

von Dipl.-Ing. G. F. Kelm, Deutsche Lufthansa AG

Gliederung

1. Die Flugzeuginstandhaltung im Rahmen der Gesamtleistung einer Luftverkehrsgesellschaft

1.1 Zum Begriff der Flugzeuginstandhaltung

Flugzeuginstandhaltungsaufgaben sind mit der Betriebsleistung eines jeden Luftverkehrsbetriebes, der Produktion von Tonnenkilometern, eng verbunden. Die Bedingungen des Luftverkehrs erfordern besondere Sicherheitsvorkehrungen, die nur durch ein genau festgelegtes Instandhaltungsprogramm getroffen werden können. Der Bestand des Flugzeugparkes kann nur durch fortlaufende Kontrollen und rechtzeitige Maßnahmen wirtschaftlich erhalten werden. Weiterhin besteht die Forderung für die heutigen Luftverkehrsgesellschaften, Instandhaltung und Flugbetrieb so zu koordinieren, daß ein wirtschaftliches Flugprogramm durch einen möglichst wirkungsvollen Flugzeugumlauf erreicht wird.

Die Flugzeuginstandhaltung besteht aus der Summe aller Maßnahmen, die der Erhaltung der Lufttüchtigkeit, Betriebssicherheit und Einsatzbereitschaft der Flugzeuge dienen sollen.

„Als lufttüchtig gilt ein Luftfahrzeug, wenn es in allen Teilen den Beanspruchungen und Anforderungen des Betriebes genügt. Die Gewährleistung der Lufttüchtigkeit ist ein rein technisches Problem ..." [1]).

Betriebssicherheit ist dann gegeben, wenn während des Flugbetriebes nach menschlichem Ermessen keine Störungen auftreten können, die die Lufttüchtigkeit des Flugzeuges beeinträchtigen oder aufheben. Einsatzbereitschaft ist die Möglichkeit der betriebssicheren Erfüllung des Flugplanes. In diesem Sinne wird Flugzeuginstand-

---

[1]) Möhlmann, F., im Geleitwort zu: Matschego, J., Lufttüchtigkeit-Prüfung und Zulassung des Luftfahrtgerätes, Hanns Reich Verlag, München 1960.

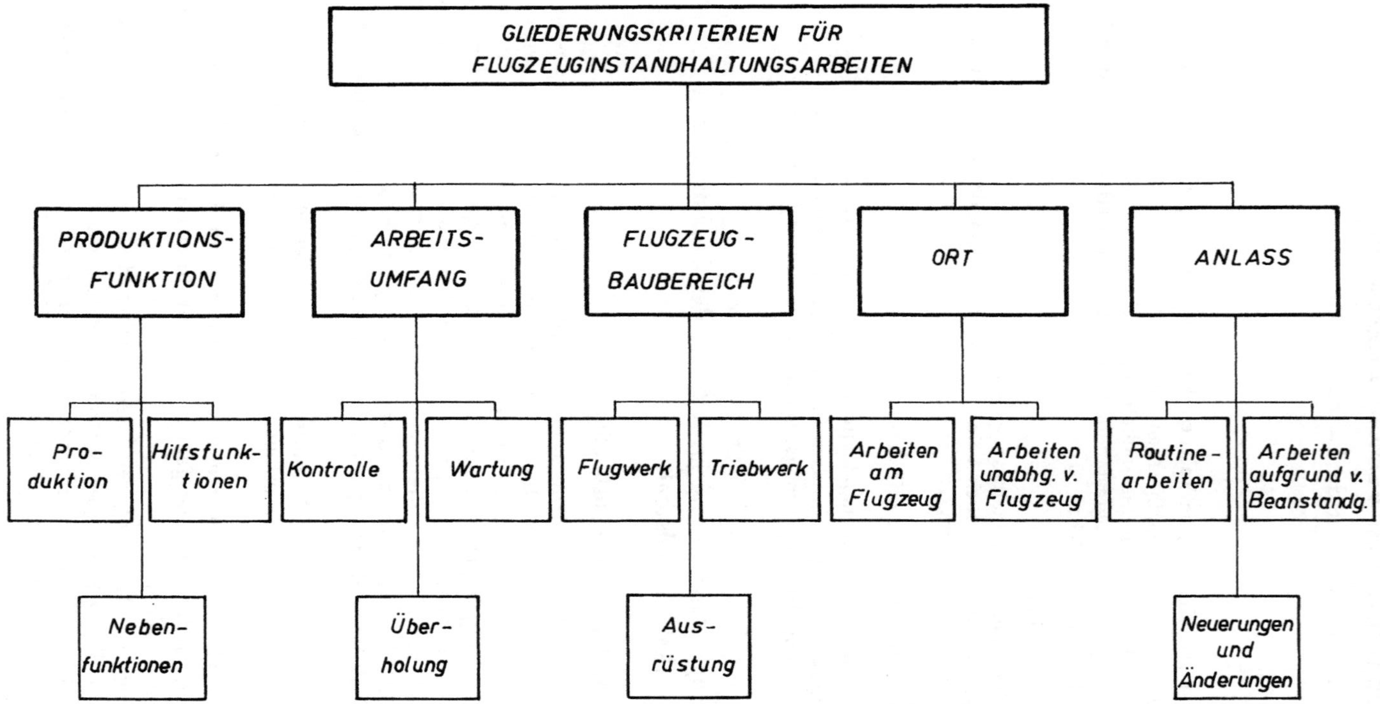

Bild 1 Gliederung der Flugzeuginstandhaltung

haltung als Oberbegriff für die verschiedenartigen Aufgaben, die im technischen Bereich einer Luftverkehrsgesellschaft zu erfüllen sind, in der Praxis angewendet.

1.2 Gliederungskriterien für Instandhaltungsarbeiten

Das Bild 1 zeigt die Aufgliederung des Instandhaltungskomplexes nach verschiedenen Kriterien. Nach der *Produktionsfunktion* werden drei Gruppen unterschieden:

1. Produktion, welche sämtliche direkten Arbeiten am Flugzeug sowie die Instandhaltung der Bodenausrüstung (z. B. Docks u. a.) umfaßt.
2. Nebenfunktionen, d. h. jene Tätigkeiten, die direkt mit der Produktion verbunden aber nicht Teil derselben sind. Dazu gehören Technische Kontrolle, Planung, Ingenieurabteilungen und Materialwesen.
3. Hilfsfunktionen, die für den Betrieb des technischen Bereiches einer Luftverkehrsgesellschaft notwendig sind, wie z. B. Verwaltung, Datenverarbeitung und Hausmeisterei.

Nach steigendem Umfang der Arbeiten am Flugzeug läßt sich die Flugzeuginstandhaltung in: Kontrolle, Wartung, Überholung gliedern.

Kontrollen sind kleine Instandhaltungsereignisse, durch die die Betriebssicherheit des Flugzeuges überprüft wird. Sie werden in kurzen Zeitabständen durchgeführt und sind auch Bestandteile aller größeren Ereignisse.

Wartungen werden im Rahmen des normalen Flugbetriebes in größeren Zeitabständen durchgeführt, je nach Flugzeugbauart periodisch nach 100 bis 600 Betriebsstunden. Dabei werden größere Kontrollarbeiten durchgeführt und flugstundenüberwachte Teile gewechselt.

Überholungen bestehen aus einer Demontage und gründlichen Inspektion der Flugzeuge, die zu diesem Zwecke aus dem Liniendienst herausgenommen werden. Auch Teile, die bei Kontrollen und Wartungen nicht untersucht werden können, werden eingehenden Prüfungen unterzogen. Dazu kommen noch allgemeine Überholungsarbeiten, wie z. B. Erneuerung des Farbanstriches der Flugzeuge von außen und Instandsetzung der Inneneinrichtung (Küche, Bestuhlung und sanitäre Anlagen).
Die Abstände zwischen solchen Instandhaltungsereignissen werden je nach Bauteil des Flugzeuges in verschiedenen Dimensionen gemessen. Die häufigste ist die Zahl der Betriebsstunden (z. B. bei Zelle und Triebwerk). Aber auch die Zahl der Landungen (z. B. Fahrwerk) oder die Kalenderzeit (z. B. elektrische Geräte) geben die Abstände zwischen zwei Instandhaltungsereignissen an.
Die Einteilung nach *Flugzeugbaubereichen* hat sich in der Praxis aus technischen und personellen Gründen als zweckmäßig erwiesen.
In örtlicher Hinsicht können die Instandhaltungsarbeiten nach solchen unterschieden werden, die direkt am Flugzeug ausgeführt werden, und solchen, die nach Ausbau bestimmter Teile in den Werkstätten durchgeführt werden.
Das Instandhaltungssystem besteht nur aus der zeitlichen Aufeinanderfolge der am Flugzeug auszuführenden Arbeiten, beeinflußt aber in starkem Maße die Beschäftigung der notwendigen Spezialwerkstätten.
Nach dem *Anlaß* lassen sich Instandhaltungsarbeiten unterscheiden, die durch Erreichen von Betriebsstundengrenzen, Beanstandungen, Änderungen und Neuerungen verursacht sind.
Arbeiten, die durch Erreichen von Betriebsstundengrenzen veranlaßt werden, lassen sich als Routinearbeiten im voraus planen. Beanstandungen dagegen, die etwa 40 %

des gesamten Arbeitsumfanges ausmachen, treten niemals regelmäßig auf. Sie belasten den Instandhaltungsbetrieb stoßweise, ebenso wie im Sinne der Betriebssicherheit notwendige Änderungen und Neuerungen an den Flugzeugen.

1.3 Verflechtung der Flugzeuginstandhaltung mit der wirtschaftlichen Aufgabe eines Luftverkehrsbetriebes

Wie jede wirtschaftliche Betätigung, so dient auch die einer Luftverkehrsgesellschaft dem Verbrauch, und sie vollzieht sich im Spannungsfeld von Aufwand und Ertrag. Der gesamte Luftverkehrsbetrieb arbeitet daran, die Verkehrsleistung zum richtigen Zeitpunkt, in ausreichender Menge und in einer guten Qualität zu erbringen. Die Ermöglichung und Erhaltung einer guten Qualität der (technischen) Betriebsleistung eines Luftverkehrsunternehmens ist Aufgabe des Flugzeuginstandhaltungsbereiches.
Der Einfluß der Flugzeuginstandhaltung auf den Ertrag eines Luftverkehrsunternehmens besteht in der Beeinflussung der Ausnutzung, d. h. der durchschnittlichen täglichen oder jährlichen Benutzungsstunden der Flugzeuge. Die Kernfrage der Flugzeuginstandhaltung lautet also: Wie kann die Flugzeuginstandhaltung dazu beitragen, mit einem Minimum an Flugzeugen ein Maximum an Flugstunden zu produzieren, ohne dabei übermäßige Kosten zu verursachen? Im Instandhaltungsbereich einer Luftverkehrsgesellschaft stehen technische und betriebswirtschaftliche Fragen in enger Wechselbeziehung.

2. Instandhaltungssysteme

2.1 Entwicklung der Instandhaltungssysteme

Die Schwierigkeit bei der Gestaltung von Instandhaltungssystemen besteht darin, die Fülle von sachlich sehr verschiedenen Arbeiten an einem räumlich begrenzten Arbeitsplatz so in eine chronologische Folge von „Arbeitspaketen" zu bringen, daß auf der einen Seite allen technischen Erfordernissen und der Sicherheit Rechnung getragen wird und auf der anderen Seite wirtschaftlich gearbeitet werden kann. Extrem ausgedrückt verlangt fast jedes Flugzeugbauteil hinsichtlich seiner Instandhaltung eine individuelle Behandlung. Dieses muß z. B. nach x Betriebsstunden kontrolliert oder erneuert werden, jenes nach y Betriebsstunden, ein anderes nach einer bestimmten Anzahl von Landungen, ein weiteres einmal jährlich.
Ein solches Verfahren ist bei der großen Anzahl von Teilen praktisch nicht durchführbar. Es muß vereinfacht werden. Aus diesem Grunde werden Fixpunkte im Leben eines Flugzeuges festgelegt, an denen ein bestimmtes Quantum an Arbeit zu leisten ist.
Auf die Entwicklung von Instandhaltungssystemen haben Kräfte Einflüsse ausgeübt, die sich in zwei Gruppen trennen lassen: die *technische Entwicklung des Fluggerätes* und die damit verbundenen *wirtschaftlichen Erfordernisse.*
Die große Leistungssteigerung der Flugzeuge konnte nur durch vervielfachten technischen Aufwand erreicht werden. Die sich daraus ergebenden hohen Anschaffungskosten dieser Flugzeuge und die hohen Kosten für Reservematerial und Instandhaltungseinrichtungen verbunden mit einem hohen Ertragspotential lassen die Forderungen nach möglichst hoher Ausnutzung der Flugzeuge immer dringender werden. Jede Liegezeit, die für den Flugplan genutzt werden könnte, ist gleichbedeutend mit Einnahmeverlust und mindert die Unternehmensrentabilität.
Im Laufe der Zeit haben sich Instandhaltungssysteme verschiedener Organisationsformen entwickelt. Fanden am Anfang der Verkehrsluftfahrt die Überholungen (Grund-

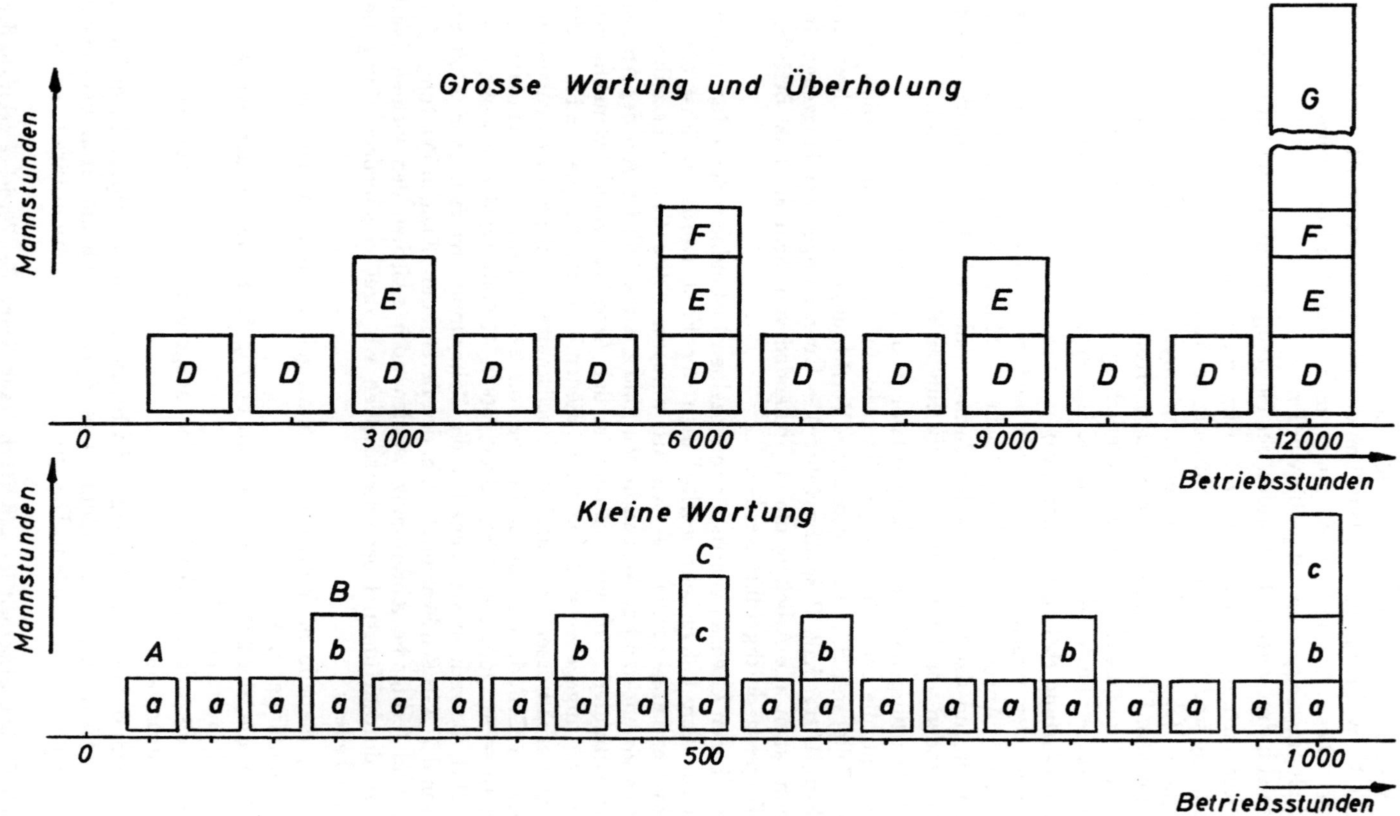

Bild 2 Konventionelles Instandhaltungsschema

überholungen) für Flugzeugzellen in Abständen von 300 bis 800 Betriebsstunden und für Motoren in Abständen von 150 bis 300 Betriebsstunden statt [2]), so zeigte sich im Laufe der Entwicklung die Tendenz immer größer werdender Abstände der Grundereignisse. Diese Abstände sind immer mehr mit Kontrollarbeiten und kleineren Instandhaltungsereignissen aufgefüllt worden.

So haben sich drei verschiedene Stufen der Flugzeuginstandhaltung herausgebildet.

1. Streckenwartung und technische Abfertigung (Line Maintenance and Servicing)
   Betankung und Schmierung — Reinigung der Kabine — Versorgung mit elektrischer Energie — Behebung kleinerer Beanstandungen — Kontrollen. Diese Arbeiten sind eng mit dem Flugzeugumlauf verbunden, erfordern geringe Liegezeiten und werden meist täglich ausgeführt. Alle Luftverkehrsgesellschaften führen sie in etwa derselben Weise durch, Methodenunterschiede sind nicht vorhanden.
2. Kleine Wartung (Minor Maintenance)
   Kontrolle der wesentlichsten Bauteile und Behebungen von Beanstandungen — begrenzter Austausch von Ersatzteilen — Durchführung nur auf besonderen Stationen und der Basis. Es sollen darunter alle Arbeiten verstanden werden, die in Abständen von 50 bis 1000 Betriebsstunden durchzuführen sind.
3. Große Wartung und Überholung (Major Maintenance)
   Detailkontrolle auch schwer zugänglicher Bauteile des Flugzeuges, wie von Strukturteilen (Zelle) mit Hilfe von besonderen Vorrichtungen und Prüfverfahren (Röntgenstrahlen, Ultraschall, Rißprüfverfahren) — Überholungen der Flugzeuge. In diesen Bereich fallen alle Arbeiten, die in Abständen von mehr als 1000 Betriebsstunden am Flugzeug durchgeführt werden.

Die angegebenen Grenzen zwischen den einzelnen Instandhaltungsstufen sind fließend. Bei nahezu allen Luftverkehrsgesellschaften der Welt wurde zunächst ein Instandhaltungssystem angewendet, das wir als *konventionelles System* bezeichnen wollen und dessen grundsätzlicher Aufbau in dem Bild 2 dargestellt ist. Auf der Abszisse sind die Betriebsstunden, auf der Ordinate ist der Arbeitsaufwand (Mannstunden) aufgetragen. Die angegebenen Zahlenwerte dienen nur als Beispiel und brauchen den wirklichen Verhältnissen bei einzelnen Gesellschaften nicht genau zu entsprechen.

Es wurde ein Grundüberholungszeitraum von 12 000 Stunden angenommen. Alle n Stunden (n = 50, 200, 500, 1000, 3000, 6000, 12 000) werden bestimmte Arbeiten durchgeführt. Betrachten wir zunächst die Zeitspanne zwischen zwei 1000 Stundenereignissen der „Großen Wartung", d. h. den Bereich der „Kleinen Wartung" (Streckenwartung und technische Abfertigung werden noch zwischen den kleinen Wartungsereignissen durchgeführt). Dort unterscheiden wir drei verschiedene Kategorien von Wartungsarbeiten:

1. Arbeiten, die alle 50 Betriebsstunden ausgeführt werden der Art (a) und des Arbeitsumfanges (A),
2. Arbeiten, die alle 200 Betriebsstunden durchgeführt werden der Art (a + b) und des Arbeitsumfanges (B),
3. Arbeiten, die alle 500 Betriebsstunden ausgeführt werden der Art (a + c) und des Arbeitsumfanges (C).

Für den Bereich der großen Wartung und Überholung gilt prinzipiell der gleiche Aufbau mit dem Unterschied, daß am Schluß eines Zyklus durch die Grundüberholung eine sehr hohe Arbeitsspitze entsteht. Das grundsätzliche Kriterium für ein solches Schema

---

[2]) v. Milch, E.: Die Sicherheit im Luftverkehr (auf Grund der Betriebsergebnisse der Deutschen Lufthansa 1926—1928), Ernst Siegfried Mittler & Sohn, Berlin 1929.

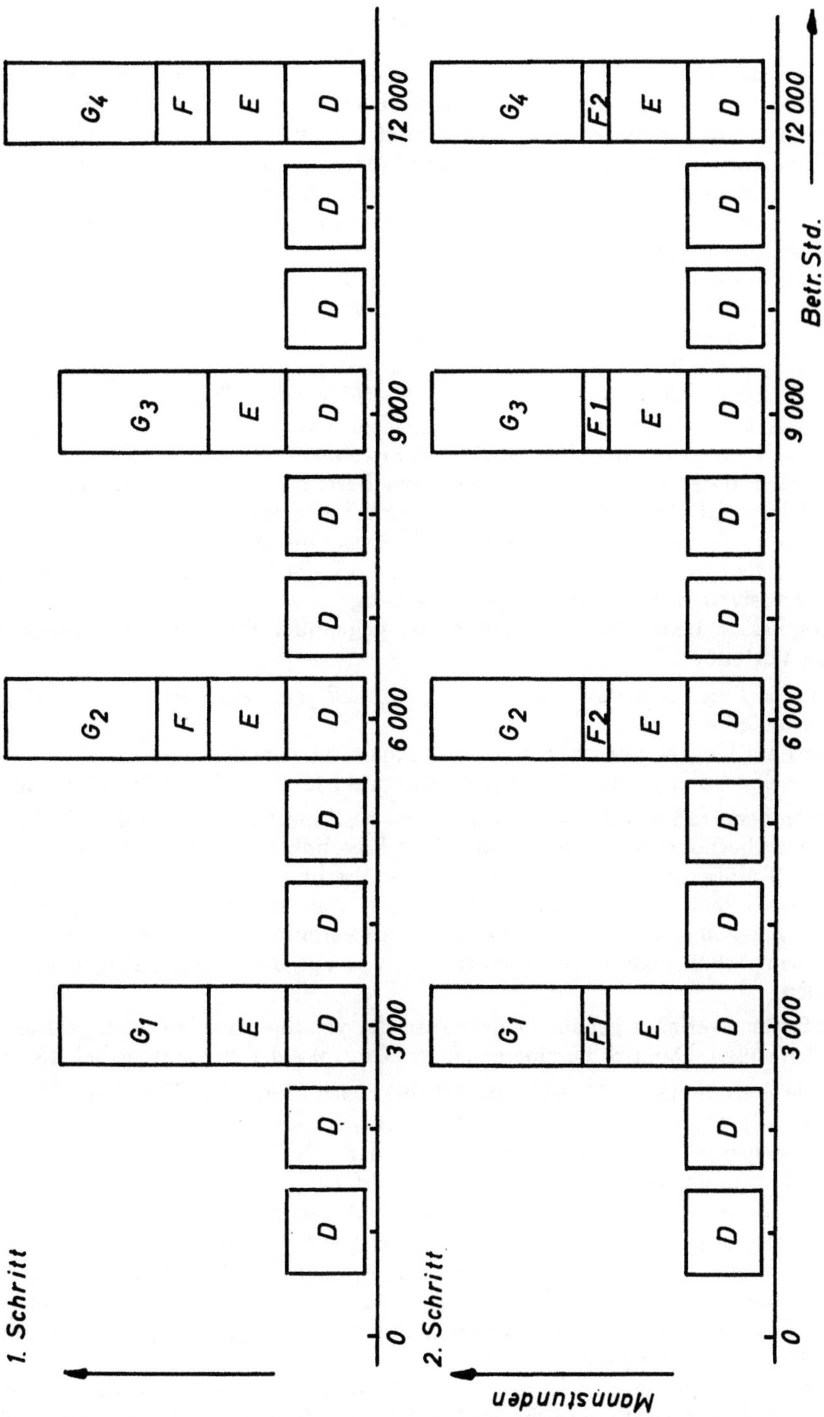

Bild 3 Progressives Instandhaltungsschema

war das Ende der festgesetzten Laufzeit der verschiedenen Bauteile. Zwischen den Endpunkten sollten möglichst wenige Eingriffe erfolgen.
In dieser Grundidee sind auch die Mängel eines solchen Systems begründet. Zunächst ergibt sich aus dieser Aufteilung der Arbeiten eine gewisse Starrheit im Hinblick auf den Flugzeugumlaufplan. Er muß so gestaltet werden, daß sich das Flugzeug an den Fixpunkten auf einer Hauptstation oder der Wartungs- und Überholungsbasis befindet. Das ist bei weitverzweigten Streckennetzen nur schwer möglich. Der zweite Nachteil für moderne Bedürfnisse besteht in dem stark schwankenden Arbeitsanfall im Verlauf eines Instandhaltungszyklus.
Bei den durch die größere Leistungsfähigkeit der Flugzeuge verursachten relativ kleinen Flotten besteht heute nicht mehr in demselben Maße wie früher die Möglichkeit, durch eine Vielzahl von Flugzeugen einen Ausgleich in der Arbeitsbelastung zu schaffen. Für neuere Instandhaltungssysteme ergab sich daraus die Forderung, den Ausgleich der Schwankungen im System für das einzelne Flugzeug selbst zu finden.
Die auf das konventionelle Instandhaltungsschema folgende Entwicklungsstufe ist die *progressive Instandhaltung* (Progressive Maintenance), bei der die Instandhaltung mit zunehmender Betriebsstundenzahl von einem Bereich (oder Zone) des Flugzeuges zu einem anderen „fortschreitet". Das wird durch Verteilung der Arbeiten von Spitzenereignissen (z. B. Grundüberholung) auf kleinere Instandhaltungsereignisse erreicht. Bild 3 zeigt die prinzipiellen Schritte, mit denen sich der Übergang vom konventionellen zum progressiven Instandhaltungssystem vollzog.
Das progressive Instandhaltungssystem hat gegenüber dem konventionellen System folgende Vorteile:

1. Wirtschaftliche Arbeitsweise durch gleichmäßigere Ausnutzung der Kapazität, insbesondere
   - des am Flugzeug beschäftigten Instandhaltungspersonals,
   - der Überholungswerkstätten (Personal und Maschinen) und Prüfeinrichtungen.
2. Stichprobenerfahrungen liegen von einer bestimmten Flottengröße ab ($n \geqq$ Zahl der Teilüberholungsabschnitte pro Grundüberholungszeitraum) bereits nach der ersten Teilüberholung vor. Ist der Grundüberholungszeitraum z. B. in vier Abschnitte zerlegt, und besteht die Flotte aus vier oder mehr Flugzeugen, so wird je vier Flugzeuge bei jeder Teilüberholung eine komplette Überholung durchgeführt. Aus den Arbeitsergebnissen können Schlüsse auf die anderen Flugzeuge gezogen werden.
3. Das System verlangt genaue Definitionen der verschiedenen Arbeiten, die aufgeteilt werden sollen. Dadurch ist eine genauere Kontrolle des Betriebsgeschehens möglich.

Erfolgt die Aufteilung der Überholungsarbeiten nach räumlichen Zonen des Flugzeuges, so werden die entstehenden Arbeitspakete als „Blöcke" und das System als *„Blocküberholungssystem"* bezeichnet. Der Prozeß der Nivellierung des Arbeitsaufwandes je Instandhaltungsereignis wird in der *gleichförmigen Instandhaltung* fortgeführt, indem er auch auf die zweite Stufe der Instandhaltung übertragen wird. Bild 4 zeigt die Weiterentwicklung des progressiven zu einem gleichförmigen System. Die einzelnen Ereignisse unterscheiden sich zwar ihrem Arbeitsinhalt nach, erfordern aber gleichen Arbeitsaufwand in Mannstunden. Dieses Instandhaltungssystem ist besonders für solche Luftverkehrsgesellschaften geeignet, deren Flugzeuge das ganze Jahr hindurch gleichmäßig ausgenutzt sind.
Eine weitere Entwicklungsstufe der Instandhaltungssysteme für moderne Verkehrsflugzeuge stellt die *kontinuierliche Instandhaltung* dar. Sie geht von dem Gedanken aus, daß die Flugzeuginstandhaltung kein einschränkender Faktor der Flottenausnutzung

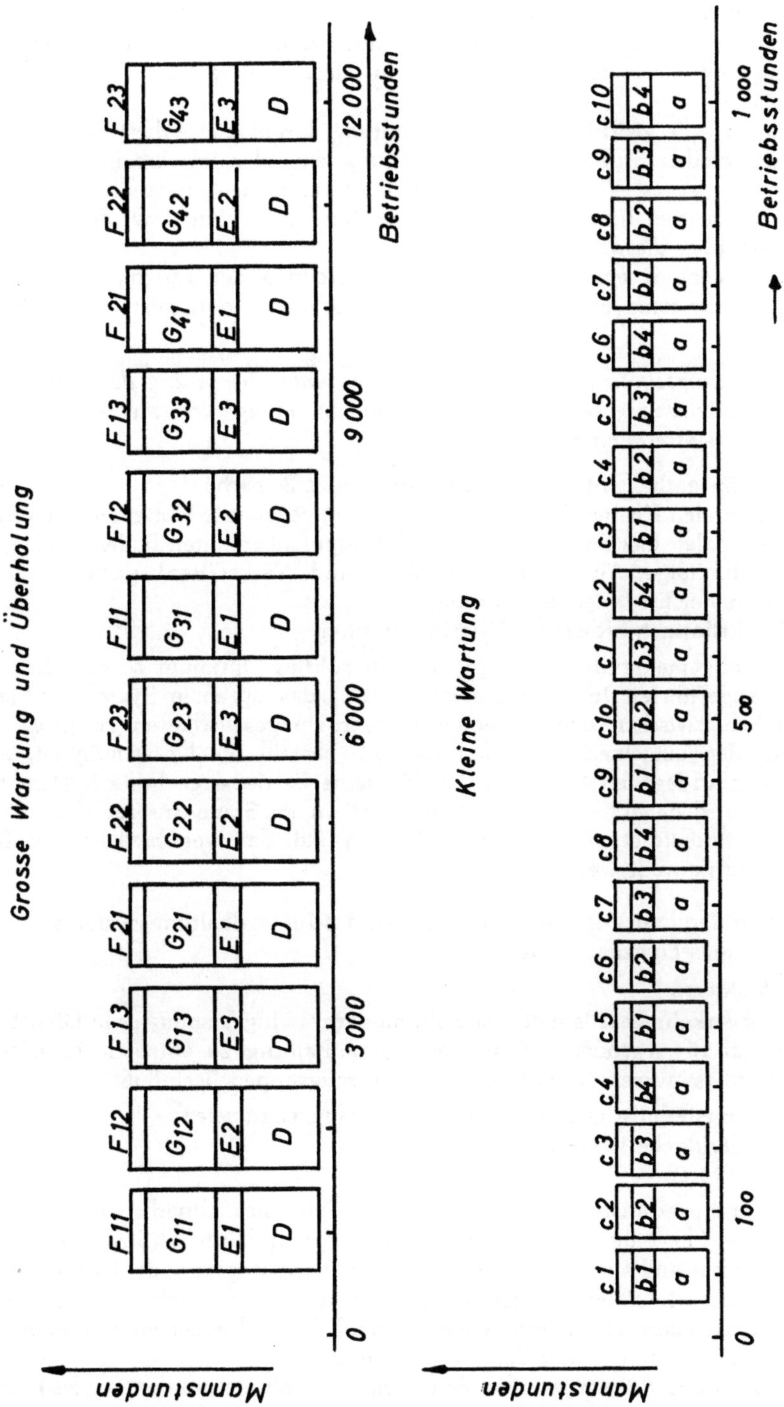

Bild 4 Gleichförmige Instandhaltung

mehr sein dürfe. Um das zu erreichen, sollen alle flugplanbedingten Liegezeiten (z. B. im Kurz- und Mittelstreckenverkehr die Nachtstunden) für die Instandhaltung ausgenutzt werden können. Das läßt sich aber nur erreichen, wenn die „Arbeitspakete" soweit aufgeteilt sind, daß jeweils eines in diesen kurzen Liegezeiten ausgeführt werden kann.
Beschränkte sich die gleichförmige Instandhaltung darauf, die Arbeitspakete innerhalb der obersten beiden Stufen der Instandhaltung einander im Arbeitsaufwand gleich zu machen, so ist es Voraussetzung der kontinuierlichen Instandhaltung, daß die Ereignisse der dritten Stufe über die der zweiten Stufe verteilt werden und die der zweiten Stufe über die der ersten Stufe.
Nach diesem Versuch einer idealtypischen Darstellung der verschiedenen Flugzeuginstandhaltungssysteme ergibt sich die Frage nach dem optimalen Instandhaltungssystem.

Ein Instandhaltungssystem ist optimal, wenn es unter Beachtung der Sicherheitsvorschriften bei möglichst guter Bestandserhaltung des Fluggerätes die beste Ertragslage des Luftverkehrsunternehmens ermöglicht.

Diese Definition enthält alle Teilforderungen, wie z. B. nach

- minimalen Kosten der Instandhaltung bei gegebener Flottenausnutzung,
- minimalen Liegezeiten außerhalb der flugplanbedingten Bodenzeiten,
- gleichmäßiger Ausnutzung der Werft- und Werkstättenkapazität,
- optimaler Ersatzteilbevorratung,
- Pünktlichkeit, Sicherheit, Wirtschaftlichkeit.

Es gibt kein allgemeingültiges Rezept, um ein solches Optimum zu erreichen. So ist keines der angeführten Instandhaltungssysteme „das optimale System" schlechthin. Dazu bestehen zwischen den einzelnen Luftverkehrsgesellschaften zu große Unterschiede. Für den einzelnen Luftverkehrsbetrieb besteht die Notwendigkeit, aus der Fülle der vorgeschlagenen Lösungen das für seine Betriebslage beste System herauszufinden. Es wird dabei selten ein „reines" System im Sinne unserer Klassifizierung, sondern eine möglichst sinnvolle Kombination auf den verschiedenen Stufen der Instandhaltung gewählt werden.

2.2 Einflußgrößen und Vorgehen beim Aufbau des Instandhaltungssystems für ein neues Flugzeugmuster

2.2.1 Einflußfaktoren

Will eine Luftverkehrsgesellschaft heute ein modernes Flugzeugmuster in Dienst stellen, so hat sie sich für irgendeine Form der Instandhaltung zu entscheiden. Diese Entscheidung wird im wesentlichen von drei Faktorengruppen beeinflußt:

1. Konstruktionstechnische Gegebenheiten des Flugzeugmusters,
2. Betriebsindividuelle Faktoren,
3. Externe Faktoren.

Die konstruktionstechnischen Gegebenheiten äußern sich zunächst in der Gesamtlebensdauer des Flugzeuges bis zur Ermüdung der Hauptbauteile (Strukturteile). Diese Größe ist entscheidend für die Entwicklung der Überholungsperiode. Es kommt darauf an, festzustellen, wie oft ein bestimmtes Strukturteil innerhalb der Lebensdauer eines Flugzeuges kontrolliert oder überholt werden muß. Weiterhin zeigen sich die konstruktionsbedingten Faktoren in der Zuverlässigkeit des Flugzeuges, die an der Zahl der vorzeitigen Ausfälle (Störungen vor Erreichen der Betriebsstundengrenzen) einzelner Bauteile gemessen wird.

Die betriebsindividuellen Faktoren bestehen aus vier Gruppen:

1. Anforderungen des Flugplanes,
2. Flottengröße und -zusammensetzung,
3. Instandhaltungskapazität (Personal-, Material- und Anlagenkapazität),
4. Sicherheitspolitik der Gesellschaft.

Externe Einflußfaktoren sind solche, auf die die Luftverkehrsgesellschaft keinen direkten Einfluß ausüben kann, wie z. B. auf den Umfang der Erlangung von Landerechten in fremden Ländern (Beeinflussung der Flugplananforderungen an das Instandhaltungssystem) und auf die Flexibilität der zuständigen staatlichen Sicherheitsbehörden.

2.2.2 Schritte des Systemaufbaues

Der Aufbau des Instandhaltungssystems für ein neues Flugzeugmuster vollzieht sich in drei hauptsächlichen Schritten:

1. Auswahl eines Grundsystems unter Berücksichtigung der Einflußfaktoren,
2. Auswertung der Herstellerunterlagen,
3. Definition der einzelnen Arbeiten und Anpassung des Systems an die Betriebsbedingungen.

Die Auswahl eines Grundsystems setzt theoretische Studien über die verschiedenen möglichen Lösungen voraus. Dabei steht immer die Frage im Hintergrund, die als Ergebnis solcher Untersuchungen beantwortet werden soll: „Könnte durch Anwendung dieses neuen Systems die Ertragslage des Unternehmens verbessert werden?" Im einzelnen müssen die konstruktionstechnischen Gegebenheiten des verwendeten Flugzeugmusters, die betriebsindividuellen Faktoren und die externen Faktoren mit Bezug auf ihren Einfluß auf ein mögliches System beschrieben, gewichtet und wenn möglich quantifiziert werden.

Soll die Zweckmäßigkeit eines bestimmten Instandhaltungsprogrammes für die spezifischen Bedingungen des Betriebes untersucht werden, so ergeben sich im einzelnen folgende Fragen:

1. Ist dieses Instandhaltungsprinzip mit den saisonalen Schwankungen des Verkehrsaufkommens der Gesellschaft vereinbar?
2. Welche Auswirkungen hat dieses System auf die Reservematerialhöhe?
3. Kann das für die Flotte notwendige Änderungs- und Neuerungsprogramm bei diesem Instandhaltungsprinzip durchgeführt werden?
4. Welche Rolle spielt die Flottengröße?
5. Reichen die Qualitäten der Fachkräfte und des Führungspersonals für dieses neuartige System aus?

Ist die Entscheidung für ein bestimmtes System gefallen, so müssen die Voraussetzungen zum Aufbau des Systems durch Auswertung der Herstellerunterlagen geschaffen werden. Herstellungsunterlagen bestehen z. B. bei der Firma Boeing Company, die in dieser Hinsicht repräsentativ auch für andere Hersteller sein dürfte, aus:

Instandhaltungshandbuch	(Maintenance Manual),
Instandhaltungsprogramm	(Maintenance Program),
Planungsunterlagen	(Maintenance Planning Data),
Schaltplänen	(Wiring Diagrams),
Teilekatalog	(Parts Catalogue).

Das „Maintenance Manual" enthält technische Einzelheiten des Flugzeuges. Im „Maintenance Program" sind Lebensdauerzeiten verschiedener Bauteile festgehalten.

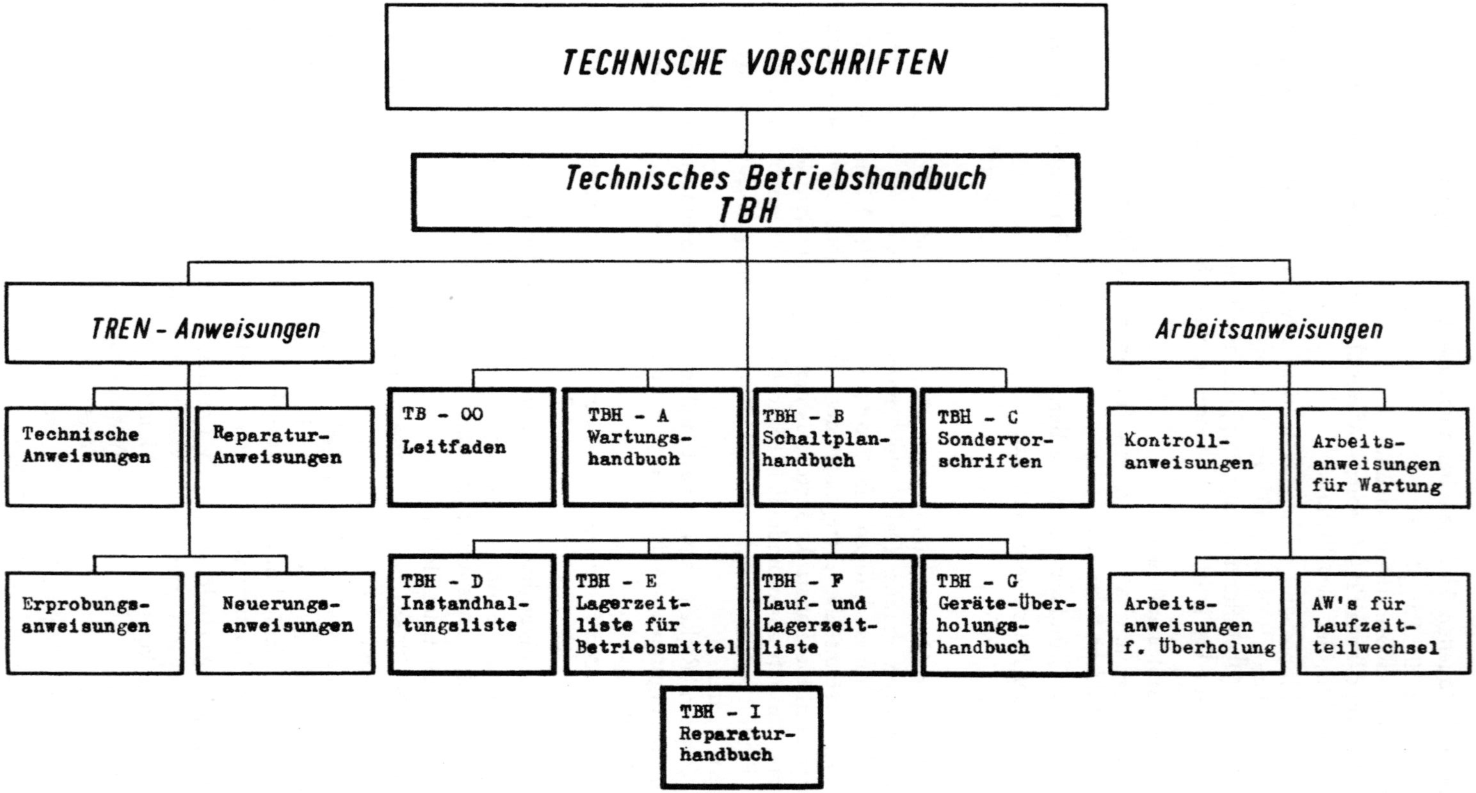

Bild 5 Das technische Vorschriftenwesen der D. L. H.

Hier schlagen sich die Ergebnisse des vom Hersteller durchgeführten Erprobungsprogrammes nieder.
Eine Weiterführung im Hinblick auf das Instandhaltungssystem stellen die „Maintenance Planning Data“ dar. Sie sollen den Luftfahrtgesellschaften in der Anfangsperiode nach Inbetriebnahme der neuen Flugzeugmuster groben Anhalt für die Durchführung der notwendigen Instandhaltungsarbeiten geben.
Diese Angaben des Flugzeugherstellers sind nach bestimmten Gesichtspunkten aufzubereiten. Die erste grundlegende Frage tritt bei der Bestimmung der Überholungsperiode auf. Für den periodischen Aufbau eines Systems ist es notwendig, die Überholungsperiode so zu wählen, daß die Betriebsstundengrenzen von möglichst vielen laufzeitüberwachten Bauteilen ganze Vielfache der Periode sind. Das Ziel ist, die Zahl der Überholungen eines bestimmten Bauteiles während der Gesamtlebensdauer des Flugzeuges zu minimieren.
Im Prinzip laufen alle von den Luftverkehrsgesellschaften angewendeten Verfahren darauf hinaus, die Herstellerunterlagen nach Bauteilen gleicher Betriebsstundenbegrenzung zu sortieren, Häufungspunkte von solchen Arbeiten festzustellen, die eine gründlichere Inspektion der Flugzeuge verlangen, und an diesen Punkten die Überholungsperioden beginnen und enden zu lassen.
Der nächste Schritt bei der Ausgestaltung eines Instandhaltungssystems besteht in der Zusammenfassung der verschiedenen Arbeiten und Teilewechsel zu periodischen Instandhaltungsereignissen. Die auszuführenden Arbeiten müssen in unmißverständlicher Form nach Fälligkeit und Art schriftlich niedergelegt werden.
In dieser letzten Phase des Systemaufbaues sind die technischen Anforderungen als Daten zu betrachten. Sie müssen mit den betriebswirtschaftlichen Erfordernissen, die sich aus der konsequenten Erfüllung des Flugplanes und der Forderung nach einem wirtschaftlichen Arbeitsablauf ergeben, zufriedenstellend kombiniert werden.

3. Durchführung der Flugzeuginstandhaltung bei der Deutschen Lufthansa AG

3.1 Das technische Vorschriftenwesen für die Flugzeuginstandhaltung

Das Bemühen um die sinnvolle Gestaltung der verschiedenen Instandhaltungstätigkeiten schlägt sich bei der Deutschen Lufthansa in ihrem technischen Vorschriftenwesen nieder, das in Bild 5 dargestellt ist. Als besonders grundlegend für die Instandhaltung der Lufthansa-Flotte seien das Wartungshandbuch (TBH-A), die Instandhaltungsliste (TBH-D), die Lauf- und Lagerzeitliste (TBH-F) und die Arbeitsanweisungen hervorgehoben.
Das Wartungshandbuch TBH-A enthält eine Beschreibung des gesamten Flugzeuges, seiner Einzelteile und Baugruppen sowie Anleitungen zur Durchführung der Wartungsarbeiten (z. B. Klappenpläne, Schmierpläne, Angabe für Öffnen und Schließen der Triebwerkshauben). Außerdem sind im TBH-A grundsätzliche Vorschriften für die Instandhaltung der verschiedenen Flugzeugmuster aufgestellt und Begriffsbestimmungen durchgeführt. So werden die verschiedenen, auf allen Stufen der Instandhaltung vorgenommenen Kontroll- und Instandhaltungsarbeiten in folgender Weise unterschieden und verschlüsselt:

Sichtkontrolle = S,
Zustandskontrolle = Z,
Detailkontrolle = D,
Funktionsprüfung = F.

Tafel 1 **Instandhaltungssystem der Lufthansa-Flotte** Stand vom 15. Februar 1966

Ereignis	Art und Inhalt	Fälligkeit bei Flugzeug					
		Boeing			Lockheed	Viscount	Convair
		707 A	707 B/C	727	1049	814	440
Flugbetriebs-kontrolle I FK I	Start- und Durchgangskontrolle; Rundgangskontrolle außen, wenige Einzelkontrollen. Überprüfung und Ergänzung der Betriebsstoffvorräte wie Kraftstoff, Öl, Hydraulikflüssigkeit usw. Zusatzpunkte für Wendungen, soweit erforderlich; Behebung von Flug- und Bodenbeanstandungen, soweit erforderlich. Durchführung i. Rahmen der durch den Flugplan gebotenen Liegezeit auf der Basis und auf allen für das Flugzeugmuster ausgerüsteten Stationen.	Vor jedem Abgang Zusatzpunkte für Wendungen auf der Basis und auf Umkehrhäfen, soweit Flugzeug länger als 24 Stunden von der Basis abwesend					
Flugbetriebs-kontrolle II FK II	Kontrolle des gesamten Flugzeuges von außen, Einzelkontrollen und Wartungsarbeiten, wenige Funktionsprüfungen. Triebwerkshauben bleiben bei 707 A und 727 an allen Triebwerken geschlossen, werden bei 707 B/C an allen Triebwerken und bei 1049, 814 und 440 jeweils an einem Triebwerk geöffnet. Zusatzpunkte für die Basis, soweit erforderlich; Innen- und Außenreinigung. Behebung von Flug- und Bodenbeanstandungen, soweit erforderlich. Durchführung in geplanter Liegezeit auf der Basis und auf den für das Flugzeugmuster und das Ereignis ausgerüsteten Stationen.	Nach max. 35 Flugstunden		Täglich einmal entweder A, B oder C Zusatzpunkte für FRA	Europa-Einsatz: Täglich einmal entweder A, B, C oder D Interkont.-Einsatz: Vor jedem Flug FK A-D	Täglich einmal entweder A, B, C oder D	Täglich einmal entweder A oder B
Flugbetriebs-kontrolle III FK III	Kontroll- und Wartungsarbeiten, Funktionsprüfungen. Alle Arbeiten der FK II sind eingeschlossen; Innen- und Außenreinigung. Behebung von Flug- und Bodenbeanstandungen. Durchführung in geplanter Liegezeit nur auf der Basis.	Nach max. 150 Flugstunden					

Ereignis	Art und Inhalt	Fälligkeit bei Flugzeug					
		Boeing 707 A	Boeing 707 B/C	Boeing 727	Lockheed 1049	Viscount 814	Convair 440
Basiskontrolle BK	Kontroll- und Wartungsarbeiten, Funktionsprüfungen. Alle Arbeiten der FK II bzw. FK III sind eingeschlossen. Routinearbeiten setzen sich zusammen aus Standardarbeiten, d. h. Arbeiten, die bei jeder BK anfallen, und aus Zusatzarbeiten. Letztere sind solche Arbeiten, die in einem Mehrfachen des Ereignisabstandes anfallen. Der Arbeitsumfang wurde zwischen den einzelnen BK's ausgeglichen. Für einige Flugzeugmuster erfolgt die Durchführung in Teil-Basiskontrollen. Innen- und Außenreinigung. Behebung von Besatzungsbeanstandungen. Durchführung in geplanter Liegezeit nur auf der Basis.	Nach max. 550 Flugstunden		Nach max. 500 Fh Durchführung in vier Teil-BK's a, b, c, d nach max. 125 Flugstunden	Nach max. 280 Fh Durchführung in zwei Teil-BK's a und b nach je max. 140 Flugstunden	Nach max. 280 Flugstunden	
Teilüberholung TÜ	Kontroll-, Wartungs- und Überholungsarbeiten, Funktionsprüfungen. Alle in der BK fälligen Arbeiten sind eingeschlossen. Die Routinearbeiten setzen sich aus Standard- und Zusatzarbeiten zusammen. Die Grundüberholung des Flugzeuges wird in mehreren Teilüberholungen (Blocks) durchgeführt. Durchführung nur in geplanter mehrtägiger Liegezeit auf der Basis HAM.	Nach max. 5000 Flugstunden		Von Flzg. Nr. 1—4 von 3000 Flugstd. auf 6000 Flugstd. steigend	Nach max. 3700 Fh.	Nach max. 3300 Flugstunden	3800
Triebwerkslaufzeit		R. Co. 508 genehm.: 4700 St. versuchsw.: 5000 St. 1)	JT 3-D 3 B genehm.: 4400 St. versuchsw.: 4800 St. 2)	JT 8 D genehm.: 2600 St. versuchsw.: 2800 St. 3)	TC 18-DA 3 genehm.: 2000 St.	R. DA 525 genehm.: 4250 St. versuchsw.: 4500 St. 4)	R-2800 genehm.: 1700 St.
Laufzeitteilwechsel	Erfolgt im Rahmen von Kontrollen und Teilüberholungen. Der Wechsel wird entweder bei Ablauf der Laufzeit aufgegeben (individuelle Stundenverfolgung), oder aber der Wechsel ist in Ereignisse fest eingebaut. Nach Wechsel Funktionsprüfungen, soweit erforderlich.						

1) Brennkammerwechsel bei 2500 Stunden
2) HSI nach max. 3000 bzw. 3500 Stunden (Hot Section Inspection)
3) HSI nach max. 2000 Stunden
4) Brennkammerwechsel bei 2500 ± 500 Stunden

Jede Kontrolle soll die Betriebssicherheit des kontrollierten Teiles bis zur nächsten Kontrolle gewährleisten. Bei begründetem Verdacht auf einen Schaden ist die jeweils nächsthöhere Kontrollart anzuwenden, bis ein einwandfreier Befund vorliegt.
Nach Angaben des TBH-A sind diese Kontrollarten folgendermaßen definiert:
Sichtkontrolle ist ein Überprüfen ohne Gebrauch von Hilfsmitteln, ohne Ausbau und Zerlegen, ohne Ausbauten zur Freilegung des zu kontrollierenden Objektes. Sie soll einen Überblick über die Beschaffenheit des betreffenden Bauteiles, der Baugruppe oder Raumes geben. Kontrolliert wird jeweils das äußerlich Sichtbare des benannten Teiles, der Baugruppe oder des Raumes einschließlich aller An- und Einbauten, also Struktur, Beplankung, Teile und Geräte, Ruder und Klappen, Leitungen und Schläuche, elektrische Kabel und mechanische Übertragungselemente.
An Zellen und Triebwerksteilen ist auf offensichtliche Schäden und Mängel zu achten, wie z. B. Blitzschlagspuren — Hagelschäden — Kratzer und Beulen, besonders an Druckkabinenbeplankung und Ruderteilen — Korrosion — Risse, besonders in Beplankung und Struktur.
An ERI-(Electric-Radio-Instruments)Anlagen wird auf äußere Schäden und Sauberkeit geachtet. Im einzelnen sind z. B. zu kontrollieren: Sicherungen, Schalter und Drehwiderstände, Steckverbindungen, Verteiler und Verteilerkästen, Antennen.
Zustandskontrolle ist Untersuchung mit Hilfsmitteln.
Sie findet meist im Einbauzustand statt. Als Hilfsmittel gelten: Spiegel, Vergrößerungsgläser, Farbentferner, diverse Prüfgeräte, Lehren und magnetische oder chemische Rißprüfverfahren, Ultraschall, Röntgenstrahlen. Im allgemeinen wird ein zwischen Sichtkontrolle und Detailkontrolle liegender Kontrollumfang und -aufwand angewendet.
Detailkontrolle ist Zustandskontrolle nach Zerlegen der benannten Bauteile. Sie entspricht einer Überholung an strukturellen Bauteilen, an Bestandteilen von Anlagen und Teilen, die nicht laufzeitverfolgt und daher nicht nach einer bestimmten Laufzeit gewechselt werden.
In der Instandhaltungsliste TBH-D sind sämtliche Instandhaltungsarbeiten nach technischen Gesichtspunkten zusammengestellt und mit zusätzlichen Informationen für die Art der Kontrolle und die zeitliche Aneinanderfolge versehen.
In der Lauf- und Lagerzeitliste TBH-F sind solche Bauteile, Geräte, Instrumente, Halbzeuge und Normteile nach verschiedenen Gliederungsgesichtspunkten zusammengestellt, deren Funktions- und Gebrauchsfähigkeit sich im Betrieb oder während der Lagerung mindert. Aus Gründen der Sicherheit sind deshalb für alle diese Teile maximale Lauf- und Lagerzeiten festgelegt, die unterschritten, aber nicht überschritten werden dürfen. Sie sind unabhängig vom Instandhaltungssystem.
In „Arbeitsanweisungen" ist das eigentliche Instandhaltungssystem, die Zusammenfassung der Instandhaltungsarbeiten zu Instandhaltungsereignissen, enthalten.
Die Arbeitsanweisungen für Flugzeuginstandhaltung, die sich in „Kontrollanweisungen" für Wartung und „Überholungsanweisungen" für Teilüberholungen gliedern, bestehen jeweils aus folgenden Teilen:

1. Den Durchführungsbestimmungen, die angeben, wann welches Ereignis fällig ist.
2. Einer Kurzbeschreibung der einzelnen Ereignisse.
3. Einer Beschreibung des Aufbaues der einzelnen Arbeitskartensätze.
4. Einer Übersicht über die Zusammenstellung der Arbeitskartensätze für die einzelnen Ereignisse.
5. Den Arbeitskarten, auf denen in den einzelnen Arbeitspunkten die Forderungen der Instandhaltungsliste, dem Arbeitsablauf am Flugzeug entsprechend geordnet, enthalten sind.

6. Bei Überholungsanweisungen dem „Teilüberholungsprogramm", das die Folge der Teilüberholungen für die einzelnen Flugzeuge aufzeigt.
7. Den Ausführungsanweisungen.

Auf der Grundlage der im Technischen Betriebshandbuch aufgestellten Anforderungen bildet sich in einem fortlaufenden Prozeß enger Zusammenarbeit zwischen den Abteilungen der drei Hauptbereiche der Instandhaltungsorganisation (Direktion Werftbetriebe, Ingenieurdirektion, Hauptabteilung-Material) im Laufe der Einsatzzeit eines Flugzeuges ein für das betreffende Muster charakteristisches Instandhaltungssystem.

3.2 Das allgemeine Instandhaltungssystem der Deutschen Lufthansa

Das Instandhaltungssystem der Deutschen Lufthansa, das auf Tafel 1 dargestellt ist, ist im wesentlichen ein progressives System im Sinne der oben vorgenommenen Klassifizierung. Es ist durch eine Aufteilung der Grundüberholungsarbeiten auf Teilüberholungen nach dem Blocksystem und durch Elemente einer gleichförmigen Instandhaltung sowohl in Wartung als auch in Überholung gekennzeichnet. Bei der gegenwärtigen Flottenzusammensetzung und -größe (siehe Tafel 2) hat sich dieses System bewährt. Es wird Gegenstand fortlaufender Untersuchungen sein müssen, dieses System an neue Gegebenheiten anzupassen. Die Flottengröße ist dabei ein entscheidender Faktor. Die Tafel 2 gibt einen Überblick über Stand und Entwicklung der Lufthansa-Flotte.

Tafel 2 **Entwicklung der Lufthansa-Flotte**

Flugzeugmuster		31. 12. 1966	31. 12. 1968	31. 12. 1970
Boeing	707—430	5	5	5
	707—330	11	12	12
	727	13	23	23
	737—130	—	18	21
	747	—	—	3
Viscount	814	7	7	—
Convair	440	10	—	—
Lockheed	1049 G	7	—	—
Gesamt		53	65	64

Die Instandhaltung von Sport- und Reise-Luftfahrzeugen

von Oberstabsing. a. D. Oskar Pflaumer

Gliederung

1. Einleitung und Aufgabenstellung

Unter *„Instandhaltung"* versteht man die *Wartung, Überholung* und *Reparatur* eines Luftfahrtgerätes. Nach § 1 der Luftverkehrs-Zulassungs-Ordnung (Luft-VZO) ist festgelegt, was unter die Bezeichnung „Luftfahrtgerät" als prüf- und zulassungspflichtiges Gerät fällt.
Nach den gesetzlichen Betriebsvorschriften hat der Halter das Luftfahrtgerät während der Zulassungszeit in einem stets *lufttüchtigen* Zustand zu erhalten. Die einmalige Feststellung der „Lufttüchtigkeit" bei der Erst- oder Weiterzulassung nach der Prüfung genügt nicht zur dauernden Erhaltung der Lufttüchtigkeit während der Zulassungszeit, die zwölf oder noch mehr Monate betragen kann. Die laufende Wartung des Luftfahrtgerätes ist für die Sicherheit im Betrieb von ausschlaggebender Bedeutung.
Besondere Berücksichtigung fand bei der Aufgabenstellung die Instandhaltung des Luftfahrtgerätes, das in der Hauptsache im *Luftsport* Verwendung findet. Bis Ende des

Jahres 1966 waren in der Bundesrepublik Deutschland ca. 3200 Segelflugzeuge zugelassen, die mit wenigen Ausnahmen von den Vereinen des Deutschen Aero Clubs instandgehalten werden. Die Wartung der Sport- und Reiseflugzeuge bis 2000 kp Fluggewicht, soweit sie für den Sportbetrieb eingesetzt sind, erfolgt ebenfalls zum großen Teil durch das Wartungspersonal des DAeC.

2. Arten der Instandhaltung

2.1 Wartung

Luftfahrzeuge sind während des Betriebs ständig Einflüssen ausgesetzt, die auf eine Minderung der Lufttüchtigkeit hinwirken. Eine laufende Kontrolle sowie die Behebung festgestellter Mängel ist daher stets notwendig. Als Wartungsunterlagen dienen hierzu die Wartungs- und Betriebsvorschriften, die speziell für das jeweilige Luftfahrzeugmuster gültig sind. Die tägliche Kontrolle vor dem Start erfolgt anhand einer *Klarliste,* die 25-, 50- und 100-Stunden-Kontrolle nach *Kontrollplänen,* die vom Hersteller des Gerätes aufgestellt sind.

Der Sammelbegriff *Wartung* umfaßt also alle regelmäßig auszuführenden Kontrollen und Arbeiten, die zur ständigen Aufrechterhaltung der Lufttüchtigkeit erforderlich sind. Dazu gehört auch der Einbau von bereits geprüften Teilen, die im Austausch gegen überholungs-, reparatur- oder änderungsbedürftiger Teile mit einfachen Hilfsmitteln eingebaut werden können.

Bei Luftfahrzeugen, die nicht zur gewerblichen Beförderung von Personen oder Güter verwendet werden, kann die Wartung vom Führer des Luftfahrzeuges oder von den von ihm beauftragen Personen (Flugzeugwarte) oder Flugzeugdienst durchgeführt werden.

Wartungsarbeiten an Luftfahrzeugen, welche für gewerbliche Zwecke verwendet werden, dürfen nur von Personen (Prüfer im Wartungsdienst) oder Unternehmen (Flugzeugfirmen) ausgeführt werden, die eine entsprechende Erlaubnis der zuständigen Behörde besitzen. Über die ausgeführten Wartungsarbeiten sind Aufzeichnungen zu führen, die bei der Nachprüfung des Luftfahrtzeuges vorzulegen sind. Diese Betriebsaufzeichnungen bilden einen wesentlichen Bestandteil der vorgeschriebenen Nachprüfungen.

2.2 Überholung

In der Bundesrepublik Deutschland legt die zuständige Luftfahrtbehörde zusammen mit dem Hersteller von Luftfahrtgeräten *höchstzulässige Betriebszeiten* fest. Nach dem Erreichen dieser festgelegten Betriebszeiten muß eine Überholung durchgeführt werden, die je nach Art und Zustand des Gerätes einen erheblichen Aufwand an Zeit und Geld bedeuten kann. Man bezeichnet eine solche umfangreiche Überholung als *Grundüberholung.*

Die eingehende Befundaufnahme, die eine teilweise oder völlige Zerlegung eines Luftfahrtgerätes notwendig macht, bildet zusammen mit dem Befundbericht die Grundlage der Überholung. Mit der Grundüberholung soll erreicht werden, daß das Luftfahrtgerät für die weitere Betriebszeitperiode als betriebssicher angesehen werden kann. Das Gerät soll nach einer solchen Überholung dem fabrikneuen Zustand möglichst nahe kommen. Die Grundüberholungen von Luftfahrtgerät sollen — von Ausnahmen abgesehen — möglichst im Herstellerwerk oder in dafür geeigneten Überhol-Betrieben durchgeführt werden. Die Vorschriften des Herstellers sind auf alle Fälle zu beachten. Nach dem Zusammenbau sind die Leistungen und Betriebseigenschaften des überholten Luftfahrtgerätes festzustellen.

2.3 Reparatur

Reparaturen an Luftfahrtgeräten, die im Betrieb oder sonstwie Beschädigungen erlitten haben, bedürfen je nach Art und Umfang der Beschädigung genaueren Festlegungen. So muß vor Beginn der Reparatur u. a. geklärt sein, wer dazu berechtigt ist und ob auch sonst alle technischen und personellen Voraussetzungen vorhanden sind.
Für die einzelnen Gerätemuster werden in der Regel von dem Hersteller *Reparaturanweisungen* erstellt, die über die fachgerechte Durchführung der Reparatur näheren Aufschluß geben. Im allgemeinen wird unterschieden zwischen: *kleinen Reparaturen* und *großen Reparaturen.*
Bei den *kleinen Reparaturen* werden Teile instandgesetzt, die für die Festigkeit, die Flugleistungen, die Flugeigenschaften oder an den für die Lufttüchtigkeit wesentlichen Eigenschaften des Luftfahrzeuges nicht von ausschlaggebender Bedeutung sind. Auch das Auswechseln beschädigter Teile durch geprüfte und gekennzeichnete Teile fallen unter die Bezeichnung „kleine Reparatur".
Bei *großen Reparaturen* kann die Lufttüchtigkeit direkt beeinträchtigt werden, wenn sie unsachgemäß ausgeführt werden. Außer den normalen Reparaturanweisungen des Herstellers sind häufig zusätzliche Zeichnungen anzufertigen, die Festigkeit muß anhand der Musterunterlagen überprüft werden, Gewichts- und Schwerpunktslage sind neu festzustellen, und abschließend sind Prüfflüge durchzuführen. Demgemäß müssen große Reparaturen entweder beim Hersteller oder bei den dafür geeigneten Reparaturfirmen durchgeführt werden.

3. Instandhaltung von Segelflugzeugen

Die Instandhaltung des Flug- und Bodengerätes war von jeher im deutschen Segelflugsport eine der wesentlichsten technischen Aufgaben der Luftsporttreibenden.
Die dazu notwendige technische Organisation, die bei der Wiederzulassung des Segelflugsportes im Jahre 1951 nicht mehr vorhanden war, mußte erst wieder unter schwierigen Verhältnissen neu geschaffen werden. Der in den Anfangsjahren sehr stark betriebene *Eigenbau* von Segelflugzeugen und Startwinden durch die Vereine des DAeC, der außer den notwendigen Werkstätten mit entsprechenden Einrichtungen auch ausgebildetes Fachpersonal erfordert, bildet heute die Grundlage für die gesamte Instandhaltung des Flug- und Bodengerätes im Segelflugsport.
Die ideellen, wirtschaftlichen und flugbetrieblichen Vorteile, die diese technische Aufgabe den Vereinen des DAeC dadurch bringt, daß sie in Selbstverantwortung und mit eigenen Kräften und Mitteln durchgeführt wird, sind von eminenter Bedeutung. Bei dem derzeitigen Bestand des Flug- und Bodengerätes sind für die jährliche Instandhaltung etwa 3 Mill. DM aufzuwenden, die von den Vereinen durch Eigenarbeit und eigene Finanzierung aufgebracht werden.

3.1 Wartung der Segelflugzeuge

Das für jedes Segelflugzeugmuster vom Hersteller herausgegebene *Flug- und Betriebshandbuch* gibt Aufschluß darüber, wie die Wartung während der Betriebszeit zu erfolgen hat. Das häufige Auf- und Abrüsten der Segelflugzeuge erfordert zusätzliche

Aufmerksamkeit bei der Wartung. Auch sind die Segelflugzeuge in Holzbauweise gegen Witterungseinflüsse besonders empfindlich. Teilweise durchgescheuerte Steuerseile, die nicht rechtzeitig ausgewechselt werden, können zu schweren Unfällen führen. Der größte Prozentsatz der Unfälle, die auf technische Mängel zurückzuführen sind, kommt auf die mangelhafte Wartung während des Einsatzes im Flugbetrieb. Es ist eine reine Organisationsfrage, genau festzulegen, wer für die Wartung jeweils verantwortlich ist und wann und wo sie durchgeführt wird.

3.2 Überholung der Segelflugzeuge

Für Segelflugzeuge sind in der Bundesrepublik Deutschland bis heute noch keine Betriebszeiten festgelegt, wann eine Grundüberholung erfolgen muß.
Die Zulassungszeit beträgt zwölf Monate. Nach Ablauf dieser Zulassungszeit muß vor der weiteren Zulassung der Nachweis erbracht werden, daß das Segelflugzeug lufttüchtig ist. Je nach Zustand, Alter und Betriebsstunden ist eine entsprechende Überholung erforderlich, bevor von einem anerkannten Prüfer die Lufttüchtigkeit bestätigt wird. Der Umfang einer Überholung wird vom Prüfer bestimmt. Die Richtlinien hierzu sind in den *Arbeitsblättern für den Prüfdienst* festgelegt.
Die Grundlage jeder Überholung ist die Feststellung aller Mängel, Beschädigungen, Auswechseln von beschädigten Teilen und Änderungsdurchführungen, die sogenannte Befundaufnahme. Die Beanstandungen und die Art der Behebung werden in einem *Befundbericht zusammengefaßt*. Anhand dieses Befundberichtes entscheidet der Prüfer, wie und in welchem Umfange die Beanstandungen zu beheben sind. Der *Werkstattleiter* des jeweiligen Vereins ist für den gesamten technischen Ablauf der Überholung verantwortlich. Sind Schweißarbeiten an Beschlägen oder sonstigen Teilen erforderlich, so können diese nur von einem geprüften Schweißer ausgeführt werden.
Geräte der Ausrüstung sind nach den jeweiligen Betriebsanweisungen zu kontrollieren oder, wenn erforderlich, von den zuständigen Überholungsbetrieben überprüfen zu lassen.
Der Ablauf der Nachprüfung während der Überholung und der Termin der Fertigprüfung wird vom zuständigen Prüfer mit dem Werkstattleiter festgelegt. Bei der Fertigprüfung werden die im Segelflugzeug-Kennblatt festgelegten Werte und Daten, wie Schwerpunkt, Rudereinstellwinkel, Leergewicht usw., überprüft und verglichen. Der *Prüfschein*, den der Prüfer ausstellt, ist der Nachweis der Lufttüchtigkeit für die Zulassungsbehörde.

4. Instandhaltung von Flugzeugen bis 2000 kp Fluggewicht

4.1 Allgemeine Hinweise

Da zwischen der Instandhaltung von *Segelflugzeugen* und *Motorflugzeugen* wesentliche Unterschiede bestehen, ist eine getrennte Behandlung beider Aufgabengebiete notwendig.
Die bis Ende 1966 in der BRD zugelassenen ca. 3200 Segelflugzeuge sind fast ausschließlich *deutsche Baumuster*. Hierfür sind nicht nur eindeutige Instandhaltungs-Anweisungen vorhanden, sondern auch die erforderlichen Werkstoffe und Ersatzteile. Außer dem ausgebildeten technischen Personal stehen den Vereinen des DAeC für die Instandhaltung ausreichende Werkstätten mit entsprechenden Einrichtungen zur Verfügung.

Nur in Sonderfällen, wie z. B. bei großen Reparaturen an Stahlrohrrümpfen, Schichtholzholmen und neuerdings auch bei Segelflugzeugen in Kunststoffbauweise, sind hierfür die Herstellerfirmen zuständig. In den Kennblättern ist für jedes Baumuster festgelegt, wer diese großen Reparaturen durchführen kann. Der wesentliche Unterschied in der Instandhaltung von Motorflugzeugen gegenüber dem von Segelflugzeugen liegt schon allein an der Vielzahl der verschiedenen Flugzeugmuster. Allein die bis Ende 1966 in der Klasse E, einmot. bis 2000 kp Fluggewicht, zugelassenen ca. 1800 Flugzeuge setzen sich aus mehr als 200 *verschiedenen Mustern* zusammen. Außerdem sind von dem Gesamtbestand mehr als 75 % ausländischer Herkunft. Weiter sind etwa 25 % der Flugzeuge der Klasse E über 20 Jahre alt.
Schon aus diesen allgemeinen Angaben ist zu ersehen, daß an die Instandhaltung von Motorflugzeugen weit höhere Anforderungen gestellt sind als bei Segelflugzeugen.

4.2 Wartung der Flugzeuge

Die laufend durchzuführenden Wartungskontrollen bilden einen wesentlichen Bestandteil der Lufttüchtigkeit während der Zulassungszeit. Die Wartungs- und Kontrollpläne sind besonders bei den neueren Flugzeugmustern vom Hersteller des betreffenden Musters so übersichtlich aufgestellt, daß danach eine sorgfältige Wartung des Flug- und Triebwerks und der Ausrüstung möglich ist. In diesen Wartungs- und Kontrollplänen sind auch die Zeitabstände festgelegt, wann die Kontrollen durchzuführen sind (25-, 50- und 100-Stunden-Kontrollen).
Nach der neuen Prüfordnung für Luftfahrtgerät ist für Flugzeuge, die für Ausbildungszwecke verwendet werden, die 100-Stunden-Kontrolle nachprüfpflichtig. Die durchgeführten Kontrollen und Wartungsarbeiten müssen in den *Betriebsaufzeichnungen* aufgeführt und bescheinigt sein.
Arbeiten und Kontrollen an Luftfahrzeugen für den gewerblichen Verkehr müssen nach ordnungsgemäßer Durchführung von einem Prüfer im Wartungsdienst in den Betriebsaufzeichnungen bescheinigt werden.

4.3 Überholung der Flugzeuge

Nach dem Erreichen der höchstzulässigen Betriebszeiten, die für jedes einzelne Flugzeugmuster festgelegt sind, ist eine Grundüberholung vorzunehmen. Die Überholungsanweisungen des Herstellers sind dabei besonders zu beachten.
Der Umfang und die Art der Grundüberholung hängt ab von dem *Alter*, den *Gesamtbetriebsstunden*, dem *Wartungszustand*, aber auch von der *Bauweise* des Flugzeugs. Die der Überholung vorausgehende *Befundaufnahme* erfordert je nach Bauweise (Holz-, Gemischt- oder Ganzmetall-Bauweise) eine teilweise Zerlegung der einzelnen Baugruppen. In den meisten Fällen wird der Ausbau und die Überprüfung aller Ausrüstungsgeräte erforderlich sein. In einem *Befundbericht* werden alle durchzuführenden Arbeiten festgelegt, die mit der Überholung zusammenhängen. Der Prüfer genehmigt anhand des ihm vorzulegenden Befundberichtes die vorgesehene Überholung und überprüft in gewissen Zeitabständen die gesamten Überholungsarbeiten.
Nach der Fertigprüfung erfolgt dann ein Prüf- und Abnahmeflug im Beisein eines Prüfers. Der *Prüfschein*, den ein Prüfer mit Erlaubnis danach ausstellt, ist der Nachweis der *Lufttüchtigkeit* des Flugzeuges für die Zulassungsbehörde. Aus dem nur kurz allgemein beschriebenen Vorgang der Grundüberholung eines Flugzeuges kann ersehen werden, daß hierzu nicht nur die notwendigen Werkstätten mit den entsprechenden Werkzeugen und Vorrichtungen notwendig sind, sondern auch das Fachpersonal mit guten Spezialkenntnissen.

Die Flugzeugüberholungen waren schon immer ein besonders *lohn-intensives Gewerbe.* Bei der Vielzahl der in der der Klasse E zugelassenen Baumuster wirkt sich das in den Kosten der Überholungen besonders nachteilig aus.
Durch den 1965 erfolgten Zusammenschluß verschiedener deutscher Flugzeug-Überholungsfirmen in eine Flugzeug-Instandhaltungs-Gemeinschaft wird versucht, durch gemeinsame Beschaffung und Lagerhaltung der oft sehr teuren Ersatzteile und den Austausch von Überholungserfahrungen die hohen Kosten zu senken. Trotz dieser sehr zu begrüßenden Bemühungen werden Halter von Flugzeugen, die nur in geringer Stückzahl vorhanden und mehr als 20 Jahre als sind, aus vorerwähnten Gründen immer mit hohen Überholungskosten rechnen müssen.

5. Triebwerks-Instandhaltung

5.1 Allgemeine Hinweise

Der Schwerpunkt in der Triebwerks-Instandhaltung wird innerhalb des Luftsports auf die *Wartung* gelegt. Das hierfür notwendige Fachpersonal, die *Flugzeugwarte,* werden in Lehrgängen nach einheitlichen Lehrplänen ausgebildet. Die Wartungsarbeiten an den Triebwerken erfolgen nach den Betriebs- und Wartungshandbüchern in den vorgeschriebenen Zeitabständen.

5.2 Überholung der Triebwerke

Da es sich bei den Triebwerken der Flugzeuge der Klasse E um fast zu 90 % um Kolbenmotore der USA-Herstellerfirmen Continental und Lycoming handelt, gibt es bei den vorgeschriebenen Grundüberholungen kaum Schwierigkeiten.
Die in der Bundesrepublik Deutschland infrage kommenden Flugmotoren-Instandhaltungsbetriebe haben für die Grundüberholungen das hierzu notwendige Fachpersonal mit den entsprechenden Einrichtungen. Auch die für die Prüfläufe notwendigen Motoren-Prüfstände für die Leistungs- und Verbrauchsmessung nach der Überholung sind bei diesen Firmen vorhanden.
Die Überholungszeiten sind für die einzelnen Motoren-Baumuster nach der Anzahl der zugelassenen *Betriebsstunden* genau festgelegt. Der Überholung geht eine Zerlegung des Motors voraus. Die Art und der Umfang der Überholung wird in einem Befundbericht festgelegt und von einem Prüfer genehmigt. Nach dem Zusammenbau wird mit dem überholten Motor auf dem Motoren-Prüfstand ein *Prüflauf* durchgeführt und dabei festgestellt, ob die Leistung und der Kraftstoffverbrauch mit den angegebenen Daten des Leistungsblattes des Motors übereinstimmt. Erst dann wird vom Prüfer durch den Prüfschein die *Betriebstüchtigkeit* des Motors bescheinigt.
Aus diesen vorhergehenden Ausführungen ist klar zu erkennen, daß es nicht möglich ist, Grundüberholungen von Flugmotoren außerhalb der dafür vorgesehenen Motorenfirmen durchzuführen.

6. Sonderfragen der Instandhaltung

6.1 LBA-Lufttüchtigkeitsanweisungen

Zur Abwehr von Gefahren für die Sicherheit des Luftverkehrs und für die öffentliche Sicherheit und Ordnung durch die Luftfahrt erläßt das Luftfahrt-Bundesamt (LBA) gemäß § 29, Absatz 1 des Luftverkehrsgesetzes für das betroffene Luftfahrtgerät entsprechende Lufttüchtigkeitsanweisungen.

Werden die Maßnahmen, die in den Lufttüchtigkeitsanweisungen für das betroffene Luftfahrtgerät vorgeschrieben sind, nicht bis zu den angegebenen Terminen durchgeführt, so darf dies nicht mehr in Betrieb genommen werden.
Als Maßnahmen, die das LBA normalerweise vorschreibt, kommen u. a. in Betracht:

a) sofortige befristete Außerbetriebsetzung des Luftfahrtgerätes,
b) befristete oder unbefristete Einschränkung des Anwendungszweckes des Luftfahrtgerätes,
c) Anordnungen von durchzuführenden Änderungen bis zu einem bestimmten Termin,
d) Anordnung von Nachprüfungen bis zu festgesetzten Terminen,
e) Anordnung von Änderungen oder Vervollständigungen der zum Luftfahrtgerät gehörenden Betriebsanweisungen.

Die LBA-Lufttüchtigkeitsanweisungen werden allen Haltern von Luftfahrzeugen vom LBA zugestellt. Da die Halter für die Lufttüchtigkeit ihres Luftfahrtgerätes verantwortlich sind, müssen sie alle LBA-Lufttüchtigkeitsanweisungen verfolgen und diejenigen durchführen, die für ihr Gerätemuster angeordnet sind. In den Nachrichten für Luftfahrer (NfL) werden laufend alle LBA-Lufttüchtigkeitsanweisungen durch das LBA veröffentlicht.

6.2 Klarlisten

Im Rahmen einer Unfallverhütungsaktion des Deutschen Aero Clubs hat der Technische Ausschuß des DAeC vor einigen Jahren ein einheitliches Schema für eine Klarliste ausgearbeitet. Diese Einheitsklarliste kann mit wenigen Abänderungen für alle Flugzeugmuster der Klasse E, einmot. bis 2000 kp Fluggewicht, verwendet werden.
Die deutschen Flugzeug-Hersteller- und Händlerfirmen haben zum großen Teil — entsprechend dieses Vorschlages — für die jeweiligen Flugzeugmuster Klarlisten ausgearbeitet, die zusammen mit den üblichen Flug- und Betriebsunterlagen mitgeliefert werden.
Ein Beispiel ist die nachstehend aufgeführte Klarliste für das Flugzeugmuster *Bölkow Junior.*
Diese beschreibt stichwortartig eine *Außenkontrolle,* die täglich vor dem ersten Flug durchzuführen ist. Anhand dieser Klarliste kontrolliert der *Flugzeugführer* bei Beginn des Flugbetriebes das Flugzeug in Form eines Rundganges auf Betriebsklarheit. Die in die Skizze eingezeichneten Punkte sind, wie die Praxis gezeigt hat, besonders zu kontrollieren. Selbstverständlich ersetzt diese Außenkontrolle keine vom Hersteller angeordnete Wartungskontrolle. Die Flugklarmeldung des Flugzeugwartes muß also vorliegen.
Der erste Flug am Tage wird unter Berücksichtigung *aller Punkte* dieser Klarliste durchgeführt. Jeder weitere Flug unter demselben Flugzeugführer bedingt bei normalem Betriebsverhalten die Beachtung der zwischen den schwarzen Strichen angeführten Punkte, wenn an der Personen- und Gepäckzuladung nach der vorhergehenden Landung nichts geändert wurde.
Anweisungen für den Flugzeugführer über „Maßnahmen in besonderen Fällen" sind bewußt nicht aufgenommen worden, da beispielsweise beim Aussetzen des Motors der Flugzeugführer bestimmt nicht zuerst nach der Klarliste greift, sondern sich auf eine günstige Notlandung konzentrieren wird.

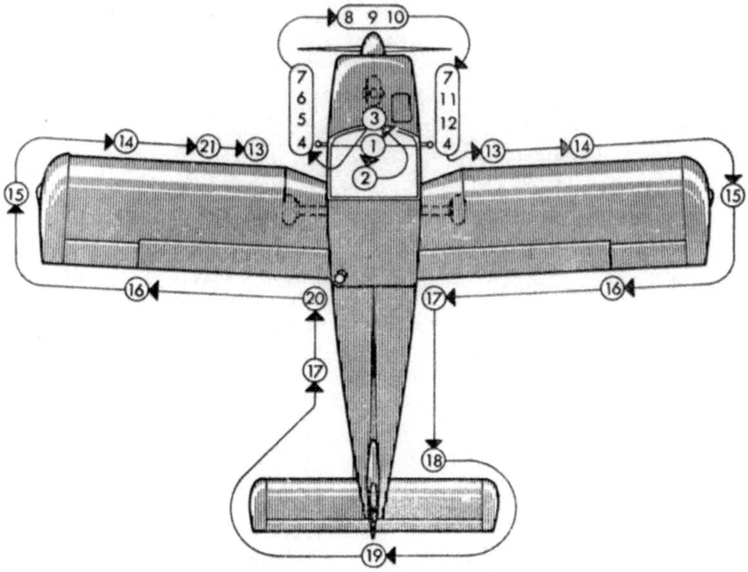

Bild 1 Bölkow Junior

Klarliste I

Außenkontrolle (täglich vor dem ersten Start)

Kontrollieren Sie in Pfeilrichtung:

1. Zündschlüssel abgezogen?
2. Parkbremse arretiert bzw. Bremsklötze vorgelegt?
3. Kabinenhaube, Verriegelung.
4. Auftritt.
5. Statische Druckabnahme frei?
6. Bugrad, Bereifung, Federbein.
7. Motorverkleidung, Verschluß, Leckstellen.
8. Luftfilter.
9. Luftschraube und Spinner, Luftschraube von Hand durchdrehen.
10. Aus ca. 5 m Entfernung: Tragflächen-, Leitwerk- und Fahrwerkstellung.
11. Ölvorrat. Deckel fest verschließen.
12. Klappe fest verschließen.
13. Laufrad, Bereifung, Federbein, Flügelstrebe.
14. Tragflächen-Ober- und Unterseite, Handlochdeckel.
15. Randverkleidung, Positionslampe.
16. Querruder, Landeklappe.
17. Verglasung, Rumpf, Handlochdeckel.
18. Höhenruder, Hilfsruder.
19. Seitenleitwerk, Positionslampe, Sporn.
20. Kraftstoffvorrat. Einfüllstutzen fest verschließen.
21. Staurohr, Überziehwarn-Geber.

Im Winter Schnee und Eis von allen Teilen sorgfältig entfernen!
Kondenswasser aus dem Filterbecher ablassen!

Klarliste II

Vor dem Anlassen

Bordpapiere	vorhanden
Flugplan, Abfertigung	erledigt
Bremsklötze	vorgelegt
Staurohrabdeckung	entfernt
Feuerlöscher	bereitgestellt
Kraftstoff- und Ölvorrat	kontrolliert
Fremdkörperkontrolle	durchgeführt
Beladung	nach Ladeplan
Passagier und Pilot	angeschnallt
Steuerung	kontrolliert
Bremsdruck	kontrolliert
Parkbremse	arretiert
Kabinenhaube	geschlossen und verriegelt
Kraftstoffhahn	auf
Bordnetz und elektrische Geräte	ein
Instrumente	kontrolliert
Kraftstoff-Notpumpe	funktioniert
Funksprechprobe	durchgeführt
Funkgerät	aus

Anlassen

Vergaservorwärmung	zu
Höhenkorrektur	voll reich
Gashebel	zurück
Luftschraubenbereich	frei
Ladekontrollampe	brennt
Zündschlüssel	„BOTH"
Anlasser	ziehen
Drehzahl	800 U/min
Öldruck	innerhalb 30 sec

Warmlauf und Abbremsen

Drehzahl nach 1 Min.	1200 U/min
Vergaservorwärmung	nach Bedarf
Öldruck	grüner Sektor
Öltemperatur	angezeigt
Magnetkontrolle	bei 1700 U/min
Drehzahlabfall max.	100 U/min
Vergaservorwärmung	Funktionsprobe
Drehzahlabfall hierbei	bis zu 250 U/min
Vollgasdrehzahl (McCauley)	2350 U/min
Leerlauf	600 U/min
Übergang	gleichmäßig

Rollen

Funkgerät	ein
Rollfreigabe	erteilt
Höhenmesser und Borduhr	eingestellt
Bremsklötze	entfernt
Rollweg	frei
Parkbremse	gelöst
Bremswirkung	geprüft
Vergaservorwärmung	nach Bedarf

Vor dem Start

Kabinenhaube	geschlossen und verriegelt
Anschnallgurte	angelegt
Trimmung	0°
Landeklappen	nach Bedarf
Zündschalter	„BOTH"
Höhenkorrektur	voll reich
Kraftstoffhahn	auf
Startfreigabe	erteilt
Anflugsektor und Startbahn	frei

Start

Flugzeug	in Startrichtung
Vergaservorwärmung	beachten
Gashebel	Vollgas
Abhebe-geschwindigkeit	ca. 50 Kt

Steigflug

Vergaservorwärmung	nach Bedarf
Landeklappen	eingefahren
Fluggeschwindigkeit	75 Kt
Instrumente	kontrolliert
Öltemperatur max.	107° C
Zylinderkopf-temperatur max.	274° C

Reiseflug

Trimmung	eingestellt
Vergaservorwärmung	nach Bedarf
Höhenkorrektur	über 5000 ft NN
Instrumente	kontrolliert

Gleitflug und Landung

Höhenkorrektur	voll reich
Vergaservorwärmung	eingeschaltet
Landeklappen	nach Bedarf
Parkbremse	gelöst
Anschwebe-geschwindigkeit	68—73 Kt

Abstellen

Parkbremse	arretiert
Drehzahl	1000 U/min
Zylinderkopf-temperatur	unter 160° C
Höhenkorrektur	voll arm
wenn Motor steht	Zündung aus
Brandhahn	zu
alle Schalter	aus

Mit der systematischen Anwendung der Klarliste kann wesentlich dazu beigetragen werden, Luftfahrzeugunfälle zu verhindern.

6.3 Unfallschäden und ihre Ursachen

Es ist eine allgemein bekannte Tatsache, daß der weit größte Prozentsatz aller Luftfahrzeug-Unfälle auf *menschliches Versagen* zurückzuführen ist.
Unfälle, die auf *technische Mängel* zurückzuführen sind, können erfahrungsgemäß folgende Ursachen haben:

a) *Mangelhafte Wartung,*
b) *Unsachgemäße Überholung,*
c) *Nichtbeachtung der Beladungspläne,*
d) Werkstoffehler,
e) Fertigungsfehler,
f) Konstruktionsfehler.

Die seit zehn Jahren gemachten Erfahrungen zeigen, daß die unter den a), b), c) aufgeführten Ursachen am häufigsten zu Unfällen führen.
Durch eine gute Ausbildung des Wartungspersonals und der fachmännischen Überholung des Fluggerätes können auftretende technische Mängel während des Betriebes erheblich vermindert werden.

6.4 Flugzeug-Instandhaltungsbetriebe

In den letzten zehn Jahren wurden in der Bundesrepublik Deutschland eine Anzahl mittlere und kleine Betriebe neu gegründet, die sich mit der Instandhaltung von zivilem und teilweise auch militärischem Luftfahrtgerät befassen.
Die Arbeitsaufteilung dieser Firmen in die Gruppen *Flugwerk, Triebwerk* und *Ausrüstung* ergab sich zwangsläufig durch die jeweils erforderlichen Betriebseinrichtungen und Fachpersonal.
Die Hauptschwierigkeit bei allen diesen Flugzeug-Instandhaltungsbetrieben ist die Vielzahl der Baumuster und das teilweise hohe Alter des Luftfahrtgerätes, das zur Instandhaltung anfällt.
Der heute noch größte Prozentsatz des in der Bundesrepublik zugelassenen Gerätes ist ausländischer Herkunft. Besonders bereitet die Ersatzteilbeschaffung erhebliche Schwierigkeiten. Das bedeutet häufig nicht nur lange Liegezeiten, sondern auch hohe Kosten für die Instandsetzung des Luftfahrtgerätes.
In den letzten Jahren wird von einer Anzahl der Flugzeugfirmen versucht, durch Zusammenschlüsse und gegenseitigen Erfahrungsaustausch die vorgeschilderten Schwierigkeiten wenigstens teilweise zu beheben.
Der Deutsche Aero Club hat bisher im Interesse seiner Mitglieder diese Bestrebungen mit allen ihm zur Verfügung stehenden Mitteln unterstützt. Er weist auch bei allen sich bietenden Gelegenheiten darauf hin, keine ausgefallenen und zu alten Flugzeuge zu kaufen, für die meistens nur mit hohen Kosten verbundenen Ersatzteile zu beschaffen sind.
Von Mitgliedern des DAeC wird immer wieder Klage über die angeblich zu hohen Instandsetzungskosten geführt, die von den Überholfirmen in Rechnung gestellt werden.
Wie die bisherigen Überprüfungen solcher beanstandeten Kostenrechnungen ergeben haben, entspricht allgemein der berechnete Lohnstundensatz ungefähr dem eines mittleren Kraftfahrzeugreparaturbetriebes. Daß für die zur Instandsetzung notwendigen Ersatzteile ein oft kaum vorstellbarer Preis berechnet wird, hängt, wie bereits schon erwähnt, damit zusammen, daß sie meistens aus dem Ausland bezogen werden müssen.

7. Technisches Wartungspersonal

7.1 Werkstattleiter

Die Bezeichnung *Werkstattleiter* (WL) ist im deutschen Segelflugsport zu einem festen Begriff geworden. Er ist innerhalb eines Flugsportvereins gewissermaßen der „Motor" für alle technischen Aufgaben. Die fachlichen Anforderungen an den WL sind mit der stetigen Weiterentwicklung des Flug- und Bodengerätes der letzten Jahre immer größer geworden. Darauf muß bei der Auswahl des infrage kommenden Personenkreises und bei der Ausbildung geachtet werden.

Die Ausbildung selbst erfolgt nach einheitlichen Lehrplänen, die vom Technischen Ausschuß des DAeC aufgestellt sind, in 14tägigen Lehrgängen. Die Landesverbände des DAeC sind für die Durchführung der Lehrgänge selbst verantwortlich.

Teilnahmeberechtigt sind Fachhandwerker, Techniker und Ingenieure, die vorher eine bestimmte Baustundenzahl im Werkstattbetrieb eines Vereins abgeleistet haben. Die WL-Anwärter sollen mindestens 21 Jahre alt sein.

Den Abschluß des Lehrganges bildet eine Prüfung, bei der die fachlichen und praktischen Kenntnisse der Teilnehmer beurteilt werden.

Den *DAeC-Werkstattleiterausweis* erhält jeder Lehrgangsteilnehmer, der die Prüfung bestanden hat.

Innerhalb der elf Landesverbände des DAeC waren Ende 1965 etwa *900 Werkstattleiter* für die Instandhaltung des Flug- und Bodengerätes tätig.

Die Ausbildungslehrgänge werden laufend weitergeführt, um einmal jungen Nachwuchs heranzubilden, gleichzeitig aber auch mit dem steten Anwachsen des Gerätes die notwendige Anzahl der WL zur Verfügung zu haben.

7.2 Flugzeugwart

Die Flugzeuge in der Klasse E stellen mit ihrem verhältnismäßig einfachen Aufbau und in ihrer Ausrüstung keine allzu hohen Anforderungen an die Wartung während der Betriebszeit.

Daher ist es auch zulässig, daß der Halter dieser Flugzeuge, die nicht für den *gewerblichen* Verkehr verwendet werden, die Wartung selbst durchführen kann.

Da aber die Flugsicherheit von einer fachgemäßen Wartung in erheblichem Maße abhängt und ein großer Prozentsatz der Flugzeuge der Klasse E von den Mitgliedern des DAeC geflogen wird, wurde die Fachrichtung *Flugzeugwarte* eingeführt.

Die Ausbildung dieses Wartungspersonals erfolgt nach einheitlichen Lehrplänen, die vom Technischen Ausschuß des DAeC aufgestellt sind.

Als Teilnehmer für diese Lehrgänge, die von den Landesverbänden des DAeC durchgeführt werden, kommen hauptsächlich Fachhandwerker und Techniker in Frage, die beruflich auf artverwandtem Gebiete tätig sind. Die praktische Ausbildung der Wartung erfolgt an solchem Flugzeugmustern, die stückzahlmäßig am meisten in der Bundesrepublik zugelassen sind. Nach bestandener Prüfung erhält der Teilnehmer eines Lehrganges den *DAeC-Ausweis für Flugzeugwarte.*

In dem Ausweis sind die Flugzeugmuster eingetragen, für die der Inhaber die Wartungsberechtigung erworben hat. Ende 1965 waren im DAeC ca. 400 Flugzeugwarte nebenberuflich für die Wartung tätig, die in Lehrgängen ausgebildet wurden.

7.3 Prüfer im Wartungsdienst

Die Wartung an Luftfahrzeugen, die für den *gewerblichen* Verkehr verwendet werden, darf nach den gesetzlichen Vorschriften nur von einem *Prüfer im Wartungsdienst* oder

einem anerkannten *Flugzeugüberholdienst* durchgeführt werden. Der Prüfer im Wartungsdienst ist ein Flugzeugwart mit einer Prüferlaubnis, die das Luftfahrt-Bundesamt erteilt.
Die fachlichen Voraussetzungen für den Erwerb der Erlaubnis sind vom LBA festgelegt. Die Fachprüfung besteht aus einer theoretischen und einer praktischen Prüfung. Der Umfang der Prüfung bestimmt sich von Fall zu Fall nach der gewünschten Prüfberechtigung und der Art der Luftfahrzeugmuster, für die eine Erlaubnis beantragt wird. Die Ausbildungsunterlagen, in denen die Prüfungs- und Zulassungsbedingungen enthalten sind, gibt das Luftfahrt-Bundesamt heraus, das auch die Prüfungen selbst durchführt oder durch beauftragte Stellen durchführen läßt.

7.4 Sonstiges technisches Personal

Eine Anzahl technischer Aufgaben, die für die Instandhaltung des Luftfahrtgerätes notwendig sind, erfordern Fachkräfte mit speziellen Kenntnissen. Es sollen hier nur solche Spezialkräfte aufgeführt werden, die hauptsächlich im Bereich des Luftsportes ausgebildet werden und dort tätig sind.

7.4.1 Flugzeugschweißer

Von der Güte einer Schweißung hängt im Flugzeugbau und in der Reparatur, besonders bei lebenswichtigen Teilen, in hohem Maße die Betriebssicherheit ab.
Aus diesem Grunde dürfen Schweißungen an Luftfahrzeugen und Bauteilen usw. nur von Schweißern ausgeführt werden, die im Besitze eines Prüfzeugnisses für Flugzeugschweißer sind. Die spezielle Ausbildung hierfür erfolgt für die infrage kommenden Mitglieder des DAeC durch die Beratungsstelle für Autogen-Technik e. V. (BEFA). Die Prüfungszeugnisse, die jeweils ein Jahr Gültigkeit haben, werden von den BEFA-Sachverständigen ausgestellt. Nach den bestehenden Vorschriften muß die Schweißerprüfung nach Ablauf eines Jahres wiederholt werden, wenn das Prüfungszeugnis seine Gültigkeit behalten soll. Die jährlichen Wiederholungsprüfungen werden ebenfalls von der BEFA durchgeführt. Für die bei der Flugzeugindustrie tätigen Flugzeugschweißer gelten die gleichen Vorschriften.
Ende 1965 waren in den Landesverbänden des DAeC etwa 220 geprüfte Flugzeugschweißer tätig.

7.4.2 Fallschirmpacker

Die Mehrzahl der in der Zivilluftfahrt verwendeten Fallschirme dient als *Rettungsgerät.* Aber auch als Sportgerät zum *Fallschirmspringen* findet der Fallschirm einen steigenden Verwendungszweck. Die einwandfreie und betriebssichere Funktion des Fallschirmes ist hier bei beiden Verwendungszwecken von entscheidender Bedeutung. Die laufende Wartung und zeitgerechte Prüfung nach den Betriebsvorschriften ist eine unabdingbare Voraussetzung hierzu.
Die laufende Wartung erfolgt dadurch, daß der Fallschirm in festgesetzten Zeitabständen, die vom Hersteller in den Betriebsvorschriften angegeben sind, neu *gepackt* wird. Normalerweise beträgt diese Frist zwei Monate. Die Wartung, d. h. das fristgemäße Neupacken des Fallschirmes, erfolgt durch den *Fallschirmpacker.* Die Ausbildung dieses Fachpersonals erfolgt nach den von der DFL aufgestellten Richtlinien, in den meisten Fällen bei den Fallschirmherstellerfirmen. Die Ausbilder und das Lehrpersonal benötigen dazu eine Lehrbeauftragung von der DFL. Nach der Ausbildung ist eine Prüfung abzulegen, die ein Vertreter der DFL abnimmt. Den *Befähigungsnachweis als Fallschirmpacker* stellt die DFL aus. Er gilt als *Erlaubnisschein* zum Packen von Fallschirmen.

In einer Dienstanweisung für Fallschirmpacker, die vom LBA genehmigt ist, sind die Aufgaben und Verantwortung des Fallschirmpackers mit Erlaubnis festgelegt.
Die vorgenannten Bestimmungen gelten nicht für die Wartung der Fallschirme, die zum *Fallschirmspringen* benützt werden. Der Fallschirmspringer mit Erlaubnis ist berechtigt, seinen zum *eigenen Gebrauch* benutzten Fallschirm selbst zu packen. Bei der Ausbildung zum Fallschirmspringer muß er gleichzeitig auch das Packen der Fallschirme lernen.

7.4.3 Funkgerätewart

Die Flugfunkgeräte und Bodenfunkanlagen, die in großer Zahl im Segelflug- und Motorflugsport verwendet werden, erfordern zur Erhaltung ihrer Betriebsfähigkeit eine sorgfältige Wartung. Da diese Aufgabe geeignetes Fachpersonal erfordert, wurde im DAeC die Fachrichtung *Funkgerätewart* eingeführt.
Die Ausbildung der Funkgerätewarte erfolgte bisher zum großen Teil durch die Firma Flugfunkwerk Becker GmbH, Baden-Baden. Die Teilnehmer an diesen Kurzlehrgängen von drei Tagen sollen möglichst eine abgeschlossene Ausbildung auf dem Gebiete der Hochfrequenztechnik haben.
Die Ausbildung beschränkt sich auf die Spezialgebiete der Funkgeräte, die für die Wartung der Geräte notwendig ist.
Nach dieser Ausbildung soll der Funkgerätewart in der Lage sein, mit möglichst wenigen Hilfsmitteln die auftretenden Störungen zu beseitigen. Außerdem soll er bei größeren Fehlern beurteilen können, in welcher Stufe der Anlage die Störung auftritt. Er soll weiter in der Lage sein, den Ausbau der Geräte vornehmen zu können und den Reparaturfirmen die notwendigen Hinweise für die Fehlerbeseitigung zu geben.

8. Schrifttumshinweise

[1] *Jacobs, Hans* und *Lück, Herbert:* Werkstattpraxis für den Bau von Gleit- und Segelflugzeugen. 7. Aufl. Ravensburg: Otto Meier Verlag 1955, 354 S.

[2] *Sudasch, Erich:* Schweißtechnik. 2. Aufl. München: Carl Hanser Verlag 1959, 798 S.

[3] *Knott, Heinrich:* Luftfahrtgerät. Seine Prüfung und Zulassung. Essen-Stadtwald: Heimat Verlag Alfred Müller 1960, 95 S.

[4] *Matschego, Josef:* Prüfung und Zulassung des Luftfahrtgerätes. München: Hanns Reich Verlag 1960, 176 S.

[5] *Schneider, Hans:* Flugzeugbau. Handbuch für die Werkstattpraxis. Essen: Verlag W. Girardet 1962, 226 S.

[6] — Arbeitsblätter für den Prüfdienst. Hrsg. Prüfstelle für Luftfahrtgerät, Mülheim-Ruhr (lfd. Herausgabe).

[7] — Ausbildungsrichtlinien für das technische Personal im Luftsport. Herausgeber: Deutscher Aero Club e. V., Technischer Ausschuß, Frankfurt/Main.

[8] — Handbuch für die Wartung von Sportflugzeugen. Zu beziehen von: Luftfahrt-Vertriebs- und Wirtschafts-GmbH, 433 Mülheim/Ruhr, Friedrich-Ebert-Straße 45.

[9] *Brütting, Georg:* Taschenbuch des Motorfliegers. 2. Aufl. Stuttgart: Franckhsche Verlagshandlung 1966, 608 S.

Reparatur und Änderung von Flugzeugen

von Ing. E. Rademacher

Gliederung

1. Einführung

In dieser Arbeit soll das Vorgehen bei der Reparatur und Änderung von Flugzeugen gestrafft wiedergegeben werden, um damit allen interessierten Stellen, einschließlich der Halter, zweckmäßige Informationsunterlagen allgemeiner Art an die Hand zu geben. Die Reparatur ist die Wiederinstandsetzung von Baugruppen oder Bauteilen in einen sicheren Zustand nach Eintritt eines Schadens. Die Art der Wiederinstandsetzung ist abhängig von

a) der Art des Schadens,
b) dem Umfang des Schadens,
c) den Möglichkeiten des Reparierenden,

und kann erfolgen durch

1. Reparatur der unmittelbar betroffenen Bauteile,
2. Austausch der unmittelbar betroffenen Bauteile,
3. Austausch von Baugruppen.

Die Durchführung von Änderungen erfolgt im wesentlichen mit dem Ziel, neu erworbene Erkenntnisse aus Theorie, Versuch und Praxis zu berücksichtigen. In erster Linie dient der Einbau von Änderungen in der Fertigung oder während der Wartung der Erhöhung der Flugsicherheit, darüber hinaus werden längere Lebensdauer sowie bessere Wartbarkeit angestrebt, siehe Bild 1.

Bild 1 Änderungsüberholung und Reparatur an Düsenflugzeugen F-84 bei VFW

2. Die Reparaturschäden an Flugzeugen

2.1 Schadensursachen

Die Ursachen für das Auftreten von Schäden sind vielfältiger Art. Sie sind ein Ausdruck dafür, daß der Mensch in der Anwendung sowie Handhabung der Technik immer wieder zu Kompromissen gezwungen ist. Dies beginnt bereits bei Projekt und Konstruktion eines Flugzeuges und findet ebenfalls bei Fertigung und Einsatz seine Bestätigung.

Die Untersuchung von Schadensursachen läßt häufig Schwerpunkte erkennen, die von der Art des Einsatzes (häufige Landungen), vom Einsatzort (Klima) sowie von den Einsatzbedingungen bestimmt werden. Normale Verschleißerscheinungen sollen nicht Gegenstand der nachfolgenden Betrachtungen sein. Sie werden innerhalb der laufenden Wartung der Flugzeuge erfaßt.

2.1.1 Schäden durch Alterung und Ermüdung

Schäden durch Alterung entstehen, wenn äußere Einflüsse und Einwirkungen den Gebrauchszustand nach der Herstellung ständig verringern. Hierzu gehört z. B. das

Altern von imprägnierten Bespannstoffen ebenso wie die Minderung der Elastizität und Festigkeit von Gummischläuchen oder sonstigen Gummidichtungen.
Um Schäden dieser Art zu vermeiden, werden vom Hersteller Vorschriften über maximale Lager- sowie Einbauzeiten festgelegt, die je nach den Einsatzbedingungen durch den Flugzeugkonstrukteur noch reduziert werden. In neuerer Zeit werden im Flugzeugbau für Schläuche, Dichtungen usw. vielfach alterungsbeständige Materialien, z. B. Teflon, verwendet.

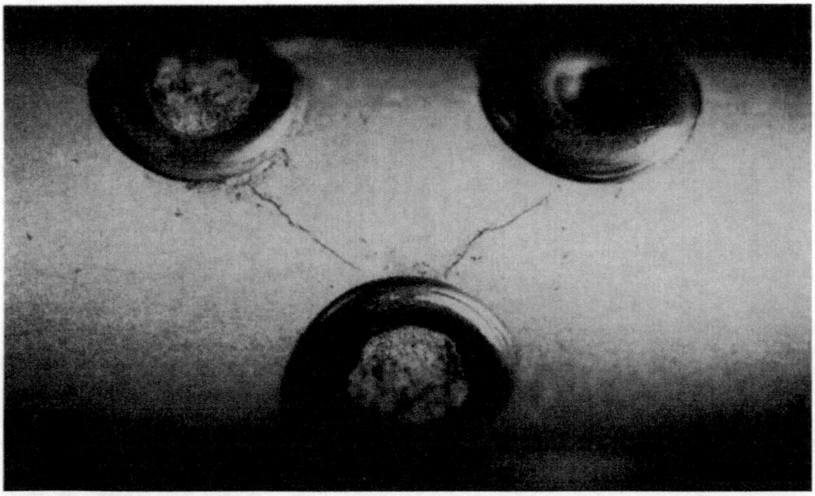

Bild 2 Risse im Bereich der Nietung einer Querruder-Stoßstange

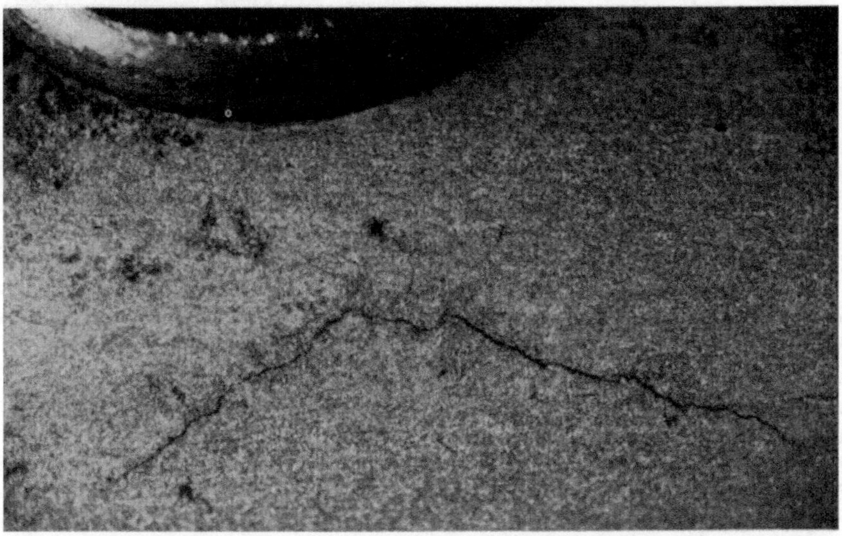

Bild 3 Risse und Korrosionsstellen im Bereich der Nietung

Ein großer Teil der Aufwendungen bei der Entwicklung eines Flugzeuges dient dem Nachweis der errechneten Belastungsgrenzen sowie der Ermittlung der Dauerfestigkeit einzelner Bauteile oder Baugruppen in statischen und dynamischen Versuchsreihen, im Versuchsgerüst oder durch eine Flugerprobung.
Dennoch können Schäden durch Ermüdung des Materials nicht völlig vermieden werden. Da aufgrund der Leichtbauweise mit relativ geringen Sicherheiten gerechnet wird, können die im Versuch nicht erfaßbaren Einflüsse des praktischen Flugbetriebes zum plötzlichen Auftreten von Ermüdungsschäden führen. Diese Schäden können bei sorgfältiger, regelmäßiger Wartung in den meisten Fällen rechtzeitig erkannt werden, die Behebung kann jedoch sehr aufwendig sein, wenn ganze Flugzeugserien an Schwachstellen zu reparieren, vorbeugend zu verstärken oder durch Umkonstruktion der betroffenen Bauteile zu ändern sind, siehe Bild 2, 3 und 4.

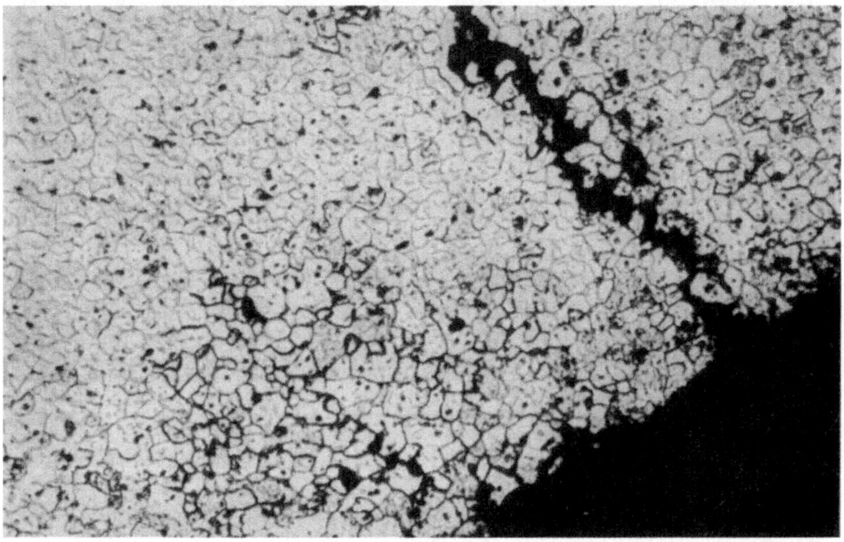

Bild 4 Korrosionserscheinungen an der Stoßstange (Schliffbild, geätzt)

2.1.2 Schäden durch Korrosion

Korrosionsschäden gehören mit zu den teuersten Schäden, die die Volkswirtschaft belasten. Ebenso aufwendig und vielfältig sind daher die Bemühungen, Korrosion zu vermeiden.
Neben dem konventionellen Korrosionsschutz (Farbkonservierung, Eloxierung, Plattierung u. a.) werden im Flugzeugbau in weitgehendem Maße Werkstoffe verwendet, die neben geringem Gewicht, hoher Festigkeit über große Temperaturbereiche noch die Vorzüge einer ausreichenden Widerstandsfähigkeit gegen Witterungseinflüsse aufweisen. Trotz dieser umfangreichen Bemühungen sind in der Praxis täglich große Aufwendungen notwendig, um ausreichenden Korrosionsschutz zu gewährleisten bzw. durch Korrosion befallene Bauteile wiederinstandzusetzen, siehe Bild 5.
Die Korrosionsanfälligkeit eines Flugzeuges wird u. a. erheblich von den klimatischen Verhältnissen am Einsatzort bestimmt. Insbesondere Seenähe und salzhaltige Luft fördern Korrosion und führen zu Störungen des Flugbetriebes, wobei Häufigkeit und Anfälligkeit je nach Baugruppe oder Anlage unterschiedlich sein kann:

Bild 5 Korrosionserscheinungen an einer Hauptfahrwerks-Felge

a) Zelle

Am häufigsten tritt Korrosion an der Außenhaut der Zelle, in den Fahrwerksschächten und den Triebwerk-Lufteinläufen bei Düsenflugzeugen auf. Die Vorbehandlung befallener Flächen erfolgt durch Beizen. Es folgt ein Kontaktanstrich (Primer) und danach ein Schutzanstrich (Einkomponenten- bzw. Mehrkomponentenlack), der in seiner Ausführung zum Beispiel gleichzeitig als Tarnanstrich dienen kann.

b) Triebwerk

Eine peinlich genaue Einhaltung der relativ umfangreichen Wartungsvorschriften soll Schäden durch Korrosion an Triebwerken mindern. Lufteinlaß-Führung, der gesamte Kompressorbereich sowie der von Kühlluft umströmte Außenmantel der heißen Zone sind besonders kritische Baugruppen. Statistische Ermittlungen verzeichnen in Seenähe bei verschiedenen Triebwerkstypen Ausfallquoten durch Korrosion zwischen zwei Überholungen von ca. 30 %. Vorbeugende Maßnahmen sind ausreichende Behandlung der Lauf- und Leitschaufeln durch widerstandsfähige Überzüge und Verwendung von korrosionsbeständigen Legierungen in den bisher als nicht kritisch angesehenen Bereichen.

Einen guten, jedoch gegenüber mechanischen Beschädigungen empfindlichen Schutzüberzug bildet die keramische Beschichtung. Sie findet überwiegend in Brennkammern und Nachbrennern Anwendung. Natürlich ist die Verwendung von hochwertigen Legierungen ebenso wie die in teuren Prozessen aufzubringenden Schutzüberzüge eine Frage der Wirtschaftlichkeit. Wenn andere Einflüsse maßgebend Überholungszyklus und Lebensdauer eines Triebwerkes bestimmen, kann ein vertretbarer Wartungsaufwand zur Korrosionskontrolle bei Einsparung hoher Material- und Fertigungskosten in Kauf genommen werden.

c) Allgemeine Ausrüstung

Von der Ausrüstung seien lediglich die elektrischen Anlagen sowie Bauteile der Klimaanlage erwähnt, deren Ausfallquote durch Eindringen von Feuchtigkeit und die damit verbundene Korrosion beachtlich ist. Erfahrungen zeigen, daß bei der Auslegung von Geräten (Motoren, Schaltern, Steckern) von seiten der Geräteindustrie dem Korrosionsproblem noch mehr Aufmerksamkeit geschenkt werden muß. Die Spezifikation des Konstrukteurs sollte für den Gerätehersteller unter Berücksichtigung des späteren Einbauortes auch hinsichtlich der Korrosionsbeständigkeit Informationen enthalten. Das trifft besonders für außen liegende Bauteile der Ausrüstung wie Geräte in den Fahrwerksschächten zu.

Schäden durch Kurzschlüsse, falsche Befehle durch Kriechströme (z. B. auf Absprengstromkreise) oder Funktionsausfälle infolge mangelhafter Steckerkontakte könnten so vermieden werden. Es ist wenig sinnvoll, Ventilkörper- und Kolben eines Absperrorganes der Klimaanlage, das von feucht-heißer Luft durchströmt wird, in korrosionsbeständiger Ausführung zu wählen, wenn die zugehörige Rückholfeder aus normalem Federstahl besteht. Durch den innerhalb kürzester Zeit entstehenden Rost werden Ventilsitz und -kegel mit Roststaub belegt und das Ventil am Schließen gehindert. Hier ist es Aufgabe der Praxis, durch ein entsprechendes Meldewesen den Gerätehersteller zu einer entsprechenden Änderung zu veranlassen sowie den Konstrukteur zu unterrichten.

d) Elektronik

Noch empfindlicher als die elektrischen Anlagen reagieren elektronische Baugruppen auf das Eindringen von Feuchtigkeit und Korrosion. Begünstigt wird die Entstehung der Korrosion noch durch die notwendige Zwangsbelüftung, die bei bestimmten Konstruktionen die zum Teil in Kompaktbauweise angeordnete Installation zur Abführung der Arbeitswärme durchströmt. Die Kühlluft wird zwar vielfach durch Trockenpatronen geführt, die wiederum elektrisch regeneriert werden, jedoch reicht diese Maßnahme allein nicht aus, um Korrosionsbefall zu verhindern. Am anfälligsten sind zweifellos abgestellte Flugzeuge, da die Feuchtigkeit in diesem Fall ungehindert ein-

Bild 6 Schaufelschaden an den Laufschaufeln eines Axialverdichters

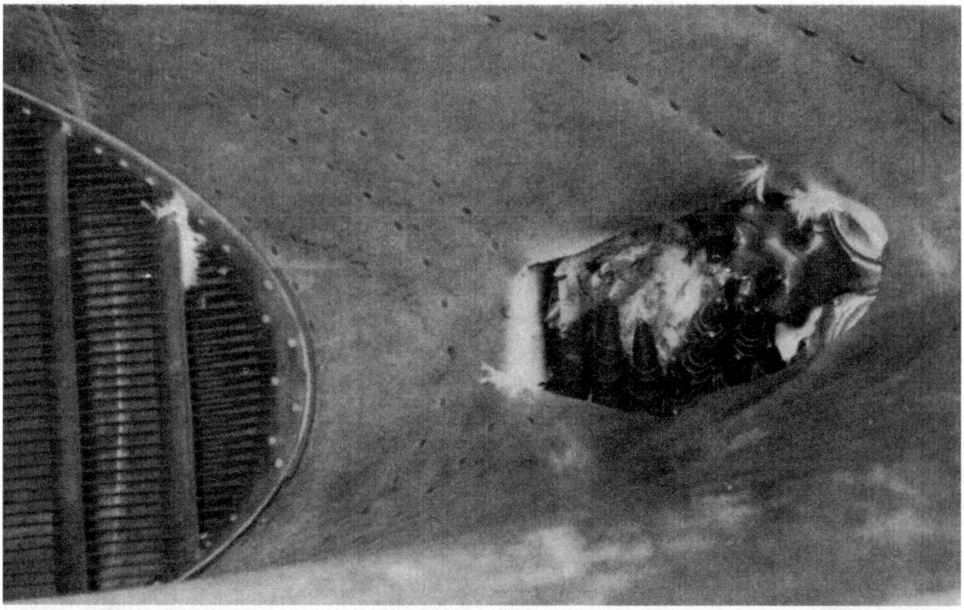

Bild 7 Nahaufnahme des Vogelschadens

dringen kann. Fehlerstatistiken lassen erkennen, daß die Ausfälle an Radar- und Navigationsanlagen im Seeklima ein Mehrfaches der Fehlfunktionen bei Einsatz in Gegenden mit einer Luftfeuchtigkeit $< 50\,\%$ sind.

2.1.3 Schäden durch Fremdkörper

Durch die mit großer Sorgfalt betriebenen Sichtkontrollen während der Fertigung und Wartung von Flugzeugen sind Schäden durch Fremdkörper sehr selten. Sie zählen zweifellos zu den unangenehmsten Vorkommnissen, da sie in ihrer Ursache fast ausnahmslos auf menschliches Versagen oder mangelnde Aufmerksamkeit zurückzuführen sind und können kostspielige Folgen haben, wenn z. B. bei Strahltriebwerken Schaufelschäden durch das Ansaugen von losen Nieten und Schrauben oder steckengebliebenen Schlagschrauberspitzen aus den Ansaugschächten entstehen, siehe Bild 6. Auch durch fliegende Vögel können Schäden am Flugzeug verursacht werden, siehe Bild 7. Zur Vermeidung von Fremdkörperschäden haben sich u. a. folgende Maßnahmen bewährt:

1. Arbeiten nur mit signiertem Werkzeug.
   Wöchentliche Überprüfung des eigenen Werkzeugbestandes auf Vollzähligkeit (schriftliche Bestätigung).
   Meldepflicht bei fehlendem Werkzeug (Formblatt mit Angabe von wahrscheinlichem Verlustdatum, Verlustort usw.).
2. Tragen von Arbeitskleidung ohne Taschen bei bestimmten Arbeiten.
3. Absaugen, nicht Ausblasen von Fertigungsspänen.
4. Fremdkörperkontrollen vor Anbringen von Klappen mit anschließendem Versiegeln.

5. Sofortiges Verschließen von getrennten Rohrleitungen und Steckverbindungen mit sauberen Verschlußstopfen oder -kappen.
   Damit Kappen und Stopfen beim Wiederanschließen nicht selbst zu Fremdkörpern werden, sollten sie farbig (z. B. orange) und mit ausreichend breitem Rand versehen sein.

2.1.4 Schäden durch Überbeanspruchung

Flugzeuge werden entsprechend den an sie gestellten Forderungen für bestimmte Belastungen ausgelegt, die nur um ein festgelegtes Maß überschritten werden dürfen (Lastvielfaches). Wird der als Maximalbelastung angegebene Wert überschritten, sind vorgeschriebene Überprüfungen vorzunehmen, um den Grad einer eventuell bleibenden Verformung festzustellen:

a) Vermessung von Zelle und Fahrwerk (Nivellierung),
b) Rißprüfung am Fahrwerk,
c) Röntgenprüfung verdeckt liegender Strukturteile.

Praktische Fälle solcher Überbelastung sind zum Beispiel:

1. Zu große positive oder negative Beschleunigung,
2. Harte Landung,
3. Netz- oder Hakenfang.

2.1.5 Schäden durch Unfälle

Trotz größter Sorgfalt bei Wartung und Überholung von Flugzeugen führen unvorhergesehene Ereignisse zu Unfällen. Ein Teil dieser daraus entstehenden Unfallschäden sind reparaturfähig und reparaturwürdig.

3. Die Schadensfeststellung

3.1 Allgemeines

Die Praxis der militärischen Flugzeugwartung kennt in zunehmendem Maße keine Grundüberholung der Zelle, also keine zeitlich begrenzte Lebensdauer von Strukturteilen, im Gegensatz zur begrenzten Laufzeit verschiedener Geräte und Ausrüstungsteile. Der Arbeitsumfang der bei der Industrie durchzuführenden Kontrollen schließt regelmäßig eine Untersuchung der Zelle auf mögliche Schäden ein. Selbstverständlich existieren auch hier flugstundenabhängige Sonderkontrollen, doch beschränken diese sich auf festumrissene Arbeiten, kennen in ihrem Umfang bei zunehmender Flugstundenzahl keine wesentliche Steigerungsform und werden bei der am nächsten anstehenden periodischen Inspektion durchgeführt. Der Grund für die Festlegung ist eine möglichst weitgehende Entlastung der fliegenden Verbände von größeren Wartungs- und Reparaturarbeiten an der Zelle und ein aus Erfahrung erworbenes Vertrauen zur Konstruktion moderner Flugzeuge.

3.2 Untersuchungsmethoden zur Abgrenzung von Schadensbereich und Schadensumfang

3.2.1 Voruntersuchung

Bei Eintritt eines Schadens ist zunächst eine prinzipielle Schadensbegutachtung durch einen Fachmann vorzunehmen. Diese Gutachten sollte die Richtlinie für das weitere Vorgehen sein und folgende Angaben enthalten:

1. Kurze Beschreibung des Schadens (evtl. Foto).
2. Mitteilung über den möglichen Reparaturort. Durchführung der Reparatur durch Arbeitskolonnen beim Halter oder nur unter Verwendung von Bau- und Reparaturvorrichtungen bei der Industrie.
3. Grobe Abschätzung der notwendigen Reparaturstunden.
4. Notiz über einen besonderen Terminwunsch des Halters, der die Kostenfrage nicht unerheblich beeinflussen kann.
5. Hinweise auf besondere Schwierigkeitsgrade.
6. Aussagen über den sonstigen Allgemeinzustand des Flugzeuges.
   Es ist hier zweckmäßig, einen Vordruck zu verwenden, der natürlich noch weitere Fragen enthalten kann.

Parallel zu den obengenannten Betrachtungen sind bei bestimmten Schadensfällen Untersuchungen erforderlich, die sich auf weitere Flugzeuge dieses Typs beziehen und eventuell ein Startverbot bis zur Klärung bzw. Behebung erforderlich machen können.

3.2.2 Der Befund

Bestehen nach Auswertung dieser Angaben prinzipiell keine Einwände gegen die Durchführung der Reparatur, wird das Flugzeug zur näheren Untersuchung bereitgestellt. Die Vorbereitung zur Befundaufnahme umfaßt notwendige Ausbauten sowie die Reinigung der vom Schaden betroffenen Bereiche. Die Befundaufnahme selbst beginnt mit einer *Sichtkontrolle* der einzelnen Bauteile und wird von der zuständigen Kontrollabteilung durchgeführt. Bei dieser Prüfung werden zerstörte Positionen gekennzeichnet bzw. bereits ausgesondert. Gleichzeitig wird je nach Art und Umfang des Schadens festgelegt, welche Bereiche unter Benutzung von Hilfsmitteln näher zu untersuchen sind. Die *Zustandskontrollen* umfassen u. a.

1. das Vermessen von Teilen mit Meßmitteln (Meßwerkzeuge, optische Geräte, Lehren),
2. die magnetische wie die chemische Rißprüfung,
3. die Untersuchung mit Ultraschall- und Röntgenstrahlen

und werden von speziell mit diesen Verfahren vertrauten Abteilungen vorgenommen. Sind für eine Befundaufnahme Untersuchungen bestimmter Bauteile notwendig, erfolgt eine Überprüfung dieser Teile in hierfür eingerichteten Spezial-Werkstätten. Die Ergebnisse dieser Kontrollen werden im Befundbericht festgehalten, die folgende Angaben enthalten soll, siehe Tafel 1:

a) laufende Nummer,
b) Teil-Nummer aus dem Teile-Katalog des Herstellers (notwendig für eine genaue Identifizierung wie Material-Beschaffung),
c) Teil-Bezeichnung und genaue Angabe über den Zustand (Befund),
d) Codierte Verfügungsanweisung, z. B.
   Code 1 — reparieren,
   2 — ersetzen,
   3 — durchführen,
   4 — beheben,
   5 — bleibt,
   6 — nähere Überprüfung.

Karte Nr. Pos. Nr.	Arbeitsbereich	Mechaniker	Ges. Zeit	Werkauftrag	VFW-Nr.	Beanstandungsblatt

Beanstandungen	Material	Code	Vorgabe Zeit	behoben durch

festgestellt durch:	Datum:	Dockführer	Ende des Befundes: Bl. Nr. Kontrolle beendet am:

Verteiler: A Tvp5 B Tvm5 C Tk5 D Betrieb

VFW 932/1

Tafel 1 Beanstandungsblatt für die Befundaufnahme

VFW Vereinigte Flugtechnische Werke GmbH	Material-Verfügungs-Ausschuß MVA Werk 2/5	Lfd. Nr. Kontroll-Leitung Lfd. Nr. Konst.-Vermittlung
Baumuster:	VFW-Figz.-Nr: S/N o. Werk-Nr:	
Gegenstand:	P/N o. Teil-Nr: Zeichnungs-Nr: Techn. Vorschrift:	
Beanstandung:		

O. a. Beanstandung ist/wird auf AFTO-Form 29, lfd. Nr. .... vom .... gemeldet.	
Kontrolleur: Datum:	Kontrollstellenleiter: Datum:
Entscheidung:	

Konstruktion:	Statik:	Norm:
Konstruktionsvermittlung Datum:	Kontroll-Leitung Datum:	Bauaufsicht d. Bundeswehr b. Fa. VFW Datum:

Tafel 2 Formblatt des Material-Verfügungs-Ausschusses

Der Befund wird unterzeichnet und an folgende Abteilungen verteilt:

1. Planung (zwecks Bewertung, Erteilung von Arbeitsaufträgen und Ablaufsteuerung),
2. Materialwesen (zwecks Materialbeschaffung),
3. Qualitätskontrolle.

Treten im Rahmen der Befundaufnahme Zweifel über Art und Umfang der Schadensbehebung auf, so wird der für solche Fälle eingesetzte Material-Verfügungsausschuß (MVA) mit Hilfe eines speziellen Formblattes informiert und um Entscheidung ersucht, siehe Tafel 2. Der MVA ist ein Gremium, das sich aus qualifizierten Sachverständigen zusammensetzt und dem die Vertreter von Kontrolle, Arbeitsvorbereitung, Konstruktion sowie bei öffentlichen Auftraggebern deren Vertreter (Bauaufsicht) angehören.

3.3 Statistik

Im Rahmen der Schadensfeststellung und Schadensverhütung hat die Statistik eine nicht unwesentliche Aufgabe zu erfüllen. Sie ist als Hilfsmittel für eine zentrale Auswertung von Untersuchungsergebnissen unerläßlich. Besondere Bedeutung ist der statistischen Auswertung der Befundberichte beizumessen. Sie können sowohl als Grundlage für die Ermittlung von Schwachstellen dienen als auch für die Planung einer richtigen Bevorratung oder zur Abschätzung des Reparaturumfanges im Rahmen der Überholung eines Flugzeuges. Weist die statistische Auswertung z. B. eine Häufigkeit gleichartiger Reparaturen aus, wird der Hersteller vorbeugende Maßnahmen einleiten und diese Schwachstelle durch eine Änderung beheben.
In großen Überholungs- und Reparaturprogrammen werden zur technischen und logistischen Befundauswertung in zunehmendem Maße Datenverarbeitungsanlagen eingesetzt. Aus dem Gesamtbefundbericht ist für diese Zwecke ein Auszug zu erstellen, der darüber hinaus noch den besonderen Erfordernissen der Datenverarbeitung gerecht wird. Diese Datensammlung kann u. a. folgende Angaben enthalten:

1. Bezeichnung des beanstandeten Teiles,
2. Teil-Nr.,
3. Flugzeug-Type,
4. Flugzeug-Werknummer,
5. Systembezeichnung, zu dem das Teil gehört,
6. Einbauort des Teiles,
7. Fehlerart,
8. Zeitpunkt der Feststellung,
9. Datum der Feststellung,
10. Halter des Flugzeuges.

Diese Angaben werden überwiegend in Form von Zahlen in die Rechenanlage gegeben und setzen voraus, daß dem Befund-Auswerter ein entsprechender Code-Katalog zur Verfügung steht (z. B. zu 6: 1 = linke Fläche, 2 = rechte Fläche, 3 = Höhenleitwerk usw.). Dieser Katalog muß je nach Bedarf laufend ergänzt werden können.
Aus einer solchen Angabensammlung ist es durch entsprechende Programmbefragung möglich, kritische Stellen einzelner Systeme zu erkennen und bei Häufung bestimmter Fehler beim gleichen Halter Wartungsmängel zu beseitigen. Datum und Ort lassen eventuelle Rückschlüsse auf Wetter- und klimabedingte Schwächen schließen (Elektronik-Fehler, Korrosion). Der Zeitpunkt der Feststellung (Stunden-, Sonder-Inspektion,

Reparatur) kann Einfluß auf Neufestlegung von Inspektionsintervallen oder Erweiterung der Kontrollen haben.

4. Die Reparaturanweisung

4.1 Herstellerempfehlungen

Zu der Reihe der technischen Bauunterlagen, die von seiten des Herstellers eines Flugzeugbaumusters für eine Funktionsunterweisung und Handhabung bei der laufenden Wartung zu erstellen sind, gehört auch das Reparaturhandbuch. Da nun bei Indienststellung eines neuen Flugzeugtypes dem Konstrukteur die Schwachstellen nicht bekannt sind, wird dieses Reparaturhandbuch zunächst einen relativ geringen Umfang haben. Es wird im wesentlichen den Bereich der Zelle behandeln und Angaben über Reparaturfälle enthalten, die bei vorausgegangenen, vergleichbaren Flugzeugtypen aufgetreten sind. Außerdem werden allgemeine Reparaturangaben gemacht, z. B. über das Schäften von Stringern und Spanten, das Einsetzen von Teilstücken in verschiedenen Bereichen der Behäutung (z. B. Kabinendruckbereich), die Ausführung von Reparaturen durch Schweißen oder spezielle Nietverfahren.
An einem Flugzeug werden eine große Anzahl verschiedener Metalle mit unterschiedlicher Legierung und Wärmebehandlung verarbeitet. Das Reparaturhandbuch vermittelt auch hier die notwendigen Angaben hinsichtlich Bearbeitung sowie Vor- und Nachbehandlung des Materials. Weiterhin werden über Verschleißteile, z. B. Buchsen und Bolzen, sowie über die gesamte Symmetrie Toleranzangaben gemacht, die in festgelegten Zeitabständen zu überprüfen sind. Wie jedes Handbuch unterliegt das Reparaturhandbuch einem ständigen Änderungsdienst. Im Rahmen dieser Überarbeitung werden spezielle, in der Praxis aufgetretene Reparaturfälle standardisiert und in das Handbuch eingearbeitet.

4.2 Die spezielle Reparaturanweisung

Bei Eintritt eines Schadens ist zunächst zu überprüfen, ob das Reparaturhandbuch bereits etwas über gleiche oder ähnliche Reparaturen aussagt. Wird ein solcher Fall in den Unterlagen des Herstellers nicht behandelt, ist für die Durchführung der Arbeit eine spezielle Reparaturanweisung zu erstellen. Diese Aufgabe obliegt einer örtlichen Konstruktionsvermittlung, die unter Berücksichtigung der Eintragungen im Befundbericht und bei eigener Beurteilung der Verhältnisse die Durchführung der Reparatur festlegt.
Bei großen Reparaturen sind zur einwandfreien, sicheren Durchführung zusätzliche Zeichnungen zu erstellen, statische Nachweise zu erbringen, Veränderungen der Schwerpunktslage zu ermitteln sowie eventuell Festigkeitsuntersuchungen vorzunehmen. Die so erstellte spezielle Reparaturanweisung ist je nach Zuständigkeit zivilen oder militärischen Prüfstellen zur Genehmigung einzureichen. Soweit erforderlich wird der Hersteller an diesen Untersuchungen beteiligt. Nach diesen geprüften Unterlagen werden die Reparaturen durchgeführt. In jedem Falle sind größere Instandsetzungen nur von den dafür eingerichteten Firmen oder unter Hinzuziehung des Herstellers vorzunehmen.
Den Lebenslaufakten des Flugzeuges wird die sogenannnte Bauabweichung, die die Beschreibung des Schadens und prinzipielle Angaben über die Behebung enthält, hinzugefügt. Ist dieser Schaden nicht als ein ganz spezieller Einzelfall anzusehen, so wird diese Reparaturanweisung in einer allgemeingültigen Form vom Hersteller in das Reparaturhandbuch aufgenommen.

5. Die Reparatur

5.1 Vorbereitung und Durchführung

Nach Überprüfung des Schadens auf Reparaturwürdigkeit und anschließender Auftragserteilung werden die erforderlichen Maßnahmen getroffen, um die Instandsetzung durchführen zu können. Anhand einer ersten Beurteilung wurde bereits über den Reparaturort entschieden, kleine Schäden und solche, die laut Hersteller-Handbuch ohne besondere Hilfsmittel zu beheben sind, können am Standort des Flugzeuges durch eine Industriekolonne durchgeführt werden. Größere Schäden sind in jedem Falle bei einer dafür eingerichteten und autorisierten Firma zu beheben, siehe Bild 8. Im Zuge der Auswertung des erstellten Befundberichtes haben die verschiedenen Abteilungen ihre Vorbereitungen zur Durchführung der Reparatur zu treffen: Material- und Ersatzteilbeschaffung, Festlegung der anzuwendenden Reparaturanweisung bzw. Erstellung einer speziellen Zeichnungsunterlage, Bereitstellung notwendiger Spezialvorrichtungen und -werkzeuge. Dabei ist besonders interessant, die Ursache für den Eintritt des Schadens in die Betrachtungen einzubeziehen. So wird ein Schaden durch äußere Einwirkung von Fremdkörpern, z. B. Vogelschaden, siehe Bild 7, anders zu betrachten sein, als ein durch örtliche Überlastung oder Ermüdungsbruch entstandener Schaden. Im ersten Fall wird normalerweise eine Wiederherstellung des Originalzustandes möglich sein, der Bruch infolge Überbelastung oder Ermüdung erfordert bei mehrfachem Auftreten zusätzliche Maßnahmen (Verstärkungen oder geänderte Ausführung). Gleichzeitig wird von seiten des Betriebes das Personal für die Durchführung der Reparatur bestimmt. Je nach Art des Schadens sind dabei speziell ausgebildete Fachkräfte einzusetzen.

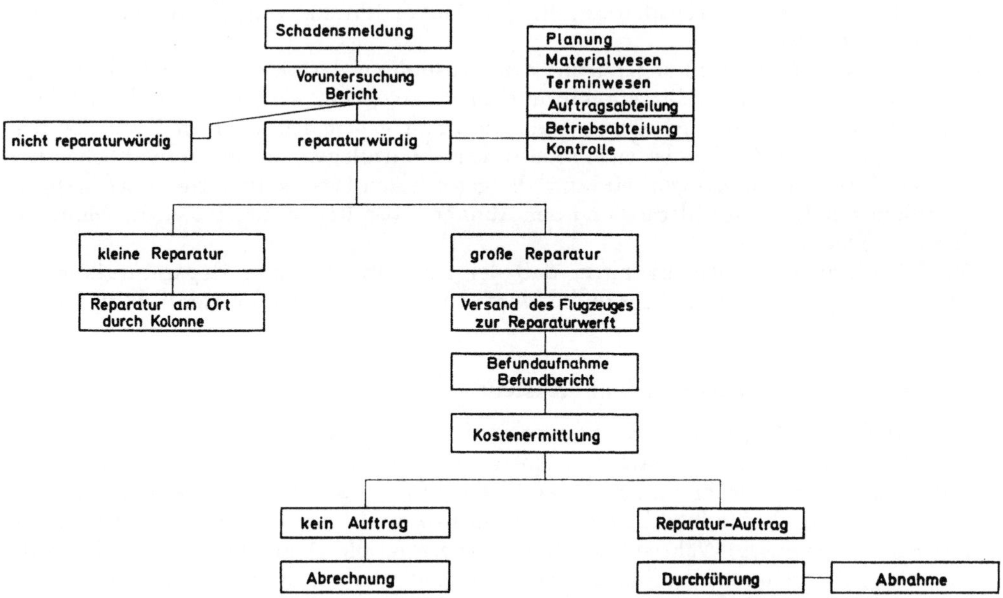

Bild 8 Vorbereitung und Durchführung einer Reparatur (Schema)

Die Durchführung einer Reparatur erfolgt mit dem Ziel, den eingetretenen Schaden zu beheben und die Lufttüchtigkeit des Flugzeuges wieder herzustellen. Je nach Art und Umfang der Beschädigung wird man bei der Durchführung verschieden vorgehen müssen. Befundbericht, Arbeitsauftrag und Reparaturanweisung haben diese Tatsachen zu berücksichtigen. Die Reparatur im Ansaugschacht eines Düsenflugzeuges soll das Vorgehen näher erläutern.
Bei der üblichen Sichtinspektion im Rahmen einer periodischen Wartung wurde ein Riß in der Beplankung des Ansaugschachtes festgestellt. Eine *nähere Untersuchung* mittels Farbeindringverfahren zeigte deutlicher Rißlänge und Rißverlauf. Anhand des *vorliegenden Befundberichtes*, der zunächst die Tatsache festhielt und zur Reparatur den Code 1 „reparieren" anwendete, wurde das *Reparaturhandbuch* zu Rate gezogen. Die Festlegungen des Reparaturhandbuches ließen für den Bereich des Ansaugschachtes die Beseitigung von Rissen durch Einsetzen eines Flickens von geringer Größe zu, der festgestellte Riß lag jedoch außerhalb dieser zulässigen Grenze. Eine *kleine Reparatur* war also nicht möglich. Es wurde daher nach Rücksprache mit dem Auftraggeber festgelegt, die Reparatur, wie vorgeschlagen, durchzuführen. Der Vorschlag sah das Erneuern der Beplankung bis zur nächsten Trennstelle vor. Um diese Arbeit durchführen zu können, waren folgende Vorarbeiten notwendig:

Abbau einer Anzahl Zugangsklappen und Rohrleitungen,
Ausbau von zwei Gummi-Kraftstofftanks im Rumpf,
Ausbau verschiedener Geräte (Pumpen, Ventile usw.),
Abbau des gesamten Ansaugschachtes.

Eine gründliche Untersuchung des gesamten Ansaugschachtes auf weitere Schäden ergab keinen neuen Befund.
Die *Materialplanung* hat bereits anhand der Teilnummer die Beschaffung des vorgeformten Bleches eingeleitet, die *Fertigungs-Planung* stellt für die notwendigen Vorbereitungen die Zeichnungsunterlagen zur Verfügung. Der *Fertigungsplan* sieht u. a. die Aufnahme des Ansaugschachtes in die Bauvorrichtung vor, damit kein Verzug der Struktur eintritt.
Die *Reparatur* selbst beginnt jetzt mit dem Ausbohren der beschädigten Beplankung. Im Anschluß daran wird das vorgeformte Blech angepaßt, vorgebohrt und im Glühofen vergütet. Reparaturanweisung und Zeichnung geben den genauen Grad der Behandlung an. Beim Glühen ist ein Probestück mit einzulegen, das einer anschließenden Werkstoffprüfung unterzogen wird, um die geforderten Festigkeitswerte nachzuweisen. Nach dem Einnieten des Bleches und der Abnahme der Reparatur erfolgt die Montage aller ausgebauten Teile.
Die Betrachtungen lassen erkennen, daß der Schwerpunkt einer Reparatur in einer *ausreichenden* Vorbereitung liegt und dadurch Kosten und Termin wesentlich beeinflußt werden können.

5.2 Abnahme durch Kontrolle und Prüfstelle

Die Aufgabe der Kontrolle im Reparaturablauf beginnt mit der Aufnahme aller Mängel im Befundbericht, dessen Auswertung im wesentlichen die Grundlage für die Instandsetzung ist. Weitere, während der Reparaturdurchführung festgestellte Schäden werden im Nachtrag zum Befundbericht festgelegt, ebenso die in den Labors und Werkstätten ermittelten Ergebnisse. Während der Reparatur erfolgt die Qualitätsüberwachung durch Zwischenprüfungen. Auf Prüfblättern wird die qualitativ einwandfreie Reparatur durch Abstempeln der entsprechenden Kontrollpunkte bescheinigt. Den Abschluß der Arbeiten bildet die Fertigabnahme mit eventuell vorzunehmenden Funktionsprüfungen und anschließender Übergabe zur Endabnahme und Lufttüchtigkeits-Bescheinigung. Auf dem gewerblichen Luftfahrtsektor erfolgt der Nachweis der Lufttüchtigkeit durch den lizenzierten Prüfer, in der militärischen Wartung durch den Vertreter des öffentlichen Auftraggebers (Bauaufsicht).

6. Betrachtungen zu den Reparaturkosten

Trotz intensiver Untersuchungen vor Beginn einer Reparatur oder Überholung ist es sehr schwierig, die erwünschten Voraussagen über die möglichen Kosten einer Instandsetzung zu machen, es sei denn, es handelt sich um Wiederholungsfälle gleicher Art und Umfang. Die häufig erst während weiterer Untersuchungen im Zuge der Reparatur entdeckten Schäden erfordern Aufwendungen, die vorher nicht zu übersehen sind. Im allgemeinen entstehen bei Reparaturen hohe Kosten, da sie

1. überwiegend Einzelanfertigung von Segmenten erfordern, dazu gehört auch die Bereitstellung bereits abgestellter Vorrichtungen,
2. im wesentlichen manuelle Arbeit notwendig machen, d. h. lohnintensiv sind,
3. zur Steuerung und Überwachung einen relativ großen Aufwand an „unproduktivem" Personal erfordern.

Abgesehen von der technischen Notwendigkeit ist es daher häufig eine reine Kalkulationsangelegenheit, ob die Reparatur sinnvoll ist, oder ob nicht besser ein ganzes Bauteil ausgetauscht wird. Es ist daher von großer Wichtigkeit, daß zwischen Halter und Reparaturwerk ein weitgehendes Vertrauensverhältnis besteht, da nur auf dieser Basis eine gute Zusammenarbeit möglich ist.

7. Änderung von Flugzeugen

7.1 Allgemeines

Flugzeuge unterliegen einem ständigen Änderungsdienst. Diese Änderungen fallen bereits im Konstruktionsstadium an, nehmen zu, wenn der Bau der Prototypen beginnt, d. h. die Praxis Schwierigkeiten in der Ausführung konstruktiver Festlegungen anmeldet und der Versuch den statischen und dynamischen Festigkeitsnachweis liefert. Es wird während der Serienfertigung geändert und ebenso in der Betreuung eines Flugzeuges im wesentlichen aus folgenden Gründen:

1. Erhöhung der Flugsicherheit durch Beseitigung von erkannten Schwachstellen,
2. Erhöhung der Lebensdauer von Bauteilen,
3. Vereinfachung der Wartung,
4. Komfort-Verbesserung usw.

Änderungen erfordern sehr großen Aufwand an Zeit und Geld. Da die Technik stets das Bestreben hat, zu verbessern, sollten Änderungsvorschläge ein Gremium durchlaufen, das sachverständig genug ist, um dringende Änderungen sofort zu veranlassen, im übrigen jedoch nicht *nur* technische Gesichtspunkte bei der Beurteilung und Genehmigung walten läßt.

Änderungen werden von verschiedenen Seiten angeregt, eingereicht bzw. gefordert. Der Hersteller, der ständig einen Stab von Mitarbeitern an seinem Projekt beschäftigt, der Halter, der den Flugzeugtyp einsetzt, wie auch der Überholer werden jeweils aus ihren Erfahrungen entsprechende Verbesserungen vorschlagen. Bei kleineren Flugzeugserien und bei Haltern mit geringen Stückzahlen wird in der Regel der Hersteller den Änderungsdienst steuern, bei Großserien und bei internationalem Einsatz (Luftwaffen, Luftverkehrsgesellschaften) übernimmt zweckmäßigerweise der Halter mit einem eigenen Stab diese Aufgabe. Hier werden dann Modifikationen bis zu einem bestimmten Umfang und Schwierigkeitsgrad im eigenen Verfahren erledigt, der Hersteller wird informiert. Größere Änderungen werden generell in Zusammenarbeit und nach Zustimmung durch den Flugzeugkonstrukteur vorgenommen. Im übrigen hängt es noch sehr von den vertraglichen Bindungen ab, wie weit der Hersteller seinen Einfluß ausübt.

7.2 Einbau von Änderungen während der Fertigung

Parallel zur Fertigung und Erprobung der Prototypen eines Flugzeugmusters erfolgt in der Konstruktion unter Berücksichtigung praktischer Erkenntnisse und bereits vorliegender Versuchsergebnisse das sogenannte „Serienreifmachen" des Objektes. Da nun die über lange Zeit andauernden Versuchsreihen ständig neue Erkenntnisse vermitteln und häufig von den theoretischen Festlegungen abweichende Ergebnisse liefern, würde das ständige Einlaufen von Änderungsvorschlägen den geplanten Terminablauf für die Serienfertigung — Einzelteilfertigung, Baugruppenmontage und Ausrüstung — stark gefährden (und tut es in der Praxis häufig auch).
Die Bestrebungen der Technik dabei sind, möglichst viele dieser Ergebnisse bereits in die Vorserie eingebaut zu wissen. Es ist daher von großer Wichtigkeit, für das gesamte Änderungswesen eine Zentralstelle mit *ausreichenden Kompetenzen* einzurichten, die koordinierend wirkt und im wesentlichen den terminlichen Einlauf von Änderungen unter Berücksichtigung der Dringlichkeit bei möglichst störungsfreiem Einlauf in die Fertigung steuert. Dies gilt besonders für die Fertigung von Großprojekten, an der mehrere Partner und eine große Anzahl von Unterlieferanten beteiligt sind und wo eine Änderung an einem Bauteil eine Anzahl von Umkonstruktionen der übrigen Partner zur Folge hat und Änderungen von Vorrichtungen und Werkzeugen nach sich zieht.
Ein Änderungswunsch oder -vorschlag sollte daher prinzipiell schriftlich auf einem dafür vorliegenden Formblatt vorgelegt werden. Dieses Formblatt sollte den Grund oder die Ursache für die Änderung angeben und eine möglichst genaue Beschreibung der vorgeschlagenen Modifikationen enthalten unter Hinzufügung von Skizzen, Fotos usw. Je nachdem, von welcher Seite ein solcher Änderungsvorschlag eingereicht wird (Konstruktion, Versuch, Fertigung, Flugbetrieb oder Halter), welche Bauteile davon betroffen sind und welche Ursachen bzw. Gesichtspunkte zur Einreichung geführt haben, wird zunächst eine Prüfung (eventuell nach mündlicher Rücksprache) hinsichtlich notwendiger Einleitung von Sofortmaßnahmen vorgenommen. Im Normalfall wird zunächst eine Karteikarte angelegt, auf der der Vorschlag mit einem Arbeitstitel, den entsprechenden Angaben sowie einer laufenden Nummer versehen wird. Gleichzeitig wird ein Dringlichkeitsvermerk vorgenommen und der Vorschlag in einem periodisch tagenden Ausschuß auf seine Würdigkeit und prinzipielle Durchführbarkeit überprüft. Da in den meisten Fällen eine weitere Bearbeitung notwendig ist, erhält die Konstruktion nach Annahme des Änderungsvorschlages eine Kopie. Auf einem Duplikat der Karteikarte tragen sämtliche Dienststellen ihre Bearbeitungsvermerke ein:

a) Die Konstruktion ihre Bearbeitungszeit,
b) die Materialplanung die sicheren Termine für die Materialbeschaffung,
c) die Arbeitsvorbereitung die Zeit für die Erstellung und Bereitstellung des Änderungssatzes,

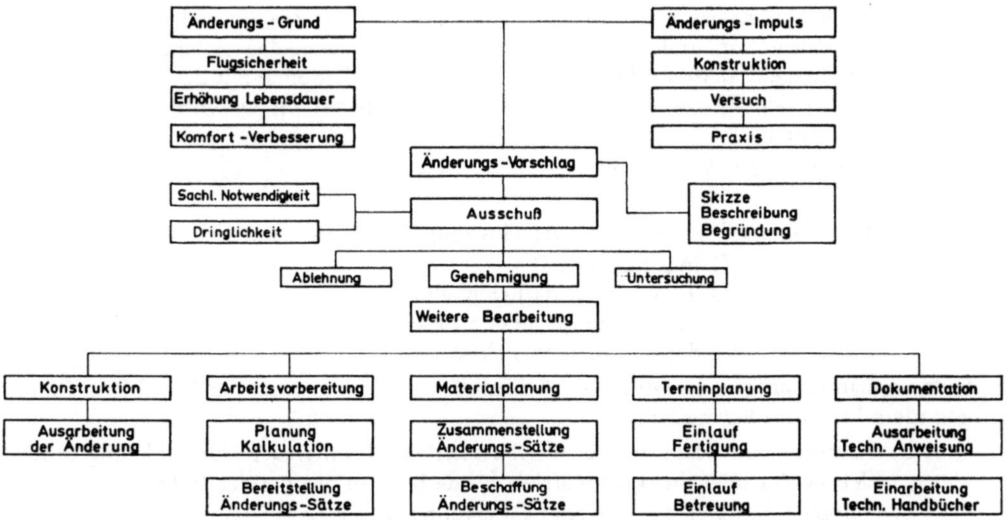

Bild 9 Bearbeitung von Änderungsvorschlägen

d) die Terminplanung aufgrund oben genannter Angaben den frühesten Einlauf in die Fertigung unter Angabe der dafür infrage kommenden Flugzeugnummer,

e) die Dokumentation ihren Sichtvermerk als Vorinformation, siehe Bild 9.

Der so bearbeitete Änderungsvorschlag läuft zur Zentralstelle zurück, wird mit einer endgültigen Änderungsnummer, einem endgültigen Dringlichkeitsvermerk versehen und zur praktischen Bearbeitung freigegeben. Damit nun der Rüstzustand nicht bei jeder Flugzeug-Werknummer unterschiedlich ist, wird der Einlauf von Änderungen in die Fertigung zweckmäßigerweise in Form von sogenannten „Änderungspaketen" erfolgen. Das bedeutet, eine Anzahl Änderungen normaler Dringlichkeit werden für die Durchführung ab Flugzeug-Werknummer X geplant. Inzwischen einlaufende Modifikationen werden dem nächsten Änderungspaket zugeordnet und laufen z. B. bei Flugzeug-Werknummer X + 20 ein. Diese Festlegung in Änderungsblöcke ist notwendig, um die Gestaltung der technischen Handbücher nicht zu sehr zu erschweren. Es wäre andernfalls erforderlich, für jede Werknummer eine individuelle Dokumentation zu erstellen, was sich insbesondere auf die laufende Wartung und Überholung nachteilig auswirkt.

7.3 Einbau von Änderungen während der laufenden Wartung

Nach Auslieferung eines Flugzeuges besteht ein Teil der Arbeiten während der laufenden Wartung aus dem Durchführen von Änderungen und dem Angleichen an einem geplanten, durch festgelegte Symbole gekennzeichneten Änderungsstand (Configuration). Diese Arbeiten, die an den verschiedensten Orten erfolgen können, bei militärischen Flugzeugen z. B. auf den Flugplätzen, in Depots oder bei der Industrie, erfordern eine zentrale Steuerung. Diese Dienststelle hat für ausreichende Informationen in Form von *Änderungsanweisungen* zu sorgen, eine rechtzeitige und ausreichende Bevorratung und Bereitstellung der *Änderungssätze* zu überwachen und nach erfolgter Rückmeldung durchgeführter Änderungen in einer Zentralkartei den *Änderungsstand* jedes Flugzeuges zu registrieren.

a) *Die Änderungsanweisung* ist für den Ausführenden in den überwiegenden Fällen die einzige Information und muß daher so ausführlich sein, daß sie ihn in die Lage versetzt, ein Flugzeug nach der Durchführung von Modifikationen mit dem gewünschten Effekt sicher in den Flugbetrieb zu geben. Sie muß daher im wesentlichen folgende Angaben enthalten:

1. Nummer der Änderung.
2. Titel.
3. Betroffener Flugzeugtyp sowie Flugzeug-Seriennummer.
4. Hinweis zur Dringlichkeit, z. B.
   Stufe — 1 — sofort, vor dem nächsten Flug,
   Stufe — 2 — innerhalb einer gesetzten Frist (z. B. 10 Tage, 30 Tage),
   Stufe — 3 — bei der nächsten Inspektion.

Änderungsanweisungen der Stufe — 1 — sind darüber hinaus noch durch farbigen Rand besonders kenntlich zu machen.

5. Hinweis zum Umfang und Schwierigkeitsgrad. Entweder Durchführung durch den Halter oder durch Industriekolonne bzw. direkt bei der Industrie.
6. Vorgeschriebener Text zwecks Eintragung in die Lebenslauf-Akten des Flugzeuges nach Durchführung der Änderung.
7. Beschreibung der Ausführung der Modifikation. Dabei ist besonders auf einfache, verständliche Darstellung Wert zu legen. Jede Anweisung ist so zu verfassen, als ob nur sie allein durchzuführen wäre, vor allem bezüglich der zu beachtenden Sicherheitsmaßnahmen und allgemeinen Vorbereitungen.
8. Bezeichnung der notwendigen Testgeräte, sofern es sich nicht um Standard-Ausrüstung handelt.
9. Teile-Nummer und Bezugsquelle für den Änderungssatz oder Hinweis auf automatische Zuweisung.
10. Einfluß auf Gewicht und Schwerpunktlage des Flugzeuges.
11. Hinweis zur Berichtigung der Handbücher.
12. Berücksichtigung von Lagerbeständen bei Änderungen an bevorrateten Teilen.

Hinweis:

Bei Änderungen ohne besondere Dringlichkeit sollten Lagerbestände in Losen aufgeteilt zur Modifizierung gelangen. In der Praxis entstehen durch Nichtbeachtung häufig Versorgungsschwierigkeiten.

b) *Der Änderungssatz* ist die Zusammenstellung der fertigen oder vorgefertigten Bauteile und Materialien, die für die Durchführung einer Modifikation benötigt werden. Er wird nach konstruktiver Bearbeitung des Änderungsvorschlages als Mustersatz zusammengestellt und bei einem Mustereinbau auf praktische Durchführbarkeit überprüft. Gleichzeitig wird die Einbaubeschreibung aufgenommen.

c) Für jedes Luftfahrtgerät wird während der Fertigung eine sogenannte Lebenslauf-Akte angelegt. In dieser Dokumentation sind neben den üblichen Angaben zur Identifizierung eines Flugzeuges und seiner Ausrüstung alle besonderen Ereignisse einzutragen und zu bescheinigen, die für die sichere Betreibung von Bedeutung sind (Durchführung von Wartung und Reparatur, Gerätewechsel von zeitbefristeten Teilen usw.), u. a. auch Angaben zum *Änderungsstand*. Nur eine exakte Führung dieser Lebenslauf-Akte und eine Meldung jeder Veränderung des Rüstzustandes durch den Halter oder die Industrie ermöglicht befriedigende Terminplanung und ausreichende Steuerung der Änderungssätze.

Sind während der periodischen Wartung eines Flugzeuges Modifikationen bis zur Erreichung eines bestimmten Rüstzustandes vorzunehmen, werden die den L-Akten entnommenen „offenen" Änderungen den entsprechenden Wartungspunkten zugeordnet. Eine Anzahl von Änderungen erfordern kein oder nur gängiges Standard-Material und können somit während der Wartungsarbeiten erledigt werden. Um unnötigen Terminverzug zu vermeiden, ist die automatische Zuweisung der notwendigen Änderungssätze mit Beginn der Arbeiten Voraussetzung. Zur Entlastung der L-Akte sollten Änderungsanweisungen normaler Dringlichkeit, die einen zentral anzufordernden Änderungssatz vorsehen, erst herausgegeben werden, wenn das Material zur Verfügung steht. Andernfalls sind Halter wie Überholer durch die in den L-Akten als „offen" eingetragenen Änderungen ständig belastet.

8. Hinweise zum Schrifttum

[1] *Leavell, Stuart:* Standard aircraft handbook. Los Angeles: Aero. Publishers. Inc. 1952, S. 155 pp.

[2] *Chapel, Charles Edward, Bent, Ralph D.* and *McKinley, James L.:* Aircraft maintenance and repair. New York—London—Toronto: McGraw Hill, 1955, S. 444 pp.

[3] — Maintenance, repair and alteration of airframes, power plants, propellers and appliance. (Civil Aeronautics Manual 18) Washington D. C. Federal Aviation Agency Dec. 1959, S. 229 pp.

[4] *Gearing, R. E.:* Maintenance and inspection of modern aircraft structure. Techn. Air **22** (1966) 7, S. 4—6, S. 8—12; Index Aeron. **22** (1966) 8, S. 101.

[5] — Konstruktionsänderungen an Waffen, Gerät und Anlagen. Airforce-Navy Aeronautical Bulletin (ANA-Bulletin) Nr. 445 vom 12. 7. 1963.

Die Arbeitsvorbereitung des Entwicklungs- und Reihenbaues von Luftfahrzeugen

von Ing. R. Lahr

Gliederung

1. Projektstudien

1.1 Allgemeines über Projekte

Projektstudien sind notwendig, bevor ein Flugzeugbau-Unternehmen entscheidet, sich für entsprechende Aufgaben zu binden. Die Arbeitsvorbereitung hat hierbei die Aufgabe, für eine Reihe von Sachgebieten Planungen auszuarbeiten, welche folgend erläutert werden. Die Hauptaufgaben für den Luftfahrzeugbau liegen im wesentlichen auf folgenden Gebieten:

Entwicklung, Musterbau und Serienbau von Luftfahrzeugen,
Lizenz- oder Nachbau von Luftfahrzeugen,
Reparatur- und Instandsetzung von Luftfahrzeugen einschließlich Ersatzteilfertigung,
Entwicklung und Fertigung von Zubehör für Luftfahrzeuge.

Jede dieser Aufgaben ist in der Regel mit hohen Kostenaufwendungen verbunden. Sofern die Aufgabe im öffentlichen Interesse liegt, können der Industrie durch die öffentliche Hand Unterstützungen durch günstigere Bedingungen bei Krediten, Vorauszahlungen usw. gewährt werden. Bei militärischen Projekten tritt in der Regel nur die öffentliche Hand als Auftraggeber auf.
Wenn bei zivilen Projekten der Umfang der Aufgaben und Kosten über die möglichen Leistungen eines Unternehmens hinausgeht, so bildet man häufig eine Interessengemeinschaft mit anderen Flugzeugbau-Unternehmen auf nationaler oder auch internationaler Ebene. Hierdurch kann in der Regel eine günstigere Basis durch Verteilung der Entwicklungs- und Fertigungsaufgaben einschließlich der Finanzierung gefunden werden.

Die Aufgaben der Arbeitsvorbereitung bei solchen Überlegungen beschränken sich im wesentlichen auf die Untersuchung und Ermittlung der Kosten, technische Prüfung für die Produktion und Planung der terminlichen Einordnung.

1.2 Technische Voraussetzungen für die Durchführung von Projekten

Eine technische Prüfung für die Durchführbarkeit von Projekten erfordert technische Beschreibungen mit Leistungsdaten, Abmessungen, Gewichten sowie Abbildungen oder Konstruktionen bzw. Entwürfen. Bei geplanten Fertigungsaufgaben im Lizenz- oder Nachbau sollten schon gewisse Erfahrungswerte aus früheren Produktionen vom Lizenzgeber zur Verfügung gestellt werden, z. B. wichtige Fertigungsmethoden, Überblick über die wichtigsten Betriebsmittel, Durchlaufzeiten für die wesentlichsten Fertigungsphasen, ungefähre Angaben über Anzahl der Produktionsstunden usw.

1.2.1 Werksanlagen, Werkseinrichtungen und Transportfragen

Vor Beginn der Planungsarbeiten ist zu klären, ob für das Projekt die vorhandenen Werksanlagen geeignet sind. Wichtige Faktoren für eine Beurteilung sind Abmessungen der zu bauenden Geräte, Produktionsmenge und die Zerlegung in Baueinheiten. Auch die örtliche Lage des Werkes ist wichtig für den Transport. Wie können die fertiggestellten Produkte abtransportiert bzw. antransportiert werden? Vorhandene Gebäude bzw. Montagehallen sind auf Abmessungen, Grundfläche, Hallenhöhen, Krananlagen zu prüfen, ob sie für die geplanten Fertigungsaufgaben geeignet sind.
Weiter ist zu klären, ob die vorhandenen Werkseinrichtungen genügen. Erfordert die Fertigungsaufgabe Einrichtungen mit hohen Investitionskosten, so ist zu überlegen, ob man sich durch diese Einrichtungen auch für die Zukunft eine breitere Plattform für Fertigungsaufgaben schafft. Nach dem heutigen Stand der Technik im Luftfahrzeugbau sind moderne Einrichtungen, z. B. auf dem Gebiet der spanlosen Formung, der Zerspanung, Metallverklebung und Schweißtechnik fast unerläßlich. Sofern die eine oder andere Einrichtung für die geplante Fertigungsaufgabe notwendig ist, muß untersucht werden, ob es zweckmäßiger sein wird, andere Fertiger, welche die erforderliche Anlage besitzen, für die Durchführung der Aufgaben einzuschalten.
Für den Abtransport fertiggestellter Produkte sind die Abmessungen der Bauteile zu beachten, welche einen Transport auf Schiene oder Straße unmöglich machen. Unter Umständen resultieren daraus konstruktive Änderungen oder gar ein Verzicht auf die Übernahme solcher Aufgaben.

1.2.2 Verfügbares Fachpersonal und Fertigungskapazität

Für eine Entscheidung zur Übernahme eines Projektes entsteht die Frage, ob genügend Fachpersonal und eine ausreichende Kapazität an Einrichtungen und Maschinen zur Verfügung steht. Die Fertigungsaufgaben müssen einen Überblick ergeben, ob ein normales Verhältnis der Facharbeiter zu angelernten Arbeitern benötigt wird oder ein großer Einsatz von Spezialisten erforderlich ist. Entscheidend ist auch, ob die Fertigungsaufgabe für die Arbeiten erhebliche Kapazität bestimmter Maschinen oder Einrichtungen bindet, die unter normalen Bedingungen nicht mehr verfügbar ist. Hierbei tritt die Frage auf, ob man investieren oder versuchen soll, entsprechende Arbeiten bei anderen Firmen unterzubringen. Dazu sind Wirtschaftlichkeits-Untersuchungen notwendig.

1.3 Hauptplanung der Fertigungsaufgaben und terminliche Abläufe

Sind die unter den Punkten 1.1 und 1.2 erläuterten Voraussetzungen für die Durchführung eines Projektes gegeben, so wird mit den Planungen für Termine, Produktion und Kosten begonnen.

1.3.1 Studie über den Fertigungsablauf und die Produktionsmenge

Zunächst wird anhand der technischen Unterlagen untersucht, wie sich das herzustellende Objekt in Untergruppen und Baugruppen für eine Fertigung aufteilen läßt und in welcher Reihenfolge diese für die Produktion zu ordnen sind, siehe Bild 1.

Eine genaue Studie über den konstruktiven Aufbau des Objektes ergibt auch ein Bild, welche Fertigungsarten in Frage kommen, z. B. ein Zellenbau konventioneller Art wie normale Blechformteile und Zerspanungsteile, Nietverbindungen oder ein Zellenbau mit hohem Anteil schwieriger Zerspanungsteile oder mit überwiegend Metallverklebung. Darüber hinaus ist auch die technisch schwierige oder hochwertige Zellenausrüstung triebwerkseitig oder elektronisch zu beachten.

Die Untersuchung über die Gliederung der Untergruppen und Baugruppen einschließlich Fertigung ergibt eine Übersicht über den voraussichtlichen Bedarf an Zusammenbau-Vorrichtungen, die für eine Ermittlung der Kosten in einer vorläufigen Fertigungsmittelliste zu erfassen sind. Nach abschließender Überprüfung der Aufgliederung in Untergruppen und Baugruppen in Verbindung mit den Gewichten dieser Gruppen kann man auf vorläufige Stundenschätzungen für die Herstellung kommen. Hierfür gibt es Erfahrungswerte, die z. B. besagen, wieviele Stunden pro Kilo Fertiggewicht für die Herstellung aufzuwenden sind. Die Werte stehen in Abhängigkeit zu der Konstruktion und den fertigungstechnischen Forderungen. Es handelt sich um Durchschnittswerte, die auf einer kontinuierlichen Reihenfertigung basieren, siehe Tafel 1.

Tafel 1 **Fertigungsstunden pro kg/Fertiggewicht von leeren und ausgerüsteten Flugzeugzellen in Metall**

		Anteil Fertigungsstunden pro kg/ Fertigungsgewicht
A	Leere Flugzeugzellen	
	1. Konventionelle Bauweise mit großem Anteil Blechformteilen und Nietverbindungen	ca. 6,5 Std./kg
	2. Wie unter Punkt 1, jedoch mit Zerspanungsanteil bis 25 % vom Fertiggewicht	ca. 8,0 Std./kg
	3. Flugzeugzellen in Klebebauweise	ca. 7,0 Std./kg
	4. Flugzeugzellen mit großem Anteil integral gefräster Bauteile	ca. 9,5 Std./kg
B	Ausgerüstete Flugzeugzellen ohne Anteile für Triebwerke, Fahrwerk, Elektronik, Bewaffnung	
	Zu Punkt A/1	ca. 8,0 Std./kg
	Zu Punkt A/2	ca. 10,0 Std./kg
	Zu Punkt A/3	ca. 8,5 Std./kg
	Zu Punkt A/4	ca. 12,0 Std./kg

Für eine Aufgliederung der Stunden auf die verschiedenen Fertigungsarten sind Erfahrungswerte verfügbar. Es handelt sich hierbei um Anteile für allgemein vorkommende Fertigungsarten im Zellenbau. Hierdurch kann über die Größenordnungen der erforderlichen Kapazität einzelner Werkstätten ein Bild gewonnen werden. Für die Herstellung und Installation von Ausrüstungen ist es schwierig, auf oben geschilderte Weise den Stundenanfall zu ermitteln. Nur bei einfach und konventionell gebauten

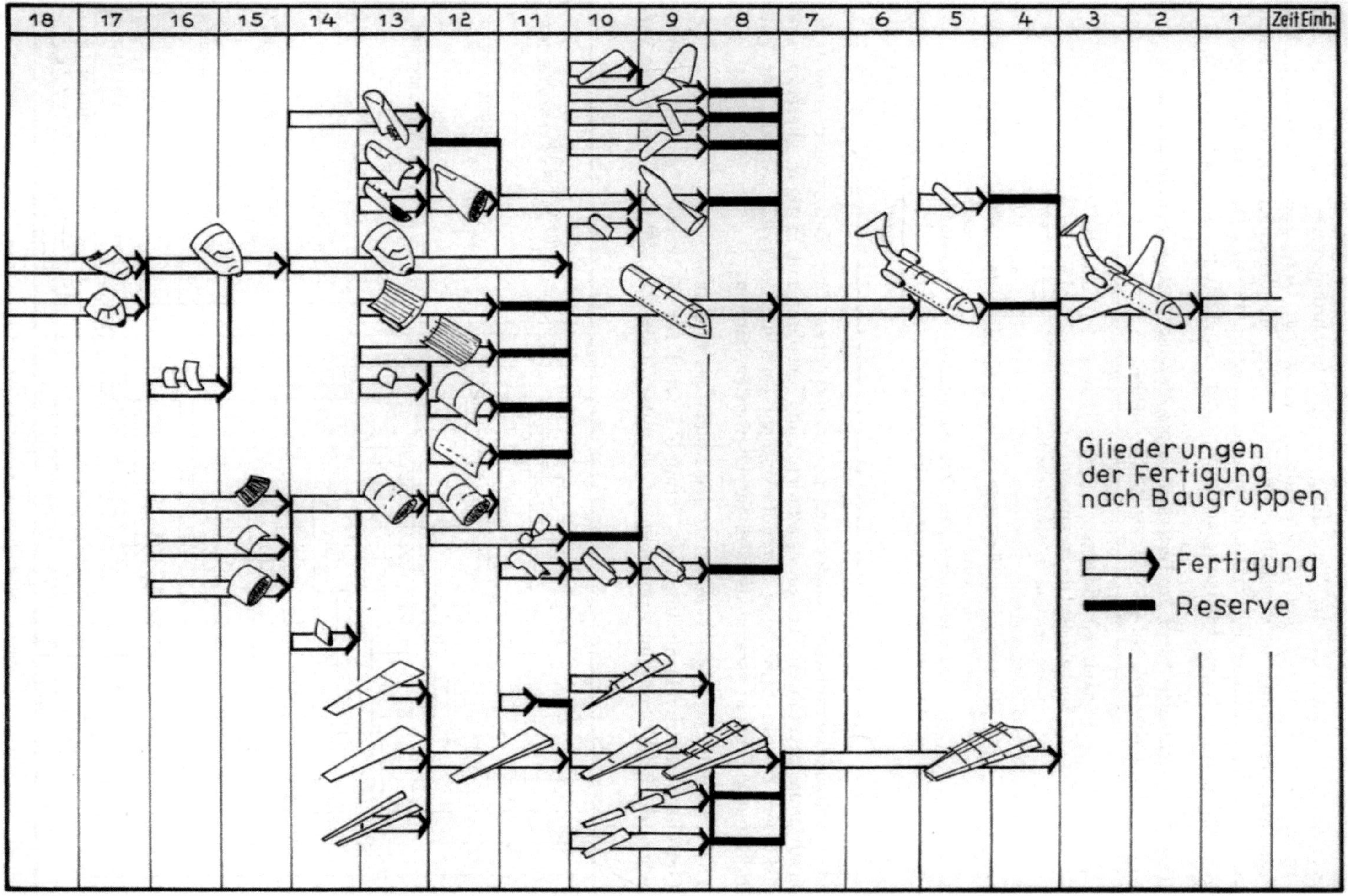

Bild 1 Gliederung der Fertigung eines Flugzeuges nach Baugruppen

Fluggeräten können für die Ermittlung gewisse Erfahrungswerte eingesetzt werden. In der Regel ist es notwendig, sich anhand technischer Unterlagen ein genaues Bild über die Ausrüstung zu verschaffen und dann eine Stundenschätzung vorzunehmen. In der Tafel 2 sind einige Erfahrungswerte genannt, die sich für eine Stundenaufgliederung auf anteilige Fertigungsarten bei einer Projektstudie verwenden lassen.

Tafel 2 **Prozentualer Anteil der Fertigungskosten einzelner Fertigungsarten an den Gesamtkosten bei konventionellem Zellenbau**

Spanlose Formung	ca. 15 %
Spanabhebende Formung	ca. 8 %
Schlosser- und Schweißarbeiten	ca. 3 %
Rohrbiegerei	ca. 3 %
Elektrische Ausrüstungen	ca. 3 %
Oberflächenschutz	ca. 8 %
Gruppenzusammenbau (Zellenbauteile)	ca. 40 %
Endzusammenbau und Zellen ausrüsten	ca. 20 %
	100 %

Die fertigungstechnische Gliederung in Untergruppen und Baugruppen sowie die ermittelten ungefähren Fertigungsstunden und Verteilung auf Fertigungsbereiche sind Faktoren, die zur Ermittlung der notwendigen Fertigungskapazität, Anzahl der Vorrichtungen, Fertigungsraum usw. eingesetzt werden können.

1.3.2 Ermittlung wichtiger Termine für den Ablauf des Projektes

Grundlage für die Ermittlung der Termine sowohl für die vorbereitenden Arbeiten wie auch für die Fertigungsaufgaben ist die unter Ziffer 1.3.1, Bild 1, dargestellte Auf-

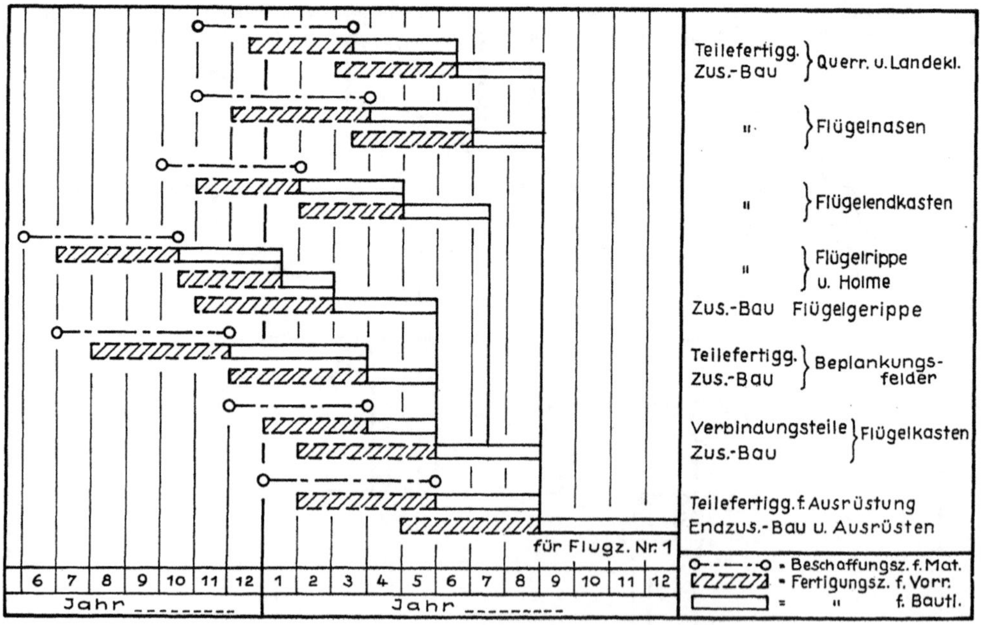

Bild 2 Terminplan für Anlauf Projekt „X"-Außenflügel

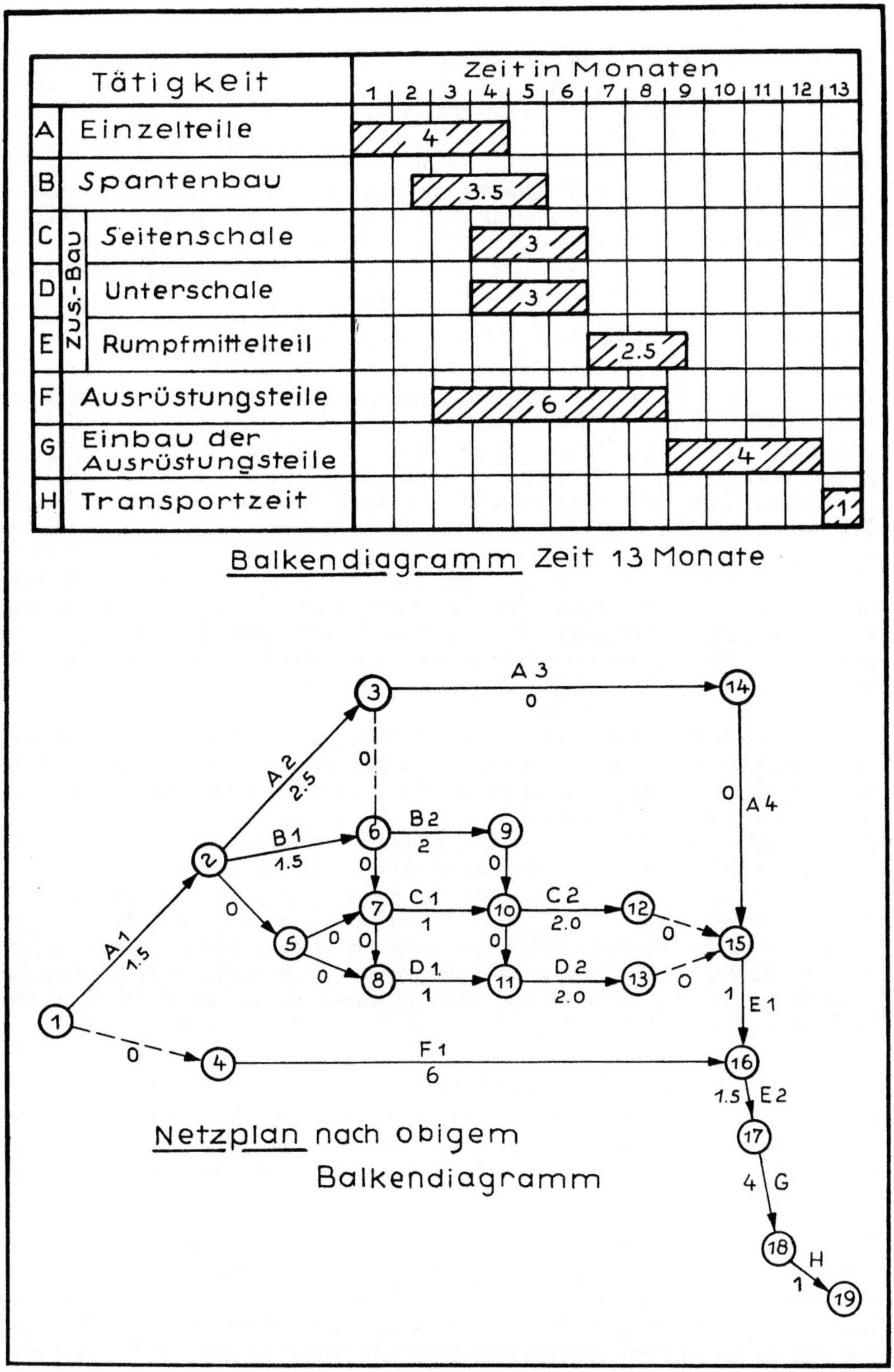

Bild 3 Terminplanung mittels Balkendiagramm und Netzplan

gliederung. In Verbindung mit der Studie über den konstruktiven Aufbau und die Fertigung sowie über die voraussichtlichen Fertigungsstunden hat man Größenordnungen gewonnen, um eine Schätzung für die Durchlaufzeit in Tagen, Wochen oder Monaten für die verschiedenen Fertigungsphasen zu erhalten. Entsprechend diesen Schätzwerten werden auf einer Zeitachse die einzelnen Phasen maßstabgerecht eingetragen. Das Bild ergibt in Verbindung mit dem Kalender Termine für die erforderlichen Dispositions- und Fertigungsaufgaben. Durch weitere Ergänzung von Zeitlinien für Aufgaben wie z. B. Beschaffungszeiten für Material, Erstellung von Vorrichtungen, Versandzeiten usw. kann dieses Bild noch vervollständigt werden und ergibt somit für die Projektstudie einen ausreichenden Terminplan, siehe Bild 2.

1.3.3 Anwendung der Netzwerktechnik für Projektstudien

Die Netzwerktechnik ist für die verschiedensten Planungsaufgaben anwendbar, z. B. Ablaufplanung für die Fertigung, Kostenplanung, Kapazitätsplanung usw. Die wichtigste Grundlage für die Ausarbeitung einer Netzplanung ist, das Gesamtgeschehen in eine Folge logisch aneinandergereihter Schritte zu zerlegen und diese ähnlich einem Netz miteinander zu verketten. Die einzelnen Ereignisse werden am Anfang und Ende durch sogenannte Knoten symbolisiert und mit entsprechenden Kennzeichnungen für die Schaffung von Ordnungsbegriffen versehen. Es gibt verschiedene Verfahren in der Netzplantechnik wie z. B. das CPM-Verfahren oder PERT-Verfahren. Vielfach verwendet man zur Darstellung von Ablaufplänen Balkendiagramme, wobei die Ereignisse auf einer Zeitachse übereinander aufgetragen werden, siehe Bild 3. Man erhält hiermit ein Bild über die wichtigsten Ereignisse und Zeitbegriffe. Der Umfang der Ereignisse ist aber in der Regel so groß, daß man diese nicht alle in einem Balkendiagramm erfassen und darstellen kann, da auch viele Ereignisse sich zeitlich überlappen.

Ein Netzwerk bietet demgegenüber die Möglichkeit, jedes wichtige Ereignis im ganzen Ablauf zu erfassen und zu überwachen. Es läßt ganz deutlich auch den kritischen Weg erkennen, der ausschlaggebend ist bei der Überprüfung des Ablaufplanes aufgrund von Änderungen einiger Ereignisse.

Die unter Abschnitt 1.3.2 beschriebene Planung für Ermittlung wichtiger Termine und deren Darstellung kann ohne weiteres mit Hilfe der Netzwerktechnik weit ausführlicher erstellt werden. Der Vorteil eines Netzwerkes liegt darin, daß man bei einer Planung mit sehr vielen Ereignissen für die Überwachung den Computer einsetzen kann. Anhand dieses Beispiels soll zur besseren Verständlichmachung gezeigt werden, wie man die Ereignisse in einem Balkendiagramm und in einem Netzplan darstellt, siehe Bild 3. Weitere Hinweise zur Netzwerktechnik siehe Aufsatz von Prof. Dr. W. Kern.

1.4 Produktionskosten und Investierungen

Bevor ein Projekt zur Ausführung kommen soll, muß man das Zahlenmaterial und die Kosten zusammentragen, um richtige Dispositionen hinsichtlich Finanzierung und Erfolgschancen treffen zu können. Nachfolgend werden die wesentlichen Faktoren der Kostenbildung erörtert.

1.4.1 Ermittlung der allgemeinen Produktionskosten und des Geldbedarfs

Die direkt mit der Herstellung eines Fluggerätes verknüpften Produktionskosten setzen sich zusammen aus den Materialkosten, Lohnkosten, Werkzeug- und Vorrichtungskosten. Dazu kommen bei einer Neuentwicklung die Konstruktionskosten, Versuche und Erprobungen. Neben diesen Kosten gibt es noch eine Anzahl von Sonderkosten,

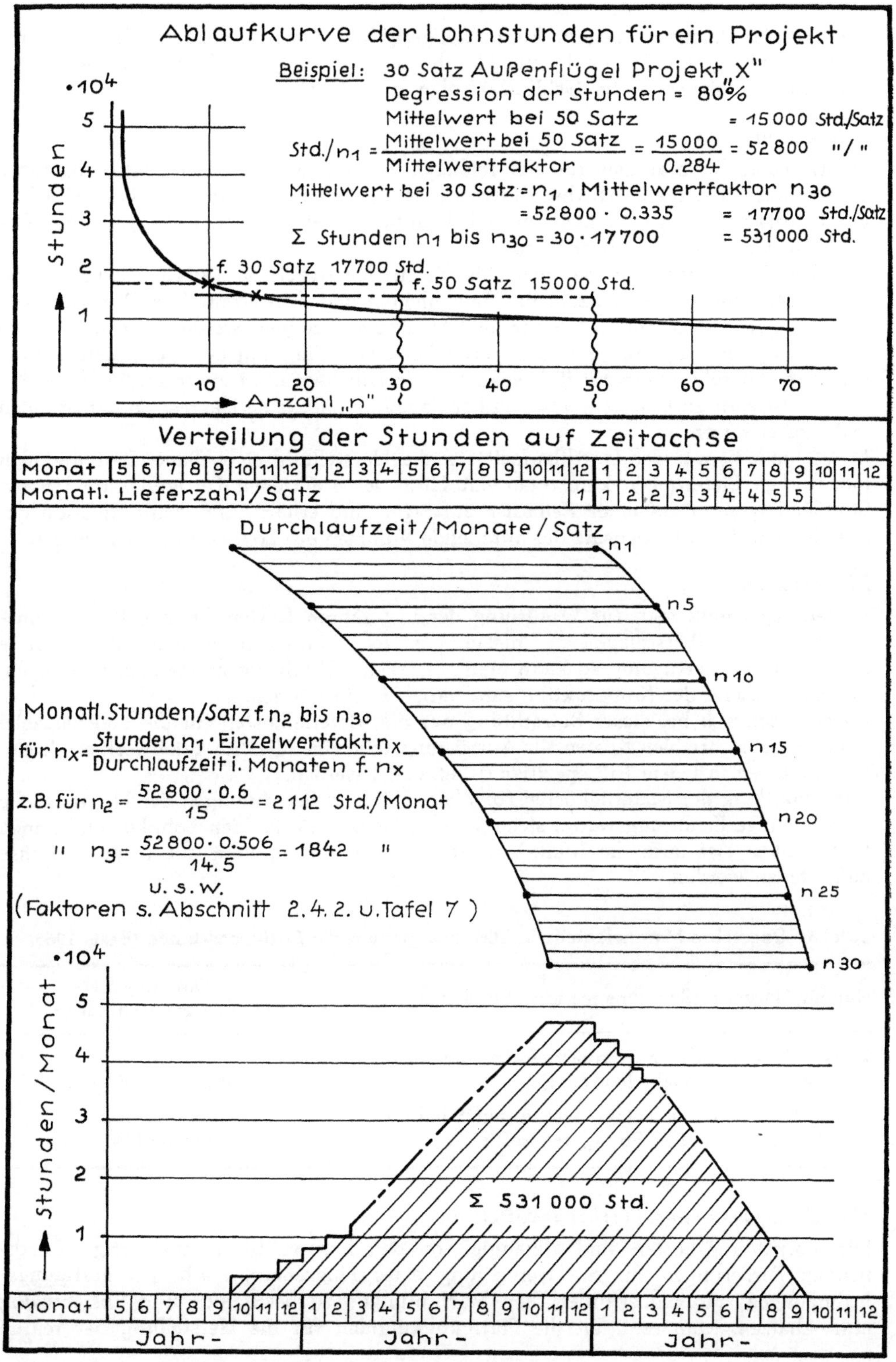

Bild 4 Ermittlung der produktiven Lohnstunden für ein Projekt

wie z. B. für Planungsarbeiten, Vervielfältigung von Konstruktionsunterlagen, Transporte, Schulung von Personal usw. Für die Bereitstellung der finanziellen Mittel ist ein zeitmäßig abgestimmter Geldbedarfsplan zu erstellen.

Lohnkosten

Sofern keine Verbrauchswerte aus früheren Fertigungen vorliegen, sind ungefähre Schätzungen über die durchschnittlichen Fertigungsstunden notwendig. Da es sich hier um Durchschnittswerte handelt, muß bei größeren Fertigungsmengen mit einer Degression der Werte gerechnet werden.

Für den Flugzeugbau wendet man hierfür in der Regel die Wright-Kurve an. Im Zusammenhang mit der Anzahl der Baueinheiten und dem ermittelten Durchschnittswert können die Gesamtkosten für „N" Flugzeuge errechnet werden. Die Degression liegt bei einem Flugzeug als Ganzes etwa bei 80 %. Sie kann bei spezifizierten Aufgaben jedoch sehr unterschiedlich sein. Der Bereich liegt etwa zwischen 75 bis 90 %. Hierbei ist auch zu beachten, von welcher Baueinheit ab keine Degression der Stunden mehr zu erwarten ist.

In Verbindung mit der Durchlaufzeit für die Herstellung einer Baueinheit und den monatlichen Lieferungen kann man mit Hilfe der ermittelten Fertigungsstunden ein Stundendiagramm auf einer Zeitachse auftragen und erhält durch Multiplikation der Stunden mit dem Stundensatz das anfallende Volumen der Lohnkosten, siehe Bild 4.

Materialkosten

In der Regel muß man zur Ermittlung der ungefähren Kosten für das Produktionsmaterial einen überschläglichen Auszug aus den Stücklisten machen. Stehen diese aber nicht zur Verfügung, so kann man ersatzweise Erfahrungswerte zugrunde legen, die entsprechend der Konstruktion sehr variabel sein können.

Meist lassen sich bei dieser Betrachtung nur die Materialkosten für die Flugzeugzelle ohne die sehr variablen Kosten für Ausrüstungsteile einschließlich Triebwerk ermitteln. Diese müssen in jedem Fall spezifiziert betrachtet werden.

Zur Ermittlung der Materialkosten für überschlägliche Berechnungen der Flugzeugzelle gibt es einige Erfahrungswerte, siehe Tafel 3. Genau wie bei den Lohnkosten können in derselben Art auch die Materialkosten in einem Diagramm auf einer Zeitachse aufgetragen werden.

Tafel 3 **Ungefähre Materialanteile in DM, bezogen auf die Fertigungsstunde (Basis 1966)**

Nur für Flugzeugzellen ohne jegliche Ausrüstung	DM-Anteil pro Fertigungsstunde ca.
1. Für Flugzeugzellen mit großem Anteil Blechformteilen (konventionelle Bauweise)	DM 6,00 bis DM 7,00
2. Für Flugzeugzellen mit großem Anteil Schmiedeteile und schwieriger Strangpreßprofile	DM 8,00 bis DM 9,00

Vorrichtungsbau- und Werkzeugkosten

Die Vorrichtungskosten sind abhängig von den konstruktiven und fertigungstechnischen Forderungen für die Herstellung eines Flugzeuges. Nach den Fertigungsbedingungen sind die erforderlichen Vorrichtungen zu bestimmen und kostenmäßig einzuschätzen. Man ermittelt die Fertigungsstunden für die Herstellung der teuren

Zusammenbau-Vorrichtungen und Lehren und schätzt dann auch nach der ungefähren Anzahl der Einzelteile die Anzahl der Kleinvorrichtungen und die hierfür erforderlichen Lohnstunden.

Auf diese Weise hat man den ungefähren Gesamtanteil an Lohnstunden für die Herstellung der Vorrichtungen ermittelt und kann so die anteiligen Materialkosten mit Hilfe eines Verhältniswertes gewinnen. In der Regel bewegen sich die anteiligen Materialkosten für Vorrichtungen und Lehren je Fertigungsstunde um DM 2,20 bis DM 3,00 Materialanteil. Der Konstruktionsaufwand für Vorrichtungen liegt etwa zwischen 15 bis 20 % von den Fertigungsstunden.

Ein wichtiger Faktor auf der Kostenseite für Werkzeuge sind die Kosten für Gesenke bei Schmiedeteilen. Mit der ungefähren Anzahl der Schmiedeteile sind anhand der Zeichnungen Schätzungen für Kosten der Gesenkherstellung durchzuführen.

Bei den erwähnten Vorrichtungen und Werkzeugen handelt es sich um typengebundene Betriebsmittel, die ausschließlich für das betreffende Baumuster benötigt werden. Alle anderen nicht typengebundenen Betriebsmittel sind als Investitionen gesondert zu erfassen.

1.4.2 Planung für Investierungen und Raumbedarf

Neben den direkt mit der Herstellung des Gerätes zusammenhängenden Kosten, siehe 1.4.1, können je nach Aufgabenstellung auch noch größere Investitionen notwendig werden.

Sofern die Untersuchung ergibt, daß Spezialeinrichtungen, Spezialmaschinen, Anlagen oder sonstige Ausrüstungen nicht vorhanden sind, müssen Berechnungen über die wirtschaftliche Nutzung gemacht werden, um Entscheidungen für Investitionen treffen zu können. Hierbei sind allerdings auch Überlegungen notwendig, ob aus technischen Gründen es sinnvoll erscheint, eine Investition auch dann zu betreiben, wenn vorerst rechnerisch noch keine Wirtschaftlichkeit gegeben ist.

Besonders sorgfältig muß untersucht werden, wieviel Arbeitsplätze mit einem großen Flächenbedarf für die Durchführung der Fertigungsaufgabe benötigt werden. Man erhält hierbei einen ungefähren Überblick über den erforderlichen Flächenbedarf und die Hallenabmessungen für den Zusammenbau. Für die Teilefertigung ist der spezifische Platzbedarf im allgemeinen nicht sehr unterschiedlich zwischen den verschiedenartigen Baumustern im Luftfahrzeugbau. Hier ist im wesentlichen die zu fertigende Menge/Monat ausschlaggebend.

Sofern für die technische Durchführung der Einzelteilfertigung die Werkstätten und Einrichtungen vorhanden sind, untersucht man mit Hilfe der ermittelten Fertigungsstunden und der Fertigungsmenge/Zeitraum wie groß etwa die Anzahl der erforderlichen Arbeitskräfte sein wird. Mit dieser Zahl kann geprüft werden, wieviel Fläche pro Beschäftigten in der betreffenden Werkstatt verfügbar ist bzw. ob diese Fläche ausreichend ist. In der Regel gibt es auch hierbei anwendbare Vergleiche aus früherer Fertigung oder allgemeine Erfahrungswerte, siehe Tafel 4.

Tafel 4 **Ungefährer Platzbedarf in m^2/Kopf für den Flugzeugreihenbau**

	Anteil m^2/Kopf
1. Für Teilefertigung wie Spanlose Formung, Schlosser und Schweißer, Elektriker usw.	8 bis 10 m^2
2. Für Großzusammenbau und Endmontage	15 bis 20 m^2

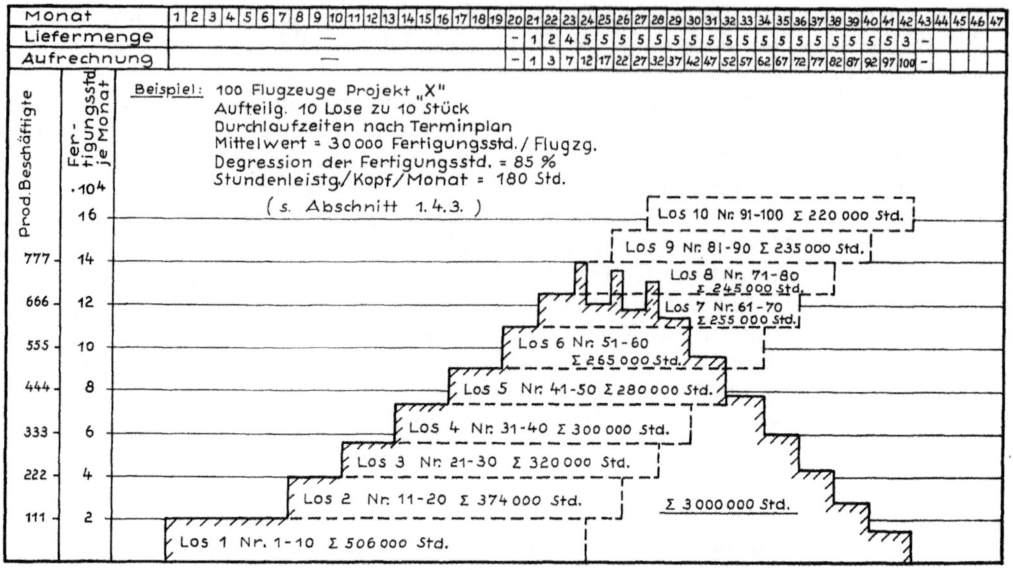

Bild 5 Planung des produktiven Personalbedarfs für Projekt „X" (Balkendiagramm)

1.4.3 Planung des Personalbedarfs

Mit Hilfe der ermittelten Fertigungsstunden und des erstellten Durchlaufplanes (Terminplan) ist man in der Lage, den zur Durchführung der Fertigungsaufgabe entstehenden Personalbedarf zu ermitteln.

Abhängig von der Fertigungsmenge, der Zeitdauer für die Herstellung und dem Stundenvolumen/Einheit kann zur genauen Ermittlung des erforderlichen Personals eine Gliederung in Losgrößen und gleichzeitig die Festlegung der Zeiträume vorgenommen werden.

Unter Anwendung der Degressionskurve bei einer Reihenfertigung für die Fertigungsstunden können für die einzelnen Losgrößen die Gesamtstunden ermittelt werden. Trägt man diese Stunden im Balkendiagramm für jedes Los auf einer Zeitachse übereinander, so erhält man durch Addition der Einzelwerte an bestimmten Stichtagen den Gesamtanfall an Fertigungsstunden.

Eine weitere Möglichkeit zur Ermittlung der Gesamtstunden ist auch mit Hilfe der Los-Aufteilung durch maßstäbliches Einzeichnen der Stunden/Los in Form von „S"-Kurven auf einer Zeitachse gegeben. Hier erhält man durch Addition der Differenzwerte an bestimmten Stichtagen den Gesamtanfall an Fertigungsstunden. Diese Ermittlung hat gegenüber dem Balkendiagramm den Vorteil, daß in einer „S"-Kurve der Anlauf und Auslauf eines Loses wirklichkeitsnäher in Stunden dargestellt wird, siehe Bild 5 und 6.

Die so ermittelten Stunden beinhalten die Fertigungsstunden für einen Zeitraum (z. B. Monat) und können durch Division der durchschnittlichen Stundenleistung/Kopf/Monat in Kopfzahl umgewandelt werden. Auf dieser Zahl basierend wird auch durch Verhältniswerte die ungefähre Kopfzahl der indirekt mit der Fertigungsaufgabe Beschäftigten ermittelt. Je nach Größe und Aufgabenstellungen des betreffenden Unternehmens können die Verhältniszahlen stark variieren. Als brauchbarer Durchschnittswert kann hierbei etwa das Verhältnis 1 : 0,9 bis 1 : 1,2 angesetzt werden.

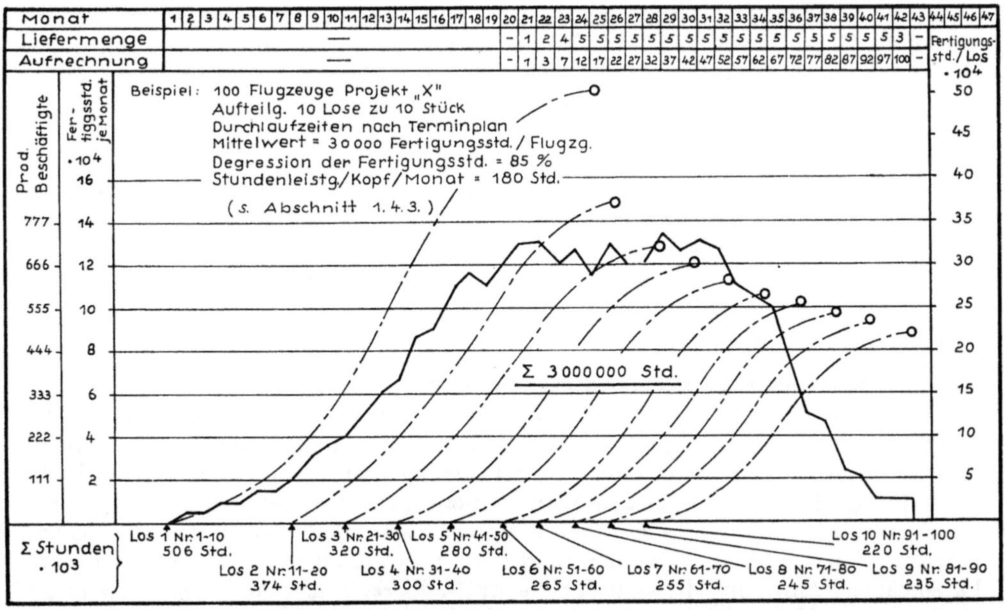

Bild 6 Planung des produktiven Personalbedarfs für Projekt „X" (Fertigungsstunden durch S-Kurve dargestellt)

1.4.4 Planung über Verlagerung von Fertigungsaufgaben an andere Firmen

Ergeben die technischen und kapazitätsmäßigen Untersuchungen bei einem Projekt, daß im eigenen Unternehmen nicht alle Voraussetzungen für die Durchführung vorhanden sind, dann muß überlegt werden, ob mit Hilfe von Fremdleistungen ein befriedigendes Resultat zu erreichen ist. Bei dieser Untersuchung ist festzustellen, ob durch zusätzliche Investitionen sich eine Wirtschaftlichkeit ergibt, die eine Fremdleistung ausschließen kann.

Bei einer Planung über Fremdleistungen können nur solche Unternehmen beauftragt werden, bei denen die technischen Voraussetzungen für die Durchführung der Aufgaben gegeben sind. Die Vorgänge bei der Herstellung von Bauteilen für Fluggeräte erfordern strenge Maßstäbe und Prüfbedingungen, die z. T. wesentlich von den Bedingungen anderer Industriezweige abweichen.

Da bei einer Projektplanung für die Ermittlung der Produktionskosten oft keine Möglichkeit besteht, für die vorgesehenen Fremdleistungen genauere Kalkulations- oder Angebotswerte rechtzeitig zu erhalten, muß in solchen Fällen durch eine eigene Kalkulation versucht werden, sich diese Werte zu schaffen. Hierbei ist davon auszugehen, daß man selbst die entsprechenden Einrichtungen bzw. Maschinen besäße, die für die betreffende Fabrikation notwendig sind. Die unter dieser Vorstellung ermittelten Stunden genügen in der Regel für eine Kostenplanung bei einer Projektstudie.

2. Durchführung von Projekten

2.1 Allgemeine und besondere Aufgaben bei Durchführung von Projekten

Bei Übertragung von Fertigungsaufgaben an ein Flugzeugbau-Unternehmen hat die Arbeitsvorbereitung die technischen wie auch terminlichen und kalkulatorischen Unterlagen zu erstellen. Die Aufgabenstellungen erfordern gut geschulte Mitarbeiter und eine gute Organisation. Die Mitarbeiter müssen Kenntnisse und Erfahrungen über die Fertigung, über kostenmäßiges Denken, Arbeitssteuerung und Organisation besitzen. Nachfolgend werden die einzelnen Sachgebiete erläutert.

2.2 Bauunterlagen

Für die Durchführung der Fertigungsaufgaben werden alle erforderlichen Konstruktionsunterlagen und andere technischen Unterlagen wie Stücklisten, Beschreibungen, Handbücher usw. zur Verfügung gestellt. Alle diese Unterlagen müssen registriert und verwaltet werden. Sie müssen stets den neusten Fertigungsstand beinhalten, der ermöglicht, auch rückwirkend eine Übersicht zu behalten übei den Bauzustand der gefertigten Baueinheiten.

2.2.1 Verwalten und Registrieren von Bauunterlagen

Für den Flugzeugbau sind die Konstruktionsunterlagen in der Regel nach einem System entsprechend der Aufgliederung in Baugruppen, Untergruppen und Einzelteile numeriert und geordnet. Für weitere technische Unterlagen wie Handbücher, Normenbücher usw. sind häufig Hinweise in den Konstruktionszeichnungen enthalten. Vielfach sind diese Unterlagen auch für die verschiedenen fertigungstechnischen Bereiche gekennzeichnet. Alle Unterlagen werden nach einem vorgeschriebenen Ordnungssystem karteimäßig erfaßt, um Übersicht für die Auffindbarkeit, den Änderungszustand und Nachweis für den Verbleib zu haben. Häufig handelt es sich bei Projekten für Luftfahrzeuge auch um Unterlagen, die eine gewisse Sicherheit gegenüber unbefugtem Zugriff verlangen und daher einer ständigen Kontrolle über das Vorhandensein unterliegen. Damit dieser Nachweis immer gegeben ist, werden diese Unterlagen nur gegen Empfangsbestätigung an andere ausgehändigt und in einer vorhandenen Kartei eingetragen.

2.2.2 Vervielfältigung und Verteilung von Bauunterlagen

Die von dem Konstruktionsbüro oder Lizenzgeber ausgehändigten Bauunterlagen werden in der Regel kopierfähig übergeben und müssen vervielfältigt werden, um alle an der Bauaufgabe beteiligten Abteilungen mit den notwendigen Unterlagen zu versehen. Zur Vermeidung unnötiger Wege- und Verlustzeiten für die Bereitstellung der vervielfältigten Unterlagen sind in den verschiedenen Fabrikationsabteilungen Registraturstellen eingerichtet. Um eine Übersicht über die Anzahl der kopierten Sätze für Eintragungen von Änderungen oder Berichtigungen zu haben, werden diese mit Satznummern versehen.

2.2.3 Erfassen und Einarbeiten von Änderungen in Bauunterlagen

Wenn das Konstruktionsbüro Änderungen an Bauteilen für notwendig erkennt und hierfür keine neue Konstruktionszeichnung erstellt, werden diese in Form von Änderungsmitteilungen bekanntgegeben. Ferner kann bei der Fertigung von Bauteilen eine Änderung aus fabrikatorischen oder sonstigen Gründen notwendig werden. Von diesen Änderungen erhält das Konstruktionsbüro Kenntnis zwecks Prüfung und Durchführung der Änderung in den Unterlagen.

Das Einarbeiten von Änderungen in vorhandene Bauunterlagen oder auch das Einschleusen neuer geänderter Zeichnungen in das Bauunterlagenpaket wird durch Mitarbeiter der Bauunterlagenverwaltung erledigt. In Fällen, wo hergestellte Bauteile nicht 100%ig den Forderungen der technischen Unterlagen entsprechen und bei denen durch Prüfung seitens der Fertigungskontrolle schon beurteilt werden kann, ob das Bauteil bei Einräumung von Konzessionen noch verwendbar ist, müssen entsprechende Anträge für eine Bauabweichung an die zuständige Konstruktions- oder Statikabteilung zur Prüfung geschickt werden. Für die Ausarbeitung dieser Anträge sind konstruktiv und fertigungstechnisch geschulte Mitarbeiter in der Bauunterlagenverwaltung erforderlich.

2.2.4 Einschleusen von Änderungen in die laufende Produktion

Bei auftretenden Änderungen muß unterschieden werden, ob es Änderungen sind, die bei Nichteinführung die Sicherheit des Fluggerätes gefährden, oder Änderungen, die zur Vervollständigung eines technisch einwandfreien Gerätes beitragen. Die zuerst genannten Änderungen müssen aus Sicherheitsgründen sofort durchgeführt werden. Bei den übrigen Änderungen wird entschieden, wann der Einführungspunkt sein kann, um den Fertigungsfluß nicht zu stören. Da bei einer Reihenfertigung die Produktionsmenge in Losgrößen aufgeteilt wird, legt man häufig den Einführungspunkt auf das nächste herauszugebende Fertigungslos. Der festgelegte Einführungspunkt wird der Konstruktionsabteilung zum Eintragen in den Originalsatz der Bauunterlagen bekannt gegeben. Es ist für eine Dokumentation nachträglich feststellbar, ab welcher Einheit die geänderte Version zur Ausführung gekommen ist.

2.3 Terminplanung und Fertigungssteuerung

Für einen terminlich geordneten Ablauf aller Dispositions- und Fertigungsaufgaben sind für den Flugzeugbau durch die Vielseitigkeit der Aufgaben sehr spezifische und detaillierte Terminpläne erforderlich. Die Pläne müssen Termine für Materialdispositionen, Vorrichtungs- und Bauteilfertigung und Hinweise zur Steuerung von Fertigungsvorgängen beinhalten und werden nachfolgend erläutert.

2.3.1 Aufteilung der Produktionsmenge in Fertigungslose für Fertigungssteuerung und Abrechnung

Die Aufgabenstellungen für ein Fertigungsprogramm sind vielfach durch vorausgegangene Vorstudien schon bekannt. Bei einer Reihenfertigung gliedert man die Gesamtmenge in Lose auf, um bessere Möglichkeiten für eine Fertigungssteuerung und Erfassung der Ist-Kosten zu haben. Hierbei müssen die Liefermengen, welche für einen bestimmten Zeitraum geplant sind, sowie der ungefähre Fertigungsaufwand in Stunden berücksichtigt werden. Außerdem sind auch Faktoren hinsichtlich der Belegungszeiten wichtiger Maschinen und Vorrichtungen sowie Einführungszeiträume für Änderungen, Zeiträume für Abrechnungsperioden und dergleichen zu beachten.
Die festgelegten Lose erhalten entsprechende Kontierungen nach einem Auftragsnummernschlüssel. Die Kontierungen dienen als Ordnungszahlen, welche den jeweiligen organisatorischen und abrechnungstechnischen Belangen eines Unternehmens angepaßt sind, und sind in der Regel mehrstellig.

2.3.2 Terminplanung für einen strukturellen Fertigungsfluß

Das Bild 1 enthält eine schematische Darstellung über zeitlich gegliederte Fertigungsphasen eines Flugzeuges. Für eine Terminplanung bei einer Reihenfertigung erhält dieses Bild keine kalendermäßig gebundene Zeitachse, sondern nur Zeiteinheiten, z. B. Arbeitszähltage. Zur terminlichen Steuerung von Dispositions- und Fertigungsaufgaben ist es in den meisten Fällen erforderlich, den strukturellen Aufbau eines Fluggerätes noch feingliedriger darzustellen, um möglichst viele terminliche Ordnungsbegriffe zu schaffen. Je nach Umfang der strukturellen Gliederung einer Baueinheit wird die Art bestimmt, wie der erforderliche Terminplan dargestellt werden soll. In einem sogenannten Schrägstrich-Terminplan können z. B. alle wichtigen Daten für die Disposition und Fertigungssteuerung festgelegt werden. Der Plan enthält zwei im rechten Winkel zueinander stehende Zeitachsen mit Arbeitszähltagen, wobei diese Tage nur auf einer

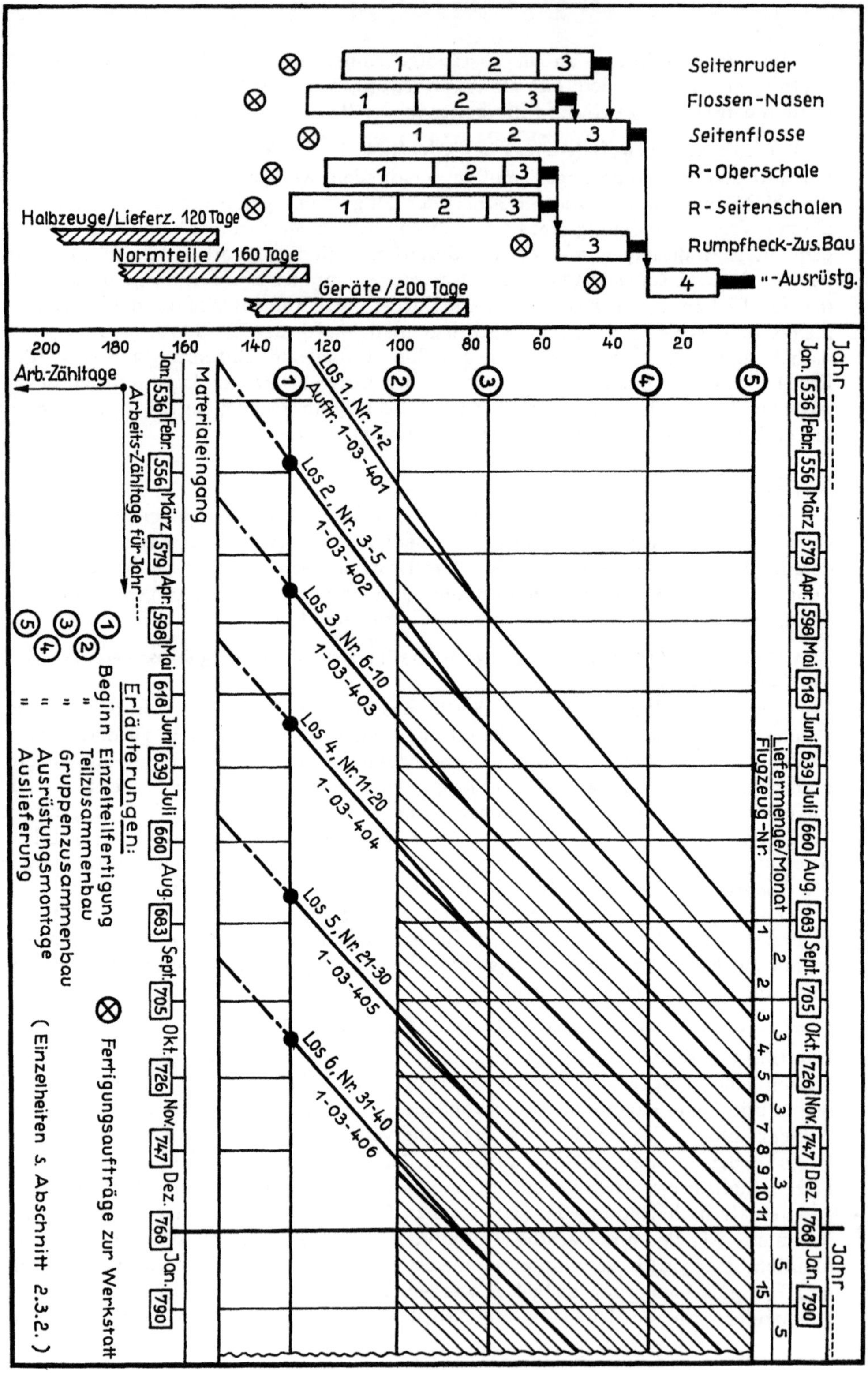

Bild 7 Terminplan / Schrägstrichplan

Achse kalendermäßig gebunden sind. Über der neutralen Zeitachse werden die strukturelle Gliederung des herzustellenden Objektes und einige wichtige Dispositionspunkte grafisch dargestellt. Die hierbei eingezeichneten Durchlaufzeiten gelten für eine eingelaufene Fertigung, bei welcher keine Verkürzung der Durchlaufzeit mehr zu erwarten ist. Über der kalendermäßig gebundenen Terminachse werden durch schräg laufende Linien (Anfangspunkt — Fertigstellungspunkt) sämtliche herzustellenden Geräte dargestellt. Die bei einer Reihenfertigung zu erwartende Verkürzung der Durchlaufzeiten wird hierbei durch veränderte Neigung der Schrägstriche berücksichtigt. Durch Projektion der über der neutralen Zeitachse aufgezeichneten Fertigungsphasen auf die Schräglinien ergibt der jeweilige Schnittpunkt den Termin für die betreffende Fertigungsphase einer bestimmten Baueinheit.
In diesem Terminplan wird auch die festgelegte Losaufteilung eingetragen für Terminbestimmungen der Abschnitte zur Fertigung von Einzelteilen, für Materialbeschaffung und zur Festlegung von Abrechnungszeiträumen. Dieser Terminplan enthält eine ausreichende Terminierung aller wichtigen Ereignisse. Alle für die Fertigungsaufgabe eingesetzten technischen und kaufmännischen Abteilungen erhalten für ihre Dispositionsaufgabe diese Unterlage, siehe Bild 7.

2.3.3 Fertigungssteuerung und Feinterminierung durch maschinelle Datenverarbeitung

Eine maschinelle Steuerung aller Dispositions- und Fertigungsaufgaben erfordert Datenmaterial, welches auf eine Verarbeitung für den Computer ausgerichtet ist. Die vielen Ereignisse, welche von der Bestellung des Materials bis zur Fertigstellung des Produktes beachtet werden müssen, erfordern lochfähige Belege, die nur nach hierauf abgestimmten Unterlagen erstellt werden können.
Bei einer maschinellen Steuerung muß vielfach mit Coden und Schlüsselzahlen operiert werden. Zur Bestimmung wichtiger Zeitabschnitte für die Steuerung mittels Daten kann der unter Punkt 2.3.2 erläuterte Terminplan herangezogen werden.
Das Datenmaterial für eine maschinelle Steuerung der Fertigung oder Beschaffung des Materials ist allerdings erst dann vollständig, wenn eine detaillierte Fertigungs- und Materialplanung und eine genaue Stückzeitkalkulation für jedes Bauteil erstellt ist. Die manuell erarbeiteten Daten werden auf Formblätter geschrieben, die als Unterlage für die Erstellung von Lochkarten dienen, wobei dann eine Speicherung auf Magnetbändern oder -platten möglich ist. Mit Hilfe dieser erstellten „Soll"-Daten und durch lochfähige Eingaben von „Ist"-Daten aus der laufenden Produktion ist es möglich, über den Computer schnell die verschiedensten Belege zu schaffen, z. B. Ermittlung und Terminierung des Materialbedarfs, Herstellung und Terminierung von Fertigungsaufträgen, Überwachung von Maschinen und Werkstatt-Auslastungen, Auffinden terminlich rückständiger Fertigungsaufträge usw. Die in den Computer eingegebenen Daten können für viele Programmierungen verwendet werden und sind in dieser Perfektion wegen der Vielzahl von Ereignissen im Flugzeug-Reihenbau kaum oder nur unter sehr kostspieligen Aufwendungen auf manuelle Weise zu erstellen.
Bild 8 zeigt in einer schematischen Darstellung, welche Möglichkeiten die Datenverarbeitung für die Erreichung des Soll-Zustandes bei einer Produktionsaufgabe auf dem Gebiet der Materialdisposition und Fertigung bietet.

2.3.4 Werkstattaufträge und Materialbereitstellung

Die von dem Fertigungsplaner ausgearbeiteten Fertigungsaufträge müssen, bevor sie an die Werkstätten gegeben werden, auf kopierfähige Auftrags-Formblätter geschrieben werden. Aus den Fertigungsaufträgen ist ersichtlich, wieviel Belege für Materialbezug, Fertigungsoperationen, Lohnabrechnungen usw. zu erstellen sind. Bevor die Unterlagen

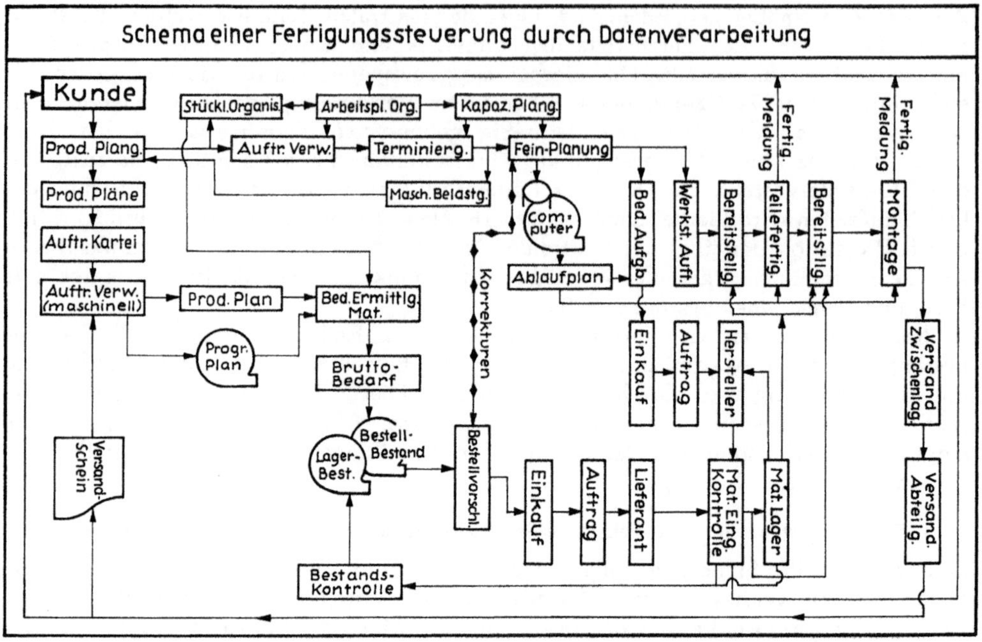

Bild 8 Schema einer Fertigungssteuerung durch maschinelle Datenverarbeitung

an die Werkstätten weitergeleitet werden, sind diese noch mit Terminen zu versehen, welche aus dem Terminplan entnommen werden.

Die Vielzahl der Werkstattaufträge und Fertigungsoperationen in den verschiedenen Werkstätten erfordern für das Fertigungsmaterial sogenannte Auffanglager oder Bereitstellungen. Die wesentlichste Aufgabe der Bereitstellungen ist das Sortieren und Zusammenstellen von Aufträgen nach Begriffen wie Auftragsnummern, Zeichnungsnummern und Terminen, ferner Zusammenstellen und Ergänzen von Material und Einzelteilen für Zusammenbau von Untergruppen oder Hauptgruppen. Die Bereitstellung hat die Aufgabe, der zugehörigen Werkstatt das Material so zusammenzustellen, wie es der Fertigungsplan vorschreibt. Durch eine entsprechende Überwachung ist es auch möglich, an diesen Knotenpunkten den Fertigungsfluß ständig auf den vorgeschriebenen terminlichen Ablauf zu prüfen. Für die Weiterleitung des Materials oder Einzelteiles von Werkstatt zu Werkstatt hat ebenfalls die Bereitstellung Sorge zu tragen. Zu diesem Zweck ist häufig der Bereitstellung eine Transportabteilung angegliedert, die nach einem festgelegten Fahrplan sämtliche an dem Fertigungsprozeß beteiligten Werkstätten und Bereitstellungen mit dem entsprechenden Material zu versorgen hat.

2.3.5 Vorbereitende Arbeiten für Versandangelegenheiten

Produkte, welche fertiggestellt und für einen Versand vorgesehen sind, werden in einer sogenannten Versand-Bereitstellung erfaßt. Diese Maßnahme ist notwendig, weil vielfach bei größeren Bauteilen viele lose und nicht angebaute Teile vorher zusammengestellt und versandklar gemacht werden müssen. Für das Zusammenstellen von Teilen dient ebenfalls ein vom Fertigungsplaner ausgearbeiteter Zusammenstellungsauftrag. Nach Erledigung dieser Vorarbeiten werden die Teile mit dem Versandauftrag der Versandabteilung übergeben.

2.4 Vorkalkulation

Bei größeren Fertigungsaufgaben sind häufig Projektstudien im Hinblick auf die zu erwartenden Fertigungskosten gemacht worden (siehe Abschnitt 1.1 bis 1.4.4). Zur Bildung von Vertragsgrundlagen ist es aber erforderlich, genaue Kalkulationen durchzuführen. Hierbei wird die Arbeitsvorbereitung im wesentlichen mit der Kalkulation der zu erwartenden Kosten für Vorrichtungen, Fertigungsmaterial und Bauteilfertigung beauftragt. Zur Durchführung dieser Aufgaben müssen technische Unterlagen wie Konstruktionszeichnungen, Stücklisten, Baubeschreibungen, technische Lieferbedingungen und auch Angaben über Liefermengen vorliegen.

2.4.1 Ermittlung der Kosten für Fertigungsmittel, Fertigungsmaterial und Bauteilfertigung als Vertragsgrundlage

Fertigungsmittel

Durch genaues Studium der technischen Unterlagen prüft man, welche wesentlichen Fertigungsphasen im Hinblick auf die Teilefertigung und den Zusammenbau in Frage kommen und klärt, welche Großbauteile und Untergruppen zusammengebaut werden müssen. Dann wird in Abstimmung mit den Konstruktionsunterlagen die Anzahl, Art und Ausführung der benötigten Bauvorrichtungen und Lehren bestimmt. Anhand von Skizzen sowie technischen Beschreibungen für diese Vorrichtungen und Lehren, die zweckmäßigerweise nach Prüfung der Unterlagen erstellt werden, können die Fertigungsstunden sowie das Fertigungsmaterial und die Konstruktionsstunden kalkuliert oder auch z. T. geschätzt werden unter Verwendung von Unterlagen nach 1.4.1.
Ein wichtiger Kostenanteil bei den Vorrichtungen sind u. a. die Vorrichtungen für die Einzelteilfertigung. Da infolge fehlender Fertigungsplanung der Fabrikationsvorgänge für die Einzelteile noch keine Übersicht über die benötigten Vorrichtungen vorliegt, kann davon ausgegangen werden, daß bei einer konventionellen Fertigung im Durchschnitt etwa 1,5 bis 2,0 Vorrichtungen für jedes Einzelteil erforderlich sind. Durch genaue Prüfung der Konstruktionszeichnungen für die herzustellenden Einzelteile und Zählung sämtlicher Einzelteile anhand von Stücklisten erhält man bereits angemessene Werte über Mengen und Art der benötigten Vorrichtungen.
Auf diese Weise ermittelte Vorrichtungen, z. B. einfache Schablonen, Bohr- oder Kopierfrässchablonen, Verformungswerkzeuge, Zerspanungsvorrichtungen usw., werden zur besseren Übersicht und weiteren Kostenermittlung nach Baugruppen sortiert und listenmäßig zusammengestellt. Zur Ermittlung der Herstellungskosten dieser Vorrichtungen können für eine zusammenfassende Kalkulation Erfahrungswerte in Ansatz gebracht werden. Zum Beispiel betragen bei einer konventionellen Bauweise die durchschnittlichen Aufwendungen für Schablonen etwa 15 bis 20 Stunden, für Verformungswerkzeuge etwa 50 bis 70 Stunden. Das erforderliche Material für die Herstellung dieser Vorrichtungen bewegt sich in einer entsprechenden Relation zu den Fertigungsstunden und liegt z. B. bei Schablonen etwa zwischen DM 1,50 bis DM 2,20 je Fertigungsstunde und bei Verformungswerkzeugen etwa zwischen DM 3,00 bis DM 3,50 je Fertigungsstunde. Wieviel Vorrichtungen z. B. für die Herstellung eines Großbauteils (Rumpfsegment) bei einem konventionell gebauten Flugzeug benötigt werden und welche Kosten für die Herstellung desselben aufzuwenden sind, wird auf Tafel 5 dargestellt.

Fertigungsmaterial

Das Fertigungsmaterial wird anhand der verfügbaren Stücklisten und Zeichnungen manuell zusammengestellt oder auch mit Hilfe von Lochkarten für jede Position über

den Computer zusammengetragen. Für beide Verfahren ist das Material nach Materialgruppen zu erfassen, um entsprechende Kostenpakete zu erhalten. Hierunter versteht man, daß z. B. Sortierungen in der Gruppe Halbzeuge nach Blechen, Profilen, Bandmaterial, Guß- und Preßteilen usw. vorgenommen werden, ferner auch Sortierungen für nichtmetallische Werkstoffe und Fertigfabrikate wie Normteile, Hydraulikzubehör oder Elektromaterial. Wertvolle Ausrüstungsteile, z. B. hydraulische Zylinder, elektrische Geräte, Fahrwerke, Triebwerke usw. müssen wegen der stark differenzierten Preise einzeln erfaßt und bewertet werden.
Alle auf diese Weise ermittelten Mengen werden für jede Materialgruppe listenmäßig zusammengestellt und gesamt oder einzeln bewertet. Bei der Bewertung ist das z. Z. gültige Preisniveau zu beachten. Sofern bei einer Projektstudie die ungefähren Materialkosten auf der Basis DM/kg oder DM/Fertigungsstunde ermittelt wurden (siehe 1.4.1), ist ein nachträglicher Vergleich zwischen den früher und jetzt ermittelten Werten zwecks weiterer Vervollständigung von Erfahrungswerten notwendig.

Bauteilfertigung
Sofern noch keine ausreichende Möglichkeit für eine Einzelteilkalkulation besteht, gibt es außer der unter Abschnitt 1.3.1 bereits beschriebenen Methode weitere auf Erfahrungswerten basierende Kalkulationsgrundlagen für die Ermittlung der Fertigungsstunden.
Durch Studium der Zeichnungen und Analysieren der Fertigungsvorgänge erhält man Vorstellungen über die Höhe der entstehenden Fertigungsstunden. Es handelt sich hierbei um Fertigungsvorgänge für den Zusammenbau und für Ausrüstungsmontage. Auch Zusammenbauten in Klebbauweise sind einzeln zu betrachten, da diese sehr aufwendig sein können. Hierfür können teilweise auch spezifische Kalkulationswerte eingesetzt werden, die auf Fertigungsstunden pro Quadratmeter basieren. Sie bewegen sich im Durchschnitt etwa zwischen 4,5 bis 6,0 Std./qm.
Für die Kalkulation von Blechformteilen kann man ebenfalls auf Erfahrungswerte zurückgreifen. Bei konventioneller Fertigung wie z. B. Umschlagen, Tiefziehen, Gummiverformung, Streckziehen usw. liegen die Werte etwa bei 0,3 bis 0,35 Stunden im Durchschnitt pro Einzelteil. Um eine Gesamtzeit für diese Arbeiten zu ermitteln, ist es notwendig, die ungefähre Anzahl der Blechformteile festzustellen.
Infolge der sehr unterschiedlichen Strukturteile ist es bei der Ermittlung der Zerspanungskosten zweckmäßig, Kalkulationen und Schätzungen anhand von Zeichnungen vorzunehmen. Für die übrige Fertigungsaufgabe im Produktionsprozeß, z. B. galvanische Oberflächenbehandlung, Malerei oder ähnliches, können entsprechend vorliegender Erfahrungswerte Schätzungen gemacht werden (siehe Tafel 2 unter Abschnitt 1.3.1).
Alle auf diese Weise ermittelten Fertigungsstunden sind als durchschnittliche Werte bei einer Reihenfertigung zu betrachten. Für die Ermittlung der Gesamtstunden bei „N"-Einheiten sind entsprechende Degressionskurven zu berücksichtigen. Die Degression liegt z. B. für eine Zerspanung zwischen 90 bis 95 % und für einen Zusammenbau zwischen 80 bis 85 %.
Die Tafel 6 enthält eine Zusammenstellung einer auf obige Weise erstellten Kalkulation eines Flugzeuges mit den wichtigsten Zahlen für die Kostenermittlung.

2.4.2 Degression der Fertigungskosten bei Mengenfertigung

Im allgemeinen spricht man von einer „Erfahrungskurve", die sich insbesondere in der Flugzeugindustrie aufgrund jahrelanger Beobachtungen entwickelt hat. Die Erfahrung zeigt, daß in der Flugzeugfertigung die Fertigungsstunden für eine Fertigungseinheit, besonders am Anfang einer Reihenfertigung, sehr schnell abnehmen. Dies ist im wesentlichen darauf zurückzuführen, daß vielfach beim Anlauf einer Reihen-

Tafel 5 **Schema Zusammenstellung von Vorrichtungskosten**

	Benennung	Anzahl			Fertigungsstunden		Material DM		Vorrichtungs-konstruktion	
		Bau-teile	Vorr./ Bauteil	Vorr. Σ	∅ *) je Vorr.	Stunden Σ	DM/ Stunden	Material Σ	% von Fertig.-std.	Stunden Σ
1	Anreißschablonen	950	0,43	450	7	3 150	1,80	5 670,00	20 %	630
2	Fräs- und Bohrschablonen		0,51	600	13	7 800	2,00	15 600,00	20 %	1560
3	Verformungswerkzeug		0,33	400	60	24 000	3,20	76 800,00	20 %	4800
4	Zerspanungsvorrichtung	30	1,67	50	35	1 750	3,00	5 250,00	25 %	440
5	Klebevorrichtung	10	1,2	12	250	3 000	8,00	24 000,00	20 %	600
6	Zusammenbauvorrichtung für Untergruppen	75	1,2	90	160	14 400	3,40	48 960,00	15 %	2150
7	Zusammenbauvorrichtung für Hauptgruppen	6	1,0	6	—	12 800	2,40	30 720,00	15 %	1920
8	Lehren	—	—	5	—	1 500	3,00	4 500,00	15 %	225
9	Attrappen und Modelle	—	—	6	—	540	7,00	3 780,00	15 %	80
10	Arbeitsbühnen	—	—	2	—	1 200	1,80	2 160,00	15 %	180
11	Ablage- und Transport-gestelle	—	—	5	—	1 800	1,80	3 240,00	15 %	270
		1071	1,52 (∅ *)	1626	—	71 940	3,08 (∅ *)	220 680,00	18 % (∅ *)	12 855

*) ∅ Durchschnittswert

Tafel 6 **Schema Zusammenstellung von Kalkulationswerten für eine Fertigung**

Benennung	kg (ohne Kaufteile)	Zahl der Einzelteile	Fertigungsstunden								
			Spanlose Formung	Zerspanung	Kleberei	Galvanik Chem. fräsen u. Malerei	Zus.-Bau Unter- u. Hauptgruppen	Teilausrüstung der Zellen	Endzusammenbau und Ausrüstung	Gesamtstd.	Std. je kg
Rumpf-Vorderteil	590	2400	970	500	270	270	2700	900	—	5610	9,50
Rumpf-Mittelteil	1400	4300	1430	950	700	550	3900	520	—	8050	5,75
Rumpf-Hinterteil	570	2200	750	350	150	110	1900	150	—	3410	6,00
Seitenleitwerk	360	1800	550	300	110	90	1500	50	—	2600	7,20
Höhenleitwerk	410	2200	730	350	140	120	1750	80	—	3170	7,75
Tragflächen und Triebwerksgondeln	1660	7300	2400	1200	1030	890	6200	1200	—	12920	7,78
Ausrüstungsteile (ohne Kaufteile)	170	900	370	300	—	120	650	—	—	1440	8,45
Endzusammenbau (Zelle)	—	—	—	—	—	800	—	—	2200	3000	—
Endausrüstung	—	—	—	—	—	—	—	—	6200	6200	—
Funktionsprobe	—	—	—	—	—	—	—	—	1600	1600	—
	5160	21100	7200	3950	2400	2950	18600	2900	10000	48000	9,30
% von Gesamtstunden			15 %	8,2 %	5 %	6,3 %	38,7 %	6 %	20,8 %	100 %	

Degression der Fertigungsstunden — Flugzeug Nr. 1 bis 25 = 80 %
Nr. 26 bis 90 = 85 %
ab Nr. 91 = 100 %

fertigung die Erstlieferungen bereits vorzunehmen sind, bevor alle Fertigungsvorrichtungen und Detailkonstruktionen vorhanden oder sämtliche Entwicklungs- und Erprobungsaufgaben abgeschlossen sind. Diese und andere Faktoren verursachen im Flugzeugbau für die ersten Einheiten hohe Kosten, welche sich aber dann schnell reduzieren. Ausgedehnte Untersuchungen über den Verlauf der Zeitaufwandskurven ergaben, daß die Verwendung von logarithmischen Kurven gerechtfertigt ist. Die Neigung der Kurve ist im allgemeinen in Prozent (%) ausgedrückt, z. B. 75-%-, 80-%- und 85-%-Kurve.

Man geht von der Voraussetzung aus, daß bei jeder Verdoppelung der Anzahl gefertigter Baueinheiten der kumulative mittlere Zeitaufwand pro Baueinheit 75 % oder 80 % oder 85 % des mittleren Zeitaufwandes der verdoppelten Fertigungsmenge beträgt. Es wird also jedesmal, wenn die Menge verdoppelt wird, der durchschnittliche bis zu diesem Tage angelaufene Zeitaufwand des gesamten Auftrages um 25 % oder 20 % oder 15 % verringert. Wenn z. B. die ersten 10 Baueinheiten einen mittleren Zeitaufwand von 1000 Std./Stück benötigen, würde der Aufwand für die ersten 20 Baueinheiten bei einer 80-%-Degressionskurve 800 Std./Stück betragen und die ersten 40 Baueinheiten 640 Std./Stück. Die auf diese Weise ermittelten Werte können auch mathematisch errechnet werden nach der Gleichung $Y = X^{-k}$, wobei der Exponent „k" die Neigung der Kurve bestimmt. Auch ist ohne ausgedehnte Berechnungen bei Verwendung von Logarithmenpapier eine beliebige Prozentkurve für einen beliebigen Zeitaufwand und eine beliebige Anzahl Baueinheiten auf einfache Weise Zahlenmaterial über den voraussichtlichen Ablauf von Fertigungsstunden zu erhalten. Es müssen lediglich zwei Punkte bestimmt, auf Logarithmenpapier aufgetragen und durch eine Gerade miteinander verbunden werden. Der Einzelwert wird gebildet aus dem Gesamtwert bei „N"-Einheiten, vermindert um den Gesamtwert von „N" minus 1 Einheiten. Die Erfahrung hat gezeigt, daß ungefähr ab der 25. Einheit die Degression den gleichen Grundmerkmalen wie bei der Ermittlung des kumulativen Durchschnittswertes entspricht.

Für eine schnelle Berechnung der durchschnittlichen Fertigungsstunden für eine laufende Baueinheit sind in der Regel die Faktoren für die verschiedenen Degressionskurven tabellarisch zusammengestellt, um sie auf einfache Weise für Multiplikationen oder Divisionen zu verwenden, sofern ein Durchschnittswert, Anfangswert oder Endwert der Fertigungsstunden bekannt ist, siehe Tafel 7.

2.4.3 Sonderkosten

Unter Sonderkosten sind alle diejenigen Kosten zu verstehen, welche nicht unmittelbar mit der Herstellung von Bauteilen zusammenhängen und für deren Ermittlung die jeweiligen Gegebenheiten, welche mit der Fertigungsaufgabe gestellt werden zu berücksichtigen sind. Es kann hierbei also kaum auf Erfahrungswerte wie bei der Fertigung zurückgegriffen werden. Unter Sonderkosten fallen z. B. Transportkosten, Prüf- und Abnahmekosten und ähnliche. Diese Kosten sind einzeln zu ermitteln.

2.5 Materialplanung und Materialbeschaffung

Zu den Vorbedingungen für eine einwandfreie Abwicklung von Fertigungsprogrammen gehört eine exakte Ermittlung des erforderlichen Fertigungsmaterials. Die bisher geschilderten Möglichkeiten für die Ermittlung von Materialmengen und Materialkosten sind hauptsächlich für Kalkulationen gedacht. Nach den vorhandenen technischen Unterlagen sind nun genaue Planungen für das erforderliche Material vorzunehmen und der Einkaufsabteilung Bedarfsaufgaben mit allen für eine Bestellung notwendigen Angaben über Mengen, Abmessungen, Spezifikationen und Lieferterminen zu geben.

Tafel 7 **Degressionsfaktoren**

Baueinheit Nr.	Faktor zur Ermittlung der Einzelwerte	Faktor zur Ermittlung der Durchschnittswerte
1	1	1
2	0,6	0,8
3	0,506	0,702
4	0,454	0,640
5	0,418	0,596
10	0,329	0,477
20	0,261	0,381
30	0,228	0,335
40	0,208	0,305
50	0,193	0,284
100	0,154	0,227
200	0,123	0,182
	usw.	usw.

2.5.1 Bedarfsrechnung mittels Stücklistenauflösung und Datenverarbeitung

Unter „Stücklistenauflösung" versteht man, daß für ein Fertigungsprogramm aus den Stücklisten sämtliche Materialien mengenmäßig nach Baugruppen und Einzelteilen geordnet erfaßt werden. Gleichzeitig wird für eine Terminbestimmung entsprechend dem Aufbau einer Baugruppe für jede Position ein Vorlaufzeitwert eingesetzt. Hierunter versteht man bei einer losweisen Fertigung die Anzahl Arbeitstage für den Eingang des Materials vor dem Zeitpunkt „0". Der Zeitpunkt „0" wird durch einen Terminplan bestimmt und bedeutet für jedes Los den Fertigstellungstag einer Erzeugnisgruppe. Der Vorlaufzeitwert enthält die Arbeitszähltage für die Kontrolle, Einlagerung und Ausgabe des Materials zuzüglich der Arbeitszähltage, welche für die Anfertigung der Bauteile einer Erzeugnisgruppe bei einer maximalen Losgröße benötigt werden.

Der strukturelle Aufbau eines Erzeugnisses ergibt die Grundlage, die Stücklisten-Positionen durch den Vorlaufzeitwert terminlich zu ordnen. Durch Einführung von Coden ist gleichzeitig eine weitere Ordnung der Stücklisten-Positionen nach Materialgruppen, Beschaffungsarten, Produktionslinien, Dispositionsmerkmalen usw. möglich. Für die Ermittlung der Materialmengen werden von jeder Position aus der Stückliste Angaben über Abmessungen, Spezifikationen, Stückzahlen usw. entnommen.

Alle ermittelten Daten werden auf Lochkarten erfaßt und können somit über den Computer geordnet und mengenmäßig verdichtet werden. Die hierbei erstellte Tabellierung ergibt eine genaue Übersicht über das zur Beschaffung vorgesehene Material. Durch Einfügen von Bewertungen in DM für die einzelnen Materialpositionen lassen sich die Daten weiter ergänzen und können auch für Erstellung von Tabellierungen zu Kalkulationszwecken, Soll- und Ist-Vergleich und dergleichen verwendet werden. Das Bild 9 zeigt ein Schema über Vorlaufzeitwerte von Materialpositionen für verschiedene Erzeugnis-Gruppen und daraus resultierende Stücklistendaten.

2.5.2 Materialplanung nach Erfordernissen der Fertigung

Die unter Abschnitt 2.5.1 erläuterte Bedarfsrechnung basiert nur auf Angaben über Abmessungen und Mengen aus den Stücklisten. Die in diesen Stücklisten angegebenen Abmessungen können häufig nicht als endgültig betrachtet werden, da der Konstrukteur

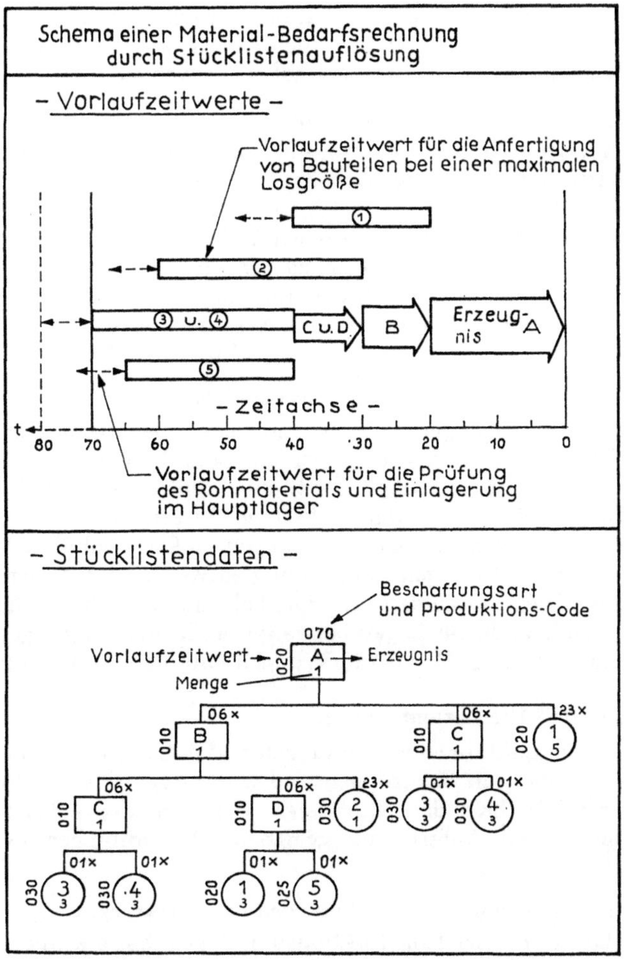

Bild 9 Schema über Vorlaufzeitwerte für Material-Bedarfsrechnungen

nicht in jedem Fall bestimmen kann, welche Fertigungsarten für die Herstellung der Teile angewendet werden. Besonders bei Blechformteilen können die für die Fertigung eingesetzten Werkzeuge und Maschinen größere Abmessungen der Zuschnitte erfordern, wie z. B. beim Einspannen in die Backen einer Ziehpresse, als vom Konstrukteur ermittelt. Darüber hinaus sind auch Zuschläge auf die Materialmengen für Ausschuß und Verschnitt zu berücksichtigen. Bei Kleinmaterial wie z. B. Nieten, kleinere Schrauben, Muttern usw. muß ebenfalls mit einer Zugabe für Verlust gerechnet werden. Die Zuschlagziffern sind weitgehendst abhängig von dem Schwierigkeitsgrad der Fertigung. Für die Schätzung von Zuschlagsätzen hat jedes Unternehmen gewisse Erfahrungen.

Wenn bei einer Materialermittlung die technologischen Vorgänge der Fertigung berücksichtigt werden, so müssen hierfür vom Fertigungsplaner ausgearbeitete Material- und Fertigungspläne für die einzelnen Bauteile vorliegen. Eine Ermittlung des Materials nach diesen Unterlagen ist im Gegensatz zu der Bedarfsermittlung nach Stücklisten viel genauer. Häufig kann diese Materialermittlung erst viel später als die nach Stücklisten erfolgen und kommt zu spät für eine Materialbestellung. Sie wird deshalb als Unterlage für Berichtigung von Bedarfsaufgaben verwendet.

2.5.3 Bedarfsaufgabe an die Einkaufsabteilung

Nach Abschluß der Bedarfsrechnung für das Fertigungsmaterial wird für jeden Materialposten eine Bedarfsaufgabe von der Arbeitsvorbereitung an die Einkaufsabteilung zur Beschaffung aufgegeben. Diese Bedarfsaufgabe muß neben der Mengenangabe für das Material eine genaue Spezifikation und einen Liefertermin enthalten, die es dem Einkäufer ermöglichen, richtige Bestellungen zu tätigen. Um günstige Lieferverträge abschließen zu können, werden die Mengen für ein Lieferprogramm zusammengefaßt. Es liegt dann in der Entscheidung der Einkaufsabteilung darüber zu bestimmen, in welcher Größenordnung Lieferungen zu vorgeschriebenen Terminen erfolgen sollen.

2.5.4 Erfassung und Disposition des Fertigungsmaterials

Die ermittelten Materialmengen, welche mit einer Bedarfsaufgabe der Einkaufsabteilung zur Beschaffung aufgegeben werden, sind in einer Dispositionskartei zu erfassen. Diese Kartei bietet die Möglichkeit, durch Eintragung von Zu- und Abgängen ständig eine Übersicht über den Materialbestand zu erhalten. Häufig kommt es vor, daß infolge von Änderungen und Überlieferungen, außergewöhnlich hohen Ausschußquoten usw. das Material trotz genauer Planung entweder in zu hohen oder zu kleinen Mengen im Materiallager vorhanden sind. Die Führung und Überwachung der Dispositionskartei und damit auch die Lagerüberwachung ist eine Angelegenheit der Lagerverwaltung. Hieraus folgende Bedarfsänderungen sind dem Einkauf aufzugeben.

2.6 Vorrichtungs- und Werkzeugplanung

Zur Herstellung von Luftfahrzeugen sind zahlreiche Einzelteile und durch die sehr weit gegliederte Fertigung in Baugruppen und Untergruppen viele Vorrichtungen und Werkzeuge erforderlich. Eine der wichtigsten Aufgaben der Arbeitsvorbereitung ist es, zur Bestimmung und Anfertigung geeigneter Vorrichtungen exakte Planungen durchzuführen.

2.6.1 Bestimmung und Planung von Vorrichtungen und Werkzeugen

Eine gründliche Durchsicht der Konstruktionsunterlagen läßt erkennen, welche Bauteile in bezug auf Strak, Kontur, Bohrungen oder dergleichen aufeinander abgestimmt sein müssen und daher auch besondere Forderungen an die Vorrichtungen stellen. Hieraus sieht man, ob Urkörper, Modelle oder Lehren benötigt werden. Im Hinblick auf die Austauschbarkeit von Bauteilen sind zum Messen und Abstimmen der Vorrichtungen vielfach Lehren erforderlich. Dann werden gruppenweise Einzelteile und Baugruppen auf ihre Herstellungsmöglichkeit untersucht. Hierbei wird für jedes Teil die Vorrichtung für die einzelnen Fertigungsvorgänge festgelegt. Wenn z. B. ein Spant als eine Untergruppe aus 15 verschiedenen Einzelteilen besteht, so müssen sowohl für den Zusammenbau wie auch für die Herstellung jedes Einzelteiles in Abstimmung mit den Fertigungsfolgen die erforderlichen Vorrichtungen festgelegt werden. Je nach Schwierigkeitsgrad können für ein Einzelteil zwei bis drei Vorrichtungen erforderlich sein.
Nur durch Prüfung der Fertigungsfolgen läßt sich im einzelnen bestimmen, ob für jeden Arbeitsgang eine Vorrichtung notwendig ist und wie diese beschaffen sein muß. Häufig kann hierbei der Planer auch auf Vorrichtungen zurückgreifen, die als sogenannte Standard-Vorrichtungen bekannt und z. T. normalisiert sind. Diese Vorrichtungen verändern sich lediglich in der Formgebung und den Abmessungen. Hierzu gehören z. B. Schablonen, Kopierfrässchablonen, Bohrschablonen und Schnittwerkzeuge.

Auch können Umschlagwerkzeuge, Ziehwerkzeuge, Bördeldurchzüge u. a. nach entsprechenden Normen hergestellt werden.
Für den Zusammenbau von Untergruppen und Hauptgruppen sind ebenfalls die Vorrichtungen festzulegen, für deren Ausführung und Abmessung sowohl technische wie auch wirtschaftliche Gesichtspunkte eine wesentliche Rolle spielen. Bei Vorrichtungen für Großbauteile, die eine lange Belegzeit haben, ist zu klären, ob es günstiger ist, die Restarbeiten wie z. B. das Ausnieten in einem einfachen Aufnahmegestell vorzunehmen.
Unter „Vorrichtungen" sind auch solche Vorrichtungen zu planen, welche nicht unmittelbar mit der Herstellung von Bauteilen in Verbindung stehen, z. B. Transportgestelle, Montagebühnen, Prüfeinrichtungen für Ausrüstungen usw. Auch typengebundene Spezialwerkzeuge wie Bohrer, Reibahlen oder Handmaschinen und dergleichen müssen geplant werden. Es ist die Aufgabe des Vorrichtungsplaners, kurze und prägnante Hinweise zu geben, für welche Fertigungsaufgaben die von ihm festgelegten Vorrichtungen vorgesehen sind, um für die Herstellung derselben die erforderlichen technischen Unterlagen wie Zeichnungen, Meßblätter usw. erstellen zu können. Gleichzeitig sind für sämtliche geplante Vorrichtungen Ordnungsbegriffe wie z. B. Vorrichtungsgruppe, Vorrichtungsnummer oder Vorrichtungsnorm und ähnliche festzulegen. Alle Vorrichtungen werden nach diesen Ordnungsbegriffen in einer vielseitig verwendbaren Fertigungsmittelliste erfaßt.

2.6.2 Unterlagen zur Herstellung und Beschaffung von Vorrichtungen und Werkzeugen

Die Herstellung und Beschaffung der Vorrichtungen und Werkzeuge erfordert die Ausarbeitung von Arbeitsunterlagen. Hierbei sind neben den technischen Gesichtspunkten auch solche zu beachten, welche die Kostenbildung negativ beeinflussen können. Insbesondere wenn aufgrund von Vorplanungen schon Kostenvorstellungen existieren, ist anzustreben, daß die Kosten für die Herstellung und Beschaffung der Vorrichtungen und Werkzeuge sich in diesem Rahmen bewegen. Für die spätere Erfassung der angefallenen Kosten werden die von der Arbeitsvorbereitung herauszugebenden Aufträge mit Kontierungen versehen. Diese Kontierungen gibt die kaufmännische Abteilung bekannt, die auch später die Kostenermittlung vorzunehmen hat.
Vor Erstellung der Arbeitsunterlagen wird untersucht, welche von den in der Fertigungsmittelliste erfaßten Vorrichtungen und Werkzeugen unter Beachtung der technischen Möglichkeiten und Auslastung im eigenen Hause gefertigt werden können. Für die Herstellung aller anderen Vorrichtungen müssen Fremdfirmen beauftragt werden, die mit der Bestellung auch die notwendigen technischen Unterlagen wie Zeichnungen, Angaben über Normen, Aufrisse oder Schablonen und dergleichen erhalten. Sollen in diesen Vorrichtungen auch Austauschteile hergestellt werden, so müssen Lehren zum Abstimmen der Vorrichtung gefertigt werden.
Nach Überprüfung dieser Punkte legt der Vorrichtungsplaner für die Herstellung und Beschaffung der Vorrichtungen und Werkzeuge die erforderlichen Arbeiten fest und gibt diese in Form von Werkstattaufträgen an den Vorrichtungsbau oder als Bedarfsaufgabe an die Einkaufsabteilung zur Beschaffung. Dasselbe gilt auch für die Aufträge zur Anfertigung von Konstruktions- und Aufrißzeichnungen.
Der vom Vorrichtungsplaner ausgearbeitete Auftrag zur Herstellung von Vorrichtungen enthält alle wichtigen Informationen über Konstruktionsunterlagen, Materialbedarf, Arbeitsablauf, Zeitvorgaben, ausführende Abteilung und dergleichen. Für die terminliche Steuerung der Aufträge erhält die Terminstelle sämtliche vom Vorrichtungsplaner erstellten Aufträge, versieht diese mit den Fertigstellungsterminen in Abstimmung mit dem Terminplan und überwacht die terminliche Fertigstellung. Jede

Vorrichtung wird von der zuständigen Kontrollabteilung auf Richtigkeit geprüft und mit einer Kennzeichnung versehen wie Vorrichtungsnummer, Hersteller, Eigentümer, Prüfstempel usw.

2.6.3 Registrierung, Verwaltung und Pflege von Vorrichtungen und Werkzeugen

Sämtliche Vorrichtungen und Werkzeuge müssen nach Ordnungsbegriffen erfaßt und verwaltet werden. Neben der Fertigungsmittelliste wird für jede Vorrichtung auch eine Karteikarte angelegt, die alle wichtigen Daten enthält wie Kennzeichnung, Numerierung, Herstellkosten der Vorrichtung, vorgenommene Änderungen, Verwendungs- und Einlagerungsort. Die Kartei beinhaltet eine sogenannte Lebenslaufakte für jede Vorrichtung. Auch für Vorrichtungen fremder Eigentümer dient die Kartei als Informationsunterlage, um dem Eigentümer jederzeit einen Nachweis über Standort, Zustand und Wert der Vorrichtungen zu geben. Damit eine sorgfältige Ordnung und Wartung sämtlicher Vorrichtungen möglich ist, werden diese größtenteils dem Vorrichtungslager zugeführt, bevor sie der Fabrikationswerkstatt zur Verfügung gestellt werden. Größere und stationäre Vorrichtungen werden zwecks Erfassung nur in administrativer Form dem Vorrichtungslager übergeben. Ein großer Anteil der im Vorrichtungslager eingelagerten Vorrichtungen wird bei einer periodischen und losweisen Fertigung immer erneut bei jedem Los der Fertigungswerkstatt zugestellt und vereinnahmt. Hierdurch ist die ständige Überwachung der Vorrichtung gegeben. Wenn Vorrichtungen repariert werden müssen, hat das Vorrichtungslager dies bei der Arbeitsvorbereitung zu veranlassen. Die stationären Vorrichtungen unterliegen ebenfalls einer periodischen Kontrolle. Häufig wird hierfür an jeder Vorrichtung ein Kontrollheft angebracht, in welches die Fehlerpunkte bzw. durchgeführte Reparatur oder Änderungen eingetragen werden. Für einen ständigen Nachweis über den Verbleib aller im Einsatz befindlichen Vorrichtungen wird in der Regel im Vorrichtungslager auch eine Kartei geführt.

Sämtliche Vorrichtungen müssen nach Beendigung eines Fertigungsprogrammes sorgfältig gelagert werden, um Möglichkeiten für Reparatur, Nachbau oder spätere Ersatzteilfertigungen zu haben. Auch Großbauvorrichtungen sind für eine längere Zeit zu lagern und zu pflegen.

Werkzeuge unterliegen einer periodischen Prüfung über Zustand und Brauchbarkeit. In der Regel werden diese von der Werkzeuginstandhaltung überwacht, die auch für Reparatur und Ersatzbeschaffung sorgt.

2.7 Fertigungsplanung

Im Luftfahrzeugbau müssen durch die vielseitigen Fertigungsaufgaben sehr umfassende Planungen für eine wirtschaftliche Gestaltung der Fertigung durchgeführt werden. Dabei hat die Arbeitsvorbereitung Unterlagen zu erstellen, nach welchen der Fabrikationsprozeß ablaufen soll. Die mit einem Fertigungsprogramm verbundenen Aufgabenstellungen müssen durch die Arbeitsvorbereitung unter Beachtung der technischen Forderungen und vorhandenen Fertigungsmöglichkeiten in direkte Aufträge an die Fertigungswerkstätten umgesetzt werden.

2.7.1 Planung der Fertigungsphasen und deren Gliederung

Zunächst ist zu klären, wie die Fertigung für das zur Durchführung kommende Projekt gegliedert werden kann, damit der strukturelle Fertigungsfluß bis zur Fertigstellung gewährleistet ist. Wenn auch häufig der strukturelle Aufbau von Untergruppen und Hauptgruppen schon durch das Numerierungssystem der Zeichnungen gegeben ist, so kann nicht in jedem Fall der Fertigungsfluß nach diesem System ablaufen, da mitunter auch Teile einer Baugruppe zugeordnet werden, welche nicht die Zeichnungsnumerierung dieser Baugruppe tragen. Eine Fertigung gliedert sich in Einzelteilfertigung und Zusammenbau. Diese Hauptfertigungsarten beinhalten in sich viele Fertigungsphasen. Bei der Planung für Einzelteilfertigung ist darauf zu achten, daß die Teile entsprechend den technischen Forderungen in einer richtigen Fertigungsfolge unter Verwendung der geplanten Vorrichtungen gefertigt und den Untergruppen oder Hauptgruppen zugeordnet werden. Für den Zusammenbau ist zu prüfen, ob es im Hinblick auf Fertigungsmenge und Platzbedarf ratsam ist, ein Taktverfahren vorzusehen. Ein Taktverfahren bietet z. B. die Möglichkeit, durch günstiges Ordnen der Zusammenbaufolgen einen wirtschaftlichen und terminlich begrenzten Arbeitsablauf zu erreichen. Gleichzeitig wird hierdurch eine bessere Zuordnung der Einzelteile im Hinblick auf die terminliche Fertigstellung gewährleistet. Die in einem Takt festzulegenden Arbeitsfolgen müssen in ihrem Umfang so bemessen werden, daß hinsichtlich der Belegungszeiten von Vorrichtungen und des möglichen Ansatzes von Arbeitskräften ein kontinuierlicher Durchlauf im Rahmen der vorgeschriebenen Termine ermöglicht wird. Alle diese Planungen sind zunächst in einem groben Konzept festzuhalten und dienen als Unterlage für einer Feinplanung, nach der die einzelnen Werkstattaufträge ausgearbeitet und in die Fabrikation gegeben werden.

2.7.2 Planung des Auftragnummernsystems als Ordnungszahlen für Fertigungssteuerung und Kostenträgerrechnung

Für die Kostenträgerrechnung werden von den kaufmännischen Abteilungen des Unternehmens der Arbeitsvorbereitung entsprechende Kontierungen genannt, die in der Hauptsache auf vertraglichen Grundlagen basieren. Es handelt sich hierbei weitgehendst um das Erfassen von Kosten nach übergeordneten Kostenbegriffen, die aber zur Steuerung und Auftragserteilung für die Herstellung von Einzelteilen und den Zusammenbau kleinerer Gruppen nicht ausreichend sind. Die Arbeitsvorbereitung hat unter Beachtung einer strukturellen Fertigung die Werkstattaufträge durch Erweiterung der Kontierung so zu ordnen, daß diese durch den Produktionsprozeß gesteuert werden können. Hierdurch ist es auch möglich, die Kosten für jedes Bauteil zu erfassen. Um die Auftragsnummern für alle zur Ausführung kommenden Aufträge vorher festzulegen, erstellt sich der Fertigungsplaner ein Strukturbild und trägt in dieses Bild die vorgesehenen Ordnungsbegriffe ein. Die sehr weit verzweigte Fertigungsstruktur von Bauteilen für Luftfahrzeuge macht es häufig erforderlich, daß eine Auftrags-Kontierung unter Umständen bis zu 16 Stellen beansprucht. Zur Erläuterung über die Bedeutung und Aufgabe der verschiedenen Stellen einer Auftragsnummer soll nachstehendes Beispiel dienen:

Gesamtstellenzahl einer Auftragsnummer 16 Stellen:

1. Stelle	Art der Fertigungsaufgabe,
2. bis 3. Stelle	Art des Projektes,
4. bis 6. Stelle	Aufgliederung der Fertigungsaufgaben bei einer Reihenfertigung in Lose,
7. bis 10. Stelle	Übergeordnete Fertigungsnummer für eine größere Baueinheit,
11. bis 13. Stelle	Herstellung von kleineren Untergruppen oder Einzelteilen,
14. bis 15. Stelle	Untergliederung eines Fertigungsloses in Teilabschnitte,
16. Stelle	Kennziffer für einen Mehraufwand.

Dieses Auftragsnummernsystem ist in der Weise aufgebaut, daß es für Sortierungen, Summierungen von Werten für Soll- und Ist-Zwecke usw. über den Computer Verwendung finden kann.

2.7.3 Erstellung von Fertigungs- und Materialplänen für die Produktion

Für die einzelnen Werkstattaufträge wird mit Hilfe der Zeichnungen, Stücklisten und dergleichen der genaue Materialbedarf ermittelt und die Fertigungsfolgen für die Herstellung der Bauteile bestimmt. Die Abmessungen des nötigen Materials sind vielfach abhängig von den für die Herstellung vorgesehenen Vorrichtungen, Werkzeugen und Maschinen. Bei zu verformenden Teilen sind die notwendigen Einspannlängen und Beschnittzugaben zu berücksichtigen. Die ermittelten Materialabmessungen und Mengen legt der Fertigungsplaner in dem Werkstattauftrag fest. Außerdem müssen auch über den Werkstoff einschließlich der Spezifikation Angaben gemacht werden. Die festgelegten Materialmengen und Abmessungen dienen als Bezugsgrößen für die Entnahme des Materials aus dem Materiallager und werden auch dazu verwendet, Zuschnittpläne anzufertigen, um eine wirtschaftliche Ausnutzung der vorhandenen Halbfabrikate zu erreichen. Ferner dienen die von dem Planer festgelegten Abmessungen und Mengen dazu, Korrekturen von solchen Materialbestellungen vorzunehmen, welche auf Stücklistenangaben basierten.

Das Festlegen der Fertigungsfolgen erfolgt in Anlehnung an die vom Vorrichtungsplaner vorgeschlagenen Vorrichtungen und Werkzeuge. Jeder Fertigungsvorgang muß in dem Fertigungsplan enthalten sein. Ferner ist anzugeben, ob bestimmte metallurgische Behandlungsvorschriften bei Fertigungsvorgängen zu beachten sind. Hierfür sind entsprechende technische Unterlagen, welche im einzelnen genaue Anweisungen beinhalten, vorhanden. Da es sich vielfach um zu umfangreiche textliche Formulierungen handelt, werden diese codifiziert in den Fertigungsplänen aufgenommen. Der Fertigungsplan muß u. a. vorschreiben, welche Werkstatt die Arbeit auszuführen hat, mit Zeitvorgaben, welche von der Stückzeitstelle zu ermitteln sind. Auch jeder Kontrollvorgang, welcher nach Abschluß einer Arbeitsoperation notwendig ist, muß von dem Fertigungsplaner festgelegt werden. Aus dem Fertigungsplan muß auch zu entnehmen sein, in welchem übergeordneten Auftrag das betreffende Teil benötigt wird, um es über die zuständige Materialbereitstellung an den entsprechenden Arbeitsplatz zu steuern.

Die ausgearbeiteten Fertigungspläne werden auf einem geeigneten Formular geschrieben, welches in der Regel kopierfähig ist, und als Werkstattaufträge in die Fertigung gegeben. Vielfach werden diese Werkstattaufträge so abgefaßt, daß die hierin enthaltenen Daten ablochfähig sind und zur Verarbeitung über den Computer verwendet werden können.

2.7.4 Planung bei Betreuungs- und Reparaturprogrammen

Luftfahrzeuge unterliegen einer ständigen Überwachung in bezug auf Flugsicherheit. In periodischen Abständen nach Flugstunden werden die Luftfahrzeuge einer eingehenden Prüfung unterzogen. Sofern diese Prüfungen nicht bei den Haltern durchgeführt werden, können hiermit entsprechende Flugzeugfirmen beauftragt werden. Die Arbeitsvorbereitung hat nach einem Befundbericht der Kontrollabteilung entsprechende Dispositionen für Materialbeschaffung, Ersatzteilbeschaffung, Auslösen von Aufträgen für Neuanfertigung und Reparaturen zu veranlassen. Wenn auch als Ausgangspunkt die Prüfbefunde dienen, so müssen doch die entsprechenden technischen Unterlagen wie Zeichnungen, technische Anweisungen und dergleichen herangezogen werden. Die Reparaturaufträge erfordern individuelle Planungen.

Bei Reparaturen müssen die Zeitvorgaben durch Schätzungen ermittelt werden. Der beauftragte Fertigungsplaner muß genügend Kenntnisse und Erfahrungen besitzen, um richtige Schätzungen vornehmen zu können. Bei einem Betreuungs- oder Reparaturprogramm kommen allerdings auch eine ganze Anzahl sich wiederholender Arbeiten vor, deren Zeitvorgaben aufgrund von Zeitstudien genauer ermittelt werden.

2.7.5 Planung für Einführung von Änderungen

Änderungen werden in der Regel von der Konstruktionsabteilung durch Änderungsmitteilungen dem Fertigungsbetrieb bekannt gegeben. In dieser Änderungsmitteilung ist vermerkt, wann die Änderung zur Einführung kommen soll. Die Arbeitsvorbereitung hat die Aufgabe zu prüfen, ob der genannte Einführungspunkt im Hinblick auf den Fertigungsstand gewährleistet ist.

Der festgelegte Einführungspunkt soll keine terminverzögernden oder besonders hohe kostenbildenden Auswirkungen ergeben. Besonders bei einer losweisen Reihenfertigung können erhebliche Terminverzüge durch nachträgliches Einschleusen neuer und geänderter Teile in das laufende Programm entstehen.

In Fällen, wo noch nachträglich Änderungen an bereits fertiggestellten Fluggeräten durchzuführen sind, werden häufig sogenannte Rüstsätze hergestellt, die nach einer hierfür erstellten technischen Anweisung in die vorhandenen Fluggeräte eingebaut werden können. Bei jeder größeren Änderung hat die Arbeitsvorbereitung hierfür die Kosten zu ermitteln. Ferner resultiert hieraus die Ausarbeitung neuer Fertigungsunterlagen für die durchzuführenden Arbeiten. Für die Erfassung der durch Änderungen zusätzlich anfallenden Kosten werden besondere Kontierungen von den kaufmännischen Stellen der Arbeitsvorbereitung genannt. Um jederzeit einen Nachweis über den Änderungszustand der angefertigten Fluggeräte zu haben, müssen sämtliche durchgeführten Änderungen sorgfältig dokumentarisch festgehalten werden. Dieses ist im wesentlichen Aufgabe der Kontrolle.

2.7.6 Planung der Ersatzteilfertigung

Bei neuentwickelten Luftfahrzeugen macht das Konstruktionsbüro Vorschläge über Ersatzteil-Bevorratungen und benennt solche Teile, die einem Verschleiß oder einer Alterung unterliegen und nach einer bestimmten Anzahl von Flugstunden erneuert werden müssen. Bei Benennung von Ersatzteilen wird auch auf Erfahrungen zurückgegriffen, die bei anderen Flugzeugtypen gesammelt wurden.

Für die Anfertigung von Ersatzteilen hat die Arbeitsvorbereitung entsprechende Dispositionen zu treffen sowohl für die Beschaffung des Materials wie auch für die Herstellung der Teile. Die für eine Ersatzteilbevorratung hergestellten Teile müssen häufig für eine längere Zeit konserviert werden. Es gibt daher eine ganze Reihe von Vorschriften, die sich sowohl auf das Konservieren und Verpacken wie auch auf die Lagerfähigkeit der Ersatzteile beziehen. Die Arbeitsvorbereitung hat dafür zu sorgen, daß diese Vorschriften beachtet werden.

Häufig laufen Bevorratungsprogramme schon an, während die Fabrikation der Fluggeräte, für welche die Bevorratung vorgesehen ist, noch nicht abgeschlossen ist. Die Arbeitsvorbereitung hat zu prüfen, ob es im Hinblick auf einen ungestörten Fertigungsfluß möglich ist, die Ersatzteillieferung terminlich in die laufende Reihenfertigung einzuschleusen. Darüber hinaus ist zu prüfen, ob die Ersatzteile gemeinsam mit den gleichen Teilen der laufenden Serie gefertigt werden können, um zu größeren Fertigungsmengen und Einsparungen an Rüstkosten zu kommen.

2.8 Arbeitsstudie und Stückzeitermittlung

Für den Flugzeugbau sind Arbeitsstudien unerläßlich. Arbeitsstudien decken Unzulänglichkeiten und Mißstände auf und bieten eine Fülle von Anregungen zu deren Beseitigung und zur Verbesserung von Arbeitsvorgängen.

2.8.1 Zeitstudien als Grundlage für Kalkulationen

Für die Kalkulation von Vorgabezeiten dienen im Luftfahrzeugbau, wie auch anderswo üblich, die durch Zeitstudien ermittelten Werte für alle vorkommenden Arbeitsgänge.

Für den Luftfahrzeugbau typische Arbeitsvorgänge werden in nachstehender Aufstellung genannt:

- Abkanten
- Anreißen oder Anzeichnen
- Befeilen
- Bohren:
  - a) Einzelfertigung
  - b) Montage
- Bördeln
- Brennen
- Chem. Fräsen
- Drehen
- Drücken
- Dimpling
- Einziehen
- Entgraten
- Fräsen:
  - a) Oberfräsen
  - b) Fräsbank
  - c) von Hand
- Gewindeschneiden
- Glätten
- Härten
- Hobeln
- Joggeln
- Knabbern
- Kugelstrahlen
- Klebarbeiten
- Kunststoffverarbeitung
- Malerarbeiten:
  - a) Spritzen
  - b) Beschriften
  - c) Abbeizen
- Montagearbeiten
- Nieten
- Oberflächenbehandlung (Galvanik)
- Pressen
- Reiben
- Richtarbeiten
- Rohre biegen:
  - a) maschinell
  - b) von Hand
- Rohre bördeln
- Sägen
- Sandstrahlen
- Schneiden mit Schere:
  - a) Schlagscheren etc.
  - b) von Hand
- Schlagen am Fallhammer
- Schleifen und Putzen
- Schweißen:
  - a) autogen
  - b) elektrisch
  - c) Schutzgas-Schweißung
  - d) Punkt- und Rollnahtschweißung
- Senken
- Sicken
- Spannen und Ablegen
- Stanzen
- Streckziehen
- Tiefziehen
- Tischlerarbeiten
- Treiben
- Umschlagarbeiten
- Verformungsarbeiten (Sonstige)
- Arbeiten im Vorrichtungsbau
- Wälzen

Am einfachsten zu erfassen sind alle Arbeiten, die für die Fertigung von Einzelteilen und kleinen Untergruppen in Frage kommen. Schwieriger ist die Durchführung von Zeitstudien bei Montagevorgängen von großen Baugruppen, z. B. Rumpf-, Tragfläche usw., da hierfür größere Arbeitsgruppen eingesetzt werden müssen. Die Fertigung von Einzelteilen beträgt etwa 15 bis 18 % vom Gesamtstundenvolumen, während für den Zusammenbau von Großbaugruppen etwa 60 bis 70 % einzusetzen sind. Hieraus ist ersichtlich, daß der größte Teil des Stundenvolumens nur unter gewissen Schwierigkeiten durch Zeitstudien ermittelt werden kann. Wenn an einer größeren Baugruppe, z. B. einem Rumpf, etwa 20 Monteure eingesetzt sind, so müßte auch eine entsprechend

große Anzahl von Zeitstudienleuten hierfür vorgesehen werden, was aber in vielen Fällen nicht möglich ist. Es wird daher auf Einzelwerte zurückgegriffen wie z. B. das Einlegen der Spanten in die Großbauvorrichtung oder das Aufbringen der Beplankung usw. Auch für das Ausnieten der Bauteile, wobei oft Nieten in größerer Anzahl zu schlagen sind, liegen vielfach Einzelwerte vor. Die aus den einzelnen Erfahrungswerten ermittelte Vorgabezeit reicht in der Regel für die zeitliche Beurteilung der betreffenden Fertigungsaufgabe aus. Bei der Aufteilung einer Endzusammenbaulinie nach dem Taktverfahren ergibt sich ebenfalls die Notwendigkeit von Zeitstudien, um die einzelnen Takte im Fertigungsablauf hinsichtlich ihres Stundenumfanges und der Anzahl der einzusetzenden Leute aufeinander abstimmen zu können.
Durch die technische Entwicklung entstehen neue Fertigungsverfahren, wofür neue Zeitstudien notwendig werden, wie z. B. die Technik des Verklebens von Blechen und Wabenkonstruktionen, chemisches Fräsen, verschiedene Schweißverfahren, neue Verbindungselemente in Form von Schraubnieten, Blindnieten usw.
Für die Festlegung der Verteilzeitprozente bedient man sich vielfach der nach REFA üblichen Methode und auch des Multimoments-Verfahrens. Da dieser Prozentsatz in jeder Abteilung verschieden ist, müssen diese Verteilzeiten in jeder Betriebsabteilung aufgenommen werden. Nach dem Multimoment-Verfahren sind die Verteilzeiten schneller zu ermitteln. Es läßt sich hierbei nicht erkennen, wo man Ansatzpunkte zu suchen hat für eine Verbesserung der Wegezeiten und sonstiger Umstände, die zu einem hohen Verteilzeit-Prozentsatz geführt haben. Zum Beispiel kann durch günstige Verlegung der Werkzeugausgabe oder Nietenausgabe oder auch durch Aufstellung von Tiefkühlschränken für geglühte Nieten innerhalb einer Montagehalle schon erreicht werden, Wegezeiten einzusparen und dadurch die Verteilzeiten zu senken.

2.8.2 Kalkulation von Zeitvorgaben für geplante Fertigungsvorgänge

Die Kalkulation von Zeitvorgaben für den Flugzeugzellenbau ist möglich durch Schätzungen aufgrund von Erfahrungen oder durch Zuhilfenahme vorhandener Zeittabellen und sonstiger Unterlagen sowie durch Zusammensetzen von Schätz- und Tabellenwerten. Eine Kalkulation basiert in der Regel auf einer eingelaufenen Fertigung. Es muß berücksichtigt werden, daß die ermittelten Vorgabezeiten mit einem Anlauffaktor zu werten sind (siehe Degression der Fertigungskosten Abschnitt 2.4.2). Dieser z. B. nach der 80 %-Kurve verlaufende Stundenabfall kann natürlich erreicht werden, wenn eine wirkliche Routinebildung vorliegt. Zeitvorgaben sind auch erforderlich, wenn nicht im Stücklohn gearbeitet wird, um Unterlagen für Dispositionen zur Fertigungssteuerung, Auslastungsplanungen, Preiskalkulationen und dergleichen zu haben.
Charakteristisch für den Flugzeugbau ist, daß hier oft in einem großen Umfang Änderungen anfallen. Diese Änderungen ergeben sich zum Teil aus Versuchsprogrammen, der Fertigung, der Flugerprobung, aus Wünschen der Flugzeughalter u. a. Aus diesem Grunde werden bei einer Reihenfertigung im Anlauf kleinere Lose in die Fabrikation gegeben. Hierdurch entfallen in gewissem Umfang die Vorteile einer Großserien-Fertigung. Es müssen also jedesmal, wenn die Fertigung eines Loses in Auftrag gegeben wird, die hierfür erforderlichen Rüstzeiten neu vorgegeben werden.

2.8.3 Arbeitsbewertung und Festlegung der Tätigkeitsmerkmale für die Einstufung in Lohngruppen

Im Laufe der technischen Entwicklung wurden Hilfsmittel nötig, um nach modernen Verfahren die Entlohnung zu bestimmen. Mittels der Arbeitsbewertung waren auch im Flugzeugbau Lohnrelationen zu finden, die als gerecht für die betreffende Arbeit empfunden werden. Die Festlegung der Höhe des Lohnes ist jedoch nicht Sache der

Arbeitsvorbereitung, sondern der Tarifpartner. Wie üblich werden auch im Flugzeugbau Anforderungsarten festgelegt, wonach dann die Einstufung in bestimmte Lohngruppen erfolgen kann. Diese sind: Können, Verantwortung, Arbeitsbelastung, Umgebungseinflüsse. Durch neu eingeführte Fertigungen wie z. B. das chemische Fräsen u. a. sind neue Lohngruppen aufzustellen und die Tätigkeitsmerkmale hierfür festzulegen. Da im Flugzeugbau die Umgebungseinflüsse im Vergleich zu vielen anderen Industriezweigen keine schweren körperlichen Belastungen fordern, ist es in gewissem Umfang möglich, viele Arbeiten auch von Frauen ausführen zu lassen. Schädliche Umgebungseinflüsse ergeben sich in der Galvanik durch chemische Dämpfe oder beim Auftragen der Maske für das chemische Fräsen und durch Hitzeeinwirkungen bei der Verarbeitung von Legierungen, z. B. bei Titanblechen, die beheizte Werkzeuge erforderlich machen.

2.8.4 Zeitvorgaben und Entlohnungsarten

Im Flugzeugbau sind drei Lohnarten anzutreffen:

1. Zeitlohn,
2. Stücklohn oder Akkord,
3. Prämienlohn.

Beim Zeitlohn ist dem Arbeitenden ein Grundlohn plus Leistungszulage garantiert, zunächst ohne Rücksicht auf seine Leistungen, wobei über die Höhe der Leistungszulage vom Werkstattleiter entschieden wird. Beim Stücklohn oder Akkord richtet sich die Höhe des Akkord-Zuschlages nach der Leistung des Arbeitenden. Hierfür sind genaue Zeitvorgaben unerläßlich.

Beim Prämienlohn soll durch Ausschüttung einer Nutzungsprämie erreicht werden, daß die Arbeitenden die tägliche Arbeitszeit besser nutzen, damit eine Produktivitätssteigerung erzielt wird. Die Nutzungsprämie ist dabei meistens als Gruppenprämie gedacht. Ausgangspunkt zur Verrechnung einer Prämie ist der Gesamtstundenverbrauch in der betreffenden Werkstatt. Voraussetzung hierfür ist, daß bei einer Serienfertigung eine Degression der Stunden im Verlauf der Fertigung zu erkennen ist.

Auch in Werkstätten, wo im Zeitlohn gearbeitet wird, sind die Fertigungsaufträge mit Zeitvorgaben versehen. Aus amerikanischen Unternehmen des Flugzeugbaues wurde bekannt, daß dort, wo im Zeitlohn gearbeitet wird, der jeweilige Leutebedarf der Betriebsabteilungen in Abstimmung mit der Produktionsmenge und Degressionskurve ermittelt wird. Jede Abteilung darf nur soviel Leute beschäftigen, als hierfür Vorgabezeiten und Gesamtstunden für einen entsprechenden Zeitraum vorgesehen sind. Hier liegt es also in hohem Maße in der Hand des Betriebsingenieurs oder des Meisters, das gesteckte Fertigungsziel hinsichtlich Termine und Stundenvorgaben mit der zugedachten Kapazität an Leuten zu erreichen. Mit der Einführung von Stellenplänen wird also den jeweiligen Vorgesetzten vorgeschrieben, mit wieviel Arbeitskräften sie welche Leistung zu erbringen haben.

Alle diese Systeme und Entlohnungsarten haben ihre Vor- und Nachteile. Daß im Flugzeugbau zum großen Teil im Zeitlohn gearbeitet wird, hat seinen Grund darin, daß hier mit größerer Verantwortung und Genauigkeit gearbeitet werden muß, um Flugunfälle durch schlechte Arbeit oder nicht erkannte Fehler auszuschalten. Hinzu kommt, daß bei den verhältnismäßig kleinen Serien im Nachkriegs-Flugzeugbau oft Lieferschwierigkeiten mit Zulieferfirmen bestehen, die wiederum Wartezeiten bedingen und dadurch einen Nachteil für einen reinen Leistungslohn darstellen.

2.8.5 Rentabilitätsuntersuchungen und Rationalisierung

Solche Untersuchungen beinhalten sowohl Überlegungen hinsichtlich einer wirtschaftlichen Gestaltung der Fertigung wie auch Untersuchungen für Investition neuer

Maschinen oder Einsatz hochwertiger Vorrichtungen und ähnliches. Auch vor Anlauf einer Serienfertigung sind Untersuchungen für die Ermittlung einer wirtschaftlichen Losgröße erforderlich, wobei Faktoren wie Gesamt-Auftragsmenge, zeitliche Lieferungen, Fertigungsstunden, Rüstkosten und dergleichen zu beachten sind. Wenn die Fertigung angelaufen ist, müssen noch laufend Beobachtungen stattfinden mit dem Ziel, eine weitere Wirtschaftlichkeit der Fertigung zu erreichen.
Durch die Einführung des Vorschlagswesens wird ein weiterer Weg aufgezeichnet, um durch die Mitarbeit der Belegschaft zu einer höheren Wirtschaftlichkeit zu kommen. Rationalisierungen gehen zumeist von der Zeitstudienstelle der Arbeitsvorbereitung aus, wobei durch Arbeits- und Zeitstudien ermittelt wird, welche Wege die günstigsten für solche Rationalisierungen sind. Es ist durchaus nicht so, daß bei Rationalisierungen nur die Zeit gesenkt werden soll, sondern es werden auch in großem Maße Arbeitsvereinfachungen und Arbeitserleichterungen erreicht. Ansatzpunkte ergeben sich auf den verschiedensten Gebieten wie z. B. Verbesserungen an Maschinen und Vorrichtungen, günstigere Gestaltung des Materialflusses durch kürzere Wegzeiten oder durch Umstellung von Fertigungsabläufen, wobei gewisse Arbeiten anstelle von Fachkräften nur noch von angelernten Kräften ausgeübt werden.

2.9 Statistik

Statistische Methoden finden in der Arbeitsvorbereitung Anwendung zur Sammlung von Nachkalkulationsergebnissen und Ermittlungen von Auslastungen der verschiedenen Abteilungen bzw. Kostenstellen. Außerdem werden sie angewandt in der Zeitstudienstelle für Multimoment-Aufnahmen, für Häufigkeitsstudien und für die sogenannte Leistungs-Statistik in Betrieben, die nach dem Leistungslohn arbeiten. Hierbei handelt es sich dann um die Auswertung der Zeitgrade, die aus den vorgegebenen und verbrauchten Zeiten eines längeren Zeitraumes ermittelt werden. Verschiedentlich werden auch statistische Auswertungen über die Höhe von Ausschußquoten für jede Werkstatt vorgenommen.
Die Arbeitsvorbereitung muß darüber wachen, daß nur solche Statistiken geführt werden, die Unterlagen ergeben, welche für eine wirtschaftliche Gestaltung von Fertigungsaufgaben verwendet werden können.

2.9.1 Kostenüberwachung bei laufenden Fertigungsaufgaben

Bei Projektstudien und Vorkalkulationen von Projekten, die später zur Durchführung gelangten, besteht selbstverständlich ein großes Interesse daran, ob sich die tatsächlichen Kosten innerhalb der Vorkalkulation bewegen. Bei einer Reihenfertigung entsprechen die Planwerte einer Degression. Diesen Werten werden dann später die erreichten Ist-Werte gegenübergestellt. Falls sich hierbei negative Ergebnisse zeigen, müssen die Gründe untersucht werden, durch welche Maßnahmen bessere Ergebnisse erreicht werden können. Ein weiteres Ergebnis dieser Kostenbetrachtung besteht darin, daß hierbei gleichzeitig Werte für Kalkulationen künftiger Fertigungsaufgaben gewonnen werden. Die Erfahrungswerte werden häufig tabellarisch oder in Form von Diagrammen festgehalten, so daß später diese bei ähnlichen oder gleichen Fertigungsaufgaben verwendet werden können.

2.9.2 Berichtswesen

Berichte der Arbeitsvorbereitung dienen dazu, sowohl die Unternehmungsleitung wie auch viele andere an einer Fertigungsaufgabe beteiligten Stellen über wichtige Ereignisse in periodischen Zeiträumen zu unterrichten. Es müssen z. B. Berichte erstellt werden, die Information geben über die terminliche Abwicklung laufender Fertigungsaufgaben,

technische Fertigungsprobleme, Materialgelegenheiten und dergleichen. Auch über die Entwicklung der Fertigungskosten hinsichtlich der Fertigungsstunden sind Berichte notwendig. Sofern bei einer Fertigungsaufgabe mehrere Partner beteiligt sind, muß die Arbeitsvorbereitung durch das Berichtswesen dafür sorgen, daß eine ständige Koordination der ineinander greifenden Aufgaben gewahrt bleibt.
Bei Schilderung von Schwierigkeiten, die sowohl terminlicher als auch technischer Art sein können, sind Empfehlungen zur Behebung dieser Schwierigkeiten zu geben.

Terminplanung und Projektsteuerung mit Hilfe der Netzwerktechnik

von Dr. rer. pol. Werner Kern, Diplomwirtschaftsingenieur, o. Professor
für Betriebswirtschaftslehre an der Technischen Hochschule Braunschweig

Gliederung

1. Einführung

Terminplanung und Projektsteuerung sollen, aufbauend auf den von der Arbeitsvorbereitung erarbeiteten Unterlagen, den zeitlichen Ablauf der einzelnen Verrichtungen eines (größeren) Auftrags (Projekts) koordinieren und Störungen, die den Zeitpunkt der Fertigstellung der Entwicklungs- oder Fertigungsprojekte hinausschieben könnten, rechtzeitig erkennen und beheben helfen; Terminsicherheit und wirtschaftliche Ausführung von Projekten sind die Aufgaben der Terminplanung und Projektsteuerung. Die Koordination der einzelnen Verrichtungen verlangt — ebenso wie das Erkennen von Verzögerungen und deren Beurteilung im Hinblick auf ihre Wirkung auf geplante Fertigstellungstermine — Transparenz des zeitlichen Ablaufs, insbesondere aber Kenntnis darüber, wie durch den Einsatz der verfügbaren Kapazitäten der Projektfortschritt auf wirtschaftlichstem Wege erreicht werden kann.
Der ständig steigende Umfang von Entwicklungs- und Fertigungsprojekten sowie die zunehmende Arbeitsteilung und Spezialisierung — sowohl innerhalb einer Unternehmung als auch auf nationaler und internationaler Ebene —, verbunden mit der Dezentralisierung der einzelnen Planungs-, Steuerungs- und Kontrollfunktionen, haben dazu geführt, daß die zentrale Übersicht, die Planung und Koordinierung der einzelnen Verrichtungen im Hinblick auf das Gesamtziel — die Projektfertigstellung — immer schwieriger wird. Unter diesen Bedingungen erweist sich das konventionelle Vorgehen im Bereich der Terminplanung und Projektsteuerung, nämlich eine grobe Analyse des erwarteten Arbeitsablaufs in Hauptgruppen, grobe Zeit- und Kostenschätzungen, Übertragung dieser Daten in Tabellen und Balkendiagramme sowie die periodische Terminkontrolle durch Terminverfolger, als unzureichend. Insbesondere fehlen bei diesem Vorgehen Informationen darüber, wo die Schwachstellen, die Engpässe, liegen, welche den Fortschritt und damit den Abschluß des Projekts verzögern, mit anderen Worten, wo Kapazitäten einzusetzen sind, um die Durchführung von Verrichtungen zu beschleunigen, welche die größte Bedeutung für termingerechten Abschluß des Projekts haben. Kommt es doch häufig genug vor, daß der Projektfort-

schritt an einzelnen Teilvorgängen besonders gefördert wird, die dabei erzielten Erfolge aber durch die Vernachlässigung anderer Projektbereiche überkompensiert werden.
Die hier skizzierten Probleme der Terminplanung und Projektsteuerung sind für die deutsche Luftfahrtindustrie von besonderer Bedeutung; die zunehmende Arbeitsteilung — etwa im Bereich der NATO — und die immer komplexer werdenden Forschungs- und Entwicklungsprojekte verlangen eine zentrale Koordinierung, zeitliche Planung und Steuerung der Projekte seitens der federführenden Unternehmung, um eine termingerechte und wirtschaftliche Durchführung der Projekte zu gewährleisten.
Zur Lösung dieser Probleme stehen seit einigen Jahren verschiedene Verfahren der Netzwerktechnik zur Verfügung, von denen hier nur die Systeme CPM (Critical Path Method), PERT (Program Evaluation and Review Technique), LESS (Least Estimating and Scheduling), PEP (Program Evaluation Procedure) and RAMPS (Resource Allocation and Multi-Project-Scheduling) genannt seien. Sie wurden in den USA vornehmlich für den Bereich militärischer Forschungs- und Entwicklungsprojekte erarbeitet, finden aber auch im zivilen Sektor zunehmend Verwendung [1]).

2. Methoden der Netzwerktechnik (erläutert an einem Beispiel)

Die Verfahren der Netzwerktechnik kennen grundsätzlich zwei Schritte: *die Strukturanalyse,* die in der Erstellung eines Netzwerkes von Verrichtungen (Aktivitäten, activities, jobs) und Terminen (Ereignissen, events) gipfelt und die auf den Daten des Arbeitsplanes basiert, sowie *die Zeitanalyse,* d. h. die Auswertung des Netzwerkes auf der Grundlage der für die Verrichtungen erforderlichen Zeiten. Zusätzlich werden Informationen über Nebenbedingungen (Reihenfolgebedingungen, Kapazitätsbeschränkungen) benötigt.

2.1 Arbeitsplan

Ausgangspunkte für die Terminplanung eines jeden Forschungs-, Entwicklungs- und Fertigungsprojekts sind die zu seiner Durchführung erforderlichen Verrichtungen, wie Arbeitsverrichtungen, Fertigungsvorgänge, Prüfmaßnahmen, die für diese Tätigkeiten benötigten Zeiten sowie bestimmte Nebenbedingungen. Die Verrichtungen — ihre Anzahl hängt von der Größe des Projekts und dem Grad der inner- und außerbetrieblichen Arbeitsteilung ab —, die erforderlichen Ausführungszeiten — sie werden anhand von Erfahrungen mit ähnlichen Verrichtungen geschätzt bzw. bei häufig wiederkehrenden Arbeiten mittels der bekannten arbeitswissenschaftlichen Methoden gemessen — sowie die technologischen Nebenbedingungen werden zweckmäßigerweise tabellarisch in einem Arbeitsplan erfaßt (siehe Tabelle 1.)

2.2 Elemente von Netzwerken

Als Elemente von Netzwerken dienen Verrichtungen (Aktivitäten, activities, jobs) und Termine (Ereignisse, events).
Termine kennzeichnen im Zeitplan eines Projekts den Abschluß einer Verrichtung und den Zeitpunkt, zu dem eine neue Verrichtung begonnen werden kann; mit anderen

[1]) Vgl. Mertens, P., Netzwerktechnik als Instrument der Planung, Zeitschrift für Betriebswirtschaft (Wiesbaden), 34. Jahrgang 1964, S. 400 f. Wegen weiterer maßgeblicher (deutschsprachiger) Veröffentlichungen über diese Methoden sei auf den nachfolgenden Teil B VI. 2.1 bis 2.7 dieses Buches verwiesen.

Tabelle 1

Nr.	Verrichtung		Technologische Nebenbedingungen Verrichtung unmittelbar	
	Bezeichnung	Dauer (ZE)	vorgeordnet	nachgeordnet
A	....	5	—	B, C
B	....	3	A	D, E
C	....	7	A	E
D		4	B	G, H, J
E		2	B, C	H
F		3	—	J
G		5	D	K
H		1	D, E	K
J		4	D, F	K
K		2	G, H, J	—

Worten kennzeichnen sie ein bestimmtes Stadium des Projektfortschritts. Termine werden im Netzwerk als *Knoten* dargestellt. Zur Kennzeichnung wird jeder Knoten numeriert; die Programmierung der Algorithmen (Rechenvorschriften) zur Auswertung von Netzwerken wird erleichtert, wenn die Knoten mit zunehmendem Fortschritt in der Projektdurchführung steigende Ordnungszahlen aufweisen.

Die Verrichtungen werden im Netzwerk durch gerichtete Strecken (*Pfeile*) dargestellt, deren Längen frei gewählt werden können. Jeder Pfeil liegt zwischen zwei Knoten (i, j), d. h. jede Verrichtung wird durch zwei Termine begrenzt und ihre Lage im Netz ist durch die Knoten (i, j) eindeutig bestimmt. Verrichtungen, welche vor Beginn anderer Verrichtungen (i, j) ausgeführt sein müssen, heißen vorgeordnete Verrichtungen; können sie erst nach Abschluß von (i, j) ausgeführt werden, nennt man sie nachgeordnete Verrichtungen.

Zur Darstellung technologischer Nebenbedingungen, welche die Gleichzeitigkeit von zwei oder mehreren Terminen heischen, dienen *gestrichelte Pfeile*; sie kennzeichnen eine sogenannte Scheinverrichtung (Blindaktivität, dummy activity, dummy job) und haben die Zeitdauer 0 zum Inhalt. Die Scheinverrichtung (3, 4) in dem hier angeführten, stark vereinfachten Beispiel besagt, daß vor Beginn der Verrichtung (3, 6) die Aktivitäten (2, 3) und (2, 4) beendet sein müssen. Die Scheinverrichtung verknüpft zwei parallele Verrichtungen (etwa Beschaffung der Rohlinge, Einrichten der Werkzeugmaschine).

2.3 Aufstellen des Netzwerkes

Das Netzwerk wird anhand der im Arbeitsplan (Tabelle 1) enthaltenen Informationen aufgestellt. Zweckmäßig beginnt man mit der letzten Verrichtung, d. h. derjenigen, welcher keine Verrichtungen nachgeordnet sind. Im Beispiel ist dies die Verrichtung *K*. Jede Verrichtung wird durch einen Pfeil dargestellt. Durch schrittweise Vorschaltung der übrigen Verrichtungen (retrograde Planung) und unter Beachtung der Nebenbedingungen entsteht so ein Netzwerk, wie es Bild 1 für das hier angeführte Beispiel wiedergibt. Wichtig ist, daß das Netz frei von Schleifen ist, denn eine in sich geschlossene Folge von Pfeilen stellt einen Widerspruch dar, der bei technologischen Reihenfolgebedingungen nicht auftreten darf. Im übrigen ist ein solches Netz nicht eindeutig [2]).

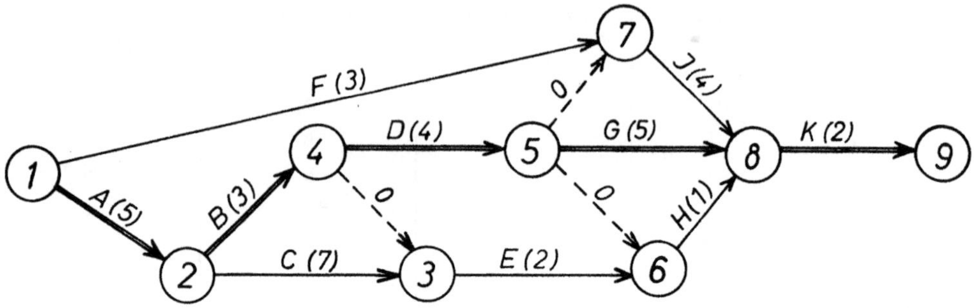

Bild 1 Beispiel eines Netzwerkes

Jeder Pfeil wird durch Hinzufügung der Verrichtungsnummer sowie (in Klammern) der Ausführungszeit der betreffenden Aktivität beschrieben (CPM).

2.4 Auswerten von Netzwerken für die Terminplanung (mittels C. P. M.)

Von besonderem Interesse für die Terminplanung sind folgende Daten:

1. der frühest mögliche Fertigstellungstermin des Projekts; für den Fall, daß dieser Termin über einen von einer übergeordneten Instanz vorgesehenen Fertigstellungstermin hinausgeht, sind Vorschläge für eine Beschleunigung des Projekts auszuarbeiten;
2. die frühest möglichen Anfangstermine für alle Verrichtungen;
3. die spätest erlaubten Anfangstermine für alle Verrichtungen;
4. die Pufferzeiten (slack time, float) für alle Arbeitsgänge, welche unter Umständen eine gewisse Dispositionsfreiheit hinsichtlich des Anfangstermins für eine Verrichtung bieten.

Der frühest mögliche Fertigstellungstermin des Projekts ist durch den *kritischen Weg* (Critical Path) im Netzwerk bestimmt. Bezeichnet man nämlich als Weg im Netz eine Folge aneinanderhängender Strecken, die in Pfeilrichtung zu durchlaufen sind und als Länge des Weges die Summe der Zeiten aller durchlaufenen Verrichtungen, so erhält man als kritischen Weg den längsten, der zwischen Anfangs- und Abschlußtermin des Projekts möglich ist. Das bedeutet, daß bei seiner Verfolgung keine Pufferzeiten auftreten können. Er heißt kritischer Weg, weil jede Verzögerung der auf ihm liegenden Verrichtungen den frühest möglichen Fertigstellungstermin des Projekts hinausschieben würde.

Zur Berechnung der verschiedenen Termine und Zeiten, an denen sich die Terminplanung zu orientieren hat, dienen folgende Beziehungen mit den nachstehend gedeuteten Symbolen:

---

[2]) Hinsichtlich weiterer geometrischer Kennzeichen von Netzwerken siehe H. v. Falkenhausen, Prinzipien und Verfahren der Netzplantechnik, ADL-Nachrichten, 9. Jg. 1964, (I), S. 19 ff., insbesondere S. 22 f.

(i, j)	=	Verrichtung (Aktivität) beginnend mit dem Termin (Ereignis) i und endend mit dem Ereignis j.
$d(i, j)$	=	Dauer der Verrichtung (i, j).
$t_f(i)$	=	$\max_i [t(j; i)]$ = frühester Zeitpunkt, bei dem *alle* bei i endenden Verrichtungen abgeschlossen sein können; d. i. die maximale Länge eines Weges vom Anfangstermin (Nullpunkt) nach i. Mit z als letztem Ereignis wird $t_f(z)$ die Länge des kritischen Weges.
$t_s(i)$	=	$\min_j [t_s(j) - d(i, j)]$ = spätester Zeitpunkt, zu dem eine von i ausgehende Verrichtung beginnen muß; d. i. die Länge des gesamten kritischen Weges abzüglich des längsten Weges von i zum Endpunkt (z).
$t(j; i)$	=	$t_f(i) + d(i, j)$ = frühester Zeitpunkt, zu dem die Verrichtung (i, j) beendet sein kann.
$t_{fa}(i, j)$	=	$t_f(i)$ = frühest möglicher Anfangstermin für (i, j).
$t_{fe}(i, j)$	=	$t_{fa}(i, j) + d(i, j)$ = frühest möglicher Endtermin für (i, j).
$t_{sa}(i, j)$	=	$t_s(j) - d(i, j)$ = spätest erlaubter Anfangstermin für (i, j).
$t_{se}(i, j)$	=	$t_s(j)$ = spätest erlaubter Endtermin für (i, j).
$p_m(i, j)$	=	$t_{sa}(i, j) - t_{fa}(i, j) = t_s(j) - d(i, j) - t_f(i)$ = maximale Pufferzeit für (i, j); d. i. der Zeitraum, um den der Anfangstermin einer Verrichtung höchstens hinausgeschoben werden darf, ohne den frühest möglichen Fertigstellungstermin zu verzögern.
$p_f(i, j)$	=	$t_{fa}(j, k) - t_{fe}(i, j) = t_f(j) - t_f(i) - d(i, j)$ = freie Pufferzeit, um welche die Verrichtung (i, j) verschoben werden darf, ohne dadurch den frühest möglichen Anfangstermin einer nachgeordneten Verrichtung (j, k) zu beeinflussen. Für die Aktivitäten des kritischen Weges gilt $p_f(i, j) = p_m(i, j)$.
$p_b(i, j)$	=	$p_m(i, j) - p_f(i, j)$ = bedingt verfügbare Pufferzeit für (i, j).
$p_u(i, j)$	=	$\max [t_{fa}(j, k) - t_{se}(h, i) - d(i, j)]$ = unabhängige Pufferzeit, innerhalb deren sich die Aktivität (i, j) verschieben läßt, wenn die vorgeordnete Aktivität (h, i) so spät wie möglich und die nachgeordnete Aktivität (j, k) so früh wie möglich begonnen werden soll.

Mit Hilfe der angegebenen Beziehungen werden — bei größeren Projekten unter Verwendung elektronischer Datenverarbeitungsanlagen — die Zeiten $t_f(i)$ und $t_s(i)$ errechnet und mit den übrigen Informationen tabellarisch erfaßt (für das Beispiel vgl. Tabellen 2 und 3).

Tabelle 2

$i =$	1	2	3	4	5	6	7	8	9
$t_f(i)$	0	5	12	8	12	14	12	17	19
$t_s(i)$	0	5	14	8	12	16	13	17	19

Tabelle 3

Nr.	i	j	$d(i,j)$	t_{fa}	t_{fe}	t_{sa}	t_{se}	p_m	p_f	p_b	p_u
A	1	2	5	0	5	0	5	0	0	0	0
B	2	4	3	5	8	5	8	0	0	0	0
C	2	3	7	5	12	7	14	2	0	2	0
D	4	5	4	8	12	8	12	0	0	0	0
E	3	6	2	12	14	14	16	2	0	2	0
F	1	7	3	0	3	10	13	10	9	1	9
G	5	8	5	12	17	12	17	0	0	0	0
H	6	8	1	14	15	16	17	2	2	0	0
J	7	8	4	12	16	13	17	1	1	0	0
K	8	9	2	17	19	17	19	0	0	0	0

Der frühest mögliche Fertigstellungstermin des Beispiels liegt um $t_f(9) = 19$ (Zeiteinheiten) nach dem Startzeitpunkt 0; die Aktivitäten (A, B, D, G, K), deren maximale Pufferzeit $p_m = 0$ ist, liegen auf dem kritischen Weg; er wird im Bild 1 durch doppelte Pfeillinien besonders markiert. Die Verrichtung F hat die größte maximale Pufferzeit; sie kann gegenüber dem frühest möglichen Starttermin ($t_{fa}(1,7) = 0$) um 10 ZE verschoben werden, ohne dadurch die Projektdauer zu verlängern. Sie hat gleichzeitig die größte freie Pufferzeit ($p_f(1,7) = 9$); wenn sich der Beginn dieser Verrichtung um 9 ZE verzögert, so kann die nachfolgende Aktivität J trotzdem zum frühest möglichen Anfangstermin ($t_{fa}(7,8) = 12$) begonnen werden.
Die Kenntnis der oben tabellierten Zeiten ermöglicht die Erstellung der Kapazitätsbelegungspläne für die einzelnen Betriebsabteilungen bzw. für die am Projekt beteiligten Unternehmungen. Dabei ist auf eine vorrangige Erledigung der kritischen Verrichtungen zu achten, wohingegen Aktivitäten mit Pufferzeiten die Glättung der Kapazitätsbelastungsspitzen und eventuelle wünschenswerte Koordinationen mit anderen Projekten insoweit zulassen, als zeitliche Verschiebungen der maßgebenden Arbeitsgänge im Rahmen der Pufferzeit so lange statthaft sind, wie das Gesamtprojekt deshalb noch nicht verzögert wird (Multiprojektplanung mittels weiter entwickelter Methoden). Unter Berücksichtigung von Kostenwirkungen lassen sich nun auch Vorschläge für eine eventuell erforderliche Beschleunigung des Projekts ausarbeiten; Kosten für Überstunden, besondere Leistungsanreizprämien, Vergabe von einzelnen Verrichtungen an andere Betriebe oder auch umgekehrt die Eigenfertigung von (üblicherweise zugelieferten) Spezialteilen wären erwägenswerte Maßnahmen. Ansatzpunkt für derartige Überlegungen werden i. a. die den kritischen Weg bildenden Verrichtungen sein.

2.5 Auswerten von Netzwerken für die Projektsteuerung

An die Terminplanung — die gedankliche Vorwegnahme des zeitlichen Ablaufs der Verrichtungen und deren Koordinierung — schließt sich die Realisierung des geplanten Geschehens an. Für das Terminwesen ergeben sich in dieser Phase zwei Aufgaben, die *Terminkontrolle* als Soll-Ist-Vergleich und die *Projektsteuerung* als Summe aller Maßnahmen zur plangemäßen Realisierung des Projekts. Dazu gehören insbesondere die Beurteilung der Auswirkungen von Terminabweichungen einzelner Verrichtungen auf den frühestmöglichen Fertigstellungstermin des Projekts (Konsequenzanalyse) sowie

die Erarbeitung und Beurteilung von Maßnahmen zur termingerechten Fertigstellung des Projekts als Korrektur für entstandene Planabweichungen.
Eine wertvolle Hilfe für die Lösung dieser Fragen bieten auch hier die im Rahmen der Zeitanalyse ermittelten Beziehungen; aufgrund dieser Informationen wird die Beurteilung von Terminabweichungen und das Erarbeiten von eventuell erforderlichen Umdispositionen wesentlich erleichtert.

3. Zusammenfassung und Ausblick

Zur Lösung der Aufgaben der Terminplanung und Projektsteuerung — der zielgerechten Koordinierung einer Vielzahl von Verrichtungen, die im Rahmen einer arbeitsteiligen Projektrealisierung ausgeführt werden müssen — stehen seit einigen Jahren die analytischen Verfahren der Netzwerktechnik zur Verfügung. Diese Verfahren eignen sich besonders für die Planung und Steuerung umfangreicher Entwicklungs- und Fertigungsprojekte, wie sie gerade in der Luftfahrtindustrie anzutreffen sind [3]); sie haben gegenüber den konventionellen Verfahren des Terminwesens folgende Vorteile [4]):

1. Sie vermitteln einen Überblick über das gesamte Projekt und verlangen ein präzises Durchdenken der Teilprojekte und Verrichtungen,
2. sie ermöglichen das Erkennen von Engpässen (kritische Verrichtungen),
3. sie ermöglichen eine präzise Terminkontrolle und wirksame Terminsteuerung durch verstärkten Mitteleinsatz an den kritischen Stellen des Projekts.

Netzwerkberechnungen eignen sich zum Einsatz von elektronischen Datenverarbeitungsanlagen; für Netze mit mehr als etwa 300 Aktivitäten erscheint ihr Einsatz dringend erforderlich.
Hier konnten nur die Grundlagen der Netzwerktechnik dargestellt werden, d. h. die Strukturanalyse und die Zeitanalyse. Zahlreiche Verfeinerungen lassen sich jedoch durchaus in die beschriebenen Techniken einbeziehen, insbesondere die Berücksichtigung der Unsicherheiten, mit denen die Zeitschätzungen behaftet sind, was ein besonderes Merkmal von PERT ist, ferner die Einbeziehung von Kapazitätsbeschränkungen, die Untersuchung der bestehenden Verknüpfungen zwischen zeitlichem Projektfortschritt und Kosten des Projekts sowie die Erweiterung der Verfahren zur simultanen Behandlung mehrerer Projekte (z. B. mittels RAMPS).

---

[3]) Vgl. Remington Rand GmbH (Hrsg.), Planung mit PERT und CPM, UNIVAC-Mitteilungen Nr. 233 0231 64, S. 4 f.

[4]) Vgl. hierzu insbesondere Mertens, P., a. a. O., S. 404 f.

Fertigungstechnik der Triebwerke

Sonderprobleme der Triebwerkfertigung

von Dr.-Ing. Wolfgang Hansen

Gliederung

1. Einführung

Die meisten Probleme in diesem Fertigungsbereich ergeben sich aus den typischen Konstruktionsmerkmalen von Flugtriebwerken und den in ständig fortschreitender Entwicklung befindlichen Werkstoffen. Selbstverständlich stehen auch hier höchste Präzision und Zuverlässigkeit im Vordergrund bei den Überlegungen der Planung, Fertigung und Kontrolle. Aber auch die Wirtschaftlichkeit gewinnt mehr und mehr an Bedeutung für die Fertigung selbst kleiner Bauserien.

Welche Schwierigkeiten der Kostensenkung bei einer komplizierten Einzelteilfertigung entgegenstehen, sollen zwei Zahlen verdeutlichen: der Fertigungsanteil des VW-Werkes an einem Volkswagen beträgt ca. 68 Arbeitsstunden, die Fertigungszeit eines einzigen Gehäuses (siehe auch Bild 14) liegt bei 135 Arbeitsstunden. Das Ausschußrisiko erhöht sich mit jedem Arbeitsgang und die Möglichkeit, schadhafte Bauteile zu reparieren, ist nur noch in Ausnahmefällen gegeben. Aber auch die Fertigungsnebenarbeiten, wie Transport, Lagerung und Versand, sind weitaus problematischer als im landläufigen Motorenbau.

Von allen typischen Merkmalen verdienen insbesondere die Werkstoffe eine kurze Betrachtung, welche unmittelbar in die Sonderprobleme der Triebwerkfertigung einführen. Die Tafel 1 soll einen Überblick vermitteln über solche Legierungen, die heute im internationalen Triebwerkbau Verwendung finden. Die Verteilung der Werkstoffe auf die einzelnen Baugruppen zeigt das Bild 1. Man sieht, daß Magnesium, Titan, Nickel und Kobalt die vorherrschenden Metallkomponenten sind. Die bekannten Forderungen: geringes Leistungsgewicht, hohe Warmfestigkeit und gute Korrosionsbeständigkeit sind Eigenschaften, welche in der Regel das Verformen und Zerspanen erschweren.

Aus den angestrebten Eigenschaften ergeben sich neuartige Herstellungsprozesse, beginnend bei der Herstellung des Halbzeuges (Blechwarmformung, Vakuumgießen, Hochenergieformen usw.), welche sich fortsetzen beim Schweißen, Wärmebehandeln, Einsetzen von Diffusionsschichten und Schutzüberzügen auf dem fertig bearbeiteten Bauteil. Der Werkstoff selbst wird als „Konstruktionselement" betrachtet. Es sei erinnert an die vielfältige Anwendung der glasfaserverstärkten Kunststoffe, die auch im Triebwerkbau Fuß fassen, die Züchtung von Monokristallen in Form vollständiger Turbinenschaufeln und die Einbettung von Fadenkristallen (Whiskers) in eine metallische Matrix. Solche Werkstoffe geben neben ihrer Erzeugung auch spezifische Probleme auf, wenn sie geformt, miteinander verbunden oder zerstörungsfrei geprüft werden sollen. Man kann es sich nicht leisten, erst am Ende der Fertigung eines komplizierten Bauteiles die entscheidenden Kontrollen vorzunehmen, selbst wenn der

Tafel 1 **Verschiedene Werkstoffe des Triebwerkbaus (Strahltriebwerke) mit chemischer Zusammensetzung und Kennziffern für typische Anwendungsfälle**

Gruppe	Werkstoff-Bezeichnung	Chemische Zusammensetzung (%) Cu	Mg	Mn	Si	Zn	Cr	Fe	Ti	C	Al	Sonstige	Kennziffer
Al-Legierungen	Al Mg 3	0,05 max.	2,6—3,3	0,2—0,4	0,3 max.	0,2 max.	0,1 max.	0,4 max.	0,10 max.	—	Rest	0,15 max.	1
	Al Mg Mn	0,10	1,6—2,5	0,5—1,5	0,5	—	0,3 max.	0,5	0,2	—	Rest	0,15 max.	1
	Al Cu Mg 2	3,8—4,9	1,2—1,8	0,3—0,9	0,5 max.	0,25 max.	0,1 max.	0,5 max.	0,20 max.	—	Rest	0,15 max.	1
	Al Cu 4 Si Mn Mg	3,9—5,0	0,2—0,8	0,4—1,2	0,5—1,2	0,25 max.	0,1 max.	0,5 max.	0,15 max.	—	Rest	0,15 max.	1
	G-Al Si 12	0,05 max.	0,05 max.	0,5	11—13,5	0,1 max.	—	0,6 max.	0,15 max.	—	Rest	0,15 max.	2
	G-Al Si 10 Mg (Cu)	0,2	0,2—0,5	0,5 max.	9—11	0,2	—	0,6	0,15 max.	—	Rest	0,15 max.	2
Mg-Legierungen	Mg Al 3 Zn	0,05 max.	Rest	0,05—0,4	0,2 max.	0,5—1,5	—	—	—	—	3,5	0,10 max.	1
	Mg Al 7 Zn	0,10 max.	Rest	0,05—0,4	0,2 max.	0,5—2,0	—	—	—	—	6,5—8	0,10 max.	1
	AZ 81	0,20 max.	Rest	0,15—0,3	0,3 max.	0,3—1,0	—	—	—	—	7,5—9	0,20 max.	2
	AZ 91	0,20	Rest	0,15—0,3	0,3	0,3—1,0	—	—	—	—	8,3—10	0,20 max.	2
	ZRE 1	0,03 max.	Rest	0,1	0,01 max.	2,2	—	0,01 max.	—	—	—	0,6 Zr 2,7 seltene Erden	2
	TZ 6	0,03 max.	Rest	0,1	0,01 max.	5,5	—	0,01 max.	—	—	—	0,7 Zr 1,8 Th	2
	MSR A / MSR B	—	Rest	0,15 max.	0,01 max.	—	—	0,01 max.	—	—	—	1,2—2,0 selt. Erden 0,5—1 Zr, 2—3 Ag	2
	HK 31 A	0,10 max.	Rest	—	—	0,3 max.	—	—	—	—	—	2,5—4 Th 0,5—1 Zr	2
	ZT 1	0,03 max.	Rest	0,15 max.	0,01 max.	1,7—2,7	—	0,01 max.	—	—	—	2,7—3,3 Th 0,4—1,0 Zr	2
Ti-Legierungen	Ti 99,2	—	—	—	—	—	—	0,35 max.	Rest	0,10	—	0,0125 H 0,07 N, 0,40 O	1, 3
	Ti Al Sn 52	—	—	—	—	—	—	0,50 max.	Rest	0,08	4—6	2—3 Sn, 0,0175 H 0,05 N, 0,30 O	1, 3, 4
	Ti Al V 64	—	—	—	—	—	—	0,25 max.	Rest	0,08	5,75—6,75	3,5—4,5 V, 0,05 N 0,015 H, 0,20 O	1, 3, 4, 5
	Ti Al Mo 74	—	—	—	—	—	—	0,25 max.	Rest	0,08	6,5—7,3	0,0125 H, 0,05 N 3,5—4,5 Mo, 0,30 O	1, 3, 4, 5
	Ti V Cr Al 13-11-3	—	—	—	—	—	10—11	—	Rest	0,05	2,5—3,5	0,025 H, 0,08 N 12,5—14,5 V, 0,20 O	1, 3, 4

1. Fortsetzung von Tabelle 1

Gruppe	Werkstoff-Bezeichnung	Chemische Zusammensetzung (%)																Kenn-ziffer
		Co	Ni	Fe	Cr	Mo	W	Nb/Ta	Mn	Ti	Al	Si	C	P	S	Cu	Sonstige	
Fe-Legierungen	Ultrafort 101	—	1,8	Rest	0,8	0,35	—	—	0,7	—	—	0,25	0,38	—	—	—	0,1 V	3
	Ultrafort 201	—	—	Rest	5,3	1,5	—	—	0,4	—	—	1	0,38	—	—	—	0,45 V	3
	Ultrafort 301	8	18	Rest	—	4,8	—	—	0,1	0,45	—	0,1	0,03	—	—	—		3, 4
	X 20 Cr 13	—	—	Rest	13	—	—	—	1 max.	—	—	—	0,17—0,22	—	—	—		4, 5
	X 20 CrMoV 12 1	—	0,8	Rest	12	1	0,5	—	—	—	—	—	0,22	—	—	—	0,35 V	1, 3
	X 10 CrNiTi 18 9	—	10	Rest	18	—	—	—	2	0,5	—	1	0,1 max.	—	—	—		4, 5
	N 155	20	20	Rest	20	3	2,5	1	—	1,5	—	0,5	0,2	0,002	0,002	—	0,15 N	4, 6, 9
	A-286	—	25	Rest	15	1,3	—	—	1,3	2	0,2	1	0,05	0,02	0,02	—	0,003 B, 0,3 V	3, 4, 9
	AISI 403	—	—	Rest	12	—	—	—	1 max.	—	—	0,5 max.	0,15 max.	—	—	—		5
	17-4 PH	—	3—5	Rest	15,5—17,5	—	—	—	1 max.	—	—	1 max.	0,07 max.	0,04 max.	0,03 max.	3—5	0,25—0,45 Cb	4, 5
	Discaloy 24	—	26	Rest	13	3	—	—	0,6	2	0,2	1	0,03	—	0,015	—		7
	AM-350	—	4—5	Rest	16—17	2,50—3,25	—	—	0,5—1,25	—	—	0,5 max.	0,08—0,12	0,04 max.	0,03 max.	—	0,07—0,13 N	4, 5, 7
Co-Legierungen	G 65 (Jessop)	Rest	10,5	2 max.	25,5	—	7,5	—	0,75	—	—	0,75	0,47	—	—	—		7
	HS-25	Rest	10	1,5	20	—	15	—	1,5	—	—	1	0,10	0,04	0,030	—		6, 9
	HS-31	Rest	10	1,5	25	—	7,5	—	0,6	—	—	0,6	0,50	0,02	0,008	—		7, 8, 9
	WF-106	Rest	10,5	2 max.	25	—	7,5	—	1 max.	—	—	1 max.	0,50	—	—	—		7, 8, 9
	SM-302	Rest	—	1	21,5	—	10	9	0,05	—	—	0,3	0,85	—	—	—	0,2 Zr, 0,005 B	6, 8, 9
	SM-509	Rest	10	—	21,5	—	7	3,5	0,1 max.	0,2	—	0,1 max.	0,60	—	—	—	0,5 Zr	6, 8, 9
	S 816 + B	Rest	5	2	25	4	4	4	1,2	—	—	0,4	0,40	—	—	—	1 B	6, 8, 9
	WI 52	Rest	2	1	20	—	11	1,5	—	—	—	—	0,40	—	—	—	0,09 B	8, 9

Erklärung der Kennziffern: Die Kennziffern sollen typische Anwendungsfälle beschreiben.

1. Verdichterteile (Knetlegierungen)
2. Verdichterteile (Gußlegierungen)
3. Hochfeste Blechkonstruktionen
4. Korrosionsfeste Blechkonstruktionen
5. Verdichterschaufeln
6. Brennkammerbauteile
7. Turbinenräder
8. Turbinenschaufeln
9. Nachbrennerteile

2. Fortsetzung von Tabelle 1

Gruppe	Werkstoff-Bezeichnung	Chemische Zusammensetzung (%) Co	Ni	Fe	Cr	Mo	W	Nb/Ta	Mn	Ti	Al	Si	C	P	S	Cu	Sonstige	Kenn-ziffer
Ni-Legierungen	N-75	—	Rest	5 max.	20	—	—	—	1 max.	0,4	0,2	1 max.	0,1	—	—	0,5 max.		4, 6
	N-80 A	2 max.	Rest	5 max.	20	—	—	—	1 max.	2,3	1,2	1 max.	0,1	—	—	—		6, 8
	N-90	18	Rest	5 max.	20	—	—	—	1 max.	2,4	1,3	1,5 max.	0,13 max.	—	—	—		4, 6, 8, 9
	N-105	20	Rest	1 max.	15	5	—	—	1 max.	1,3	4,4	1 max.	0,2 max.	—	—	0,5 max.		6, 8
	N-115	15	Rest	—	15	3,5	—	—	—	4	5	—	—	—	—	—		6, 8
	Hastelloy X	1,5	Rest	20	22	9	0,5	—	1	—	—	1	0,15	—	—	—		6, 8, 9
	Hastelloy W	0,8	Rest	5,3	4,7	24,3	—	—	0,4	—	—	0,2	0,03	0,01	0,02	—	0,3 V	8, 9
	C-263	20	Rest	0,75 max.	20	5,9	—	—	0,6 max.	2,2	0,5	—	0,05 max.	—	—	—		6, 9
	Incoloy 901	—	Rest	36	13	6	—	—	0,5	2,4	—	0,3	0,04	—	0,01	0,05	0,1 B	7
	Nimocast-713 V	1	Rest	2	12	4	—	2	0,2	0,6	6	0,5	—	—	—	—	0,01 B	6, 7, 8
	Nimocast-242	10	Rest	1	21	10	—	—	—	0,3	0,2	0,5 max.	0,4 max.	—	—	—		8
	M-200 (Martin)	10	Rest	0,25	9	—	12,5	—	0,2	2	5	0,2	0,15	—	—	—	0,015 B	6, 7, 8
	M-246 (Martin)	10	Rest	0,15	9	2,5	10	1,5	0,1	1,5	5,5	0,05	0,15	—	0,005	0,1	0,015 B	6, 7, 8
	B-1900 (Howmet)	16	Rest	0,35	8	6	—	4	0,20	1	6	0,25	0,10	—	0,015	—	0,02 B, 0,05 Zr	7, 8
	IN-100	15	Rest	1	10	3	—	—	—	5	5,5	—	0,18	—	—	—	0,015 B, 1 V	7, 8
	U-500	16	Rest	2	17	4	—	—	0,5	3	3	0,5	0,10	—	0,01	—	0,01 B, 0,06 Zr	6, 8, 9
	U-600	17	Rest	3	18	4	—	—	—	3	4	—	0,10	—	—	—	0,04 B	6, 8, 9
	U-700	19	Rest	3	15	5	—	—	—	3,5	4	—	0,15	—	—	—	0,1 B	6, 8, 9
	René 41	11	Rest	5 max.	19	10	—	—	0,1 max.	3,1	1,6	0,5 max.	0,12 max.	—	0,015 max.	—	0,01 B	8, 9
	EPK. 21	11	Rest	—	19	9,75	—	—	—	3,1	1,5	—	—	—	—	—		
	M-252 (GE)	10	Rest	2	19	10	—	—	0,5	2,5	1	0,5	0,15	—	—	—	0,25 Zr	8, 9
	R-235	—	Rest	10	15,5	5	—	—	0,2	2	3	0,3	0,15	—	—	—	0,06 B	8
	Inco-718	—	Rest	18,5	18,6	3,1	—	5	0,2	0,9	0,4	0,3	—	—	0,007	0,07		8, 9
	Waspalloy	14	Rest	1	19	4	—	—	0,7	3	1,3	0,5	0,06	0,015	0,03	—	0,1 Zr, 0,01 B	8, 9

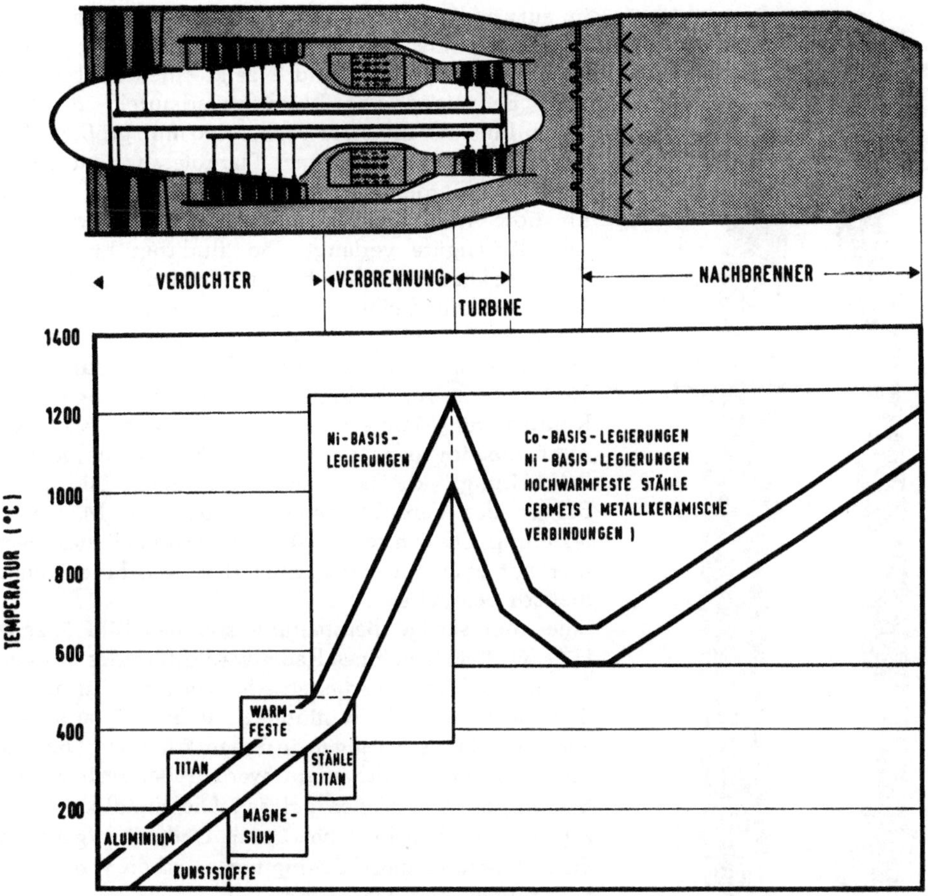

Bild 1 Temperaturverteilung und Werkstoffanwendung in einem ZTL-Triebwerk

Arbeitsprozeß dies zuließe: Kontrollfolgen sind wesentlicher Bestandteil der Fertigung selbst. Aus diesem Grund wird am Ende dieses Aufsatzes in einem eigenen Abschnitt auf die Probleme der zerstörungsfreien Prüfung eingegangen.

2. Spanabhebende Formgebung

An nahezu sämtlichen Bauteilen eines Triebwerkes kommen mehrere spanabhebende Arbeiten vor. Trotz Einführung der verschiedenen neuen Bearbeitungsmethoden steht die spanabhebende Formgebung noch immer im Mittelpunkt der Fertigungstechnik. Nicht zuletzt deshalb liegen auf kaum einem anderen Gebiet der Fertigungstechnik derart umfassende Kenntnisse und Erfahrungen vor.
Zur Bearbeitung von Triebwerkteilen verwendet man hochwertige Werkzeugmaschinen üblicher Bauart. Die Besonderheiten der Bauteile sind ihre dünnwandige und komplizierte Form, enge Maßtoleranzen, geringe Stückzahlen, lange Durchlaufzeiten, viele Arbeitsfolgen und schwer bearbeitbare Werkstoffe. Die meisten Bauteile werden deshalb

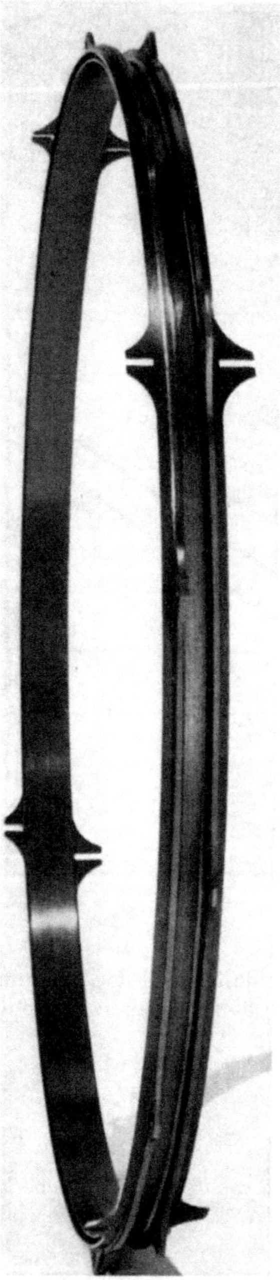

Bild 2 Halteringe zur Aufnahme von Verdichterleitschaufeln

in aufwendigen Sondervorrichtungen bearbeitet, damit das Festspannen der Teile immer gleichartig und verzugsarm erfolgt. Das Bild 2 zeigt einen Haltering, der zum Befestigen von Verdichterschaufeln dient. Bei einem Innendurchmesser von ca. 400 mm, größten Wanddicken von 2 mm und einer Plantoleranz von 0,02 mm sowie außerordentlich engen Toleranzen der schmalen Einstiche wird bei allen Flächen eine hervorragende Oberflächengüte verlangt. Ein ähnliches und für den Triebwerkbau typisches Beispiel zeigt das Bild 3. Diese Verdichterlaufscheibe ist als rotierendes, hochbeanspruchtes Bauteil ebenfalls eng toleriert.

Die Herstellung dieser Drehteile auf normalen Drehbänken stellt ungewöhnlich hohe Anforderungen an das Können des Mannes; denn eine Automatisierung ist nicht möglich oder unrentabel. Wo die automatische Bearbeitung sich anwenden läßt, zeigt Bild 4 beim Bohren des Verdichtergehäuses aus einer Magnesiumlegierung. Die zahlreichen Bohrungen und Flächen werden hier mit einer lochbandgesteuerten Maschine vollautomatisch bearbeitet.

Eine andersartige Bearbeitung soll das Bild 5 zeigen. Hier wird ein Teil eines Radialverdichterrades mit einem Spezialtopffräser bearbeitet. Als Werkstoff für derartige Bauteile können Aluminiumlegierungen, Titanlegierungen und Stahllegierungen in Frage kommen. Die räumlich gekrümmten Schaufeln werden bei feststehendem Bauteil aus dem Vollen gefräst. Die Enddicke der einzelnen Schaufeln liegt bei 1 mm. Dadurch ergeben sich Stabilitätsprobleme (Schwingungen) schon während der spanabhebenden Bearbeitung.

Die Bearbeitung von hochfesten und hochwarmfesten Werkstofftypen gehört ebenfalls zu den Besonderheiten jeder Triebwerkteilfertigung. Einige Merkmale seien hier angeführt, die jedoch für alle Nickel- und Kobaltlegierungen sowie einige Stahllegierungen gelten.

In der Tafel 2 sind diejenigen Werkstoffeigenschaften einiger typischer Triebwerk-Werkstoffe zusammengestellt, die für die spangebende Bearbeitung eine Rolle spielen. Die Arbeiten verschiedener Forscher zeigen unterschiedliche Bewertung der physikalischen Kenngrößen. Auf eine Angabe der abgeleiteten Kennwerte wurde deshalb hier verzichtet. Die hohen Festigkeitswerte bei Raumtemperatur müssen sich erschwerend auf die Zerspanung auswirken, da jeder Span vor dem Abbrechen auch plastisch verformt wird. Also muß bei hochfesten Werkstoffen die in Wärme umgesetzte Energie zunehmen. Die Späne gleiten am Werkzeug entlang. Gleitreibung erzeugt ebenfalls Wärme, für

Bild 3 Verdichterlaufscheibe eines mehrstufigen Axialverdichters der Rolls Royce Gasturbine „Tyne“

Bild 4 Spangebende Bearbeitung eines Magnesium-Verdichtergehäuses

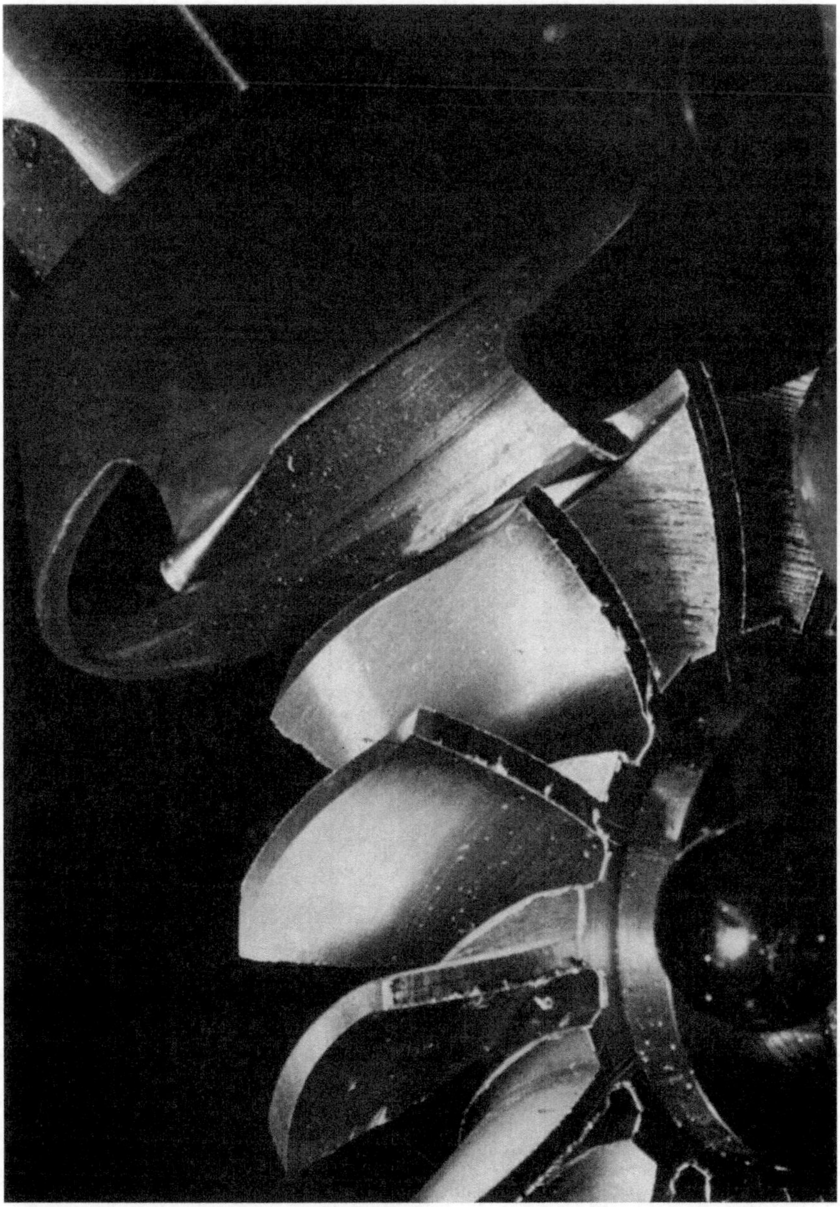

Bild 5 Spangebende Bearbeitung eines Radialverdichter-Rades mittels Topffräser

Tafel 2 **Physikalische Eigenschaften von Werkstoffen des Triebwerkbaus**

Gruppe	Werkstoff-bezeichnung	Festigkeitseigenschaften bei 20° C σ_B (kp/mm²)	δ_5 (%)	S σ_S/σ_B	ψ (%)	bei 550° C σ_B (kp/mm²)	δ_5 (%)	spez. Wärme bei 20° C (cal/g. °C)	Wärme-leitzahl bei 20° C (cal/s.cm. °C)	Gitter-struktur bei Raum-temp.	Bemerkung
Al-Leg.	Al Mg 3	18—26	10—17	0,44—0,69	—	—	—	0,22	0,30—0,40	k-fz	
	Al Cu Mg	25—40	10—15	0,72—0,92	—	—	—	0,214	0,35—0,48	k-fz	
Mg-Leg.	AZ 91	24—28	6—10	0,45—0,46	—	—	—	0,25	0,18—0,22	hex.	
	HK 31 (MTZ)	20	4—5	0,45	—	—	—	0,24	0,22	hex.	
	HZ 32 A (ZT 1)	18—22	3—8	0,50—0,54	—	—	—	0,23	0,26	hex.	
Ti-Leg.	6Al-4V	91—102	10—15	0,87	20	50	25	0,135	0,017	hex.	
	3Al-13V-11Cr	95	10—16	0,94	25	70	35	0,120	0,016	k-fz	
	99,5 Ti	30—42	25—30	0,55	15	—	—	0,125	0,037	hex.	
Fe-Leg.	Ck 35	60—80	4—9	0,50—0,75	—	—	—	0,113	0,12	k-rz	
	X 10 Cr 13	60—75	18	0,66	—	—	—	0,11	0,065	k-rz	
	X 10 CrNiTi 18 9	50—75	35	0,33	50	12	—	0,12	0,035	k-fz	
	NiCoMo (Ultrafort 301)	180	6	0,81	—	110	25	—	—	k-fz	
Ni-Leg.	N 75	85	40	0,40	60	65	30	0,103	0,032	k-fz	
	N 105	120	8	0,68	8	95	10	0,11	0,028	k-fz	
	N 115	120	10	0,66	—	120	10	—	—	k-fz	
	René 41	140	11	0,72	—	140	11	0,108	0,03	k-fz	
	INCO 713 V	86	5	0,87	11,6	88	9	—	0,05	k-fz	
Co-Leg.	Wi 52	75	9	0,73	11	55	17	—	—	hex.	
	M 302	98	3	0,71	—	80	8	0,12		hex.	
	HS 25	85	18	0,41	50	65	60	0,10	0,025	hex.	
Sonder-werk-stoffe	Niob	40	30	0,75	—	36	—	0,064	—	k-rz	
	Molybdän	80	8	0,94	—	55	—	0,062	0,35	k-rz	
	Tantal	50	30	0,80	—	45	—	0,036	0,086	k-rz	
	Wolfram *)	55	—	1	—	48	—	0,032	0,404	k-rz	*) 90 % W

deren Ableitung zu sorgen ist. Die erhöhten Temperaturen machen ein häufigeres Nachstellen der Werkstückeinspannung erforderlich.
Das Standzeitverhalten der Werkzeuge ist von ausschlaggebender Bedeutung für den Fertigungsablauf. Bei allen schwierigen Bauteilformen wird Schnellarbeitsstahl bevorzugt etwa des Typs 18W-4Cr-4V. Die Werkzeuge müssen immer scharf sein und eine kleine Schneidenrundung (bei Drehmeißeln) haben. Der Span soll gebrochen werden, damit er sich leichter abführen läßt.
Positive Spanwinkel sind zu bevorzugen. Üblicherweise werden Spanwinkel von 4° bis 6° zum Schruppen und von 14° bis 16° zum Feinschlichten bei hochfesten Werkstoffen angewendet. Die Spanwinkel sind kleiner als bei der Bearbeitung von Baustählen. Die Oberfläche des Drehmeißels soll tadellos glatt sein, um die Reibungswärme zwischen Span und Meißel herabzusetzen. Zum Schruppen von Gußteilen aus Nickellegierungen schleift man ca. 0,5 bis 1 mm der Schneidkante senkrecht an und erhöht damit die Standzeit des Meißels.
Hartmetalle können dort mit Erfolg angewendet werden, wo mit ununterbrochenem Schnitt gearbeitet wird. Eine Kühlung mit Kühlmitteln bei Hartmetallwerkzeugen ist sehr problematisch: der Kühlfilm darf niemals abreißen, da bei einer raschen Folge von Aufheiz- und Kühlperioden Wärmerisse in den spröden Hartmetallen entstehen, die zum sofortigen Ausbrechen führen.
Beim Fräsen wird Gegenlauffräsen bevorzugt. Die Messerköpfe tragen in der Regel Hartmetallauflagen, für die natürlich ebenfalls das oben Gesagte anzuwenden ist. Hier wie bei allen anderen Bearbeitungsarten gilt, daß die Bauteile außerordentlich stabil gespannt sein müssen und die Arbeitswerkzeuge ebenso fest geführt werden. Die Aufhärtung austenitischer Werkstoffe läßt sich zwar nicht vermeiden, aber sie nimmt zu bei nachgiebigen Bauteilen und bei stumpfer werdendem Werkzeug.
Die Schnittgeschwindigkeit ist ebenfalls ein wichtiger Parameter. Bei Nickellegierungen wird mit 3 bis 6 (m/min) und Vorschüben (beim Drehen) von 0,05 bis 0,6 (mm/Umdr.) gearbeitet. Diese Angaben können nur als Anhaltswerte dienen. Beispielsweise werden galvanisch aufgetragene Nickelschichten mit wesentlich höherer Schnittgeschwindigkeit günstiger bearbeitet, da sie bei niedriger Geschwindigkeit außerordentlich zur Kaltverfestigung neigen.
Erwähnt werden sollen noch diejenigen Methoden, die die Zerspanung besonders schwieriger Werkstoffe erleichtern können. Bei der sogenannten Heißzerspanung z. B. wird das Bauteil örtlich auf 700° C oder mehr je nach Werkstoff erwärmt. Man hat gefunden, daß die Metallabtragung — oder anders ausgedrückt: die Standzeit der Werkzeuge — um ein Mehrfaches erhöht werden kann, wenn die Bauteile mittels Flammen oder induktiv auf ganz bestimmte Temperaturen erhitzt werden. Dies erfordert einen beträchtlichen Aufwand an Geräten und Meßmitteln und wird noch nicht in der serienmäßigen Fertigung angewandt.
Weniger aufwendig ist die Methode, das Werkstück an der Bearbeitungsstelle mit kryogenen Kühlmitteln zu kühlen. Man hat gefunden, daß die Bearbeitung von Titan, René 41 und TD-Nickel mit Kühlung durch flüssigen Stickstoff gute Oberflächengüten und erhöhte Abtragungsleistung vor allem beim Bohren erbringt.
Die spanabhebende Bearbeitung der Werkstoffe Tantal, Niob, Molybdän und Wolfram und deren Kombinationen wird in naher Zukunft nicht nur für die Raumfahrtantriebe von Bedeutung sein. Sie sind deshalb in der Tafel 2 mit aufgenommen. Die meisten Arbeitsmethoden lassen sich hier mit Erfolg anwenden, wenn die Zerspanungsbedingungen in bestimmter Weise verändert werden. Die größten Schwierigkeiten bereiten Wolfram-Legierungen, aber auch diese lassen sich spanabhebend durchaus bearbeiten.

Die Kontrolle der zerspanten Bauteile wird vielfach in Sondervorrichtungen vorgenommen. Bei sehr engen Fertigungstoleranzen müssen sowohl Kontrollarbeiten wie auch die gesamte Bearbeitung in klimatisierten Räumen erfolgen, um die Bauteile möglichst auf gleichmäßiger Temperatur zu halten. Um auch labile Bauteile so zu bearbeiten, daß sie sich beliebig austauschen lassen, werden Konstruktionsmethoden wie die des „Paßlochkreises" angewendet. Die Paßbohrungen müssen dann auf Lehrenbohrwerken hergestellt werden. Nur auf diese Weise sind Bohrungen mit 6 mm Durchmesser bei Toleranzen zwischen 0 und 0,0013 mm einzuhalten und können später am Triebwerk mittels Paßstiften zwei beliebige Gehäuse mit je einer Läuferlagerstelle zueinander zentrieren.

3. Spanlose Formgebung

Unter den verschiedenen Fertigungsverfahren ist die spanlose Formgebung dasjenige Verfahren mit der größten Werkstoffabhängigkeit. Trotzdem haben bisher gerade hier theoretische Überlegungen noch nicht genügend Eingang in die betriebliche Fertigungsplanung gefunden. Auch die Bezeichnungen sind nicht einheitlich. Im folgenden soll jedoch ausschließlich von „spanloser Formgebung" im Gegensatz zur „spanabhebenden Bearbeitung" die Rede sein.

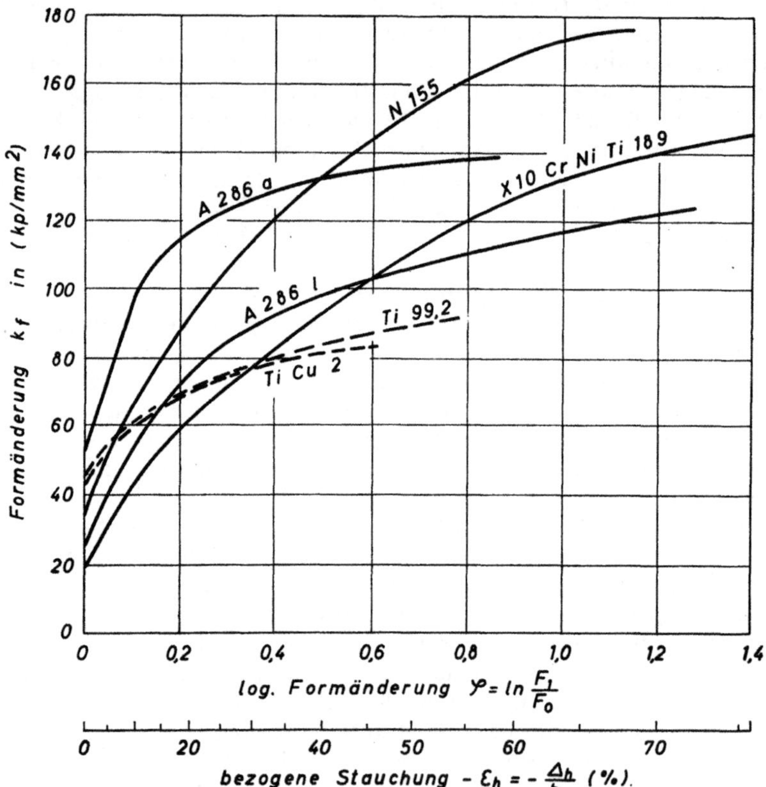

Bild 6 Fließkurven einiger metallischer Legierungen

Die Hauptbedeutung der spanlosen Formgebung liegt in ihrer Wirtschaftlichkeit. Meist gelingt es nur mit zahlreichen spanabhebenden Arbeitsgängen die gleichen Konturen herzustellen. Gerade bei der zunehmenden Anwendung teurer Sonderwerkstoffe, wie Titan, Molybdän, Beryllium usw., ist eine materialsparende Formgebung anzustreben.
Man unterscheidet die Kalt- und die Warmformgebung. Die Grenze zwischen beiden bestimmt diejenige Arbeitstemperatur, bei der eine Rekristallisation einsetzt. Bei der Warmformgebung kann in erster Näherung bei allen Werkstoffen mit einer bei zunehmender Verformung konstant bleibenden Formänderungsfestigkeit gerechnet werden. Es gibt drei Werkstoffkennwerte, die für die spanlose Formgebung eine entscheidende Bedeutung haben: die Formänderungsfestigkeit, der Formänderungswirkungsgrad und das Formänderungsvermögen.
Die Formänderungsfestigkeit (k_f) ist im Gegensatz zur meist angegebenen Bruch- oder Zugfestigkeit eine echte Werkstoffeigenschaft, die bei dem Formgebungsprozeß unmittelbar in Rechnung zu stellen ist. Um ein Bauteil plastisch zu verformen, müssen die formgebenden Kräfte größer sein als die Formänderungsfestigkeit des Bauteilwerkstoffes. Diese Formänderungsfestigkeit ändert sich mit dem Grad der Verformung. In Bild 6 sind die Fließkurven, d. h. die Abhängigkeit der Formänderungsfestigkeit vom Verformungsgrad von einigen im Triebwerkbau üblichen hochlegierten Stählen, angegeben. Man erkennt, daß die Formänderungsfestigkeit zum Teil um mehr als das dreifache der Streckgrenze im unverformten Zustand zunimmt. Die Tafel 2 gibt die Werkstoffkennwerte dieser Legierungen an. Aus diesen Fließkurven kann der Fertigungsingenieur den voraussichtlichen Kräftebedarf für die Herstellung eines bestimmten Bauteiles wenigstens annähernd berechnen.
Bei jeder Umformung treten Verluste auf durch Reibungskräfte an den Grenzflächen oder im Werkstoffinnern. Diese Verlustenergie muß als Wärmeenergie nutzlos abgeführt werden. Man kann also einen Formänderungswirkungsgrad definieren, wenn

$$a = \frac{A_{ideal}}{V} = \int_0^{\varphi_g} k_f \, d\varphi_g \left(\frac{\text{mm kg}}{\text{mm}^3}\right)$$

die spezifische Formänderungsarbeit ist. Der Formänderungswirkungsgrad lautet dann

$$\eta_{Form} = \frac{A_{ideal}}{A} \, 100 \, (\%).$$

V = verformtes Volumen
A_{ideal} = verlustlose Formänderungsarbeit
A = tatsächlich aufgewendete Formänderungsarbeit

Dieser Wirkungsgrad beträgt beim Tiefziehen 55 bis 70 %, während er beim Fließdrücken zur Zeit kaum über 24 % hinausgeht. Wie stark gerade beim Ziehen der Einfluß eines geeigneten Schmiermittels ist, zeigt das Bild 7 an einer im Anschlag gezogenen Titanhülse. Bei einem Ziehverhältnis von $\beta = 2{,}85$ wurden Formänderungen von $\varphi_g = 22\,\%$ erreicht, und es ist anzunehmen, daß sie sich noch steigern lassen. Bei Verwendung der üblichen Ziehfette treten die maximalen Formänderungen demgegenüber bereits bei einem Ziehverhältnis von $\beta = 2{,}3$ auf.
Das Formänderungsvermögen ist grundsätzlich abhängig von Richtung und Betrag der einwirkenden Kräfte. Bei hohem Querdruck ist es möglich, auch spröde Werkstoffe plastisch zu verformen. So werden beim Fließpressen bis zu 98 % Querschnittsabnahmen erreicht. Jede spanlose Formgebung hat deshalb das Bestreben, im Umformbereich hohe Querdrücke einwirken zu lassen. Aus diesem Grund gehört das Streckziehen zu den ungünstigsten Verfahren, weil hier nur ein- oder zweiachsiger Zug-

Bild 7 Titannäpfchen, gezogen im Anschlag und Weiterschlag

spannungszustand vorliegt. Demgegenüber befindet sich der Werkstoff beim Tiefziehen in der Verformungszone unter dem Niederhalter und entlang der Ziehkante unter hohen Querdrücken. Von den üblichen Kennwerten gibt nur die Brucheinschnürung einen Hinweis auf das Formänderungsverhalten des betreffenden Werkstoffes.
Diese grundsätzlichen Zusammenhänge sind hier etwas ausführlicher behandelt worden, weil daraus die Steigerungsmöglichkeiten für die Fertigung von Triebwerkteilen aus hochfesten Werkstoffen hervorgehen.
Die bekannten Verfahren, wie Biegen, Ziehen, Rollen, Schmieden, Drücken usw., werden auch im Triebwerkbau angewendet. Hier sei nur ein Beispiel aus der Drücktechnik herausgegriffen. Das Bild 8 zeigt die Verformungsstufen der Brennkammer eines Fackelzünders nach dem Fließdrücken, d. h. dem Abstrecken der Wand. Ohne Zwischenglühung werden Wanddickenänderungen von 330 %, d. h. eine logarithmische Formänderung $\varphi_g = 1{,}458$, erreicht. Als Werkstoff fand der austenitische Stahl nach AMS 55 10 (X 8 CrNiTi 18 10) Verwendung, so daß also mit einer Steigerung der Festigkeit um das 7,5fache zu rechnen ist.
Die sogenannten Sonderverfahren der spanlosen Formgebung haben für den Triebwerkbau noch keine große Bedeutung erlangt. Es handelt sich hier immer um die Anwendung der Schockwirkung einer explosionsartigen Entladung oder einer Sprengung.

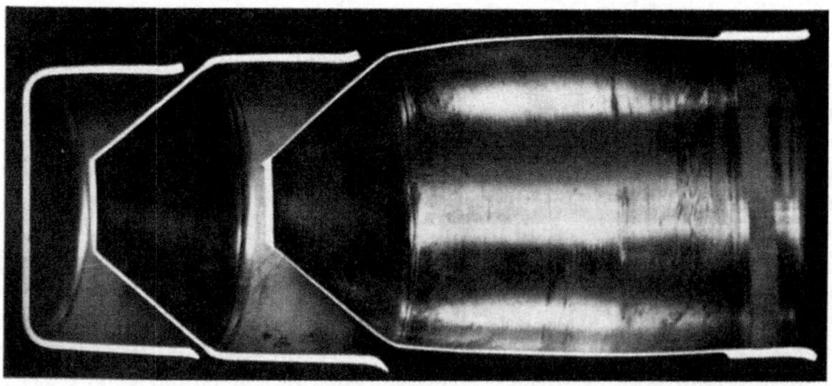

Bild 8 Drei Verformungsstufen eines Brennkammerteiles, durch Fließdrücken ohne Zwischenglühen hergestellt

Die Formänderungsgeschwindigkeit, die nachgewiesenermaßen bei allen konventionellen spanlosen Formgebungsverfahren einen zweitrangigen Einfluß ausübt, ist bei jeder Explosionsverformung um Größenordnungen höher (bei 8000 m/s). Die dabei auftretenden Drücke sind ebenfalls wesentlich größer und betragen mehr als das Hundertfache der Arbeitsleistung moderner Pressen.
Als Energieträger werden bei Sprengstoffen und bei elektrischen Entladungsvorgängen Wasser oder Öl verwendet. Der Druckstoß treibt eine Flüssigkeitswelle vor sich her, und diese preßt das Blech in die Matrize. Denselben Vorgang kann man auch langsam und mit hydraulischen Pressen ablaufen lassen und beobachten. Jedoch sind die Grenzformänderungen bis zum Aufreißen des Werkstoffes bei der Explosionsverformung höher. Angewendet werden diese Verfahren im Triebwerkbau zur Herstellung von unregelmäßigen, rohrförmigen Teilen mit Durchbrüchen und Aushalsungen.
Eine andere Bauart verwendet die Explosionsenergie zum Beschleunigen von Arbeitskolben (Dynapak-Verfahren). Das Biegen von Titan und hochwarmfesten Legierungen um enge Radien sowie die Herstellung außerordentlich dichter Sinterteile ist auf diese Weise möglich geworden.
Eine weitere Variante dient zum Plattieren unterschiedlicher Blechwerkstoffe, etwa Tantal auf Stahl. Solche Baustoffe werden notwendig, wenn besondere Anforderungen an die Korrosionsfestigkeit und die Temperaturbeständigkeit durch einen homogenen Werkstoff nicht mehr erfüllbar sind.
Ein eigenes Kapitel der spanlosen Formgebung stellt die Fertigung von Verdichter- und Turbinenschaufeln dar. Sowohl aus Blechen geformte Hohlschaufeln wie auch massiv umgeformte Bauteile werden eingesetzt. Um auch geschmiedete Schaufeln mit Kühlbohrungen unregelmäßigen Querschnittes zu fertigen, werden die ehemals runden Bohrungen vor dem Fertigschmieden mit einer niedrig schmelzenden Legierung ausgegossen und zum Schluß wieder ausgeschmolzen.
Zahlreiche Glühungen sind notwendig, um Turbinenschaufeln fertig zu schmieden. Dünne Austrittskanten können vielfach nicht fertig geschmiedet werden. Der vorzusehende Wulst an der Austrittskante wird spangebend abgearbeitet. Der Rest des Profils bleibt unberührt.
Hinzuweisen ist auf das in den letzten zehn Jahren sehr gut eingeführte Feingußverfahren. Hiermit kann man Bauteile mit einer bislang unerreichten Präzision herstellen. Als Gußwerkstoff kommen alle Legierungen mit gutem Formfüllvermögen in Betracht. Dabei wird in Gießformen abgegossen, die zuvor an sogenannten verlorenen Modellen aus Wachs, Kunststoff (Polystyrol) oder gefrorenem Quecksilber herausgeformt worden waren. In einem Glühvorgang kann das Modell herausgeschmolzen oder verbrannt werden, und es bleibt eine außerordentlich formgenaue Kokille übrig. Schaufelaustrittskanten von 0,2 mm kann man herstellen. Insbesondere bei Abgüssen im Vakuumofen wird heute für Triebwerkteile (Schaufeln, Turbinenräder, Beschläge im Heißteil usf.) bevorzugt das Feingußverfahren eingesetzt.
Als Ausblick auf künftige Möglichkeiten der spanlosen Formgebung läßt sich feststellen, daß Sonderverfahren nur langsam für die Serienfertigung von Triebwerkteilen Anwendung finden. Das liegt zum einen an den hohen Investitionskosten, zum anderen daran, daß die Herstellung der Teile auf andere Weise, etwa durch spangebende Bearbeitung oder durch Zusammenschweißen verschiedener Komponenten ebenfalls meist möglich ist. Erst wenn die wirtschaftliche Großfertigung dazu zwingt, müssen spanlose Formgebungsverfahren in größerem Umfang auch in die Fertigung von Triebwerkteilen eingefügt werden.

4. Elektrochemische Abtragung

Unter den modernen abtragenden Formgebungsverfahren gebührt der elektrochemischen Abtragung eine besondere Erwähnung. Dieses Verfahren ist in den vergangenen zehn Jahren soweit entwickelt worden, daß die modernen Werkzeugmaschinen, die nach diesem System arbeiten, als vollausgereifte Geräte angesprochen werden können.

In Bild 9 ist das physikalische Prinzip dargestellt. Ein als Anode geschaltetes Werkstück wird durch die Kathode und den gleichmäßig fließenden Elektrolyten, der an der chemischen Reaktion selbst unbeteiligt ist, aufgelöst. Im Falle einer Eisenanode als Werkstück verbindet sich das in Lösung gegangene Eisenion mit dem Anion des teilweise dissoziierten Wassers zu Eisen-II-hydroxid. Das Kation des Wassers nimmt an der Kathode (Werkzeug) zwei Elektronen auf und entweicht als Wasserstoff aus der Lösung.

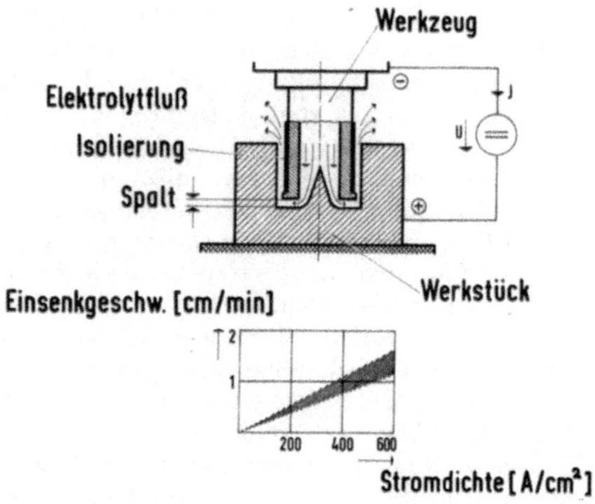

Bild 9 Prinzip des ECM-Verfahrens

Der Vorgang ist durch folgende Gleichung beschrieben:

$$Fe + 2\,H_2O = Fe\,(OH)_2 \downarrow + H_2 \uparrow$$

Hinsichtlich der Abtragungsleistung bietet das elektrochemische Verfahren gegenüber der Funkenerosion außerordentliche Vorteile. Unter günstigsten Abtragungsbedingungen können bei der Funkenerosion mit Impulsgeneratoren Abtragsleistungen von 0,5 (cm^3/min) erreicht werden. Normal ist eine Abtragsleistung unter 0,02 (cm^3/min). Für die elektrochemische Abtragung gilt eine einfache Beziehung, welche aus dem Ohmschen und dem Faradayschen Gesetz abgeleitet wird:

$$v = s\,K = \frac{U \varkappa K}{a}$$

v = Einsenkgeschwindigkeit (cm/min),

U = angelegte Spannung (V),

s = $\frac{I}{F}$ = Stromdichte $\left(\frac{A}{cm^2}\right)$,

$\varkappa$ = Leitfähigkeit des Elektrolyten $\left(\frac{1}{\Omega\,cm}\right)$,

K = $\frac{A\,60}{n\,\gamma\,96\,500}$ = spezifischer Abtrag (cm^3/A min),

γ = Spezifisches Gewicht (g/cm^3),

a = Spalt zwischen Werkzeug und Werkstück (cm),

A = Atomgewicht,

n = Wertigkeit.

Bild 10 Ansicht einer elektrochemischen Bearbeitungsmaschine (10 000 Ampere)

Man erkennt, daß die Abtragsleistung abhängig ist von der zur Verfügung stehenden Stromdichte. Die modernsten elektrochemischen Bearbeitungsmaschinen werden heute mit 20 000 Ampère gebaut und für 40 000 Ampère projektiert. In der amerikanischen Luft- und Raumfahrt-Industrie dürften heute ca. 130 elektrochemische Bearbeitungsmaschinen stehen (Bild 10). Auch in Deutschland versuchen in letzter Zeit einige Firmen solche Maschinen herzustellen.
Mit Vorzug werden mit Hilfe dieses Verfahrens Vertiefungen hergestellt, die parallele Wände besitzen. Die Fertigungsgenauigkeit liegt bei ± 0,05 mm. In vielen Fällen ist also eine Feinbearbeitung mittels spangebender Formgebung am Ende des Herstellungsprozesses notwendig. Insbesondere für die Herstellung von Bauteilen für Prototypen bietet sich aber das elektrochemische Abtragen an, weil die Werkzeuganoden relativ einfach und billig herzustellen sind.
Taschenförmige Vertiefungen in massiven Schmiedestücken und großflächige Vertiefungen mit unregelmäßigen Konturen werden sehr wirtschaftlich angebracht. Dabei spielt es fast keine Rolle, aus welcher Legierung das betreffende Bauteil besteht. Einschränkungen hinsichtlich der Anwendbarkeit dieses Verfahrens bestehen lediglich bei sehr unreinen Legierungen, bei Messing und bei normalem Gußeisen. Die für die abtragende Formgebung besonders schwierigen Werkstoffe der Flugtriebwerke lassen sich durch elektrochemisches Abtragen hervorragend bearbeiten.
Die Haltevorrichtungen, in denen die Bauteile während des Abtragungsprozesses eingespannt werden, müssen dem hohen Elektrolytdruck standhalten. Die Bauteile, die aus dünnen Blechpartien bestehen, müssen ausreichend gestützt werden, so daß sie sich während der Bearbeitung nicht verformen können. Sämtliche Vorrichtungen müssen aus nichtrostendem Stahl oder aus Kunststoffen bestehen. Die zweckmäßige Leitung des Elektrolyten durch die Anode in den entstehenden Bearbeitungsspalt ist verantwortlich für die gleichmäßige Oberflächenbeschaffenheit der bearbeiteten Fläche. Polierte Oberflächen können durchaus in einem Arbeitsgang entstehen. Im ganzen gesehen bietet dieses Verfahren zahlreiche Vorzüge, die sich noch systematisch erweitern lassen, wenn die Konstruktionen speziell darauf zugeschnitten werden. Das gilt in besonderer Weise auch für die Bearbeitung von Turbinen- und Verdichterschaufeln. Für derartige Bauteile sind Spezialmaschinen entwickelt worden, die vollautomatisch die Endbearbeitung des Schaufelprofiles vornehmen. Die Automatisierung des Einsenkprozesses ist ebenfalls eingeführt worden, und zwar derart, daß die Maschine selbsttätig nach einem vorgegebenen Programm irgendwelche Vertiefungen anbringt, so daß der Bedienende nur das Werkstück einspannen und die Maschinen schließen muß. Besonders hinzuweisen ist darauf, daß bei dieser Bearbeitung sich das Bauteil praktisch nicht erwärmt, wenn man davon absieht, daß der Elektrolyt eine Temperatur von 60° erreicht. Auf die zahlreichen mit diesem Verfahren zusammenhängenden verfahrenstechnischen Einzelprobleme sei in diesem Zusammenhang nicht weiter eingegangen.
Es ist in die Zukunft gesehen anzunehmen, daß das elektrochemische Bearbeiten nicht nur bei der Fertigung von Triebwerkteilen, sondern auch in anderen Industriezweigen mit großem Erfolg eingesetzt werden kann. Eine besondere Erwähnung verdient hierbei, daß es mit diesem Verfahren möglich ist, enge Bohrungen in massiven Bauteilen aus schwer bearbeitbaren Legierungen herzustellen.

5. Schweißtechnik

Welche hervorragende Bedeutung die Schweißtechnik im Triebwerkbau hat, ist daran zu erkennen, daß die Eignung einer metallischen Legierung im wesentlichen durch ihre Schweißbarkeit bestimmt wird. Erst die verschiedenen Schweißtechniken machten den Bau von Leichtbaukonstruktionen auch aus hochwarmfesten Werkstoffen möglich. Heute spielt die Schweißtechnik daher eine wichtige Rolle gerade im Triebwerkbau. Durch die gegenseitige Abstimmung der Erfahrungen des Praktikers, der Berechnungen des Konstrukteurs und der grundlegenden Kenntnisse des Metallurgen kommen optimale Schweißkonstruktionen zustande. Man kann sagen, daß nahezu sämtliche Werkstoffe, vom Leichtmetall bis zu den hochwarmfesten Legierungen, mit irgend einem Verfahren schweißbar sind. Ob sich zwei ungleiche Metallegierungen verschweißen lassen, bestimmt in erster Linie ihre gegenseitige Löslichkeit. Im folgenden werden einige Einzelheiten aus dem weiten Bereich der Schweißtechnik im Triebwerkbau betrachtet.

Bevor eine Schweißverbindung hergestellt wird, ist die Schweißbarkeit der beiden Grundwerkstoffe und der eventuelle Zusatzwerkstoff zu bestimmen. Die Schweißbarkeitsprüfung darf Nebenerscheinungen wie etwa die Schrumpfeigenspannungen in dem geschweißten System nicht außer acht lassen. Hierzu gibt es die verschiedensten Prüfverfahren, die von den einzelnen Werken erarbeitet worden sind. Das Bild 11 zeigt eines dieser Verfahren, empfohlen von der SNECMA. Auch den möglichen Abbau von

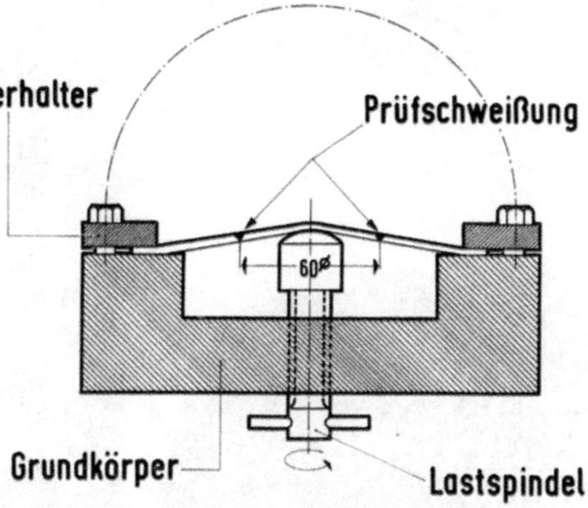

Bild 11 Schweißbarkeitsprüfung an Blechen

Bild 12 Einzelteile vom Außenmantel des Verdichteraustrittsgehäuses vor dem Zusammenschweißen

Bild 13 Komplettierungsteile für Verdichteraustrittsgehäuse

Eigenspannungen durch eine Wärmebehandlung kann man auf diese Weise überprüfen. Über die Qualifikation der Schweißverfahren, der Schweißgeräte und der Schweißverbindung selbst liegen in jedem Land von der Staatlichen Bauaufsicht anerkannte oder herausgegebene Spezifikationen vor. Diese schreiben von der Eignungsprüfung des Schweißers bis zur Fehlerzulässigkeitsgrenze bei der Röntgenprüfung die Güte der Schweißungen am Triebwerk vor.

Das mit Abstand wichtigste Verfahren ist die Schutzgasschweißung mit Wolframelektroden (WIG-Schweißung). Der Anteil dieser Schweißung an allen Schweißnähten im Triebwerkbau beträgt über 70 % und schwankt je nach den Besonderheiten der betreffenden Triebwerkskonstruktion. Typische Bauteile sind die verschiedenen aus dünnen Blechen und Schmiedeteilen zusammengesetzten Gehäuse (Verdichtergehäuse und Turbinengehäuse), welche die tragenden Baugruppen, gewissermaßen das Rückgrad in jedem Triebwerk, darstellen. Die Bilder 12 bis 14 zeigen, wie aus zahlreichen Einzelteilen ein kompliziertes Gehäuse zusammengeschweißt werden kann.

Bild 14 Tyne-Verdichteraustrittsgehäuse, geschweißt und fertigbearbeitet

Für die Mehrzahl der Schweißungen müssen besondere Haltevorrichtungen zur Verfügung stehen. Diese sollen sehr stabil sein, gleichzeitig die Führung des Schutzgases übernehmen und müssen aus nicht korrodierendem, oft auch aus nicht magnetischem Material bestehen. Bei größeren Teilen wird die gesamte Vorrichtung auf einem Drehschwenktisch aufgebaut, so daß die Schweißstelle sich kaum verändert. Rundnähte können auf diese Weise auch vollautomatisch gemacht werden. Dabei spielt weniger

Bild 15 Rollnahtschweißen der Befestigungsflansche am Verdichteraustrittsgehäuse

die Rationalisierung der Fertigung eine Rolle (der Bedienungsmann bleibt ohnehin daneben stehen) als vielmehr die absolut gleichmäßige Ausführung jeder Schweißnaht. Zwischen den Schweißfolgen beanspruchen die Zeiten für den Auf- und Abbau, das Richten der Bleche, die Kontrolle der Zwischenfolgen und die zerstörungsfreie Prüfung und die Wärmebehandlung zum Spannungsfreiglühen oder Rekristallisieren ein mehrfaches der reinen Schweißzeit.

Es gibt eine Anzahl von Sonder-WIG-Schweißverfahren, die sich nur im Aufbau der Schweißanlage und nicht im Schweißprinzip selbst unterscheiden. So werden z. B. hochbeanspruchte, rohrförmige Wellen nach Möglichkeit mit Rundschweißautomaten verbunden. Titanlegierungen erfordern besondere Vorkehrungen im Hinblick auf die Reinheit des Schutzgases. Wegen der hohen Affinität des Titans zu Sauerstoff, Stickstoff und Wasserstoff muß Reinstargon (mehr als 99,99 % Argon) verwendet werden. Bei Temperaturen über 650° C würden diese Gase in der Schmelze gelöst werden und zu

Sprödbrüchen führen. Hier sind die Schutzgasführungen (Oberraupe ca. 580 bis 850 l/Std. und Wurzelseite ca. 60 bis 110 l/Std.) besonders sorgfältig anzupassen. In Sonderfällen schweißt man in geschlossenen, gasgespülten Kammern mit Gummihandschuh-Durchgriffen. Ein anderes Sonderschweißverfahren dient zum gleichzeitigen punktförmigen Lichtbogenschweißen, vornehmlich an Brennkammerteilen (PIGME-Verfahren: Programmed inert gas multiple electrode welder). Das Bauteil wird in einen Käfig aus Elektroden gestellt und durch ein Steuergerät die Lichtbogen gleichzeitig oder in einer bestimmten Folge gezündet.

Das Widerstandsschweißen ist das zweitwichtigste Schweißverfahren im Triebwerkbau. Die Schweißmaschinen müssen eine Programmsteuerung besitzen, die den Verlauf von Schweißstrom und Anpreßkraft bestimmen. Jede Schweißung ist mit dem einmal als mustergültig entwickelten Programm durchzuführen. Die Programmwahl richtet sich nach den Blechdicken, dem geforderten Durchmesser der Schweißlinse und dem Grundwerkstoff.

Einzelpunktschweißungen und Rollnahtschweißungen (siehe Bild 15) werden normalerweise nicht röntgengeprüft. Vielmehr müssen in bestimmten zeitlichen Abständen oder nach so und so vielen Schweißpunkten (diese richten sich nach der vom Konstrukteur festgelegten Beanspruchungsklasse) Probebleche geschweißt und im Werkstofflabor geprüft werden. Werden dort Fehler festgestellt, so ist das gesamte, seit der letzten Prüfung geschweißte Fertigungslos zu sperren und gesondert zu überprüfen. Es wird zur Zeit an zuverlässigen Methoden gearbeitet (vorwiegend der Ultraschallprüfung), jeden einzelnen Schweißpunkt während oder unmittelbar nach der Schweißung zu prüfen. Diese Methode ist jedoch noch nicht reif für eine Einführung in der Serienfertigung.

Ganz besondere Sorgfalt ist auf die Vorbehandlung der Bleche zu legen. Metallisch blanke Oberflächen werden durch Beizen am wirtschaftlichsten erzeugt. Das Strahlen mit Aluminiumoxid als letzte Bearbeitung vor dem Widerstandsschweißen ist streng verboten, weil es zu Spritzern, Lunkern, Rissen, ungleichen Schweißlinsen und dergleichen führt. Bei Verbindungen von drei Blechen oder von Blechen unterschiedlicher Dicke (größer als Verhältnis 2 : 1) ist die Lage der Schweißlinse durch verschiedene Schweißelektrodendurchmesser zu steuern: die Schweißlinse liegt stets in der Nähe des kleineren Elektrodeneindruckes.

Auch in der Triebwerkfertigung haben sich einige Sonderschweißverfahren eingeführt, die hier jedoch nur erwähnt werden können: Plasmaschweißen, Diffusionsschweißen, Reibungspreßschweißen, Ultraschallschweißen, Elektronenstrahlschweißen und Laserschweißen. Von diesen Verfahren soll an dieser Stelle nur auf das Elektronenstrahlschweißen näher eingegangen werden, zumal dieses Schweißverfahren von allen Triebwerkfirmen heute schon angewendet wird.

Das Bild 16 zeigt eine Elektronenstrahlschweißanlage zum Schweißen von Triebwerkteilen. In der Regel werden die Bauteile in der Vakuumkammer unter dem Elektronenstrahl derart bewegt, daß durch den gebündelten Elektronenstrahl ein Verschmelzen der Schweißpartner erfolgt. Die Genauigkeit, mit der der Strahl den Spalt treffen muß, hängt ab von der Tiefe der Schweißnaht. Bei 2 bis 5 mm Schweißtiefe darf der Strahl nicht mehr als $\pm$ 0,05 mm von der theoretischen Mittellinie abweichen. Einer der Vorteile dieses Verfahrens ist, daß hiermit Werkstoffe geschweißt werden können, die auf andere Weise nicht fehlerfrei schweißbar sind. Hierzu gehören vor allen Dingen hochwarmfeste Nickelgußlegierungen. Das Bild 17 zeigt ein dreistufiges Axialturbinenrad einer Kleingasturbine aus dem Werkstoff Nimocast 713 V, welches aus drei Feingußteilen und einer rohrförmigen Verlängerung zusammengeschweißt wurde. Das gegenseitige Verspannen der Bauteile ist auch bei diesem Verfahren not-

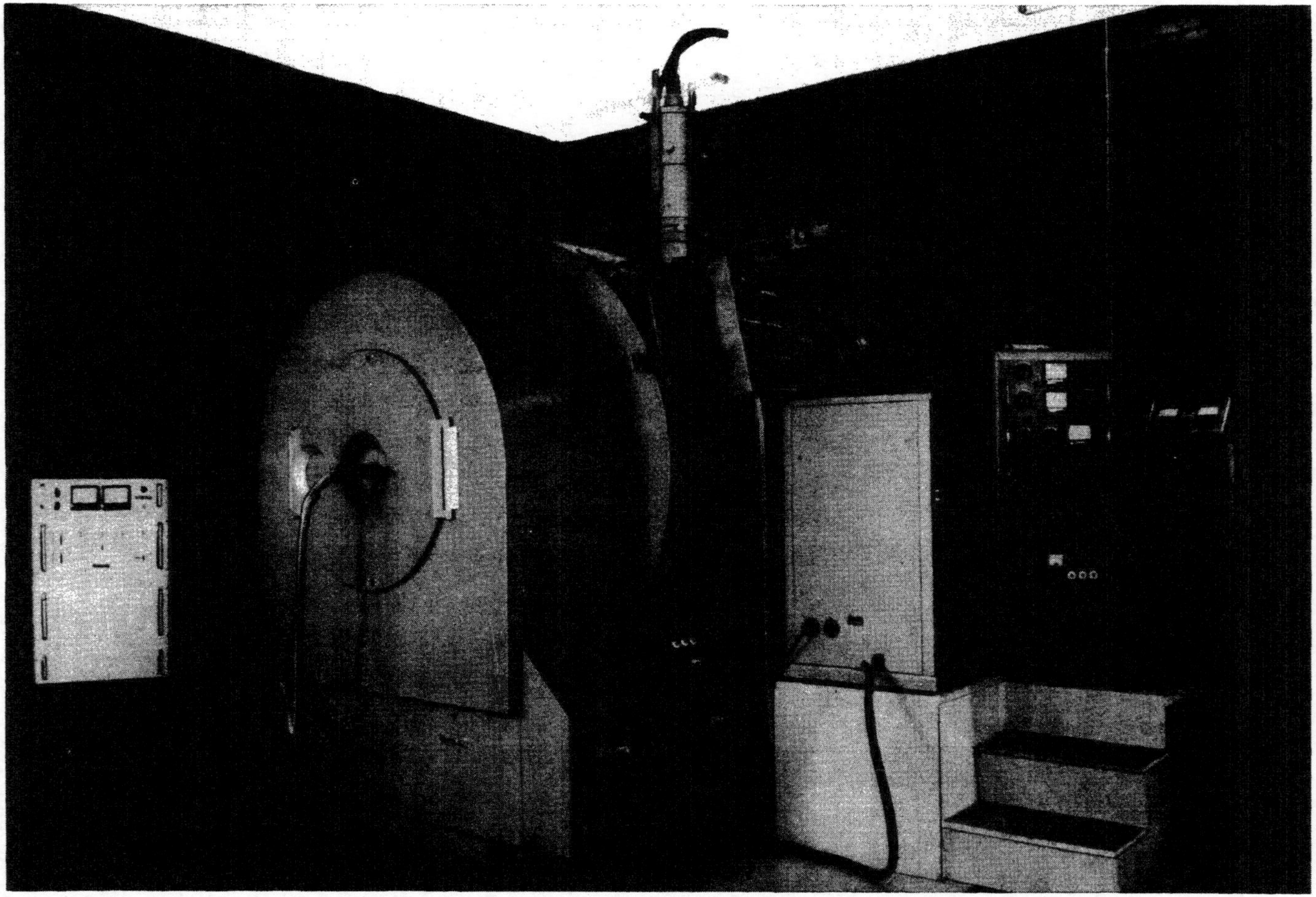

Bild 16 Elektronenstrahlschweißanlage zum Schweißen von Triebwerkteilen

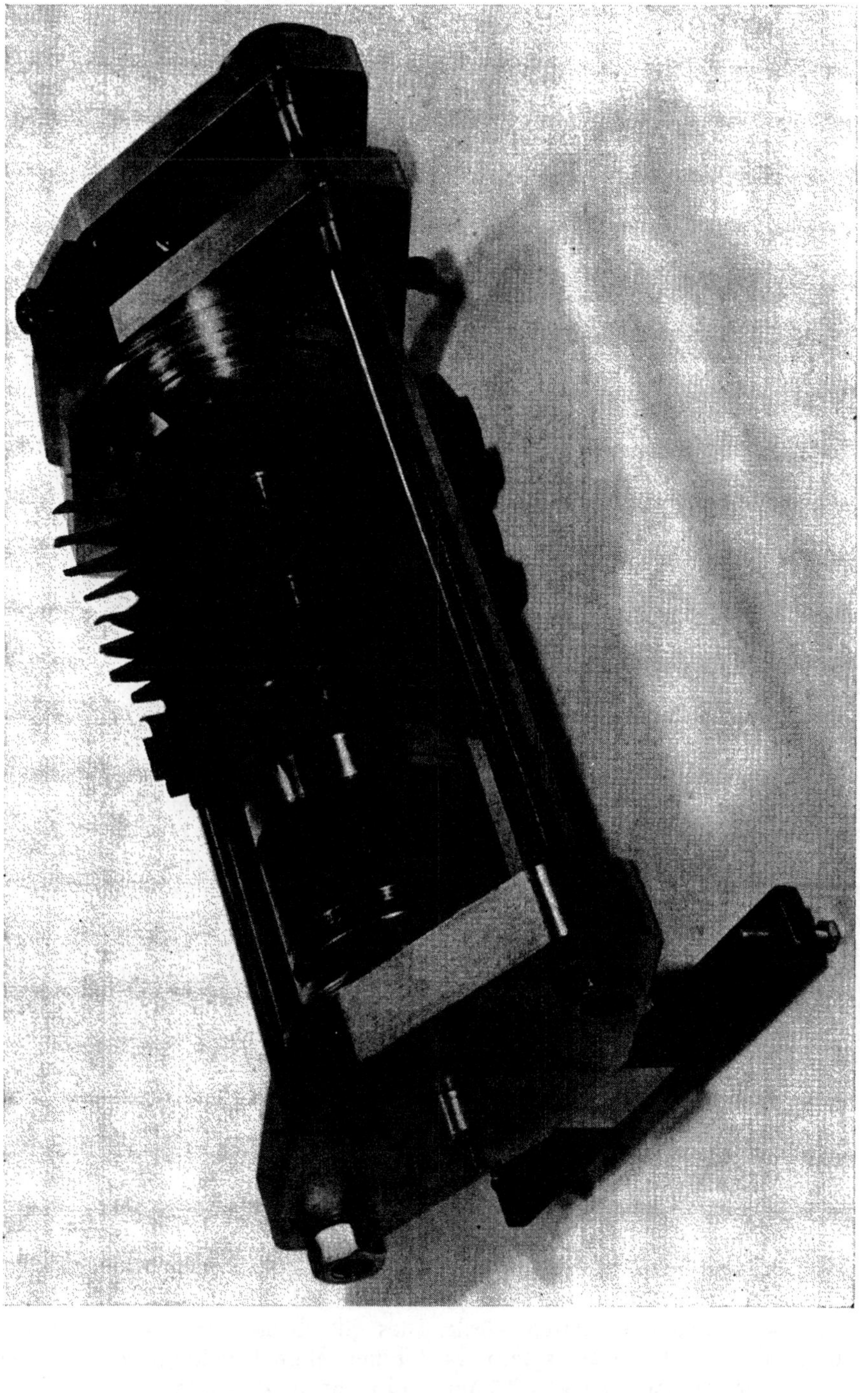

Bild 17 Dreistufiges Axialturbinenrad, eingebaut in eine Spannvorrichtung zum Elektronenstrahlschweißen

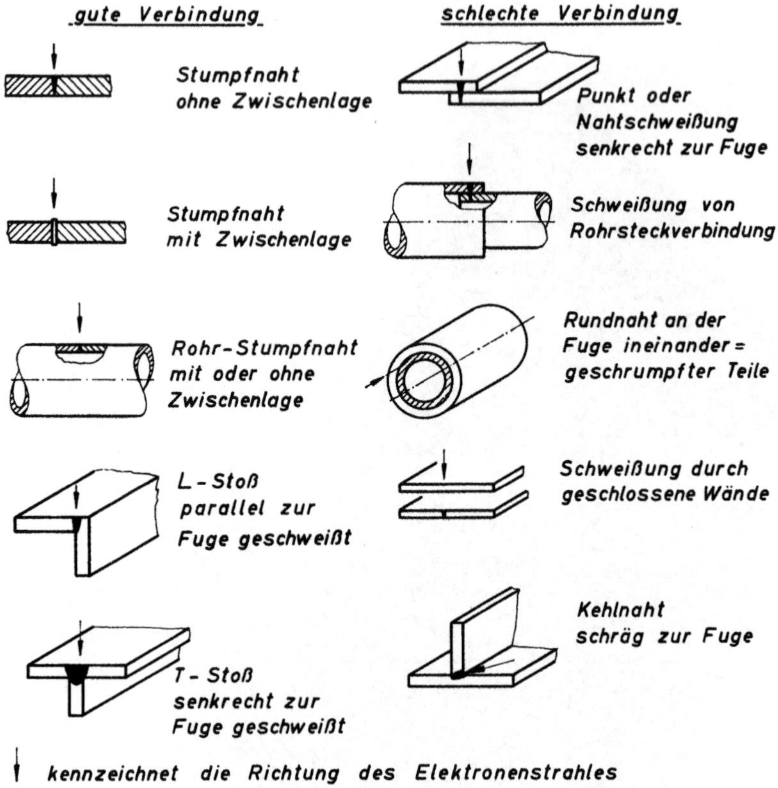

Bild 18 Richtlinien für gute und schlechte Elektronenstrahlschweißverbindungen

wendig, um den Verzug klein zu halten. Durch die relativ schmale Schweißzone und die kleine eingeführte Wärmeenergie sind Schrumpfspannungen und damit Verzüge der Bauteile nach dem Erkalten geringer als beim WIG-Schweißen. Dennoch lassen sich nur in Ausnahmefällen fertig bearbeitete Bauteile mittels des Elektronenstrahls verschweißen, ohne daß irgend welche Nacharbeit erforderlich wäre.

Die für dieses Verfahren als schweißgerecht geltende Konstruktion wird heute noch in der Mehrzahl der Anwendungen nicht berücksichtigt. Bild 18 zeigt einige Beispiele für eine in diesem Sinne „gute oder schlechte" Verbindung, die bei der Konzeption von Neuteilen vom Konstrukteur berücksichtigt werden sollten. Handelt es sich um Reparaturschweißungen, so wird die Elektronenstrahlschweißtechnik mit Vorteil dort angewendet, wo in einem größeren Bauteil eine relativ kleine Schweißung auszuführen ist. Rundnähte und Längsnähte sind zu bevorzugen, weil dafür die mechanischen Steuerorgane der Maschinen eingerichtet sind. Das Bewegen des Bauteiles von Hand unter dem Elektronenstrahl ist sehr unsicher und führt zu keinen reproduzierbaren Ergebnissen.

Die Minderung der Wechselfestigkeit und die Schwierigkeiten bei der zerstörungsfreien Prüfung der sehr schmalen Schweißnähte zeigen die Grenzen der Anwendung des Elektronenstrahlschweißens im Triebwerkbau bei solchen Teilen, deren Versagen zum Verlust des Fluggerätes führen würde. Dies gilt ebenso für das Schweißen mit dem Lichtstrahl (Lasertechnik), sofern es hiermit einmal gelingt, kontinuierliche Schweißungen von Wanddicken von 0,5 mm und mehr auszuführen.

6. Löttechnik

Neben den verschiedenen Schweißverfahren spielt in jüngster Zeit besonders das Löten eine wichtige Rolle bei der Triebwerkfertigung. Der geringe Verzug der zu verbindenden Bauteile bringt gegenüber dem Schweißen besondere Vorteile. Die Bauteile können bei Ofenlötungen sehr gleichmäßig erwärmt werden. Dabei besitzen sie nach dem Erkalten fast keine Eigenspannungen mehr. Auch unzugängliche Stellen, die sich nicht schweißen ließen, können durch Lötung miteinander verbunden werden. Im folgenden werden die bedeutenden Eigenschaften einer Lötung an Triebwerkteilen dargestellt.

Alle Bauteile und hochlegierten Stähle können mittels Kupfer- oder Silberloten miteinander verbunden werden. Die hohen Betriebstemperaturen machten die Anwendung und Weiterentwicklung hochwarmfester Gold- und Nickellote erforderlich, deren Schmelzpunkte 100 bis 300° C unter dem der zu verbindenden Werkstoffe liegen. Nur zwei Heizmethoden kommen für diese Lote noch in Frage: Die induktive Erwärmung und die Ofenlötung. Besonders die Ofenlötung hat große Vorteile. Es kann eine Schutzgasatmosphäre verwendet oder im Vakuum gelötet werden. Bevorzugte Atmosphäre ist Wasserstoff mit einem sehr niedrigen Taupunkt (— 50° C). Aber auch Edelgase, die sich wesentlich teurer stellen, sind zum Löten bei hohen Temperaturen geeignet. Mehr und mehr setzt sich jedoch das Löten im Vakuumofen durch, wenngleich nicht grundsätzlich eine Lötung im Vakuum der Lötung in der Wasserstoffatmosphäre überlegen sein muß. Die Höhe des Vakuums richtet sich nach der Zusammensetzung von Lot und Grundwerkstoff. Die üblichen Öfen erreichen einen Druck von 10^{-4} mm Hg bei Temperaturen von 1500 bis über 2500° C.

Die Heizleistung eines zum Löten geeigneten Vakuumofens richtet sich nach der Ofenraumgröße. Sie beträgt in der Regel mindestens 150 kVA. Die Heizelemente selbst bestehen bis zu einer Ofentemperatur von 1500° C aus Graphit und bei höheren Temperaturen meistens aus Molybdän. Da die Heizenergie nur durch Strahlung an das Bauteil abgegeben wird, müssen Strahlbleche vorhanden sein, die entsprechend der Ofentemperatur aus hochwarmfesten Legierungen bestehen. Die Außenwand der Öfen wird wassergekühlt.

Bei jeder Lötung müssen der Innendruck und die Temperatur am Bauteil unmittelbar verfolgt werden. Durch Programmsteuerungen wird dafür gesorgt, daß jeder Arbeitsprozeß in der vorgegebenen Weise abläuft und mittels Registrierstreifens festgehalten wird. Die Erwärmung erfolgt stufenweise; die Endtemperatur wird in der Regel fünf Minuten lang konstant gehalten und dann mit einem Schutzgas (Wasserstoff oder Stickstoff) rasch abgekühlt. Die Bauteile zeigen deshalb keinerlei Verfärbung. Auch Wärmebehandlungen sind auf diese Weise möglich.

Eine Eigenschaft, die die Hochtemperaturlötung vom bekannten Hartlöten unterscheidet, ist die Bildung von Diffusionszonen. Je nach dem verwendeten Lot diffundieren Nickel, Chrom, Silizium und andere Metalle entlang der Korngrenzen in die benachbarten Grundmetalle ein. Es findet durch solche Wechselwirkung eine Veränderung der Werkstoffeigenschaften statt, die darauf hinzielt, der gelöteten Verbindung eine höhere Temperaturbeständigkeit zu geben, als das reine Lot hat. Dazu sind Wärmebehandlungen notwendig, die entweder unter der schützenden Ofenatmosphäre oder aber im Vakuum unmittelbar vor sich gehen.

Die zu verbindenden Bauteile müssen vollständig, also nicht nur im Bereich der Lötfuge, metallisch blank und entfettet sein. Metalloxide behindern in der Regel die Benetzung der Bauteiloberfläche und sind, wenn möglich, durch chemisches Ätzen zu entfernen.

Gelötet wird möglichst ohne Vorrichtungen, um eine gleichmäßige Erwärmung der meist dünnwandigen Bauteile zu gewährleisten. Wo sich Vorrichtungen nicht vermeiden

Tafel 3 Verschiedene Lote mit chemischer Zusammensetzung, Schmelz- und Lottemperatur

Bezeichnung des Lotes	Chemische Zusammensetzung (%)														Schmelz-tempe-ratur (°C)	Löt-tempe-ratur (°C)
	Ag	Cu	Ni	Co	Cr	Cd	Au	Pd	Si	B	Fe	Zn	Mn	Sonstige		
Ag-Cu-Cd-Zn (AMS 4768)	35	26				18						21			608	700
Ag-Cu-Cd-Zn (AMS 4770 B)	50	15,5				18						16,5			626	635
Ag-Cu-Zn (AMS 4772)	54	40	1									5			718	856
Ag-Cu-Sn	60	30												10 Sn		720
Ag-Cu-Eutektikum	72	28														800
Ag-Mn (AMS 4766)	85												15		950	960
Easy Flo-3 [1])	50	15,5	3			16						15,5			687	955
Cu-Au		62,5					37,5									1030
Baker 719 (SCP 6) [2])		82						18								1095
Baker 279 (CPNM 2) [2])		82						18								1110
Peru-Kupfer		100														1120
Au-Ni			18				82								950	1010
Baker 441 [2])			18				82									970
Nicrobraz LM [1])			83,5		6,5				4,5	3	2,5					1050
Nicrobraz 130 [1]) (AMS 4778)			92,5						4,5	2,9						1070
Nicrobraz WG [1])			78,5		11,5				3,5	3	3,5			< 0,15 C		1150
Stellite SF 6 [3])			13	50	19				1,5	2,5				8 W, 1 C		1170
Nicrobraz LC [1]) (AMS 4776)			74		13,5				4,5	3,5	4,5			< 0,15 C		1180
Ni-Cr-Si-B (AMS 4775)			75		17				4	3,5					1065	1175
Ni-Cr-Si-B (AMS 4777)			85		7				4	3					1040	1120
Baker 288 (PN 1) [2])			40					60								1250
J-8100 [4])			70		19				10						1140	1200
J-8300 [4])			60		19				10				10		1120	1175
J-8400 [4])			21	50	21				8	0,8				3,5 W	1120	1200
J-8600 [4])			38		33			24	4						1175	1190

[1]) Wall Colmonoy Corp., USA [2]) Engelhard Industries Ltd., England [3]) Deloro-Stellite Ltd., England [4]) General Electric Comp., USA

lassen, sollen sie ebenfalls dünn sein und aus hochwarmfesten Werkstoffen bestehen. Bei Vakuumlötungen ist auf das „Entgasen" auch der Vorrichtungswerkstoffe zu achten. Wie man das Lot aufträgt, hängt von der Lieferform ab: Drähte, Bänder und in Acrylharz vermengte Pulver werden angeboten. Das Harz verdampft bei einer Temperatur von 400° C rückstandsfrei. Wo die Ausbreitung von Loten behindert werden soll, werden Aufschlemmungen von Magnesium und Zirkonoxiden in Wasser neben die Lötfugen aufgetragen.

Einen Überblick über die verschiedenen Lotsysteme gibt die Tafel 3. Diese Auswahl beginnt bei dem System Silber-Kupfer und geht bis zu den Systemen Nickel-Palladium und Kobalt-Nickel-Chrom-Loten. Die Arbeitstemperaturen reichen heute von 700 bis 1200° C und werden sich in Zukunft zweifellos noch erhöhen.

Besonderes Augenmerk ist stets auf den Lötspalt zu legen. Es würde hier zu weit führen, die Einzelheiten zu erörtern, jedoch sei vermerkt, daß die optimalen Eigenschaften mit Lötspalten von 0,02 bis 0,1 mm erreicht werden. Bei breiteren Lötspalten oder bei Spalten variabler Breite erhöht sich die Gefahr von Benetzungsfehlern, und die Umwandlung der Lote durch Diffusionsvorgänge entfällt.

Die Festigkeit und die äußeren Betriebstemperaturen hängen von zahlreichen Faktoren ab, insbesondere aber vom Lötspalt und dem Überdeckungsverhältnis. Zum Beispiel ist die Festigkeit einer Lötverbindung aus Blechen des Werkstoffes HS 25 (L 605) mit dem Lot J 8100 zu erwähnen: bei 600° C betrug die Scherfestigkeit 25 kp/mm² und bei 980° C war sie auf 8 kp/mm² abgesunken. Diese Lötung wurde im Vakuum durchgeführt. Die genauen Werte einer jeden Bauteilverbindung müssen durch praxisnahe Versuche jeweils ermittelt werden.

Unter den Werkstoffen, die für diese Lötungen in Frage kommen, sind vor allem Nickel-Chrom-Stähle des Typs 18/8 zu nennen. Zahlreiche Rohrverbindungen werden mit Silberloten hergestellt. Das Bild 19 zeigt die Röntgenaufnahme eines induktiv gelöteten Rohrnippels mit nicht genügend benetzten Flächen. Eine Benetzung von 80 % der Fläche ist nahezu optimal. Es kommt in der Regel nicht darauf an, eine vollständige Benetzung zu erreichen, sondern den „Leckweg" zu begrenzen, so daß das abgedichtete Medium sich keinen Weg durch die Verbindung suchen kann. Um dieses nachzuweisen, muß jede Verbindung unter zwei Winkeln geröntgt werden. Das Löten ganzer Rohrgruppen geschieht mit Vorzug im Ofen unter Wasserstoffatmosphäre oder im Vakuum, wobei der Taupunkt mindestens bis auf – 50° C zu drücken ist (d. h. ein Vakuum von 10^{-2} mm Hg), um alle schädlichen Oxide zu reduzieren. Auch Bauteile mit Wanddicken von 0,1 mm werden auf diese Weise einwandfrei gelötet.

Hochwarmfeste Legierungen enthalten meist Titan- oder Aluminiumzusätze zur Steigerung der Festigkeit. Diese Komponenten bilden Oxide, und der Taupunkt muß deshalb bei – 60° C liegen. Man kann auch eine Wärmebehandlung mit Schutzgas und einem Taupunkt von – 30° C voranschicken, die Oxide danach chemisch abbeizen und erst dann endgültig löten. Die Benetzbarkeit wird grundsätzlich immer dann verbessert, wenn das Grundmetall im flüssigen Lot zum Teil löslich ist. Eine vollständige Löslichkeit begünstigt Erosionserscheinungen am Grundmetall und damit eine schlechtere Lötverbindung.

Mit der fortschreitenden Anwendung von hochfesten Titanlegierungen verstärkt sich auch hier die Anwendung der Löttechnik. Dabei spielen im besonderen die oben erwähnten Vorgänge eine Rolle. Man hat die Lötzeit so kurz wie möglich zu halten, um spröde, intermetallische Verbindungen zu vermeiden. Lötung im Vakuumofen ist hier das geeignetste Verfahren. Lötungen von Molybdän, Niob, Tantal und Wolfram werden möglich sein und Temperaturen um 2000° C erfordern, die sich wiederum vorteilhaft in Hochtemperaturvakuumöfen erzeugen lassen.

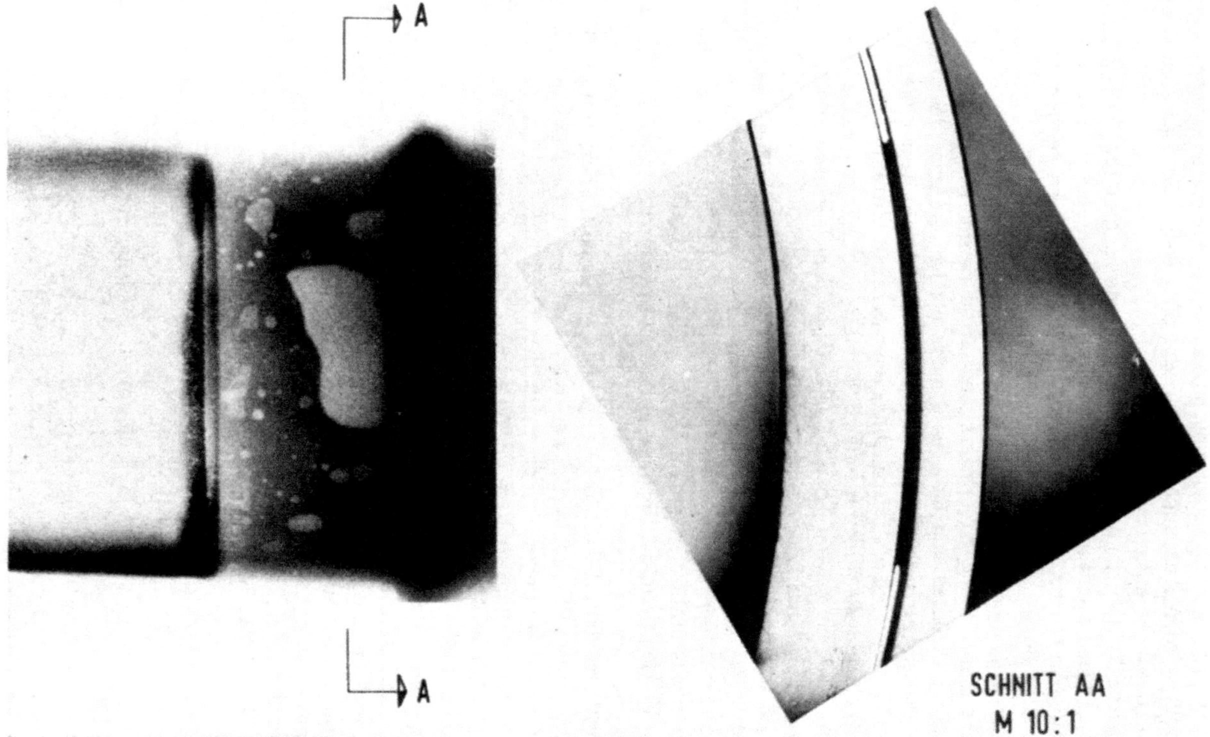

Bild 19 Röntgenbild und Schnitt durch eine gelötete Rohrverbindung mit Benetzungsfehlern

Einige typische Lötungen an Triebwerkteilen seien abschließend gezeigt. Das Einlöten von Leitblechen in luftgekühlten Turbinenschaufeln zeigt das Bild 20. Es ist ein gutes Beispiel für die wirtschaftliche Fertigung dieser wichtigen Triebwerkteile. Auch vollständige Schaufelprofile werden in Leitringe eingelötet. Die Verbindung von Einzelteilen in zwei aufeinanderfolgenden Lötprozessen zeigt der Turbinenleitapparat einer kleinen Gasturbine (siehe Bild 21). Das Bauteil wird an einigen Flächen anschließend noch spanabhebend bearbeitet. In gleicher Weise werden Wärmetauscher, Teile aus Regelgeräten und Brennkammerteile miteinander verbunden. Hervorzuheben ist, daß hier durchaus verschiedene Werkstoffe gelötet werden können, bei denen eine direkte Verschweißung nicht in Frage käme. Auch die bekannten Honigwabenprofile werden mit Vorzug gelötet und auf dieselbe Weise in tragenden Gehäusen befestigt.

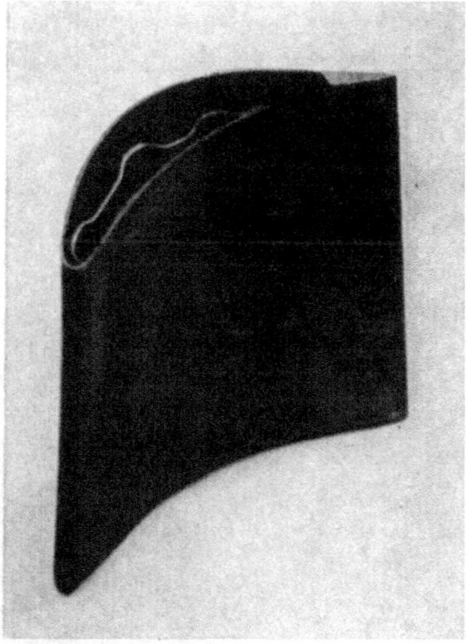

Bild 20 Turbinenleitschaufel mit eingelöteten Blechen zur Führung des Kühlgasstromes (Bauart GE)

Diese Löttechnik läßt sich sogar anwenden um Risse zu schließen, also teure Bauteile zu reparieren. Dabei muß eine mehrstündige Wärmebehandlung in trockener Wasserstoffatmosphäre vorangehen, um alle Oxide aus den Rissen zu reduzieren. Um die Korrosionsbeständigkeit von Heißteilen zu erhöhen, überzieht man zuweilen sogar die gesamten Bauteile mit Nickelloten und erzeugt auf diese Weise eine Verschleißschicht.

7. Zerstörungsfreie Prüfung

Es gibt in einem Flugtriebwerk kein wichtiges Bauteil, das nicht mindestens einmal einer zerstörungsfreien Werkstoffprüfung vorgelegt worden ist. Manche Teile werden zwischen Rohteilkontrolle und Fertigteilabnahme noch mehrfach Zwischenprüfungen unterzogen, vor allem dann, wenn der Verdacht auf Schleifrisse, Schrumpfspannungen, Gußfehler, Schmiedefalten und dergleichen besteht. Folgende Prüfungen sind üblich: Sichtprüfung, magnetische Prüfung, Eindringstoffprüfung, Röntgenprüfung und Ultraschallprüfung. Wenn einerseits zum Fertigen von teuren Bauteilen besondere Aufwendungen notwendig sind, müssen andererseits auch die Prüfmethoden weiter entwickelt und verfeinert werden.
Der Anteil an nichtmagnetisierbaren Werkstoffen nimmt mehr und mehr zu. Da die Röntgenprüfung teuer ist und die Ultraschallprüfung sehr von der Bauteilform und der Gefügestruktur des Teiles abhängt, wird in der Triebwerkfertigung im großen Umfang die Prüfung mit fluoreszierenden oder farbigen Eindringstoffen angewendet. Diese Eindringstoffe zeigen feinste Fehlstellen an, sofern sie bis zur Oberfläche des Bauteiles reichen. Das gereinigte und entfettete Bauteil wird in einen Behälter mit Eindringstoff getaucht und einige Zeit darin gelassen. Der Eindringstoff füllt innerhalb weniger Minuten, in Ausnahmefällen bis zu einer Stunde, die bis zur Oberfläche reichenden Fehler aus. Anschließend ist das Bauteil kurz von dem überflüssigen Eindringstoff

Bild 21 Ansicht eines gelöteten Verdichterleitapparates einer Kleingasturbine

an der Oberfläche zu reinigen und gegebenenfalls zu trocknen. Dann wird ein sogenannter „Entwickler" aufgebracht. Dabei handelt es sich entweder um ein feines Pulver oder um eine Aufschlemmung eines derartigen Pulvers in Wasser. In jedem Falle müssen die Bauteile vor der eigentlichen Untersuchung noch einmal getrocknet werden. Der Entwickler hat aufgrund der Kapillarwirkung die Eigenschaft, an den Fehlstellen den Eindringstoff wieder herauszusaugen. Der Eindringstoff verläuft nun an der Oberfläche des Bauteiles zu einer breiten Anzeige, und man kann den Fehler leicht entdecken. Fluoreszierende Eindringstoffe betrachtet man mit einer UV-Lampe. Eine derartige Eindringstoffprüfung soll primär die Sichtprüfung erleichtern und beschleunigen. Aus der Art der Fehlanzeige, ihrer Breite und ihrer Leuchtkraft und auch ihrer Form kann der erfahrene Prüfer darüber hinaus Rückschlüsse auf die Art des Fehlers ziehen.

Die Reinigung, Entfettung und Entzunderung der Oberfläche ist Voraussetzung für eine ordentliche Prüfung mit Eindringstoffen. Darüber hinaus hat sich gezeigt, daß in zahlreichen Fällen die letzte Bearbeitung feine Fehler zudrücken kann.

Selbst große Fehler bilden z. B. keine Anzeige mehr, wenn man das betreffende Bauteil mit Schleifpapier bearbeitet. Es sind über den Einfluß der verschiedenen spangebenden Bearbeitungsverfahren schon eine Reihe Untersuchungen angestellt worden, die gezeigt haben, daß für eine ordnungsgemäße Rißprüfung die Kenntnis der vorangegangenen Arbeitsgänge unerläßlich ist. Stellt sich heraus, daß der letzte Arbeitsgang feine oder gröbere Fehler zugedeckt oder zugedrückt hat, so muß das Bauteil einer chemischen Ätzung unterworfen werden.

8. Hinweise zum Schrifttum

8.1 Schrifttum zu Abschnitt 1

Rassmann, G., Merz, A.: Entwicklungsstand auf dem Gebiet der Hochtemperaturwerkstoffe — Die Technik, 1962, Heft 1, Seite 17—23.

Rassmann, G., Merz, A.: Entwicklungsstand auf dem Gebiet der Hochtemperaturwerkstoffe — Die Technik, 1962, Heft 2, Seite 74—79.

Greenewald, H., Jr., Riley, Th. J.: New Superalloy Sheets — SAE Journal, 1963, Seite 56—58.

Michael, A. B., Gentry, W. O.: The Status of and Trend of Development of Molybdenum, Columbium, Tantalum and Tungsten Alloys — AGARD Conference on Refractory Metals Oslo University, 23rd-28th June 1963, Pergamon Press.

Bungardt, K., Krainer, H., Schrader, H.: Nichtrostende, hitzebeständige sowie hochwarmfeste Stähle und Legierungen — Stahl und Eisen 1964, Heft 26, Seite 1796—1811.

Lovesey, A. C.: Gas Turbine Development — Thirteen and a Half Years in Commercial Aircraft — Journal of the Royal Aeronautical Society, 1964, Band 68, Seite 517—528.

Braun, H.: Metalle für die Raumfahrt — Neue Züricher Zeitung Nr. 3851, 1964.

King, D. B., Marble, J. D., Conliffe, C. H., Beck, R. J., Gabel, R. M.: Beryllium and Fiberglass New Gas Turbine Lightweights? — SAE Journal 1964, Seite 76—82.

Syre, R.: Basic Research on the Refractory Metals Molybdenum, Niobium, Tantalum and Tungsten — AGARD Report 482, 1964.

Fenn, R. W., Jr., Crooks, D. D., Underwood, E. E.: Beryllium-Aluminium Alloys-Promising New Structural Metals — Materials in Design Engineering 1964, Seite 103—105.

Wagner, G.: Seltene Metalle und ihre Legierungen als Werkstoffe der neuzeitlichen Technik, Teil 1 — TZ. f. prakt. Metallbearbeitung, 1965, Heft 3, Seite 167—170.

Wagner, G.: Seltene Metalle und ihre Legierungen als Werkstoffe der neuzeitlichen Technik, Teil 2 — TZ. f. prakt. Metallbearbeitung, 1965, Heft 4, Seite 259—262.

Wagner, G.: Seltene Metalle und ihre Legierungen als Werkstoffe der neuzeitlichen Technik, Teil 3 — TZ. f. prakt. Metallbearbeitung, 1965, Heft 10, Seite 675—681.

Eßlinger, P.: Überlegungen zur Entwicklung hochwarmfester Werkstoffe — TZ. f. prakt. Metallbearbeitung, 1965, Heft 3, Seite 151—157.

Cross, H. C.: Materials for Gas Turbine Engines — Metal Progress, 1965, Seite 67—74.

Jennings, C. G., Colteryahn, L. E., Bester, M. H.: What to Consider When Applying Beryllium — Metall Progress, 1965, Seite 104—108.

Eckert, B.: Entwicklungsrichtung bei neuzeitlichen Luftfahrttriebwerken — MTZ, Jahrgang 26, 1965, Heft 6, Seite 281—287.

Green, E. A., Pipher, F. C., Ochieano, M. L.: Titanium Fabricating Techniques — ASME publication, 1965.

Ball, C. J. P.: Magnesium in the Last Decade — Engineers' Digest Silver Jubilee Issue, June 1965.

Redden, Th. K., Barker, J. F.: Making TD Nickel Parts — Metal Progress, 1965, Seite 107—113.

Childers, M. G.: Aircraft Structures — Space/Aeronautics R. u. D., Juli 1966, Seite 86—92.

Aguer, J.: An Airline's views on SST engine development, 1966, Seite 14—20, Shell Aviation News, H. 339.

Kearns, W. H., Young, W. R., Redden, T. K.: Fabrication of a Columbium Alloy Liquid Metal Loop — Welding Journal, 1966, Seite 730—739.

Guerin, R. L., Jr., Slomiak, S., Schneider, S., Crawford, L. M.: Advanced Fabrication Techniques Are Taming Titanium — SAE Journal, 1966, Heft 4, Seite 40—42.

8.2 Schrifttum zu Abschnitt 2

Stewart, L. J., Arzt, P. R.: Hard-To-Machine Refractory Metals — columbium, tantalum, molybdenum, tungsten — SAE Journal, August bis Dezember 1963.

Kronenberg, M.: Heißzerspanung — TZ. f. prakt. Metallbearbeitung, 1964, Heft 4 und 5.

Kronenberg, M.: Die Bearbeitung der „neueren" Metalle im Lichte der Periodischen Tafel der Elemente — TZ. f. prakt. Metallbearbeitung, 1964, Heft 10, Seite 577—579.

Field, M., Zlatin, N., Jameson, R. T.: Machining Difficult Materials ... Titanium Alloys — Metal Progress, Februar 1965, Seite 84—89.

Hill, E., Maxson, W. J.: How Boeing Machines Titanium Aircraft Parts — Metall Progress, Februar 1965, Seite 90—92.

Motalik, F.: Zerspanbarkeit austenitischer und hochwarmfester Stähle — Werkstatt und Betrieb, 1965, Heft 8, Seite 533—539.

Hayes, D. M.: Machining data for high-temperature alloys — Metalworking Production, Mai 1965, Seite 71—79.

Wicher, A.: Verbesserung der Zerspanbarkeit durch gelenkte Desoxydation — Radex-Rundschau, 1965, Heft 2, Seite 432—438.

Stromberger, C., Eckstein, F.: Fräsen hochwarmfester Legierungen im Walzenschnitt — Werkstatt und Betrieb, 1965, Heft 8, Seite 525—532.

Cryogenic Coolants Speed Titanium Machining — Machinery (New York), Juli 1965, Seite 101—102.

Richards, Th. Z.: Grinding Refractory Metals — Research/Development, 1965, Heft 9, Seite 33—37.

8.3 Schrifttum zu Abschnitt 3

Cartwright, B.: Vacuum Cast Alloys for Turbine Blades — The Aeroplane and Astronautics, April 1961.

Dunlop, A.: Recent developments in precision casting — The British Foundryman, Dezember 1961, Seite 533—541.

Kursetz, E.: Lichtbogenumformung und Dynapakverfahren — Luftfahrttechnik 8, 1962, Nr. 4, Seite 104—111.

Smith, K. F.: Forming of Tubular Aircraft Parts Simplified by Electrohydraulic Shot — Machinery (New York), September 1964, Seite 114—117.

Forming With A Lightning Flash — The Metalworking Weekly, Februar 1964, Seite 52—55.

Verschiedene Verfasser: Mehrere Aufsätze über spanloses Verformen in Mitteilungen der Forschungsgesellschaft Blechverarbeitung e. V., 1965, Nr. 5/6.

Borowsky, A.: Metallbearbeitung mit ultrahohem Druck — ingenieur digest, 1965, Heft 11, Seite 37—39.

Piearcey, B. J.: New Casting Technique Strengthens Turbine Components — SAE Journal, Juni 1966, Seite 84—87.

8.4 Schrifttum zu Abschnitt 4

Vandenburgh, G. K.: Über das Elysieren — Werkstattechnik, 1963, Heft 11, Seite 567—569.
Electrochemical Machining — Machine Shop, Januar 1964, Seite 2—7.

Kubeth, H.: Elektrochemische Bearbeitungsgrundlagen und Verfahrenskennwerte — Industrie-Anzeiger, 1964, Nr. X, Seite 255—259.

Williams, L. A.: Das anodische Schneidverfahren — TZ. f. prakt. Metallbearbeitung, 1965, Heft 1, Seite 12—18.

Electrochemical Honing Nearing Production Stage — The Metalworking Weekly, August 1965, Seite 44—45.

Heitmann, H., Pahl, D.: Werkzeugkorrektur und Anwendungsbereiche der Elektrolyte beim elektrochemischen Senken — Industrie-Anzeiger, 1966, Nr. VIII, Seite 169—175.

8.5 Schrifttum zu Abschnitt 5

Merriam, J. C.: The New Welding Processes — Metarials in Design Engineering Nr. 166, 1960, Seite 105—120.

Hinde, J., Thorneycroft, D. R.: Welding Metallurgy of the Nimonic Alloys — British Welding Journal, Oktober 1960, Seite 605—614.

Weinmann, H. W.: Über das Schweißen hochwarmfester Werkstoffe — Sonderdruck aus dem Industrie-Anzeiger Nr. 93, 1960.

Clark, E. J.: A Welded Tubular-Bucketed Turbine Wheel — Welding Journal, Mai 1961, Seite 522—528.

Opitz, W.: Elektronenstrahl-Schweißtechnik — Sonderdruck aus Technische Mitteilungen, 1961, Heft 8.

Stiller, A.: Praktische Erfahrungen mit dem Widerstandsschweißen im Flugzeugbau — Schweißen und Schneiden, 1962, Heft 10, Seite 428—434.

White, S. S., Lander, H. J., Hess, W. T., Bakish, R.: A Study of Electron Beam Welding — Welding Journal Research Supplement, Juni 1962, Seite 279—288.

Robinson, F. J.: Specialized welding techniques for aeroengine components — Machinery (London), August 1963, Seite 355—359.

Hofmann, W., Koch, H., Seeler, H.: Studium zum Elektronenstrahlschweißen — Verfahren und Werkstoffe — Schweißen und Schneiden, 1963, Heft 5, Seite 211—221.

Meier, J. W.: Recent Advances in Electron Beam Welding Technology — Welding Journal, Dezember 1963, Seite 963—967.

Steigerwald, K. H.: Elektronenstrahlen als thermisches Werkzeug — Neue Züricher Zeitung, Februar 1963.

Schollhammer, F. R.: Application of Electron Beam Techniques for In-Space Fabrication — Deutsche Gesellschaft für Raketentechnik und Raumfahrt, November 1964.

Schultz, H.: Vergleichende Betrachtungen zwischen der Schutzgas- und der Elektronenstrahl-Schweißtechnik — TZ. f. prakt. Metallbearbeitung, 1965, Heft 9, Seite 611—617.

Daniels, H. P. C.: Ultrasonic Welding — Ultrasonics, Oktober—Dezember 1965, Seite 190—196.

Agnew, S. A., Daggett, E. H.: Introduction to Pulsed-Spray Arc Welding — Welding Journal, April 1966, Seite 284—289.

Earvolino, L. P., Kennedy, J. R.: Laser Welding of Aerospace Structural Alloys — Welding Journal Research Supplement, März 1966, Seite 127—134.

Pease, G. R., Lingenfelter, A. C., Ruble, H. H.: Plasma Arc Welding of Nickel and High Nickel Alloys — Welding Journal, Mai 1966, Seite 417—422.

Henning, A. H. Krekeler, K., Dessel, E. O.: Schneid- und Schweißversuche mit Elektronenstrahlen — Forschungsberichte des Landes Nordrhein-Westfalen Nr. 1646, Westdeutscher Verlag Köln und Opladen, 1966, 47 Seiten.

8.6 Schrifttum zu Abschnitt 6

Brazing And Soldering Nickel And High-Nickel Alloys, Technical Bulletin T-34 — The International Nickel Company, Inc., New York (4 Düsseldorf, Postfach 5925), 1959, Seite 1—19.

Hoppin, G. S.: Brazing René 41 — Metal Progress, November 1960, Seite 75—80.

Feduska, W.: The Nature of the Diffusion of Brazing Alloy Elements into Heat-Resisting Alloys — Welding Journal Research Supplement, 1961, Band 40, Seite 81—89.

Peaslee, R. L.: Selecting High-Temperature Brazing Alloys — Machine Design, September 1961, Seite 160—163.

Koebel, N. K., Ulbrich, C. H.: Vacuum Brazing of Aircraft Alloys — Metals Engineering Quarterly, Februar 1962, Seite 21—27.

Korff, R. P.: Brazing and Hardening Stainless Steel in Vacuum — Metal Progress, November 1962, Seite 80—83.

Harvey, J. T. A., Perry, E. R.: Production Scale Vacuum Brazing — Welding and Metal Fabrication, Februar 1963, 8 Seiten.
Sperner, F., Erben, E.: Über das Löten von metallischen Werkstoffen im Vakuum — Metall, 1965, Heft 7, Seite 738—741.
Zaremba, P.: Hartlöten hochwarmfester Legierungen auf Nickelbasis — Der Praktiker, Beil. zu Schweißen u. Schneiden, März 1966, Seite 64—65.

8.7 Schrifttum zu Abschnitt 7

Müller, E. A. W.: Handbuch der zerstörungsfreien Materialprüfung, Loseblattwerk, Lfg. 1—4 — R. Oldenbourg, München, 1959—1965, 1469 Seiten.

8.8 Gedanken zur Dokumentation über Sonderprobleme der Triebwerkfertigung

Die voranstehende Bibliographie enthält jeweils nur einige der wichtigsten Veröffentlichungen seit dem Jahr 1960. Sie soll das nähere Studium der einzelnen Verfahren erleichtern und gleichzeitig die Quellenangaben anbieten für weitere nicht genannte Aufsätze. Dem Leser wird also keine lückenlose Übersicht geboten, weil in diesem Fall in der großen Anzahl von Wiederholungen, wie sie im internationalen technischen Schrifttum heute leider üblich sind, die Kernprobleme und wichtigsten Erkenntnisse inmitten allgemeiner Erörterungen verloren gehen.
Hinzuzufügen wäre noch, daß der ganze Aufsatz nur eine Auswahl von Sonderproblemen der Triebwerkfertigung behandeln konnte. Also kamen Verfahren, wie Funkenerosion, Beiztechnik, Metallspritzen oder die große Vielzahl der Oberflächenüberzüge, gar nicht zur Sprache. Daraus können jedoch keine Rückschlüsse auf eine Rangordnung gezogen werden. Vielmehr kam es darauf an, an einigen Beispielen zu zeigen, in welcher Weise die Fertigungstechnik des Triebwerkbaues sich in den letzten Jahren entwickelt hat.
Man kann weder im betrieblichen Bereich noch in der Dokumentation eine Unterscheidung treffen zwischen Kolbentriebwerken, Gasturbinen oder Raketenmotoren. Jede der genannten Triebwerkarten hat zwar typische Bauteile, die mit eigenen Fertigungsmethoden hergestellt werden, dennoch haben alle die Merkmale des typischen Flugmotors: Zuverlässigkeit, Präzision und Leichtbauweise bei höchster Arbeitsleistung. Zahlreiche Triebwerkhersteller fertigen und reparieren diese Motorenteile mit bestem Erfolg nebeneinander.
Durch den weltweit verzweigten Lizenzbau von Triebwerken und den zunehmenden Zusammenschluß von Triebwerkfirmen zu Konzernen mit differenzierten Entwicklungsaufgaben ergibt sich die Notwendigkeit der guten und kurzfristigen Information gerade über neue Erkenntnisse der Fertigungstechnik. Es ist sehr unwirtschaftlich, wenn die außerordentlich kostspieligen Verfahrensentwicklungen an mehreren Stellen gleichzeitig gemacht werden. So kann eine Dokumentation gerade hier eine außerordentlich wichtige Aufgabe erfüllen.
Es sei abschließend darauf hingewiesen, daß jedes neuartige Fertigungsverfahren durch möglichst genaue Vorschriften definiert und damit kontrollierbar und reproduzierbar gemacht wird. Dies entspringt dem stetigen Bemühen um die Kontinuität der Triebwerkfertigung. Unbekannte Einflußgrößen sollen ausgeschaltet oder doch unverändert gehalten werden. Die rasche Fortentwicklung von Luft- und Raumfahrtantrieben kann bei der Erprobung einen Faktor nicht umgehen: die Zeit. Eine Langzeiterprobung oder eine Enderprobung mit einer Art 0-Serie, wie sie im Fahrzeugbau schon üblich geworden ist, kommt in der Luftfahrt aus naheliegenden Gründen nicht in Frage. Die nationalen Spezifikationen werden von den Staatlichen Aufsichtsbehörden herausgegeben, in der Regel aber von den Triebwerkherstellern erarbeitet und mit der zunehmenden Verflechtung durch Lizenzen international bekannt und anerkannt.

B. Bibliographie

I. Vorbemerkungen zur Bibliographie

1. Anlaß zur Bibliographie

Unsere Luftfahrtindustrie ist heute zum größeren Teil noch mit dem Serienbau ausländischer Muster befaßt, nur zögernd folgt der Serienbau deutscher Flugzeugmuster. Eine wichtige Voraussetzung bei der Bewältigung dieser Arbeiten ist die genaue Kenntnis und der zweckmäßige Einsatz der dazu erforderlichen Fertigungsverfahren. Aber auch bei der Flugzeugbetreuung und der Musterentwicklung sind diese Verfahren von gleicher Bedeutung.

Bedenkt man nun, daß die Zwangspause in der Luftfahrzeugfertigung von ca. 10 Jahren nach dem Kriege einerseits und die Entwicklung neuer Fertigungsverfahren im Ausland andererseits den Stand der Technik bei uns abträglich beeinflußten, so liegt es nahe, eine „Bibliographie der Veröffentlichungen über die Fertigungstechnik von Luftfahrzeugen und Flugkörpern" zu erarbeiten. Als eine Schrittmacherin des Fortschrittes in der technischen Entwicklung ist die Luftfahrzeugfertigungstechnik dazu berufen, mit einigen ihrer Erfahrungen auch anderen Zweigen dienlich zu sein. So soll diese Bibliographie folgenden Zwecken dienen:

1. Den Stand der Fertigungstechnik von Luftfahrzeugen und Flugkörpern durch Zusammenstellung der Literatur zu erfassen.
2. Der Forschung und Entwicklung auf dem Gebiete der Fertigung von Luftfahrzeugen und Flugkörpern das Suchen nach Literatur zu vereinfachen oder gar zu ersparen.
3. Zur Förderung der Fertigungstechnik von Luftfahrzeugen und Flugkörpern anzuregen.
4. Auch andere Zweige der Technik mit den Fertigungsverfahren der Luftfahrt bekannt zu machen.

Man könnte sich nun noch folgende Frage vorlegen: Ist es denn überhaupt nötig, eine solche Bibliographie zu erarbeiten, nachdem es doch die „Zentralstelle für Luftfahrtdokumentation und -information" gibt. Wollte man der ZLDI eine solche Bibliographie abverlangen, so hieße das diese Stelle überfordern. Die vorliegende Bibliographie macht sich die Dokumentationsarbeit der ZLDI zunutze und sammelt noch weiteres Material, was einem Ordnungssystem zugeführt wird. Über das zusätzlich erfaßte Material wird noch an anderer Stelle berichtet. So entsteht die Bibliographie aus der ZLDI-Dokumentation nicht von selbst, sondern sie muß unter Beachtung des dort vorhandenen Materials weitere Fundstellen erschließen.

2. Bemerkungen zur Fertigungstechnik von Luftfahrzeugen und Flugkörpern

Die Fertigungstechnik der Luftfahrzeuge ist mehr als 50 Jahre alt. Das äußere Bild, der Aufbau des Flugzeuges und seine Werkstoffe haben sich aufgrund der wissenschaftlichen Erkenntnisse mehrfach geändert, in zwei Weltkriegen hat die Fertigungstechnik durch die Massenfertigung neue Impulse erhalten. Auch neuerdings wird die Fertigungstechnik durch die großen Geschwindigkeiten einerseits und durch die Raumfahrt andererseits revolutioniert. Neue Wege erfordern neue Fertigungsverfahren und ergeben neue Fortschritte. So ist diese Fertigungstechnik auch heute noch in der Weiterentwicklung. Das Besondere der Fertigungstechnik von Luft- und Raumfahrzeugen gegenüber anderen Zweigen der Technik liegt darin, daß sie erheblich vielseitiger ist. Von jeher wandte man bei der Fertigung von Luftfahrzeugen zahlreiche und in den Eigenschaften sehr unterschiedliche Werkstoffe an. Sie erforderten voneinander verschiedene Bearbeitungsverfahren. Ganz generell zeigt das Luftfahrzeug in seinem Aufbau besondere Bauweisen mit sehr unterschiedlichen Formen und einen konstruktiven Aufbau, bei dem stets nach dem geringstmöglichen Gewichtsaufwand gefragt wird. Ferner berührt auch die Frage der Lebensdauer der Flugzeuge den Aufbau der Zelle und dessen Einzelteilgestaltung. Die Annäherung an die Schallgeschwindigkeit einerseits und die Beanspruchung durch Triebwerksschall andererseits bringen die Schallermüdung von Bauteilen in das Blickfeld. Dazu treten noch die Temperaturbelastung an der Zelle durch die Hautreibung an der Luft bei höheren Überschallgeschwindigkeiten. Für die Raumfahrt ergeben sich noch andere Probleme für die Werkstoffe und den Aufbau. Hier spielt u. a. das Verhältnis Gewicht zu Schub eine noch bedeutsamere Rolle als beim Luftfahrzeug. Muß man schon beim Luftfahrzeugbau einen nachhaltigen Leichtbau üben, so verlangt das Raumfahrzeug sogar, den Ultraleichtbau anzuwenden. Die großen Geschwindigkeiten im Raum wie auch die besonderen Umweltbedingungen des Weltenraumes und auch der Wiedereintritt in die Atmosphäre stellen Anforderungen verschiedener Art.

Die Einflüsse von Vakuum, verschiedener Strahlungen (van Allenscher Strahlungsgürtel, UV-Strahlung der Sonne), Meteoriten, Hitze- und Kälteeinwirkungen und anderes, das zu ergründen die Forschung sich abmüht, haben ihre Auswirkungen auf Werkstoffe und die Konstruktion der Raumfahrzeuge. Das bleibt nicht ohne Auswirkung auf die Fertigungstechnik. Alles dies und weitere Rücksichten auf die Nachrichtentechnik, auf das Schwingungsverhalten schaffen in der Luft- und Raumfahrt noch ein einmaliges Bild einer Breite der Fertigungstechnik. In keiner anderen Industrie ist eine solche Vielfalt anzutreffen. Alle diese Feststellungen sind Grund genug, der Fertigungstechnik im Bau von Luft- und Raumfahrzeugen besondere Beachtung zu schenken. Was hier im wesentlichen von der Zelle erwähnt wurde, muß in ähnlicher, sinngemäßer Form auch bei den Triebwerken und der Ausrüstung beachtet werden.

II. Einführung in die Bibliographie

1. Aufgabenstellung und Aufgabenabgrenzung

Die Bibliographie soll das Schrifttum der Veröffentlichungen über die Fertigungstechnik von Luftfahrzeugen und Flugkörpern erfassen. Sie beschränkt sich dabei zunächst auf die Gebiete der Zelle. Das Gebiet der Geräte wird nicht behandelt; denn es fällt in das Sondergebiet der Feinwerktechnik oder anderer Spezialgebiete. Doch scheint die spätere gemeinsame Behandlung von Zelle und Triebwerk gerechtfertigt, da sie bei den Flugkörpern sich sehr verzahnen. Auf die Ordnung des Schrifttums wird noch weiter unten einzugehen sein, doch muß diese so sein, daß ein schnelles Zurechtfinden in irgend einer Frage gegeben ist. Der Umstand, daß die Bundesrepublik vorübergehend an dieser Fertigungstechnik nicht beteiligt war, macht es erforderlich, daß das Schrifttum führender ausländischer Staaten erfaßt wird. Durch die Beschaffbarkeit des Schrifttums werden dem Umfang der Bibliographie gewisse Schranken auferlegt. Erscheint so die lückenlose Erfassung des westlichen Schrifttums notwendig, so bleibt andererseits auch die Auswertung des russischen Schrifttums ein erstrebenswertes Ziel. Auf einigen Spezialgebieten dieser Fertigungstechnik gibt es bereits ausgezeichnete Bibliographien. Alsdann wird man hierauf zu verweisen haben. Der zeitliche Anfang dieser Bibliographie wurde aus ökonomischen Gründen auf das Jahr 1960 gelegt, da bis zu diesem Zeitpunkt das Schrifttum der Fertigungstechnik für den Zellenbau der Luftfahrzeuge durch zwei andere umfangreiche Bibliographien des Leichtbaus miterfaßt wurde. Damit ist die Aufgabenstellung dieser Arbeit in großen Zügen umrissen. Die Erfahrungen, die bei der Bearbeitung der Bibliographie anfallen, werden gleichfalls vermittelt werden, da sie beim Ausarbeiten ähnlicher Bibliographien von anderen Zweigen der Technik von Nutzen sein werden. Von besonderem Wert ist es, auch festzuhalten, welches Schrifttum künftighin vorwiegend Fertigungsfragen der Luftfahrt behandeln wird, damit für künftige Berichterstattungen Ratschläge gegeben werden können.

Die vorliegende Bibliographie ist nicht nur für den in der Praxis tätigen Ingenieur bestimmt, sondern soll auch dazu dienen, den Forscher zu unterrichten. Durch diese Bibliographie kann zunächst nur ermittelt werden, welche Arbeiten auf den verschiedenen Gebieten geleistet wurden. Die Sucharbeit im Schrifttum ist also durch die Bibliographie erheblich vermindert oder gar eingespart. Weiterer großer Nutzen für die Allgemeinheit der Interessenten würde sich dann ergeben, wenn das vorhandene Schrifttum gebietsweise durchgearbeitet und der darin erzielte Fortschritt übersichtlich etwa in der Form von Monographien dargestellt wird. Eine solche Arbeit könnte aber nur von Fachleuten eines jeweilig abzugrenzenden Gebietes geleistet werden, durch sie wird der Gesamtüberblick gewährleistet. Im Laufe der Bearbeitung der Bibliographie drängte sich immer mehr der Plan auf, die der Fertigungstechnik der Luftfahrt nützlichen Bücher gesondert zusammenzustellen. Ein Rückgriff auf diese Bücher ist manchmal für eine Gesamtorientierung über eine Fragestellung von Nutzen, aber auch zuweilen für das tiefere Studium einer Veröffentlichung notwendig. Weitere Hinweise auf diese Lehrbuchzusammenstellung finden sich im Abschnitt II, 3 d.

Um den Umfang des Arbeitsanfalles für die Bibliographie auf das zulässige Maß zu begrenzen, waren Beschränkungen hinsichtlich der Erfassung der Auslandsliteratur notwendig. So wurde vornehmlich das Schrifttum von USA, England und teilweise von Frankreich ausgewertet, aber auch versucht, das Schrifttum der Sowjetunion zu berücksichtigen. Wenn das Schrifttum verschiedener anderer Länder kaum oder nicht bearbeitet wurde, so scheiterte dies teils am Arbeitsumfang, teils an der Sprache oder auch an den Schwierigkeiten der Literaturbeschaffung.

2. Allgemeine Hinweise auf die Quellenermittlung für die Bibliographie

Die Dokumentation befaßt sich mit der Sammlung, Ordnung und Erschließung von Schriftgut. Unter Schriftgut ist jedes Erzeugnis gedruckten, geschriebenen — niedergelegten — Gedankengutes zu verstehen, das man z. B. wie folgt einteilen kann:

1. enzyklopädische Werke
2. spezialisierte Bücher — Monographien (Einzeldarstellungen, Sonderschriften)
3. Sammlungen von Originalabhandlungen (zerstreut in Fachblättern, Zeitungen usw.)
4. Patentschriften
5. Firmenschriften
6. Amtliche Druckschriften von Laboratorien usw.

Die Wege einer Schrifttumsauswertung sind die allgemeinen bibliographischen Hilfsmittel und die besonderen, darunter auch die verkappten Bibliographien. Allgemein kann man die direkte oder indirekte Methode der Literatursuche anwenden. Die erste geht über eine vorläufige Orientierung in einem größeren Buch zu einem spezialisierterem und — falls vorhanden — zu weiteren Werken. Nun werden verschiedene Referateblätter, dann Originalartikel durchgesehen und verglichen. Die zweite Methode sucht erst eine Bibliographie oder neuere größere Zeitschriftenaufsätze mit Literaturangaben in Referateblättern zu finden und baut darauf auf. Das Ergebnis wird in beiden Fällen verschieden sein. Dann taucht die Frage der Auswahl auf: Wie soll man auswählen? Kann man die Grenze zwischen Altem und Neuem, zwischen Wesentlichem und Unwesentlichem ziehen? Soll man gar Arbeiten geschätzter Fachleute auf einem Spezialgebiet mit zum Ausgangspunkt nehmen? All diese Fragen sind als Ganzes kaum zu beantworten und müssen demnach von Fall zu Fall entschieden werden.

Der Hergang bei der vorliegenden Bibliographie lag weder die genaue Befolgung der direkten noch der indirekten Methode zugrunde. Zunächst wurde bei dieser Arbeit an die Ergebnisse eines Abschnittes Fertigung angeknüpft, die bereits in der „Bibliographie der Veröffentlichungen über den Leichtbau und seine Randgebiete im deutschen und ausländischen Schrifttum" aus den Jahren 1940 bis 1954 und 1955 bis 1959 in zwei Bänden erschienen sind. Hier sind eine große Zahl Veröffentlichungen über die Fertigungsgebiete im Leichtbau enthalten, sie wurden daher nicht nochmals aufgeführt. War dies ein gewisser Ausgangspunkt für die Arbeiten, so bedurfte es doch weiterhin einer gründlichen und umfassenden Literaturforschung.

Aus den eingangs erwähnten sechs verschiedenen Schriftgutkategorien konnten alle bis auf die Gruppe 4 der Patentschriften — welche absichtlich nicht verfolgt wurde — für die Belieferung mit Quellenmaterial herangezogen werden. Die Hauptquellen dieser Bibliographie bilden zum Teil Referateblätter und zum größeren Teil Zeitschriften, von denen etwa 350 ganz oder teilweise ausgewertet wurden. Referateblätter, soweit verfügbar, wurden sehr sorgfältig ausgewertet, sie sind im Abschnitt III gesondert aufgeführt. Bibliographien von Teilgebieten oder angrenzenden Bereichen sind nur zum Teil verwertbar. Sie sind hier als Ganzes aufgeführt, da die Durchsicht meist augenscheinlich erfolgen muß, ja sogar u. U. Einsicht in die Originalarbeiten erfordert, was mit einem nicht tragbaren Mehraufwand erfolgt. Firmenschriften fanden bisher nur vereinzelt Aufnahme. Aus dem Vorstehenden ergibt sich, daß die große Fülle des sich anstauenden Materials in geordnete Bahnen gelenkt werden muß, nicht allein aus dem Gedanken der Wirtschaftlichkeit einer Bibliographie, sondern auch aus dem anzustrebenden Nutzeffekt, der ebenfalls gleichmäßig verteilt werden sollte.

3. Ordnung des Schrifttums

a) Grundsätzliche Betrachtungen

Will man sich auf einem Zweig der Fertigungstechnik über irgend eine Frage schnell unterrichten, so bieten dabei die Lehrbücher dann eine gute Hilfestellung, wenn solche vorhanden sind. Dabei sind nicht nur deutsche, sondern auch ausländische Lehrbücher zu berücksichtigen. Dies erscheint auch sinnvoll; denn Lehrbücher bringen eine Gesamtschau und machen so den Stand der Wissenschaft in den einzelnen Ländern vergleichbar. Da Lehrbücher über die Fertigungstechnik in der Luftfahrt noch selten sind, wird die Sammlung aus fertigungstechnischen Werken von anderen Zweigen der Technik Nutzen ziehen müssen. Alle diese Lehrbücher sind getrennt für sich aufgeführt. Im Abschnitt VI werden diese Bücher zu einem wichtigen Bestandteil der Bibliographie.

Bei der Ordnung der Lehrbücher lag der Gedanke nahe, eine Ordnung zu finden, die mit der Ordnung des Schrifttums im Abschnitt VII Zeitschriften-Aufsätze abgestimmt ist. Der gemeinsame Gedanke, der diesen Gliederungen zugrunde liegt, ist folgender:

Jede Fertigung beginnt mit einer Planung, gleichgültig, ob sie sich auf den Bau des Musters, der Nullserie oder der Serie erstreckt. Sie soll vom Fertigungsbeginn an bis zur Ablieferung der Arbeit einen flüssigen Arbeitslauf sicherstellen. Das ist eine kontinuierliche Folge von Arbeiten, die mit dem Arbeitslauf eine feste Gliederung anbieten. Diese arbeitstechnisch gegebene Gliederung sollte möglichst der Bücheraufstellung wie auch der Aufstellung der Zeitschriftenaufsätze zugrunde gelegt werden. Es zeigte sich, daß dieses Ziel nahezu vollständig erreicht werden konnte.

b) Bemerkungen zum Abschnitt III:
Aufstellung der in der Bibliographie verwendeten bibliographischen Arbeiten
(Schrifttumsschauen und Bibliographien, Indices und Referateblätter)

Unter bibliographischen Arbeiten sollen hier allgemein solche Arbeiten verstanden werden, die das Schrifttum größerer Arbeitsgebiete erfassen. Dabei kann die Art der Erfassung unterschiedlich sein. Teilweise werden nur Titel, Verfasser usw. erfaßt, man spricht dann von einer Titelbibliographie oder von einer Schrifttumsschau ohne Referat. Teilweise werden neben Titel, Verfasser usw. aber auch kurze Inhaltsangaben über die Arbeit selbst gegeben. Man hat hierfür mehrere und auch noch nicht einheitliche Bezeichnungen wie Schrifttumsschau mit Referaten, Bibliographie, Indices mit Referaten und Referateblätter. Alle diese Arbeiten verfolgen das Ziel, ein Gebiet der Technik — von diesem ist hier nur die Rede — in einer Gesamtschau literaturmäßig zu erfassen und damit der Unterrichtung im Großen zu dienen. Für die Berichterstattung selbst wird das Buch, das Heft, das Blatt oder die Karte benutzt. Hier ist folgende Einteilung getroffen:

1. Titelbibliographien und Zeitschriften mit Titelbibliographien.
2. Referateblätter und Zeitschriften mit Referateblättern.
3. Bibliographien teilweise mit Referaten und teilweise nur mit Titelangaben.
4 Verlagskataloge und -informationen.

Wo erforderlich ist bei 3. noch ein Hinweis auf die Referate erfolgt. Eine Aufstellung der Arbeiten schien notwendig, um den Umfang der geleisteten Arbeiten aufzuzeichnen.

c) Bemerkungen zum Abschnitt V:
Aufstellung der in der Bibliographie benutzten Zeitschriften, Abhandlungen,
Berichte und Mitteilungen

Der Abschnitt V enthält eine Zusammenstellung der Zeitschriften und aller sonstiger Fundstellen, aus denen Quellenmaterial für die Titelbibliographie geschöpft wurde. Um den Überblick zu verbessern, wurde eine Unterteilung in deutsche und ausländische Quellen vorgenommen. Bei dem deutschen Verzeichnis wie auch dem ausländischen wurden die Zeitschriften und sonstigen Quellen in eine alphabetische Ordnung gebracht. Die Aufstellung enthält — soweit das in Erfahrung gebracht werden konnte — auch die vollständige Anschrift, um gegebenenfalls ein Anschreiben dieser noch bestehenden Quellen zu ermöglichen.

d) Bemerkungen zum Abschnitt VI: Bücher

Die Gliederungen zur Erfassung des Schrifttums wurden zunächst für Bücher und Zeitschriften getrennt aufgestellt. Dies erwies sich zur Gewinnung eines guten Überblicks als ein Nachteil. Viel günstiger ist es, für Bücher und Zeitschriften eine angepaßte, für beide verwendbare Gliederung zu erarbeiten. Mit einigen Mühen konnte dieses Ziel erreicht werden. Eine solche Darstellung hat gewisse Vorzüge. Nimmt man nämlich in diesen Gliederungsabschnitten und -unterabschnitten auf, ob und wieviel Bücher und Zeitschriftenaufsätze erfaßt werden, so ist damit der gewünschte Überblick über das Schrifttum übersichtlich zu vermitteln. Man kann sofort feststellen, auf welchen Gebieten Bücher erfaßt sind und wo durch Zeitschriftenaufsätze eine weiter ins einzelne gehende Unterrichtung ermöglicht wird.

Die gemeinsame Gliederung für die Ordnung der Bücher und Zeitschriftenaufsätze wurde nur dem Abschnitt VI vorangestellt. Zwei getrennte Spalten, mit „Zahl der Bücher" bzw. „Zahl der Aufsätze gekennzeichnet, geben für die jeweilige Gruppe bzw. Untergruppe die entsprechenden Zahlen an. Die Gliederung ist im Laufe der Bearbeitungsdauer der Bibliographie entstanden und auch mehrfach geändert worden, bis sie die vorliegende Form annahm. Die feine Aufgliederung bis zu Unterabschnitten mit sechsstelligen Zahlen war notwendig für eine straffe Ordnung des Schrifttums besonders der Zeitschriftenaufsätze. Bücher finden sich vornehmlich bei den Hauptabschnitten oder Teilabschnitten, zu denen wieder mehrere Unterabschnitte zusammengefaßt sind. Bewußt wurden auch solche Gliederungsabschnitte geschaffen, die sich allein auf Bücher stützen. Solche Abschnitte ergaben sich teilweise von selbst, teilweise aus der Überlegung, daß das Buch auf die wesentlichen Fragen eine Antwort gibt, so daß auf Aufsätze aus Ersparnisgründen verzichtet werden konnte. Folgende Hauptabschnitte mit ihren Unterabschnitten enthalten nur Bücher: 1.1 bis 1.3, 2, 3, 14, 17, 21.

Zu den einzelnen Gruppen der Büchergliederung, wie sie dem Abschnitt VI vorangestellt ist, ist folgendes zu bemerken:

Der Abschnitt 1 enthält Lehrbücher über Fertigungstechnik und ist in 3 Unterabschnitte unterteilt. Unterabschnitt 1.1 enthält Lehrbücher über das Gesamtgebiet der Fertigung von Luftfahrzeugen und Flugkörpern. Der Unterabschnitt 1.2 bringt Lehrbücher der gesamten Fertigungstechnik des Maschinenbaues, der Unterabschnitt 1.3 ein Lehrbuch über größere Teilgebiete der Fertigungstechnik von Luftfahrzeugen und Titelbibliographien von Aufsätzen über Einzelfragen der Luftfahrtfertigungstechnik.

Der Abschnitt 2 umfaßt die Fabrikorganisation und das Betriebswesen. Er ist in 7 Unterabschnitte unterteilt, auf die im einzelnen nicht näher eingegangen werden soll. Es erscheint gerechtfertigt, diesen Themenkreis wenigstens lehrbuchmäßig mit in die Bibliographie hineinzunehmen. Den auf die Wirtschaftlichkeit hinsteuernden Fertigungsingenieuren geben diese Wissensgebiete bedeutsame Hinweise. Der Abschnitt 3 soll über Werkstoffe unterrichten und ist daher in zwei große Unterabschnitte aufgeteilt, nämlich einmal in die Werkstoffe des Luftfahrzeugbaues und des Flugkörperbaues und zum anderen in Nachschlagewerke über Werkstoffe mit einer entsprechenden Unterteilung.

Der Abschnitt 4 umfaßt die Herstellungs-, Bearbeitungs- und Behandlungsverfahren von Einzelteilen. Sein weitgespannter Umfang und Inhalt verlangt eine vielgliedrige Gruppenaufteilung. Für zahlreiche Unterabschnitte sind hier Lehrbücher vorzufinden, s. hierzu im einzelnen die Gliederung. Im Abschnitt 5 der Verbindungs- und Zusammenbauverfahren finden sich Lehrbücher vorwiegend in den Abschnitten mit zwei-, drei- und vierstelligen Zahlen.

Für einige Unterabschnitte von 8 (Betriebsmittel) sind Bücher anzutreffen, allerdings sind dies keine Spezialbücher für die Luftfahrt, sondern dem Maschinenbau entlehnt. Der Abschnitt 9 enthält für die Fertigung von Flugzeugen in reiner Holzbauweise drei Lehrbücher.

Sonderfragen der Flugkörperfertigung werden im Abschnitt 10 behandelt. Der Abschnitt 11 bringt über den Austauschbau nur grundlegende Bücher. Spezialbücher für die Luftfahrt sind nicht vorhanden, das gleiche gilt für den Abschnitt 12. Von den weiter folgenden Abschnitten 13 bis 21 ist nur noch der Abschnitt 13 ohne Bücher. In 14 folgen die wichtigsten Luftfahrtnormenwerke u. a..

Der Abschnitt 15 bringt Bücher über Maschinen und Spezialmaschinen für Luftfahrtfertigungsbetriebe. Der Abschnitt 16 behandelt in mehreren Fragenkreisen Sonderfragen der Luftfahrtfertigungstechnik in Form von Zeitschriftenaufsätzen. Die behördliche Zulassung von Flugzeugen und die Abnahme von Flugzeugen, Abschnitt 17, legt der Fertigung einige Vorschriften vor, mit denen sich der Fertigungsingenieur auseinanderzusetzen hat. Abschnitt 19 ist Gegenstand der Instandhaltung und Abschnitt 20 der Reparatur und Änderungen von Flugzeugen. Der Abschnitt 21, Technische Wörterbücher, wurde auf besonderen Wunsch der Luftfahrtindustrie hinzugefügt, die durch Lizenzbauten sehr stark mit Übersetzungen belastet ist. Hinsichtlich der Büchereinordnung dürften diese Hinweise nützlich und ausreichend sein.

Innerhalb dieser Gruppen erfolgte die Ordnung der Bücher chronologisch und alphabetisch nach Verfassern, um dadurch schnell feststellen zu können, ob ein Werk aufgenommen wurde oder fehlt. Stammen mehrere Bücher vom gleichen Verfasser, so erfolgte an dieser Stelle die Einordnung chronologisch. Die Wiedergabe der Titel wurde sonst entsprechend der Gliederung vorgenommen, die dem Abschnitt VI vorangestellt ist. Die Nennung geschieht in folgender Reihenfolge: Verfasser, Vorname, Buchtitel, Auflage, Erscheinungsort, Verlag, Erscheinungsjahr, Seitenzahl. Bei mehreren Verfassern werden die Vornamen des zweiten und dritten Verfassers dem Familiennamen vorangesetzt.
Als Beispiel wird aufgeführt:

Guibert, M. P.: Fabrication des Avions et Missiles.
1. Ed. Paris: Dunod. 1960 847 S.

Die im Bücherverzeichnis wie auch im Zeitschriftenaufsätze-Verzeichnis hinter den Titel gesetzten Ziffern in eckigen Klammern beziehen sich auf die gleichzeitige Nennung in dieser Gruppe. In wenigen Fällen war eine Einsichtnahme in die Bücher bisher nicht möglich, so daß die Eingruppierung nur nach dem Titel des Werkes vorgenommen wurde. Dann wurden Bücherkataloge mit zu Rate gezogen, in denen eine Stoffübersicht des Buches gegeben war. In manchen Fällen wurde auch eine Rücksprache mit Fachkollegen gehalten, um zu vermeiden, daß nicht geeignete Bücher in die Sammlung einmündeten. Bei Büchern mit unbekanntem Verfasser oder zahlreichen Verfassern ist an Stelle der Verfasser der Herausgeber in Klammern genannt. Bei Neuauflagen von Büchern ist lediglich die Auflagenziffer ohne besondere Erklärungen über Erweiterung und Verbesserung angeführt. Allgemein bekannte Nachschlagewerke des Ingenieurs wie „Hütte" und dergleichen wurden nicht aufgenommen. Davon ist die Betriebshütte, Bd. I und II, ausgenommen. Bei der Auswahl der Bücher war der Gesichtspunkt maßgebend, nur die neuesten Hand- und Lehrbücher aufzunehmen, um eine sinnvolle Beschränkung der Zahl der Bücher zu erreichen. Weiter früher liegendes Buchmaterial kann mit Hilfe der beiden Leichtbaubibliographien (s. Ziffer 1.3, S. 426 dieses Buches) gewonnen werden.

e) Bemerkungen zum Abschnitt VII: Bücherinhaltshinweise

Buchinhaltshinweise wurden im Abschnitt VII nur in ganz wenigen Fällen von Büchern des Auslandes gegeben, um eine bessere Vorstellung vom Buch zu vermitteln. Ein Hinweis, s. VII, am Schluß des Buchtitels in Abschnitt VI zeigt das Vorhandensein einer Inhaltsangabe an.

f) Bemerkungen zum Abschnitt VIII: Zeitschriftenaufsätze

Die Einordnung der Zeitschriftenaufsätze usw. erfolgte nach der dem Abschnitt VI vorangestellten Gliederung der Literaturangaben. Diese Gliederung zeigt eine fachwissenschaftliche Aufgliederung des Stoffes nach Sachgebieten. Die Begründung für diese Gliederung ist im Abschnitt II, 3 a niedergelegt, s. ferner II, 3 d, ihre endgültige Gestaltung erhielt sie durch die praktische Bearbeitung während der Fertigstellung der Bibliographie. Dabei machte die Gliederung mehrere Wandlungen durch, bevor sie den Endzustand annahm. Die einzelnen Abschnitte und Unterabschnitte der Gliederung tragen ein eigenes Ziffernsystem. Diese systematische bibliographische Ordnung ist noch nicht auf die Dezimalklassifikation abgestellt, jedoch wird eine Abstimmung erstrebbar sein.

Zu der Einordnung der Schrifttumsstellen innerhalb der Gruppen selbst ist folgendes zu vermerken: Bei den Zeitschriftenaufsätzen erfolgte die Einordnung chronologisch nach Herausgabejahr und innerhalb dieses alphabetisch nach Verfassern. Grundsätzlich erfolgt die Angabe z. B. so:

Kursetz, E.: Die Hochdruckenergieformung in der Luftfahrtindustrie unter besonderer Berücksichtigung der Explosionsformung. Luftfahrttechnik **7** (1961) 5 132—139 19 Lit.-St.

Dabei bedeuten die fettgedruckten Ziffern hinter der Zeitschrift den Band oder Jahrgang, die eingeklammerte das Erscheinungsjahr, die rechts von der Klammer befindliche das Heft oder die Nummer, die folgenden Ziffern die Seitenzahlen und gegebenenfalls die Zahl zitierter Literaturstellen. Teilweise erscheint eine zusätzliche Angabe des Monats angebracht zu sein. Der Sachtitel wird soweit wie möglich in Originalsprache (oder der des Referateorgans) angegeben. Angaben über Format, Abbildungen, Zeichnungen und Tabellen entfielen. Manchmal fehlt der Verfasser, weil er nicht mehr zu ermitteln war, ähnlich wie die Zeitschriftenangabe z. T. dem Referateorgan folgen muß. Aus der Angabe dieses kann jedoch nicht unbedingt auf ein Schöpfen aus dieser Quelle geschlossen werden. Wenn für einen Aufsatz bei der Dokumentationsarbeit noch ein oder auch mehrere Referate auffindbar waren, so wurden diese hinter einem Semikolon vermerkt. Dabei wurden diese in derselben Reihenfolge zitiert wie bei der Originalquelle. Hierdurch hat der Leser der Titelbibliographie noch die Möglichkeit, sich über Referate zu informieren, wenn ihm die referierende Zeitschrift leichter zugänglich ist als die Originalzeitschrift.

Bei Aufsätzen ohne Verfasser ist an der Stelle des Verfassers ein horizontaler Strich gesetzt. Stets sind die Aufsätze ohne Verfasser am Schluß des Erscheinungsjahres eingefügt, sofern dieses feststellbar ist. Anderenfalls erfolgt die Wiedergabe am Schluß des Abschnitts. Die Ordnung innerhalb des Jahres oder am Schluß erfolgt alphabetisch nach dem ersten kennzeichnenden Schlagwort des Textes, welcher den Sinn des Aufsatzes charakterisiert.

Obwohl versucht wurde, alle Quellen zu erschöpfen, muß schon jetzt freimütig eingestanden werden, daß sich noch zahlreiche Nachträge ergeben werden. Alle Anregungen hierzu vom Leserkreis aus werden daher dankbar begrüßt. Da nicht in allen Fällen die Aufsätze einzeln nachgesehen wurden, ist auch damit zu rechnen, daß die Einreihung der Quellen in die Gliederung der Bibliographie noch einige Lücken aufweist. Häufig ist der Fall gegeben, daß in einem Aufsatz mehrere Probleme bearbeitet wurden, alsdann ist eine Aufführung der Literaturstellen entsprechend den Arbeitsgebieten unter Umständen mehrfach vorgenommen. Aufsätze allgemeinen Inhalts sind den entsprechenden Fachabschnitten vorangestellt. Aus dieser Sachlage heraus wird der Quellensuchende manchmal in anderen Abschnitten nachsehen müssen. Die zusammengefaßte Schrifttumsgliederung der Titelbibliographie ist dem Abschnitt VI vorangestellt und dort einzusehen. Das Aufsuchen von Schrifttum kann also zunächst von der Titelstelle aus geschehen. Dann wird die Zeitschrift und ihr Vorhandensein in dem Hannoverschen Gesamtkatalog für naturwissenschaftlich-technische Zeitschriften, dem Zentralkatalog der ausländischen Literatur (Z. K. A.), dem Verzeichnis amerikanischer (V. A. Z.), dem Verzeichnis schweizerischer Zeitschriften (V. S. Z.), dem Gesamtverzeichnis der ausländischen Zeitschriften (G. A. Z.) u. s. f. nachgesehen. Es kann direkt bei einer größeren Bibliothek oder in der Bibliothek Köln nachgefragt werden über Vorhandensein im deutschen Raum oder Vermittlungsmöglichkeiten. Ansonsten stehen die Mikrofilmdienst- oder die Dokumentationsstelle in Frankfurt (Main) zur Verfügung. Sollten dagegen ältere gesucht werden, so kann aus verschiedenen retrospektiven Werken eine Ermittlung erfolgen. Sollte trotz allem kein gangbarer Weg gefunden werden, so ist entweder dasselbe nicht greifbar oder die Angabe unklar, zu deren Richtigstellung eine Nachricht nach hier erbeten wird.

III. Aufstellung der in der Bibliographie ausgewerteten und verwendeten bibliographischen Arbeiten (Titelbibliographien, Referateblätter usw.)

1. Titelbibliographien und Zeitschriften mit Titelbibliographien

Aeronautical Research Council, London S.E. 1: Her Majesty's Stationery Office. Lists of Reports and Memoranda.

Index of NASA Technical Publications. National Aeronautics and Space Administration. Washington 25, D. C. 1957 ff.

Professional Publications. Aircraft Engineering. Bloomsbury Sq., London W. C. 1, Bunhill.

Technical Literature Digest. AIAA Journal, a publication of the American Institute of Aeronautics and Astronautics, New York 36, N. Y. 500 Fifth Ave.

Verzeichnis der bei der ZLDI im Jahre 1962 eingegangenen in- und ausländischen Forschungs-, Industrie- und Tagungsberichte. Zentralstelle für Luftfahrtdokumentation und -information, München 1964 604 S. (München 27, Maria-Theresia-Str. 21).

Verzeichnis der bei der ZLDI im Jahre 1963 eingegangenen in- und ausländischen Forschungs-, Industrie- und Tagungsberichte. Zentralstelle für Luftfahrtdokumentation und -information, München 1965 792 S., Autoren- u. Berichts-Nrn.-Register 108 S. (München 27, Maria-Theresia-Str. 21).

Verzeichnis der bei der ZLDI im 1. Halbjahr 1964 eingegangenen in- und ausländischen Forschungs-, Industrie- und Tagungsberichte. Zentralstelle für Luftfahrtdokumentation und -information, München 1965 569 S., Autoren- u. Berichts-Nrn.-Register 74 S. (München 27, Maria-Theresia-Str. 21).

Verzeichnis der bei der ZLDI im 2. Halbjahr 1964 eingegangenen in- und ausländischen Forschungs-, Industrie- und Tagungsberichte. Zentralstelle für Luftfahrtdokumentation und -information, München 1966 554 S., Autoren- u. Berichts-Nrn.-Register 74 S. (München 27, Maria-Theresia-Str. 21).

Verzeichnis der bei der ZLDI im 1. Halbjahr 1965 eingegangenen in- und ausländischen Forschungs-, Industrie- und Tagungsberichte. Zentralstelle für Luftfahrtdokumentation und -information, München 1966 646 S., Autoren- u. Berichts-Nrn.-Register 82 S. (München 27, Maria-Theresia-Str. 21).

Zeitschriftenschau der Zeitschrift „Schweißen u. Schneiden". Braunschweig: Vieweg; Düsseldorf: Dtsch. Verband für Schweißtechnik.

Zeitschriftenschau der Zeitschrift des Vereins Deutscher Ingenieure, Düsseldorf: VDI-Verlag.

2. Referateblätter und Zeitschriften mit Referateabschnitten sowie Karteien mit Titel und Referaten

Battelle Technical Review. Battelle Memorial Institute, Columbus 1, Ohio, 500 King Ave.

Berichte aus Zeitschriften. Luftfahrttechnik-Raumfahrttechnik. 4 Düsseldorf 1: VDI-Verlag, Graf-Recke-Str. 84, Postfach 1139.

Forestry Abstracts. Commonwealth Forestry Bureau, Oxford; Commonwealth Agricultural Bureaux, Farnham/Royal, England.

Index Aeronauticus. Journal of Aeronautical and Astronautical Abstracts. Ministry of Aviation, Techn. Information and Library Services, Block A, Station Square House, St. Mary Cray, Orpington, Kent, England.

International Aeronautical Abstracts. A review of worldwide scientific and technical literature. Aero/Space Engineering (formerly Aeronautical Engineering Review), New York 21, N. Y., 2 East 64th Street.

Lists of Publications. Forest Products Laboratory. Forest Service U. S. Department of Agriculture, Madison 5, Wisconsin.

Nickel-Berichte. Nickel-Informationsbüro, Frankfurt/Main.

Referate der Zeitschrift Aluminium. 4 Düsseldorf 10: Aluminium-Verlag, Jägerhofstr. 29.

Referatedienst Werkstoffkunde und Materialprüfung der Bundesanstalt für mechanische und chemische Materialprüfung. Berlin-Dahlem (ab Juli 1955).

Reports (Abstracts). Journal of the Royal Aeronautical Society. London S. W. 1, 4 Hamilton Place.

Research Reports and Memoranda (Abstracts). Aircraft Engineering. London W. C. 1: Bunhill Publications Ltd., 12. Bloomsbury Square.

Schrifttumsberichte der Zeitschrift Holz als Roh- und Werkstoff. Berlin—Göttingen—Heidelberg: Springer.

Schrifttumskarteidienst der österreichischen Gesellschaft für Holzforschung, Wien.

Schrifttumskarteien der Zentralstelle für Luftfahrt-Dokumentation u. -Information, München 27, Maria-Theresia-Str. 21.

Scientific Technical Aerospace Reports (STAR). National Aeronautics and Space Administration (NASA), Washington 25, D.C.

Titanium Abstract Bulletin. A summary of published information on titanium and its alloys issued by Imperial Chemical Industries Ltd., Metals Division, Birmingham, England, P. O. Box 216.

Titel und Referate über Blechverarbeitung aus der Fachdokumentation des Vereins Deutscher Maschinenbauanstalten (VDMA) in: Mitteilungen der Forschungsgesellschaft für Blechverarbeitung, Düsseldorf.

Zeitschriftenschau der Zeitschrift Draht. Coburg: Prost und Meiner Verlag.

Zeitschriftenschau der Zeitschrift Konstruktion. Berlin—Göttingen—Heidelberg: Springer-Verlag.

3. Bibliographien teilweise mit Referaten und teilweise nur mit Titelangaben

Aero/Space Reviews. Current literature of aeronautical engineering and space technology. Aero/Space Engineering (formerly: Aeronautical Engineering Review), New York 21, N. Y., 2 East 64th Street.

Applied Mechanics Reviews. A critical review of the world literature in applied mechanics. American Society of Mechanical Engineers, New York 18, N. Y., 29 West 39th Street.

Leichtbau der Verkehrsfahrzeuge. Organ der Studiengesellschaft Leichtbau der Verkehrsfahrzeuge, Köln. Dokumentation der Fachpresse (früher: Nachrichtenblatt der Arbeitsgemeinschaft Leichtbau der Verkehrsfahrzeuge, Köln).

4. Verlags-Kataloge und -Informationen

Information. Technik. 1 Berlin 31 (Wilmersdorf): Lange u. Springer, Heidelberger Platz 3.

Neue Technische Bücher (NTB). Monatsberichte über das technische Schrifttum. Hamburg: Boysen u. Maasch. Hannover: Weidemann. Braunschweig: Wollermann u. Bodenstab, Graff, Wagner.

Deutsche Verlagskataloge: Springer, Berlin—Heidelberg—Wien—New York. Ernst, Berlin-Wilmersdorf. Verlag Technik und Akademie-Verlag, Berlin. Aluminium-Verlag und VDI-Verlag, Düsseldorf. Oldenbourg und Hanser, München. Teubner und Franckh, Stuttgart. Girardet, Essen. Vieweg, Braunschweig.

Englische Verlags-Kataloge: Butterworth, London W. C. 2. Chapman & Hall, London W. C. 1. Iliffe, London S. E. 1. Longmans, London W. 1. Pitman, London W. S. 2. Temple Press, London E. C. 1. Pergamon Press, Oxford-London. *)

Amerikanische Verlags-Kataloge: Academic Press, New York 10. American Society for Metals, Cleveland, Ohio. Macmillan, New York 11. McGraw Hill, New York. van Nostrand, New York. Prentice Hall, Englewood Cliffs. Reinhold, New York 36. Ronald, New York 3. Wiley, New York 16. *)

Französische Verlags-Kataloge: Dunod, Paris 6e. *)

*) Von den Auslands-Verlagen standen in vielen Fällen noch nicht die neuesten Verlagskataloge zur Verfügung

IV. Schlüssel für verwendete Abkürzungen

1. Allgemeine Abkürzungen (General Abbreviations)

Auszug aus: Zeitschriftenkurztitel; DIN 1502, Beiblatt 1, Februar 1955
DK 05: 001.811

Abhandlungen	Abh.
Abstracts	Abstr.
Aeronautical	Aeron.
Aeronautique	Aéron.
Aircraft	Aircr.
Angewandt	Angew.
Annalen	Ann.
Anzeiger	Anz.
Applied	Appl.
Archiv	Arch.
Association	Assoc.
Auszug	Ausz.
Band	Bd.
Beiblatt	Beibl.
Beilage	Beil.
Bericht(e)	Ber.
Blatt (Blätter)	Bl.
British	Brit.
Bulletin(s)	Bull.
Circular	Circ.
Commission	Commiss.
Committee	Comm.
Conference	Conf.
Congress	Congr.
Courier	Cour.
Department	Dep.
Deutsch(er)	Dt.
Development	Dev.
Digest	Dig.
Dissertation	Diss.
Dokumentation	Dok.
Engineer	Eng.
Engineering	Engng.
Etudes	Et.
Experiment(al)	Exper.
Forschung(en)	Forsch.
Forschungs-Arbeiten	Forsch.-Arb.
Forschungs-Berichte	Forsch.-Ber.
Gazette	Gaz.
General	Gen.
Gesellschaft	Ges.
Heft(e)	H.
Imperial	Imp.
Industrial	Ind.
Information	Inform.
Ingenieur	Ing.
Institut(e)	Inst.
Institution	Instn.
International	Internat.
Jahrbuch	Jb.
Journal	J.
Kongreß	Kongr.
-kunde	-kde.
Laboratory	Labor.
Lieferung	Lfg.
Literatur	Lit.
Magazin	Mag.
Manufacture	Manuf.
Material(ien)	Mater.
Mémoires	Mém.
Memorandum	Mem.
Memorial	Mem.
Methode	Meth.
Miscellaneous	Misc.
Mitteilung(en)	Mitt.
Monatshefte	Mh.
Nachrichten	Nachr.
Nachrichtenblatt	Nachr.-Bl.
National	Nat.
Österreichisch	Österr.
Office	Off.
Organ	Org.
Paper	Pap.
Preliminaries	Prelim.
Proceedings	Proc.
Processing	Process.
Product	Prod.
Production	Prod.
Progress	Progr.
Publication	Publ.
Quarterly	Quart.
Rapport	Rapp.
Recherches	Rech.
Record	Rec.
Referat(e)	Ref.
Report	Rep.
Reprint	Repr.
Research	Res.
Review	Rev.
Revue	Rev.
Rheinisch-Westfälisch	Rhein.-Westf.
Royal	Roy.
Rundschau	Rdsch.
Russian	Russ.
Schrift	Schr.
Science	Sci.
Scientific	Sci.
Section	Sect.

Seite	S.
Selected	Sel.
Serie	Ser.
Service(s)	Serv.
Société	Soc.
Society	Soc.
Special	Spec.
Summary	Summ.
Supplement	Suppl.
Tagung	Tag.
Technical	Techn.
Technik	Techn.
Technisch	Techn.
Technologie, Technology	Technol.
Testing	Test.
Textil(e)	Text.
Transaction	Trans.
Translation	Transl.
United States	U.S.
Universität	Univ.
Verarbeitung	Verarb.
Verband	Verb.
Verein	Ver.
Vereinigung	Verein.
Verlag	Verl.
Veröffentlichung	Veröff.
Versuche	Vers.
Verzeichnis	Verz.
Volume	Vol.
Vorschrift	Vorschr.
Vortrag	Vortr.
Wesen	Wes.
Wirtschaft	Wirtsch.
Wissenschaft(lich)	Wiss.
Year Book	Yearb.
Zeitschrift	Z.
Zeitschriftenschau	Z.-Schau
Zeitung	Ztg.
Zentralblatt	Zbl.

2. Weitere verwendete Abkürzungen

Air Force	AF
Air Force Base	AFB
Australian	Austral.
Establishment	Establ.
Government	Govmt.
Her Majesty's Stationery Office	HMSO
Materialprüfungsanstalt	MPA
Part	Pt.
Preprint	Prepr.
Sonderheft	S.H.
Technische Hochschule	TH
Transport(ation)	Transp.
United States, Department of Agriculture	USDA

V. Aufstellung der in der Bibliographie benutzten Zeitschriften, Abhandlungen, Berichte und Mitteilungen

1. Deutsche und deutschsprachige Zeitschriften

einschließlich Abhandlungen und Berichte

Zeitschrift, Erscheinungsort und Verlag	Abkürzung
Adhäsion. Zeitschrift über mineralische, pflanzliche, tierische und synthetische Klebe-, Verdickungs- und Bindemittel aller Art. 1 Berlin 61: Ullstein GmbH, Kochstr. 50	Adhäsion
Aluminium. Fachzeitschrift der deutschen Aluminium-Industrie. 4 Düsseldorf 10: Aluminium-Verlag, Jägerhofstr. 29	Aluminium
Aluminium-Merkblätter. Hrsg. Aluminium-Zentrale. 4 Düsseldorf 10, Jägerhofstr. 29	Aluminium Merkbl.
Aluminium Ranshofen Mitteilungen. Österreichische Metallwerke AG. u. Vereinigte Aluminiumwerke AG., Ranshofen bei Braunau am Inn	Aluminium Ranshofen Mitt.
Aluminium (Suisse). Zürich: Fachschriften-Verlag, Stauffacherquai 40	Aluminium (Suisse)
Arbeitsblätter für das Metallkleben. Hrsg. Aluminium-Zentrale. 4 Düsseldorf 10, Jägerhofstr. 29	Arbeitsbl. Metallkleben
Archiv für das Eisenhüttenwesen, 4 Düsseldorf 1, Verlag Stahleisen, Postfach 8229	Arch. Eisenhüttenwes.
Bänder Bleche Rohre, Fachzeitschrift für spanlose Formung, Walzwerktechnik, gezogene und geschweißte Rohre. 4 Düsseldorf 1, Michael Triltsch Verlag, Jahnstr. 36	Bänder Bleche Rohre
Blech. 863 Coburg, Ofr., Prost & Meiner Verlag, Bahnhofstr. 31, Postfach 691	Blech (Coburg)
Chemie-Ingenieur-Technik. Zeitschr. f. Techn. Chemie, Verfahrenstechn., Apparatewes. 694 Weinheim/Bergstraße: Verlag Chemie, Pappelallee 3	Chemie-Ing.-Techn.
Deutsche Forschungsanstalt für Luft- u. Raumfahrt, 33 Braunschweig, Flughafen. Berichte	DFL-Ber.
Deutsche Luft- u. Raumfahrt-Mitteilungen. Zentralstelle f. Luftfahrtdokumentation und Information. 8 München 27, Maria-Theresia-Str. 21	DLR-Mitt.
Deutscher Verband für Schweißtechnik, DVS-Merkblätter. 4 Düsseldorf	DVS-Merkbl.
Deutsche Versuchsanstalt für Luftfahrt e. V. 505 Porz-Wahn (Rhld.). DVL-Berichte	DVL-Ber.
Draht. Fachzeitschrift f. d. Drahtherstellung, Drahtbearbeitung, Drahtverarbeitung. 863 Coburg, Ofr.: Prost & Meiner Verlag, Bahnhofstr. 31, Postfach 691	Draht
Draht-Welt. 4 Düsseldorf 1: Michael-Triltsch-Verlag, Jahnstr. 36	Draht-Welt
Europäischer Maschinenmarkt. Europa Industrie Revue	Europ. Maschinenmarkt
Farbe und Lack. Zentralbl. d. Farben- u. Lackindustrie u. d. Handels. 3 Hannover, Curt R. Vinzentz-Verl., Am Schiffgraben 41	Farbe u. Lack
Feinwerktechnik. 821 Prien/Chiemsee, C. F. Winter	Feinwerktechn.
Fertigungstechnik und Betrieb. 1 Berlin C 2, Oranienburger Str. 13/14	Fertigungstechn.
Flugwelt, vereinigt mit Flugkörper. Monatsschrift für Luft- und Raumfahrt. Krausskopf-Flugwelt Verlag, 65 Mainz, Lessingstr. 12/14	Flugwelt
Forschungsberichte des Wirtschafts- und Verkehrsministeriums Nordrhein-Westfalen. Köln-Opladen: Westdeutscher Verlag, 567 Opladen/Rhld., Ophovener Str. 1—3	Forsch. Ber. Wirtsch. u. Verkehrsministerium Nordrhein-Westfalen

Zeitschrift, Erscheinungsort und Verlag	Abkürzung
Fortschritt-Berichte, VDI-Zeitschrift. 4 Düsseldorf 1, VDI-Verlag, Graf-Recke-Str. 84, Postfach 1139	Fortschr.-Ber. VDI-Z.
Galvanotechnik. Fachzeitschrift für die Schleif-, Polier- und Oberflächenpraxis. 7968 Saulgau/Wttbg.: Eugen G. Leuze Verlag, Silcherstr. 3, Postfach 8	Galvanotechnik
Galvanotechnik und Oberflächenschutz. Zürich 7/32: Forster Verlag AG., Dolderstr. 9	Galvanotechnik u. Oberflächenschutz (Zürich)
Gießerei. Zeitschrift für das gesamte Gießereiwesen. 4 Düsseldorf: Gießerei-Verlag, Breite Str. 27	Gießerei
Härterei — Technische Mitteilungen. 78 Freiburg/Breisgau, Rudolf-Haufe-Verlag, Schwarzwaldstr. 15	Härterei — Techn. Mitt.
Hansa. Zentralorgan f. Schiffahrt, Schiffbau, Hafen. Organ: Verband Dt. Schiffswerften, Hafenbautechn. Ges. u. a. 2 Hamburg: Schiffbau-Verlag „Hansa", Stubbenhuk 10	Hansa
Holz als Roh- und Werkstoff. Berlin—Göttingen—Heidelberg: Springer, 1 Berlin 31 (Wilmersdorf), Heidelberger Platz 3	Holz als Roh- u. Werkstoff
Holzindustrie, Die. Leipzig W 31: Fachbuch-Verlag, Karl-Heine-Str. 16	Holzindustrie (Leipzig)
Holztechnologie. Wiss. techn. Zeitschr. f. d. gesamte Fachgebiet Holz. Hrsg. Institut für Holztechnologie und Faserbaustoffe, Dresden—Leipzig	Holztechnologie (Dresden)
Holz-Zentralblatt. Holz-Zentralblatt-Verlag, 7 Stuttgart 1, Postfach 104	Holz-Zbl.
Industrie-Anzeiger. Zeitschrift für die europäische technische Industrie. 43 Essen: Girardet, Gerswidastr. 2	Industrie-Anz.
Industrieblatt, Das. Fachzeitschrift für Maschinenbau und Werkstofftechnik. 7 Stuttgart: Deutsche Verl. Anstalt	Industriebl.
Industrie Kurier. Technik und Forschung. 4 Düsseldorf: Becker u. Wrietzner Verlag	Industrie Kurier
Industrie-Lackier-Betrieb. 3 Hannover: Curt R. Vinzentz Verlag, Am Schiffgraben 41	Industrie-Lackier-Betrieb
Klepzig-Fachberichte f. d. Führungskräfte aus Maschinenbau u. Hüttenwesen. 4 Düsseldorf	Klepzig-Fachber.
Konstruktion. Werkstoffe/Versuchswesen im Maschinen- und Apparatebau. Berlin—Göttingen—Heidelberg: Springer, 1 Berlin 31 (Wilmersdorf): Heidelberger Platz 3	Konstruktion
Kunststoffe, Organ der Deutschen Kunststoff-Fachverbände. 8 München 27: Carl Hanser Zeitschriften-Verl., Kolberger Straße 22	Kunststoffe
Kunststoff-Rundschau. 2 Hamburg 27: Brunke Garrels Verl.-Buchhandl., Bergfelderstr. 83	Kunststoff-Rdsch.
Kunststoff und Gummi. 65 Mainz: Krausskopf Verlag, Lessingstraße 12-14	Kunststoff u. Gummi
Leichtbau der Verkehrsfahrzeuge, Organ der Studiengesellschaft „Leichtbau der Verkehrsfahrzeuge", e. V., 6 Frankfurt/Main Süd 10, Lerchesbergring 23/25	Leichtbau d. Verkehrsfahrzeuge
Luftfahrttechnik—Raumfahrttechnik. 4 Düsseldorf 1: VDI-Verl., Graf-Recke-Str. 84, Postfach 1139	Luftfahrttechn. — Raumfahrttechn.
Maschinenbau. Leipzig	Maschinenbau
Maschinenmarkt, Der. Allgemeiner Anzeiger für Industrie und Handel. 87 Würzburg: Vogel Verlag	Maschinenmarkt
Materialprüfung. Materials Testing. Matériaux, Essais et Recherches. 4 Düsseldorf 1: VDI-Verl., Graf-Recke-Str. 84, Postfach 1139	Materialprüfung
Metall. Zeitschrift für Technik, Industrie und Handel. 1 Berlin 33 (Grunewald): Metall Verl., Hubertusallee 18	Metall

Zeitschrift, Erscheinungsort und Verlag	Abkürzung
Metalloberfläche. Organ der Deutschen Gesellschaft für Galvanotechnik. Zeitschrift für Galvanotechnik und alle anderen Gebiete des Schutzes und der Veredlung metallischer Oberflächen. 8 München 27: Carl Hanser Zeitschriften Verl., Kolberger Str. 22	Metalloberfläche
Metallreinigung und Vorbehandlung. 2 Hamburg-Wandsbek: Brunke Garrels Verlag, Schloßstr. 2-6	Metallreinigung u. Vorbehandlung
Mitteilungen der Forschungsgesellschaft Blechverarbeitung e. V., 4 Düsseldorf 10, Prinz-Georg-Str. 42	Mitt. Forsch. Ges. Blechverarb.
Mitteilungen Vereinigte Metallwerke, Ranshofen-Berndorf, Österreich	Mitt. Verein. Metallwerke (Ranshofen)
Motortechnische Zeitschrift. 7 Stuttgart: Franckh, Pfitzerstr. 5/7	MTZ
Neue Hütte. Technisch-wissenschaftliche Zeitschrift für das Hüttenwesen. Deutscher Verlag für Grundstoffindustrie, Leipzig W 31, Karl-Heine-Str. 27	Neue Hütte
Plaste und Kautschuk. Leipzig W 31, Deutscher Verl. für Grundstoffindustrie, Karl-Heine-Str. 27	Plaste u. Kautschuk
Plastverarbeiter, Der. Betriebserfahrungen bei der Verarbeitung, Gestaltung und Anwendung von Kunststoffen. 627 Speyer am Rhein: Rudolf Zechner Verl., Mörschgasse 33/35	Plastverarbeiter
Schweißen und Schneiden. Zeitschrift für die autogenen und elektrischen Schweiß-, Schneid- und Oberflächenbehandlungsverfahren. 4 Düsseldorf: Deutscher Verband für Schweißtechnik, 33 Braunschweig: Vieweg Verl., Burgplatz 1	Schweißen u. Schneiden
Schweißtechnik. 1 Berlin C 2: Verl. Technik, Oranienburger Straße 13/14	Schweißtechnik (Berlin)
Schweißtechnik. Wien	Schweißtechnik (Wien)
Schweizer Archiv für angewandte Wissenschaft und Technik. Solothurn: Vogt-Schild AG., Dornacher Str. 35/39	Schweiz. Arch.
Schweizer Maschinenmarkt, Goldach/S.G.	Schweiz. Maschinenmarkt
Stahl und Eisen. Zeitschrift für das deutsche Eisenhüttenwesen. 4 Düsseldorf: Verlag Stahleisen, Breite Str. 27	Stahl u. Eisen
technica. Basel—Stuttgart: Birkhäuser Verlag, 7 Stuttgart 1, Olgastr. 53	technica
Technik, Die. 1 Berlin C 2: Verl. Technik, Oranienburger Straße 13/14	Technik (Berlin)
Technische Mitteilungen. Haus der Technik. 43 Essen: Vulkan Verlag	Techn. Mitt. HdT (Essen)
Technische Mitteilungen Krupp. Werksberichte. Hrsg. Zentral-Institut für Forschung und Entwicklung, 43 Essen	Techn. Mitt. Krupp
Technische Rundschau. Bern: Hallwag Verl., Nordring 4	Techn. Rdsch. (Bern)
Technische Überwachung. 4 Düsseldorf 1: VDI-Verlag, Graf-Recke-Str. 84, Postfach 1139	Techn. Überwach.
Technisches Zentralblatt für praktische Metallbearbeitung. 7 Stuttgart-Vaihingen: Techn. Verl. G. Grossmann	TZ prakt. Metallbearb.
VDI-Berichte. Vorträge und Ansprachen von Tagungen des Vereins Deutscher Ingenieure. 4 Düsseldorf 1: VDI-Verlag, Graf-Recke-Str. 84, Postfach 1139	VDI-Ber.
VDI-Forschungshefte. Forschungshefte des Vereins Deutscher Ingenieure. 4 Düsseldorf 1: VDI-Verl., Graf-Recke-Str. 84, Postfach 1139	VDI-Forsch. H.
VDI-Richtlinien. 4 Düsseldorf 1: VDI-Verlag, Graf-Recke-Str. 84, Postfach 1139	VDI-Richtl.
VDI-Zeitschrift. Zeitschrift des Vereins Deutscher Ingenieure. 4 Düsseldorf 1: VDI-Verl., Graf-Recke-Str. 84, Postfach 1139	VDI-Z.
Werkstattblätter, Lexikon der Fertigungstechnik. 8 München 27: Carl Hanser Zeitschriften Verlag, Kolberger Str. 22	Werkstattblätter

Zeitschrift, Erscheinungsort und Verlag	Abkürzung
Werkstattstechnik und Maschinenbau. Zeitschrift für Fertigung im Maschinenbau, Apparatebau und Feinmechanik. Berlin—Göttingen—Heidelberg: Springer, 1 Berlin 31 (Wilmersdorf), Heidelberger Platz 3	Werkstattstechn. u. Maschinenb.
Werkstatt und Betrieb. Zeitschrift für Maschinenbau und Fertigung. 8 München 27: Carl Hanser Zeitschriften Verl., Kolberger Str. 22	Werkstatt u. Betrieb
Werkstoffe und Korrosion (früher: Archiv Metallkunde). Organ der Arbeitsgemeinschaft Korrosion und der DECHEMA-Beratungsstelle für Werkstoff-Fragen. 694 Weinheim/Bergstr.: Verl. Chemie, Pappelallee 3	Werkstoffe u. Korrosion
Wissenschaftl. Gesellschaft f. Luft- u. Raumfahrt, Berichte. 5 Köln, Hohenstauffenring 72	WGLR-Ber.
Zeitschrift für Metallkunde. Organ der Deutschen Gesellschaft für Metallkunde. 7 Stuttgart S: Dr. Riederer Verlag, Marienstraße 50	Z. Metallkde.
Zeitschrift für Schweißtechnik (Journal de la Soudure). Fachblatt für die gesamte Schweiß-, Schneid- und Löttechnik und der verwandten Gebiete. Zürich: Stauffacherquai 36	Z. Schweißtechnik (Zürich)
Zeitschrift für wirtschaftliche Fertigung. 78 Freiburg/Breisgau—Berlin: Rudolf Haufe Verl., Organ des AWF u. a.	Z. wirtsch. Fertigung
Zentral-Institut f. Schweißtechnik, Mitteilungen. Halle (Saale)	ZIS-Mitt.

2. Ausländische Zeitschriften

Adhesives Age. 101 West 31st Str. New York 1, N. Y.	Adhesives Age
Aero Digest. New York: Aeronautical Digest Publishing Corp.	Aero Dig.
Aeronautical Research Council. London S. E. 1, Her Majesty's Stationary Office. P. O. Box 569	
Reports and Memoranda	ARC R & M
Current Papers	ARC CP
Aeronautical Research Laboratories. Melbourne. Notes	ARL (Australia) Notes
Aeroplane. London E. C. 1 Temple Press, Bowling Green Lane	Aeroplane
Aeroprojects Inc., West-Chester, Pa. Research Reports	Aeroprojects Res. Rep.
Aero/Space Engineering, Institute of the Aeronautical Sciences, 2 East 64th Str., New York 21, N. Y.	Aerospace Engng.
Aircraft Engineering. London W. C. 1: Bunhill, Bloombury Sq.	Aircr. Engng.
Aircraft Production. Dorset House Stanford St., London S. E. 1: Iliffe	Aircr. Production
Air Force Systems Command, Wright-Patterson Air Force Base (AFB), Ohio. Foreign Technology Division Techn. Translations	FTD TT
Alluminio, Nuova Metallurgia, Milano, Istituto Sperimentale dei Metalli Leggere. Via della Poste 8/10	Alluminio
American Machinist, Metalworking Manufacturing. New York: McGraw Hill	Amer. Mach.
American Society of Mechanical Engineers. New York.	ASME Pap.
Papers, Preprints	ASME Prepr.
American Society for Testing and Materials. Philadelphia 3, Pa.,	ASTM
1916, Race St. Technical Papers	ASTM Techn. Pap.
Bulletin	ASTM Bull.
Applied Mechanics Review. A critical review of the world literature in applied mechanics. American Society of Mechanical Engineers, New York 18, N. Y. 29 West 39th Street	AMR
Armed Services Technical Information Agency (ASTIA) Arlington Hall Station, Arlington 12, Va. Air Document	AD
Assembly and Fastener Engineering.	Assembly & Fastener Engng.

Zeitschrift, Erscheinungsort und Verlag	Abkürzung
Automatic Welding (Translation from Avtomatičeskaja Svarka, Kiev. USSR)	Automat. Welding
Automobile Engineer, London S. E. 1: Iliffe	Automob. Engr.
Automotive Industries. Philadelphia: Chilton	Automot. Industries
Aviation Week. New York	Aviation Week
Battelle Memorial Institute, DMIC Memo. Defense Metals Information Center, Columbus 1, Ohio, 505 King Ave.	Battelle Memorial Inst. DMIC Memo
Battelle Technical Review. Battelle Memorial Institute, Columbus 1, Ohio, 505 King Ave.	Battelle Techn. Rev.
British Plastics. London S. E. 1: Iliffe	Brit. Plastics.
British Welding Journal. Institute of Welding, London S. W. 7, 54, Princes Gate.	Brit. Welding J.
Bulletin of the Japan Society of Mechanical Engineers	Bull. Japan Soc. Mech. Engrs.
Canadian Aeronautical and Space Journal	Canad. Aerospace J.
CIBA Technical Notes	CIBA (ARL) TN
Aircraft Bulletin	CIBA (ARL) Aircr. Bull.
CIBA Aero Research Laboratory. The Technical Service Department, Duxford Cambridge	
C.I.R.P. Annales. Collège International de la Recherche et de la Production. Collège Inst. pour l'Etude Scientifique des Techniques de Production Mécanique. 6, rue Gambetta, St. Quentin/Seine 4. Annals of the CIRP, Pergamon Press, Headington Hill Hall Oxford, Berichte der Int. Forschungsgemeinschaft für mechanische Produktionstechnik	CIRP Ann.
College of Aeronautics. Cranfield, Bletchley, Bucks. Reports	Coll. Aeron. (Cranfield) Rep.
Corrosion, Prevention and Control. Scientific Surveys Ltd., London S. W. 7, 11 a, Gloucester Road	Corrosion Prevention & Control
Corrosion Technology. Grampion Press Ltd., London W. 6, The Tower 229—243, Shepherds Bush Road	Corrosion Technol.
Design News, Englewood/Colorado	Design News
Electroplating and Metal Finishing, Teddington, Middlesex, England, 85, Udney Park Road	Electroplating & Metal Finish.
Engineer, The. London W. C. 2: Morgan Brothers, 28, Essex Street	Engineer
Engineering. London W. C. 2: Harrison, 35 and 36, Bedford Street	Engineering
Engineering Materials and Design. NTP Sales & Distribution Ltd., London E. C. 1, 40, Bowling Green Lane. G.P.O. Box 147	Engng. Materials & Design
Engineers' Digest, The. London W. 1, 120, Wigmore Street	Engrs.' Dig.
Forest Products Journal. Forest Products Research Society. Madison 5, Wis., 417, North Walnut St.	Forest Prod. J.
Foundry Trade Journal. Official Organ of the Institute of British Foundrymen, Adelphi, London W. C. 2, 17—19, John Adam Street	Foundry Trade J.
Industrial Finishing. Watford, Herts.	Industr. Finishing
Industrie des Plastiques modernes. Paris: Publications Techniques Associées	Industrie Plastiques mod.
Institute of Metal Finishing, Transactions. London E. C. 1, 178, Goswell Road	Inst. Metal Finish. Trans.
Institution of Mechanical Engineers, Preprints. London S. W. 1, 1, Birdcage Walk	Instn. Mech. Engrs. (IME) Prepr.
Iron Age, The. Philadelphia 39, Pa., Chestnut and 56th Streets	Iron Age
Joint Publications Research Service (JPRS), Washington, D. C.: Technical Translations	JPRS TT
Journal of the Institute of Metals. London S. W. 1, 17, Belgrave Square	J. Inst. Metals

Zeitschrift, Erscheinungsort und Verlag	Abkürzung
Journal of the Iron and Steel Institute, London S. W. 1, 4, Grosvenor Gardens	J. Iron Steel Inst.
Journal of the Royal Aeronautical Society. London W. 1, 4, Hamilton Place	J. Roy. Aeron. Soc.
Light Metal Age. Chicago 4, Illinois	Light Metal Age
Light Metals. London E. C. 1, Temple Press, Bowling Green Lane	Light Metals
Machine Design. Cleveland, Ohio: Penton Publ. Co.	Machine Design
Machine Moderne, La. Paris 9e, 15 Rue Bleue	Machine Moderne
Machinery-Lloyd. London	Machinery-Lloyd
Machinery. Publ. Co., Ltd., London N. W. 1, Clifton House, 83—117, Euston Road	Machinery (London)
Machinery. New York 12, N. Y., Industrial Press	Machinery (New York)
Machine Shop and Engineering Manufacture. London S. E. 1, Iliffe Specialist Publ. Ltd. Dorset House, Stamford Street	Machine Shop
Machines and Tooling. United Kingdom, Translation from Stanki i Instrument Moskau	Machines & Tooling
Materials in Design Engineering. Reinhold Publ. Corpn. New York 22, N. Y., 430, Park Ave.	Mater. in Design Engng.
Materials Evaluation. Society of Nondestructive Testing. Evanston, Illinois	Mater. Evaluation
Material Research and Standards. Amer. Society for Testing and Materials, Philadelphia 3, Pa., 1916, Race Street	Mater. Res. & Stand.
Materie Plastiche ed Elastomeri. Milano: Editrice l'Industriel Soc.	Materie Plast. ed Elastomeri
Mechanical Engineering. American Society of Mechanical Engineers. New York 18, N. Y., 19 W. 39 St.	Mech. Engng.
Mémoires Scientifiques de la Revue de Métallurgie, Société Française de Metallurgie, Paris 9e, 25, Rue de Clichy	Mém. Sci. Rev. Métallurgie
Metal Finishing. Metals & Plastics Publications Inc., Westwood, N. J. 99, Kinderkamac Road	Metal Finishing
Metal Finishing Journal. Industrial Newspapers Ltd., London W. C. 2, John Adam House, 17—19, John Adam Street	Metal Finishing J.
Metal Industry. Iliffe Prod. Publ., Ltd., London S. E. 1, Dorset House, Stamford Street	Metal Industry
Metallurgia. Manchester 3, Kennedy Press, 31, King Street West	Metallurgia
Metal Progress. American Society for Metals, Cleveland 3, Ohio. Metals Park	Metal Progr.
Metal Treatment and Drop Forging. Adelphi, London W. C. 2, 17—19, John Adam Street	Metal Treatment & Drop Forging
Metalworking Production. Incorporating The Machinist. McGraw Hill Publishing Co., Ltd., McGraw Hill House, Shoppenhangers Road, Maidenhead, Berks.	Metalworking Production
Microtecnic. Suisse, Lausanne	Microtecnic
Modern Metals. Chicago, Ill.: Griffin	Modern Metals
Modern Plastics. New York 22, N. Y., Breskin Publ. Inc., 275, Madison Ave.	Modern Plastics
National Aeronautics and Space Administration (NASA) Office of Scientific Technical Information. Washington 25, D. C.	
Contractor Reports	NASA CR
Technical Memorandums	NASA TM
Technical Notes	NASA TN
Technical Translations	NASA TT
National Engineering Laboratory (NEL) Reports. East Kilbride, Glasgow, Great Britain	NEL Rep.
Plastica. Kunststoffinstitutet T. N. O., Delft, Julianlaan 134	Plastica
Plastics. Temple Press, London E. C. 1, Bowling Green Lane	Plastics
Plating. American Electroplaters' Society, Inc. Newark 2, N. J., 443—445, Broad Street	Plating

Zeitschrift, Erscheinungsort und Verlag	Abkürzung
Poliplasti e Plastici rinforzati, Milano	Poliplasti e Plastici rinforzati
Proceedings of the Institution of Mechanical Engenieers. London S. W. 1, 1, Birdcage Walk	Proc. IME
Proceedings of the Society of the Plastics Industry, Inc. Reinforced Plastics Division, New York, N. Y., 250, Park Avenue	Proc. SPI Reinforced Plastics Div.
Product Engineering, Design Digest Issue, McGraw Hill Inc., New York, 330, West 42nd St.	Product Engng.
Production Engineer, The. Institute of Production Engineers. London W. 1, 10, Chesterfield Street	Production Engr.
Production Technology (formerly Aircraft Production. Iliffe Industr. Publ. Ltd., London S. E. 1, Dorset House, Stamford Street	Production Technol.
Products Finishing. Gardner Publ. Inc., Cincinnati 2, Ohio, 431, Mainst.	Products Finishing
Reinforced Plastics. Cleworth Publishing, Cos Cob, Conn.	Reinforced Plastics
Revue de l'Aluminium. Faroux, Paris	Rev. Aluminium
Revue de Métallurgie. Société Française de Métallurgie. Paris 9e,25, Rue de Clichy	Rev. Métallurgie
Royal Aircraft Establishment (RAE). Great Britain	RAE
Technical Notes	TN
Rubber and Plastics Age. Rubber and Technical Press Ltd., London S. W. 1	Rubber and Plastics Age
Russian Engineering Journal (Translation from Vestnik Mashinostroeniya by Production Engineering Research Association of Great Britain, Melton, Mowbray, Leicestershire)	Russ. Engng. J.
Sheet Metal Industries, Fuel and Metallurgical Journals Ltd. Adelphi, London W. C. 2, 17—19, John Adam Street	Sheet Metal Industries
Society of Automotive Engineers, New York 17, N. Y., 485 Lex. Ave. Journal, Preprints, Papers, resp.	SAE-J., SAE-Pepr., SAE-Pap.
Society of Plastics Engineers. Journal. Stamford, Conn.	SPE-J.
Soudage et Techniques Connexes. La Société des Ingénieurs Soudeurs, Paris 18e, 32, Boulevard de la Chapelle	Soudage Techn. Conn.
Space Aeronautics. Conover-Mast Publications, New York 17, N. Y., 205 East 42nd St.	Space Aeronautics
Steel, Penton Publishing Co., Cleveland 12, Ohio. Penton Building, 1213, W. Third Street	Steel
Technique et Science Aéronautiques et Spatiales. Organ de l'Association Française des Ingénieurs et Techniciens de l'Aéronautique et de l'Espace. Paris XVIe	Techn. et Sci. Aéron. Spat.
Tool Engineer. Cincinnati 2, Ohio, 15 East, 18th Street	Tool Engr.
Tool and Manufacturing Engineer. American Society of Tool Engineers, Detroit 38, Mich., 10700, Puritan Ave.	Tool & Manuftg. Engr.
Transactions of the American Society of Mechanical Engineers. New York 17, N. Y., 343 East 47th Street	Trans. ASME Ser. B (J. Engng. Industry)
Ultrasonics. Iliffe Industr. Publ. Ltd., London S. E. 1, Dorset House, Stamford Street	Ultrasonics
Welding Engineer. Welding Engineer Publications Inc., Mortan Grove, Ill.	Welding Engr.
Welding and Metal Fabrication. Iliffe Specialist Publ., Inc. London S. E. 1, Dorset House, Stamford Street	Welding & Metal Fabrication
Welding in the World-Soudage dans le Monde. London—Paris	Welding in the World Soudage dans le Monde
Welding Journal, The. American Welding Society. New York 17, N. Y., 345 East 47th Street	Welding J.
Wood. Benn Brothers, Ltd. London E. C. 4, 154, Fleet Street	Wood (London)
Wright Patterson Air Force Base, Ohio Material Labor, Techn. Documentation Reports	Wright Patterson AFB, TDR

VI. Bücher

Sachgliederung für die Einordnung der ausgewählten Bücher und Zeitschriftenaufsätze über die Fertigungstechnik

Anzahl der jeweils erfaßten Bücher bzw. Zeitschriftenaufsätze, s. Spalten rechts		Zahl der Bücher	Zahl der Zeitschriftenaufsätze
1.	Lehrbücher über Fertigungstechnik		
1.1	Lehrbücher über das Gesamtgebiet der Fertigungstechnik von Luftfahrzeugen und Flugkörpern	2	
1.2	Lehrbücher über die gesamte Fertigungstechnik des Maschinenbaues und über größere Teilgebiete daraus	5	
1.3	Lehrbücher über größere Teilgebiete der Fertigungstechnik von Luftfahrzeugen und Flugkörpern, Titelbibliographien mit Aufsätzen über Luftfahrtfertigungstechnik	3	
2.	Lehrbücher über Fabrikorganisation und Betriebswesen		
2.1	Zusammenfassende Lehrbücher über Fabrikorganisation und Betriebswesen	15	
2.2	Arbeitsvorbereitung, Fertigungsplanung und Fertigungssteuerung	14	
2.3	Rationalisierungswesen	3	
2.4	Arbeits- und Zeitstudium	9	
2.5	Belegschaftswesen	5	
2.6	Betriebliches Rechnungswesen	20	
2.7	Arbeitsbewertung und Arbeitsentgelt	5	
3.	Werkstoffe des Luftfahrzeugbaues und des Flugkörperbaues, Nachschlagewerke über Werkstoffe		
3.1	Werkstoffe des Luftfahrzeugbaues und des Flugkörperbaues	15	
3.2	Nachschlagewerke über Werkstoffe		
3.21	Handbücher für Metalle und nichtmetallische Werkstoffe	6	
3.22	Eisenwerkstoffe und sonstige Schwermetalle		
3.22.1	Eisenwerkstoffe	6	
3.22.2	Sonstige Schwermetalle	1	
3.23	Titanwerkstoffe		
3.24.0	Leichtmetallwerkstoffe, allgemein		
3.24.1	Leichtmetallwerkstoffe auf Aluminium-Basis	1	
3.24.2	Leichtmetallwerkstoffe auf Magnesium-Basis	3	
3.25	Holzwerkstoffe	4	
3.26	Kunststoffe		
3.26.1	Unverstärkte Kunststoffe	6	
3.26.2	Verstärkte Kunststoffe	6	
3.29	Holzleime, Metallkleber, Klebstoffe, Dichtungsmittel und Anstrichstoffe		
3.29.1	Holzleime	2	
3.29.2	Metallkleber	1	
3.29.3	Klebstoffe (außer Holzleime und Metallkleber)	8	
3.29.4	Dichtungsmittel		
3.29.5	Anstrichstoffe	3	
4.	Herstellungs-, Bearbeitungs- und Behandlungsverfahren von Einzelteilen		
4.1	Spanlose Formung der Metalle und Nichtmetalle aus der flüssigen oder teigigen Phase		
4.11	Spanlose Formung der Metalle aus der flüssigen Phase, Gießen und besondere Gußverfahren (Urformen)		

		Zahl der Bücher	Zahl der Zeitschriften-aufsätze
4.11.1	Handbücher der Gießereitechnik	1	
4.11.2	Gießen verschiedener Werkstoffe	5	
4.11.20	Gießen, verschiedene Verfahren, allgemein		28
4.11.21	Gießen von Stahl		21
4.11.22	Gießen von Aluminium-Legierungen		56
4.11.23	Gießen von Magnesium-Legierungen		12
4.11.24	Gießen von sonstigen Metallen		9
4.11.3	Druckgießen	2	38
4.12	Bildsames Formen der Metalle aus der teigigen Phase (Umformen)		
4.12.0	Schmieden, allgemein	3	43
4.12.1	Schmieden, Freiformschmieden	1	5
4.12.2	Gesenkschmieden, Pressen	4	27
4.12.3	Verdrängungsverfahren: Strangpressen und Fließpressen	5	50
4.12.4	Schmieden von Stahl		20
4.12.5	Schmieden von Leichtmetallen		11
4.12.6	Schmieden von Titan		11
4.12.7	Schmieden sonstiger Metalle		2
4.13	Spanlose Formung von Kunststoffen		
4.13.1	Pressen plastischer Massen von Kunststoffen, Umformen von Kunststoffen	2	
4.13.2	Spritzgießen von Kunststoffen	1	
4.2	Schneiden und Stanzen (Herstellen von geraden und kurvenförmigen ebenen Schnitten), Anreißen		
4.20	Mechanisches Schneiden	3	36
4.21	Schneiden mit Ultraschall	1	2
4.22	Brennschneiden	5	24
4.23	Plasmaschneiden		18
4.24	Schneiden mit Elektronenstrahlen		4
4.25	Stanzen	13	38
4.26	Anreißen, Aufbringen von Schnittlinien	1	2
4.3	Umformen von Blechen und Halbzeugen		
4.30.0	Umformen von Blechen und Halbzeugen, allgemein	3	34
4.30.1	Glätten und Treiben		
4.30.2	Rundwalzen, Konischwalzen }		
4.30.3	Abkanten }	1	2
4.30.4	Biegen von Blechen }		27
4.30.5	Spanlose Formarbeiten mit Hand- und Kraftformern		6
4.30.6	Drücken auf der Drückbank	1	38
4.30.7	Formgebung mittels Gummistempel		16
4.30.8	Streckziehverfahren		43
4.30.9	Blechumformung mit dem Fallhammer		1
4.31.0	Blechumformung mit Pressen (klassisches Tiefziehen)		
4.31.01	Grundlagen des Tiefziehens	2	87
4.31.02	Tiefziehen von Stahl		20
4.31.03	Tiefziehen von Aluminium-Legierungen		24
4.31.04	Tiefziehen von Magnesium-Legierungen		4
4.31.05	Tiefziehen von Titan		6
4.31.06	Tiefziehen von sonstigen Legierungen		6
4.31.07	Prüfverfahren zur Beurteilung des Tiefziehens		12
4.31.08	Sonderverfahren des Tiefziehens		26
4.31.1	Durchsenken von Leichtmetallblechen unter Wärme (hot dimpling)		4
4.31.2	Formung von Beplankungsteilen in Integralbauweise		3
4.31.30	Formung mittels Hochenergie, allgemein	2	30
4.31.31	Explosionsumformung	2	134
4.31.32	Mechanisch-pneumatische Formung (Dynapak-Verfahren)		17
4.31.33	Lichtbogenumformung		32

		Zahl der Bücher	Zahl der Zeitschriftenaufsätze
4.31.34	Formung durch Magnetismus		54
4.31.4	Profilformen aus Blech (Profilwalzen, Profilziehen)		3
4.31.5	Biegen von Rohren	1	12
4.31.6	Biegen von Profilen		
4.31.7	Einziehen von Rohren		4
4.31.8	Weiten von Rohren		3
4.31.9	Spanlose Formung von Holzwerkstoffen		4
4.4	Spangebende Bearbeitung von Flugzeugwerkstoffen und spangebende Bearbeitungsverfahren		
4.41	Spangebende Bearbeitung von Flugzeugwerkstoffen		
4.41.1	Spangebende Bearbeitung, Handbücher der Zerspanungstechnik, allgemein	4	63
4.41.2	Bearbeitung von metallischen und nichtmetallischen Werkstoffen		
4.41.21	Bearbeitung von Stählen	1	72
4.41.22	Bearbeitung von sonstigen Schwermetallen		26
4.41.23	Bearbeitung von Titan		30
4.41.24	Bearbeitung von Leichtmetallen		22
4.41.25	Bearbeitung von Hölzern	5	7
4.41.26	Bearbeitung von Kunststoffen	1	
4.41.27	Bearbeitung von glasfaserverstärkten Kunststoffen		
4.41.28	Bearbeitung von keramischen Werkstoffen		8
4.42	Spanende Bearbeitungsverfahren		
4.42.0	Spanende Bearbeitungsverfahren, allgemein		11
4.42.1	Drehen und Gewindeschneiden	6	20
4.42.2	Bohren, Senken, Reiben	10	28
4.42.3	Fräsen und Sägen	5	28
4.42.4	Hobeln und Stoßen		1
4.42.5	Räumen und Läppen	5	11
4.42.6	Schleifen und Honen	11	28
4.42.70	Sonderbearbeitungsverfahren, allgemein		9
4.42.71	Bearbeitung mit Elektroerosion	2	69
4.42.72	Bearbeitung mit Ultraschall		29
4.42.73	Bearbeitung mit Ätzen		54
4.42.74	Bearbeitung mit Elektrolyse		52
4.42.75	Bearbeitung mit Elektronenstrahlen		22
4.42.76	Bearbeitung mit Lasertechnik		16
4.42.77	Heißabspanen		11
4.42.78	Bearbeitung mit Diamanten		9
4.42.8	Bearbeitung von Integralbauteilen		7
4.5	Härten und Warmbehandlung der Metalle		
4.51	Härten von Stahl	4	19
4.52	Warmbehandlung der Metalle	1	22
4.53	Induktive Wärmebehandlung	2	7
4.54	Brennhärten	2	6
4.6	Pulvermetallurgie	3	
4.80.00	Technik der Oberflächenbehandlung und des Oberflächenschutzes		
4.81.00	Lehrbücher über Oberflächenbehandlung und Oberflächenschutz	8	
4.82.00	Verschiedene Verfahren der Oberflächenbehandlung und des Oberflächenschutzes, allgemein		29
4.82.10	Korrosionssichere metallische Oberflächenschutzverfahren		
4.82.11	Plattieren	2	46
4.82.12	Galvanisieren	8	75
4.82.13	Diffundieren		25
4.82.14	Metallspritzen, Metallauftragen	5	61
4.82.20	Nichtmetallische Oberflächenschutzverfahren		

		Zahl der Bücher	Zahl der Zeitschriftenaufsätze
4.82.21	Phosphatieren		23
4.82.22	Nitrieren von Stählen		23
4.82.23	Oxydationsverfahren	1	55
4.82.24	Stromlose Verfahren bei Leichtmetallen		19
4.82.25	Wash-Primer-Verfahren für Leichtmetalle		3
4.82.26	Anstrichverfahren	4	61
4.82.27	Beschichten mit Kunststoffen, Wirbelsintern	1	64
4.82.28	Flammspritzen nichtmetallischer Schutzschichten		21
4.82.29	Metallreinigung und Entfettung; Beizen (Pickling), Entzundern (Descaling) u. a.	2	19
4.82.30	Mechanische Oberflächenbehandlungsverfahren		
4.82.31	Polieren, Bürsten	2	15
4.82.32	Sandstrahlen, Kugelstrahlen	1	19
5.	Verbindungs- und Zusammenbauverfahren		
5.1	Verbindungs- und Zusammenbauverfahren, allgemein		5
5.2	Nieten		
5.21	Handbücher über das Nieten, Nieten allgemein	1	3
5.22	Nietgeräte		7
5.23	Sonderverfahren des Nietens		4
5.24	Sonstige Hinweise zum Nieten		
5.3	Schweißen und Löten		
5.30	Schweißen und Löten, allgemein		
5.31	Schweißen		
5.31.1	Handbücher der Schweißtechnik	8	
5.31.2	Lehrbücher der schweißtechnischen Sonderverfahren, Aufsätze über schweißtechnische Sonderverfahren	13	
5.31.21	Übersichtsarbeiten über schweißtechnische Sonderverfahren		57
5.31.22	Autogenes Schweißen		2
5.31.23	Schutzgasschweißen; Argon arc (WIG ≡ TIG); Sigma (MIG)		59
5.31.24	Vakuum-Schweißen		3
5.31.25	Widerstandsschweißen; Punkt- und Rollennahtschweißen, Stumpfschweißen, Abbrennschweißen		49
5.31.26	Lichtbogenschweißen; UP-Schweißen		22
5.31.27	Preßschweißen, Kaltpreßschweißen, Reibschweißen		34
5.31.28	Automatisches Schweißen, Maschinenschweißen		30
5.31.29	Sonstige Sonderschweißverfahren		21
5.31.3	Schweißen verschiedener Metalle		
5.31.31	Schweißen von Stahl	1	109
5.31.32	Schweißen von Leichtmetallen		
5.31.32.1	Schweißen von Aluminium-Legierungen	2 (zusammen mit 5.31.32.2)	108
5.31.32.2	Schweißen von Magnesium-Legierungen		8
5.31.33	Schweißen von Titan		46
5.31.34	Schweißen sonstiger Metalle	2	73
5.31.4	Schweißen von Kunststoffen	2	
5.31.5	Spezialschweißverfahren		
5.31.51	Elektronenstrahlschweißen	1	84
5.31.52	Ultraschallschweißen		40
5.31.53	Plasmaschweißen		27
5.31.54	Explosionsschweißen		28
5.31.55	Schweißen mit Lasertechnik	1	35
5.32	Löten		
5.32.1	Handbücher über Löttechnik, Löten allgemein	5	14
5.32.2	Bücher über Sonderverfahren der Löttechnik, Aufsätze über Sonderverfahren der Löttechnik		45

		Zahl der Bücher	Zahl der Zeitschriftenaufsätze
5.32.3	Löten verschiedener Werkstoffe		
5.32.31	Löten von Stahl		28
5.32.32	Löten von Leichtmetallen, Aluminium- und Magnesiumlegierungen		26
5.32.33	Löten von Titan		13
5.32.34	Löten von sonstigen Metallen		29
5.4	Metallkleben und Kleben sonstiger Werkstoffe		
5.41	Metallkleben, Lehrbücher	8	
5.41.0	Metallkleben, Titelbibliographien, zusammenfassende Arbeiten	3	9
5.41.1	Metallkleber (Aufsätze)		39
5.41.2	Verkleben verschiedener Metalle		28
5.41.3	Oberflächenbehandlung der Fügeteile		12
5.41.4	Technik des Verklebens		24
5.41.5	Prüfung von Klebverbindungen		22
5.41.6	Hygiene beim Verkleben		3
5.41.7	Sonstige Aufsätze über Metallkleben		7
5.42	Kleben sonstiger Werkstoffe und Werkstoffkombinationen	2	36
5.5	Fertigungstechnik des Verleimens von Holzwerkstoffen und Holzkonstruktionen	2	34
5.6	Fertigung von Sandwichkonstruktionen		
5.60	Zusammenfassende Arbeiten über Fertigung von Sandwichkonstruktionen		1
5.61	Herstellung verschiedener Sandwichkonstruktionen		29
5.62	Filme und Kleber für Sandwichkonstruktionen		5
5.63	Kernherstellung und Bearbeitung (von Sandwichbauteilen)		15
5.64	Zusammenbau (von Sandwichbauteilen)		
5.64.1	Verkleben (von Sandwichbauteilen)		7
5.64.2	Schweißen von Sandwichbauteilen		1
5.64.3	Löten (von Sandwichbauteilen)		19
5.65	Kontrolle (von Sandwichbauteilen)		3
5.66	Reparatur (von Sandwichbauteilen)		
5.7	Fertigung von verstärkten Kunststoffbauteilen	3	97
5.8	Kitten und Abdichten		2
6.	Zusammenbau von Einzelteilen zu Bauteilen, Zusammenbau von Untergruppen u. a.		
6.1	Zusammenbau von Einzelteilen zu Bauteilen, Zusammenbau von Untergruppen		3
6.2	Aufbringen von Stoffbehäutung auf Baugruppen		
6.3	Oberflächenbehandlung von Stoffbehäutungen		
7.	Zusammenbau und Ausrüstung von Baugruppen und Konstruktionsgruppen, Endzusammenbau		6
8.	Betriebsmittel		
8.1	Betriebsmittel (Handbücher), allgemein	1	
8.2	Werkzeuge	6	37
8.3	Spannzeuge für Werkzeuge und Bearbeitungsstücke	1	4
8.4	Vorrichtungen und Vorrichtungsbau	5	11
9.	Fertigung von Flugzeugen in reiner Holzbauweise und Gemischtbauweise	3	

		Zahl der Bücher	Zahl der Zeit-schriften-aufsätze
10.	Sonderfragen der Flugkörperfertigung	1	58
11.	Austauschbau	2	
12.	Messen und Prüfen in der Fertigung, technische Kontrolle		
12.1	Messen und Prüfen		
12.11	Längenmeßtechnik	4	2
12.12	Messen von Winkeln, Gewinden, Oberflächen, Zahnrädern	5	1
12.2	Werkstoffprüfung und Stückprüfung, zerstörungsfreie Werkstoffprüfung	11	35
12.3	Kontrolle in der Fertigung	5	
13.	Versuchswesen für den Musterbau. Versuchs- und Kontrollwesen für den Serienbau bei Luft- und Raumfahrzeugen		3
14.	Normung in der Luft- und Raumfahrt-Fertigung	7	
15.	Fertigungsmaschinen und Spezialmaschinen der Luftfahrtfertigungsbetriebe	1	41
16.	Sonderfragen der Luftfahrtfertigungstechnik	1	12
17.	Behördliche Zulassung von Flugzeugen, Abnahme von Flugzeugen	2	
18.	Fertigungsentwicklung und Fertigungsforschung	1	
19.	Instandhaltung von Flugzeugen (Wartung und Überholung)	5	11
20.	Reparatur und Änderung von Flugzeugen		
21.	Luftfahrtwörterbücher	6	

1.1 Lehrbücher über das Gesamtgebiet der Fertigungstechnik von Luftfahrzeugen und Flugkörpern

Guibert, M. P.: Fabrication des avions et missiles. Paris: Dunod 1960. 847 pp. (s. VII).

Wilson, F. W. and *W. R. Prange:* Tooling for aircraft and missile manufacture. New York—Toronto—London: McGraw-Hill 1964. 367 pp. (s. VII).

1.2 Lehrbücher über die gesamte Fertigungstechnik des Maschinenbaues und größere Teilgebiete daraus

— VDI-Handbuch „Betriebstechnik". Teil 2. Fertigungsverfahren. Hrsg. VDI, Fachgruppe Betriebstechnik (ADB). Berlin—Köln: Beuth-Vertrieb (37 VDI-Richtlinien in Ringmappe).

(Wilson, Frank W.): Tool engineer's handbook. Amer. Soc. of Manuftg. Engineers. 2nd ed. New York: McGraw-Hill 1959. 2512 pp. (s. VII).

Campbell, J. S.: Principles of manufacturing materials and processes. New York: McGraw-Hill 1961. IX, 674 pp. (s. VII).

— Hütte, Taschenbuch für Betriebsingenieure (Betriebshütte). Bd. I, Fertigungsverfahren. Bd. II, Fertigungsmaschinen. 6. Aufl. Berlin—München: Ernst 1964 875 u. 626 S. (s. VII).

1.3 Lehrbücher über größere Teilgebiete der Fertigungstechnik von Luftfahrzeugen und Flugkörpern

Titelbibliographien mit Aufsätzen über Luftfahrtfertigungstechnik.

Die Bibliographien bringen zahlreiche Aufsatztitel über Fertigungstechnik im Leichtbau und spezielle Flugzeugfertigung aus den Jahren 1930 bis 1959.

Winter, H.: Bibliographie der Veröffentlichungen über den Leichtbau und seine Randgebiete im deutschen und ausländischen Schrifttum aus den Jahren 1940 bis 1954. — Bibliography of Publications on Light Weight Construction and Related Fields in German and Foreign Literature from 1940 to 1954. Berlin—Göttingen—Heidelberg: Springer 1955. XII, 1003 S. (darin besonders die Kapitel 6.254.9 und 2).

Winter, H.: Autoren-Verzeichnis zur Bibliographie der Veröffentlichungen über den Leichtbau und seine Randgebiete im deutschen und ausländischen Schrifttum aus den Jahren 1940 bis 1954. — Author-Index to Bibliography of Publications on Light Weight Construction and Related Fields in German and Foreign Literature from 1940 to 1954. Berlin—Göttingen—Heidelberg: Springer 1957. VIII, 103 S.

Winter, H.: Bibliographie der Veröffentlichungen über den Leichtbau und seine Randgebiete im deutschen und ausländischen Schrifttum aus den Jahren 1955 bis 1959 (Forts.). — Bibliography of Publications on Light Weight Construction and Related Fields in German and Foreign Literature from 1955 to 1959 (Continuation). Berlin—Göttingen—Heidelberg: Springer 1960. VIII, 692 S. (darin besonders die Kapitel 6.254.9 und 2).

Reiprich, Johannes, Herwig Nielsen u. *Wilhelm v. Zwehl:* Aluminium-Taschenbuch. 12. Aufl. Düsseldorf: Aluminium-Verlag 1963. 832 S.

2.1 Zusammenfassende Lehrbücher über Fabrikorganisation und Betriebswesen

Mellerowicz, K.: Betriebswirtschaftslehre der Industrie. 3. Aufl. Freiburg: A. Haufe Verl. 1958. Bd. 1 443 S., Bd. 2 450 S.

(Maynard, H. B.): Handbuch des Industrial Engineering. Gestaltung, Planung und Steuerung industrieller Arbeit. Teil I. Die Funktion des Industrial Engineering. Bearb. im Auftrag des Kurt-Hegner-Inst. f. Arbeitswiss. d. Verbandes für Arbeitsstudien — REFA, Darmstadt. Berlin: Beuth-Vertrieb 1959. 115 S.

Hennig, K. W.: Betriebswirtschaftslehre der industriellen Erzeugung. Wiesbaden: Betriebswirtschaftl. Verl. Dr. Th. Gabler 1960. 144 S.

Schnettler, A.: Betriebsanalyse. 2. Aufl. Stuttgart: C. E. Poeschel Verl. 1960. 436 S.

Churchman, C. West, Russel L. Ackhoff u. *E. Leonhard Arnoff:* Operations Research. Eine Einführung in die Unternehmensforschung. Wien—München: Oldenbourg 1961. 588 S.

Nordsieck, F.: Betriebsorganisation. Lehre und Technik. Stuttgart: C. E. Poeschel Verl. 1961. Textband 208 S., Tafelband 45 S.

Schnettler, A.: Betriebsvergleich. Grundlagen und Praxis zwischenbetrieblicher Vergleiche. 3. Aufl. Stuttgart: C. E. Poeschel Verl. 1961. 374 S.

Kosiol, E.: Organisation der Unternehmung. Wiesbaden: Betriebswirtschaftl. Verl. Dr. Th. Gabler 1962. 248 S.

(Maynard, H. B.): Handbuch des Industrial Engineering. Gestaltung, Planung und Steuerung industrieller Arbeit. VII. Gestaltung von Fabrikanlagen, Betriebsmitteln und Erzeugnissen. VIII. Grenzgebiete des Industrial Engineering. Berlin—Köln: Beuth-Vertrieb 1962. 286 u. 560 S.

Nordsieck, F.: Die schaubildliche Erfassung und Untersuchung der Betriebsorganisation. 6. Aufl. Stuttgart: C. E. Poeschel Verlag 1962. 152 S.
Sasieni, M., A. Yaspan u. *L. Friedmann:* Methoden und Probleme der Unternehmensforschung. Operations Research. Würzburg: Verl. Physica 1962. 322 S.
Vazsonyi, A.: Die Planungsrechnung in Wirtschaft und Industrie. Wien—München: Oldenbourg 1962. 424 S.
Illetschko, L. L.: Betriebswirtschaftslehre für Ingenieure. Wien—New York: Springer 1965. 252 S.
Gutenberg, E.: Grundlagen und Betriebswirtschaftslehre. Erster Band: Die Produktion. 10. Aufl. Berlin—Heidelberg—New York: Springer 1965. 496 S.

2.2 Arbeitsvorbereitung, Fertigungsplanung und Fertigungssteuerung

(Maynard, H. B.): Handbuch des Industrial Engineering. Gestaltung, Planung und Steuerung industrieller Arbeit. VI. Methoden der Planung, Steuerung und Überwachung. Berlin—Köln: Beuth-Vertrieb 1956. 340 S.
Grochla, E.: Materialwirtschaft. Wiesbaden: Betriebswirtsch.-Verl. Dr. Th. Gabler 1958. 118 S.
— REFA-Buch Bd. 1. Arbeitsgestaltung. 10. Aufl. München: Hanser 1961. 160 S.
— REFA-Buch Bd. 2. Zeitvorgabe. 8. Aufl. München: Hanser 1958. 119 S.
— REFA-Buch Bd. 3. Methodische Grundlagen der analytischen Arbeitsbewertung. München: Hanser 1965. 135 S.
— REFA-Buch Bd. 4. *Riedel, J.:* Arbeitsunterweisung. 6. Aufl. München: Hanser 1961. 89 S.
— REFA-Buch Bd. 5. *Witthoff, J.:* Kalkulatorischer Verfahrensvergleich, insbesondere die Wirtschaftlichkeitsrechnung. 2. Aufl. München: Hanser 1960. 186 S.
(Maynard, H. B.): Handbuch des Industrial Engineering. Gestaltung, Planung und Steuerung industrieller Arbeit. II. Arbeitsgestaltung. Berlin—Köln: Beuth-Vertrieb 1961. 333 S.
Raible, F.: Erfolgreiche Fertigungslenkung. Stuttgart: Grossmann-Verl. 1961. 110 S.
Pristl, Ferdinand: Arbeitsvorbereitung, I. Teil. Betriebswirtschaftliche Vorüberlegungen, werkstoff- und fertigungstechnische Planungen. 3. Aufl. (Werkstattbücher, H. 99). Berlin—Göttingen—Heidelberg: Springer 1962. 80 S.
Schmolz, Wilhelm: Auftrags- und Terminplanung. (Der Unternehmensberater, Beratungsschr. Nr. 2019) Eßlingen/Neckar: Friedr. Baierl Verl. 1963. 80 S.
Pristl, F.: Arbeitsvorbereitung, II. Teil. Der Mensch, seine Leistung und sein Lohn. Die technische und betriebswirtschaftliche Organisation. 3. Aufl. (Werkstattbücher, H. 100). Berlin—Göttingen—Heidelberg: Springer 1964. 84 S.
Allen, T. u. *M. Breu:* Handbuch der Netzplantechnik. Winterthur: Gebr. Sulzer AG. 1965. 202 S.
Miller R. W.: Zeit-Planung und Kostenkontrolle durch Pert. Ein Leitfaden für die Anwendung in Entwicklung und Fertigung. Hamburg—Berlin: Deckers Verl. G. Schenk 1965. 210 S.

2.3 Rationalisierungswesen

Pentzlin, K.: Arbeits-Rationalisierung. Grundlagen des Arbeits- und Zeitstudiums, Bd. 4. München: Hanser 1954. 160 S.
Hotz, E. u. *Fr. Reuter:* Handbuch der Rationalisierung. 4. Aufl. Siegburg—Konstanz—Berlin: Gehlsen 1953—1958, 4 Sammelordner DIN A 5 u. Ordner DIN A 6, rd. 2300 S.
Engel, F. W.: Taschenbuch der Rationalisierung. Frankfurt/M.: Agenor Verl. 1962. 893 S.

2.4 Arbeits- und Zeitstudium

Böhrs u. a.: Einführung in das Arbeits- und Zeitstudium. (Grundlagen des Arbeits- und Zeitstudiums, Bd. 1) 2. Aufl. München: Hanser 1954. 96 S.
Bramesfeld-Graf: Praktisch-psychologisch- und arbeitspsychologischer Leitfaden für das Arbeits- und Zeitstudium. (Grundlagen des Arbeits- und Zeitstudiums, Bd. 3) München: Hanser 1955. 96 S.
Kunz, J.: Nomographische Hilfsmittel bei der Errechnung der Hauptzeiten maschineller Arbeiten. München: Hanser 1965. 50 S.
Mindt, E.: Die Arbeitszeitermittlung im Werkzeugbau. Schnitt-, Biege-, Präge- und Ziehwerkzeuge. Berlin—Göttingen—Heidelberg: Springer 1957. 122 S.
Kaminsky-Schmidtke: Arbeitsablauf und Bewegungsstudium. (Grundlagen des Arbeits- und Zeitstudiums, Bd. 5) München: Hanser 1960. 190 S.
Faensen-Hofmann: Arbeitsstudium bei Fließarbeit. (Grundlagen und Praxis des Arbeits- und Zeitstudiums, Bd. 9) München: Hanser 1962. 106 S.
Kregeloh, M. H.: Statistische Verfahren für das Arbeitsstudium. (Grundlagen und Praxis des Arbeits- und Zeitstudiums, Bd. 7) München: Hanser 1962. 79 S.
Siegerist, M., R. Foellmer u. *G. Langheinrich:* Die neuzeitliche Vorkalkulation der spangebenden Fertigung im Maschinenbau. 10. Aufl. Berlin: Techn. Verl. H. Cram 1963. 242 S.

(*Maynard, H. B.*): Handbuch des Industrial Engineering. Gestaltung, Planung und Steuerung industrieller Arbeit. Teil III Zeitvorgabe. Bearb. in Auftrag des Kurt-Hegner-Inst. f. Arbeitswiss. d. Verbandes für Arbeitsstudien REFA, Darmstadt. Berlin: Beuth-Vertrieb 1965. 428 S.

S. ferner Abschn. 2.2 REFA-Buch Bd. 1 u. Bd. 2.

2.5 Belegschaftswesen

Knop, W.: Arbeitsschutz im Metallbetrieb. (Handbuch für den Umgang mit Eisen und N. E.-Metallen bei ihrer Erzeugung, Verwendung und Bearbeitung). Berlin: Metall Verl. 1957. 320 S.

Dahrensdorf, R.: Sozialstruktur des Betriebes. Wiesbaden: Gabler-Verl. 1959. 96 S.

Mayer, A. u. *B. Herwig*: Betriebspsychologie. (Bd. 9 des Handbuches der Psychologie). Göttingen: Verl. f. Psychologie 1961. 664 S.

Dirks, H.: Die Personalbeurteilung, Grundlagen, Methoden, Erfahrungen. 2. Aufl. Düsseldorf: Rechtsverl. 1962. 72 S.

Lehmann, Günther: Praktische Arbeitsphysiologie. Stuttgart: Georg Thieme Verl. 1962. 409 S.

2.6 Betriebliches Rechnungswesen

Kosiol, E.: Kalkulatorische Buchhaltung (Betriebsbuchhaltung). 5. Aufl. Wiesbaden: Gabler-Verl. 1953. 397 S.

Kosiol, E.: Grundriß der Betriebsbuchhaltung. 3. Aufl. Wiesbaden: Gabler-Verl. 1957. 115 S.

Kilger, W.: Flexible Plankostenrechnung. Köln/Opladen: Westdt. Verl. 1961. 664 S.

Mellerowicz, K.: Planung und Plankostenrechnung. Bd. I: Betriebliche Planung. Freiburg/Breisgau: Rudolf Haufe Verl. 1961. 632 S.

Schneider, E.: Industrielles Rechnungswesen. 3. Aufl. Tübingen: Mohr Verl. 1961. 223 S.

Jenni, P.: Materialrechnung (Schriftenreihe d. Betriebswirtsch. Inst. Univ. Bern, Bd. 2). Bern: Verl. Paul Haupt 1962. 216 S.

Wille, F.: Fortschrittliche Kosten- und Erfolgsrechnung. Stuttgart: Forkel-Verlag 1962. 282 S.

Bussmann, K. F.: Industrielles Rechnungswesen. Stuttgart: C. E. Poeschel Verl. 1963. 240 S.

Kalveram, W.: Industrielles Rechnungswesen: Doppelte Buchhaltung und Kontenrahmen. Betriebsabrechnung. Kostenrechnung. 5. Aufl. Wiesbaden: Gabler Verlag 1961. 504 S.

Schmalenbach, E.: Kostenrechnung und Preispolitik. 8. Aufl. Köln-Opladen: Westdt. Verl. 1963. 530 S.

Henzel, F.: Die Kostenrechnung. 4. Aufl. Essen: Girardet-Verl. 1964. 588 S.

Käfer, K.: Standardkostenrechnung. 2. Aufl. Stuttgart: C. E. Poeschel Verl. 1964. 552 S.

Kosiol, E.: Kostenrechnung. Wiesbaden: Gabler Verl. 1964. 295 S.

Lehmann, M. R.: Industriekalkulation. 5. Aufl. Essen: W. Girardet 1964. 356 S.

Matz, A.: Planung und Kontrolle von Kosten und Gewinn. Handbuch der Planungsrechnung. Wiesbaden: Gabler Verl. 1964. 418 S.

Greifzu, J.: Das neuzeitliche Rechnungswesen. 11. Aufl. Hamburg: Hammerich & Lesser 1965. 800 S.

Norden, H. u. *Fr. Wille*: Der Betriebsabrechnungsbogen. 9. Aufl. Stuttgart: Forkel Verlag 1965. 234 S.

Mellerowicz, K.: Kosten und Kostenrechnung. Bd. I. Theorie der Kosten. 4. Aufl. Berlin: de Gruyter 1963. XI, 533 S.
Bd. II. Verfahren. Erster Teil. Allgemeine Fragen der Kostenrechnung und Betriebsabrechnung. Berlin: de Gruyter 1966. 594 S.

2.7 Arbeitsbewertung und Arbeitsentgelt

Hagner, G. W. u. *H. Weng*: Arbeitsschwierigkeit und Lohn. 1. Aufl. Köln: Bund Verlag 1951. 277 S.

Böhrs, H.: Arbeitsleistung und Arbeitsentlohnung Wiesbaden: Gabler Verl. 1958. 119 S.

Wibbe, J.: Entwicklung, Verfahren und Probleme der Arbeitsbewertung. 2. Auflage (Grundlagen des Arbeits- u. Zeitstudiums, Bd. 6). München: Hanser 1961. 142 S.

Kosiol, E.: Leistungsgerechte Entlohnung. 2. Aufl. Wiesbaden: Gabler Verl. 1962. 256 S.

Maynard, H. B.: Handbuch des Industrial Engineering. Gestaltung, Planung und Steuerung industrieller Arbeit. V. Leistung und Lohn. Berlin—Köln: Beuth-Vertrieb 1964. 184 S.

3. Werkstoffe des Luftfahrzeugbaues und des Flugkörperbaues, Nachschlagewerke über Werkstoffe

3.1 Werkstoffe des Luftfahrzeugbaues und des Flugkörperbaues

— Werkstoffhandbuch der Deutschen Luftfahrt. Teil I. Metallische Werkstoffe. 1. Bd. Stahl u. Nichteisenmetalle (ausgen. Leichtmetalle). Hrsg. Normenstelle Luftfahrt. Köln: Beuth-Vertrieb 1963.

— Werkstoffhandbuch der Deutschen Luftfahrt. Teil I. Metallische Werkstoffe. 2. Bd. Leichtmetalle. Hrsg. Normenstelle Luftfahrt. Köln: Beuth-Vertrieb 1962.
— Werkstoffhandbuch der Deutschen Luftfahrt. Teil II. Nichtmetallische Werkstoffe. Hrsg. Normenstelle Luftfahrt. Köln: Beuth-Vertrieb 1958.
— Material Properties Handbook. Volume I. Aluminium Alloys. (AGARD-Publ.) London: Techn. Dept., Roy. Aeron. Soc.
— Material Properties Handbook. Volume II. Steels. (AGARD-Publ.) London: Techn. Dept., Roy. Aeron. Soc.
— Material Properties Handbook. Volume III. Magnesium Nickel and Titanium Alloys. (AGARD-Publ.) London: Techn. Dept., Roy. Aeron. Soc. 1963.
— Military-Handbook. 5. Strength of Metal Aircraft Elements. Armed Forces Supply Support Center. Washington 25, D. C. 1961. 325 pp.
— Military-Handbook. 17. Plastics for Flight Vehicles. Part. I — Reinforced Plastics. Armed Forces Supply Support Center. Washington 25, D. C. 1960. 179 pp.
— Military-Handbook. 17. Part II — Transparent Glasing Materials. Armed Forces Supply Support Center. Washington 25, D. C. 1963.
— Military-Handbook. 23. Composite Construction for Flight Vehicles. Part I. Fabrication, Inspection, Durability and Repair. Armed Forces Supply Support Center. Washington 25, D. C. 1960. 160 pp.
(Benesovsky, F.): Metalle für die Raumfahrt (5. Plansee Seminar „De Re Metallika"). Wien—New York: Springer 1965. 879 S.

Winter, H.: Unterlagen und Richtlinien für den Holzflugzeugbau. Institut für Flugzeugbau der Deutschen Forschungsanstalt für Luft- und Raumfahrt (DFL) 1953 bis 1956. 20 Teilberichte wie folgt:

Teilbericht	Titel	Erscheinungsjahr	Textseiten	Anzahl der Zahlentafeln	Abb.
B I	Allgemeine Werkstoffkunde der Hölzer	1953	37	5	21
B II a	Festigkeitseigenschaften und elastisches Verhalten von Kiefer	1953	10	1	16
B II b	Festigkeitseigenschaften und elastisches Verhalten von Fichte	1953	8	1	14
B II c	Festigkeitseigenschaften und elastisches Verhalten von Esche	1953	6	1	13
B II d	Festigkeitseigenschaften und elastisches Verhalten von Linde	1953	5	1	8
B II e	Festigkeitseigenschaften und elastisches Verhalten von Pappel	1953	5	1	3
B II f	Festigkeitseigenschaften und elastisches Verhalten von Buche	1953	7	2	10
B II g	Festigkeitseigenschaften und elastisches Verhalten der Leichthölzer, Balsa und Schirmbaum	1953	7	2	3
B III a	Schichthölzer	1954	11	3	21
B III b	Sperrhölzer	1954	34	12	52
B III c	Preßschichthölzer	1954	9	1	19
B III d	Preßsperrhölzer	1954	7	2	12
B IV b	Holzspanplatten	1956	24	3	16
B IV d	Metallschichtholz	1955	9	6	19
B IV a	Holzfaserplatten	1956	26	3	19
C V	Prüfung von Leimen und Leimverbindungen	1956	16	2	12
B V	Leime	1956	31	2	17
C VII	Die Technik holzanatomischer Untersuchungen	1956	18		38
D V a	Festigkeit von Leimverbindungen	1956	32	4	42
C I—IV	Werkstoffprüfverfahren bei dem Holzflugzeugbau	1956	38	10	53

Goetzel, Claus G., John B. Rittenhouse and *John B. Singletary:* Space materials handbook. Reading, Mass.-Palo Alto-London-Dallas-Atlanta: Addison-Wesley Publ. Co. 1965. XI, 624 pp.

— Air Force Materials Symposium June 1965. Air Force Systems Command, Wright-Patterson AFB, Ohio. Air Force Mater. Lab. AFML TR 65—29. 1965. VI, 895 pp.

Rittenhouse, John B. and *John B. Singletary:* Space materials handbook. Suppl. 1 to the 2nd. ed. Space materials experience. Techn. Rep. Oct. 1964 / Sept. 1965. NASA SP 3025. 1966. 276 pp. (AD-440234).

3.2 Nachschlagewerke über Werkstoffe

3.21 Handbücher für Metalle und nichtmetallische Werkstoffe

— VDM Handbuch. Hrsg. Vereinigte Deutsche Metallwerke AG. Frankfurt/Main: Selbstverlag der VDM-AG. 1960. XXV, 409 S. (Lehrbücher der Feinwerktechnik.)

Lüpfert, H.: Metallische Werkstoffe. 6. Aufl. Prien/Chiemsee: Winter 1961. 346 S.

— Werkstoff-Handbuch. Nichteisenmetalle. Teil I: Allgemeines; Teil II: Grundlagen; Teil III: Die Metalle und Legierungen; Teil IV: Werkstoffe für Sonderzwecke. 2. Aufl. Hrsg. Dt. Ges. f. Metallkde. u. VDI. Düsseldorf: VDI-Verl. 1960. 1404 S.

Wellinger, Karl u. *Paul Gimmel:* Werkstofftabellen der Metalle. Stuttgart: Alfred Kröner 1963. 408 S.

— Werkstoffnormen. Nichteisenmetalle (DIN-Taschenbuch, Bd. 4 B). 20. Aufl. Berlin—Köln: Beuth-Vertrieb 1963. 443 S.

Schimpke, Paul u. *Hermann Schropp:* Technologie der Maschinenbaustoffe. Stuttgart: Hirzel 1965. XVI, 577 S.

3.22.1 Eisenwerkstoffe

Houdremont, Eduard: Handbuch der Sonderstahlkunde. 2 Bde. 3. Aufl. Berlin—Göttingen—Heidelberg: Springeı 1956. XVI, VII, 1538 S.

Piwowarsky, Eugen: Hochwertiges Gußeisen (Grauguß), seine Eigenschaften und die physikalische Metallurgie seiner Herstellung. 2. Aufl. Berlin—Göttingen—Heidelberg: Springer 1958. XII, 1070 S.

Albrecht, A.: Stahlschlüssel. 6. Aufl. Marbach A/N: Verl. Stahlschlüssel 1962. 210 S.

Rapatz, Franz, Helmut Krainer u. *J. Frehser:* Die Edelstähle. 5. Aufl. Berlin—Göttingen—Heidelberg: Springer 1962. 1040 S.

— Werkstoffnormen. Stahl und Eisen (DIN-Taschenbuch, Bd. 4 A). 20. Aufl. Berlin—Köln: Beuth-Vertrieb 1964. 386 S.

(Daeves, Karl): Werkstoff-Handbuch Stahl und Eisen. Hrsg. VDEh. 4. Aufl. Düsseldorf: Verl. Stahleisen 1965. 944 S.

3.22.2 Sonstige Schwermetalle

Hehemann, R. F. and *G. Mervin Ault:* High-temperature materials. New York: Wiley, London: Chapman & Hall 1959. XVI, 544 pp.

3.24.1 Leichtmetalle auf Aluminiumbasis (s. auch 1.3 Reiprich)

Altenpohl, D.: Aluminium und Aluminiumlegierungen (Reine u. angewandte Metallkunde in Einzeldarstellungen, Bd. 19). Berlin—Heidelberg—New York: Springer 1965. 919 S.

3.24.2 Leichtmetallwerkstoffe auf Magnesiumbasis

Schichtel, Georg: Magnesium-Taschenbuch. Berlin: Verl. Technik 1954. 484 S.

Roberts, C. S.: Magnesium and its alloys. New York: Wiley 1960. V, 230 pp.

— Materials properties Handbook. vol. III Magnesium, nickel and titanium alloys. (AGARD Publ.) London: Techn. Dept. Roy. Aeron. Soc. 1963.

3.25 Holzwerkstoffe

Vorreiter, L.: Holztechnologisches Handbuch. Bd. 2. Holztrocknung, spanlose Holzformung u. a. Wien—München: Georg Fromme Verl. 1958. 646 S.

Kollmann, Franz: Technologie des Holzes und der Holzwerkstoffe. 2. Aufl. 2 Bde. Berlin—Göttingen—Heidelberg: Springer 1951. XXX, 1050 S., 1955. XVIII, 1199 S.

Kollmann, Franz: Furniere, Lagenhölzer und Tischlerplatten. Berlin—Göttingen—Heidelberg: Springer 1962. XVI, 789 S.

3.26 Kunststoffe

3.26.1 Unverstärkte Kunststoffe

Schulz, G.: Die Kunststoffe. München: Hanser 1959. 536 S.

Houwink, R. u. *A. J. Stavermann:* Chemie u. Technologie der Kunststoffe. Bd. II. Industrielle Herstellung und Eigenschaften. Leipzig: Akad. Verl.-Ges. Geest & Portig, Teil 1. 1962. 700 S., Teil 2. 1963. 620 S.

Carlowitz, B.: Kunststofftabellen für Typen, Eigenschaften und Halbzeugabmessungen. Bensberg/Franken-Forst: F. Schiffmann 1963. 248 S.

v. Meysenbug, C. M.: Kunststoffkunde für Ingenieure. München: Hanser 1963. 188 S.
Pabst, F., H.-J. Saechtling u. *W. Zebrowski:* Kunststoff-Taschenbuch. 16. Aufl. München: Hanser 1965. 574 S.

3.26.2 Verstärkte Kunststoffe

Hagen, Harro: Glasfaserverstärkte Kunststoffe. 2. Aufl. Berlin—Göttingen—Heidelberg: Springer 1961. XVI, 698 S.
(Morgan, Phillip): Glass reinforced plastics. 3 rd Ed. London: Iliffe 1961. XVI, 340 pp. (s. VII).
Beyer, Waldemar: Glasfaserverstärkte Kunststoffe. 3. Aufl. (Kunststoff-Verarbeitung, Folge 2). München: Hanser 1963. 129 S.
Wende, Alfred, Wolfgang Moebes u. *Heinz Marten:* Glasfaserverstärkte Plaste. Leipzig: Dt. Verl. für Grundstoffindustrie 1963. 402 S.
Rosato, D. V. and *G. S. Grove,* jr.: Filament winding. New York: Interscience Publ. 1964 (s. VII).
Oleesky, S. S. and *J. G. Mohr:* SPI-Handbook of reinforced plastics. New York: Reinhold Publishing Corp. 1964. 640 pp. (s. VII).

3.29.1 Holzleime

Plath, Erich: Die Holzverleimung. Stuttgart: Wiss. Verl. Ges. 1951. 200 S.
Baumann, Hans: Leime und Kontaktkleber. Berlin—Heidelberg—New York: Springer-Verlag 1967. XV, 334 S.

3.29.2 Metallkleber (s. auch 3.29.1 Baumann)

de Bruyne, N. A. and *R. Houwink:* Adhesion and adhesives. New York—Amsterdam—London: Elsevier 1951 XV, 517 pp.

Weitere Bücher, in denen insbesondere Metallkleber behandelt werden, s. 5.41 Metallkleben.

3.29.3 Klebstoffe, allgemein

— ASTM Standards on Adhesives. American Society for Testing Materials Philadelphia, Pa. 1957.
Lüttgen, C.: Die Technologie der Klebstoffe. Teil 1. Leime, Klebstoffe usw. 2. Aufl. Berlin: Berliner Verlags-Ges. Pansegrau-Heinemann 1959. 781 S.
Plath, E. u. *L. Plath:* Taschenbuch der Kitte und Klebstoffe. 4. Aufl. Stuttgart: Wiss. Verl.-Ges. 1963. 402 S.
Jordan, O.: Das Kleben von Kunststoffen (Kunststoffverarbeitung H. 7). 2. Aufl. München: Hanser 1963. 98 S.
(Skeist, Irving): Handbook of adhesives. New York: Reinhold 1964. XV, 683 pp. (s. VII).
Katz, Irving: Adhesive materials, their properties and uses. Long Beach, Calif.: Foster Publishing Comp. 1964. 441 pp. (behandelt auch Holzleime und Metallkleber) (s. VII).
Katz, I.: Adhesive materials, their properties and usage. 3 Supplements. Vol. 1, No. 1. Long Beach, Calif.: Foster Publishing Comp. June 1965. 60 pp.
(Houwink, R. and *G. Salomon):* Adhesion and adhesives. 2. Ed. Vol. I. Adhesives. Amsterdam: Elsevier Publ. Co. 1965. 548 pp.

3.29.5 Anstrichstoffe

van Oeteren, K. A.: Korrosionsschutz durch Anstrichstoffe. Stuttgart: Wiss. Verl.-Ges. 1961. IX, 456 S.
Weise, H.: Taschenbuch für Lackierbetriebe 1966. 23. Jahrg. Hannover: Vincentz 1966. 534 S.
Blom, A. V.: Grundlagen der Anstrichwissenschaft. Basel—Stuttgart: Birkhäuser 1954. 385 S.

4.11 Spanlose Formung aus der flüssigen Phase der Metalle. Gießen und besondere Gußverfahren (Urformen)

4.11.1 Handbücher der Gießereitechnik

Knipp, E.: Fehlerscheinungen an Gußstücken. Ursachen und Vermeidung. 2. Aufl. Düsseldorf: Gießerei-Verl. 1961. 301 S.

4.11.2 Gießen verschiedener Werkstoffe

Irmann, Roland: Aluminiumguß in Sand und Kokille. 6. Aufl. Düsseldorf: Aluminium-Verl. 1959. VIII, 302 S.
Allendorf, H.: Präzisionsgießverfahren mit Ausschmelzmodellen. 3. Aufl. Leipzig: Dt. Verl. f. Grundstoffindustrie 1960. VIII, 328 S.
Doliwa, Heinz-Ulrich: Gegossene Werkstücke. München: Hanser 1960. 466 S.
Krekeler, K. A.: Feinguß, Verfahren, Wirtschaftlichkeit, Werkstoffe. Stuttgart: Dt. Verl. Anst. Abt. Fachverl. 1963. 123 S.
Brunhuber, E.: Leichtmetall- und Schwermetall-Kokillenguß. 3. Aufl. Berlin: Schiele & Schön 1966. 368 S.

4.11.3 Druckgießen

v. Reimer, Vinzenz: Der Druckguß. München: Hanser 1959. 304 S.

Frommer, Leopold u. *Gustav Liebig:* Druckgieß-Technik. 2. Aufl. Bd. I. Grundlagen des Druckgießvorganges, Konstruktionsprinzipien der Druckgießformen mit Ausführungsbeispielen. Berlin—Göttingen—Heidelberg: Springer 1965. 576 S.

4.12 Bildsames Formen der Metalle aus der teigigen Phase (Umformen)

4.12.0 Schmieden, allgemein

Geleji, A.: Bildsame Formung der Metalle in Rechnung und Versuch. Berlin: Akademie Verlag 1960. X, 754 S.

Gentzsch, Gerhard: Fachbibliographie der bildsamen Formung der Metalle. Bd. 1. Grundlagen d. bildsamen Formung, Werkstoffprüfung, Profilbearbeitung, spanlose Schrauben- und Mutternfertigung, Prägen. Berlin: Akademie Verlag 1963. 495 S. 1900 Lit.-St.

Gentzsch, Gerhard: Schmieden und Pressen 1957—1961. Fachbibliographie d. Umformtechnik. Bd. 4. Düsseldorf: Triltsch Verlag 1964. 493 S. 1704 Lit.-St.

4.12.1 Schmieden, Freiformschmieden

— REFA-Mappe Schmieden. Hrsg. v. REFA-Fachausschuß. München: Hanser 1959. 158 Bl.

4.12.2 Gesenkschmieden, Pressen

Lange, Kurt: Die Fertigungsbelange des Gesenkschmiedens und ihre wissenschaftliche Weiterentwicklung. Berlin—Göttingen—Heidelberg: Springer 1957. 71 S.

Lange, Kurt: Gesenkschmieden von Stahl. Berlin—Göttingen—Heidelberg: Springer 1958. XII, 379 S.

Billigmann, J.: Stauchen und Pressen. 2. Aufl. München: Hanser 1961. 600 S.

Schlegel, F. W.: Spanlos umformen auf neuen Wegen. Von der gegossenen Vorform zur druckvergüteten Gestalt. Düsseldorf: VDI-Verlag 1965. 194 S.

4.12.3 Verdrängungsverfahren: Strangpressen und Fließpressen

Feldmann, Heinz D.: Fließpressen von Stahl. Berlin—Göttingen—Heidelberg: Springer 1959. VIII, 208 S.

Schimz, K.: Kaltformfibel I. Düsseldorf: Michael Triltsch Verlag 1959. 109 S.

Gentzsch, Gerhard: Fachbibliographie der bildsamen Formung der Metalle. Bd. 5. Verdrängungsverfahren (Strang- u. Fließpressen). Berlin: Akademie Verlag 1962. 250 S. 1000 Lit.-St.

Schimz, K.: Kaltformfibel II. Düsseldorf: Michael Triltsch Verlag 1962. 307 S.

Boetz, V.: Die Kaltumformung von Stahl und NE-Metallen (Betriebsbücher Bd. 5). München: Hanser 1963. 75 S.

4.13 Spanlose Formung von Kunststoffen

4.13.1 Pressen plastischer Massen von Kunststoffen, Umformen von Kunststoffen

Draeger, H. u. *W. Woebcken:* Pressen und Spritzpressen (Kunststoffverarbeitung, Folge 3). 2. Aufl. München: Hanser Verlag 1960. 104 S.

Bauer, W.: Technik der Preßmassenverarbeitung (Kunststoffverarbeitung, Folge 10). München: Hanser Verlag 1964. 54 S.

4.13.2 Spritzgießen von Kunststoffen

Mink, Walter: Grundzüge der Spritzgußtechnik. 3. Aufl. Speyer/Rh.: Rudolf Zechner Verlag 1966. 447 S.

4.2 Schneiden und Stanzen (Herstellen von geraden und kurvenförmigen ebenen Schnitten), Anreißen

4.20 Mechanisches Schneiden

Black, Paul H.: Theory of metal cutting. New York: McGraw Hill 1961. 204 pp.

Gentzsch, Gerhard: Fachbibliographie der bildsamen Formung der Metalle. Bd. 3. Spanloses Werkstofftrennen (Schneiden mit Werkzeugen und Maschinen), Maschinen für die bildsame Formung (Pressen und Scheren). Berlin: Akademie Verlag 1961. 567 S. 2500 Lit.-St.

Guidi, Alfons: Nachschneiden und Feinschneiden. München: Hanser 1956. 149 S.

4.21 Schneiden mit Ultraschall

Rozenberg, L. D. et al.: Ultrasonic cutting. New York: Consultants Bureau 1964. 142 pp.

4.22 Brennschneiden

Krist, Thomas: Tabellen der Praxis: Schweißen, Schneiden, Löten. Darmstadt: Technik-Tabellen-Verlag 1958. XII, 613 S.

Langheinrich-Mölle: Die Vorkalkulation beim autogenen Brennschneiden von Blechteilen. München: Hanser 1959. 86 S.

Herden, G.: Schweiß- und Schneidtechnik. Berlin: Verlag Technik 1960. 884 S.

Horn, Hans O.: Brennschneiden, Autogenes und elektrisches Schneiden. Berlin—Göttingen—Heidelberg: Springer 1961. VI, 161 S.

Schaller, L.: Optisches Anzeichnen und automatisches Brennschneiden. Braunschweig—Berlin: Verlag Richard Carl Schmidt 1962. 251 S.

4.25 Stanzen

Krabbe, E.: Stanztechnik. 1. Teil. Schnitttechnik, Technologie des Schneidens. Die Stanzerei. 3. Aufl. (Werkstattbücher, H. 44). Berlin—Göttingen—Heidelberg: Springer 1953. 56 S.

Hilbert, H. L.: Die Befestigungselemente im Stanzerei-Werkzeugbau. München: Hanser 1954. 55 S.

Hilbert, H. L.: Stanzereitechnik. Bd. 2. Umformende Werkzeuge. 4. Aufl. München: Hanser 1956. 462 S.

Schachtel, Friedrich: Wirtschaftliches Ausschneiden von Blechteilen. Berlin—Göttingen—Heidelberg: Springer 1958. IV, 97 S.

Hilbert, H. L.: Der runde Ausschnitt. Eine Zusammenstellung der für die wirtschaftliche Herstellung von runden Ausschnitten erforderl. Berechnungsunterlagen. 2. Aufl. Stanzereischriften, Folge 1). München: Hanser 1960. 74 S.

Hilbert, H. L.: Stanzereitechnik. Bd. 1. Schneidende Werkzeuge. Grundlagen und Bauelemente der schneidenden und umformenden Werkzeuge. 5. Aufl. München: Hanser Nachdr. 1960. 349 S.

Kern, J.: Schnitte — Stanzen — Ziehwerkzeuge. Wien: Industrie- u. Fachverlag 1960. 230 S.

Gröbner, Hans J.: Wirtschaftliche Stanztechnik. Beispielsammlung aus der Praxis für die Praxis. Berlin—Göttingen—Heidelberg: Springer 1961. XII, 117 S.

Krabbe, E.: Stanztechnik. 2. Teil. Die Bauteile des Schnittes. 3. Aufl. (Werkstattbücher, H. 57). Berlin—Göttingen—Heidelberg: Springer 1961. 63 S.

Romanowski, W. P.: Handbuch der Stanzereitechnik. 3. Aufl. (Übers. aus dem Russ.). Berlin: Verl. Technik 1965. 644 S.

Krabbe, Erich: Stanztechnik. 3. Teil. Grundsätze für den Aufbau der Schnittwerkzeuge. 2. Aufl. (Werkstattbücher, H. 59). Berlin—Heidelberg—New York: Springer 1965. 64 S.

Sellin, W.: Stanztechnik. IV. Teil. Formstanzen. 3. Aufl. (Werkstattbücher, H. 60). Berlin—Heidelberg—New York: Springer 1965. 67 S.

Oehler, Gerhard u. *F. Kaiser:* Schnitt-, Stanz- und Ziehwerkzeuge. 5. Aufl. Berlin—Heidelberg—New York: Springer 1966. VI, 666 S.

4.26 Anreißen, Aufbringen von Schnittlinien

Mauri, Heinrich: Das Anreißen in Maschinenbau-Werkstätten. 4. Aufl. (Werkstattbücherei, H. 3). Berlin—Göttingen—Heidelberg: Springer 1964. 64 S.

4.3 Umformen von Blechen und Halbzeugen

4.30.0 Umformen von Blechen und Halbzeugen, allgemein

Oehler, G.: Blechverarbeitung in USA. Eindrücke einer Studienreise deutscher Fachleute (R.K.W., H. 30). München: Hanser 1957. 154 S.

Gentzsch, Gerhard: Fachbibliographie der bildsamen Formung der Metalle. Bd. 2. Blechformung. Berlin: Akademie Verlag 1959. 488 S.

(Schuler, L.): Handbuch für die spanlose Formgebung. 4. Aufl. Stuttgart: Stuttgarter Verl. Kontor 1964. 374 S.

4.30.2 Rundwalzen, Konischwalzen
s. unter 4.30.4

4.30.3 Abkanten
s. unter 4.30.4

4.30.4 Biegen von Blechen

Oehler, G.: Biegen unter Pressen, Abkantpressen, Abkantmaschinen, Walzenrundbiegemaschinen, Profilwalzenmaschinen. München: Hanser 1963. 332 S.

4.30.6 Drücken auf der Drückbank

Sellin, Walter: Metalldrücken (Werkstattbücher, H. 17). Berlin—Göttingen—Heidelberg: Springer 1955. 71 S.

4.31.01 Grundlagen des Tiefziehens

Sellin, Walter: Tiefziehtechnik, Formstanzen, Gummi-Pressen, Tiefziehen. 4. Auflage. (Werkstattbücher, H. 25.) Berlin—Göttingen—Heidelberg: Springer 1955. 75 S.

(Siebel, E. u. H. Beißwänger): Tiefziehen (Forschungsarbeiten auf dem Gebiete des Tiefziehens i. Auftr. d. Forsch. Ges. Blechverarb.). München: Hanser 1955. 205 S.

4.31.3 Formung mittels Hochenergie

Gentzsch, Gerhard: Hochleistungsumformung. Umformung u. Bearbeitung mit Explosivstoffen, Unterwasserfunken, komprimierten Gasen und Magnetismus. Literaturbericht und Bibliographie. Düsseldorf: VDI-Verlag 1962. 150 S.

Zeitlin, Alexander: Annoted bibliography on high-pressure technology. A report of ASME Res. Comm. on Pressure Technology. New York: Amer. Soc. Mech. Engng. Washington—London: Butterworths 1964. XIII, 290 pp.

4.31.31 Explosionsumformung

Rinehart, J. S. and *J. Pearson:* Explosive working of metals. Oxford—London—New York—Paris: Pergamon Press 1963. VIII, 351 pp. (s. VII).

Cole, R. H.: Underwater explosions. New York: Dover Publ. 1965. IX, 437 pp.

4.31.4 Profilformen aus Blech (Profilwalzen, Profilziehen) s. u. 4.30.4 *Oehler*

4.31.5 Biegen von Rohren

Franz, W.-D.: Das Kalt-Biegen von Rohren. Verfahren und Maschinen. Berlin—Göttingen—Heidelberg: Springer 1961. VI, 132 S.

4.41 Spangebende Bearbeitung von Flugzeugwerkstoffen

4.41.1 Spangebende Bearbeitung, Handbücher der Zerspanungstechnik, allgemein

Kronenberg, Max: Grundzüge der Zerspanungslehre. 2. Aufl. Bd. 1. Einschneidige Zerspanung. 1954. XXVI, 430 S., Bd. 2. Mehrschneidige Zerspanung. 1963. XXXII, 361 S. Berlin—Göttingen—Heidelberg: Springer.

Preger, K. Th.: Zerspantechnik. Braunschweig: Vieweg 1965. 178 S.

Degner, W., H. Lutze u. *E. Smejkal:* Spanende Formung. Berechnungsgrundlagen u. Richtwerttafeln. Berlin: Verlag Technik 1966. 238 S.

4.41.21 Bearbeitung von Stählen

Vieregge, G.: Zerspanung der Eisenwerkstoffe. Düsseldorf: Verlag Stahleisen 1959. XII, 346 S.

4.41.24 Bearbeitung von Leichtmetallen s. auch 1.3 *Reiprich*

4.41.25 Bearbeitung von Hölzern

Kollmann, F.: Technologie des Holzes und der Holzwerkstoffe. Bd. 2. Holzschutz, Oberflächenbehandlung, Trocknung u. Dämpfen, Veredelung, Holzwerkstoffe, spanabhebende und spanlose Holzbearbeitung, Holzverbindungen. 2. Aufl. Berlin—Göttingen—Heidelberg: Springer 1951. 1183 S.

Vorreiter, L.: Holztechnologisches Handbuch. Bd. 3. Grundlagen der Holzzerspanung, Arten, Formen und Maschinen zerspanender Holzformung. Arbeits- und Betriebsschutz. Wien: Fromme 1963. 887 S.

Blankenstein, C.: Holztechnisches Handbuch. München: Hanser 1962. 964 S.

(Kleinschmidt, B.): Handbuch der gesamten Schleif- und Poliertechnik. Bd. 3. Schleifen und Polieren in der Holzbearbeitung. 2. Aufl. Berlin: Techn. Verl. H. Cram 1958. 332 S.

Koch, Peter: Wood machining processes. New York, N. Y.: Ronald Press 1964. 530 pp.

4.41.26 Bearbeitung von Kunststoffen

Zickel, Helmut: Das spanabhebende Bearbeiten der Kunststoffe (Kunststoff-Verarbeitung, Folge 4). 2. Aufl. München: Hanser 1963. 82 S.

4.42 Spanende Bearbeitungsverfahren

4.42.1 Drehen und Gewindeschneiden

Mänz, Hans-Heinrich: Drehen (Werkstoffkniffe, Folge 19). München: Hanser 1955. 108 S.

Schöpke, H.: Feindrehen (Schriftenreihe Feinbearbeitung). Stuttgart: Dt. Fachzeitschrift. u. Fachbuch Verlag 1955. 77 S.

Stau, Carl Heinz: Gewindefeinbearbeitung II. Drehen und Fräsen von genauen Langgewinden (Schriftenreihe Feinbearbeitung). Hrsg. H. H. Finkelnburg. Stuttgart: Dt. Fachzeitschriften und Fachbuch Verlag „Das Industrieblatt" 1956. 52 S.

Diefenbach, F.: Der Dreher. 2. Aufl. Bonn—Hannover—Hamburg—München: Dümmler 1959. 260 S.

Krist, Th.: Drehen — Gewindeschneiden (Fachtabellen für die Metallindustrie, Bd. 15b). Darmstadt: Techn. Tab. Verl. 1959. 59 Bl.

— Drehen mit Hartmetall. Essen: Vulkan-Verlag 1962. 55 S.

4.42.2 Bohren, Senken, Reiben

Dinnebier, J.: Bohren (Werkstattbücher, Heft 15). 4. Aufl. Berlin—Göttingen—Heidelberg: Springer 1949. 66 S.
Dinnebier, J.: Senken und Reiben (Werkstattbücher, H. 16). 4. Aufl. Berlin—Göttingen—Heidelberg: Springer 1950. 58 S.
Popendicker, Paul: Bohren, Senken, Reiben. 5. Aufl. München: Hanser 1955. 75 S.
Schultze, K. H.: Arbeiten auf Lehrenbohrwerken (Schriftenreihe Feinbearbeitung). Stuttgart: Dt. Fachzeitschrift. u. Fachbuch Verlag 1955. 68 S.
Martini, Herbert: Die wirtschaftliche Herstellung form- u. lagegenauer Bohrungen in der Reihenfertigung. Leipzig: Fachbuchverlag 1956. 78 S.
Redetzki, Manfred: Wirtschaftliches Bohren unter besonderer Berücksichtigung von Zentrierschliffbohrern. Leipzig: Fachbuchverlag 1956. 80 S.
Gerson, A.: Feinbohren und Feinbearbeitung von Bohrungen (Schriftenreihe Feinbearbeitung, Heft 27). Stuttgart: Dt.Verl. Anst. 1958. 65 S.
Krist, Th.: Bohren, Senken, Reiben (Fachtab. für die Metallindustrie, Bd. 15 a). Darmstadt: Techn. Tab. Verl. 1959. 71 Bl.
Martini, Herbert: Waagerechtbohren. Teil I und II (Betriebsbücher, Bd. 1 u. 2). 3. Aufl. München: Hanser 1963. Teil I 84 S.; Teil II 65 S.

4.42.3 Fräsen und Sägen

Krist Th.: Fräsen, Sägen (Fachtabellen für die Metallindustrie, Band 15 d). Darmstadt: Techn. Tab. Verl. 1959.
Schallbroch, Heinrich: Das Waagerechtbohr- und -fräswerk und seine Anwendung. Berlin—Göttingen—Heidelberg: Springer 1959. XI, 210 S.
Charchut, W.: Walzfräsen (Werkstattkniffe, Folge 21). München: Hanser 1960. 87 S.
Klein, Hans A.: Fräsmaschinen in Betrieb (Werkstattbücher, H. 120). Berlin—Göttingen—Heidelberg: Springer 1960. 64 S.
Geyer, M.: Das Fräsen. Bd. 1. 3. Aufl. Berlin: Verl. Technik 1961. 191 S.

4.42.4 Hobeln und Stoßen

4.42.5 Räumen und Läppen

Lätzig, Walter: Läppen. Die Grundlagen und ihre praktische Anwendung. München: Hanser 1950. 185 S.
Grösel, H.: Läppen. Stuttgart: Dt. Verl. Anst. 1954. 63 S.
Dickoré, G.: Strahl-Läppen (Schriftenreihe Feinbearbeitung, Heft 17). Stuttgart: Dt. Verl. Anstalt 1956. 76 S.
Krist, Th.: Feilen, Meißeln, Schaben, Scheren, Hobeln, Stoßen, Räumen (Fachtabellen f. d. Metallindustrie, Bd. 15 c). Darmstadt: Techn. Tab. Verl. 1962. ca. 109 Bl.
Krist, Th.: Schleifen, Polieren, Honen, Läppen (Fachtabellen f. d. Metallindustrie, Bd. 15e). Darmstadt: Technischer Tab. Verlag 1960. ca. 103 Bl.

4.42.6 Schleifen und Honen

Kessler, G.: Honen (Schriftenreihe Feinbearbeitung, Heft 15). Stuttgart: Deva Fachbuchverlag 1955. 54 S.
Staudinger, Heinrich: Das Schleifen und Polieren der Metalle. 5. Aufl. (Werkstattbücher H. 5). Berlin—Göttingen—Heidelberg: Springer 1955. 64 S.
Wieck, K.: Außenfeinhonen (Schriftenreihe Feinbearbeitung, Heft 12). Stuttgart: Deva Fachbuchverlag 1955. 57 S.
— Einführung in die Schleiftechnik. Leipzig: Fachbuchverlag 1957. 388 S.
Blohm, R.: Fachfeinschleifen (Schriftenreihe Feinbearbeitung, Heft 28). Stuttgart: Deva Fachbuchverlag 1958. 63 S.
Krist, Th.: Schleifen — Polieren — Honen — Läppen (Fachtabellen für die Metallindustrie, Bd. 15 e). Darmstadt: Techn. Tab. Verl. 1960. ca. 104 Bl.
Rotzoll, E.: Feinbearbeitung durch spitzenloses Schleifen (Schriftenreihe Feinbearbeitung, H. 32). Stuttgart: Deva Fachbuchverlag 1961. 72 S.
Burkart, W.: Modernes Schleifen und Polieren. 3. Aufl. Saulgau/Wttbg.: Leuze 1964. 312 S.
(Kleinschmidt, B.): Jahrbuch der Schleif- und Poliertechnik und Oberflächenbehandlung 1964. Essen: Vulkan Verl. 1964. 496 S.
Stade, Gerhard: Technologie des Schleifens. München: Hanser 1962. 160 S.
Bartkiewicz, B. u. J. S. Spizig: Elysierschleifen (elektrochemisches oder elektrolytisches Schleifen) (Schriftenreihe Feinbearbeitung, Heft 33). Stuttgart: Deva Fachbuchverlag 1963. 60 S.

4.42.71 Bearbeitung mit Elektroerosion

Spizig, J. S.: Der gesteuerte elektro-erosive Metallabtrag (Schriftenreihe Feinbearbeitung, Heft 25). Stuttgart: Deva Fachbuchverlag 1958. 87 S.
Liwschiz, A. L.: Elektroerosive Metallbearbeitung unter besonderer Berücksichtigung des neuen Elektroimpulsverfahrens. Berlin: Verlag Technik 1959. 150 S.

4.5 Warmbehandlung der Metalle

4.51 Härten von Stahl

Stüdemann, Hans: Wärmebehandlung der Stähle. München: Hanser 1960. 271 S.

— Atlas zur Wärmebehandlung der Stähle. 2 Teile (Hrsg. Max-Planck-Inst. f. Eisenforsch. u. Werkst. Ausschuß des Vereins Dtsch. Eisenhüttenleute). Düsseldorf: Verl. Stahleisen 1961.

Malmberg, W.: Glühen, Härten und Vergüten des Stahles (Werkstattbücher, H. 7). 2. Aufl. Berlin — Göttingen — Heidelberg: Springer 1961. 68 S.

— Metals handbook. Vol. 2: Heat treating, cleaning and finishing. 8th ed. (Ed. by Amer. Soc. for Metals, ASM Handbook Committee). London: Chapman & Hall 1964. 672 pp., Metals Park, Ohio 1964. 708 pp.

4.52 Warmbehandlung der Metalle

Franz, Hermann: Über die Aushärtung von Aluminium-Kupfer-Legierungen. Düsseldorf: Aluminium Verl. 1957. 156 S.

4.53 Induktive Wärmebehandlung

Cable, J. W.: Betriebspraxis der induktiven Erwärmung. Stuttgart: Berliner Union 1961. 314 S.

Kegel, Kurt: Die Praxis der induktiven Warmbehandlung. Berlin—Göttingen—Heidelberg: Springer 1961. VIII, 167 S.

4.54 Brennhärten

Grönegress, H. W.: Brennhärten und örtliche Wärmebehandlung. Tabellenbuch für die Benutzer des Peddinghaus-Verfahrens. 3. Aufl. Essen: Vulkan Verl. 1957. 196 S.

Grönegress, H. W.: Brennhärten. 3. Aufl. (Werkstattbücher, H. 89). Berlin—Göttingen—Heidelberg: Springer 1962. 68 S.

4.6 Pulvermetallurgie

Eisenkolb, F.: Die neuere Entwicklung der Pulvermetallurgie. Berlin: Verl. Technik 1955. 484 S.

Eisenkolb, Friedrich u. *Fritz Thümmler:* Fortschritte der Pulvermetallurgie. Bd. 1. Grundlagen der Pulvermetallurgie. 1963. XIX, 492 S., Bd. 2. Technologische Einrichtungen und pulvermetallurgische Werkstoffe. Berlin: Akademie Verl. 1963. XVIII, 976 S.

4.81.00 Lehrbücher über Oberflächenbehandlung und Oberflächenschutz

Fischer, H., K. Hauffe u. *W. Wiederholt:* Passivierende Filme und Deckschichten. Anlaufschichten. Berlin—Göttingen—Heidelberg: Springer 1956. XII, 400 S.

Machu, W.: Oberflächenvorbehandlung von Eisen- und Nichteisenmetallen. Entfettung, Reinigung, Beizen, Brennen, Schleifen, Putzen, Polieren usw. 2. Aufl. Leipzig: Akad. Verl.-Ges. Geest & Portig 1957. 960 Seiten.

Wiederholt, W. u. *J. Elze:* Taschenbuch des Metallschutzes. Aktiver und passiver Korrosionsschutz der Metalle. Stuttgart: Wiss. Verl.-Ges. 1960. XX, 900 S.

Tödt, F.: Korrosion und Korrosionsschutz. 2. Aufl. Berlin: de Gruyter 1961. 1427 S.

Straschill, Max: Lehrbuch der Oberflächen-Veredelung von Metallen. München: Oldenbourg 1962. 151 S.

(Foulke, D. G. and *F. E. Crane, jr.):* Electroplaters process control handbook. New York: Reinhold 1963. XI, 445 pp.

(Kissin, G. H.): Finishing of aluminum. New York: Reinhold Publ. Corp. 1963. 243 pp.

Wernick, S. and *R. Pinner:* The surface treatment and finishing of aluminium and its alloys. 3rd ed. Teddington: Robert Draper Ltd. 1964. 792 pp.

4.82.00 Verschiedene Verfahren der Oberflächenbehandlung und des Oberflächenschutzes, allgemein

4.82.11 Plattieren

(Graham, A. K. and *H. L. Pinkerton):* Electroplating engineering handbook. 2nd ed. New York: Reinhold 1962. XXII, 774 pp.

(Lowenheim, F. A.): Modern electroplating. 2nd ed. New York—London—Sidney: Wiley 1964. XVI, 769 pp.

4.82.12 Galvanisieren

Langford, K. E.: Die Analyse galvanischer Bäder. Saulgau (Wttbg.): Leuze Verl. 1957. 358 S.

Gaida, B.: Kalkulation in der Galvanotechnik. Saulgau (Wttbg.): Leuze Verl. 1958. 104 S.

Weiner, R.: Die galvanische Verchromung (Schriftenreihe: Galvanotechnik, Bd. 6). Saulgau (Wttbg.): Leuze Verl. 1961. 182 S.

Lutter, E., H. Benninghoff u. *O. P. Krämer:* Tabellen für die Galvanotechnik. 2. Aufl. Saulgau (Wttbg.): Leuze Verl. 1962. 265 S.

(Dettner, Heinz u. *Johannes Elze):* Handbuch der Galvanotechnik. Bd. 1. Grundlagen, Einrichtungen, Vorbehandlungen. München: Hanser Teil 1. 1963. XVI, 648 S. Teil 2. 1964. VIII, 557 S. Bd. 2. Verfahren für die galvanische und stromlose Metallabscheidung. München: Hanser 1966. XVI, 1090 S.
Wiederholt, W.: Die chemische Oberflächenbehandlung von Metallen zum Korrosionsschutz (Schriftenreihe Galvanotechnik, Bd. 9). Saulgau (Wttbg.): Leuze Verl. 1963. 192 S.
— L. P. W.-Taschenbuch für Galvanotechnik. 11. Ausg. Neuß: Langbein-Pfanhauser Werke AG. 1965. 863 S.

4.82.14 Metallspritzen, Metallauftragen

Reininger, H.: Gespritzte Metallüberzüge. München: Hanser 1952. 232 S.
Fritz, J. C.: Das Flammspritzen von Stahl, Metallen und Kunststoffen. Essen: Girardet 1955. 152 S.
Ballard, W. E.: Metal spraying and the flame deposition of ceramics and plastics. 4th ed. London: Charles Griffin 1963. 576 pp.
Kretschmar, E. u. *H. Schwarz:* Metall-, Keramik- und Plastspritzen. Berlin: Verl. Technik 1963. 392 S.
— Thermische Spritzverfahren (Fachbuchreihe Schweißtechnik, Bd. 38). Düsseldorf: Dt. Verl. f. Schweißtechnik 1964. 116 S.

4.82.23 Oxydationsverfahren

Hübner, Walther, W. G. u. *A. Schiltknecht:* Die Praxis der anodischen Oxydation des Aluminiums. 2. Aufl. Düsseldorf: Aluminium-Verl. 1961. 479 S.

4.82.26 Anstrichverfahren

Klose, Rudolf: Farbspritzen. Verfahren, Stoffe und Einrichtungen. 2. Aufl. (Werkstattbücher, H. 49). Berlin—Göttingen—Heidelberg: Springer 1951. 75 S.
Klose, Rudolf: Anstrichstoffe und Anstrichverfahren mit besonderer Berücksichtigung der Untergrund- und Zwischengrundbehandlung (Werkstattbücher, H. 103). Berlin—Göttingen—Heidelberg: Springer 1951. 59 S.
van Oeteren, K. A.: Korrosionsschutz durch Anstrichstoffe. Stuttgart: Wiss. Verl.-Ges. 1961. IX, 456 S.
Weigel, K.: Grundlagen zur Lack-Elektrophorese. Mering/Augsburg: Holz-Verl. 1965. 320 S.

4.82.27 Beschichten mit Kunststoffen, Wirbelsintern

Waeser, B.: Kunststoffe als Schutz gegen Korrosion (Reihe „Technologie der makromolekularen Chemie"). Heidelberg: Dr. Alfred Hüthig Verl. 1963. 116 S.

4.82.29 Metallreinigung und Entfettung, Beizen (Pickling), Entzundern (Descaling) u. a.

Pollack, A. u. *P. Westphal:* Metall-Reinigung und -Entfettung. Saulgau (Wttbg.): Leuze Verl. 1961. 194 S.
Straschill, M.: Neuzeitliches Beizen von Metallen. Saulgau (Wttbg.): Leuze Verl. 1961. 180 S.

4.82.31 Polieren, Bürsten

Burkart, W.: Das mechanische Polieren (Schriftenreihe Feinbearbeitung). Stuttgart: Dt. Fachzeitschr.- u. Fachbuch-Verl. 1955. 70 S.
Burkart, W., H. Silman, and *C. R. Draper:* Mechanical polishing. Teddington, Middlesex: Robert Draper 1960. 267 pp.

4.82.32 Sandstrahlen, Kugelstrahlen

Ziegler, W. u. *H. Lepand:* Strahlen und Strahlmittel (Betriebsbücher, Folge 8). München: Hanser 1964. 80 S.

5. Verbindungs- und Zusammenbauverfahren

5.21 Handbücher über das Nieten, Nieten allgemein

Kennel, Ernst: Das Nieten im Stahl- und Leichtmetallbau. München: Hanser 1951. 190 S.

5.31.1 Handbücher der Schweißtechnik

Herden, G.: Schweiß- und Schneidtechnik. Halle/Saale: Carl Marhold Verl. 1960. 884 S.
Malisius, Richard: Schrumpfungen, Spannungen und Risse beim Schweißen. 2. Aufl. (Fachbuchreihe Schweißtechnik, Bd. 10). Düsseldorf: Dt. Verl. f. Schweißtechnik, Braunschweig: Vieweg 1960. 140 S.
(Phillips, Arthur L.): Welding handbook. Pt. 4. Metals and their weldability. 5th ed. New York: American Welding Society, London: Cleaver Hume Press 1966.

— Schweißtechnische Normen und Vorschriften (DIN-Taschenbuch 8). Köln—Berlin: Beuth-Vertrieb 1961. 217 S.
(*Phillips, Arthur L.*): Welding handbook. Section 1. Fundamentals of welding. 5th ed. New York 17, N. Y.: Amer. Welding Soc. 1962. 622 pp.
Wollny, F.: Schweißtechnische Richtlinien. Hrsg. Zentral-Inst.-Schweißtechnik. Halle/Saale 1963. 826 S.
Wellinger, K.: Schweißen. Stuttgart: Kröner 1964. 274 S.
— Handbuch für die Schweißtechnik. 6. Aufl. Hrsg. Westfäl. Union A. G. für Eisen- u. Drahtindustrie Hamm 1964. 320 S.

5.31.2 Lehrbücher der schweißtechnischen Sonderverfahren

Hesse, Rudolf: Praktische Regeln für den Elektroschweißer. Anleitungen und Winke aus der Praxis für die Praxis. 4. Aufl. (Werkstattbücher, H. 74). Berlin—Göttingen—Heidelberg: Springer 1958. 66 S.
Keel, C. G.: Schutzgasschweißen. Basel: Schweizer Verein f. Schweißtechn. 1960. 144 S.
Keel, Carl G.: Lehrbuch der Schweißtechnik. I. Lichtbogen-Schweißverfahren. Basel—Stuttgart: Birkhäuser 1961. 392 S.
Holler, Hermann: Leitfaden für Autogenschweißer. 22. Aufl. Berlin: Verl. Technik 1961. 433 S.
Koch, H.: Handbuch der Schweißtechnologie. Lichtbogenschweißen (Fachbuchreihe Schweißtechnik, Bd. 19). Düsseldorf: Dt. Verl. f. Schweißtechnik 1961. 658 S.
Brunst, W. u. *W. Fahrenbach*: Widerstandsschweißen. 3. Aufl. (Werkstattbücher, Bd. 73 a/b). Berlin — Göttingen — Heidelberg: Springer 1962. 124 S.
— Fehler im Schweißgut. Ihr Entstehen und Vermeiden beim Lichtbogenschweißen (Fachbuchreihe Schweißtechnik, Bd. 24). Düsseldorf: Dt. Verl. f. Schweißtechnik 1962. 160 S.
Karliczek, H.: Leitfaden für Lichtbogenschweißer. 4. Aufl. Braunschweig: Vieweg 1963. 468 S.
Rellensmann, Karl-Heinz u. *Hans-Harry Bonacker*: Fachgerechtes Lichtbogenschweißen. Hamburg: Verl. Handwerk u. Techn. 1963. 112 S.
Schatz, Werner: Die Unterpulver-Schweißung. Theorie und Praxis. Eisenberg (Pfalz): Oerlikon Elektrodenfabrik Eisenberg GmbH. 1963. 295 S.
De Rop, C.: Die manuellen und maschinellen Elektro-Schmelzschweißverfahren, ihre Metallurgie und Anwendung. Aachen: Verl. Arcos 1964. 264 S.
(*Phillips, Arthur L.*): Welding handbook. Part 2: Welding processes, gas, arc and resistance. 5th ed. London: Macmillan 1964. 574 pp.
— Widerstandsschweißen III. Vorträge 6. Sondertagung „Widerstands-Schweißtechnik". Düsseldorf: Dt. Verl. f. Schweißtechnik 1965. 224 S.

5.31.3 Schweißen verschiedener Metalle

5.31.31 Schweißen von Stahl

Lueb, H.: Kleine Werkstoffkunde für das Schweißen von Stahl und Eisen. 4. Aufl. (Fachbuchreihe Schweißtechnik, Bd. 8). Düsseldorf: Dt. Verl. f. Schweißtechnik 1964. 90 S.

5.31.32 Schweißen von Leichtmetallen

Buray, Z.: Aluminiumverbindungen. I. Das Schweißen von Aluminium. Halle/Saale: Marhold 1958. 288 S.
(*Matting, Alexander*): Das Schweißen der Leichtmetalle und seine Randgebiete (Fachbuchreihe Schweißtechnik, Bd. 14). Düsseldorf: Dt. Verl. f. Schweißtechnik 1959. 200 S.

5.31.34 Schweißen sonstiger Metalle

Gilde, Werner, M. Kiesche u. *K. Paul*: Das Schweißen der Nichteisenmetalle. Bd. I. Das Schweißen der Nichteisenmetalle unter Argon. Berlin: Verl. Technik 1963. 276 S.
Gilde, Werner: Das Schweißen der Nichteisenmetalle. Bd. II. Widerstandsschweißung der NE-Metalle. Berlin: VEB-Verl. Technik 1964. 224 S.

5.31.4 Schweißen von Kunststoffen

Zade, H. P.: Thermisches und Hochfrequenzschweißen von Kunststoffen. München: Hanser 1959. 203 S.
Haim, Georg: 25 Jahre Kunststoffschweißen. München: Hanser 1963. 96 S.

5.31.51 Elektronenstrahlschweißen

Bakish, R. and *S. S. White*: Handbook of electronbeam welding. New York: Wiley 1964. IX, 269 pp.

5.31.55 Schweißen mit Lasertechnik

Lengyel, Bela A.: Lasers: Generation of light by stimulated emission. New York—London: Wiley 1962. 125 pp.

5.32.1 Handbücher über Löttechnik. Löten allgemein

Lüder, Erich: Handbuch der Löttechnik. Berlin: Verl. Technik 1952. 440 S.
Krist, Thomas: Tabellen der Praxis: Schweißen, Schneiden, Löten. Darmstadt: Technik-Tabellen-Verlag 1958. XII, 613 S.
Fenton, E. G.: Brazing manual. New York: Reinhold 1963. VI, 290 pp.
Manko, Howard H.: Solders and soldering. Materials, design, production, and analysis for reliable bonding. New York—Toronto—London: McGraw Hill 1964. 339 pp.
Lüder, E.: Löten (Betriebsbücher, Folge 25). München: Hanser 1966. 72 S.

5.41 Metallkleben. Lehrbücher.

— Structural adhesives: The theory and practice of gluing with synthetic resins. Lectures held by Aero Research Ltd. Cambridge. London: Lange, Maxwell and Springer 1951. VI, 203 pp.
de Bruyne, N. A.: Opening a new era in aircraft engineering. Redux in aircraft. 1st ed. (with bibliography 18 pp.). New York: CIBA Co. Inc. 1953. 98 pp.
de Bruyne, N. A. and *R. Houwink:* Klebtechnik. Die Adhäsion in Theorie und Praxis. Stuttgart: Berliner Union 1957. 501 S.
— Bonded aircraft structures. Duxford, Cambridge: CIBA (ARL) 1959. VII, 177 pp.
Trietsch, F. K.: Die Metallverklebung (Schriftenreihe Feinbearbeitung, Nr. 31). Stuttgart: Deva Fachverl. 1960. 91 S.
Schwarz, Hermann u. *Hans Schlegel:* Metallkleben und glasfaserverstärkte Kunststoffe. 4. Aufl. Berlin: Verl. Technik 1965. 280 S. (Techn. wiss. Abh. Zentral-Inst. Schweißtechnik, Halle/Saale.)
Bikerman, J. J.: The science of adhesive joints. New York—London: Academic Press 1961. VIII, 258 pp. (s. VII).
— Arbeitsblätter für das Metallkleben. Düsseldorf: Aluminium-Verl. 1962. 116 S.
(Bodnar, Michael J.): Structural adhesives bonding (Applied Polymer Symposia 3). Publ. 1966. VIII, 495 pp.
New York—London—Sydney: Interscience
(Houwink, R. and *G. Salomon):* Adhesion and adhesives. Vol. 2 Applications. 2nd ed. Amsterdam—London—New York: Elsevier Publ. Co. 1967. XIV, 590 pp.

5.41.0 Titelbibliographien, zusammenfassende Arbeiten

Krekeler, K., H. Peukert u. *O. Schwarz:* Auswertung der in- und ausländischen Literatur auf dem Gebiete des Metallklebens. Forsch.-Ber. des Wirtschafts- und Verkehrsministeriums Nordrhein-Westfalen Nr. 639. Köln-Opladen: Westdt. Verl. 1958. 152 S.
Henning, H., H. Peukert u. *F. Mittrop:* Auswertung der in- und ausländischen Literatur auf dem Gebiete des Metallklebens II. Forsch.-Ber. des Landes Nordrhein-Westfalen Nr. 934. Köln-Opladen: Westdt. Verl. 1961. 143 S.
Kalweit, H. J.: Metallkleben. Institut für Leichtbau und ökonomische Verwendung von Werkstoffen: TU Dresden 1963. 94 S.
Menges, G., F. Mittrop u. *W. Dalhoff:* Auswertung der in- und ausländischen Literatur auf dem Gebiete des Metallklebens. Teil III. Forsch.-Ber. des Landes Nordrhein-Westfalen. Köln-Opladen: Westdt. Verl. 1967 (in Vorbereitung).

5.42 Kleben sonstiger Werkstoffe

Perry, Henry Alexander: Adhesive bonding of reinforced plastics. New York—Toronto—London: McGraw-Hill 1959. XI, 275 pp.
Jordan, O.: Das Kleben von Kunststoffen (Kunststoffverarbeitung, H. 7). 2. Aufl. München: Hanser 1963. 98 S.

5.5 Fertigungstechnik des Verleimens von Holzwerkstoffen und Holzkonstruktionen
s. auch in 3.1 *Winter* Ber. B. V., in 4.41.25 *Kollmann* und *Blankenstein*

Vogt, Hans: Leim- und Preßtechnik (Taschenbücher für Holztechnik und Holzwirtschaft, Bd. 9). Prien-Chiemsee: Helmut Bücking Verl. 1961. 143 S.
Gefahrt, Josef: Hochfrequenzerhitzung im Holz (Taschenbücher für Holztechnik und Holzwirtschaft, Bd. 5/6). Prien-Chiemsee: Helmut Bücking Verl. 1962. 178 S.

5.7 Fertigung von verstärkten Kunststoffbauteilen
s. in 3.26.2 *Hagen, Morgan, Beyer, Wende, Rosato*

Sonneborn, Ralph H.: Fiberglas reinforced plastics. New York: Wiley 1954. XII, 240 pp. (s. VII).
(de Dani, A.): Glassfibre reinforced plastics. London: George Newnes Ltd., New York: Interscience Publishers, Inc. 1960. VIII, 296 pp. (s. VII).
Laue, E. W.: Glasfaserverstärkte Polyester (Kunststoffbücherei, Band 4). Speyer—Wien—Zürich: Rud. Zechner Verlag 1962. 208 S.

8. Betriebsmittel

8.1 Betriebsmittel (Handbücher), allgemein

— VDI-Handbuch Betriebstechnik. Teil 3. Betriebsmittel. Hrsg. VDI-Fachgruppe Betriebstechnik (ADB). Berlin—Köln: Beuth-Vertrieb (54 VDI-Richtlinien in Ringmappe).

8.2 Werkzeuge
s. auch in 4.25 *Oehler*

Urbaneck, J. W.: Diamanten als Feinbearbeitungswerkzeuge (Schriftenreihe Feinbearbeitung). Stuttgart: Dt. Fachzeitschr. u. Fachbuchverlag 1956. 58 S.

Burmester, Hans-Jörn: Hartmetallwerkzeuge für die Feinbearbeitung (Schriftenreihe Feinbearbeitung, Heft 29). Stuttgart: Deva-Fachverlag 1958. 55 S.

Sustan-Handbuch. Schnitt- und Stanzwerkzeug — Normalien. Frankfurt am Main: H. Fickert 1958. 194 S.

Agte, C., R. Kohlermann u. *E. Haymal*: Schneidkeramik, Herstellung, Eigenschaften und Anwendung. Berlin: Akademie Verlag 1959. 203 S.

Blanpain, Edouard: Keramikwerkzeuge. München: Hanser 1959. 64 S.

Witthof, J., R. Schaumann u. *H. Siebel*: Die Hartmetallwerkzeuge in der spanabhebenden Formung. 2. Aufl. München: Hanser 1961. 305 S.

8.3 Spannzeuge für Werkzeuge und Bearbeitungsstücke

Lukowski, Johann: Kraftbetätigte Spannzeuge. 2. Aufl. München: Hanser 1965. 166 S.

8.4 Vorrichtungen und Vorrichtungsbau

Ziegener, E.: Berechnung und Konstruktion von Vorrichtungen. 3. Aufl. Berlin: Verlag Technik 1962. 299 S.

Mauri, Heinrich: Der Vorrichtungsbau. 2. Teil. Typische, allgemein verwendbare Vorrichtungen. 6. Auflage (Werkstattbücher, Heft 35). Berlin—Göttingen—Heidelberg: Springer 1963. 68 S.

Mauri, Heinrich: Der Vorrichtungsbau. 1. Teil. 8. Aufl. Einteilung, Aufgaben u. Elemente d. Vorrichtungen (Werkstattbücher, H. 33). Berlin—Göttingen—Heidelberg: Springer 1965. 66 S.

Mauri, Heinrich: Der Vorrichtungsbau. 3. Teil. Wirtschaftliche Herstellung und Ausnutzung der Vorrichtungen. 5. Aufl. (Werkstattbücher, Heft 42). Berlin—Göttingen—Heidelberg: Springer 1965. 66 S.

Schleiffer, C. J. u. *H. E. Scheibe*: Vorrichtungsbau. 4. Aufl. München: Hanser 1965. 130 S.

9.1 Fertigung von Flugzeugen in reiner Holzbauweise und Gemischtbauweise

— Wood aircraft inspection and fabrication. ANC-19 Bull., USA, Federal Aviation Agency Washington, D. C. 1951. 335 pp. (s. VII).

Jacobs, Hans u. *Herbert Lück*: Werkstattpraxis für den Bau von Gleit- und Segelflugzeugen. Ravensburg: Otto Maier Verlag 1955. 354 S.

(*Winter, H.*): Richtlinien f. d. Holzflugzeugbau. Ringbuch Hrsg. Reichsluftfahrtministerium Berlin 1943—1945 (Berichtsammlung, die neben Festigkeitsfragen über Holzformung und Verleimung informiert). [Als Bericht des Inst. Flugzeugbau TH Braunschweig beschränkt verfügbar.]

10. Sonderfragen der Flugkörperfertigung
s. auch 1.1 *Guibert* u. *Wilson*

— Fertigungsmethoden in der Raumfahrttechnik (DGRR Fachbuchreihe „Fortschritte in der Raumfahrtforschung", Bd. 1). Hrsg. Deutsche Gesellsch. f. Raketentechnik u. Raumfahrt e. V., München DGRR 1965. 198 S.

11. Austauschbau

Morgenroth, Ernst: Bemaßen, Tolerieren und Lehren im Austauschbau. München: Hanser 1950. 189 S.

Tschochner, H.: Toleranzen, Passungen, Grenzlehren. 2. Aufl. Füssen: Winter 1959. 304 S.

12.1 Messen und Prüfen

12.11 Längenmeßtechnik

Leinweber, P., G. Berndt und *O. Kienzle*: Taschenbuch der Längenmeßtechnik für Konstruktion, Werkstatt, Meßraum und Kontrolle. Berlin—Göttingen—Heidelberg: Springer 1954. XXIII, 806 S.

Lehmann, R.: Leitfaden d. Längenmeßtechnik. Berlin: Verl. Technik 1960. 592 S.

Hodam, F.: Optik in der Längenmeßtechnik. Berlin: Verl. Technik 1962. 291 S.

Dolezalek, C. M.: Meßzeuge und Meßanordnungen für die Fertigung. Berlin—Heidelberg—New York: Springer 1965. XII, 211 S.

Berlin—Heidelberg—New York: Springer 1966. XII, 522 S.

12.12 Messung von Winkeln, Gewinden, Oberflächen, Zahnrädern

Schlesinger, G.: Messung der Oberflächengüte. — Ihre praktische Anwendung auf die Funktion zusammenarbeitender Teile. Berlin—Göttingen—Heidelberg: Springer 1951. VIII, 248 S.

Räntsch, Kurt: Grundlagen der technischen Winkelmessungen. München: Hanser 1952. 110 S.

Wolf, Fritz: Prüfen und Messen von Gewinden. München: Hanser 1952. 108 S.

(Pohl, Fritz u. *Rudolf Reindl):* Klingelnberg Technisches Hilfsbuch. 14. Aufl. Berlin—Göttingen—Heidelberg: Springer 1960. XVI, 878 S.

Berndt, G. u. *H. Trümpold:* Technische Winkelmessungen. 3. Aufl. (Werkstattbücher, Heft 18). Berlin—Göttingen—Heidelberg: Springer 1964. 68 S.

12.2 Werkstoffprüfung und Stückprüfung, zerstörungsfreie Werkstoffprüfung

Oehler, G.: Das Blech und seine Prüfung. Berlin—Göttingen—Heidelberg: Springer 1953. VIII, 297 S.

Mott, B. W. u. *Karl F. Frank:* Die Mikrohärteprüfung. Stuttgart: Berliner Union 1957. 300 S.

(Siebel, Erich u. *Otto Graf):* Handbuch der Werkstoffprüfung. Bd. III. Die Prüfung nichtmetallischer Baustoffe. 2. Aufl. Berlin—Göttingen—Heidelberg: Springer 1957. XXXI, 1026 S.

Späth, Wilhelm: Der Schlagversuch in der Werkstoffprüfung. Stuttgart: Gentner 1957. 184 S.

(Siebel, Erich): Handbuch der Werkstoffprüfung. Bd. I. Prüf- u. Meßeinrichtungen. 2. Aufl. Berlin—Göttingen—Heidelberg: Springer 1958. XVI, 890 S.

Reicherter, Georg: Die Härteprüfungen nach Brinell, Rockwell, Vickers. 2. Aufl. Berlin—Göttingen—Heidelberg: Springer 1959. 216 S.

(Siebel, Erich): Handbuch der Werkstoffprüfung. Bd. II. Die Prüfung metallischer Werkstoffe. 2. Aufl. Berlin—Göttingen—Heidelberg: Springer 1959. XV, 754 S.

(Siebel, Erich): Handbuch der Werkstoffprüfung. Bd. V. Die Prüfung der Textilien. 1. u. 2. Aufl. Berlin—Göttingen—Heidelberg: Springer 1960. XXX, 1440 S.

Müller, E. A. W.: Handbuch der zerstörungsfreien Materialprüfung. Loseblattwerk. Lfg. 1 bis 4 München—Wien: Oldenbourg 1959 bis 1963. 1478 S.

Krautkrämer, J. u. *H. Krautkrämer:* Werkstoffprüfung mit Ultraschall. 2. Auflage.

12.3 Kontrolle in der Fertigung

Strauch, Helmar: Statistische Güteüberwachung. München: Hanser 1956. 176 S.

Baiburow, B. S.: Statistische Prüfmethoden u. automatische Fertigungskontrolle im Maschinenbau. Leipzig: Fachbuchverlag 1957. 166 S.

Graf, Ulrich u. *Hans Joachim Henning:* Statistische Methoden bei textilen Untersuchungen. 3. Aufl. Berlin—Göttingen—Heidelberg: Springer 1960. XII, 291 S.

Enrick, N. L.: Qualitätskontrolle im Industriebetrieb. 4. Aufl. München: Oldenbourg 1961. 194 S.

Schaaftsma, A. H. u. *F. G. Willemze:* Moderne Qualitätskontrolle. 3. Auflage. Eindhoven (Holland): Philips Technische Bibliothek 1961. 512 S.

Dutschke, W.: Qualitätsregelung in der Fertigung. Berlin—Göttingen—Heidelberg: Springer 1964. XI, 116 S.

14. Normung in der Luftfahrzeug- und Raumfahrtfertigung

s. auch Abschn. 3.1

Luftfahrt-Normen-Verzeichnis, Hrsg. Normenstelle Luftfahrt Köln: Beuth-Vertrieb. Veränderliche Seitenzahl.

Ringbücher d. Luftfahrt-Normen, Bd. I bis III. Hrsg. Normenstelle Luftfahrt Köln: Beuth-Vertrieb 1962—1964. Veränderliche Seitenzahl.

Liste zugelassener Firmenerzeugnisse. Hrsg. Normenstelle Luftfahrt Köln: Beuth-Vertrieb 1962. 26 S.

ISO-Normen bzw. Empfehlungen (zu beziehen durch International Organization for Standardization Genf/Schweiz bzw. Deutscher Normenausschuß Berlin).

AICMA-Normen bzw. Empfehlungen (zu beziehen durch Association Internationale des Constructeurs de Material Aérospacial. 6 rue Galilée, Paris).

15. Fertigungsmaschinen u. Spezialmaschinen der Luftfahrtfertigungsbetriebe

s. in 1.2 — Hütte Bd. II Fertigungsmaschinen

Choné, G. u. *H. Feigenspan:* Taschenbuch für Druckluftbetrieb. 8. Aufl. Hrsg. Firma Pokorny, Frankfurter Maschinenbau AG. Berlin—Göttingen—Heidelberg: Springer 1959. XII, 298 S.

16. Sonderfragen der Luftfahrtfertigungstechnik

— Umschlüsselungs-Handbuch f. Fertigungsunterlagen nach dem Zollsystem. (Hrsg. Beuth-Vertrieb). Losebl. Ausg. 2 Bde. Berlin—Köln—Frankfurt/M.: Beuth-Vertrieb 1963. 471 u. 465 S.

17. Behördliche Zulassung von Flugzeugen, Abnahme von Flugzeugen

Matschego, Josef: Lufttüchtigkeit, Prüfung u. Zulassung des Luftfahrtgerätes. München: Hanns Reich Verlag 1960. 176 S.

Knott, H.: Luftfahrtgerät, seine Prüfung und Zulassung. Essen-Stadtwald: Heimat Verl. Alfred Müller 1960. 96 S.

18. Fertigungsentwicklung und Fertigungsforschung

Rowe, Geoffry W.: An introduction to the principles of metalworking. London: Edward Arnold 1965. 320 pp.

19. Instandhaltung von Flugzeugen (Wartung und Überholung)

Brimm, Daniel and *Edward Boggess:* Aircraft maintenance. New York—Chicago: Pitman Publ. Corp. 1940. 492 pp.

Norton, S. J.: Inspection of aircraft after overhaul. Category „B" Licence. 4th ed. London: Pitman 1942. VII, 119 pp.

Leavell, Stuart: Standard aircraft handbook. Los Angeles: Aero. Publishers. Inc. 1952. 155 pp.

Chapel, Charles Edward, Ralph D. Bent and *James L. McKinley:* Aircraft maintenance and repair. New York—London—Toronto: McGraw Hill 1955. 444 pp.

— Maintenance, repair and alteration of airframes, power plants, propellers and appliance (Civil Aeronautics Manual 18). Washington D. C. Federal Aviation Agency Dec. 1959. 229 pp. Addendum 5 pp.

(*McKinley, James L.* and *Ralph D. Bent*): Basic science for aerospace vehicles (Northrop Aeron. Inst. of Techn. series). New York—London—Toronto: McGraw-Hill 1963. 328 pp.

20. Reparatur und Änderung von Flugzeugen s. unter 19, die vier letzten Bücher

21. Technische Luftfahrt-Wörterbücher

Michaelis, Ernst: Taschenwörterbuch des Flugmotorenbaues und der verwandten Gebiete. Engl. Dt. BMW Flugmotoren GmbH., Entwickl. Werk Berlin-Spandau, Am Juliusturm 14—38, 1941. 447 S.

(*Frenot, G. H.* and *A. H. Holloway*): AGARD Aeronautical multilingual dictionary. Oxford—London—New York—Paris: Pergamon Press 1960. 300 pp.

Oppermann, Alfred: Aeronautical English. Dt./Engl., Engl./Dt. Baldham b. München: Alfred Oppermann, Aeronautischer Verl. 1955. 1170 S. Mit Nachtragsbänden II/1, II/2, II/3 1962. 550 S., III 1963. 550 S., IV 1964. 550 S.

Darcy, H. L.: Luftfahrttechnisches Wörterbuch. Dt./Engl. Berlin: de Gruyter 1960. XIV, 312 S.

(*Dorian, A. F.* and *James Osenton*): Elsevier's dictionary of aeronautics. English, French, Italian, Spanish, Portuguese and German. Amsterdam—London—New York: Elsevier (München: R. Oldenbourg) 1964. 842 pp.

Darcy, H. L.: Russian-English aerospace dictionary. Berlin: de Gruyter 1965. XVI, 407 pp.

Weitere Wörterbücher aus Sondergebieten der Fertigung wie auch allgemeine technische Wörterbücher sind zu finden in „Führer durch die Technische Literatur" 54 (1967) Abschnitt 7.1 S. 281—288 „Technische Wörterbücher" Hannover: Weidemann, Braunschweig: Graff etc.

VII. Bücherinhaltshinweise

1.1 *Guibert, M. P.:* Fabrication des avions et missiles. Paris: Dunod 1960. 847 p.

1 Le plan de fabrication. 2 Généralités sur l'outillage. 3 La fabrication der pièces détachées. 4 L'assemblage. 5 L'amenagement et le montage final. 6 Impositions et possibilités de la fabrication. 7 Fabrications spéciales. 8 Évolution.

1.1 *Wilson, F. W.* and *W. R. Prange:* Tooling for aircraft and missile manufacture. New York—Toronto—London: McGraw Hill 1964. 367 pp.

1 Planning for manufacture. 2 Engineering reference systems and lofting. 3 Master tooling. 4 Optical tooling. 5 Bonding, brazing and welding. 6 Subassembly tooling. 7 Final assembly. 8 Handling equipment. 9 Plastics for tooling. 10 Manufacture of plastic components. 11 Metal removal methods. 12 Metal forming techniques.

1.2 (*Wilson, F. W.*): Tool engineering handbook. Prepared by Amer. Soc. Tool & Manufacturing Engrs. New York—London—Toronto: McGraw Hill 1959. 2612 pp.

Planning, control, design, tooling, and other operations involved in the mechanical processing of finished products. — Tool design, fabrication, maintenance, and utilization — Product design and cost estimating — Economical selection of machines, processes, and tools. — Organization for manufacturing, applied principles of automation, carbide tool materials, epoxies, coordination equipment, hard surfacing techniques, value analysis, and tool design for wood processing. (Abstract from McGraw Hill Book 1961. p 401.)

1.2 *Campbell, James S.:* Principles of manufacturing materials and processes. New York—London: McGraw Hill 1961. IX, 674 pp.

Measuring and gaging. Metallurgy and Metals. Heat treating of Metals. Molds and Cores for Sand Castings. Smaller Quantity Production. Solidification. Gaging and Risering. Sand Molding. Large Quantity Production. Melting. Cleaning and Finishing. Sand Casting Processes. Powder Metallurgy. Plastic Flow and Mechanical Working Fundamentals. Rolling and Forging. Other Mechanical Working Processes. Welding, Brazing and Soldering Processes. Plastics and their Molding and Forming. Metal Cutting and Machining. Machining with the Shaper and Planer. Machining of Cylindrical Holes. The Lathe Family of Machining Tools. Milling and Similar Machining Processes. Abrasive Machining Processes, Sawing, Broaching, and Gear Cutting, Recent Developments in the Manufacturing Processes.

3.26.2 *Morgan, Phillip:* Glassreinforced plastics. 3rd ed. London: Iliffe 1961. XVI, 340 pp.

1 Glassfibre forms and properties. 2 The chemistry of unsaturated polyester. 3 Polyester types and properties. 4 Ancillaries for polyester. 5 Glass fibres with phenolic resins. 6 Silicone, melamine and furane resins. 7 Epoxide resins. 8 Commercial moulding processes (Pt. 1 Hand lay-up and contact moulding, Pt. 2 Spray techniques, Pt. 3 Matched die moulding). 9 Polyester dough moulding compounds. 10 Continuous resin injection for glass fibre moulding. 11 Tube and rod production. 12 Glass reinforced sheeting. 13 Design of structures. 14 Glass fibre laminates in the electrical field. 15 Automobile body work and other transport applications. 16 Polyester/glass boat hulls. 17 Chemical engineering applications. 18 Glass reinforced plastics in the aircraft industry. 19 Pressure vessels and filament winding. 20 Miscellaneous applications.

3.26.2 *Rosato, D. V.* and *G. S. Grove*, jr.: Filament winding. New York: Reinhold Publishing
5.7 Corp. 1964. XI, 360 pp.

1 Introduction. 2 Applications. 3 Reinforcements. 4 Resinous matrices. 5 Manufacturing. 6 Factors affecting properties. 7 Design criteria. 8 Test methods.

3.26.2 *Oleesky, Samuel S.* and *J. Gilbert Mohr:* Handbook of reinforced plastics. New York: Reinhold, London: Chapman & Hall 1964. VIII, 640 pp.

1 What are reinforced plastics? 2 Resins, catalysts, promoters. 3 Reinforcing materials and fillers. 4 Molding methods. 5 Molds and tooling. 6 Parting agents. 7 Finishing methods. 8 Properties and molded parts. 9 Design. 10 Test methods. 11 Safety and hygiene. 12 Cost accounting. Index.

3.29.2 *Bikerman, J. J.:* The science of adhesive joints. New York and London: Academic Press. 1961. 258 pp.

1 Solid surfaces. 2 Adhesive and other joints. 3 Formation of adhesive joints. 4 Tack. 5 Setting. 6 Final strength of adhints. 7 Stresses in adhints. 8 Experimental strength of adhints. 9 Tests. 10 Summary for the practical man.

3.29.3 *(Skeist, Irving):* Handbook of adhesives. New York: Reinhold, London: Chapman & Hall 1964. XV, 683 pp.

1 Fundamentals. 2 Adhesive materials. 3 Adherends. 4 Bonding technology.

3.29.3 *Katz, Irving:* Adhesive materials, their properties and uses. Long Beach, Calif.: Foster Publishing Comp. 1964. 441 pp.

Pt. I: Adhesives selection: Anatomy of adhesive bonding — Specification technology — Paper and fabric adhesives — Wood adhesives — Rubber adhesives — Electrical adhesives — Optical adhesives — Building construction adhesives — Other adhesives — Pyrotechnic, dental, medical, photographic, foundry — Miscellaneous. Pt. II: Adhesive properties data — Specifications abstracts. Appendices: Surface preparation procedures — Index of adhesive bonding specifications — Index.

4.31.31 *Rinehart, John S.* and *John Pearson:* Explosive working of metals. Oxford—London—New York—Paris: Pergamon Press 1963. VIII, 351 pp.

I. Physical basis of explosive metal working. 1. Introduction. — 2. Understanding explosives and explosions. — 3. Fundamentals of standoff operations. Generation and propagation of explosively induced shock. — 4. Fundamentals of contact operations. Loads and stresses. — 6. Fundamentals of contact operations. Metal reaction.

II. Engineering fundamentals and practices of explosive metal working. 7. Working with explosives. — 8. Standoff operations. Systems and components. — 9. Standoff operations. Parts and their production. — 10. Operations with contact charges. — 11. Other aspects of explosive metal working. — Author and Subject Index.

5.41 *de Bruyne, N. A.:* Opening an new era in aircraft engineering. Redux in aircraft. 1st. ed. (with bibliography 18 pp.). New York: CIBA Co. Inc. 1953. 98 pp.

1 Advantages of the "Redux" bonding process. 2 Properties of "Redux" bonded joints. 3 Direct costs of the "Redux" bonding in aircraft. 4 Examples of "Redux" in aircraft structures. 5 Design considerations in "Redux" applications. 6 Production of "Redux" bonded components. 7 Inspection of "Redux" bonded joints.

5.41 — Bonded aircraft structures. Duxford, Cambridge: CIBA (A.R.L.) 1959. VII, 177 pp.

Foreword; Fundamentals of adhesion; Design aspects of bonded structures (Part. 1 and 2); Press bonding; Autoclave bonding; Vacuum table bonding; Production tools for "Redux"; Tools for bonding; Production bonding with "Araldite"; Design and testing of honeycomb-cored structures; Honeycomb-cored structures; Bonding of aircraft; Magnesium assemblies with "Redux" adhesive; The use of "Araldite" for making tool and glasscloth laminating; Inspection of bonded aircraft structures; Inspection and testing of honeycomb and honeycomb sandwiches; High temperature adhesives.

5.7 *Sonneborn, Ralph H.*: Fiberglas reinforced plastics. New York: Wiley 1954. XII, 240 pp.

1 Nature and uses of fiberglas reinforced plastics. 2 Materials of F.R.P. 3 Manufacturing processes for F.R.P. 4 Secondary operations. 5 Inspection and testing. 6 Properties of F.R.P. 7 Design methods based on experience. 8 Applications of F.R.P. 9 Design theory of reinforced plastics. 10 Structural design of F.R.P. laminates.

5.7 *(de Dani, A.)*: Glass fibre reinforced plastics. London: George Newnes Ltd. 1960. VIII, 296 pp.

1 Raw materials. 2 Glass fibre reinforcements. 3 Polyester resins. 4 Other resins. 5 Silicone resins. 6 Ancillary materials. 7 Moulding methods. 8 No-pressure or hand lay-up mouldings. 9 Low-pressure mouldings — production of articles from rovings. 10 Low-pressure mouldings — matches metal die mouldings. 12 High pressure mouldings — dough moulding. 13 Jigs. 14 Tools. 15 Finishing operations for reinforced polyester laminates. 16 Laminate properties. 17 The moulding shop. 18 The Laboratory.

9.1 — Wood aircraft inspection and fabrication. ANC-19 Bull., USA Federal Aviation Agency Washington, D. C. 1951. 335 pp.

1 Allgemeines. 2 Holz (Grundlagen über Holz als Flugzeugbaustoff, Identifizierung von Holz, allgemeine Eigenschaften, Fehler und Anforderungen an Holz für spezielle Teile). 3 Vergütetes Holz (Sperrholz, laminiertes Holz, Schichtholz, Preßschichtholz, hochfeste Papierlaminate, Verbundmaterialien, Azetyl-Holz). 4 Flugzeugleime (Arten, Eigenschaften von Flugzeugleimen, Anwendungscharakteristika von Flugzeugleimen, Kontrolle der Leimqualität). 5 Behandlungs- und Herstellungsverfahren (Trocknung und Lagerung, Kontrolle des Feuchtigkeitsgehaltes, Verleimung, Holzformteile, Verleim- und Zusammenbauverfahren, Temperatur-Messung, spangebende Bearbeitung, Biegen und andere holzverarbeitende Verfahren, Oberflächenbehandlung von Holz, Luftschraubenherstellung). 6 Liste der Spezifikationen, Schlagwortverzeichnis.

VIII. Zeitschriftenaufsätze

Sachgliederung für die Einordnung der Zeitschriftenaufsätze s. Abschnitt VI, S. 420—425.

4.11.20 Gießen, verschiedene Verfahren, allgemein

Klein, Ulrich: Das Shaw-Verfahren. Gießerei **47** (1960) 2 33—37; Werkstatt u. Betrieb **94** (1961) 5 307.

Voigtländer, Otto: Wettbewerb Schmieden—Gießen. VDI-Z. **103** (1961) 25 1254—1261 10 Lit.-St.; Werkstatt u. Betrieb **95** (1962) 8 574 [4.12.0].

Sälzer, Hans-Joachim: Fertigungsbedingte Maßabweichungen bei gegossenen metallischen Bauteilen. Werkstatt u. Betrieb **95** (1962) 8 519—524 6 Lit.-St.

Zimmermann, Kurt: Gießereitechnik (Jahresübersicht). VDI-Z. **104** (1962) 24 1253—1255 40 Lit.-St.

Engler, Siegfried: Gießereitechnik. VDI-Z. **105** (1963) 24 1141—1143 55 Lit.-St.

Madono, Osamu: Shaw process permits precision casting of press tools and forging dies. SAE Paper 615 A Juni 1963; SAE. J. (1963) June 96—98.

Poulsen, S. C.: Advanced techniques for investment casting. Machinery (London) **103** (1963) 2663 1200—1208; Werkstatt u. Betrieb **97** (1964) 6 434.

Wittmoser, Adalbert: Über das Vollformgießen mit vergasbaren Modellen. Gießerei **50** (1963) 17 506—517 39 Lit.-St.

Zeuner, H.: Heutiger Stand der Güteüberwachung in Gießereien unter besonderer Berücksichtigung der Schnellverfahren. Gießerei **50** (1963) 4 98—106 8 Lit.-St.

Engler, Siegfried: Gießereitechnik. VDI-Z. **106** (1964) 24 1217—1219 37 Lit.-St.

Nickel, E. G.: Feinguß-Schalentechnik. Werkstatt u. Betrieb **97** (1964) 8 563—564.

Poulsen, S. C.: Advanced techniques for investment casting. Pt. 2. Machinery (London) **104** (1964) 2668 4—11, 2671 193—196; Index Aeron. **20** (1964) 3 ref. 1430, 1431.

Reininger, Hans: Abdichten undichter Gußstücke. Maschinenmarkt **70** (1964) 57 16—20.

Wittmoser, Adalbert: Neue Gießverfahren unterstützen wirtschaftliches Konstruieren. VDI-Z. **106** (1964) 27 1349—1357 22 Lit.-St.

Doskar, Josef and *Otakar Kastanek:* Precision casting. Production of precision castings by investment molding. Air Force Systems Command, Wright-Patterson AFB, Ohio. Foreign Techn. Div. FTD-TT-64-1022/112/3+4) March 1965 157 pp. (AD-465417); Transl. into English of a book „Presne Liti (Vyroba Presnych Odlitku Metodon Vytavitelnaho Modeln), Prague: Statni Nakladateitvi Techn. Lit. 1961 p. 1—149; STAR **3** (1965) 18 3119.

Dubinir, N. P.: Special casting techniques Chapter 9). Air Force Systems Command, Wright-Patterson AFB, Ohio. Foreign Technol. Div. FTD-TT-64-1647/1+2 May 1965 171 pp. (AD-617100) (Transl. into English of the book „Spravochnik Dlya Masterov Liteynogo Proizvodstva", Moscow, Ges. Nauchno Tekhn. Izd. Mashinostr. Lit. 1961 pp. 564—572); STAR **3** (1965) 18 3721.

Engelmann, Walter: Maßtoleranzen u. Oberflächenrauhtiefen kleiner Gußstücke bei Herstellung nach dem Maskenformverfahren. Gießerei **52** (1965) 3 76—79.

Engler, Siegfried: Gießereitechnik. VDI-Z. **107** (1965) 24 1183—1185 31 Lit.-St.

Gränzdorffer, Werner: Abbau von Gußspannungen durch Langzeitlagerung im Freien. Gießerei **52** (1965) 4 101—103.

Lauterjung, G.: Entwicklungen auf dem Gebiet des Kokillengießverfahrens. Gießerei **52** (1965) 5 117—123 2 Lit.-St.; Werkstatt und Betrieb **98** (1965) 11 859; Aluminium **41** (1965) 7 R 334.

— Continuous casting of non-ferrous metals. Light Metals **28** (1965) 322 38—50; Index Aeron. **21** (1965) 5 ref. 2834.

Cattier, D.: Procédés actuals de moulages à modèles perdus. Rev. Aluminium **43** (1966) 344 867—873; Aluminium **42** (1966) 10 RA 548.

Domaas, Erik B.: Precision casting, a key to integrated manufacturing. Tool & Manufacturing Engr. **56** (1966 4 66—68; Battelle Techn. Rev. **15** (1966) 6 189a.

Engler, Siegfried: Gießereitechnik. VDI-Z. **108** (1966) 24 1189—1191 31 Lit.-St.

Gabriel, Doškář: Fehler an Feingußteilen. Werkstatt u. Betrieb **99** (1966) 8 533—538 10 Lit.-St.

Siepmann, H.: Stand der Form- und Gießtechnik 1966. Industrie-Anz. Sonderausg. **88** (1966) Dez. 68—75; Aluminium **43** (1967) 1 R 36.

Wittmoser, A.: Gegossene Konstruktionsteile durch Vollformgießen. Werkstatt und Betrieb **100** (1967) 3 260—264 10 Lit.-St.

Zeppelzauer, K.: Warmrißneigung von Gußmetallen. Gießereipraxis (1967) 3 33—40; Aluminium **43** (1967) 4 R 178.

4.11.21 Gießen von Stahl

Kessler, H.: Verbundguß zwischen Schwer- oder Sintermetallen und Aluminiumlegierungen. Aluminium Suisse **10** (1960) 1 8—13; Aluminium **36** (1960) 4 A 88.

Hickisch, H.: Kritische Betrachtung über die Ursachen der Nadelstichporosität bei Stahlguß. Gießerei **48** (1961) 24 713—720 4 Lit.-St.

Kolorz, A.: Ursachen der Innenfehler bei Stahlgußstücken und deren Verhütung. Gießerei **48** (1961) 16 470—471.

Kreiper, F.: Randentkohlung bei Präzisionsguß. VDI-Z. **103** (1961) 10 448.

Uhlitzsch, H., L. Rietz u. *Gr. Wycisk:* Untersuchungen über die Gasporosität bei Stahlnaßguß und Maßnahmen zu deren Verhinderung. Technik (Berlin) **16** (1961) 6 435—440 8 Lit.-St.

Guglin, N. N. u. *B. B. Guljaev:* Untersuchung der die Warmrißbildung bei Stahlblöcken und -gußstücken verursachenden Faktoren. Stal in Deutsch **2** (1962) 3 271—277.

Sabé, A.: Einfluß der metallurgischen Eigenschaften und der Formstoffe auf die Warmrißbildung bei Stahlguß. Gießerei, techn. wiss. Beih. **14** (1962) 1 37—50 41 Lit.-St.

Marshall, H. J.: Das „Ceramcast" Formverfahren. *Gießerei* **50** (1963) 21 661—664; Werkstatt u. Betrieb **97** (1964) 4 320.

Roes, Hans Ludwig, Hans Stein, Werner Wüllenweber u. *Hans Zeuner:* Probleme bei der Herstellung von Gußstücken aus warmfesten Stahlgußwerkstoffen. Gießerei **50** (1963) 8 202—213.

Wilcox, Raymond J.: Evaluating investment castings of maraging steel. Metal Progr. **85** (1964) 1 87—90; Battelle Techn. Rev. **13** (1964) 4 155 a.

— Continuous casting of steel. Rep. of the Proc. of the Autumn Gen. Meeting of the Iron & Steel Inst. Nov. 1964 in London: Spec. Rep. 89 1965. 204 pp.

Küpfer, R.: Metallurgische und gießtechnische Einflußfaktoren bei der Rißbildung in Stahlguß-Stücken. Schweiz. Bauztg. **83** (1965) 16 269—275 18 Lit.-St., Gießerei **52** (1965) 10 309—316.

Naumenko, I. E.: Automatic continuous casting of steel. Techn. Digest **7** (1965) 9 643—646 7 refs.

Palmer, S. W.: How to prevent scrap in iron foundries. Foundry Trade J. **119** (1965) 2541 229—236 10 refs.

Ross, J.: Investment castings in advanced highstrength steels and titanium alloys. SAE Publ. 650770 1965, 26 pp.; Index Aeron. **22** (1966) 4 72 [4.11.24].

Chiviksin, Yaj Ye. and *D. R. Kononov:* Design features and technology of manufacturing thin-walled castings form structural weldable high strength steels. Steel Casting and Foundry Work in the USSR. Joint Publ. Res. Service, Washington, D. C. JPRS-38574, TT-66-34999, Nov. 1966 pp. 22—27 (Transl. into English of the book "XVIII Vsesoyuznaya Konferentsiya Liteyshchikov" Moscow, Machine Building Press 1966); STAR **5** (1967) 3 403.

Holden, C., J. W. Menter and *D. Vincent:* Continuous casting of tube steel. J. Iron Steel Inst. **204** (1966) 9 887—893.

Marr, H. S., B. W. H. Marsden and *R. I. Marshall:* Continuous casting and rolling wideflange beam blanks. J. Iron Steel Inst. **204** (1966) 12 1186—1193.

Stasyuk, G. F. et al.: Investigation of the casting properties of vacuum-melted, alloyed austenitic steels and alloys. Steel Casting and Foundry Work in the USSR Joint Publ. Res. Service, Washington, D. C. JPRS-38574, TT-66-34999, Nov. 1966 pp. 15—21 (Transl. into English of the book "Vsesoyuznaya Konferentsiya Liteyshchikov", Moskow, Machine Building Press 1966); STAR **5** (1967) 3 411.

Voronin, M. P.: Investment casting of Cr-Ni-steel vanes. Steel Casting and Foundry Work in the USSR. Joint Publ. Res. Service, Washington, D. C. JPRS-38574, TT-66-34999, Nov. 1966 pp. 28—32 (Transl. into English of the book "XVIII Vsesoyuznaya Konferentsiya Liteyshchikov", Moskow, Machine Building Press 1966); STAR **5** (1967) 3 403—404.

Wales, W. F.: Casting techniques for casting high strength steel. Mod. Castings **49** (1966) April 98—107; Battelle Techn. Rev. **15** (1966) 6 189 a.

4.11.22 Gießen von Aluminium-Legierungen

Büchen, W.: Leichmetallguß. Gießerei **46** (1959) 22 654—664; Aluminium **36** (1960) 1 A 12.

Büchen, W.: Leichtmetall, Kokillenguß. Gießerei **46** (1959) 22 687—694; Aluminium **36** (1960) 2 A 34.

Bailey, J. C.: Close-tolerance castings in aluminium alloy. Brit. Foundrymen **53** (1960) 4 187—196, A. D. A. Repr. Series (1960) 58 1—10; Aluminium **37** (1961) 3 A 78.

Fear, G. C.: Continuous casting of aluminium. J. Metals **12** (1960) Jan. 37—42; Blech **8** (1961) 7 554.

Honsel, H. Fr. u. *P. Zimmermann:* Über verschiedene Einflüsse — insbesondere den des Gasgehaltes — auf die Eigenschaften von Leichtmetallguß. Aluminium **36** (1960) 3 130—137 7 Lit.-St.

Maréchal, K.: Versuche und Ergebnisse mit in Aluminium-Kokillen gegossenen Leichtmetallabgüssen. 27. Int. Gießerei-Kongr. Zürich 1960, Kongr.-Vortr. 325—339; Aluminium **37** (1961) 2 A 52.

Poulsen, S. C.: Developments in lost-wax investment casting. Machinery (London) **96** (1960) 2480 1161—1163; Index Aeron. **16** (1960) 7 ref. 175.

Poulsen, S. C.: Recent developments in lost-wax investment casting. Machinery (London) **96** (1960) 2479 1092—1101; Index Aeron. **16** (1960) 7 ref. 174.

Roinet, Ch.: Le moulage en sable des alliages légers. I. Les sables. Rev. Aluminium **37** (1960) 279 1013—1027; Aluminium **37** (1961) 3 A 78; Index Aeron. **17** (1961) 3 ref. 433.

Roinet, Ch.: Le moulage en sable des alliages légers. II. Rev. Aluminium **37** (1960) 280 1155—1160; Aluminium **37** (1961) 5 A 170.

Roinet, Ch.: Le moulage en sable des alliages légers. IV. Rev. Aluminium **37** (1960) 281 1301—1311; Aluminium **37** (1961) 7 A 278; Index Aeron. **17** (1961) 4 ref. 485.

Roinet, Ch.: Le moulage en sable des alliages légers. V. Rev. Aluminium **37** (1960) 282 1434—1442; Index Aeron. **17** (1961) 4 ref. 486.

Verstraete, K.: Herstellung von maßgenauem Gußwerk aus Aluminiumlegierungen. Metalen **15** (1960) 13 234—235; Metall **15** (1961) 7 699.

Woodward, R. R. and *H. J. Proffitt*: An outline of British diecasting practice in aluminium alloys. Brit. Foudrymen **53** (1960) 6 259—272, A. D. A. Repr. Series RP 90 1—14; Aluminium **37** (1961) 5 A 170.

Barton, H. K.: The gating of aluminium die castings. Machinery (London) **99** (1961) 2541 209—216; Index Aeron. **17** (1961) 9 ref. 220.

Brand, H. W.: Kontinuierliches Gießen und Walzen von Aluminium. Sheet Metal Industries **38** (1961) 412 565—572, 582; Metall **16** (1962) 3 222.

Doyle, W. M.: Continuous casting of aluminium alloys. Metal Industry **99** (1961) 5 82—85, 6 102—104, 7 132—133; Aluminium **38** (1962) 2 A 52.

Eisenreich, H. u. *B. Graf*: Rationalisierungsmaßnahmen in einer Aluminium-Kokillengießerei. Industrie-Anz. **83** (1961) 64 1211 bis 1214; Aluminium **37** (1961) 11 A 454.

Goode, W.: Die design for die-casting. Metal Industry **99** (1961) 19 374—376, 20 401—402; Aluminium **38** (1962) 7 A 240.

Herrmann, E.: Neuere Aufzeichnungen über das Stranggießen von Nichteisenmetallen II. Aluminium und Aluminium-Legierungen. Metall **15** (1961) 3 201—210.

Marsh, L.: Precision casting of aluminum. SAE Prepr. 389 A, 1961 4 pp.; Index Aeron. **19** (1963) 8 ref. 3455.

Patterson, W. u. *F. Iske*: Zusammenhang zwischen den mechanischen Eigenschaften im Gußstück und im getrennt gegossenen Probestab. Forsch.-Ber. d. Landes Nordrhein-Westfalen Nr. 964. Köln: Westdtsch. Verl. 1961. 82 S.

Reid, W.: The permeable plaster precision casting process. Light Metals **24** (1961) 272 7—9; Aluminium **37** (1961) 8 A 320.

Roinet, Charles: Le moulage en sable des alliages légers. VI. Les alliages de fonderie. VII. Fusion et flux. Rev. Aluminium **38** (1961) 283 113—122; Index Aeron. **17** (1961) 6 ref. 326.

Roinet, Charles: Le moulage en sable des alliages légers. VIII. Les accessoires du moule. Rev. Aluminium **38** (1961) 285 377 bis 385; Aluminium **37** (1961) 9 A 374; Index Aeron. **17** (1961) 7 ref. 391.

Roinet, Charles: Le moulage en sable des alliages légers. IX. L'ébarbage. X. Les traitements thermiques. XI. Les contrôles. Rev. Aluminium **38** (1961) 286 517—523; Aluminium **37** (1961) 11 A 454.

Roinet, Charles: Le moulage en sable des alliages légers. XII. Les défauts de fonderie. XIII. Tracé des pièces moulées en sable. XIV. Développements futurs. Rev. Aluminium **38** (1961) 287 655—665; Aluminium **38** (1962) 2 A 56; Index Aeron. **17** (1961) 9 ref. 363.

Arbenz, H.: Lunkerneigung von Aluminium-Gußlegierungen. Gießerei **49** (1962) 5 105—110; Aluminium **38** (1962) 10 A 378.

Church, F. L.: Aluminium casting survey. Mod. Metals **18** (1962) 4 30—38; Aluminium **38** (1962) 9 A 338.

Eisenreich, H.: Metallisch harte Stellen als Sonderform von Einschlüssen in Nichteisenmetall-Gußlegierungen Gießerei **49** (1962) 7 153—156; Aluminium **38** (1962) 11 A 412.

Flemings, M. C. and *H. F. Taylor*: Premium-quality light alloy castings. Aerospace Engng. **21** (1962) 7 10—15 12 refs.; Index Aeron. **18** (1962) 9 ref. 3272.

Herrmann, E.: Entwicklung auf dem Gebiete des Stranggießens von Nichteisenmetallen. Teil I. Metall **16** (1962) 4 293—300 10 Lit.-Stellen.

Jeppesen, Vagu Aage: A new automatic moulding process. Ingeniøren **6** (1962) 3 70—76.

Littlewood, G.: Continuous casting — will it benefit the metal user? Metalworking Production **106** (1962) 2 45—47.

Mann, Helmut, Artur Kirch u. *Eckhard Tuschy*: Groß-Hohlstrangguß von Nichteisenmetallen. Gießerei **49** (1962) 14 385—390.

Patterson, W. u. *S. Engler*: Zusammenhänge zwischen Volumenfehler und Erstarrungstypen bei Gußkörpern aus Aluminium-Silizium-Legierungen. Aluminium **38** (1962) 8 507—519; Index Aeron. **18** (1962) 11 ref. 4142.

— Aluminium casting. Inform. Rep. Nr. 17. London: Alum. Devel. Assoc. 1962, 86 pp.; Aluminium **38** (1962) 12 819.

Donaldson, E. G.: Current practice in investment casting. Metal Industry **102** (1963) March 360—362; Battelle Techn. Rev. **12** (1963) 6 249 a.

Herrmann, E.: Neues auf dem Gebiete des Stranggießens von Nichteisenmetallen. Metall **17** (1963) 11 1108—1116.

Honsel, H. F.: Leichtmetallguß und seine vielseitige Verwendung in Leichtbaukonstruktionen. Leichtbau d. Verkehrsfahrzeuge **7** (1963) 6 227—229; Aluminium **40** (1964) 2 R 98.

Reininger, Hans: Gasgehalte und Schaum in Aluminiumguß, Ursachen und Gegenmaßnahmen. Maschinenmarkt **69** (1963) 53 19—21; Aluminium **39** (1963) 9 A 366.

Williams, D. N., R. A. Wood and *H. R. Ogden:* Improving low temperature aluminum casting properties. Modern Castings (New Technol.) **43** (1963) 1 1—6; Battelle Techn. Rev. **12** (1963) 4 162 a; Aluminium **39** (1963) 4 A 170.

Ammann, Dieter: Jahresübersicht Leichtmetallguß. Teil 2. Schmelzen, Gießen, Technologie. Gießerei **51** (1964) 7 183—188 61 Lit.-St.

Büchen, W.: Nachdichten von Leichtmetall-Gußstücken. Aluminium **40** (1964) 11 679 bis 683 2 Lit.-St.

Kuhr, R.: Das Reinigen von Aluminiumguß im Salzbad. Entsanden — Entfernen von Lack- und Kunstharzüberzügen. Aluminium **40** (1964) 11 684—685.

Williams, D. N.: Control adds strength, ductility to aluminum castings. SAE-J. **72** (1964) 2 68—70; Battelle Techn. Rev. **13** (1964) 4 12.

Williams, D. N.: Recent advances in aluminum castings. SAE Prepr. 800 C 1964, 4 pp. 4 refs.; Index Aeron. **20** (1964) 6 ref. 2923; Battelle Techn. Rev. **13** (1964) 4 12.

— Producing aluminium alloy castings. Metal Industry **104** (1964) 14 454—455; Index Aeron. **20** (1964) 5 ref. 2426.

Ammann, Dieter: Jahresübersicht Leichtmetallguß. Teil 2. Schmelzen, Gießen, Technologie. Gießerei **52** (1965) 12 382—389 83 Lit.-St. [4.11.23].

Arbenz, Heinz: Jahresübersicht Leichtmetallguß. Teil 1. Werkstoffe und Werkstoffeigenschaften. Gießerei **52** (1965) 11 353—358 53 Lit.-St. [4.11.23].

Ishchenko, A. Ya., I. I. Lychko, and *V. A. Omel'chenko:* Improving the yield of sound metal and reducing the labor required in the production of aluminium casting. Autom. Welding (1965) 9 88—90, Transl. into English from Avtom. Svarka (1965) 9 76—77; Index Aeron. **22** (1966) 3 45.

Moeller, K. H.: Großflächige Aluminiumdruckgußteile. Industrie-Anz. **87** (1965) 72 1711—1715; Aluminium **41** (1965) 11 R 548 [4.11.3].

Moritz, Günther: Entwicklungstendenzen beim Aluminium-Strangguß. Z. Metallkde. **56** (1965) 10 675—681.

Offenbarth, H., W. Thury u. *K. Christ:* Die Einflüsse verschiedener Gießtechnik auf die Güte eines Gußteiles aus G-AlMg 3 und G-SnBz 10. Gießerei **52** (1965) 13 401 bis 406; Aluminium **41** (1965) 9 R 452.

Ammann, Dieter: Jahresübersicht Leichtmetallguß (3. Folge). Teil 2. Schmelzen, Gießen, Technologie. Gießerei **53** (1966) 12 401—404 72 Lit.-St.

Dürrschnabel, Wolfgang u. *Ekkehart Lange:* Das Stranggießen von Aluminium-Uran-Legierungen. Z. Metallkde. **57** (1966) 6 451—454 6 Lit.-St.; Aluminium **42** (1966) 9 R 502.

4.11.23 Gießen von Magnesium-Legierungen

Büchen, W.: Einige Beispiele für die Anwendung von Magnesiumguß im Maschinen-, Fahrzeug- und Apparatebau und in der elektrotechnischen und optischen Industrie. VDI-Ber., Bd. 58, Düsseldorf: VDI-Verl. 1962 77—80.

Honsel, Hans Friedrich u. *Paul Zimmermann:* Technologie der hochfesten Magnesiumlegierungen. Gießerei **50** (1963) 25 765—781; Battelle Techn. Rev. **13** (1964) 4 154 a.

Serwe, Günther: Das Druckgießen von Magnesium im Volkswagenwerk. Gießerei **50** (1963) 16 469—473.

Tinetti, Arthur, R. Elben, F. Schultz and *Leo C. Mangett:* Fabricating and finishing of magnesium die casting. Metal Progr. **83** (1963) 2 66—73.

Mezoff, J. G.: Current status of magnesium die casting. Light Metal Age **22** (1964) 9/10 8—10; Index Aeron. **21** (1965) 4 ref. 2154 [4.11.3].

Milward, H. J.: Magnesium castings. Some current applications. Light Metals **27** (1964) 313 36—37.

Arbenz, Heinz: Jahresübersicht Leichtmetallguß. Teil 1. Werkstoffe und Werkstoffeigenschaften. Gießerei **52** (1965) 11 353—358 53 Lit.-St. [4.11.22].

Ammann, Dieter: Jahresübersicht Leichtmetallguß. Teil 2. Schmelzen, Gießen, Technologie. Gießerei **52** (1965) 12 382—389 83 Lit.-St. [4.11.22].

Iler, A. J.: Development of manufacturing capability for producing high performance aluminum and magnesium alloy castings. (Quart. Progr. Rep. No. 3, Nov. 1964 — Jan. 1965) Northrop Corp., Hawthorne, Calif. Norair Div. NOR-65-28, Feb. 1965, 27 pp. (Contract AF 33(615)-1341, AD-610852); STAR **3** (1965) 9 1474—1475.

Khramov, V. D. and *Ye. V. Mishakov:* Casting of large thin-walled parts by method of oriented-sequential crystallization. Problems of Technol. of Foundry Production. Air Force Systems Command, Wright-Patterson AFB, Ohio. Foreign Technol. Div. FTD-MT 64—89 March 1965, pp. 3—25 (AD-617093) (Transl. into English of the book „Voprosy Tekhnologii Liteynogo Proizvodstva, Moscow, Oborongiz 1961); STAR **3** 1965 19 3289.

Saia, Anthony and *Ralph E. Edelman:* Process development of shaped magnesium-lithium castings. NASA CR-70337, Nov. 1965, 28 pp; STAR **4** (1966) 7 1067.

Saia, Anthony and *Ralph E. Edelman:* Investment casting of magnesium-lithium alloys. Frankford Arsenal, Philadelphia, Pa., Pitman-Dunn Res. Labs. FA-M66-25-1 June 1966, 19 pp. (AD-635755); STAR **4** (1966) 22 4380.

4.11.24 Gießen von sonstigen Metallen

Richter, Fritz H.: Gießen von Spritzguß- und Tiefziehformen aus Feinzinklegierungen. Kunststoffe **50** (1960) 12 723—727; Werkstatt u. Betrieb **94** (1961) 10 804.

Ausmus, S. L., F. W. Wood and *R. A. Baell:* Casting technology for titanium, zirconium and hafnium. US-Bureau of Mines Rep. of Investigations 5686, 1960, 31 pp; Titanium Abstr. Bull **6** (1961) 6 206 ref. 6732.

Hardy, R. G.: Casting titanium shapes. Metal Industry **99** (1961) 11 202—206 6 refs.; Titanium Abstr. Bull. **7** (1961) 2 ref. 6926.

Morozov, Ye. I., S. G. Glazunov and *A. M. Khromov:* Casting titanium alloys. "Titanium in Industry", Moscow: Aborongiz 1961, 254—265, TIL Transl. 0 T/7467; Index Aeron. **19** (1963) 10 ref. 4496.

Pelzel, E.: Zur Frage der mechanischen und gießtechnischen Eigenschaften berylliumhaltiger Feinzink-Druckgußlegierungen. Metall **16** (1962) 11 1120—1122 6 Lit.-St.

Denny, John P. and *William H. Santchy:* Melting and casting beryllium. Metal Progr. **84** (1963) 1 111—117; Battelle Techn. Rev. **12** (1963) 9 331 a.

Vandenburgh, Frank and *Glenn Chaffin:* Casting tungsten and tungsten-molybdenum alloys. Mod. Castings **45** (1964) Jan. 25—27; Battelle Techn. Rev. **13** (1964) 4 151 a.

Ross, J. J.: Investment castings in advanced high-strength steels and titanium alloys. SAE Publ. 650770 1965, 26 pp.; Index Aeron. **22** (1966) 4 72 [4.11.21].

Piearcey, B. J. and *F. L. VerSnyder:* New casting technique strengthens turbine components. SAE J. **74** (1966) 6 84—87.

4.11.3 Druckgießen

Kessler, Hermann: Fluid dynamics and die design for pressure casting. Light Metals **23** (1960) 261 36—39.

Reed, J. C.: Aluminium-alloy pressure die-castings. Brit. Foundrymen **53** (1960) 4 178—186; A.D.A Repr. Series (1960) 88 11—19; Aluminium **37** (1961) 3 A 78.

Fishlock, D.: Vacuum casting. Metalworking Production **105** (1961) 31 49—53; Index Aeron. **17** (1961) 9 ref. 219.

Herrmann, E.: Niederdruckgießen des Aluminiums. Aluminium Suisse **11** (1961) 4 135—145; Aluminium **37** (1961) 11 A 454.

Ruegg, W.: Über den Einfluß von Gasgehalt, Druck und Magnesiumgehalt auf die Festigkeitseigenschaften von Aluminium-Druckguß. Gießerei **48** (1961) 19 556—562 22 Lit.-St.; Aluminium **38** (1962) 2 A 56

Bayer, K.: Rationalisierung durch Umstellung auf Druckguß. Metall **16** (1962) 4 335—338; Leichtbau d. Verkehrsfahrzeuge **7** (1963) 1 43; Aluminium **38** (1962) 12 A 448.

Bertram, Eduard: Das Niederdruck-Kokillengießverfahren für Leichtmetallegierungen. Gießerei **49** (1962) 12 323—341; Aluminium **38** (1962) 9 A 338.

Ruegg, W.: Harte Einschlüsse in Aluminium-Druckgußteilen. Gießerei **49** (1962) 7 157—161; Aluminium **38** (1962) 11 A 412; Metall **16** (1962) 7 683.

Schulte, Herbert: Aus der Praxis amerikanischer Druckgießereien. Gießerei **49** (1962) 11 289—296; Aluminium **38** (1962) 9 A 340.

Schulte, Herbert: Über die Gestaltung und Verwendung von Druckguß. Gießerei **49** (1962) 9 235—247.

Bader, J.: Probleme bei der Fertigung von Druckgußteilen aus Kupferlegierungen, besonders Messing. Gießerei **50** (1963) 17 521—524.

Cornell, R. C.: Untersuchungen der Druckguß-Forschungsgesellschaft in den USA über bessere Werkstoffe für Druckgießformen, über die Anschnittechnik und die Formfüllungsvorgänge. Aluminium **39** (1963) 11 699—702; Aluminium **39** (1963) 12 A 504.

Detering, Kurt: Wirtschaftlichkeitsbetrachtungen bei der Umstellung auf Druckguß von Nichteisenmetallen. Gießerei **50** (1963) 9 272—279.

Dornauf, J.: Erfahrungen über die Erstarrung von Aluminiumschmelzen unter Druck beim Sandguß. Metall **17** (1963) 3 218—224; Aluminium **39** (1963) 5 A 198.

Lieby, Gustav: Gießen (Druckguß, Spritzguß). VDI-Ber., Bd. 68, Düsseldorf: VDI-Verl. 1963 79—84.

Lieby, Gustav: Konstruktionsmerkmale von Druckgußformen. Gießerei **50** (1963) 9 260—269.

Elliot, E.: Die casting aluminium alloys — versatility of aluminium. Metal Industry **104** (1964) 3 81—83; Aluminium **40** (1964) 3 R 146.

Lieby, Gustav: Gießtechnik bei Metallen und Kunststoffen (Druckguß—Spritzguß). Gießerei **51** (1964) 9 245—254.

Lieby, Gustav: Jahresübersicht Druckguß. Teil 2: Schmelzen, Gießen, Technologie. Gießerei **51** (1964) 9 263—267 54 Lit.-St.

Mezoff, J. G.: Current status of magnesium die casting. Light Metal Age **22** (1964) 9/10 8—10; Index Aeron. **21** (1965) 4 ref. 2154 [4.11.23].

Ruegg, Werner: Jahresübersicht Druckguß. Teil 1. Werkstoffe und Werkstoffeigenschaften. Gießerei **51** (1964) 8 234—241 74 Lit.-St.

Schulte, Herbert: Standard-Druckgießformen und ihre Anwendung. Gießerei **51** (1964) 14 397—403.

Green, R. E.: Die casting aluminium alloys in the Ruffini foundry, Turin, Italy. Machinery (London) **106** (1965) 2724 205 bis 213; Index Aeron. **21** (1965) 6 ref. 3490.

Hodgson, G. F.: Vakuumdruckguß von Leichtmetall. Aluminium **41** (1965) 5 300—304; Aluminium **41** (1965) 6 R 292.

Honold, Ernst M.: Zur Systematik des Prüfens von Druckgußteilen. Gießerei **52** (1965) 9 277—285.

Lieby, Gustav: Jahresübersicht Druckguß. Teil 2. Schmelzen, Gießen, Technologie. Gießerei **52** (1965) 16 500—508 112 Lit.-St.

Moeller, K. H.: Großflächige Aluminiumdruckgußteile. Industrie-Anz. **87** (1965) 72 1711—1715; Aluminium **41** (1965) 11 R 548 [4.11.22].

Ruegg, Werner: Jahresübersicht Druckguß (2. Folge). Teil 1: Werkstoffe und Werkstoffeigenschaften. Gießerei **52** (1965) 9 300—307 54 Lit.-St.

Tarutin, V. Ya. and *Ye. S. Stebakov*: Pressure casting and its hydrodynamic bases. Problems of Technol. of Foundry Production. Air Force Systems Command, Wright-Patterson AFB, Ohio. Foreign Technol. Div. FTD-MF-64-89 March 1965, pp. 26—48 (AD-617093) (Transl. into English of the book "Voprosy Tekhnologii Liteynogo Proizvodstva", Moscow: Oborongiz 1961); STAR **3** (1965) 19 3289.

Balewsky, A. T. and *I. D. Nikolov*: A new pressure casting process. Machinery (London) **108** (1966) 2780 432—435; Werkstatt u. Betrieb **99** (1966) 7 523.

Bauer, A. F.: Die zukünftige Entwicklung des Druckgusses. Aluminium **42** (1966) 6 364—371; Aluminium **42** (1966) 7 R 396.

Buckeley, August: Grundlagen für das Druckgießen von Magnesium. Gießerei **53** (1966) 24 827—833.

Lieby, Gustav: Jahresübersicht Druckguß (3. Folge). Teil 2. Schmelzen, Gießen, Technologie. Gießerei **53** (1966) 21 721—729 147 Lit.-St.

Reininger, H.: Fehlerhafter Aluminium-Druckguß durch fehlerhafte Werkstoffzusammensetzung und -behandlung. Maschinenmarkt **72** (1966) 41 28—30; Aluminium **42** (1966) 7 R 396.

Ruegg, Werner: Jahresübersicht Druckguß. Teil 1. Werkstoffe und Werkstoffeigenschaften. Gießerei **53** (1966) 7 204—214 98 Lit.-St.

— Ferrous die casting. Product Engng. **37** (1966) 13 46—48; Konstruktion **19** (1967) 1 35.

Ambos, E.: Anschnittechnik beim Druckgießverfahren. Gießerei **54** (1967) 2 37—42; Aluminium **43** (1967) 3 R 112.

Schuster, G.: Mehr Sicherheit beim Druckgießen. Gießerei **54** (1967) 1 13—17; Aluminium **43** (1967) 3 R 112.

4.12.0 Schmieden, allgemein

Meyer, H. u. *W. Biederstedt*: Der gegenwärtige Stand der Umformtechnik. Hallwag, Bern: Verl. Techn. Rdsch. 1959. 42 S. (H. 21 d. Sonderhefte der TR-Reihe); Werkstatt u. Betrieb **93** (1960) 5 284.

Canal, Jose R. and *W. C. Kunkler, jr.*: Forgings for missiles and space vehicles. ASME Prepr. 60-WA-316 1960 15 pp. 13 refs.; Index Aeron **17** (1961) 3 ref. 274.

Hertel, H.: Strang-, Fließ- und Gesenkpreßteile. Leichtbau. Berlin—Göttingen—Heidelberg: Springer 1960, Kap. XII, S. 341—368.

Kienzle, O. u. *K. Lange*: Schmiedetechnik (Jahresübersicht). VDI-Z. **102** (1960) 26 1155—1158 64 Lit.-St.

Smallman-Tew, R.: Compressively stress-relieved forgings. Canad. Aeron. J. **6** (1960) 1 10—15 2 refs.; Index Aeron. **16** (1960) 4 ref. 248.

Canal, J. R. and *W. C. Kunkler, jr.*: Forgings in missiles and space vehicles. Aircr. Production **23** (1961) 5 188—193; Index Aeron. **17** (1961) 6 ref. 213; Titanium Abstr. Bull. **6** (1961) 6 190 ref. 6657; Luftfahrttechnik **7** (1961) 12 381—382 [10].

Feldmann, H. D.: Rationalisierung des Kaltschmiedens durch Anwendung neuer Einrichtungen. Werkstoff u. Betrieb **94** (1961) 10 753—756 2 Lit.-St.

Galloway, D. F.: Entwicklungstendenzen in der spanlosen Bearbeitung von Metallen. Production Engr. **40** (1961) 2 83—98.

Peel, E. W.: Close- to form and close-tolerance forgings. Metal Treatment & Drop Forging **28** (1961) 185 53—58; Index Aeron. **17** (1961) 4 ref. 310.

Voigtländer, Otto: Wettbewerb Schmieden—Gießen. VDI-Z. **103** (1961) 25 1254—1261 10 Lit.-St.; Werkstatt u. Betrieb **95** (1962) 8 574 [4.11.20].

— Developments in the forging of materials for service at high temperatures. Machinery (London) **99** (1961) 2549 687—694; Index Aeron. **17** (1961) 11 ref. 209.

Carlson, H. F.: Automatic rotary forging of stepped shafts. Metal Progr. **82** (1962) oct. 121—123; Nickel-Ber. **21** (1963) 4 104.

Feldmann, H. D.: Warmschmieden oder Kaltschmieden. Draht **13** (1962) 4 161—164; Werkstatt u. Betrieb **96** (1963) 5 331.

Kienzle, Otto u. *Kurt Lange:* Schmiedetechnik (Jahresübersicht). VDI-Z. **104** (1962) 25 1298—1303 141 Lit.-St.

— Phosphate coatings for use in cold forging. Mach. Shop Mag. **23** (1962) 1 18—20; Werkstatt u. Betrieb **96** (1963) 2 129.

Cogan, R. M. and *G. L. Campbell:* Back pressure technique forges brittle metals. Metalworking Production **107** (1963) 47 55—57; Werkstatt u. Betrieb **97** (1964) 9 708.

Kursetz, E.: Strangpressen und Schmieden von Sondermetallen in der Industrie der USA. Werkstatt u. Betrieb **96** (1963) 9 569—574 14 Lit.-St. [4.12.3].

Leist, Eberhard, Hans-Georg Lotze u. *Martin Walter:* Bearbeitungszugaben für axialsymmetrische abgesetzte Schmiedestücke. Fertigungstechn. u. Betrieb **13** (1963) 11 665—668.

Palsulich, J. M.: High energy rate forging — a modern production tool. SAE Prepr. 672 A 1963; Index Aeron. **19** (1963) 11 ref. 4946.

— Schmieden in Waagerecht-Stauchmaschinen. VDI-Richtlinie 3184. Düsseldorf: VDI-Verl. 1963. 8 S.

Avitzur, B.: Forging of hollow discs. Israel J. Technol. **2** (1964) 3 295—304; AMR **19** (1966) 2 128.

Boulger, Francis W.: Plastic working of metals. Trans. ASME Ser. B (J. Engng. Industry) **86** (1964) 1 62—64; Battelle Techn. Rev. **13** (1964) 4 10 [4.12.3].

Boulger, F. W. and *A. M. Sabroff:* Forging. Battelle Memo. Inst., Columbus, Ohio. Defense Metals Inform. Center DMIC-Rep. 208 Aug. 1964, pp. 36—61 49 refs.

Bühler, Hans u. *Heinz Meyer-Nolkemper:* Schmiedetechnik. VDI-Z. **106** (1964) 26 1331—1338 212 Lit.-St.

Headman, M. L. et al.: High energy rate forging development. Wright-Patterson AFB, Ohio. AF Mater. Lab. AFML 64-371 Nov. 1964 162 pp., Western Gear Corp., Lynwood, Calif. Rep. 6410—230 (Contract AF 33-(600)-42523, AD-612640); STAR **3** (1965) 10 1672.

Polley, L. C.: High energy rate forging development. Phase III. Final Techn. Progr. Rep. Oct. 1962 — May 1963. Western Gear Corp., Lynwood, Calif. Systems Management Div. Rep. No. 644-224 April 1964 65 pp., AMC-TR-7-866 (VI) (Contract AF 33-(600)-42523, AD-601722); STAR **3** (1965) 11 1849.

Balamuth, L.: Progress in ultrasonic metal forming. SAE Prepr. 650147 (971 A) 1965 11 pp. 16 refs.; Index Aeron. **21** (1965) 7 ref. 4143.

Bühler, Hans: Forschung und Entwicklung in der Umformtechnik. Bänder Bleche Rohre **6** (1965) 2 63—70.

Cogan, R. M.: Hydrodynamic forming. Trans. ASME Ser. B (J. Engng. Industry) **87** (1965) 2 105—109.

Gaydos, Richard, Francis W. Boulger, Robert W. Gardner, and *J. R. Pontius:* Cold forging... Theory is catching up with practice. SAE-J. **73** (1965) 2 44—54.

Gehrke, J. H. and *F. W. Boulger:* Metalworking. Review of recent developments. Battelle Memorial Inst., Columbus, Ohio. Defense Metals Inform. Center April 1965 3 pp.; STAR **3** (1965) 12 2044.

Podrabinnik, I. M. and *E. M. Rodow:* On the stability of mechanical presses for cold forging in relation to the accuracy of the parts. Henry Butcher Altadena, Calif., Transl. No. 6647 9 pp. (Transl. into English from Kuznechn.-Shtamp. Proizvodste (1965) 2 24—28).

Pontius, James R., Robert W. Gardner, Francis W. Boulger, and *Richard Gaydos:* Cold forging in machines, tools and material preparation. SAE J. **73** (1965) 3 44—50.

Skeen, S. A.: High-velocity forging, principles of operations and advantages. Machinery (London) **107** (1965) 2751 228—234; Werkstatt u. Betrieb **99** (1966) 3 201.

Wuppermann, T.: Electric flash-welding and its application to the manufacture of complicated forgings (in German). Stahl u. Eisen **85** (1965) 11 649—656; AMR **19** (1966) 2 135.

— REFA-Mappe Schmieden. Unterlagen für Arbeits- und Zeitstudien. 2. Teil-Lfg. München: Hanser 1965 54 Bl.

Chepko, Frank E.: Forging today. Amer. Mach. **110** (1966) 24 121—136.

Farrell, K.: Technical note on forging sintered "Inconel" 713 C powder compacts. J. Powder Metallurg. **2** (1966) Jan. 3—5; Nickel-Ber. **24** (1966) 8 172.

Honke, Manfred: Vorgänge in den Grenzschichten beim Warmstauchen metallischer Zylinder. VDI-Z. **108** (1966) 5 184 (Diss. Ref.).

Meyer-Nolkemper, Heinz: Schmiedetechnik. VDI-Z. **108** (1966) 26 1306—1311 140 Lit.-St.

Schlowag, E.: Möglichkeiten und Grenzen bei der Herstellung von Präzisionsschmiedestücken. Technik (Berlin) **21** (1966) 2 90—94.

— Grundlagen der bildsamen Formgebung. Vorträge einer VDEh-HdT-Berichtsreihe. Hrsg. VDEh Düsseldorf: Stahleisen GmbH 1966 508 S. [4.31.01].

Kursetz, Edgar: Die Entwicklung moderner Umformmethoden in der amerikanischen Industrie. Werkstatt u. Betrieb **100** (1967) 3 231—237 23 Lit.-St.; Metall **21** (1967) 6 615—616 [4.31.30].

4.12.1 Schmieden, Freiformschmieden

Schiffahrth, J.: Widerstandserwärmung mit direktem Stromdurchgang für Warmformgebung und Wärmebehandlung. Brown Boveri-Mitt. **51** (1964) 10/11 659—669.

Ambruz, A.: Method of determining the quality of forgings from the degree of forging deformation. Metal Treatm. & Drop Forging **32** (1965) 234 102—108 6 refs.

Feeg, F. E.: Die Bedeutung des Verschmiedungsgrades von Schmiedestücken, deren Querschnitt größer als der Rohblockquerschnitt ist. Maschinenmarkt **71** (1965) 57 13—15 7 Lit.-St.

Bocherov, A. A. and *V. V. Kobelev*: Mechanization of the process of forging crankshafts on hammers. Henry Brutcher Transl. No. 6934 1966 7 pp. (from Kuznechno-Shtampovochnoc Proizvodstvo (1966) 6 41—43); Battelle Techn. Rev. **16** (1967) 1 22 a.

Vater, M., G. Nebe u. *H.-P. Heil*: Änderung der mechanischen Eigenschaften von Freiformschmiedestücken durch Recken und Stauchen. Stahl u. Eisen **86** (1966) 14 892—905 53 Lit.-St.

4.12.2 Gesenkschmieden, Pressen

Neuberger, Fritz, Lothar Möckel u. *W. Schmidt*: Vorausberechnung des Arbeitsbedarfes beim Gesenkschmieden. Fertigungstechn. u. Betrieb **10** (1960) 1 17—23; Werkstatt u. Betrieb **94** (1961) 2 112.

Pugh, H. Ll. D.: Kaltumformen von Metallen. Metal Treatm. & Drop Forging **27** (1960) 176 189—195.

Meyer, H.: Vergleichende Betrachtungen über Formänderungsfestigkeit und Formänderungswiderstand beim Gesenkschmieden. Werkstattstechn. **51** (1961) 8 435-437 3 Lit.-Stellen.

Heuer, P.-J.: Modellverfahren für die Umformtechnik, Fließvorgänge, Werkstoffkonstante, Umformbeiwert. VDI-Forsch. H. 493 Düsseldorf: VDI-Verl. 1962 36 S. 60 Lit.-St.; Index Aeron. **19** (1963) 1 ref. 0289; Konstruktion **15** (1963) 9 386 [4.42.8].

Lange, Helmut: Die Formänderungen in der Grenzschicht beim Kaltstauchen metallischer Körper und ihre Bedeutung bei plastischer Verformung. Diss. TH Aachen 1962; VDI-Z. **106** (1964) 2 1250—1251.

Möckel, L. u. *F. Neuberger*: Ermittlung des Arbeitsaufwandes bei der Fertigung von Gesenkschmiedestücken. Fertigungstechn. u. Betrieb **12** (1962) 10 659—662; Werkstatt u. Betrieb **96** (1963) 7 495—496.

Rick, M.: Erzeugung von Bearbeitungsflächen an Blechwerkstücken durch Kaltumformung. C. I. R. P. Annalen **11** (1962/63) 4 243—247 3 Lit.-St.

Walter, M.: Schmieden im geschlossenen Gesenk. Fertigungstechn. u. Betrieb **12** (1962) 10 674—678; Werkstatt u. Betrieb **96** (1963) 6 391.

Zünkler, B.: Gesichtspunkte für das Gestalten von Gesenkschmiedeteilen. Konstruktion **14** (1962) 7 274—280.

Bauer, C.-O.: Kaltformen als modernes Fertigungsverfahren. Konstruktion **15** (1963) 1 14—16 4 Lit.-St.

Brill, Klaus: Modellwerkstoffe für die Massivumformung von Metallen. Diss. TH Hannover 1963; VDI-Z. **107** (1965) 29 1409—1410.

Cogan, R. M.: Hydrodynamic forming. ASME Prepr. 64-Prod-3 1963 5 pp.; Index Aeron. **20** (1964) 7 ref. 3390.

Wolf, H.: Zusammenhang zwischen Gratbahnverhältnis, Gratdicke und Endmasse beim Gesenkschmieden. Fertigungstechn. u. Betrieb **13** (1963) 3 168—170.

Cogan, Richard M.: Hydrodynamic compressive forging. Wright-Patterson AFB, Ohio. AF Mater. Lab. ML-TRD-64-240 July 1964 90 pp. (AD-604729); STAR **4** (1966) 14 2598.

Kienzle, O., A. Burkhardt, H. L. D. Pugh u. *K. Lange*: Neuere Enwicklungen in der Umformtechnik. Arbeitsgemeinschaft Rationalisierung des Landes Nordrhein-Westfalen, H. 72, Dortmund: Verkehrs- u. Wirtsch.-Verl. Dr. Borgmann 1964. 88 S.; Werkstatt u. Betrieb **98** (1965) 12 968 [4.30.0] [4.31.31.].

Müller-Axt, F.: Fortschritte der Umformtechnik und ihre Werkzeugmaschinen. Metall **18** (1964) 4 333—349 55 Lit.-St. [4.12.3] [4.31.31].

Vater, Max: Zur Frage des Formänderungsvermögens beim Kaltstauchen von Zylindern aus austenitischen Manganstählen. Arch. Eisenhüttenwes. **35** (1964) 4 325—328 3 Lit.-St.

Zhuravlev, A. Z.: Closed-die forging with hammers and crank presses. Engng. J. **44** (1964) 11 61—64 (Transl. into English from Vestnik Mashinostr. **44** (1964) 11 57—60 by Production Engng. Res. Assoc. of Great Britain); AMR **18** (1965) 12 988—989.

Guha, Siva Prosad: Einfluß der Abrundungen an Werkzeugen beim Gesenkschmieden auf Kraft- und Arbeitsbedarf sowie den Steigvorgang. Diss. TH Aachen 1965; VDI-Z. **108** (1966) 9 379.

Kögel, H. u. *R. Beck*: Moderne Verfahren der Umformtechnik auf der „Technica". Technik (Berlin) **20** (1965) 12 774—777 [4.12.3] [4.31.30].

Long, J. R.: Research program to develop a technology improvement program for closed die forging. Progr. Rep. No. 4 Sept.—Nov., NASA CR-69572 Dec. 1965

94 pp. (Contract NAS 8-20093); STAR 4 (1966) 6 896.
Sogrishin, Yu. P., O. V. Protopopov, and *Yu. N. Nikolenko:* High-speed closed-impression die-forging. Air Force Systems Command, Wright-Patterson AFB, Ohio. Foreign Technol. Div. FTD-TT-64-815/1+2 Jan. 1965 13 pp., AD-610661 (Transl. into English from Kuznechno-Shtampovochnoye Proizv., USSR (1964) 3 11—16); STAR 3 (1965) 14 2369—2370.
Vater, Max u. *Gerhard Nebe:* Über die Spannungs- und Formänderungsverteilung beim Stauchen. Fortschr. Ber. VDI-Z. Reihe 2 Nr. 5 1965 111 S.; VDI-Z. **107** (1965) 32 1543.
Wallick, C. R.: Upsetting, coining bulged tube. Amer. Mach. **109** (1965) 13 96—97; Konstruktion **17** (1965) 11 463; Werkstatt u. Betrieb **99** (1966) 2 124.
Croeni, Jack G., John S. Howe, jr., and *Harno Kato:* High energy-rate forging and extrusion and the effect on structure and properties. Bureau of Mines, Albany, Ore. BM-RI-6757 1966 40 pp.; STAR 4 (1966) 13 2366.
Meyer-Nolkemper, H.: Neuere Entwicklung beim Gesenkschmieden. Industrie-Anz. Sonderausg. **88** (1966) Dez. 80—94.
Weiland, G.: Flüssigpressen von Metallen — ein Verfahren zur Senkung der Zerspanungsarbeit und der wirtschaftlichen Grenzstückzahl bei der spanlosen Formgebung. Fertigungstechn. u. Betrieb **16** (1966) 4 243—246.

4.12.3 Verdrängungsverfahren: Strangpressen und Fließpressen

Ashcroft, K. u. *G. S. Lawson:* Warm-Strangpressen von 99,5 Aluminium und einer Al-7,2Zn-2,4Mg-1,9Cu-Legierung. J. Inst. Metals **89** (1960/61) 369—375; Metall **16** (1962) 3 222.
Bedeschi, G. u. *G. Bracale:* Die Wirkung von Aluminiumüberzügen beim Strangpressen von Avional. Alluminio **29** (1960) 4 177—185; Aluminium Ranshofen Mitt. **8** (1960) 1 31—32.
Christensen, L. M.: New extruding techniques developed for high temperature steel and pure beryllium. SAE-J. **68** (1960) 2 35—39.
Erdmann-Jesnitzer, F. u. *P. Dietzmann:* Grundlagenversuche zum Fließpressen. Werkstattstechn. **50** (1960) 2 71—75.
Fromm, Norbert: Die Warmformgebung von Stahl zu Profilen durch das Strangpreßverfahren. Maschinenmarkt **66** (1960) E 3 20—23.
Hains, R. W. and *F. King:* The extrusion of titanium alloy. Ministry of Aviation S & T. Memo. No. 8/60 Apr. 1960 29 pp.; Titanium Abstr. Bull. **6** (1960) 1 207 ref. 5960.
Kursetz, E.: Herstellung von Spezial-Strangpreßprofilen in amerikanischen Halbzeugwerken. Aluminium **36** (1960) 6 323—329.
Mudrack, K. P.: Fortschritte in der Herstellung von Strangpreßprofilen aus Aluminium. Leichtbau d. Verkehrsfahrzeuge **4** (1960) 6 290—297 10 Lit.-St.
Schädlich, S.: Möglichkeiten und Forderungen für die Weiterentwicklung des Kaltfließpressens und Kaltstauchens. Maschinenbau (Leipzig) **9** (1960) 7 198—202 36 Lit.-St.
May, O.: Kaltfließpressen kleiner symmetrischer und asymmetrischer Teile. Sheet Metal Industries **38** (1961) 409 335—340, 348.
Mudrack, K. P.: Fortschritte in der Herstellung von Strangpreßprofilen aus Aluminium. Aluminium **37** (1961) 9 231—239 16 Lit.-St.; Aluminium **37** (1961) 5 A 168.
Retzke, R.: Die Anwendung der Umformtechnik bei der modernen Industrieformgebung. Technik (Berlin) **16** (1961) 1 12—19 5 Lit.-St. [4.31.01].
Wiest, P.: Die Bedeutung der Verarbeitungseigenschaften der Werkstoffe für die Einzel- und Massenfertigung. TZ prakt. Metallbearb. **55** (1961) 10 546—554 [4.25] [4.30.8].
Clemens, J. J.: Magnesium precision extrusions. Precision Metal Molding **20** (1962) 4 46—47.
Kursetz, Edgar: Die Entwicklung der Strangpreßtechnik von Stahl und Sondermetallen in der amerikanischen Industrie. Werkstatt u. Betrieb **95** (1962) 10 673—678 11 Lit.-St.
Sharman, J. A.: Extrusion-forming. Aircr. Production **24** (1962) 2 41—48; Index Aeron. **18** (1962) 3 ref. 940.
Sharman, J. A.: Extrusion-forming. Aircr. Production **24** (1962) 3 89—95; Index Aeron. **18** (1962) 4 ref. 1312.
Suchoversky, I.: Erkenntnisse über das Strangpressen von Aluminium. Aluminium **38** (1962) 5 295—299.
— Developments at The National Engineering Laboratory. Machinery (London) **100** (1962) 2587 1344—1349; Werkstatt u. Betrieb **95** (1962) 10 724—725 [4.31.33].
Daniels, R. H.: Reserve — flow forging. Production Technology **1** (1963) 12 348—351; Werkstatt u. Betrieb **97** (1964) 9 707.
Fiorentino, R. J., A. M. Sabroff and *P. D. Frost:* Cold extrusion of titanium parts. Machinery (London) **102** (1963) 2618 134—142; Index Aeron. **19** (1963) 3 ref. 1191.
Kursetz, E.: Das Warmstrangpressen von Aluminium und strangpreßgerechtes Konstruieren. Z. wirtsch. Fertigung (ZwF) **58** (1963) 1 1—7; Aluminium **39** (1963) 5 A 198.

Kursetz, E.: Strangpressen und Schmieden von Sondermetallen in der Industrie der USA. Werkstatt u. Betrieb **96** (1963) 9 569—574 14 Lit.-St. [4.12.0].

Müller, D. A. H. u. *R. Schneider:* Untersuchungen über Verpreßbarkeit und Werkzeugverschleiß beim Fließpressen von Aluminium. Metall **17** (1963) 5 430—432; Aluminium **39** (1963) 8 A 324.

Boulger, Francis W.: Plastic working of metals. Trans. ASME Ser. B (J. Engng. Industry) **86** (1964) 1 62—64; Battelle Techn. Rev. **13** (1964) 4 10 [4.12.0].

Elkan, R. M. L. u. *K. H. Schieren:* Strangpressen von Stahlrohren. Bänder Bleche Rohre **5** (1964) 3 150—155.

Johnson, T. A.: Applications for flow forming. SAE Prepr. 849 C 1964 5 pp. 4 refs.; Index Aeron. **20** (1964) 8 ref. 3808.

Kursetz, Edgar: Das Warmstrangpressen von Aluminium und Aluminiumlegierungen. Werkstatt u. Betrieb **97** (1964) 8 557—561 7 Lit.-St.

Müller-Axt, F.: Fortschritte der Umformtechnik und ihre Werkzeugmaschinen. Metall **18** (1964) 4 333—349 55 Lit.-St. [4.12.2] [4.31.31].

Pugh, H. L. D., M. T. Watkins and *G. S. Lawson:* Cold extrusion of aluminium and aluminium alloys. Metal Treatm. & Drop Forging **31** (1964) 222 82—87, 223 156—164; Index Aeron. **20** (1964) 5 ref. 2427, 2428.

Beyer, B. u. *H. Seliger:* Über den Preßeffekt bei Aluminium-Magnesium-Legierungen. Neue Hütte **10** (1965) 9 566—568; Aluminium **42** (1966) 2 R 66.

Boetz, V.: Praxis des Fließpressens. Betriebsbücher, Folge 17, München: Hanser 1965 61 S.; Werkstatt u. Betrieb **99** (1966) 8 588.

Gyorgak, Charles A.: Extrusion at temperatures approachig 5000° F. NASA TN D-3014 Sept. 1965 24 pp.; STAR **3** (1965) 22 3825.

Kienzle, O. u. *Manfred Rick:* Konstruktionsteile aus Grobblech mit geprägten Ansätzen. Mitt. Forsch. Ges. Blechverarb. (1965) 17 275—279.

Kögel, H. u. *R. Beck:* Moderne Verfahren der Umformtechnik auf der „Technica". Technik (Berlin) **20** (1965) 12 774—777 [4.12.2] [4.31.30].

Kursetz, E.: Große Fließpreßteile aus Leichtmetall-Legierungen. Maschinenmarkt **71** (1965) 104/105 82; Aluminium **42** (1966) 2 R 68.

Kursetz, E.: Zur Theorie und Praxis des Strangpressens von Aluminium. Aluminium **41** (1965) 9 572—580 12 Lit.-St.; Aluminium **41** (1965) 10 R 488.

Laue, K.: Neuerungen auf dem Strangpreßgebiet. Metall **19** (1965) 9 922—928; Aluminium **41** (1965) 10 R 486.

Machenschalk, R.: Das Fließdrücken hochschmelzender Metalle. Metalle für die Raumfahrt, Wien—New York: Springer 1965 177—183.

Rickert, A.: Kaltfließpressen von Stahl — allgemeine Hinweise für eine wirtschaftliche Anwendung. Technik (Berlin) **20** (1965) 12 10 Lit.-St.

Unckel, H.: Zur Spannungsverteilung beim Strangpreßvorgang. Aluminium **41** (1965) 9 551—554 14 Lit.-St.

Grotz, H.: Warmfließpressen von Stahl. Diss. TH Hannover 1966.

Grünert, P.: Hydrostatisches Strangpressen — ein neues Umformverfahren. Fertigungstechn. u. Betrieb **16** (1966) 9 546—551.

Kursetz, E.: Recken und Richten von Aluminiumprofilen nach dem Strangpressen. Aluminium **42** (1966) 9 567—570 6 Lit.-St.; Aluminium **42** (1966) 10 RA 548.

Lindner, E. u. *P. Müller:* Berechnungsgrundlagen für die Werkstoffumformung durch Strangpressen in einer pneumatischmechanischen Hochgeschwindigkeits-Umformmaschine. Fertigungstechn. u. Betrieb **16** (1966) 4 239—242.

Poud, R. B.: Cold extrude rapidly to produce long, thin-walled tubes. Metal Progr. **89** (1966) 6 77—80.

Reif, Winfried: Über anomale Änderungen der Festigkeit bei der Kaltverformung. VDI-Z. **108** (1966) 7 (Diss. Ref.).

Wuttkowski, Hans: Fließpressen von Stahl. Maschinenmarkt **72** (1966) 4 19—23.

— Recent developments in hydrostatic extrusion. Machinery (London) **108** (1966) 2779 370—374; Konstruktion **18** (1966) 10 437—438.

Kursetz, Edgar: Das Warmstrangpressen von Aluminiumhalbzeugen. Maschinenmarkt **73** (1967) 31 633—637.

4.12.4 Schmieden von Stahl

Feeg, F. E.: Ein Beitrag über den Einfluß verschiedener Schmiedevorgänge auf die mechanischen Eigenschaften von Freiformschmiedestücken aus Stahl. Maschinenmarkt **66** (1960) E 3 15—20 12 Lit.-St.

Lueg, Werner u. *Ulrich Krause:* Formänderungsfestigkeit von Stahl C 45 beim Warmstauchen mit mittleren Formänderungsgeschwindigkeiten. Stahl u. Eisen **80** (1960) 16 1061—1067; Werkstatt u. Betrieb **94** (1961) 9 738.

— Cold forging of steel. Automob. Engr. **50** (1960) 13 539—542 6 refs.; Leichtbau d. Verkehrsfahrzeuge **5** (1961) 5 235.

Roshong, R. L.: High strength landing gear forgings: The manufacture of ductile components from air-melted steels. ASME Prepr. 61-AV-54 1961 8 pp; Index Aeron. **17** (1961) 7 ref. 239.

— Precision forging of steel shafts. Metal Treatm. & Drop Forging **28** (1961) 186 95—98; Werkstatt u. Betrieb **94** (1961) 10 797—798.

Feldmann, H. D.: A comparison of hot and cold forging of steel. Metal Treatm. & Drop Forging **29** (1962) 196 13—16; Werkstatt u. Betrieb **95** (1962) 12 856.

Kursetz, E.: Herstellung von Großschmiedeteilen auf einer 18 000-t-Stahlschmiedepresse. Werkstatt u. Betrieb **95** (1962) 9 615—617.

Beck, G.: Untersuchungen der Warmverformbarkeit von Stählen, besonders mit dem Warmverdrehversuch. Stahl u. Eisen **83** (1963) 22 1369—1374.

Kamper, Peter: Pressenstraße für Rohkurbelwellen. Fördern u. Heben **13** (1963) 10 725—727.

Papuli, G.: Der Wärmespannungseffekt in großen Schmiedestücken. Härterei-Techn. Mitt. **18** (1963) 2 86—88.

Sparks, Robert B.: Working with maraging steels ... forging. Metal Progr. **84** (1963) 1 74—77; Battelle Techn. Rev. **12** (1963) 9 335 a.

— Working with maraging steels (forging, nitriding and welding). Metal Treatm. & Drop Forging **30** (1963) 217 393—396 [4.82.22] [5.31.31].

Opel, Paul u. *Siegfried Wagner:* Die Warmverformbarkeit von Stählen im Temperaturbereich um 1000° C. Arch. Eisenhüttenwes. **85** (1964) 12 1133—1144 23 Lit.-St.

Standl, Roman u. *Martin Valencak:* Die Herstellung hoch beanspruchter Schmiedestücke in Österreich. Stahl u. Eisen **84** (1964) 11 667—673.

Dzugudov, M. Ya.: Aspects of hot working of hard-to-forge alloys. "Investigations of steels and alloys." Joint Publ. Res. Service, Washington, D.C. JPRS-28358, TT-65-30154 Jan. 1965 pp. 27—40 (Transl. into English from the book "Issledovaniya Staley i Splanov", Moscow, State Comm. on Ferrous and Nonferrous Metallurgij 1964); STAR **3** (1965) 7 1090.

Black, H. L. and *L. W. Sherbier:* Press formability of austenitic stainless steel. Metal Progr. **87** (1965) 6 62—67; Index Aeron. **21** (1965) 8 ref. 4852.

Divine, C. A., jr. and *A. R. Walsh:* Forging vs. machining. Machine Design **37** (1965) 11 192—196; Index Aeron **21** (1965) 8 ref. 5105.

— Precision forging of steel tubes. Metal Treatm. & Drop. Forging **32** (1965) 234 ref. 2833.

Lindner, Heinrich: Massivumformen von Stahl zwischen 600° C und 900° C „Halbwarmschmieden". Diss. TH Hannover 1966, Fortschritt-Ber. VDI-Z. Reihe 2 Nr. 7. Düsseldorf: VDI-Verl. 1966 140 S.; VDI-Z. **108** (1966) 10 414.

Marschall, C. W., J. H. Gehrke, A. M. Sabroff and *F. W. Boulger:* Ausforging of alloy steels. J. Metals **18** (1966) March 328—336; Nickel-Ber. **24** (1966) 8 166—167.

4.12.5 Schmieden von Leichtmetallen

Kursetz, E.: Umformtechnik großer Leichtmetall-Schmiedeteile in den USA. Industrie-Anz. **82** (1960) 94 1615—1622 8 Lit.-St.; Leichtbau d. Verkehrsfahrzeuge **5** (1961) 2 105.

Hornauer, H.: Formkaltpressen von Aluminiumwerkstoffen. Bänder Bleche Rohre **2** (1961) 8 363—367; Aluminium **38** (1962) 1 A 20.

Matuszewski, R. A. and *A. J. Kish:* Press forming and welding of heavy magnesium plate. ASME Prepr. 61-SA-18 1961 8 pp.; Index Aeron. **17** (1961) 12 ref. 463 [4.31.04] [5.31.32.2].

Kursetz, E.: Schmiedetechnik von Leichtmetallen auf Großpressen. Industriekurier, Techn. u. Forsch. **16** (1963) 32 129—130; Aluminium **39** (1963) 7 A 290.

Tucker, A. D.: Cold forging in aluminium alloys. Metal Industry **103** (1963) 19 682—683; Aluminium **40** (1964) 2 R 98.

— Die-forging. Light Metals **26** (1963) 302 60; Aluminium **39** (1963) 9 A 364.

Kursetz, Edgar: Großschmiedeteile aus Aluminium. Werkstatt u. Betrieb **97** (1964) 4 263—268 14 Lit.-St.

— Aluminium alloy forgings. Metalworking Production **108** (1964) 51 72—74; Index Aeron. **21** (1965) 2 ref. 1103.

Stewart-Jones, E. T.: Forgings in light alloys. Hawker Siddeley Techn. Rev. **2** (1965) 4 6—13; Leichtbau d. Verkehrsfahrzeuge **10** (1966) 4 185; Index Aeron. **22** (1966) 10 74.

Stewart-Jones, E. T.: Forging in light alloys. Metal Treatm. & Drop Forging **33** (1966) 245 44—54, 59; Index Aeron. **22** (1966) 4 114; Battelle Techn. Rev. **15** (1966) 6 193 a.

Bühler, Hans u. *Hans Wilfried Wagener:* Die Staucheigenschaften von Zirkonium und Zircaloy-2. Z. Metallkunde **58** (1967) 2 136—144 24 Lit.-St.

4.12.6 Schmieden von Titan

Hennig, H. J. and *P. D. Frost:* Titanium-alloy forgings. Battelle Mem. Inst.; Defense Metal Inform. Center DMIC Rep. **141** PB 151100 Dec. 1960 89 pp. 24 refs.; Titanium Abstr. Bull. **7** (1961) 1 13 ref. 6777.

— The production of an aircraft undercarriage component in titanium alloy (4Al-4M)-forging. Ministry of Aviation S & T Memo No. 22/60 oct. 1960 11 pp.; Titanium Abstr. Bull. **7** (1961) 1 12 ref. 6776.

Bell, J. C. and *E. Leybourne:* The forging of titanium. Metal Treatm. & Drop Forging **28** (1961) 185 45—47; Titanium Abstr. Bull. **6** (1961) 5 158 ref. 6532.

Orrell, N. G. and *J. E. Coyne:* Largest titanium forgings made in closed die. Materials in Design Engng. **53** (1961) 2 20—21; Titanium Abstr. Bull. **6** (1961) 5 158 ref. 6531.

Stewart-Jones, E. T.: Press forged titanium components. Metal Treatm. & Drop Forging **28** (1961) 185 48—49; Titanium Abstr. Bull. **6** (1961) 5 158 ref. 6533.

— The forging of titanium. Metal Treatm. & Drop Forging **28** (1961) 185 45—52; Index Aeron. **17** (1961) 4 ref. 311.

Develay, R. et *A. Saulnier:* Forgeage et laminage de l'alliage de titane Ti-Al8%-Nb2%-Ta1%. Mém. Sci. Rev. Métallurgie **59** (1962) 1 47—56 4 réfs.; Titanium Abstr. Bull. **7** (1962) 5 134.

Bulgakov, B. S.: Production of large titanium alloy forgings. Air Force Systems Command, Wright-Patterson AFB, Ohio. Foreign Technol. Div. FTD-MT-64-474 Jan. 1965 49 pp. (AD 621367) (Transl. into English from a Russian Publ. Leningrad 1963 pp. 1—38); STAR **3** (1965) 10 1681.

Galitskiy, B. A.: Pressure working of titanium and its alloys. "Forming and fabrication of titanium." Joint Publ. Res. Service, Washington, D.C. JPRS-29181, TT-65-30539 March 1965 pp. 1—51 (Transl. into English of selected chapters from the book "Titan i Yego Splavy i Khimicheskovm Mashinostr. Moscow, State Sci. Technical Publ. House of Mach.-Building Lit. 1963); STAR **3** (1965) 11 1844 [4.25].

Wilkinson, N. A.: Forgings in titanium alloys. Hawker Siddeley Rev. **2** (1965) 1 20—27; Index Aeron. **22** (1966) 2 70.

Kaganovich, I. N., Ya. I. Potapenko, and *Ye. D. Igumenshchev:* Hot mechanical working of VT 14 alloy forgings. Studies in the treatment and properties of titanium alloys. Joint Publ. Res. Service, Washington, D.C. JPRS-34481, TT-66-30921 March 1966 1—9 (Transl. into English from Tsvetnyye Metally (Moscow) (1965) 10 75—79); STAR **4** (1966) 10 1683.

4.12.7 Schmieden sonstiger Metalle

Petersen, Alfred H. and *Fres C. Pipher:* Forging molybdenum by high-energy-rate method. Metal Progr. **82** (1962) 2 78—83.

Wagener, Hans-Wilfried: Die Staucheigenschaften reaktiver und hochschmelzender Metalle. VDI-Z. **108** (1966) 25 1228 (Diss. Ref.).

4.20 Mechanisches Schneiden

Oehler, G.: Genauschnitt durch Queranstauchung. Werkstatt u. Betrieb **92** (1959) 4 207—209 2 Lit.-St.; Mitt. Forsch.-Ges. Blechverarb. (1962) 11 Ref. 472.

Bagley, F. L., jr.: Shear in metal cutting. ASME Prepr. 60-WA-80 1960 7 pp. 12 refs.; Index Aeron. **17** (1961) 3 ref. 258.

Böhne, C.: Schneiden von nichtrostenden Stahlblechen. Maschinenmarkt **66** (1960) 7 19—20.

Crasemann, H.-J.: Stand und Entwicklung des Schneidens von Blechen. Techn. Rdsch. (Bern) **52** (1960) 37 2—3, 5, 7 8 Lit.-St.

Dies, R.: Trennen und Schneiden. Blech **7** (1960) 9 496—501.

Draeger, E.: Spanlose Formarbeiten auf Kurven- und Aushauscheren. Industrie-Anz. **82** (1960) 22 325—328.

Hilbert, H. L.: Die schneidenden Arbeitsverfahren und deren Abhängigkeit von der Anlage des Werkzeugs. Techn. Zbl. prakt. Metallbearb. **54** (1960) 8 361—366.

Langton, J. W.: Trennen von Blech auf Scheren. Sheet Metal Industries **37** (1960) 393 63—65.

Oehler, G.: Genauschnittverfahren. Klepzig Fachber. (Düsseldorf) **68** (1960) 2 37—41 10 Lit.-St.

Gabriel, G.: Einsatzmöglichkeiten von Aushau-, Kurven- und Nibbelscheren zum Trennen und Formen von Blech. Mitt. Forsch.-Ges. Blechverarb. (1961) 11 129 bis 137.

Naumann, F. K.: Die Versprödung der Kanten beim Scherenschnitt von Grobblech aus Thomas- und Siemens-Stahl. Teil II. Laboratoriumsversuche. Stahl u. Eisen **81** (1961) 22 1464—1472 5 Lit.-St.

— Umformtechnik I. H. 37 der blauen TR-Reihe. Hallwag, Bern: Verl. Techn. Rdsch. 1961 69 S.; Werkstatt u. Betrieb **95** (1962) 3 182 [4.30.0].

Conn, Harry: Hydraulic shearing and cutting-off. Mach. Shop Mag. **23** (1962) 9 508—510; Werkstatt u. Betrieb **96** (1963) 3 192—193.

Crasemann, H.-J.: Der offene Schnitt von Grobblechen. Mitt. Forsch.-Ges. Blechverarb. (1962) 14/15 193—211.

Guidi, A.: Feinschneiden. Werkstatt u. Betrieb **95** (1962) 9 637—648 8 Lit.-St.

Meyer, M.: Verfahren zum Erzielen glatter Schnittflächen beim Blechschneiden. Mitt. Forsch.-Ges. Blechverarb. (1962) 19/20 282-293 14 Lit.-St.

Pauels, E.: Probleme beim Grobblechschneiden

auf Schwingscheren. Bänder Bleche Rohre **3** (1962) 5 224—227.

Bösch, Fr. u. *A. Stäger:* Feinschneiden genauer Fertigteile in der Stanzereitechnik. Werkstatt u. Betrieb **96** (1963) 9 607—611, 11 843—850 [4.25].

Boothroyd, G.: Temperatures in orthogonal metal cutting. Proc. Instn. Mech. Engrs. **177** (1963) 29 789—810.

Buchmann, K.: Über den Einfluß einiger Schneidbedingungen auf den Werkzeugverschleiß beim Schneiden von Stahlfeinblechen im geschlossenen Schnitt. Werkstattstechnik **53** (1963) 11 561—566.

Keller, Fritz: Genauschneideverfahren. Fertigungstechn. u. Betrieb **13** (1963) 9 529—534.

Pehlgrimm, Kurt: Werkzeuggerechte Werkstückgestaltung für die spanlose Formung. Werkstatt u. Betrieb **96** (1963) 7 479—483 [4.25].

Rogersen, W. M. u. a.: Verarbeitung von edelstahlplattiertem Aluminiumblech. Amer. Mach./Metalworking Manuftg. **107** (1963) 24 80—84, Metalworking Production **108** (1964) 9 80—83, 85 [4.30.0].

Oehler, G.: Die Arbeiten der Forschungsgesellschaft Blechverarbeitung e. V. auf den Gebieten des Schneidens, des Biegens, der Umformung mittels elastischer Druckmittel von Leichtmetallblechen, der Leichtbaukonstruktion, der Werkzeugmaschinen und der Blechprüfverfahren. Mitt. Forsch.-Ges. Blechverarb. (1964) 18 250—256 150 Lit.-St. [4.30.0].

Peter, H. u. *R. Neider:* Untersuchungen über die Schneidbarkeit von Kaltband und Blech, insbesondere Dynamoblech. Blech **11** (1964) 11 570—579.

Wegner, H. E.: Umformen und Verarbeiten von vorlackiertem Aluminium. Materials in Design Engng. **59** (1964) 1 92—96 [4.25] [4.30.4] [4.31.01].

Gorbauch, S. u. *S. Otto:* Feinschneiden auf mechanischen Standardpressen mit hydraulischen Zusatzeinrichtungen. Fertigungstechn. u. Betrieb **15** (1965) 5 283—288.

Hügi, Wilfried: Das Feinschneiden in der Praxis. Blech **12** (1965) 3 101—105.

Oehler, G.: Das Feinschneiden mit senkrecht und flach schräg bewegter Ringzacke. Mitt. Forsch.-Ges. Blechverarb. **16** (1965) 1/2 20—28.

Tanaka, Yoshinobu and *Masanori Kitano:* Metal cutting with extremely high speeds. Technol. Rep. Osaka Univ., Faculty Engng., Dept. Precision Engng. **16** (1965) Oct. 305—314 (Rep. 670); STAR **4** (1966) 23 4551.

Zabel, H.: Zerteilen metallischer Stangen durch Abscheren. Diss. TH Hannover 1965.

— 1964. Review of materials processing literature. Trans. ASME Ser. B (J. Engng. Industry) **87** (1965) 4 511—522 171 refs. [4.30.0].

— Das rationelle Beschneiden von Ziehteilen. Maschinenmarkt **71** (1965) 67 65—67.

Bühler, Hans u. *Harald Seidenberg:* Werkzeugverschleiß und Grathöhe beim Schneiden von Feinblech. Stahl u. Eisen **86** (1966) 25 1677—1688 32 Lit.-St.

Enamoro, H. E.: Effect of cold working on chip formation in metal cutting (in English). CIRP Ann. **13** (1966) 3 251—261 22 refs.; Index Aeron. **22** (1966) 9 57.

Guidi, A.: Zum Entwicklungsstand der Feinschnittechnik. Bänder Bleche Rohre **7** (1966) 4 193—203, 11 782—788, 12 846—854.

Sondershaus, E.: Die Beurteilung der Schneidbarkeit von Feinblechen durch ein Knabberverfahren. Diss. TH Darmstadt 1966.

4.21 Schneiden mit Ultraschall

Kazantsev, V. F. and *L. D. Rosenberg:* The mechanism of ultrasonic cutting. Ultrasonics **3** (1965) Oct./Dec. 166—174; Battelle Techn. Rev. **15** (1966) 1 21 a.

Chou, T'ieh-ying, Huo-chen Chu, Tai-an Chang and *Te-ming Sun:* Ultra sonic cutting of germanium and silicon plates. Transl. on Communist China's Sci. & Technol. March 1966 pp. 25—28 (Transl. into English from Ch'ing-hue Ta-hsueh Asueh-pao (Communist China) **12** (1965) 2 85—86); STAR **4** (1966) 15 2835.

4.22 Brennschneiden

Matting, Alexander u. *Kamalesh Roy Choudhuri:* Der Einfluß der Düsenform auf die Schnittgeschwindigkeit beim Brennschneiden. VDI-Z. **102** (1960) 12 459—466 10 Lit.-St.; Werkstatt u. Betrieb **93** (1960) 11 746—747.

Reinsch, H. H.: Grundlagen des Brennschneidens von Blechen aus Stahl und Nichteisenmetallen. Z. wirtsch. Fertigung **55** (1960) 5 207—210 6 Lit.-St.

Ruge, J., P. Hildebrandt u. *W. Tauschek:* Schneiden von Aluminium und hochlegierten Stählen unter Schutzgas. Industriebl. **60** (1960) 2 101—106 6 Lit.-St.; Mitt. Forsch.-Ges. Blechverarb. (1960) 24 Ref. 1129.

von Hofe, H. u. *H. Wirtz:* Beitrag zur Klärung der Ursachen für die Aufhärtung beim Brennschneiden. Vortrag Große Schweißtechn. Tag. Essen 1961. Blech **8** (1961) 10 780—781 (Auszug).

Lenk, W.: Der Entwicklungszustand der Brennschneidetechnik bei der Vorbereitung von Schweißfugen. Schweißen u. Schneiden **14** (1962) 7 303—310 13 Lit.-St.

Grix, H. H.: Das Brennschneiden als Arbeitstechnik in der modernen Formgestaltung. Schweißen u. Schneiden **15** (1963) 6 331—334.

Hofmann, W. u. *A. Krahl:* Werkstoffveränderungen in der wärmebeeinflußten Zone autogener Brennschnitte. Schweißen u. Schneiden **15** (1963) 4 153—159 7 Lit.-St.

Matting, Alexander u. *Klaus Ulmer:* Schweißen und Schneiden. VDI-Z. **105** (1963) 24 1144—1147 110 Lit.-St.

Miller, K. J.: The effects of weld burn-through on tensile and bend properties of types 304 L, 321, 357, 4130 and 1020 steels and on 6061 aluminum alloy. Welding J. Res. Suppl. **42** (1963) 10 454 s—459 s.

Boeckhaus, Kurt u. *Gerhard Schneider:* Bemerkenswerte Arbeiten mit dem Pulverschneidbrenner in Maschinen- und Betriebswerkstätten. Schweißen u. Schneiden **16** (1964) 9 437—439.

Renaudie, H.: Neuere Tendenzen in der Anwendung des Brennschneidens. Soudage Techn. Conn. **18** (1964) 7/8 247—260.

Schleicher, Walter: Untersuchungen des Schneidsauerstoffstrahls in Verbindung mit der Riefenbildung beim Brennschneiden. Schweißen u. Schneiden **16** (1964) 7 284—291 9 Lit.-St.

Kunz, H. G.: Brennschneiden als wirtschaftliches Fertigungsverfahren. Werkstatt u. Betrieb **98** (1965) 6 355—361.

Lange, Gerhard: Maschinelles Brennschneiden. Betriebs-Technik (München) **6** (1965) 9 231—234 4 Lit.-St.

Nyfeler, H.: Flame-cutting — Review of the exhibition of flame cutting machines. cutting and dividing tools and assessories, Basel (in German). Techn. Rdsch. (Bern) **57** (1965) 13 33—37, 43—45; Index Aeron. **22** (1966) 1 53.

Spies, G. R., jr.: A comparison of plasma and oxyfuel gas cutting. Welding J. **44** (1965) 10 815—818; Index Aeron. **22** (1966) 1 53 [4.23].

— Schweißen und Schneiden — Fortschritte in den Grundlagen und in der Anwendung (Fachbuchreihe Schweißtechnik, Bd. 40). Düsseldorf: Dt. Verl. Schweißtechn. 1965 223 S. [5.31.21].

Dimopoulos, C.: Rationelle Verwendung der Heizflamme und zusätzlicher Flammen bei besonderen Schneidarbeiten. Soudage et Techn. Conn. **20** (1966) 5/6 225—231.

Hein, Gerhard: Anwendung elektronischer Rechen- und Zeichengeräte zum Schneiden von Blechabwicklungen mit automatisch gesteuerten Brennschneidmaschinen. Schweißen u. Schneiden **18** (1966) 7 319—322 5 Lit.-St.

Schönherr, W.: Beitrag zur Bestimmung der Temperaturverteilung im Werkstück beim Brennschneiden. Diss. TH Karlsruhe 1966, Schweißen u. Schneiden **18** (1966) 6 280—289.

Zorn, Erich: Betrachtungen über die Oberflächengüte der Brennschnittflächen von Stahlblechen. Schweißen u. Schneiden **18** (1966) 12 597—603 19 Lit.-St.

— Schweißen und Schneiden — Fortschritte in den Grundlagen und in der Anwendung. (Vorträge d. Großen Schweißtechn. Tag. des Dt. Verbandes f. Schweißtechnik in Essen, Sept./Okt. 1966) (Fachbuchreihe Schweißtechn., Bd. 46). Düsseldorf: Dt. Verl. f. Schweißtechn. 1966 211 S. [5.31.31].

von Hofe, Hans, Heribert Wirtz u. *Horst-Peter Hartwigsen:* Neue Erkenntnisse zum Ablauf des Brennschneidvorganges. Schweißen u. Schneiden **19** (1967) 5 203—209 19 Lit.-St.

Wenzel, Bernd: Turbulenztheorie des Schmelzschneidens. Schweißen u. Schneiden **19** (1967) 1 8—11 6 Lit.-St.

4.23 Plasmaschneiden

Witting, E. u. *H. J. Klohnen:* Plasmaschneiden (Fachbuchreihe Schweißtechnik, Bd. 27). Düsseldorf: Dt. Verl. Schweißtechnik 1962 12—20.

O'Brien, R. L. and *R. J. Wickham:* New developments in plasma arc cutting. Welding J. **42** (1963) Feb. 107—111; Nickel-Ber. **21** (1963) 8/9 264—265.

Browning, J. A. and *C. Hazard:* Quality determinants in the plasma cutting process. Brit. Welding J. **10** (1963) 9 462—469.

Castello, Jones, C. E. and *H. Griffiths:* Industrial uses of the plasma arc. Brit. Welding J. **10** (1963) 11 546—551; Werkstatt u. Betrieb **97** (1964) 9 709 [5.31.53].

Wendler, F.: Anwendungen des Lichtbogen-Plasmabrenners. ETZ-B **15** (1963) 1 6—9 14 Lit.-St. [5.31.53].

v. Ardenne, Manfred: Neuere Beiträge auf dem Gebiet der Elektronenstrahl-, Ionenstrahl- und Plasmastrahltechnik. Technik (Berlin) **19** (1964) 10 673—684 32 Lit.-St. [4.24].

Levin, M. L.: Plasma cutting and gouging. Brit. Welding J. **11** (1964) 5 213—221.

Schönherr, W.: Grundlagen des Plasmabrenners und seine Anwendung beim Schweißen und Schneiden. Brand Verhütung Bekämpfung **14** (1964) 1 1—5 9 Lit.-St. [5.31.53].

Spies, G. R. and *C. R. Felmley:* High shape cutting with plasma. Welding J. **43** (1964) 3 187—194.

— Plasma cutting and gouging. Machinery (London) **104** (1964) 2671 197—198; Index Aeron. **20** (1964) 3 ref. 1445.

von Ardenne, Manfred, Rudolf Pochert, Willy Roggenbuck, Horst Wachtel u. *Peter*

Wiese: Das wirtschaftliche Schmelzschneiden von Fein- und Grobblechen mit neuen Plasmabrennern. Blech **12** (1965) 9 499—505.
Herden, G.: Lichtbogenplasma in der Schweiß- und Schneidtechnik. Schweißtechnik (Berlin) **15** (1965) 8 353—360 13 Lit.-St.; Werkstatt u. Betrieb **98** (1965) 12 971 [5.31.53].
Hübner, Ronald: Der Plasmastrahl als Werkzeug. Elektroniker (Aarau, Schweiz) **4** (1965) 5 20—27 [5.31.53].
Levin, M. L.: Further developments in plasma arc cutting and gouging. Second Commonwealth Conf., London 1965, Paper 8.
Spies, G. R., jr.: A comparison of plasma and oxyfuel gas cutting. Welding J. **44** (1965) 10 815—818; Index Aeron. **22** (1966) 1 53 [4.22].
Chevallier, M.: Résultats d'exploitation du coupage plasma sur aciers spéciaux. Soudage et Techn. Conn. **20** (1966) 12 17—22; Battelle Techn. Rev. **15** (1966) 6 193 a.
Ordway, James F., George A. Colligan, and *James A. Browning:* Plasma arc machining (Final Rep. Aug. 1965 — Feb. 1966). Army Mater. Res. Agency, Watertown, Mass. AMRA CR-66-03/F May 1966 86 pp. (Contract DA-19-066-AMC-275 (W), AD 635043); STAR **4** (1966) 20 4010—4011.
Beuscher, H.: Neue Entwicklungen beim Schmelzschneiden und Fugenhobeln mit dem Plasmalichtbogen. Schweißen u. Schneiden **19** (1967) 1 31—32.

4.24 Schneiden mit Elektronenstrahlen

Steigerwald, K. H.: Schweißen und Schneiden mit Elektronenstrahlen. Schweißen u. Schneiden **12** (1960) 3 89—96 [5.31.53].
Opitz, W. u. K. H. Steigerwald: Trennen mit Elektronenstrahlen. Schweißen u. Schneiden **13** (1961) 9 448—454.
Panzer, S.: Fortschritte beim Schweißen, Trennen und Abtragen mit dem Elektronenstrahl. Schiff u. Hafen **13** (1961) 8 [4.42.75] [5.31.51].
v. Ardenne, Manfred: Neuere Beiträge auf dem Gebiet der Elektronenstrahl-, Ionenstrahl- und Plasmastrahltechnik. Technik (Berlin) **19** (1964) 10 673—684 32 Lit.-St. [4.23].

4.25 Stanzen

Dies, R.: Die Vorgänge beim Lochen von Stahl und Nichteisenmetallen mit runden Stempeln. Maschinenmarkt **66** (1960) 69 40—43.
De Groat, G. H.: Gratfreies Stanzen. Amer. Machinist / Metalworking Manuftg. **104** (1960) 15 98—99.
Haag, R.: Finish blanking. Sheet Metal Industries **37** (1960) 397 352—354; Werkstatt u. Betrieb **94** (1961) 1 105—106.
Hills, E. J.: Stanzen mit Gummiwerkzeugen. Product Engng. **31** (1960) 4 66—68 6 refs.; Mitt. Forsch.-Ges. Blechverarb. (1960) 13/14 Ref. 612.
Howard, F.: Finish blanking. Sheet Metal Industries **37** (1960) 397 339—351, 354; Werkstatt u. Betrieb **94** (1961) 1 105—106.
Keller, F.: Einfluß des Schneidspaltes auf die Schnittkraft beim Lochen mit kleinerem Stempeldurchmesser als die zu lochende Blechdicke. Fertigungstechnik u. Betrieb **10** (1960) 5 301—304 5 Lit.-St.; Werkstatt u. Betrieb **94** (1961) 2 111.
Oehler, G.: Bildung von Aufbauschneiden beim Lochen dicker Bleche. Mitt. Forsch.-Ges. Blechverarb. (1960) 17 232—236 6 Lit.-Stellen.
Oehler, G.: Schwierigkeiten beim Lochen dicker und harter Stahlbleche. Werkstattstechnik **50** (1960) 11 582—586 17 Lit.-St.; Werkstatt u. Betrieb **94** (1961) 9 739.
Waller, J.: Fertigung von Stanzteilen aus Stahlstreifen. Machinery Lloyd (Europ. Ed.) **32** (1960) 16 A 23—25.
Frerichmann, B.: Untersuchungen über das Ausschneiden und Lochen von Kunststoffplatten mit einem Gesamtschnitt-Werkzeug. Kunststoffe **51** (1961) 9 618—619; Werkstatt u. Betrieb **95** (1962) 5 324.
Guidi, A.: Nachschneiden und Feinstanzen. Werkstatt u. Betrieb **94** (1961) 11 843—849 2 Lit.-St.
Keller, F.: Die Beeinflussung der Trennflächen und der Trennzonen durch den Schneidspalt beim Lochen mit kleinerem Stempeldurchmesser. Fertigungstechnik u. Betrieb **11** (1961) 4 251—256 7 Lit.-St.
Köhler, W.: Über den Verhältniswert der Scherfestigkeit zur Zugfestigkeit von Zieh- und Stanzblechen. Industrie-Anz. **83** (1961) 75 1438—1441 5 Lit.-St.
Oehler, G.: Der derzeitige Stand der Feinstanzverfahren. Werkstattstechnik **51** (1961) 2 82—88.
Schroedl, Werner: Die wirtschaftliche Fertigung von Erzeugnismustern und Kleinserien in der Stanzerei. Blech **8** (1961) 11 834—840.
Strasser, F.: Materialsparendes Stanzen. Iron Age **187** (1961) 22 76—77.
Stromberger, C.: Untersuchung der Lochvorgänge an Mittel- und Grobblechen. Mitt. Forsch.-Ges. Blechverarb. (1961) 9/10 106—108.
Wiest, P.: Die Bedeutung der Verarbeitungseigenschaften der Werkstoffe für die Einzel- und Massenfertigung. TZ prakt. Metallbearb. **55** (1961) 10 546—554 [4.12.3] [4.30.8].

Haddow, J. B. u. *W. Johnson:* Versuche über das Lochen von Weichmetallen. Int. J. Mach. Tool Design & Res. **2** (1962) 1 1—18.
Köhler, W.: Einfluß werkstoff- und verfahrenstechnischer Faktoren auf die Scherfestigkeit von Stanz- und Ziehblechen. Blech **9** (1962) 11 605—611.
Lott, H. J.: Gummi als Feder-, Verformungs- und Maschinenelement in der Stanztechnik. Z. wirtsch. Fertigung **57** (1962) 1 1—5.
Masuda, M. and *J. Jimma:* Theoretical research on the blanking of sheet material. CIRP Annal. **11** (1962/63) 4 224—228 2 refs.; Index Aeron. **20** (1964) 9 ref. 4329.
Oehler, G.: Die Wirtschaftlichkeit der Feinstanzverfahren. Werkstattstechn. **52** (1962) 11 596—603 4 Lit.-St.; Werkstatt u. Betrieb **96** (1963) 7 495.
Schrödl, Werner: Die Verarbeitung von Aluminiumband und -blech in der Stanzerei. Blech **9** (1962) 3 106—109 2 Lit.-St.; Werkstatt u. Betrieb **95** (1962) 10 731.
Bösch, Fr. u. *A. Stäger:* Feinschneiden genauer Fertigteile in der Stanzereitechnik. Werkstatt u. Betrieb **96** (1963) 9 607—611, 11 843—850 4 Lit.-St. [4.20].
Pehlgrimm, Kurt: Werkzeuggerechte Werkstückgestaltung für die spanlose Formung. Werkstatt u. Betrieb **96** (1963) 7 479—483 [4.20].
— Stanztechnik-Vorträge der VDI-Tagung Frankfurt/Main 1963. VDI-Ber. Bd. 76 Düsseldorf: VDI-Verl. 1963 49 S.
Magri, A.: Ermittlung des optimalen Materialabfalls beim Lochen und Ausschneiden kreisrunder Werkstücke. Werkstatt u. Betrieb **97** (1964) 9 699—700.
Strasser, Frederico: Praktische Hinweise für die Gestaltung ebener Schnitteile. Werkstatt u. Betrieb **97** (1964) 7 529—531.
Stutzke, Fritz: Anwendung von Gummiwerkzeugen in der Stanzereitechnik. Werkstatt u. Betrieb **97** (1964) 4 306.
Wegner, H. E.: Umformen und Verarbeiten von vorlackiertem Aluminium. Materials in Design Engng. **59** (1964) 1 92—96 [4.20] [4.30.4] [4.31.01].
Zscherpe, Erich: Das Lochen von Blechen mit Sprengstoffen. VDI-Z. **106** (1964) 3 85—86.
Galitskiy, B. A.: Pressure working of titanium and its alloys. "Forming and fabrication of titanium". Joint Publ. Res. Service, Washington, D.C. JPRS-29181, TT-65-30539 March 1965 pp. 1—51 (Transl. into English of selected chapters from the book "Titan i Yego Splavy i Khimicheskowm Mashinostr. Moscow, State Sci. Technical Publ. House of Mach.-Building Lit. 1963); STAR **3** (1965) 11 1844 [4.12.6].
Stromberger, C. u. *Th. Thomsen:* Glatte Lochwände beim Lochen. Werkstatt u. Betrieb **98** (1965) 10 739—747 21 Lit.-St.
Golovanova, A. P.: Sheet metal stamping of titanium and chemical machine building. In: Mechanical and engineering properties of titanium alloys. Joint Publ. Res. Service, Washington, D.C. JPRS-36680, TT-66-33111 July 1966 pp. 194—202 (Transl. into English of articles from Novyye Issled. Splavov, Pt. III (Moscow) 1965); STAR **4** (1966) 17 3792.
Kirsch, W., K. Keszler u. *F. Keller:* Versuche zum Lochen von gehärtetem Stahlblech. Fertigungstechn. u. Betrieb **16** (1966) 8 494—497.
Sogrishin, Yu. P. and *N. F. Koyakovskiy:* High-speed stamping out of metals. Air Force Systems Command, Wright-Patterson AFB, Ohio. Foreign Technol. Div. FTD-TT-65-1372, TT-66-62427 April 1966 11 pp. (AD-640285) (Transl. into English from Byull. Tekh-Ekon. Informatsii (Moscow) (1964) 9 25—28); STAR **5** (1967) 5 712.
Schröter, H.-J.: Ein neues Verfahren zum Stanzen von Niet- oder Schraubenlöchern in Bleche. Stahlbau **36** (1967) 4 123—124.

4.26 Anreißen, Aufbringen von Schnittlinien

— Schablonenbau mit dem Koordinatographen. Luftfahrttechn. **1** (1955) 5 96.
— Contour — plotting. Aircr. Prod. **18** (1956) 1 38—40; Luftfahrttechn. **2** (1956) 2 VI.

4.30.0 Umformen von Blechen und Halbzeugen, allgemein

Brenner, P. u. *G. Scharf:* Einfluß des Verformungsverhaltens von Flugzeugblechen auf die Verformungstechnik. Metall **14** (1960) 10 975—979 11 Lit.-St.
Kursetz, E.: Blechumformung im amerikanischen Flugzeugbau. Blech **7** (1960) 5 260—268 7 Lit.-St., **8** (1961) 3 260—268 7 Lit.-St., 4 269—277 6 Lit.-St.; Leichtbau d. Verkehrsfahrzeuge **4** (1960) 6 311, **5** (1961) 5 231—232.
Kursetz, Edgar: Werkstoffe und Umformverfahren der amerikanischen Luftfahrtindustrie. Luftfahrttechn. **6** (1960) 7 206—214 26 Lit.-St.
Eldridge, G. W.: Developments in the forming of aluminium sheet. Metallurgia (Manchester) **63** (1961) 376 71—77; Aluminium **37** (1961) 9 A 376.
Kursetz, E.: Moderne Umformverfahren bei der Herstellung von Aluminiumteilen für die amerikanische Luftfahrtindustrie. Aluminium **37** (1961) 6 335—345 11 Lit.-St.; Aluminium **37** (1961) 7 A 276.
Oehler, G.: Formänderungen in der Blechbearbeitung. Fertigungstechn. u. Betrieb **11** (1961) 1 26—30, 65 8 Lit.-St.

Wood, W. W. u. a.: Theoretische Betrachtung der Verformbarkeit bei der Verarbeitung von Blechen. Product Engng. **33** (1961) 39 71—83 7 refs.

— Umformtechnik I. H. 37 der blauen TR-Reihe. Hallwag, Bern: Verl. Techn. Rdsch. 1961 69 S.; Werkstatt u. Betrieb **95** (1962) 3 182 [4.20].

Peacock, J.: Ultraschall-Blechverformung. Metalworking Production **106** (1962) 17 80—82.

Kursetz, E.: Werkstoffe und Umformverfahren der amerikanischen Luft- und Raumfahrtindustrie. Luftfahrttechn.-Raumfahrttechn. **9** (1963) 5 146—151, 6 184—192, **10** (1964) 6 169—177.

Rogersen, W. M. u. a.: Verarbeitung von edelstahlplattiertem Aluminiumblech. Amer. Mach./Metalworking Manuftg. **107** (1963) 24 80—84; Metalworking Production **108** (1964) 9 80—83, 85 [4.20].

Butler, R. D.: Relationship between sheet-metal formability and certain mechanical properties. Sheet Metal Industries **41** (1964) 449 705—716 23 refs.

Fischer, K.: Prinzipien über Konstruktion in Blech. Schweiz. Techn. Z. **61** (1964) 7 101—109.

Gentzsch, Gerhard u. *Peter F. Lanzerath*: Einsatz von Ultraschall bei der Metallumformung. Bänder Bleche Rohre **5** (1964) 8 441—443.

Oehler, G.: Die Arbeiten der Forschungsgesellschaft Blechverarbeitung e. V. auf den Gebieten des Schneidens, des Biegens, der Umformung mittels elastischer Druckmittel von Leichtmetallblechen, der Leichtbaukonstruktion, der Werkzeugmaschinen und der Blechprüfverfahren. Mitt. Forsch.-Ges. Blechverarb. (1964) 18 250—256 150 Lit.-St.

Kienzle, O., A. Burkhardt, H. L. D. Pugh u. *K. Lange*: Neuere Entwicklungen in der Umformtechnik. Arbeitsgemeinschaft Rationalisierung des Landes Nordrhein-Westfalen, H. 72, Dortmund: Verkehrs- u. Wirtsch.-Verl. Dr. Borgmann 1964 88 S.; Werkstatt u. Betrieb **98** (1965) 12 968 [4.12.2] [4.31.31].

Pischel, H.: Die Umformung von Blechen unter Anwendung hydraulischer Ziehpressen. Industriebl. **64** (1964) 3 92—96.

Scott, B. L.: How to select the right sheet metal forming process for your design. ASME Prepr. 64-MD-28 1964 15 pp. 5 refs.; Index Aeron. **20** (1964) 11 ref. 5356.

— 7. Hochschulkolloquium über Umformtechnik. Metall **18** (1964) 1 32—40.

Fukui, S., K. Yoshida, and *S. Kobayashi*: Sheat metal forming research in Japan. ASME Prepr. 65-PROD-12 1965 10 pp. 27 refs.; Index Aeron. **22** (1966) 3 49.

Islamoff, Ilia I.: Metal forming techniques. NASA SP-5017 May 1965 VI, 52 pp. 23 refs.; STAR **3** (1965) 21 3624; Index Aeron. **22** (1966) 8 85 [4.31.30].

Küppers, W.: Fragen der Feinblechverarbeitung nichtrostender Stähle. Blech **12** (1965) 1 625—633.

Norwood, D. L.: Sheet metal formability at ambient temperature. Sheet Metal Industries **42** (1965) 457 329—354 4 refs.; Index Aeron. **21** (1965) 7 ref. 4108; Werkstatt u. Betrieb **99** (1966) 3 201.

Reihle, Markus: Der Geschwindigkeitseinfluß bei spanlosen Formgebungsverfahren. Werkstatt u. Betrieb **98** (1965) 10 729—735 13 Lit.-St.

— 1964. Review of materials processing literature. Trans. ASME Ser. B (J. Engng. Industry) **87** (1965) 4 511—522 171 refs. [4.20].

Boulger, F. W., A. F. Gerds, W. A. Glaeser, H. J. Henning, A. T. Hopper et al.: Survey of current knowledge of the deformation characteristics of beryllium, the refractory metals, and the superalloys. Battelle Memorial Inst. Columbus, Ohio. Feb. 1966 322 pp. (Contract NOW-65-0259 c, AD-630427); STAR **4** (1966) 14 2614—2615.

Cole, A. H.: The die-draulic system. Sheet Metal Industries **43** (1966) 473 666—688; Werkstatt u. Betrieb **100** (1967) 5 425.

Fukui, S., K. Yoshida, and *S. Kobayashi*: Sheet metal forming research in Japan. Trans. ASME Ser. B (J. Engng. Industry) **88** (1966) 1 65—71.

Hohmann, K.: Verfahren der Blechumformung. Industrie-Kurier, Techn. u. Forsch. **19** (1966) 52 (12) 200—201 [10].

Krauss, Walter: Neue Verfahren der Umformung von Blechen und Profilen aus den USA. Bänder Bleche Rohre **7** (1966) 7 403—406.

Lachenaud, R.: Problems in the forming of large light-alloy components for supersonic aircraft (in French). Rev. Métallurgie **63** (1966) 3 247—256; Index Aeron. **22** (1966) 6 65.

Lueg, K.: Überblick über den Stand der Blechverarbeitung. Metall **20** (1966) 8 855—863 14 Lit.-St.

Oehler, G.: Stand der Technik auf dem Gebiet der Blechumformung. Industrie-Anz. Sonderausg. **88** (1966) Dez. 85—88.

Radtke, Hermann: Blechbearbeitung. VDI-Z. **108** (1966) 26 1303—1306 61 Lit.-St.

4.30.3 Abkanten

— Die Verarbeitung der austenitischen Chrom-Nickel-Stähle. Teil II. Biegen, Abkanten und Kaltwalzen. Düsseldorf: Nickel-Inform.-Büro 1963 51 S. [4.30.4].

Hänni, E.: Abkanten von Blechen. Techn. Rdsch. (Bern) **57** (1965) 35 5, 7.

4.30.4 Biegen von Blechen

Boulger, F. W.: Plastische Metallumformung. Mech. Engng. **82** (1960) 9 70—72 35 Lit.-St.

Datsko, J. and *C. T. Yang:* Correlation of bendability of materials with their tensile properties. Trans. ASME Ser. B (J. Engng. Industry) **82** (1960) 4 309—314 4 refs.

Jahnle, H. A.: Forming beryllium sheet. Prod. Engng. **31** (1960) 25 72—75; Index Aeron. **16** (1960) 9 ref. 193 [4.31.06].

Ludwig, R.: Formbiegen von Titanblech. Tool Engr. **44** (1960) 3 107—109.

Shaffer, B.: Theorie des Blechbiegens. Trans. ASME Ser. E (J. Appl. Mech.) **27** (1960) 1 34—40 12 Lit.-St.

Strasser, F.: Präzisionsbiegen mit Biegewerkzeugen. Iron & Steel **33** (1960) 2 65—68.

Tschochner, H.: Gestalten von Biege- und Ziehteilen. Industrie-Anz. **82** (1960) 14 195—198 25 Lit.-St.; Leichtbau d. Verkehrsfahrzeuge **6** (1962) 1 33.

Beguin, G. H.: Sicken von kreiszylindrischen Blechmänteln. Blech **8** (1961) 8 613—616.

Casey, R. J.: Herstellung von Präzisions-Biegeteilen. Amer. Machinist **105** (1961) 17 106—107; Metalworking Production **105** (1961) 45 70—71.

Hilbert, L.: Verfahrensbedingte Abweichungen beim Biegen. Techn. Zbl. prakt. Metallbearb. **55** (1961) 6 296—297.

Lippmann, H. u. *O. Mahrenholtz:* Feststellung des gegenwärtigen Standes der Plastizitätstheorie und Ausweitung ihrer Ergebnisse auf die praktische Anwendung in der Umformtechnik. Einzelbericht Biegen und Tiefziehen. TH Hannover, Lehrstuhl u. Inst. Mechanik 1961, 25 S. 92 Lit.-St.; Bänder Bleche Rohre **3** (1962) 8 398 [4.31.01].

Oehler, G.: Formänderungen in der Blechbearbeitung. Fertigungstechnik u. Betrieb **11** (1961) 3 190—193.

Oehler, G.: Einfluß der Schenkelhöhe, der Stempelrundung und des Biegens mit und ohne Gegenhalter auf den Kraftbedarf und auf die Formänderung beim U-Biegen. Mitt. Forsch.-Ges. Blechverarb. (1962) 18 248—258 7 Lit.-St.

— Biegen von Aluminium-Halbzeugen. Aluminium-Merkblatt B 1. 3. Aufl. Düsseldorf: Aluminium-Verl. 1962 15 S.

Arnold, K. E. and *S. T. Rolfe:* Formability of experimental maraging steels. US Steel Corp., Monroeville, Pa., Appl. Res. Lab. Progr. Rep. Sept. 1963 56 pp. (Contract NObs-88540, AD-423809); STAR **3** (1965) 6 935.

Petersen, C. M.: Biegen und Verdrillen leicht gemacht. Metalworking Production **107** (1963) June 91—93; Metall **18** (1964) 9 969.

— Die Verarbeitung der austenitischen Chrom-Nickel-Stähle. Teil II. Biegen, Abkanten und Kaltwalzen. Düsseldorf: Nickel-Inform.-Büro 1963 51 S. [4.30.3].

Hilbert, Heinrich L.: Die gestreckte Länge beim Biegen. Blech **11** (1964) 9 401—407.

Tafel, Klaus: Untersuchung über den Einfluß der Belastungszeit auf die Streuung der Rückfederung von Biegeteilen. Diss. TH Stuttgart 1964, Ber. Nr. 1 Inst. Umformtechnik TH Stuttgart, Industrie-Anz. **86** (1964) 89 1812—1819; VDI-Z. **107** (1965) 33 1600.

Wegner, H. E.: Umformen und Verarbeiten von vorlackiertem Aluminium. Materials in Design Engng. **59** (1964) 1 92—96 [4.20] [4.25] [4.31.01].

Wood, William W.: Secondary forming processes and their effects on resulting products. „Problems in the load-carrying application of high-strength steels". Battelle Memorial Inst., Columbus, Ohio. Metals Defense Inform. Center DMIC-210 1964 pp. 48—53 (Contract AF 33(615)-1121, AD-611750); STAR **3** (1965) 9 1491 [4.30.6] [4.30.8] [4.31.30].

Kossira, H. u. *E. Loechelt:* Verformungsverfahren bei der Verarbeitung dünner Bleche hochfester Titanlegierungen. Fertigungsmethoden in der Raumfahrttechnik (Bd. 1 der DGRR-Fachbuchreihe „Fortschritte in der Raumfahrtforsch."). München: DGRR 1965 S. 61—88 [4.30.8].

Kossira, H. u. *E. Loechelt:* Verformungsverfahren bei der Verarbeitung dünner Bleche aus hochfesten Titanlegierungen. Luftfahrttechn.-Raumfahrttechn. **11** (1965) 3 62—68; Index Aeron. **21** (1965) 7 ref. 4145 [4.30.8].

Zünkler, B.: Untersuchung des überelastischen Blechbiegens, von einem einfachen Ansatz ausgehend. Bänder Bleche Rohre **6** (1965) 9 503—508 6 Lit.-St.

Oehler, G.: Untersuchungen über das V-Biegen von Blechen. Forsch.-Ber. Nr. 1698 des Landes Nordrhein-Westfalen. Köln-Opladen: Westdt. Verl. 1966 53 S.; VDI-Z. **109** (1967) 14 662—663.

Venninger, Kurt: Die Auffederung rechtwinkeliger Biegungen in V-Form an Metallen und deren erforderliche Biegekraft. Maschinenmarkt **72** (1966) 4 23—24.

Sudasch, Erich u. *Oswald Haberhauer:* Ein Beitrag zum Biegen dicker Bleche. Werkstatt u. Betrieb **100** (1967) 2 97—101.

4.30.5 Spanlose Formarbeiten mit Hand- und Kraftformern

Draeger, E.: Spanlose Formarbeiten mit Hand- und Kraftformern. Blech **7** (1960) 9 569 bis 579.

Draeger, E.: Stauch- und Streckarbeiten mit

einem Handformer. Industrie-Anz. **82** (1960) 102 1747—1751.
Draeger, E.: Runden und Krümmen abgekanteter Aluminium-Blechprofile durch Formgebung mit dem Kraftformer in Handwerk und Industrie. Aluminium **37** (1961) 6 352—359; 7 A 278.
Pickrell, A. L.: Forming, trimming and edge finishing of molybdenum-0,5 % Ti sheet material. ASME-Prepr. 61-SA-6 1961 11 pp.; Index Aeron. **17** (1961) 12 ref. 297 [4.30.8].
Draeger, E.: Runden und Krümmen von Aluminium-Blechprofilen auf dem Kraftformer mit kunststoffarmierten Arbeitsflächen. Aluminium **40** (1964) 9 544—548.
Draeger, E.: Bordherstellung an gekrümmten Blechkanten durch Stauchen und Strecken auf dem Kraftformer mit kunststoffarmierten Arbeitsflächen. Aluminium **41** (1965) 3 176—177; Aluminium **41** (1965) 4 R 202.

4.30.6 Drücken auf der Drückbank

Böhne, C.: Drückteile aus nichtrostendem Stahl. Maschinenmarkt **65** (1959) 15 10—11; Mitt. Forsch.-Ges. Blechverarb. (1960) 1/2 Ref. 67.
Covelli, F. J.: Formung durch Abstreckdrücken. Product Engng. (Design Issue) **30** (1959) 7 58—60 4 Lit.-St.; Mitt. Forsch.-Ges. Blechverarb. (1960) 1/2 Ref. 65.
Longley, R. G.: Streckdrücken. Welding & Metal Fabrication **27** (1959) 6 229—233, 252; Mitt. Forsch.-Ges. Blechverarb. (1960) 1/2 Ref. 66.
Peters, J. H.: Flow turning to increase strength, save weight and reduce costs. ASME Prepr. 59-A-277 1959 8 pp.; Index Aeron. **16** (1960) 1 211.
Ward, D.: Das Streckdrücken. Machine & Tool Blue Book (1959) 11 105—110.
— Drücken von Metallen. Metal Progr. **76** (1959) 4 118—121; Mitt. Forsch.-Ges. Blechverarb. (1960) 5 Ref. 194.
Avitzur, B. u. *C. T. Yang*: Analytische Untersuchung des Drückens konischer Metallkörper. Trans. ASME Ser. B (J. Engng. Industry) **82** (1960) 231—245 9 refs.
Bennett, E. J.: Streckdrücken. Aircr. Production **22** (1960) 10 366—372, 11 438—444.
Bosch, W.: Fertigungsmöglichkeiten durch Fließdrücken und Berechnung der Ausgangsformen. Bänder Bleche Rohre (Düsseldorf) **1** (1960) Dez. 164—167.
Hollis, W. S.: Fortschritte in der Metallumformtechnik. Engineering **190** (1960) 4915 25—26.
Kalpakcioglu, S.: On the mechanics of shear spinning. ASME Prepr. 60—PROD-1 1960 8 pp. 7 refs.; Trans ASME Ser. B (J. Engng. Industry) **83** (1961) 2 125—130; Index Aeron. **16** (1960) 12 ref. 240; AMR **14** (1961) 11 871.
Kalpakcioglu, S. u. *R. L. Kegg*: Verbesserung des Streckdrückverfahrens. Metalworking Production **104** (1960) 41 91—92.
Lomas, J.: Drücken von Stahl. Machinery Lloyd (Europ. Ed.) **32** (1960) 6 A 31—33.
Oehler, G.: Neue Verfahren und Erfahrungen mit Aluminiumblechen auf dem Gebiete der Umformtechnik. Aluminium **36** (1960) 9 502—506 4 Lit.-St.; Werkstatt u. Betrieb **94** (1961) 6 375—376 [4.31.03].
Sun, P. C.: Warmdrücken. Tool & Manuftg. Engr. **45** (1960) 4 93—94.
Thamasett, E.: Abstreckdrücken rotationssymmetrischer Hohlkörper aus Aluminium mit schräggestellter Rolle. Mitt. Forsch.-Ges. Blechverarb. (1960) 1/2 15—20.
Zwissler, L. E.: Spinning makes stronger rocket cases. Metal Progr. **78** (1960) 6 71—77; Index Aeron. **17** (1961) 2 ref. 213.
Kalpakcioglu, S.: A study of shear-spinnability of metals. Trans. ASME Ser. B (J. Engng. Industry) **83** (1961) 4 478—484 6 refs.
Kegg, R. L.: Neues Verfahren zur Bestimmung der Eignung von Metallen für das Streckdrücken. Trans. ASME Ser. B (J. Engng. Industry) **83** (1961) 2 119—124 2 Lit.-St.
Singer, F.: Neuzeitliche Verfahren zur mechanischen und halbautomatischen Herstellung von Drückteilen. Mitt. Forsch.-Ges. Blechverarb. (1961) 11 138—140.
— Spin-forming: Development of new equipment for production operation. Aircr. Production **23** (1961) 3 108; Index Aeron. **17** (1961) 4 ref. 327.
Jacob, H.: Erfahrungen beim Fließdrücken zylindrischer Werkstücke. Fertigungstechn. u. Betrieb **12** (1962) 3 169—177 6 Lit.-St.; Werkstatt u. Betrieb **95** (1962) 10 731.
Kobayashi, S.: Instability in conventional spinning of cones. ASME Prepr. 62-PROD-3 1962 5 pp.; Index Aeron. **18** (1962) 9 ref. 3294.
Schroeder, P.: Fertigung von Behälterböden durch Drücken. Industrie-Anz. **84** (1962) 79 1913—1915.
Sortais, H. C., S. Kobayashi, and *E. G. Thomsen*: Mechanics of conventional spinning. ASME Prepr. 62-WA-89 1962 5 pp. 7 refs.; Index Aeron. **19** (1963) 6 ref. 2577.
Sanner, P.: Kräfte und Grenzformänderungen beim Projizierabstreckdrücken konischer, rotationssymmetrischer Hohlkörper. Anhang: Grenzformänderungen beim Abstreckdrücken zylindrischer rotationssymmetrischer Hohlkörper aus Stahl. Diss. TU Berlin 1963.

Sortais, H. C., S. Kobayashi, and *E. G. Thomsen:* Mechanics of conventional spinning. Trans. ASME Ser. B (J. Engng. Power) **85** (1963) 4 346—350; AMR **17** (1964) 11 894.

Bauer, D. W.: A comparative evaluation of the formability of tungsten plate and sheet by spinning techniques. Super-Temp. Corp., Santa Fe, Springs, Calif., Quart. Rep. 1 Jan. — 31 July 1964 OR-3 Aug. 1964 30 pp. (AD-606735), Contract NOw-63-0542 c); STAR **3** (1965) 2 283.

Carlisle, H. W.: Power spinning shapes metals accurately, economically. Mod. Metals **20** (1964) 9 73, 74, 76; Aluminium **41** (1965) 7 R 334.

Jacob, H. u. *G. Garreis:* Berechnung der auftretenden Kräfte beim Fließdrücken zylindrischer Hohlkörper. Fertigungstechn. u. Betrieb **14** (1964) 8 493—497.

Wood, William W.: Secondary forming processes and their effects on resulting products. „Problems in the load-carrying application of high-strength steels". Battelle Memorial Inst., Columbus, Ohio. Metals Defense Inform. Center DMIC-210 1964 pp. 48—53 (Contract AF 33(615)-1121, AD-611750); STAR **3** (1965) 9 1491 [4.30.4] [4.30.8] [4.31.30].

Boucher, R.: Le fluotournage. Rev. Aluminium **42** (1965) 336 1246—1250; Aluminium **42** (1966) 2 R 68; Index Aeron. **22** (1966) 2 46.

Hayama, Masujiro, Tadao Murota and *Hiroaki Kudo:* Experimental study of shear spinning. Japan Soc. Mech. Engrs. Bull. **8** (1965) 31 453—460; Battelle Techn. Rev. **15** (1966) 1 20 a.

Gerds, A. F., D. E. Strohecker, T. G. Byrer, and *F. W. Boulger:* Deformation processing of titanium and its alloys. NASA TM-X-53438 April 1966 361 pp. (NASA Order H-76715); STAR **4** (1966) 14 2604 [4.31.05] [4.31.1].

Kursetz, Edgar: Die Entwicklung des Gummikissen-Tiefziehens und des Fließdrückens in den Fertigungsbetrieben der USA. Werkstatt u. Betrieb **99** (1966) 10 703—707 8 Lit.-St. [4.30.7].

Rose, Charles H.: Application of shear spinning techniques in forming molybdenum missile components. Watervliet Arsenal, N.Y. Benet Labs. WVT-6604 March 1966 29 pp. (AD-631423); STAR **4** (1966) 16 3092—3093 [10].

Singer, F.: Anwendung verschiedener Kopierverfahren beim automatischen Drücken. Mitt. Forsch.-Ges. Blechverarb. **17** (1966) 12/13 182—184.

Lehmann, Werner: Das Metalldrücken. Teil II. Maschinenmarkt **73** (1967) 13 230—234.

4.30.7 Formgebung mittels Gummistempel

Fitzgerald-Lee, G.: Rubber-die press forming of aluminium and its alloys. Sheet Metal Industries **37** (1960) 400 575—586; Index Aeron. **16** (1960) 9 ref. 191.

Oehler, G.: Die Umformung von Blechen aus Aluminium und Aluminiumlegierungen mittels elastischer Druckmittel. Industrie-Anz. **82** (1960) 64 1075—1078.

Oehler, G.: Hohlprägen zylindrischer Vertiefungen mittels elastischer Druckmittel. Mitt. Forsch.-Ges. Blechverarb. (1960) 13—14, 168—174; Aluminium **36** (1960) 11 A 33.

Sligte, J. G. u. *H. J. Lott:* Die Anwendung von Gummi in Werkzeugen für die Blechbearbeitung. Blech (Coburg) **7** (1960) 7 341—347.

Carse, A. T. u. *W. T. Ardis:* Entwicklung von Umformverfahren für Titanblech. Welding & Metal Fabrication **29** (1961) 2 50—56 [4.30.8].

Carse, A. T. u. *W. T. Ardis:* Umformen von Titanblech. Metal Industry **98** (1961) 6 103—107 [4.30.8].

Hermans, H. u. *F. H. R. F. Vermeulen:* Metallformgebung mit elastischen Werkzeugen. Metalworking Production **105** (1961) 41 69—72.

Möller, H.: The fluid-form process. Production Engr. **40** (1961) 5 325—335; Werkstatt u. Betrieb **94** (1961) 10 795—796.

Oehler, G.: Das SAAB-Gummipreßverfahren. Werkstattstechnik **51** (1961) 1 14—16.

Oehler, G.: Die Umformung von Aluminiumblech mittels elastischer Druckmittel. Aluminium **37** (1961) 4 222—225 3 Lit.-St.

Oehler, G.: Gestaltungsmöglichkeit gewölbter Blechformteile mittels elastischer Druckmittel. Mitt. Forsch.-Ges. Blechverarb. (1961) 23/24 321—330 12 Lit.-St.

Brumme, R.: Der Einsatz von Gummifedern und Gummikissen im Werkzeugbau. TZ prakt. Metallbearb. **57** (1963) 3 170—175.

Göbel, E. F.: Die Verwendung gummielastischer Werkstoffe in der Fertigungstechnik. Werkstatt u. Betrieb **97** (1964) 6 358—362 13 Lit.-St.

Kursetz, Edgar: Einige Sonderverfahren der Blechumformung in der Industrie der USA. Werkstatt u. Betrieb **98** (1965) 10 735—739 10 Lit.-St. [4.30.8] [4.31.08].

Kursetz, Edgar: Die Entwicklung des Gummikissen-Tiefziehens und des Fließdrückens in den Fertigungsbetrieben der USA. Werkstatt u. Betrieb **99** (1966) 10 703—707 8 Lit.-St. [4.30.6].

Oehler, Gerhard: Die Grenzen der Umformung dünner Bleche mittels elastischer Druckmittel. Forsch.-Ber. Nr. 1737 des Landes Nordrhein-Westfalen. Köln-Opladen: Westdt. Verl. 1966 70 S.; Aluminium **42** (1966) 12 785

4.30.8 Streckziehverfahren

Green, A. P.: Auf der Annahme eines einachsigen Formänderungszustandes beruhende Theorien der Umformung durch Ziehen. Proc. Instn. Mech. Engrs. **174** (1960) 31 847—864.

Kalckhoff, H.: Profil-Streckziehen im Flugzeugbau. Metall **14** (1960) 3 224—227; Leichtbau d. Verkehrsfahrzeuge **4** (1960) 4 214; Aluminium **36** (1960) 6 A 162 [4.31.4].

Wallace, J. F.: Stretch-forming. Metal Industry (London) **97** (1960) 20 395—398; Index Aeron. **17** (1961) 1 ref. 248.

Wallace, J. F.: Stretch forming. Metal Industry **97** (1960) 21 415—418, 424; Leichtbau d. Verkehrsfahrzeuge **5** (1961) 2 109.

Whiteley, R. L.: Einflußfaktoren auf die Ziehbarkeit von Blech. Blast Furnace and Steel Plant **48** (1960) 12 1245—1250 12 refs.

Wilson, D. V.: Fortschritt in der Metallumformung. Metal Progr. **77** (1960) 1 71—76 [4.31.01] [4.31.31].

— Strecken von Metallen unter Kälteeinwirkung zur Erhöhung der Festigkeit. Machine Design **32** (1960) Sept. 40, 42.

— Stretch forming. Aircr. Prod. **22** (1960) 3 86—90; Index Aeron. **16** (1960) 4 ref. 198.

— The stretch forming of materials using an ice hydrodynamic film. Ministry of Aviation S & T Memo No. 6/60 Apr. 1960 4 pp.; Titanium Abstr. Bull **6** (1960) 2 47 refs. 6113.

Carse, A. T. u. *W. T. Ardis:* Entwicklung von Umformverfahren für Titanblech. Welding & Metal Fabrication **29** (1961) 2 50—56 [4.30.7].

Carse, A. T. u. *W. T. Ardis:* Umformen von Titanblech. Metal Industry **98** (1961) 6 103—107 [4.30.7].

Morris, Claude F., jr.: Analytical approach to stretch-forming cuts time and cost. Space Aeronautics **36** (1961) 6 61—63.

Nash, S. G. E. and *W. J. Hames:* Stretching stainless steel. Aircr. Production **23** (1961) 10 359—366; Index Aeron. **17** (1961) 11 ref. 237.

Nash, S. G. E. and *W. J. Hames:* Stretching stainless steel. Some investigation into the processing of high-strengh austenitic alloys. Aircr. Production **23** (1961) 11 423—429; Index Aeron. **17** (1961) 12 ref. 456.

Pickrell, A. L.: Forming, trimming and edge finishing of molybdenum-0,5 % Ti sheet material. ASME-Prepr. 61-SA-6 1961 11 pp.; Index Aeron. **17** (1961) 12 ref. 297 [4.30.5].

Pody, J.: Forming techniques for titanium alloys. Metal Industry **98** (1961) 1 3—6, 2 27 bis 28; Index Aeron. **17** (1961) 3 ref. 431, 432.

Wiest, P.: Die Bedeutung der Verarbeitungseigenschaften der Werkstoffe für die Einzel- und Massenfertigung. TZ. prakt. Metallbearb. **55** (1961) 10 546—554 [4.12.3] [4.25].

Wilson, D. V. u. a.: Streckziehprüfung auf einer Tiefziehpresse mit regelbarer Geschwindigkeit. Sheet Metal Industries **38** (1961) 405 25—36, 42 4 refs.

— „Androforming", ein neues Streckziehverfahren. Metalworking Production **105** (1961) 48 64—65; Werkstatt u. Betrieb **95** (1962) 6 387.

— Neues Streckziehverfahren. Amer. Machinist/Metalworking Manuftg. **105** (1961) 18 100—101.

— Tieftemperaturformung, ein neues Verfahren zum Strecken und Verfestigen. Iron Age **188** (1961) 8 61—63.

Hockett, J. E.: Recent research in metal foming. AMR **15** (1962) 3 157—166 89 refs.; Index Aeron. **18** (1962) 6 ref. 2029 [4.31.01] [4.31.31].

Lloyd, D. H.: Metallurgie in der Blechumformung. Sheet Metal Industries **39** (1962) 417 6—19, 37 24 Lit.-St., 418 82—91, 94 9 Lit.-St., 419 158—166 4 Lit.-St.

— „Ardeforming" — ein neues Tieftemperatur-Streckziehverfahren. Metal Treatm. & Drop Forging **29** (1962) 201 243—244.

Martin, A. R.: Practical aspects of stretching aluminium alloy plate for aircraft. J. Inst. Metals **92** (1963) 9 6—11; Aluminium **39** (1963) 11 A 458.

Oehler, G.: Kalt- und Warmumformung unter Schlagziehpressen. Werkstattstechn. **53** (1963) 2 65—68 8 Lit.-St.; Werkstatt u. Betrieb **96** (1963).

— Stretching heavy plate. Reducing residual stress for the machining of integral components. Production Technol. **1** (1963) 12 326—330.

Alper, Ralph H.: Cryogenically stretch-formed type 301 stainless steel for cryogenic service. Mater. Res. & Stand. **4** (1964) 10 525—532 5 refs.

Henderson, S. W.: High strength pressure vessels by stretch-forming. Materials in Design Engng. **60** (1964) 6 104—106; Battelle Techn. Rev. **14** (1965) 1 21 a.

Mohr, E.: Untersuchungen über das Auftreten von Gleitlinien beim Formen von AlCuMg und AlZnMgCu-Blechen. Aluminium **40** (1964) 3 169—176 12 Lit.-St.

Oehler, G.: Das Kaltumformen von Blechen unter Schlagziehpressen. Mitt. Forsch.-Ges. Blechverarb. (1964) 19/20 283—289 6 Lit.-Stellen.

Panknin, W.: Bericht über einige Untersuchungen auf dem Gebiet der Blechverarbeitung, die nach 1948 unter der Leitung von Herrn Professor Dr.-Ing. Dr.-Ing. E. h. Siebel durchgeführt wurden. Mitt. Forsch.-Ges. Blechverarb. (1964) 18 240—249 79 Lit.-St. [4.31.01].

Wood, William W.: Secondary forming processes and their effects on resulting products. „Problems in the load-carrying application of high-strength steels". Battelle Memorial Inst., Columbus, Ohio. Metals Defense Inform. Center DMIC-210 1964 pp. 48—53 (Contract AF 33(615)-1121, AD-611750); STAR **3** (1965) 9 1491 [4.30.4] [4.30.6] [4.31.30].

— British contribution to Concord production in France. Aircr. Engng. **36** (1964) 8 232—237 4 refs.; Index Aeron. **20** (1964) 9 ref. 4324 [4.42.3].

— To stress-relieve alloy plate — stretch. Engineering **197** (1964) 5123 873; Index Aeron. **20** (1964) 8 ref. 3794.

Hörtig, Wilhelm: Automatische Herstellung von dünnwandigen Hohlkörpern mit gleichzeitigem Strecken der Wanddicke auf Stufenpressen. Bänder Bleche Rohre **6** (1965) 8 448—452.

Kossira, H. u. E. Loechelt: Verformungsverfahren bei der Verarbeitung dünner Bleche aus hochfesten Titanlegierungen. Luftfahrttechn.-Raumfahrttechn. **11** (1965) 3 62—68; Index Aeron. **21** (1965) 7 ref. 4145 [4.30.4].

Kossira, H. u. E. Loechelt: Verformungsverfahren bei der Verarbeitung dünner Bleche hochfester Titanlegierungen. Fertigungsmethoden in der Raumfahrttechnik (Bd. 1 der DGRR-Fachbuchreihe „Fortschritte in der Raumfahrtforsch."). München: DGRR 1965 S. 61—88 [4.30.4].

Kursetz, Edgar: Einige Sonderverfahren der Blechumformung in der Industrie der USA. Werkstatt u. Betrieb **98** (1965) 10 735—739 [4.30.7] [4.31.08].

McDonough, Roger: Investigation and optimization of high strength alloys for cryogenic stretch forming. Quart. Techn. Rep. Jan.-March 1965. Arde-Portland, Inc., Paramus, N. J. QTR-1 1965 18 pp. (Contract NOW-65-193 f, AD-615627); STAR **3** (1965) 16 2766.

Hoppe, F. J. and W. B. Trepel: Hot drape forming of torus and semi toroidal bulkhead segments. SAE-Publ. 660290 1966.

Pawlytta, G.: Das Streckziehen von Plastwerkstoffen und die Anwendung des Verfahrens in der metallverarbeitenden Industrie. Technik (Berlin) **21** (1966) 1 22—24.

Peiter, Arnold: Das Entspannen von Ziehgut durch Strecken, Richten und Anlassen. Z. Metallkde. **57** (1966) 1 1—8 6 Lit.-St.

4.30.9 Blechumformung mit dem Fallhammer

Babel, H. W. and R. M. Bonesteel: Cutting and forming of tungsten sheet. Metal Progr. **87** (1965) 4 66—71; Index Aeron. **21** (1965) 6 ref. 3485 [4.42.77].

4.31.01 Grundlagen des Tiefziehens

Alexander, J. M.: An appraisal of the theory of deep drawing. Metallurg. Rev. **5** (1960) 19 349—411 38 refs.

Baumann, W.: Tiefziehen von Blechen mit Gleitfolien aus Kunststoff. Mitt. Forsch.-Ges. Blechverarb. (1960) 13/14 174—176; 17 Ref. 777.

Chauvelin, G.: Das Tiefziehen in Frankreich. Europ. Maschinenmarkt/europa industrie revue **10** (1960) 1 12 d—21 d.

Crane, E. V. and F. P. Fehn: Metal-forming under electronic sequencing. ASME-Prepr. 60-Aut-1 1960 8 pp.; Index Aeron. **17** (1961) 1 ref. 247.

Gross, H.: Berechnung der Umformkräfte beim Tiefziehen. Fertigungstechnik u. Betrieb **10** (1960) 9 527—529 3 Lit.-St.

Kleber, H.: Tiefziehen von Hohlkörpern mit Flansch. Machinery (New York) **66** (1960) 76 111—114.

Mäkelt, Heinrich: Ermittlung der Werkstückbeanspruchung und der Pressenkraft für das Tiefziehen und Abstrecken mit verschiedenen Ziehverhältnissen. Mitt. Forschungs-Ges. Blechverarb. (1960) 50—55 4 Lit.-St.

Miyagawa, M.: A new method of hot deep drawing of sheet metals. Mem. Fac. Technol. Tokyo Metrop. Univ. No. 10 1960 709—718; AMR **14** (196) 11 871.

Richards, T. Ll.: Grundlegende Betrachtungen über das Tiefziehen und Pressen. Sheet Metal Industries **37** (1960) 400 587—592 3 refs.

Schenk, K.-H. u. H. Gross: Beitrag zum Tiefziehen ohne Niederhalter mit konischen Ziehringen. Fertigungstechn. u. Betrieb **10** (1960) 12 743—747.

Schenk, Karl-Heinz u. *Horst Gross:* Tiefziehen ohne Niederhalter. Fertigungstechn. u. Betrieb **10** (1960) 9 523—527 4 Lit.-St.; Werkstatt u. Betrieb **94** (1961) 3 176.

Wallace, J. F.: Improvements in punches for cylindrical deep drawing. Sheet Metal Industries **37** (1960) 404 901—904; Werkstatt u. Betrieb **94** (1961) 10 795.

Waller, J.: Werkzeuge und Verfahren zum Tiefziehen. Mechanical World **140** (1960) 3497 514—519.

Wilson, D. V.: Fortschritt in der Metallumformung. Metal Progr. **77** (1960) 1 71—76 [4.30.8] [4.31.31].

Baumann, Werner: Gleitfolien aus Kunststoff — Ein neues Hilfsmittel zum Tiefziehen von Blechen. Blech (Coburg) **8** (1961) 4 267—269; Werkstatt u. Betrieb **94** (1961) 12 967.

Bochentin, F.: Die erreichbare Höhe beim Durchziehen. Fertigungstechnik u. Betrieb **11** (1961) 8 519—522.

Conci, M.: Kann die im Handel angewandte Klassifizierung der Bleche den Anforderungen der Verwendung zum Tiefziehen angepaßt werden? Mitt. Forsch.-Ges. Blechverarb. (1961) 12/13 157—159.

Dutschke, W.: Über das Tiefziehen rechteckiger Teile. Werkstattstechnik **51** (1961) 4 167—173 7 Lit.-St.

Englisch, A.: Die Herstellung von Ziehteilen. Maschinenmarkt **67** (1961) E 15 26—31 7 Lit.-St.

Guyot, J.: Abstimmung von Aufweitung und Tiefung beim Tiefziehen. Rev. Métallurg. **58** (161) 2 182—185.

Kasuga Y., N. Nozaki and *K. Kondo*: Pressure lubricated deep drawing. Bull. Jap. Soc. Mech. Engrs. **4** (1961) 14 394—405; AMR **15** (1962) 4 277.

Kawai, Nozomu: Critical conditions of wrinkling in deep drawing of sheet metals (1 st report: Fundamentals of analysis and results in case where a blank-holder is not used). Bull, Jap. Soc. Mech. Engrs. **4** (1961) 13 169—175 9 refs.

Kawai, Nozomu: Critical conditions of wrinkling in deep drawing of sheet metals (2 nd report: Analysis and considerations for conditions of blank-holding). Bull. Jap. Soc. Mech. Engrs. **4** (1961) 13 175—182 3 refs.

Kawai, Nozomu: Critical conditions of wrinkling in deep drawing of sheet metals (3 rd report: Prediction of critical blank-holding pressure). Bull. Jap. Soc. Mech. Engrs. **4** (1961) 13 182—192 6 refs.

Landberg, P.: Versuche zur Ermittlung der Verformung durch verschiedene Verfahren der Umformtechnik. Metaalbewerking **26** (1961) 17 319—330.

Lippmann, H. u. *O. Mahrenholtz*: Feststellung des gegenwärtigen Standes der Plastizitätstheorie und Ausweitung ihrer Ergebnisse auf die praktische Anwendung in der Umformtechnik. Einzelbericht Biegen und Tiefziehen. TH Hannover, Lehrstuhl u. Inst. Mechanik 1961 25 S. 92 Lit.-St.; Bänder Bleche Rohre **3** (1962) 8 398 [4.30.4].

Panknin, W.: Die Grundlagen des Tiefziehens im Anschlag unter besonderer Berücksichtigung der Tiefziehprüfung. Bänder Bleche Rohre **2** (1961) 4 133—143, 5 201—211 6 Lit.-St., 6 264—271 4 Lit.-St.

Pomey, G., M. Grumbach, D. Lajeunesse et *C. Crussard*: Contribution à l'étude des essais d'emboutissage des tôles minces. Mém. Sci. Rev. Métallurgie **58** (1961) 11 809—834 13 réfs.

Reihle, M.: Der Einfluß der Korngröße auf die Oberflächenfeingestalt von Tiefziehteilen. Mitt. Forsch.-Ges. Blechverarb. (1961) 12/13 141—150.

Retzke, R.: Die Anwendung der Umformtechnik bei der modernen Industrieformgebung. Technik (Berlin) **16** (1961) 1 12—19 5 Lit.-St. [4.12.3].

Richter, H.: Das Grenzziehverhältnis beim Tiefziehen ohne Niederhalter über viertelkreisförmige Ziehringrundungen. Fertigungstechn. u. Betrieb **11** (1961) 8 553—558 9 Lit.-St.

Shawski, G. S. A.: Die Gesetzmäßigkeiten beim niederhalterlosen Tiefziehen. Mitt. Forsch.-Ges. Blechverarb. (1961) 18 229—237 9 Lit.-St.

Shawski, G. S. A.: Spannungen und Kräfte beim niederhalterlosen Tiefziehen mit konischen Ringen. Z. Metallkde. **52** (1961) 8 532—537 8 Lit.-St.

Shawski, G. S. A.: Wanddickenverlauf beim Tiefziehen ohne Niederhalter. Z. Metallkde. **52** (1961) 11 763—767; Aluminium **38** (1962) 5 A 176.

Szczepinski, W.: Recent advances in the theory of drawing of thin shells. AMR **14** (1961) 3 173—176 25 refs.; Index Aeron. **17** (1961) 6 ref. 214.

Valijev, S. A.: Experimental investigation into deep drawing with negative clearances. Engr's Dig. **22** (1961) 2 87—88; Konstruktion **14** (1962) 11 453—454.

Angeli, M., C. Crussard, B. Jaoul et *G. Pomey*: Analyses de textures de tôles en rapport avec leur comportement à l'emboutissage. Mém. Sci. Rev. Métallurgie **59** (1962) 6 441—451 5 réfs.

Boulger, F. W.: Hochenergie-Metallumformung. Mech. Engng. **84** (1962) 4 38—43 10 Lit.-St. [4.31.30].

Engelhardt, W.: Die Bedeutung der Reibungsverhältnisse an der Stempelkante für die Tiefziehbarkeit. Fertigungstechn. u. Betrieb **12** (1962) 1 35—38 3 Lit.-St.; Werkstatt u. Betrieb **95** (1962) 10 730.

Fukui, S. u. a.: Reibung beim Ziehen von Metallband. Int. J. Mech. Sci. **4** (1962) July/Aug. 297—312 11 Lit.-St.

Grumbach, M. et *G. Pomey*: Etude de l'emboutissage des tôles minces par l'essai de coupelle Fukui. Mém. Sci. Rev. Métallurgie **59** (1962) 7/8 477—491 9 réfs.

Guyot, J.: Dynamique d'un emboutissage mixte. Rev. Métallurgie **59** (1962) 9 765—775.

Hockett, J. E.: Recent research in metal forming. AMR **15** (1962) 3 157—166 89 refs.; Index Aeron. **18** (1962) 6 ref. 2029 [4.30.8] [4.31.31].

Jentet, M.: Etude de l'emboutissage — Classification des modes de déformation et des types de rupture. Rev. Métallurgie **59** (1962) 5 451—455.

Schroedl, Werner: Das Tiefziehen, besonders das Ziehen in Streifen. Bänder Bleche Rohre **3** (1962) 7 325—332.

Wilson, D. V.: Bedeutung der Streckgrenze beim Tiefziehen. Sheet Metal Industries **39** (1962) 421 330—340 10 Lit.-St.

Abouel-Ala, M.: Einfluß der Werkzeugform auf den Formänderungswirkungsgrad beim Tiefziehen zylindrischer Teile im Anschlag und Weiterschlag. Fertigungstechn. u. Betrieb **13** (1963) 6 382—387, 10 640—643.

Bochentin, F.: Die theoretische Vorausbestimmung konischer Durchzüge. Fertigungstechn. u. Betrieb **13** (1963) 5 313—316.

Bürk, E.: Das hydromechanische Ziehverfahren. Blech **10** (1963) 3 573—578; Werkstatt u. Betrieb **97** (1964) 4 318.

Doege, E.: Untersuchung über die maximal übertragbare Stempelkraft beim Tiefziehen rotationssymmetrischer zylindrischer Teile. Diss. TU Berlin 1963; VDI-Z. **107** (1965) 36 1777.

Fuchs, Th. A.: Lösung von Tiefziehproblemen durch geeignete Öl-in-Wasser-Emulsion. Mineralöl-Techn. **8** (1963) 8 1—17 2 Lit.-St.

Gardiner, J.: Molybdänsulfid zur Schmierung von Umformwerkzeugen. Metalworking Production **107** (1963) 28 56—59.

Grumbach, M.: Comparaison entre le rapport critique et le coefficient d'emboutissage obtenus par l'essai de coupelle Fukui. Mém. Sci. Rev. Métallurgie **60** (1963) 10 691—694.

Guyot, J.: Bauschinger-Effekt beim Tiefziehen. Rev. Métallurgie **60** (1963) 10 859—861.

Grumbach, M. et *G. Pomey:* Influence de l'adhérence poiçon-tôle et de la vitesse de déformation sur l'essai de coupelle Fukui. Mém. Sci. Rev. Métallurgie **60** (1963) 5 371—376 3 réfs.

Kienzle, Otto u. *Kurt Haverbeck:* Das Herstellen von Außenborden an Blechteilen zwischen Stempel und Ring. Forsch.-Ber. d. Landes Nordrhein-Westfalen Nr. 1171 Köln-Opladen: Westdt. Verl. 1963 96 S.

Mear, D. R. u. a.: Kunststoffe als Schmierbeim Tiefziehen. Sheet Metal Industries **40** (1963) 435 477—485.

Mear, D. R. u. a.: Kunststoffe als Schmiermittel für das Tiefziehen und Pressen. Sheet Metal Industries **40** (1963) 436 567—570.

Oehler, G.: Blechdurchzüge. Mitt. Forsch.-Ges. Blechverarb. (1963) 18/19 259—275 6 Lit.-Stellen.

Pawelski, O.: Die Bedeutung von Reibung und Schmierung für die Umformtechnik und ihre Messung. Industriekurier, Technik u. Forschung **16** (1963) 175 814, 816 818—819.

Reihle, Markus: Der Einfluß des Werkstoffes beim Tiefziehen im Anschlag. Industriebl. **63** (1963) 8 500—510 29 Lit.-St.

Reihle, Markus: Grundlagen und Verfahren der bildsamen Verformung metallischer Werkstoffe. VDI-Ber. Bd. 68 Düsseldorf: VDI-Verl. 1963 85—90.

Chawdhury, Nirmilkanti: Untersuchungen über den Kissendruck beim Ziehen zylindrischer Teile nach dem Hydroform-Verfahren. Diss. TU Berlin 1964.

Mohrnheim, A.: Bedeutung der relativen Verlängerung beim Tiefziehen. Bänder Bleche Rohre **5** (1964) 2 53—58 5 Lit.-St.

Müller, H.: Aus der Praxis der Schmiermittelanwendung in der spanlosen Formgebung. Mitt. Forsch.-Ges. Blechverarb. (1964) 21/22 308—318.

Oehler, G.: Die Zipfelung (Anisotropie) als Kriterium beim Lochaufweitverfahren. Mitt. Forsch.-Ges. Blechverarb. (1964) 16 223—225 2 Lit.-St.

Panknin, W.: Bericht über einige Untersuchungen auf dem Gebiet der Blechverarbeitung, die nach 1948 unter der Leitung von Herrn Professor Dr.-Ing. Dr.-Ing. E. h. Siebel durchgeführt wurden. Mitt. Forsch.-Ges. Blechverarb. (1964) 18 240—249 79 Lit.-St. [4.30.8].

Wegner, H. E.: Umformen und Verarbeiten von vorlackiertem Aluminium. Materials in Design Engng. **59** (1964) 1 92—96 [4.20] [4.25] [4.30.4].

White, J. E.: Richtlinien für die Wahl der Schmiermittel beim Tiefziehen. Steel **155** (1964) 1 45—47.

Wolf, H.: Bodenreißer beim konischen, niederhalterlosen Tiefziehen von runden Teilen. Fertigungstechn. u. Betrieb **14** (1964) 1 32—35; Werkstatt u. Betrieb **97** (1964) 8 608.

Adler, G. u. *P. Noack:* Verfahren und Möglichkeiten zum Abschätzen der Tiefziehtauglichkeit von Blechen. Industrie-Anz. **87** (1965) 84 2002—2009 102 Lit.-St.

Ebertshäuser, Hans: Technologie der Blechverarbeitung — II. Bänder Bleche Rohre **6** (1965) 4 190—200 163 Lit.-St.

Fuchs, F. J., jr.: Production metal forming with hydrostatic pressures. ASME Prepr. 65-PROD-17 1965 7 pp. 4 refs.; Index Aeron. **22** (1966) 1 54.

Gottsmann, R.: Tiefziehverhältnis β in Abhängigkeit vom Rondendurchmesser und von der Blechdicke beim Tiefziehen im Anschlag mit Niederhalter. Fertigungstechn. u. Betrieb **15** (1965) 12 711—714 9 Lit.-St.; Werkstatt u. Betrieb **99** (1966) 11 815.

Maksimov, N. V. and *N. A. Noga:* Effect of the geometry of deep drawing dies upon the liefe. Henry Brutcher, Altadena, Calif. Transl. No. 6589 4 pp. (Transl. into English from Kuznechn.-Shtamp. Proizvodstvo (1965) 3 13—14); Battelle Techn. Rev. **15** (1966) 1 20 a.

Oehler, G.: Zur Formenordnung der Ziehteile (Vortr. Internat. Deep Drawing Res. Group

(IDDRG) London 5. 6. 1964). Werkstattstechn. **55** (1965) 7 314—321 28 Lit.-St.
Radtke, H.: Der Umformvorgang beim Stülpziehen. Mitt. Forsch.-Ges. Blechverarb. (1965) 11 185—195 13 Lit.-St.
Shawski, G. S. A.: Assessing deep drawing qualities of sheet metal. III. Sheet Metal Industries **42** (1965) 459 524—532.
Wright, J. C.: The phenomenon of "Earing" in deep drawing. Sheet Metal Industries **42** (1965) 11 814—831; Aluminium **42** (1966) 9 R 504.
— Correlation of deep-drawing press performance with tensile properties. ASTM Spec. Techn. Publ. No. 390 1965 V, 38 pp.
Chiang, D. C. and *S. Kobayashi*: The effect of anisotropy and work-hardening characteristics on the stress and strain distribution in deep drawing. ASME Prepr. 66-Prod.-3 1966 6 pp. 11 refs.; Index Aeron. **22** (1966) 10 77.
Feldmann, Heinz-D.: Benennungen und Begriffsbestimmungen in der Umformtechnik. Betrachtungen zu der Verfahrensgruppe Druckumformen. Werkstatt u. Betrieb **99** (1966) 4 260—262.
Grewen, Johanna: Texturen als Ursache der Zipfelbildung. Z. Metallkde. **57** (1966) 6 418—428 39 Lit.-St.
Panknin, W.: Einfluß des Werkstoffs auf das Tiefziehen im Anschlag (8. Hochschulkolloquium über Umformtechnik, TH Hannover, März 1966). Mitt. Forsch.-Ges. Blechverarb. **17** (1966) 12/13 188 (Vortr. Ref.).
Wilson, D. V.: Forming of sheet metals: deep drawing. Sheet Metal Industries **43** (1966) 476 929—944.
Ziegler, Wolfgang: Die Bedeutung des Werkstoffs für die Grenzformänderungen beim Tiefziehen metallischer Werkstoffe. Diss. TU Berlin 1966; VDI-Z. **109** (1967) 7 311.
— Grundlagen der bildsamen Formgebung. Vorträge einer VDEh-HdT-Berichtsreihe. Hrsg. VDEh Düsseldorf: Stahleisen GmbH. 1966 508 S. [4.12.0].

4.31.02 Tiefziehen von Stahl

Fischer, F. u. a.: Über den Einfluß der Mikrooberfläche auf das Verhalten von Feinblechen im Tiefzug. Stahl u. Eisen **80** (1960) 12 1524—1531 26 Lit.-St.
Kloos, Karl Heinz: Einfluß der Oberflächengrenzschicht auf das Reibungsverhalten austenitischer Werkstoffe bei der Kaltumformung im Tiefziehverfahren. Diss. TH Darmstadt 1960; VDI-Z. **104** (1962) 13 603 (Diss.-Ref.).
Nelson, P. G.: Fortschritte beim Tiefziehen von Stahl. Metal Progr. **78** (1960) 4 85—95.
Oehler, G.: Zipfelbildung bei tiefgezogenen Stahlblechen in und senkrecht zur Walzrichtung. Stahl u. Eisen **80** (1960) 9 627 3 Lit.-St.
Clarke, J.: The use of water-soluble dry-film lubricants in the deep drawing of ferrous metals. Sheet Metal Industries **38** (1961) 416 865—879 3 refs.; Werkstatt u. Betrieb **95** (1962) 10 723.
Feldmann, U.: Einfluß der Anisotropie von kaltgewalztem Stahlfeinblech auf die Tiefziehbarkeit. Stahl u. Eisen **82** (1962) 7 431—437 14 Lit.-St.
Keul, E.: Das Tiefziehen rost- und säurebeständiger Stähle. Blech **9** (1962) 11 600—604; Werkstatt u. Betrieb **96** (1963) 6 391.
Oehler, G.: Tiefziehen ohne Blechhalter oder Biegen um konvex gekrümmte Kanten. Werkstattstechn. **52** (1962) 10 525—527; Werkstatt u. Betrieb **96** (1963) 7 496.
Panknin, W. u. *M. Reihle*: Verhalten des Gleitreibungsbeiwertes von Tiefziehblechen bei hohen Flächenpressungen. Stahl u. Eisen **82** (1962) 8 470—479 31 Lit.-St.; Werkstatt u. Betrieb **95** (1962) 10 730—731.
Appel, H.-G. u. *H. Becker*: Störende Fließerscheinungen beim Tiefziehen von kaltgewalztem, weichgeglühtem Band aus 17-%igem Chromstahl. Z. Metallkde. **54** (1963) 12 724—728 8 Lit.-St.; Index Aeron. **20** (1964) 3 ref. 1595.
Borchers, H., H.-H. Hoff, F. Fischer u. *K. Ohlwein*: Einfluß der Verformung bei Kalt- und Nachwalzen auf die Anisotropie der mechanischen Eigenschaften von Stahlband für Tiefziehwerke. Arch. Eisenhüttenwes. **34** (1963) 1 17—26 38 Lit.-St.
Fettig, A., R. Schiller u. *H. Weissgerber*: Warmziehen von Schalen für Druckbehälter. Fertigungstechn. u. Betrieb **13** (1963) 11 660—663 5 Lit.-St.; Werkstatt u. Betrieb **97** (1964) 4 319.
Kloos, K. H.: Zur Tiefziehfähigkeit und Punktschweißbarkeit kaltgewalzter verzinkter Feinbleche unter Berücksichtigung ihres Korrosionsverhaltens. Bänder Bleche Rohre **4** (1963) 4 165—173.
de Smet, G.: Tiefzieheignung von Feinblech. Pratique des Industries Mécan. **46** (1963) 6 152—156 3 Lit.-St.
Ebertshäuser, Hans: Technologie der Blechverarbeitung. — IV. Bänder Bleche Rohre **6** (1965) 8 440—447, 490.
Machu, W.: Phosphatüberzüge als Hilfsmittel bei der spanlosen Kaltverformung von Eisen und Stahl. Werkstoffe u. Korrosion **16** (1965) 11 939—946 38 Lit.-St.; Werkstatt u. Betrieb **99** (1966) 2 423.
Schauwinhold, D. u. *A. Selige*: Feinblech und Band aus unlegierten weichen Stählen für die Kaltumformung. Mitt. Forsch.-Ges. Blechverarb. (1965) 17/18 313—323.

Schauwinhold, Dieter u. *Albrecht Selige:* Unlegierte weiche Stähle für Feinblech und Band zur Kaltumformung. Stahl u. Eisen **85** (1965) 21 1297—1307 50 Lit.-St.

Cotton, Robert M. and *James D. Colgate:* Anisotropy and its relationship to deep drawing of a 5 % Cr tool steel (H 11). Army Materials Res. Agency, Watertown, Mass., Mater. Technol. Div. AMRA TR-66-08 April 1966 26 pp. (AD-634031); STAR **4** (1966) 19 3798.

Wiegand, H., K. H. Kloos u. *G. Zech:* Verarbeitungseigenschaften verzinkter Stahlbleche. Metalloberfläche **20** (1966) 9 399—405; Battelle Techn. Rev. **16** (1967) 1 23 a.

4.31.03 Tiefziehen von Aluminium-Legierungen

Coupland, H. T.: Grundlagen des Tiefziehens. Sheet Metal Industries **37** (1960) 403 831—836, 846 9 refs.; Metall **15** (1961) 10 1026.

Hug, H.: Über den Einfluß des Reinheitsgrades auf die Zipfelbildung von Reinaluminiumblechen. Metall **14** (1960) 9 885 bis 888.

Lux, E. u. *E. Vergen:* Umformung von Aluminiumblech mit Zinkwerkzeugen. Aluminium **36** (1960) 9 513—516.

Oehler, G.: Neue Verfahren und Erfahrungen mit Aluminiumblechen auf dem Gebiete der Umformtechnik. Aluminium **36** (1960) 9 502—506 4 Lit.-St.; Werkstatt u. Betrieb **94** (1961) 6 375—376 [4.30.6].

Blade, J. C.: Der Einfluß der Barrentextur auf die Zipfelbildung von Aluminium. Z. Metallkde. **52** (1961) 10 636—644; Aluminium **38** (1962) 4 A 148.

Chopin, R.: Bestimmung der Tiefziehbarkeit von Aluminium und dessen Legierungen. Sheet Metal Industries **38** (1961) 413 637—643.

Lengbridge, J. W.: Aluminium und das Ziehverfahren. Aluminium (Suisse) **11** (1961) 1 19—33; Aluminium **37** (1961) 6 A 244.

Lengbridge, J. W.: Das Tiefziehen von Aluminium. Metal Industry **99** (1961) 1 2—5, 2 26—30.

Smith, C. J.: Aluminium alloys for deep drawing. Metal Industry **98** (1961) 22 431—435, 23 451—453, 24 477—478, 480, 25 499—501, 26 517—519; Aluminium **38** (1962) 1 A 20.

Tucker, G. E. G.: Textur und Zipfelbildung von Aluminium. Acta Metallurgica **9** (1961) 4 275—286; Metall **16** (1962) 5 432.

Zeiger, F.: Auswirkung von Fiederkristallen im Gußgefüge auf Zipfelverhalten und Eloxalstruktur von Blechen aus Reinaluminium. Z. Metallkde. **52** (1961) 10 631—635; Aluminium **38** (1962) 4 A 146.

— Determination of deep-drawing capacity of aluminium and its alloys. Sheet Metal Industries **38** (1961) 413 637—643; Werkstatt u. Betrieb **95** (1962) 5 318.

Hinxman, H.: Tiefziehen und Pressen von Aluminium. Sheet Metal Industries **39** (1962) 420 267—278.

Lengbridge, J. W.: Design for drawing aluminium. Modern Metals **18** (1962) 8 28—34, 9 68—74; Aluminium **39** (1963) 3 A 108, 11 A 460.

Wright, J. C., G. Long and *D. Green:* Improvements in the press-forming properties of aluminium-magnesium-alloy sheet by the use of a recovery anneal. J. Inst. Metals **91** (1962/63) 10 321—324; Aluminium **39** (1963) 9 A 364.

Chopin, R.: Untersuchung der Möglichkeiten des zylindrischen Tiefziehens von Aluminium. Machines Françaises (1963) **44** 51, 53, 55, 57, 59, 61, 63.

— Forming aluminium sheet and plate. Light Metals **26** (1963) 296 42—43 [4.30.7].

Chandrasekhara, T. H.: Beitrag zur Verfestigung und Entfestigung von Aluminium-Magnesium-Legierungen unter besonderer Berücksichtigung des Tiefziehens. Metall **19** (1965) 5 455—463 16 Lit.-St.

Wright, J. C.: Influence of deep-drawing conditions on the earing of aluminium. J. Inst. Metals **96** (1965) 12 289—297; Aluminium **41** (1965) 9 R 452.

Erdmann-Jesnitzer, F. u. *V. Guttmann:* Beitrag zum Tiefziehen teilharten Aluminiums und seiner Legierungen. Aluminium **42** (1966) 5 293—299 8 Lit.-St.; Aluminium **42** (1966) 6 R 350.

Guillot, Robert: L'emboutissage de l'aluminium. — Quelques règles pratiques. Rev. Aluminium **43** (1966) 338 97—106; Aluminium **42** (1966) 5 R 284.

Siebel, G.: Einfluß der Wärmebehandlung von Gußbarren und Walzplatten auf die Zipfelbildung von Aluminiumblechen mit verschiedenem Reinheitsgrad. Z. Metallkde. **57** (1966) 6 429—439; Aluminium **42** (1966) 9 R 502.

Siebel, G.: Einfluß von Eisen- und Siliziumzusätzen auf die Zipfelbildung von Aluminiumblechen. Z. Metallkde. **57** (1966) 7 500—508; Aluminium **42** (1966) 10 R 550.

Teubler, A.: Zipfelbildung von Blechen und Bändern aus Al 99.8. Z. Metallkde. **57** (1966) 3 232—239 7 Lit.-St.; Aluminium **42** (1966) 5 R 284.

4.31.04 Tiefziehen von Magnesium-Legierungen

Axtell, W. G.: Formgebung von Magnesiumblech. Materials in Design Engng. **50**

(1959) 3 92—93; Mitt. Forsch.-Ges. Blechverarb. (1960) 5 Ref. 181.

Matuszewski, R. A. and *A. J. Kish*: Press forming and welding of heavy magnesium plate. ASME-Prepr. 61-SA-18 1961 8 pp.; Index Aeron. **17** (1961) 12 ref. 463 [4.12.5] [5.31.32.2].

Molnar, M. A.: Tiefziehen legierter Magnesiumbleche. Sheet Metal Industries **41** (1964) 446 433—440; Metall **18** (1964) 12 1321.

Beyer, Bruno u. *Heinrich Weiland*: Biegeradien und Erichsentiefung von Blechen aus Magnesiumlegierungen. Neue Hütte **10** (1965) 7 433—438.

4.31.05 Tiefziehen von Titan

Howes, M. A. H.: The deep drawing of commercially pure titanium. Sheet Metal Industries **37** (1960) 396 247—252 6 refs.; Titanium Abstr. Bull. **5** (1960) 6 176 ref. 5829.

— The deep drawing by hot working of titanium 6 Al-4 V alloy sheet. Ministry of Aviations S & T Memo No. 29/60 Oct. 1960 33 pp.; Titanium Abstr. Bull. **6** (1961) 6 196 ref. 6658.

Berkland, K. H. and *R. W. Alarie*: Cold forming titanium sheet. Amer. Mach./Metalworking Manuftg. **109** (1965) 2 112—113; Index Aeron. **21** (1965) 6 ref. 3528.

— Deep drawing titanium 6 Al-4 V. Metalworking Production **109** (1965) 51 54—55.

Edwards, W. H. and *R. C. Dickason*: Hot forming of sheet titanium alloy. SAE Publ. 660695 1966.

Gerds, A. F., D. E. Strohecker, T. G. Byrer and *F. W. Boulger*: Deformation processing of titanium and its alloys. NASA TM-X-53438 April 1966 361 pp. (NASA Order H-76715); STAR **4** (1966) 14 2604 [4.30.6] [4.31.1].

4.31.06 Tiefziehen von sonstigen Legierungen

Jahnle, H. A.: Forming beryllium sheet. Prod. Engng. **31** (1960) 25 72—75; Index. Aeron. **16** (1960) 9 ref. 193 [4.30.4].

Wright, J. C.: Relationship between mechanical properties, deep-drawability and stretch-formability for some non-ferrous sheet materials. Sheet Metal Industries **39** (1962) 428 887—901 8 refs.; Werkstatt und Betrieb **96** (1963) 11 858; Metall **17** (1963) 4 327.

Perry, R.: Deep drawing of thick molybdenum sheet. Machinery (London) **102** (1963) March 539—541; Battelle Techn. Rev. **12** (1963) 6 254 a.

Hannesen, Rolf u. *Volker Schumacher*: Einfluß der Herstellungsverfahren auf die Zipfelbildung bei Messing. Z. Metallkde. **57** (1966) 6 413—418.

Hörtig, W: Ziehen tiefer kegeliger Hohlkörper auf einer Stufenpresse. Werkstatt und Betrieb **99** (1966) 10 690—692.

Thomas, Hans: Zipfelbildung und Textur bei Nickel und Nickellegierungen. Z. Metallkunde **57** (1966) 8 603—605 27 Lit.-St.

4.31.07 Prüfverfahren zur Beurteilung des Tiefziehens

Engelhardt, W.: Ein neues Tiefziehprüfverfahren. Techn. Zbl. prakt. Metallbearb. **54** (1960) 11 564—567.

Pearce, R.: Bewertung der Tiefziehfähigkeit von Blechen. Sheet Metal Industries **37** (1960) 401 647—652, 660.

Pomey, J., A. Royez et *P. Dhez*: Essai de définition de l'emboutissabilité. Mém. Sci. Rev. Métallurgie **57** (1960) 10 741—754 2 réfs.

Engelhardt, W.: Die Entwicklung der Erkenntnisse über Tiefziehen und Tiefziehprüfung. Technik (Berlin) **16** (1961) 11 763—766 30 Lit.-St.

Guyot, J.: Kaltumformen dünner Bleche und Tiefziehprüfungen. Rev. Métallurgie **58** (1961) 2 177—181.

Oehler, G.: Einfluß der Probenform beim Einbeulversuch und der Stempelkopfrundung beim Näpfchenziehversuch nach M. Jentet auf das Prüfergebnis. Stahl und Eisen **81** (1961) 18 1219—1220 3 Lit.-St. (Ref. des Vortrages von M. Jentet, gehalten auf der Tag. der Société Française de Métallurgie u. Int. Deep Drawing Res. Group vom 23.—25. V. 1960 in Paris.)

Rickert, A. u. *H. Gross*: Bestimmung der Tiefziehfähigkeit von Blechen. Fertigung und Betrieb **11** (1961) 6 384—388 5 Lit.-St.

Wright, J. C.: Untersuchung von Tiefzieh- und Streckzieheigenschaften. Sheet Metal Industries **38** (1961) 413 649—658, 674 22 Lit.-St., 414 731—741 18 Lit.-St., 415 813—824, 833 69 Lit.-St.

Burns, R. S. u. *R. H. Heyer*: Neue Verfahren zur Bestimmung der Tiefziehfähigkeit von Stahlblechen. Blast Furnace and Steel Plant **50** (1962) 9 861—872 21 Lit.-St.

Grumbach, M. u. a.: Untersuchung der Tiefziehfähigkeit von Feinblech nach dem Verfahren von Fukui. Mém. Sci. Rev. Métallurgie **59** (1962) 7/8 477—491.

Pomey, G. u. a.: Vergleich einiger Tiefziehversuche für einen einfachen Verformungsfall. Mém. Sci. Rev. Métallurgie **59** (1962) 6 461—475 7 Lit.-St.

Grumbach, M. u. a.: Einfluß der Haftung zwischen Stempel und Blech sowie der Verformungsgeschwindigkeit beim Tiefungsversuch nach Fukui. Mém. Sci. Rev. Métallurgie **60** (1963) 5 371—376 3 Lit.-St.

4.31.08 Sonderverfahren des Tiefziehens

Townend, R. S.: Tiefziehen von Gehäusen für Flugkörpertriebwerke. Machinery (New York) **66** (1959) 3 111—119.
Möller, H.: Fluid forming: Development and application of the SAAB flexible-punch forming process. Aircr. Product. **22** (1960) 11 424—432 2 refs.; Index Aeron. **16** (1960) 12 ref. 243.
Möller, H.: Das „Fluid-Form"-Verfahren. Engineer **210** (1960) 5472 968—970.
Townend, R. S.: Tiefziehen hochfester Raketengehäuse. Machinery (London) **96** (1960) 2465 325—328.
Hansen, Wolfgang: Untersuchung eines Verfahrens zur Blechverformung durch beiderseits unmittelbar auf die Platine einwirkende Druckflüssigkeit. Diss. TH Stuttgart 1961; VDI-Z. **104** (1962) 12 534.
De Kleine, H. C.: Hydraulisches Ausbeul-Formverfahren. Iron Age **188** (1961) 26 43—45.
Möller, H.: Neuzeitliche Blechverformungsverfahren. Machinery Lloyd (Europ. Ed.) **33** (1961) 2 A 25—27.
Denton, L. B.: Fertigungstechnische Anwendung des Hydroformverfahrens. Machinery (New York) **69** (1962) 1 132—136.
Filko, J.: Hydroform-Tiefziehverfahren. Amer. Machinist/Metalworking Manuftg. **106** (1962) 6 103—105.
Aslakson, R. C.: Deep drawing thermoplastic sheets. Tool & Manuftg. Engr. **50** (1963) 1 75—80; Werkstatt u. Betrieb **96** (1963) 10 789.
Bürk, E.: Das hydromechanische Ziehverfahren. Mitt. Forsch.-Ges. Blechverarb. (1963) 15 217—224.
Eshelman, R. H.: Hydroform improves deep draw. Iron Age **191** (1963) 4 58—59; Battelle Techn. Rev. **12** (1963) 4 163 a.
— Fluid form, une nouvelle méthode d'emboutissage du métal en feuilles. Machine mod. **57** (1963) 653 3—11.
Langenecker, B. u. a.: Ultraschallwellen unterstützen die spanlose Formgebung. Metal Progr. **85** (1964) 4 97—101.
Oehler, G.: Das zylindrische Stülpziehen unter ölhydraulischen Pressen. Werkstatt und Betrieb **97** (1964) 10 733—734.
Vafiadakis, A. P., W. Johnson and *I. S. Donaldson*: Deep drawing and free forming using a water hammer technique. Proc. IME **179** (1964/65) 7 (Pt. 1) 222—233; AMR **19** (1966) 2 129.
— High rate forming. Intern. Mach. Engrs. Prepr. P 7/65 1964 69 pp. 9 refs.; Index Aeron. **21** (1965) 2 ref. 874 [4.31.31] [4.31.33].
Berkland, K. H. and *R. W. Alarie*: Cold forming titanium sheet. Metalworking Production **109** (1965) 13 64; Index Aeron. **21** (1965) 7 ref. 4109.
Byrer, T. G. and *F. W. Boulger*: Metalworking. Review of recent developments. Battelle Memorial Inst., Columbus, Ohio. Defense Metals Inform. Center July **1965** 3 pp.; STAR **3** (1965) 20 3452.
Campion, D. J.: Pressings for rockets and missiles. Sheet Metal Industries **42** (1965) 459 507—513 [10].
Gentzsch, G.: Neues Verfahren zum Tiefziehen extrem langer Hülsen in einem Zug. Bänder Bleche Rohre **6** (1965) 6 340—341.
Kursetz, Edgar: Einige Sonderverfahren der Blechumformung in der Industrie der USA. Werkstatt und Betrieb **98** (1965) 10 735—739 10 Lit.-St. [4.30.7] [4.30.8].
Tricot, G.: L'automatisation dans l'emboutissage des petits pièces. Machine-Outil Française **30** (1965) 207 105, 107, 109.
— Hydroforming aluminium. Mod. Metals **21** (1965) 1 29, 30, 32; Aluminium **41** (1965) R 490.
— New method deep draws metals in one stroke. Mod. Metals **21** (1965) 5 78; Aluminium **42** (1966) 3 R 144.

4.31.1 Durchsenken von Leichtmetallblechen unter Wärme (Hot dimpling)

— Hot dimpling: Pt. 1. Development of temperature-controlled technique: Use of portable equipment. Aircr. Production **22** (1960) 4 124—129; Index Aeron. **16** (1960) 5 ref. 206.
— Hot dimpling: Pt. 2. Development of static machine operating sequence for production runs. Aircr. Production **22** (1960) 5 190—198; Index Aeron. **16** (1960) 6 ref. 159.
Le Grand, Rupert: Hot dimpling of super alloys, no cracks please. Amer. Mach. **106** (1962) 11 96—97; Bänder Bleche Rohre **3** (1962) 8 398.
Gerds, A. F., D. E. Strohecker, T. G. Byrer and *F. W. Boulger*: Deformation processing of titanium and its alloys. NASA TM-X-53438 April 1966 361 pp. (NASA Order H-76715); STAR **4** (1966) 14 2604 [4.30.6] [4.31.05].

4.31.2 Formung von Beplankungsteilen in Integralbauweise

Edwards, R. D.: Formen durch Kugelstrahlen. Luftfahrttechnik **7** (1961) 5 140—145.
Schulz, R. W.: Konstruktive und fertigungs-

technische Merkmale der Vickers VC-10. Luftfahrttechnik **7** (1961) 5 127—131.

— Wing-skin forming. Press bending integral panels for the Vickers VC-10. Aircr. Production **23** (1961) 3 101—107; Index Aeron. **17** (1961) 4 ref. 330.

4.31.30 Formung mittels Hochenergie, allgemein

Feddersen, E. W.: Production application of high energy rate. SAE-Prepr. 160 C Apr. 1960 22 pp.; Index Aeron. **16** (1960) 7 ref. 191.

— Hochenergie-Formgebungsverfahren. SAE J. **68** (1960) 5 39—45.

Wood, W. W.: Hochenergie-Formgebungsverfahren. Tool Engr. **44** (1960) 7 93—105.

Heilveil, S.: High energy rate forming from development to production. ASTME techn. Pap. SP 60—177 1961 7 pp.; Index Aeron. **18** (1962) ref. 282.

Kursetz, E.: Die Hochdruckenergieumformung in der Luftfahrtindustrie unter besonderer Berücksichtigung der Explosionsformung. Luftfahrttechnik **7** (1961) 5 132—139 19 Lit.-Stellen.

Boulger, F. W.: Hochenergie-Metallumformung. Mech. Engng. **84** (1962) 4 38—43 10 Lit.-St. [4.31.01].

Carson, R. W.: Hochenergie-Umformung. Prod. Engng. **33** (1962) 21 86—100 10 Lit.-St.

Gentzsch, Gerhard: Hochleistungsumformung mit einer neuen Gegenschlagmaschine. Bänder Bleche Rohre **3** (1962) 8 389—393 7 Lit.-St.

De Groat, G.: Hochenergie-Formgebung. Amer. Machinist/Metalworking Manuftg. **106** (1962) 20 93—104.

Schmoeckel, D.: Umformvorgänge bei extrem hohen Energien und Geschwindigkeiten. Bänder Bleche Rohre **3** (1962) 4 151—156 7 Lit.-St.

— High-energy-rate forming. Conf. London, Apr. 11—12, 1962. Sheet Metal Industries **39** (1962) 424 533—562; Index Aeron. **18** (1962) 10 ref. 3669.

— New approaches. Aircr. Production **24** (1962) 5 170—180 [4.42.70].

D'Agnanno, P. and *G. Pfanner:* Theoretical and experimental evaluation of high energy forming of hemispherical shapes in metals. Phase II. Engng. Rep. (May/Dec. 1963) NASA CR-74119 Dec. 1963 161 pp. (Republic Aviation Corp., Farmingdale, N. Y. RAC-1893); STAR **4** (1966) 12 2133.

Ecker, W. u. *F. Müller-Axt:* Hochgeschwindigkeitsbearbeitung. Werkstatt u. Betrieb **96** (1963) 3 163—177 47 Lit.-St.

Gentzsch, G.: Neue Beispiele der Umformung mit Schockwellen. Bänder Bleche Rohre **4** (1963) 11 600—603.

Genzsch, E. O.: Hochenergie-Werkzeugmaschinen im Einsatz. Blech **10** (1963) 9 593—596 3 Lit.-St.

Hollingum, S. W.: High energy rate forming of metals. Metal Industry **102** (1963) June 801—804, 838—840; Battelle Techn. Rev. **12** (1963) 9 335 A; Index Aeron. **19** (1963) 8 ref. 3486, 3487.

Johnson, W.: Hochenergie-Umformung von Metallen. Metal Treatm. & Drop-Forging **30** (1963) 214 277—286 11 Lit.-St.; 215 305—314 15 Lit.-St., 216 349—356 16 Lit.-St.

Zürn, H.: Die technologischen Verfahren der Explosiv-Umformung von Metallen mittels detonierender Sprengstoffe. Industrie-Anz. **85** (1963) 58 1405—1413 52 Lit.-St.

Blazynski, T. Z.: Experimental and theoretical development of the high-energy rate forming processes. Engineer **217** (1964) 5657 1117—1126 56 refs; Index Aeron. **20** (1964) 8 ref. 3809.

Müller, Herbert: Hochleistungsumformung nach dem hydroelektrischen Verfahren. Industrie-Anz. **86** (1964) 23 319—395.

Stumpp, D.: Neue Verfahren der umformenden Metallbearbeitung. Werkstattstechnik **54** (1964) 1 5—11 4 Lit.-St.

Wood, William W.: Secondary forming processes and their effects on resulting products. "Problems in the load-carrying application of high-strength steels". Battelle Memorial Inst., Columbus, Ohio. Metals Defense Inform. Center DMIC-210 1964 pp. 48—53 (Contract AF 33(615)-1121, AD-611750); STAR **3** (1965) 9 1491 [4.30.4] [4.30.6] [4.30.8].

Coupain, J.: Evolution des procédés de fabrication dans l'aéronautique. Techn. et Sci. Aéron. et Spat. (1965) 4 333—342; Index Aéron. **22** (1966) 3 45 [5.1].

Islamoff, Ilia I.: Metal forming techniques. NASA SP-5017 May 1965 VI, 52 pp. 23 refs.; STAR **3** (1965) 21 3624; Index Aeron. **22** (1966) 8 85 [4.30.0].

Kögel, H. u. *R. Beck:* Moderne Verfahren der Umformtechnik auf der „Technica". Technik (Berlin) **20** (1965) 12 774—777 [4.12.2] [4.12.3].

Abbe, Earl H. and *John F. Panda:* High-energy rate forming. Springfield Armory, Mass. SA-TR 18-1101 May 1966 37 pp. (AD-634916); STAR **4** (1966) 20 4014.

Weymueller, Carl R.: Forming metals with high energies. Metal Progr. **90** (1966) 4 256—264, 267—268; Battelle Techn. Rev. **16** (1967) 1 22 a.

— Presswork. Some newer metal forming techniques. Machine Shop **27** (1966) 11 446—448, 449—450.

Kursetz, Edgar: Die Entwicklung moderner Umformmethoden in der amerikanischen Industrie. Werkstatt u. Betrieb **100** (1967) 3 231—237 23 Lit.-St.; Metall **21** (1967) 6 615—116 [4.12.0].

4.31.31 Explosionsumformung

Lambert, P. F.: Entwicklung des Explosions-Formverfahrens. Machinery (London) **95** (1959) 2437 131—155; Mitt. Forsch.-Ges. Blechverarb. (1960) 1/2 Ref. 76.

Armstrong, E. L.: Can explosive forming solve your design problems. Iron Age **186** (1960) 21 85—87; Index Aeron. **17** (1961) 2 ref. 215.

Bryan, B. J.: Explosionsformgebung mit Hilfe von Epoxywerkzeugen. Tool Engr. **44** (1960) 2 97—102; Mitt. Forsch.-Ges. Blechverarb. (1960) 13/14 Ref. 625.

Cavanaugh, R. M.: Explosionsbearbeitung von Metallen. Techn. Mitt. **53** (1960) 10 427—434.

Cook, J. H.: Working metals by detonating explosives. Sheet Metal Industr. **37** (1960) 396 253—258 4 refs.; Index Aeron. **16** (1960) 5 ref. 209.

Cox, F. A. and *E. F. Mellinger:* Explosive forming. SAE-Prepr. T 39 Apr. 1960 5 pp.; Index Aeron. **16** (1960) 7 ref. 190.

Cox, F. A. u. a.: Explosions-Formgebung. Design News **15** (1960) 9 92—95.

Genzsch, E. O.: Explosionsverfahren zur Verformung von Metallen. Maschinenwelt u. Elektrotechnik **15** (1960) 6 225—228.

Goyer, G. G.: Explosive Verformung. Canad. Machinery **71** (1960) 3 74—76.

Hollis, W. S.: British developments in explosive forming. Metalworking Prod. **104** (1960) 45 78—81; Index Aeron. **17** (1961) 1 ref. 245.

Hollis, W. S.: Explosive forming. Aircr. Prod. **22** (1960) 12 446—451; Index Aeron. **17** (1961) 1 ref. 250.

Kursetz, E.: Wirtschaftliche Herstellung von Blechformteilen aus schwer umformbaren Werkstoffen in Einzel- und Kleinserienfertigung. Blech **7** (1960) 4 169—174 4 Lit.-Stellen.

Pearson, J. S.: Grundlagen der Explosionsformung von Metallen. Steel **146** (1960) 12 140—143.

Peckner, D.: Derzeitiger Stand und künftige Entwicklung von Hochenergie-Umformverfahren. Materials in Design Engng. **52** (1960) 1 89—96.

Philipchuk, V.: Metal fabrication by explosives. ASTM Pap. 60-MD-4 1960 5 pp.; Titanium Abstr. Bull. **6** (1960) 1 210 ref. 5970; Index Aeron. **17** (1961) 1 ref. 246.

Stuckenbruck, L. C. and *C. H. Martinez:* Explosive forming in the missile industry. Machinery (New York) **67** (1960) 3 99—105; Leichtbau d. Verkehrsfahrzeuge **5** (1961) 3/4 182.

Tardif, H. P.: Explosive Verformung in Canada. Metal Progr. **77** (1960) 1 128—130; Mitt. Forsch.-Ges. Blechverarb. (1960) 11 Ref. 462.

Watts, A. F. u. *D. C. Harleman:* Explosives Formen. Tool Engr. **44** (1960) 4 109—112.

Wilson, D. V.: Fortschritt in der Metallumformung. Metal Progr. **77** (1960) 1 71—76 [4.30.8] [4.31.01].

Zernow, L.: The principles and practice of explosive metal forming. Sheet Metal Industries **37** (1960) 404 897—899, 904; Index Aeron. **17** (1961) 2 ref. 216.

— Explosionsformgebung. Aircr. Production **22** (1960) 2 62—65.

— Explosive forming water pit installation for the working of difficult materials. Aircr. Prod. **22** (1960) 3 82—85; Index Aeron. **16** (1960) 4 ref. 197; Mitt. Forsch.-Ges. Blechverarb. (1960) 13/14 Ref. 626.

— Explosive forming. Explosive metalworking. Defence Metals Inform. Center, Battelle Memorial Inst., Off. Techn. Services, Dept. of Commerce, Washington 25, D. C., Nov. 1960 30 pp. (PB 161823).

Genzsch, E. O.: Ergebnisse der Hochenergie- und Ultrahochgeschwindigkeits-Bearbeitungen von Metallen. Maschinenwelt u. Elektrotechnik **16** (1961) 2 45—53 9 Lit.-St. [4.31.33].

Hollis, W. S.: Explosive Formgebung von Blechen. Machinery (London) **98** (1961) 2516 267—269.

Kronenberg, M.: Explosive Formgebung — eine neue Entwicklung spanloser Metallbearbeitung. Techn. Zbl. prakt. Metallbearb. **55** (1961) 6 275—280.

Monteil, V. H.: Explosive metal forming techniques. ASME Prepr. 61-Pet-9 1961 9 pp.; Index Aeron. **18** (1962) ref. 566.

Monteil, V. H.: Konstruktive Gestaltung für die Explosionsformung. Metal Progr. **80** (1961) 2 66—70.

Orr, J. P.: High energy forming near manufacturing techniques. SAE-Prepr. 340 A 1961 6 pp.; Index Aeron. **17** (1961) 9 ref. 241.

Remmerswaal, J. L. and *P. J. M. Boes:* Some aspects of explosive forming. Microtechnic **15** (1961) 3 104—109 7 refs.; Index Aeron. **17** (1961) 9 ref. 239.

Remmerswaal, J. L. u. *P. J. M. Boes:* Einige Möglichkeiten und Anwendungsarten der explosiven Formgebung. Microtechnic **15** (1961) 3 139—145.

Rinehart, J. S.: High-energy rate forming via explosives. ASTME techn. Pap. SP 60-138 1961 19 pp. 12 refs.; Index Aeron. **18** (1962) ref. 277 (P 95607).

Stuckenbruck, L. C. and *C. H. Martinez:* Explosive forming of missile components. Machinery (London) **98** (1961) 2520 486—490; Index Aeron. **17** (1961) 4 ref. 332.

Thomas, H. u. *S. Paterson:* Explosionsformgebung in der Metallbearbeitung. Metal-

working Production **105** (1961) 8 47—50.
Throner, G. C. u. *I. Lieberman:* Explosionsformgebung von Metallen. Tool & Manuftg. Engr. **46** (1961) 6 123—126.
Throner, G. C.: Explosive metal forming comes of age. ASME Prepr. 61-AV-37 1961 7 pp.; Index Aeron. **17** (1961) 7 ref. 252.
Zernow, L. u. *I. Lieberman:* Explosive forming. Mech. Engng. **83** (1961) 12 62—65 3 Lit.-St.; Konstruktion **14** (1962) 11 454 bis 455.
— High-energy forming. Metal Progr. **80** (1961) 2 66—82; Index Aeron. **17** (1961) 10 ref. 231.
— High-energy working. Aircr. Production **23** (1961) 9 312—315; Index Aeron. **17** (1961) 10 ref. 232.
— Hochdruck-Formgebung eng tolerierter Werkstücke. Aircr. Production **23** (1961) 3 80—86.
Beck, R.: Umformen von Blechen durch Explosionsdrücke. Fertigungstechn. u. Betrieb **12** (1962) 4 251—256.
Corbett, Sh. E. u. a.: Kleinversuche mit der Explosiv-Umformung. Sheet Metal Industries **39** (1962) 424 555—562.
Gibbs, K. M.: Explosive forming: a report bibliography prepared by ASTIA AD 270-908 Feb. 1962.
Hockett, J. E.: Recent research in metal forming. AMR **15** (1962) 3 157—166 89 refs.; Index Aeron. **18** (1962) 6 ref. 2029 [4.30.8] [4.31.01].
Holtzman, A. H. u. *C. G. Rudershausen:* Fortschritte bei der Metallverformung mit Explosivstoffen. Sheet Metal Industries **39** (1962) 422 399—413; Metall **20** (1966) 1 50.
Ida, N. N. and *A. A. Esra:* Die-loss explosive forming of one-piece thin shells of revolution. Machinery (London) **101** (1962) 2609 1123—1126; Index Aeron. **19** (1963) 1 ref. 0290.
Mang, W. G.: High energy rate forming of space age materials. Materials Science and Technology for Advanced Applications (Golden Gate Metals Conf. San Francisco 1962) Englewood Cliffs N. J.: Prentice Hall 1962 pp. 632—655.
McGovern, D. R.: The production aspects of explosive metal forming. SAE-Prepr. 511 B 1962 7 pp.; Index Aeron. **18** (1962) 8 ref. 2892.
Orr, J. P.: Explosive forming domes. Amer. Rock. Soc. techn. Pap. 2326-62 1962 33 pp.; Index Aeron. **18** (1962) 6 ref. 2030.
Otto, H. G.: Möglichkeiten der Metallverformung bei höchsten Geschwindigkeiten. Chemie-Ing.-Techn. **34** (1962) 6 401—410 26 Lit.-St.
Pawlik, Kurt: Das Explosionsformen in der Luftfahrtindustrie. VDI-Z. **104** (1962) 24 1243—1244.
Penning, F. A.: Response of a free-standing or anchored explosive-forming assembly. ASME Prepr. 62-WA-108 1962 5 pp. 14 refs.; Index Aeron. **19** (1963) 6 ref. 2580.
Savitt, J.: Direct contact explosives metalforming. Aeron. Systems Div. ASD-TDR-62-1035 Oct. 1962 20 pp. 3 refs. (Contract AF 33(657)-9631).
Schöffel, R.: Explosive Metallbearbeitung. Raketentechn. u. Raumfahrtforsch. **6** (1962) 1 24—31 13 Lit.-St.
Thomas, H.: Grundlagen der Explosionsformgebung. Metal Industry **100** (1962) 3 42—44 8 Lit.-St.
Verbraak, C. A.: Einfluß der Explosionsformung auf die Eigenschaften anisotroper Werkstoffe. Arch. Eisenhüttenwes. **33** (1962) 11 757—760.
Verbraak, C. A.: How can high-rate forming be applied without deteriorating metal properties? (in English). CIRP Annal. **11** (1962/63) 3 137—141; Index Aeron. **20** (1964) 3 ref. 1453.
Williams, T.: Some metallurgical aspects of explosive forming. Sheet Metal Industries **39** (1962) 423 487—493 6 refs.; Werkstatt u. Betrieb **96** (1963) 10 790—791.
— Prüfung und Umformung von Werkstoffen mit Hilfe von Sprengstoff. Vorträge beim 2. int. Gespräch über Formgebung und Prüfung von Feinblechen am 23./24. 5. 1962 in Düsseldorf. Metall **16** (1962) 10 1001—1004 4 Lit.-St.
Böhne, Clemens: Der Stand der Explosionsformung. Maschinenmarkt **69** (1963) 50 31—33.
Boes, P. J. M.: Blechumformung mit Explosivstoffen. Bänder Bleche Rohre **4** (1963) 1 5—12 18 Lit.-St.
Franke, E.: Blechformgebung durch Schockwirkung bei Anwendung von Hochdruckenergie. Blech **10** (1963) 9 596—600.
Hänsel, H.: Über den Zusammenhang zwischen Impuls und Verformung bei der Explosionsverformung. Stahl u. Eisen **83** (1963) 20 1251—1252.
Ida, N. N.: Explosive formability: Four ways to improve it. Materials in Design Engng. **57** (1963) 2 67—69; Werkstatt u. Betrieb **96** (1963) 12 928.
Ida, N. N. and *J. T. Snyder:* Explosive forming of honeycomb panels. Machinery (London) **103** (1963) 2267 1453—1456; Adhäsion **9** (1965) 1 40.
Ida, N. N., W. W. Hawkesworth, A. A. Esra, and *L. Boze:* Explosive forming experience at Martin-Denver. SAE-Prepr. 643 E 1963 15 pp.; Index Aeron. **19** (1963) 6 ref. 2579.
Jehmlich, E., u. *K. Künanz:* Formung durch Hochenergie. Technik (Berlin) **18** (1963) 7 483—487 17 Lit.-St.

Kononenko, V. G. and *Yu. A. Boborykin:* Explosive forming of turbine blade blanks. Machinery (London) **103** (1963) 2651 519—522 9 refs. (Transl. from Russ. J. "Kuzrechno-Shtampovochnve Proizvodstve"); Index Aeron. **19** (1963) 11 ref. 4947.

Nemitz, P.: Die Explosiv-Umformung bei der Mak. Kiel. „Dynamisches Materialverhalten bei extremer Beanspruchung." Ernst-Mach-Inst. Freiburg, Wiss. Ber. 15-63 1963 S. 60—62.

Ottenheimer, J.: Die Explosionsformung. Technique Mod. **55** (1963) 7 303—306 23 Lit.-St.

Otto, H. G.: Nebeneffekte der Sprengbehandlung von Metallen. „Dynamisches Materialverhalten bei extremer Beanspruchung." Ernst-Mach-Inst. Freiburg, Wiss. Ber. 15-63 1963 S. 46—47.

Portevin, P. A.: Explosionsformung von Metallen: Theoretische Betrachtungen und Ergebnisse. Mémoires Scientifiques **60** (1963) 9 591—608 117 Lit.-St.

Rickert, A.: Die Anwendung von Sprengstoffen in der Umformtechnik. Neue Hütte **8** (1963) 8 480—485 20 Lit.-St.

Schwinghamer, R. J.: Elektrohydraulische Metallverformung. Machinery (New York) **70** (1963) 85—89, 115.

Stamm, H. u. *M. Kahle:* Hochspannungs-Explosionsverformung. Technik (Berlin) **18** (1963) 1 31—34; Battelle Techn. Rev. **12** (1963) 7/8 293 a.

Verbraak, C. A.: Einfluß von Stoßwellen auf die Materialeigenschaften kubisch flächenzentrierter und kubisch raumzentrierter Werkstoffe — Anwendung dieser Ergebnisse auf Sprengformen und Sprengschweißen. „Dynamisches Materialverhalten bei extremer Beanspruchung." Ernst-Mach-Inst. Freiburg, Wiss. Ber. 15-63 1963 S. 36—37 3 Lit.-St. [5.31.54].

Verbraak, C. A.: Explosive forming can cause problems . . . a Dutch report. Metal Progr. **83** (1963) 1 109—112.

Weimar, G.: Hochgeschwindigkeitsbearbeitung. II. Umformung von Blech durch Druckwellen. Werkstatt u. Betrieb **96** (1963) 5 297—305 49 Lit.-St. [4.31.33].

Wood, W. W.: Hochenergie-Formgebung. Tool & Manuftg. Engr. **51** (1963) 3 89—95.

Wood, W. W.: Hochenergie-Formgebung. Tool & Manuftg. Engr. **51** (1963) 4 83—90 [4.31.33].

Wood, W. W.: Optimale Umformgeschwindigkeit und -temperatur für schwer umformbare Werkstoffe. Product Engng. **34** (1963) 20 58—69 6 Lit.-St.

Black, T. W.: Explosive forming of thin-wall tubing. Tool & Manuftg. Engr. **53** (1964) 3 59—61; Battelle Techn. Rev. **13** (1964) 11 416 a.

Burkhardt, A.: Schockwellentechnik. Mitt. Forsch.-Ges. Blechverarb. (1964) 1/2 2—17.

Campione, A. A. and *V. J. Colangelo:* Explosive forming of gun tube sections. Watervliet Arsenal, N.Y. Benét R & E Labs. WVT-II-6409 July 1964 29 pp. (AD-608535); STAR **3** (1965) 20 3453.

Farmer, L. W. u. *B. Davies:* Explosions-Metall-Formgebung mit hochkomprimierter Luft. Metal Treatm. & Drop Forging **31** (1964) 228 336—342; Metall **20** (1966) 1 49.

Hänsel, H.: Grundsätzliche Untersuchungen zur Verformung unter höchsten Beanspruchungsgeschwindigkeiten (Sprengverformung). Arch. Eisenhüttenwes. **35** (1964) 2 85—90 5 Lit.-St.

Johnson, R. W.: Explosive forming stress analysis. Phase II. NASA CR-58365 Feb. 1964 36 pp. 21 refs.; Index Aeron. **21** (1965) 6 ref. 3486.

Johnson, W., K. Karmi and *F. W. Travis:* An investigation into the explosive deep drawing of circular blanks using the plug-cushion technique. Int. J. Mech. Sci. **6** (1964) 4 287—301; AMR **18** (1965) 2 120.

Kienzle, O., A. Burkhardt, H. L. D. Pugh u. *K. Lange:* Neuere Entwicklungen in der Umformtechnik. Arbeitsgemeinschaft Rationalisierung des Landes Nordrhein-Westfalen, H. 72 Dortmund: Verkehrs- u. Wirtsch.-Verl. Dr. Borgmann 1964 88 S.; Werkstatt u. Betrieb **98** (1965) 12 968 [4.12.2] [4.30.0].

Lightstone, R. W.: Explosive coining finishes preforms. Metalworking Production **108** (1964) 3 58—59; Index Aeron. **20** (1964) 3 ref. 1450.

Matthaes, Kurt: Die Umformbarkeit technischer Werkstoffe bei hoher Beanspruchungsgeschwindigkeit. Vortrag Hauptversammlung der Dt. Ges. f. Metallkunde Bremen 19. bis 22. 5. 1964. Materialprüf. **6** (1964) 7 253 (Vortr. Ref.).

Müller-Axt, F.: Fortschritte der Umformtechnik und ihre Werkzeugmaschinen. Metall **18** (1964) 4 333—349 55 Lit.-St. [4.12.2] [4.12.3].

Mürtz, Hans-Josef: Hochspannungs-Explosionsverformung. Elektrotechn. Z. (B) **16** (1964) 18 529—535.

Nemitz, P.: Das Explosionsumformen von Blechen. VDI-Z. **106** (1964) 24 1183—1189; Index Aeron. **20** (1964) 11 ref. 5353.

Odor, Louis: Three explosive applications to metal forming. SAE Publ. 640216 (849 B) 1964 5 pp.; Index Aeron. **20** (1964) 8 ref. 3810.

Schardin, H. u. *R. Schall:* Die Sprengformung. VDI-Nachr. **18** (1964) 14 11, 12.

Scheven, E. F.: Schockwellentechnologie beim Umformen und Plattieren von Metallen. VDI-Ber. Bd. 87 Düsseldorf: VDI-Verl. 1964 27—32 [4.82.11].

Scheven, E. F.: Schockwellentechnologie beim Umformen von Metallen. Werkstattstechn. **54** (1964) 8 379—384 15 Lit.-St.

Schmidtmann, E. u. *K.-J. Kremer:* Das Verhalten der Eisenlegierungen bei der Explosivumformung von Blechen. Vortrag Hauptversammlung der Dt. Ges. f. Metallkunde Bremen 19. bis 22. 5. 1964. Materialprüf. **6** (1964) 7 253 (Vortr. Ref.).

Strohecker, D. E., R. J. Carlson, S. W. Porembka, jr., and *F. W. Boulger:* Explosive forming of metals. Battelle Memo. Inst. Columbus, Ohio. Defence Metals Inform. Center DMIC-203 May 1964 64 pp. (Contract AF 33(615)-1121, AD 605372); STAR **3** (1965) 1 83.

Verbraak, C. A.: Materialverhalten bei der Hochgeschwindigkeitsumformung. Vortrag Hauptversammlung der Dtsch. Ges. f. Metallkde. Bremen 19. bis 22. 5. 1964. Materialprüf. **6** (1964) 7 252 (Vortr. Ref.).

Verbraak, C. A.: Materialverhalten bei Hochgeschwindigkeitsumformung. Z. Metallkde. **55** (1964) 12 723—731 20 Lit.-St.

Wallen, H. F.: NASA S-1C 2219-T 37 core section explosive forming development program. Summary of phase II: Sub-scale explosive forming. NASA CR-58719 June 1964 25 pp.; Index Aeron. **21** (1965) 6 ref. 3487.

Wallen, H. F.: NASA S-1C 2219-T 37: Explosive forming development program. Summary of phase III: Full scale explosive forming of apex and base gore section. NASA CR-58718 June 1964 56 pp. 3 refs.; Index Aeron. **21** (1965) 6 ref. 3488.

Altroshchenko, E. S., P. O. Pashkov and *J. M. Ryadinskya:* Strengthening of metals on explosive loading. Phys. Met. Metallography **19** (1965) 4 122—125.

Bock-Nußbaum, Fr.: Explosivstoffe als Energiequelle für die Bearbeitung metallischer Werkstoffe. Mitt. Forsch.-Ges. Blechverarb. (1965) 5/6 82—87 9 Lit.-St.

Burkhardt, A.: Nutzung und Energie von Sprengstoffen zum Umformen und Verschweißen von Metallen. Fachbuchreihe Schweißtechnik, Bd. 40. Düsseldorf: Verl. f. Schweißtechn. 1965 1—8 [5.31.54].

Johnson, W. and *F. W. Travis:* Explosive hydrodynamic extrusion of metals. Engineer **219** (1965) 5696 546—549.

Kremer, Karl-Josef: Modellversuche zum Explosivumformen dünner Bleche. Diss. TH Aachen 1965, Arch. Eisenhüttenwes. **36** (1965) 5 333—342; VDI-Z. **107** (1965) 34 1641.

Odor, Louis: Three ways to form sheet metal with high explosives. SAE J. **73** (1965) 6 67—73.

Reismann, H. and *W. H. Jurney:* Effect of water immersion on reduction of die stresses in explosive forming. ASME Prepr. 65-PROD-6 1965 5 pp. 3 refs.; Index Aeron. **22** (1966) 3 49.

Rickert, A.: Blechumformung mit Hilfe von Sprengmitteln. Technik (Berlin) **20** (1965) 2 99—105 3 Lit.-St.

Rinehart, John S.: Explosive working of metals. AMR **18** (1965) 6 435—439 115 refs.

Sanders, L.: Explosive forming for one-off production. Metalworking Production **109** (1965) 1 70—73.

Schmidtmann, F., K.-J. Kremer u. *H. Schenck:* Modellversuche zum Explosivumformen dünner Bleche. Arch. Eisenhüttenwes. **36** (1965) 5 333—342 44 Lit.-St.; AMR **19** (1966) 8 688.

Snyder, J. T., K. R. Agricola, H. M. Otte, L. I. van Torne, and *R. I. Adler:* Explosive forming of 2219 aluminum. Final Rep. NASA CR-64559, CR-65-41 June 1965 136 pp. (Contract NAS 8-11794); STAR **3** (1965) 20 3452—3453.

Wedemeyer, E. A.: Explosionsformung. Maschinenmarkt **71** (1965) 27 15—18.

van Wely, F. E. and *C. A. Verbraak:* High energy rate forming of molybdenum. „Metalle für die Raumfahrt". Wien—New York: Springer 1965 382—393 18 refs.

— High rate forming. Intern. Mach. Engrs. Prepr. P 7/65 1964 69 pp. 9 refs.; Index Aeron. **21** (1965) 2 ref. 874 [4.31.08] [4.31.33].

Helwig, Michael W. and *Paul A. Archibald:* Explosive forming of heavy-wall forgings. Metal Progr. **89** (1966) 3 65—69; Battelle Techn. Rev. **15** (1966) 6 193 a.

Hertel, H. u. *D. Ruppin:* Anstauchen von Rohren mit Hilfe von Explosivstoffen. Bänder Bleche Rohre **7** (1966) 6 367—372.

Hertel, H. u. *D. Ruppin:* Richten von plattenförmigen Bauteilen mit Hilfe von Sprengstoffen. Blech **13** (1966) 8 436—443.

Johnson, W., A. Poynton, H. Singh, and *F. W. Travis:* Experiments in the underwater explosive stretch forming of clamped circular blanks. Int. J. Mech. Sci. **8** (1966) 4 237—270; AMR **20** (1967) 1 41.

Matthaes, K.: Die Verformbarkeit technischer Werkstoffe bei hoher Beanspruchungsgeschwindigkeit. Z. Metallkde. **57** (1966) 1 8—11 10 Lit.-St.

Pikatovnikov, R. V. and *V. I. Zau'yalova:* Explosive forming of sheet metal. Air Force Systems Command, Wright-Patterson AFB, Ohio. Foreign Technol. Div. FTD-MT-65-50, TT-66-62032 April 1966 186 pp. (AD-637055) (Transl. into English of the book „Shtampovka Listovogo Metalla Vzryvom" Moscow, Izd. Mashinostroyniya 1965 175 pp.); STAR **4** (1966) 23 4553.

Richards, J. D.: Explosive forming to be exploited. Light Metals **29** (1966) 333 53—54.

Rinehart, John S.: Explosive working of metals. Primera Conferencia de Expertos Latinoamericanos en Metalurgia de Transformacion (1 st Latin Amer. Conf. on Process Metallurgy and Metal Working) Vol. II. Buenos Aires Aug. 1964. AFOSR-66-2001, Vol. II. (AD-640 371) Aug. 1966 19 pp.; STAR **5** (1967) 6 885.

Ruppin, D.: Anwendung von Sprengstoffen beim Richten von Blechen und Platten. (8. Hochschul-Kolloquium über Umformtechnik TH Hannover, März 1966). Mitt. Forsch.-Ges. Blechverarb. **17** (1966) 12/13 188 (Vortr. Ref.).

Ruppin, D.: Untersuchungen zum Anstauchen von Verdickungen an langen Profilen mit Hilfe von Sprengstoffen. Fortschritt Ber. VDI-Z. Reihe 2, Nr. 8, Düsseldorf: VDI-Verl. 1966 111 S. 22 Lit.-St.; Luftfahrttechn. — Raumfahrttechn. **13** (1967) 2 50; Index Aeron. **22** (1966) 10 74.

Weill, R., A. Pougeol et *F. Hermelin:* Possibilités et limites des techniques modernes d'usinage et de formage à haute température. Ann. des Mines (Paris) (1966) Oct./Nov. 81—103 6 réfs. [4.42.0].

van Wely, F. E.: Das Materialverhalten bei Explosivumformung. Materialprüf. **8** (1966) 10 383—388 12 Lit.-St.

Zukas, E. G.: Shock-wave strengthening. Metals Engng. Quart. **6** (1966) 2 1—20 61 refs.

— Center for high energy forming. Martin Co., Denver, Colo. First Ann. Rep. CR-65-77, AMRA CR-66-05/5 Aug. 1966 464 pp. (Contract DA-19-066-AMC-266 (X), AD-637799); STAR **5** (1967) 4 556.

— High energy rate forming. Metallurgia **73** (1966) 435 11—14.

4.31.32 Mechanisch-pneumatische Formung (Dynapak-Verfahren)

Monsees, R. G.: Hochenergieformung mit „Dynapak-Maschinen". Metal Progr. **76** (1959) 4 111—113; Mitt. Forsch.-Ges. Blechverarb. (1960) 5 Ref. 188.

— Explosive Formgebung mit Hilfe einer pneumatischen Maschine. Metalworking Production **103** (1959) 25 1070—1071; Mitt. Forsch.-Ges. Blechverarb. (1960) 1/2 Ref. 78.

Carpenter, S. R.: Metallverformung mit hohen Geschwindigkeiten. Aircr. Engng. **32** (1960) 327 53—54; Mitt. Forsch.-Ges. Blechverarb. (1960) 11 Ref. 464.

Cockcroft, M. G.: The metal-forming symposium in Czechoslovakia; September 1960. Nat. Engng. Lab. (NEL) Rep. No 6 July 1961 24 pp. [4.42.71].

Genzsch, E. O.: Pneumatische Hochenergie-Verformung. Maschinenmarkt **67** (1961) 30 29—30 2 Lit.-St.

— High-energy-rate forming of close-tolerance parts. Aircr. Production **23** (1961) 3 80—86; Index Aeron. **17** (1961) 4 ref. 329.

Goudrean, A. G.: Compressed-gas high-energy forming. ASME Prepr. 62-MD-22 1962 5 pp.; Index Aeron. **18** (1962) 10 ref. 3668.

Kursetz, Edgar: Lichtbogenumformung und Dynapakverfahren. Luftfahrttechn. **8** (1962) 4 104—111 14 Lit.-St.; Bänder Bleche Rohre **3** (1962) 8 398 [4.31.33].

Mang, W. G.: Dynapak — ein neues Verfahren der Hochenergie-Umformung. Sheet Metal Industries **39** (1962) 424 511—554.

DeVlieg, D. G.: Hydraulische Umformverfahren von Blech. Iron Age **189** (1962) 19 90—91; Iron Age Metalworking Int. **1** (1962) 8 26—27.

— High-energy-rate forming. Use of nitrogen-gas as an operating medium. Aircr. Production **24** (1962) 8 268—269.

Mang, W. G.: Hochenergie-Verformung. Design News **18** (1963) 6 96—101.

Mang, W. G.: Principles of pneumatic-mechanical forming. SAE-Prepr. 643 D 1963 8 pp.; Index Aeron. **19** (1963) 6 ref. 2578.

— Dynapak comes to U.K. Metalworking Production **107** (1963) 29 79—81; Werkstatt u. Betrieb **97** (1964) 4 313.

Kiszka, John C. and *Edward H. Kottcamp, jr.:* High strain rate forming by pneumatic-mechanical equipment. Phase I: Extrusion of 100-0 aluminum. Frankford Arsenal, Philadelphia, Pa. R-1745 Dec. 1964 39 pp. (AD-455965); STAR **3** (1965) 7 1083.

Parkinson, F. L.: High energy rate forging development. Phase IV. First Interim Techn. Progr. Rep. Jan.—June 1964, Western Gear Corp., Lynwood, Calif., Systems Mangement Div. WGC-647-226, AMC-TR-7-866 (VII) July 1964 54 pp. (Contract AF 33 (600)-42523, AD-608314); STAR **3** (1965) 7 1097.

Hohmann, Klaus: Umformen durch Hochgeschwindigkeitshämmer. Industriekurier „Techn. u. Forsch." **19** (1966) 178 (43) 802—803.

4.31.33 Lichtbogenumformung

Herchenroeder, L. W.: Electrohydraulic forming. Aircr. Production **22** (1960) 8 302—303; Index Aeron. **16** (1960) 9 ref. 192

Wagner, H. J. and *J. G. Aunleavy:* Hydrospark forming evolution of the process. Tool Engr. **44** (1960) 3 83—86 19 refs.; Werkstatt u. Betrieb **93** (1960) 10 689.

Cadwell, G. C.: Verformung durch elektrische Entladung. Amer. Machinist/Metalworking Manuftg. **105** (1961) 25 126—129.

Genzsch, E. O.: Ergebnisse bei Hochenergie-

und Ultrahochgeschwindigkeits-Bearbeitung von Metallen. Maschinenwelt u. Elektrotechnik **16** (1961) 2 45—53 9 Lit.-St. [4.31.31].

Courtis, W. F.: Electrical discharge metal forming. ASME Prepr. 62-MD-23 1962 8 pp. 21 refs.; Index Aeron. **18** (1962) 10 ref. 3662.

Courtis, W. F.: Metallformung mittels elektrischer Entladungsenergie. Mech. Engng. **84** (1962) 10 46—49 21 Lit.-St.

Felts, R.: Electrohydraulic forming. SAE-Prepr. 479 C 1962 3 pp.; Index Aeron. **19** (1963) 2 ref. 0680.

Kegg, R. L. and *K. Haverbeck:* Effects of process variables in electric discharge forming (in English). CIRP Annal. **11** (1962/63) 3 131—137 7 refs.; Index Aeron. **20** (1964) 3 ref. 1451 [4.31.34].

Kirk, J. W.: Impulsumformung durch elektrische Entladungsverfahren. Sheet Metal Industries **39** (1962) 424 533—540, 554; Metall **17** (1963) 2 143.

Kursetz, Edgar: Lichtbogenumformung und Dynapakverfahren. Luftfahrttechn. **8** (1962) 4 104—111 14 Lit.-St.; Bänder Bleche Rohre **3** (1962) 8 398 [4.31.32].

Laschimke, R.: Der elektrohydraulische Effekt und einige Möglichkeiten seiner Anwendung. Techn. Rdsch. (Bern) **54** (1962) 27 7, 9, 11.

Noricyn, I. A.: Entwicklung der Hochgeschwindigkeitsverformung von Metallen. Russian Engng. J. (1962) 12 39—44 19 Lit.-St., übers. aus Vestnik Mašinostroenija **42** (1962) 12.

Travis, F. W. u. *W. Johnson:* Dynamische Verformung eingespannter Kreisbleche aus verschiedenen Metallen durch Unterwasser-Sprengladung. Sheet Metal Industries **39** (1962) 423 456—474, 486; Metall **17** (1963) 2 143.

— Developments at The National Engineering Laboratory. Machinery (London) **100** (1962) 2587 1344—1349; Werkstatt u. Betrieb **95** (1962) 10 724—725 [4.12.3].

Botosan, R. A.: Electroforming large foil-thin parts. Amer. Machinist/Metalworking Manuftg. **107** (1963) 22 80—81; Index Aeron. **20** (1964) 2 ref. 872.

Erhart, J. J.: Praktische Anwendung der elektro-hydraulischen Formgebung. Metalworking Production **107** (1963) 45 65—67.

Weimar, G.: Hochgeschwindigkeitsbearbeitung II. Umformung von Blech durch Druckwellen (erzeugt durch Funkenentladung und Drahtexplosion in flüssigen Medien). Werkstatt u. Betrieb **96** (1963) 5 297—305 49 Lit.-St. [4.31.31].

Wesley, R. H.: Principles of electrospark forming. SAE-Prepr. 643 C 1963 6 pp. 2 refs.; Index Aeron. **19** (1963) 8 ref. 3479.

Wood, W. W.: Hochenergie-Formgebung. Tool & Manuftg. Engr. **51** (1963) 4 83—90 [4.31.31].

Duncan, J. L. and *W. Johnson:* Comparison of the behavior of different sheet materials formed by the underwater spark discharge method. Proc. Instn. Mech. Engrs. **179** (1964/65) 7 234—239 Pt. 1; AMR **19** (1966) 1 34.

Jehmlich, E.: Der „Elektrohydraulische Effekt" und seine Anwendung bei der Blechumformung. Technik (Berlin) **19** (1964) 8 533—538 6 Lit.-St.

Kegg, R. L.: A study of energy requirements for electric discharge metal forming. Trans. ASME Ser. B (J. Engng. Industr.) **86** (1964) 2 127—133; AMR **8** (1965) 5 375.

Schwinghamer, R. J.: Elektrohydraulische Formgebung. Machinery (London) **104** (1964) 2668 23—27.

— Spanlose Formgebung mit einer elektrischen Unterwasserentladung. Steel **154** (1964) 8 52—55.

— High rate forming. Intern. Mach. Engrs. Prepr. P 7/65 1964 69 pp. 9 refs.; Index Aeron. **21** (1965) 2 ref. 874 [4.31.08] [4.31.31].

Brown, L. M.: Electro-hydraulic metal forming. SAE-Prepr. 650192 1965 7 pp. 2 refs.; Index Aeron. **21** (1965) 8 ref. 4853.

Müller, Herbert: Hydroelektrische Umformung, das Umformverfahren mit Hilfe einer Stoßstromanlage. Mitt. Forsch.-Ges. Blechverarb. (1965) 5/6 102—106 4 Lit.-St.

Smith, K. F.: Electro hydraulic forming of tubular aircraft parts. Machinery (London) **106** (1965) 2724 192—195; Index Aeron. **21** (1965) 6 ref. 3526.

Smith, K. F.: Metal forming by electrical energy release. — Trends and applications. SAE-Publ. 650190 1965 13 pp. 11 refs.; SAE-J. **73** (1965) 4 144; Index Aeron. **21** (1965) 8 ref. 4854 [4.31.34].

Warburton, P.: Forming and shaping. Production Engr. **44** (1965) 10 520—528 5 refs.; Index Aeron. **22** (1966) 2 46 [4.42.70] [5.31.51].

— High energy rate forming at the works of North American Aviation. Machinery (London) **106** (1965) 2727 361—365; Index Aeron. **21** (1965) 6 ref. 3527.

Ismar, H.: Darstellung eines Grundlagenversuches zur Umformung von Blechronden durch Funkenentladung unter Wasser. Bänder Bleche Rohre **7** (1966) 12 843—846.

4.31.34 Formung durch Magnetismus

Birdsall, D. H. u. a.: Magnetische Formgebung. Amer. Machinist/Metalworking Manuftg. **105** (1961) 6 117—121 16 refs.; Leichtbau d. Verkehrsfahrzeuge **6** (1962) 1 33.

Eshelman, R. H.: Elektrische und magnetische Umformverfahren. Iron Age **188** (1961) 26 48—49.
Langlois, A. P.: Metal forming with electromagnetics. ASTM E techn. Pap. SP 60-170 (1961) 16 pp.; Index Aeron. **18** (1962) ref. 280.
Langlois, A. P.: Elektromagnetische Metallverformung. Tool & Manuftg. Engr. **46** (1961) 6 105—108.
Langlois, A. P.: Magnetische Metallverformung. Amer. Machinist **105** (1961) 7 99 bis 102.
Langlois, A. P.: Elektromagnetische Metallverformung. Machinery (New York) **67** (1961) 11 86—91.
Ward, R. J., jr.: Neue Verfahren der Metallverformung. Product Engng. **32** (1961) 39 106—107.
— Magnetische Verformung. Metalworking Production **105** (1961) 23 65—70.
Brower, D. F.: Magnetic-pulse forming. SAE-Prepr. 479 B 1962 5 pp. 4. refs.; Index Aeron. **19** (1963) 2 ref. 0679.
Brower, D. F. u. a.: Magnetische Verformung von Blech. SAE-J. **70** (1962) 2 38—40.
Brower, D. F.: Magnetimpulsformung. Revue-M. **8** (1962) 4 157—160 3 Lit.-St.
Brower, D. F.: Formgebung mit Hilfe magnetischer Impulse. Machine Design **34** (1962) 9 144, 146, 148.
Furth, H. P. and *R. W. Waniak*: Some new ideas in magnetic metal forming. SAE-Prepr. 479a 1962 5 pp. 2 refs.; Index Aeron. **19** (1963) 2 ref. 0678.
Kegg, R. L. and *K. Haverbeck*: Effects of process variables in electric discharge forming (in English). CIRP Annal. **11** (1962/63) 3 131—137 7 refs.; Index Aeron. **20** (1964) 3 ref. 1451 [4.31.33].
Neal, M.: Magnetisches und elektrohydraulisches Umformen. Shell Aviation News (1962) 294 8—10.
— Elektromagnetische Formgebung von Blechen. Automob. Engr. **52** (1962) 4 162 bis 164.
— Magnetic forming. High-energy process for tubes and sheet-metal parts. Aircr. Production **24** (1962) 8 264—267.
— Magnetic-pulse forming. A new metalworking process with wide potential application. Aircr. Production **24** (1962) 4 112—114; Index Aeron. **18** (1962) 5 ref. 1675.
Genzsch, E. O.: Umformen und Fügen mit Magnetismus. Bänder Bleche Rohre **4** (1963) 3 126—129.
De Groat, G.: Magnetische Umformtechnik. Metalworking Production **107** (1963) 27 57—60.
De Groat, G.: When to use magnetic forming. Amer. Mach. **107** (1963) 2 93—97; Werkstatt u. Betrieb **96** (1963) 10 790.
Idelberger, K.: Hochleistungsumformung von Blechen und Profilen mit Magnethämmern. Blech **10** (1963) 4 191—195 14 Lit.-St.
Michel, J. u. *K. Schorr*: Die Magnet-Impuls-Verformung (Magnetic-Pulse-Forming), ein neues Verfahren der spanlosen Formgebung. Metall **17** (1963) 4 299—300.
Schwinghamer, R. J.: Electrical and diagnostic aspects of electrohydraulic and magnetic forming. SAE-Prepr. 672 C 1963 11 pp.; Index Aeron. **19** (1963) 11 ref. 4914.
Weimar, G.: Hochgeschwindigkeitsbearbeitung III. Umformung von Blechen und Rohren durch magnetische Kräfte. Werkstatt u. Betrieb **96** (1963) 12 893—900 36 Lit.-St.
Wick, Charles: Increasing applications of magnetic pulse forming. Machinery (New York) **69** (1963) 8 104—108; Battelle Techn. Rev. **12** (1963) 7/8 293 a.
Wick, C. H.: The extending field of application for magnetic forming. Machinery (London) **103** (1963) 2654 699—702; Konstruktion **16** (1964) 2 74.
— Magnetic forming. Aircr. Production **25** (1963) 3 97—100 2 refs.; Index Aeron. **19** (1963) 4 ref. 1645.
— Magnetische Formgebung von Metallen durch Magneform. Sheet Metal Industries **40** (1963) 435 511—514 4 Lit.-St.; Metall **18** (1964) 3 253—254.
Brower, D. F.: Metallverformung mittels Impulses eines Magnetfeldes. Techn. Zbl. prakt. Metallbearb. **58** (1964) 8 398—402.
Hürlimann, J.: Metallverformung durch magnetischen Impuls. Mitt. Forsch.-Ges. Blechverarb. (1964) 23/24 332—337.
Idelberger, K.: Elektromagnetisches Umformen von Blechen und Hohlkörpern. Techn. Rdsch. (Bern) **56** (1964) 4 9, 11, 13.
Inman, N., G. Pfanner, and *F. Smith*: Magnetic forming coil design and development. NASA CR-75978 March 1964 67 pp. (Contract NAS 8 - 5435); STAR **4** (1966) 16 3094.
Lippmann, Horst Joachim u. *Horst Schreiner*: Zur Physik der Metallumformung mit hohen Magnetfeldimpulsen. Z. Metallkde. **55** (1964) 12 737—740.
Lysenko, D. N. and *I. V. Vitebskii*: High-energy forming in a magnetic field. Russian Engng. J. **43** (1964) 7 37—39 (Transl. into English from Vestnik Mashinostr. **43** (1964) 7 51—54 by Production Engng. Res. Assoc. of Great Britain); AMR **8** (1965) 5 375.
Mager, Th.: Zur elektromagnetischen Verformung von Metallen. Feinwerktechn. **68** (1964) 6 224—228.
Schrader, E. W.: Elektromagnetische Metallumformung. Design News **19** (1964) 14 18—19.
Abraham, L., N. H. Katz, and *E. C. Supan*:

Development of a magneforming process for the fabrication of thin-wall tungsten cylinders. NASA CR-54316 Jan. 1965 40 pp. (Contract NAS 3 - 5211); STAR **3** (1965) 22 3825.

Akeret, R.: Elektromagnetische Umformung von Metallen. Schweiz. Aluminium-Rdsch. **15** (1965) 4 133—136; Aluminium **41** (1965) 9 R 452.

Baines, K., J. L. Duncan, and *W. Johnson:* Electromagnetic metal forming. Proc. Instn. Mech. Engrs. (I) **180** (1965/66) 4 93—110.

Bauer, D.: Messung der Umformkraft und der Formänderung bei der Hochgeschwindigkeitsumformung rohrförmiger Werkstücke durch magnetische Kräfte. Bänder Bleche Rohre **6** (1965) 10 575—577.

Dennison, H. A. J.: Magnetic forming. Science J. **1** (1965) 10 66—71; Battelle Techn. Rev. **15** (1966) 3 93 a.

Hürlimann, J.: Magnetische Pulsformung von dünnen Blechen. Fertigungsmethoden in der Raumfahrttechnik (Bd. 1 der DGRR Fachbuchreihe „Fortschritte in der Raumfahrtforschung"). München: DGRR 1965 S. 111—125.

Larrimer, W. H.: Magnets bend an elbow. Amer. Mach. **109** (1965) 1 47—50; Index. Aeron. **21** (1965) 4 ref. 2175.

Leftheris, B.: Design, development, manufacture and deliver, new concepts for high energy rate forming system. NASA CR-75032 April 1965 17 pp.; Index Aeron. **23** (1967) 1 64.

Preperski, Horst: Elektromagnetisches Umformen. Elektrotechn. u. Maschinenbau **82** (1965) 7 342—349 51 Lit.-St.

Smith, K. F.: Metal forming by electrical energy release. Trends and applications. SAE Publ. 650190 1965 13 pp. 11 refs., SAE-J. **73** (1965) 4 144; Index Aeron. **21** (1965) 8 ref. 4854 [4.31.33].

Bartels, Klaus u. *Jürgen Uhlenbusch:* Zur plastischen Verformung metallischer Hohlzylinder durch schnell veränderliche magnetische Felder. Forsch. Ing. Wes. **32** (1966) 3 87—90.

Brower, D. F. and *R. A. Ayers:* Instrumentation for magnetic pulse metal forming. SAE Prepr. 660066 1966 22 pp.; Index Aeron. **22** (1966) 6 64—65.

Bühler, H. u. *E. v. Finckenstein:* Hochgeschwindigkeitsumformung rohrförmiger Werkstücke durch magnetische Kräfte. Bänder Bleche Rohre **7** (1966) *3* 115—123.

Daube, J., A. Götsch u. *H. Hämsch:* Ausnutzung gespeicherter elektrischer Energie zur Magnetumformung von Metallen und Grenzen dieses Verfahrens. Fertigungstechn. u. Betrieb **16** (1966) 2 107—113.

von Finckenstein, E.: Hochgeschwindigkeitsumformung zum Einschnüren rohrförmiger Werkstücke durch magnetische Kräfte. (8. Hochschul-Kolloquium über Umformtechnik, TH Hannover, März 1960.) Mitt. Forsch.-Ges. Blechverarb. **17** (1966) 12/13 188 (Vortr. Ref.).

Jones, F. W.: An investigation of the magneticpulse forming process. Union Carbide Nuclear Co., Oak Ridge, Tenn. Y-1483 Jan. 1966 111 pp. (Contract W-7405-ENG-20); STAR **5** (1967) 2 264.

von Finckenstein, Eberhard: Ein Beitrag zur Hochgeschwindigkeitsumformung rohrförmiger Werkstücke durch magnetische Kräfte. Fortschritt-Ber. VDI-Z. Reihe 2, Nr. 17 1967 135 S., VDI-Z. **109** (1967) 14 641.

4.31.4 Profilformen aus Blech (Profilwalzen, Profilziehen)

Kalckhoff, H.: Profil-Streckziehen im Flugzeugbau. Metall **14** (1960) 3 224—227; Leichtbau d. Verkehrsfahrzeuge **4** (1960) 4 214; Aluminium **36** (1960) 6 A 162.

Krückels, Th.: Wirtschaftliches Abtrennen von Profilen in Band-Profilieranlagen. Blech **7** (1960) 9 501—503.

— Profiling high tensile steel. Aircr. Production **23** (1961) 7 236—243; Index Aeron. **17** (1961) 8 ref. 249.

4.31.5 Biegen von Rohren

Hawking, J. E.: Rohrbiegen. Metal Progr. **76** (1959) 4 102—105; Mitt. Forsch.-Ges. Blechverarb. (1960) 6/7 Ref. 229.

Wildförster, E.: Das Rohrbiegen auf Biegemaschinen. Techn. Rdsch. (Bern) **51** (1959) 39 41, 43, 45, 47, 49, 51, 53; Mitt. Forsch.-Ges. Blechverarb. (1960) 6/7 Ref. 230.

— Biegen von Rohren. Aircr. Production **21** (1959) 1 30—39; Mitt. Forsch.-Ges. Blechverarb. (1960) 6/7 Ref. 231.

— Das Biegen von Rohren auf Pressen. Techn. Rdsch. (Bern) **51** (1959) 39 55,57: Mitt. Forsch.-Ges. Blechverarb. (1960) 6/7 Ref. 228.

Franz, W.-D.: Über das Biegen von Rohren. Diss. TH Hannover 1961; VDI-Z. **105** (1963) 11 463.

Mathews, C. C.: Specifying tubing for cold forming. Materials in Design Engng. **54** (1961) 6 124—126.

Reed, P.: Hydraulisches Gerät zum Biegen großer, dünnwandiger Rohre. Oil & Gas J. **60** (1962) 22 108—109.

Wildförster, E.: Über das Rohrbiegen auf Biegemaschinen. Werkstattstechn. **52** (1962) 8 396—400.

Oehler, G.: Kaltbiegen von Rohren. Klepzigs Fachber. **72** (1964) 11 425—431.

Franz, W.-D.: Über das Druckbiegen von Rohren auf kaltem Wege. Werkstatt u. Betrieb **98** (1965) 10 748—752.

Bozung, R. J.: How to bend titanium tubing. Amer. Mach. **110** (1966) 18 72—73.

— High speed tube bending. Machine Shop & Engng. Manuf. **28** (1967) 2 68—71.

4.31.7 Einziehen von Rohren

Stasevič, P. K. u. a.: Das Hohlziehen kaltgewalzter Rohre aus Kohlenstoffstahl ohne Zwischenglühung. Stal in Deutsch **2** (1962) 2 161—163 11 Lit.-St.; Bänder Bleche Rohre **3** (1962) 8 400.

Kalpagcioglu, S.: Maximum reduction in power spinning of tubes. ASME Prepr. 63-PROD-6 1963 6 pp. 25 refs.; Index Aeron **19** (1963) 7 ref. 3043.

Adler, G.: Untersuchungen über das Ziehen von Rohren aus Leichtmetallwerkstoffen. Industrie-Anz. **87** (1965) 6 74—80; Aluminium **41** (1965) 3 R 128.

— Ziehen von Rohren aus Nichteisenmetallen. VDI-Richtlinie 3173. Düsseldorf: VDI-Verl. März 1966 7 S.

4.31.8 Weiten von Rohren

Herb, Ch. O.: Drücken, Stauchen und Aufweiten rohrförmiger Werkstücke. Machinery (New York) **65** (1959) 12 89—93; Mitt. Forsch.-Ges. Blechverarb. (1960) 1/2 Ref. 72.

— Drücken, Stauchen und Aufweiten rohrförmiger Werkstücke. Machinery (London) **95** (1959) 2452 983—986.

Nass, Rudi: Das Aushalsen von Blechen und Rohren in kaltem Zustand bei Wanddicken zwischen 3 und 9 mm. VDI-Z. **107** (1965) 23 1141 (Diss. Ref.).

4.31.9 Spanlose Formung von Holzwerkstoffen

Munz, Walter: Das Biegen von Furnierplatten im Gehäusebau. Holz (Mering/Augsburg) **15** (1960) 5 171, 7 232, 8 266.

Rehman, M. A. and *D. P. Kukreti:* The steam bending properties of Indian timbers. (Suppl. No. 1 to Indian Forest Records Vol. 1 No. 1 New Series, Wood Seasoning 1956.) Indian Forest Leaflet No. 164 1961 6 pp.; Forestry Abstr. **23** (1962) 4 693.

Stevens, W. C. and *N. Turner:* Experiments with flexible wood. Wood (London) **26** (1961) 11 444—445; Holz als Roh- und Werkstoff **21** (1963) 9 391.

— Wood bending techniques. New or improved ways of making specific bends developed by Forest Products Research Laboratory. Timber Trade J. (London) **241** (1962) 4465 70.

4.41.1 Spangebende Bearbeitung, allgemein

Colding, B. N.: A wear relationship for turning, milling and grinding machining economics. (Thesis). Kungl. tekn. Högsk. Avh. (1959) 139 212 pp.; Index Aeron. **16** (1960) 1 ref. 208.

McDonald, W. J. and *B. F. Murphy:* The deformation process in metal cutting. ASME Prepr. 59-A-165 1959 5 pp.; Index Aeron. **16** (1960) 2 ref. 187.

Campbell, J. S., R. S. Hahn, S. Kobayashi, E. G. Thomson, and *I. M. Galimberti:* 1959 Review of literature on metal cutting analysis. ASME Prepr. 60-PROD-12 1960 4 pp. 51 refs.; Index Aeron. **16** (1960) 12 ref. 227.

Field, Michael: Aircraft and missile alloys getting tougher to machine. SAE J. **68** (1960) June 86—93.

Halverstadt, R. D.: Residual machining stresses. Metalwork. Production **104** (1960) 13 571—577; Index Aeron, **16** (1960) 5 ref. 212.

Hitomi, K.: Fundamental machinability research in Japan. ASME Prepr. 60-WA-78 1960 12 pp. 38 refs.; Index Aeron. **17** (1961) 3 ref. 259.

Merchant, M. E.: Future trends in materials removal techniques. SAE Prepr. T 40 Apr. 1960 12 pp. 10 refs.; Index Aeron. **16** (1960) 8 ref. 171.

Okushima, Keiji and *Katsundo Hitomi:* An analysis of the mechanism of orthogonal cutting and its application to discontinuous chip formation. ASME Prepr. 60-WA-79 1960 11 pp. 22 refs.; Index Aeron. **17** (1961) 3 ref. 257.

Pearson, H. J.: Machining thin discs: Pt. I. Development of production techniques at Rolls-Royce Ltd. Design of a special duplex-slide lathe. Aircr. Production **22** (1960) 7 244—254; Index Aeron. **16** (1960) 8 ref. 173.

— Distortion and residual stress in surface grinding and milling. US. Air Force Machinability Rep. 1960 Vol. 4. Machining characteristics of high strength thermal resistant materials. Manufacturing Methods Division. Air Mater. Command, Aeron. System Center AMC-TR-60-7-532 May 1960 148—159; Titanium Abstr. Bull. **7** (1961) 1 14—15 ref. 6783 [4.41.21].

— New approaches to machining. Aircr. Production **22** (1960) 12 456—463; Index Aeron. **17** (1961) 1 ref. 237.

— Zerspanen mit WIDIA-Hartmetall. Hrsg. Friedr. Krupp Widia-Fabrik, Essen 1960 185 S.

Baumgartl, E., H. Koch et *K. Hammer:* Recherches sur le traitement thermique optimum pour l'usinage aux faible vitesses de coupe. Rev. Métallurgie **58** (1961) 12 1079—1086 19 réfs.

Hauser, L. A. and *M. C. Metzger:* Problems of machining space-age metals. Metal Progr. **79** (1961) 3 97-100, 154, 156, 158, 160; Index Aeron. **17** (1961) 216 5 refs.

Hollis, W. S.: The machining of difficult-to-deform metals. Engr's Dig. **22** (1961) 11 97—105; Titanium Abstr. Bull. **7** (1961) 3 85—86 ref. 7092.

Opitz, H. u. *Paul-Heinz Brammertz:* Untersuchung der Ursachen für Form- und Maßfehler bei der Feinbearbeitung. Forsch. Ber. Nr. 1008 des Landes Nordrhein-Westfalen. Köln-Opladen: Westdt. Verl. 1961 44 S.; Werkstatt u. Betrieb **95** (1962) 5 320.

— A review of metal-processing literature. ASME Prepr. 61-PROD 1961 12 pp.; Index Aeron. **17** (1961) 12 ref. 294.

— Compound-form profiling. Aircr. Production **23** (1961) 10 382—391; Index Aeron. **17** (1961) 11 ref. 235.

Cherry, J.: Practical investigation in metal cutting. Prod. Engr. **41** (1962) 2 90—103 7 refs.; Index Aeron. **18** (1962) 3 ref. 939.

Cook, N. H., P. Jhaveri and *N. Nayak:* The mechanism of chip curl and its importance in metal cutting. ASME Prepr. 62-WA-126 1962 7 pp. 3 refs., Trans. ASME Ser. B (J. Engng. Power) **85** (1963) 4 374—380: Index Aeron. **19** (1963) 6 ref. 2564; AMR **18** (1965) 4 291.

Czaplicki, L. A. A.: Machinability and cutting of metals. Rev. Soc. roy. belge Ing. Industr. (1962) 12 708—736 17 refs.; Index Aeron. **19** (1963) 2 ref. 0667.

Eugène, F. et *R. Weill:* Relations entre les caractéristiques métallurgiques des métaux et leur usinabilité. Rev. Métallurgie **59** (1962) 1 51—64 2 réfs.

Finkelnburg, H. H.: Automatisierte spanende Fertigung. Metall **16** (1962) 4 301—314 12 Lit.-St.

Henkin, A. and *J. Datsko:* The influence of physical properties on machinability. ASME Prepr. 62-WA-97 1962 7 pp. 20 refs., Trans ASME Ser. B (J. Engng. Ind.) **85** (1963) 4 321—328 20 refs.; Index Aeron. **19** (1963) 6 ref. 2567.

Oxley, P. L. B.: Mechanics of metal cutting for a material of variable flow stress. ASME Prepr. 62-WA-74 1962 7 pp.; Index Aeron. **19** (1963) 6 ref. 2563.

Oxley, P. L. B.: Rate of strain effect in metal cutting. ASME Prepr. 62-WA-139 1962 3 pp. 5 refs.; Index Aeron. **19** (1963) 6 ref. 2566

Preger, K. Th.: Systematische Betrachtung der Verbesserungsmöglichkeiten für das Zerspanen hochfester Werkstoffe. Werkstatt u. Betrieb **95** (1962) 5 275—279 23 Lit.-St.

Semmler, Dieter: Einfluß der Zerspanungsbedingungen auf den Verschleiß des Werkzeugs und auf die Güte der erzeugten Werkstückoberfläche beim Außenfeindrehen mit keramischen Werkzeugen. Diss. TH Braunschweig 1962; VDI-Z. **105** (1963) 15 642.

Thomson, E. G.: 1961 review of metal processing literature. ASME Prepr. 62-PROD-6 1962 11 pp. 190 refs.; Index Aeron. **18** (1962) 9 ref. 3284.

— Sculpture machining. Aircr. Production **24** (1962) 8 278—289; Index Aeron. **18** (1962) 9 ref. 3291.

Bickel, E.: Die Problematik der Definition und Messung der Zerspanbarkeit metallischer Werkstoffe. Werkstattstechn. **53** (1963) 9 429—434.

Boersig, E. L.: Choice of cutting speed for high-efficiency machining. Machinery (London) **103** (1963) 2658 931—934; Werkstatt u. Betrieb **97** (1964) 7 539.

Böhm, H. D.: Schnittkräfte und Spanarten bei kleinen Schnittgeschwindigkeiten und im Bereich kleinster und größter Spanungsdicken. Diss. TH Karlsruhe 1963.

Findley, W. N. and *R. M. Reed:* The influence of extreme speeds and rake angles in metal cutting. Trans. ASME Ser. B (J. Engng. Industry) **85** (1963) 1 49—67; AMR **16** (1963) 9 709.

Kämmer, K. u. *P. Wiest:* Spanende Bearbeitung der Metalle. VDI-Ber. Bd. 68 Düsseldorf: VDI-Verl. 1963 105—113.

Kohlhage, E.: Untersuchungen der Werkstückgüte in der spanenden Fertigung. Maschinenmarkt **69** (1963) 54 31—37.

Okushima, Keiji and *Kazuaki Jwata:* A study of the machinability of metals (effect of microstructure on cutting mechanism, tool life and surface finish). Kyoto Univ., Memoirs of the Faculty of Engng. **25** (1963) 1 12—32; Battelle Techn. Rev. **12** (1963) 9 335 a.

Opitz, H.: Machining research contribution to economic manufacture (in German). CIRP Annal. **12** (1963/64) 1 4—24 102 refs.; Index Aeron. **20** (1964) 9 ref. 4325.

Sata, T.: Surface finish in metal cutting. CIRP Ann. **12** (1963/64) 4.

Stromberger, C. u. *A. Das Gupta:* Beobachtungen und Messungen bei der Spanbildung an geradlinig begrenzten Profilen. Analogieversuche zum Profilfräsen im Gegenlauf. Werkstatt u. Betrieb **96** (1963) 5 307—311.

— Review of metal processing literature. ASME Prepr. 63-PROD 13 1963 11 pp. 102 refs.; Index Aeron. **19** (1963) 10 ref. 4506.

Bosman, M.: Material cutting research, a bibliography. Univ. Witwatersrand, Dept. Mech. Engng. Rep. 22 Nov. 1964 100 pp.

Eyre, T. S.: Selection of materials and processes. Engng. Mater. and Design **7** (1964) 11 758—762.

Jerahov, G. E.: The role of numerical control in machining aerospace materials. SAE Prepr. 835 B 1964 11 pp.; Index Aeron. **20** (1964) 8 ref. 3801.

Mattison, A. M.: The present and future of abrasive machining. SAE Prepr. 837 C 1964 6 pp.; Index Aeron. **20** (1964) 10 ref. 4811.

Oxley, P. L. B. and *M. J. M. Welsh:* Calculating the shear angle in orthogonal metal cutting from fundamental stress-strain strain rate properties of the work material. Coll. Aeron. (Cranfield), Dept. Prod. & Industr. Administration CoA M & P 4 March 1964 15 pp.; STAR **3** (1965) 1479.

Oxley, P. L. B.: A new approach to the mechanics of metal cutting. Production Engr. **43** (1964) 12 609—614 9 refs.; Index Aeron. **21** (1965) 2 ref. 861.

Scarr, A. J. J.: Economical high precision machining technology. Production Engr. **43** (1964) 11 543—555 9 refs.; Index Aeron. **21** (1965) 2 ref. 863.

Steinemann, S.: Zur Überwindung der heutigen Leistungsgrenzen bei der Metallzerspanung. Schweiz. Arch. **30** (1964) 6 174—179.

Zlatin, N. and *L. A. Nienaber:* Conventional machining of high-strength alloys. SAE Prepr. 835 A 1964 13 pp.; Index Aeron. **20** (1964) 10 ref. 4809.

Broome, F. H.: New developments in close tolerance machining. Union Carbide Nuclear Co., Oak Ridge, Tenn. Y-NA-14 Nov. 1965 10 pp. (Contract W-7405-ENG-26); STAR **4** (1966) 12 2130.

Field, Michael and *William P. Koster:* Machining methods most adaptable for aerospace materials. SAE-Publ. 650017 (926 C) 1965 13 pp. 5 refs.; Index Aeron. **21** (1965) 4 ref. 2171.

Kämmer, K.: Durchführung von Zerspanungsversuchen im Betrieb. Werkstatt u. Betrieb **98** (1965) 2 105—112 11 Lit.-St.

Kahles, J. F. and *J. Maranchik, jr.:* Machining data concepts for evaluating new cutting tool materials. SAE Prepr. 665110 (981 A) 1965 12 pp. 18 refs.; Index Aeron. **21** (1965) 5 ref. 2856.

Klaus, F.: Beitrag zur Kurzprüfung der Zerspanbarkeit unter besonderer Berücksichtigung eines Prüfverfahrens mit an- und abschwellender Schnittgeschwindigkeit. Diss. TH Aachen 1965.

Kudo, H.: Some new slip-line solutions for two-dimensional steady-state machining. Int. J. Mech. Sci. **7** (1965) 1 43—45; AMR **19** (1966) 1 35.

Okushima, K. et al.: A fundamental study of superhigh speed machining. Bull. Japan Soc. Mech. Engrs. **8** (1965) 32 702—710; AMR **19** (1966) 10 865.

Pomper, Victor: Progrès dans l'usinage automatique. Industries & Techniques (1965) 59 115—118.

Smith, H. F., jr.: Effect of temperature on machining operations. Union Carbide Nuclear Co., Oak Ridge, Tenn. Y-DA-1014 Nov. 1965 15 pp.; STAR **4** (1966) 11 1895.

Albrecht, P.: Analysis of the mechanics of cutting when machining cylindrical surfaces (in English). CIRP Ann. **13** (1966) 3 263—271 8 refs.; Index Aeron. **22** (1966) 9 58.

Hurst, J. S.: Machinability of some infrequently used materials. Union Carbide Corp., Oak Ridge, Tenn., Y-12 Plant Y-1550 Sept. 1966 24 pp.; STAR **5** (1967) 7 1093.

Tönshoff, H. K.: Eigenspannungen und plastische Verformungen im Werkstück durch spanende Bearbeitung. Diss. TH Hannover 1966.

Bühler, H. u. *H. K. Tönshoff:* Eigenspannungen und plastische Verformungen durch Abspanen. Werkstatt u. Betrieb **100** (1967) 3 211—218 11 Lit.-St.

4.41.21 Bearbeitung von Stählen

Opitz, Herwart, Heinrich Axer u. *Helmut Rohde:* Zerspanbarkeit hochwarmfester und nichtrostender Stähle. I, II. Forsch.-Ber. Wirtsch.- u. Verkehrsministerium Nordrhein-Westfalen Nr. 351 1957 85 S., Nr. 385 1957 73 S.

(Opitz, H.): Zerspanung hochwarmfester und titanhaltiger Werkstoffe. Forsch.-Ber. 9 Lab. Werkzeugmaschinen u. Betriebslehre, Rhein.-Westf. TH Aachen. Essen: Girardet 1958 26 S.

Albrecht, P.: New development in the theory of the metalcutting process. Pt. 2: The theory of chip formation. ASME Prepr. 60-WA-63 1960 12 pp. 25 refs.; Index Aeron. **17** (1961) 3 ref. 256.

Arundel, L. L. and *R. Kitchingham:* Ultra-high-tensile steels. Aircr. Production **22** (1960) 5 176—186; Index Aeron. **16** (1960) 6 ref. 260.

Grass, W.: Rost- und säurebeständige Stähle und ihre Oberflächenbearbeitung. Mitt. Forsch.-Ges. Blechverarb. (1960) 24 297 bis 305.

Ham, I., K. Hitomi, and *G. L. Thuering:* Machinability of nodular cast irons. Pt. 1. Tool forces and flank adhesion. ASME Prepr. 60-PROD-8 1960 12 pp. 8 refs., Trans. ASME Ser. B (J. Engng. Industry) **83** (1961) 2 142—154; Index Aeron. **16** (1960) 12 ref. 229; AMR **15** (1962) 1 31.

Shaw, M. C., P. A. Smith, and *N. H. Cook:* Free-machining steel: Pt. 1: Tool life

characteristics of resulphurized steel. Pt. 2: Tool life characteristics of leaded steel. ASME Prepr. 60—PROD-2 1960 13 pp. 2 refs.
Shaw, M. C., E. Usui, and *P. A. Smith:* Free machining steel. Pt. 3: Cutting forces, surface finish and chip formation. ASME Prepr. 60-WA-111 1960 12 pp. 4 refs.; Index Aeron. **17** (1961) 3 ref. 254.
— Distortion and residual stress in surface grinding and milling. US Air Force Machinability Rep. 1960 Vol. 4. Machining characteristics of high strength thermal resistant materials. Manufacturing Methods Division. Air Mater. Command, Aeron. System Center AMC-TR 60-7-532 May 1960 148—159; Titanium Abstr. Bull. **7** (1961) 1 14—15 ref. 6783 [4.41.1].
— The machining of ultra-high-tensile steels with CO_2 as a coolant. Machinery (London) **97** (1960) 2492 360—371; Werkstatt u. Betrieb **94** (1961) 3 170—171.
Bastien, P.: Les facteurs métallurgiques de l'usinabilité des aciers. Rev. Métallurgie **58** (1961) 11 981—990 15 réfs.
Bastien, P.: Einfluß metallurgischer Faktoren auf die Zerspanbarkeit der Stähle. Härterei-Techn. Mitt. **16** (1961) 4 210—217 15 Lit.-St.
Chabert, G. u. *N. Blanc:* Untersuchungen der Zerspanbarkeit des Nickel-Chrom-Einsatzstahles 16 NC 6 und des Nickel-Chrom-Molybdän-Einsatzstahles 16 NCD 6 nach verschiedenen vorausgegangenen Wärmebehandlungen. Härterei-Techn. Mitt. **16** (1961) 4 235—243.
Chabert, G. et *N. Blanc:* Etude de l'usinabilité des aciers au nickel-chrome 16 NC 6 et au nickel-chrome-molybdène 16 NCD 6 soumis à divers traitements préalables. Rev. Métallurgie **58** (1961) 12 1067—1077 3 réfs.
Eugène, F. u. *R. Weill:* Beziehungen der metallurgischen Eigenschaften der Metalle zu ihrer Zerspanbarkeit. Härterei-Techn. Mitt. **16** (1961) 4 244—254 3 Lit.-St., Z. wirtsch. Fertigung (ZwF) **57** (1962) 2 66—76 3 Lit.-St.
Kobayashi, S. and *E. G. Thomsen:* Metal-cutting analysis. Pt. 1: Re-evaluation and new method of presentation of theories. ASME Prepr. 61-Prod.-1 1961 8 pp. 21 refs.; Index Aeron. **17** (1961) 12 ref. 292.
Kobayashi, S. and *E. G. Thomsen:* Metal-cutting analysis. Pt. 2: New parameters. ASME Prepr. 61-Prod.-2 1961 9 pp. 13 refs.; Index Aeron. **17** (1961) 12 ref. 293.
Nowikowski, L. J., J. Maranchik, jr., and *M. Field:* Distortion and residual surface in grinding and milling of high strength steels. SAE-Prepr. 340 L 1961 9 pp.; Index Aeron. **17** (1961) 9 ref. 236.
Oxley, P. L. B., A. G. Humphreys and *A. Larizadeh:* The influence of rate of strain-hardening in machining. Instn. Mech. Engrs. Prepr. 39/60 1961 13 pp. 7 refs.; Index Aeron. **17** (1961) 6 ref. 209.
Oxley, P. L. B., A. G. Humphreys and *A. Larizadeh:* The influence of rate of strain-hardening in machining. Proc. Instn. Mech. Engrs. **175** (1961) 18 881—891 7 refs., Mach. Shop. Mag. **22** (1961) 6 306—316 7 refs.; Werkstatt u. Betrieb **94** (1961) 12 963; Index Aeron. **18** (1962) 9 ref. 3286.
Schepers, A. u. *E. von Blumenstein:* Zerspanbarkeitsversuche an gezogenen sowie gezogenen und anschließend normal geglühten Stäben aus Siemens-Martin-Stählen mit verschiedenen Kohlenstoff- und Bleigehalten. Stahl u. Eisen **81** (1961) 18 1180—1182 1 Lit.-St.
de Sy, A., J. van Eeghem, E. Bodart u. *L. Czaplicki:* Untersuchungen über die Bearbeitbarkeit des Gußeisens. Gießerei **48** (1961) 23 689—695 4 Lit.-St.
Thomsen, E. G., S. Kobayashi, and *M. C. Shaw:* Some controlled metal-cutting studies with resulfurized steels. Trans. ASME Ser. B (J. Engng. Industry) **83** (1961) 4 513—522; AMR **15** (1962) 4 277—278.
Usui, E. and *M. C. Shaw:* Free machining steels. Pt. 4: Tools with reduced contact length. ASME Prepr. 61-Prod.-4 1961 10 pp. 5 refs.; Index Aeron. **17** (1961) 12 ref. 296.
Weber, G.: Streuungen in der Zerspanbarkeit der Eisenwerkstoffe und deren Auswirkungen im Betrieb. Werkstattstechnik **51** (1961) 5 219—233 2 Lit.-St.; Werkstatt u. Betrieb **95** (1962) 1 59.
Eccleston, D.: Machining ultra-high-tensile steels. Aircr. Production **24** (1962) 8 290—295; Index Aeron. **18** (1962) 9 ref. 3285.
Fowler, E. L.: Machining a maraging steel. Amer. Mach. **106** (1962) Oct. 145—147, Metalworking Production **106** (1962) 12. Dec. 45—47, Int. Nickel Company (Mond) Publ. No. 2650 1963 3 pp; Nickel-Ber. **21** (1963) 7 216.
Okushima, Keiji, Kazuaki Iwata, Itsuro Nakatomi and *Takeshi Kurimoto:* Machinability of cast iron. Kyoto Univ., Memoirs Faculty Engng. **24** pt. 3 (1962) July 301—304; Battelle Techn. Rev. **12** (1963) 1 31 a.
Stewart, I. J.: Machinability studies of D6aC alloy steel hardened to 54 Rc. SAE-Prepr. 505 E 1962 12 pp. 17 refs.; Index Aeron. **18** (1962) 8 ref. 3027.
Stewart, I. J.: The drilling and tapping characteristics of MX-2 alloy steel hardened to 50—56 Rc. SAE-Prepr. 505 F 1962 7 pp. 18 refs.; Index Aeron. **18** (1962) 8 ref. 3028.
— Machining ultra-high-tensile steels. Aircr. Production **24** (1962) 5 154—169; Index Aeron. **18** (1962) 6 ref. 2027.

Hitomi, K., I. Hann and *G. L. Thuering:* Machinability of nodular cast-irons. Part I. Tool life tests on pearlitic nodular cast irons. Bull. Jap. Soc. Mech. Engrs. **6** (1963) 24 816—823; AMR **17** (1964) 1 298.

Hitomi, K., I. Hann and *G. L. Thuering:* Machinability of nodular cast-irons. Part II. Tool life and variation in tool forces with flank wear. Bull. Jap. Soc. Mech. Engrs. **6** (1963) 24 823—832; AMR **17** (1964) 4 298.

Rabbe, P.: Détermination des usinabilités de différentes nuances d'aciers non alliés dans cinq états structuraux par la méthode des radiotraceurs. CIRP Ann. **12** (1963/1964).

Rozenberg, A. M. and *A. K. Baikalov:* Turning creep-resisting steel. Mach. & Tooling **34** (1963) 12 19—21 (Transl. into English from Stanki i Instrum. (1963) 12 27 . . .); Index Aeron. **20** (1964) 8 ref. 3806 [4.42.1].

(Smith, Phillip H.): Mechanical working of steel. 1. Proc. 5 th Techn. Conf. Metallurg. Soc. AIME Jan. 15—16, 1963. New York—London: Gordon & Breach Sci. Publ. 1964.

Trent, E. M.: Cutting steel and iron with cemented carbide tools. Pt. I.: J. Iron Steel Inst. **201** (1963) 10 847—855, Pt. II.: J. Iron Steel Inst. **201** (1963) 11 923—932, Pt. III.: J. Iron Steel Inst. **201** (1963) 12 1001—1015.

Zorew, N. N.: On the behaviour of austenitic chrome-nickel steels in inferior machinability (in German). CIRP Annal. **12** (1963/64) 3 158—165; Index Aeron. **21** (1965) 5 ref. 2857.

— Vergleich der Ergebnisse von Zerspanbarkeitsuntersuchungen sowie von Gefüge- und Festigkeitsuntersuchungen an Einsatz- und Vergütungsstählen. Teil I u. II. Stahl u. Eisen **83** (1963) 20 1209—1226 20 Lit.-St., 21 1302—1315 25 Lit.-St.

Benedic, S.: Weiterentwicklung nichtrostender austenitischer Automatenstähle. Techn. Rdsch. (Bern) **56** (1964) 24 9 5 Lit.-St.

Blott, Deo M.: Machining stainless steel. Metal Progr. **86** (1964) 2 119—124.

Clarke, W. C.: Which free-machining chromium stainless steels. Amer. Mach. **108** (1964) 16 47—50.

Clarke, W. C.: Which free-machining chromium stainless. Metalworking chromium stainless. Metalworking Production **108** (1964) 37 68—71; Index Aeron. **20** (1964) 11 ref. 5478.

Copetti, P.: Zerspanbarkeit von Grauguß. Diss. TH Aachen 1964.

Degner, W.: Spanstauchungsmessung beim Drehen von Stahl. Fertigungstechn. u. Betrieb **14** (1964) 6 347—351 [4.42.1].

Dreßler, H. W.: Einflußgrößen auf die Zerspanbarkeit von Automatenstahl. Diss. TH Aachen 1964; Z. VDI **107** (1965) 29 1412.

Fowler, E.: Machining characteristics of 18% nickel maraging steels. Application of maraging steels. Watervliet Arsenal, N. Y. 1964 pp. 81—90; STAR **3** (1965) 10 1677.

Fowler, E. L. a. o.: Machining maraging steels. Amer. Mach. **108** (1964) 24 101—106.

Hoff, Hubert u. *Heinz Becker:* Einfluß des Bleigehaltes auf die Zerspanbarkeit von Einsatz- und Vergütungsstählen und von beruhigten Automatenstählen. Stahl u. Eisen **84** (1964) 22 1437—1444.

Olynik, Henry: Face milling and end milling H-11 steel. Grumman Aircr. Engng. Corp., Bethpage, N. Y. Advanced Devel. Progr. ADR 08-08-64 Sept. 1964 20 pp.; STAR **3** (1965) 12 2032.

Opitz, Herwart, Wilfried König u. *Wolf-Dieter Neumann:* Einfluß verschiedener Schmelzen auf die Zerspanbarkeit von Gesenkschmiedestücken. Forsch.-Bericht Nr. 1348 d. Landes Nordrhein-Westfalen. Köln-Opladen: Westdt. Verl. 1964 99 S.

Rubinshtein, S. A. and *A. G. Patrat'ev:* Cemented carbides for turning high alloy steels. Machines & Tooling **35** (1964) 9 31—32 (Transl. into English from Stanki i Instrum. USSR **35** (1965) 9 25); Index Aeron. **21** (1965) 6 ref. 3523.

Schaller, E.: Beitrag zur Untersuchung von Spannungen und dynamischen Vorgängen in der Grenzschicht zwischen Werkzeug und Span bei der Stahlzerspanung mit Hartmetallwerkzeugen. Diss. TH Aachen 1964.

Tyson, Samuel E. and *Charles A. Divine, jr.:* Improved processing with free-machining stainless. Metal Progr. **86** (1964) 5 111—114; Battelle Techn. Rev. **14** (1965) 1 21 a.

— Machining maraging steels. Amer. Mach./Metalworking Manuftg. **108** (1964) 24 101—106; Index Aeron. **21** (1965) 2 ref. 859.

— Spanende Formgebung hochwarmfester Stähle und Legierungen. DEW-Techn. Mitt. Qualitätsstelle Krefeld (1964) 9 10 S. [4.41.22].

— Zerspanbarkeitsuntersuchungen nach dem Gewichtsvorschubverfahren an Automatenstählen mit rd. 0,09% C. Stahl u. Eisen **84** (1964) 5 256—259.

Clare, S.: A review of experiences in machining intractable materials. Mach. Shop **25** (1965) 12 552—558; Index Aeron. **21** (1965) 3 ref. 1744.

Eckstein, Friedrich: Vorgänge beim Zerspanen hochwarmfester Legierungen im Walzenfräsverfahren. Diss. TH Darmstadt 1965, Werkstatt u. Betrieb **98** (1965) 8 525—532; VDI-Z. **107** (1965) 34 1640—1641 [4.41.22].

Frederick, P. H.: Machining stainless steel. Product Engng. **36** (1965) 11 56—63; Index Aeron. **21** (1965) 8 ref. 4850.

Hayes, David M.: Machining data for ironbased alloys. Metalworking Production **109** (1965) 28 70—75.

Kämmer, K.: Die Zerspanbarkeit der Stähle. Werkstatt u. Betrieb **98** (1965) 3 165—171 15 Lit.-St.

Kirschbaum, Raymond A.: Machining 18 % nickel maraging steel with rotary tools. Rock Island Arsenal Lab., Ill., Res. & Engng. Div. RIA-65-3561 Dec. 1965 36 pp. (AD-627608); STAR **4** (1966) 11 1891.

Klaus, Ferdinand, Wilfried König, Werner Lückerath u. *Henning Siebel:* Stand der Kenntnisse über die Zerspanbarkeit der Stähle. Stahl u. Eisen **85** (1965) 25 1669—1686 85 Lit.-St.; Index Aeron. **22** (1966) 3 72; AMR **19** (1966) 2 689.

Klaus, Heinrich: Vergleichende Untersuchungen über die Zerspanbarkeit graphithaltiger Eisengußwerkstoffe. Gießerei **52** (1965) 19 583—593 5 Lit.-St.

König, W.: Einfluß oxydischer Einschlüsse auf die Zerspanbarkeit von Kohlenstoffstählen. Maschinenmarkt **71** (1965) 19 23—29 10 Lit.-St.

König, W.: Der Einfluß nichtmetallischer Einschlüsse auf die Zerspanbarkeit von unlegierten Baustählen. II. Industrie-Anz. **87** (1965) 43 845—850.

König, W.: Der Einfluß nichtmetallischer Einschlüsse auf die Zerspanbarkeit von unlegierten Baustählen. III. Industrie-Anz. **87** (1965) 51 1033—1038 50 Lit.-St.

Motalik, Franz: Zerspanbarkeit austenitischer und warmfester Stähle. Werkstatt u. Betrieb **98** (1965) 8 533—539.

Olofson, C. T., J. A. Gurklis, and *F. W. Boulger:* Machining and grinding of ultrahigh-strength steels and stainless steel alloys. NASA TM-X-53433 Oct. 1965 229 pp. (NASA Order H-76715); STAR **4** (1966) 14 2603.

Schmitt, L. B.: Tellurium: R_x for machinability. Amer. Mach./Metalworking Manuftg. **109** (1965) 12 117—118.

Stevens, G.: Free-machining stainless steels. II. Machining. Tool & Manuftg. Engr. **55** (1965) 5 58—61; Battelle Techn. Rev. **15** (1966) 1 21 a.

Zlatin, N. and *L. A. Nienaber:* Conventional machining of high-strength alloys and exotic materials. SAE-Trans. **73** (1965) 207—219; AMR **19** (1965) 207—219; AMR **19** (1966) 5 419 [4.41.22].

— Machinability of pearlitic malleable iron. Machinery (New York) **71** (1965) 9 114 bis 117.

— Heat treatment vs. machinability. Iron Age **196** (1965) 25 84—87; Battelle Techn. Rev. **15** (1966) 3 92 a.

Opitz, Herwart, Wilfried König u. *Wolf-Dieter Neumann:* Streuwert und Untersuchungen der Zerspanbarkeit von Werkstücken aus verschiedenen Schmelzen des Stahles C 45. Forsch.-Ber. Nr. 1601 des Landes Nordrhein-Westfalen. Köln-Opladen: Westdt. Verl. 1966 50 S.

Radtke, Dieter u. *Dietrich Schreiber:* Einfluß der Sulfidausbildung auf die Zerspanbarkeit von Automatenstählen. Stahl u. Eisen **86** (1966) 2 89—99 46 Lit.-St.

Wilson, George F.: Analysis of chip formation characteristics of 18 % nickel maraging steel. Rock Island Arsenal Lab., Ill. 1966 25 pp.; STAR **5** (1967) 8 1289.

4.41.22 Bearbeitung von sonstigen Schwermetallen

Sickmann, H. L. and *L. A. Slowinski:* How to machine molybdenum. Aircr. & Missiles (USA) **2** (1959) 11 33—36; Index Aeron. **16** (1961) 1 ref. 204.

— Machining Wiggin high-nickel alloys. Wiggin Nickel Alloys Publ. 1941 Dec. 1959 68 pp.; Index Aeron. **18** (1962) 5 ref. 1672.

McGee, F. J.: Machining the unmachinable ... cutting tungsten with carbides. Tool & Manuftg. Engr. **45** (1960) 4 79—82; Werkstatt u. Betrieb **94** (1961) 9 734.

— How to machine molybdenum. Metalworking Production **104** (1960) 43 73—78; Index Aeron. **16** (1960) 12 ref. 232.

— Machining nimonic. Aircr. Production **22** (1960) 6 236—239.

— Machining nimonic: recommended practice in the processing of the Wiggin-high-nickel alloy. Aircr. Production **22** (1960) 7 275—279; Index Aeron. **16** (1960) 8 ref. 337.

Olofson, C. T. and *F. W. Boulger:* Machining of superalloys and refractory metals. Defense Metals Inform. Center, Battelle Memorial Inst. Memo 134 Oct. 1961 47 pp.; Nickel-Ber. **20** (1962) 11 367.

Stewart, D. A.: Small hole gun drilling of super alloys. SAE-Prepr. 340 K 1961 3 pp; Index Aeron. **17** (1961) 9 ref. 238.

Trigger, K. J. and *B. F. von Turkovich:* Chip formation in high speed cutting of copper and aluminum. ASME Prepr. 62-WA-107 1962 8 pp., Trans. ASME Ser. B (J. Engng. Power) **85** (1963) 4 365—373; AMR **17** (1964) 8 604—605; Index Aeron. **19** (1963) 6 ref. 2569 [4.41.24].

Stewart, I. J. and *P. R. Arzt:* Machining characteristics of refractory metal systems of columbium, molybdenum, tantalum and tungsten. SAE-Pap. 680 B June 1963 34 pp. 16 refs.; SAE-J. **71** (1963) June 111—112; Index Aeron. **19** (1963) 11 ref. 4931.

Stewart, I. J. and *P. R. Arzt:* How to machine hard-to-machine refractory metals. Part I. Refractory metal properties - how they react to machining. SAE-J. **71** (1963) Aug. 34—37.

Stewart, I. J. and *P. R. Arzt:* Hard-to-machine refractory metals. Pt. II. Hard to machine columbium and its alloys. SAE-J. **71** (1963) 9 98—101.

Stewart, I. J. and *P. R. Arzt:* Hard-to-machine refractory metals. Pt. III. Hard to machine molybdenum and its alloys. SAE-J. **71** (1963) 10 90—94.

Stewart, I. J. and *P. R. Arzt:* Hard-to-machine refractory metals. Pt. IV. How to machine tantalum and its alloys. SAE-J. **71** (1963) 11 88—91.

Stewart, I. J. and *P. R. Arzt:* Hard-to-machine refractory alloys. Part V. How to machine tungsten and its alloys. SAE-J. **71** (1963) 12 70—75.

Ewell, J. R.: Machining René 41 in the shop. Metal Progr. **85** (1964) 6 85—86; Index Aeron. **20** (1964) 8 ref. 3796.

Field, M., N. Zlatin, and *R. T. Jameson:* Machining difficult materials — René 41. Metal Progr. **85** (1964) 6 80—84; Index Aeron. **20** (1964) 8 ref. 3795.

Zlatin, Norman and *Leonard A. Nienaber:* Convential machining of high strength alloys and exotic materials. SAE Publ. 640 383 (835 A) 1964; SAE-J. **72** (1964) 7 156.

— Spanende Formgebung hochwarmfester Stähle und Legierungen. DEW-Techn. Mitt. Qualitätsstelle Krefeld (1964) 9 10 S. [4.41.21].

Eckstein, Friedrich: Vorgänge beim Zerspanen hochwarmfester Legierungen im Walzenfräsverfahren. Diss. TH Darmstadt 1965, Werkstatt u. Betrieb **98** (1965) 8 525—532; VDI-Z. **107** (1965) 34 1640—1641 [4.41.21].

Hayes, David M.: Machining data for high-temperature alloys. Metalworking Production **109** (1965) 19 71—77, 79.

Seidel, Jürg R. H.: Experimentelle Untersuchungen über Zerspanbarkeit und Eigenspannungen von Automatenmessing. Microtechnic **19** (1965) 3 157—163 23 Lit.-St., 4 203—222, 5 267—287 58 Lit.-St.

Stromberger, C. u. *F. Eckstein:* Zerspanungsvorgänge bei hochwarmfesten Legierungen. Werkstatt u. Betrieb **98** (1965) 10 758—764 8 Lit.-St.

Zlatin, N. and *L. A. Nienaber:* Conventional machining of high-strength alloys and exotic materials. SAE Trans. **73** (1965) 207—219; AMR **19** (1966) 5 419 [4.41.21].

Field, M., N. Zlatin, and *R. T. Jameson:* Machining difficult alloys. Metal Progr. **89** (1966) 2 84—86, 89; Index Aeron. **22** (1966) 5 84.

Olofson, C. T., J. A. Gurklis, and *F. W. Boulger:* Machining and grinding of nickel-base and cobalt-base alloys. NASA TM-X-53446 April 1966 157 pp. (NASA Order H-76715); STAR **4** (1966) 14 2604.

4.41.23 Bearbeitung von Titan

— The machining of titanium alloys RC 130 AM and Ti 150 A using a capstan lathe. Ministry of Aviation S & T Memo No. 8/59 May 1959 77 pp.; Titanium Abstr. Bull. **6** (1960) 1 208 ref. 5966.

— Titanium machining techniques. Titanium Metals Corp. of America. Titanium Engng. Bull. No. 7 1959 31 pp.; Titanium Abstr. Bull. **5** (1960) 4 113 ref. 5562.

Olofson, C. T.: Band sawing titanium and titanium alloys. Light Metal Age **18** (1960) 1/2 18—22, 30; Index Aeron. **16** (1960) 5 ref. 214.

Willrich, H. O.: Eigenschaften, Verwendung und Bearbeitung von Titan. Industriebl. **60** (1960) 6 373—376.

— Machining the titanium alloys. US Air Force Machinability Rep. 1960 Vol 4. Machining characteristics of high strength thermal resistance materials. Manufacturing Methods Division. Air Mater. Command Aeron. Systems Center AMC-TR-60-7-532 May 1960 122—128; Titanium Abstr. Bull. **7** (1961) 14 ref. 6782.

— Machining titanium. Aircr. Production **22** (1960) 4 136—144; Index Aeron. **16** (1960) 5 ref. 211; Aero Space Engng. **19** (1960) 7 94; Titan. Abstr. Bull. **5** (1960) 6 177 ref. 5833

— Report on the machining of titanium alloy (6 Al - 4 V) forgings. Ministry of Aviation S & T Memo No 16/60 June 1960 13 pp.; Titan. Abstr. Bull. **6** (1960) 2 48 ref. 6116.

Olofson, C. T. and *F. W. Boulger:* Fabricating and machining practices for the all-beta titanium alloy (Ti - 13 V - 11 Cr - 3 Al). Battelle Memorial Inst., Defense Metals Inform. Center DMIC Memo. 121 Aug. 1961 p. 8 10 refs.; Titanium Abstr. Bull **7** (1962) 5 144.

— Machining titanium. Mach. Shop Magazine **22** (1961) 2 64—71; Titanium Abstr. Bull. **6** (1961) 5 159 ref. 6540.

Kommissar, V. I. and *K. F. Mitryaev:* Milling titanium alloys. Russian Engng. J. (1962) 9 53—55; Transl. of Vestnik Mashinostr. (Moskva) **42** (1962) 9 68; Index Aeron. **19** 1963) 6 ref. 2574.

Stewart, I. J.: The machining characteristics of aged titanium alloy 13 V - 11 Cr - 3 Al SAE-Prepr. 505 D 1962 18 pp. 51 refs.; Index Aeron **18** (1962) 8 ref. 3033.

Astrop, A. W.: Machining titanium at H. M. Hobson Ltd. Machinery (London) **102** (1963) 2641 1450—1451; Index Aeron. **19** (1963) 8 ref. 3478.

Kiernan, Bruce E.: Tips on machining titanium. Amer. Mach./Metalworking Manuftg. **108** (1964) 26 49—50.

Nikulin, N. S.: New methods of machining hard metals and alloys. Russian Engng. J. **44** (1964) 7 72 (Transl. into English from

Vest. Mash. **44** (1964) 7 87); Index Aeron. **21** (1965) 3 ref. 1487.

Olynik, Henry: Face milling and end milling of titanium alloys 6 Al - 4 V and 13 V - 11 Cr - 3 Al. Grumman Aircr. Engng. Corp., Bethpage, N. Y. Advanced Devel. Progr. ADR 08-08-64.2 Sept. 1964 12 pp.; STAR **3** (1965) 12 2032.

Yablonski, A.: Distortion control during machining. SAE Prepr. 844 A 1964 5 pp.; Index Aeron. **20** (1964) 8 ref. 3793.

DeGroat, George: How to work 8-1-1 titanium. Amer. Mach. **109** (1965) 10 67—71.

Field, M., N. Zlatin, and *R. T. Jameson:* Machining difficult materials titanium alloys. Metal Progr. **87** (1965) 2 84—89; Index Aeron. **21** (1965) 5 ref. 2852.

Hauber, O.: Bohren und Senken in Titan und nichtrostenden CrNi-Stählen. Z. wirtsch. Fertig. (ZwF) **60** (1965) 10 515—518 8 Lit.-St. [4.42.2].

Hilb, E. and *W. Maxson:* How Boeing machines titanium aircraft parts. Metal Progr. **87** (1965) 2 90—92; Index Aeron. **21** (1965) 5 ref. 2864.

Maranchik, John, jr.: Machining data for titanium alloys. Air Force Machinability Data Center, Cincinnati, Ohio. AFMDC-65-1 Aug. 1965 62 pp. (Contract AF 33(615)-2161, AD-623588); STAR **4** (1966) 17 3352.

Olofson, Carl T., Arnold F. Gerds, Francis W. Boulger, and *John A. Gurklis:* Machining of titanium alloys. Battelle Memorial Inst., Columbus, Ohio. Defense Metals Inform. Center DMIC-Memo-199 Feb. 1965 28 pp. (Contract AF-33(168)-1121, AD-611846); STAR **3** (1965) 10 1672.

Vaughn, R. L.: Modern metals machining technology. ASME Prepr. 65-PROD-11 1965 7 pp.; Index Aeron. **22** (1966) 3 48.

— Drilling titanium alloys. Pt. 1. Amer. Mach./Metalworking Manuftg. **109** (1965) 26 87, 89; Index Aeron. **22** (1965) 3 48.

— Turning titanium. Tool & Manuftg. Engr. **55** (1965) 5 p. 83 + 1 p.

Abelev, M. M.: Use of an abrasive belt to grind titanium. Russian Engng. J. **46** (1966) 1 74—77 (Transl. into English from Vestnik Mashinostr. **46** (1966) 1 69—77); Index Aeron. **22** (1966) 10 76.

Guerin, Roland L., S. Slomiak, S. Schneider, and *L. M. Crawford:* Advanced fabrication techniques are taming titanium. New machining, milling, drilling, and welding approaches are making titanium easier to live with. State of the art. SAE J. **74** (1966) 4 40—42 [5.31.33].

Olofson, C. T., F. W. Boulger, and *J. A. Gurklis:* Machining and grinding of titanium and its alloys. NASA Techn. Memo TM-X-53312 Aug. 1965 131 pp. (AD-620508); Battelle Techn. Rev. **15** (1966) 1 16; STAR **4** (1966) 12 2130.

Pickrell, A. L.: Profile milling of titanium. SAE Publ. 660289 1966; SAE J. **74** (1966) 7 149—150.

Vaughn, R. L.: Modern metal machining technology. Trans. ASME Ser. B (J. Engng. Industry) **88** (1966) 1 65—71; AMR **19** (1966) 5 419.

4.41.24 Bearbeitung von Leichtmetallen

Kitchingham, R.: Producing light-alloy aircraft components by high speed routing. Machinery (London) **97** (1960) 2496 592—601; Index Aeron. **16** (1960) 11 ref. 185.

Bech, H. G.: Zerspanungsuntersuchungen an Leichtmetall-Gußlegierungen. Gießerei **48** (1961) 8 202—210; Aluminium **37** (1961) 9 A 376.

Bech, H. G.: Richtwerte für die spanende Bearbeitung einiger Leichtmetall-Gußlegierungen. Metall **14** (1962) 5 385—393; Aluminium **38** (1962) 9 A 340.

Bech H. G.: Die spanabhebende Bearbeitung von Magnesium-Gußlegierungen. VDI-Ber. Bd. 58 Düsseldorf: VDI-Verl. 1962 23—29.

Burmester, H. J.: Die spanende Bearbeitung von Aluminium und Aluminiumlegierungen. Techn. Rdsch. (Bern) **54** (1962) 4 15—17; Aluminium **38** (1962) 10 A 380.

Walker, H. u. *G. Beduhn:* Die Bearbeitung von Aluminium auf Drehautomaten. Aluminium **38** (1962) 1 20—30 9 Lit.-St.; Index Aeron. **18** (1962) 3 ref. 938.

Bech, H. G.: Untersuchung der Zerspanbarkeit von Leichtmetall-Gußlegierungen. Diss. TH Aachen 1963; Z. VDI **107** (1965) 29 1410.

Cholak, J.: Safe way to machine beryllium. Amer. Mach./Metalworking Manuftg. **107** (1963) 11 82—84; Index Aeron **19** (1963) 8 ref. 3476.

Conrath, Carl A.: Drilling of beryllium sheet material. Lockheed Missiles & Space Co., Sunnyvale, Calif. MRI-158.21 Dec. 1963 42 pp.; STAR **3** (1965) 8 1284—1285 [4.42.2].

Galimberti, J. M.: Aluminium machining problems solved with tungsten carbide tools. Modern Metals **18** (1963) 10 68—73; Aluminium **39** (1963) 11 A 462.

Trigger, K. J. and *B. F. von Turkovich:* Chip formation in high speed cutting of copper and aluminum. ASME Prepr. 62-WA-107 1962 8 pp., Trans. ASME Ser. B (J. Engng. Power) **85** (1963) 4 365—373; AMR **17** (1964) 8 604—605; Index Aeron. **19** (1963) 6 ref. 2569 [4.41.22].

— Machining aluminium. Mass production on transmissions parts on Renault transfer machines. Light Metals **26** (1963) 296 44.

— Tape controlled routing. Production Technol. **1** (1963) 1 4—8; Index Aeron. **19** (1963) 5 ref. 2089.

Bech, H. G.: Untersuchung der Zerspanbarkeit von Leichtmetall-Gußlegierungen beim Feindrehen. Metall **18** (1964) 4 350—356 5 Lit.-St. [4.42.1].

Beduhn, Georg: Bearbeitung bei Gußeisen und Leichtmetallguß. Gießerei **51** (1964) 16 464—468; Battelle Techn. Rev. **13** (1964) 11 415 a.

Brynich, Josef: Die Bearbeitung von Leichtmetall. Techn. Zbl. prakt. Metallbearb. **58** (1964) 10 561—566.

Müller, D.-F.: Spanung von Leichtmetallguß mit Schneidkeramik. IFL-Mitt. (Dresden) **3** (1964) 11 343—350, 12 374—378.

Opitz, Herwart und *Hans Gert Bech:* Bearbeitung von Leichtmetallen. Lab. Werkzeugmasch. u. Betriebslehre a. d. Rhein./Westf. TH Aachen i. Auftr. des Vereins Dtsch. Gießereifachleute Düsseldorf, Forsch. Ber. Nr. 1416 Köln-Opladen: Westdt. Verl. 1964 39 S.; Aluminium **41** (1965) 3 203, 206.

Petri, H.-G.: Die Zerspanbarkeit der Nichteisenmetalle. Industriebl. **64** (1964) 3 73-79.

— Alloy dictates machinability in aluminum die castings. Iron Age **194** (1964) 23 92—93.

Kardos, A.: Drehen von Aluminiumlegierungen. Beziehungen zwischen Schnittemperatur und Standzeit. Techn. Rdsch. (Bern) **57** (1965) 6 9, 11; Aluminium **41** (1965) 6 R 244 [4.42.1].

Porembka, S. W. and *H. D. Hanes:* Surface damage in machined beryllium. Battelle Memorial Inst., Columbus, Ohio. Defense Metals Inform. Center DMIC-Memo-198 Jan. 1965 14 pp. (Contract AF 33(615)-1121); STAR **3** (1965) 6 934—935.

4.41.25 Bearbeitung von Hölzern

Davis, E. M.: Machining and related characteristics of United States hardwoods. Techn. Bull. 1267 Aug. 1962 68 pp. (Superintendent of Documents, Gvmt. Printing Off., Washington 25, D. C.)

Rackwitz, Gerhard: Der Einfluß von Leimstreckmitteln auf die Abstumpfung von Werkzeugschneiden bei der Bearbeitung von Lagenhölzern. Holz als Roh- u. Werkstoff **20** (1962) 10 398—403 6 Lit.-St.; Adhäsion **6** (1962) 12 657—658.

Bryan, Eugene Lee: High energy jets as a new concept in wood machining. Forest Prod. J. **13** (1963) 8 350—312 5 refs.

Bier, H.: Die neuen Begriffe der Spanungstechnik unter Beachtung der Besonderheiten der Holzbearbeitung. Holzindustrie (Leipzig) **18** (1965) 4 105—106, 119—120, 5 145—148, 6 180—182, 7 205—208.

Müller, W., E. Kempe u. *J. Dietze:* Mechanisches Abrichtfräsen. Holztechnologie (Dresden) **6** (1965) 3 147—153; Holz als Roh- u. Werkstoff **24** (1966) 11 571.

Koch, Peter and *C. W. McMillin:* Wood machining review, 1963 through 1965. Pt. 1 and 2. Forest Prod. J. **16** (1966) 9 76—82, 107—115, 10 43—48.

Pahlitzsch, G.: Internationaler Stand der Forschung auf dem Gebiete des Hobelns und Fräsens von Holz und Holzwerkstoffen. Vortr. 2. Holztechn. Kolloquium 1966 in Braunschweig. Holz als Roh- und Werkstoff **24** (1966) 8 366—367 (Vortr. Ref.); Kompendium Holz (Rationalisierung — Wirtschaftlichkeit), Mering b. Augsburg **4** (1966) 7/8 496—497.

4.41.28 Bearbeitung von keramischen Werkstoffen

Schwartz, M. M.: Machining foamed ceramics. Tool & Manuftg. Engr. **51** (1963) 4 91—93; Werkstatt u. Betrieb **97** (1964) 8 603.

— Die Bearbeitung von Keramik-Werkstoffen für die Raumfahrt. Weltraumfahrt—Raketentechnik **15** (1964) 3 84.

Marshall, P. A., jr.: Machining high purity alumina. Linden Labs., Inc., State College, Pa. Quart. Rep. No. 3 (Jan.—April 1965) May 1965 30 pp. (Contract DA-36-039-AMC-03634 (E), AD-624484); STAR **4** (1966) 7 1065.

Marshall, P. A., jr. and *H. L. Brungard:* Machining high purity alumina. Linden Labs., Inc., State College, Pa. Quart. Rep. 4 (Apr. to June 1965) July 1965 28 pp. (Contract DA-36-039-AMC-03634 (E), AD-628013); STAR **4** (1966) 11 1893.

Maslov, E. N.: Surface finish in the machining of superhard cermets. Russian Engng. J. **45** (1965) 3 57—59 (Transl. into English from Vestnik Mashinostr. **45** (1965) 3 59 et seq.); Index Aeron. **22** (1966) 1 52.

— Machining high purity alumina. Linden Labs. Inc., State College, Pa. Quart. Rep. (July—Sept. 1965) QR 5 Oct. 1965 24 pp. (AD-632890); STAR **4** (1966) 17 3353.

— Machining high purity alumina. Linden Labs., Inc. State College, Pa. Quart. Rep. 6 & 7 1966 10 pp. (Contract DA-36-039-AMC-03634 (4), AD-637021); STAR **4** (1966) 23 4553.

Hughes, F. and *A. Notter:* An evaluation of the electrolytic grinding of tungsten carbide. Machine Shop & Engng. Manuf. **28** (1967) 6 218—223.

4.42.0 Spangebende Bearbeitungsverfahren, allgemein

Field, M.: Applications and limitations of metal removal techniques in aircraft and missile manufacturing. SAE Prepr. 160 A

Apr. 1960 16 pp. 2 refs.; Index Aeron. **16** (1960) 7 ref. 185.
Preger, K. Th.: Kühl-Zerspanung. Werkstatt u. Betrieb **93** (1960) 8 479—482 3 Lit.-St.
Vaughn, Robert L. and *Robert T. Krueck:* Recent developments in ultra-high-speed machining. Tool Engr. **44** (1960) 4 95—100; Werkstatt u. Betrieb **94** (1961) 1 52.
Hollis, W. S.: The application and effect of controlled atmospheres in the machining of metals. Int. J. Mach. Tool Design Res. **1** (1961) 1/2 59—78.
Colding, B. N.: Machinability determinations based on chip formation and friction. Int. J. Mach. Tool Design Res. **2** (1962) 3 297—316.
Okushima, K. and *Y. Fuhii:* On the applications of ceramics in machining. Bull. Japan Soc. Mech. Engrs. **6** (1963) 24 784—805; AMR **18** (1965) 3 206—207.
Hohmann, Klaus: Wärmebehandlung aus der Schmiedehitze zur Verbesserung der Zerspanbarkeit. Diss. TH Braunschweig 1964; VDI-Z. **108** (1966) 11 477.
Zaitsev, V. M.: Cooling methods when milling or turning creep resistant and stainless materials. Russ. Engng. J. **43** (1964) 8 53—54 (Transl. from Vest. Mash. **43** (1964) 8 70—72); Index Aeron. **20** (1964) 5 ref. 2452.
Ewell, J. R.: A new machinability index. Amer. Mach./Metalworking Manuftg. **109** (1965) 26 72—74; Index Aeron. **22** (1966) 3 48.
Ewell, J. R.: A new machinability index. Metalworking Production **110** (1966) 3 49—51.
Weill, R., A. Pougeol et *F. Hermelin:* Possibilités et limites des techniques modernes d'usinage et de formage à haute température. Ann. des Mines (Paris) (1966) Oct./Nov. 81—103 6 réfs. [4.31.31].

4.42.1 Drehen und Gewindeschneiden

Opitz, H., H. Schuler u. *P. H. Brammertz:* Die Werkstückgüte beim Feindrehen und Feinschleifen und ihr Einfluß auf die Fertigungskosten. Forsch. Ber. Nr. 638 d. Wirtschafts- und Verkehrsministeriums Nordrhein-Westfalen Köln-Opladen: Westdt. Verl. 1958 46 S.; Werkstatt u. Betrieb **95** (1962) 1 54 [4.42.6].
Tscherf, Ludwig u. *Erich Eder:* Das Schnellzerspanen durch Drehen und Fräsen mit Hartmetallwerkzeugen. VDI-Z. **101** (1959) 25 1189—1196 12 Lit.-St.; Werkstatt u. Betrieb **93** (1960) 2 111 [4.42.3].
Moser, Hermann: Die Änderung der Spannungskenngrößen und ihr Einfluß auf die Hauptschnittkraft beim Kopierdrehen. Werkstatt u. Betrieb **95** (1962) 12 813—818.
Thumm, Helmut: Rationelles Drehen mit hydraulischen Kopiereinrichtungen bei kleinen und mittleren Serien. Werkstatt u. Betrieb **95** (1962) 4 185—188.
Den Boer, J. H.: Screw machine troubleshooting. Amer. Mach. **107** (1963) 18 71—75; Werkstatt u. Betrieb **97** (1964) 5 373.
Bücken, Curt: Das Fertigen von Drehteilen auf lose verketteten Maschinen. VDI-Ber. 71 B Düsseldorf: VDI-Verl. 1963 121—130.
Opitz, H., P. H. Brammertz u. *E. H. Kohlhage:* Untersuchungen zum Leistungsvergleich der Feinbearbeitungsverfahren. Forsch. Ber. Nr. 1150 Nordrhein-Westfalen Köln-Opladen: Westdt. Verl. 1963 60 S.; Konstruktion **16** (1964) 4 162 [4.42.2] [4.42.6].
Pahlitzsch, G. u. *R. Dornhöfer:* Feindrehen mit keramischen Werkzeugen. Werkstatt u. Betrieb **96** (1963) 2 109—118 46 Lit.-St.
Rozenberg, A. M. and *A. K. Baikalov:* Turning creep-resisting steel. Mach. & Tooling **34** (1963) 12 19—21 (Transl. into English from Stanki i Instrum. (1963) 12 27 et seq.); Index Aeron. **20** (1964) 8 ref. 3806 [4.41.21].
Bech, H. G.: Untersuchung der Zerspanbarkeit von Leichtmetall-Gußlegierungen beim Feindrehen. Metall **18** (1964) 4 350—356 5 Lit.-St. [4.41.24].
Degner, W.: Spanstauchungsmessung beim Drehen von Stahl. Fertigungstechn. u. Betrieb **14** (1964) 6 347—351 [4.41.21].
Dohmen, Hans-Gerd: Zerspanungsuntersuchungen beim Drehen mit periodisch bewegtem Schneidwerkzeug. Diss. TH Aachen 1964; VDI-Z. **107** (1965) 31 1499.
Dornhöfer, R.: Feindrehen von unlegierten Kohlenstoffstählen mit Keramik- und Hartmetallwerkzeugen. Oberflächengüte und Freiflächenverschleiß. Diss. TH Braunschweig 1964.
Pahlitzsch, G. u. *R. Dornhöfer:* Feindrehen von unlegierten Kohlenstoffstählen mit Keramik- und Hartmetallwerkzeugen. Werkstatt u. Betrieb **97** (1964) 3 225—234 45 Lit.-St.
Kardos, A.: Drehen von Aluminiumlegierungen. Beziehungen zwischen Schnittemperatur und Standzeit. Techn. Rdsch. (Bern) **57** (1965) 6 9, 11; Aluminium **41** (1965) 6 R 244 [4.41.24].
Pahlitzsch, Gotthold u. *Reinhard Dornhöfer:* Feindrehen von unlegierten Kohlenstoffstählen mit Keramik- und Hartmetallwerkzeugen, Oberflächengüte und Freiflächenverschleiß. VDI-Z. **107** (1965) 18 798.
Vinson, Max: Metal cutting standards — Turning and boring. Naval Avionics Facility. Indianapolis, Ind. NAFI TR 532 Sept. 1965; STAR **4** (1966) 2 246 [4.42.2].
Waurziniak, W. u. *H. Lange:* Analyse der gemessenen Rauhtiefe beim Feindrehen unter Betrachtung des nicht idealisierten Systems Werkzeugmaschine—Werkzeug—Werkstück. Fertigungstechn. u. Betrieb **15** (1965) 5 293—297.

Kardos, A.: On the relation of cutting factors to cutting force in turning of aluminium alloy (in English). Acta techn. Hung. **54** (1966) 1/2 73—75 14 refs.; Index Aeron. **22** (1966) 9 58.

Link, G.: Konstruktive und technologische Voraussetzungen für die rationelle Herstellung von Automaten-Drehteilen. Werkstatt u. Betrieb **99** (1966) 4 215—219.

4.42.2 Bohren, Senken, Reiben

Gerson, A.: Feinbohren und Feinbearbeitung von Bohrungen. (Schriftenreihe Feinbearbeitung, H. 27). Stuttgart: Deva Fachverl. in der Dt. Verl. Anst. Stuttgart 1958 65 S.; Werkstatt u. Betrieb **94** (1961) 2 109.

Barna, Georg: Fertigungsprobleme für Kleinbohrungen. Fertigungstechn. u. Betrieb **9** (1959) 6 325—331 10 Lit.-St.; Werkstatt u. Betrieb **93** (1960) 5 286.

Driver, T. W.: Drilling operations on components for jet-propelled aircraft. Machinery (London) **95** (1959) 2452 975—978; Index Aeron. **16** (1960) 1 210.

Brosheer, Ben C.: Chipless machining goes automatic. Amer. Mach. **104** (1960) 23 109—112; Werkstatt u. Betrieb **94** (1961) 10 796—797.

Pearson, H. J.: Boring compressor shafts. Aircr. Production **22** (1960) 1 26—37; Index Aeron. **16** (1960) 2 ref. 193.

— Winke für das Bohren von Blech. technica **9** (1960) 12 712—713; Werkstatt u. Betrieb **94** (1961) 1 52.

— Cold point drilling. Aircr. Production **23** (1961) 7 270—271; Index Aeron. **17** (1961) 8 ref. 252.

Greuner, B.: Das BTA-Verfahren beim Bohren von Leichtmetall, insbesondere von Aluminium. Aluminium **39** (1962) 4 243—246.

Mogliani, Alberto: Deep-hole boring techniques. Engrs' Dig. **23** (1962) Oct. 81—85; Battelle Techn. Rev. **12** (1963) 1 31 a.

Mogliani, Alberto: Deep-hole boring techniques II. Engrs' Dig. **23** (1962) Nov. 86—90; Battelle Techn. Rev. **12** (1963) 2 75 a—76 a.

Pearson, H. J.: High speed boring. Aircr. Production **24** (1962) 7 230—244; Index Aeron. **18** (1962) 8 ref. 2893.

Conrath, Carl A.: Drilling of beryllium sheet material. Lockheed Missiles & Space Co., Sunnyvale, Calif. MRI-158.21 Dec. 1963 42 pp.; STAR **3** (1965) 8 1284—1285 [4.41.24].

Opitz, H., P. H. Brammertz u. *E. H. Kohlhage:* Untersuchungen zum Leistungsvergleich der Feinbearbeitungsverfahren. Forsch.-Ber. Nr. 1150 Nordrhein-Westfalen. Köln-Opladen: Westdt. Verl. 1963 60 S.; Konstruktion **16** (1964) 4 162 [4.42.1] [4.42.6].

Pearson, H. J.: Production boring. Aircr. Production **25** (1963) 1 14—21; Index Aeron. **19** (1963) 2 ref. 0675.

— Short deep-hole boring. Production Technology **1** (1963) 2 52—56.

Kirillov, K. N.: Drilling difficult to machine materials. Machine Tools & Tooling **35** (1964) 11 22—25 (Transl. into English from Stanki i Instrum. **35** (1964) 11 18 ff.); Index Aeron. **21** (1965) 8 ref. 4851.

Cronjäger, Ludolf: Bohren. VDI-Z. **107** (1965) 25 1234—1235 52 Lit.-St.

Faber, Kurt: Der Ejektor-Bohrer — ein neues Bohrverfahren. T. Zbl. prakt. Metallbearb. **59** (1965) 8 540—544.

Friedman, R.: Theory and practice of adaptive control drilling. SAE-Prepr. 650763 1965 25 pp. 21 refs.; Index Aeron. **22** (1966) 3 49.

Hauber, O.: Bohren und Senken in Titan und nichtrostenden CrNi-Stählen. Z. wirtsch. Fertig. (ZwF) **60** (1965) 10 515—518 8 Lit.-Stellen [4.41.23].

Hauser, H.: Precision bore machining (in English). Microtecnic **19** (1965) 1 30—32; Index Aeron. **21** (1965) 5 ref. 2865.

Kang, Tschol-Hi: Untersuchungen über das Feinbohren von Stahl mit Hartmetallwerkzeugen. Diss. TH Aachen 1965.

Reinert, Harro: Die Herstellung von Schraubendurchgangs- und Kernlochbohrungen mit Mehrfasenbohrern. Maschinenmarkt **71** (1965) 46 46—47.

Vinson, Max: Metal cutting standards — Turning and boring. Naval Avionics Facility. Indianapolis, Ind. NAFI TR 532 Sept. 1965; STAR **4** (1966) 2 246 [4.42.1].

Warsewa, H. R.: Untersuchungen über die Möglichkeit einer automatischen Drehmeißel-Nachstellung beim Feinbohren. Diss. TH Stuttgart 1965.

Bourse, M.: Le forage thermique. Soudage Techn. Conn. **20** (1966) 3/4 97—104; Werkstatt u. Betrieb **99** (1966) 12 877.

Eshelman, R. H.: Deep hole drilling tames beryllium. Iron Age **197** (1966) 4 76—77; Index Aeron. **22** (1966) 5 84.

Ständer, H.: Bohrqualität beim Bohren mit Spiralbohrern. Werkstattstechnik **56** (1966) 10 546—554.

4.42.3 Fräsen und Sägen

Tscherf, Ludwig u. *Erich Eder:* Das Schnellzerspanen durch Drehen und Fräsen mit Hartmetallwerkzeugen. VDI-Z. **101** (1959) 25 1189—1196 12 Lit.-St.; Werkstatt u. Betrieb **93** (1960) 2 111 [4.42.1].

— „Sweep"-Fräsen, ein neuer Begriff. technica **9** (1960) 12 739—741; Werkstatt u. Betrieb **93** (1960) 12 792.

Opitz, H., Siebel, Fleck u. *Altdorf:* Richtwerte

für das Fräsen von unlegierten und legierten Baustählen mit Hartmetall. Teil III. Forsch.-Ber. Nr. 929 des Wirtsch. u. Verkehrsministeriums des Landes Nordrhein-Westfalen. Köln-Opladen: Westdt. Verl. 1961 64 S.; Werkstatt u. Betrieb **95** (1962) 4 255.

Das Gupta, A.: Untersuchung der Vorgänge beim Gegenlauffräsen geradlinig begrenzter Profile mit Formwerkzeugen. Diss. TH Darmstadt 1962; VDI-Z. **106** (1964) 24 1213—1214.

Vaughn, R. L., L. J. Quackenbush, and *L. V. Colwell*: Shock waves and vibration in high-speed milling. ASME Prepr. 62-WA-282 1962 15 pp.; Index Aeron. **19** (1963) 6 ref. 2573.

Linsinger, Ernst: Umfangsfräsen mit großem Vorschub. Werkstatt u. Betrieb **96** (1963) 8 534—544 23 Lit.-St.

Okushima, K. and *T. Hoshi*: Utilizing TiC cermet in face-milling. Bull. Japan Soc. Mech. Engrs. **6** (1963) 24 805—815; AMR **18** (1965) 3 206.

Robinson, F. J.: Milling and routing aircraft parts. Machinery (London) **103** (1963) 2666 1384—1390; Index Aeron. **20** (1964) 2 ref. 874.

Stromberger, C.: Die Schnittkräfte beim Profilfräsen im Gegenlauf. Werkstatt u. Betrieb **96** (1963) 2 101—104.

— Tape-controlled milling. Production Technol. **1** (1963) 4 150—155; Index Aeron. **19** (1963) 8 ref. 3483.

Chaudiramani, K. G.: High speed milling. J. Sci. Engng. Res., India **8** (1964) 2 305—320; AMR **19** (1966) 1 35—36.

Mitryaev, K. F. and *B. N. Ulanov*: Residual stresses in milling heat-resisting and titanium alloys. Russian Engng. J. **44** (1964) 11 71—75 3 refs. (Transl. into English from Vestnik Mashinostr. **44** (1964) 11 67—72 by Production Engng. Res. Assoc. of Great Britain); Index Aeron. **21** (1965) 8 ref. 5112.

Sheryshev, V. I.: Heat developed in hobbing creep resisting and titanium alloys. Russ. Engng. J. **43** (1964) 8 54—55 (Transl. from Vest. Mash. **43** (1964) 8 72—74); Index Aeron. **20** (1964) 5 ref. 2453.

— British contribution to Concord production in France. Aircr. Engng. **36** (1964) 8 232—237 4 refs.; Index Aeron. **20** (1964) 9 ref. 4324 [4.30.8].

— Fräsen und Fräsmaschinen. (Fachbuchreihe „Spanende Formung", Bd. 2). Duisburg: Verl. Fachtechn. 1964 48 S.; Werkstatt u. Betrieb **99** (1966) 12 879.

Cronjäger, Ludolf: Fräsen. VDI-Z. **107** (1965) 25 1235—1236 24 Lit.-St.

Haidt, Hermann: Fräsen mit Wendeplatten-Werkzeugen. T. Zbl. prakt. Metallbearb. **59** (1965) 6 384—389.

Jahnel, W.: Kopieren und Formfräsen. Techn. Rdsch. (Bern) **57** (1965) 36 37, 39, 43.

König, Udo u. *Alfred Köhl*: Fräsen hochwarmfester Werkstoffe mit HSS-Schneidstoffen. IfL-Mitt. (Dresden) **4** (1965) 1 34—39 10 Lit.-St.

Schier, Karl-Heinz: Fräsen — Feinfräsen. Schriftenreihe Feinbearbeitung, H. 38, Stuttgart: Dt. Verl.-Anst. 1965 84 S.; Werkstatt u. Betrieb **99** (1966) 11 813.

Stromberger, C. u. *F. Eckstein*: Fräsen hochwarmfester Legierungen im Walzenschnitt. Werkstatt u. Betrieb **98** (1965) 8 525—532 36 Lit.-St.

— Profile milling requirements for the hard metals. Air Force Dep., Washington, D.C. Rep. of the Ad Hoc Machine Tool Advisory Comm. May 1965 42 pp. (AD-617760); STAR **3** (1965) 20 3451.

Blinda, Günter: Gewindefräsen auf Mehrspindel-Drehautomaten. Werkstatt u. Betrieb **99** (1966) 12 831—832.

Dregger, Ernst-Ulrich: Untersuchungen des instabilen und des stabilen Fräsprozesses. Diss. TH Aachen 1966; VDI-Z. **109** (1967) 9 403—404.

Molley, J.: Comparison between electro chemical and conventinal methods of machining complex shapes. Machinery (London) **108** (1966) 2773 13—18 19 refs.; Index Aeron. **22** (1966) 3 48; Werkstatt u. Betrieb **99** (1966) 8 586 [4.42.73].

Neumann, Wolf-Dieter: Untersuchungen über das Feinfräsen von Grauguß und Stahl bei Verwendung von Breitschlichtschneiden in Messerköpfen. Diss. TH Aachen 1966; VDI-Z. **109** (1967) 12 553—554.

Schmidt, W.: Feinfräsen mit Schneidkeramik auf Führungsbahnschleifmaschinen verkürzt das Schruppschleifen. Fertigungstechn. u. Betrieb **16** (1966) 11 686—689.

Guinard, Ch.: Le sciage des tôles fortes. Rev. Aluminium **44** (1967) 352 418—420; Aluminium **43** (1967) 5 R 228.

4.42.4 Hobeln und Stoßen

Baumgart, G.: Kopierhobeln. Werkstatt und Betrieb **94** (1961) 4 213—217.

4.42.5 Räumen und Läppen

Bernheyer, H.: Technisch-ökonomische Untersuchungen zum Verfahren „Strahlläppen". Diss. TU Dresden 1960.

Pahlitzsch, G. u. *D. Blank*: Entwicklungstendenzen beim Stoßläppen mit Ultraschallfrequenz. Werkstattstechn. **51** (1961) 11 575—581 19 Lit.-St.; Werkstatt u. Betrieb **95** (1962) 10 732.

— High-speed broaching. Aircr. Production **23** (1961) 7 258—265; Index Aeron. **17** (1961) 8 ref. 250.

Pahlitzsch, G.: „Stoßläpp-Elysieren" a new electrophysical removal procedure (in German). CIRP Annal. **11** (1962/63) 2 67—74 4 refs.; Index Aeron. **20** (1964) 1 ref. 382.

Opitz, Herwart, Wilfried König u. *Manfred Schütte:* Einfluß des Werkstoffes und der Werkstoffvorbehandlung auf die Oberflächengüte beim Räumen. Forsch.-Ber. d. Landes Nordrhein-Westfalen Nr. 1356. Köln-Opladen: Westdt. Verl. 1964 61 S.; Forsch. Ing. Wes. **31** (1965) 3 100; Konstruktion **17** (1965) 5 200—201.

Caspers, Willi: Läppen. VDI-Z. **107** (1965) 25 1244—1246.

Schütte, Manfred: Räumen mit erhöhter Schnittgeschwindigkeit. Diss. TH Aachen 1965; VDI-Z. **108** (1966) 22 1099—1100.

Fischer, E.: Bewegungszyklen und Richtungsfelder beim Planläppen. Werkstatt u. Betrieb **99** (1966) 4 237—243 38 Lit.-St.

Meyer, K. F. u. *M. Schütte:* Anwendungsgebiete und Grenzen des Räumens mit hohen Schnittgeschwindigkeiten. VDI-Ber. Bd. 110 Düsseldorf: VDI-Verl. 1966 S. 16 bis 22.

Neubauer, A. u. *G. Hinze:* Neuere Untersuchungen bei der Anwendung des Strahlläppens. Technik (Berlin) **21** (1966) 4 244—250 9 Lit.-St.

Finkelnburg, H.: Moderne Verfahren und Maschinen für die Läppbearbeitung ebener Werkstücke. Metall **21** (1967) 6 596—603 11 Lit.-St.

4.42.6 Schleifen und Honen

Opitz, H., H. Schuler u. *P. H. Brammertz:* Die Werkstückgüte beim Feindrehen und Feinschleifen und ihr Einfluß auf die Fertigungskosten. Forsch.-Ber. Nr. 638 des Wirtsch- u. Verkehrsministeriums Nordrhein-Westfalen. Köln-Opladen: Westdt. Verl. 1958 46 S.; Werkstatt u. Betrieb **95** (1962) 1 54 [4.42.1].

Opitz, H., Heiermann u. *Rupprecht:* Untersuchungen beim Innenrundschleifen. Forsch.-Ber. Nr. 672 d. Wirtsch. u. Verkehrsministeriums Nordrhein-Westfalen. Köln-Opladen: Westdt. Verl. 1959 34 S.; Werkstatt u. Betrieb **95** (1962) 2 120.

Reichenbach, G. S.: 1959 review of literature on grinding. ASME Prepr. 60-PROD-14 1960 4 pp. 21 refs.; Index Aeron. **16** (1960) 12 ref. 237.

Neumann, Horst: Wirtschaftsvergleich zwischen Honen und Prägepolieren. Fertigungstechn. u. Betrieb **11** (1961) 10 695—697; Werkstatt u. Betrieb **95** (1962) 7 508.

Opitz, Herwart u. *Helmut Frank:* Richtwerte für das Außenrundschleifen. Forsch.-Ber. Nr. 965 d. Landes Nordrhein-Westfalen. Köln-Opladen: Westdt. Verl. 1961 78 S.; Werkstatt u. Betrieb **95** (1962) 6 390.

— Dry honing: Fine-particle cleaning by compressed-air blast. Aircr. Production **23** (1961) 6 234; Index Aeron. **17** (1961) 7 ref. 240.

Lambert, I. H. J.: Relation between grinding methods (including electrolytical grinding) and tool performance. CIRP Annal. **12** (1963/64) 1 45—53 [4.42.74].

Mason, G. W.: Honing operations on aircraft parts. Machinery (London) **103** (1963) 2649 421—422; Index Aeron. **19** (1963) 10 ref. 4514.

Opitz, Herwart, P.-Heinz Brammertz u. *E. H. Kohlhage:* Untersuchungen zum Leistungsvergleich der Feinbearbeitungsverfahren. Forsch.-Ber. Nr. 1150 d. Landes Nordrhein-Westfalen. Köln-Opladen: Westdt. Verl. 1963 60 S.; Konstruktion **16** (1964) 4 162 [4.42.1] [4.42.2].

Pahlitzsch, G.: Present state of technique and research in the field of precision grinding. Microtechnic **17** (1963) 6 229—250 48 refs.; Index Aeron. **20** (1964) 4 ref. 1930.

— Grundsätze des exakten mechanischen Schleifens und Polierens von Aluminium. Schweiz. Maschinenmarkt **63** (1963) 48 87, 89, 91 9 Lit.-St.

Becker, G.: Über das Arbeitsverhalten von Metall-Schleifbändern und ein Meßverfahren zu ihrer Beurteilung. Diss. TH Braunschweig 1964.

Poláček, M. u. *L. Pluhar:* Selbsterregte Schwingungen beim Schleifen. Maschinenmarkt **70** (1964) 11 25—32 6 Lit.-St.

Poláček, M. and *L. Pluhar:* The present state of research into selfexited grinding vibrations. Engrs' Dig. **25** (1964) 6 111—114 4 refs. (Transl. into English from Czechoslovak. Heavy Industr. (1964) 5 29—35); Index Aeron. **20** (1964) 8 ref. 3805.

Willing, Guy: Gegenwärtiger Entwicklungsstand auf dem Gebiet des Trennschleifens. Techn. Zbl. prakt. Metallbearb. **58** (1964) 5 280—283.

Becker, E.-A.: Kräfte und Kreisformfehler beim spitzenlosen Einstechschleifen. Diss. TH Aachen 1965.

Dahlin, R. A.: Cylindrical abrasive machining. Machinery (New York) **71** (1965) 5 85—88.

Ernst, Wilhelm: Erhöhte Schnittgeschwindigkeit beim Außenrund-Einstechschleifen und ihr Einfluß auf das Schleifergebnis und die Wirtschaftlichkeit. Diss. TH Aachen 1965; VDI-Z. **108** (1966) 10 423.

Haasis, Gerhard: Honen. VDI-Z. **107** (1965) 25 1240—1244 16 Lit.-St.

Haufe, W.: Über das Schleifen von Schnellarbeitsstahlwerkzeugen. Werkstatt u.

Betrieb **98** (1965) 11 837—841 32 Lit.-St.

(Hauser, Henri): Koordinatenschleifen. Winke für die Praxis. Henri Hauser A.G., Biel—Schweiz 1965 148 S.

Ledergerber, A.: Untersuchung des Kurzhubhonens. Einfluß der Werkstückvorbearbeitung, der Honsteinart und der Arbeitsbedingungen auf das Arbeitsergebnis. Diss. TH Aachen 1965.

Richards, T. Z.: Grinding the refractory metals. Aircr. Engng. **37** (1965) 7 205—207 2 refs.

Warburton-Brown, D.: Surface finish obtainable with abrasive machining. Machinery (London) **107** (1965) 2750 179—184; Werkstatt u. Betrieb **98** (1965) 11 855.

Becker-Barbrock, U.: Untersuchung des elektrochemischen Schleifens von Hartmetall und Schnellarbeitsstahl. Diss. TH Aachen 1966.

Büttner, A.: Eine vergleichende Betrachtung der Abtraggeschwindigkeit beim Flachschleifen von Hartmetall mit Diamantscheiben. Metall **20** (1966) 4 327—331 15 Lit.-St.

Bunge, G.: Schnittqualitäten beim Trennschleifen. Fertigungstechn. u. Betrieb **16** (1966) 9 568—572.

Wennerholm, Sigge: Spitzenloses Außenrundschleifen (Betriebsbücher, Folge 24). München: Hanser 1966 55 S.

4.42.70 Sonderbearbeitungsverfahren, allgemein

— New approaches. Aircr. Production **24** (1962) 5 170—180 [4.31.30].

Rod, Robert L., J .W. Meier, R. D. Engquist, J. Schaeffer, and *T. Rotundo:* Exotic materials need exotic metalremoval. SAE-J. **72** (1963) 3 46.

Faust, Charles L.: Review and comparison of non-mechanical metal-working processes. Machine Design **36** (1964) 19 163, 166, 168, 170, 173; Battelle Techn. Rev. **13** (1964) 11 10.

Finkelnburg, H.: Über neuere Arbeitsverfahren und Maschinen für die Metallbearbeitung. Metall **18** (1964) 4 317—323 15 Lit.-St.

Pahlitzsch, G., H. Obrig u. *H. Verhoeven:* Neuartige Bearbeitungsmethoden metallischer Werkstoffe. Arbeitsgemeinschaft f. Rationalisierung des Landes Nordrhein-Westfalen H. 71 Dortmund: Verkehrs- u. Wirtsch.-Verl. Dr. Borgmann 1964 86 S.; Werkstatt u. Betrieb **99** (1966) 12 879 bis 880.

Livshits, A. L.: New physical and chemical methods of precision machining. Joint Publ. Res. Service, Washington, D.C. JPRS-32787, TT-65-33365 Nov. 1965 24 pp. (Transl. into English from Mashinostr. (Kiev) (1965) 6 11—17); STAR **4** (1966) 2 245.

Opitz, H.: Stand und Entwicklungstendenzen der Fertigungstechnik. Probleme der Automatisierung. Industrie-Anz. **87** (1965) 77 1837—1843.

Warburton, P.: Forming and shaping. Production Engr. **44** (1965) 10 520—528 5 refs.; Index Aeron. **22** (1966) 2 46 [4.31.33] [5.31.51].

De Barr, A. E.: Modern metal removing techniques. Chartered Mech. Engr. **13** (1966) 3 106—113; Battelle Techn. Rev. **15** (1966) 6 192a.

4.42.71 Bearbeitung mit Elektroerosion

(Opitz, H.): Elektroerosive Bearbeitung. Forsch.-Ber. 11 Lab. Werkzeugmaschinen u. Betriebslehre, Rhein.-Westf. TH Aachen. Essen: Girardet 1958 32 S.

Schierholt, Hans: Die Funkenerosion und ihre Anwendung. Techn. Zbl. prakt. Metallbearb. **54** (1960) 6 259—264 17 Lit.-St.; Werkstatt u. Betrieb **93** (1960) 11 746.

Schulz, H. J.: Über den Zusammenhang zwischen Einflußgrößen beim funkenerosiven Senken von Raumformen. Werkstattstechnik **50** (1960) 8 405—408 10 Lit.-St.; Werkstatt u. Betrieb **94** (1961) 4 247—248.

Cockcroft, M. G.: The metal-forming symposium in Czechoslovakia; September 1960. Nat. Engng. Lab. (NEL) Rep. No 6 July 1961 24 pp.

Ganser, Karlheinz: Feinbearbeitung metallischer Werkstoffe durch funkenerosives Senken. Diss. TH Aachen 1961; VDI-Z. **104** (1962) 12 533.

Gough, P. J. C.: Toolmaking by spark erosion. Metal Treatm. & Drop Forging **28** (1961) 195 483—486; Werkstatt u. Betrieb **95** (1962) 8 568.

Obrig, Hans Wilhelm: Grundlagen der funkenerosiven Gesenkbearbeitung. Diss. TH Aachen 1961; VDI-Z. **105** (1963) 7 301.

(Opitz, H.): Funkenerosive Bearbeitung von Werkzeugstoffen. Forsch.-Ber. 19 Lab. Werkzeugmaschinen und Betriebslehre, Rhein-Westf. TH Aachen. Essen: Girardet 1961 48 S.

Opitz, Herwart u. *Gottfried Stute:* Untersuchung über den Einsatz der funkenerosiven Bearbeitung im Werkzeugbau. Forsch.-Ber. Nr. 1007 d. Landes Nordrhein-Westf. Köln-Opladen: Westdt. Verl. 1961 43 S.; Werkstatt u. Betrieb **96** (1963) 9 624.

Opitz, H. u. *P. Kips:* Grundlagen des elektroerosiven Schleifens bei der Werkzeugaufbereitung. Forsch.-Ber. Nr. 1010 des Landes Nordrhein-Westfalen. Köln-Opladen: Westdt. Verl. 1961 68 S.; Werkstatt u. Betrieb **96** (1963) 1 62.

Traube, Th. G.: Die Funkenerosion in der Stanzereitechnik. Bänder Bleche Rohre **2** (1961) 8 376—381 4 Lit.-St.

— Electroshaping. Metal Industry (Lond.) **98** (1961) 4 63—65, 71; Index Aeron. **17** (1961) 4 ref. 324.

Barash, M.: Electric spark machining. Int. J. Mach. Tool Design Res. **2** (1962) 3 281—295; AMR **16** (1963) 11 887—888.

Hohn, A. E.: What is new in electrical discharge machining? ASME Prepr. 62-PROD-11 1962 8 pp.; Index Aeron. **18** (1962) 9 ref. 3289.

Kirk, J. W.: Stoßformgebung mittels Kondensatorentladung. Sheet Metal Industries **39** (1962) 424 533—540, 554 20 Lit.-St.

Sosenko, A. B.: Electro-erosion machining of gas turbine impellers. Machines & Tooling (USSR) **33** (1962) 6 19—24 3 refs. (U.K. Transl.); Index Aeron. **19** (1963) 2 ref. 0668.

Wenderich, W.: Zur Funkenerosion kleiner metallischer Bauteile. VDI-Ber. Bd. 59 Düsseldorf: VDI-Verl. 1962 51—55.

Winkelmann, A.: Bearbeitung von Hartmetall durch Funkenerosion. Mitt. Forsch.-Ges. Blechverarb. (1962) 14/15 211—213 6 Lit.-Stellen.

Kegg, R. L.: A study of energy requirements for electric discharge metal forming. ASME Prepr. 63-PROD-4 1963 6 pp. 9 refs.; Index Aeron. **19** (1963) 7 ref. 3045.

Kips, Paul: Das funkenerosive Schleifen. technica **12** (1963) 4 235—238.

Opitz, Herwart, H. W. Obrig u. K. Ganser: Funkenerosive Bearbeitung. Untersuchungen von Einflußgrößen bei der funkenerosiven Senkbearbeitung. Forsch.-Bericht Nr. 1145 d. Landes Nordrhein-Westfalen. Köln-Opladen: Westdt. Verl. 1963 70 S.; Werkstatt u. Betrieb **97** (1964) 4 316—317.

— Spark erosion. Production Technol. **1** (1963) 1 24—28; Index Aeron. **19** (1963) 5 ref. 2087.

Bonales, A.: Process engineering to obtain the precision spark erosion. ASME Prepr. 64-PROD-17 1964 12 pp. 2 refs.; Index Aeron. **20** (1964) 12 ref. 5823.

Guerin, R. L. and A. Czelowalnik: Electrical discharge machining in production. SAE-Prepr. 849 F 1964 4 pp.; Index Aeron. **20** (1964) 8 ref. 3899.

Hawkins, W. A.: Controlled pulse — a breakthrough in electro-erosion. Metalworking Production **108** (1964) 9 69—72; Werkstatt u. Betrieb **97** (1964) 9 709.

Höhne, E.: Entwicklungsstand der elektrischen Abtragsverfahren. Maschinenmarkt **70** (1964) 36 13—16 4 Lit.-St.

Kips, P.: Funkenerosives Profilflachschleifen. (Schriftenreihe Feinbearbeitung, H. 34). Stuttgart: Dtsch. Verl.-Anst. DVA Abt. Fachb.-Verl. 1964 48 S.

Kolonka, Dieter: Herstellen von Preß- und Spritz-Gußformen durch Funkenerosion. Kunststoffe **54** (1964) 11 715—718.

Kolonka, Dieter: Die Anwendungstechnik der Funkenerosion: Kunststoff-Formenbau. Plastverarbeiter **15** (1964) 11 647—651.

Poerschke, Karl: Über die Funkenerosion mit gesteuerten Generatoren. Diss. TH Aachen 1964; VDI-Z. **198** (1966) 15 689.

Schierholt, H.: Über den Abtragsvorgang bei der funkenerosiven Bearbeitung und Forderungen an Impulsform und Regeleinrichtungen der verwendeten Generatoren. Diss. TH Aachen 1964; VDI-Z. **107** (1965) 31 1498.

Spangler, G. E., M. Herman, D. B. Hoover, and *V. V. Damiano:* Preparation and evaluation of high purity beryllium. Final Rep. Oct. 1963 — Jan. 1964. Franklin Inst., Philadelphia, Pa. Res. Labs. F-B 2089 1964 97 pp. (Contract NOw-63-0500-d, AD-620264); STAR **3** (1965) 24 4175 [4.42.74].

Traube, Thomas G.: Herstellung von Formen durch elektro-erosive Bearbeitung. Gießerei **51** (1964) 9 255—260.

— Electric discharge machining of beryllium. Light Metal Age **22** (1964) 1/2 15; Index Aeron. **20** (1964) 6 ref. 2930.

— Spark machining techniques at the National Physical Laboratory. Mash. Shop **25** (1964) 7 327—330.

Afanas'yev, N. V. and *A. G. Goloveyko:* About abrasive properties of steel erosion products during electrospark processing. Air Force Systems Command, Wright-Patterson AFB, Ohio. Foreign Technol. Div. FTD-TT-65-451/1+2+4 Aug. 1965 9 pp. (AD-620808) (Transl. into English from Tsentr. Nauchn.-Issled. Lat. Elektr. Abrabotki Metallov (USSR) 1963 pp. 134—138); STAR **4** (1966) 423.

Alekseyev, A. I.: Electro-erosion machining. „Electro-erosion machining." Joint Publ. Res. Service, Washington, D. C. JPRS-30650, TT-65-31278 June 1965 pp. 1—10 (Transl. into English from Mashinostr. (Kiev) (1965) 2 pp. 38—41; STAR **3** (1965) 16 2755.

Eckhard, K. H.: Elektroerosive Metallbearbeitung. (Schriftenreihe Feinbearbeitung, H. 39.) Stuttgart: Dt. Verlagsanstalt 1965, 36 S.; Werkstatt u. Betrieb **100** (1967) 1 69.

Kronenberg, H.: Elektrische Metallbearbeitung. Teil 2. Techn. Zbl. prakt. Metallbearb. **59** (1965) 5 282—293.

Jameson, R. C.: Another look at electrical discharge machining. Mod. Plastics **42** (1965) 9 158-160, 164; Kunststoff-Rdsch. **13** (1966) 1 31—32.

Mironoff, N.: Electro-erosive metal-working, its physical fundamentals and industrial applications. Pt. 3. Real electro-erosive metal working conditions (in English). Mictrotechnic **19** (1965) 5 253—258; Index Aeron. **22** (1966) 2 46.

Prescott, J. and *W. F. Burr:* EDM threading — Key to economical salvage. Tool & Manufacturing Engr. **55** (1965) 3 49—50; Werkstatt u. Betrieb **99** (1966) 1 63.

Sachs, Gerhard: Stand und Entwicklungsmöglichkeiten der Funkenerosion und der elektrochemischen Abtragung. Jb. Oberflächentechnik Bd. 21 1965 73—82 8 Lit.-St. [4.42.74].

Schadach, P.: Aus der fortschrittlichen Funkenerosionspraxis. — Durchbruchsbearbeitung im Werkzeugbau und in der Produktion. Werkstattstechn. **55** (1965) 11 553—560.

Schadach, P.: Die elektrisch abtragenden Bearbeitungsverfahren. Int. Z. Elektrowärme **55** (1965) 5 234—246.

Schekulin, Karl: Anwendung der Funkenerosion für die Herstellung und Aufarbeitung von Raumformwerkzeugen. Techn. Zbl. prakt. Metallbearb. **59** (1965) 5 294—301.

Schumacher, Bernd: Grundlagen der funkenerosiven Metallbearbeitung und Gesichtspunkte für die Anwendung im Werkzeugbau. Mitt. Forsch.-Ges. Blechverarb. (1965) 9/10 158—168.

Siegel, E. W.: Economic use of electrical discharge machining for research, production, and tooling through the design and construction of low cost methods. SAE Prepr. 971 B Jan. 1965 12 pp; Index Aeron. **21** (1965) 4 ref. 2173.

Ullmann, W.: Funkenerosion. Elektroniker (Aarau, Schweiz) **4** (1965) 5 2—9.

— Elektroerosive Bearbeitung. VDI-Richtlinie 3400. Düsseldorf: VDI-Verl. Nov. 1965. 18 S.

Bender, Fred K.: Funkenerodieren von Schmiedegesenken, Prägematrizen, Warmpreß- und Druckgußformen. Werkstatt u. Betrieb **99** (1966) 12 853—855 2 Lit.-St.

Bender, Fred K.: Funkenerosionstechnik beeinflußt Raumformgestaltung von Werkzeugen. Werkstatt u. Betrieb **99** (1966) 11 785—791.

Büttner, U.: Elektrochemische Bearbeitung und Entladungsbearbeitung. Technik (Berlin) **21** (1966) 9 554—559 [4.42.74].

Denton, A. A. and *J. T. Hotten:* The use of spark machining in the determination of local residual stresses. VDI-Ber. Bd. 102 Düsseldorf: VDI-Verl. 1966 119—124.

Kholodnov, Ye. V.: Electro-erosion precision treatment of metals in a medium containing no carbon. "Electronic treatment of materials, No. 1 1965". Joint Publ. Res. Service, Washington, D. C. JPRS-35288 May 1966 pp. 39—50 (Transl. into English from Elektronnaya Obrabotka Materialow (Kishinev) (1965) 1); STAR **4** (1966) 14 2601.

Kurafuji, H.: Development and researches and applications on electrical discharge machining and electrolytic machining in Japan (in English). CIRP Ann. **13** (1966) 3 313—318; Index Aeron. **22** (1966) 9 57—58 [4.42.74].

Lyapunov, M. A., Ye. L. Tsenta, and *E. P. Yufa:* Electrical discharge machining of shaped and intricate machine components. Studies in electrical discharge machining of high-strength metals and alloys. Joint Publ. Res. Service, Washington, D. C. JPRS-37118, TT-66-33547 Aug. 1966 pp. 1—17 (Transl. into English from the book "Elektroimpulsnaya Obrabotka Vysokoprochnykh Metallov i Splavov", Kiev, Tekhn. 1965; STAR **4** (1966) 22 4370.

Lyapunov, M. A., Ye. L. Tsenta, and *E. P. Yufa:* Electrical discharge machining of test specimens from super strength steels. Studies in electrical discharge machining of high-strength metals and alloys. Joint Publ. Res. Service, Washington, D.C. JPRS-37118, TT-66-33547 Aug. 1966 pp. 18—19 (Transl. into English from the book "Elektroimpul'snaya Obrabotka Vysokoprochnykh Metallov i Splavov", Kiev, Tekhn. 1965); STAR **4** (1966) 22 4370.

Lyapunov, M. A., Ye. L. Tsenta, and *E. P. Yufa:* Electric-pulse machining of metals and alloys. Joint Publ. Res. Service, Washington, D.C. JPRS-37912, TT-66-34340 Sept. 1966 40 pp. (Transl. into English from the book "Elektroimpul'snaya Obrabotka Metallov i Splavov" Kiev, Tekhnika 1965 pp. 76—111); STAR **4** (1966) 23 4552.

Merkur'yev, A. N., N. S. Pechuro, L. A. Royter, V. N. Gold'in, and *O. Yu. Pesin:* The media for electro-erosion treatment of metals. "Electronic treatment of materials, No. 1. 1965." Joint Publ. Res. Service, Washington, D. C. JPRS-35288 May 1966 pp. 21—38 (Transl. into English from Elektronnaya Obrabotka Materialov (Kishinev) (1965) 1); STAR **4** (1966) 14 2601.

Namatevs, A. A. and *G. A. Ostroumov:* The method and equipment for the investigation of electric erosion by repeated discharges. "Electronic treatment of materials, No. 1, 1965." Joint Publ. Res. Service, Washington, D. C. JPRS-35288 May 1966 pp. 11—15 (Transl. into English from Elektronnaya Obrabotka Materialov (Kishinev) (1965) 1); STAR **4** (1966) 14 2601.

Opitz, Herwart, Karl Poerschke u. *Bernd Schumacher:* Untersuchung und Weiterentwicklung neuer Metallbearbeitungsverfahren. Funkenerosive Bearbeitung. Forsch.-Ber. Nr. 1576 des Landes Nordrhein-Westfalen. Köln-Opladen: Westdt. Verl. 1966 72 S.

Polanski, Z.: Research into electrode compensation in electroerosion metal working (in German). CIRP Ann. **13** (1966) 4 375—380 10 refs.; Index Aeron. **22** (1966) 12 85.

Rubtsov, I. N.: Electrospark machining of metals. Electronic treatment of materials No. 3, 1966 Joint Publ. Res. Service, Washington, D. C. JPRS-37414, TT-66-33842 Sept. 1966. pp. 1—24 (Transl. into English of Elektronnaya Obrabotka Materialov (USSR) No. 1 1965); STAR **4** (1962) 22 4370—4371.

Sandford, F.: Putting accuracy into EDM. Amer. Mach. **110** (1966) 23 141—144; Werkstatt u. Betrieb **100** (1967) 5 425.

Schumacher, Bernd: Das Leistungsverhalten und der Werkzeugverschleiß bei der funkenerosiven Bearbeitung von Stahl mit Speicher- und Impulsgeneratoren. Diss. TH Aachen 1966; VDI-Z. **109** (1967) 13 613.

Smolentsev, V. P.: Electrospark method using unprofiled electrodes for making precision blanking dies. "Electronic treatment of materials, No. 1, 1965." Joint Publ. Res. Service, Washington, D. C. JPRS-35288 May 1966 pp. 96—101 (Transl. into English from Elektronnaya Obrabotka Materialov Kishinev) (1965) 1); STAR **4** (1966) 14 2602.

Weigand, W.: Thyristorgesteuerte Impulsgeneratoren und Probleme der Vorschubregelung bei der elektroerosiven Bearbeitung. Diss. TH Aachen 1966.

— Electrical discharge machining. Creative Manuftg. Seminar, Chicago, Ill., Oct. 1966. Amer. Soc. Tool & Manuftg. Engrs., Dearborn, Mich. (TJ 1186 Am 35 p Over.) 1966; Battelle Techn. Rev. **16** (1967) 4 117 a.

Weiß, Helmut: Funkenerosion im Werkzeugbau — Werkzeugelektrode und Schneidstempel gemeinsam bearbeitet. Werkstatt u. Betrieb **100** (1967) 1 53—54 2 Lit.-St.

4.42.72 Bearbeitung mit Ultraschall

Gollmick, H. J.: Heutiger Stand der Ultraschall-Behandlung von Festkörper-Oberflächen. Industriebl. **59** (1959) 5 200—204 2 Lit.-St.; Mitt. Forsch.-Ges. Blechverarb. (1962) 8 ref. 265.

Steen, P. W.: Ultraschallreinigung. Plant Engng. **13** (1959) 12 112—115, 208, 210; Mitt. Forsch.-Ges. Blechverarb. (1962) 8 ref. 271.

Obrzut, J. J.: Schmutzablösung von entzundertem Stahlband durch Ultraschall. Iron Age **185** (1960) 24 119—121; Mitt. Forsch.-Ges. Blechverarb. (1962) 8 ref. 278.

Steen, P. W.: Ultraschallreinigung. Metal Industry **96** (1960) 18 355—357; Mitt. Forsch.-Ges. Blechverarb. (1962) 8 ref. 273.

Gollmick, H. J.: Neuerungen beim Reinigen mittels Ultraschall. Galvanotechnik **52** (1961) 9 466—470 3 Lit.-St.; Mitt. Forsch.-Ges. Blechverarb. (1962) 8 ref. 281.

Kops, Lucjan: Probing the ultrasonic cutting process. Metalworking Production **105** (1961) 6 51—57; Werkstatt u. Betrieb **94** (1961) 7 500.

Lehfeldt, W.: Metallreinigung mittels Ultraschall. Techn. Zbl. prakt. Metallbearb. **55** (1961) 1 14—18 4 Lit.-St.; Mitt. Forsch.-Ges. Blechverarb. (1962) 8 ref. 270.

Peacock, J.: Forming goes ultrasonic. Amer. Machinist **105** (1961) 24 83—85; Konstruktion **14** (1962) 8 330—331.

Pohlmann, R.: Ultraschall in der modernen Fertigung. Industrie-Anz. **83** (1961) 35 591—598; Mitt. Forsch.-Ges. Blechverarb. (1962) 8 ref. 264.

Thomas, R. W.: Theorie und praktische Anwendung der Ultraschallreinigung. General Motors Engng. J. **8** (1961) 2 23—28 7 refs.; Mitt. Forsch.-Ges. Blechverarb. (1962) 8 ref. 266.

Pohlmann, R.: Die neuesten Ergebnisse der Ultraschall-Forschung in Anwendung und Ausblick auf die moderne Technik. Arbeitsgemeinschaft Forschung des Landes Nordrhein-Westfalen, H. 101. Köln-Opladen: Westdt. Verl. 1962.

Balamuth, Lewis: Ultrasonic vibrations shape metals. SAE-J. **71** (1963) 7 36—41; Battelle Techn. Rev. **12** (1963) 9 335 a.

Gröbner, Walter: Die Bearbeitbarkeit schwerschmelzender metall-keramischer Werkstoffe mittels Ultraschall. VDI-Z. **105** (1963) 26 1235—1236.

Balamuth, L.: Recent developments in ultrasonic metalworking. SAE Prepr. 640338 (849 G) 1964 10 pp. 4 refs.; Index Aeron. **20** (1964) 8 ref. 3797.

Balamuth, L.: Ultrasonic metalworking. Amer. Machinist **108** (1964) 8 136—138; Konstruktion **17** (1965) 2 77.

Balamuth, L.: Ultrasonic vibrations assist cutting tools. Metalworking Production **108** (1964) 24 75—77; Index Aeron. **20** (1964) 8 ref. 3798.

Borun, G. M. and *Z. I. Polyakov:* Influence of partial vacuum in cutting zone on ultrasonic machining. Russ. Engng. J. **43** (1964) 8 55—56 4 refs. (Transl. from Vest. Mash. **43** (1964) 8 74—76); Index Aeron. **20** (1964) 5 ref. 2430.

Brown, B.: Metallurgical applications of high ultrasonics. Industr. Electronics **2** (1964) 3 113—116 [5.31.52].

Neppiras, E. A.: Ultrasonic machining and forming. Ultrasonics **2** (1964) 167—173 18 refs.

Balamuth, Lewis: Progress in ultrasonic metalforming. SAE Publ. 650147 (971 A) 1965.

Balamuth, Lewis: Ultrasonics as applied to metal forming and assembly processes. SAE Publ. 650762 1965 [5.31.52].

Lehfeldt, W.: Ultraschall in der elektronischen Industrie. Reinigen, Bohren und Schweißen mittels Ultraschall. Elektronik **14** (1965) 2 33—36 [5.31.52].

Pohlmann, R.: Anwendung von Ultraschallschwingungen hoher Leistung in der Fertigung. VDI-Ber. Bd. 88 Düsseldorf: VDI-Verl. 1965 15—22.

Dohmen, H. G.: Der Einfluß von Ultraschallschwingungen auf die Werkstückoberfläche, insbesondere bei der spanenden Bearbeitung von Aluminiumlegierungen. Aluminium **42** (1966) 9 559—566 16 Lit.-St.; Aluminium **42** (1966) 10 R 550; Index Aeron. **22** (1966) 12 85—86; Werkstatt u. Betrieb **100** (1967) 4 367—368.

Kazmarek, J., L. Kops, and *M. C. Shaw:* Ultrasonic grinding economics. ASME Prepr. 66-PROD-4 1966 6 pp. 5 refs.; Index Aeron. **22** (1966) 10 76.

Vetter, Tycho u. *Jörg Althoff:* Das werkstattgerechte Bemessen von Bohrrüsseln zum Ultraschallbearbeiten. VDI-Z. **108** (1966) 11 459—462, 12 512—515.

Vetter, T.: Werkstoffbearbeitung mit Ultraschall. Metall **20** (1966) 10 1073—1078 17 Lit.-St.

Wells, Lanny D.: An evaluation of the ultrasonic machining process. Rock Island Arsenal Lab., Ill. RIA-66-526 Feb. 1966 22 pp. (AD-629973); STAR **4** (1966) 14 2599.

— Ultrasonic machining of brittle materials. Machine Shop & Engng. Manuftg. **28** (1967) 4 152—153.

4.42.73 Bearbeitung mit Ätzen

Clarke, K.: Chemisches Fräsen. Amer. Machinist **103** (1959) 1 114—117; Mitt. Forsch.-Ges. Blechverarb. (1960) 24 Ref. 1119.

Gault, J. L.: Chemical milling. Metal Progr. **76** (1959) 4 108—111; Leichtbau d. Verkehrsfahrzeuge **4** (1960) 3 173; Mitt. Forsch.-Ges. Blechverarb. (1960) 24 Ref. 1114.

Acute, F.: Das Formätzen — ein neues Bearbeitungsverfahren. Techn. Zbl. prakt. Metallbearb. **54** (1960) 1 22—24; Mitt. Forsch.-Ges. Blechverarb. (1960) 24 Ref. 1115.

Herrmann, E.: Chemische Metallabtragung ("Chemical milling"). Aluminium **36** (1960) 8 462—466 17 Lit.-St.; Leichtbau d. Verkehrsfahrzeuge **5** (1961) 2 105.

Kincaid, J. u. a.: Neue Anwendungsmöglichkeiten des chemischen Fräsens. Amer. Machinist / Metalworking Manuftg. **104** (1960) 15 102—103; Mitt. Forsch.-Ges. Blechverarb. (1960) 24 Ref. 1121.

Kursetz, E.: Das Tiefätzen von Metallen. Blech **7** (1960) 11 771—778; Aluminium **37** (1961) 4 A 144.

Langstone, P. F., D. C. Hoyle and *J. H. Adams:* Contour etching of steel. Aircr. Production **22** (1960) 6 218—225; Index Aeron. **16** (1960) 7 ref. 184.

Wogeck, W.: Chemisches Abtragen. Einsatzmöglichkeiten und Nutzen. Dt. Flugtechnik **4** (1960) 7 193—198.

— Chemical contouring of high tensile alloy steel sheet materials and components. (Interim Rep.) London: Ministry of Aviation S & T Memo-20-60 Oct. 1960 79 pp. (Contract KF/2/04/CB25(A)); STAR **4** (1966) 19 3800.

Cowburn, E. M.: A survey of developments of contour etching with particular reference to the effects of tensile and fatigue strength of alclad alloys of aluminium. Coll. Aeron. (Cranfield) Rep. 137 Apr. 1961 48 pp. 36 refs.; Index Aeron. **17** (1961) 9 ref. 235.

Deutsch, H. M.: Maskiermittel für chemisches Konturenätzen. Materials in Design Engng. **53** (1961) 5 128—130, 241.

Kursetz, E.: Tiefätzen in der Luftfahrtindustrie. Ein neues Fertigungsverfahren für Bauteile mit unterschiedlichem Querschnitt. VDI-Nachr. **15** (1961) 7 1.

Mohler, J. B.: Introduction to chemical milling. Materials in Design Engng. **53** (1961) 4 128—132; Leichtbau d. Verkehrsfahrzeuge **5** (1961) 5 234; Werkstatt u. Betrieb **95** (1962) 3 179.

Rose, C. H.: Chemical milling today. Tool & Manuftg. Engr. **47** (1961) 4 93—96; Titanium Abstr. Bull. **7** (1961) 3 84—85 ref. 7087.

— Chemical machining. Aircr. Production **23** (1961) 9 346—349; Index Aeron. **17** (1961) 10 ref. 227.

— Chemical milling. Aircr. Production **23** (1961) 4 138—141; Blech **8** (1961) 7 555; Index Aeron. **17** (1961) 5 ref. 215.

— Producing small parts from sheet metal by etching. Machinery (London) **98** (1961) 2527 876—878; Index Aeron. **17** (1961) 6 ref. 211.

Brimm, D. J.: Chemical milling. Production engineering considerations. SAE-Prepr. 511 A Apr. 1962 6 pp. 20 refs.; Index Aeron. **18** (1962) 8 ref. 2888.

Coupain, J.: Chemical machining. Techn. Sci. Aéron. Spat. (1962) 2 147—150; Index Aeron. **18** (1962) 11 ref. 4158.

Pengruber, D. u. *J. B. Mohler:* Oberflächengüte beim Konturenätzen verschiedener Werkstoffe. Machine Design **34** (1962) 8 132—134.

Christensen, J. D.: The use of electrochemical machining for selected metal removal. ASME Prepr. 63-MD-52 1963 7 pp.; Index Aeron. **19** (1963) 11 ref. 4938.
Cross, J. A.: Machine tool requirements for electrochemical machining. SAE-Prepr. 618 C 1963 4 pp.; Index Aeron. **19** (1963) 8 ref. 3481.
Kleiner, W. B.: ECM cutting fluids and "chemical chip" disposal. SAE-Prepr. 618 D 1963 8 pp.; Index Aeron. **19** (1963) 8 ref. 3482.
Langstone, P. F. and *C. J. Wright*: Chemical contouring. Production Technol. **1** (1963) 1 34—37; Index Aeron. **19** (1963) 5 ref. 2088.
Leolini, A. e *A. Tocci*: Tecnologia della fresatura chimica dell'alluminio e delle sue leghe. (Die Technologie der Formgebung durch chemische Ätzung an Aluminium und seinen Legierungen.) Alluminio **32** (1963) 12 589—594; Aluminium **40** (1964) 6 R. 298.
Rimrott, F. P. J. and *H. K. Weikinger*: The determination of residual stresses by chem-milling. Materialprüf. **5** (1963) 10 365—371 10 refs.
Rossakiewicz, A.: Techniques and applications of contour etching of aircraft structures. Techn. Lotn. (Poland) **18** (1963) 8 197—205 11 refs.
Straschill, Max: Ätzen von nichtrostendem Stahl. Galvanotechnik **54** (1963) 12 689 bis 690.
Williams, L. A. and *W. B. Kleiner*: Electrochemical machining — when and how to use it. SAE-J. **71** (1963) 7 94—96.
— Chemical milling for thin complex parts. Metal Industry **103** (1963) 6 188—189; Aluminium **40** (1964) 1 R. 42.
— Präzisions-Konturenätzen. Mod. Industry & Machine Age **4** (1963) 41 41—42.
— Precision contour etching. Production Technol. **1** (1963) 6 214—216.
Hauber, O.: Chemisches Abtragen an Aluminium-Knetlegierungen. Aluminium **40** (1964) 7 416—420; Aluminium **40** (1964) 8 R 384.
Langstone, P. F., D. R. Connor and *I. H. Gibson*: Chemical contouring of lowalloy steels. Mach. Shop **25** (1964) 9 418—426 3 refs.; Index Aeron. **20** (1964) 12 ref. 5839.
Michaelson, G.: Fabricating and coating molybdenum alloy parts. Metal Progr. **85** (1964) 3 88—91; Index Aeron. **20** (1964) 5 ref. 2451.
Spizig, J. S.: Das Austrennen dünner Blechteile durch Sprühätzen. Werkstattstechnik **54** (1964) 3 127—131 11 Lit.-St.
Staebler, Christian J., jr.: Chemical milling of H-11 steel, 260—280 Ksi. Grumman Aircr. Engng. Corp. Bethpage, N. Y. ADR-08-06-63.3 Oct. 1964 28 pp.; STAR **3** (1965) 12 2043.
Strauss, W. A., jr.: Photoetched parts. Machine Design **36** (1964) 13 132—135; Index Aeron. **20** (1964) 9 ref. 4327.
Francis, Howard, T.: Investigation of random thickness variations in chem-milled 2219-T37 aluminum. NASA CR-64047 April 1965 52 pp. (Contract NAS 8-11444); STAR **3** (1965) 18 3120.
Rybak, P. T. and *V. V. Savich*: Chemical milling. Air Force Systems Command, Wright-Patterson AFB, Ohio. Foreign Technol. Div. FTD-TT-65-865/1+2+4 July 1965 7 pp. (AD-618628) (Transl. into English from Mashinostroitel (Moscow) (1963) 3 34—35); STAR **3** (1965) 20 3453.
Körbs, Th.: Chemisches Fräsen und seine Anwendung in der Raumfahrttechnik. Fertigungsmethoden in der Raumfahrttechnik. (Bd. 1 der DGRR Fachbuchreihe „Fortschritte in der Raumfahrtforsch.") München: DGRR 1965 S. 127—136 [10].
Kursetz, Edgar: Das Tiefätzen von Metallen. Jb. Oberflächentechnik Bd. 21 1965 83—87.
— Photochemical milling of aluminum. Light Metal Age **23** (1965) 1/2 4—5; Index Aeron. **21** (1965) 6 ref. 3521.
— The chemical contouring of 3 % chromium-molybdenum-vanadium and 5 % chromium-molybdenum-vanadium high strength steel sheet. ARC-CP-811 London HMSO 1965 53 pp.; STAR **4** (1966) 12 2127—2128; Index Aeron. **22** (1966) 6 64.
Cuthbertson, J. W. and *T. S. Turner*: Electrochemical machining. — A study of the effects of some variables. Prod. Engr. **45** (1966) 5 270—281; Index Aeron. **22** (1966) 7 71.
Foss, D.: Thermal etching on aluminium single crystals. Phil. Magazine **13** (1966) 125 945—952.
Heitmann, H. W.: Über die Ermittlung der optischen Arbeitsbedingungen beim elektrochemischen Senken. Diss. TH Aachen 1966.
Ketcham, Sara J.: Chemical milling of alloy steels. Naval Air Engng. Center, Philadelphia, Pa. Aeron. Mater. Lab. NAEC-AML-24 18 March 1966 22 pp. (AD-631952); STAR **4** (1966) 16 3113.
Molley, J.: Comparison between electro chemical and conventinal methods of machining complex shapes. Machinery (London) **108** (1966) 2773 13—18 19 refs.; Index Aeron. **22** (1966) 3 48; Werkstatt u. Betrieb **99** (1966) 8 586 [4.42.3].
Wiegand, H. u. *H. Speckhardt*: Über den Einfluß spangebender und elektrochemischer Bearbeitung auf das Verhalten eines austenitischen Chrom-Nickel-Stahles unter mechanischer und chemischer Beanspruchung. Teil 1. Auswertung des Schrifttums und Versuchsbeschreibung. Metalloberfläche **20** (1966) 1 2—10 91 Lit.-St.

— Advances in electrochemical machining. Superior accuracy and production rates achieved using P. E. R. A. techniques. Aircr. Engng. **88** (1966) 7 34—36.
— Ätzen von Aluminium. Aluminium-Merkblatt O9. Düsseldorf: Aluminium-Zentrale Dez. 1966 5 S.
Krizan, Igor E.: Chemical milling. Tool & Manuftg. Engr. **58** (1967) 1 32—33; Battelle Techn. Rev. **16** (1967) 4 118 a.

4.42.74 Bearbeitung mit Elektrolyse

Williams, Lynn A.: How to apply electrolytic machining. Tool Engr. **43** (1959) 6 43—51; Werkstatt u. Betrieb **93** (1960) 8 524.
— Grinding tools electrolytically. Mach. Shop Mag. **20** (1959) 11 637—638; Werkstatt u. Betrieb **93** (1960) 8 524.
Backer, W. R. and *R. A. Dahlin:* The effects of electrolytic assistance in peripheral grinding. ASME Prepr. 60-WA-4 1960 5 pp. 5 refs.; Index Aeron. **17** (1961) 2 ref. 210.
Cole, R. R.: An experimental investigation of the electrolytic grinding process. ASME Prepr. 60-WA-2 1960 8 pp. 6 refs.; Index Aeron. **17** (1961) 2 ref. 209.
Faust, C. L. and *C. A. Snaveley:* Electroshaping: New process speeds metal removal. Iron Age **186** (1960) 18 77—80; Index Aeron. **17** (1961) 1 ref. 241.
Fishlock, D.: Electrochemical machining. — What it can do. Metalworking Production **104** (1960) 51 53—58; Index Aeron. **17** (1961) 2 ref. 205.
Fishlock, D.: What electrochemical machining can do. Metalworking Production **104** (1960) 49 94—98; Index Aeron. **17** (1961) 1 ref. 240.
Jacquet, P. A.: Neuartige zerstörungsfreie Polierverfahren und Abdrucktechniken auf Metalloberflächen. Metalloberfläche **14** (1960) 5 132—136, 6 161—170; Werkstatt u. Betrieb **94** (1961) 3 175—176.
— Elektrolytische Entrostung und Entzunderung. Werkstatt u. Betrieb **93** (1960) 9 607.
Gurklis, J. A., L. D. McGraw and *C. L. Faust:* Electropolishing and chemical polishing of high-strength, high-temperature metals and alloys. Battelle Memorial Inst., Defence Metal Inform. Center DMIC Memo 98 PB 161248 Apr. 1961 14 pp. 30 refs.; Titanium Abstr. Bull. **7** (1961) 2 56 ref. 6957.
— Electrochemical machining. Machinery (London) **98** (1961) 2515 218—221; Index Aeron. **17** (1961) 3 ref. 263.
— Electrochemical machining: Developments in electroshaping techniques: Extension of applications. Aircr. Production **23** (1961) 2 68—72; Index Aeron. **17** (1961) 3 ref. 264.
— Electrochemical machining of metals. Aircr. Engng. **33** (1961) 384 46—47; Index Aeron. **17** (1961) 3 ref. 262.
— Electroshaping: Electrochemical machining developments: Production of gas turbine blades and forging dies. Aircr. Production **23** (1961) 3 88—96; Index Aeron. **17** (1961) 4 ref. 325.
Crawford, J. H.: Development and applications of electrolytic machining of space age material. SAE-Prepr. 505 C Apr. 1962 7 pp.; Index Aeron. **18** (1962) 8 ref. 2887.
Horgan, James F.: Electrolytic boost for honing. Amer. Mach. **106** (1962) 5 81—82; Werkstatt u. Betrieb **95** (1962) 9 658.
Reinhart, Hans u. *Walter Grünwald:* Zum elektrolytischen Abtrag von Hartmetall mit Diamantschleifscheiben. Werkstatt u. Betrieb **95** (1962) 4 212—218 9 Lit.-St.
Unterbusch, Fr.-W.: Wirtschaftliches Arbeiten mit elektrolytischen Schleifmaschinen in der Hartmetallaufbereitung. Werkstatt u. Betrieb **95** (1962) 8 539—542.
Williams, Lynn A. and *C. R. Stroupe:* Turning — breakthrough for ECM. Amer. Mach. **106** (1962) 15 73—76; Werkstatt u. Betrieb **96** (1963) 3 191.
— Electrochemical machining: Developments in the shaping of the newer difficult alloys. Aircr. Production **24** (1962) 7 226—229; Index Aeron. **18** (1962) 8 ref. 2889.
— Electrochemical machining. Aircr. Production **24** (1962) 12 410—414; Index Aeron. **19** (1963) 2 ref. 0669.
— Electrolytic machining by the Anocut process. Machinery (London) **101** (1962) 2606 935—941; Index Aeron. **18** (1962) 12 ref. 4616.
Faust, Charles L.: Electrochemical machining of metals. Battelle Techn. Rev. **12** (1963) 1 7—11.
Haggerty, W. Andrew: Electrochemical processing. Production Technol. **1** (1963) 11 314—316.
Lambert, I. H. J.: Relation between grinding methods (including electrolytical grinding and tool performance). CIRP Annal. **12** (1963/64) 1 45—53 [4.42.6].
Luecking, A. W.: Electrolytic grinding. ASME Prepr. 63-MD-34 May 1963 4 pp. 7 refs.; Index Aeron. **19** (1963) 9 ref. 4011.
Pitschke, F. A.: General applications of electrochemical machining. SAE Prepr. S 350 4 pp.; Index Aeron. **19** (1963) 6 ref. 2572.
Schöffler, Gerhard: Elektrolytisches Entgraten, ein neues Verfahren zur Fertigungsrationalisierung. Werkstatt u. Betrieb **96** (1963) 12 865—870.
Spizig, J. S.: Das Elysiersenken, ein elektrochemisches Abtragsverfahren. Werkstattstechnik **53** (1963) 11 570—575.

Williams, L. A. and *W. B. Kleiner:* Electrochemical machining. — When and how to use it. SAE Publ. 630007 1963, SAE-J. **71** (1963) 7 94—96.

Williams, L. A.: Electrolytic machining: What are its proper applications. SAE Prepr. 681 B 1963 6 pp.; Index Aeron. **19** (1963) 8 ref. 3480.

— Applying electrochemical machining. Production Technol. **1** (1963) 3 96—99; Index Aeron. **19** (1963) 7 ref. 3038.

— Electrochemical profiling. Operational and design data of Anocut equipment. Metal removal factors. Aircr. Production **25** (1963) 1 2—8; Index Aeron. **19** (1963) 2 ref. 0670.

Boyle, S. C.: Electrochemical deburring for aluminium components. Light Metals **27** (1964) 312 48—49; Aluminium **40** (1964) 7 R 342.

Grant, W.: Die Anwendung der Elektrolyse zur Bearbeitung von Metallen. technica **13** (1964) 13 1116—1118.

Höhne, Erich: Das Elysiersenken, ein elektrochemisches Abtragsverfahren. VDI-Z. **106** (1964) 18 792.

Höhne, Erich: Entwicklungsstand der elektrischen Abtragsverfahren. 2. Teil: Elysieren. Maschinenmarkt **70** (1964) 57 12—15 2 Lit.-St.

Kleiner, Walter B. and *Fred A. Pitschke:* ECM production made practical by good tooling and control. SAE-Publ. 640 336 (849 E) 1964; Index Aeron. **20** (1964) 8 ref. 3800.

Kleiner, Walter B. and *Fred A. Pitschke:* Electrochemical machining — now a practical production tool. SAE-J. **72** (1964) 11 66—68.

Monina, M. A. and *I. I. Moroz:* Electrochemical machining. Machines & Tooling **35** (1964) 8 35—40 25 refs. (Transl. into English from Stanki i Instrum. USSR (1964) 8 32); Index Aeron. **21** (1965) 6 ref. 3519.

Spangler, G. E., M. Herman, D. B. Hoover, and *V. V. Damiano:* Preparation and evaluation of high purity beryllium. Final Rep. Oct. 1963 — Jan. 1964. Franklin Inst., Philadelphia, Pa. Res. Labs. F-B 2089 1964 97 pp. (Contract NOw-63-0500-d, AD-620264); STAR **3** (1965) 24 4175 [4.42.71].

Weill, R., A. Hesse, and *A. Thinat:* Studies on electrolytic machining at the Laboratoire Central de l'Armement (in French). Techn. et Sci. Aéron. Spat. (1964) 1 45—54; Index Aeron. **21** (1965) 2 ref. 867.

Weiner, Robert: Feinbearbeitung metallischer Oberflächen durch elektrochemische Verfahren. Techn. Zbl. prakt. Metallbearb. **58** (1964) 5 266—269.

Wilkinson, B. H. and *G. R. Stuart:* Development of electrochemical machining techniques. Electron. & Power **10** (1964) Dec. 420—424; Index Aeron. **21** (1965) 1 ref. 318.

— Electrochemical machining — factors in machine design: Mathematics of operation. Mach. Shop **25** (1964) 1 2—7 2 refs.; Index Aeron. **20** (1964) 3 ref. 1446.

— Electrolytic form grinding. Amer. Mach./Metalworking Manuftg. **108** (1964) 22 109; Index Aeron. **21** (1965) 2 ref. 871.

Beyer, K.: Elektrochemische Metallverarbeitung. (Vortr. Jahrestag. Dt. Ges. Galvanotechnik in Bad Homburg vom 29. 9. — 1. 10. 1965). Metall **19** (1965) 12 1281 (Vortr. Ref.).

Büttner, A.: Die Bearbeitung metallischer Hartstoffe. Metall **19** (1965) 10 1082—1088 23 Lit.-St.

Ginn, B. E. and *E. D. Brown:* Electropolishing of metal foils with controlled potential. Brit. Welding J. **12** (1965) 2 90—92; Aluminium **41** (1965) 4 R 204.

Glew, D. A. and *C. F. Noble:* Electro-chemical machining. Coll. Aeron. (Cranfield) COA Note M & P 7 Febr. 1965 67 pp.; STAR **4** (1966) 7 1067.

Gurklis, John A.: Metal removal by electrochemical methods and its effects on mechanical properties of metals. Battelle Memorial Inst., Columbus, Ohio. Defense Metals Inform. Center DMIC-213 Jan. 1965 41 pp. (Contract AF 33(615)-1121, AD-613201); STAR **3** (1965) 12 2037.

Molley, J.: Electrochemical machining. Machinery (London) **107** (1965) 2765 1027—1034; Index Aeron. **22** (1966) 1 54.

Molley, J.: Electrochemical machining of a turbine blade. Machinery (London) **107** (1965) 2768 1198—1203; Index Aeron. **22** (1966) 1 54.

Sachs, Gerhard: Stand und Entwicklungsmöglichkeiten der Funkenerosion und der elektrochemischen Abtragung. Jb. Oberflächentechnik Bd. 21 1965 73—82 8 Lit.-St. [4.42.71].

— Elektrolytische Bearbeitung von Metallen. Elektroniker (Aarau, Schweiz.) **4** (1965) 5 33—34.

Büttner, U.: Elektrochemische Bearbeitung und Entladungsbearbeitung. Technik (Berlin) **21** (1966) 9 554—559 [4.42.71].

Geisel, Herbert: Der zeitliche Verlauf der Größe des Bearbeitungsspalts beim elektrolytischen Senken. Werkstatt u. Betrieb **99** (1966) 12 845—846.

Hopenfeld, J. and *R. R. Cole:* Electrochemical machining. — Prediction and correlation of process variables. ASME Prepr. 66-Prod-5 1966 7 pp. 10 refs.; Index Aeron. **22** (1966) 10 76.

Kurafuji, H.: Development and researches and applications on electrical discharge machining and electrolytic machining in Japan (in English). CIRP Ann. **13** (1966) 3

313—318; Index Aeron. **22** (1966) 9 57—58 [4.42.71].

Molley, J.: L'usinage électrochimique. Mach. Mod. **687** (1966) 4 17—26.

Stanek, Y., Meng Siu Ing, Y. Zubak, and *Y. Zhukha:* Electrochemical method of grinding metalceramic alloys. "Electronic treatment of materials, No. 1, 1965". Joint Publ. Res. Service, Washington, D. C. JPRS-35288 May 1966 pp. 51—53 (Transl. into English from Elektronnaya Obrabotka Materialov (Kishinev) (1965) 1); STAR **4** (1966) 14 2601.

Dietz, Helmut, Klaus Otto u. *Gustav Stark:* Einfluß der Werzeugform beim elektrochemischen Einsenken. Teil 1. Elektrochemisches Senken mit ebenen Elektroden. VDI-Z. **109** (1967) 14 642—645 3 Lit.-St.

4.42.75 Bearbeitung mit Elektronenstrahlen

Schleich, F.: Herstellung feiner Fräsungen mit Elektronenstrahlen. IV. Int. Kongreß für Elektronenmikroskopie, Berlin Sept. 1958. Verh. Bd. I. Physikalisch-technischer Teil. Berlin—Göttingen—Heidelberg: Springer 1960 S. 278—280.

Steigerwald, K. H.: Materialbearbeitung mit Elektronenstrahlen. IV. Int. Kongreß für Elektronenmikroskopie, Berlin Sept. 1958. Verh. Bd. I. Physikalisch-technischer Teil. Berlin—Göttingen—Heidelberg: Springer 1960 S. 276—278.

Panzer, S. u. *K. H. Steigerwald:* Der Elektronenstrahl als Werkzeug. ETZ (A) **81** (1960) 26 925—932.

Opitz, W.: Der Elektronenstrahl als neuartiges Werkzeug. Werkstattstechn. **51** (1961) 9 448—454; Werkstatt u. Betrieb **95** (1962) 3 184.

Panzer, S.: Der Elektronenstrahl als Wärmequelle zum Schweißen und Abtragen von Werkstoffen. Elektron. Rdsch. **15** (1961) 12 567—574 [5.31.51].

Panzer, S.: Fortschritte beim Schweißen, Trennen und Abtragen mit dem Elektronenstrahl. Schiff u. Hafen **13** (1961) 8 [4.24] [5.31.51].

Scheffels, W.: Materialbearbeitung mit Elektronenstrahlen hoher Intensität. Draht **12** (1961) 8 352—356 6 Lit.-St. [5.31.51].

Schleich, F.: Materialbearbeitung mit der Elektronenstrahlmaschine. Industrie-Anz. **83** (1961) 53 981—985.

Schluge, H.: Materialbearbeitung mit Elektronenstrahlen. Elektrowärme **19** (1961) 6 217—226 [5.31.51].

Steigerwald, K. H.: Electron beam milling. Proc. 3 rd Symp. on Electron Beam Technology, Boston, Mass. 1961 pp. 145—166.

Bas, E. B., G. Cremosnik u. *H. Lerch:* Beitrag zum Problem der Erzeugung des Elektronenstrahles für Schmelzen, Verdampfen, Schweißen und Bohren mit Elektronenstrahlen. Schweiz. Arch. **28** (1962) 3 112—121 [5.31.51].

Steigerwald, K. H.: Thermische Feinbearbeitung mit Elektronenstrahlen. Feinwerktechn. **66** (1962) 2.

Steigerwald, K. H.: Grundlagen der Materialbearbeitung durch Elektronenstrahlen. Vortrag 39, 1. Lehrgang für Raumfahrttechnik in München Juni 1962 (Hrsg. Wiss. Ges. Luftfahrt) Bd. IV 26 S. 12 Lit.-St.

Bierlein, T. K. and *B. Mastel:* An improved method of etching by ion bombardment. Techn. Papers 14th Metallographic Group Meeting, Nuclear Metals, Inc. NMI-4996 Jan. 1964 pp. 1-7; STAR **3** (1965) 24 4162.

Meyer, E. u. *K. H. Steigerwald:* Der Elektronenstrahl als thermisches Werkzeug zum Schweißen und Abtragen. Elektr. Ausrüstung (1964) 3 30—34 [5.31.51].

Schleich, F.: Materialbearbeitung mit Elektronenstrahlen. Elektroniker (Aarau, Schweiz) **4** (1965) 5 10—19 11 Lit.-St.

von Ardenne, M.: Stand und Entwicklungstendenzen der Elektronenstrahltechnologie. Technik (Berlin) **21** (1966) 4 257—263 36 Lit.-St. [5.31.51].

von Ardenne, M., S. Schiller, S. Panzer u. *E. Holzberger:* Eine Elektronenstrahlbearbeitungsanlage vom 180 kV-Typ. Feinwerktechn. **70** (1966) 5 209—216.

de Levier, Marie-Genevieve: Bibliography on applications of electron beam techniques in metallury. Commissariat à l'Energie Atomique Saclay (France) CEA-BIB-43 April 1966 54 p. 259 refs.; STAR **4** (1966) 19 3787 [5.31.51].

Ostroverkhov, N. T. and *V. K. Popov:* Electron-beam machining of materials. "Electronic machining and treatment of materials". Joint Publ. Res. Service Washington, D. C. JPRS-35414, TT-66-31850 May 1966 pp. 17—20 (Transl. into English of "Elektronnaya Obrabotka Materialov (Kishinev) (1965) 2); STAR **4** (1966) 16 3091.

Pahlitzsch, Gotthold und *Andreas Visser:* Werkstoffabtrag mittels Elektronenstrahlen. Fortschritt-Ber. VDI-Z. Reihe 2 Nr. 10. Düsseldorf: VDI-Verl. Aug. 1966 172 S.; VDI-Z. **108** (1966) 26 1250.

Visser, Andreas: Werkstoffabtrag mittels Elektronenstrahlen. Diss. TH Braunschweig 1966.

König, D.: Neuere Ergebnisse auf dem Gebiet der Feinbearbeitung mit Elektronenstrahlen. Vakuum-Techn. **16** (1967) 3 48—52 3 Lit.-St.

Visser, A.: Untersuchungen über den Werkstoffabtrag mittels Elektronenstrahlen. Schweißen u. Schneiden **19** (1967) 1 30—31.

4.42.76 Bearbeitung mit Lasertechnik

— Light beams jab holes in metal. Amer. Mach. **106** (1962) 7 76—77; Werkstatt u. Betrieb **95** (1962) 11 796.
Angerer, K., H. Boersch et al.: Herstellung von Blendenbohrungen mit Laserstrahlung. Phys. Verh. **14** (1963) S. 162.
Norton, J. F. and *J. G. McMullen:* Laser-formed apertures for electron-beam instruments. J. Appl. Phys. **34** (1963) pp. 3640—3641.
Buddenhagen, D. A.: Lasers and their application. SAE-Publ. 640 116 (819 A) 1964 [5.31.55].
Buddenhagen, D. A.: Fifty-six materials produce laser action. SAE-J. **72** (1964) 2 64—65 [5.31.76].
Fishlock, David: Putting the laser to work. Metalworking Production **108** (1964) 40 46—47.
Früngel, Frank u. *Horst-Günter Patzke:* Laser für die Werkstoffbearbeitung. VDI-Z. **106** (1964) 18 787—791.
Williams, David L.: Laser — new competitor for drilling tiny holes. SAE-J. **72** (1964) 5 60—64.
— Drilling with the ruby laser. Mach. Shop **25** (1964) 7 318—323 10 refs.
Cremosnik, G.: Materialbearbeitung mit Ladungsträgern und Laserstrahlen. Techn. Rdsch. (Bern) **57** (1965) 3 17—19, 4 9-15, 5 9—13.
Döring, H.: Theorie und Anwendung des Lasers. Arbeitsgemeinschaft Forschung des Landes Nordrhein-Westfalen H. Nr. 149. Köln-Opladen: Westdt. Verl. 1965 40 S. [5.31.55].
Panzer, S.: Die Anwendung des Lasers für die Metallbearbeitung. ZAMP **16** (1965) 1 138 bis 155 15 Lit.-St.
Panzer, Siegfried: Probleme der Laser-Materialbehandlung beim Einsatz in industriellen Prozessen. Elektron. Ausrüstung (1965) 4 124—134 [5.31.55].
Panzer, S.: Thermische Wirkungen der Laser-Strahlung auf Werkstoffe. Elektroniker (Aarau, Schweiz) **4** (1965) 5 28-32 3 Lit.-St. [5.31.55].
Stockman, David L.: Laser theory and practice. Chem. Engng. **72** (1965) 9 133—140, 142 49 refs. [5.31.55].
Luck, C. F., jr. and *W. Prifti:* Machining with lasers. ASME Prepr. 66-MD-28 1966 4 pp.; Index Aeron. **22** (1966) 4 58.

4.42.77 Heißabspanen

Pentland, William, Jens L. Wennberg and *Clarence L. Mehl:* High-temperature machining solves space-age metal cutting problem. Tool & Manuftg. Engr. **45** (1960) 5 92—98; Werkstatt u. Betrieb **94** (1961) 5 303.
Scott, R. A.: Ultra-high-tensile steels are machined hot. Metalworking Production **104** (1960) 11 484—485; Index Aeron. **16** (1960) 5 ref. 210.
Wennberg, B. Jens L., Clarence L. Mehl, and *E. J. Krabacher:* Hot machining. Aircr. Production **23** (1961) 7 246—252 5 refs.; Werkstatt und Betrieb **95** (1962) 3 179; Index Aeron. **17** (1961) 8 ref. 251.
McDougall, W. S., A. H. Low and *P. T. Wilkenson:* A preliminary study of hot machining. Nat. Engng. Lab. Rep. No. 61 Oct. 1962 13 pp.; Nickel-Ber. **21** (1963) 5 151.
Dickter, A.: Hochtemperaturzerspanung. Tool & Manuftg. Engr. **50** (1963) 3 72—76; Werkstatt u. Betrieb **97** (1964) 2 185.
Frères, Hansjakob F.: Das Heißabspanen. VDI-Z. **106** (1964) 19 836.
Dickter, Irving A.: Hot machining. New process for new metals. Mech. Engng. **86** (1964) 9 69—72.
Kronenberg, Max: Heißzerspanung. Industrielle Organisation **33** (1964) 2 57—76; Techn. Zbl. prakt. Metallbearb. **58** (1964) 4 165—172, 5 253—258.
Babel, H. W. and *R. M. Bonesteel:* Cutting and forming of tungsten sheet. Metal Progr. **87** (1965) 4 66—71; Index Aeron. **21** (1965) 6 ref. 3485 [4.30.9].
— Das Heißschleifen von Stahl. Blech **10** (1965) 12 757—759.
Pötschke, H.: Technische Voraussetzungen für das Heißschleifen. Ölhydraulik u. Pneumatik **10** (1966) 12 463—465.

4.42.78 Bearbeitung mit Diamanten

Jason, H.: Diamond machining. Aircr. Production **25** (1963) 3 70—72; Index Aeron. **19** (1963) 4 ref. 1641.
Sawluk, W.: Flachschleifen von Oxydkeramik mit Diamant-Topfscheiben. Diss. TH Braunschweig 1964.
Black, Theodore W.: Grinding with diamonds: Research, production results. Machinery (New York) **73** (1966) 3 96—100; Battelle Techn. Rev. **16** (1967) 1 22 a.
Cornely, H.: Honen mit Diamantwerkzeugen. VDI-Ber. Bd. 110. Düsseldorf: VDI-Verl. 1966 S. 29—39.
Cornely, H.: Honen mit Diamantwerkzeugen. Werkstattstechn. **56** (1966) 10 513—520.
Flook, David: Der Einsatz von Diamanten in der Metallbearbeitung. Techn. Zbl. prakt. Metallberab. **60** (1966) 5 309—313.
Hull, E. H. and *G. T. Malloy:* The strength of diamond. Trans. ASME Ser. B (J. Engng. Industry) **88** (1966) 4 373—376.

Reinhart, Hans: Theoretische Grundlagen der Zerspanung harter Werkstoffe mit Diamantschleifscheiben. Werkstatt u. Betrieb **99** (1966) 12 825—830 13 Lit.-St.

Katcher, H.: Diamanten in der Fertigungstechnik. Einige neuere Entwicklungen beim Einsatz von Diamanten als Werkstoff in der Fertigung. Werkstatt u. Betrieb **100** (1967) 4 312—314 8 Lit.-St.

4.42.8 Bearbeitung von Integralbauteilen

Hertel, H.: Das plastische Fließen beim Formen von Integralbauteilen. Vortrag Kolloquium „Mechanische Umformtechnik", Bad Oeynhausen, März 1960.

— Building the Buccaneer. Aircr. Production **23** (1961) 12 452—464; Index Aeron. **18** (1962) 1 ref. 275.

— Profile milling with numerical control on a 5-axis machine. Machinery (London) **99** (1961) 2555 1032—1034; Index Aeron. **17** (1961) 12 ref. 299.

— Wing-skin milling. Aircr. Production **23** (1961) 2 60—67; Index Aeron. **17** (1961) 3 ref. 269.

Heuer, P.-J.: Modellverfahren für die Umformtechnik. Fließvorgänge, Werkstoffkonstante, Umformbeiwert. VDI-Forsch. H. 493. Düsseldorf: VDI-Verl. 1962 36 pp. 60 Lit.-St.; Index Aeron. **19** (1963) 1 ref. 0289; Konstruktion **15** (1963) 9 386 [4.12.2].

— Integral machining. Heavy-duty profiling of steel parts: Stretch-forging door frames to external contour. Aircr. Production **24** (1962) 9 300—305; Index Aeron. **18** (1962) 10 ref. 3662.

— Integralausgesteifte Flugzeugflügel-Hautplatten von über 9 m Länge. Aluminium **39** (1963) 1 65.

4.51 Härten von Stahl

Fischer, Oskar: Oberflächenhärten und mechanische Fertigung. Z. wirtschaftl. Fertigung **55** (1960) 8 308—312.

Patterson, Wilhelm u. *Reinhard Döpp:* Die Oberflächenhärtung von gegossenen Eisenwerkstoffen. Gießerei **47** (1960) 5 105—112.

Stuhlmann, W.: Härtereitechnik (Jahresübersicht). VDI-Z. **102** (1960) 24 1161—1163 44 Lit.-St.

Staudinger, H.: Recherches sur les contraintes internes dans les aciers ayant subi une trempe superficielle par induction. Mém. Sci. Rev. Métallurgie **59** (1962) 3 177—181 10 réfs.

Kula, E. B. and *S. V. Radcliffe:* Thermomechanical treatment of steel. J. Metals **15** (1963) 10 755—762 31 refs.

Seybold, Rolf: Härten von Stahl unter Verwendung von Härtemaschinen. Werkstatt u. Betrieb **96** (1963) 5 283—287.

Stuhlmann, Walter: Härtereitechnik. VDI-Z. **105** (1963) 24 1147—1149 14 Lit.-St.

Berns, H.: Einfluß der Wärmebehandlung und Legierung auf die Kaltverfestigung von Manganhartstahl. Diss. TH Aachen 1964.

Kraus, V.: Anlaßsprödigkeit von Konstruktionsstählen. Härtereitechn. Mitt. **19** (1964) 1 1—10 47 Lit.-St.

Potteiger, L. A.: Explosive hardening of iron and low carbon steel. Naval Weapons Lab., Dahlgren, Va., Warhead & Terminal Ballistics Lab. NWL-1950 Oct. 1964 55 pp. (AD-453901); STAR **3** (1965) 8 1292.

Reininger, Hans: Diffusions- und Normalglühen von Stahlwerkstoffen. Maschinenmarkt **70** (1964) 52 14—17.

Stuhlmann, Walter: Härtereitechnik. VDI-Z. **106** (1964) 24 1223—1225.

Weigel, K. u. *W. Track:* Wärmebehandlung des Gußgefüges ultrafester martensit-aushärtbarer Nickelstähle. Werkstatt u. Betrieb **97** (1964) 8 551—555 38 Lit.-St.

Weissgerber, H.: Elektrolytische Erwärmung und Härtung von Stahl. Fertigungstechn. u. Betrieb **14** (1964) 11 682—686.

Wilmes, S. u. *P. Herrn:* Wärmebehandlung von Stählen durch Schnellerwärmung mittels elektrischer Widerstandserwärmung. Härtereitechn. Mitt. **19** (1964) 4 231—245.

Buchholz, H.: Einige bei der induktiven Oberflächenhärtung zu beachtende Einflußfaktoren. Technik (Berlin) **20** (1965) 6 400—403 11 Lit.-St.

Haumer, Hans-Christian: Beitrag zur rechnerischen Ermittlung der Durchvergütbarkeit schwerer Schmiedestücke. VDI-Z. **107** (1965) 7 337 (Diss. Ref.).

Hollins, A. J., A. F. Stevens u. *H. G. Trapp:* Induktionshärten von Temperguß. Gießerei **52** (1965) 8 232—237.

Stähli, G.: Werkstoff- und Prüfprobleme bei der Hochfrequenzoberflächenhärtung von Stahl-Serienteilen. Härterei Techn. Mitt. **20** (1965) 1 58—62.

4.52 Warmbehandlung der Metalle

Sachs, K.: Avoidance of distortion in heat treatment. Metal Treatm. & Drop Forging **28** (1961) 190 281—287; Werkstatt u. Betrieb **95** (1962) 5 318.

Bresson, Y. and *M. Renouard:* Thermal treatment of light alloys (in French). Techn. et Sci. Aéron. Spat. (1963) 2 123—138; Index Aeron. **19** (1963) 10 ref. 4498.

Bresson, Y. et *M. Renouard:* Heat treatment of light alloys. Techn. et Sci. Aéron. Spat. (1963) 4 309—315; Index Aeron. **20** (1964) 4 ref. 1910.

Keßel, Herbert: Untersuchungen über die Abschreckalterung kohlenstoffhaltiger Eisen-Silizium-Legierungen. Diss. TH Aachen 1963; VDI-Z. **108** (1966) 13 589.

Altenpohl, D. u. *H. Zeiger:* Schutzgasglühen von Aluminium und Aluminiumlegierungen. Metall **18** (1964) 3 220—223; Aluminium **40** (1964) 5 R 244.

Nauk, A. K.: Automatische Wärmebehandlung hochwertiger Metalle und Stahllegierungen. technica **13** (1964) 24 2123—2124.

Gerbeaux, H. u. *R. Kieffer:* Die für Schweißkonstruktionen verwendeten Wärmebehandlungseinrichtungen. Soudage et Techn. Conn. **19** (1965) 9/10 385—401.

Gerlach, H. u. *H. R. Kautz:* Wärmebehandlung und Eigenschaften des Stahles 14MoV63 unter besonderer Berücksichtigung großer Schmiedestücke. Mitt. Vereinig. Großkesselbes. (VGB) (1965) 28 328—343 22 Lit.-St.

Hinzpeter, Horst: Einfluß der Wärmebehandlung auf Struktur und Eigenschaften geschweißter aushärtbarer warmfester Nickellegierungen. Neue Hütte **10** (1965) 7 385—391 23 Lit.-St. [5.31.34].

von Hofe, Hans u. *Heribert Wirtz:* Möglichkeiten der Wärmebehandlung in Verbindung mit dem Schweißen von Stählen. Schweißen u. Schneiden **17** (1965) 6 246—256.

Kolorz, Alfred u. *Kurt Orths:* Zur Durchvergütbarkeit von unlegiertem, niedrig chrommolybdän-legiertem und niedrig chrommolybdänvanadium-legiertem Stahlguß. Gießerei **52** (1965) 18 542—548.

Wackes, Rolf: Heutiger Stand der Technik bei der Wärmebehandlung von Tiefziehstählen in den USA. Bänder Bleche Rohre **6** (1965) 11 617—624.

Yudina, S. A. and *B. K. Vul'f:* Some characteristics of the heat-treatment of alloy AT3 with a low content of alloying elements. In: Physical metallurgy of titanium. NASA TT-F-338 Nov. 1965 pp. 311—317 (Transl. into English from Works of the 5th Conf. on Met., Met. Phys., and Appl. of Titanium and its Alloys, Moscow, March 1963); STAR **4** (1966) 1 78.

Altenpohl, D.: Einige neue Verfahren zur Herstellung und thermischen Behandlung von Aluminiumbändern. Teil 1. Metall **20** (1966) 3 234—239; Aluminium **42** (1966) 5 R 284.

Altenpohl, D.: Neue Verfahren zur thermischen Behandlung von Aluminiumbändern. Teil 2. Metall **20** (1966) 6 616—621 33 Lit.-St.; Aluminium **42** (1966) 8 R 432.

Bonomi, Jean-Marie: Les traitements thermiques des aciers à outils. Méc. électricité **50** (1966) 204 51—67.

Gnjatić, Milan: Einige Untersuchungen über die Aushärtung einer Knetlegierung der AlMgSi-Gattung im ungereckten und gereckten Zustand. VDI-Z. **108** (1966) 15 685 (Diss. Ref.).

Gruhl, Wolfgang u. *Günther Scharf:* Der Einfluß einer Wärmebehandlung auf die Verpreßbarkeit von Gußbarren aus AlMgSi 0,5. Z. Metallkde. **57** (1966) 8 597—602; Aluminium **42** (1966) 10 RA 548.

Kalish, D. and *S. A. Kulin:* Thermochemical treatments applied to ultra-high strength steels. Manlabs., Inc. Cambridge, Mass. Quart. Rep. (Nov. 1965 — Jan. 1966) QR-1 1966 50 pp. (Contract NOw-66-0142-c); STAR **4** (1966) 15 2843.

Meyer-Nolkemper, Heinz: Zunderarmes Wärmen von Stählen und Legierungen in Glas. VDI-Z. **108** (1966) 5 175.

Moody, Clifford J. and *George Felbaum:* Heat treating for better machining. Metal Progr. **90** (1966) 4 129—132.

Tauscher, H. u. *H. Buchholz:* Einfluß der Erwärmungsgeschwindigkeit beim Austenisieren auf die Eigenschaften einiger Vergütungsstähle. (Mitt. IfL, Dresden) Technik (Berlin) **21** (1966) 8 505—511 27 Lit.-St.

4.53 Induktive Wärmebehandlung

— Induktive Oberflächenhärtung von Stahlteilen. Merkblätter über sachgemäße Stahlverwendung Nr. 236. Düsseldorf: Beratungsstelle für Stahlverwendung 1959.

Falkenmayer, Kurt: Die Oberflächenhärtung von Grauguß mit der Flammen- und Induktionshärtung. Techn. Zbl. prakt. Metallbearb. **54** (1960) 10 483—490 13 Lit.-St.; Werkstatt u. Betrieb **94** (1961) 10 802.

Hegewaldt, F.: Induktives Oberflächenhärten. BBC-Nachr. **43** (1961) 7/8 434—456 23 Lit.-St.

Jabbusch, G.: Praktische Hinweise für einwandfreies Induktionshärten. Werkstatt u. Betrieb **95** (1962) 12 801—803.

Grönegress, H. W.: Einfluß der Werkstückform auf die Wahl des Härteverfahrens beim Flamm- und Induktionshärten. Härterei Techn. Mitt. **18** (1963) 2 89—98.

Frank, Dieter A.: Untersuchungen über die Stahlauswahl und eine geeignete Wärmevorbehandlung für die induktive Oberflächenhärtung. Diss. TU Berlin 1964; VDI-Z. **107** (1965) 18 806.

Wuttkowski, Hans: Induktive Oberflächenhärtung von Stahlteilen. technica **15** (1966) 23 2211—2216, 2223—2228, 2288.

4.54 Brennhärten

Fischer, O.: Erfahrungen mit dem Brennhärten im Fahrzeugbau. Werkstatt u. Betrieb **93** (1960) 3 113—119 4 Lit.-St.

Grönegreß, H. W.: Brennhärten von Nockenwellen. MTZ **21** (1960) 10 404—408.
Neméngi, R.: Der Einfluß der der Brennhärtung vorangehenden Wärmebehandlung und des dadurch entstandenen Ausgangsgefüges auf die Ergebnisse beim Brennhärten. Industriebl. **61** (1961) 10 667—669 8 Lit.-St.
Geiß, Albrecht: Brennhärten von weißem und perlitischem Temperguß. Werkstatt u. Betrieb **96** (1963) 8 506—508.
Jönsson, Rolf: Ursachen und Maßnahmen zur Verminderung und Beseitigung des Verzuges von Werkstücken beim Flammenhärten. Werkstatt u. Betrieb **96** (1963) 8 501—505.
Rossner, H.: Brennhärten von Werkzeugen für die Blechumformung. Metall Reinig. + Vorbehandl. **14** (1965) 7 141—146.

4.82.00 Verschiedene Verfahren der Oberflächenbehandlung und des Oberflächenschutzes, allgemein

Kausch, W.: Die chemische Oberflächenbehandlung von Stahlband zum Schutz gegen Korrosion, zur Verbesserung der Haftfestigkeit und zur Bildung von Isolierschichten. Stahl u. Eisen **79** (1959) 6 349—356 19 Lit.-St.
McMaster, A., H. G. Cole and *J. J. K. Rhodes:* Aircraft protective finishes. J. Lic. Aircr. Engrs. **9** (1960) 8 5—13; Index Aeron. **17** (1961) 3 ref. 427.
Gross, W. H.: Moderne Verfahren zur Oberflächenbehandlung von Magnesium und seinen Legierungen. Metall **15** (1961) 6 551—555.
Silman, H.: Korrosionsschutzbehandlung von Metallen. Production Engr. **40** (1961) 7 433—457.
Faller, F. E.: Derzeitiger Stand der Oberflächenbehandlungsverfahren bei Aluminium und Aluminiumlegierungen. Metall **16** (1962) 6 547—553 23 Lit.-St.; Aluminium **38** (1962) 9 A 340.
Fangeras, Jacques: Oberflächenbehandlung und Oberflächenschutz. Maschinenmarkt **68** (1962) 104, **68** (1962) E 26 15—20, **69** (1963) 50 58, 64, **69** (1963) 74 13—14.
Straschill, M.: Metallische Überzüge, ihre Herstellung und Eigenschaften. Metall-Reinigung + Vorbehandlung **11** (1962) 4 69—76 16 Lit.-St.
Wiegand, H.: Konstruktionswerkstoff und Oberflächenbehandlung. Metall **16** (1962) 6 527—531 10 Lit.-St.
— Oberflächenbehandlung von Aluminium und Aluminiumlegierungen. Alcan S. A., Zürich 1962 48 S.
Benninghoff, H.: Über den letzten Stand des Korrosionsschutzes in Großbritannien. (Ber. über die „Corrosion and Metal Finishing Exhibition 1963" in der Queen's Hall in Leeds). Industrie-Lackier-Betrieb (Hannover) **31** (1963) 12 430—439 22 Lit.-Stellen.
Fabian, R. J.: Neuerungen auf dem Gebiet der Überzüge und der Oberflächenbehandlung. Mater. in Design Engng. **57** (1963) 4 109 bis 116.
March, E.: Techniques for the corrosion protection of light alloys by chemical action and by painting (in French). Techn. Sci. Aéro-Spat. (1963) 6 463—471; Index Aeron. **20** (1964) 10 ref. 4710.
Porter, F. C.: Aluminiumüberzüge auf Eisen und Stahl. Metal Finishing J. **9** (1963) 104 303—312 32 Lit.-St.
Schneider, K.: Oberflächenbehandlung von Blechen und Bändern aus Aluminium und Aluminiumlegierungen. Metall **17** (1963) 3 188—191; Aluminium **39** (1963) 5 A 200.
Wiegand, H.: Zustand metallischer Oberflächen im Zusammenhang mit der Oberflächenbehandlung. Bänder Bleche Rohre **4** (1963) 10 520—525.
Astley, W.: Korrosionsschutz für neuzeitliche Verkehrsflugzeuge. Luftfahrttechn.—Raumfahrttechn. **10** (1964) 11 290—293.
Sherwood, Peter W.: Inorganic coatings for high temperature service. Product Finishing **28** (1964) Sept. 66—69; Battelle Techn. Rev. **13** (1964) 11 404 a.
Arndt, H.: Fortschritte der Oberflächentechnik 1964. Jb. Oberflächentechnik Bd. 21 1965 381—417.
Enke, Christian Gg.: Fortschritte in der Oberflächenbehandlung von Kleinteilen. Maschinenmarkt **71** (1965) 46 47—50.
Rachner, Margot u. *Karlheinz Baumann:* Standardisierung der Herstellungsvorschriften für Korrosionsschutzschichten und -überzüge. IfL-Mitt. (Dresden) **4** (1965) 1 21—25 3 Lit.-St.
Wiederholt, W.: Dokumentation auf dem Gebiete der Oberflächentechnik. Metalloberfläche **19** (1965) 10 305—310.
— Chemical treatments for aluminium. Mod. Metals **21** (1965) 9 85—86, 88—90, 92, 94, 96, 99—100; Aluminium **42** (1966) 9 R 506.
— Das Schrifttum „Oberflächentechnik" 1963/64. Jb. Oberflächentechnik Bd. 21 1965 205—312 2377 Lit.-St. mit Z.-Verz. über 144 Z.
Browning, M. E.: Neueste Entwicklungen auf dem Gebiet der Oberflächenbehandlung in der Luft- und Raumfahrtindustrie. Galvanotechn. **57** (1966) 7 433—441; Aluminium **42** (1966) 9 R 508; Index Aeron. **22** (1966) 10 51.
Sippel, A.: Vorschläge zur begrifflichen Abgrenzung und Gliederung der Verfahren der Oberflächentechnik. Technik (Berlin) **21** (1966) 9 577—581 16 Lit.-St.

Spähn, H.: Oberfläche, Oberflächenbehandlung und Werkstoffverhalten. Metalloberfläche **20** (1966) 3 151—164 84 Lit.-St.
Straschill, M.: Aluminiumüberzüge — Eigenschaften und Herstellung. Techn. Zbl. prakt. Metallbearb. **60** (1966) 1 11—15 48 Lit.-St.; Aluminium **42** (1966) 3 R 148.
— Oberflächenbehandlung der Metalle für den Korrosionsschutz DIN 50902 Entwurf Okt. 1965 5 S.; Metall **20** (1966) 2 127—131.

4.82.11 Plattieren

Porter, F. C.: Walzplattierte Aluminiumlegierungen. Metallurgia **59** (1959) 352 67—73.
Levy, C.: Chromium plating on titanium alloys. Watertown Arsenal Lab. WAL-TR 405-1 Nov. 1959 22 pp.; Titanium Abstr. Bull. **5** (1960) 5 150 ref. 5719.
Hammond, R. A. F. and *C. Williams:* The effect of electroplating on fatigue strength. Metallurg. Rev. **5** (1960) 18 165—223 64 refs.
Rowden, S.: Herstellung und Verarbeitung plattierter Stähle. Engng. Materials & Design **3** (1960) 6 334—338.
Brown, B.: Application of ultrasonics to electroplating processes. Machinery (London) **99** (1961) 2545 415—416.
Carlisle, M. E.: Electroplated coating control space vehicle temperatures. SAE-J. **69** (1961) Apr. 89.
Emonds, F.: Die mechanischen und werkstoffkundlichen Vorgänge beim Walzplattieren von Aluminium und seinen Legierungen. Z. Metallkde. **52** (1961) 10 615—625; Aluminium **38** (1962) 4 A 148.
Fiorentino, R. J., C. J. Stunder and *H. J. Wagner:* Extrusion cladding with aluminium. Modern Metals **17** (1961) 6 38, 40; Aluminium **38** (1962) 3 A 84.
Brown, H.: Ein neuer Dreifach-Nickelüberzug mit erhöhter Schutzwirkung gegen atmosphärische Korrosion. Metalloberfläche **16** (1962) 11 333—334.
Brown, H.: The Tri-Ni nickel-plating process for improved protection against atmospheric corrosion. Electroplating & Metal Finish. **15** (1962) Nov. 398—401; Nickel-Ber. **21** (1963) 4 92.
Crosby, Jesse J.: Vapor plating of aluminum on steel. Aeron. System Div. Wright Patterson Air Force Base, Ohio Rep. ASD-TDR 62-907 Dec. 1962 21 pp.
Emonds, F.: Herstellung und Eigenschaften lotplattierter Bleche aus Aluminium und Aluminiumlegierungen. Blech **9** (1962) 11 611—614 8 Lit.-St.; Aluminium **39** (1963) 4 A 166 [4.82.13].
— Electroplating for aircraft applications. Metal Industry **100** (1962) 19 369—371, 20 389—392; Index Aeron. **18** (1962) 7 ref. 2603, 2604.
Bobrovnikov, G. A.: Effect of plating on strength of press fits. Russian Engng. J. **43** (1963) 12 22—25 (Transl. into English from Vestnik Mashinostroeniya **43** (1963) 12 32—35); Konstruktion **17** (1965) 6 238—239.
Emonds, Franz-Josef: Die mechanischen und werkstoffkundlichen Vorgänge beim Walzplattieren von Aluminium und seinen Legierungen. Diss. TH Hannover 1961; VDI-Z. **105** (1963) 27 1280.
Barnett, Richard K.: New nickel plating process for improved corrosion resistance. Metal Progr. **85** (1964) 6 87—90.
Coburn, K. G.: Aluminium-coated steel sheets. Metals Engng. Quart. **4** (1964) 1 54—60.
Cole, H. G.: Protection against corrosion, hydrogen embrittlement. "Problems in the load carrying application of high-strength steels." Battelle Memorial Inst., Columbus, Ohio. Defense Metals Inform. Center DMIC-210 1964 pp. 103—104 (Contract AF 33(615)-1121, AD-611750); STAR **3** (1965) 9 1492 [4.82.21].
Greiner, R. R.: How to hardcoat aluminium. Amer. Mach. **108** (1964) 20 76—78.
Hähnel, G.: Explosionsplattieren — ein neues Plattierverfahren. Schweißen u. Schneiden **16** (1964) 1 29—31.
Klein, W.: Gefügeänderungen beim Explosionsplattieren von Stahl mit Stahl und einigen Nichteisenmetallen. Vortrag Hauptversammlung der Dt. Ges. f. Metallkunde Bremen 19. bis 22. 5. 1964. Materialprüf. **6** (1964) 7 253 (Vortr. Ref.)
Nicholls, John H.: Hot dipped aluminium coatings. Light Metals **27** (1964) 317 48—50 7 refs.
Riley, M. W.: Plating on plastics. Plastics Technology **10** (1964) 9 48—53; Kunststoff-Rdsch. **13** (1966) 1 33.
Roberts, W. H.: Electroless nickel plating on aluminum. Rocky Flats Div., Dow Chemical Co., Golden, Colo. RFP-367 Jan. 1964 7 pp. (Contract AT (29-1)-1106); STAR **3** (1965) 18 3128.
Safranek, W. H.: A survey of electroforming for fabricating structures. Battelle Memorial Inst., Columbus, Ohio. RSIC-210 Aug. 1964 35 pp. (Contract DA-01-021-AMC-203(Z), AD-461826); STAR **3** (1965) 13 2198 [4.82.12].
Scheven, E. F.: Schockwellentechnologie beim Umformen und Plattieren von Metallen. VDI-Ber. Bd. 87 Düsseldorf: VDI-Verl. 1964 27—32 [4.31.31.].
— Plattiertes Stahlblech. Merkbl. f. sachgemäße Stahlverwendung, H. 383. Düsseldorf: Beratungsstelle f. Stahlverwendung 1964 15 S.
— Rostfrei plattiertes Aluminium. Metall **18** (1964) 3 274—276; Aluminium **40** (1964) 5 R 242.

Bland, R. D., J. E. McDonald, and *D. M. Mattox:* Ion plated coatings for the corrosion protection of uranium. Sandia Corp., Albuquerque, N. Mex. SC-DR-65-519 Oct. 1965 24 pp.; STAR **4** (1966) 3 425.

Burkhardt, A.: Plattieren mit Schockwellen. Jb. Oberflächentechnik Bd. 21 1965 142 bis 150.

DiBari, G. A.: Electro plating on 18 per cent nickel maraging steel: relative resistance to hydrogen embrittlement. Plating **52** (1965) 11 1157—1161 17 refs.; Nickel-Ber. **24** (1966) 7 140.

Erlwein, D. M. and *R. E. Short:* Cadmium-titanium plating: An improved process for protecting high strength steels. Metal Progr. **87** (1965) 2 93—96; Index Aeron. **21** (1965) 5 ref. 2753.

Franke, E.: Bestimmung der Haftkraft der Auflageschicht auf der Grundschicht plattierter Bleche. Blech **12** (1965) 5 226—231 4 Lit.-St.

Klein, Winfried: Gefügeänderungen beim Explosivplattieren von Stahl mit Stahl und einigen Nichteisenmetallen. Z. Metallkde. **56** (1965) 4 261—267 7 Lit.-St.

Meuthen, Bernd und *Ulrich Tenhaven:* Aluminieren von Stahl. Stahl u. Eisen **85** (1965) 26 1754—1762 164 Lit.-St.

Rosenthal, A. G.: Plated aluminium comes of age. Mod. Metals **21** (1965) 11 29—30; Aluminium **42** (1966) 9 R 506.

Turner, I. T.: The application of cadmium-tin alloy plating to threaded fasteners. Plating **52** (1965) 7 677—681 2 refs.

— Specification for electroplated coatings on threaded components. Pt. 3. Nickel or nickel plus chromium on steel components. Pt. 4 Nickel or nickel plus chromium on copper and copper-alloy (including brass) components. Brit. Standards-Instn. BS 3382 1965 30 pp.; Nickel-Ber. **24** (1966) 8 159.

— Stainless steel cladding of heavy gage steels. Spec. Rep. No. 1. Soudometal, S. A. Brussels EURAEC-16851 EUR-2872 1965 12 pp. (Contract EURATOM-008-63-12 TEEB); STAR **5** (1967) 7 1101.

Groeneveld, T. P., E. E. Fletcher and *A. R. Elsea:* A review of the literature on cleaning, pickling and electroplating processes and relief treatments to minimize hydrogen embrittlement of ultrahigh-strength steels. Spec. Rep. NASA CR-80690 Oct. 1966 44 pp. (Contract NAS8-20029); STAR **5** (1967) 4 554 [4.82.29].

Helfrich, W. E.: Protective coatings for extended life of aircraft jet engines. SAE Publ. 660310 1966 [4.82.14].

Horsfield, A. M., G. Almquist and *C.-H. Rosendahl:* Strip cladding of steel with stainless and nickel basis alloys. Brit. Welding J. **13** (1966) 3 315—325.

Lang, K.: Chemical nickel plating with sodium borohydride or amine boranes: The „Nibodur" process. Electroplating & Metal Finish **19** (1966) March 86—91, 96; Nickel-Ber. **24** (1966) 8 161—162.

Lazarenko, N. I.: The plating mechanism in electrospark alloying of surfaces. "Electronic treatment of materials. No 1, 1965." Joint Publ. Res. Service, Washington, D. C. JPRS-35288 May 1966 pp. 54—58 (Transl. into English from Elektronnaya Obrabotka Materialov (Kishinev) (1965) 1; STAR **4** (1966) 14 2601—2602.

Suski, William J.: Protecting metals with electroless nickel coatings. Chem. Engng. **7** (1966) 24 148, 150, 152.

Ul'yanov, R. A. and *S. F. Kovtun:* Cladding titanium in a vacuum. "Soviet Res. on Titanium Alloys." Joint Publ. Res. Service, Washington, D. C. JPRS-35419 May 1966 pp. 12—15 (Transl. into English from Tsvetn. Metally (Moscow) (1965) 12 pp. 79—82); STAR **4** (1966) 15 2843.

4.82.12 Galvanisieren

Elze, J.: Das Chromatieren von galvanisch abgeschiedenen Zink- und Kadmiumüberzügen. Blech **7** (1960) 2 63—67.

Fishlock, D. J.: Verbesserung der Verchromungstechnik. Metalworking Production **104** (1960) 14 601—607.

Hartung, K.-H.: Das Galvanisieren von weichem Stahl. Galvanotechnik **51** (1960) 12 592—605.

Huber, W.: Chemische und elektrolytische Oberflächenbehandlung von Aluminium. Techn. Rdsch. (Bern) **52** (1960) 18 17, 19; Mitt. Forsch.-Ges. Blechverarb. (1960) 24 ref. 1157.

Pinner, R.: Entwicklungsrichtungen beim elektrolytischen und chemischen Glänzen. Metalloberfläche **14** (1960) 5 181—185, 8 256—260; Werkstatt u. Betrieb **94** (1961) 3 175.

Williams, A. E.: Sherardisieren — ein Verfahren zum Schutz von Eisenteilen. Product. Finishing **13** (1960) 3 54—60.

d'Agostino, R.: Galvanisieren von Präzisionsteilen. Amer. Machinist/Metalworking Manuftg. **105** (1961) 18 127—129.

Elssner, G.: Galvanische und chemisch erzeugte Oberflächenschutzschichten im Leichtmetallbau unter besonderer Berücksichtigung des Flugzeugbaues. Industriebl. (Stuttgart) **61** (1961) 5 282—297; Aluminium **37** (1961) 11 A 456; Mitt. Vereinigte Metallwerke Ranshofen-Berndorf **9** (1961) 1 37.

Hall, N.: Vorbehandlung der Grundmetalle für das Galvanisieren. Metal Finishing Guidebook Directory **29** (1961) 249—257.

Heiling, H. M.: Duplex-Chrom und Duplex-Nickel als Korrosionsschutz für Stahl. Techn. Rdsch. (Bern) **53** (1961) 8 33, 35, 37, 41, 43.

Richaud, Henri: Les revêtements électrolytiques sur l'aluminium. Rev. Aluminium **38** (1961) 289 881-887; Aluminium **38** (1962) 2 A 60.

Ruge, J. u. *P. Hildebrandt:* Galvanische Überzüge auf geschweißten Konstruktionsteilen. Schweißen u. Schneiden **13** (1961) 5 195—199 4 Lit.-St.

Safranek, W. H.: Don't overlook electroforming. Metalworking Production **105** (1961) 32 48—63; Werkstatt u. Betrieb **95** (1962) 4 251.

Such, T. E.: Fortschritte auf dem Gebiet des galvanischen Vernickelns und Verchromens. Corrosion, Prevention & Control **8** (1961) 8 29—35.

Weiner, R.: Kombinierte galvanische Metallüberzüge. Auswertung von Ergebnissen und Erfahrungen. (Geschichtliche Entwicklung — Prüfverfahren — Einfluß des Grundmaterials — Einfluß der Verchromung — Einfluß der Vernickelung — Die Unterkupferung). Galvanotechn. **52** (1961) 565—573 2 Lit.-St.

Buss, G.: Erfahrungen mit Doppelnickelschichten. Metalloberfläche **16** (1962) 12 381—386.

Dettner, H. W.: Neue Verchromungsverfahren. Industriebl. **62** (1962) 3 125—129; Mitt. Forsch.-Ges. Blechverarb. (1963) 13/14 Ref. 263 [4.82.24].

Fitzgerald-Lee, G.: Some properties and characteristics of nickel plating. Electroplating & Metal Finish. **15** (1962) March 90—92, 94; Nickel-Ber. **20** (1962) 8 265.

Greenwood, J. D.: Neuzeitliche Verfahren der Hartverchromung. Metal Finishing J. **8** (1962) 96 427—432, 97 5—9, 28, 98 45—50.

Herrmann, E.: Galvanische Metallüberzüge auf Aluminium. Galvanotechn. **53** (1962) 11 550—553; Aluminium **39** (1963) 3 A 108.

Moreton, R.: An investigation into the use of silicon carbide as an oxidation resistant coating for molybdenum. RAE TN Met. Phys. 351 March 1962 24 pp. 18 refs.; Index Aeron. **20** (1964) 9 ref. 4469.

van Oeteren, K. A.: Feuerverzinkung und Anstrich als ideales Korrosionsschutzsystem. Metall-Reinig. + Vorbehandlg. **11** (1962) 1 1—8 [4.82.26].

van Oeteren, K. A.: Metallische Überzüge auf Stahl. Industrie-Anz. **84** (1962) 95 2229—2232 9 Lit.-St.

Oswald, J. W.: Heavy electrodeposition of nickel. Int. Nickel Comp. (Mond) Ltd. Publ. Nr. 2762 40 pp.; Nickel-Ber. **20** (1962) 11 346.

Raub, E. u. *A. v. Krusenstjern:* Gegenwartsfragen der Galvanotechnik. Feinwerktechn. **66** (1962) 2 37—44 19 Lit.-St.

Read, H. J.: The effect of addition agents on physical and mechanical properties of electrodeposits. Plating **49** (1962) June 602—606; Nickel-Ber. **21** (1963) 1/2 10—11.

Burkhardt, W.: Über den Einfluß von Werkstück und Galvanisiergestell auf die Metallverteilung galvanischer Schutzüberzüge. Metall **17** (1963) 9 872—880.

Callaghan, T. J.: Vernickelung mit Rohnickel. Titankörbe in der Galvanotechnik. Galvanotechnik **54** (1963) 8 432—444.

Lenz, Karl: Galvanisieren von Schrauben in automatischen Anlagen. Draht-Welt **49** (1963) 6 Beil. Schrauben, Muttern, Formteile (1963) 3 51—54.

Müller, K.: Production of metal coatings by reduction. Galvanotechn. **54** (1963) 11 609—619 6 refs.; Index Aeron. **20** (1964) 2 ref. 715.

Nonn, H.: Einfluß der Oberflächenstruktur von Stahl und Gußeisen auf die Ausbildung rißfreier, galvanischer Hartchromschichten. Diss. TH Aachen 1963; VDI-Z. **107** (1965) 2 70.

Raub, E. und *A. Knödler:* Über einige Eigenschaften von galvanisch abgeschiedenem Chrom. Mitt. Forsch.-Ges. Blechverarb. (1963) 13/14 191—209.

Read, H. J., G. H. Karchner and *T. J. Patrician:* The effects of chromium plating on the mechanical properties of electrodeposited nickel. Plating **50** (1963) Jan. 35—38; Nickel-Ber. **21** (1963) 5 133.

Usov, V. V. and *V. I. Liner:* Galvanic copper plating of titanium and its alloys. Nonferrous metallurgy. Transl. into English of Izv. Vysshikh Uchebn. Zavedenii. Tsvet. Met. (Ordzhonikidze) (1963) 4 pp. 180—190 by Air Force Systems Command, Wright-Patterson AFB, Ohio, Foreign Technol. Div. June 1964; STAR **3** (1965) 1 77.

Weigel, Jürgen: Galvanisieren von Titan. Galvanotechn. **54** (1963) 3 127—138.

Weiner, R., F. Hesse u. *E. Rühr:* Die galvanische Hartverchromung elektropolierter Metalloberflächen. Metall **17** (1963) 1 21—23 5 Lit.-St.

Wolf, I. W.: Stress-reducing organic additives in the sulphate-chloride bath for nickel-iron deposition. Electrochem. Technol. **1** (1963) May/June 163—167; Nickel-Ber. **21** (1963) 10 284.

Elze, J. u. *H. Plog:* Oberflächenrauheit handelsüblichen weichen Stahles und seine Galvanisierbarkeit an Blechen und Bändern. Galvanotechnik **55** (1964) 10 612—620 13 Lit.-St.

Foulke, D. G. and *E. C. Rinker:* Electroplating, key to high reliability contact surfaces. Int. Electr. **8** (1964) 5 19—22.

Katz, W.: Möglichkeiten und Ziele im Oberflächenschutz durch Chrom-Nickelschichten. Metall **18** (1964) 10 1077—1086.

Kern, S.: Galvanizing technology in three languages. Galvanotechn. **55** (1964) 6 359—364; Index Aeron. **20** (1964) 10 ref. 4711.

Lieber, Hans-Wilhelm: Möglichkeiten und Grenzen der heutigen Massengalvanisiermethoden. Galvanotechnik **55** (1964) 8 460—481.

Safranek, W. H.: A survey of electroforming for fabricating structures. Battelle Memorial Inst., Columbus, Ohio. RSIC-210 Aug. 1964 35 pp. (Contract DA-01-021-AMC-203 (Z), AD-461826); STAR **3** (1965) 13 2198 [4.82.11].

Seyb, E. J.: Das Verchromen von rostfreien Stählen. Metalloberfläche **18** (1964) 1 9—13.

Weiner, Robert: Neuere Erfahrungen über die Verwendung des anodischen Polierens in der Galvanotechnik. Galvanotechn. **55** (1964) 3 155—160.

Weiner, R.: Investigations of galvanic hard chromium plating (in German). Galvanotechnik **55** (1964) 5 276—281 5 refs.; Index Aeron. **20** (1964) 7 ref. 3313.

— Galvanisches Vernickeln in Sulfamatbädern. Düsseldorf: Nickel-Inform. Büro 1964 56 S.; Werkstatt u. Betrieb **99** (1966) 5 352.

Bogart, H. N., G. L. Burnside, and *G. E. F. Brewer*: Concept and development of Ford electrocoating process. SAE-Publ. 650 270 (988 A) 1965; SAE-J. **73** (1965) 4 148.

Bogenschütz, A. F.: Die galvanische Abscheidung dünner Metallschichten in der Mikroelektronik. Metall **19** (1965) 6 590—597 12 Lit.-St.

Defranoux, J.-M.: Les méthodes électrochimiques d'étude de la corrosion des aciers inoxydables. Méc. Électricité **49** (1965) 191 73—77.

Eisenmenger, F. C. u. *F. A. Schmidt*: Chromaluminieren von Metalloberflächen. Luftfahrttechn.-Raumfahrttechn. **12** (1965) 5 143—144; Index Aeron. **22** (1966) 10 51.

Elssner, G.: Das Spülen in der galvanischen Oberflächentechn. Galvanotechn. **56** (1965) 2 96—103.

Golikov, N. S., A. D. Filatov u. *B. I. Berlin*: Technologie zur Herstellung elektrolytisch verzinnter Bleche. Stal in Deutsch **5** (1965) 8 763—768.

Hickman, R. G.: The influence of ultrasonic agitation on porosity in nickel electroplates. Plating **52** (1965) June 540—542; Nickel-Ber. **24** (1966) 1/2 7.

Kaiser, Hans-Rolf: Möglichkeiten und Grenzen einer Hartverchromung. Galvanotechn. **56** (1965) 4 201—214 36 Lit.-St.

Kehling, A.: Stromlose Vernickelung. Fertigungstechn. u. Betrieb **15** (1965) 6 360—363.

Lang, K.: Die Galvanisierung von Kunststoffen unter Anwendung des Nibodur-Verfahrens. Galvanotechn. **56** (1965) 7 411—412; Kunststoff-Rdsch. **13** (1965) 12 674.

Lowery, J. R.: Improving the adhesion of electroplated coatings on titanium alloys. Metal Finishing **63** (1965) 8 56—60, 64 (Repr. in Engr's Digest (London) **27** (1966) 2 95—97); Index Aeron. **22** (1966) 5 118.

Müller, G. u. *H. Ebneth*: Die Galvanisierung von Kunststoffen. Galvanotechnik **56** (1965) 7 390—408 25 Lit.-St.; Kunststoff-Rdsch. **14** (1967) 1 29.

Mulder, E. H.: Entwicklung der Verchromung für Laufbüchsen von mittelschnellaufenden Motoren. MTZ **26** (1965) 11 477—479.

Wiegand, H. u. *H.-R. Kaiser*: Über den Mechanismus der Festigkeitsänderung von Eisenwerkstoffen infolge einer Hartverchromung. Metalloberfläche **19** (1965) 8 241—252 98 Lit.-St.

Winkler, Lothar: Ein neues Schnellvernickelungsverfahren auf Nickelsulfamatbasis. Bericht über das „Ni-speed"-Verfahren. Galvanotechnik **56** (1965) 6 359—368.

Freemann, D. B. u. *P. Burden*: Oberflächenvorbereitung für galvanische Überzüge. Trans. Inst. Metal Finish (London) **44** (1966) 2 71—77.

Galmiche, Ph.: Techniques thermo-chimiques ONERA de protection et d'assemblage des aciers et alliages réfractaires. Journées Sci. de l'ONERA (Conf. Paris-Meudon Juin 1966) 1966 p. 27-28; STAR **4** (1967) 8 1285.

Henig, H.: Bemerkung zur physikalischen Verfahrenstechnik der Massengalvanisierung. Metalloberfläche **20** (1966) 1 13—18, 4 175—180 32 Lit.-St.

Kluge, S.: Herstellung galvanoplastischer Metallüberzüge für Umformwerkzeuge aus Plasten. Fertigungstechn. u. Betrieb **16** (1966) 10 602—606.

Lowery, James R.: Galvanische Überzüge auf Titan und Titanlegierungen. Galvanotechn. **57** (1966) 6 395—401.

Mennenöh, Siegfried: Metallische Überzüge als Korrosionsschutz bei typisierten Stahlfertigteilen für den Stahlleichtbau. VDI-Z. **108** (1966) 2 47—50 9 Lit.-St.

Steffens, H. D.: Korrosionsschutz von Stahlkonstruktionen durch Spritzverzinken. Metalloberfläche **20** (1966) 9 386—392.

Wackernagel, K.: Moderne Entwicklungen und Tendenzen in der Galvanotechnik. Metall **20** (1966) 6 587—591 16 Lit.-St.

Wiegand, Heinrich, u. *Helmut Speckhardt*: Metallische Überzüge auf Kunststoffen. München: Hanser 1966 88 S.

— Galvanisieren von Aluminium. Aluminium-Merkbl. O8. Düsseldorf: Aluminium-Zentrale Aug. 1966 7 S.

— Metallische Überzüge I. Galvanische Verfahren. VDI-Richtlinie 2420 Bl. 4. Düsseldorf: VDI-Verl. Aug. 1966 11 S.

Fürstenberg, U.-H.: Neuere Entwicklungen auf dem Gebiet der Galvanotechnik. Werkstatt u. Betrieb **100** (1967) 5 385—388 16 Lit.-St.

Silman, H.: Die kontinuierliche Aluminierung von Stahlband und Stahldraht. Int. Fachtag. „Oberflächenbehandlung als Korrosionsschutz" 1966 in Basel. Aluminium **43** (1967) 4 253 (Vortr. Auszug).

4.82.13 Diffundieren

— Oberflächenschutz von Stahl durch Inkromieren. Hrsg. Beratungsstelle f. Stahlverwendung Merkbl. über sachgemäße Stahlverwendung Nr. 247 Düsseldorf 1959 8 S.

— Protection of steel parts by vacuum deposition of cadmium. Machinery (London) **97** (1960) 2510 1411—1413; Index Aeron. **17** (1961) 2 ref. 131.

Wellinger, K. u. *A. Schweizer:* Untersuchungen zum Tauchaluminieren und Tauchalitieren von Stahl. Werkstattstechnik **51** (1961) 1 23—29; Aluminium **37** (1961) 6 A 250.

Brown, D. R. u. *A. E. Jackson:* „Elphal"-Band-Aluminier-Verfahren. Sheet Metal Industries **39** (1962) 420 249—256.

Bishop, T.: Neues Verfahren zum Überziehen von Stahlband mit Aluminium. Metal Progr. **82** (1962) 1 97—99.

Emonds, Franzjosef: Herstellung und Eigenschaften lotplattierter Bleche aus Aluminium und Aluminiumlegierungen. Blech **9** (1962) 11 611—614; Aluminium **39** (1963) 4 A 166 [4.82.11].

Emonds, Franzjosef: Das Plattierlöten von Aluminium und seinen Legierungen. Aluminium **38** (1962) 9 590—593; Aluminium **38** (1962) 10 A 380.

Ikenberg, L. C.: Determining the weight and analysis of unalloyed and alloyed coating layers on hot-dipped aluminium-coated steel. Mater. Res. & Stand. **2** (1962) 3 177—179.

Garrick, P.: Aluminisiertes Stahlblech. Techn. Rdsch. (Bern) **55** (1963) 25 27; Aluminium **39** (1963) 10 A 420.

Kudrass, K.: Probleme der kontinuierlichen Feueraluminierung von Stahlteilen. Metalloberfläche **17** (1963) 2 49—53; Aluminium **39** (1963) 4 A 174.

Kudrass, K.: Hitzebeständigkeit und Korrosionsfestigkeit von Stahlteilen. Aluminierung im Tauchverfahren mit anschließender Diffusionswärmebehandlung. Techn. Rdsch. (Bern) **55** (1963) 25 25, 27; Aluminium **39** (1963) 10 A 420.

Marke, E.: Aluminiertes Feinblech. Bänder Bleche Rohre **4** (1963) 10 526—529; Aluminium **40** (1964) 3 R 152.

Reininger, Hans: Das Alumitieren. Aluminium **39** (1963) 4 243—249 52 Lit.-St.; Index Aeron. **19** (1963) 6 ref. 2550.

Agarwale, R. P., S. P. Murarka, and *M. S. Anand:* Diffusion of chromium in aluminium. Acta Metallurgica **12** (1964) Aug. 871—874; Battelle Techn. Rev. **13** (1964) 1 416 a.

Nichols, E. S., J. A. Burger, and *D. K. Hanink:* Comparative evaluation of protective coatings for high temperature alloys. SAE-Prepr. 843 E 1964 13 pp. 5 refs.; Index Aeron. **20** (1964) 9 ref. 4478.

Rummler, D. R., B. A. Stein, and *R. A. Pride:* A study of several oxidation-resisting coatings on Mo-0.5 Ti alloy sheet at 2,500 deg. F. NASA TN D-2040 Aug. 1964 78 pp. 19 refs.; Index Aeron. **21** (1965) 1 ref. 520.

Stein, B. A. and *W. B. Lisagor:* Diffusion studies of several oxidation resistant coatings on Mo-0.5 Ti molybdenum alloys at 2,500 deg. F. NASA TN D-2039 Aug. 1964 36 pp. 7 refs.; Index Aeron. **21** (1965) 1 ref. 519.

von den Steinen, Albert u. *Gottfried Becker:* Verbesserung der Zunderbeständigkeit hochwarmfester Werkstoffe durch Eindiffusion von Metallen. MTZ **25** (1964) 9 341—343.

Brown, R. S.: Diffused aluminium coatings for high temperature service. Mater. Protection **4** (1965) 7 50—51.

Criscione, J. M., J. Rexer, and *R. G. Fenish:* High temperature protection coatings for refractory metals. Progr. Rep. No 3 (May—July 1965) NASA CR-68181 1965 22 pp. (Contract NASw-1030); STAR **4** (1966) 3 434.

Kunst, H. u. *O. Schaaber:* Borieren von Stahl. Jb. Oberflächentechnik Bd. 21 1965 97—103 4 Lit.-St.

Kunst, Helmut u. *Otto Schaaber:* Überblick über das Borieren von Stahl. VDI-Z. **107** (1965) 2 49—54 13 Lit.-St.

— Oberflächenschutz hochwarmfester Bauteile durch Corrimunieren. Luftfahrttechn.-Raumfahrttechn. **11** (1965) 11 306 bis 307.

Kral, Werner A.: Corrimunieren. Konstruktion—Elemente—Methoden (KEM) (1966) 2 18—20 7 Lit.-St.

Lehnert, Günter: Diffusions-Verfahren schützen Metalloberflächen. Galvanotechnik **57** (1966) 4 247—253.

4.82.14 Metallspritzen, Metallauftragen

Baiker, W.: Theorie der Flammspritztechnik, der Geräte und der Spritzbedingungen. Z. Schweißtechn. **50** (1960) 7 194—201.

Bell, G. R.: Metallspritzüberzüge zur Erhöhung der Verschleiß-, Korrosions- und Oxydationsbeständigkeit. Brit. Welding J. **7** (1960) 5 305—311 4 Lit.-St.

Curson, G. A.: Metallspritzüberzüge. Brit. Welding J. **7** (1960) 5 312—317.

Keel, C. G.: Fortschritte der Metallspritztechnik. Techn. Rdsch. (Bern) **52** (1960) 41 9, 11, 13 13 Lit.-St.

Levingstein, M. A.: Fortschritte beim Plasmametallisieren. Metal Finishing J. **6** (1960) 72 467—474, 476.

Marcu, V. V. and *P. Freund:* Corrosion protection by mixed layer of sprayed metal and film-forming products (in French). Rev. Mécan. **5** (1960) 2 283—293; AMR **14** (1961) 11 872.

Meyer, H.: Über das Flammspritzen von Aluminiumoxyd. Werkstoffe u. Korrosion **11** (1960) 10 601—616 32 Lit.-St.; Index Aeron. **16** (1960) 12 ref. 220.

Reininger, H.: Das Flammspritzen von Metallen. Metall **14** (1960) 2 115—125 42 Lit.-St.

Campbell, H. S.: Surface preparation of aluminium alloys for metal spraying. J. Roy. Aeron. Soc. **65** (1961) 609 633; Index Aeron. **17** (1961) 11 ref. 372.

Kretschmar, E.: Entwicklung und Einsatzmöglichkeit des Lichtbogenmetallspritzens. Schweißtechnik (Berlin) **11** (1961) 8 342—345 14 Lit.-St.

Minne, R. u. *E. Tavernier:* Qualitätskontrolle eines Metallspritzüberzuges. Rev. Soudure **17** (1961) 4 178—191 3 Lit.-St.

Porter, F. C.: Gespritzte Aluminiumüberzüge auf Stahl in Seeatmosphäre. Aluminium **37** (1961) 8 515—517 22 Lit.-St.

Reininger, Hans: Die Härte gespritzter Metallschichten. Maschinenmarkt **67** (1961) E 1 6—7 8 Lit.-St.

Reininger, Hans: Weiterentwicklung der Metallspritztechnik. Metalloberfläche **15** (1961) 2 52—57, 3 88—99, 4 118—121, 5 148—515 140 Lit.-St.

Remmelts, J.: Metallspritzen. Metalen **16** (1961) 17 288—292, 18 304—308; Metall **17** (1963) 2 143.

Smith, R. S. and *N. Stephenson:* An adhesion test for aluminium spray coatings and other metallized surfaces. Brit. Welding J. **8** (1961) 4 161—165 5 refs.

Fischer, G. W.: Comparison of metal spraying by the plasma-arc and gas flame processes. Machinery (London) **101** (1962) 2614 1423—1428; Index Aeron. **19** (1963) 2 ref. 0664.

Matting, A. u. *H.-D. Steffens:* Die wissenschaftlichen Grundlagen des Metallspritzens. Mitt. Forsch.-Ges. Blechverarb. (1962) 16/17 220—230 10 Lit.-St.

Steffens, H.-D. u. *H. Dehning:* Die Dauerschwingbeanspruchbarkeit metallgespritzter korrosions- und verschleißfester Schutzschichten. Metall **16** (1962) 6 539—546 16 Lit.-St.

Titscher, J.: Eigene und ausländische Erfahrungen mit dem Spritzmetallisieren. Schweißtechnik (Wien) **16** (1962) 1 6—8.

Gatzek, L. E.: New developments in wear-resistant finishes and coatings. ASME Prepr. 63-MD-9 May 1963 8 pp. 15 refs.; Index Aeron. **19** (1963) 9 ref. 3903.

Müller, Ralph H. u. *Hanns Benninghoff:* Über neuere Einrichtungen der Flammspritztechnik. Industriebl. **63** (1963) 5 278 bis 283.

Parkes, R. A.: Present trends in the use of sprayed metal coatings. Corrosion, Prevention & Control **10** (1963) 11 20—23.

Reininger, H.: Weiterentwicklung der Metallspritztechnik. Metalloberfläche **17** (1963) 4 113—115, 5 145—148, 6 177—179, 8 245—247, 9 277—279, 11 341—345 183 Lit.-St.

Smith, D. M.: Plasma spraying of refractory metals. Metals Industry **103** (1963) 8 254—256; Index Aeron. **19** (1963) 10 ref. 4446.

Steffens, Hans-Dieter: Haftung und Schichtaufbau beim Lichtbogen- und Flammspritzen. Diss. TH Hannover 1963, Draht **14** (1963) 9 563—571, 10 621—631, Metall **17** (1963) 6 583—593, 9 905—922, 12 1213—1220; VDI-Z. **106** (1964) 12 494.

Wiederholt, W. u. *J. Sonntag:* Das Verhalten von spritzmetallisierten Stahlblechen ohne und mit Rostschutzanstrichen oder Kunststoffüberzügen bei Laboratoriumsversuchen. Schweißen u. Schneiden **15** (1963) 3 113—123, 4 163—168 27 Lit.-St.; Battelle Techn. Rev. **12** (1963) 7/8 280 a.

— Flame plating. Production Technol. **1** (1963) 1 38—39; Index Aeron. **19** (1963) 5 ref. 2081.

— Hard plating. Development of new process for spray-coating tungsten-carbide on circular steel parts. Aircr. Production **25** (1963) 2 66—68; Index Aeron. **19** (1963) 3 ref. 1184.

Blanc, G. M.: Auftragen und Auftragswerkstoffe. Industriebl. **64** (1964) 8 308—317.

Hoar, T. P.: Protection of welded structures by metal spraying. Brit. Welding J. **11** (1964) 10 523—531.

Klein, Norbert: Schmelzbare Spritz-Hartlegierungen als Verschleiß- und Korrosionsschutz. Schweißen u. Schneiden **16** (1964) 10 472—476; Battelle Techn. Rev. **14** (1965) 1 10 a.

Knebelkamp, Werner u. *Werner Papsdorf:* Beitrag zur Frage des Lichtbogenspritzens mit Stahldrähten. Schweißen u. Schneiden **16** (1964) 8 331—334 14 Lit.-St.

Matting, A.: Das Metallspritzen: Von der Gasflamme zum Plasmastrahl. Werkstoffe u. Korrosion **15** (1964) 11 894—901.

Matting, Alexander u. *Hans-Dieter Steffens:* Metallgespritzte Überzüge für Blechkonstruktionen. Blech **11** (1964) 3 94—99 8 Lit.-St.

Reininger, Hans: Entwicklungsmerkmale der Metallspritztechnik. Werkstoffe u. Korrosion **15** (1964) 1 30—45; Index Aeron. **20** (1964) 3 ref. 1438.

Reininger, Hans: Weiterentwicklung der Metallspritztechnik. Metalloberfläche **18** (1964) 8 241—243 55 Lit.-St., 9 275—276, 10 301—306, 11 340—343, 12 365—366.

Spitzig, W. A. and *S. J. Grisaffe:* Analysis of bonding mechanism between plasma-sprayed tungsten and a stainless steel substrate. NASA TN D-2461 Sept. 1964 15 pp. 8 refs.; Index Aeron. **21** (1965) 3 ref. 1476.

Spitzig, W. A. and *S. J. Grisaffe:* Metallurgical bonding of plasma sprayed tungsten on hot molybdenum substrates. NASA TN D-2510 Nov. 1964, Welding J. Res. Suppl. **43** (1964) 425 s — 427 s.

Steffens, Hans-Dieter: Haftung und Schichtaufbau beim Lichtbogen- und Flammspritzen. VDI-Z. **106** (1964) 12 494 (Diss. Ref.).

Elston, D. L.: The plasma spraying of protective coatings. Nat. Lead Co. Ohio, Cincinnati NLCO-966 Sept. 1965 18 pp.; STAR **4** (1966) 11 1895.

Grisaffe, S. J.: Shear bond strengths of alumina coatings. NASA TM-X-56280 1965 10 pp.; STAR **4** (1966) 8 1245.

Grisaffe, S. J.: Analysis of shear bond strength of plasma-sprayed alumina coatings on stainless steel. NASA TN D-3113 Nov. 1965 16 pp. 10 refs.; Index Aeron. **22** (1966) 5 115—116; Battelle Techn. Rev. **15** (1966) 3 79 a; STAR **4** (1966) 2 250.

Knoteck, O. u. *F. Frehn:* Probleme des Aufspritzens verschleißfester Legierungen. Werkstattstechn. **55** (1965) 12 603—606.

Matting, Alexander u. *Hans-Dieter Steffens:* Metallspritzschichten aus Stahl und Nichteisenmetallen und Prüfung ihrer Haftfestigkeit. Stahl u. Eisen **85** (1965) 20 1257—1266 18 Lit.-St.

Matting, Alexander u. *Hans-Dieter Steffens:* Stand und Entwicklung des Metallspritzens. Schweißen und Schneiden **17** (1965) 12 684—690 10 Lit.-St.

Newton, Emerson H., D. E. Johnson, J. L. Sienczyk, and *E. Sullivan:* Fine metal filaments for high-temperature applications. Wright-Patterson AFB, Ohio. AF Mater. Lab. AFML TR-65-124 April 1965 87 pp. (Contract AF 33(657)-10539, AD-617255); STAR **3** (1965) 23 4016.

Reichelt, W.: Herstellung von Metallschichten im Hochvakuum-Bedampfungsverfahren und ihre Eigenschaften. Jb. Oberflächentechnik Bd. 21 1965 175—180.

Reininger, H.: Metallographie der Metallspritzschichten. Metall **19** (1965) 9 953—961.

Stanners, J. F. and *K. O. Watkins:* Protection of structural steel by flamesprayed metals and paints. Trans. Inst. Metal Finish. **43** (1965) 2 63—75; Aluminium **41** (1965) 10 R 494.

— Soviet advance in aluminium coating of steel. Light Metals **28** (1965) 328 60—61 12 refs.

Bonner, P. E. and *F. J. Stanners:* Protection of steel by metal spraying. A review. Brit. Corrosion J. **1** (1966) 9 339—343; Battelle Techn. Rev. **16** (1967) 4 108 a.

Cauchetier, J.: Some examples of the use of flame sprayed coatings for protection against hot gases. Werkstoffe u. Korrosion **17** (1966) 1 17—19; Index Aeron. **22** (1966) 4 57.

Helfrich, W. E.: Protective coatings for extented life of aircraft jet engines. SAE-Publ. 660310 1966 [4.82.11].

Matting, A.: Metal spraying: From gas flame to plasma jet. Brit. Welding J. **13** (1966) 9 526—532 7 refs.; Index Aeron. **22** (1966) 11 66.

Matting, A. u. *B. Delventhal:* Das Plasmaspritzen und die Herstellbarkeit wärmedämmender Schutzschichten auf Stahl. Metalloberfläche **20** (1966) 10 424—434 56 Lit.-St.

Matting, A. u. *B. Delventhal:* Herstellen und Prüfen plasmagespritzter Überzüge. Blech **13** (1966) 11 551—555.

Remmelts, J.: Sprayed metal coatings for protection of base aluminium alloy parts in aircraft. Metaalinstituut TNO, Delft M-66-441 May 1966 16 pp. (TDCK-46042); STAR **5** (1967) 1 78.

Rosenberg, Joe: Spraying metal by electric arc. Amer. Mach. **110** (1966) 3 66—68.

Zentner, H.: Auftragen von Hartmetall mittels Perkussion. Techn. Zbl. prakt. Metallbearb. **60** (1966) 10 668—670.

Hedde, A.: The activities of the International Institute of Welding (IIW) in the field of metalspraying. Welding in the World (London) **5** (1967) 1 34—38 (Dok. IIS/IIW-239-66).

4.82.21 Phosphatieren

Drysdale, R. F.: Phosphatieren beim Tiefziehen. Mass Production **36** (1960) 11 86—90.

Knapp, Rudolf: Phosphatierung und Aufbau einer Phosphatieranlage. Maschinenmarkt **66** (1960) E 17 24—26.

Tauscher, H.: Der Einfluß der Phosphatierung auf die Dauerfestigkeit von Stahl. Draht **11** (1960) 8 442—448 17 Lit.-St.

— Phosphatieren von Stahl. Merkblätter für sachgemäße Stahlverwendung, Nr. 166. Düsseldorf: Beratungsstelle für Stahlverwendung 1960 16 S.; Werkstatt u. Betrieb **95** (1962) 3 181.

Blum, H.: Maßnahmen zur Schichtverfeinerung bei der Phosphatierung. Mitt. Forsch.-Ges. Blechverarb. (1961) 21/22 294—296.

Holden, H. A.: Neue Entwicklungen im Phosphatieren. Corrosion Technol. **8** (1961) 2 40—44.

Mayer, E.: Die moderne chemische Oberflächenbehandlung von Eisen und Aluminium vor der Lackierung. Techn. Zbl. prakt. Metallbearb. **55** (1961) 1 7—13 [4.82.24].

Hache, A.: The protection of steel by phosphatation at high temperature (in French). Compt. Rend. Acad. Sci. (Paris) **254** (1962) 1 102—103.

Kronstein, M.: Die Oberflächenbehandlung von Metallen. Werkstoffe u. Korrosion **13** (1962) 12 753—758 9 Lit.-St.; Index Aeron. **19** (1963) 3 ref. 1121.

— Chemische Oxydation, Chromatieren und Phosphatieren von Aluminium. Merkbl. O2. 4. Aufl. Düsseldorf: Aluminium-Zentrale 1962 [4.82.23].

— Phosphate coatings for use in cold forging. Mach. Shop Mag. **23** (1962) 1 18—20; Werkstatt u. Betrieb **96** (1963) 2 129 [4.12.0].

— Verbesserung der Oberfläche beim Kaltumformen durch Phosphatieren. Industr. Finishing (London) **14** (1962) 164 41—44.

Machu, Willibald: Über die wesentlichen Merkmale und Unterschiede von schichtbildenden und nichtschichtbildenden Phosphatierungslösungen sowie den Reaktionsmechanismus in letzteren. Werkstoffe u. Korrosion **14** (1963) 4 273—279.

Machu, Willibald: Über den Einfluß einer Vorbehandlung vor dem Phosphatieren auf die Eigenschaften von Phosphatschichten. Werkstoffe u. Korrosion **14** (1963) 7 566—574.

Potlushnewa, R. D.: Über die Pyrophosphatverkupferung von Aluminiumlegierungen. Galvanotechn. **54** (1963) 3 142—144; Aluminium **39** (1963) 5 A 202.

— Phosphatieren zum Erleichtern der Kaltformung. VDI-Richtlinie 3164. Düsseldorf: VDI-Verl. 1963 4 S. 8 Lit.-St.

Cole, H. G.: Protection against corrosion, hydrogen embrittlement. "Problems in the load carrying application of high-strength steels". Battelle Memorial Inst., Columbus, Ohio. Defense Metals Inform. Center DMIC-210 1964 pp. 103—104 (Contract AF 33(615)-1121, AD-611 750); STAR **3** (1965) 9 1492 [4.82.11].

Vetter-Diez, Bruno: Verfahren und Anlagen zur Ziehphosphatierung für die Erleichterung der Kaltumformung von Massivteilen, Blechen und Rohren. Bänder Bleche Rohre **5** (1964) 9 493—500.

Cupr, V. u. *J. B. Pelikán:* Die Bildung der Phosphatüberzüge auf Stahl und Eisen. Metalloberfläche **19** (1965) 6 187—191, 7 230—231.

Enke, Chr. G.: Das Reinigen von Blechziehteilen aus NE-Schwer- und Leichtmetallen. Maschinenmarkt **71** (1965) 57 21—24 [4.82.29].

Opitz, Heinz: Die Bedeutung der Metallvorbehandlung bei der Anwendung wäßriger Anstrichstoffe. Maschinenmarkt **71** (1965) (1965) 27 18—21 8 Lit.-St.

Tyvaert, P.: La phophatation, traitement chimique de surface, ses différentes formes et applications. Peinture Pigments Vernis **41** (1965) 12 833—843 3 réfs.

Kafarski, H. A.: What's new in phosphate coating of steel. SAE-Publ. 660070 1966.

4.82.22 Nitrieren von Stählen

Flament, D.: Das Nitrieren. Metallurgie **91** (1959) 10 725—727, 729, 731; Draht **11** (1960) 5 243.

Holladay, J. W.: Nitriding of titanium. Battelle Mem. Inst., Defense Metal Inform. Center DMIC Rep. 29 PB 161179 Aug. 1959 11 pp. 26 refs.; Titanium Abstr. Bull. **6** (1960) 1 213—214 ref. 5985.

Reininger, Hans: Die Entwicklung der Zementier- und Nitrierverfahren im Ausland. Teil I. Maschinenmarkt **66** (1960) E 16 18—20 3 Lit.-St.

Reininger, Hans: Die Entwicklung der Zementier- und Nitrierverfahren im Ausland seit dem letzten Kriege. Teil III. Maschinenmarkt **66** (1960) E 17 19—20 32 Lit.-St.

Tauscher, H. u. *G. Höhne:* Beitrag zur Badnitrierung legierter Baustähle. Neue Hütte **6** (1961) 11 701—707.

— Neue Erkenntnisse über das Weichnitrieren. Werkstatt u. Betrieb **94** (1961) 12 946—948, **95** (1962) 8 553—554.

Bräutigam, Fritz: Neue Betriebserfahrungen beim Nitrieren im Ammoniakgasstrom. Werkstatt u. Betrieb **96** (1963) 12 901—907.

Pomey, J.: Neuere Fortschritte und aktuelle Tendenzen bei der Karbonitrierung und Nitrierung. Härtereitechn. Mitt. **18** (1963) 10 127—142.

Shabalin, V. I. and *I. V. Vlasova:* Surface hardening of a metal during mechanical polishing. Industr. Lab. **28** (1963) 11 1458—1459 (Transl. of Zavod. Lab. **28** (1962) 11 1375 by Instrument Soc. of America, Pittsburgh, Pa.); AMR **17** (1964) 8 610.

— Working with maraging steels (forging, nitriding and welding). Metal Treatm. & Drop Forging **30** (1963) 217 393—396 [4.12.4] [5.31.31].

Finnern, B.: Neue Anwendungsbeispiele des Badnitrierens unter besonderer Berücksichtigung des Fahrzeugbaues. Härterei-Techn. Mitt. **19** (1964) 1 36—48.

Müller, J.: Dauerfestigkeitssteigerung durch ein neues Salzbadnitrierverfahren. Draht **15** (1964) 8 524—529.

Tauscher, H. u. *E. Stecher:* Der Einfluß der Badnitrierung auf das Korrosionsverhalten unlegierter und legierter Baustähle. Fertigungstechn. u. Betrieb **14** (1964) 6 360-365.

Eisenkolb, F. u. *M. Riehle:* Einfluß verschiedener Nitrierverfahren auf die Streckgrenze unlegierter und niedriglegierter Stähle. Fertigungstechn. u. Betrieb **15** (1965) 1 46—52.

Eysell, Fr. W.: Über das Badnitrieren von Werkzeugen. Werkstatt u. Betrieb **98** (1965) 5 273—277.

Finnern, B.: Die Prüfung badnitrierter Bauteile. Härterei-Techn. Mitt. **20** (1965) 1 50—57.

Finnern, Bruno: Bad- und Gasnitrieren (Betriebsbücher, Folge 18). München: Hanser 1965 76 S.

Novikova, Ye. N.: Nitriding of titanium alloys at high pressures. In: Physical metallurgy of titanium. NASA TT-F-338 Nov. 1965 pp. 66—174 (Transl. into English from Works of the 5th Conf. on Met., Phys. Met., and Appl. of Titanium and its alloys, Moscow, March 1963); STAR **4** (1966) 1 75.

Zemskov, G. V., L. K. Gushchin, and *Ye. V. Dombrowskaja* et al: Nitriding of steel under the effect of ultrasound. "Conf. on Metallography and Heat Treatm., Materials." Air Force Systems Command, Wright-Patterson AFB, Ohio. Foreign Technol. Div. FTD-TT-64-799/1+2 (AD-614944) April 1965 pp. 1—6 (Transl. into English from „Konferentsiya po Metallovedeniyu i Termicheskoy Obrabotka, Materialy", Odessa 1960 pp. 211—215); STAR **3** (1965) 24 4174.

L'Hermite, M.: Nitrieren und Karbonitrieren von Stählen mittels einer Autogen-Flamme, in die Ammoniak eingeblasen wird. Soudage Techn. Conn. **20** (1966) 11/12 473—492.

Novikova, Ye. V.: Nitriding of titanium alloys at reduced pressures. Air Force Systems Command, Wright Patterson AFB, Ohio. Foreign Technol. Div. FTD-TT-65-1630, TT-66-61960 May 1966 14 pp. (Transl. into English from Tr. Inst. Met. Im. A. A. Baikova, Akad. Nauk SSSR „Metallovedeniye Titana", Moscow. 1964 pp. 132—138); STAR **5** (1967) 1 83.

de Smet, Gérard: Nitrieren von hochlegierten Stählen. Techn. Zbl. prakt. Metallbearb. **60** (1966) 6 401—406.

Wiegand, H.: Über den derzeitigen Stand der Nitrierung. Z. wirtsch. Fertig. (ZwF) **61** (1966) 12 645—652.

4.82.23 Oxydationsverfahren

Cohn, Ch. C. u. *H. Sosson:* Zweistufenanodisieren von Aluminium und seinen Legierungen nach dem „Hi-Barrier ec"-Verfahren. Werkstoffe u. Korrosion **11** (1960) 10 616—621; Aluminium **37** (1961) 1 A 20.

Herrmann, E.: Harteloxierung. Galvanotechnik **51** (1960) 8 387—392; Aluminium **36** (1960) 12 A 380.

Kirkpatrick, J. S.: Surface treatments and finishes for magnesium. Mod. Metals **16** (1960) May 64—72; Blech **8** (1961) 4 346.

Bosdorf, L.: Chemische und anodische Oberflächenbehandlung von Aluminium. Industrie-Anz. **83** (1961) 93 1848-1851 28 Lit.-St.

Elssner, G.: Die Hart- bzw. Starkeloxierung des Aluminiums. Metall **15** (1961) 12 1194—1198 15 Lit.-St.; Aluminium **38** (1962) 3 A 86.

Herrmann, E.: Neuere Verfahren zur Oberflächenbehandlung des Aluminiums. Galvanotechn. **52** (1961) 10 521—526; Aluminium **38** (1962) 1 A 22.

Kerle, W.: Harteloxierung, nach dem Originalverfahren der ALCOA, von Aluminium und seinen Legierungen. Galvanotechnik u. Oberflächenschutz (Zürich) **2** (1961) 2 47—50; Aluminium **37** (1961) 8 A 322.

Neunzig, H.: Über die Glanzeloxierbarkeit von Aluminiumwerkstoffen in Abhängigkeit von der thermischen Behandlung. Metalloberfläche **15** (1961) 12 362—366; Aluminium **38** (1962) 3 A 86.

Weiner, R.: Aluminium-Oxydation und Harteloxierung. Galvanotechn. **52** (1961) 3 126—140.

Zurbrügg, E.: Das anodische Oxydieren von Bauteilen aus Aluminium. Aluminium **37** (1961) 7 414—415; Aluminium **37** (1961) 8 A 322.

Gardam, G. E.: Einfluß der Zusammensetzung und der Struktur auf das Verhalten der Oberflächenbehandlung von Aluminium-Magnesium-Silizium-Legierungen. Aluminium **38** (1962) 4 207—212 10 Lit.-St.

Huber, W.: Harteloxieren. Techn. Rdsch. (Bern) **54** (1962) 37 21, 23; Aluminium **39** (1963) 4 A 168.

Huber, W.: Die Beeinflussung der mechanischen Eigenschaften metallischer Werkstoffe durch chemische und elektrolytische Oberflächenbehandlung. Techn. Rdsch. (Bern) **54** (1962) 28 41—45, 32 33—37.

von Krusenstjern, A. u. *K.-H. Eyerund:* Harteloxalschichten. Bänder Bleche Rohre **4** (1962) 169—172; Aluminium **38** (1962) 9 A 340.

Müller, H. A. u. *H. L. Krautwedel:* Die Streifigkeit auf eloxierten Aluminiumblechen und Maßnahmen zu ihrer Vermeidung. Metall **16** (1962) 3 209—212.

Neunzig, H. u. *V. Röhrig:* Über die Abhängigkeit der Güte der Eloxalschicht von ihrer Nachverdichtung. Aluminium **38** (1962) 3 150—154; Aluminium **38** (1962) 4 A 148.

Stalzer, M.: Entwicklungen auf dem Gebiete des Harteloxierens. Metalloberfläche **16** (1962) 1 11—14; Aluminium **38** (1962) 7 A 242.

— Chemische Oxydation, Chromatieren und Phosphatisieren von Aluminium. Merkbl. O2 4. Aufl. Düsseldorf: Aluminium-Zentrale 1962 [4.82.21].

Bakaljuk, J. Cl.: Hartanodisieren von Aluminiumlegierungen. Galvanotechn. **54** (1963) 7 371—376; Aluminium **39** (1963) 9 A 368.

Bosdorf, L.: Die anodische Oxydation und ihre neuen Verfahren auf diesem Gebiet. Galvanotechn. **54** (1963) 2 66—80 32 Lit.-St.

Kaden, W.: Neuere Erkenntnisse und Erfahrungen über verschiedene Variationen der anodischen Oxydation des Aluminiums. Aluminium **39** (1963) 7 424—428; Aluminium **39** (1963) 8 A 326.

Modic, F.: Neuere Erfahrungen auf dem Gebiete der anodischen Oxydation von Aluminium in Chromsäure. Aluminium **39** (1963) 3 169—180 3 Lit.-St.; Aluminium **39** (1963) 4 A 168.

Reuther, Agathe: Betriebliche Fehlerquellen beim Glänzen und Anodisieren. Aluminium **39** (1963) 7 421—424; Aluminium **39** (1963) 8 A 326.

Simmons, John G.: A new anodizing process. Light Metals **26** (1963) 304 44—45.

Staub, H.: Über die anodische Oxydation von Aluminium. Galvanotechnik + Oberflächenschutz **4** (1963) 10 231—242; Aluminium **39** (1963) 12 A 508.

Tschebotarew, I. I.: Anodische Oxydation von Aluminium und seinen Legierungen mit guten elektrischen Isolationseigenschaften. Galvanotechnik **54** (1963) 11 631—639; Aluminium **40** (1964) 3 R 148; Index Aeron. **20** (1964) 2 ref. 776.

Weigel, Jürgen: Eloxal- und Tauchverfahren für Aluminium. Galvanotechn. **54** (1963) 10 563—574; Aluminium **40** (1964) 2 R 100.

Benninghoff, Hanns: Bibliographie wichtiger Veröffentlichungen über die anodische Oxydation von Aluminium. Galvanotechn. **55** (1964) 2 99—109.

Boos, J.-J.: Anodische Oxydschichten auf Wolfram. Metall **18** (1964) 5 466—468 8 Lit.-St.

Bosdorf, L.: Anodisch erzeugte Oxydschichten in Schwefelsäure-Oxalsäure-Elektrolyten. Metall **18** (1964) 10 1087—1089 9 Lit.-St.

Csokán, P.: Technologie der kontinuierlichen Anodisierung von Aluminiumbändern und -drähten. Werkstoffe u. Korrosion **15** (1964) 4 307—313; Aluminium **40** (1964) 6 R 300.

Darnault, G.: Die Bedeutung der Verdichtung und deren Prüfung für Verhalten von anodisch erzeugten Oxydschichten auf Aluminium und seinen Legierungen. Aluminium **40** (1964) 5 290—294 25 Lit.-St.; Aluminium **40** (1964) 6 R 300.

Gadeau, R.: Die Entwicklung der Anodisation des Aluminiums und seiner Legierungen. Aluminium **40** (1964) 3 165—167; Aluminium **40** (1964) 4 R 218.

Groof, Cornelius: Cathodic protection of aluminium. Materials Protection **3** (1964) Nov. p. 16+5 pp.; Battelle Techn. Rev. **14** (1965) 1 16 a.

Kape, J. M.: Recent developments in anodising. Light Metals **27** (1964) 310 45—47; Aluminium **40** (1964) 5 R 246.

Neunzig, H. u. *V. Röhrig:* Oberflächenschutz von Aluminium durch verschiedene Verfahren der anodischen Oxydation. Metall **18** (1964) 6 590—594 4 Lit.-St.; Aluminium **40** (1964) 8 R 384.

Primke, K.: Werkstoffkundliche Grundlagen zur halbquantitativen Analyse mechanischer Spannungen mit anodisch erzeugten Aluminiumoxydschichten. Aluminium **40** (1964) 5 295-301 10 Lit.-St.; Aluminium **40** (1964) 6 R 298.

Tajima, S.: Beitrag zur Theorie der anodisch gebildeten Oxydschichten auf Aluminium. Metall **18** (1964) 6 581—589; Aluminium **40** (1964) 7 R 342.

Weigel, J.: Eloxalverfahren für die Al-Legierung AlZnMgCu1.5 unplattiert. Luftfahrttechn.-Raumfahrttechn. **10** (1964) 8 210—215 5 Lit.-St.; Index Aeron. **20** (1964) 11 ref. 5487.

Birtel, H. u. *W. Leute:* Die Kontrolle der Verdichtung anodisch erzeugter Oxydschichten auf Reinaluminium und Aluminiumlegierungen. Aluminium **41** (1965) 1 52—53 14 Lit.-St.; Aluminium **41** (1965) 2 R 82.

Michelson, C. E.: How to prevent crazing of anodized aluminium. SAE-J. **73** (1965) 10 60—63.

Sautter, W.: Neuere Verfahren und Werkstoffe für die anodische Oxydation des Aluminiums. Aluminium **41** (1965) 7 417—422 22 Lit.-St.; Aluminium **41** (1965) 8 R 380.

Schmeken, H.: Qualitätskontrolle anodisch erzeugter Oxydschichten auf Aluminium. Aluminium **41** (1965) 12 760—764; Aluminium **42** (1966) 1 R 38.

Weigel, J.: Eloxalverfahren für den Flugzeugbau. Luftfahrttechn.-Raumfahrttechn. **11** (1963) 3 77—80.

— Anodizing and plating aluminium. Mod. Metals **21** (1965) 9 122, 124, 126, 128, 129—130, 132; Aluminium **42** (1966) 9 R 506.

Bosdorf, L.: Über die Korrosion und den Korrosionsschutz von Aluminium. Galvanotechnik **57** (1966) 6 386—394 20 Lit.-St.; Aluminium **42** (1966) 9 R 502 [4.82.26].

Coates, Harold J.: A spray or brush anodizing process for aluminum alloy. Six month Progr. Rep. NASA CR-76758 June 1966 58 pp. (Contract NAS 8-20157); STAR **4** (1966) 18 3563.

Elze, J.: Entstehungsbedingungen und Erscheinungsformen des Lochfraßes bei der anodischen Oxydation des Aluminiums nach dem GX-Verfahren. Mitt. Forsch.-Ges. Blechverarb. **17** (1966) 6/7 94—102 6 Lit.-St.

Kaden, W.: New findings on anodic oxidation of aluminum. Ft. Belvoir, Va., Army Engr. Res. & Devel. Labs. ERDL-T-1853-66, TT-66-62593 (AD-641932) June 1966 15 pp. (Transl. into English from Aluminium **39** (1963) 7 424—428); STAR **5** (1967) 6 894.

v. Krusenstjern, A.: Hartoxidschichten und ihre technische Anwendung. Mitt. Forsch.-Ges. Blechverarb. **17** (1966) 6/7 103—107 22 Lit.-St.

Sautter, W.: Einfluß der Verfahrenstechnik auf die Eigenschaften anodisch erzeugter Oxidschichten von Aluminium. Aluminium **42** (1966) 10 636—642 12 Lit.-St.; Aluminium **42** (1966) 11 R 598.

Class, M. u. *E. Class*: Untersuchungen an anodisiertem Aluminium. Aluminium **43** (1967) 2 98—100; Aluminium **43** (1967) 3 R 114.

Darnault, G.: Les récents travaux de normalisation dans le domaine des traitements de surface et particulièrement de l'anodisation de l'aluminium. Rev. Aluminium **44** (1967) 349 100—103; Aluminium **43** (1967) 4 R 178.

Ginsberg, H., H. Neunzig u. *W. Sautter*: Die Entwicklung der Oberflächenschutzverfahren für Aluminium aus der Sicht der VAW. Metall **21** (1967) 6 571-576 30 Lit.-St.

Rama Char, T. L.: Die Entwicklung beim Harteloxieren von 1961 bis 1965. Int. Fachtag. „Oberflächenbehandlung als Korrosionsschutz" 1966 in Basel. Aluminium **43** (1967) 4 253 (Vortr. Auszug).

4.82.24 Stromlose Verfahren bei Leichtmetallen

Fishlock, D. J.: Chromat- und Phosphatbehandlungen als Korrosionsschutz. Corrosion Prevention & Control **6** (1959) 12 42—47, 58; Mitt. Forsch.-Ges. Blechverarb. (1960) 15/16 Ref. 685.

Fishlock, D. J.: Chromatumwandlungsbehandlungen. Product Finishing **12** (1959) 10 76—86 14 refs.; Mitt. Forsch.-Ges. Blechverarb. (1960) 24 Ref. 1116.

Hohmann, A.: Das Chromatieren von Metallen. Gießerei-Praxis (1959) 20 361—370.

Reinsch, Hans H.: Weiterentwicklung des Chromatierens für Aluminium. Deutsche Farben Z. **13** (1959) 11 442—445; Draht **11** 738.

Berggren, L.: Wirtschaftliche Oberflächenbehandlung von NE-Metallen mit dem Iridite-Verfahren. Z. wirtsch. Fertigung **55** (1960) 1 16—18.

Lamoureux, P. E.: Protective finishes for aircraft and components. Canad. Aeron. J. **6** (1960) 2 43—45; Index Aeron. **16** (1960) 4 ref. 238.

Ostrander, C. W.: Chromatüberzüge auf Metallen. Mater. in Design Engng. **52** (1960) 2 116—120.

Spencer, L. F.: Chromatschichten. Metal Finishing **58** (1960) 58—65; Draht **11** (1960) 4 189—190.

Enke, Chr. G.: Möglichkeiten des Phosphatierens und Chromatisierens. Maschinenmarkt **67** (1961) 32 19—22.

Mayer, E.: Die moderne chemische Oberflächenbehandlung von Eisen und Aluminium vor der Lackierung. Techn. Zbl. prakt. Metallbearb. **55** (1961) 1 7—13 [4.82.21].

Dettner, Heinz W.: Neue Verchromungsverfahren. Industriebl. **62** (1962) 3 125—129; Mitt. Forsch.-Ges. Blechverarb. (1963) 13/14 Ref. 263 [4.82.12].

Oppen, D.: Moderne Verfahren zur chemischen Oberflächenbehandlung von Aluminium und Aluminiumlegierungen. Aluminium **38** (1962) 7 450—455.

— Chemische Oxydation, Chromatieren und Phosphatieren von Aluminium. Merkbl. O2 4. Aufl. Düsseldorf: Aluminium-Zentrale 1962 [4.82.21].

Pocock, Walter E.: Surface protection with chromate coatings. Metal Progr. **83** (1963) 6 83—87.

Beach, John G.: Electrodeposited, electroless, and anodized coatings on beryllium. Battelle Memorial Inst., Columbus, Ohio. Defense Metals Inform. Center DMIC Memo 197 Sept. 1964 14 pp. (Contract AF 33(615)-1121, AD-438432); STAR **3** (1965) 6 922.

Lang, K.: Ein neues Verfahren zur stromlosen Vernickelung. Metalloberfläche **19** (1965) 8 257—262 8 Lit.-St.; Werkstatt u. Betrieb **99** (1966) 4 291.

Colin, R.: Die stromlose Vernickelung. Katalytische Nickelabscheidung nach dem Kanigen (R)-Verfahren. Galvanotechnik **57** (1966) 3 158—167.

Roberts, W. H.: Coating beryllium with electroless nickel. US Atomic Energy Commission Rep. RFP-478 Dec. 1964 23 pp.; Nickel-Ber. **24** (1966) 1/2 8.

— Die stromlose Vernickelung nach dem Kanigen-Verfahren. Nickel-Ber. **24** (1966) 8 149—154 29 Lit.-St.

4.82.25 Wash Primer-Verfahren für Leichtmetalle

Kohlhase, H.: Wash-Primer als Haftgrund für metallische Oberflächen. Fertigungstechn. u. Betrieb **10** (1960) 10 613—619 12 Lit.-St.

Lülfing, H. G.: Der Oberflächenschutz im modernen Flugzeugbau. Flugwelt **12** (1960) 8 278—281.

Neday, G.: L'utilisation des wash-primers pour la protection des métaux contre la corrosion. Rev. Aluminium **37** (1960) 277 751—754; Aluminium **36** (1960) 11 A 346; Aluminium Ranshofen Mitt. **8** (1960) 1 33.

4.82.26 Anstrichverfahren

Yaffee, M.: Paint gives missiles thermal protection. Aviation Week **71** (1959) 23 102—105; Index Aeron. **16** (1960) 2 ref. 208.

Broockmann, K.: Zukünftige Flugzeuglackierung. Aluminium **36** (1960) 8 450—453 7 Lit.-St.

Baumann, K.-H.: Einfluß von Untergrundschwingungen auf die Haltbarkeit einer Flugzeuglackierung. Plaste u. Kautschuk **8** (1961) 6 332—333 2 Lit.-St.

Becker, N.: Cleaning and painting steel and aluminium strip. Industr. Finishing (USA) **37** (1961) 6 40—42, 44, 46, 48 [4.82.29].

Gengenbach, Otto: Die elektrostatischen Lackspritzverfahren. Techn. Zbl. prakt. Metallbearb. **55** (1961) 9 516—519 8 Lit.-St.

Kreisler, R.: Elektrostatische Lackierverfahren. Z. wirtsch. Fertig. (ZwF) **56** (1961) 9 387 bis 392.

van Laar, J. A. W.: The durability of paint coatings. Corrosion Prevention Control **8** (1961) 12 32—44, **9** (1962) 1 35—42, 3 57—60 15 refs.

Machu, W.: Über den Schutz von Metalloberflächen vor dem Aufbringen von Anstrichen und Lacken: Die theoretischen Grundlagen und die praktische Durchführung der Vorbehandlungsverfahren von Metallen vor der Aufbringung von Anstrichen und Lacken. Fette—Seifen—Anstrichmittel (Hamburg) **63** (1961) 10 950—960.

Muirhead, J.: Die Wirtschaftlichkeit des Niederdruck-Spritzens. Metal Finishing J. **7** (1961) 81 325—328, 336.

van Oeteren, K. A.: Die Bedeutung der Schichtdicke bei Korrosionsschutzanstrichen. Werkstoffe u. Korrosion **12** (1961) 12 752—758 5 Lit.-St.

Reeves, M.: Vorteile und Grenzen der automatischen Spritzlackierung. Product Finishing **14** (1961) 2 52—59.

Tatton, W. H. u. E. W. Drew: Verfahren zum Auftragen von Farben und Lacken auf industrielle Erzeugnisse. Product Finishing **14** (1961) 6 61—68, 8 65—71, 10 77—83.

Cannegieter, D.: Einfluß der Vorbehandlung von Metallen auf die Eigenschaften aufgetragener Lackschichten. Industrie-Lackier-Betrieb **30** (1962) 10 335—342 35 Lit.-St.

van Oeteren, K. A.: Feuerverzinkung und Anstrich als ideales Korrosionsschutzsystem. Metall-Reinig. + Vorbehandlg. **11** (1962) 1 1—8 [4.82.12].

Weigel, K.: Erfahrungen auf dem Gebiet der Lackierung von Stahl. Industrie-Lackier-Betrieb **30** (1962) 10 343—346 69 Lit.-St.

Hamann, K.: Entwicklungstendenzen auf dem Lack- und Anstrichgebiet. Farbe u. Lack (Hannover) **69** (1963) 11 807—813.

Kreisler, R.: Das elektrostatische Lackieren von Massenteilen. Bad Hersfeld: Benno Schilde Maschinenbau AG 1963 79 S.; Holz als Roh- u. Werkstoff **22** (1964) 10 404.

van Oeteren, K. A.: Temperatur-, wärme- und hitzebeständige Anstriche auf Stahl. Werkstoffe u. Korrosion **14** (1963) 11 936—944.

Spingler, E.: Vergleich von verschiedenen Schutzanstrichen für Aluminium. Techn. Rdsch. (Bern) **55** (1963) 7 21, 23; Aluminium **39** (1963) 6 A 256.

Steudel, Theo: Das Verhalten von Lackanstrichen gegen Feuchtigkeit und Verschmutzung. Glas. Ann. **87** (1963) 2 37—43.

Weigel, K.: Luftfahrzeug-Lackierung. Galvanotechn. + Oberflächenschutz (Zürich) **4** (1963) 2 49—54; Aluminium **39** (1963) 5 A 200.

Weigel, K.: Schiffs- und Unterwasserlackierung. Metalloberfläche **17** (1963) 2 38—41, 3 71—74 60 Lit.-St.

Bruns, W.: Flugzeuglackierung aus moderner Sicht. Fette—Seifen—Anstrichmittel (Hamburg) **66** (1964) 8 625—627.

Elser, W.: Untersuchungen von Anstricheigenschaften bei variierten Klimabedingungen und unter langsamer und schneller Dehnungsbeanspruchung. Mitt. Forsch.-Ges. Blechverarb. (1964) 3 25—29.

Hoffmann, G.: Die Lackierung von Flugzeugen. Industrie-Lackier-Betrieb **32** (1964) 10 348—352.

Hüneke, H.: Elektrophoretisches Lackieren. Industrie-Lackier-Betrieb **32** (1964) 3 69 bis 77.

Meynis de Paulin, J. J.: Was kann von chemischen Schutzschichten, Lack- und Farbüberzügen auf Aluminium erwartet werden? Aluminium **40** (1964) 4 228—234; Aluminium **40** (1964) 5 R 244.

Michalk, Horst: Das elektrostatische Lackierverfahren und seine Anwendungsmöglichkeiten in der Holzindustrie. Holztechnologie (Dresden) **5** (1964) 1 41—49 10 Lit.-St.

Renner, O.: Die elektrostatischen Sprühverfahren, das Verfahren der AEG. Industrie-Lackier-Betrieb **32** (1964) 3 78—83.

Sekera, A.: L'électrophorèse. Principe et techniques expérimentales. Chimie anal. **46** (1964) 12 613—614 180 réfs.

Tischler, M.: Technologie des elektrostatischen Lackierens mit stationären Anlagen. Fertigungstechn. u. Betrieb **14** (1964) 6 355—359.

Whiteley, P. and *R. Sperling:* Protection of structural steel in a tropical marine atmosphere. II. Paint Manufacture **34** (1964) Oct. p. 43+5 pp.; Battelle Techn. Rev. **14** (1965) 1 9 a.

— Literatur über elektrophoretische Auftragsverfahren (1951—1964). Hrsg. Zentr. Forsch.-Stelle f. Lacke u. Farben, Abt. Dok. Magdeburg, Fichtestr. 29, Lit. Nr. 3/1964 23 Lit.-St.

Ebertshäuser, Hans: Stand und Aussichten der elektrophoretischen Lackierung. Bänder Bleche Rohre **6** (1965) 1 9—19.

Frangen, K.-H.: Die Lackierung von Flugzeugen. Industrie-Lackier-Betrieb (Hannover) **33** (1965) 1 9—16, Farbe u. Lack (Hannover) **71** (1965) 1 45—52.

Gebhardt, Otto: Rationelles Blechlackieren durch eine moderne Lackieranlage. Blech **12** (1965) 5 231—234.

Gengenbach, Otto, Horst Schene u. *W. Maisch:* Die elektrophoretische Beschichtung von Metallteilen, ein neues Lackierverfahren. Mitt. Forsch.-Ges. Blechverarb. (1965) 14 231—241.

Holzinger, F.: Elektrophoretisches Lackieren. Dt. Farben-Z. (Stuttgart) **19** (1965) 9 361—370, 10 401—405.

Preuss, Harold P.: Organic finishing progress in 1964. Metal Finishing **63** (1965) 1 44N-44A6 19 pp. [4.82.27].

Rechmann, H.: Über den Einfluß der Oberflächenbehandlung von Titandioxyd-Pigmenten auf ihr Verhalten beim elektrophoretischen Lackieren. Farbe u. Lack (Hannover) **71** (1965) 9 717—724, 10 797—808.

Renner, Otto: Das elektrostatische Sprühverfahren der AEG. AEG-Mitt. **55** (1965) 2 155—158.

Sinclaire, Morgan and *Robert H. Gassner:* Some aircraft corrosion problems and their solutions. Mater. Protection **4** (1965) 10 69—73.

Weigel, Jürgen: Die kathodische und anodische Kunststoffabscheidung auf Metall. Kunststoff-Rdsch. **14** (1965) 1 7—13 [4.82.27].

Woermer, C. U.: Properties of two white paints for application to inflatable spacecraft: Titanium dioxide-pigmented epoxy and zinc-oxide-pigmented methyl silicon elastomer. NASA TN-2834 June 1965 21 pp. 8 refs.; Index Aeron. **22** (1966) 3 71 [10].

Zerlant, G. A.: Preparation of S-13 experimental coatings. Final Rep. (Oct. 1963 — Aug. 1965) NASA CR-70385 Dec. 1965 40 pp. (Contract NAS8-11967); STAR **4** (1966) 8 1237 [10].

Berger, W.: Das Verhalten von Anstrichen bei extrem niedrigen Temperaturen. Farbe u. Lack **72** (1966) 8 758—759 2 Lit.-St.

Bosdorf, L.: Über die Korrosion und den Korrosionsschutz von Aluminium. Galvanotechnik **57** (1966) 6 386—394 20 Lit.-St.; Aluminium **42** (1966) 9 R 502 [4.82.23].

Delpeuc'h, Y.: Peinture sur métallisation. Rev. Aluminium **43** (1966) 344 886—887; Aluminium **42** (1966) 10 RA 552.

Fischer, W. R.: Korrosionsschutz durch zinkhaltige Anstrichsysteme. Techn. Mitt. Krupp Werksber. **24** (1966) 2 77—83.

Friedrich, H. u. *Renate Kunze:* Elektrostatisch versprühbare Anstrichstoffe. Plaste u. Kautschuk **13** (1966) 4 235—241 6 Lit.-St.

Hoffmann, Gerhard: Korrosionsschutz moderner Flugzeuge. DGRR/WGLR-Jahrestag. Bad Godesberg Sonderdr. 66-048 1966 10 S. [4.82.27].

Müller, Wolfgang: Neue Erfahrungen mit Elektrophorese-Lackieranlagen. Galvanotechn. **57** (1966) 5 306—315.

van Oeteren, K. A.: Der Anstrich von NE-Metallen und Überzügen. Werkstoffe u. Korrosion **17** (1966) 9 750—755.

van Oeteren, K. A.: Der Anstrich von Nichteisenmetallen und Überzügen aus Nichteisenmetallen. Maschinenschaden (Berlin) **39** (1966) 1/2 17—22.

van Oeteren, K. A.: Korrosionsschutz durch Anstriche, Kunststoffüberzüge und Kaschierungen. Adhäsion **10** (1966) 12 497—498, 500, 502—504, 506 [4.82.27] [4.82.28].

van Oeteren, K. A.: The painting of nonferrous metals and coatings of nonferrous metals. Gr. Brit., Ministry of Aviation, London TIL/T-5687 Oct. 1966 14 pp. (Transl. into English from Maschinenschaden (Berlin) **39** (1966) 1/2 17—22); STAR **5** (1967) 3 411.

Sautner, Karl: Kathodischer Schutz. VDI-Z. **108** (1966) 7 277—280 7 Lit.-St.

Sickfeld, J.: Wirtschaftliche Untersuchung über den Materialschutz durch Anstrich. VIII. FATIPEC-Kongr., 6. bis 10. Juni 1966, Scheveningen. Materialprüf. **8** (1966) 7 267 bis 270.

Straschill, M.: Aluminiumüberzüge — Eigenschaften und Herstellung. Techn. Zbl. prakt. Metallbearb. **60** (1966) 1 11—15 48 Lit.-St.; Aluminium **42** (1966) 3 R 148 [4.82.28].

— Surface protection of weldments (in German). Techn. Rdsch. (Bern) **58** (1966) 20 5—6; Index Aeron. 22 (1966) 9 54.

Klocke, Karl Heinz: Die Lackierung von Flugzeugen und Flugkörpern. Flugwelt **19** (1967) 5 303—306.

4.82.27 Beschichten mit Kunststoffen, Wirbelsintern

— Richtlinien für das Flammspritzen von Kunststoffen. DVS-Merkbl. DVS-2201 1958.

Pascoe, Walter R.: Fluidized bed: Heavy coatings in one dip. Mater. in Design Engng. **51** (1960) 2 91—95; Werkstatt u. Betrieb **93** (1960) 8 525.

Groebler, H.: Kunststoffplattierte Bleche. Blech **8** (1961) 4 258—266 42 Lit.-St.; Werkstatt u. Betrieb **95** (1962] 3 183.

Kubitzky, C.: Oberflächen aus PVC-Hartfolien in der metallverarbeitenden Industrie. Metall **15** (1961) 10 995—998 8 Lit.-St.

— Richtlinien für das Wirbelsintern von Kunststoffen. DVS-Merkbl. DVS-2202 1961.

Falkenburg, G.: Beschichten metallischer Oberflächen. technica **11** (1962) 21 1572—1576 11 Lit.-St.

Wachendorff, Winand: Beschichtungen aus Kunststoffen. Plastverarbeiter **13** (1962) 3 109—113, 6 294—295, **14** (1963) 5 263.

Astrop, A. W.: Mechanized surface-finishing and de-burring on a batch basis. Machinery (London) **102** (1963) 2638 1269—1271; Index Aeron. **19** (1963) 8 ref. 3468.

Berger, H.: Kunststoffbeschichtungen nach klassischen Lackierverfahren. Mitt. Forsch.-Ges. Blechverarb. (1963) 22 307—313.

Evans, U.: Thermoplastische Kunststoffüberzüge für Metalle. Brit. Welding J. **10** (1963) 4 116—123.

Falkenburg, G.: Das Aufdampfen dünner Schichten im Hochvakuum. technica **12** (1963) 16 1161—1166, 17 1235—1238.

Glässer, Heinz: Herstellung von Kunststoffüberzügen nach dem Wirbelsinterverfahren. Plastverarbeiter **14** (1963) 3 132 bis 137.

Morse, W. L.: Survey of plastics coated metals. Engng. Mater. and Design **6** (1963) 12 860—863, **7** (1964) 1 30—33, 2 97—98, 3 176—178.

Reimann, M. u. a.: Herstellung, Eigenschaften und Prüfung von mit Kunststoff beschichtetem Stahlband. Stahl u. Eisen **83** (1963) 6 317—327.

Calminder, Å.: Verfahren und Ausrüstung für Beschichtungen mit GFK (Schwedisch). Plastvärlden **14** (1964) 7/8 693—696; Kunststoff-Rdsch. **12** (1965) 3 160.

Cunningham, D. E. J.: Plastic coatings from powders. Rubber Plastics Age **45** (1964) 9 1054—1055.

Dammer, O. u. H. Klant: Nichtmetallischer Oberflächenschutz durch Email-, Gummi-, Kunststoff- und Lacküberzüge. Werkstoffe u. Korrosion **15** (1964) 7 550—555.

Destin, T. et C. Ponet: La réalisation de revêtements anti-corrosifs et dicoratifs des métaux à partir de plastisols de chlorure de polyvinyle. Rev. belg. mat. plast. **5** (1964) 3 232—239; Kunststoff-Rdsch. **12** (1965) 11 656.

Elliott, D. E. K.: Plastic coating by the liquid plastisol method. Resin News **4** (1964) 12 8—9.

Heinrich: Oberflächenschutz mit Kunststoffen. Neuere Entwicklungen von Folien, Bahnen und Beschichtungen. Kunststoffe **54** (1964) 5 278—281.

Kowalski, Z.: Einfluß der thermischen Nachbehandlung auf die Eigenschaften von Polyamidüberzügen. Plaste u. Kautschuk **11** (1964) 1 36—38 7 Lit.-St.

Kut, S.: Epoxy resin surface coatings. Pt. 1. Corrosion Technol. **11** (1964) 8 18—22; Index Aeron. **20** (1964) 10 ref. 4997; Mater. Res. & Stand. **5** (1965) 1 52.

Kut, S.: Epoxy resin surface coatings. Pt. 2. Corrosion Technol. **11** (1964) 9 16—19 5 refs.; Index Aeron. **20** (1964) 11 ref. 5496.

Pomeraniec, J., U. G. Schapiro et *H. Mark:* Enduction électrostatique en continu. Industrie Plast. mod. **16** (1964) 4 129—135; Kunststoff-Rdsch. **12** (1965) 10 593.

Reinsch, H. H.: Kombination Kunststoff — Metall. Metall **18** (1964) 3 246—252; Aluminium **40** (1964) 5 R 246 [5.42].

Weigel, Jürgen: Kunststoffe als Korrosionsschutz für Bleche aller Art. Blech **11** (1964) 10 528—535.

— Kunststoffbeschichtetes Stahlblech. Merkblatt über sachgemäße Stahlverwendung, H. 325. Düsseldorf: Beratungsstelle für Stahlverwendung 1964 39 S.

Adomenas, A.: Epoxy anti-corrosive priming systems. J. Oil Colour Chemist's Assoc. **48** (1965) 5 423—439.

Barnett, G.: A review of developments in coating materials and methods. Plast. Inst. Trans. and J. **33** (1965) 104 29—37 37 refs.; Kunststoff-Rdsch. **14** (1967) 4 196.

Brick, R. M. and *J. R. Knox:* Coating by glow discharge. Mod. Packaging **38** (1965) 5 123—128; Aluminium **41** (1965) 6 R 292.

Gemmer, E.: Das Kunststoffsinterverfahren. Kunststoff u. Gummi **4** (1965) 12 438—443; Kunststoff-Rdsch. **13** (1966) 11 619.

Hanusch, Hugo: Rationalisierung und Verbesserungen bei der Anwendung des Faser-Harz-Spritzverfahrens. Kunststoffe **55** (1965) 12 953—955.

Kowalski, Z.: The influence of the thermal after treatment on the properties of polyamide coatings. Air Force Systems Command, Wright-Patterson AFB, Ohio. Foreign Technol. Div. FTD-TT-64-1324/1 April 1965 pp. 1—12 (AD-463087) (Transl. into English from Plaste u. Kautschuk **11** (1964) 1 36—38); STAR **3** (1965) 17 2980.

Meckelburg, Ernst: Wärmeabführende Überzüge. Jb. Oberflächentechnik Bd. 21 1965 190—193.

van Oeteren, K. A.: Organische Überzüge auf Nichteisenmetallen. Jb. Oberflächentechnik Bd. 21 1965 181—189.

Preuss, Harold P.: Organic finishing progress in 1964. Metal Finishing **63** (1965) 1 44 N—44 A 6 19 pp. [4.82.26].

Reininger, Hans: Haftgrundbehandlungsvorschläge vor der Flammspritzbeschichtung mit nichtmetallischen Stoffen. Maschinenmarkt **71** (1965) 13 33—35 16 Lit.-St.

Waeser, B.: Beschichtungen mit Kunststoffen. Kunststoffe—Plastics (Solothurn) **12** (1965) 1 14—18.

Waeser, B.: Die Bekämpfung von Korrosion und Rost durch Anstriche oder Beschichtungen — Fortschritte und Probleme. Dt. Farben-Z. **19** (1965) 4 129—137.

Weigel, Jürgen: Die kathodische und anodische Kunststoffabscheidung auf Metall. Kunststoff-Rdsch. **14** (1965) 1 7—13 [4.82.26].

— Kunststoffbeschichtetes Blech. Vortragsveröffentl. Haus d. Technik, Essen, H. 38 (Tagung v. 18. 1. 1965). Essen: Vulkan Verl. 1965 24 S.

— Organic coatings for aluminum. Mod. Metals **21** (1965) 9 102, 104, 106, 108, 111, 114, 116, 118, 120; Aluminium **42** (1966) 9 R 506.

— Plastic film protects surface finish. Metalworking Production **109** (1965) 10 89; Index Aeron. **21** (1965) 5 ref. 2848.

— Protective role for PVC film in aircraft construction. Brit. Plastics **38** (1965) 3 147.

Altenpohl, D.: Aluminium / Kunststoff-Verbundwerkstoffe — Beispiele aus der neueren Entwicklung. Aluminium **42** (1966) 1 63—71 46 Lit.-St.; Aluminium **42** (1966) 2 R 74.

Chin, Y. E.: Recent developments in organic coatings for pre-finished metal. ASME Prepr. 66-MD-37 1966 4 pp.; Index Aeron. **22** (1966) 9 42.

Eckner, Günther: Anlagen für das Wirbelsinterverfahren. Kunststoffe **56** (1966) 10 723—728.

Hoffmann, Gerhard: Korrosionsschutz moderner Flugzeuge. DGRR/WGLR-Jahrestag. Bad Godesberg Sonderdr. 66-048 1966 10 S. [4.82.26].

Konovalov, V. M. and *K. Shabalin:* Protection of metals with rubber coatings against cavitational wear. Air Force Systems Command, Wright-Patterson AFB, Ohio. Foreign Technol. Div. FTD-HT-66-510 Oct. 1966 10 pp. (AD-643734) (Transl. into English from Izv. Vyssh. Ucheb. Zaved. Mashinostro. (Moscow) (1965) 9 86—89); STAR **5** (1967) 7 1106.

Meuthen, Bernd: Kunststoffbeschichten von Stahl. I. Verfahren zum Kunststoffbeschichten von Stahlband und -blech. Stahl u. Eisen **86** (1966) 12 730—739 114 Lit.-St., 14 915—919 153 Lit.-St.

van Oeteren, K. A.: Korrosionsschutz durch Anstriche, Kunststoffüberzüge und Kaschierungen. Adhäsion **10** (1966) 12 497—498, 500, 502—504, 506 [4.82.26] [4.82.28].

Sharetts, Robert R.: Plastic coatings: the fluidized-bed process. Mech. Engng. **88** (1966) 3 56—61.

Shleymovich, Sh. and *I. Trakhtenberg:* Covering of metal with a plastic layer. Air Force Systems Command, Wright-Patterson AFB, Ohio. Foreign Technol. Div. FTD-TT-65-1878, TT-66-62338 June 1966 10 pp. (AD-639439) (Transl. into English from Rechn. Transp. (USSR) **23** (1964) 10 29—30); STAR **5** (1967) 1 79.

— Einsatz von kunststoffbeschichteten Blechen, Rohren und Drähten. Vortr.-Veröffentl. Haus der Technik Essen, H. 92. Essen: Vulkan Verl. Dr. W. Classen 1966 50 S.

— Oberflächenschutz durch Aufschmelzen pulverförmiger Kunststoffe (Wirbelsintern). VDI-Richtlinie 2538. Düseldorf: VDI-Verl. Juli 1966 4 S.

— Oberflächenschutz mit organisch härtbaren Beschichtungswerkstoffen (Schichtdicke 1 mm). VDI-Richtlinie 2536. Düsseldorf: VDI-Verl. Aug. 1966 8 S.; Aluminium **42** (1966) 10 659.

— Oberflächenüberzüge mit Folien aus PVC hart (Polyvinylchlorid hart). VDI-Richtlinie 2534 Bl. 1. Düsseldorf: VDI-Verl. August 1966 3 S.

— Wahl der Beschichtungsstoffe und Verfahren. VDI-Richtlinie 2531. Düsseldorf: VDI-Verl. Sept. 1966 8 S.

Auerbach, D.: Elektrostatisches Plastbeschichten. Technik (Berlin) **22** (1967) 1 8—14 7 Lit.-St.

Friese, K. u. *M. Lomb:* Zur Kenntnis der Beeinflussung der Haftfestigkeit von Schichten aus Polyvinylchlorid auf Stahloberflächen durch PVC-Stabilisatoren. Plaste u. Kautschuk **14** (1967) 2 94—96 7 Lit.-St.

Gaynor, J. et al.: Variables in fluidized bed coating. Mod. Plastics **43** (1966) 5 133—135, 242, 244 8 refs.; Kunststoff-Rdsch. **13** (1966) 12 674.

Gemmer, Erwin: Außenbeschichten von Rohren mit PVC durch Wirbelsintern. Kunststoffe **57** (1967) 1 21—24.

— Oberflächenschutz mit organischen Werkstoffen. Gestaltung und Ausführung zu schützender metallischer Konstruktionen. VDI-Richtlinie 2532. Düsseldorf: VDI-Verl. Jan. 1967 7 S.

— Oberflächenschutz mit organischen Werkstoffen. Oberflächenüberzüge mit Folien aus PE (Polyäthylen) und PP (Polypropylen). VDI-Richtlinie 2534. Bl. 3. Düsseldorf: VDI-Verl. Jan. 1967 4 S.

4.82.28 Flammspritzen nichtmetallischer Schutzschichten

Reininger, Hans u. *E. Kill:* Flammspritzen nichtmetallischer Schutzschichten auf Metalloberflächen. Metalloberfläche **15** (1961) 11 341—351 91 Lit.-St.
Sheppard, J. A.: Sprayed coatings of exothermically formed nickel aluminide. Brit. Welding J. **10** (1963) 12 603—606; Aluminium **40** (1964) 2 R 104.
— Hardplating development of new process for spray-coating tungsten-carbide on circular steel parts. Aircr. Production **25** (1963) 2 66—68; Index Aeron. **19** (1963) 3 ref. 1184.
Huffadine, J. B. and *A. G. Thomas:* Flame spraying as a method of fabricating dense bodies of alumina. Powder Metallurgy **7** (1964) 14 290—299; Battelle Techn. Rev. **14** (1965) 1 3 a.
Moreton, R.: The protection of tungsten from oxydation at high temperatures with silicon carbide coatings. RAE TN CPM 67 March 1964 16 pp. 10 refs.; Index Aeron. **20** (1964) 9 ref. 4468.
Reininger, Hans: Flammspritzen nichtmetallischer Schutzschichten auf Metalloberflächen. Teil 6. Metalloberfläche **18** (1964) 4 109—111, 5 141—143, 6 173—175 123 Lit.-Stellen.
Schwarz, H.: Plaste für das Flammspritzen und ihre Eigenschaften. Plaste u. Kautschuck **11** (1964) 1 39—42 5 Lit.-St.
Sternkopf, J. u. *G. Lüdke:* Beitrag zum Flammspritzen keramischer Werkstoffe. Technik (Berlin) **19** (1964) 6 398—402 7 Lit.-St.; Index Aeron. **20** (1964) 10 ref. 4795.
Becker, Werner W.: Zur Technologie und Wirtschaftlichkeit des Flammstrahlens bei der Oberflächenbehandlung von Stahl und Eisen. Schweißen u. Schneiden **17** (1965) 9 491—494 15 Lit.-St.
Bradley, E. F.: Hardfacing upgrades turbine engine components. Metal Progr. **88** (1965) 5 79—82; Index Aeron. **22** (1966) 1 47.
Elliot, D. E. K.: Plastics coatings. Plastics **30** (1965) 332 163—165, 211.
Helgesson, C.: Flame-sprayed ceramic coatings. Tekn. Tidskr. (Sweden) **95** (1965) 35 951—956; Index Aeron. **22** (1966) 1 53.
Schwarz, H.: Plastics for flame spraying and their characteristics. Air Force Systems Command, Wright-Patterson AFB, Ohio. Foreign Technol. Div. FTD-TT-64-1324/2 April 1965 pp. 13—26 (AD-463087) (Transl. into English from „Plaste u. Kautschuk" **11** (1964) 1 39—42); STAR **3** (1965) 17 2960.
Delventhal, Bodo: Das Plasmaspritzen und die Herstellbarkeit wärmedämmender Schutzschichten auf Stahl. Diss. TH Hannover 1966, Metalloberfläche **20** (1966) 10 424—434 56 Lit.-St.; VDI-Z. **109** (1967) 11 513.
Donovan, M.: Experience in the use of plasma spraying techniques. Brit. Welding J. **13** (1966) 8 490—496.
Longo, F. N.: Metallurgy of flame-sprayed nickel aluminide coatings. Welding J. Res. Suppl. **45** (1966) 2 66s—69s; Nickel-Ber. **24** (1966) 8 174.
van Oeteren, K. A.: Korrosionsschutz durch Anstriche, Kunststoffüberzüge und Kaschierungen. Adhäsion **10** (1966) 12 497—498, 500, 502—504, 506 [4.82.26] [4.82.27].
Reinsch, Hans H.: Kunststoff-Aluminium-Verbunde und ihre technischen Vorteile. Kunststoff-Rdsch. **13** (1966) 2 72—74.
Straschill, M.: Aluminiumüberzüge — Eigenschaften und Herstellung. Techn. Zbl. prakt. Metallbearb. **60** (1966) 1 11—15 48 Lit.-St.; Aluminium **42** (1966) 3 R 148 [4.82.26].
— Flame spraying now becomes a way to create materials. Product Engng. **37** (1966) 21 67—74 6 refs.; Index Aeron. **22** (1966) 12 81.
Kirner, K.: Beitrag der Plasmaspritztechnologie zum Verschleißschutz von Werkzeugen. Metall **21** (1967) 4 324—327 10 Lit.-St.

4.82.29 Metallreinigung und Entfettung, Beizen (Pickling), Entzundern (Descaling)

Grüner, P.: Entzunderungsmethoden. Maschinenmarkt **66** (1960) 61 7—10 [4.82.32].
Becker, R.: Cleaning and painting steel and aluminum strip. Industr. Finishing (USA) **37** (1961) 6 40—42, 44, 46, 48 [4.82.26].
Waters, K. M. and *R. E. Forrester:* Descaling; removal of heat treat scale from stainless steels. Air Force Rep. 4522 Oct. 1961 17 pp. (AD-286285); Nickel-Ber. **21** (1963) 8 275.
Gurklis, John A. and *L. D. McGraw:* Pickling and descaling stainless steels and high-temperature alloys. Metal Progr. **83** (1963) June 95—96, 96 B; Nickel-Ber. **21** (1963) 10 297; Battelle Techn. Rev. **12** (1963) 9 332 a.
— Oberflächenbehandlung vor der Kaltformung. VDI-Richtlinie Nr. 3160 1963 1—2 14 Lit.-St.
— Entzundern vor der Kaltverformung. VDI-Richtlinie 3162. Düsseldorf: VDI-Verlag 1963 8 S.
— Altène D 6: un trichloréthylène pour le dégraissage à chaud de l'aluminium et ses alliages. Rev. Aluminium **41** (1964) 326 1317—1320; Aluminium **41** (1965) 2 R 80.
Benninghoff, H.: Effektive und wirtschaftliche Metallreinigung in modernen Waschanlagen als Vorbehandlung vor einer Lackierung. Industr.-Lackier-Betrieb (Hannover) **33** (1965) 9 317—327.

Enke, Chr. G.: Das Reinigen von Blechziehteilen aus NE-Schwer- und Leichtmetallen. Maschinenmarkt **71** (1965) 57 21—24 [4.82.21].
Lehfeldt, W. u. *R. Sievers:* Ultraschall als Helfer der blechverarbeitenden Industrie. Blech **12** (1965) 8 401—403.
Rüb, F.: Anlagen für die Reinigung und Vorbehandlung metallischer Werkstücke. Teil II. Entfettung mit organischen Lösungsmitteln. Metalloberfläche **19** (1965) 12 381—385.
Rüb, F.: Anlagen für die Reinigung und Vorbehandlung metallischer Werkstücke. Teil III. Metallreinigung mit Ultraschall. Metalloberfläche **19** (1965) 12 386—389.
Wood, G. C. and *I. G. Wright:* The scaling of nickel and nickel-cobalt alloys in air. Corrosion Sci. **5** (1965) Dec. 841—857; Nickel-Ber. **24** (1966) 8 172—173.
— How to clean alumium. Mod. Metals **21** (1965) 9 48, 50, 52, 54, 56, 58; Aluminium **42** (1966) 8 R 436.
Groeneveld, T. P., E. E. Fletcher, and *A. R. Elsea:* A review of the literature on cleaning, pickling and electroplating processes and relief treatments to minimize hydrogen embrittlement of ultrahigh-strength steels. Spec. Rep. NASA CR-80690 Oct. 1966 44 pp. (Contract NAS8-20029); STAR **5** (1967) 4 554 [4.82.11].
Hartmann, E.: Metallreinigung durch Dampfentfettung. Fertigungstechn. u. Betrieb **16** (1966) 5 287—290.
Kushakevich, S. A. and *Z. K. Khanina:* Sulfuric acid pickling of titanium alloys. „Soviet Res. on Titanium Alloys." Joint Publ. Res. Service, Washington, D. C. JPRS-35419 May 1966 pp. 16—21 (Transl. into English from Tsvetn. Metally (Moscow) (1965) 12 pp. 86—89); STAR **4** (1966) 15 2843.
Rüb, Ferdinand: Metallreinigung und -entfettung mit organischen Lösungsmitteln. Blech **13** (1966) 11 556—561.
— Oberflächenbehandlung von Aluminium. Aluminium **43** (1967) 2 167—168.

4.82.31 Polieren, Bürsten

Edwards, R. D.: Oberflächenpolieren von Flugzeug-Tragflächen. Aircr. Production **20** (1958) 5 192—197; Mitt. Forsch.-Ges. Blechverarb. (1960) 12 Ref. 547.
Spencer, L. F.: Mechanische Oberflächenbehandlung von Metallteilen. Machine Design **33** (1961) 17 164—172 [4.82.32].
Wiederholt, W.: Die Vorbehandlung von Metallen zum Aufbringen von Anstrichen. Industrie-Lackier-Betrieb (Hannover). **29** (1961) 4 124—128; Fette Seifen Anstrichmittel (Hamburg) **63** (1961) 4 364—371.
Etienne, Ch.: Mechanisches Polieren von Aluminium und Aluminiumlegierungen. Corrosion et Anticorrosion **10** (1962) 2 205—220 6 Lit.-St.
von Krusenstjern, A. u. *F. Hentschel:* Der Einfluß des mechanischen Polierens auf den Oberflächenzustand des Aluminiums. Metalloberfläche **16** (1962) 10 309—311 9 Lit.-St.
Weiner, R.: Polieren — Glätten — Einebnen. Blech **10** (1963) 5 224—229.
— Die Oberflächenbehandlung auf der EWA unter besonderer Berücksichtigung von Schleifen und Polieren. Galvanotechnik **54** (1963) 11 644—651.
Berkol, R.-J.: Surface finishing stainless steel. Metalworking Production **108** (1964) 42 78—81.
Fußeder, H., H. Wenninger u. *H. Buck:* Holzoberflächenbehandlung. — Beizen, Mattieren, Polieren. 3. Aufl. (Fachbücherei für das Tischlerhandwerk, Band 21.) Augsburg: H. Rösler 1964 144 S.
Nann, H. u. *K. Stauch:* Entgraten, Schleifen und Polieren von Werkstücken aus Aluminium und Aluminiumlegierungen in Trommeln und Vibratoren. Galvanotechn. **55** (1964) 4 229—237; Aluminium **40** (1964) 6 R 300.
Reinsch, H. H.: Schleifen und Polieren von Kunststoffoberflächen. Schleif- und Poliertechnik **4** (1964) 291—293; Kunststoff-Rdsch. **13** (1966) 1 33.
Dreher, M.: Präzisionsentgraten in Trommelanlagen. Galvanotechn. **56** (1965) 10 601—602.
Hopkins, E. N., D. T. Peterson, and *H. H. Baker:* A "universal" electropolishing method. Iowa State Univ. of Sci. & Technol., Ames Inst. Atomic Res. IS-1184 June 1965 30 pp. (Contract W-7405-ENG-42); STAR **4** (1966) 8 1242—1243.
— Mechanical finishing. Mod. Metals **21** (1965) 9 60, 62, 64, 66, 68, 70, 72, 74, 79—80, 82; Aluminium **42** (1966) 9 R 506.
— Über das Elektropolieren von Aluminium. Eine Übersicht. Galvanotechnik + Oberflächenschutz (Zürich) **8** (1967) 1 25—27; Aluminium **43** (1967) 5 R 230.

4.82.32 Sandstrahlen, Kugelstrahlen

Grüner, P.: Entzunderungsmethoden. Maschinenmarkt **66** (1960) 61 7—10 [4.82.29].
Straub, J. C.: Choosing the optimum method, intensity and coverage of shot peening. Report in: Mechanical Prestressing. SAE-Pap. SP-181 1960.
Spencer, L. F.: Mechanische Oberflächenbehandlung von Metallteilen. Machine Design **33** (1961) 17 164—172 [4.82.31].
Wirtz, Hubert: Wirtschaftlicher Einsatz von metallischen Strahlmitteln bei der mechanischen Oberflächenbearbeitung von Eisen- und Nichteisenmetallen zum Zwecke der

Entzunderung, Reinigung und Oberflächenveredlung. Blech (Coburg) **8** (1961) 12 916—919 2 Lit.-St.

Donachie, M. J., jr. and *J. T. Norton:* Residual stresses in shot-peened aluminium bars. Exp. Mech. **2** (1962) 7 222—224.

Wellinger, K., H. Uetz u. *G. Gommel:* Gütekennwerte von Strahlmitteln und deren Veränderung während des Strahlvorganges. Stahl u. Eisen **82** (1962) 21 1436—1445 20 Lit.-St.

Becker, Gerhard: Durch Schleuderstrahlen entzunderte Bleche und ihr Korrosionsschutz. Bänder Bleche Rohre **4** (1963) 3 118—122.

Nordmark, G. E.: Peening increases fatigue strength of welded aluminium. Metal Progr. **84** (1963)) 101—103.

Gesell, W.: 35 Jahre Kugelstrahlen. Draht **15** (1964) 8 550—556 36 Lit.-St.

Reininger, H.: Erfahrungen mit Strahlsand zur Haftgrundbehandlung vor dem Spritzmetallisieren. Metallreinigung + Vorbehandlung **13** (1964) 11 221—225.

Fabry, Ch. W.: Kugelstrahlen. Theorie — Versuche — Praxis. Konstruktion **17** (1965) 4 141—153; Werkstatt u. Betrieb **98** (1965) 11 860.

Fabry, Ch. W.: Kugelstrahlen von Schraubengewinden. Draht-Welt **51** (1965) 2 93—100.

Gesell, Waldemar: Das Kugelstrahlen. Ein Weg zur wirtschaftlichen Qualitätssteigerung. Techn. Zbl. prakt. Metallbearb. **59** (1965) 9 630—634.

Lepere, Henri: Über die Wahl der Strahlmittel. Techn. Zbl. prakt. Metallbearb. **59** (1965) 5 325—328.

Ruttmann, W. u. *T. Günther:* Verhütung von Spannungsrißkorrosion durch Strahlen mit Stahlschrott-Glasperlen u. Elektrokorund. Werkstoffe u. Korrosion **16** (1965) 2 104—108 4 Lit.-St.; Index Aeron. **21** (1965) 5 ref. 3059.

Tiefert, Paul: Über die Verwendung metallischer Strahlmittel für die mechanische Oberflächenbehandlung. Jb. Oberflächentechnik Bd. 21 1965 49—56.

Zieler, Werner: Heutiger Stand der Anlagen zum Strahlentzundern von Bändern, Blechen, Rohren. Bänder Bleche Rohre **6** (1965) 12 697—702, **7** (1966) 1 15—20.

Gesell, Waldemar: Strahlmittel zur Oberflächenbearbeitung. Maschinenmarkt **72** (1966) 39 (22—29) 1066—1073 6 Lit.-St.

Siegel, Bruno: Der heutige Stand des Elektropolierens. Techn. Zbl. prakt. Metallbearb. **60** (1966) 8 514—518.

5.1 Verbindungs- und Zusammenbauverfahren, allgemein

Eldridge, G. W.: Fortschritte in der Fügetechnik von Aluminium. Metallurgia **61** (1960) 364 55—60 21 refs.; Mitt. Forsch.-Ges. Blechverarb. (1960) 24 Ref. 1125.

Coupain, J.: Évolution des procédés de fabrication dans l'aéronautique. Techn. et Sci. Aéron. et Spat. (1965) 4 333—342; Index Aeron. **22** (1966) 3 45 [4.31.30].

Miller, Fred R., Robert E. Bowman, and *Robert M. Dunco:* The materials joining requirement. Air Force Systems Command, Wright-Patterson AFB, Ohio. Air Force Mater. Lab. AFML-TR-65-29 1965 pp. 681—719 31 refs.

Woollard, R. F. and *L. L. Gudgel:* Welding and brazing process. Developments utilizing stabilized methylacetylene propadiene. Welding J. **45** (1966) 2 123—129.

Lueg, K.: Überblick über den Stand der Blechverarbeitung. Metall **20** (1966) 8 855—863 14 Lit.-St. [4.30.0].

5.21 Nieten, allgemein

Greenwood, D. C.: Methoden des Verbindens. Product Engng. **30** (1959) 23 91—106 95 refs.; Mitt. Forsch.-Ges. Blechverarb. (1960) 11 Ref. 477.

Lewis, F. A.: Verbinden von Aluminium mit Befestigungsmitteln aus Aluminium. Materials in Design Engng. **50** (1959) 4 85—89; Mitt. Forsch.-Ges. Blechverarb. (1960) 24 Ref. 1122.

Miller, Fred R., Robert E. Bowman, and *Robert M. Dunco:* The materials joining requirement. Air Force Systems Command, Wright-Patterson AFB, Ohio. Air Force Mater. Lab. AFML-TR-65-29 1965 pp. 681—719 31 refs. [5.41.0].

5.22 Nietgeräte

Würfel, Joachim: Mehrfach-Nietwerkzeuge. Werkstatt u. Betrieb **93** (1960) 7 459—460.

Buchanan, T. C.: Nietvorrichtungen. Automation **8** (1961) 6 90—98.

Buchanan, Th. C.: Auswahl und Einsatz von Nietmaschinen. Assembly & Fastener Engng. **5** (1962) 11 24—30.

Johnson, R.: Auswahl und Einsatz von Nietmaschinen. Assembly & Fastener Engng. **5** (1962) 12 26—30.

Rosenberg, R. u. *A. Wright:* Mehrkopfnietmaschinen. Automot. Industries **127** (1962) 3 53—55, 56.

Hulbert, J.: Auswahl und Einsatz von Nietmaschinen. Assembly & Fastener Engng. **6** (1963) 1 31—34.

Ritchel, R.: Auswahl und Einsatz von Nietmaschinen. Assembly & Fastener Engng. **6** (1963) 2 48—53 3 Lit.-St.

5.23 Sonderverfahren des Nietens

Reishaus, M.: Nietverbindungen nur von einer Seite auszuführen. Maschinenmarkt **67** (1961) 11 6—8.

Draeger, E.: Das Nieten mit Schaftbruchnieten. Blech **9** (1962) 9 491—495.

— Rationelle Nietverbindung hoher Festigkeit. Maschinenwelt u. Elektrotechnik **17** (1962) 12 582—584.

Auge, J. Y.: Blindriveting in aeronautical structures. (in French) Air Techn. **8** (1964) 3 62—66; Index Aeron. **20** (1964) 12 ref. 5829.

5.31.21 Übersichtsarbeiten über schweißtechnische Sonderverfahren

Chyle, J. J.: New welding processes. ASME-Prepr. 60-MD-3 1960 16 pp. 13 refs.; Index Aeron. **17** (1961) 1 ref. 215.

Merriam, J. C.: The new welding processes manual No. 166. Materials in Design Engng. **51** (1960) 1 105—120; Index Aeron. **16** (1960) 5 ref. 197; Aero Space Engng. Rev. **19** (1960) 4 104; Werkstatt u. Betrieb **93** (1960) 9 627—628.

— Technique for welding very thin and thick sections together. Machinery (London) **97** (1960) 2505 1133—1135; Werkstatt u. Betrieb **94** (1961) 5 302—303; Index Aeron. **17** (1961) 1 ref. 214 [5.31.31].

Monroe, R. E.: New joining processes for uncommon materials. ASME-Prepr. 61-AV-61 1961 7 pp. 8 refs.; Index Aeron. **17** (1961) 7 ref. 242 [5.31.34].

Rykaline, N. N.: Calculation of thermal processes in welding. Soud. Techn. Conn. **15** (1961) 1/2 5—35 6 refs.; Index Aeron. **17** (1961) 5 ref. 207.

Rousseau, P.: Influence de la composition chimique et en particulier de la teneur en carbone sur la soudabilité. Rev. Métallurgie **58** (1961) 6 527—535 11 réfs.

Zeyen, K. L.: Fortschritte der Schweißtechnik in den USA. Schweißen u. Schneiden **13** (1961) 3 97—104 42 Lit.-St., 4 152—159 95 Lit.-St.

Emerson, H. C.: Welding and brazing of space age materials. Materials Science and Technology for Advanced Applications (Golden Gate Metals Conf. San Francisco 1962) Englewood Cliffs, N. J.: Prentice Hall 1962 pp. 606—631.

Zeyen, Karl Ludwig: Stand der Schweißtechnik und der artverwandten Verfahren im Jahre 1961. Stahl u. Eisen **82** (1962) 9 560—570, 10 633—640 97 Lit.-St.

Zeyen, K. L.: Was hat uns das Jahr 1962 an neuen Entwicklungen und Erkenntnissen auf dem Gebiet des Schweißens und der artverwandten Verfahren gebracht? Schweißen u. Schneiden **14** (1962) 12 516—537 92 Lit.-St.

Zürn, Herbert: Neuere Verfahren und Fortschritte auf dem Gebiet der Schweißtechnik. Werkstatt u. Betrieb **95** (1962) 6 337—347 41 Lit.-St.

— Current welding research problems. Welding J. **41** (1962) 12 551s—568s; Aluminium **39** (1963) 10 A 414.

— Die Schweißtechnik im Zeichen neuzeitlicher Verfahren und Werkstoffe. Vorträge Große Schweißtechn. Tag. Dt. Verl. Schweißtechnik. Essen 5.—8. 9. 1961 (Fachbuchreihe Schweißtechnik Bd. 23). Düsseldorf: Dt. Verl. Schweißtechn. 1962 132 S.

— Schweißen. Neue Erkenntnisse — neue Anwendungen. Vorträge der Großen Schweißtechn. Tagung Frankfurt/Main vom 13.-15. 6. 1962 (Fachbuchreihe Schweißtechnik Bd. 27). Düsseldorf: Dt. Verl. f. Schweißtechnik 1962 139 S.

Eder, H. u. W. P. Uhden: Feinwerktechnische Verbindungen durch Schweißen. Feinwerktechn. **67** (1963) 4 148—162 46 Lit.-St.

Kunz, H. G.: Die Entspannungsbehandlung von Schweißverbindungen. Industriebl. **63** (1963) 4 191—198.

Sudasch, Erich: Schweißen und Schneiden, Fortschritte in den Grundlagen und in der Anwendung. Werkstatt u. Betrieb **96** (1963) 9 601—604.

Zeyen, K. L.: Neue Erkenntnisse auf den Gebieten der Sonderschweißverfahren und des Schneidens. Werkstatt u. Betrieb **96** (1963) 5 311—314 47 Lit.-St.

Allen, D. W. and *H. D. Fisher:* Welded connections for electronic packages. RAE TN Space 70 Aug. 1964 36 pp. 3 refs.; Index Aeron. **21** (1965) 2 ref. 799.

Atkinson, C.: The incidence of failure in welded constructions. Brit. Welding J. **11** (1964) 10 490—500.

Matting, Alexander u. *Ulrich Draugelates:* Schweißen u. Schneiden. VDI-Z. **106** (1964) 24 1219—1222 108 Lit.-St.

Witting, Ernst: Moderne schweißtechnische Verfahren der Blechbeschichtung. Blech **11** (1964) 8 361—364 [5.31.53].

Ziethe, Hermann: Schweißtechnik — eine Bilanz der Konstrukteure. Ber. von der 4. Int. Schweißtechn. Tagung f. Leichtbau, Festigkeit und Konstruktion in Leipzig. Werkstatt u. Betrieb **97** (1964) 6 399—400 17 Lit.-St.

— Wirtschaftliches Schweißen nach den Grundsätzen des REFA. 3. Aufl. (Fachbuchreihe Schweißtechnik, Bd. 1). Düsseldorf: Dt. Verl. f. Schweißtechnik 1964 65 S.

Anders, W.: Schweißtechnische Fertigungsprobleme im Stahl- und Leichtmetall-Leichtbau. Werkstatt u. Betrieb **98** (1965) 6 341—345.

Claussen, G. E.: USSR welding research news. Welding J. Res. Suppl. **44** (1965) 12 568s—576s, **45** (1966) 1 25s, 2 81s, 91s.

Hall, W. J., J. R. Joshi, and *W. H. Munse*: Studies of welding procedures. Part. II. Welding J. Res. Suppl. **44** (1965) 4 182s—192s.

Gerken, J. M. and *W. A. Owczarski*: A review of diffusion welding. Welding Res. Council Bull., Engng. Foundation No. 109 Oct. 1965 28 pp.; AMR **19** (1966) 4 331.

Kaehler, W. A., jr., S. Bank, and *A. F. Trabold*: Arc-image welding. Welding J. Res. Suppl. **44** (1965) 11 497 s—503 s 5 refs.; Index Aeron. **22** (1966) 2 45; Battelle Techn. Rev. **15** (1966) 1 34 a; AMR **19** (1966) 5 426.

Lohrmann, Gert R.: Sonderschweißverfahren. Schweißen u. Schneiden **17** (1965) 12 661 bis 667.

Matting, Alexander u. *Ulrich Draugelates*: Schweißen und Schneiden. VDI-Z. **107** (1965) 24 1185—1189 111 Lit.-St.

Savage, W. F., C. D. Lundin, and *A. H. Aronson*: Weld metal solidification mechanics. Welding J. Res. Suppl. **44** (1965) 4 175s—181s 5 refs.; Index Aeron. **21** (1965) 7 ref. 4112.

Siegfried, Walter: Die Erfassung der Einflußgrößen des Schweißprozesses durch die Bestimmung dimensionsloser physikalischer Parameter. Schweißen u. Schneiden **17** (1965) 11 595—604 4 Lit.-St.

Torgerson, R. T., C. H. Crane, D. J. Lovell, and *W. A. Baginski*: State-of-the-art survey of dissimilar metal joining by solid state welding. NASA CR-76933 Aug. 1965 50 pp. (Contract NAS8-20158); STAR **4** (1966) 19 3778.

— Review of literature in general manufacturing (Literatuuroverzicht algemene werktuigbouw). Techn. Doc. en Inform. Centrum voor de Krijgsmacht, The Hague, Netherlands Vol. 3 No. AW-26 Sept. 1965 31 pp.; STAR **4** (1966) 1064 [5.31.28].

— Schweißen und Schneiden — Fortschritte in den Grundlagen und in der Anwendung (Fachbuchreihe Schweißtechnik, Bd. 40). Düsseldorf: Dt. Verl. Schweißtechn. 1965 223 S. [4.22].

— Welding progress summary. NASA TM X-57330 1965 87 pp.; STAR **4** (1966) 11 1894.

Albritton, O. W. and *D. E. Orr*: Successful welding for low temperature service. Welding J. **45** (1966) 12 983—989.

Busche, M. G.: The revolution in materials joining. Mater. in Design Engng. **63** (1966) 3 64—71 16 refs.; Index Aeron. **22** (1966) 8 83.

Claussen, G. E.: USSR Welding research news. Welding J. Res. Suppl. **45** (1966) 5 201s—240s.

Draugelates, Ulrich u. *Walter Brockmann*: Schweißen und Schneiden. VDI-Z. **108** (1966) 24 1192—1196 107 Lit.-St.

Hedges, C. A.: Moderne Schweißverfahren für die Konstruktion von Raumfahrzeugen (Vortrag Fachtagung Schweißen u. Kleben im Luft- u. Raumfahrzeugbau, Hannover-Messe 1966). Übersichtsvorträge. Hrsg. Dt. Messe- u. Ausstellungs-AG., Abt. Techn. Presse. Hannover 1966 S. 55—69.

Herden, Georg u. *Emanuel Naumann*: Die Ermittlung der verfahrensabhängigen Fertigungskosten bei Schweißverfahren unter Benutzung von Verfahrenskennblättern. ZIS-Mitt. (Halle/Saale) **8** (1966) 4 620—652 12 Lit.-St.

Hummitzsch, W.: Forschungszentren und Schweißverfahren der UdSSR. Werkstatt u. Betrieb **99** (1966) 2 113—115.

Kjellberg, B. O.: The future of welding technology. Brit. Welding J. **13** (1966) 4 207-211.

Krause, R. D.: Lichtbogenbildschweißen. Schweißen u. Schneiden **18** (1966) 7 326.

Matting, Alexander: Die Schweißtechnik und ihre Randgebiete. VDI-Z. **108** (1966) 21 934—940.

Meister, R. P. and *D. C. Martin*: Narrow-gap welding process. Brit. Welding J. **13** (1966) 5 252—257.

Paton, B. E.: Prospects for developing the welding of metals. Brit. Welding J. **13** (1966) 4 201—207; Index Aeron. **22** (1966) 7 69.

Pfeiffer, R.: Stand der Schweißtechnik im Flugzeugbau. (Vortrag Fachtagung Schweißen und Kleben im Luft- und Raumfahrzeugbau, Hannover-Messe 1966). Übersichtsvorträge. Hrsg. Dt. Messe- und Ausstellungs-AG., Abt. Techn. Presse. Hannover 1966 S. 5—23 6 Lit.-St.

Wuckel, J.: Neuzeitliche Schweißverfahren an der 3. Stufe der Europa-Rakete. (Vortrag Fachtagung Schweißen und Kleben im Luft- und Raumfahrzeugbau, Hannover-Mese 1966). Übersichtsvorträge. Hrsg. Dt. Messe- u. Ausstellungs-AG., Abt. Techn. Presse, Hannover 1966 S. 43—53 [10].

— Bibliography on welding methods, with indexes. NASA SP-5024 Feb. 1966 58 pp.; STAR **4** (1966) 8 1237; Index Aeron. **22** (1966) 8 83.

Erdmann-Jesnitzer, Friedrich u. *Ekkehard Feustel*: Grundlagen des Magnetimpulsschweißens. Schweißen u. Schneiden **19** (1967) 1 2—8 10 Lit.-St.

Krieg, Josef: Schweißnahtvorbereitung mit Schlagscheren und Schweißkantenformer. Schweißen u. Schneiden **19** (1967) 1 11—15.

Reichenacker, W. J. and *J. Heuschkel*: NASA contributions to metal joining. NASA SP-5064 1967 141 pp.; STAR **5** (1967) 7 1093—1094.

5.31.22 Autogenes Schweißen

Killing, H.: Autogenes Dünnblechschweißen. Industrie-Anz. **82** (1960) 76 1279—1284.

Reinsch, H. H.: Steigerung der Schweißleistung beim autogenen Dünnblechschweißen. Schweißtechnik (Wien) **15** (1961) 1 5—8.

5.31.23 Schutzgasschweißen, Argon arc (WIG ≡ TIG), Sigma (MIG)

Nass, R. u. *E. Brammertz:* Versuche mit der Sigma-Auftragsschweißung bei Verwendung von Argon-Schutzgas. Werkstatt u. Betrieb **93** (1960) 2 75—84 4 Lit.-St.

De Rop, C. u. *H. Schmidt-Bach:* Fortschritte beim Schweißen unter CO_2 mit Falzdraht. Schweißen u. Schneiden **12** (1960) 8 345—349; Werkstatt u. Betrieb **94** (1961) 4 247.

Zitzelsberger, W.: Metall-Inertschweißen (MIG) und Schweißen unter CO_2. Schweißen u. Schneiden **12** (1960) 1 24.

Sibley, C. R.: Argon-shielded alternating current metal-arc welding. Welding J. Res. Suppl. **40** (1961) 11 481s—488s; Werkstatt u. Betrieb **95** (1962) 9 656.

Wilson, R. A.: Vapor-shielded arc welding at 200 i.p.m. Welding J. **40** (1961) 1 13—17; Werkstatt u. Betrieb **94** (1961) 11 867.

Witting, E.: Das Schweißen dünner Bleche unter Schutzgas. Blech (Coburg) **8** (1961) 9 690—697; Aluminium **38** (1962) 2 A 58.

German, E. F.: Neue Entwicklungen in der Schutzgasschweißung. Welding J. **41** (1962) 8 728—734.

Greiner, C.: Le soudage sous protection de vapeur. Mach. mod. **56** (1962) 644 15—24.

Smith, A. A.: CO_2 shielded consumable electrode arc welding. Ed. Brit. Welding Res. Assoc., Cambridge. Lincoln: Keyworth & Fry Ltd. Swanpool Court 1962 96 pp.; Schweißen u. Schneiden **14** (1962) 10 465.

Weigel, K.: Schweißen unter Wasserdampf. Schweißen u. Schneiden **14** (1962) 10 461 bis 463.

Brooks, W. G. and *C. D. Brown:* Utilization of CO_2-welding in construction and manufacturing. Welding J. **42** (1963) 6 479—488.

Klimmek, M.: Determination of the TIG welding control parameters and requirements for the automation of out-of-position welding. NASA CR-55821 Nov. 1963 22 pp.; STAR **3** (1965) 7 1083.

Zeyen, K. L.: Schutzgasschweißen, neue Erkenntnisse über Durchführung und schweißmetallurgische Fragen. Werkstatt u. Betrieb **96** (1963) 1 44—48 37 Lit.-St.

Brain, A. G.: Tungsten arc spot and butt welding of a controlled transformation stainless steel. Brit. Welding J. **11** (1964) 10 531—545 12 refs.; Index Aeron. **20** (1964) 12 ref. 5821.

Cuthbert, D. and *H. C. Constantine:* Development of high current MIG welding for thick aluminium plate. Welding & Metal Fabrication **32** (1964) Oct. 372—379.

Grist, F. J. and *R. L. Hawkins:* Gas tungsten-arc welding techniques with a new electronical power supply. Welding J. **43** (1964) 7 598—604.

Mantel, W.: Die MIG-Schweißung von Aluminium-Legierungen. Aluminium **40** (1964) 9 557—563 3 Lit.-St.; Index Aeron. **20** (1964) 12 ref. 5820.

Miller, N. A. and *G. R. Salter:* Effects of nitrogen in CO_2 welding. Brit. Welding J. **11** (1964) 1 18—27.

Möller, P. T. R.: Über das WIG-Punktschweißverfahren mit stromlos zugeführtem Fülldraht. Leichtbau d. Verkehrsfahrzeuge **8** (1964) 3 87—93; Aluminium **40** (1964) 7 R 340.

Salter, G. R.: Argon-CO_2-O_2 mixtures for the welding of mild steel. Brit. Welding J. **11** (1964) 2 63—78.

Siegenthaler, H.: The gas shielded arc welding process (in German). Z. Schweißtechn. (Zürich) **54** (1964) 3 77—91; Index Aeron. **20** (1964) 6 ref. 2926.

Smith, A. A. and *G. R. Salter:* Gas-shielded metal-arc welding of alloy steels. Brit. Welding J. **11** (1964) 5 222—228.

Stitt, J. R.: Distortion control during welding of large structures. SAE-Publ. 844 B 1964 7 pp. 3 refs.; Index Aeron. **20** (1964) 9 ref. 4310.

Wilson, E. M.: Inert-gas metal arc (MIG) welding of low-alloy high-tensile steel sheet. Brit. Welding J. **11** (1964) 7 308—312 2 refs.; Index Aeron. **20** (1964) 10 ref. 4786.

— Survey of elementary cracking. — Preliminary qualification survey of the operative method of welding. Institut de Soudure, Paris (Transl. into English from French) EURATOM-090-82-12 RDF, EURAEC-1098 1964 11 pp.; STAR **4** (1966) 11 1895.

Anderson, J. E. and *D. M. Yenni:* Multi-cathode gas tungsten-arc welding. Welding J. Res. Suppl. **44** (1965) 7 327s—331s.

Barker, R. B.: PIGMA welding. — A method for reducing weld porosity. Welding J. Res. Suppl. **44** (1965) 1 1s—6s 3 refs.; Index Aeron. **21** (1965) 5 ref. 2840.

van den Blink, W. P. u. *G. Brouwer:* Das CO_2-Schweißen mit gefüllten Röhrchendrähten. Schweißen u. Schneiden **17** (1965) 4 137—141; Werkstatt u. Betrieb **98** (1965) 10 795—796.

Boughton, P. and *J. A. Lucy:* The use of pulsed current to control metal transfer in welding. Brit. Welding J. **12** (1965) 4 159—166 7 refs.; Index Aeron. **21** (1965) 7 ref. 4118; Aluminium **41** (1965) R 336.

Donovan, M.: A review of metal fabrication

processes for solid propellant rocket motor cases. J. Brit. Interplanetary Soc. **20** (1965) 1 7—14; Index Aeron. **21** (1965) 5 ref. 2850.

Henning, A. H., K. Krekeler u. *Friedhelm Walter:* Schutzgasschweißen mit abschmelzender Elektrode unter Verwendung verschiedener Gasgemische. Forsch.-Bericht Nr. 1529 d. Landes Nordrhein-Westfalen. Köln-Opladen: Westdt. Verl. 1965 62 S.; Werkstatt u. Betrieb **99** (1966) 6 421—422.

Needham, J. C. and *A. W. Carter:* Material transfer characteristics with pulsed current for consumable electrode welding arcs with Argon-rich gas shield. Brit. Welding J. **12** (1965) 5 229—241 5 refs.; Index Aeron. **21** (1965) 7 ref. 4120.

Needham, J. C.: Pulse controlled consumable electrode welding arcs. Brit. Welding J. **12** (1965) 4 191—197 9 refs.; Index Aeron. **21** (1965) 7 ref. 4119.

Pidhaets'kiy, V. V.: Fluxes for mechanized electric welding. Air Force Systems Command, Wright-Patterson AFB, Ohio. Foreign Technol. Div. FTD-TT-64-1252/ 1+2 April 1965 93 pp. (AD-617092) (Transl. into English of „Flyusi Dlya Mekhanizovanogo Elektrozvaryuvannya" Kiev. Izd. Tekhn. Lit. Ursr. 1961 136 pp.); STAR **3** (1965) 19 3300.

Pierozeck, B. S. and *L. M. Gourd:* The influence of the static and dynamic characteristics of power sources on the behaviour of short circuiting CO_2 shielded welding arcs. Coll. Aeron. (Cranfield) CoA Note Mat. 6 Feb. 1965 25 pp.; STAR **3** (1965) 14 2375.

Pintard, J.: Contribution à l'étude du transferet de métal dans le soudage MIG. Soudage et Techn. Conn. **19** (1965) 7/8 278—287 9 réfs.; Werkstatt u. Betrieb **98** (1965) 12 966.

Salter, G. R.: The effect of pressure on the gas metal-arc welding of aluminum alloys. Welding J. Res. Suppl. **44** (1965) 3 107s—115s 3 refs.; Index Aeron. **21** (1965) 6 ref. 3495.

Salter, G. R. and *D. R. Miller:* Gas-metal reactions in arc welding. Brit. Welding J. **12** (1965) 5 222—228 12 refs.; Index Aeron. **21** (1965) 7 ref. 4117; Aluminium **41** (1965) 7 R 336.

Savage, W. F., S. S. Strunek, and *Y. Ishikawa:* The effect of electrode geometry in gas tungsten-arc welding. Welding J. Res. Suppl. **44** (1965) 11 489s—496s; Battelle Techn. Rev. **15** (1966) 1 34 a.

Telford, R. T.: New applications for gas metal-arc welding with short-circuiting transfer. Welding J. **44** (1965) 3 169—176.

Vilkas, E. P.: New developments in gas metal-arc-welding control systems. Welding J. **44** (1965) 10 838—845; Index Aeron. **22** (1966) 1 52.

Cunningham, J. W. and *S. A. Agnew:* Metal inertgas arc welding. ("Aluminium-Welding Seminar" in Chicago 1966). Aluminium **42** (1966) 8 524 (Abstract); Leichtbau d. Verkehrsfahrzeuge **11** (1967) 1 39.

Ernenputsch, H., W. Hummitzsch und *W. Becker:* Schutzgasschweißen unter Kohlendioxyd mit Massivdrähten größeren Durchmessers. (Vortrag Große Schweißtechn. Tagung 1965 in Essen, DVS-Fachbuchreihe, Bd. 46). Düsseldorf: Dt. Verl. für Schweißtechn. 1966; Schweißen und Schneiden **18** (1966) 2 82—83 (Kurz-Ber.).

Flemming, Dagobert: Größe und Einfluß von Wolframeinschlüssen in WIG-Schweißnähten. Schweißen u. Schneiden **18** (1966) 2 69—76 7 Lit.-St.; Battelle Techn. Rev. **15** (1966) 6 206 a.

Flemming, Dagobert: Eigenschaften von Wolframelektroden zum WIG-Schweißen. Schweißen u. Schneiden **18** (1966) 5 220 bis 226.

Folkhard, E.: Rationalisieren durch Schutzgasschweißen. (Vortrag Große Schweißtechn. Tagung 1965 in Essen, DVS-Fachbuchreihe Schweißtechn., Bd. 46). Düsseldorf: Dt. Verl. f. Schweißtechnik 1966; Schweißen u. Schneiden **18** (1966) 2 81 (Kurz-Ber.).

Frankel, H. E., A. J. Babecki, and *R. E. Predmore:* Some considerations of advanced welding technology. Brit. Welding J. **13** (1966) 4 189—200; Index Aeron. **22** (1966) 7 69 [5.31.51] [5.31.55].

Giordano, F. M.: PIGMA welding — a process for welding difficult shapes. Engr's Dig. **27** (1966) 10 101, 103, 104; Index Aeron. **22** (1966) 12 80.

Granier, M., J. Chagnot, M. Hubert u. *A. Dumont:* Verwendung von mit Pulver gefüllten Röhrchendrähten beim Schutzgasschweißen. Soudage Techn. Conn. **20** (1966) 9/10 361—374.

Henning, A. H., K. Krekeler, S. Kumar Pal u. *H. Verhoeven:* Doppelkopfschweißen und Doppeldrahtschweißen nach dem Metall-Lichtbogen-Verfahren unter Verwendung von Kohlendioxyd als Schutzgas. Forsch.-Ber. Nr. 1528 d. Landes Nordrhein-Westf. Köln-Opladen: Westdt. Verl. 1966 56 S.; Schweißen u. Schneiden **18** (1966) 7 337.

Hofmann, W. u. *A. Krahl:* Einfluß verschiedener Schutzgase auf die Eigenschaften von MIG-Schweißgut. (Vortrag Große Schweißtechn. Tagung 1965 in Essen, DVS-Fachbuchreihe Schweißtechn., Bd. 46). Düsseldorf: Dt. Verl. f. Schweißtechnik 1966; Schweißen u. Schneiden **18** (1966) 2 80 (Kurz-Ber.).

Hummitzsch, W.: Das Schweißen von Stählen unter Kohlensäure und anderen Schutzgasen. Werkstatt u. Betrieb **99** (1966) 6 361—366 9 Lit.-St.

Meier, K.: Zur Entwicklung eines mit hohen Strömen arbeitenden maschinellen MIG-Schweißverfahrens für dicke Aluminiumbleche. Schweißen u. Schneiden **18** (1966) 5 238—239 (nach *Cuthbert, D.* and *H. C. Constantine:* Development of high-current MIG-welding for thick aluminium plate. Welding & Metal Fabrication **32** (1964) 10 372—379).

Mikami, H., M. Suzuki u. *R. Ishii:* Berichte über das Verhalten der Wolframelektroden beim WIG-Schweißen. Soudage Techn. Conn. **20** (1966) 7/8.

Salter, G. R.: Spatter formation in the MIG welding of alloy steels. Brit. Welding J. **13** (1966) 1 33—43 8 refs.; Index Aeron. **22** (1966) 4 73.

La Velle, E. B. and *C. C. Stone:* Process application analysis for MIG welding. Brit. Welding J. **19** (1966) 7 407—413.

Zürn, H.: WIG-Schutzgasschweißen mit Mehrfach-Kathodenanordnung. Schweißen u. Schneiden **18** (1966) 5 237 (nach *Anderson, J. E.* and *D. M. Jenin:* Multi-cathode gas tungsten-arc welding. Welding J. Res. Suppl. **44** (1965) 7 327s—331s).

Smith, A. A.: The influence of shielding gas composition on weld metal properties. Welding in the World (London) **5** (1967) 1 26—32 (Dok. IIS/IIW-248-67).

Wolff, Lothar: Metallschutzgasschweißen mit pulsierendem Strom. Schweißen u. Schneiden **19** (1967) 5 199—202 16 Lit.-St.

5.31.24 Vakuumschweißen

Becken, Otto: Vakuum-Diffusionsschweißen. Schweißen u. Schneiden **16** (1964) 8 355 10 Lit.-St.

Kazakov, N. F., A. V. Krivoshey, and *Ye. G. Sudenkov:* Method of diffusion bonding in a vacuum. Air Force Systems Command, Wright-Patterson AFB, Ohio. Foreign Technol. Div. FTD-TT-65-637/1+4 (AD-620774) Aug. 1965 4 pp. (Transl. into English from Soviet Patent No. 163874, Appl. no. 796663/25—8 Sept. 1962); STAR **3** (1965) 24 4166.

Popilov, L. Ya.: Vacuum diffusion welding of high-melting metalloid compounds with high-melting metals. Joint Publ. Res. Service Washington, D.C. JPRS-29550, TT-65-30731 April 1965 13 pp. (Transl. into English from the book „Novyye Materialy v Mashinostrogenii", Leningrad 1964 pp. 124—134); STAR **3** (1965) 11 1840.

5.31.25 Widerstandsschweißen, Punkt- und Rollennaht-Schweißen, Stumpfschweißen, Abbrennschweißen

Czech, F.: Punkt-, Naht- und Buckelschweißen. Schweißtechnik (Wien) **14** (1960) 6 61—68.

Engstrand, W. D.: Stumpfschweißen dünner Bleche. Assembly & Fastener Engng. **3** (1960) 5 39—43; Mitt. Forsch.-Ges. Blechverarb. (1960) 19/20 Ref. 962.

Mecklenborg, L. W.: Widerstandsschweißen von Blechen durch Folien-Stumpfnaht. Welding J. **39** (1960) 1 19—28 2 refs.; Mitt. Forsch.-Ges. Blechverarb. (1960) 19/20 Ref. 903.

— Widerstandsschweißen. (Vorträge 4. Stuttgarter Sondertag. Widerstandsschweißtechnik 1960) (Fachbuchreihe Schweißtechnik, Bd. 21). Düsseldorf: Dt. Verl. für Schweißtechnik 1961 104 S.

Alberti, H. u. *F. Früngel:* Das Widerstandsschweißen mittels transformierter Kondensatorentladung. Blech **8** (1961) 9 678—685 11 Lit.-St.

Bohnen, J. K.: Die Rohrschweiß-Geometrie beim Widerstandsschweißen von Rohren. Blech **8** (1961) 10 740—744.

Hackmann, R. L.: Inert-gas spot welding in the aircraft and missile industry. Welding J. **40** (1961) 1 25—33; Leichtbau der Verkehrsfahrzeuge **5** (1961) 3/4 182.

Hess, H.: Feinpunktschweißung mittels elektronisch gesteuerter Maschinen in Verbindung mit Problemen der Buckel- und Preßschweißung. Schweiz. Maschinenmarkt **61** (1961) 6 33, 35, 37, 39.

McGregor, W. P.: Inert-gas tungsten-arc spot-welding for missile assemblies. Machinery (London) **98** (1961) 2527 886—888; Index Aeron. **17** (1961) 6 ref. 203

Ewan, D.: Übersicht über die Schweißverfahren für Bleche unter besonderer Berücksichtigung der Widerstandsschweißung. Sheet Metal Industries **39** (1962) 425 609 bis 623.

Savage, W. F.: Flash-welding-process variables and welding properties. Welding J. Res. Suppl. **41** (1962) March 109s—119s; Nickel-Ber. **20** (1962) 9/10 325.

Stiller, A.: Praktische Erfahrungen mit dem Widerstandsschweißen im Flugzeugbau. Schweißen u. Schneiden **14** (1962) 10 428—434 8 Lit.-St.

Birkel, Eberhard: Untersuchung der Einflußgrößen beim Widerstandspunktschweißen. Diss. TH Stuttgart 1963; VDI-Z. **107** (1965) 28 1364.

Frankel, H., K. C. Wu and *R. E. Lewis:* Universal data for resistance welding. Welding J. Res. Suppl. **42** (1963) 4 151s—159s.

Gengenbach, O.: Übersicht über den Stand des Widerstandsschweißens und ähnlicher Verfahren. Techn. Zbl. prakt. Metallbearb. **57** (1963) 3 135—139 15 Lit.-St.

Hildebrandt, Peter: Einfluß von Temperaturverteilung und Werkstoffeigenschaften auf das Haften der Elektroden beim Widerstandspunktschweißen von Aluminium und Aluminiumlegierungen. Diss. TH

München 1963, Schweißen u. Schneiden **16** (1964) 4 115—124; VDI-Z. **107** (1965) 14 642.

Robelotto, R.: Resistance seam butt welding as developed at North American Aviation, Inc. Welding J. **42** (1963) 7 320s—324s.

Welz, Willy: Rollennahtstumpfschweißen mittels aufgelegter Kontaktfolien — Untersuchung der Vorgänge und Eigenschaften. Diss. TH Stuttgart 1963, Schweißen u. Schneiden **17** (1965) 12 693—696 3 Lit.-St. (Auszug aus Diss.)

— Abbrennstumpfschweißen. DSV-Merkbl. DSV-2901 1963.

Agnew, S .A. and *W. N. Canulette*: Improvement of gasmetal-arc spot welds. Welding J. Res. Suppl. **43** (1964) 4 184s—192s.

Law, E. G. and *S. J. Szabronski*: Terminal report for percussive welding. Study II. Int. Business Machines Corp., Kingston, N. Y. Data Systems Div. 1964 227 pp. (Contr. N163-17815(X)(FBM), AD-610148); STAR **3** (1965) 10 1670.

Nance, F. B., R. V. Davidge, and *M. L. Begeman*: Factors involved in the resistance seam welding of austenitic and hardenable stainless steel. Welding J. Res. Suppl. **43** (1964) 5 209s—214s; Index Aeron. **20** (1964) 10 ref. 4788.

Pickel, N.: Der Einfluß der galvanischen Oberflächenbehandlung bei Punktschweißverbindungen. Schweißen u. Schneiden **16** (1964) 4 131—135 5 Lit.-St.; Werkstatt u. Betrieb **97** (1964) 2 712.

Squires, I. F.: Resistance spot and seam welding FV 250 S sheet. Brit. Welding J. **11** (1964) 8 394—410.

Del Vecchio, E. J.: Resistance welding of composite sections. Welding J. **43** (1964) 6 505—509.

Wellinger, Karl u. *Eberhard Birkel*: Untersuchung der Einflußgrößen beim Punktschweißen von Stahlblech durch Beobachtung der Elektrodenbewegung. Schweißen u. Schneiden **16** (1964) 7 263—271 6 Lit.-St.

Welter, G. and *J. A. Choquet*: Temperatures effects on the hydrodynamic compression treatment of spot welds. Welding J. Res. Suppl. **43** (1964) 5 202s—208s.

Zaremba, Paul: Die Bedeutung des Widerstandsschweißens für den deutschen Flugzeugtriebwerksbau unter Berücksichtigung der im internationalen Triebwerksbau verwendeten hochwarmfesten Legierungen. Schweißen u. Schneiden **16** (1964) 11 507—513 5 Lit.-St.

— Widerstandspunktschweißen von unlegiertem Stahl bis 3 mm Blechdicke. Merkbl. DVS 2902 (Düsseldorf: Dt. Verl. für Schweißtechnik) Nov. 1964. Schweißen u. Schneiden **16** (1964) 11 528—536 92 Lit.-St.

Beemer, R. D.: High strength stainless steel resistance welds at cryogenic temperatures. Welding J. Res. Suppl. **44** (1965) 8 372s—375s.

Canulette, W. N., S. A. Agnew, and *N. E. Anderson*: Precision gas tungsten-arc spot welding. Welding J. Res. Suppl. **44** (1965) 6 270s—275s.

Flemming, D.: Abbrennstumpfschweißen nach einem neuen Verfahren. Schweißen u. Schneiden **17** (1965) 6 266—267 5 Lit.-St.

Grigoleit, G.: Praktische Erfahrungen mit dem Widerstands-Punktschweißen von dünnen austenitischen Chrom-Nickel-Stahlblechen im Flugzeug- und Raumfahrtbau. Schweißen u. Schneiden **17** (1965) 3 113—118 6 Lit.-St.

Pickel, Norbert: Der Einfluß des elektrischen Nebenschlusses beim Reihenpunktschweißen dünner Tiefziehbleche. Schweißen u. Schneiden **17** (1965) 6 258—261 6 Lit.-St.

Prischmann, W.: Bessere Qualität beim Widerstandspunktschweißen durch Regelung der Schweißparameter. Schweißtechnik (Berlin) **15** (1965) 9 407—410.

Rolsten, R. F., W. A. Dean, and *R. W. O'Neil*: Hypervelocity impact and spot welding. AIAA J. **3** (1965) 10 1966—1968 5 refs.; Index Aeron. **22** (1966) 2 44—45.

Rolsten, R. F., A. K. Hopkins, and *H. H. Hunt*: Welding by high velocity particle impact. Nature (London) **208** (1965) 5017 1273—1275 8 refs.; Index Aeron. **22** (1966) 2 44.

Shearer, T. W.: Arc spot welding. Welding Res. Council Bull., Engng. Foundation Bull. No. 105 May 1965 27 pp.; AMR **19** (1966) 9 785.

Sullivan, D. J.: Heat transfer during resistance welding and dip soldering. Welding J. Res. Suppl **44** (1965) 2 79s—85s.

Thorne, J. P.: Aircraft and commercial applications of direct current resistance welding using silicon diodes. Welding J. Res. Suppl. **44** (1965) 6 282s—288s.

Witzell, W. E. and *H. F. Greer*: Study of interface discontinuities in resistance spot welding stainless steel. Welding J. Res. Suppl. **44** (1965) 9 402s—408s 6 refs.

— Schrifttumnachweise Widerstandsschweißtechnik und Grenzgebiete. Sonderdruck aus Fachbuch „Widerstandsschweißen III". Düsseldorf: Verl. f. Schweißtechnik 1965 70 S. (über 1700 Lit.-St.).

— Special structural shapes produced by high-speed welding process. Engineer **219** (1965) 5709 1128—1129; AMR **18** (1965) 12 1000.

— Widerstandsschweißen III. Vortr. 6. Stuttgarter Sondertag. Widerstands-Schweißtechnik 1965 (Fachbuchreihe Schweißtechn., Bd. 45) Düsseldorf: Dt. Verl. f. Schweißtechn. 1965 224 S.

Groebler, Hans u. *Horst Müller:* Untersuchungen zur Abbrennstumpfschweißung dicker Querschnitte aus austenitischen Stählen. Mitt. Forsch.-Ges. Blechverarb. **17** (1966) 8/9 118—130 [5.31.31].

Gronwald, R.: Das Kondensator-Impulsschweißen als neuartiges Verfahren zum Punktschweißen von Aluminium-Legierungen unter Verwendung verschiedener legierter Einlegestücke. Diss. TH Aachen 1966; VDI-Z. **108** (1966) 22 1097.

Harris, J.: Spot and seam welding of aluminum. ("Aluminium Welding Seminar" in Chicago 1966.) Aluminium **42** (1966) 3 525—526 (abstract).

Hübner, Hans: Rückblick auf die Einführung der Widerstandsschweißtechnik im deutschen Flugzeugzellenbau. Schweißen u. Schneiden **18** (1966) 3 137—140.

— Widerstands-Rollennahtschweißen überlappter Teile. Merkbl. DVS 2906. Dt. Verband f. Schweißtechn. Dez. 1966. Schweißen u. Schneiden **19** (1967) 1 38—43 37 Lit.-St.

5.31.26 Lichtbogenschweißen, UP-Schweißen

Stromberger, C.: Untersuchungen an Elektrodenwerkstoffen für das elektrische Lichtbogenschweißen. Werkstatt u. Betrieb **95** (1962) 6 325—327 7 Lit.-St.

van der Willigen, P. C.: Einige moderne Verfahren der Lichtbogenschweißung von Stahl. Phillips techn. Rdsch. **24** (1962/63) 1 14—28.

Zeyen, K. L.: Neue Erkenntnisse über Unterpulverschweißen und Elektroschlackeschweißen und Vergleich zwischen Hand- und Automaten-Schweißverfahren. Werkstatt u. Betrieb **96** (1963) 2 105—108 35 Lit.-St.

Haferkamp, Heinz: Einflußgrößen der Unterpulver-Schweißung. Techn. Überwach. **5** (1964) 4 131—135.

Mennen, Josef u. *Wilhelm Kobsa:* Zum Ermitteln der Schweißzeit beim Lichtbogenschweißen. Schweißen u. Schneiden **16** (1964) 1 20—24 8 Lit.-St.

Müller, Paul: Metallurgische Beeinflussung des Unterpulver-Schweißgutes durch verschiedene Schweißverfahren. Schweißen u. Schneiden **16** (1964) 12 570—574 2 Lit.-St.

Coless, T. L.: New low-silica compositions for submerged-arc welding. Welding J. Res. Suppl. **44** (1965) 2 72s—78s; Index Aeron. **21** (1965) 6 ref. 3496.

Duffey, F. D. and *W. Sutar:* Submerged-arc welding of 18 % nickel maraging steel. Welding J. Res. Suppl. **44** (1965) 6 251s—263s.

Franz, U.: Vorgänge in der Kaverne beim UP-Schweißen. Schweißtechnik (Berlin) **15** (1965) 4 145—150 40 Lit.-St.; Werkstatt u. Betrieb **99** (1966) 4 291.

Masters, P. E. and *R. S. Zuchowski:* Vertical submerged-arc-welding. Welding J. **44** (1965) 10 829—837.

Mirlin, G. A.: Submerged vibro arc welding technique. Air Force Systems Command. Wright-Patterson AFB, Ohio. Foreign Technol. Div. FTD-TT-65-48811 May 1965 5 pp. (AD-620080) (Transl. into English from Soviet Pat. No. 153762 June 1958); STAR **4** (1966) 1 69.

Moser, H.: Über Untersuchungen des Werkstoffübergangs beim Schweißlichtbogen. Versuch einer meßtechnischen Analyse der beim Schweißlichtbogen auftretenden Zusammenbrüche der Lichtbogenspannung. Diss. TH Darmstadt 1965; VDI-Z. **108** (1966) 28 1398.

Potap'evskii, A. G. and *V. N. Buchinskii:* The pulsed arc welding of Kh 1810 T stainless steel. Automat. Welding (1965) 9 34—38 5 refs. (Transl. into English from Avtom. Svarka (1965) 9 30—34); Index Aeron. **22** (1966) 3 45.

Schulten, D.: Neue Erkenntnisse beim Unterpulverschweißen nichtrostender Stähle. Vortr. Groß. Schweißtechn. Tagung 1965 in Essen (Fachbuchreihe Schweißtechnik, Bd. 46). Düsseldorf: Dt. Verl. f. Schweißtechn. 1966; Schweißen und Schneiden **18** (1966) 1 27.

Agnew, S. A. and *E. H. Daggett:* Introduction to pulsed-spray arc welding. Welding J. **45** (1966) 4 275—283.

Henning, Alfred H., Karl Krekeler u. *Hans Wilhelm Rotthaus:* Lichtbogenschweißen mit Wasserdampfschutz. Forsch. Ber. Nr. 1702 des Landes Nordrhein-Westfalen. Köln-Opladen: Westdt. Verl. 1966 56 S.; Werkstatt u. Betrieb **100** (1967) 2 134.

Kudoyarov, B. V.: Brittleness tendency of multilayer low-alloy submerged arc welded seams. "Submerged-arc welding" Joint Publ. Res. Service Washington, D. C. JPRS-37523, TT-66-33951 Sept. 1966 pp. 1—14 (Transl. into English from Svarka Sb. Statey (Moscow) No. 1 1958); STAR **4** (1966) 23 4551.

Leymonie, C.: Application of the submerged arc welding process to thick plates. Quart. Rep. 5 April/June 1966 EURAEC-1684 (DUR-2871, Contract EURATOM-054-61-02 RF); STAR **5** (1967) 5 710—711.

van der Willigen, P. C.: On steel and its arc welding. Brit. Welding J. **13** (1966) 3 143—150.

Wilson, E. M. and *A. I. Wildman:* Submerged arc welding of 1 % titanium 18 % nickel-cobalt-molybdenum maraging steel. Brit. Welding J. **13** (1966) 2 67—74 10 refs.; Index Aeron. **22** (1966) 4 73.

Buschhoff, Peter: Elektrische Kenngrößen des Lichtbogens umhüllter Schweißelektroden. VDI-Z. **109** (1967) 6 253 (Diss. Ref.).

Sudasch, Erich: Unterpulverschweißen mit Bandelektrode. Schweißen u. Schneiden **19** (1967) 2 65—70 7 Lit.-St.

5.31.27 Preßschweißen, Kaltpreßschweißen, Reibschweißen

Abdel Aziz, M. K. u. *Wilhelm Hofmann:* Versuche zur Preßschweißung von Aluminium bei verschiedenen Temperaturen. Aluminium **36** (1960) 6 312—317 12 Lit.-St.; Werkstatt u. Betrieb **93** (1960) 11 746.

Hofmann, Wilhelm u. *S. Jensen:* Beobachtungen über das Reibungsschweißen von Metallen. Z. Metallkde. **51** (1960) 11 642—645; Aluminium **37** (1961) 4 A 142; Index Aeron. **17** (1961) 2 ref. 193.

Vaidyanath, L. R. and *D. R. Milner:* Significance of surface preparation in cold pressure welding. Brit. Welding J. **7** (1960) 1 1—6; Aluminium **36** (1960) 5 A 138.

Nicholas, M. G. and *D. R. Milner:* Pressure welding by rolling at elevated temperatures. Brit. Welding J. **8** (1961) 8 375—383; Aluminium **38** (1962) 2 A 58.

Hazlett, T. H.: Properties of friction welds between dissimilar metals. Welding J. Res. Suppl. **41** (1962) Oct. 448s—450s; Nickel-Ber. **21** (1963) 6 196.

Hollander, M. B.: Welding metals by friction. Materials in Design Engng. **55** (1962) 2 79—81.

McEwan, K. J. B. and *D. R. Milner:* Pressure welding of dissimilar metals. Brit. Welding J. **9** (1962) 7 406—420 13 refs.; Werkstatt u. Betrieb **96** (1963) 7 491.

Donclan, J. A.: Kaltschweißen von Aluminium und Kupfer. Sheet Metal Industries **40** (1963) 440 863—871, 880; Metall **18** (1964) 9 971.

Hazlett, T. H. and *K. K. Gupta:* Friction welding of high strength aluminum alloys. Welding J. Res. Suppl. **42** (1963) 11 490s—494s.

Hollander, M. B., C. J. Cheng, and *J. C. Wyman:* Friction welding parameter analysis. Welding J. **42** (1963) 17 495s—501s.

Olszewski, Mieczyslaw: Das Kaltpreßschweißen von Metallen. Fertigungstechn. u. Betrieb **13** (1963) 1 21—26.

Rjabov, V. R.: Preßschweißen von Aluminium an Stahl. Automat. Welding (1963) 10 43—48 (Transl. from Avtomat. Svarka (1963) 10 47—53).

Tylecote, R. F. and *E. J. Wynne:* Effect of heat treatment on cold pressure welds. Brit. Welding J. **10** (1963) 7 385—394.

Fishlock, D.: Bonding stainless by heat and pressure. Metalworking Production **108** (1964) 14 42—43; Index Aeron. **20** (1964) 5 ref. 2439; Werkstatt u. Betrieb **97** (1964) 4 708—709.

Hazlett, T. H. and *K. K. Gupta:* Friction welding of high-strength structural aluminium alloys. Engr's Dig. **25** (1964) 3 95—97, 125; Index Aeron. **20** (1964) 5 ref. 2433.

Hollander, M. B., C. J. Cheng, and *J. A. Quimby:* Friction welding. Machine Design **36** (1964) 15 212—218; Konstruktion **17** (1965) 3 115.

Hollander, M. B., C. J. Cheng, and *J. A. Quimby:* Friction welding — a „natural" for production. SAE-Prepr. 827 C 1964 12 pp.; Index Aeron. **20** (1964) 8 ref. 3777.

Kirsch, J.: Zur Kenntnis und Deutung der Vorgänge bei der Kaltpreßschweißung von Metallen. Diss. TH Braunschweig 1964; VDI-Z. **107** (1965) 28 1364.

Eaton, N. F.: Recent developments in welding technology. Metallurgist (London) **3** (1965) 11 239—246; Battelle Techn. Rev. **15** (1966) 1 34 a [5.31.51] [5.31.55].

Gumm, Peter u. *Wilhelm Hofmann:* Kaltpreßschweißen in Fließvorgängen. Z. Metallkde. **56** (1965) 10 704—712 20 Lit.-St.; Index Aeron. **22** (1966) 1 52.

Gumm, P. u. *P. Hofmann:* Kombination von Umformung und Kaltpreßschweißen beim Fließpressen und Rohrziehen. Fortschrittber. VDI-Z. Reihe 2 Nr. 2. Düsseldorf: VDI-Verl. 1965; Schweißen u. Schneiden **18** (1966) 4 180.

Hofmann, Wilhelm u. *Ludwig Thome:* Einige Einflußgrößen auf das Reibungsschweißen von Stahl und Aluminium. Schweißen u. Schneiden **17** (1965) 5 194—199 7 Lit.-St.

Hollander, M. B., J. C. J. Cheng, and *J. A. Quimby:* Friction welding new „natural" for production. SAE-J. **73** (1965) 2 74—76.

Kharchenko, P. I., P. I. Garskii, and *A. A. Gordonnaja:* The cold welding of titanium to steel. Automat. Welding (1965) 9 44—46 (Transl. into English from Avtom. Svarka (1965) 9 39—41); Index Aeron. **22** (1966) 3 45.

Wodara, J.: Ein Beitrag zur Kaltpreßschweißung der Metalle. Wiss. Z. TH Magdeburg **9** (1965) 2/3 335—443 45 Lit.-St.

Crane, C. H., R. T. Torgerson, D. T. Lovell, and *W. A. Baginski:* Study of dissimilar metal joining by solid state welding. NASA CR-82460 Oct. 1966 199 pp. (Contract NAS8-20156); STAR **5** (1967) 8 1286—1287.

Gumm, Peter u. *Jürgen Ruge:* Kaltpreßschweißen von Kupfer und Aluminium in Ziehvorgängen. Z. Metallkde. **57** (1966) 7 509—516 16 Lit.-St.; Index Aeron. **22** (1966) 10 74.

Hofmann, W.: Die Kaltpreßschweißung der Metalle. Ing. Blad **35** (1966) 3 102—105.

Squires, I. F.: Thermal and mechanical characteristics of friction welding mild steel. Brit. Welding J. **13** (1966) 11 652—657.

Starke, L.: Über den Bindungsmechanismus beim Kaltpreßschweißen von Aluminium. Aluminium **42** (1966) 12 766-771 19 Lit.-St.; Aluminium **43** (1967) 1 R 38.

Black, R. A.: Friction welding. Machine Shop & Engng. Manuf. **28** (1967) 5 187—189.

Hazlett, T. H.: Fundamentals of friction welding. Metals Engng. Quart. **7** (1967) 1 1—7; Battelle Techn. Rev. **16** (1967) 4 131 a.

Hopkins, Vern: Cold molecular welding study. NASA CR-65593 Jan. 1967 6 pp. (Contract NAS9-3623); STAR **5** (1967) 8 1285.

Schaefer, R.: Schwungradreibschweißen — eine neue amerikanische Entwicklung. Schweißen u. Schneiden **19** (1967) 2 74—77 9 Lit.-St.; Aluminium **43** (1967) 6 R 298.

5.31.28 Automatisches Schweißen, Maschinenschweißen

Fritz, J. C.: Die Automatik in der Schweißtechnik und verwandten Gebieten. Automatik **5** (1960) 4 119—120, 122—125 17 Lit.-St.; Leichtbau d. Verkehrsfahrzeuge **7** (1963) 2 84.

Ogus, A.: Produktionssteigerung durch Automatisierung des Punktschweißens. Mécanique-Electricité **44** (1960) 131 105—111.

Kunz, H. G.: Der wirtschaftliche Einsatz maschineller Schweißverfahren. Vortrag Große Schweißtechn. Tag. Essen 1961; Blech (Coburg) **8** (1961) 10 780 (Auszug).

Anders, W.: Die vollautomatische CO_2-Kleinteilschweißung. Technik (Berlin) **17** (1962) 1 14—16.

Gengenbach, Otto: Die Mechanisierung bei der Widerstandsschweißung. Elektrotechn. Z. (B) **14** (1962) 24 649—655.

Pal, Salil Kumar: Automatisches Schmelzschweißen von Stumpfstößen dickwandiger Kesselbleche nach dem Kohlendioxyd-Schutzgas-Schweißverfahren mit abschmelzender Elektrode in Wannenlage. Diss. TH Aachen 1962; VDI-Z. **105** (1963) 12 507.

Franz, R. J. and *W. H. Wooding:* Automatic vertical welding and its industrial applications. Welding J. **42** (1963) 6 489—494.

Rapenne, H.: Soudage automatique vertical montant sous laitier — Applications industrielles en chaudronnerie lourde. Soudage Techn. Conn. **17** (1963) 9/10 345—365.

Telford, R. T. and *K. E. Richter:* Advances in semi-automatic gas metal-arc welding of steel. Welding J. **42** (1963) 10 797—806.

Wooding, W. H.: Vertical welding goes automatic — the electroslag and electrogas process. Tool & Manuftg. Engr. **51** (1963) 1 53—57; Werkstatt u. Betrieb **97** (1964) 4 185—186.

Alekin, L. E. and *V. G. Mikaelyan:* Effects of automatic welding conditions on the dimensions of welds in aluminium. Automat. Welding (1964) 1 41—46 (Transl. into English from Russian Avtomat. Svarka (1964) 1 48—54); Index Aeron. **20** (1964) 12 ref. 5819.

Antonets, D. P. and *F. I. Bukin:* Automatic submerged arc welding of aluminium with two kinked electrode wires. Automat. Welding (1964) 1 47—50 (Transl. into English from Russian Avtomat. Svarka (USSR) (1964) 1 55—58); Index Aeron. **20** (1964) 12 ref. 5818.

Nelson, J. W., M. D. Randall, and *D. C. Martin:* Development of methods of making narrow welds in thick steel plates by automatic arc welding processes. Battelle Memorial Inst., Columbus, Ohio. Metals Joining Div. March 1964 68 pp. (Contract NObs-86424, AD-454864); STAR **3** (1965) 11 1840.

Wright, J. J. and *W. B. Sharav:* Automatic welding of 9 % nickel steel for low temperature service. Welding J. **43** (1964) 9 745—752; Index Aeron. **21** (1965) 2 ref. 851.

Gotch, R. W.: Automatic inert gas tungsten arc welding applied to nuclear engineering problems. Brit. Welding J. **12** (1965) 6 276—280.

Kharchenko, G. K.: Diffusion bonding. Automatic welding. Air Force Systems Command, Wright-Patterson AFB, Ohio. Foreign Technol. Div. FTD-MT 65—63 May 1965 pp. 9—19 (AD-615536) (Transl. into English from Avtomat. Svarka (Kiev) **143** (1965) 2 pp. 23—33); STAR **3** (1965) 19 3291.

Merrick, G. J., G. E. Cook, and *H. N. Thomas:* Automatic welding of LOX tunnels on the Saturn V booster. Welding J. **44** (1965) 5 394—403.

Nègre, J.: Das Widerstandsschweißen und die Automatik. Soud. et Techn. Conn. **19** (1965) 11/12 445—456.

Skopinov, Ya. N., A. A. Kurkimeli, and *Ye. V. Mokhovikov:* Universal stand for automatic welding on longitudinal seams of shells and sheets. Joint Publ. Res. Service, Washington, D.C., JPRS-28563, TT 65-30245 1965 4 pp. (Transl. into English from Svarochnoye Proizvodstvo, Moscow (1964) 10 p. 42); STAR **3** (1965) 6 922.

Slepukha, V. T.: Diffusion bonding in carbon dioxide. Automatic welding. Air Force Systems Command, Wright-Patterson AFB, Ohio. Foreign Technol. Div. FTD-MT 65-63 May 1965 pp. 1—8 (AD-615536) (Transl. into English from Avtomat. Svarka (Kiev) **143** (1965) 2 23—33); STAR **3** (1965) 19 3290—3291.

— Halbmaschinelles und maschinelles Schweißen (bearb. von der Schweißtechn. Lehr- u. Versuchsanstalt Berlin). Düsseldorf: Dt. Verl. f. Schweißtechn. 1965 99 S.; Werkstatt u. Betrieb **100** (1967) 1 70.

— Impuls-Lichtbogenschweißen. Machinery Lloyd (Overseas Ed.) **37** (1965) 20 31—33; Maschinenmarkt **72** (1966) 58 1639.

— Review of literature in general manufacturing (Literatuuroverzicht algemene werktuigbouw). Techn. Doc. en Inform. Centrum voor de Krijgsmacht, The Hague, Netherlands Vol. 3 No. AW-26 Sept. 1965 31 pp.; STAR **4** (1966) 1064 [5.31.21].

Arnold, P. C. and *D. C. Bertossa:* Multiple pass automatic vertical welding. Welding J. **45** (1966) 8 651—660.

Henning, A. H., K. Krekeler u. *H. Ernenputsch:* Automatische Auftragsschweißung nach dem Metall-Lichtbogenverfahren unter Kohlendioxyd als Schutzgas. Forsch.-Ber. Nr. 1527 d. Landes Nordrhein-Westfalen. Köln-Opladen: Westdt. Verl. 1966 74 S.; Schweißen u. Schneiden **18** (1966) 7 337.

Lindblad, L.: The economics and methods of automatic welding. Brit. Welding J. **13** (1966) 5 269—276 2 refs.; Werkstatt u. Betrieb **99** (1966) 11 812.

Petrov, A. V., G. A. Slavin, and *M. M. Shtrikman:* Automatic welding with a consumable electrode on the vertical plane. Welding Production (Selected articles). Air Force Systems Command, Wright-Patterson AFB, Ohio. Foreign Technol. Div. FTD-MT-65-151. TT-66-62070 April 1960 pp. 1—11 (AD-637374) (Transl. into English from Svarochnoye Proizvodstvo (Moscow) (1965) 4 15—18); STAR **5** (1967) 4 554.

Rößner, W.: Besonderheiten des maschinellen Präzisions-Kurzlichtbogenschweißens. Vortr. Große Schweißtechn. Tagung 1965 in Essen. (Fachbuchreihe Schweißtechn., Bd. 46). Düsseldorf: Dt. Verl. f. Schweißtechnik 1966; Schweißen u. Schneiden **18** (1966) 1 29—30.

Vilkas, E. P.: Automation of the gas tungsten-arc spot welding process. Welding J. **45** (1966) 1 30—36.

Vilkas, E. P.: Automation of gas tungsten-arc welding process. Welding J. **45** (1966) 5 410—416.

5.31.29 Sonstige Sonderschweißverfahren

Frank, G.: Magnet-Schweißverfahren für kunststoff-folierte Bleche. Industrie-Anz. **82** (1960) 29/30 452—454; Mitt. Forsch.-Ges. Blechverarb. (1960) 17 Ref. 752.

Knotek, O.: Hartmetall für die Auftragsschweißung. Blech **7** (1960) 6 293—295 5 Lit.-St.

Rowlands, C. A.: Magnetic force welding. Welding & Metal Fabrication **28** (1960) 17 474—481; Werkstatt u. Betrieb **94** (1961) 8 559.

Owczarski, W. A. and *A. J. Palmer:* Percussive welding does finest work. Amer. Mach. **105** (1961) 12 114—116; Werkstatt u. Betrieb **95** (1962) 5 315—316.

— Orbital welding. Aircr. Production **23** (1961) 8 291—293; Index Aeron. **17** (1961) 9 ref. 224.

von Hofe, H.: Das Kanalschweißen. Schweißen u. Schneiden **14** (1962) 4 150—153.

Osborn, H. B. jr.: High frequency welding of pipe and tubing. Welding J. **42** (1963) 7 571—577.

— Orbital welding — automatic equipment for the precision welding of tube assemblies. Production Technology **1** (1963) 5 168—171; Werkstatt u. Betrieb **97** (1964) 2 186.

— Orbital welding in aircraft construction. Sheet Metal Industries **40** (1963) 436 585—586, 588; Index Aeron. **19** (1963) 10 ref. 4499.

Osborn, H. B.: Latest devlopments in high-frequency welding. SAE-Publ. 640179 (827 B) 1964 6 pp.; Index Aeron. **20** (1964) 8 ref. 3779.

Owczarski, William A.: Diffusion welding. SAE-Publ. 640390 (849 A) 1964 12 pp. 28 refs.; Index Aeron. **20** (1964) 10 ref. 4782.

Droscha, H.: Materialschonendes Rohrschweißen induktiv mit Hochfrequenz. Metall **19** (1965) 2 119—121.

Fründel, F. u. *H. Knütel:* Kurzzeitschweißen mit transformierter Kondensatorentladung. Schweißen u. Schneiden **17** (1965) 9 503—504 3 Lit.-St.

Obrzut, J. J.: Diffusion welding. Iron Age **195** (1965) 15 95—102; Index Aeron. **21** (1965) 7 ref. 4110.

Owczarski, W. A.: Diffusion welding. SAE-Trans. **73** (1965) 537—548; AMR **19** (1966) 4 330—331.

Shearer, T. W., jr. and *H. B. Cary:* Gas tungsten-arc hole piercing. Welding J. **44** (1965) 1 20—28; Index Aeron. **21** (1965) 5 ref. 2869.

Vicars, E. C.: An efficient joining technique. Diffusion bonding. Metal Progr. **87** (1965) 4 125—126; Index Aeron. **21** (1965) 6 ref. 3497.

Wirtz, H.: Untersuchungen über das Auftragsschweißen von Gesenken für Schmiedestücke aus Stahl. Schweißen u. Schneiden **17** (1965) 4 156—157.

— Induktionsschweißen. VDI-Richtlinie 3130. Hrsg. VDI-Fachgruppe Betriebstechnik (ADB). Düsseldorf: VDI-Verl. Dez. 1965 6 Seiten.

Kretzschmar, E.: Vibrations- und Schutzgas-Hartauftragsschweißen von Drehteilen. Schweißtechnik (Berlin) **16** (1966) 9 395—399 19 Lit.-St.; Werkstatt u. Betrieb **100** (1967) 4 367.

Crane, C. H., D. T. Lovell, W. A. Baginski, and *M. G. Olson:* Diffusion welding of dissimilar metals. Welding J. Res. Suppl. **46** (1967) 1 23s—31s.

5.31.31 Schweißen von Stahl

Albom, M. J. and *Ch. C. Titherington:* Investigation of weldability of ultrahigh-strength steels. Welding J. Res. Suppl. **39** (1960) 9 385s—391s.

Blodgett, O. W.: Types and causes of distortion in welded steel and corrective measures. Welding J. **39** (1960) 7 692—697; Werkstatt u. Betrieb **94** (1961) 1 51.

Gerbeaux, H.: Le soudage des aciers au chrome. Soudage et Techn. Conn. **14** (1960) 1/2 39—61 15 réfs.; Werkstatt u. Betrieb **93** (1960) 11 738.

Granjon, H. et *J. Rosenzweig:* Etudes expérimentales de la soudabilité de quelques aciers à haute résistance, utilisé en construction áeronautique. Soud. et Techn. Conn. **14** (1960) 5/6 209—228 4 réfs.; Index Aeron. **16** (1960) 9 ref. 182.

Kauhausen, E., P. Kaesmacher u. *S. Sadowski:* Probleme der Schweißung von warmfesten Stählen. 1. Teil: Werkstatt u. Betrieb **93** (1960) 6 289—295 7 Lit.-St., 2. Teil: Werkstatt u. Betrieb **93** (1960) 10 653—661 12 Lit.-St.

Paret, Richard E.: Resistance welding stainless steel. Assembly & Fastener Engng. **3** (1960) 6 49—52, 54—55; Leichtbau d. Verkehrsfahrzeuge **4** (1960) 6 317.

Stauffer, W. u. *A. Keller:* Das Schweißen von Stählen für mäßig tiefe Temperaturen. Z. Schweißtechn. **50** (1960) 6 162—171.

Wu, Tin Ming: Einfluß von Verunreinigungen in Kohlensäure beim Schutzgasschweißen. Schweißen u. Schneiden **12** (1960) 8 350—354 4 Lit.-St.

— Puddle welding. Application of argon-arc fusion spot-welding to aircraft stainless steel assemblies. Aircr. Production **22** (1960) 4 145—148; Index Aeron. **16** (1960) 5 ref. 200.

— Technique for welding very thin and thick sections together. Machinery (London) **97** (1960) 2505 1133—1135; Werkstatt u. Betrieb **94** (1961) 5 302—303; Index Aeron. **17** (1961) 1 ref. 214 [5.31.21].

Burat, F.: Beitrag zur Schweißbarkeit unlegierter und niedrig legierter Bau- und Vergütungsstähle. Diss. TH Braunschweig 1961; VDI-Z. **103** (1961) 35 1785 (Diss. Ref.).

Campbell, R. J. and *D. R. Miller:* Semiautomatic gas tungsten-arc spot welding of stainless steels and high-temperature alloys. Welding J. **40** (1961) 8 828—839 4 refs.; Werkstatt u. Betrieb **95** (1962) 4 250.

Gut, K. u. *A. Werner:* Schweißversuche an 13prozentigem Chrom-Stahlguß. Z. Schweißtechnik **51** (1961) 6 203—211; Werkstatt u. Betrieb **95** (1962) 2 123.

Huxley, H. V.: Determination of the hot cracking susceptibility of steel sheet during argonarc welding. Brit. Welding J. **8** (1961) 11 514—519 6 refs.

Matting, A. u. *H. Wolf:* Zum Elektrodeneinfluß auf die Schweißschrumpfung. Schweißen u. Schneiden **13** (1961) 8 315—319 10 Lit.-St.; Werkstatt u. Betrieb **95** (1962) 3 183—184.

Mennen, J.: Schweißen von Vergütungsstählen. Vortrag Große Schweißtechn. Tag. Essen 1961; Blech (Coburg) **8** (1961) 10 779 (Auszug).

Molossi, T. M. and *J. H. Nicholls:* The welding of aluminized steel sheet. Sheet Metal Industries **38** (1961) 406 95—98, 146; Werkstatt u. Betrieb **94** (1961) 8 559—560; Metall **15** (1961) 10 1025.

Odone, G., G. Milanese et *A. Porta:* Recherches sur la soudure des tôles d'acier galvanisées. Acier Stahl Steel **26** (1961) 6 287—296 9 réfs.; Werkstatt u. Betrieb **95** (1962) 2 117—118.

Petersen, R. E. and *A. O. Bergholm:* Effect of forming and welding on stainless steel columns. Aerospace Engng. **20** (1961) 4 26—27, 71—77; Index Aeron. **17** (1961) 7 ref. 273.

Tauscher, H.: Die Zwischenstufenvergütungen von Schweißverbindungen aus hochfesten Vergütungsstählen. Schweißen u. Schneiden **13** (1961) 6 230—233.

Zeyen, K. L.: Neue Erkenntnisse über Schweißnähte und Schweißverbindungen. Werkstatt u. Betrieb **94** (1961) 8 515—520 28 Lit.-St.

Granjon, Henry P.: Studies on cracking of and transformation in steels during welding. Welding J. **41** (1962) 1 1s—11s; Schweißen u. Schneiden **14** (1962) 10 458.

Gut, K., A. Werner and *J. Hübscher:* Welding of cast chromium-nickel steel for high-temperature service. Rev. Métallurgie **59** (1962) Juin 511—518; Nickel-Ber. **21** (1963) 3 80.

Kauhausen, E. and *H. R. Kautz:* Welding of creep-resisting austenitic materials. Brit. Welding J. **9** (1962) May 266—279; Nickel-Ber. **20** (1962) 9/10 316—317.

Martin, P. F., C. Roques et *P. Bastien:* Etude de la fragilisation d'aciers soudables au magnèse-molybdène au cours des revenus de détente après soudage. Rev. Mètallurgie **59** (1962) 10 829—843.

Merther, J. R.: Drawn welded tubes. Aircr. Production **24** (1962) 12 434—443; Index Aeron. **19** (1963) 2 ref. 0659.

Müller, H.: Beitrag zur Frage korrosionsbeständiger Auftragsschweißungen und der Schweißung an Plattierungen mit korrosionsbeständigen Stählen. Z. Schweißtechnik (Zürich) **52** (1962) 3 107 bis 112.

Müller, R.: Zweckmäßige Nahtvorbereitung bei den verschiedenen Schweißverfahren und Beanspruchungsarten. Schweißen u. Schneiden **14** (1962) 10 435—451.

Randall, M. D., R. E. Monroe, and *P. J. Rieppel*: Causes of microcracking and microporosity in ultra-high strength steel weld metal. Welding J. Res. Suppl. **41** (1962) 5 193s—206s 11 refs.

Wirtz, Heribert: Zum Schweißen von Blechen aus rost- und säurebeständigen Chrom- und Chrom-Nickel-Stählen. Blech **9** (1962) 8 423—430.

Witherell, C. E. and *W. A. Fragetta*: Weldability of 18 % Nickel steel. Welding J. Res. Suppl. **41** (1962) Nov. 481s—487s; Nickel-Ber. **21** (1963) 4 98—99.

— Das Schweißen von 9 %-Nickelstahl. Hrsg. Nickel-Inform.-Büro. Düsseldorf 1962 31 S.; Werkstatt u. Betrieb **96** (1963) 6 389.

Ehlers, P.: Anwendungen des Gasschweißens beim Hartpanzern und Werkzeugauftragsschweißen. Schweißen u. Schneiden **15** (1963) 9 419—424.

Faulkner, J. M., G. L. Hanna, and *J. V. Peck*: Development of welding procedures and filler materials for joining high-strength low alloy steels. Thompson Ramo Wooldridge, Inc., Cleveland, Ohio, Sec. Quart. Progr. Rep. 15 Sept. — 15 Dec. 1963 54 pp. (Contract AF 33(657)-11229, ER-5708, AD-451219); STAR **3** (1965) 1 79.

Finke, J., jr. and *M. L. Begeman*: Seam welding 20 gage aluminized steel. Welding J. Res. Suppl. **42** (1963) 8 371s—377s.

Granjon, H.: Trempe et fissuration dans le soudage des aciers. Soudage et Techn. Conn. **17** (1963) 9/10 357—366; Werkstatt u. Betrieb **97** (1964) 6 378; Index Aeron. **20** (1964) 1 ref. 373.

Green, E. A. and *J. J. Riley*: Resistance spot welding galvanized steel of thickness 0.022 to 0.138 in. Welding J. Res. Suppl. **42** (1963) 10 466s—475s.

Hofstatter, A. F.: Marage steel for welded airframe structure. SAE-Prepr. 742 D 1963; Index Aeron. **19** (1963) 12 ref. 5569.

Mikulak, J.: Selecting proper weldments for optimum product performance and fabrication. ASME Prepr. 63-MD-31 May 1963 13 pp.; Index Aeron. **19** (1963) 9 ref. 3992.

Peck, J. V. and *C. E. Witherell*: Welding 3½ % nickel steel. Welding J. Res. Suppl. **42** (1963) May 193s—201s; Nickel-Ber. **21** (1963) 8/9 255—256.

Poulsen, S. C.: Argon-arc welded sheet metal components and bellows. Machinery (London) **102** (1963) 2633 1006—1011; Index Aeron. **19** (1963) 6 ref. 2547.

Rudolph, W.: Fallend geschweißte Stumpf- und Kehlnähte. Schweißen u. Schneiden **15** (1963) 7 339—344.

Rudy, J. F.: Welding in space. Frontier **24** (1963) 2 24—29; Index Aeron. **19** (1963) 8 ref. 3460.

Schönherr, W.: Schweißen von 3,5 %-Nickel-Stahl. Schweißen u. Schneiden **15** (1963) 11 501—502.

Schueler, A. W.: Welding steels with thin metal coatings. Welding J. Res. Suppl. **42** (1963) 8 378s—384s.

Schulten, Dieter: Tieftemperaturstähle und ihre Schweißbarkeit. Industriebl. **63** (1963) 4 209—215.

Sibley, C. R.: Welding of HY-80 steel with the gas shielded metal-arc process. Welding J. Res. Suppl. **42** (1963) May 219s—232s; Nickel-Ber. **21** (1963) 8 256.

Thorneycroft, D. R. and *D. J. Heath*: Further aspects of the welding of 9 % nickel steel. Int. Nickel Comp. (Mond) Ltd. Publ. Nr. 2618 1963 14 pp., Welding & Metal Fabrication **31** (1963) Feb. 59—70; Nickel-Ber. **21** (1963) 5 142—143.

Travis, R. E., V. P. Ardito, and *C. M. Adams, jr.*: Comparison of processes for welding ultrahigh strength sheet steels. Welding J. Res. Suppl. **42** (1963) Jan. 9s—17s; Battelle Techn. Rev. **12** (1963) 4 182 a.

— Das Schweißen plattierter Stähle. Hrsg. Nickel-Informationsbüro GmbH. Düsseldorf 1963 28 S.

— Working with maraging steels (forging, nitriding and welding). Metal Treatm. & Drop Forging **30** (1963) 217 393—396 [4.12.4] [4.82.22].

Adams, C. M., jr. and *R. E. Travis*: Welding of 18 % Ni-Co-Mo maraging alloys. Welding J. Res. Suppl. **43** (1964) 5 193s—197s 3 refs.; Index Aeron. **40** (1964) 10 ref. 4787.

Abella, F. J. and *R. P. Sullivan*: Gas metal-arc welding of stainless steel using short-circuiting transfer. Welding J. **43** (1964) 10 839—842, 845—846, 853; Index Aeron. **21** (1965) 1 ref. 312.

Bellware, M. D.: How to weld maraging steels. Metalworking Production **108** (1964) 4 54—55; Index Aeron. **20** (1964) 3 ref. 1435.

Corrigan, D. A.: Gas-shielded arc welding of 18 % nickel maraging steel. Welding J. Res. Suppl. **43** (1964) 7 289s—294s.

Canonico, D. A.: Gas metal-arc welding of 18 % nickel maraging steel. Welding J. Res. Suppl. **43** (1964) Oct. 433s—442s; Battelle Techn. Rev. **14** (1965) 1 35 a.

Ester, C. L. and *P. W. Turner*: Dilution in multipass welding AISI 4130 to type 304 stainless steel. Welding J. Res. Suppl. **43** (1964) 12 541s—550s.

Flannery, J. W. and *C. E. Witherell:* Welding $3^1/_2$ and 9 percent nickel steels and 36 percent nickel-iron alloy for cryogenic service. Mater. Res. & Stand. **4** (1964) 10 533—539 9 refs.; Index Aeron. **21** (1965) 1 ref. 308.
Grotke, G. E.: Weldability and heat-affected-zone toughness of HY-150 steel. Welding J. Res. Suppl. **43** (1964) 6 265s—281s.
Jordan, D. E. and *D. J. Heath:* Gas shielded welding of nickel steels for cryogenic applications. Brit. Welding J. **11** (1964) 1 2—5.
Kasatkin, B. S.: Der Mikromechanismus des Sprödbruchs im Stahl und das Problem der Schweißbarkeit. Schweißtechnik (Berlin) **14** (1964) 8 343—348 7 Lit.-St.
Kautz, Hans Reiner: Das Schweißen warmfester Stähle und das Verhalten der Schweißverbindungen. Techn. Überwach. **5** (1964) 9 328—334 35 Lit.-St.
Killing, R.: Besonderheiten beim Schweißen nichtrostender, korrosionsbeständiger, zunderbeständiger und hitzebeständiger Stähle. Kjelberg-Esab-Schr. **11** (1964) 1 1—10, 18.
Küpper, H.: Untersuchung über die Warmrissigkeit stabil-austenitischer Schweißnähte. Diss. TH Aachen 1964.
Lister, E. and *D. H. Woodward:* The use of welding in tubular structures. Brit. Welding J. **11** (1964) 9 434—441.
Long, R. A., R. A. Caughey, and *W. Bassett:* Exo-flux welding of stainless steel type alloys. Welding J. Res. Suppl. **43** (1964) 6 259s—264s; Index Aeron. **20** (1964) 11 ref. 5333.
Lyubavskiy, V. V., B. N. Bad'yanov, and *Z. D. Klestova:* Selection of flux for welding high-strength steel. Air Force Systems Command, Wright-Patterson AFB, Ohio. Foreign Technol. Div. FTD-65-49/1+2 May 1965 13 pp. (AD-616281) (Transl. into English from Svarochnoye Proizvodstvo USSR (1964) 10 6—9); STAR **4** (1966) 1 68.
Medovar, B. I.: Welding austenitic steels and alloys. Joint Publ. Res. Service, Washington, D. C. JPRS-28963, TT 65-30421 March 1965 143 pp. (Transl. into English of the book „Svarka Austenitnykh Staley i Splanov", Kiev 1964 pp. 3—184); STAR **3** (1965) 8 1284.
Roques, C. et *A. Guegnaud:* Problèmes posés par le soudage des constructions en acier austénitique. Rev. Métallurgie **61** (1964) 5 505—514 8 réfs.
Sadowski, Siegfried: Schweißen dicker vollaustenitischer Stahlbleche und Schmiedestücke. Schweißen u. Schneiden **16** (1964) 6 217—227 8 Lit.-St.
Savage, Warren F.: Joining of high-strength steels. „Problems in the load-carrying application of high-strength steels." Battelle Memorial Inst., Columbus, Ohio. Defense Metals Inform. Center DMIC-210 1964 pp. 43—47 (Contract AF 33(615)-1121, AD-611750); STAR **3** (1965) 9 1491.
Schulten, D.: Das Schweißverhalten der nichtrostenden, austenitischen Chrom-Nickel-Stähle. Industriebl. **64** (1964) 4 118—123.
Slaughter, G. M. and *T. R. Housley:* The welding of ferritic steels to austenitic stainless steels. Welding J. Res. Suppl. **43** (1964) 10 454s—460s.
Stäger, Hans: Über das Schweißen der kaltzähen Nickelstähle 14 Ni 6, 16 Ni 14 und 8 Ni 36 für die Temperaturbereiche 173° K (—100° C), 153° K (—120° C) und 73° K (—200° C). technica **13** (1964) 9 665—672, 679—682 5 Lit.-St.
Wilcox, Wayne L.: Welding stainless steel. Metal Progr. **85** (1964) 6 96—101; Index Aeron. **20** (1964) 8 ref. 3778.
Wu, Tin Ming: Untersuchungen über das Auftragsschweißen von Gesenken für Schmiedestücke aus Stahl. Forsch.-Ber. des Landes Nordrhein-Westfalen Nr. 1349 Köln-Opladen. Westdt. Verl. 1964.
Clark, R. E. and *L. J. Privoznik:* Welding evaluation of D-6ac steel for large rocket motor cases. Welding J. Res. Suppl. **44** (1965) 5 199s—211s 3 refs.; Index Aeron. **21** (1965) 8 ref. 4837.
Crimmins, Philip P. and *Walter S. Tenna:* How to weld thick plates of 18% Ni maraging steels. Metal Progr. **87** (1965) 5 57—66.
Degenkolbe, Joachim u. *Bruno Müsgen:* Schweißen hochfester vergüteter Baustähle — Untersuchungen an Chrom-Molybdän-Zirkon-legierten Stählen. Schweißen u. Schneiden **17** (1965) 8 343—353 28 Lit.-St.
Hauser, D., P. A. Kammer, and *D. C. Martin:* Fundamentals of solid state welding and their application to beryllium, aluminum, and stainless steel. Redstone Arsenal, Ala., Redstone Sci. Inform. Center RSIC-437 July 1965 126 pp. (Contract DA-01-021-AMC-11706 (Z), AD-474827); STAR **4** (1966) 13 2360 [5.31.32.1] [5.31.34].
Kaltenhauser, R. H.: Welding maraging stainless steels. Welding J. Res. Suppl. **44** (1965) 9 394s—397s.
Knoth, R. J. and *W. A. Petersen:* The welding of 12% nickel maraging steels. Welding J. Res. Suppl. **44** (1965) 1 21s—26s; Index Aeron. **21** (1965) 5 ref. 2841.
Puschner, Manfred u. *Robert Killing:* Ein neuer Zusatzwerkstoff zum Schweißen des kaltzählen 9%-Nickelstahles X8Ni9. Schweißen u. Schneiden **17** (1965) 5 207-211.
Williams, N. T.: Influence of welding cycles on the ferrite content of type 321 austenitic steel. Brit. Welding J. **12** (1965) 9 435—441.
— Experimental contribution to the study of the transformations which occur in steel during welding. Soudage et Techn. Conn.

19 (1965) 1/2 35—43 7 refs.; Index Aeron. **21** (1965) 5 ref. 3062.

— Schweißen und Löten von austenitischen Chrom-Nickel-Stählen (v. Internat. Nickel Deutschland GmbH.) Düsseldorf: Verl. Nickel Inform. Büro GmbH. 1965 67 S.; Werkstatt u. Betrieb **99** (1966) 12 879 [5.32.31].

— Study of welded joints for very thick steel plates. Quart. Rep. No. 3 (Jan.-March 1965) EURAEC-1362 June 1965 14 pp. (Transl. into English from French) (Contract EURATOM-007-64-TEEF (RD)); STAR **4** (1966) 3 436.

— The welding of very thick steels. Margin of uncertainty of the Robertson test. EURAEC-1406 May 1965 15 pp. (Contract EURATOM-04-61-9-RDB); STAR **4** (1966) 3 436.

— Welded joints on heavy gauge steel sheets. (Quart. Rep. 4 and 5. April-Sept. 1965.) Inst. de Soudure (Paris) EURAEC-1518, EUR-2670 Nov. 1965 19 pp. (Contract EURATOM-007-64-TEEF (RD) (Transl. into English from French); STAR **4** (1966) 13 2366.

Aronson, A. H.: The weldability of columbium-bearing high strength low alloy steel. Welding J. Res. Suppl. **45** (1966) 6 266s—271s 6 refs.

Baker, R. G.: Some problems in the welding of steels of higher tensile strength. Ing. Blad **35** (1966) 3 93—101.

Beevers, A.: Automatic heat treatment of spot welds in hardenable steels. Brit. Welding J. **13** (1966) 10 613—624.

Cabelka, J. and *C. Million:* The weldability of high strength steels. Brit. Welding J. **13** (1966) 10 587—593.

Ebert, Karl-August: Betrachtungen zum Lichtbogenhandschweißen der kaltzähen Stähle. Schweißen u. Schneiden **18** (1966) 3 125—137 74 Lit.-St.

Elghozi, C., H. Granjon u. *S. Dehler:* Die schweißbaren Stähle der Rakete „Diamant". Bemerkungen über die Schweißbarkeit dieser Stahlarten. Soudage Techn. Conn. **20** (1966) 11/12 445—456.

Groebler, Hans u. *Horst Müller:* Untersuchungen zur Abbrennstumpfschweißung dicker Querschnitte aus austenitischen Stählen. Mitt. Forsch.-Ges. Blechverarb. **17** (1966) 8/9 118—130 [5.31.25].

Killing, R.: Das Schweißen stabilisierter austenitischer Stähle mit unstabilisierten niedriggekohlten Schweißzusatzstoffen. Nickel-Ber. **24** (1966) 6/7 131—135 8 Lit.-St.

Konkol, P. J., A. M. Rathbone, and *J. H. Gross:* Development of 170/200 Ksi yield-strength Ni-Cr-Mo-Co weld metals for constructional steels. Welding J. Res. Suppl. **45** (1966) 12 525s—539s.

Notvest, K. R.: Effect of thermal cycles in welding D6Ac steel. Welding J. Res. Suppl. **45** (1966) 4 173s-177s 5 refs.; Index Aeron. **22** (1966) 7 104.

Ries, G. D. and *S. W. Poole:* Welding of quenched and tempered 9Ni-4Co steels. Welding J. Res. Suppl. **45** (1966) 10 465—476s 13 refs.; Index Aeron **23** (1967) 1 62.

Ruge, J.: Transformations and reactions in the heat affected zone during the welding and oxygen cutting of steel. Welding in the World (London) **4** (1966) 3 142—168.

Soete, W., R. Dechaene, R. Daeman, H. Desguin, G. Doneux et al.: Welding of steel in high thickness. (Soudage des aciers de fortes épaisseurs.) (French with English summary) EURAEC-1548 Nov. 1966 88 pp. (Contract EURATOM-042-61-9 RDB); STAR **5** (1967) 8.

Uchida, J. M.: Welding evaluation of new high-strength quench and temper steels. Welding J. Res. Suppl. **45** (1966) 1 31s—40s; Nickel-Ber. **24** (1966) 8 167.

Weigel, K.: Das Schweißen von martensitaushärtbaren Nickelstählen. Z. wirtsch. Fertig. (ZwF) **61** (1966) 3 107—111.

Wirtz, H.: Das Verhalten der Stähle beim Schweißen. Teil 1. Grundlagen. (Fachbuchreihe Schweißtechnik, Bd. 44) Krefeld: Dt. Verl. f. Schweißtechn. Vertriebsabt. 1966 270 S.

— Schweißen und Schneiden — Fortschritte in den Grundlagen und in der Anwendung. (Vorträge d. Großen Schweißtechn. Tag. des Dt. Verbandes f. Schweißtechnik in Essen, Sept./Okt. 1966) (Fachbuchreihe Schweißtechn., Bd. 46) Düsseldorf: Dt. Verl. f. Schweißtechn. 1966 211 S. [4.22].

Cooper, A. L. and *J. C. Worthington:* Welding 18 % nickel maraging steel to A-201 and A-242 steels. Welding J. Res. Suppl. **46** (1967) 1 1s—10s.

Killing, Robert u. *Manfred Puschner:* Untersuchungen über die metallurgischen Vorgänge beim Schweißen mit hüllenlegierten Stabelektroden für nichtrostende Stähle. Schweißen u. Schneiden **19** (1967) 5 215—221 2 Lit.-St.

Melloy, George F. and *Enos H. Brubaker:* Chromized steel welds are strong and corrosion resistant. Metal Progr. **91** (1967) 1 104—107; Battelle Techn. Rev. **16** (1967) 4 131 a.

5.31.32.1 Schweißen von Aluminium-Legierungen

Daley, D. M., jr.: Techniques for welding Al-Mg alloys. (AWS 40th Ann. Meeting, Chicago, Apr. 6—10, 1959). Welding J. Res. Suppl. **39** (1960) 7 301s—305s; Aero Space Engng. **19** (1960) 9 89; Aluminium **37** (1961) 1 A 18; Leichtbau d. Verkehrsfahrzeuge **5** (1961) 5 236.

McFall, S. E.: Inert-gas-shielded metal-arc spot welding of aluminum. Welding J. **39** (1960) 12 1230—1236; Aluminium **37** (1961) 6 A 246.

Gabler, K. G.: Elektrisches Widerstandsschweißen der Aluminium-Werkstoffe. Aluminium-Ranshofen Mitt. **8** (1960) 1 12—14; Aluminium **37** (1961) 4 A 142.

Mudrack, K. P.: Schweißtechnische Untersuchung einer AlZnMg 1-Legierung unter besonderer Berücksichtigung der Schweißrissigkeit. Schweißen u. Schneiden **12** (1960) 1 45—55; Aluminium **36** (1960) 10 A 304.

Mudrack, K. P.: Richtlinien für das Schweißen von Aluminium-Konstruktionen. Maschinenmarkt **66** (1960) E 20 15—19 10 Lit.-St.

Orysh, M. S. and *I. G. Betz:* Weldability of aluminum casting alloys with 5086 wrought aluminum alloy. Welding J. Res. Suppl. **39** (1960) 8 342s—351s; Aluminium **37** (1961) 4 A 142.

Otto, E. A.: Das Punktschweißen von Aluminiumlegierungen. Elektrotechnik u. Maschinenbau **77** (1960) 11 261—264; Aluminium **36** (1960) 11 A 344; Aluminium Ranshofen Mitt. **8** (1960) 1 31.

Bailey, J. C. and *G. W. Eldridge:* Factors influencing the properties of welds in aluminium. Brit. Welding J. **8** (1961) 5 227—236 16 refs.; Index Aeron. **17** (1961) 6 ref. 205.

Buray, Z.: Die Verminderung der Schweißrissigkeit einiger Aluminiumlegierungen mit gewissen Zusatzelementen. Acta Technica Acad. Scient. (Ungarn) **32** (1961) 1/2 93—118 23 Lit.-St.; Aluminium **37** (1961) 10 A 410; Index Aeron. **17** (1961) 4 ref. 313.

Crial, R. S.: Welding 2219 aluminium for Bomark fuel tanks. Metal Progr. **80** (1961) 5 88—93; Index Aeron. **18** (1962) 1 ref. 265.

McFall, S. Eric: Punktschweißen von Aluminium mit Abschmelzelektrode unter Schutzgas. Aluminium **37** (1961) 9 557—563 3 Lit.-St.

Fisher, John G.: New aluminium alloy solves weld heat-treat problems. Space Aeronautics **36** (1961) 4 87—88, 90, 92, 94.

Gerbeaux, H.: Some problems concerning the fusion welding of wrought aluminium and aluminium alloys. Soudage Techn. Conn. **15** (1961) 5/6 219—237 14 refs.; Index Aeron. **17** (1961) 9 ref. 228.

Houldcroft, P. T.: Investigation of filler materials for welding Al-Zn-Mg alloys. Brit. Welding J. **8** (1961) 7 360—365 11 refs.; Index Aeron. **17** (1961) 8 ref. 242; Aluminium **38** (1962) 2 A 58.

Liptak, J. A.: Gas metal-arc welding aluminum with large diameter fillers. Welding J. **40** (1961) 9 917—927; Aluminium **38** (1962) 4 A 148.

Petrov, G. L. and *A. G. Makarov:* The sensitivity of aluminium-zinc-magnesium alloys to hot cracking during welding. Automat. Welding (1961) 9 18—24 5 refs. (Transl. from Avtomat. Svarka (USSR) (1961) 9 24—32); Index Aeron. **18** (1962) 10 ref. 3844.

Reinsch, H. H.: Die Vorbehandlung von Aluminium für das Schweißen. Schweißtechn. (Wien) **15** (1961) 2 19—22.

Tomlinson, J. E. and *D. Slater:* Development of MIG welding techniques for aluminium. Brit. Welding J. **8** (1961) 5 216—226 10 refs.; Index Aeron. **17** (1961) 6 ref. 204.

Wauschkuhn, E.: Neuerungen in der Schweißtechnik von Aluminium. Leichtbau d. Verkehrsfahrzeuge **5** (1961) 1 2—11 11 Lit.-St.

Westendorp, G.: Some remarks on the weldability of aluminium. Brit. Welding J. **8** (1961) 6 310—315 3 refs.; Aluminium **38** (1962) 1 A 20.

Buray, Z.: Die Verminderung der Schweißrissigkeit einiger Aluminiumlegierungen durch Zusatzelemente. Schweißtechnik (Berlin) **12** (1962) 4 157—163 14 Lit.-St.

Dinsdale, W. O. and *J. G. Young:* Significance of defects in aluminium alloy fusion welds. Pt. 1: Lack of fusion in 1/4 in. and 1/2 in. NP 5/6. Brit. Welding J. **9** (1962)8 482—493 2 refs.; Index Aeron. **18** (1962) 10 ref. 3652.

Liptak, James A.: Gas-Metall-Lichtbogen-Schweißen von Aluminium mit dicken Zusatzdrähten. Aluminium **38** (1962) 9 581—589.

Mantel, W.: Einflüsse der Schweißausführung und der Werkstoffkombination auf die Güte von MIG-Schweißverbindungen an Al-Legierungen. Schweißen u. Schneiden **14** (1962) 8 339—345; Aluminium **39** (1963) 1 A 24.

Perrone, A.: Le soudage de l'aluminium et de ses alliages. Méc. Électricité **46** (1962) 156 51—58.

Reinsch, H. H.: Die Durchführung des Widerstandsschweißens von Aluminium. Schweißtechnik (Wien) **16** (1962) 11 149—151; Leichtbau der Verkehrsfahrzeuge **10** (1966) 2 89.

— Arc spot welding. The inert-gas tungsten-arc spot welding process as developed for use with aluminium by Alcan Industries Ltd. Light Metals **25** (1962) 295 40—42.

— Improved welding of aluminium. Metal Industry **101** (1962) 21 340—341; Index Aeron. **19** (1963) 1 ref. 0277.

Bertrand, H., G. Leblanc, H. McClymont, and *W. D. Bailey:* Production welding of aluminum tank-type. Welding J. **42** (1963) 7 561—566.

Canon, R.: Le soudage de l'aluminium et de

ses alliages en fortes épaisseurs. Soud. Techn. Conn. **17** (1963) 7/8 267—276; Index Aeron. **19** (1963) 12 ref. 5418.

Duboz, G.: La mećanisation, facteur de qualité dans le soudage des alliages légers. Z. Schweißtechnik (Zürich) **53** (1963) 7 227—230; Aluminium **39** (1963) 11 A 462.

Dudas, J. H.: Arc stability and melting characteristics of welding wire for use with 2219 aluminum alloy plates. NASA CR-62260 Nov. 1963 68 pp., Aluminium Co. of America, Pittsburgh, Pa. Alcoa Res. Labs. 2-63-39 (Contract NAS 8-5132); STAR **3** (1965) 11 1841.

Gönner, P.: Das Schweißen aushärtbarer Aluminium-Legierungen unter besonderer Berücksichtigung der Werkstoffeigenschaft. Techn. Zbl. prakt. Metallbearb. **57** (1963) 10 636—640.

Groth, W.: Trends in welding aluminium. Metal Progr. **83** (1963) 6 76—77, 112, 114, 116, 118, 120; Index Aeron. **19** (1963) 8 ref. 3461.

Lülfing, H. G. u. *P. Werner:* Naßstrahlen von Aluminiumblech als Vorbehandlung zum Widerstandsschweißen. Aluminium **39** (1963) 1 57—60.

Möller, P. T. R.: Das Punktschweißen von Aluminium mit WIG-Verfahren. (Vortrag Große Schweißtechn. Tagung der DVS in Hamburg am 6. 6. 1963) (Fachbuchreihe Schweißtechnik, Bd. 36). Düsseldorf: Dtsch. Verl. f. Schweißtechnik 1963.

Opprecht, P.: Die Widerstandsschweißung im Flugzeugbau — Anwendung und Prüfung. Techn. Rdsch. (Bern) **55** (1963) 41 81, 83, 85; Aluminium **40** (1964) 1 R 42.

Stoehr, R. A. and *F. R. Collins:* Gas metal-arc spot welding joints aluminum to other metals. Welding J. **42** (1963) 4 302—308.

Weigel, R.: Maschinelles Lichtbogenschweißen von Aluminium unter Anwendung von Flußmittel und Sauerstoffstrahl. Schweißen u. Schneiden **15** (1963) 10 469—470.

Young, J. G.: New weldable aluminium-zinc-magnesium alloys. Light Metals **26** (1963) 306 47-50 5 refs.

— Arc spot-welding. New filled-spot process joining aluminium-alloys. Aircr. Production **25** (1963) 1 24—26.

— Latest spot welding methods applied to aluminium. Iron Age Metalworking International **2** (1963) 2 20—21; Aluminium **39** (1963) 6 A 256; Leichtbau d. Verkehrsfahrzeuge **7** (1963) 5 209.

— Neue Entwicklungen beim Lichtbogen-(WIG-)Punktschweißen von Aluminium. Aluminium **39** (1963) 4 227—229; Aluminium **39** (1963) 5 A 200; Index Aeron. **19** (1963) 6 ref. 2549.

— Spot welding technique for joining aluminium to other metals. Machinery (London) **103** (1963) 2664 1296; Index Aeron. **20** (1964) 2 ref. 849.

Agnew, S. A., N. E. Anderson, C. R. Felmley, and *L. M. Layden:* Welding aluminum space launch vehicles. Welding J. **43** (1964) 11 932—936; Index Aeron. **21** (1965) 3 ref. 1474.

Ashworth, L.: Production development of welding processes for aluminium cryogenic vessels. Brit. Welding J. **11** (1964) 7 300—307; Index Aeron. **20** (1964) 10 ref. 4791; Aluminium **40** (1964) 9 R 448.

Barta, I. M.: Low temperature diffusion bonding of aluminum. Welding J. Res. Suppl. **43** (1964) 6 241s—247s; Index Aeron. **20** (1964) 11 ref. 5339.

Chevigny, R. u. *R. Develay:* Verbesserung der Schweißbarkeit der Aluminiumlegierungen. Aluminium **40** (1964) 1 42—47 12 Lit.-St.; Index Aeron. **20** (1964) 3 ref. 1436.

Dinsdale, W. O. and *J. G. Young:* Significance of defects in aluminium alloy fusion welds. Pt. 2 to 3. Brit. Welding J. **11** (1964) 5 229—237 5 refs.; Index Aeron. **20** (1964) 7 ref. 3365.

Dinsdale, W. O. and *J. G. Young:* Significance of defects in aluminium alloy fusion welds. Pt. 4. Tungsten inclusions in 1/4 in. thick Al-Mg-Mn alloy NP 8. Brit. Welding J. **11** (1964) 5 238—244; Aluminium **40** (1964) 7 R 342.

Klopfert, A.: Recommended practices for flash welding. Pt. 3: Light alloys (aluminium alloys) (in French). Soud. Techn. Conn. **18** (1964) 7/8 302-307; Index Aeron. **20** (1964) 12 ref. 5822.

Kron, E. C.: Das Schweißen von Aluminiumdruckguß. Aluminium **40** (1964) 11 685 bis 689.

Lenamond, N. G., K. K. Speirs, E. Norris, D. L. Davidson, and *A. L. Lowenberg:* Development of welding techniques and filler metals for high strength aluminum alloys. Sec. Quart. Rep. Oct.—Dec. 1964. NASA CR-64534 June 1965 97 pp.; STAR **3** (1965) 21 3622.

Roussiaux, P.: Le tube électrosoudé en alliages d'aluminium entre dans l'ère de la grande séries. Rev. Aluminium **41** (1964) 316 75—90; Aluminium **40** (1964) 6 R 298.

Rogerson, J. H.: Microstructure and properties of heat affected zones in medium strength Al-Zn-Mg alloys. Brit. Welding J. **11** (1964) 2 12—17 6 refs.; Index Aeron. **20** (1964) 4 ref. 1911.

Ruge, Jürgen u. *Peter Hildebrandt:* Einfluß von Temperaturverteilung und Werkstoffeigenschaften auf das Haften der Elektroden beim Widerstandsschweißen von Aluminium und Aluminiumlegierungen. Schweißen u. Schneiden **16** (1964) 4 115—124 15 Lit.-St.; Aluminium **40** (1964) 7 R 342.

Saperstein, Z. P., G. R. Prescott, and *E. W. Monroe:* Porosity in aluminum welds. Welding J. Res. Suppl. **43** (1964) 10 443s—453s 9 refs.; Index Aeron. **21** (1965) 1 ref. 525; Battelle Techn. Rev. **14** (1965) 1 35 a.

Shworth, L.: Production development of welding processes for aluminium cryogenic vessels. Brit. Welding J. **11** (1964) 7 300—307.

Stefanides, E. J.: Arc spot welding of aluminium. Design News **19** (1964) 9 12—13; Index Aeron. **20** (1964) 10 ref. 4790.

Vinogradov, V. S., A. B. Karan, and *V. M. Bol'shakova:* Selection of the best method of making argon tungsten arc spot welds unsupported in aluminium alloys. Automat. Welding (1964) 6 26—29 (Transl. into English from Avtomat. Svarka USSR (1964) 6 29—32; Index Aeron. **20** (1964) 12 ref. 5816.

Weill-Couly, P.: Les cupro-aluminium, leur soudage. Soudage Techn. Conn. **18** (1964) 1/2 5—22.

Wilson, C. V.: Welding of aluminium-bronze. II. Metal Industry **104** (1964) 11 348—351; Aluminium **40** (1964) 5 R 248.

— Improvement of the welding of high-strength aluminium (in French). Rev. Aluminium **41** (1964) 322 767—776 2 refs.; Index Aeron. **20** (1964) 11 ref. 5334.

Bankhard, Milton H. and *Irving Pincus:* What to look for when welding 2014 aluminium. Metal Progr. **88** (1965) 6 74—76.

Burghard, H. C., jr., N. G. Lenamond, A. L. Lowenberg, J. McDonald, jr., E. B. Norris et al.: Development of welding techniques and filler metals for high strength aluminum alloys. NASA CR-74992 Oct. 1965 155 pp. (Contract NAS8-1529); STAR **4** (1966) 14 2603.

Cheever, D. L., P. A. Kammer, R. E. Monroe, and *D. C. Martin:* Welding-base metal investigation. Final Rep. June 1964 — July 1965. NASA CR-68412 July 1965 217 pp. (Contract NAS8-11445); STAR **4** (1966) 3 424.

Clews, K. J.: Metallurgical aspects aluminium bronze welding. Brit. Welding J. **12** (1965) 3 126—144; Aluminium **41** (1965)9 AR 453.

Clews, K. J.: Cracking of aluminium bronze plate during welding. Brit. Welding J. **12** (1965) 6 301—309.

Cole, D. Q.: Development of controls for time-temperature characteristics in aluminum weldments. Progr. Rep. No. 6. NASA CR-71698 Oct. 1965 18 pp. (Contract NAS8-11930); STAR **4** (1966) 12 2134.

Conklin, D. E., R. P. Meister, R. E. Monroe, and *D. C. Martin:* A study to develop a mechanized welding procedure to join thick-gage aluminium alloy plate using narrow-gap techniques. NASA CR-67760 Jan. 1965 78 pp. (Contract NAS8-11102); Battelle Techn. Rev. **15** (1966) 3 14—15; STAR **4** (1966) 1 69.

Dudas, J. H.: Joining new high-strength aluminum alloy X7005. Welding J. Res. Suppl. **44** (1965) 8 358s—364s; AMR **19** (1966) 4 330 [5.32.32].

Hauser, D., P. A. Kammer, and *D. C. Martin:* Fundamentals of solid state welding and their application to beryllium, aluminum, and stainless steel. Redstone Arsenal, Ala., Redstone Sci. Inform. Center RSIC-437 July 1965 126 pp. (Contract DA-01-021-AMC-11706 (Z), AD-474827); STAR **4** (1966) 13 2360 [5.31.31] [5.31.34].

Kish, A. J. and *R. B. Erickson:* Metallurgical characteristics of weldments in 0.750-inch-thick 6061 aluminum. ACF Industries, Inc. Albuquerque, N. Mex. ACF-11, ACF-412-A 53 Aug. 1965 27 pp. (Contract AT (29-1)-1352); STAR **4** (1966) 16 3104.

Liptak, J. A.: Gas tungsten-arc welding heavy aluminium plate. Welding J. Res. Suppl. **44** (1965) 6 276s—281s.

Markus, H.: Welding 2000 series aluminum alloys at cryogenic temperatures. Welding J. Res. Suppl. **44** (1965) 7 317s—326s.

Mitchell, G. L.: Out-of position gas-shielded arc-welding of heavy aluminum sections. Welding J. **44** (1965) 9 727—734.

Nikonow, I. P., L. N. Fridman, and *N. G. Geinrikhsdorf:* Certain indices for the three phase submerged arc welding of aluminium and its alloys with a consumable electrode. Automat. Welding **18** (1965) 8 60—62 3 refs. (Transl. into English from Avtom. Svarka **18** (1965) 8 51—53); Index Aeron. **22** (1966) 1 53.

Rummel, W. D. and *B. E. Gregory:* "Ghost lack of fusion" in aluminium alloy butt fusion welds. Mater. Evaluation **23** (1965) 12 586—588 3 refs.

Schillinger, David E.: Welding 2014-T6 and 2024-T86 aluminum alloy sheet. Frankford Arsenal, Philadelphia, Pa., Res. & Devel. Directorate R-1752 March 1965 47 pp. (AD-615735); STAR **3** (1965) 24 4160.

Wauschkuhn, E.: Aluminium-Legierungen insbesondere der Gattung Al Zn Mg 1 für Schweißkonstruktionen. Metall **19** (1965) 3 244—253; Aluminium **41** (1965) 4 R 202.

Wauschkuhn, E.: Aluminium-Legierungen für Schweißkonstruktionen. Schweißtechnik (Wien) **19** (1965) 5 58—65 9 Lit.-St.

— Porosity in aluminum welds: Its causes and its cures. Iron Age **196** (1965) 25 77—79; Index Aeron. **22** (1966) 5 82.

Achenbach, M.: Erfahrungen zur Fehlervermeidung beim WIG- und MIG-Schweißen von Aluminium. technica **15** (1966) 13 1235—1237; Aluminium **42** (1966) 10 R 550.

Antonets, D. P. and *G. G. Psaras:* Special features of the submerged arc welding of aluminium with kinked electrodes. Autom. Welding (London) **19** (1966) 2 51—54 4 refs. (Transl. into English from Avtom. Svarka **19** (1966) 2 54—56); Index Aeron. **22** (1966) 9 55.

Brooks, C.: The effect of weld heat in arc welding aluminum. Light Metal Age **24** (1966) 5/6 10—12; Index Aeron. **22** (1966) 10 75.

Burghard, H. C., jr. and *E. B. Norris:* Development of welding techniques and filler metals for high strength aluminum alloys. Final Rep. NASA CR-77511 May 1966 281 pp. (Contracts NAS8-1529, NAS8-20160); STAR **4** (1966) 20 4025.

Dudas, J. H. and *F. R. Collins:* Preventing weld cracks in high-strength aluminum alloys. Welding J. Res. Suppl. **45** (1966) 6 241s—249s 8 refs.; Index Aeron. **22** (1966) 9 54.

Dyke, Ray A. and *John Sliffe:* Welding energy related to microstructure and metallurgical properties of 2014 aluminum alloy plate. NASA TM X-53403 Feb. 1966 64 pp.; STAR **4** (1966) 12 2140.

Fridlyander, I. N., T. A. Vlasova, Yu. N. Skachkov, N. V. Shiryayeva, and *Yu. I. Surkova:* Weldability of high strength alloys of the Al-Zn-Mg-Cu system. "Aluminum Alloy Res. in the USSR" Joint Publ. Res. Service, Washington, D.C. JPRS-37845, TT-66-34273 Sept. 1966 pp. 187—194 (Transl. into English of the book Alyuminiyevyye Splavy Vypusk 4, Zharoprochnyye i Vysokoprochnyye (Moscow) 1966); STAR **4** (1966) 24 4734.

Geridönmez, Ömer: Richten geschweißter Bauteile aus AlZnMg 1. Schweißen u. Schneiden **18** (1966) 11 545—552 11 Lit.-St.

Gibbs, F. E.: Development of filler metals for welding Al-Zn-Mg alloy 7039. Welding J. Res. Suppl. **45** (1966) 10 445s—453s.

Hufnagel, W.: Die Porosität beim Schutzgasschweißen von Aluminium und ihre Vermeidung. Aluminium **42** (1966) 3 198—199 3 Lit.-St.; Index Aeron. **22** (1966) 7 71.

Lang, A. and *T. Rutkay:* Gas tungsten-arc spot welding 2219 aluminum on S-1C booster program. Welding J. **45** (1966) 6 502—528; Index Aeron. **22** (1966) 9 55.

Liptak, J. A.: Techniques for welding 7039 aluminum with various inert gas processes. Welding J. Res. Suppl. **45** (1966) 12 561s—568s.

Jackson, F. J.: Analysis of time-temperature effects in 2219 aluminum welding. Welding J. Res. Suppl. **45** (1966) 4 188s—192s; Index Aeron. **22** (1966) 7 107.

Oboturov, V. I.: Argon arc welding of the SAP refractory material. "Aluminum Alloy Res. in the USSR". Joint Publ. Res. Service, Washington, D.C. JPRS-37845, TT-34273 Sept. 1966 pp. 310—315 (Transl. into English of the book Alyuminiyevyye Splavy, Vypusk 4, Zharoprochnyye i Vysokoprochnyye Moscow 1966); STAR **4** (1966) 24 4726.

Parks, P. G.: New developments in aluminum welding. SAE-Prepr. 660 292 1966 5 pp. 12 refs.; Index Aeron. **22** (1966) 11 65.

Pollock, D. D., W. V. Mixon, and *W. W. Reinhardt:* Mechanisms of porosity formation in aluminum welds. NASA CR-16369 June 1966 130 pp. (Contract NAS8-11332); STAR **4** (1966) 17 3350.

Pugachev, A. I. and *M. N. Pastukh:* Contact welding of VAD-23 alloy. "Aluminum Alloy Res. in the USSR". Joint Publ. Res. Service, Washington, D.C. JPRS-37845, TT-34273 Sept. 1966 pp. 97—105 (Transl. into English of the book Alyuminiyevyye Splavy, Vypusk 4, Zharoprochnyye i Vysokoprochnyye Moscow 1966); STAR **4** (1966) 24 4726.

Robinson, I. B. and *F. R. Baysinger:* Welding aluminum alloy 7039. Welding J. Res. Suppl. **45** (1966) 10 433s—444s 5 refs.; Index Aeron. **23** (1966) 1 62.

Rodenius, E.: Schmelzschweißen von Aluminium. Aluminium **42** (1966) 2 104—109; Aluminium **42** (1966) 3 R 144; Werkstatt u. Betrieb **99** (1966) 6 423—424; Index Aeron. **22** (1966) 6 62; Battelle Techn. Rev. **15** (1966) 6 206 a; Leichtbau d. Verkehrsfahrzeuge **10** (1966) 3 135.

Rudd, W. C.: High frequency resistance welding of aluminum. Light Metal Age **24** (1966) 3/4 16—18; Index Aeron. **22** (1966) 8 83.

Schoer, H. u. *W. Gruhl:* Der Einfluß von Kupfer und Zirkon auf die Schweißrissigkeit von AlZnMg-Legierungen. Metall **20** (1966) 3 221—224 11 Lit.-St.; Aluminium **42** (1966) 5 R 286.

Seay, E. R.: A study of inert-gas welding process transferability of set-up parameters. Aluminum Weld Development Complex Conf., Huntsville, Ala. Jan. 1966 NASA TM-X-57215 1966 pp. 123—197 (Contract NAS8-11435); STAR **4** (1966) 21 4180.

— Cryogenic cooling for improved aluminum welding. Light Metal Age **24** (1966) 7/8 15, 16, 18; Index Aeron. **22** (1966) 11 89.

— Pulse arc welding aluminium. Engineering **202** (1966) 5228 36; Index Aeron. **22** (1966) 9 55.

Eichhorn, F. u. *R. Gronwald:* Das Kondensatorimpuls-Schweißen unter Verwendung verschieden legierter Einlegestücke als neuartiges Verfahren zum Widerstands-Punktschweißen von Aluminium. Aluminium **43** (1967) 5 309—318 16 Lit.-St.; Aluminium **43** (1967) 6 R 298.

Eichhorn, Friedrich u. Rochus Gronwald: Kondensatorimpulsschweißen von Aluminium und seinen Legierungen unter Verwendung von Einlegestücken. Schweißen u. Schneiden **19** (1967) 2 57—62 7 Lit.-St.

5.31.32.2 Schweißen von Magnesium-Legierungen

— Welding magnesium alloys. Pt. 1: Argon-arc welding — Pt. 2: Gas and resistance welding. Metal Industry (London) **96** (1960) 2 26—28, 3 43—44; Index Aeron. **16** (1960) 3 ref. 176, 177.

Matuszewski, R. A. and *A. J. Kish:* Press forming and welding of heavy magnesium plate. ASME Prepr. 61-SA-18 1961 8 pp.; Index Aeron. **17** (1961) 12 ref. 463 [4.12.5] [4.31.04].

Lockwood, L. F.: Gas metal-arc welding of AZ 31 B magnesium alloy sheet. Welding J. **42** (1963) 10 807—818.

D'Annessa, A. T. and *E. Willner:* Welding characteristics of LA 141 XA magnesium-lithium sheet. Welding J. Res. Suppl. **43** (1964) 1 1s—9s 20 refs.; Index Aeron. **20** (1964) 6 ref. 3081.

Kenyon, D. M.: Arc behaviour and its effect on the tungsten arc welding of magnesium alloys. J. Inst. Metals **93** (1964) Nov. pt. 3 pp. 85—89; Battelle Techn. Rev. **14** (1965) 1 35 a.

Koeplinger, R. D. and *L. F. Lockwood:* Gas metal-arc spot welding of magnesium. Welding J. **43** (1964) 3 195—201.

Lockwood, L. F.: Automatic gas tungsten-arc welding of magnesium. Welding J. Res. Suppl. **44** (1965) 5 213s—220s; AMR **18** (1965) 10 824.

— Welding design and process manual. Magnesium Welding Engr. **52** (1967) Feb. 51—58; Battelle Techn. Rev. **16** (1967) 4 132 a.

5.31.33 Schweißen von Titan

Faulkner, G. E. and *C. B. Voldrich:* The welding of titanium and titanium alloys. Battelle Memorial Inst. Defense Metals Inform. Center DMIC Rep. 122 Dec. 1959 66 pp. 38 refs.; Titanium Abstr. Bull. **6** (1960) 1 210—211 ref. 5972.

Rüdinger, K.: Schweißen von Titan. Dechema Monogr. **36** (1959) 550/575 130—138 5 Lit.-St.; Titanium Abst. Bull. **6** (1960) 1 2111 ref. 5974.

— The spot welding of titanium alloy 6 Al-4V. Ministry of Aviation S & T Memo. No 13/59 Aug. 1959 31 pp.; Titanium Abstr. Bull. **6** (1960) 1 210 ref. 5971.

Brothers, A. J., R. A. Boundy, L. D. Jaffe, and *H. E. Martens:* Welding titanium case for space-probe rocket motor. Welding J. **39** (1960) 3 209—214; Titanium Abstr. Bull. **5** (1960) 6 190 ref. 5888.

Wilford, C. F. and *R. F. Tylecote:* Hot pressure welding of titanium. Brit. Welding J. **7** (1960) 12 708—712 6 refs.; Index Aeron. **17** (1961) 2 ref. 194; Titanium Abstr. Bull. **6** (1961) 4 120—121 ref. 6386.

— How titanium can be welded to steel. Chemical Week **86** (1960) 21 61—62, 64; Titanium Abstr. Bull. **6** (1961) 4 119 ref. 6382.

— Welding of titanium. Welding rods and brazing materials. Imp. Chemical Industries Ltd. May 1960 12 pp.; Titanium Abstr. Bull. **6** (1961) 1 212 ref. 5977 [5.32.33].

Hull, W. G.: Fusion welding of titanium and its alloys. Welding and Metal Fabrication **29** (1961) 1 24—31; Titanium Abstr. Bull. **6** (1961) 4 121 ref. 6389.

Hull, W. G.: Fusion welding of titanium and its alloys. Pt. 2. Welding & Metal Fabrication **29** (1961) 2 72—75; Titanium Abstr. Bull. **6** (1961) 5 161—162 ref. 6546.

Hull, W. G.: Fusion welding of titanium and its alloys. Pt. 3. Welding & Metal Fabrication **29** (1961) 3 111—113; Titanium Abstr. Bull. **7** (1961) 1 17—18 ref. 6765.

Hull, W. G.: Fusion welding of titanium and its alloys. Pt. 4. Welding & Metal Fabrication **29** (1961) 6 262—266 45 refs.; Titanium Abstr. Bull. **7** (1961) 1 18 ref. 6797.

Phillips, A. L.: Titanium and its alloys. Welding Handbook 4th ed. Pt. IV. Metals and their weldability. Amer. Welding Soc. 1961 p. 73.1—73.56 55 refs.; Titanium Abstr. Bull. **7** (1961) 2 64—65 ref. 7001.

Rudy, J. F., F. A. Crossley, and *H. Schwartzbart:* Heat treatment and welding of 13 % V — 3 % Al titanium base sheet alloy. Welding J. Res. Suppl. **40** (1961) 10 447s—458s; Titanium Abstr. Bull. **7** (1961) 3 82 ref. 7080.

Wollaston, K. H.: High-frequency welding of titanium tube. J. Inst. Metals **90** (1961) 2 33—37; Titanium Abstr. Bull. **7** (1961) 3 87 ref. 7097.

— Recommended practice for arc welding titanium metals. Canad. Machinery & Metalworking **72** (1961) 6 153—154, 156, 158; Titanium Abstr. Bull. **7** (1961) 2 53 ref. 6947.

— Welding titanium. Tool & Manuftg. Engr. **47** (1961) 3 115—116; Titanium Abstr. Bull. **7** (1961) 2 55 ref. 6952.

Ates, F. F.: Mechanized welding of tantalum and titanium (in German). Z. Schweißtechnik (Zürich) **53** (1963) 6 191—204 7 refs.; Index Aeron. **19** (1963) 8 ref. 3462.

Gurevich, S. M.: Certain characteristics of welding titanium under flux. Air Force Systems Command, Wright-Patterson AFB, Ohio. Foreign Technol. Div. FTD-TT63-22/1+2 March 1963 18 pp. (AD-402468) (Transl. into English from Avtom. Svarka (Kiev) (1957) 5 38—48); STAR **3** (1965) 9 1481.

Pagnetta, G. and *G. W. Hume:* Welding thin walled titanium pressure vessels. Welding J. **42** (1963) 9 709—714.

— Welding titanium. Production Technol. **1** (1963) 2 74—76; Index Aeron. **19** (1963) 6 ref. 2548.

Glasgal, B. M. and *Z. Kalajian:* Out-of-chamber welding of thick titanium. Welding J. **43** (1964) 5 405—420.

Gorin, I. G.: Welding titanium alloys with nickel-base alloys. Soviet titanium alloys. Joint Publ. Res. Service, Washington, D. C. JPRS-29652, TT-65-30765 April 1965 pp. 42—53 (Transl. into English from Svarochnoye Proizvodstvo. Moscow (1964) 12 25—28); STAR **3** (1965) 13 2204.

Gurevich, S. M. and *V. E. Blashchuk:* Problems in the automatic submerged arc welding of the AT3 titanium alloy. Automat. Welding (1964) 6 22—26 3 refs. (Transl. into English from Russian Avtomat. Svarka (1964) 6 24—28); Index Aeron. **20** (1964) 12 ref. 5817.

Scott, M. H.: Fusion welding refractory metals. Metal Industry (London) **104** (1964) 18 593—595; Index Aeron. **20** (1964) 6 ref. 2925 [5.31.34].

Zagrebenyuk, S. D.: Research into the twin submerged arc welding of very thick titanium. Automatic Welding (1964) 7 39—43 8 refs. (Transl. into English from Avtomat. Svarka (1964) 7 44—49); Index Aeron. **21** (1965) 1 ref. 311.

Zaruba, I. I., S. M. Gurevich, and *V. E. Blashchuk:* Titanium welded by inert gas metal arc process with the power supplied by a VS-1000-2 rectifier. Automatic Welding (1964) 10 76—77 (Transl. into English from Avtomat. Svarka (1964) 10 87—89); Index Aeron. **21** (1965) 7 ref. 4121.

— Development of welding techniques for fabricating a thick plate titanium pressure box. Naval Appl. Sci. Lab., Brooklyn, N. Y. TM-7 1964 19 pp. (AD-617902); STAR **3** (1965) 20 3453.

Galitskiy, B. A.: Welding of titanium and its alloys. "Forming and fabrication of titanium". Joint Publ. Res. Service Washington, D. C. JPRS-29181, TT-65-30539 March 1965 pp. 52—101 (Transl. into English of selected chapters from the book "Titan: Yege Splavy v Khimicheskom Mashinostr." Moscow, State Sci. Techn. Publ. House of Mach. Building Lit. 1963); STAR **3** (1965) 11 1844.

Green, H. J., jr: Stress relieving titanium alloy weldments in vacuum. Metal Progr. **87** (1965) 4 72—75; Index Aeron. **21** (1965) 6 ref. 3492.

Kompan, Ya. Yu.: Electroslag welding of titanium. "Studies in electroslag processes". Joint Publ. Res. Service, Washington, D. C. June 1965 pp. 1—4 (Transl. into English from Avtomat. Svarka (Kiev) (1965) 4 50—52); STAR **3** (1965) 16 2753.

Lowery, J. F.: Investigation into the open air welding of titanium. Brit. Welding Res. Assoc., Cambridge, England C 71/PR 10/65 July 1965 34 pp. (Contract KS/1/08/CB/43 (a)2); STAR **4** (1966) 23 4554.

Mitchell, D. R.: Porosity in titanium welds. Welding J. Res. Suppl. **44** (1965) 4 157s—167s 14 refs.; Index Aeron. **21** (1965) 7 ref. 4113.

Vagi, J. J., R. E. Monroe, R. M. Evans, and *D. C. Martin:* Welding procedures for titanium and titanium alloys. NASA TM-X-53432 Oct. 1965 250 pp. (NASA Order H-76715, Contract DA-01-021-AMC-11651 (Z), RSIC-470); STAR **4** (1966) 12 2131.

Wolfe, R. J., H. Nagler, J. R. Crisci, and *A. L. Frank:* Out-of-chamber welding of Ti-7Al-2Cb-1Ta alloy titanium plate. Welding J. Res. Suppl. **44** (1965) 10 443s—457s; Battelle Techn. Rev. **15** (1966) 1 34 a.

Wu, K. C. and *T. A. Krinke:* Resistance spot welding of titanium alloy 8A1-1Mo-1Vo. Welding J. Res. Suppl. **44** (1965) 8 365s—371s.

D'Andrea, Mark M., Jr.: Sources and causes of porosity in titanium arc welds. Army Mater. Res. Agency, Watertown, Mass. Mater. Technol. Div. AMRA TR-66-06 March 1966 26 pp. (AD-638169); STAR **5** (1967) 1 78.

D'Andrea, M. M.: Sources and causes of porosity in titanium arc welds. Welding J. Res. Suppl. **45** (1966) 4 178s—187s 8 refs.; Index Aeron. **22** (1966) 7 106.

Bosak, L. K. and *S. M. Gurevitch:* A non-hygroscopic flux for welding titanium and its alloys. Automatic Welding (1966) 5 78—81 2 refs. (Transl. into English from Avtom. Svarka **19** (1966) 5 78); Index Aeron. **22** (1966) 12 128.

Gorshkov, A. I.: Cause of the formation of pores in welded titanium joints. Welding Production (Selected articles). Air Force Systems Command, Wright-Patterson AFB, Ohio. Foreign Technol. Div. FTD-MT-65-151, TT-66-62070 April 1966 pp. 13—25 (AD-637374) (Transl. into English from Svarochnoye Proizvodstvo (Moscow) (1965) 4 25—28); STAR **5** (1967) 4 554.

Guerin, Roland L., S. Slomiak, S. Schneider, and *L. M. Crawford:* Advanced fabrication techniques are taming titanium. New machining, milling, drilling, and welding approaches are making titanium easier to live with. State of the Art. SAE-J. **74** (1966) 4 40—42 [4.41.23].
Irons, G. S. and *R. A. Rosenberg:* Gas metal-arc welding of titanium plate using a flux backing technique. Welding J. Res. Suppl. **45** (1966) 3 97s—102s 3 refs.; Index Aeron. **22** (1966) 6 62.
Lowery, J. F.: The open air welding of titanium. Brit. Welding J. **13** (1966) 7 436—448 8 refs.; Index Aeron. **22** (1966) 9 55; Werkstatt u. Betrieb **100** (1967) 1 68.
Petrov, G. L., M. D. Shchipkov, A. I. Lebedev, and *A. S. Yazykov:* Some problems of the welding of titanium and its alloys by melting. Army Missile Command, Huntsville, Ala. Transl. Branch. RSIC-525 Feb. 1966 18 pp. (AD-631213) (Transl. into English from the Publ. "Titanium Metal Studies", Moscow, Izd. Nauka 1964 pp. 273—282); STAR **4** (1966) 15 2838.
Stark, L. E.: Weldability of Ti-7Al-2Cb-1Ta plate. Welding J. Res. Suppl. **45** (1966) 2 70s—81s 6 refs.; Index Aeron. **22** (1966) 5 82.
Wiedemeier, Hermann: Schutzgasschweißen von Titanguß. Schweißen u. Schneiden **18** (1966) 9 450—451 2 Lit.-St.
Perona, Giovanni, R. Sesini, W. Nicodemi u. *R. Zoja:* Diffusionsschweißung von Titan mit Stahl. Z. Metallkde. **58** (1967) 2 125 bis 128.
Schwenk, W., W. A. Kachler, and *J. R. Kennedy:* Weldability of titanium alloy sheets. 6Al-6V-2Sn and 8Al-1Mo-1V. Welding J. Res. Suppl. **46** (1967) 2 64s—73s.

5.31.34 Schweißen sonstiger Metalle

Brown, W. F. and *M. A. Pugacz:* The fabrication of thin-wall molybdenum shapes by welding. ASME-Prepr. 60-WA-53 1960 8 pp. 8 refs.; Index Aeron. **17** (1961) 3 ref. 247.
Jahnle, H. A.: Forming beryllium sheet. Prod. Engng. **31** (1960) 25 72—75; Index Aeron. **16** (1960) 9 ref. 193 [4.30.4] [4.31.06] [5.32.34].
Lepkowski, W. J. and *R. E. Monroe:* The welding and brazing of certain cobalt containing alloys. Cobalt (1960) 7 6—12 21 refs.; Aero Space Engng. **19** (1960) 9 89; Blech **8** (1961) 3 218 [5.32.34].
McDonald, T. J., N. F. Eaton, and *D. B. Wright:* Fusion welding of beryllium. Brit. Welding J. **7** (1960) 7 441—450 9 refs.; Index Aeron. **16** (1960) 9 ref. 330.
Johnston, R. D. and *L. W. Derry:* A note on the welding behaviour of niobium and vanadium. Brit. Welding J. **8** (1961) 11 511—513 2 refs.
Johnstone, S. T. M.: The production and welding of refractory metal sheet including proposals for chromium alloys. ARL (Australia) ARL/Met. 14 Oct. 1961 20 pp. 25 refs.; Index Aeron. **18** (1962) 7 ref. 2602.
Monroe, R. E.: New joining processes for uncommon materials. ASME Prepr. 61-AV-61 1961 7 pp. 8 refs.; Index Aeron. **17** (1961) 7 ref. 242 [5.31.21].
Slaughter, G. M.: Welding and brazing of refractory metals. SAE-Prepr. 450 E 1961 5 pp. 20 refs.; Index Aeron. **17** (1961) 9 ref. 227 [5.32.34].
Wahlin, B. M. and *D. R. Coles:* How to make reliable seam and spot welds in "Rene 41". Metal Progr. **80** (1961) 6 67—78; Index Aeron. **18** (1962) 2 ref. 537; Nickel-Ber. **20** (1962) 6 191—192.
Beemer, R. D. and *L. J. Mattex:* Welding nickel-base alloys. Welding J. Res. Suppl. **41** (1962) 267s—273s; Nickel-Ber. **20** (1962) 11 378.
Clark, J. W.: Physical metallurgy of welding tungsten and tungsten base alloys. Aeron. Systems Div. ASD Techn. Documentary Rep. 61-584 Jan. 1962.
Culbertson, R. P.: High alloys for top temperature service. Welding J. **41** (1962) 5 441—452; Nickel-Ber. **20** (1962) 11 380—381.
Davies, R. J. and *N. Stephenson:* Diffusion bonding and pressure brazing of nimonic 90 nickel-cobalt alloy. Brit. Welding J. **9** (1962) 3 139—148 4 refs.; Int. Nickel Comp. (Mond) Ltd. Publ. Nr. 2487; Index Aeron. **18** (1962) 5 ref. 1660; Nickel-Ber. **20** (1962) 7 236.
Stephenson, N., C. H. Symonds, and *D. R. Thorneycroft:* Welding of nickel alloys in heavy sections for power-generating plant. Brit. Welding J. **9** (1962) May 301—310; Nickel-Ber. **20** (1962) 9/10 317—318.
Waller, D. N. and *P. M. Knowlson:* Spot welding some alloys of the "Nimonic" series. Brit. Welding J. **9** (1962) 3 158—167 6 refs., Henry Wiggin & Comp., Ltd., Publ. Nr. 3002; Nickel-Ber. **20** (1962) 7 234—235; Index Aeron. **18** (1962) 5 ref. 1661.
— Welding, brazing and soldering Wiggin nickel alloys. Henry Wiggin & Comp., Ltd., Publ. Nr. 3028 1962 48 pp.; Nickel-Ber. **20** (1962) 12 419—420.
Albom, Melvin J.: Welding and brazing of tungsten and molybdenum. Metal Progr. **83** (1963) 3 84—88, 124, 126, 128, 131—132.
Albom, M. J.: Welding and brazing of tantalum and columbium. Metal Progr. **83** (1963) 4 82—85; Index Aeron. **19** (1963) 6 ref. 2545; Metall **18** (1964) 6 627.

Bulow, C. F.: Resistance welding copper alloys. Metalworking Production **107** (1963) 45 68—70.

Favillier, L.: Métallurgie du soudage du nickel et des alliages à haute teneur en nickel. Soudage Techn. Conn. **17** (1963) 5/6 165—180.

Gilliland, R. G. and *G. M. Slaughter*: Fusion welding of end caps in beryllium tubes. Welding J. **42** (1963) 1 29s—36s.

Hancock, P., D. J. Heath, and *N. Stephenson*: Fine-wire welding of some nickel alloys. Welding & Metal Fabrication **31** (1963) Jan. 20—28, Int. Nickel Comp. (Mond) Publ. Nr. 2572 1963 10 pp.; Nickel-Ber. **21** (1963) 6 195—196.

Harlan, H. B. and *V. B. Gritzner*: Short-arc welding of INOR-8. Metals Engng. Quart. **3** (1963) May 43—50; Nickel-Ber. **21** (1963) 10 304.

Miller, A. E., A. H. Daane, C. E. Habermann, and *B. J. Beaudry*: Welding tantalum for high temperature applications. Rev. Sci. Instruments **34** (1963) 6 644—647; Battelle Techn. Rev. **12** (1963) 9 356 a.

Passmore, E. M.: Solid-state welding of beryllium. Engr.'s Dig. **24** (1963) 6 83—85; Index Aeron. **19** (1963) 9 ref. 3994.

Schwenk, W. and *A. F. Trabold*: Weldability of René 41. Welding J. **42** (1963) 10 460s—465s.

Scott, M. H. and *P. M. Knowlson*: The welding and brazing of the refractory metals niobium, tantalum, molybdenum and tungsten. A review. J. Less-Common Metals **5** (1963) 3 205—244; Battelle Techn. Rev. **12** (1963) 9 356 a.

Seman, D. J. and *F. D. Seaman*: The state-of-the art of welding of refractory metals. Universal Cyclops Steel Corp., Bridgeville, Pa. June 1963 86 pp. 22 refs. (OTS-AD-421908); Mater. Res. & Stand. **5** (1965) 1.

Strassburg, F. W.: Kurzlichtbogen-Schweißen von Nickellegierungen. Nickel-Ber. **21** (1963) 4 83—88 8 Lit.-St.

Waller, D. N.: Removal of contraction cavities in Nimonic 75 spot welds. Brit. Welding J. **10** (1963) 1 17—23 4 refs., BWRA-Rep. B4/13/62; Nickel-Ber. **21** (1963) 4 116—117; Index Aeron. **19** (1963) 2 ref. 0662.

Weismantel, E. E., C. F. Cole, and *J. A. Bitler*: Welding practices for beryllium-copper alloys. Welding J. (New York) **42** (1963) 3 207—212.

Welty, J. W., P. J. Valdez, C. E. Smeltzer, and *C. P. Davis*: Joining of refractory metal foils. Solar, San Diego, Calif., Wright-Patterson AFB, Ohio, ASD Techn. Doc. Rep. July 1962 — July 1963 ASD-TDR 63-719 Pt. I 1963 (AD-424651); Contract AF 33(657)9442; STAR **3** (1965) 1 78 [5.32.34].

Bianchi, L. M., W. A. McNeish, and *F. D. Seaman*: Welding of refractory metals. Universal Cyclops Steel Corp., Bridgeville, Pa. Refractomet. Div., Final Rep. (28 Sept. 1962 — 30 Apr. 1964) July 1964 240 pp. (Contract NOw-63-0043c, AD-608818); STAR **3** (1965) 6 925.

Burykina, A. L. and *O. V. Yevtushenko*: Diffusion welding of titanium, tungsten and molybdenum carbides. "Investigations of steels and alloys". (Transl. into English from the book "Issledovaniya staley i splanov", Moscow, State Comm. on Ferrous and Nonferrous Metallurgy 1964 by Joint Publ. Rev. Service, Washington D. C. JPRS 28358, TT-65-30164 1965 pp. 12—20.)

Crane, C. H., D. T. Lovell, and *W. A. Baginski*: Research study for development of techniques for joining of dissimilar metals. NASA CR 69242 1964 102 pp. 37 refs.; Index Aeron. **22** (1966) 12 80 [5.32.34].

Evans, Robert M.: The welding and brazing of alloy 718. Battelle Memorial Inst., Columbus, Ohio. Defense Metals Inform. Center DMIC-204 June 1964 31 pp. 18 refs. (Contract AF 33(615)-1121, AD-607045); STAR **4** (1966) 12 2125 [5.32.34].

Gerken, J. M.: A study of welds in columbium alloy D-43. Thompson Ramo Wooldridge Inc., Cleveland, Ohio. TRW Electromech. Div. TM-3865-67 March 1964 43 pp.; STAR **3** (1965) 6 934.

Heath, D. J. and *D. R. Thorneycroft*: Practical aspects of fine-wire welding of nickel alloys. Brit. Welding J. **11** (1964) 5 202—208.

Istomin, E. I. and *Yu. P. Gumenyuk*: The welding of niobium produced by vacuum-arc and electron beam melting. Automat. Welding (1964) 1 21—24 (Transl. into English from Russian Avtomat. Svarka (1964) 1 25—27, USSR); Index Aeron. **20** (1964) 12 ref. 5814.

Lessmann, G. G. and *D. R. Stoner*: Determination of the weldability and elevated temperature stability of refractory metal alloys. (5th Quart. Rep. 21 June — 20 Sept. 1964). NASA CR-54232 1964 75 pp. (Contract NAS 3-2540); STAR **3** (1965) 4 639.

Lessmann, G. G. and *D. R. Stoner*: Determination of the weldability and elevated temperature stability of refractory metal alloys. 7th Quart. Rep. Dec. 1964 — March 1965. NASA CR-54434 1965 59 pp. 11 refs., Westinghouse Electric Corp., Pittsburgh, Pa., Astronuclear Lab. WANL-PR(P)-007 (Contract NAS3-2540); STAR **3** (1965) 19 3302, 21 3628; Index Aeron. **22** (1966) 12 60.

Lovell, D. T. and *C. N. Anderson*: Process and design criteria for resistance welding René 41. Welding J. Res. Suppl. **43** (1964) 7 307s—319s 6 refs.; Index Aeron. **20** (1964) 10 ref. 4789.

Padian, W. D. and *R. P. Robelotto:* Resistance welding of inconel 718 nickel base alloy. Welding J. Res. Suppl. **43** (1964) 2 49s—56s; Index Aeron. **20** (1964) 7 ref. 3364.

Passmore, E. M.: Fusion welding of beryllium. Welding J. Res. Suppl. **43** (1964) 3 116s—125s 24 refs.; Index Aeron. **20** (1964) 7 ref. 3364.

Scott, M. H.: Fusion welding refractory metals. Metal Industry (London) **104** (1964) 18 593—595; Index Aeron. **20** (1964) 6 ref. 2925 [5.31.33].

Waller, D. N.: Resistance seam welding of 16 S.W.G and 22 S.W.G. nimonic 75, nimonic 80 A and nimonic 90. Brit. Welding J. **11** (1964) 2 79—93 8 refs. (BWRA Rep. B4/16/63); Index Aeron. **20** (1964) 4 ref. 1913.

Waller, D. N.: Spot welding aged 16 S.W.G. and 22 S.W.G. nimonic 80 A and 90. Brit. Welding J. **11** (1964) 4 183—188 5 refs.; Index Aeron. **20** (1964) 5 ref. 2436.

Waller, D. N.: The causes and nature of intrusions associated with spot welds in nimonic 90 sheet. Brit. Welding J. **11** (1964) 6 279—286 9 refs.; Index Aeron. **20** (1964) 8 ref. 3781.

Weik, H.: Hartlöten und Schweißen von Beryllium. Metall **18** (1964) 3 235—243 11 Lit.-St. [5.32.34].

Albom, M. J.: Solid state welding of reactive and refractory metals. Materials in Design Engng. **61** (1965) 4 106—109; Index Aeron. **21** (1965) 7 ref. 4126.

Brishin, V. L. and *A. D. Grishina:* Spot welding niobium. Air Force Systems Command, Wright-Patterson AFB, Ohio. Foreign Technl. Div. FTD-TT-65-613/1+2+3+4 Aug. 1965 7 pp. (AD-619333) (Transl. into English from Tsvetn. Metal (Moscow) (1964) 10 67—68); STAR **3** (1965) 24 4160.

Evans, R. M.: Metals joining. Review of recent developments. Battelle Memorial Inst., Columbus, Ohio. Defense Metals Inform. Center March 1965 4 pp.; STAR **3** (1965) 11 1839 [5.32.34].

Hauser, D., P. A. Kammer, and *D. C. Martin:* Fundamentals of solid state welding and their application to beryllium, aluminum, and stainless steel. Redstone Arsenal, Ala., Redstone Sci. Inform. Center RSIC-437 July 1965 126 pp. (Contract DA-01-021-AMC-11706 (Z), AD-474827); STAR **4** (1966) 13 2360 [5.31.31] [5.31.32.1].

Hinzpeter, Horst: Einfluß der Wärmebehandlung auf Struktur und Eigenschaften geschweißter aushärtbarer warmfester Nickellegierungen. Neue Hütte **10** (1965) 7 385—391 23 Lit.-St. [4.52].

Knowlsen, P. M.: Spot and stitch welding 18 and 22 S.W.G. Nimonic PE 17. Brit. Welding J. **12** (1965) 5 242—254; Index Aeron. **21** (1965) 7 ref. 4125.

Lessmann, G. G. and *D. R. Stoner:* Determination of the weldability and elevated temperature stability of refractory metal alloys. (8th Quart. Rep. March to June 1965). NASA CR-54723 1965 91 pp. (Contract NAS3-2540); STAR **4** (1966) 4 603.

Lessmann, G. G. and *D. R. Stoner:* Determination of the weldability and elevated temperature stability of refractory metals. NASA CR-54923 1965 77 pp. (Contract NAS3-2540); STAR **4** (1966) 14 2618.

Lessmann, G. G. and *D. R. Stoner:* Determination of the weldability and elevated temperature stability of refractory metal alloys. Tenth Quart. Rep. (Sept. — Dec. 1965) NASA CR-54975 1965 30 pp. (Contract NAS3-2540); STAR **4** (1966) 15 2847—2848.

Mikhaylov, A. S., Ye. V. Slonimsky, A. M. Senin, and *A. P. Sukhornkov:* Welding titanium alloy with copper and its alloys. Welding techniques in the USSR. Joint Publ. Res. Service, Washington, D.C. JPRS-32374, TT-65-32864 Oct. 1965 pp. 1—13 (Transl. into English from Svarochnoye Proizvodstvo, Moscow (1965) 8 1—3, 37—38); STAR **4** (1966) 8 1242.

Pease, G. R. and *R. A. Bishel:* Submerged-arc welding of the high nickel alloys. Welding J. **44** (1965) 8 641—646; AMR **19** (1966) 5 427.

Ryabov, V. R.: Second all-union conference on welding dissimilar metals. Soviet conference on metallurgical problems. Joint Publ. Res. Service, Washington, D.C. JPRS-30487, TT-65-31198 June 1965 pp. 25—29 (Transl. into English from Avtomat. Svarka, Kiev (1965) 4 79—80); STAR **3** (1965) 15 2561.

Sinclair, John H.: Exploratory study of bend ductility of selected refractory metal weldments. NASA TN D-2865 June 1965 29 pp.; STAR **3** (1965) 14 2382.

Stoeckinger, G. R.: Short-circuiting gas metal-arc welding of high nickel alloys. Welding J. **44** (1965) 11 927—936; Battelle Techn. Rev. **15** (1965) 1 34 a; Index Aeron. **22** (1966) 2 45; Nickel-Ber. **24** (1966) 8 175—176.

Donnelly, R. G. and *G. M. Slaughter:* Weldability evaluation of advanced refractory alloys. Welding J. Res. Suppl. **45** (1966) 6 250s—257s 11 refs.

Franco-Ferreira, E. A. and *G. M. Slaughter:* The welding of refractory-metal components for liquid metal service. Welding J. **45** (1966) 10 835—842; Index Aeron. **23** (1967) 1 62.

Garken, J. M.: Welding characteristics of advanced columbium alloys. Welding J. Res. Suppl. **45** (1966) 5 210s—226s; Index Aeron. **22** (1966) 8 124.

Gilliland, R. G. and *G. M. Slaughter:* The welding of new solution-strengthened nickel-base alloys. Welding J. Res. Suppl. **45** (1966) 7 314s—320s.

Lessmann, G. G. and *D. R. Stoner:* Determination of the weldability and elevated temperature stability of refractory metal alloys. Quart. Rep. Dec. 1965/March 1966. NASA CR-72073 March 1966 80 pp. (Contract NAS3-2540); STAR **5** (1967) 8 1290—1291.

Lessmann, G. G.: The comparative weldability of refractory metal alloys. Welding J. Res. Suppl. **45** (1966) 12 540s—560s.

Savage, W. F. and *B. M. Krantz:* An investigation of hot cracking in Hastelloy X. Welding J. Res. Suppl. **45** (1966) 1 13s—25s 13 refs.; Index Aeron. **22** (1966) 4 73.

Thompson, E. G.: Controlling contamination in refractory metal welds. Metal Progr. **89** (1966) 4 106—108, 110; Index Aeron. **22** (1966) 7 71.

Vagi, J. J., R. E. Monroe, R. M. Evans, and *D. C. Martin:* Joining of nickel and nickel-base alloys. NASA TM-X-53447 April 1966 167 pp. (NASA Order H-76715); STAR **4** (1966) 14 2604 [5.32.34].

Waller, D. N.: Spot welding conditions for nickel alloy sheet material. Brit. Welding J. **13** (1966) 6 379—386 9 refs.; Index Aeron. **22** (1966) 8 83.

5.31.51 Elektronenstrahlschweißen

Schuster, P.: Elektronenstrahlschweißen im Hochvakuum. Schweißen u. Schneiden **12** (1960) 4 157—159.

Steigerwald, K. H.: Schweißen und Schneiden mit Elektronenstrahlen. Schweißen u. Schneiden **12** (1960) 3 89—96 [4.24].

Hokanson, H. A. and *W. I. Kern:* Electron beam welding of tungsten and molybdenum. Aeron. Systems Div. ASD TR 61-461 Dec. 1961.

Meier, J. W.: Electron beam welding characteristics of several materials. Proc. 3 rd. Symp. on Electron Beam Technology, Boston, Mass. 1961 pp. 145—166.

Opitz, W.: Elektronenstrahl-Schweißtechnik. Techn. Mitt. (HdT Essen) **54** (1961) 8 3—11 (311—319).

Panzer, S.: Der Elektronenstrahl als Wärmequelle zum Schweißen und Abtragen von Werkstoffen. Elektron. Rdsch. **15** (1961) 12 567—574 [4.42.75].

Panzer, S.: Fortschritte beim Schweißen, Trennen und Abtragen mit dem Elektronenstrahl. Schiff u. Hafen **13** (1961) 8 [4.24] [4.42.75].

Scheffels, W.: Materialbearbeitung mit Elektronenstrahlen hoher Intensität. Draht **12** (1961) 8 352—356 6 Lit.-St. [4.42.75].

Schluge, H.: Materialbearbeitung mit Elektronenstrahlen. Elektrowärme **19** (1961) 6 217—226 [4.42.75].

— Electron-beam welding. Aircr. Production **23** (1961) 8 303—307; Index Aeron. **17** (1961) 9 ref. 225.

Bas, E. B., G. Cremosnik u. *H. Lerch:* Beitrag zum Problem der Erzeugung des Elektronenstrahles für Schmelzen, Verdampfen, Schweißen und Bohren mit Elektronenstrahlen. Schweiz. Arch. **28** (1962) 3 112—121 [4.42.75].

Dallas, D. B.: Electron-beam welding — space age process comes down to earth. Tool Engr. **49** (1962) 1 68—74; Werkstatt u. Betrieb **96** (1963) 2 129.

Gurevich, S. M. and *G. K. Kharchenko:* Electron-beam welding of chromium. Joint Publ. Res. Service, Washington, D. C. JPRS-29812, TT-65-30848 April 1965 8 pp. (Transl. into English from Avtomat. Svarka (Kiev) (1962) 12 56—59); STAR **3** (1965) 12 2029.

Seeler, Hartwig: Studien zum Elektronenstrahlschweißen. — Verfahren und Werkstoffe. Diss. TH Braunschweig 1962; Schweißen u. Schneiden **15** (1963) 5 211—221; VDI-Z. **106** (1964) 20 873—874.

Steigerwald, K. H.: Elektronenstrahlschweißen. Fachbuchreihe Schweißtechnik, Band 23. Düsseldorf: Dt. Verl. f. Schweißtechn. 1962 49—52.

— Electron-beam welding. Aircr. Production **24** (1962) 9 306—311 5 refs.: Index Aeron. **18** (1962) 10 ref. 3653.

Anderson, Gerald V.: Portable vacuum chambers permit electron-beam welding of large aerospace structures. SAE-Publ. 630 005 1963, SAE-J. **71** (1963) 5 86—89.

Anderson, G. V.: Electron beam welding of large aerospace structures with portable vacuum chambers. SAE-Prepr. 676 A 1963 6 pp.; Index Aeron. **19** (1963) 11 ref. 4917.

Hofmann, W., H. Koch u. *H. Seeler:* Studien zum Elektronenstrahlschweißen. — Verfahren und Werkstoffe. Schweißen u. Schneiden **15** (1963) 5 211—221 28 Lit.-St.; Werkstatt u. Betrieb **97** (1964) 3.

Kutchera, R. E.: Vacuum and non-vacuum techniques for electron beam welding. Machinery (London) **103** (1963) 2665 1328—1337; Index Aeron. **20** (1964) 2 ref. 851.

Lokshin, V. E. and *L. G. Puzrin:* Some data on the formation of the weld seam in electron beam welding. Soviet Physics-Doklady **8** (1964) 12 1227—1228 (Transl. of Dokladi Akad. Nauk SSSR **153** (1963) 4 810—811 bz Amer. Inst. of Physics, New York, N. Y.); AMR **18** (1965) 8 649.

Maguire, T.: Lasers vs. electron beams. Electronics **36** (1963) 27 23—25 4 refs. [5.31.55].

Meier, John W.: Production applications of electron beam welding. ASME Prepr. 63-WA-122 1963 7 pp.; Index Aeron. **20** (1964) 2 ref. 853.

Meier, J. W.: Recent advances in electron beam welding technology. Welding J. **42** (1963) 12 963—967.

Miller, K. J. and *T. Takenaka:* Electron beam welding. Welding Res. Council, Bull. Engng. Foundation No. 100 Oct. 1963 23 pp.; AMR **18** (1965) 3 214.

Miller, K. J., G. V. Anderson, and *R. E. Kutchera:* Electron-beam welding — soon a production process. SAE-Publ. 630 003 1963, SAE-J. **71** (1963) 1 62-63.

Steigerwald, K. H.: Electron-stream welding in vacuum, working conditions and mechanical operation (in German). Z. Schweißtechnik **53** (1963) 1 1—6; Index Aeron. **19** (1963) 3 ref. 1182.

Correy, T. B.: Electron beam welding equipment available in the United States and its welding capability. Welding in the World — Soudage dans le Monde (London—Paris) **2** (1964) 2 80—88.

Dudenhoefer, John F.: Electron-beam techniques for fabrication and assembly of parts for electron tubes. (Phase II Rep. July 1963 — Aug. 1964) United Aircr. Corp., Windsor Locks, Conn., Hamilton Standard Div. EBR-147 1964 176 pp. (Contract DA-36-039-AMC-03625(E), AD-611141); STAR **3** (1965) 9 1480.

Dumonte, P.: Welding by electron beam bomdardment. Rev. Aluminium **41** (1964) 325 1147—1156; Index Aeron. **21** (1965) 4 ref. 2166; Aluminium **41** (1965) 1 R 40.

Jarvis, G. D.: Installation of ceramic terminals in metal vacuum systems by electron beam welding. J. Vacuum Sci. Technol. **1** (1964) 1 25—26; Index Aeron. **21** (1965) 1 ref. 84.

Meyer, E. u. *K. H. Steigerwald:* Der Elektronenstrahl als thermisches Werkzeug zum Schweißen und Abtragen. Elektr. Ausrüstung (1964) 3 30—34 [4.42.75].

Meier, J. W.: Recent developments in non-vacuum electron beam welding. (Int. Conf. Electron and Ion Beam Sci. & Technol. Toronto, May 1964) United Aircr. Corp., Windsor Locks, Conn., Hamilton Standard Div. TP 64-04 1964 22 pp.; STAR **4** (1966) 6 897.

Meier, J. W.: Production applications of electron beam welding. Trans. ASME Ser. B (J. Engng. Ind.) **86** (1964) 3 280—283; AMR **18** (1965) 6 474.

Meier, John W.: Electron beam welding as a production process. SAE-Prepr. 640 379 (827 A) 1964 5 pp.; Index Aeron. **20** (1964) 10 ref. 4785.

Meier, J. W.: New developments in electron beam technology. Welding J. **43** (1964) 11 925—931.

Miller, K. J. and *L. M. Reese:* Electron beam welding. Machine Design **36** (1964) 10 218—222, 11 165—168; Konstruktion **17** (1965) 1 36.

Miller, K. J. and *T. Takenaka:* Electron beam welding. Welding Res. Council Bull. No. 100 Oct. 1964.

Nagler, Herbert, Joseph R. Crisci, and *Alfred L. Frank:* Properties of electron-beam weld joints in one inch thick Ti-721 alloy titanium plate. Naval Appl. Sci. Lab., Brooklyn, N. Y., Mater. Sci. Div. Progr. Rep. PR 3 Oct. 1964 32 pp. (AD-451264); STAR **3** (1965) 6 921—922.

Robelotto, S. M.: Electron beam produces crack-free refractory welds. SAE-Publ. 640036 1964; SAE-J. **72** (1964) 2 54—56.

Sayer, L. N. and *T. E. Burns:* Practical aspects of electron beam welding. Brit. Welding J. **11** (1964) 4 163—171 5 refs.; Index Aeron. **20** (1964) 5 ref. 2435.

Steigerwald, K. H. u. *E. Meyer:* Der Elektronenstrahl als thermisches Werkzeug zum Schweißen und Abtragen. Elektr. Ausrüstung (1964) 3 94—99.

Stohr, Jacques: Contribution à l'étude de la soudure des métaux par faisceau d'électrons. (Contribution to a research on electron beam welding of metals.) (In French, Engl. summary.) Ph. D. Thesis — Paris Univ. CEA-R-2507 1964 41 p.; STAR **3** (1965) 21 3623.

Tulisiak, George: Electron beam applications to welding space propulsion components. NASA TM-X-52015 1964 19 pp.; STAR **3** (1965) 23 4002.

Wilson, W. A., P. G. Parks, and *R. J. Schwinghamer:* Electron beam welding of large structures. Metal Progr. **85** (1964) 3 84—87; Index Aeron. **20** (1964) 5 ref. 2432.

Bakish, R.: The electron beam, one of our most powerful tool for the processing of space age materials. „Metalle für die Raumfahrt." Wien—New York: Springer 1965 119—136 37 refs.

Bratkovich, N. F., R. E. Roth, and *R. E. Purdy:* Electron beam welding — Applications and design considerations for aircraft turbine engine gears. Welding J. **44** (1965) 8 631—640; AMR **19** (1966) 7 599.

Bratkovich, N. F. a. o.: Electron beam welding of aircraft turbine gears. Machinery (New York) **71** (1965) 11 103—106.

Brennecke, M. W.: Electron beam welded heavy gage aluminum. Welding J. Res. Suppl. **44** (1965) 1 27s—38s; Index Aeron. **21** (1965) 5 ref. 2839.

Dorn, L. u. *H. Zürn:* Die Anwendung des Elektronenstrahlschweißens in der Industrie. Schweißen u. Schneiden **17** (1965) 2 41—57 31 Lit.-St.; Werkstatt u. Betrieb **99** (1966) 3 204.

Duhamel, R. F.: Non vacuum electron beam welding technique development and progress. Welding J. **44** (1965) 6 465—474 8 refs.; Werkstatt u. Betrieb **98** (1965) 12 965.

Eaton, N. F.: Recent developments in welding technology. Metallurgist (London) **3** (1965) 11 239—246; Battelle Techn. Rev. **15** (1966) 1 34a [5.31.27] [5.31.55].

Farrell, W. J.: Electron beam and laser technique for joining. Mach. Shop. **26** (1965) 1 17—30; Index Aeron. **21** (1965) 4 ref. 2165 [5.31.55].

Gerasimov, A. I., B. G. Kudasov, A. P. Pavloovskiy, and *V. P. Tsarev*: Electron beam gun with increased welding current stability. Welding Techniques in the USSR. Joint Publ. Res. Service, Washington, D. C. JPRS-32374, TT-65-32864 Oct. 1965 pp. 14—19 (Transl. into English from Svarochnoye Proizvodstvo, Moscow (1965) 8 1-3, 37-38); STAR **4** (1966) 8 1242.

Morrison, P.: Recent developments in electron beam welding. Assembly Fastener Meth. **3** (1965) 11 25-28; Index Aeron. **22** (1966) 1 53.

Nazarenko, O. K.: Industrial application of electron-beam welding. Joint Publ. Res. Service, Washington, D. C., JPRS-31942, TT-65-32436 Sept. 1965 56 pp. (Transl. into English of Chapter III of the book „Elektronno-Luchevaya Svarka" Kiev 1965 pp. 79—128); STAR **3** (1965) 21 3622.

Nyfeler, H.: Electron-beam welding — The electron beam for industrial welding (in German). Techn. Rdsch. (Bern) **57** (1965) 24 2—7 4 refs.; Index Aeron. **22** (1966) 1 52.

Olshanskiy, N. A. and *O. K. Nazarenko*: The current status of electron-beam welding in the USSR. (First Int. Conf. on Electron and Ion Beam Sci. & Technol. ed. by R. Bakish). New York — London — Sidney: Wiley 1965 pp. 587—605 2 refs.

Schollhammer, F. R.: Application of electron beam techniques for in-space fabrication. Fertigungsmethoden in der Raumfahrttechnik. (Bd. 1 d. DGRR-Fachbuchreihe „Fortschritte in der Raumfahrtforschung".) München: DGRR 1965 S. 89—110 16 refs.

Schultz, Helmut: Verbinden unterschiedlicher Metalle durch Schutzgas- und Elektronenstrahlschweißen. Schweißen u. Schneiden **17** (1965) 7 288—296 19 Lit.-St.

Schultz, Helmut: Vergleichende Betrachtungen zwischen der Schutzgas- und der Elektronenstrahl-Schweißtechnik. Techn. Zbl. prakt. Metallbearb. **59** (1965) 9 611—617.

Schwartz, Mel.: Electron-beam welding of brazed refractory joints. (First Int. Conf. on Electron and Ion beam Sci. & Technol., ed. by. R. Bakish.) New York — London — Sidney: Wiley 1965 pp. 713—733.

Solomon, J. L.: New developments in electron-beam welding. (First Int. Conf. on Electron and Ion Beam Sci. & Technol., ed. by R. Bakish.) New York — London — Sidney: Wiley 1965 pp. 606—633.

Stoffels, K.: Beitrag zum Elektronenstrahlschweißen von hochwarmfesten Gußlegierungen. Ber. gemeinsame Sitzung WGLR Unterausschuß „Warmfeste Werkstoffe" u. VDEh-Arbeitskr. „Hochwarmfeste Stähle" 20. 10. 64 Düsseldorf. DLR-Mitt. 65—11 Okt. 1965 5 S.; Index Aeron. **22** (1966) 5 83.

Warburton, P.: Forming and shaping. Production Engr. **44** (1965) 10 520—528 5 refs.; Index Aeron. **22** (1966) 2 46 [4.31.33] [4.42.70].

Williams, A. J. and *C. F. Martin*: Properties of electron-beam welds in ultra-high-strength steels. (First Int. Conf. on Electron and Ion Beam Sci. & Technol., ed. by R. Bakish.) New York — London — Sidney: Wiley 1965 pp. 674—712 18 refs.

von Ardenne, M.: Stand und Entwicklungstendenzen der Elektronenstrahltechnologie. Technik (Berlin) **21** (1966) 4 257—263 36 Lit.-St. [4.42.75].

von Ardenne, M., S. Schiller u. *U. Heisig*: Stand und Entwicklungstendenzen der Elektronenstrahltechnologie. Technik (Berlin) **21** (1966) 5 307—313 71 Lit.-St.

Frankel, H. E., A. J. Babecki, and *R. E. Predmore*: Some considerations of advanced welding technology. Brit. Welding J. **13** (1966) 4 189—200; Index Aeron. **22** (1966) 7 69 [5.31.23] [5.31.55].

Henning, Alfred H., Karl Krekeler u. *E. O. Dessel*: Schneid- und Schweißversuche mit Elektronenstrahlen. Forsch. Ber. Nr. 1646 d. Landes Nordrhein/Westfalen. Köln-Opladen: Westdt. Verl. 1966 47 S.; Werkstatt u. Betrieb **100** (1967) 1 70.

James, H.: Electron beam welding. Light Metal Age **24** (1966) 5/6 14—15; Index Aeron. **22** (1966) 10 75.

de Levier, Marie-Genevieve: Bibliography on applications of electron beam techniques in metallury. Commissariat à l'Energie Atomique Saclay (France) CEA-BIB-43 April 1966 54 p. 259 refs.; STAR **4** (1966) 19 3787 [4.42.75].

McHenry, H. I., J. C. Collins, and R. E. Key: Electron beam welding of D6AC steels. Welding J. Res. Suppl. **45** (1966) 9 419s—425s.

Meier, J. W.: Recent developments in vacuum and nonvacuum electron-beam welding technology. Brit. Welding J. **13** (1966) 5 296—306; Index Aeron. **22** (1966) 7 70.

Parks, P. G.: Out of vacuum electron beam welding. Saturn manufacturing review. Boeing Co., Seattle, Wash. NASA CR-80274 1966 pp. 1—10; STAR **5** (1967) 3 401—402.

Sayer, L. N.: Electron beam welding. Lukas Engng. Rev. **3** (1966) 1 2—13 7 refs.; Index Aeron. **22** (1966) 7 70.

Seaman, F. D.: Relationships between weld quality and nonvacuum electron beam welding procedures. Aluminum Weld Development Complex Conf., Huntsville, Ala. Jan. 1966. NASA TM-X-57215 1966. pp. 241—301 (Contract NAS8-11435); STAR **4** (1966) 24 4180.

Seaman, F. D.: Relationships between weld quality and non vacuum electron beam welding procedures. (Techn. Progr. Summary Rep. June 1965 — Feb. 1966.) NASA CR-78673 1966 89 pp. (Contract NAS8-11929); STAR **4** (1966) 24 4725.

Siekman, J. G.: Lassen met een elektronenbundel. Ingenieur ('s Grav.) **78** (1966) 47 099—106 12 refs.; Index Aeron. **23** (1967) 1 62.

Steigerwald, Karl-Heinz u. *Helmut Schultz*: Elektronenstrahlschweißen fertig bearbeiteter Präzisionsteile unter Berücksichtigung von konstruktiver Gestaltung und metallurgischer Beeinflussung. Schweißen u. Schneiden **18** (1966) 12 592—596 12 Lit.-St.; Battelle Techn. Rev. **16** (1967) 4 131a.

Wabersich, E.: Elektronenstrahlschweißen eines Treibstoffbehälters aus einer hochfesten Titanlegierung für die dritte Stufe der ELDO-Trägerrakete. Luftfahrttechn.-Raumfahrttechn. **12** (1966) 2 48—53; Index Aeron. **22** (1966) 5 104 [10].

— Aluminum weld development complex conference. January 19, 1966. NASA TM-X-57215 1966 326 pp.; STAR **4** (1966) 8 1244.

— Electron beam welding. Rev. Aluminium **43** (1966) 345 994-996; Index Aeron. **23** (1967) 1 62.

— Non-vacuum electron beam welder to get Saturn tasks. Technology Week **18** (1966) 27 18—20; Index Aeron. **22** (1966) 9 55.

Hinrichs, J. F. and *P. W. Ramsey*: Electron beam butt welding of 5254 aluminum alloy pressure vessel. Welding J. **46** (1967) 1 39—46.

5.31.52 Ultraschallschweißen

Balandin, G. F. and *L. I. Silin*: Role of friction in ultrasonic welding. Izv. Akad. Nauk., OTN, Metall i topl. (1960) 6 42—46, Transl. in ARS-J. **32** (1962) 11 1804—1806 10 refs.; Index Aeron. **19** (1963) 2 ref. 0663.

Jones, J. B. and *H. L. McKaig*: Ultrasonic welding and improved structural efficiency. Inst. Aeron. Sci. Pap. 60—10 1960 16 pp. 10 refs.; Index Aeron **16** (1960) 10 ref. 178; Aero Space Engng. **19** (1960) 4 104.

Jones, J. B.: Welding aluminium, copper and stainless steel with ultrasonics. Metal Progr. **78** (1960) 1 117—120; Aluminium **36** (1960) 12 A 380.

Noltingk, B. E.: Ultrasonic welding. Welding & Metal Fabr. **28** (1960) 7 260—266; Aluminium **36** (1960) 11 A 344.

Potthoff, W. C., J. G. Thomas, and *F. E. Meyer*: Ultrasonic welding of dissimilar metal combinations finds growing application in structural, electrical and electronic fields. Welding J. **39** (1960) 2 131—138; Aluminium **36** (1960) 8 A 208.

Spears, R. K.: Evaluation of ultrasonic welding. Martin Co., Denver, Colo. Rep. No ME 39 Nov. 1960 52 pp. (AD-271 342).

Terrill, J. R., F. R. Collins, and *J. D. Dowd*: Applications for ultrasonic welding of aluminium. ASME Prepr. 60-WA-322 1960 5 pp. 7 refs.; Index Aeron. **17** (1961) 3 ref. 248.

Weare, N. E., J. N. Antonevich, and *R. E. Monroe*: Fundamental studies of ultrasonic welding. Welding J. Res. Suppl. **39** (1960) 8 331s—341s; Aluminium **37** (1961) 4 A 142.

Frownfelter, C. R.: Ultrasonic welding of refractory metals. Aeroprojects, West-Chester, Pa., June 1961 12 pp. (AD-258 637).

Frownfelter, C. R.: Ultrasonic welding of refractory metals. Aeroprojects, West-Chester, Pa., Progr. Rep. 3 Oct. 1961 6 pp. (AD-266 249).

Frownfelter, C. R.: Ultrasonic welding of refractory metals. Aeroprojects, West-Chester, Pa., Progr. Rep. 4 Nov. 1961 11 pp. (AD-267 314).

Jones, J. B., N. Maropis, J. G. Thomas et al: Phenomenological considerations in ultrasonic welding. Welding J. **40** (1961) 7 289a—305s; Aluminium **38** (1962) 2 A 58.

Koziarski, J.: Ultraschallschweißen. Welding J. **40** (1961) 6 349—358.

Lehfeldt, W.: Schweißen von Aluminium mittels Ultraschall. Aluminium **37** (1961) 4 226—230 6 Lit.-St.

Neville, S. W.: Ultrasonic welding. Brit. Welding J. **8** (1961) 4 177—187; Aluminium **37** (1961) 10 A 410.

Weare, N. E. and *R. E. Monroe*: Ultrasonic welding of heat-resisting metals. Welding J. Res. Suppl. **40** (1961) 8 351s-358s 13 refs., Engr's. Dig. **22** (1961) 10 101-105; Titanium Abstr. Bull. **7** (1961) 2 54 ref. 6950.

Ames, R. S., J. B. Jones, and *Florence R. Meyer*: Ultrasonic metal joining and machining. SAE-Prepr. 483 D 1962 16 pp. 39 refs.; Index Aeron. **19** (1963) 2 ref. 0661.

Frownfelter, C. R.: Ultrasonic welding of refractory metals. Aeroprojects, West-Chester, Pa., Progr. Rep. 5 Jan. 1962 11 pp. (AD-271 377).

— Pulsonic welding. The development of a

new joining technique. Welding & Metal Fabrication **30** (1962) 6 235—239 13 refs.; Werkstatt u. Betrieb **96** (1963) 5 327.
Varga, T.: Schweißen mit Ultraschall. Schweiz. techn. Z. **60** (1963) 13 229—235 7 Lit.-St.; Index Aeron. **19** (1963) 7 ref. 3027.
Brown, B.: Metallurgical applications of high ultrasonics. Industr. Electronics **2** (1964) 3 113—116 [4.42.72].
Thomas, J. G.: Ultrasonic welding process and equipment for construction of electron tube mounts. (Quart. Progr. Rep. April-June 1964) Aeroproj. Inc., West-Chester, Pa. QPR-8 1964 11 pp. (Contract DA 36-039-SC-86741, AD-609935); STAR **3** (1965) 9 1474.
Thomas, J. G.: Ultrasonic welding process and equipment for construction of electron tube mounts. (Quart. Progr. Rep., Oct.-Dec. 1964) Aeroprojects Inc., West-Chester, Pa. QPR-10 1964 16 pp. (Contract DA-36-039-SC-86741, AD-614450); STAR **3** (1965) 14 2375.
— Sealing of propellant containers by ultrasonic welding, phase III. Aeroprojects Inc., West-Chester, Pa. RR-65-13 Dec. 1964 31 pp. (Contract DA-30-034-AMC-0061 (A), AD-610948); STAR **3** (1965) 11 1841—1842.
— Ultrasonic welding. Machine Design **36** (1964) 9 130—137; Index Aeron. **20** (1964) 7 ref. 3362; Konstruktion **17** (1965) 1 36—37.
Balamuth, Lewis: Ultrasonics as applied to metal forming and assembly processes. SAE-Publ. 650762 1965 [4.42.72].
Hazlett, Thomas H.: A critical look at ultrasonic welding. Naval Ordnance Test Station, China Lake, Calif. NOTS TP-3518 Oct. 1965 10 pp. (AD-623301); STAR **4** (1966) 5 749.
Lehfeldt, W.: Ultraschall in der elektronischen Industrie. Reinigen, Bohren und Schweißen mittels Ultraschall. Elektronik **14** (1965) 2 33—36 [4.42.72].
Thomas, G. S.: Ultrasonic welding process and equipment for construction of electron-tube mounts. Aeroprojects, Inc., West-Chester, Pa. Quart. Progr. Rep. (July to Sept. 1965) QPR 13 1965 22 pp. (AD-631489); STAR **4** (1966) 15 2838.
Thomas, J. G.: Ultrasonic welding process and equipment for construction of electron tube mounts. Aeroprojects. Inc., West-Chester, Pa. Quart. Progr. Rep. QPR-17 1965 19 pp. (Contract DA-35-039 — SC-86741, AD-616908); STAR **3** (1965) 19 3292.
Zylenicki, Charles: Pros and cons of ultrasonic welding. Metalworking Production **109** (1965) 20 68—72.
Gellert, R.: Ultrasonic vibrations help join metals. Ultrasonic welding techniques now permit previously incompatible alloy combinations to be joined. SAE-J. **74** (1966) 7 48—49.
Lehfeldt, W. u. *R. Sievers*: Das Ultraschall-Schweißen und seine Anwendungsmöglichkeiten für Kupfer und Kupferlegierungen. Metall **20** (1966) 10 1069—1072 18 Lit.-St.
Lehfeldt, W. u. *R. Sievers*: Anwendung des Ultraschallschweißens von Metallen und thermoplastischen Kunststoffen. Schweißen u. Schneiden **18** (1966) 9 471—474 11 Lit.-St.
Malim, T. H.: Sonics joins metals to plastics. Iron Age **197** (1966) 17 88—89; Index Aeron. **22** (1966) 7 70.
Rudd, W. C.: High frequency resistance welding of aluminium. („Aluminium Welding Seminar" in Chicago 1966.) Aluminium Welding Seminar" in Chicago 1966.) Aluminium **42** (1966) 8 526 (Abstract).
Thomas, John G.: Ultrasonic welding process and equipment for construction of electron-tube mounts. Aeroprojects, Inc., West-Chester, Pa. June 1966 68 pp. (AD-639212); STAR **5** (1967) 2 263.
Williams, Forrest S.: Ultrasonic ring welding hermetic covers over fastener heads on aircraft surfaces. Aeroprojects Inc., West-Chester, Pa. RR-66-58 June 1966 40 pp. (Contract N165-47064, AD-636767); STAR **4** (1966) 23 4553.
Woolley, F. M. and *L. Corbett*: Ultrasonic welding (1960—1965). Bibliography. Atomic Weapons Res. Establ., Aldermaston (England) AWRE/LIB/BIB/13 Jan. 1966 31 pp.; STAR **4** (1966) 11 1891.

5.31.53 Plasmaschweißen

Maecker, H.: Was ist Plasma? Schweißen — Neue Erkenntnisse — Neue Anwendungen (Fachbuchreihe Schweißtechnik, Band 27). Düsseldorf: Dtsch. Verl. f. Schweißtechnik 1962 S. 1—11.
Mantel, W.: Plasma-Schweißen (Fachbuchreihe Schweißtechnik, Bd. 27). Düsseldorf: Dt. Verl. f. Schweißtechn. 1962 S. 12—18.
Witting, E.: Grundlagen und Anwendung der Plasma-Verfahren. Schweißen u. Schneiden **14** (1962) 5 193—200 23 Lit.-St.
Zuchowski, R. S. and *R. P. Culbertson*: Plasma arc weld surfacing. Welding J. **41** (1962) 6 548—555.
Castello Jones, C. E. and *H. Griffiths*: Industrial uses of the plasma arc. Brit. Welding J. **10** (1963) 11 546—551; Werkstatt u. Betrieb **97** (1964) 9 709 [4.23].
Irving, R. R.: Plasma arc welding moves toward a fast production process. Iron Age Metalworking Int. **2** (1963) 3 16—17; Aluminium **39** (1963) 11 A 462.
Wendler, F.: Anwendungen des Lichtbogen-Plasmabrenners. ETZ-B **15** (1963) 1 6—9 14 Lit.-St. [4.23].

— Spritzen und Schweißen mit einer Plasmaflamme. Welding & Metal Fabrication **31** (1963) Aug. 346—348; Metall **18** (1964) 9 970.

Filipski, S. P.: Plasma arc welding. Welding J. **43** (1964) 1 937—943.

Pattee, H. E., R. M. Randall, and *D. C. Martin:* Plasma welding and cleaning. Redstone Arsenal, Ala. Redstone Sci. Inform. Center RMIC-123 Feb. 1964 68 pp. (Contract DA-01-121-AMC 203 (Z), AD-423808); STAR **4** (1966) 12 2129—2130.

Schönherr, W.: Grundlagen des Plasmabrenners und seine Anwendung beim Schweißen und Schneiden. Brand Verhütung Bekämpfung **14** (1964) 1 1—5 9 Lit.-St. [4.23].

Witting, E.: Moderne schweißtechnische Verfahren der Blechbeschichtung. Blech **11** (1964) 8 361—364 [5.31.21].

Zuchowski, R. S. and *E. Garrabrant:* New developments in plasma arc weld surfacing. Welding J. **43** (1964) 1 13—26.

— Plasma processes: General position. Welding in the World — Soudage dans le Monde (London—Paris) **2** (1964) 4 220—236.

Cooper, G., J. Palermo, and *J. A. Browning:* Recent developments in plasma welding. Welding J. **44** (1965) 4 268—276 22 refs.; Werkstatt u. Betrieb **98** (1965) 10 791; Index Aeron. **21** (1965) 7 ref. 4124.

Creswell, R. A.: Allgemeiner Stand der Plasmaverfahren. Soudage et Techn. Conn. **19** (1965) 5/6 229—237.

Herden, G.: Lichtbogenplasma in der Schweiß- und Schneidtechnik. Schweißtechnik (Berlin) **15** (1965) 8 353—360 13 Lit.-St.; Werkstatt u. Betrieb **98** (1965) 12 971 [4.23].

Hübner, Ronald: Der Plasmastrahl als Werkzeug. Elektroniker (Aarau, Schweiz) **4** (1965) 5 20—27 [4.23].

Vasil'yev, K. V. and *A. A. Isushenko:* On the employment of plasma heating in welding processes. Air Force Systems Command, Wright-Patterson AFB, Ohio. Foreign Technol. Div. FTD-TT-64-1140/1+2 April 1965 22 pp. (Transl. into English from Tr. Vses Nauchn.-Issled. Inst. Avtogen Obrabotki, Moscow (1962) 8 55—71) (AD-614950); STAR **3** (1965) 17 2951.

Witting, Ernst: Plasmaauftragsschweißen. Schweißen u. Schneiden **17** (1965) 11 605—608 10 Lit.-St.

Bock, Fritz u. *Josef Rohe:* Stand und Entwicklungsrichtung des Plasmaverbindungsschweißens. Schweißen u. Schneiden **18** (1966) 11 541—545 7 Lit.-St.; Battelle Techn. Rev. **16** (1967) 4 131 a.

Hamerak, Kurt: Die Anwendung von Plasmabrennern in der modernen Metallbearbeitungstechnik. technica **15** (1966) 23 2259—2263, 2271—2274 [5.32.2].

Langford, G. J.: Plasma-arc welding of titanium. Welding J. **45** (1966) 10 811—812, 815—821 5 refs.; Index Aeron. **23** (1967) 1 62.

Langford, G. J.: Plasma arc welding for large titanium aerospace structures. SAE-Publ. 660 646 1966.

Miller, H. R. and *S. P. Filipski:* Automated plasma arc welding for aerospace and cryogenic fabrications. Welding J. **45** (1966) 6 493—501; Index Aeron. **22** (1966) 9 55.

Pease, G. R., A. C. Lingenfelter, and *H. H. Ruble:* Plasma arc welding of nickel and high nickel alloys. Welding J. **45** (1966) 5 417—422.

Privoznik, L. J. and *H. R. Miller:* Evaluation of plasma arc welding for 120 in. diameter rocket motor cases. Welding J. **45** (1966) 9 717—725.

5.31.54 Explosionsschweißen

Davenport, D. E. and *G. E. Duvall:* Explosive welding. ASTM E techn. Pap. Sp 60-161 1961 9 pp.; Index Aeron. **18** (1962) ref. 264.

Pearson, J.: Explosive welding. ASTM E techn. Pap. Sp 60-159 1961 12 pp; Index Aeron. **18** (1962) ref. 263.

Philipchuk, V.: Explosive welding. Nat. Northern Div., Amer. Potash & Chem. Corp. AD 268015 ASD TR 61-124 Aug. 1961 15 pp.; Titanium Abstr. Bull. **7** (1962) 5 148.

Boes, P. J. M.: Some aspects of explosive welding (in English). C.I.R.P. Annal. **11** (1962/63) 3 177—184 6 refs.; Index Aeron. **20** (1964) 3 ref. 1437.

Sedykh, V. S., A. A. Deribas, Ye. I. Bichenkov, and *Yu. A. Trishin:* Explosion welding. Svarochnoye Proizvodstvo (1962) 5 3—6 (USSR), NASA techn. Transl. F-140 March 1963 12 pp. 9 refs.; Index Aeron. **19** (1963) 8 ref. 3459.

Addison, H., jr. et al.: Explosive welding of aluminium alloys. Welding J. Res. Suppl. **42** (1963) 8 359s—364s; AMR **17** (1964) 6 464.

Boes, P. J. M.: Einige Fragen zum Mechanismus des Explosivschweißens. „Dynamisches Materialverhalten bei extremer Beanspruchung". Ernst-Mach-Inst. Freiburg. Wiss. Ber. 15-63 1963 S. 42—45.

Otto, H. G.: Beiträge zum Mechanismus des Sprengschweißens. „Dynamisches Materialverhalten bei extremer Beanspruchung". Ernst-Mach-Inst. Freiburg. Wiss. Ber. 15-63 1963 S. 32—34.

Sedykh, V. S. u. a.: Grundparameter des Explosionsschweißens und Festigkeitsmerkmale der Schweißverbindungen. Welding Production (1963) 2 1—7 (Übers. nach Svar. Proizv. (1963) 2) 3 Lit.-St.

Verbraak, C. A.: Einfluß von Stoßwellen auf die Materialeigenschaften kubisch flächenzentrierter und kubisch raumzentrierter Werkstoffe. — Anwendung dieser Ergebnisse auf Sprengformen und Sprengschweißen. „Dynamisches Materialverhalten bei extremer Beanspruchung". Ernst-Mach-Inst. Freiburg. Wiss. Ber. 15-63 1963 S. 36—37 3 Lit.-St. [4.31.31].

Wodara, J.: Explosionsschweißen — ein Kaltpreßschweißen mit extrem kurzen Schweißzeiten. Schweißtechnik (Berlin) **13** (1963) 10 433—437 12 Lit.-St.

Addison, H. J., jr.: Explosive welding. Frankford Arsenal, Philadelphia Pa. A-64-13 (AD-448 884), presented at the Design Engng. Conf. and Show, ASME, Chicago, May 11—14, 1964; STAR **3** (1965) 1 75.

Addison, H. J., jr.: Explosive welding. ASME Prepr. 64-MD-47 1964 11 pp. 10 refs.; Index Aeron. **20** (1964) 12 ref. 5813.

Bahrani, A. S. and *B. Crossland*: Explosive welding and cladding: an introductory survey and preliminary results. Proc. Instn. Mech. Engrs. **179** (1964/65) (Pt. 1) 7 264—281; AMR **19** (1966) 7 599.

Lippmann, Hans-Joachim: Neue Erkenntnisse beim Explosionsschweißen. Schweißen u. Schneiden **16** (1964) 10 487—488.

von Rosenstiel, A. P., E. G. Chirer u. *J. P. M. Boes*: Gefügeuntersuchungen mit der Mikrosonde an explosiv hergestellten Schweißverbindungen. Z. Metallkde. **55** (1964) 12 732—736 7 Lit.-St.

Boes, P. J. M., A. P. von Rosenstiel u. *C. A. Verbraak*: Zum Sprengschweißen von Metallen. Bänder Bleche Rohre **6** (1965) 5 269—277.

Burkhardt, A.: Nutzung und Energie von Sprengstoffen zum Umformen und Verschweißen von Metallen. Fachbuchreihe Schweißtechnik, Bd. 40. Düsseldorf: Verl. f. Schweißtechn. 1965 1—8 [4.31.31].

Carlson, R. J., C. C. Simons, and *E. G. Smith, jr.*: Explosive welding of flat plates of zircaloy to Inconel "600". Battelle Memorial Inst., Columbus, Ohio. BMI-X-328 Jan. 1965 24 pp. (Contract W-7405-ENG-92); STAR **4** (1966) 10 1668.

Carlson, R. J.: Explosive welding. Metals Engng. Quart **5** (1965) 3 57—60.

Carlson, Ronald J. and *Vonne D. Linse*: Explosive welding of zircaloy to hafnium. US Atomic Energy Commission. Battelle Memorial Inst., Columbus, Ohio. BMI-X-10139 Sept. 1965 26 pp. (Contract W-7405-ENG-92); Battelle Techn. Rev. **15** (1966) 3 14; STAR **4** (1966) 8 1243.

Holtzman, A. H. and *G. R. Cowan*: Bonding of metals with explosives. Welding Res. Council Bull. Engng. Foundation No. 104 April 1965 1—21 29 refs.; Werkstatt u. Betrieb **98** (1965) 11 856.

Koch, Walter: Vorgänge beim Explosivschweißen metallischer Werkstoffe. Diss. TH Aachen 1965, Arch. Eisenhüttenwes. **36** (1965) 9 667—676; VDI-Z. **108** (1966) 16 718; Schweißen u. Schneiden **19** (1967) 4 180—181.

Linse, Vonne D.: High-energy rate processes. — Review recent developments. Battelle Memorial Inst., Columbus, Ohio. Aug. 1965 4 pp.; STAR **3** (1965) 20 3458—3459.

Bergmann, O. R.: Explosive bonding of metals applications, and mechanism. Met. Engng. Quart. **6** (1966) 2 60—64.

Ruppin, Dietrich: Sprengschweißen von Metallen. Experimentelle Untersuchungen zum Plattieren mit Hilfe zentraler Zündeinleitung. Fortschritt-Bericht VDI-Z. Reihe 2, Nr. 11. Düsseldorf: VDI-Verl. 1966 41 S.; VDI-Z. **108** (1966) 29 1428; Luftfahrttechn.-Raumfahrttechn. **13** (1967) 2 50—51.

Klein, Winfried: Verbundmechanismus beim Explosionsschweißen. Schweißen u. Schneiden **19** (1967) 4 172—175 16 Lit.-St.

Riegelmayer, Peter: Thermodynamische Vorgänge beim Explosionsschweißen. Schweißen u. Schneiden **19** (1967) 4 175—177 6 Lit.-St.

5.31.55 Schweißen mit Lasertechnik

Donovan, R. F.: Laser techniques for metal joining. Paper Creat. Sem. Amer. Soc. Tool & Manuftg. Engng. 1963—1964.

Keel, C. G.: Welding and cutting with light beams? (in German). Z. Schweißtechn. **53** (1963) 5 173—176 18 refs.; Index Aeron. **19** (1963) 8 ref. 3477.

Maguire, T.: Lasers vs. electron beams. Electronics **36** (1963) 27 23—25 4 refs. [5.31.51].

Platte, W. N. and *J. F. Smith*: Laser techniques for metals joining. Westinghouse Sci. Paper 63-148-190-P4 1963, Welding J. **42** (1963) 11 481s—489s.

Weisinger, M. D.: Laser fabricates space-age materials. SAE-J. **71** (1963) 2 56—58.

— Laser development work at Hughes Aircraft Co. Engineer (London) **215** (1963) 5600 960—962; Index Aeron. **17** (1963) 7 ref. 2981.

Adams, C. M. and *R. H. Fairbanks*: Laser beam fusion welding. Welding J. **43** (1964) 97—102.

Bahun, C. J. and *R. D. Engquist*: Metallurgical applications of lasers. Metals Engng. Quart. **4** (1964) 1 27—35.

Buddenhagen, D. A.: Lasers and their application. SAE-Publ. 640 116 (819 A) 1964 [4.42.76].

Buddenhagen, D. A.: Fifty-six materials produce laser action. SAE-J. **72** (1964) 2 64—65 [4.42.76].

Buddenhagen, D. A.: Laser goes miniature. Simple laser-optical set up provides high power densities for machining and welding on a miniature scale. SAE-J. **72** (1964) 3 40—45.

Fairbanks, R. H. and *C. M. Adams:* Laser beam fusion welding. Welding J. Res. Supp. **43** (1964) 3 97s—102s.

Feldmann, Dieter: Lichttechnische Probleme mit hochenergetischen „Lasern". (Konstruktionsmerkmale eines Laser-Schweißapparates.) Lichttechn. (Berlin) **16** (1964) 9 445—448.

Price, T. E.: Laser welding of semiconductors. Industr. Electr. **2** (1964) 10 478—479.

Siderius, G.: Laser welders: Out of the lab and into the factory. Electronics **37** (1964) 27 96—101.

Weisinger, M. D.: Commercial Laser welding will first be applied to teeny-tiny parts. SAE-J. **72** (1964) 4 82—84.

Anderson, J. E. and *J. E. Jackson:* Laser welding — Where it stands today. Materials in Design Engng. **61** (1965) 2 92—96; Konstruktion **17** (1965) 9 376—377.

Anderson, J. E. and *J. E. Jackson:* Theory and application of pulser Laser welding. Welding J. **44** (1965) 12 1018—1026; Battelle Techn. Rev. **15** (1966) 3 105 a; AMR **19** (1966) 5 427.

Döring, H.: Theorie und Anwendung des Lasers. Arbeitsgemeinschaft Forschung des Landes Nordrhein-Westfalen H. Nr. 149. Köln-Opladen: Westdt. Verl. 1965 40 S. [4.42.76].

Eaton, N. F.: Recent developments in welding technology. Metallurgist (London) **3** (1965) 11 239—246; Battelle Techn. Rev. **15** (1966) 1 34 a [5.31.27] [5.31.51].

Farrell, W. J.: Electron beam and laser technique for joining. Mach. Shop **26** (1965) 1 17—30; Index Aeron. **21** (1965) 4 ref. 2165 [5.31.51].

Miller, K. J. and *J. D. Nunnikhoven:* Laser welding. Mach. Design **37** (1965) 18 120—129.

Miller, K. J. and *J. D. Nunnikhoven:* Laser — a space age welding process. SAE-Publ. 650753 1965.

Miller, K. J. and *J. D. Nunnikhoven:* Production laser welding for specialized applications. Welding J. **44** (1965) 6 480—485 3 refs.; Werkstatt u. Betrieb **98** (1965) 10 792.

Panzer, Siegfried: Probleme der Laser-Materialbehandlung beim Einsatz in industriellen Prozessen. Elektron. Ausrüstung (1965) 4 124—134 [4.42.76].

Panzer, S.: Thermische Wirkungen der Laser-Strahlung auf Werkstoffe. Elektroniker (Aarau, Schweiz) **4** (1965) 5 28—32 3 Lit.-Stellen [4.42.76].

Pfluger, A. R. and *P. M. Maas:* Laser beam welding electronic-component leads. Welding J. Res. Suppl. **44** (1965) 6 264s—269s 13 refs.; Werkstatt u. Betrieb **98** (1965) 10 792.

Schmidt, A. O., I. Ham, and *T. Toshi:* An evaluation of Laser performance in microwelding. Welding J. Res. Suppl. **44** (1965) 11 481s—488s 4 refs.; Index Aeron. **22** (1966) 2 45; Battelle Techn. Rev. **15** (1966) 1 34 a; AMR **19** (1966) 5 426.

Stockman, David L.: Laser theory and practice. Chem. Engng. **72** (1965) 9 133—140, 142 49 refs. [4.42.76].

Earvolino, L. P. and *J. R. Kennedy:* Laser welding of aerospace structural alloys. Welding J. Res. Suppl. **45** (1966) 3 127s—134s; AMR **19** (1966) 11 971.

Flemming, D.: Laserstrahlschweißen in der Elektronik. Schweißen u. Schneiden **18** (1966) 10 516—517.

Frankel, H. E., A. J. Babecki, and *R. E. Predmore:* Some considerations of advanced welding technology. Brit. Welding J. **13** (1964) 4 189—200; Index Aeron. **22** (1966) 7 69 [5.31.23] [5.31.51].

Guénot, R., J. Racinet et *A. Bousquet:* Problèmes thermiques et perspectives d'utilisation du laser en soudage. Soudage Techn. Conn. **20** (1966) 3/4 105—128 3 réfs.; Werkstatt u. Betrieb **99** (1966) 12 877.

Lohrmann, G. R.: Möglichkeiten des Mikroschweißens mit Laser. Schweißen u. Schneiden **18** (1966) 7 328—329.

Myer, Jon H.: Laser welding — a status report. SAE-Prepr. 670211 1967; SAE-J. **75** (1967) 5 144.

5.32.1 Löten, allgemein

Colbus, J.: Festigkeitsprobleme und Bindevorgänge beim Löten. Ber. über Sitzung des Unterausschusses Leichtmetalle mit der Arbeitsgruppe Löten des DVS am 12. 6. 64 in Augsburg. DLR Mitt. 64—07. München: ZLDI 1964 S. 1—12, 28 Lit.-St. (Fachbuchreihe Schweißtechnik Bd. 41). Düsseldorf: Dt. Verl. f. Schweißtechnik (DVS) 1964; STAR **3** (1965) 13 2196—2197.

Kittredge, H. B. G.: Reliable hand soldering techniques. SAE-Prepr. 830 A 1964 5 pp.; Index Aeron. **21** (1965) 4 ref. 2162.

Mahler, W.: Metallkundliche, physikalische und chemische Gesichtspunkte beim Hartlöten. Ber. Sitzung des Unterausschusses Leichtmetalle mit der Arbeitsgruppe Löten des DVS am 12. 6. 64 in Augsburg. DLR Mitt. 64—07. München: ZLDI 1964 S. 13—17 (Fachbuchreihe Schweißtechnik Bd. 41). Düsseldorf: Dt. Verl. f. Schweißtechnik (DVS) 1964; STAR **3** (1965) 13 2197.

Dolgov, Vu. S.: More attention to brazing problems. „From the Soviet debate on brazing." Joint Publ. Res. Service, Washington, D. C. JPRS-32802, TT-65-33380 Nov. 1965 pp. 5—8 (Transl. into English from Svarochnoye Proizvodstvo, Moscow (1965) 8 pp. 39 . . .); STAR **4** (1966) 3 423.

Eadon-Clarke, C. E.: Modern production line methods for soldering and brazing. Brit. Welding J. **12** (1965) 10 500—504.

Gubin, A. I.: Some remarks on the discussion of brazing quality. „From Soviet debate on brazing." Joint Publ. Res. Service, Washington, D. C. JPRS-32802, TT-33380 Nov. 1965 pp. 9—11 (Transl. into English from Svarochnoye Proizvodstvo, Moscow (1965) 8 pp. 39 . . .); STAR **4** (1966) 3 423.

Kohtz, Dieter: Autogen- und Löttechnik. Schweißen u. Schneiden **17** (1965) 12 652—655.

McQuillan, W. P.: Guide to soldering. Welding Engr. **50** (1965) 4 64, 66—67, 112—115.

Parthey, H.: Grenzschichtprobleme beim Löten. Mitt. Forsch.-Ges. Blechverarb. (1965) 23/24 365—367 17 Lit.-St.

Rubin, W. and *B. M. Allen*: Soldering in the electronic industry. Brit. Welding J. **12** (1965) 12 588—590.

— Löten. Vorträge Sondertagung Augsburg 1964 d. Dt. Verbandes f. Schweißtechnik u. der WGLR (Fachbuchreihe Schweißtechn., Bd. 41). Düsseldorf: Dt. Verl. f. Schweißtechnik 1965 58 S.; Konstruktion **17** (1965) 10 422.

Gustafson, K. L.: Development and evaluation of braze alloys for vacuum furnace brazing. NASA CR-514 July 1966 35 pp. (Contract NAS3-2555); STAR **4** (1966) 16 3111—3112; Index Aeron. **22** (1966) 10 75.

— Brazing and brazing alloys — a bibliography. NASA SP-5026 1966 59 pp.; STAR **5** (1967) 2 267.

Ciriack, G.: Werkstoffeinflüsse auf die Löttemperatur. Metall **21** (1967) 6 590—593.

5.32.2 Aufsätze über Sonderverfahren der Löttechnik

Johnen, Heinz: Hartlöten bei niedrigen Temperaturen. Industriebl. **60** (1960) 6 350—353; Leichtbau d. Verkehrsfahrzeuge **4** (1960) 6 312.

Johnen, H.: Über Hartlöten mit Silberloten. Metall **14** (1960) 5 425—429.

Lange, K.: Wirtschaftliches Hartlöten in Schutzgas-Durchlauföfen. Werkstattstechn. **51** (1961) 12 703—706.

Lewis, H. E.: Brazing missile and electronic components in dry hydrogen. Pt. 1. Metal Progr. **79** (1961) 3 93—96; Index Aeron. **17** (1961) 5 ref. 208.

Lewis, H. E.: Brazing missile and electronic components in dry hydrogen. Pt. 2. Metal Progr. **79** (1961) 4 94—96, 118; Index Aeron. **17** (1961) 5 ref. 206.

Mobley, P. R. and *G. S. Hoppin* III: „Wide-gap" brazing for high-temperature service. Welding J. **40** (1961) 6 610—617 3 refs.; Werkstatt u. Betrieb **95** (1962) 2 119.

Parthey, H.: Zum Stande der Lötforschung. Mitt. Forsch.-Ges. Blechverarb. (1961) 1/2 9—13 19 Lit.-St.

Weirich, G.: Mechanisierung der Lötverfahren. Vortrag Große Schweißtechn. Tagung Essen 1961; Blech **8** (1961) 10 780 (Auszug).

Westlund, E. F.: Vacuum furnace brazing of beryllium. Univ. California, Livermore, Calif. Ernest O. Lawrence Radiation Lab. UCRL-6391 March 1961 21 pp.

— Progress in brazing. Metal Progr. **80** (1961) 3 97—107; Index Aeron. **17** (1961) 11 ref. 212.

Johnen, Heinrich: Rationelles Hartlöten. Verfahren und Einrichtungen. Industriebl. **62** (1962) 11 667—670.

Preston, R. S.: How to control brazing gap. Metalworking Production **106** (1962) 41 69—71; Werkstatt u. Betrieb **96** (1963) 8 559.

Severs, M. J.: Vacuum brazing: Equipment and conditions of operations. Aircr. Production **24** (1962) 6 218—222; Index Aeron. **18** (1962) 7 ref. 2444.

Steffens, H. D. u. *H. Steffens*: Pulverspritzlöten mit Azetylen ohne Preßluft. Schweißen u. Schneiden **14** (1962) 8 330—339 17 Lit.-St.

— Induktionslöten. VDI-Richtlinie 3134. Düsseldorf: VDI-Verl. 1962, 4 S.

Blanc, G. M.: Hauptreferat zum Löt-Kolloquium des Internationalen Verbandes für Schweißtechnik (IIW) in Helsinki 1963. Schweißen u. Schneiden **15** (1963) 11 503—508.

Göhring, Werner: Das Hartlöten im Schutzgasofen. Maschinenmarkt **69** (1963) 33 101—105 6 Lit.-St.

Peter, H.-J.: Löten mit Hochfrequenzenergie. Fertigungstechn. u. Betrieb **13** (1963) 8 520—522 2 Lit.-St.; Werkstatt u. Betrieb **97** (1964) 5 380.

Schwartzbart, Harry: Some recent developments in brazing. Metals Engng. Quart. **3** (1963) 1 52—63; Battelle Techn. Rev. **12** (1963) 6 268a.

Sloboda, M. H.: Fehler beim Hartlöten, ihre Ursachen und Vermeidung. Techn. Rdsch. (Bern) **55** (1963) 53 25, 27, 29 3 Lit.-St.; Werkstatt u. Betrieb **97** (1964) 8 603—604.

Wilson, E. J. R.: Silver brazing solves old and new problems. Metalworking Production **107** (1963) 26 53—57; Index Aeron. **19** (1963) 8 ref. 3464 [5.32.34].

Angermaier, H. u. *E. Eder:* Feinwerktechnische Verbindungen durch Löten. Feinwerktechnik **68** (1964) 4 141—150, 5 180—184.
Duckworth, D. J.: Fastening and assembly: Brazed pipe joints. Aircr. Engng. **36** (1964) 3 62—64; Index Aeron. **20** (1964) 5 ref. 2434.
Good, M. W.: Vorteilhafte Weich- und Hartlötverfahren. Sheet Metal Industries **41** (1964) 442 151—157; Metall **18** (1964) 9 970.
Gorezynski, J. and *W. Szachnowski:* Ultrasonic brazing of aluminium and its alloys. Przegl. Mech. **23** (1964) 20 589-593 11 refs.; Index Aeron. **21** (1965) 4 ref. 2163.
Holetzko, H.: Löten mit Nickel-Chrom-Loten und die Verwendung der Palladiumlote. Ber. Sitzung des Unterausschusses Leichtmetalle mit der Arbeitsgruppe Löten des DVS am 12. 6. 64 in Augsburg. DLR-Mitt. 64—07. München: ZLDI 1964, S. 26—31 (Fachbuchreihe Schweißtechnik Bd. 41). Düsseldorf: Dt. Verl. f. Schweißtechn. (DVS) 1964; STAR **3** (1965) 13 2197.
Krell, A.: Begriff und Bestimmung der Lötbarkeit. Schweißtechnik (Berlin) **14** (1964) 3 127—135 33 Lit.-St.
Lawless, John H., jr.: How to select brazing alloys. Machine Design **36** (1964) Aug. 27 174—184; Battelle Techn. Rev. **13** (1964) 11 429a; Index Aeron. **20** (1964) 11 ref. 5335.
Mahler, W.: Metallkundliche, physikalische und chemische Gesichtspunkte beim Hartlöten. Ber. Sitzung des Unterausschusses Leichtmetalle mit der Arbeitsgruppe Löten des DVS am 12. 6. 64 in Augsburg. DLR Mitt. 64-07. München: ZLDI 1964, S. 13-17 (Fachbuchreihe Schweißtechnik Bd. 41). Düsseldorf: Dt. Verl. f. Schweißtechnik (DVS) 1964; STAR **3** (1965) 13 2197.
Rüppel, Rolf: Induktionslöten. Techn. Zbl. prakt. Metallbearb. **58** (1964) 1 33—37.
Shapiro, H.: Soldered joints in space-age electronic equipment. Insulation **10** (1964) 4 25—28 2 refs.; Index Aeron. **20** (1964) 7 ref. 3366.
Boston, M. E.: Vacuum brazing. Machinery (London) **106** (1965) 2740 1079—1083; Werkstatt u. Betrieb **98** (1965) 10 791—792; Index Aeron. **21** (1965) 7 ref. 4114.
Davis, M. J.: Automatic induction soldering. Sandia Corp., Albuquerque, N. Mex. SC-DR-65-74 March 1965 12 pp. (Contract AT (29—1)—789); STAR **4** (1966) 12 2128.
Frei, E.: Maschinelles Hartlöten unter Schutzgas. technica **14** (1965) 12 1074—1077.
Gellert, R.: Vibrations: New aid to joining. SAE-Prepr. 650761 1965 13 pp. 15 refs.; Index Aeron. **22** (1966) 2 45.
Humphreys, G. E.: Automatic brazing of electrical contact assemblies. Brit. Welding J. **12** (1965) 12 582—584.
Il'yevskiy, I. I.: Shortcomings of certain brazing operations. „From the Soviet debate on brazing." Joint Publ. Res. Service, Washington, D. C. JPRS-32802, TT-65-33380 Nov. 1965 pp. 1—4 (Transl. into English from Svarochnoye Proizvostvo, Moscow (1965) 8 pp. 39...); STAR **4** (1966) 3 423.
Littnanski, H.: Hartlöten mit Silberloten. Mitt. Forsch.-Ges. Blechverarb. (1965) 4 57—68 20 Lit.-St.
Schwartzbart, H.: Metal fibre reinforced soldering tape. Brit. Welding J. **12** (1965) 11 538—542.
Sperner, F. u. *E. Erben:* Über das Löten von metallischen Werkstoffen im Vakuum. Metall **19** (1965) 7 739—741.
Weare, Norman E.: Exothermic brazing — a new convenience for permanent tube connections. NASA Marshall Space Flight Center Proc. Conf. on the Design of Leak-tight Fluid Connectors 1965 pp. 199—203; STAR **4** (1966) 18 3560.
Wilkinson, W. D.: High-frequency induction brazing and soldering. Brit. Welding J. **12** (1965) 10 478—487.
Hamerak, Kurt: Die Anwendung von Plasmabrennern in der modernen Metallbearbeitungstechnik. technica **15** (1966) 23 2259—2263, 2271—2274 [5.31.53].
Watkins, S., jr.: Tube assemblies joined by vacuum induction brazing. Metal Progr. **89** (1966) 4 73—75; Index Aeron. **22** (1966) 7 70.
Weare, N. E. and *R. A. Long:* Exothermically brazed hydraulic fittings for aircraft. Welding J. **46** (1967) 1 15—28.

5.32.31 Löten von Stahl

Cremer, George D. and *Richard S. Mueller:* Multiple-brazing process. Welding J. **39** (1960) 6 592—599; Leichtbau d. Verkehrsfahrzeuge **4** (1960) 6 316; Aero Space Engng. **19** (1960) 9 89.
McFee, W. E.: Weichlöten von nichtrostendem Stahl. Assembly & Fastener Engng. **3** (1960) 3 43—44; Mitt. Forsch.-Ges. Blechverarb. (1960) 24 Ref. 1092.
Hinde, J. u. *E. R. Serry:* Hartlöten nickelhaltiger Legierungen und nichtrostender Stähle. Welding & Metal Fabrication **28** (1960) 4 145—154 6 refs.; Mitt. Forsch.-Ges. Blechverarb. (1960) 24 Ref. 1099.
Lange, H., H. Parthey u. *I. N. Stranski:* Physikalisch-chemische Untersuchungen zum Weichlöten. Mitt. Forsch.-Ges. Blechverarb. (1960) 16/17 230—237 20 Lit.-St.
Peaslee, R. L.: Thermische Ermüdung und Hochtemperatur-Hartlötungen. Welding J. **39** (1960) 1 29—33.
Stock, D. C. u. a.: Löten rostbeständiger Stähle. Metal Industry **96** (1960) 14 274-275; Mitt.

Forsch. Ges. Blechverarb. (1960) 24 Ref. 1093.

Lapujoulade, J.: Brasage sous vide des métaux. Vide (1961) 95 207—228 28 réfs.

Peaslee, R. L.: High-temperature brazing alloys. Machine Design **33** (1961) 19 160—163; Konstruktion **15** (1963) 1 32.

Webber, H. M.: Furnace brazing of stainless steel assemblies. Metal Progr. **79** (1961) 5 108—111, 118, 120, 122, 124, 126, 128; Index Aeron. **17** (1961) 7 ref. 243.

Albom, M. J. and *R. E. Anderson:* Brazing of ultra-high-strength steels. Welding J. Res. Suppl. **41** (1962) March 97s—108s 13 refs.; Nickel-Ber. **20** (1962) 8 272.

Johnson, W.: Soldering and welding in die casting dies. Mod. Metals **18** (1962) 1 64—68; Aluminium **38** (1962) 12 A 448 [5.32.32].

Lury, V.: Process — brazing stainless steel to titanium — evaluation. General Dynamics/ Fort Worth, Texas, Rep. No FTDM-2123 Jan. 1962 4 pp. (AD 272 257); Titanium Abstr. Bull. **7** (1962) 6 182.

Owczarski, W. A.: Eutectic brazing of „Zircaloy 2" to type 304 stainless steel. Welding J. Res. Suppl. **41** (1962) Feb. 78s—83s; Nickel-Ber. **20** (1962) 9/10 324—325.

Whitson, Everette M.: Vacuum brazing of stainless steel to beryllium. Metal Progr. **82** (1962) 1 93—95.

Zimmermann, K. F.: Mechanized brazing (in German). Z. Schweißtechnik **53** (1963) 8 259—271 6 refs.; Index Aeron. **19** (1963) 10 ref. 4501.

— High-temperature vacuum brazing. Metal Industry **103** (1963) 10 323—324; Index Aeron. **19** (1963) 11 ref. 4915.

Duckworth, D. J.: Brazed pipe joints. The use of permanent brazed pipe joints in high-speed aircraft for weight saving and reliability with a description of the process developed successfully by the Preston Division of British Aircraft Corporation for joining pipes in situ. Aircr. Engng. **36** (1964) 421 62—64.

Klosse, Peter: Untersuchungen über das Hartlöten einer temperaturempfindlichen Stahllegierung unter besonderer Berücksichtigung des Zusammenhanges von Temperatur und Zeit. Diss. TH Hannover 1964, Schweißen u. Schneiden **16** (1964) 10 456—465; VDI-Z. **107** (1965) 28 1363.

Gubin, A. I.: Brazing stainless steels and heat-resisting alloys. Joint Publ. Res. Service, Washington, D. C., JPRS 28572, TT 65-30250 Feb. 1965 131 pp. (Transl. into English of the book „Payka Nerzhaveyushchikh Staley i Zharoprochnykh Splavov" Moscow 1964 1-128); STAR **3** (1965) 6 922.

Francke, Karl-Peter: Benetzen und Binden beim Hartlöten von Stahl mit siliziumhaltigen Messinglotdrähten. Bänder Bleche Rohre **6** (1965) 1 24—29 7 Lit.-St.

Gatzek, L. E.: Joining aluminum to stainless steel for space vehicle applications. SAE-Publ. 650754 1965 17 pp. 7 refs.; Index Aeron. **22** (1966) 4 73 [5.32.32].

Kohl, F. W.: Das Falzen, Weich- und Hartlöten von feuerverzinkten Stahlblechen. Metall **19** (1965) 8 841—846 6 Lit.-St.

Lapujoulade, J.: Vacuum brazing of stainless steels. Soudage et Techn. Conn. **19** (1965) 3/4 107—112 9 refs.; Index Aeron. **21** (1965) 7 ref. 4115.

— Joining steel to aluminum. Solar, San Diego, Calif. RDR-1258A Feb. 1965 22 pp.; STAR **4** (1966) 13 2363.

— Schweißen und Löten von austenitischen Chrom-Nickel-Stählen (von Internat. Nickel Deutschland GmbH.). Düsseldorf: Verl. Nickel Inform. Büro GmbH. 1965, 67 S.; Werkstatt u. Betrieb **99** (1966) 12 879 [5.31.31].

Buck, Robert W., John M. White, and *Louis A. Tentarelli:* Investigation of brazing techniques for ferri-magnetic materials. Sperry Rand Corp., Gainesville, Fla. Sperry Electronic Tube Div. SETD-NJ-2769-0202-5 Jan. 1966 77 pp. (AD-630700); STAR **4** (1966) 14 2604.

Kehr, William D.: Strong copper-brazed joints bond steel components. Metal Progr. **89** (1966) 1 90—93; Battelle Techn. Rev. **15** (1966) 3 105a.

— Brazing stainless alloys offers many cost-reducing advantages. Iron Age Metalworking Int. **5** (1966) Feb. 16—17.

5.32.32 Löten von Leichtmetallen, Aluminium- und Magnesium-Legierungen

Woods, P. F.: A note on the brazing of aluminium and its alloys with air/propane. Brit. Welding J. **7** (1960) 8 489—490 2 refs.; Index Aeron. **16** (1960) 10 ref. 181; Aluminium **37** (1961) 1 A 18; Leichtbau d. Verkehrsfahrzeuge **5** (1961) 5 236.

Canon, Raymond: Le brasage au four de l'aluminium. Rev. Aluminium **38** (1961) 288 793—803 7 réfs.; Index Aeron. **17** (1961) 12 ref. 285.

Hoglund, G. O.: Lötmetalle — ihre Wirkung beim Verbinden von Aluminiumteilen miteinander oder mit anderen Metallen. Elektro-Technol. **67** (1961) 4 101—108; Metall **16** (1962) 3 221.

Metzger, Guinn: Entwicklung eines Hartlötverfahrens für die Paarung Titan-Aluminium. Diss. TH Aachen 1961; VDI-Z. **105** (1963) 22 1033 [5.32.33].

Hoglund, G. O.: How to solder aluminum. Amer. Machinist (New York) **106** (1962) 13 99—102.

Johnson, W.: Soldering and welding in die casting dies. Modern Metals **18** (1962) 1 64—68; Aluminium **38** (1962) 12 A 448 [5.32.31].

Perazzo, George M.: Magnesium can be dip brazed. Amer. Machinist **106** (1962) 9 104—105, Metalworking Production **106** (1962) 25 85—87.

Emonds, F. J.: Anwendung des Plattierlötens für Konstruktionen aus Aluminium und Aluminiumlegierungen. Schweißen u. Schneiden **15** (1963) 6 316—318 2 Lit.-St.; Aluminium **39** (1963) 8 A 326, 10 A 414.

— Aluminium brazing. Iron Age Metalworking Int. **2** (1963) 5 25; Aluminium **39** (1963) 10 A 414.

— How to solder aluminium. Pt. 2. Mod. Metals **18** (1963) 12 36—45; Aluminium **40** (1964) 1 R 42.

— How to solder aluminium. Pt. 3. Mod. Metals **19** (1963) 1 40—44; Aluminium **40** (1964) 4 R 218.

— How to solder aluminium. Pt. 4. Mod. Metals **19** (1963) 2 50—58; Aluminium **40** (1964) 6 R 298.

Bulow, C. L.: Comment braser l'aluminium? Mach. mod. **58** (1964) 663 10—14.

Dudley, D. A. and *E. R. Perry:* Flux bath brazing: an engineering technique. Sheet Metal Industries **41** (1964) 442 137—147 6 refs.; Index Aeron. **20** (1964) 4 ref. 1912.

Haines, R. H.: Dip brazing aluminium. Mod. Metals **20** (1964) 2 28—30; Aluminium **40** (1964) 1 R 552.

Metzger, G.: Das Hartlöten der Kombination Titan/Aluminium. Ber. über die Sitzung des Unterausschusses Leichtmetalle mit der Arbeitsgruppe Löten des DVS am 12. 6. 1964 in Augsburg. DLR-Mitt. 64-07 München ZLDI 1964; STAR **3** (1965) 13 2197 [5.32.33].

Sinclaire, M.: Dip brazing aluminium. Metal Progr. **86** (1964) 3 84—87; Index Aeron. **20** (1964) 11 ref. 5336.

Atkin, F. N.: Dip brazing aluminum alloys for light-weight compact aerospace electronics equipment. IEEE Trans., Prod. Engng. & Production PEP **9** (1965) 1 3—7; Index Aeron. **21** (1965) 8 ref. 4840.

Dickerson, Paul B.: How to dip braze aluminum assemblies. Metal Progr. **87** (1965) 6 73—78; Index Aeron. **21** (1965) 8 ref. 4839.

Dudas, J. H.: Joining new high-strength aluminum alloy X7005. Welding J. Res. Suppl. **44** (1965) 8 358s—364s; AMR **19** (1966) 4 330 [5.31.32.1].

Eldridge, G. W.: Aluminium soldering. Brit. Welding J. **12** (1965) Oct. 488—495; Battelle Rechn. Rev. **15** (1966) 1 34 a.

Gatzek, L. E.: Joining aluminum to stainless steel for space vehicle applications. SAE-Publ. 650754 1965 17 pp. 7 refs.; Index Aeron. **22** (1966) 4 73 [5.32.31].

Haines, R. H.: Le brassage au trempé de l'aluminium et de ces alliages. Rev. Aluminium **42** (1965) 328 209—212; Aluminium **41** (1965) 5 R 244.

Martin, G. and *W. W. Brandell:* Aluminum structures joined by fluxless brazing. Materials in Design Engng. **61** (1965) 3 122—123; Index Aeron. **21** (1965) 7 ref. 4116.

Kanzler, Paul J.: Induction brazing. Saturn manufacturing review. Boeing Co., Seattle, Wash. NASA CR-80274 1966 pp. 17—20; STAR **5** (1967) 2 402.

Terrill, J. R.: Diffusion of silicon in aluminum brazing sheet. Welding J. Res. Suppl. **45** (1966) 5 202s—209s.

5.32.33 Löten von Titan

Davis, H. C.: Silver aluminium alloys for brazing titanium. Metallurgia **60** (1959) 361 205—211.

Davis, H. C.: Silver aluminium alloys for brazing titanium and its alloys. RAE Rep. Met. 95 March 1959 30 pp.; Titanium Abstr. Bull. **5** (1960) 5 148 ref. 5712.

Rudy, John F., Robert M. Necheles, and *Harry Schwartzbart:* Quartz-lamp radiant brazing of titanium alloy honeycomb sandwich panels. Welding J. Res. Suppl. **38** (1959) 4 202s—208s.

— Brazing of titanium. Crucible Titanium Rev. **7** (1959) 4 5—8; Titanium Abstr. Bull. **5** (1960) 6 178 ref. 5836; Index Aeron. **16** (1960) 2 ref. 178.

— Brasature delle leghe di titano mediante leghe alluminio-argento. (Brazing of titanium alloys by means of aluminium silver alloys). Alluminio **29** (1960) 6 307—308; Titanium Abstr. Bull. **6** (1960) 1 212 ref. 5979.

— Welding of titanium. Welding rods and brazing materials. Imp. Chem. Industries Ltd. May 1960 12 pp.; Titanium Abstr. Bull. **6** (1961) 1 212 ref. 5977 [5.31.33].

Metzger, Guinn: Entwicklung eines Hartlötverfahrens für die Paarung Titan—Aluminium. Diss. TH Aachen 1961; VDI-Z. **105** (1963) 22 1033 [5.32.32].

Bollenrath, F. and *G. Metzger:* The brazing of titanium to aluminum. Welding J. Res. Suppl. **42** (1963) 10 442s—453s.

Metzger, G.: Das Hartlöten der Kombination Titan/Aluminium. Ber. über die Sitzung des Unterausschusses Leichtmetalle mit der Arbeitsgruppe Löten des DVS am 12. 6. 1964 in Augsburg. DLR-Mitt. 64-07 München ZLDI 1964; STAR **3** (1965) 13 2197 [5.32.32].

Bertossa, R. C. and *T. Hikido:* Brazing and diffusion bonding of titanium alloys to similar and dissimilar materials. SAE-Prepr. 650752 1965 29 pp.; Index Aeron. **22** (1966) 4 73.

Belavin, N. F. and *V. G. Shakhmatov:* Soldering titanium alloys for medical equipment. Air Force Systems Command, Wright-Patterson AFB, Ohio. Foreign Technol. Div. FTD-TT-65-1998, TT-66-62089 March 1966 9 pp. (AD-637389) (Transl. into English from Med. Prom. SSSR (Moscow) (1964) 5 51—63); STAR **4** (1966) 24 4738.

Shinyaev, A. Ya. and *V. V. Bondarev:* Soldering and brazing of AT-3 titanium alloys coated with different electro deposits. Titanium and its alloys. Publ. No. 10: Investigation of titanium alloys. (Israel Progr. for Sci. Transl., Ltd. Jerusalem) NASA TT-F-362, TT-65-50139 1966 pp. 339—343. (Transl. into English of the publ. "Titan i Ego Splavy. Issledovaniya Titanovykh Splava" Moscow, Izl. AN SSSR 1963); STAR **5** (1967) 2 265.

Rüdinger, Klaus u. *Albert Ismer:* Löten von Titan und Titanlegierungen. Schweißen u. Schneiden **19** (1967) 2 71—73 24 Lit.-St.

5.32.34 Löten von sonstigen Metallen

Jahnle, H. A.: Forming beryllium sheet. Prod. Engng. **31** (1960) 25 72—75; Index Aeron. **16** (1960) 9 ref. 193 [4.30.4] [4.31.06] [5.31.34].

Lepkowski, W. J. u. *R. E. Monroe:* Das Schweißen und Hartlöten kobalthaltiger Legierungen. Cobalt (1960) 7 6—12 21 refs.; Blech (Coburg) **8** (1961) 3 218; Aero Space Engng. **19** (1960) 9 89 [5.31.34].

Schwartz, M. M.: Brazing refractory metals. Mech. Engng. **83** (1961) 7 30—33; Titanium Abstr. Bull. **7** (1961) 1 23 ref. 6820.

Sixt, B.: Lötverbindungen mit speziellen Metallegierungen. Schweißtechnik (Wien) **15** (1961) 11 137—140 7 Lit.-St.

Slaughter, G. M.: Welding and brazing refractory metals. SAE-Prepr. 450E 1961 5 pp. 20 refs.; Index Aeron. **17** (1961) 9 ref. 227 [5.31.34].

Cline, C. L. and *R. A. O'Neill:* Brazing beryllium for aerospace applications. Welding J. **41** (1962) 12 1098—1108 10 refs.; Werkstatt u. Betrieb **96** (1963) 8 558.

Pattee, H. E. and *R. M. Evans:* Brazing and bonding of columbium, molybdenum, tantalum, tungsten, and graphite. Battelle Memorial Inst. Defense Metals Inform. Center DMIC Memo. 153 June 1962.

Weirich, G.: Das Löten von Hartmetallen. Schweißen u. Schneiden **14** (1962) 6 268—270; Werkstatt u. Betrieb **96** (1963) 2 132.

Ferris, R. u. *J. F. Libsch:* Das induktive Weichlöten von Präzisionsmembranen. High Frequency Heat Rev. (N. Y.) **1** (1963) 12 10; Metall **18** (1964) 9 970.

Petersen, W. A.: Brazing thin nickel sheet. Welding J. Res. Suppl. **42** (1963) 4 190s—192s; Nickel-Ber. **21** (1963) 8/9 237; Battelle Techn. Rev. **12** (1963) 7/8 309 a.

Welty, J. W., P. J. Valdez, C. E. Smeltzer, and *C. P. Davis:* Joining of refractory metal foils. Solar, San Diego, Calif., Wright-Patterson AFB, Ohio, ASD Techn. Doc. Rep. July 1962 — July 1963 ASD-TDR 63-719 Pt. I 1963 (AD-424651) Contract AF 33(657)9442; STAR **3** (1965) 1 78 [5.31.34].

Wilson, E. J. R.: Silver brazing solves old and new problems. Metalworking Production **107** (1963) 26 53—57; Index Aeron. **19** (1963) 8 ref. 3464 [5.32.2].

Crane, C. H., D. T. Lovell, and *W. A. Baginski:* Research study for development of techniques for joining of dissimilar metals. NASA CR 69242 1964 102 pp. 37 refs.; Index Aeron. **22** (1966) 12 80 [5.31.34].

Evans, Robert M.: The welding and brazing of alloy 718. Battelle Memorial Inst., Columbus, Ohio. Defense Metals Inform. Center DMIC-204 June 1964 31 pp. 18 refs. (Contract AF 33(615)-1121, AD-607045); STAR **4** (1966) 12 2125 [5.31.34].

Freedman, A. H., L. H. Stone, and *E. B. Mikus:* Tantalum and molybdenum brazing techniques. Wright-Patterson AFB, Ohio, AF Mater. Lab., Techn. Doc. Rep. June 1, 1963 — June 30, 1964 ML-TDR-64-270 Sept. 1964 151 pp. (Contract AF 33 (657) - 11227, AD-606 576); STAR **3** (1965) 2 285.

Fox, C. W. and *G. M. Slaughter:* Brazing of ceramics. Welding J. **43** (1964) 7 591—597.

Taber, K. C.: Practical aspects of brazing beryllium metal. Welding J. **43** (1964) 12 1022—1027; Index Aeron. **21** (1965) 4 ref. 2164.

Weik, H.: Hartlöten und Schweißen von Beryllium. Metall **18** (1964) 3 235—243 11 Lit.-St. [5.31.34].

Weirich, G.: Das Löten von Hartmetallwerkzeugen. Ber. über die Sitzung des Unterausschusses Leichtmetalle mit der Arbeitsgruppe Löten des DVS am 12. 6. 1964 in Augsburg. DLR-Mitt. 64-07 München: ZLDI 1964 S. 18—22.

Weismantel, E. E. and *K. C. Faber:* The soldering of beryllium metal. Welding J. Res. Suppl. **43** (1964) 2 57s—62s; Index Aeron. **20** (1964) 7 ref. 3367.

Weismantel, E. E. and *K. C. Faber:* Practical aspects of brazing beryllium metal. Welding J. **43** (1964) 12 1022—1027.

Zeller, W.: Erfahrungen mit dem Zirkonium — 5 % Berylliumlot beim Löten von Zircaloy. Ber. über die Sitzung des Unterausschusses Leichtmetalle mit der Arbeitsgruppe Löten des DVS am 12. 6. 1964 in Augsburg. DLR-Mitt. 64—07 München: ZLDI 1964; STAR **3** (1965) 13 2197.

Zürn, H.: Hartlöten und Schweißen von Beryllium. Schweißen u. Schneiden **16** (1964) 6 249—250.
Evans, R. M.: Metals joining. Review of recent developments. Battelle Memorial Inst., Columbus, Ohio. Defense Metals Inform. Center March 1965 4 pp.; STAR **3** (1965) 11 1839 [5.31.34].
Kudenov, W.: Joining beryllium to stainless. Amer. Mach./Metalworking Manuftg. **110** (1966) 19 118—120; Index Aeron. **22** (1966) 11 65.
Saperstein, Z. P.: Research on Zinaloy braze alloy development. Quart. Rep. Apr.—June 1966. Illinois Inst. Technol., Chicago, Ill., Res. Inst. IITRI-578-P29-2. IITRI-B6064-2 July 1966 14 pp. (Contract AT (11-1)-578); STAR **5** (1967) 4 557.
Smith, J. T.: Development of chromium vanadium alloys for brazing tungsten to molybdenum. Welding J. Res. Suppl. **45** (1966) 3 135s—138s 10 refs.; Index Aeron. **22** (1966) 6 62.
Vagi, J. J., R. E. Monroe, R. M. Evans, and *D. C. Martin*: Joining of nickel and nickel-base alloys. NASA TM-X-53447 April 1966 167 pp. (NASA Order H-76715); STAR **4** (1966) 14 2604 [5.31.34].
— New bi-metallic brazing process meets aerospace's special requirements. Welding J. **45** (1966) 6 510—511; Index Aeron. **22** (1966) 9 54.

5.41.0 Metallkleben, Titelbibliographien, zusammenfassende Arbeiten

Winter, H., H. Meckelburg u. *H. Schlothauer*: Konstruktions-Handbuch für Klebstoffe. DFL-Bericht Nr. 105 (Übersetzungsbericht) Braunschweig 1958 68 S.
— Metallklebverbindungen. Hinweise für Konstruktion und Fertigung. VDI-Richtlinie 2229. Berlin—Köln: Beuth Vertrieb Juni 1961 8 S. 39 Lit.-St.
Matting, A. u. *K. Ulmer*: Das Metallkleben in der Praxis des In- und Auslandes. Industrie-Anz. **85** (1963) 6 79—83, 15 259—266, 23 435—442.
Ulmer, Klaus u. *Ulrich Draugelates*: Das Metallkleben in Forschung und Praxis. Ingenieur Digest **3** (1964) 3 3—25 50 Lit.-St.
Miller, Fred R., Robert E. Bowman, and *Robert M. Dunco*: The materials joining requirement. Air Force Systems Command, Wright-Patterson AFB, Ohio. Air Force Mater. Lab. AFML-TR-65-29 1965 pp. 681—719 31 refs. [5.21].
Negretti, W.: Metallkleben. Z. Schweißtechnik **55** (1965) 11 381—396 35 Lit.-St.
Schliekelmann, Robert J.: Kleben im Flug- und Raumfahrzeugbau. (Vortrag Fachtagung Schweißen und Kleben im Luft- und Raumfahrzeugbau, Hannover-Messe 1966) Übersichtsvorträge. Hrsg. Dt. Messe- u. Ausstellungs-A.G., Abt. Techn. Presse Hannover 1966 S. 25—40.
Stiles, William S.: Secondary bonding. Structural Adhesive Bonding Conf. (held at Huntsville, Ala., 15-16, March 1966) NASA TM-X-57823 March 1966 28 pp.; STAR **4** (1966) 20 4009.
Mittrop, Friedrich: Stand und Entwicklungsrichtungen des Metallklebens unter Berücksichtigung neuer Forschungsergebnisse. Schweißen u. Schneiden **19** (1967) 1 15—23 52 Lit.-St.

5.41.1 Metallkleber (Aufsätze)

Bäder, E.: Neuartige Metallklebstoffe und ihre Anwendung. Feinwerktechnik **64** (1960) 3 79—84 20 Lit.-St.
Brzozowski, R.: Das Verbinden von Metallen mit synthetischen Harzen. Przeglad spawalnictwa (Warszawa) **12** (1960) 7 163—165 (Übers. Nr. 28M/ü-96 Inst. Dok., Dt. Akad. Wiss., Berlin).
Brzozowski, R.: Kleber für Metalle und Klebtechnologie. Przeglad spawalnictwa (Warszawa) **12** (1960) 11 287—294 (Übers. Nr. 28M/ü-99 Inst. Dok., Dt. Akad. Wiss., Berlin).
Long, R. A.: Inorganic adhesive bonding for functional temperatures up to 5000 deg. F. SAE-Prepr. 233A 1960 7 pp. 21 refs.
Gardner, D. u. *W. Flournoy*: Klebstoffe zum Verbinden von Aluminium. Adhesives Age **4** (1961) 1 20—25.
Levine, H. H.: Research and development of high-temperature stable adhesives. Brit. Plastics (1961) July 395—398.
Matting, A. u. *K. Ulmer*: Untersuchungen an einem kaltaushärtenden Metallkleber. Mitt. Forsch.-Ges. Blechverarb. (1961) 14 169—180.
Müller, H.: Polyurethanklebstoffe als Verbindungselemente von Leichtmetallen. Fertigungstechn. u. Betrieb **11** (1961) 1 45—50.
Niemann, H. u. *J. Günter*: Versamid-gehärtete Epoxydharze als Klebstoffe. Adhäsion **5** (1961) 9 449—461 18 Lit.-St.
Peterka, J.: Untersuchungen an tschechoslowakischen Metallklebstoffen. Plaste u. Kautschuk **8** (1961) 1 7—11; Adhäsion **5** (1961) 3 158—159.
Pohl, A.: Klebemitteltypen, deren Eigenschaften und Verarbeitungsbedingungen. Techn. Rdsch. (Bern) **53** (1961) 2 17, 19, 21, 25 2 Lit.-St.
Genzsch, E. O.: Eigenschaften und Anwendungsbedingungen der Metallklebemittel. Blech **9** (1962) 10 556—560 4 Lit.-St.
Hauri, H.: Verwendung von Kunstharzklebstoffen für Metallverbindungen. Schweiz.

Maschinenmarkt **62** (1962) 7 55, 59, 61, 65; Adhäsion **6** (1962) 12 650.
Hinterwaldner, R.: Epoxydharzklebstoffe in der Praxis. Adhäsion **6** (1962) 9 446—458.
Levine, H. H.: High temperature adhesives for the future. Industr. & Engng. Chem. (1962) 3 22—25; Adhäsion **6** (1962) 7 379.
Müller, H.: Freitragende Polyurethanfilme und Polyurethan-Metallklebverbindungen. III: Leichtmetallklebverbindungen. Plaste u. Kautschuk **9** (1962) 7 335—338 3 Lit.-St.
Rauhut, H.: Epoxydharz in der Klebtechnik. VDI-Ber. Bd. 65 Düsseldorf: VDI-Verl. 1962 69—74.
Skeist, J.: Entwicklung auf dem Klebstoffgebiet. Adhäsion **6** (1962) 11 556—560.
Brun, E.: Entwicklungstendenzen auf dem Gebiete der Metallkleber — Ausblick. Schweißtechnik (Wien) **17** (1963) 7 99—102.
Heine, Emily: Strengthening adhesives with nylon. Adhesives Age **6** (1963) June 20—24.
Mitgau, R.: Filmförmige Bindemittel für die Metallverklebung. Schweißtechnik (Wien) **17** (1963) 9 125—132 18 Lit.-St.
Samrowski, D.: Einführung in die Technologie der Lösungsmittelkleber. Adhäsion **7** (1963) 4 156—160, 5 219—230 20 Lit.-St.
Ulmer, K. u. *U. Draugelates*: Organische Metallkleber unter Temperatureinfluß. Adhäsion **7** (1963) 10 468—474.
Denny, M. A.: Developments in adhesive bonding. Use of metal bonding processes for aircraft structures at the Weybridge works of the British Aircraft Corporation. Aircr. Engng. **36** (1964) 421 65—68.
Frères, Hansjakob F.: Metallkleber für Reparaturen und in der Fertigung. VDI-Z. **106** (1964) 17 748; Index Aeron. **20** (1964) 8 ref. 3980.
Hess, E. F.: Curing structural adhesives. Adhesives Age **7** (1964) 7 19—23.
Martin, Albert F.: Konstruktionsklebstoffe. WGLR-Ber. **1** (1964) 1—42 47 Lit.-St.
Merriman, H. R.: Selecting adhesives for structural metal bonding. Adhesives Age **7** (1964) 8 22—26.
Wellinger, Karl u. *Wolfgang Braig*: Metallkleber bei verschiedenen Beanspruchungsarten. VDI-Z. **106** (1964) 19 829—835 9 Lit.-St.
Merriman, H. R.: Selecting adhesives for structural metal bonding. Aircr. Engng. **37** (1965) 5 153—157.
Peterka, J.: Über die Einsatzmöglichkeiten von kalt- und drucklos aushärtenden Klebstoffen. Plaste u. Kautschuk **12** (1965) 5 285—293 20 Lit.-St.
Ruser, K.: Neuentwicklungen auf dem Gebiet der Epoxidharzhärterkombination für Klebzwecke. Plaste u. Kautschuk **12** (1965) 8 456—459 4 Lit.-St.
Tiptor, J. P., H. B. Corson, R. P. Steen, R. K. Newsome, and *J. G. Hutchinson*: Evaluation of integrally cured adhesives. North American Aviation Inc., Columbus, Ohio, Wright-Patterson AFB, Ohio, AF Mater. Lab. NA-64H-477-4, AFML-TR-19 Feb. 1965 79 pp. (Contract AF 33(615)-1182, AD-461626); STAR **3** (1965) 13 2200.
Catchpole, E. J.: Some recent European developments in the structural-adhesives field. "Structural adhesives bonding." Symp. Stevens Inst. Technol. Hoboken, N. Y. 1965. New York—London—Sydney: Interscience Publ. 1966 203—217 11 refs.
Douthitt, C. A. and *D. F. Weyher*: Curing adhesives in production runs. ASME Prepr. 66-MD-34 1966 8 pp.; Index Aeron. **22** (1966) 9 56 [5.42].
Reinhardt, Karl Günter: Stand und Perspektiven des Einsatzes von Klebstoffen in der Verbindungstechnik. ZIS-Mitt. (Halle/Saale) **8** (1966) 4 653—663 17 Lit.-St.
Twiss, Sumner B.: Adhesives of tomorrow. Adhesives Age **9** (1966) 1 16—21 9 refs.
— Assembling with adhesives. Mach. Design. **38** (1966) 19 177—200 9 refs.; Index Aeron. **22** (1966) 11 74.
Hadert, Hans: Klebemittel für Düsenflugzeuge, Raketen und Raumfahrzeuge. Flugwelt **19** (1967) 6 416—417.

5.41.2 Verkleben verschiedener Metalle

Pattee, H. E., G. E. Faulkner, and *P. J. Rieppel*: Adhesive bonding of titanium. Mater. in Design Engng. **49** (1959) 2 96—99.
Germann, L.: Verwendung von Kunstharz-Polymerisaten zum Kleben von Stahl. Bauplanung-Bautechnik **14** (1960) 7 297—300 34 Lit.-St.
Meynis de Paulin, J. J.: Le collage de l'aluminium. Rev. Aluminium **37** (1960) 272 107—114, 274 351—360, 276 623—632.
Matting, A. u. *K. Ulmer*: Kleben von schutzoxydierten Leichtmetallen. Aluminium **37** (1961) 9 564—568 14 Lit.-St.
Meynis de Paulin, J. J.: Le collage de l'aluminium. Rev. Aluminium **38** (1961) 289 919—934, 290 1057—1065, 293 1445—1458; Adhäsion **7** (1963) 1 46—47.
Winter, H. u. *H. Meckelburg*: Untersuchungen zur Verklebung von Stahl. Stahlbau **30** (1961) 1 16—23 10 Lit.-St.
Epstein, G. u. *S. Litvak*: Kleben von Beryllium. Adhesives Age **5** (1962) 1 22—24.
Matting, A. u. *K. Ulmer*: Untersuchungen zum Kleben von Titan. Metall **16** (1962) 1 6—10 16 Lit.-St.
Meckelburg, H.: Zur Anwendung des Metallklebens bei Al-Guß-Bauteilen. Industrie-Anz. **84** (1962) 100 28—36.
Meynis de Paulin, J. J.: Le collage de l'aluminium. Rev. Aluminium **39** (1962) 295 233—246; Adhäsion **7** (1963) 1 46—47.

Damicone, C.: Bonding modern elastomers to various metals. Adhesives Age **6** (1963) April 21—23.

Terry, M. D.: Kleben von Metallen. Tooling **17** (1963) 9 25—33.

— Giunzioni medianti adesivi dell'alluminio e di altri materiali. (Herstellung von Klebverbindungen bei Aluminium u. a. Materialien.) Alluminio, Nuova Metallurgia **32** (1963) 8 397—407.

Church, F. L.: Adhesive bonding light metals. Pt. 3. Mod. Metals **20** (1964) 1 68—73; Aluminium **40** (1964) 10 R 502.

Fishlook, D.: Bonding stainless by heat and pressure. Metalworking Production **108** (1964) 14 42—43; Index Aeron. **20** (1964) 5 ref. 2439.

Matting, A. u. *U. Draugelates*: Erkenntnisse zum Metallkleben von Stahl. Stahl u. Eisen **84** (1964) 15 947—953 22 Lit.-St.

Matting, A. u. *G. Wilkens*: Fügen von dünnwandigen Stahlblechen durch Schweißen und Metallkleben. Blech **11** (1964) 9 430—437 7 Lit.-St.

Mittrop, F.: Bericht über einige Metallkleb-Forschungsarbeiten im Institut für Kunststoffverarbeitung der Technischen Hochschule Aachen. Mitt. Forsch.-Ges. Blechverarb. (1964) 9/10 104—105.

Keith, R. E., R. E. Monroe, and *D. C. Martin*: Adhesive bonding of nickel base alloys. NASA TM-X-53428 Oct. 1965 88 pp. (NASA order H-76715, Contract DA-01-021-AMC-1165 (Z), RSIC-480); STAR **4** (1966) 12 2131—2132.

Keith, R. E., R. E. Monroe, and *D. C. Martin*: Adhesive bonding of titanium and its alloys. NASA Techn. Memo. TM-X-53313 Aug. 1965 97 pp. (AD-620509) 91 refs.: Battelle Techn. Rev. **15** (1966) 1 15.

Mittrop, F.: Das Verbinden von Kupfer mit Messing mit Kunstharzklebstoffen. Z. Metallkde. **56** (1965) 9 622—625 7 Lit.-St.

Mittrop, F.: Untersuchungen über die Kombination von Metallkleben und Punktschweißen. Mitt. Forsch.-Ges. Blechverarb. (1965) 3 43—45 14 Lit.-St.; Aluminium **41** (1965) 6 R 292.

Schwarz, H.: Punktschweiß-Klebverbindungen. Plaste u. Kautschuk **12** (1965) 8 465—468.

— Merkblatt 382 „Das Kleben von Stahl". Düsseldorf: Beratungsstelle für Stahlverwendung 1965 24 S.; Werkstatt u. Betrieb **99** (1966) 4 288.

Draugelates, Ulrich u. *Walter Brockmann*: Das Kleben von Buntmetall und Zink. Mitt. Forsch.-Ges. Blechverarb. **17** (1966) 16/17 231—237 5 Lit.-St.

Draugelates, U. u. *W. Brockmann*: Das Kleben von Buntmetall, Zink und brüniertem Stahl. Adhäsion **10** (1966) 12 483—488 5 Lit.-St.

Matting, A. u. *W. Brockmann*: Das Kleben von Kupfer und seinen Legierungen. Metall **20** (1966) 12 1249—1251 4 Lit.-St.; Schweißen u. Schneiden **19** (1967) 5 232.

Matting, Alexander, Klaus Ulmer u. *Gerhard Hennig*: Metallkleben. Forsch.-Ber. Nr. 1599 des Landes Nordrhein-Westfalen. Köln-Opladen: Westdt. Verl. 1966 76 S.; Aluminium **42** (1966) 7 468.

Matting, A. u. *G. Hennig*: Das Kleben von Bauteilen aus Aluminium in der Praxis des In- und Auslandes. Aluminium **42** (1966) 4 241-246, 8 514-517, 11 697-701 49 Lit.-St.; Leichtbau d. Verkehrsfahrzeuge **10** (1966) 4 185, 6 284-285, **11** (1967) 1 39; Index Aeron. **22** (1966) 6 63, 10 75.

5.41.3 Oberflächenbehandlung der Fügeteile

Miller, M. A.: Verbesserung des Klebens von Aluminiumlegierungen durch geeignete Oberflächenbehandlung. Adhesives Age **3** (1960) 3 28—31.

Freydin, A. S.: Einfluß des Verfahrens für die Oberflächenvorbehandlung von Aluminium auf die Festigkeit der Verklebung mit verschiedenen Werkstoffen. (Übersetz. Techn. Inform. Bibl. Hannover, Welfergarten 1.) Plasticeskie Massy **3** (1961) 11 31—33.

Kempf, J. N.: Vorreinigung von Metallen und Kunststoffen zur Herstellung von Klebverbindungen. Product Engng. **32** (1961) 33 44—46 8 refs.

Thelen, E.: Adherend surface preparation. Symp. on Adhesives for Struct. Applications, Picatinny Arsenal, Dover N. J., Sept. 27—28, 1961 81—98 15 refs.

Burrows, R. C. and *B. F. Crowe*: Bonding contaminated surfaces. Adhesives Age **5** (1962) 5 30—33.

Kleinert, H. u. *W. Krimmling*: Der Einfluß der Oberflächenvorbehandlung auf die Alterungsbeständigkeit von Metallklebverbindungen. Plaste u. Kautschuk **11** (1964) 6 335—338 12 Lit.-St.

— Oberflächenvorbehandlung für Metallklebverbindungen. Gummi Asbest Kunststoffe **17** (1964) 2 170.

Chessin, N. and *V. Curran*: Preparation of aluminum surfaces for bonding. "Structural adhesives bonding." Symp. Stevens Inst. Technol. Hoboken, N. Y. 1965. New York—London—Sydney: Interscience Publ. 1966 319—325.

Kleinert, H. u. *W. Krimmling*: Das Alterungsverhalten von Metallklebverbindungen in Abhängigkeit von der Oberflächenvorbehandlung der Fügeteile. Plaste u. Kautschuk **12** (1965) 8 472—474, 483.

Rogers, Narvel L.: Surface preparation of metals for adhesive bonding. "Structural adhesives bonding." Symp. Stevens Inst. Technol. Hoboken, N. J. 1965. New York—

London—Sydney: Interscience Publ. 1966 327—340.

Snogren, R. C.: Surface treatment of joints for structural adhesive bonding. ASME Prepr. 66-MD-39 1966 12 pp.; Index Aeron. **22** (1966) 9 55—56.

Smith, Donald R.: How to prepare the surface of metals and non-metals for adhesive bonding. Adhesives Age **10** (1967) 3 25—31.

5.41.4 Technik des Verklebens

Epstein, G. u. *S. Litvak*: Einfluß einiger ausgewählter Verarbeitungsfaktoren auf strukturelle Metall-Klebverbindungen. Adhesives Age **4** (1961) 6 36—39.

Evans, W.: Autoklavenkleben von Metallbauteilen in der britischen Luftfahrtindustrie. Adhesives Age **4** (1961) 1 26—32.

Nix, Hans: Metallkleben — ein neues Verbindungsverfahren für Aluminiumwerkstoffe. Mitt. Vereinigte Metallwerke Ranshofen-Berndorf **9** (1961) 1 8—16 13 Lit.-St.

— Adhesive bonding. Press and autoclave: High temperature applications. Aircr. Production (1961) Sept. 321—324.

Müller, H.: Der Einfluß der Viskosität auf den Preßdruck von Metallklebverbindungen. Plaste u. Kautschuk **9** (1962) 7 330—332; Adhäsion **6** (1962) 10 544.

Triebel, W.: Anwendung und Verarbeitung von kalthärtenden Metallklebstoffen. Mitt. Forsch.-Ges. Blechverarb. (1962) 23/34 336—340; Adhäsion **7** (1963) 1 48—49.

Peterka, J.: Die Metallklebtechnik in der CSSR. Schweißtechnik (Berlin) **13** (1963) 10 441—445; Adhäsion **8** (1964) 12 533.

Jetter, H.: Aus der Praxis des Metallklebens. Mitt. Forsch.-Ges. Blechverarb. (1964) 9/10 125—128.

Matting, A.: Punktweises Schnellaushärten von Metallklebverbindungen. WGLR-Ber. 1/1964 S. 43—52.

Matting, A., K. Ulmer u. *G. Hennig*: Punktweises Schnellaushärten von Metallklebverbindungen. Adhäsion **8** (1964) 7/8 303—309.

Hauber, O.: Fertigungsmittel für das Metallkleben im Flugzeugbau. Z. wirtsch. Fertig. (ZwF) **60** (1965) 4 137—142 13 Lit.-St.

Henning, Alfred H., Karl Krekeler u. *Friedrich Mittrop*: Untersuchungen über die Kombination Metallkleben-Punktschweißen. — Forsch.-Ber. Nr. 1564 d. Landes Nordrhein-Westfalen. Köln-Opladen: Westd. Verl. 1965 31 S.; Werkstatt u. Betrieb **99** (1966) 6 421; Schweißen u. Schneiden **18** (1966) 4 208.

Kniestedt, H.: Verklebung von Großflächen, ein Beispiel aus der Praxis. Mitt. Forsch.-Ges. Blechverarb. (1965) 3 41—43; Aluminium **41** (1965) 5 R 244.

Müller, R.: Das Kleben in der metallverarbeitenden Industrie. Vortrags-Veröffentl. HdT Essen, H. 42 (Tagung 22. 2. 65). Essen: Vulkan Verl. 1965 25—42.

Peterka, J.: Beitrag zur Technologie der Klebtechnik. (Vortrag Int. Tagung über Metallkleben, ZIS Halle/Saale, Sept. 1965.) Adhäsion **9** (1965) 12 514 (Vortr. Ref.).

— Übersicht über den heutigen Stand des Klebens. Vortragsveröffentl. HdT Essen, H. 42 (Tagung 22. 2. 65). Essen: Vulkan-Verl. Dr. W. Classen 1965 59 S.

Aker, Sam C.: Medium temperature-curing general purpose structural adhesive systems. "Structural adhesives bonding." Symp. Stevens Inst. Technol. Hoboken, N. Y. 1965. New York — London — Sydney: Interscience Publ. 1966 251—265.

Bandaruk, W.: Adhesive bonding with graphite fibers as an internal electrical-resistance heat source. "Structural adhesive bonding." Symp. Stevens Inst. Technol. Hoboken, N. Y. 1965. New York—London—Sydney: Interscience Publ. 1966 267—278 13 refs.

Hilton, R. John: Use of room temperature-curing adhesive film on the 727 airplane. "Structural adhesives bonding." Symp. Stevens Inst. Technol. Hoboken, N. Y. 1965. New York—London—Sydney: Interscience Publ. 1966 191—201.

Michel, M.: Das Verkleben von Blechen mit Kunststoff-Folien. Mitt. Forsch.-Ges. Blechverarb. **17** (1966) 16/17 227—231 32 Lit.-St.

Mittrop, F.: Kleben von Metallen — Untersuchungen über die Kombination Metallkleben-Punktschweißen. (DVS-Sondertagung 25. 9. 65 in Essen.) Kunststoffe **56** (1966) 3 190 6 Lit.-St. (Vortr. Ref.).

Müller, Josef: Druck- und Vakuumtechnik beim Metallkleben im Autoklaven. Bölkow-WMD/SIAT Rep. (1966) 2 52—55.

Pattee, H. E. and *R. E. Moore*: Adhesion in the space environment. NASA TM-X 59395 Oct. 1966 149 pp. 124 refs. (Redstone Sci. Inform. Center RSIC-607); STAR **5** (1967) 8 1285.

Peterka, Jindrich: Beitrag zur Technologie der Klebtechnik. ZIS-Mitt. (Halle/Saale) **8** (1966) 4 542—557 6 Lit.-St.

5.41.5 Prüfung von Klebverbindungen

Erdman, D.: Ultrasonic pulse-echo techniques for evaluating thickness, bonding and corrosion. Nondestr. Testing **18** (1960) 6 408—410.

Kanamaru, K. and *Ikari* a. o.: Non-destructive quality test of adhesive joints by means of resonance measurements. Kolloid-Z. **170** (1960) 2 123—131.

Lidarik, M.: Statistische Methoden in Forschung und Anwendung der Klebtechnik. Plaste u. Kautschuk **7** (1960) 2 55—58.
Schlegel, H.: Zu einigen Fragen der Prüfung und Festigkeit von Metallklebverbindungen. Plaste u. Kautschuk **7** (1960) 2 50—54.
Schlegel, H.: Zerstörungsfreie Prüfung von Metallklebverbindungen. Fertigungstechn. u. Betrieb **10** (1960) 12 751—755 7 Lit.-St.
— Adhesive-bond testing. Aircr. Production **22** (1960) 2 75—77.
Bair, F. H.: Significience of good process control. Symp. on Adhesives for Struct. Applications, Picatinny Arsenal, Dover, N. J., Sept. 27—28, 1961 pp. 254—273 5 refs.
Bandaruk, W.: Process control considerations for adhesive bonding in production. Symp. on Adhesives for Struct. Applications, Picatinny Arsenal, Dover, N. J., Sept. 27—28, 1961 pp. 280—288 12 refs.
Schliekelmann, R. J.: Qualitätsbeherrschung beim Kleben von Metall. Industrie-Anz. **83** (1961) 34 23—28.
Starke, E.: Schälprüfungen für Metallklebeverbindungen. Maschinenbau **10** (1961) 1 14—17.
Stoll, H.: Fortschritte bei der Ultraschall-Prüfung durch Benutzung eines Prüfkopfes mit getrenntem Sender und Empfänger. Materialprüf. **3** (1961) 12 448—454.
Yurenka, St.: How to test structural adhesives. Adhesives Age **4** (1961) 11 36—40.
Althof, W.: Die zerstörungsfreie Prüfung von Metallklebverbindungen mit Ultraschall-Impuls-Echo-Geräten. DFL-Ber. Nr. 217 1963 77 S. 4 Lit.-St., Materialprüf. **6** (1964) 2 56—62; Z. Flugwiss. **12** (1964) 4 154—155; Index Aeron. **20** (1964) 5 ref. 2438.
Meckelburg, H. u. W. Althof: Die Möglichkeiten der zerstörungsfreien Prüfung von Metallklebverbindungen. Dtsch. Forsch. Anst. f. Luft- u. Raumfahrt, Braunschweig, DFL-Ber. Nr. 216 1963 38 S. 32 Lit.-St.
Miller, N. B. and V. H. Boruff: Adhesive bonds tested ultrasonically. Adhesives Age **6** (1963) June 32—35; Adhäsion **7** (1963) 12 589.
Robinson, A. K.: New creep tester for plastics and adhesives. Rubber & Plastics Age (1963) 3 291—292.
Althof, W.: Ein Überblick über die Möglichkeiten zur zerstörungsfreien Prüfung von Metallklebverbindungen. WGLR-Ber. 1/1964 97—116 10 Lit.-St.
Wüstner, Joãs: Zerstörungsfreie Prüfung von Metallklebverbindungen mit Ultraschall-impuls-Echogeräten. VDI-Z. **106** (1964) 20 865—866.
Matting, A. u. U. Draugelates: Zerstörungsfreie Prüfung von Metallklebverbindungen. Bänder Bleche Rohre **6** (1965) 5 263—269.
Althof, W.: Nondestructive testing of metal-adhesive bonding with ultrasonic pulse echo instruments. Ministry of Aviation, London TIL/T-5680 Aug. 1966 79 pp. (Transl. into Englisch from German DFL-Ber. 217 1963); STAR **5** (1967) 8 1284—1285.
Babb, Henry E.: Ultrasonic inspection of adhesively bonded components. „Structural adhesives bonding". Symp. Stevens Inst. Technol. Hoboken, N.Y. 1965. New York—London—Sydney: Interscience Publ. 1966 405—409.
Stäger, H.: Über die zerstörungsfreie Prüfung von Bindungen metallischer Werkstoffe mit organischen Klebern durch Ultraschall. technica (Basel) **16** (1967) 2 95—98; Aluminium **43** (1967) 5 R 230.

5.41.6 Hygiene beim Verkleben

Hess, W.: Vorbeugungsmaßnahmen gegen Gesundheitsschädigungen beim Kleben von Metallen. Schweiz. Techn. Z. (STZ) **60** (1963) 37 748—753.
Lyons, L.: Industrial hygiene for the epoxy bonding production line. Adhesives Age **6** (1963) March 26—27.
Men, W.: Hygiene und Betriebssicherheit beim Kleben von Metallen. Z. Schweißtechnik **53** (1963) 2 67—74.

5.41.7 Sonstige Aufsätze über Metallkleben

Althof, W. u. G. Hennig: Zeitstandfestigkeiten von Metallklebverbindungen. Aluminium **40** (1964) 7 435—438 9 Lit.-St.
Brückner, W.: Das Metallkleben im Flugzeugbau. (Interessen-Gemeinschaft Luft- u. Raumfahrt Bö, Mtt, Si, EWR-Süd) IGLR 1966 52—54.
Hlavácek, Ivo: Anwendung des Metallklebens im tschechoslowakischen Maschinenbau. ZIS-Mitt. (Halle/Saale) **8** (1966) 4 558—569.
Tauber, Günter: Metallkleben — Labor und Praxis. Mitt. Forsch.-Ges. Blechverarb. **17** (1966) 16/17 244—251; Aluminium **42** (1966) 11 R 398.
— Prefitted bonded parts for aircraft construction. Adhesives Age **9** (1966) 1 26—27.
Draugelates, U.: Adhäsion in der Klebtechnik. Vortr. Tagung „Metallkleben" HdT Essen, Feb. 1967. Vortr. Veröff. HdT Essen Nr. 130. Essen: Vulkan Verl. Dr. W. Classen 1967; Metall **21** (1967) 6 617; Schweißen u. Schneiden **19** (1967) 5 231.
Loechelt, E.: Die Anwendung des Klebens in der Luft- und Raumfahrt. Vortr. Tagung „Metallkleben" HdT Essen, Feb. 1967 Vortr. Veröff. HdT Essen Nr. 130. Essen:

Vulkan Verl. Dr. W. Classen 1967; Metall **21** (1967) 6 618; Schweißen u. Schneiden **19** (1967) 5 231—232.

5.42 Kleben sonstiger Werkstoffe und Werkstoffkombinationen.

Brams, L.: Klebverbindungen Gummi—Metall. Rubber World **142** (1960) 4 67—75 2 Lit.-St.

Huda, E. V.: Kleben von Reibwerkstoffen auf Metall. Adhesives Age **3** (1960) 4 28—31.

Schneider, W.: Zur Verklebung von Schaumstoffen. Plastverarbeiter **11** (1960) 8 364—365; Adhäsion **5** (1961) 3 158.

DeCrease, W. M.: Rubber-to-metal bonding 1955—1960. Adhesives Age **4** (1961) 12 28—32 12 refs.

Fiske, R. L.: Chemical prebond treatment of metal surfaces provides lasting rubber-to-metal bonds. Adhesives Age **4** (1961) 10 33—37.

Pohl, A. u. a.: Probleme der Verklebung von Kunststoffen aller Art. Techn. Rdsch. (Bern) **53** (1961) 17 25, 27, 29, 31.

Stecher, Heinz: Die Verklebung von Kunststoffen. Fachlit.-Ermittl.- u. Berichtsdienst des Moser Verl., Garmisch-Partenkirchen 1961 34 S.; Adhäsion **5** (1961) 10 546.

Fiske, R. L.: Preparation of metal in rubber-to-metal bonding. Rubber Age **91** (1962) 1 80—83; Adhäsion **6** (1962) 10 544.

Garceau, P.: Bonding of plastic materials to themselves and to other materials. Plastic Informations Nr. 275 1962 1—4; Adhäsion **6** (1962) 11 599.

Lüttgen, C.: Verkleben von Kunststoffen. Adhäsion **6** (1962) 4 161—166.

Eisenträger, Klaus: Kleben von Kunststoffen. Kunststoffe **53** (1963) 8 555—557; Adhäsion **7** (1963) 10 490.

Jordan, Otto: Hinweise für das Kleben von Schaumkunststoffen. Adhäsion **7** (1963) 10 447—448, 450—452.

Anderson, M. Douglas and *M. J. Bodnar*: Surface preparation of plastics for adhesive bonding. Adhesives Age **7** (1964) 11 26—32 14 refs.

Been, Jerome: Bonding with synthetic polymers. Part 1. The bonding process. Adhesives Age **7** (1964) 9 34—36.

Holzapfel, W.: Verschweißen und Verkleben von Polyvinylchlorid. Adhäsion **8** (1964) 7/8 326—331.

Lucke, H.: Kunststoffe und ihre Verklebung. Kunststoff-Rdsch. **11** (1964) 9 513—522, 10 569—577, 11 628—632, 12 675—679 133 Lit.-St., **12** (1965) 1 11—18 5 Lit.-St., 2 73—78 12 Lit.-St., 4 210—216 35 Lit.-St., 5 271—275, 6 322—324 6 Lit.-St., 7 388—392.

Obermeyer, J.: Neuartige Verklebungen mit Kunststoffen. Kunststoff-Rdsch. **11** (1964) 10 577—579.

Reinsch, H. H.: Kombination Kunststoff—Metall. Metall **18** (1964) 3 246—252; Aluminium **40** (1964) 5 R 246 [4.82.27].

Schwider, A. M. and *I. M. Zelman*: Recent aerospace applications for structural adhesives. ASME Prepr. 64-MD-35 1964 4 pp.; Index Aeron. **20** (1964) 12 ref. 5854.

— Adhesives for bonding wood to metal. US Forest Service, Madison, Wis. Res. Note FPL-082 Dec. 1964 4 pp. (AD-454662); STAR **3** (1965) 8 1287.

Althof, W.: Die Möglichkeiten des Klebens von Metallen mit keramischen Werkstoffen. DLR-Mitt. 65-13 Okt. 1965 47 S.; J. Roy. Aeron. Soc. **70** (1966) 663 458; STAR **4** (1966) 10 1665; Index Aeron. **22** (1966) 5 83.

Eilers, J.: Die Ermittlung fertigungsgerechter Arbeitsbedingungen für das Kleben von Kunststoffen unter dem Einfluß von Temperatur und Alterung. Diss. TH Aachen 1965.

Henning, A. H., K. Krekeler u. *J. Eilers*: Untersuchungen zum Kleben von Kunststoffen. Forsch.-Ber. Nr. 1553 d. Landes Nordrhein-Westfalen. Köln-Opladen: Westdt. Verl. 1965.

Lucke, H.: Kunststoffe und ihre Verklebung. XI. bis XIII. Teil. Kunststoff-Rdsch. **12** (1965) 9 505—508 8 Lit.-St., 10 565—569 14 Lit.-St., 11 622—628 18 Lit.-St.

Lucke, H.: Kunststoffe und ihre Verklebung. XV. Teil. Kunststoff-Rdsch. **12** (1965) 12 689—694, **13** (1966) 1 9—13.

Meckelburg, H.: Kleben als Fügeverfahren für glasfaserverstärkte Kunststoffe. 4. Öffentl. Jahrestag. Arbeitsgemeinsch. „Verstärkte Kunststoffe", 7.—9. 10. 1964 in Freudenstadt. Plaste u. Kautschuk **12** (1965) 5 306 (Vortr. Ref.).

Szigeti, P. R.: Verkleben von Acrylgläsern. Adhäsion **9** (1965) 9 337—344.

Beall, F. C., J. A. Meyer, and *Christen Skaar*: Direct and RF heat curing of wood-plastic composites. Forest Prod. J. **16** (1966) 9 99—106 11 refs.

Douthitt, C. A. and *D. F. Weyher*: Curing adhesives in production runs. ASME Prepr. 66-MD-34 1966 8 pp.; Index Aeron. **22** (1966) 9 56 [5.41.1].

Häufglöckner, H. u. *E. Klosse*: Fügeverfahren von thermoplastischen Kunststoffen. Teil VII. Kleben. Maschinenmarkt **72** (1966) 51 31—33.

Lucke, H.: Kunststoffe und ihre Verklebung. XVII. Teil. Kunststoff-Rdsch. **13** (1966) 4 188—193.

Reinhardt, Karl Günther: Das Verbinden der glasfaserverstärkten Polyesterharze mit Metallen durch Kleben. ZIS-Mitt. (Halle/Saale) **8** (1966) 4 583—591 2 Lit.-St.

Rugenstein, M.: Kleben von Kunststoffen. (DVS-Sondertagung 25. 9. 1965 in Essen) Kunststoffe **56** (1966) 3 190 (Vortr. Ref.).

— Zur Behandlung von Kunststoffoberflächen vor dem Verkleben. Adhäsion **10** (1966) 6 255—256, 258, 260.

Lucke, H.: Kunststoffe und ihre Verklebung. Spezielle Klebverfahren. Kunststoff-Rdsch. **14** (1967) 3 117—126 21 Lit.-St., 4 178—182 22 Lit.-St., 5 228—231 5 Lit.-St.

Menges, G. u. *Josef H. Eilers*: Beitrag zum Kleben von Kunststoffen. Plastverarbeiter **18** (1967) 3 172—183 12 Lit.-St.

5.5 Fertigungstechnik des Verleimens von Holzwerkstoffen und Holzkonstruktionen

Myers, J.: Progressive panel lipping by R.F. heating. Timber Technol. **67** (1959) 2235 17—18; Holz als Roh- u. Werkstoff **18** (1960) 1 38.

Carruthers, J. F. S. and *B. H. Paxton*: A study of the function of pressure and some associated factors in the gluing of wood. Pt. 2. The effect of glue type. Progr. Rep. Forest Prod. Res. Lab. Princes Risborough No. 124 1960 6 pp.

Carruthers, J. F. S.: The ageing of radio frequency set glued joints. (Final report on Ser. R. 1) Progr. Rep. Forest Prod. Res. Lab. Princes Risborough No. 20 Dec. 1960 8 pp.; Holz-Zbl. **87** (1961) 56/57 822.

Carruthers, J. F. S., B. H. Paxton and *M. S. Burridge*: The efficiency of radio frequency heating for glue-setting in wood joints. Pt. 1. The derivation of the power equations and the measurement technique. Progr. Rep. Forest Prod. Res. Lab. Princes Risborough No. 19 1960 21 pp.

Driehuyzen, H. W. and *R. W. Wellwood*: Effect of temperature and humidity of glue room on open assembly time. Forest Prod. J. **10** (1960) 5 254—258 15 refs.; Holz als Roh- u. Werkstoff **20** (1962) 3 122—123.

Pound, J.: Commonly encountered faults in R.F. heating. Wood (London) **25** (1960) 12 495—497.

— Glue setting by means of strip heating. CIBA (ARL) TN 209 1960 8 pp., TN 210 1960 6 pp., Timber Technol. (London) **68** (1960) 2255 330—333, **69** (1961) 2259 13—15; Holz als Roh- u. Werkstoff **19** (1961) 10 425.

— Radio-frequency heating. CIBA (ARL) TN 213 1960 6 pp., TN 214 1960 8 pp.

Baumann, Hans u. *Joseph E. Marian*: Der Verleimungs-Preßdruck als Funktion physikalischer Faktoren. Holz als Roh- u. Werkstoff **19** (1961) 11 441—446 14 Lit.-St.; Forestry Abstr. **23** (1962) 4 692—693; Adhäsion **6** (1962) 6 322—323.

Freeman, Harlan G. and *Bror Sorsa*: The development of foamed phenol-formaldehyde resin for plywood gluing. Adhesives Age **4** (1961) 1 38—43 10 refs.; Adhäsion **5** (1961) 3 164.

Hafner, Th.: Allgemeine Verleimungsprobleme mit Hochfrequenzwärme. Holzforsch. u. Holzverwertung (Wien) **13** (1961) 5 81—86; Holz als Roh- u. Werkstoff **21** (1963) 5 194.

Hancock, William V. and *Philip L. Northcott*: Microscopic identification of undercured glue bonds in plywood. Forest Prod. J. **11** (1961) 7 316—319.

Lehmann, H. L.: Glues for high-frequency glueing of wood. Board (London) **4** (1961) 11 253, XIX; Holz als Roh- und Werkstoff **21** (1963) 4 163.

Pound, J.: Selecting adhesives for R.F. heating. Wood (London) **26** (1961) 8 338—340; Holz als Roh- u. Werkstoff **21** (1963) 1 38.

Raknes, Eirik: Die Mischung von PVA- und Harnstoffharzleimen. Holz als Roh- u. Werkstoff **19** (1961) 6 239—247 3 Lit.-St.

Reed, Herbert B.: High frequency curing of adhesives. Adhesives Age **4** (1961) 3 38—41.

Baumann, Hans and *Joseph E. Marian*: The gluing pressure with wood as a function of physical factors. New Zealand Forest Service (Wellington) 1962 12 pp. (Transl. from Holz als Roh- u. Werkstoff **19** (1961) 11 441—446); Forestry Abstr. **23** (1962) 4 693.

Blomquist, R. F.: Progress in glues and gluing processes. Forest Prod. J. **12** (1962) 2 49—58; Adhäsion **6** (1962) 12 654.

Carruthers, J. F. S.: Electrical heating for setting synthetic resin glues in wood assembly joints. Bull. Forest Prod. Res. (London) (1962) 49 16 pp.

Catchpole, E. J.: Klebung und Schichtenkonstruktionen. Adhäsion **6** (1962) 6 273—280.

Doman, L. S.: Investigations into glues and gluing. Progr. Rep. 133. The effect of heat treatment on Scots Pine beams glued with resorcinol resins. Forest Prod. Res. Lab. Princes Risborough 1962 2 pp. 3 refs.

Dupont, Werner: Abbindebeschleunigung der PVAc-Leime durch Vorwärmung einer Fugenseite. Holz-Zbl. **88** (1962) 137 Beil. Mod. Holzverarb. No. 4 5—6.

Hemming, C. B.: Wood gluing. Sect. 43 of Handbook of Adhesives by I. Skeist a. o. New York: Reinhold 1962 pp. 505—511.

Miller, D. G.: Dielectric heating: its application to wood bonding. P. 1—4. Canad. Woodworker (Toronto) Spec. Pap. 1962 19 pp.

Carruthers, J. F. S.: A new method for selecting glues for R.F. heating. Forest Products J. **13** (1963) 5 190—194; Forestry Abstr. **24** (1963) 4 643.

Gefahrt, Josef: Zur Frage der Erwärmung von Leimfugen im hochfrequenten Wechselfeld. Holz als Roh- u. Werkstoff **21** (1963) 5 181—184 5 Lit.-St.

Pound, J.: Applying pressure to glue lines. Wood (London) **28** (1963) 5 205—207, 6 262—264.

Pound, J.: Glues for use with R.F. heating. Resin News **3** (1963) 8 3—4.

Flemming, H.: Wissenschaftliche und technische Probleme der Klebtechnik bei Holz. Holztechnologie (Dresden) **5** (1964) Sonder-H. 5—8; Holz als Roh- u. Werkstoff **23** (1965) 9 386—387.

Arnoldt, W.: Die Abbindung gestreckter Harnstoffharzleime in Heißpressen. Adhäsion **9** (1965) 1 3—12 7 Lit.-St.; Holz als Roh- u. Werkstoff **24** (1966) 2 79, 4 174—175.

Bergin, E. G.: Glue bond failures — their causes and prevention. Canad. Wood Prod. Ind. (1965) March 4 pp. 7 refs.

Brüning, Helmut: Neuere Entwicklungen auf dem Gebiet der HF-Holzverleimung. Holz-Zbl. **91** (1965) 43 (Messe-H.) 59—62.

Pound, J.: Recent trends in R.F. heating. Wood (London) **30** (1965) 2 48—50.

Landsiedel, H.: Neue Wege der Holzverleimung. (Schriftenreihe Arbeitskreis Holz, H. 60) Mering b. Augsburg: Holzverlag 1966 15 S.; Holzforsch. u. Holzverwertung (Wien) **18** (1966) 6 115—116.

5.6 Zusammenfassende Arbeiten über Fertigung von Sandwichkonstruktionen

Coussell, O. F.: Some facts about honeycomb structures. Techn. Air **22** (1966) 8 4—9; Index Aeron. **22** (1966) 10 85.

5.61 Herstellung von Sandwichkonstruktionen

Filippi, Frank J. and *Boris Levenetz*: How to design optimum joints for high temperature honeycomb panels. SAE Nat. Aeron. Meeting, Los Angeles, Oct. 5—9, 1959 Prepr. 99 U, SAE-J. **68** (1960) 1 34—41; Aero Space Engng. **19** (1960) 4 106.

Kölle, D. E.: Sandwich-Platten im Flugkörper-Zellenbau. Raketentechn. u. Raumfahrtforsch. **3** (1959) 4 118—120; Index Aeron. **16** (1960) 1 ref. 262.

Thomas, G.: Pratique du sandwich nid d'abeilles alliage léger. Sud-Aviation. AGARD-Rep. 217 Oct. 1958 Copenhague 21 pp.; J. Roy. Aeron. Soc. **65** (1961) 605 372.

Scheuch, J. W.: High-temperature sandwich — Manufacture of resistance-welded stainless steel corrugated core material. Aircr. Production **22** (1960) 2 48—56; Index Aeron. **16** (1960) 3 ref. 179; Leichtbau d. Verkehrsfahrzeuge **4** (1960) 4 219; Mitt. Forsch.-Ges. Blechverarb. (1960) 19/20 Ref. 889.

Smallen, H. and *R. P. Romaine*: Development of forming and joining techniques for corrugated-sandwich structures. Welding J. **39** (1960) Apr. 314—321; Aero Space Engng. **19** (1960) 7 94.

Foral, R. F.: Sandwich construction for primary structure of ballistic missiles and space vehicles. Inst. Aerospace Sci. Ann. Meeting New York 1961 Jan. 23—25 Pap. 61-1.

Lowy, M. J. and *R. I. Jaffee*: On the development of low-cost, all-metal sandwich panels with corrugated cores. Aerospace Engng. **20** (1961) 11 14—15, 28—30; Index Aeron. **18** (1962) ref. 318.

Ricard, G.: Flugzeugstrukturen in Honigwabenbauweise. Luftfahrttechn. **7** (1961) 7 192—205.

Smallen, H. and *W. F. Roberts*: Properties of stainless sandwich using low-density honeycomb cores. Welding J. **40** (1961) 2 90s—96s 3 refs.

Smallen, H.: Superalloy multilayer sandwich structures for application to 1800° F. Welding J. Res. Suppl. **40** (1961) 9 423s—432s; AMR **15** (1962) 1 39.

— Sandwich structures. Space/Aeronautics **35** (1961) 3 46—57; Index Aeron. **17** (1961) 6 ref. 240.

Clay, Eugene O.: B-70 boasts new design concepts. Machine welding of steel honeycomb panels forms structure for Mach 3 temperatures. SAE-Paper No. 579B 1962; SAE-J. **70** (1962) 12 52—55.

Potter, D. M.: Insulation-blankets. Aircr. Production **24** (1962) 12 427—433; Index Aeron. **19** (1963) 2 ref. 0681.

Treloar, G. J.: Honeycomb sandwich production techniques. Product Engr. **41** (1962) 11 674—678; Index Aeron. **19** (1963) 1 ref. 0338.

Gray, R. L.: Advanced techniques for producing stainless steel honeycomb panels. Machinery (London) **102** (1963) 2616 22—26; Index Aeron. **19** (1963) 2 ref. 0886.

Grey, W. P. and *D. L. Linderman*: An application of brazed steel honeycomb for moderately high temperature structures. SAE-Pap. 742B Nov. 1963.

Krusos, J. N., A. S. Kjelby, J. Borosic and *E. P. Eck*: Fabrication and properties of beryllium-faced sandwich structures. Mater. Res. & Stand. **3** (1963) 10 825—831; Index Aeron. **20** (1964) 1 ref. 538.

Darvas, Robert: How to design foam core sandwich laminates. Mod. Plastics **41** (1964) 10 125—127, 181.

Noyes, Joseph V., W. C. Crisman et al.: Research in the field of fiberglass-reinforced sandwich structure for airframe use. Army Transport. Res. Command, Ft. Eustis, Va. TRECOM TR-64-37 July 1964 106 pp. (Contract DA-44-177-AMC-98 (T), AD-607339); STAR **3** (1965) 2 348—349.

Pohl, K. H. and *A .T. Spencer:* New structural laminate: polythene core, aluminium skins. Mod. Plastics **41** (1964) 7 119—124 8 refs.
Robertson, A. C.: Investigate methods of fabricating and joining large sandwich elements for forming common domes. Monthly Rep. Oct. 1964 NASA CR-62867 (SM-48069) 1964 18 pp.; STAR **3** (1965) 13 2200—2201.
— New RP technology gives the 727 a big lift. Mod. Plastics **41** (1964) 12 100—103; Index Aeron. **20** (1964) 10 ref. 4996.
Auguszt, G.: Über die Verklebung von phenolharzimprägnierten Papierwaben mit PVC-hart-Deckschichten durch Kunstharzklebstoffe. Plaste u. Kautschuk **12** (1965) 10 621, 624—625 4 Lit.-St.
Leach, J. E.: Sandwich technique brings diffusion bonding to titanium. SAE-J. **73** (1965) 8 62—65.
Holloway, M. W. u. *N. C. Macdonald:* Verbundkonstruktionen mit Füllstoffen hoher Festigkeit und geringem Gewicht. 4. Int. Tag. über verstärkte Plaste 25.—29. 11. 64 in London. Plaste u. Kautschuk **12** (1965) 6 379 (Vortr. Ref.).
Shearer, D. C.: A one-step fabrication of honeycomb sandwich radomes. (20. Techn. & Management Conf. of the Reinforced Plastics Div. of the SPI in Chicago Feb. 1965) Proc. SPI Reinforced Plastics Div., New York 1965 Section 4 D 4 pp.; Kunststoff-Rdsch. **12** (1965) 10 613—614.
Schwarz, H. u. *W. Ader:* Säuretransportbehälter in Sandwichbauweise. ZIS-Mitt. (Halle/Saale) **7** (1965) 9 1341—1347.
Gore, W.: NASA composite bulkhead development program. NASA CR-74079 March 1966 92 pp. (Contract NAS8-11874); STAR **4** (1966) 12 2133.
Hauber, Otto: Fertigung von GFK-Sandwichschalen. Plastverarbeiter **18** (1967) 2 77—81 9 Lit.-St. [5.7].

5.62 Filme und Kleber für Sandwichkonstruktionen

— Hochwarmfeste Honigwabenkleber. Luftfahrttechn. **5** (1959) 11 359.
Epstein, George: Adhesive bonds for sandwich constructions. Adhesives Age **6** (1963) 8 30—34.
Auguszt, G.: Einige klebtechnische Besonderheiten beim Einsatz von Polyesterharzen für die Wabenbauweise. Holzindustrie (Leipzig) **18** (1965) 12 345—350 13 Lit.-St. (IfL Dresden Mitt. Nr. 234).
— Epoxy tape supplies strength to structural honeycomb. Iron Age **197** (1966) 18 76—77; Index Aeron. **22** (1966) 8 84.
— Hot spray adhesives speed production of sandwich panels. Adhesives Age **10** (1967) 5 30—31.

5.63 Kernherstellung und Bearbeitung von Sandwichbauteilen

Orr, H. S.: Sandwich rolling. Iron Steel Engr. **37** (1960) 10 151—157; Leichtbau d. Verkehrsfahrzeuge **5** (1961) 2 108.
Brown, L. G.: Conveyorized grinding holds close honeycomb tolerances. Space Aeronautics **36** (1961) 3 81, 83, 85.
— Quenched arc ... the lastest way to cut honeycomb. Metalworking Production **105** (1961) 3 65—66.
— Use of wax for holding honeycomb for machining. Machinery (London) **98** (1961) 2518 359—361; Werkstatt u. Betrieb **95** (1962) 1 51.
— How to machine honeycombs. Metalworking Production **106** (1962) 38 57—61; Index Aeron. **18** (1962) 11 ref. 4156.
Ida, N. N. and *J. T. Snyder:* Explosive forming of honeycomb panels. Machinery (London) **103** (1963) 2267 1453—1456; Adhäsion **9** (1965) 1 40 [4.31.31].
Quaas, R.: Wabenbauteilfertigung unter besonderer Berücksichtigung der Klebstoffauswahl. IfL (Dresden) Abschluß-Ber. 54—16/63 (31. 12. 63) Reg.-Nr. 935 95 Bl.
Vieritz, A.: Herstellung und Verwendung von Papierwaben. Holzindustrie (Leipzig) **16** (1963) 11 315—318. 5 Lit.-St.
Greco, Frank: Contour forming of honeycomb. Grumman Aircr. Engng. Corp., Bethpage, N. Y. ADN-08-18-64 July 1964 15 pp.; STAR **3** (1965) 6 927.
Hoppe, Peter: Sandwich laminates by in-side PU foaming. Plastics **30** (1965) 327 71—72, 75—77 6 refs.
Bersudskiy, V. Ye., V. N. Krysin, and *S. I. Lesnykh:* Production of honeycomb structures from stainless steel and titanium alloys. Joint Publ. Res. Service, Washington, D. C. JPRS-37690, TT-66-34118 Sept. 1966 35 pp. (Transl. into English from the book „Proizvodstvo Sotovykh Konstruktsiy" Ch. 6 pp. 250—280); STAR **4** (1966) 23 4554.
Kenna, J. J., jr. and *H. R. Cook:* Modern manufacturing methods for shaped honeycomb core. SAE-Prepr. 660326 1966 8 pp.; Index Aeron. **22** (1966) 10 76.
Vicars, E. C.: Der Wabenkern, ein maschinell hergestellter Werkstoff. Mech. Engng. **87** (1966) 9 34—38; Leichtbau d. Verkehrsfahrzeuge **10** (1966) 4 180.
Weigel, Jürgen: Sandwichkerne in Tubusbauweise. Luftfahrttechn.-Raumfahrttechn. **12** (1966) 2 42—47.
Weigel, J.: Anwendungen der Tubusbauweise für Sandwichbauteile im Flugzeugbau. Luftfahrttechn.-Raumfahrttechn. **12** (1966) 3 85—91 [5.64.1].

5.64.1 Verkleben von Sandwichbauteilen

Catchpole, E. J.: Bonding and sandwich construction. CIBA (ARL) TN 225 Sept. (1961) 10 pp., Aeroplane **100** (1961) 2589 631—635; Index Aeron. **17** (1961) 7 ref. 244.
Noton, B. R.: Metallkleben in der Honeycomb-Sandwich-Bauweise. Industrie-Anz. **83** (1961) 34 28—34 18 Lit.-St.
Kalweit, H. J.: Verbindung nichtmetallischer Deckschichten mit Papierwaben durch die Harnstoff-Formaldehydharze Didi-Holzleim und K-Leim. Hrsg. Inst. Leichtbau u. ökonomische Verwendung von Werkstoffen, Dresden Selbstverl. 1963 8 S. (FG. Veröffentl. IfL-Ber. Nr. 55—5.3); Holzindustrie (Leipzig) **17** (1964) 1 30.
— Aluminium bonded to balsa creates strong, lightweight panels. Mod. Metals **20** (1964) 9 80—81; Aluminium **41** (1965) 7 R 336.
Beger, Robert N.: Single-stage bonding of tapered honeycomb panels containing non-perforated core. "Structural adhesives bonding." Symp. Stevens Inst. Technol. Hoboken, N. J. 1965. New York—London—Sydney: Interscience Publ. 1966 131—142.
Weigel, J.: Anwendungen der Tubusbauweise für Sandwichbauteile im Flugzeugbau. Luftfahrttechn.-Raumfahrttechn. **12** (1966) 3 85—91 [5.63].
Wittmann, Georg u. *Otto Hauber*: Metallkleben bei der Herstellung von Flugkörpern. Bölkow WMD/SIAT Rep. (1962) 2 47—51.

5.64.2 Schweißen von Sandwichbauteilen

Flemming, D.: Das „Exo-Flux"-Schweißen, ein neues Verbindungsverfahren für Sandwichkonstruktionen. Schweißen u. Schneiden **17** (1965) 3 124—125.

5.64.3 Löten von Sandwichbauteilen

Filippi, F. J.: Brazing honeycomb sandwich. Tool Engr. **41** (1958) 3 98—101.
Dickinson, T. A.: Brazing stainless steel honeycomb. Mach. Shop Mag. **20** (1959) 12 681—686; Index Aeron. **16** (1960) 2 ref. 177.
Lanzara, A. A. and *A. M. Setapen*: Sterling-plus-lithium alloy selected for brazing B 58 stainless steel sandwich panels. Welding J. **38** (1959) 2 118—124.
Schwartzbart, H.: Radiant quartz lamp brazing of titanium alloy honeycomb structure. Conf. on Welding, Fabrication, Heat Treatment and Alloying of Titanium (15th Titanium Metallurgie Conf.) New York, Univ.-Lecture 7 14th Sept. 1959; Titanium Abstr. Bull. **5** (1960) 4 113 ref. 5564.
Schwartz, M. M.: Brazing of sandwich structures of columbium alloys. ASME-Prepr. 60-WA-312 1960 7 pp.; Index Aeron. **17** (1961) 3 ref. 299.
— Brazing honeycomb. Aircr. Prod. **22** (1960) 12 452; Index Aeron. **17** (1961) 1 ref. 216.
— Brazing steel honeycomb by radiant heating. Machinery (London) **97** (1960) 2492 389—392; Index Aeron. **16** (1960) 10 ref. 180.
— New process brazes faster, better. Amer. Mach. **104** (1960) 10 96—97; Werkstatt u. Betrieb **94** (1961) 1 52.
— Vacuum brazing honeycomb for missiles. Metalworking Production **104** (1960) 7 298.
Cochran, J. F.: New inert gas barrier aids brazing of titanium honeycomb. Amer. Machinist **105** (1961) 19 124-125; Titanium Abstr. Bull. **7** (1961) 3 87 ref. 7095.
Schwartz, M. M.: Brazing sandwich structures of columbium alloys. SAE-Prepr. 340 G 1961 6 pp.; Index Aeron. **17** (1961) 9 ref. 229.
— The brazing of stainless steel honeycomb panels for aircraft. Machinery (London) **101** (1962) 2602 716—720; Index Aeron. **18** (1962) 11 ref. 4146.
McCown, J. W., C. R. Wilks and *L. J. Gagola*: Braze alloy studies for refractory metal sandwich structures. SAE-Prepr. 676 C 1963 10 pp. 8 refs.; Index Aeron. **19** (1963) 11 ref. 4916.
Schwartz, M. M. and *B. G. Bandelin*: Brazed honycomb structures. Welding Res. Council, Engng. Foundation Bull. no. 92 Nov. 1963 26 pp.; AMR **17** (1964) 11 884.
Stone, L. H., A. H. Freedman, and *E. B. Mikus*: Brazing of thin gage René honeycomb. Welding J. Res. Suppl. **42** (1963) 9 397s—403s.
Vanaman, A. O. and *J. W. Greagor*: Brazing René 41 honeycomb sandwich structures. Welding J. Res. Suppl. **42** (1963) 8 353s—358s.
Freedman, A. H. and *E. B. Mikus*: Brazing of columbium D 36 honeycomb structures. Welding J. Res. Suppl. **43** (1964) 9 385s—392s 6 refs.; Index Aeron. **21** (1965) 2 ref. 853.
Marshall, C. M. and *N. R. Williams*: Vacuum brazing honeycomb panels. Machinery (London) **106** (1965) 2744 1306—1309; Index Aeron. **21** (1965) 8 ref. 4838.
Freedman, A. H. and *E. B. Mikus*: High remelt temperature brazing of columbium honeycomb structures. Welding J. Res. Suppl. **45** (1966) 6 258s—265s 6 refs.; Index Aeron. **22** (1966) 9 55.

5.65 Kontrolle von Sandwichbauteilen

— Inspection of honeycomb. Aircr. Prod. **22** (1960) 4 152—153; Index Aeron. **16** (1960) 5 ref. 245.

Patton, R. J.: Incorporation of additives in adhesives for radiographic inspection of adhesive bonded honeycomb structures. Techn. Summary Rep. June 1963—Oct. 1964 NASA CR-60989 Jan. 1965 93 pp.; STAR **3** (1965) 8 1285.

Rockowitz, M. and *L. J. McGuire:* A microwave technique for the detection of voids in honeycomb ablative materials. Mater. Evaluation **24** (1966) 2 105—108; Index Aeron. **22** (1966) 5.

5.7 Fertigung von verstärkten Kunststoffbauteilen

Escales, Erich: Das MAS-Faser-Harz-Spritzverfahren zum Herstellen glasfaserverstärkter Formteile und Beschichtungen mit ungesättigten Polyesterharzen. Kunststoffe **50** (1960) 4 224—226.

Hagedorn, M.: Erfahrungen in der Verarbeitung und im Einsatz faserverstärkter Kunststoffe. Kunststoffe **50** (1960) 11 613—617; Werkstatt u. Betrieb **94** (1961) 5 307.

Vadot, L.: Réalisation des pales d'hélice en polyester stratifié. Industrie Plast. mod. **12** (1960) 5 37—40.

Wende, A. u. *G. Plötz:* Herstellung von glasfaserverstärkten Polyester-Formteilen nach dem Faser-Harz-Spritzverfahren. Plaste u. Kautschuk **7** (1960) 220—223 7 Lit.-St.; ZLDI-Dok. **17** (1961) 5 ref. D 187.

Wende, A. u. *V. Moebes:* Gießharz-Mineralfaser-Werkstoffe VI. Über die Oberflächenbehandlung von Glasfasern für Zwecke der Kunststoffverstärkung. Plaste u. Kautschuk 7 (1960) 338—343 38 Lit.-St.; ZLDI-Dok. **17** (1961) 5 Ref. D 188.

Coudenhove-Kalergi, J.: Sprühverfahren für Glasfaser-Polyester-Teile. Plastverarbeiter **12** (1961) 3 94—98.

Fischer, H.: Wirtschaftliche Fertigung eines Laminarflügels in Metall-Kunststoff-Verbundbauweise. Luftfahrttechn. **7** (1961) 5 121—126; Index Aeron. **17** (1961) 10 ref. 285.

Hagedorn, M.: Neue Verarbeitungsmethoden und Anwendungsgebiete für verstärkte Kunststoffe. Kunststoffe **51** (1961) 11 709—711, 12 771—775, **52** (1962) 1 32—33.

Laue, E. W.: Glasfaserverstärkte ungesättigte Polyester. Plastverarbeiter **12** (1961) 4 136—140, 5 202—206 18 Lit.-St., 6 233—238 5 Lit.-St., 8 357—362 8 Lit.-St., 9 406—410 6 Lit.-St., 11 512—518 8 Lit.-St., 12 549—555.

Martin, M.: Herstellung glasfaserverstärkter Kunststofformen. Metalworking Production **105** (1961) 7 73—76.

Reinhardt, K. G.: Verarbeitungstechnische Gesichtspunkte beim Entwurf von Bauteilen aus glasfaserverstärkten Plastwerkstoffen. Plaste u. Kautschuk **8** (1961) 2 77—80 3 Lit.-St.

Vondracek, C. H. and *R. N. Sampson:* Glass-reinforced plastic aviation gas turbine compressor housing. SPE Techn. Papers VII, 17th Ann. Techn. Conf. Jan. 1961 Paper 4—3 1961 7 pp.

Wedemeyer, M.: Glasfaserkunststoffe für die Flugzeugindustrie. Kunststoff-Rdsch. **8** (1961) 2 70—72.

— Fehler bei der Verarbeitung von Glasfasern mit Plasten, ihre Ursachen und ihre Beseitigung. Plaste u. Kautschuk **8** (1961) 1 48—50.

— First aircraft with glass-fibre undercarriage made in Sweden. Reinforced Plastics **5** (1961) 12 307; Index Aeron. **17** (1961) 12 ref. 354.

Bäder, E.: Methacrylatharze und ihre Anwendung zur Herstellung glasfaserverstärkter Formteile. Kunststoffe **52** (1962) 12 731—736; Adhäsion **7** (1963) 10 491.

Langer, H.: Zur Anwendung von glasfaserverstärkten Kunststoffen für tragende Teile im Flugzeugbau. WGL-Ber. Nr. 4 1962 14—27.

Moebes, W. u. *A. Wende:* Über den Wirkungsmechanismus siliziumorganischer Haftmittel bei glasfaserverstärkten Plasten. Plaste u. Kautschuk **9** (1962) 5 232—236 19 Lit.-St.; Adhäsion **6** (1962) 9 484.

Spies, G. J.: Het wickelproces voor gewapende kunststoffen. Plastica (Delft) **15** (1962) 1 2—9, 2 66—73.

Wende, A. u. *A. Bergemann:* Verfahren zur Herstellung von Leichtbauteilen aus Faser-Harz-Werkstoffen. Plaste u. Kautschuk **9** (1962) 2 51—57.

Wende, A., H. Saile, G. Czier u. *G. Plötz:* Verfahren zur kontinuierlichen Herstellung von Stäben, Profilen und Rohren aus glasfaserverstärkten Polyesterharzen. Plaste u. Kautschuk **9** (1962) 2 57—60 13 Lit.-St.

— Three-dimensional preforms: Woven glass-cloth shapes for reinforced impregnated mouldings: Radial tape. Aircr. Production **24** (1962) 11 386—387; Index Aeron. **18** (1962) 12 ref. 4785.

Coudenhove-Kalergi, J.: Verbundbau Hart-PVC-glasfaserverstärkte Polyesterharze unter besonderer Berücksichtigung des Faserspritzverfahrens. Plastverarbeiter **14** (1963) 5 253—257.

Dahlke, O. P. H.: A method of manufacturing foldable reinforced containers. AIAA Prepr. 2913-63 1963 8 pp.; Index Aeron. **19** (1963) 12 ref. 5511.

Felde, F.: Extremer Leichtbau mit glasfaserverstärkten Plasten. Plaste u. Kautschuk **10** (1963) 8 495—500 5 Lit.-St.

Gastaldi, F.: Irrigidimento di articoli in plastica rinforzata con fibre di vetro. Nuova tecnica di stampaggio dei plastici rinforzati per forti produzioni. (Neues Preßverfahren bei der Versteifung von Produkten aus glasfaserverstärkten Plasten.) Materie plast. ed. Elastomeri **29** (1963) 5 637—638.

Iablakoff, A. and *G. Saintout:* The winding of impregnated glass roving. ONERA Tiré à part 68 1963 49 pp.; Index Aeron. **22** (1966) 3 75.

Körbs, Thorald: Glasfaserverstärkte Kunststoffe für tragende Konstruktionsteile von Flugzeugen. Leichtbau d. Verkehrsfahrfahrzeuge **7** (1963) 1 7—9.

De Luca, G.: Formatura mediante avvolgimento dei plastici rinforzati con fibre di vetro. (Formgebung von glasfaserverstärkten Plasten durch Wickeln.) Materie plast. ed Elastomeri **29** (1963) 5 621—631.

Meckelburg, H.: Anwendung und Verarbeitung von glasfaserverstärkten Kunststoffen im Flugzeugbau. Industrie-Anz. **85** (1963) 102 2333—2335 11 Lit.-St.

Outwater, J. O.: Contenitori a pressione realizzati mediante avvolgimento di filamenti di vetro. (Durch Wickeln von Glasseide hergestellte Druckbehälter.) Poliplasti rinforzati **11** (1963) 68 41—47.

Rupert, Walter: Faserarten für die Verstärkung von Kunstharzen. Plastverarbeiter **14** (1963) 1 32—35, 2 80—82, 3 151—153, 4 216—218; Adhäsion **7** (1963) 6 294.

Sadjian, Souren and *Marco Petronio:* Roomtemperature curing polyester optical adhesive. Adhesives Age **6** (1963) 10 30—35 7 refs.

Wedemeyer, M.: Raketen- und Flugzeugbau mit Glasfaserkunststoff. Plastverarbeiter **14** (1963) 2 77—79 6 Lit.-St.

Whitaker, R. A.: Reinforced plastic fabrication processes. SAE-Prepr. 684 C May 1963 7 pp., SAE-J. **71** (1963) 5 28—34; Index Aeron. **19** (1963) 11 ref. 5153.

Williams, R.: Highly stressed reinforced plastics. Production Technol. **1** (1963) 5 172—177; Index Aeron. **19** (1963) 9 ref. 4167.

Wurtinger, H.: Bau und Erprobung der Tragfähigkeit einer Segelflugzeugtragfläche in Glasfaserkunststoff-Bauweise. Kunststoffe **53** (1963) 4 220—226 18 Lit.-St.

— The ultra violet curing of polyester resins. Reinforced Plastics **8** (1963) 2 50—53; Kunststoff-Rdsch. **12** (1965) 1 33—34.

Hagedorn, Max: Fortschritte in der Technologie faserverstärkter Kunststoffe **54** (1964) 2 85—89.

Keller, L. B. and *S. Schwartz:* Rigidization techniques for integrally woven composite constructions. Wright-Patterson AFB, Ohio. AF Mater. Lab. ML-TDR-64-299 Sept. 1964 79 pp. (Contract AF 33 (657)-11287, AD-615600); STAR **3** (1965) 18 3118.

Lundström, St.: Herstellungsverfahren für GFK-Teile. Plastvärlden (Schweden) **14** (1964) 6 584—589; Kunststoff-Rdsch. **11** (1964) 12 703.

Meckelburg, H.: Fertigung von Kraftstoff-Zusatzbehältern aus Glasfaserkunststoff. Luftfahrttechn.-Raumfahrttechn. **10** (1964) 4 109—114 9 Lit.-St.

Meckelburg, Heinz E.: Kleben als Fügeverfahren für glasfaserverstärkte Kunststoffe. Kunststoffe **54** (1964) 12 804—815 36 Lit.-St.

Müller, R.: Gewickelte Hohlbehälter. Filament Winding. Techn. Mitt. (HdT Essen) **57** (1964) 7 314—319.

Ogden, G.: The relative economics of the hand-lay-up process and of matched die moulding. Brit. Plastics **37** (1964) 3 138—141.

Reinecke, Ludolf: Betriebsstruktur und Fertigungsmethoden bei GFK-Formteilen-Herstellern in den USA — Ergebnisse einer Studienreise. Kunststoffe **54** (1964) 12 816—819.

Schmidt, Kurt A. F.: Technologie textiler Glasfasern. (Kunststoff-Bücherei, Bd. 8.) Speyer/Rhein: Rud. Zechner & Hüthig Verl. 1964 108 S.

Smith, Ronald Henry: Glass-fiber-reinforced plastic structures. NASA, Washington: Transforming and using space-research knowledge. (NASA-UCLA Symp. and Workshop, Los Angeles, 2 June 1964.) NASA SP-5018 1964 pp. 69—105; STAR **3** (1965) 8 1294.

Shriver, C. B.: Design and fabrication of an internally insulated filament wound liquid hydrogen propellant tank. NASA CR-127 Nov. 1964 63 pp.; Index Aeron. **21** (1965) 4 ref. 2247.

Toth, J. M., jr. and *O. F. Lippoldt:* Fiberglass composites for cryogenic space tankage. SAE-Publ. 640827 (910 F) 1964.

West, Philip: Finishes for glass fibre reinforced plastics. Mater. in Design Engng. **60** (1964) 4 106—110; Battelle Techn. Rev. **14** (1965) 1 30a.

Wurtinger, Horst: Tränkverfahren zum Herstellen großflächiger Glasfaser-Kunststoff-Bauteile. Kunststoffe **54** (1964) 12 797—803.

— Herstellung rechteckiger Körper im Wickelverfahren (schwedisch). Plastvärlden **14** (1964) 11 1062—1063; Kunststoff-Rdsch. **12** (1965) 8 475—476.

— Het "Simplex-procédé" — een stap in de richting van de automatisering van de "hand-lay-up" werkwijze. (Das Simplex-Verfahren — ein Schritt in Richtung der Automatisierung der "hand-lay-up" — Arbeitsweise.) Plastica (Delft) **17** (1964) 5 224—225; Kunststoff-Rdsch. **12** (1965) 3 161.

Baxter, Joe, jr.: Filament winding future? Good! (20. Techn. & Management Conf. of the Reinforced Plastics Div. of the SPI in Chicago Feb. 1965.) Proc. SPI Reinforced Plastics Div., New York 1965 Section 16 A 8 pp.; Plastverarbeiter **16** (1965) 12 738.

Bog, Rudolf: Das Rotationsspritzverfahren zum Herstellen von GFK-Großteilen. Kunststoffe **55** (1965) 9 729—731.

Cox, John E., Richard D. Veltri, and *Charles E. Schulze:* Exploratory investigation of glass-metal composite fiber. United Aircr. Corp., East Hartford, Conn. Res. Labs. D 910242-6 May 1965 109 pp. (Contract NOw-64-0389 f, AD-615098); STAR **3** (1965) 16 2757.

Gottwald, W. H.: Design and fabrication and delivery of fibre glass box beam assembly. NASA CR 57596 March 1965 88 pp.; Index Aeron. **22** (1966) 3 50.

Griffith, J. R.: Filament winding plastics. Part 3. Some effects of curing agent structure upon epoxide plastic physical properties. Naval Res. Lab., Washington, D. C. NRL-6313 Sept. 1965 12 pp. (AD-622118); STAR **4** (1966) 5 758.

Grünewald, R.: Roving-Wickeltechnik. Kunststoffe **55** (1965) 1 2—6.

Haythornswaite, E. u. *M. Borr:* Einflußfaktoren bei der Kalthärtung von Polyesterharzen in verstärkten Kunststoffen. Kunststoff-Rdsch. **12** (1965) 10 607—611, 11 674—676.

Hopkins, S. E.: Improved processing and fabricating techniques for ablative reinforced plastic materials. (20. Techn. & Management Conf. of the Reinforced Plastics Div. of the SPI in Chicago Feb. 1965) Proc. SPI Reinforced Plastics Div., New York 1965 Section 12 F 4 pp.; Plastverarbeiter **16** (1965) 12 742; Kunststoff-Rdsch. **13** (1966) 8 470—471.

Jube, Georges: Winding-wisdom. (20. Techn. & Management Conf. of the Reinforced Plastics Div. of the SPI in Chicago, Feb. 1965) Proc. SPI Reinforced Plastics Div., New York 1965 Section 16 B 10 pp.; Plastverarbeiter **16** (1965) 12 742.

Kuhn, W.: Das Wickelverfahren für hochbeanspruchte, glasfaserverstärkte Kunststoffrohre- und Druckbehälter. (Filament winding). Kunststoffe **55** (1965) 5 375—378 2 Lit.-St.; Index Aeron. **21** (1965) 8 ref. 5122; Leichtbau d. Verkehrsfahrzeuge **10** (1966) 1 52.

Lange, W.: Formentrennmittel und Probleme der Entformung von GFP-Teilen. Plaste u. Kautschuk **12** (1965) 7 428—429.

Liu, C. Y. and *C. C. Chamis:* Residual stresses in filament wound laminates and optimum programmed winding tension. (20. Techn. & Management Conf. of the Reinforced Plastics Div. of the SPI in Chicago Feb. 1965) Proc. SPI Reinforced Plastics Div., New York 1965 Section 5 D 10 pp.; Plastverarbeiter **16** (1965) 12 740; Kunststoff-Rdsch. **13** (1966) 2 112.

Makharinskiy, Ye. G., S. L. Roginskiy, V. I. Korobov, G. S. Kruglov, and *A. A. Peshekhonov:* Device for manufacturing filament-wound conical shells of impregnated glass. Air Force Systems Command, Wright-Patterson AFB, Ohio. Foreign Technol. Div. FTD-TT-64-1295/1+2 April 1965 4 pp. (AD-615254); STAR **3** (1965) 18 3118.

Matting, A. u. *H. Haferkamp:* Anwendung selbsttragender großflächiger Bauelemente aus glasfaserverstärkten Kunststoffen. Kunststoffe **55** (1965) 12 965—972 6 Lit.-St.

Paul, J. T., jr. and *J. B. Thomson:* Importance of voids in the filament wound structure. Mod. Plastics **43** (1965) 4 145, 148, 150, 152, 156, 158, 184 23 refs.

Petker, I., M. Segimoto and *J. J. Kertesz:* Processability of prepreg material. Mod. Plastics **43** (1965) 1 129—131, 134, 136, 218, 221, 227; Kunststoff-Rdsch. **13** (1966) 6 329.

Petker, I., J. H. Norton and *J. Feltzin:* Processability of prepreg material. Pt. 2. Mod. Plastics **43** (1965) 2 132, 134, 136, 139, 189.

Pitt, C. F. and *J. Harvey:* Improved general purpose filament winding system. (20. Techn. & Management Conf. of the Reinforced Plastics Div. of the SPI in Chicago Feb. 1965) Proc. SPI Reinforced Plastics Div., New York 1965 Section 9 C 3 pp.; Plastverarbeiter **16** (1965) 12 738—739.

Reinhardt, K.-G.: Gestaltung von GFP-Konstruktionen. Plaste u. Kautschuk **12** (1965) 8 489—493 8 Lit.-St.

Schnitzler, J.: Mit Polyesterharzen vorimprägnierte Glasseidenmatten. Herstellung—Verarbeitung—Anwendung. Plastverarbeiter **16** (1965) 4 171—178.

Tanis, Charles: Manufacturing large structures by filament winding. (20. Techn. & Management Conf. of the Reinforced Plastics Div. of the SPI in Chicago Feb. 1965) Proc. SPI Reinforced Plastics Div., New York 1965 Section 12 B 4 pp.; Plastverarbeiter **16** (1965) 12 742; Kunststoff-Rdsch. **13** (1966) 5 293.

Ulbricht, R.: Zur Herstellung von glasfaserverstärkten Kunststoffbehältern für hohe Drücke. Fertigungsmethoden in der Raumfahrttechnik. (Bd. 1 d. DGRR Fachbuchreihe „Fortschritte in der Raumfahrtforsch.“) München: DGRR 1965 S. 155—179.

Ulbricht, R.: Herstellung von GFK-Behältern für hohe Drücke. Luftfahrttechn.-Raumfahrttechn. **11** (1965) 5 125—130.

Weingart, O.: Development of improved processes for filament-wound reinforced plastic structures. (20. Techn. & Management Conf. of the Reinforced Plastics Div. of the SPI in Chicago Feb. 1965) Proc. SPI Reinforced Plastics Div., New York 1965 Section 12 D 33 pp.; Plastverarbeiter **16** (1965) 12 742; Kunststoff-Rdsch. **13** (1966) 8 470.

Wende, A. u. *H.-J. Lubisch:* Herstellungsverfahren, Eigenschaften und Verwendung von GFK-Profilen. Kunststoffe **55** (1965) 12 959—964 3 Lit.-St.

— For fast redesign — filament wound RP. Mod. Plastics **42** (1965) 8 110—111; Index Aeron. **21** (1965) 7 ref. 4149.

Bandaruk, B.: Die Härtung von Schichtstoffen durch Einlegen von Graphitfasern als innere elektrische Widerstandsheizung. (21. Techn. & Management Conf., Reinforced Plastics Div., SPI in Chicago 1966, Section 15 D); Plastverarbeiter **17** (1966) 10 622 (Vortr. Ref.).

Conen, H.: Versteifte Schalen aus Glasfaser-Kunststoff. Untersuchungen zu ihrer Optimierung. Kunststoffe **56** (1966) 2 105—109 2 Lit.-St.

Dunbar, G. R.: Filament winding. ASME Prepr. 66-MD-86 1966 5 pp.; Index Aeron. **22** (1966) 9 92.

Hauber, O.: Flugzeugzellenteile in GFK-Sandwichbauweise. (Interessen-Gemeinschaft Luft- u. Raumfahrt, Bö, Mtt., Si, EWR-Süd) IGLR 1966 55—56.

Hoffmann, Marianne: Fortschritte auf dem Gebiet der GFK-Wickeltechnik. Kunststoffe **56** (1966) 1 48—50 24 Lit.-St.

Hoffmann, Marianne: Fortschritte bei der Verarbeitung und Anwendung glasfaserverstärkter Kunststoffe. Kunststoffe **56** (1966) 2 113—114 24 Lit.-St.

Humphrey, Richard A.: Precision winding of cylindrical composites with shaped glass filaments. NASA CR-517 Aug. 1966 39 pp. 4 refs.; Index Aeron. **22** (1966) 12 124—125; STAR **4** (1966) 19 3779.

Iablakoff, A.: ONERA and "Diamant": Pt. 3. Materials Contribution to the study of filament-wound bodies. Air Cosmos (1966) 133 24—25, 46; Index Aeron. **22** (1966) 3 65 [10].

Jubé, G.: Probleme der Herstellung von Strukturen nach dem Wickelverfahren. Luftfahrttechn.-Raumfahrttechn. **12** (1966) 1 2—10.

Keller, L. B., S. S. Schwarz, A. Olevitch, and *S. A. Allinikov:* Space rigidized resin fiberglas sandwich materials. J. Spacecr. Rockets **3** (1966) 4 513—518 8 refs.; Index Aeron. **22** (1966) 8 111.

Popot, M. and *G. Jubé:* Theory and practice of filament-wound structures (in French). Doc-Air-Espace (1966) 98 27—36; Index Aeron. **22** (1966) 9 91.

— Gießharze, Verstärkungsfasern und Zusatzstoffe für die Herstellung von Werkstücken aus GFK (glasfaserverstärkte Kunststoffe). Grundlagen, Verstärkungsfasern und Zusatzwerkstoffe. VDI-Richtlinie 2010, Bl. 1. Düsseldorf: VDI-Verl. Mai 1966 4 S.

— Gießharze, Verstärkungsfasern und Zusatzwerkstoffe für die Herstellung von Werkstücken aus GFK (glasfaserverstärkte Kunststoffe). Ungesättigte Polyesterharze (UP-Harze). VDI-Richtlinie 2010, Bl. 2. Düsseldorf: VDI-Verl. Juni 1966 5 S.

— Gießharze, Verstärkungsfasern und Zusatzstoffe für die Herstellung von Werkstücken aus GFK (glasfaserverstärkte Kunststoffe). Blatt 3 „Epoxydharze". VDI-Richtlinie 2010. Düsseldorf: VDI-Verl. 1966.

— Herstellung von Werkstücken aus GFK (glasfaserverstärkte Kunststoffe). VDI-Richtlinie 2011. Düsseldorf: VDI-Verl. 1966.

Alspach, H. Stuart: Spraypreg — a new engineering material. SAE Publ. 670 106 1967.

Hauber, Otto: Fertigung von GFK-Sandwichschalen. Plastverarbeiter **18** (1967) 2 77—81 9 Lit.-St. [5.61].

5.8 Kitten und Abdichten

— Fuel tanks sealed with adhesive. Metalworking Production **104** (1960) 20 908—909.

Matt, R. J.: High temperature metal bellows seals for aircraft and missile accessories. ASME Prepr. 62-WA-25 1962 7 pp.; Index Aeron. **19** (1963) 6 ref. 2491.

6.1 Zusammenbau von Einzelteilen zu Bauteilen, Zusammenbau von Untergruppen

— Assembly operations on the Vickers VC 10. Aircr. Production **24** (1962) 8 270—277; Index Aeron. **18** (1962) 9 ref. 3274 [7].

— Assembly operations on the Vickers VC 10. Aircr. Production **24** (1962) 10 338—346; Index Aeron. **18** (1962) 11 ref. 4143 [7].

Krekel, P.: Tragflügel in Integralbauweise. Aluminium **41** (1965) 3 180 [4.31.2].

7 Zusammenbau und Ausrüstung von Baugruppen und Konstruktionsgruppen, Endzusammenbau

Tunstall, J.: Argosy assembly time reduced by 25 %. Aviation Week **74** (1961) 7 97, 99; Index Aeron. **17** (1961) 4 ref. 312.

— Assembly operations on the Vickers VC 10. Aircr. Production **24** (1962) 8 270—277; Index Aeron. **18** (1962) 9 ref. 3274 [6.1].

— Assembly operations on the Vickers VC 10. Centre-section torsion-box. Nose and tail fuselage assembly. Aircr. Production **24** (1962) 10 338—346; Index Aeron. **18** (1962) 11 ref. 4143 [6.1].
— Batch-production under tape control at the works of Boulton. Paul Aircraft, Ltd. Machinery (London) **101** (1962) 2603 766—767; Index Aeron. **18** (1962) 11 ref. 4157.
— Assembly techniques in the aircraft industry. Assembly & Fastener Methods **2** (1964) 9 31—52; Index Aeron. **21** (1965) 4 ref. 2161.
Bellamy, E. M.: Production and assembly. A short account of the production methods used and the sequence of assembly and erection for the (BEAGLE) B. 206. Aircr. Engng. **38** (1966) 8 35—36.

8.2 Werkzeuge

Martin, M.: Druckluftverfahren zur Herstellung von Preßwerkzeugen aus glasfaserverstärktem Kunststoff. Product Engng. **31** (1960) 13 74—79.
Oehler, G.: Neue Werkstoffe für den Bau von Ziehwerkzeugen für die Blechverarbeitung. Werkstatt u. Betrieb **93** (1960) 4 207—209.
Pahlitzsch, G. u. *G. Kamiske:* Untersuchungen und Vergleich von keramischen Drehwerkzeugen verschiedener Herkunft und Zusammensetzung. Werkstatt u. Betrieb **93** (1960) 9 608—617 7 Lit.-St.
Peter, H.: Die Herstellung von Werkzeugen für die spanlose Formgebung durch Elektroerosion. Blech **7** (1960) 10 679—685; Werkstatt u. Betrieb **94** (1961) 9 738.
Wallace, J. F.: Improvements in punches for cylindrical deep drawing. Sheet Metal Industries **37** (1960) 404 901—904; Werkstatt u. Betrieb **94** (1961) 10 795.
— Kunststoffwerkzeuge. Aircr. Production **22** (1960) 2 66—74, 3 110—114.
Dobmaier, G. u. *O. Harders:* Lekutherm E im Lehren- und Werkzeugbau. Blech **8** (1961) 5 395—401.
Maul, H.: Kunststoffe für Stanzwerkstoffe und als Hilfsmittel für die Werkzeugfertigung. Werkstattstechnik **51** (1961) 2 69—75.
Pahlitzsch, G. u. *G. Kamiske:* Über das Verhalten keramischer Werkzeuge beim Drehen. Werkstatt u. Betrieb **94** (1961) 7 467—477 16 Lit.-St.
— Kunststoffe im Vorrichtungsbau für die spanlose Formgebung. Schweiz. Maschinenmarkt **61** (1961) 10 54—55, 57, 59, 61, 63, 65.
Wissler, K.: Einsatz von Epoxydharzen im Modell- und Werkzeugbau. VDI-Ber. Bd. 65. Düsseldorf: VDI-Verl. 1962 59—68.
Byles, H. W.: Dies designed for cold bending. Mach. Shop Mag. **24** (1963) 9 498—504; Werkstatt u. Betrieb **97** (1964) 5 373.
Kroneis, Max u. *Theodor Skamletz:* Werkzeugformen zum Streckschmieden von schwer verformbaren Stählen. Stahl u. Eisen **83** (1963) 24 1546—1553.
Opitz, H., P. H. Brammertz u. *Meyer:* Untersuchungen an keramischen Schneidstoffen. Forsch.-Ber. Nr. 1147 d. Landes Nordrhein-Westfalen. Köln-Opladen: Westdt. Verl. 1963 37 S.; Werkstatt u. Betrieb **97** (1964) 4 315.
Opitz, Herwart u. *Wilfried Lehwald:* Untersuchungen über den Einsatz von Hartmetallen beim Fräsen. Labor f. Werkzeugmasch. u. Betriebslehre an der Rhein.-Westfäl. TH Aachen. Forsch.-Ber. Nr. 1146 d. Landes Nordrhein-Westfalen. Köln-Opladen: Westdt. Verl. 1963 73 S.; Werkstatt u. Betrieb **97** (1964) 2 187.
Walter, I.: Vorrichtungsbau und Fertigungsmittel der Flugzeugindustrie. Luftfahrttechn.-Raumfahrttechn. **9** (1963) 5 152—164 [8.4].
— Metallbearbeitung II. Hartmetallwerkzeuge. 10. Aufl. Hrsg. Montanwerke Walter AG, Tübingen/Württ. Selbstverl. 1963 215 S.
— Werkzeuge für die Hochenergie-Umformung aus Kunststoff und Kies. Iron Age **192** (1963) 7 135.
Fessel, Friedrich: Hartmetallwerkzeuge für die Bearbeitung von Holz und Holzwerkstoffen. Holz als Roh- u. Werkstoff **22** (1964) 10 386—392 5 Lit.-St.
Gühring, M.: Auswahl und Einsatz von Bohrwerkzeugen. Industriebl. **64** (1964) 9 343—351.
Haidt, Hermann: Notwendige Vorbetrachtungen beim Einsatz von Hartmetallwerkzeugen in holz- und kunststoffverarbeitenden Betrieben. Holz als Roh- u. Werkstoff **22** (1964) 9 345—351.
Hauber, O.: Epoxydharze im Werkzeugbau. Z. wirtsch. Fertig. **59** (1964) 1 7—15, maschine (Ludwigsburg) **18** (1964) 10 20—27 8 Lit.-St. [8.4].
Ochmann, H.: Über Aufbau und Einsatzmöglichkeiten von Plastwerkzeugen zur Herstellung von GFP-Bauteilen. (Inst. Leichtbau Dresden, 183. Mitt.) Plaste u. Kautschuk **11** (1964) 12 744—747 6 Lit.-St.
Siebel, H. u. *H. Schmidt:* WIDIA-Hartmetall und WIDIA-Werkzeuge in der neuzeitlichen Fertigung. Techn. Mitt. Krupp-Werksber. **22** (1964) 2 69—74 3 Lit.-St.
Bartels, Hermann: Kunststoffe im Werkzeugbau. Mitt. Forsch.-Ges. Blechverarb. (1965) 9/10 168—183 4 Lit.-St.
Chalier, Jean: Solutions aux problèmes de fraisage et de taillage dans l'industrie aéronautique. Jb. 1965 der WGLR, Braunschweig: Vieweg 1966 S. 474—479.

Keller, K.: Umformwerkzeuge aus Aluminium-Mehrstoffbronzen. Mitt. Forsch.-Ges. Blechverarb. (1965) 5/6 96—101 23 Lit.-St.

Patterson, W., H. Opitz u. P. Coppetti: Das Standzeitverhalten der Werkzeuge als wichtigste Bewertungsgröße der Zerspanbarkeit; Grundbegriffe und Prüfverfahren. Gießerei **52** (1965) 17 513—527 61 Lit.-St.

Pötschke, H.: Einsatz von Druckluftwerkzeugen bei NE-Metallen. Metall **19** (1965) 4 345—348.

Schultheis, H.: Blechformende Werkzeuge aus Epoxidharzen. Bänder Bleche Rohre **6** (1965) 11 631—634.

Sender, Karl W.: Die Anwendung von Epoxydharzen im Werkzeug-, Formen- und Modellbau. Kunststoff-Rdsch. **12** (1965) 11 628—633.

Wüstner, Joãs: Epoxydharze im Werkzeugbau. VDI-Z. **107** (1965) 12 533—534.

— Druckluftwerkzeuge in der Flugzeugfertigung. Luftfahrttechn.-Raumfahrttechn. **11** (1965) 4 97—98.

Falk, A.: Druckluftwerkzeuge. (Betriebsbücher, Folge 26). München: Hanser 1966 72 S.

Pühler, F.: Werkzeuge zur Bearbeitung von hochwarmfesten Werkstoffen im Triebwerkbau. Werkstattstechn. **56** (1966) 5 247—251.

Vollmer, F.: Verarbeitung von Epoxidharzen im Fertigungsmittelbau. Bänder Bleche Rohre **7** (1966) 12 838—843.

— Epoxidgießharze im Fertigungsmittelbau. VDI-Richtlinie 2007. Düsseldorf: VDI-Verl. Juni 1966 7 S.

8.3 Spannzeuge für Werkzeuge und Bearbeitungsstücke

— Mechanische Spannzeuge — Einsatz auf Werkzeugmaschinen. Hallwag, Bern: Verl. Techn. Rdsch. 1962 52 S. (H. 45 der blauen TR-Reihe); Werkstatt u. Betrieb **96** (1963) 4 271.

Hain, Kurt: Spannvorrichtungen mit selbsttätiger Mitteneinstellung. Werkstatt u. Betrieb **97** (1964) 6 353—357 4 Lit.-St.

Pegels, H.: Elektrospanner — ein Spannantrieb an Werkzeugmaschinen mit vielen Anwendungsmöglichkeiten. Werkstatt u. Betrieb **97** (1964) 6 350—352 3 Lit.-St.

Dittes, A.: Schnellspannvorrichtungen mit großer Spannkraft. Werkstatt u. Betrieb **99** (1966) 4 255.

8.4 Vorrichtungen und Vorrichtungsbau

Berthold, H.: Vorrichtungen in der spanenden Formung unter besonderer Berücksichtigung des Baukastensystems. Fertigungstechnik u. Betrieb **10** (1960) 5 283—289 12 Lit.-St.; Werkstatt u. Betrieb **94** (1961) 2 110—111.

Hockett, J. M.: Magnesium tooling plate. Amer. Mach. **104** (1960) 22 94—97; Werkstatt u. Betrieb **95** (1962) 3 178—179.

— Magnesium für Vorrichtungen im Flugzeugbau. Werkstatt u. Betrieb **93** (1960) 6 339—340.

— Electrostatic chucking. Aircr. Production **23** (1961) 5 158—160; Index Aeron. **17** (1961) 6 ref. 210.

Rath, H. G.: Tooling for precision welding. ASME Prepr. 62-WA-338 1962 16 pp.; Index Aeron. **19** (1963) 6 ref. 2546.

Gueissaz, E. u. L. Montandon: Eine neue Vorrichtung zur Befestigung und Einstellung von Werkzeugen auf Werkzeugmaschinen, insbesondere für das Funkenerosionsverfahren. Techn. Rdsch. (Bern) **55** (1963) 34 25, 27; Werkstatt u. Betrieb **97** (1964) 6 374.

Walter, I.: Vorrichtungsbau und Fertigungsmittel der Flugzeugindustrie. Luftfahrttechn.-Raumfahrttechn. **9** (1963) 5 152—164 [8.2].

Hauber, O.: Epoxydharze im Werkzeugbau. Z. wirtsch. Fertig. **59** (1964) 1 7—15, maschine (Ludwigsburg) **18** (1964) 10 20—27 8 Lit.-St. [8.2].

— Assembly techniques in the aircraft industry. Assembly & Fastener Methods **2** (1964) 9 31—52; Index Aeron. **21** (1965) 4 ref. 2161.

— Beagle B 206 production at Rearsby. Assembly & Fastener Methods **2** (1964) 9 49—52; Index Aeron. **21** (1965) 4 ref. 2155.

Hauber, O.: Form- und Maßlehren aus glasfaserverstärkten Kunststoffen. Kunststoffe u. Gummi **4** (1965) 6 192—198 11 Lit.-St.

10 Sonderfragen der Flugkörperfertigung

Ashburn, A.: Building the Atlas missile. Metalwork. Prod. **104** (1960) 16 708—711; Index Aeron. **16** (1960) 6 ref. 166.

Canal, J. R. and W. C. Kunkler, jr.: Forgings in missiles and space vehicles. Aircr. Production **23** (1961) 5 188—193; Index Aeron. **17** (1961) 6 ref. 213; Titanium Abstr. Bull. **6** (1961) 6 190 ref. 6657; Luftfahrttechnik **7** (1961) 12 381—382 [4.12.0].

Dubusker, W.: How they made the space capsule. Amer. Machinist **105** (1961) 10 130—132; Titanium Abstr. Bull. **6** (1961) 6 187—188 ref. 6649.

Gatzek, L. E. and I. Rattinger: Integral pressure-vessel welding techniques. A review. ASME Prepr. 61-AV-14 1961 8 pp. 6 refs.; Index Aeron. **17** (1961) 7 ref. 241.

Gorcey, R., J. Glyman, and E. Green: Advanced fabrication techniques. ASME Prepr. 61-AV-13 1961 20 pp.; Index Aeron. **17** (1961) 7 ref. 217.

Heise, R. E.: Better motor cases for missiles. Pt. 3 Advanced fabrication methods. Metal Progr. **80** (1961) 1 105—107; Index Aeron. **17** (1961) 9 ref. 208.

Kursetz, E.: Die Fertigung des Satellitenkörpers „Vanguard". Luftfahrttechn. **7** (1961) 6 174—177; ZLDI-Dok. **17** (1961) 11 Ref. D 323.

Nelson, R. H.: Materials and fabrication methods for the Bomark. Metal Progr. **79** (1961) 3 107—113, 142, 144, 146, 148; Index Aeron. **17** (1961) 5 ref. 205.

Newell, A. F.: An appreciation of missiles structures. J. Roy. Aeron. Soc. **65** (1961) 607 483—496 17 refs; Index Aeron. **17** (1961) 9 ref. 242.

Podell, H. L. and *R. J. Kotfila:* Design and fabrication of titanium rocket chambers. Amer. Rocket Soc., Solid Propellant Rocket Conf. 1961, Feb. 1—3 17 pp.; Titanium Abstr. Bull. **7** (1961) 2 62 ref. 6990.

— Glass fibre rocket launcher. Aircr. Engng. **33** (1961) 392 292—293; Index Aeron. **17** (1961) 11 ref. 238.

— Subzero forming. Metalworking Production **105** (1961) 43 76—79; Werkstatt u. Betrieb **95** (1962) 10 723.

Bulban, E. J.: Vought producing C-1 first stage tanks. Aviation Week **76** (1962) 21 54—55; Index Aeron. **18** (1962) 7 ref. 2431.

McGregor, W. P.: Some typical operations involved in the production of bulkheads for the Atlas missile. Machinery (London) **101** (1962) 2600 580—586; Index Aeron. **18** (1962) 11 ref. 4164.

Orr, J. P.: Große Gesenke für die Explosions-Formgebung. Mech. Engng. **84** (1962) 1 56—59.

Zemer, R. F.: Special techniques required to apply ablative coatings. SAE-J. **70** (1962) June 70—73.

— Aufbau und Herstellung der „Mercury"-Raumkapsel. Luftfahrttechnik **8** (1962) 8 209—210.

— Automation in der Flugkörperfertigung. Luftfahrttechn. **8** (1962) 4 118.

— Machining guided missile components. Mach. Shop. Mag. **23** (1962) 10 574—579; Index Aeron. **18** (1962) 11 ref. 4155.

Challis, G.: Bulge forming shapes large rocket parts. Metalworking Production **107** (1963) 28 160—162; Index Aeron. **19** (1963) 9 ref. 4013.

Mayes, Robert E.: Bauverfahren und Werkstoffe für die Raumfahrt. Flugwelt **15** (1963) 1 53—57.

Meyers, R. A.: Herstellung von Blechhauben für Raketen. Amer. Machinist/Metalworking Manuftg. **107** (1963) 4 100—101.

— On-site fabrication of giant rocket-casings. Mod. Metals **19** (1963) 1 36—38; Aluminium **40** (1964) 3 R 152.

— Tape turning of complex grooves. Amer. Machinist/Metalworking Manuftg. **107** (1963) 24 74—75; Index Aeron. **20** (1964) 3 ref. 1448.

Daley, D. M., jr. and *D. C. Jeffery:* Development of weld fabrication techniques for the S-IC Saturn V vehicle. Welding J. **43** (1964) 1 34—41; Index Aeron. **20** (1964) 6 ref. 2924.

Metcalfe, A. G.: Modern diffusion bonding meets space-age needs. SAE-J. **72** (1964) 4 53—57.

Mimson, A. J.: Welding very large components for Saturn space vehicles. Machinery (London) **104** (1964) 2670 116—121; Index Aeron. **20** (1964) 3 ref. 1434.

Schulte, H.: Metallkleben im Raumfahrzeugbau. VDI-Nachr. **18** (1964) 47 47; Adhäsion **9** (1965) 1 40.

— Forming large aluminium sections. Metal Industry **104** (1964) 2 48—49; Index Aeron. **10** (1964) 3 ref. 1452.

Campion, D. J.: Pressings for rockets and missiles. Sheet Metal Industries **42** (1965) 459 507—513 [4.31.08].

Godwin, R. C.: The design and production of the Blue Streak structure. Fertigungsmethoden in der Raumfahrttechnik. (Bd. 1 der DGRR-Fachbuchreihe Fortschritte in der Raumfahrtforsch.) München: DGRR 1965 S. 45—66.

Körbs, Th.: Chemisches Fräsen und seine Anwendung in der Raumfahrttechnik. Fertigungsmethoden in der Raumfahrttechnik. (Bd. 1 der DGRR-Fachbuchreihe „Fortschritte in der Raumfahrtforsch.") München: DGRR 1965 S. 127—136 [4.42.73].

Machenschalk, R.: Herstellung von Düsenkörpern aus hochschmelzbaren Metallen. Fertigungsmethoden in der Raumfahrttechnik. (Bd. 1 der DGRR-Fachbuchreihe „Fortschritte in der Raumfahrtforsch.") München: DGRR 1965 S. 137—154.

Mathes, H.: Entfaltbare Kunststoffkörper im Weltraum. Fertigungsmethoden in der Raumfahrttechnik. (Bd. 1 der DGRR-Fachbuchreihe „Fortschritte in der Raumfahrtforsch.") München: DGRR 1965 S. 181—198 13 Lit.-St.

Miller, K. J.: Welding fabrication of high pressure oxygen vessels for life support in space. Welding J. **44** (1965) 3 187—193; Index Aeron. **21** (1965) 7 ref. 4123.

Rose, F. K.: A rapid method for diffusion bonding aerospace structures. SAE-Publ. 650780 1965 11 pp.; Index Aeron. **22** (1966) 4 74.

Woermer, C. U.: Properties of two white paints for application to inflatable spacecraft: Titanium dioxide-pigmented epoxy and zinc-oxide-pigmented methyl silicon elastomer. NASA TN-2834 June 1965 21 pp. 8 refs.; Index Aeron. **22** (1966) 3 71 [4.82.26].

Zerlant, G. A.: Preparation of S-13 experimental coatings. Final Rep. (Oct. 1963 — Aug. 1965) NASA CR-70385 Dec. 1965 40 pp. (Contract NAS8-11967); STAR **4** (1966) 8 1237 [4.82.26].

Daley, D. M.: Weld fabrication technique for the S-IC stage of the Saturn-Apollo space vehicle. Brit. Welding J. **13** (1966) 5 287—295; Index Aeron. **22** (1966) 7 69.

Dubusker, W. and *P. R. Robertson*: Finger tips move weld fixtures. Amer. Mach./Metalworking Manuftg. **110** (1966) 10 97—100; Index Aeron. **22** (1966) 7 70.

Engquist, R. D. and *D. B. Nord*: Study of space environment fabrication and repair techniques. NASA CR-65402 May 1966 52 pp. (Contract NAS9-4548); STAR **4** (1966) 16 3092.

Engquist, R. D. and *D. B. Nord*: Study of space environment fabrication and repair techniques. NASA CR-65568 Dec. 1966 114 pp.; STAR **5** (1967) 6 886.

Frost, Lou: High energy forming of compound contours and complex cross sections. Saturn manufacturing review. Boeing Co., Seattle, Wash. NASA CR-80274 1966 p. 29; STAR **5** (1967) 2 402.

Hohmann, K.: Verfahren der Blechumformung. Industrie-Kurier, Techn. u. Forsch. **19** (1966) 52 (12) 200—201 [4.30.0].

Hoppes, R.: Tooling concepts for assembly of large structures. NASA Marshall Space Flight Center, Huntsville, Ala. Symp. on Technol. Status and Trends, held 21—23, April 1965, NASA 1966 pp. 87—93; STAR **4** (1966) 8 1241.

Iablakoff, A.: ONERA and "Diamant": Pt. 3. Materials contribution to the study of filament-wound bodies. Air Cosmos (1966) 133 24—25, 46; Index Aeron. **22** (1966) 3 65 [5.7].

Lucke, H. E.: Die Struktur der 3. Stufe und ihre Fertigungsentwicklung. ELDO Techn. Rev. **1** (1966) 2 93—114.

May, Chester B.: Maintenance technology for space systems. "Aerospace Expandable Structures". Air Force Systems Command, Wright-Patterson AFB, Ohio. Air Force Aero Propulsion Lab. 1966 179—197; STAR **4** (1966) 15 2837.

Miller, Norman B. and *Thomas H. Hay*: An adhesive bonding technique for fabricating large-scale nylon-phenolic composite heat shields. "Structural adhesives bonding". Symp. Stevens Inst. Technol. Hoboken, N. J. 1965. New York — London — Sydney: Interscience Publ. 1966 123—130.

Parks, P. G. and *R. V. Hoppes*: Welding in aerospace applications. Light Metal Age **24** (1966) 3/4 14—15; Index Aeron. **22** (1966) 8 83.

Rose, Charles H.: Application of shear spinning techniques in forming molybdenum missile components. Watervliet Arsenal, N. Y. Benet Labs. WVT-6604 March 1966 29 pp. (AD-631423); STAR **4** (1966) 16 3092—3093.

Roseland, Luther M.: Structural adhesives in space applications. "Structural adhesives bonding." Symp. Stevens Inst. Technol. Hoboken, N. J. 1965. New York—London—Sydney: Interscience Publ. 1966 361—367 4 refs.

Sheffield, I. K. and *K. R. Agricola*: Development of explosive forming techniques for Saturn V components. Final Rep. June 1964 — Jan. 1966. NASA Cr-70588 Jan. 1966 72 pp. 20 refs.; STAR **4** (1966) 8 1245; Index Aeron. **22** (1966) 12 86.

Sheldon, John S.: Space vehicle production and attendant requirements. Saturn manufacturing review. Boeing Co., Seattle, Wash. NASA CR-80274 1966 pp. 31—32; STAR **5** (1967) 2 402.

Stambler, I.: Progress in production. Space/Aeronaut. **45** (1966) 6 83—91 18 refs.; Index Aeron. **22** (1966) 9 54.

Stone, Etric L.: Sculpturning, forming, and spinning of large components for launch vehicles. NASA Marshall Space Flight Center, Huntsville, Ala. Symp. on Technol. Status and Trends, held 21—23 April 1965. pp. 65—74; STAR **4** (1966) 8 1241.

Wabersich, E.: Elektronenstrahlschweißen eines Treibstoffbehälters aus einer hochfesten Titanlegierung für die dritte Stufe der ELDO-Trägerrakete. Luftfahrttechn.-Raumfahrttechn. **12** (1966) 2 48—53; Index Aeron. **22** (1966) 5 104 [5.31.51].

Wuckel, J.: Neuzeitliche Schweißverfahren an der 3. Stufe der Europa-Rakete. (Vortrag Fachtagung Schweißen und Kleben im Luft- und Raumfahrzeugbau, Hannover-Messe 1966) Übersichtsvorträge. Hrsg. Dt. Messe- und Ausstellungs-AG., Abt. Techn. Presse, Hannover 1966 S. 43—53 [5.31.2].

12.11 Längenmeßtechnik

Fink, Kurt: Die Meßtechnik bei Umformungs- und Fertigungsprozessen. VDI-Ber. Bd. 71C. Düsseldorf: VDI-Verl. 1963 140—147 32 Lit.-St.

Reinsch, H. H.: Dickenmessungen durch Ultraschall. Schweiz. Maschinenmarkt **65** (1965) 24 45—48.

12.12 Messen von Winkeln, Gewinden, Oberflächen, Zahnrädern

Schulze, R.: Richtungs- und Fluchtungsmessung in der Feinwerktechnik und im Maschinenbau. Maschinenmarkt **68** (1962) E 14 33—36.

12.2 Werkstoffprüfung und Stückprüfung, zerstörungsfreie Werkstoffprüfung

Kursetz, E.: Anwendungen der statistischen Qualitätskontrolle in der Metallumformung. Z. wirtsch. Fertigung (ZwF) **56** (1961) 6 279—283.

Wiedemann, K.-H.: Über eine Anwendung der modernen Großzahl-Methodik bei der Fabrikationskontrolle von Gesenkschmiedeteilen aus Leichtmetall. Metall **15** (1961) 9 863—869 13 Lit.-St.

Niederstadt, G.: Untersuchungen über die zerstörungsfreie Prüfung von Verbundwerkstoffen aus Glasfaser und Kunstharz mit Ultraschall. Dtsch. Forsch.-Anst. f. Luft- u. Raumfahrt, Braunschweig, DFL-Ber. Nr. 192 1962 24 S. 10 Lit.-St.; Index Aeron. **19** (1963) 6 ref. 2488.

Wiedemann, K.-H.: Ultraschall in der zerstörungsfreien Werkstoffprüfung von Leichtmetallstangen und -rohren. Bänder Bleche Rohre **3** (1962) 9 419—421; Aluminium **39** (1963) 2 A 78.

Wirtz, H.: Das zerstörungsfreie Prüfen von Schweißnähten. Bänder Bleche Rohre **3** (1962) 9 413—418 3 Lit.-St.

Wirtz, H.: Sicherheit bei Schweißkonstruktionen durch wirtschaftlichen Einsatz zerstörungsfreier Prüfverfahren. Z. wirtsch. Fertigung **57** (1962) 4 141—144.

Wirtz, H.: Zerstörungsfreie Schweißnahtprüfung mit Ultraschall. Chem. Ztg. chem. App. **86** (1962) 18 681—686 6 Lit.-St.

Dresia, H., W. Sengpiel u. *I. Geflitter*: Untersuchungen über die Fehlerprüfung an dicken Stahlblechen mit γ-Strahlen. Stahl u. Eisen **83** (1963) 10 585—593.

Evrard, M. et *J. L. Thouvenin*: Applications des ultra-sons au contrôle de certains types de joints brasés. Z. Schweißtechn. — J. Soudure **53** (1963) 10 355—362.

Hitt, W. C. and *J. B. Ramsey*: Ultrasonic inspection and evaluation of plastics materials. Ultrasonics **1** (1963) Jan./March 9—13; Index Aeron. **19** (1963) 3 ref. 1119.

Mansoor, E. M.: The application of probability to tolerances used in engineering design. Inst. Mech. Engrs. Prepr. P 1/64 1963 13 pp.; Index Aeron. **19** (1963) 6 ref. 2543.

Balzerowiak, H. P.: Zerstörungsfreie Prüfung von Bändern und Blechen mit Ultraschall. Bänder Bleche Rohre **5** (1964) 4 191—195.

Deutsch, V.: Möglichkeiten der Automatisierung bei der magnetischen Rißprüfung. Metall **18** (1964) 9 949—953 6 Lit.-St.

Guericke, O. R.: Dual-frequency ultrasonic pulse-echo testing. J. Acoust. Soc. America **36** (1964) 2 313—322 5 refs.

Haferkamp, Heinz u. *Helmut Schaper*: Über die zerstörungsfreie Werkstoffprüfung glasfaserverstärkter Kunststoffe. Kunststoffe **54** (1964) 12 775—780 11 Lit.-St.

Harris-Maddox, B.: The ultrasonic testing of boost motors. Ultrasonics **2** (1964) Apr./June 60—64.

Morriss, T. H.: The radiographic examination of aircraft structures. Aircr. Engng. **36** (1964) 2 32—37; Index Aeron. **20** (1964) 4 ref. 1818.

Niederstadt, G.: Prüfung der elastischen Eigenschaften von Glasfaser-Kunststoffen durch Ultraschall. Kunststoffe **54** (1964) 12 781—784.

Regler, F.: Entwicklung der Werkstoffdurchstrahlung mit Röntgenstrahlen. Phys. Bl. **20** (1964) 3 111—120 2 Lit.-St.

Slaba, J. and *K. Slonek*: Flaw detection in thick welds. Techn. Dig. **6** (1964) 12 28—33.

De Sterke, A.: Weld inspection by ultrasonic waves. Mater. Evaluation **22** (1964) 1 18—25 23 refs.

Wilkens, G.: Die zerstörungsfreie Prüfung beim Punktschweißen von Leichtmetall und Stahl. Mitt. Forsch.-Ges. Blechverarb. (1964) 11 134—141 2 Lit.-St.

— Behaviour of ultrasonic waves in the presence of various defects in welds. Welding in the World — Soudage dans le Monde (London—Paris) **2** (1964) 2 44—54.

Abrahams, C. J.: Practical industrial ultrasonic examinations. Ultrasonics **3** (1965) Jan./March 30—35.

Alzofon, F. E.: An infrared nondestructive testing system for rocket motors. Mater. Evaluation **23** (1965) 11 537—539 5 refs.

Burbank, G. E. and *W. D. Taylor*: Ultrasonic in-process inspection of resistance spot welds. Welding J. Res. Suppl. **44** (1965) 5 193s—198s.

Holman, J. A. and *J. C. Hood*: Process control and quality assurance testing of glass fiber roving for filament winding. (20. Techn. & Management Conf. of the Reinforced Plastics Div. of the SPI in Chicago, Feb. 1965) Proc. SPI Reinforced Plastics Div., New York 1965 Section 16 C 6 pp.; Plastverarb. **16** (1965) 12 740.

Krumnacker, Maja u. *Renate Schmidt*: Qualitätsprüfung von Stahl- und Leichtmetallguß mit Hilfe von Ultraschall. Gießereitechn. **11** (1965) 9 257—262 12 Lit.-St.

Stinebring, R. C. a. o.: Non destructive testing of rocket components using microwaves and low-frequency ultrasonics. Mater. Evaluation **23** (1965) 1 17—23.

— Nondestructive welding tests. EURAEC 1393 May 1965 29 pp. (Contract EURATOM-045-(1)-5RDH); STAR **4** (1966) 8 1243.

Harris-Maddox, B.: The ultrasonic testing of solid-propellant rocket motors. Mater. Evaluation **24** (1966) 2 101—104; Index Aeron. **22** (1966) 5 80.

Martin, G., J. F. Moore, and *J. W. Rocke*: Development of nondestructive testing techniques for honeycomb heat shields. Vol. II Literature, industrial survey, and bibliography. NASA CR-82619 Aug. 1966 168 pp. (Contract NAS8-11733); STAR **5** (1967) 8 1287.

Murden, M.: Non-destructive testing in aircraft servicing. J. Roy. Aeron. Soc. **70** (1966) 666 632—638.

— Int. Inst. Welding (IIW)-Commission: Draft recommended practice for the ultrasonic inspection of butt welds. Brit. Welding J. **13** (1966) 12 690—694.

Deutsch, Volker: Automatisches Prüfen von Schweißpunkten mit Ultraschall. Schweißen u. Schneiden **19** (1967) 1 24—26 4 Lit.-Stellen.

13 Versuchswesen für den Musterbau. Versuchs- und Kontrollwesen für den Serienbau bei Luft- und Raumfahrzeugen

Lewis, R. C. and *D. L. Wrisley*: Ground resonance testing. NATO, AGARD Manual on Aeroelasticity. Vol. IV Experimental methods. NATO (Paris) 1963 21 pp. 5 refs.

Chocola, J.: Boeing model 727 structural test programm. AIAA Prepr. 64-626 1964 22 pp.; Index Aeron. **21** (1965) 3 ref. 1590.

Baticle, Jacques André: Schwingungstechnik in der Fertigung. VDI-Z. **108** (1966) 20 849—852 5 Lit.-St.

15 Fertigungsmaschinen und Spezialmaschinen der Luftfahrtfertigungsbetriebe

Gengenbach, O.: Vielpunktschweißanlagen. Werkstatt u. Betrieb **94** (1961) 8 501—505 2 Lit.-St.; Leichtbau d. Verkehrsfahrzeuge **8** (1964) 3 119.

Maltz, G.: Elastische Pressen- und Stanzen-Aufstellung bei vertikalen und horizontalen Kräften. Industrie-Anz. **83** (1961) 80 1524—1526.

Mahlke, M.: Vorrichtungen für die Widerstandsschweißung. Industriebl. **62** (1962) 11 660—666.

Samojlov, M. I. u. a.: Vorrichtung zum Punktschweißen von Kastenkonstruktionen. Welding Production (1962) 6 68—69 (Transl. of Svarocnoe Proizv. (1962) 6).

Skinner, E. P.: Aufdornmaschine für Raketengehäuse. Machinery (London) **101** (1962) 2602 723—726.

Skinner, E. P.: Hydraulische Rohraufweitmaschine für Raketengehäuse. Machinery (New York) **68** (1962) 11 118—123.

— Leitfaden der spanlosen Formgebung. Maschinen, Anlagen und Geräte zur Herstellung und Bearbeitung von Bändern, Blechen und Rohren. Bänder Bleche Rohre **3** (1962) 8 1—224 (Düsseldorf: Triltsch-Verlag. Fachzeitschrift für spanlose Formgebung).

Ebert, K.-A. Vorrichtungen für mechanisches Schweißen. Stand in Deutschland. Z. Schweißtechnik **53** (1963) 9 293—302.

Farley, G. F.: Hydraulische Drückmaschinen. Machine & Tool Blue Book **58** (1963) 10 122—129.

Mahn, K. u. *W. Schramm*: Spezialvorrichtungen für das Widerstandsschweißen in der blechverarbeitenden Industrie. Schweißtechnik (Berlin) **13** (1963) 4 169—174.

Healey, M.: Numerically controlled machine tools. Machine Shop **25** (1964) 10 468—482; Index Aeron. **20** (1964) 12 ref. 5838.

Höhne, Erich: Elektroerodiermaschinen — Elektrolytische Maschinen — Induktionswärmeanlagen — Ultraschallgeräte. VDI-Z. **106** (1964) 34 1725—1728.

Maropis, Nicholas: Development of ultrasonic welding equipment for refractory metals. Aeroprojects, Inc., West-Chester, Pa. Wright-Patterson AFB, Ohio, ASD TR-7-888 (VIII). Interim Techn. Progr. Rep. Jan.—March 1964 April 1964 25 pp. (AD-602663); STAR **3** (1965)1 78.

Meyer-Nolkemper, H.: Maschinen für das Massivumformen. VDI-Z. **106** (1964) 34 1713—1718.

Paton, V. E., S. V. Egorov and *M. G. Bel'for*: The TS-34 travelling welding machine for making circumferential welds. Autom. Welding (1964) 7 51—53 3 refs. (Transl. into English from Avtomat. Svarka (USSR) (1964) 7 58—60); Index Aeron. **21** (1965) 1 ref. 310.

Poget, R.: Vibrations in machine tools, their influence on the production, means of reducting them (in French). Schweiz. Arch. **30** (1964) 6 191—200; Index Aeron. **20** (1964) 11 ref. 5346.

Rieth, Bernhard: Vielpunktschweißen. Teil I: Heutiger Stand der Vielpunktschweißtechnik. Maschinenmarkt **70** (1964) 94 29—33.

Wiechell, H.: The largest one-cylinder die forging press in the world. Forgings in light metal made by 30000-ton press. Light Metals **27** (1964) 309 38—39.

— Welded lathe for rocket cases. Amer. Mach. **108** (1964) 24 94—96.

Brooks, John H. and *Robert V. Jackson*: McCulloch model 170 arc welder. SAE-Publ. 650715 1965.

Brunst, W.: Schweißgeräte und -verfahren für die Mikro-Schweißtechnik. Schweißen u. Schneiden **17** (1965) 5 213—214.

Hauri, H.: Schweizerische Werkzeugmaschinen für die Kopierzerspanung. Schweiz. Maschinenmarkt **65** (1965) 40, 115, 117, 119, 121, 123, 125, 127, 129.

Hauri, H.: Schweizerische Werkzeugmaschinen für die Kopierzerspanung. III. Schweiz. Maschinenmarkt **65** (1965) 42 77, 79, 81, 83, 85.

Heurlin, F. W.: Numerically-controlled lathe employed for machining turbo-supercharger components. Machinery (London) **106** (1965) 2 721 16—17; Index Aeron. **21** (1965) 3 ref. 1495.

Jones, S. H.: Automatic fluidised bed coating machines. Resin News **5** (1965) 2 7—9.

Pontius, James R., Robert W. Gardner, Francis W. Boulger, and *Richard Gaydos:* Cold forging in machines, tools and material preparation. SAE-J. **73** (1965) 3 44—50 [4.12.0].

Rechlin, Bernhard: Maschinen zum Massivumformen und Blechbearbeiten. VDI-Z. **107** (1965) 35 1703—1707.

Rietsch, Eberhard: Widerstandsschweißmaschinen, -geräte, Steuerungen und Zubehör. Schweißen u. Schneiden **17** (1965) 12 656—660.

Schadach, Paul: Elektroerosionsmaschinen. VDI-Z. **107** (1965) 25 1246 22 Lit.-St.

Schadach, Paul: Elektroerosionsanlagen und elektrolytische Bearbeitungsanlagen. VDI-Z. **107** (1965) 35 1696—1700.

Steinhauser, W. u. *E. Weniger:* Ein Überflur-Luftumwälzofen im Flugzeugbau für die Wärmebehandlung von Aluminiumlegierungen. Aluminium **41** (1965) 3 157—163.

Brooks, John H. and *Robert V. Jackson:* McCulloch arc welder is light weight and portable. SAE-J. **74** (1966) 8 76—78.

Bühler, Hans u. *Heinz Meyer-Nolkemper:* Umformende Werkzeugmaschinen. VDI-Z. **108** (1966) 26 1299—1302 102 Lit.-St.

Hertel, H. u. *D. Ruppin:* Patronenbetriebene trägheitsverriegelte Presse für Hochleistungsumformungen. Mitt. Inst. Luftfahrzeugbau TU Berlin, Metall **20** (1966) 4 340—346.

Oehler, G.: Ölhydraulisch betriebene Gesenkbiegepressen. Mitt. Forsch.-Ges. Blechverarb. **17** (1966) 12/13 173—182 14 Lit.-Stellen.

Oehler, G.: Parallelgesteuerte ölhydraulisch betriebene Gesenkbiegepressen. Werkstatt u. Betrieb **99** (1966) 4 256—259.

Pauksch, E.: Wärmeverfahren und Wärmeanlagen für die Warmumformung. Metall **20** (1966) 4 332—339 20 Lit.-St.

Simon, W.: Voraussetzungen für den wirtschaftlichen Einsatz numerisch gesteuerter Werkzeugmaschinen in der Fertigung. Technik (Berlin) **21** (1966) 2 74—79.

Vignardet, L.: Die neuzeitlichen Brennschneidmaschinen. Soudage et Techn. Conn. **20** (1966) 5/6 219—224.

— Mechanisierte und automatisierte Schweißeinrichtungen. (Vortragsveröffentl., H. 106 Tagung Haus d. Technik Essen, 12. Jan. 1966) Essen: Vulkan-Verl. Dr. W. Classen 1966 35 S.

— Study of welding equipment for electronic components. NASA CR-71803 Jan. 1966 73 pp. (Contract NAS8-11488); STAR **4** (1966) 12 2134.

16 Sonderfragen der Luftfahrtfertigungstechnik

Hertel, H.: Fortschritte im Flugzeugbau durch Baugruppenunterteilung in Leichtmetall-Preßteile. Luftfahrttechn. **5** (1959) 12 389 bis 399.

Gailette, G.: Curves of time-diminuation in series production. Techn. et Sci Aéron. (1961) 3 193—205; Index Aeron. **17** (1961) 9 ref. 296.

Philippe, C.: Die Fertigung der „Mirage" III. Luftfahrttechn. **7** (1961) 7 216—226.

Reinsch, W. A.: Metals and fabrication methods for the B-70. Metal Progr. **79** (1961) 3 70—77; Index Aeron. **17** (1961) 5 ref. **206**.

Benton, L. R.: New production techniques — Aircraft. (Paper presented to Eigth Conf. on Problems of Aircraft Production, Cranfield, Apr. 1962) Prod. Engr. **41** (1962) 8 467—477; Index Aeron. **18** (1962) 10 ref. **3648**.

Lazard, Jean-Yves: Décroissance des temps en série dans la construction aéronautique. Techn. et Sci. Aéron. Spat. (1963) 5 381—388; Index Aeron. **20** (1964) 10 ref. 4968.

Barenz, H. W.: Planning for the introduction of a new aircraft into an airline fleet. SAE-Prepr. 841 D 1964 4 pp.; Index Aeron. **20** (1964) 10 ref. 4956.

Yates, Edward: Cost analysis as an aid to aircraft design. AIAA Paper No. 64-178 (AIAA General Aviation Aircr. Design & Operations Meeting, Wichita, Kansas, May 1964) 10 pp.

Cox, Raymond F.: Composite bulkhead fabrication development. NASA CR-68984 Nov. 1965 77 pp. (Contract NAS8-11900); STAR **4** (1966) 4 594—595.

Trottmann, W.: Arbeitsplanung am Flugzeugdock mittels Sched-U-Graph-Tafeln. Industrielle Organisation (Schweiz. Z. f. Betriebswiss.) **24** (1965) S. 79—83.

Connolly, J. V.: Aircraft production. J. Roy. Aeron. Soc. **70** (1966) 661 214—220.

Gabrielli, G.: Aussichten der europäischen Flugzeugproduktion. Arbeitsgemeinsch. Forsch. des Landes Nordrhein-Westfalen, H. 158. Köln-Opladen: Westdt. Verl. 1966; J. Roy. Aeron. Soc. **70** (1966) 668 820; Z. Flugwiss. **14** (1966) 9 419.

19 Instandhaltung von Flugzeugen (Wartung und Überholung)

Alpheis, Joachim: Der Wartungs- und Überholungsbetrieb einer Luftverkehrsgesellschaft. Starten und Fliegen, Bd. V. (Hrsg. O. Fuchs, W. v. Gronau, E. Sänger) Stuttgart: Dt. Verl. Anst. 1960 S. 356—377.

Soemarlan: Erhaltungswirtschaft für das fliegende Gerät einer Luftverkehrsgesellschaft. Diplom-Arbeit Lehrstuhl Flugzeugbau u. Leichtbau TH Braunschweig 1963 128 S.

Mihail, A.: Safety and maintenance of public transport aircraft. Foreseeable developments for supersonic aircraft. Pt. 1. Techn. et Sci. Aéron. Spat. (1964) 5 357—368; Index Aeron. **21** (1965) 6 ref. 3702.

Salloum, Labib: Auswirkungen moderner Fertigungsverfahren im Flugzeugbau auf die Instandhaltung des Fluggerätes. Diplom-Arbeit Lehrstuhl Flugzeugbau u. Leichtbau TH Braunschweig 1964 138 S.

Bennett, W. L.: Airline engineering and maintenance. Reduction of costs by job control and time standards. J. Roy. Aeron. Soc. **69** (1965) 653 306—310.

Gröger, Herbert u. *Dietrich Urbanek:* Instandhaltung von Flugtriebwerken bei einer Luftverkehrsgesellschaft. Luftfahrttechn.-Raumfahrttechn. **11** (1965) 12 351—356.

Hussey, P. A. and *S. G. Thomas:* Are scheduled component overhauls necessary? SAE-Paper 922 C 1965 (Nat. Aeron. Space Engng. Manuftg. Meeting Los Angeles, Oct. 5—9, 1965).

Nagel, G.: Überwachung von Verkehrsflugzeugen auf radioaktive Verschmutzung. Luftfahrttechn.-Raumfahrttechn. **11** (1965) 11 298—302 8 Lit.-St.

Stillwell, J. W.: New trends in air transport maintenance. SAE-Paper 922 D 1965 (Nat. Aeron. Engng. Manuftg. Meeting Los Angeles, Oct. 5—9, 1964).

Gearing, R. E.: Maintenance and inspection of modern aircraft structure. Techn. Air **22** (1966) 7 4—6, 8—12; Index Aeron. **22** (1966) 8 101.

Witt, W. W.: Air transport landing gear maintenance. Techn. Air **2** (1966) 22 10—13; Index Aeron. **22** (1966) 5 112.

IX. Sachverzeichnis

(Die Ziffern beziehen sich auf die Seiten der Abschnitte VI und VIII)

T

U

V

W

Z

X. Autorenverzeichnis

(Eingeklammerte Ziffern hinter der Seitenzahl geben an, wie oft ein Autor mehr als einmal auf der betreffenden Seite vertreten ist.)

C

D

E

F

G

H

I

J

K

L

M

P

Q

R

S

T

XI. Die Möglichkeiten zur Verbesserung der Bibliographie und ihre laufende Ergänzung

Die vorliegende Bibliographie wird als ein erster Entwurf angesprochen. Die endgültige Bibliographie sollte in einem Loseblattverfahren erstellt werden. Das Loseblattverfahren bietet sich für eine periodische und abschnittsweise Ergänzung besonders an. In welchen Zeitabschnitten solche Ergänzungen zweckmäßig vorgenommen werden, ob viertel-, halb- oder äußersten Falles ganzjährig, kann später entschieden werden. Für Bibliographien dieser Art hat sich im Druck das DIN A 5-Format, aber auch das größere Format, durchaus bewährt. Bei einer Loseblattausgabe müßte wohl im Hinblick auf den häufigen Gebrauch das Papier mit einer etwas festeren Qualität ausgestattet werden. Auch könnte man das etwas größere Format vorsehen.

Um nun die Möglichkeiten zur Verbesserung der Bibliographie und der laufenden Ergänzung herauszuarbeiten, sollen folgende Fragen behandelt werden:

1. Welche Arbeiten wurden bei der Fertigstellung der vorliegenden Bibliographie geleistet?
2. Welche Verbesserungen sind an der vorliegenden Bibliographie zu erwarten?
3. Welche Arbeiten sind bei der laufenden Ergänzung der Bibliographie erforderlich?
4. Was kann für die Weiterbearbeitung in Vorschlag gebracht werden?

zu 1.: Welche Arbeiten wurden bei der Fertigstellung der vorliegenden Bibliographie geleistet?

Aus den Abschnitten B I bis B VI ist der Faden für den Arbeitsgang bei der Bibliographie zu entnehmen. Besonders nutzbringend waren hierbei die Erfahrungen, welche bei den Ausarbeitungen „Bibliographien über den Leichtbau und seine verwandten Randgebiete" gesammelt wurden. War man sich über Aufgabenstellung und Aufgabenabgrenzung (s. B II 1) klar geworden, so war damit der Ausgangspunkt festgelegt. Die Quellenermittlung (s. B II 2) läßt den Umfang der Arbeit ahnen, welche eine solche Bibliographie mit sich bringt. Als Teilarbeiten größeren Umfangs sind aufzuführen:

a) Die Ordnung des Schrifttums

Die Ordnung des Schrifttums ist eine umfangreiche und äußerst wichtige Arbeit. Im Laufe der Bearbeitung ist diese Ordnung vollständiger und feingliedriger geworden. Bis zum jetzigen Stand hat sie zahlreiche Wandlungen durchgemacht. Die damit verbundene Umordnung des Materials verlangt beträchtlichen Zeitaufwand.

b) Zusammenstellung der Fundquellen für das Material der Bibliographie (s. B III, B IV, B V)

Diese vornehmlich in B III und B V erarbeiteten Aufstellungen bedürfen während der Ausarbeitung der Bibliographie einer ständigen Ergänzung. Eine besondere Aufmerksamkeit verlangt dabei die Ergiebigkeit der einzelnen Quellen, sie muß laufend überwacht werden, um unergiebige Quellen auszusondern. So ist auch hier eine umfangreiche Arbeit zu leisten.

c) Aufstellung der Bücher

Eine wesentliche Hilfe leisten hierbei die Bücherkataloge der Verlage oder deren sonstige Informationen. Eine Regel sollte sein, die Bücher einzusehen, um ungeeignete Bücher auszuscheiden. Diese Forderung bringt wohl einen zusätzlichen Arbeitsaufwand mit sich, da die Beschaffung der Bücher manchmal größere Schwierigkeiten bereitet, besonders bei ausländischen Büchern. Dennoch ist diese Arbeit zu bewältigen, wenn auch der Umfang nicht ganz unerheblich ist. Nützlich für die Beurteilung der Bücher ist dabei auch, sich in manchen Fällen von Fachkollegen beraten zu lassen.

d) Aufstellung der Zeitschriftenaufsätze

Dies ist zweifelsfrei die umfangreichste Teilarbeit bei der Bibliographie. In etwa kann man rechnen, daß eine Bibliographie an Zeitschriftenaufsätzen zehnmal soviel enthält wie Bücher. Der Zeitaufwand ist nicht sehr unterschiedlich, ob ein Buch oder ein Aufsatz herausgesucht wird. Deshalb ist die Aufstellung der Zeitschriftenaufsätze bei weitem mit Abstand die umfangreichste Teilarbeit.
Die Bücherinhaltshinweise werden beschränkt und erfordern so keinen bedeutsamen Arbeitsaufwand, das gleiche gilt auch für das Sachverzeichnis.

e) Autorenverzeichnis

Für das schnelle Aufsuchen einer Literaturstelle ist das Autorenverzeichnis eine große Hilfe und deshalb unentbehrlich. Die Zusammenstellung dieses Verzeichnisses mit den zugehörigen Seitenzahlen bringt wieder eine größere Arbeit mit sich.
Damit sind die bei der Bibliographie angefallenen Arbeiten im wesentlichen erfaßt.

zu 2.: Welche Verbesserungen sind an der vorliegenden Bibliographie zu erwarten?

Durch den Gebrauch der Bibliographie wird sich am besten herausstellen, wo Mängel sind. Diese können grundsätzlicher Art sein, dann wird die Behebung schwieriger. Andere Mängel, die leichter zu beheben sind, können sein: fehlendes Material, überflüssiges Material und fehlerhaftes Material. Daß auch bei noch so großer Sorgfalt einiges in Ordnung zu bringen ist, darf nicht überraschen.
Aus den Erfahrungen bei der laufenden Bearbeitung der Bibliographie kann erwartet werden, daß sich einige Verbesserungen schon jetzt aufzeigen. Wünschenswert wäre es, wenn an der Aufgabenstellung und Aufgabenabgrenzung nichts geändert werden müßte. Die Sachgliederung (s. S. 586) wird Verbesserungen erwarten lassen, was mit Änderungen verbunden ist. In der vorhandenen Einteilung wird man einigen Wünschen entsprechen können. Wenn die Sonderfragen der Flugkörperfertigung noch stiefmütterlich behandelt sind, so liegt dies daran, daß hier Veröffentlichungen noch spärlich sind und die Entwicklung auch noch zu sehr in Fluß ist. Hinsichtlich der in den Abschnitten B III und B V verzeichneten Quellen ist jeweils eine Gegenüberstellung mit den neuesten Unterlagen der ZLDI vorzunehmen. Dadurch muß festgestellt werden, ob die Abschnitte der Bibliographie noch ergänzt werden müssen. Sollte sich hieraus ergeben, daß die vorhandene Bibliographie noch wesentliche Lücken hat, so läßt sich das durch einen Nachtrag beheben.

zu 3.: Welche Arbeiten sind bei der laufenden Ergänzung der Bibliographie erforderlich?

Alle unter 1. Punkt a) bis e) verzeichneten Arbeiten fallen auch bei der laufenden Ergänzung der Bibliographie an. Bei geschickter Ausnutzung und Organisation läßt sich der Arbeitsaufwand einschränken. Wie sich die Arbeiten stundenweise verteilen und wie hoch der Gesamtstundenaufwand sich stellen wird, läßt sich schwer abschätzen. Wenn einmal der Arbeitsaufwand für die fertige Bibliographie genau genug vorliegt, läßt sich daraus unter gewissen Voraussetzungen der Arbeitsaufwand für die laufende Ergänzung in etwa festlegen. Es ist anzunehmen, daß ein Sachbearbeiter die Ergänzung bewerkstelligen kann.

zu 4.: Was kann für die Weiterbearbeitung in Vorschlag gebracht werden?

Auf Grund der mit der Bibliographie gesammelten Erfahrungen können alle Gesichtspunkte für die Fortführung der Bibliographie zusammengetragen werden. Vielleicht ist es ausreichend, dazu 100 Exemplare der jetzigen Bibliographie bereitzustellen, die dann nach einer besonderen Liste zu verteilen sind. Die Fortführung der Bibliographie bleibt vielleicht zunächst in der gleichen Hand, später — nachdem alle Wünsche ausgewertet sind — wäre die endgültige Fassung herzustellen, um auch zugleich die Ergänzungspraxis zu studieren.

Dann ist auch die Luftfahrtindustrie in der Lage, den neuesten Stand der Fertigungstechnik mit wenig Sucharbeit kennenzulernen. Was man darüber hinaus noch tun sollte, um alle Auslandserfahrungen besser zu erfassen, kann weiterhin bedacht werden.

XII. Die Dokumentation auf dem Gebiet der Fertigungstechnik

In der Luftfahrttechnik umfaßt die Fertigungstechnik folgende Gebiete: den Zellenbau, den Triebwerksbau und den Gerätebau. Auch in der Raumfahrttechnik könnte man in erster Näherung eine gleiche Gliederung gelten lassen. Dennoch müßte man sich darüber klar werden, daß in der Raumfahrt die Verhältnisse etwas anders liegen als in der Luftfahrt. Sie ist noch eine sehr junge Technik, die in einer stürmischen Entwicklung voranschreitet. Soweit man die augenblickliche Entwicklung in der Raumfahrt heranziehen kann, ist es doch wohl angezeigt, die Fertigungstechnik der Luftfahrt von der der Raumfahrt völlig zu trennen. Damit böte sich dann folgende Vorstellung an: Bei der Luftfahrt wird in den drei Bereichen die Fertigungstechnik des Zellenbaues, des Triebwerkbaues und des Gerätebaues gesondert erfaßt, aber auch ein Zusammenlegen von Zellenbau und Triebwerksbau wäre denkbar. Die Fertigungstechnik des Gerätebaues müßte gesondert behandelt werden. Alle Fertigungsprobleme der Raumfahrttechnik könnte man in einem gesonderten Abschnitt behandeln. Das Gleiche könnte mit den Flugkörpern geschehen, sofern für ein solches Gebiet fertigungstechnisch gesehen überhaupt ein Interesse vorliegt. Damit wäre ein Überblick über das Ganze gegeben. Gerade weil die Bundesrepublik den finanziellen Aufwand für Luft- und Raumfahrt in Grenzen halten muß, ist eine Wissensvermittlung über den fertigungstechnischen Fortschritt auf allen diesen Gebieten ein wichtiges Anliegen, um mit der Entwicklung im Ausland im Tritt zu bleiben. In der vorliegenden Arbeit steht die Fertigungstechnik im Zellenbau im Vordergrund, der Triebwerksbau wurde vorerst nur durch einen größeren Aufsatz vertreten. Wenn nun der Triebwerks- und Gerätebau in ähnlicher Form ihre fertigungstechnischen Anliegen darlegen würden, so könnte man für die Luftfahrt zu einer Gesamtdarstellung über die fertigungstechnische Dokumentation kommen. Dadurch wäre schon viel gewonnen. Mit etwas mehr Muße könnte man dann überlegen, in welcher Art man die Fertigungstechnik in der Raumfahrt dokumentieren will. Zu all diesen Fragen wollte die vorliegende Arbeit einige Anregungen geben und dabei aber dem Zellenbau oder wenn möglich dem Zellenbau und Triebwerksbau eine besondere Förderung angedeihen lassen. Mögen diese Arbeiten und Anregungen nicht nur der Luftfahrtfertigungstechnik, sondern auch anderen Zweigen der Technik nützliche Hinweise geben.

GPSR Compliance

The European Union's (EU) General Product Safety Regulation (GPSR) is a set of rules that requires consumer products to be safe and our obligations to ensure this.

If you have any concerns about our products, you can contact us on ProductSafety@springernature.com

In case Publisher is established outside the EU, the EU authorized representative is:

Springer Nature Customer Service Center GmbH
Europaplatz 3
69115 Heidelberg, Germany

Batch number: 10682269

Printed by Printforce, the Netherlands